Karen Cummings
Priscilla Laws
Edward Redish
Patrick Cooney

김중복 • 김진승 • 남기봉
박병윤 • 이금휘 • 이형종 공역

이해하는 물리학 · II

UNDERSTANDING PHYSICS

WILEY

홍릉과학출판사

UNDERSTANDING PHYSICS

이해하는 물리학·II

Understanding Physics

저자 Karen Cummings · Priscilla Laws
Edward Redish · Patrick Cooney

역자 김중복 · 김진승 · 남기봉 · 박병윤
이금휘 · 이형종

WILEY

홍릉과학출판사

옮긴이 머리말

왜 이 책을 골랐는가?

일반물리 교재를 낼 때는 "이미 나온 교재도 많은데, 왜 또 내는가?"라는 물음에 나름대로 답을 해야 한다.

이 책은 유명한 일반물리 교재인 할러데이(David Halliday), 레스닉(Robert Resnick), 워커(Jearl Walker)가 함께 쓴 Fundamentals of Physics 6판을 커밍스(Karen Cummings), 로스(Priscilla Laws), 레디쉬(Edward Redish), 쿠니(Patrick Cooney)가 "물리교육"에 관한 연구결과를 반영하여 고쳐 쓰고 책이름을 Understanding Physics(이해하는 물리학)로 바꾼 것이다.

옮긴이들도 대학교에서 물리를 배우고 대학원에서 물리 연구를 하여 학위도 받은 뒤, 대학교에서 물리를 연구하고 가르쳐 오고 있다. 그런데, 물리를 배울 때 그리고 연구를 시작할 때 절실히 느낀 것은 기초 개념과 기본 법칙을 차근차근 따져서 이해하고, 이를 바탕으로 치밀하게 생각하는 능력이 부족하다는 것이었다. 이 문제의 뿌리는 시험문제의 유형 파악과 풀이 기법을 익히기에 급급한 우리의 교육 및 평가 방식에 있으며, 물리도 그 틀에서 벗어나지 못한다. 이 문제는 과거형이자 현재형이며, 교육 및 평가 방식을 바꾸지 않으면 미래형으로 연장될 수도 있다. 물리교육을 개선해야 한다는 것은 우리만이 아니라 과학기술에서 가장 앞선 나라인 미국에서도 오래전부터 지적되어 왔다.

미국에서는 지난 20여 년 동안 이 책의 저자 가운데 레디쉬와 로스를 비롯한 여러 사람들이 물리교육의 문제점과 개선 방안을 연구하고 효과적인 방법을 찾아왔다. 이 책은 그러한 연구결과를 바탕으로 고쳐 쓴 것이다. 기초 개념과 기본 법칙을 계시하는 것이 아니라 실험자료를 제시하고 이를 바탕으로 법칙을 추론하고, 설명하고 음미할 수 있게 했다. 이로써 물리의 여러 기본 법칙이 선험적으로 계시된 것이 아니라 수레의 두 바퀴처럼 실험(경험)과 이론(사유)이 함께 가면서 융합된 것임을 배우는 과정에서부터 확실히 알 수 있다. 이렇게 기초 개념과 기본 법칙을 배우고 음미하는 과정을 세심하게 생각하여 내용을 서술한 면에서 이 책은 다른 일반물리 교재와 크게 다르다.

왜 우리말로 옮겼는가?

지금 몰아치는 영어 광풍을 생각하면 원서(영어 교재)를 써야 한다고 주장하는 사람들이 많을 법 한데 오히려 영어를 우리말로 옮겨 한글 교재를 만드는 까닭도 설명해야겠다. 원서를 써야 학생들이 영어 용어도 알게 되고, 영어 실력도 함께 는다는 주장도 있다. 그러나 영어를 익히려면 그 목적에 맞게 개발한 좋은 교재와 방식으로 배우는 것이 더 효과적이고, 물리는 좋은 한글 교재로 가르쳐야 학생들이 내용을 더 정확하게 알게 되고 더 효과적으로 배울 수 있다고 믿는다. "언어는 사고의 그릇이다"라는 말은 생각의 기본 도구는 말과 글임을 지적한 것이다. 손에 익지 않은 도구를 쓰면 효율이 낮고 일의 완성도가 떨어진다. 물리를 배우는 것도 결국은 물리 현상을 정확하게 이해하고 세밀하게 분석할 수 있도록 생각하는 힘을 키우는 것이므로 효율적이고 정확하게 물리를 배우려면 우리의 사고의 그릇인 한글로 된 물리교재를 쓰는 것이 훨씬 낫다.

"예술은 길고, 인생은 짧다"는 말을 생각할 때, 똑같은 일이라면 더 빨리 해내야 우리의 짧은 삶 속에서 멋진 일을 더 많이 할 수 있다. 같은 내용이 담긴 한글 책과 영어 책이 있을 때, 한글 책은 두 배에서 네 배 정도 더 빨리 읽을 수 있다. 한글을 읽을 때는 핵심 단어를 중심으로 능동적으로 추론하여 뜻을 알 수 있지만, 영어를 읽을 때는 더 많은 단어를 해석하고 문장구조도 따져야 뜻을 알 수 있기 때문이다. 시간의 효율성을 생각할 때, 공학 및 과학 분야에서 일하려는 모든 사람이 배우는 일반물리를 "원서"로 배운다는 허영에 잠겨 귀중한 시간을 두서너 배씩 들이는 것은 어리석다. 그러므로 널리 읽힐만한 좋은 외국 책이 있다면 한글로 정확하고 깔끔하게 옮겨 많은 사람들이 한글 책을 읽고 그 내용을 배우게 하는 것이 우리의 문화 역량을 효과적으로 키우는 길일 것이다. 세종대왕께서 1446년에 반포하신 한글은 우리가 물려받은 가장 소중하고 유용한 자산이자 가장 강력한 문화발전의 도구이다. 어려운 일은 좋은 교재의 내용을 정확하고 깔끔하게 한글로 옮기는 것인데, 이 때문에 우리는 연구에 바칠 수도 있는 상당히 많은 시간을 쏟아 부었다. 이 책을 통해 학생들이 물리를 더 잘 배울 수 있게 된다면 우리가 쓴 시간이 헛되지 않았음에 위안을 삼을 수 있겠다.

왜 물리를 배워야 하는가?

여러 과학과목 가운데 물리는 악명이 높아 고등학생들 사이에서는 "제물포"라는 말이 널리 퍼졌다고 한다. 하지만 필요성이 절실하면 모든 어려움을 무릅쓰고라도 배운다. 전공에 관계없이 모두 열심히 익히는 영어, 고행수준의 대학입시 준비, 치열한 고급 공무원 시험과 전문대학원 입시 준비 등이 그것을 증명한다. 그러므로 핵심은 "물리를 힘써 배울 필요가 있는가?"이다.

과학의 엄청난 위력은 모두가 잘 아는 바이다. 감각적으로는 최신 무기의 위력에서 가장 강한 인상을 받지만, 인류의 생활양식을 혁신하고 복지수준을 크게 높인 농업혁명과 산업혁명 그리고 최근의 정보통신혁명은 모두 당대의 과학기술이 뒷받침을 했었고, 또 그 결과로 과학기술이 더욱 더 발전했다. 현재 전지구적 문제로 드러난 에너지 개발과 환경 보존도 결국 과학기술의 발전과 활용을 통해서만 해결책을 찾을 수 있다. 그러나 과학에는 이러한 실용성 못지않게 중요한 문화적 가치가 있다. 우리의 정신에는 세상 모든 것의 근원에 대해 알고 싶은 억누를 수 없는 욕구가 있다: 우주는 어떻게 생겨났고, 어떻게 움직이며, 앞으로 어떻게 될 것인가? 생명은 어떻게 생겨났고, 어떻게 유지되며, 어떻게 진화하는가? 우리 주변의 여러 가지 현상은 어떻게 해서 나타나는가? 이러한 근원적 물음에 대해 체계적이고 합리적인 설명을 해줄 수 있는 유력한 학문이 물리를 비롯한 자연과학이다. 그러므로 자연과학의 실용성을 추구하는 사람은 물론이고, 지적 호기심을 충족시켜 세상을 합리적으로 보고 싶은 사람은 물리를 비롯한 자연과학을 적절한 수준에서 배울 필요가 있다.

수년전 일본 문부성에서 한국, 중국, 일본, 싱가포르의 네 나라 고등학교와 대학교 상위집단에 대해 수학과 과학(물리, 화학, 생물학) 능력을 비교 평가한 결과 중국 상위집단의 최하위 성적이 한국 상위집단의 최상위 성적보다 좋다는 참담한 보고가 있었다. 이것은 우리가 과학교육 체계와 인재양성 방식을 빨리 고치지 않으면, 앞으로 20년 뒤 한중일 세 나라의 산업경쟁에서 우리나라는 돌이킬 수 없게 뒤처질 것임을 엄중하게 경고하고 있다.

잘 아는바와 같이 우리의 근대사는 주변 강대국의 각축 속에서 국권상실과 외세에 의한 국권회복 및 남북분단이라는 비극을 겪었으며, 그 여파는 지금도 남북대치 속에 엄청난 돈과 젊은이의 귀중한 시간을 내다 버리는 비극으로 남아있다. 이러한 불행한 역사의 근원은 결국 당시 "지도층"의 정신적 타락과 서구의 눈부신 학문 발전에 무지한 채 화석화된 유학에 갇혀 박제화한 정신의 유치함에 있었다. 우리가 주변 강대국의 영향력에서 벗어나 주도적으로 남북을 통일하고 문화강국이 되려면 정신의 수준을 높이고 아울러 고도의 과학기술을 집약시킨 산업을 키워야 한다. 이러한 목표를 성취하는데 꼭 필요한 것이 물리를 비롯한 자연과학이다.

누가 이 책을 읽기를 바라는가?

세상에는 널리 퍼진 터무니없는 편견이 많은데, 물리는 똑똑한 사람들만 배울 수 있다는 미신도 그 중의 하나이다. 어떤 일이든 최고수준에 이르러 새로운 길을 열려면 뛰어난 능력이 요구되며, 그것은 재능과 함께 대단한 노력을 쏟아 체계적으로 익혀야 갖출 수 있다. 하지만 대학교 일반물리는 해마다 전 세계에서 이공학을 전공하려는 수 백만 명의 학생들이 배우고 있으며, 주요 내용을 잘 이해해 왔다. 이 수준의 물리를 배우는데 필요한 지적 능력은 평균적인 수준이면 충분하며, 꼭 필요한 것은 배우려는 열정과 노력 그리고 좋은 교재와 효율적인 교육 및 학습 방법이다.

과학기술의 발전은 사회적 문제의 대응 및 해결방식을 바꾼다. 조선시대에는 심한 가뭄이 들면 임금과 지방관들이 나서서 기우제를 정성껏 지냈지만, 오늘날은 소수의 무식한 사기꾼을 빼고는 그렇게 어리석은 짓을 하지 않는다. 그 까닭은 오늘날 우리는 강우현상에 대해 정확하게 알고 있기 때문이다. 이제는 과학지식을 바탕으로 우주의 시원과 구조, 사물의 구성 요소, 생명 및 유전 현상의 근원 등 광범위한 물질 현상의 대부분을 정확하게 알 수 있다. 문제는 이러한 과학기술을 통한 정신능력의 고양은 가능태일 뿐 우리의 현실태는 아직 아니라는 것이다.

좁은 땅과 많은 사람 그리고 빈약한 자원의 조건 속에서 문화선진국으로 발전하는데 필요한 핵심 동력은 고도의 과학기술 역량에서만 얻을 수 있고, 그 바탕에는 물리를 비롯한 자연과학이 있다. 그러므로 우리나라와 인류의 미래를 앞서서 개척하려는 큰 뜻을 품은 젊은이는 무릇 물리를 비롯한 자연과학을 진지하게 공부해야 할 것이다. 이 책은 그러한 젊은이를 위해 준비한 물리 교재이다.

새로운 시도

이 책을 우리말로 옮기면서 체제를 원서와는 조금 다르게 바꾸었다. 원서에는 모든 연습문제가 각 장의 꼬리에 있었으나, 이 책에서는 각 절과 직접 관련된 연습문제는 그 절의 꼬리에 붙였고, 종합적인 연습문제는 "추가 문제"로서 장의 꼬리에 남겨 두었다. 이렇게 바꾼 까닭은, 한 절의 내용을 익힌 뒤에 바로 꼬리에 있는 연습문제를 풀면서 익힌 것을 되새겨 보게 하려는 것이다. 물리를 가장 효과적으로 배우려면 다른 모든 학문과 마찬가지로 예습과 복습 그리고 연습문제 풀이를 또박또박 하는 것이 좋다. 이 책으로 물리를 배우는 사람들이 효과적인 학습방법을 실천하여 세상을 합리적으로 보는 능력을 갖추는데 이러한 시도가 도움이 되기를 바란다.

2009년 2월
옮긴이들

옮긴이 소개

김중복 한국교원대학교 물리교육학과
김진승 전북대학교 자연과학대학 물리학과
남기봉 한림대학교 자연과학대학 전자물리학과
박병윤 충남대학교 자연과학대학 물리학과
이금휘 전북대학교 광전자정보기술연구소
이형종 전남대학교 자연과학대학 물리학과

서문

"이해하는 물리학(Understanding Physics: UP)"을 펼친 것을 환영한다. 이 책은 할러데이, 레스닉, 워커가 함께 쓴 Fundamentals of Physics 6판(흔히 "HRW 6판"이라고 한다)을 바탕으로 고쳐 쓴 것이다. HRW 6판과 그 이전에 할러데이와 레스닉이 함께 쓴 책은 지난 40년 동안 가장 인기 있는 일반물리 교재였고, 다른 교재를 평가하는 기준이 되었다. "이미 좋은 책이 있는데 왜 다른 책은 낼까"하고 물을지도 모르니 설명을 하겠다.

왜 개정된 책을 내는가?

어떤 물리학과 학생이 최근에 대학 3년 수준의 역학 강좌를 들으면서 처음 반절은 수업을 따라가기 힘들었는데, 이제는 훨씬 쉬워졌다고 한다. 무엇이 달라졌을까? 배우는 내용에 대한 기본 지식이 더 많았던 것일까? "달라진 것은 없어요" 그는 대답했다. "책을 미리 읽고 강의실에 들어갔어요. 그러니까 큰 도움이 됐어요. 일반물리 I과 II에서도 그렇게 했었으면 좋았을 것을 그랬어요." 분명히 이 학생은 아주 중요한 것을 배웠다. 대부분의 물리 교수들이 모든 학생들에게 최대한 빨리 가르치고 싶어 하는 것이 바로 이것이다. 다시 말해 학생이 아무리 영리해도, 일반물리 강좌의 교과과정을 아무리 잘 설계하고 가르쳐도, 학생들이 물리에서 더 많은 내용을 익히려면 "이해할 수 있는" 교재를 미리 꼼꼼히 읽어야 한다.

우리는 설문조사를 통해 일반물리 강의를 듣는 학생의 대부분이 책을 꼼꼼히 읽지 않는다는 것을 알고 있다. 그 까닭은 두 가지라고 생각한다: (1) 물리 교재에서 설명한 내용이 어렵고 추상적이라고 불평하는 학생이 많다. (2) 학생들은 수업과 부업과 사적인 의무와 사교 활동과 취미활동을 넘나드느라 바쁘다. 그래서 학생들은 시간을 들여 책을 꼼꼼히 읽지 않고도 물리 강좌에서 합격점수를 따는 전략을 개발한다. 우리는 이 두 문제에 대해 HRW 6판을 고쳐 학생들이 이해하기 쉽게 고쳐 쓰고, 교수에게는 더 많은 **"생각해보기"**를 제공했으며, 학생들이 교재를 꼼꼼히 읽도록 격려하고자 전략을 덧붙였다. 다행히도, 우리는 활동적인 저자 워커가 더욱 재미있고 알기 쉽게 열심히 고쳐 온 좋은 책을 더 낫게 바꾸고자 한다.

다음의 몇 절에서는 HRW 6판을 어떻게 고쳐 이 책을 새로 만들었는가를 요약한다.

이해하기 쉬운 설명

1차적인 목표의 하나는 학생들이 물리를 이해하게 돕는 것이다. 학생들이 물리란 일련의 서로 무관한 수식을 모아 놓은 것이며, 낱낱의 수식은 몇 가지 구체적인 상황에만 적용되는 것이라고 생각한다면 이 목표는 이룰 수 없다. 우리는 개념적, 정성적 이해를 강조하며, 수식을 줄곧 개념과 연계시킨다. 우리는 또한 학생들이 나날의 경험으로 이미 알고 있음직 한 개념들 위에 물리 지식을 쌓고자 한다.

이 책에서는 이야기가 한 장에서 다음 장으로 물 흐르듯 이어지게 했다. 각 장의 첫머리에서는 그 장에서 다룰 새로운 주제가 왜 중요한가, 앞 장의 내용과 어떻게 이어지는가를 설명하며, 곧이어 나올 내용에 대해 학생들을 준비시킨다. 우리는 이 책 전반에서 되풀이되어 나타나는 기본 개념을 강조하였다. 앞, 뒤에 나오는 내용을 광범위하게 이어줌으로써 이 책에서 다루는 주제의 연결성을 강화했다. 보기를 들어 16장 진동의 첫머리에 다음과 같은 설명이 있다: "단순 조화 운동을 배우면 역학계를 더 잘 알게 되지만, 그것은 또 30~37장에서 배울 전기와 자기를 이해하는데도 아주 중요하다. 끝으로 단순 조화 운동을 알면 빛의 파동성 및 원자와 핵이 에너지를 어떻게 흡수하고 방출하는가를 더 잘 이해할 수 있다."

관측과 실험 강조

관측과 나날의 생생한 경험을 출발점으로 삼아 수식을 전개한다. 이 책의 주요 특징은 실험에 바탕을 두고 이론을 구축하는 것이다. 우리는 학생들이 이미 겪었거나 주의 깊게 관측하면 쉽게 얻을 수 있는 경험에 바탕을 두고 개념을 쌓아 올린다.

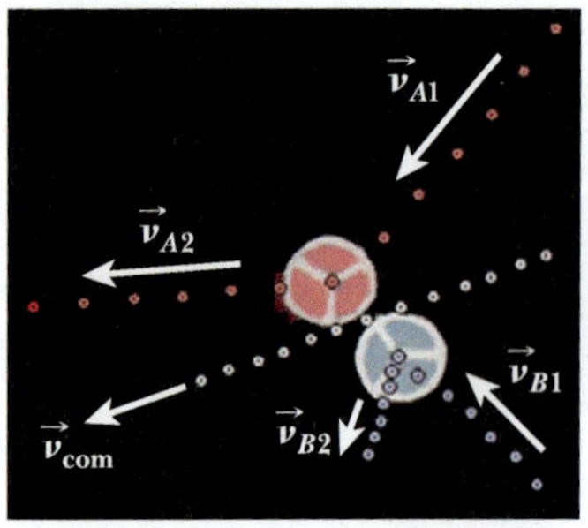

그림 P-1
두 원반이 부딪치는 것을 비디오로 찍어 분석해 보면 두-원반 계의 질량중심은 속도가 일정함이 드러난다.

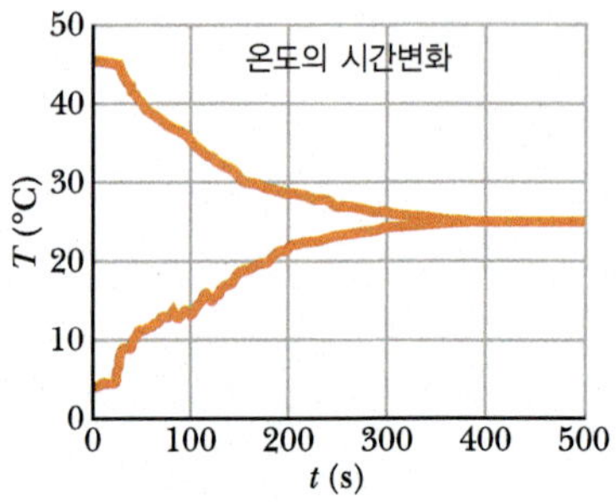

그림 P-2
찬물과 뜨거운 물을 같은 양 넣어 섞으면서 온도변화를 전자 온도계로 재보면 최종 온도는 두 물의 처음 온도의 평균값임이 드러난다.

이 책에서는 될 수 있으면 늘 단순한 관측이나 전형적인 일반물리 실험에서 얻을 수 있는 실험 자료로부터 물리적 개념과 이론을 전개했다. 여러분은 스스로 묻는 버릇을 길러야 한다: 우리의 관측, 경험 그리고 자료가 뜻하는 물리학의 자연법칙은 무엇인가? 어떤 말이 옳은지는 어떻게 알 수 있는가? 우리가 이 세계에 대해서 올바른 모형을 개발했다고 믿는 까닭은 무엇인가?

이러한 목적에서 이 책은 각 장을 우리가 잘 아는 나날의 관찰에 대한 기술로 시작한다. 그래서 이 책은 여러분의 일상생활과 관계되고, 여러분이 이미 알고 있는 지식을 이용한다. 우리는 아론스(Arnold Arons)의 원리인 "착상 먼저, 이름은 나중에(idea first, name after)"를 따르고자 한다. 다시 말해 나날이 쓰는 말로 서술한 보편적 경험에서 토론을 시작하고자 모든 노력을 기울였다. 그 다음에 비로소 설명하려는 개념에 대해 공식적인 물리 용어를 썼다. 보기를 들어 나날이 겪는 밀기와 당기기, 그리고 그로부터 생기는 물체의 운동의 변화를 먼저 설명한 뒤에 "힘"이나 "뉴턴 제2법칙"과 같은 용어를 소개했다. 풍선을 찬 곳에 두면 왜 쭈그러들며 들통에 담긴 물이 왜 실온으로 식는가를 먼저 설명한 다음 이상기체 법칙이나 열에너지 전달의 개념을 소개했다.

"착상 먼저, 이름은 나중에"의 철학은 여러분이 배우려는 개념을 이미 알고 있는 지식에 연관시키는 양식을 구축하는데 유용하다. 이 방법은 또한 여러분 스스로 경험을 물리적 법칙에 맞게 해석하는 데에도 도움이 된다.

이 책에 들어있는 보기와 그림에는 현대적인 컴퓨터-기반 실험도구에서 얻은 자료가 많다. 이 도구에는 컴퓨터-보조 자료수집 장치와 디지털 영상 분석 소프트웨어도 있다. 이러한 도구는 1장의 뒷부분에서 소개한다. 그림 P-1, P-2, 그리고 P-3는 이러한 기법의 보기이다. 일반물리 실험이나 강의실에서 보여주는 실험에서 이러한 컴퓨터 도구를 많이 쓰고 있으므로 여러분도 이러한 도구를 일반물리 실험에서 점점 더 많이 쓰게 될 것이다. 실제의 자료를 쓰면 좋은 점이 많다. 이것은 책과 여러분이 이 강좌의 다른 부분을 배울 때 얻는 경험을 이어주고, 또 책을 실생활의 경험과도 이어준다. 그러한 자료수집 및 분석 도구를 여러분이 실험실에서 직접 쓰건 쓰지 않건, 이상화된 자료 대신 실

그림 P-3
사람의 운동을 비디오로 찍어 분석해 보면 자유낙하 할 때 펼친 몸의 질량중심은 지구의 중력을 받아 포물선을 따라 움직임이 드러난다.

제의 자료를 쓰면 자료의 평가와 분석이 이론을 뒷받침하는데 중요한 구실을 한다는 것을 제대로 알 수 있다.

물리교육연구 성과의 활용

책을 고쳐 쓰면서 물리교육연구로 밝혀진 두 가지 중요한 결과를 활용했다. 하나는 많은 학생들이 배울 때 어려워하는 개념을 잡아낸 것이다. 다른 하나는 학생들이 물리를 제대로 이해하는데 능동학습전략이 도움이 된다는 것을 확인한 것이다.

• 어려운 개념에 대해

학생들이 물리를 배울 때 겪는 어려움에 관해서는 광범위한 학구적 연구 결과가 있다.[1] 이러한 어려움을 풀어주고자 힘썼다. 이 책에서는 학생들이 헷갈려하는 문제를 조심스럽게 설명했다. 이것에는 물리학자가 보기에는 시시해 보이는 힘의 본성과 그것이 속도와 속도의 변화에 미치는 효과 같은 것도 있다. 미묘하고 때로는 직관에 어긋나는 주제를 설명할 때는 말을 세심하게 골라 쓰고 흔히 볼 수 있는 학생들의 그릇된 이해를 뿌리 뽑고 고쳐주고자 세심하게 설계한 보기를 들었다. 보기를 들어 우리는 학생들이 수직항력과 마찰력과 같은 수동적인 힘을 이해하는데 어려워하는 것을 알고 있다.[2] 어떻게 해서 단단한 탁자가 그 위에 그냥 놓여 있는 책에 힘을 줄 수 있을까? 6-4절에서 우리는 고체에 대한 이상화된 모형을 제시한다. 그것에서는 용수철이 속에 든 침대와 비슷하게 원자끼리 밀치는 힘이 용수철의 구실을 한다. 덧붙여 여러분이 탁자를 손가락으로 밀어보고 더 세게 밀수록 탁자로부터 반대쪽으로 더 세게 미는 힘을 받는 것을 느껴볼 것을 권한다.

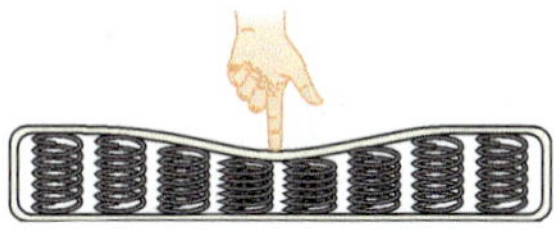

그림 P-4
손가락으로 힘을 주어 매트리스 속의 용수철을 누른다. 그러면 매트리스는 크기가 같고 방향이 반대인 힘을 손가락에 준다.

• 능동학습의 기회 넣기

우리는 학생들이 이 책을 읽는 동안 대화를 나눈다고 느끼면서 더 깊이 생각하도록 꾸몄다. HRW 6판의 각 장의 끝에 있는 확인문제 가운데 좋은 것은 그대로 남겨 **"생각해보기"**라고 부른다. 새로 만든 것도 많은데, 이것은 각 장의 중요한 절에서 다루는 내용을 복습하게 만든다. 보기를 들어 6장 2절에서 2차원 힘-물체 그림을 소개한 뒤 바로 생각해보기 6-1이 나온다. 이것은 선다형 문제로서 세 힘을 받는 헬리콥터의 힘-물체 그림을 고르는 것인데, 세 힘은 작용방향이 다르다. 이 문제의 틀린 선택지는 학생들이 힘-물체 그림을 그릴 때 흔히 저지르는 잘못을 바탕으로 만들었다. 이러한 종류의 생각해보기를 "때맞춤 교육(Just-In-Time Teaching: JiTT)"의 과제로 주거나 "강의중 모둠 토

---

1 맥더못(Lillian C. McDermott), 레디쉬(Edward F. Redish), "Resource Letter PER-1: Physics Education Research," *Am. J. Phys.* **67**, 755-767 (1999).

2 클레멘트(John J. Clement), "Expert novice similarities and instruction using analogies," *Ins. J. Sci. Ed.* **20**, 1271-1286 (1998).

론"의 주제로 주면 학생들은 그것을 읽으면서 핵심적인 문제 풀이 기능을 배우는데 도움이 된다.

우리는 또한 "**따라해보기**"를 만들어냈다. 이것은 세심하게 고른 표본문제로서 핵심적인 문제 풀이 기능을 보여주며 학생들이 문제 풀이의 긴요한 부분인 물리적 추론과 개념을 활용하는 방법을 배우도록 도와준다. 이 문제의 일부는 HRW 6판의 "표본문제"에서 골랐고 일부는 새로 만들어 냈다. 각 장에서 이야기의 흐름을 유지하고자 표본문제의 수를 줄여 기본 원리의 응용을 보여주는데 필요한 것만 남겼다. 또한 우리가 고른 따라해보기를 풀려면 개념적 추론과 수학적 문제 풀이 기능을 한데 묶어야지, 단순히 "공식에 끼워 넣기"나 문제 유형에 맞는 알고리듬을 써서는 풀 수 없다.

HRW 6판의 각 장의 끝에 있는 문제 가운데 강의실에서 써 보고 고른 많은 연습문제에 **추가문제**를 덧붙였다. 이 새 문제는 학생들이 물리를 배울 때 겪는 어려움에 대해 저자들이 연구하여 얻은 지식에 바탕을 두고 만들었다. 이 가운데 많은 문제는 세심한 정성적 추론을 요구한다. 이 문제들은 개념적 이해를 정량적 문제 풀이에 명확하게 이어준다. 또한 어림셈을 하는 문제, 영상 분석 문제, 그리고 실생활 또는 "줄거리가 풍부한" 문제도 들어 있다.

이 책의 짜임새와 양식은 물리교육연구에 바탕을 둔 다른 교육과정 자료—이것을 "물리 꾸러미(The Physics Suit)"라고 한다—와 함께 쓰기 쉽게 되어 있다.

일관성과 명료성을 위한 재편성

HRW 6판의 짜임새를 대부분 그대로 이어 받았다. 미적분학 바탕 일반물리 교재의 전형적인 교과요목의 흐름에서 주제의 일반적인 배열순서는 교수들이 잘 알 것이다. 사실 주제의 배열순서를 정하고 장으로 나눈 것은 38개 장에서 27개가 같다. 몇 가지 주제의 순서를 바꾼 까닭은 교수법의 일관성을 높이고자 함이다. 재편성을 한 부분은 주로 3장에서 10장까지이며, "새 역학(New Mechanics)"의 순서를 따랐다. 또한 HRW 6판에서 축전기를 다룬 25장을 옮겨 직류 회로의 마지막 부분에 두었다. 이 책에서는 축전기를 28장에서 소개한다.

• 새 역학의 순서

HRW 6판을 비롯한 대부분의 일반물리 교재는 고전역학을 다룰 때 잘 알려진 순서를 따른다. 등가속 운동을 기술하는 운동학의 방정식에서 시작한다. 그 다음에는 2차원 벡터와 투사체 운동의 운동학을 다룬다. 그 다음에는 동역학을 다루어 뉴턴 법칙을 소개하고 이것을 써서 학생들이 일차원 및 2차원 운동을 이해하는 것을 돕는다. 끝으로 에너지, 운동량 보존, 그리고 회전운동을 다룬다.

약 12년 전에 로오스(Priscilla W. Laws), 쏜톤(Ron Thornton), 그리고 소콜로프(David R. Sokoloff)가 함께 물리교육 연구에 바탕을 둔 교육과정 자료를 개발할 때, 학생들이 동역학을 배우기 전에 2차원 벡터를 가지고 씨름하고 투사체 운동을 이해하는 것을 힘들어하는 것을 알게 되었다.

그 때 아론스는 운동량을 에너지 보다 먼저 소개해야 한다고 주장하고 있었다.[3] 아론스는 다음과 같이 주장했다: (1) 역사적으로나 현대적인 문맥으로나 운동량 개념이 에너지 개념 보다 더 단순하다; (2) 운동량 보존을 배울 때 질량 중심에 대한 개념의 발달이 들어가며, 이것은 에너지 개념을 제대로 발달시키는데 필요하다. 또한 충격량-운동량 관계는 명백히 뉴턴 제2법칙의 또 다른 진술이다. 따라서 뉴턴 법칙을 다룬 다음 바로 운동량 보존을 배우는 것이 가장 자연스럽다.

---

[3] 아론스와 로오스가 다음 문헌을 통해 사적으로 의견을 주고받았다: "Primary Notes and Suggestions," 1990. 8. 19; 아론스, *Development of Concepts of Physics* (애디슨-웨슬리 출판사, 레딩, 메사추세츠, 1965).

전통적인 역학의 주제 순서에 관한 문제를 살펴보고자 1992년 물리 교육 연구자와 교육과정 개발자로 작은 집단을 꾸며 역학 주제의 배열 순서를 바꾼 새로운 교육과정을 도입하는 것을 논의했다.[4] 이 학회의 결과는 로오스, 소콜로프, 쏜톤이 역학에서 다루는 주제의 순서를 바꾸어 아래에 설명한 물리 꾸러미의 일부인 교과과정 자료를 여러 가지로 개발한 것이다.[5] 이 자료에는 다음과 같은 것이 있다: "Workshop Physics", "RealTime Physics Laboratory Module in Mechanics", 그리고 "Interactive Lecture Demonstrations". 이 책은 그 순서를 받아들여서 HRW 6판의 2장에서 10장까지를 상당히 고치고 다시 꾸몄다.

이 책의 2장에서 10장까지에 들어 있는 "새 역학" 순서에는 다음 사항이 들어있다:

- 2장: 1차원 운동학, 일정한 수평 가속도와 수직방향 자유 낙하를 응용 사례로 다룸.
- 3장: 1차원 동역학, 뉴턴 운동 법칙을 하나 이상의 힘을 한쪽으로 받는 물체에 적용하는 것에서 시작함. 학생들은 자유낙하를 관찰한 것을 잘 새겨보아, 물체는 눈에 보이지는 않지만 아래쪽으로 끄는 일정한 힘인 "중력"을 받는다고 가정하게 됨.
- 4장: 2차원 벡터, 벡터 변위, 단위 벡터, 그리고 벡터를 성분으로 분해하는 것을 다룸.
- 5장: 운동학과 동역학을 한쪽으로만 작용하는 힘을 받는 2차원 운동으로 확장함. 보기에는 투사체 운동과 원운동이 들어 있음.
- 6장: 운동학과 동역학을 2차원 힘을 받는 2차원 운동으로 확장함.
- 7장과 8장: 이 장의 주제는 충격과 운동량 변화, 운동량 보존, 입자계, 질량 중심, 그리고 고립계에서의 질량 중심의 운동이다.
- 9장과 10장: 이 장에서는 운동 에너지, 일, 위치 에너지, 에너지 보존을 도입한다.

• 때 맞춤 수학

수학의 주제는 보통 "때 맞추어(just-in-time)" 도입한다. 보기를 들어 2장에서 1차원 속도와 가속도의 개념을 전개하면서 1차원 벡터를 다룬다. 2차원 및 3차원 벡터, 벡터 덧셈과 성분 분해는 5장과 6장에서 2차원 운동과 힘을 다루기 바로 전인 4장으로 미룬다. 벡터 곱셈은 필요할 때까지 다루지 않는다. 점곱은 9장에서 물리적인 일의 개념을 도입할 때 비로소 소개한다. 마찬가지로 가위곱은 11장에서 회전력과 연관시켜 처음으로 소개한다.

• 기호 변경

수학 기호는 자주 헷갈리고, 애매하게 쓰면 학생들이 중요한 관계를 이해하는데 방해가 될 수 있다. 또한 다른 양을 나타내는데 똑같은 기호를 쓰면 문제 풀이가 어려워진다. 새 기호의 주요 특징 몇 가지는 다음과 같다:

- "미국 국립 과학기술연구소 특별 출판물 811(US NIST Special Publication 811 [SP 811])"이 정한 기호에 관한 최근 지침을 따른다.
- 익숙한 기호를 쓰고 싶은 마음과 다른 변수에 대해 같은 기호를 쓰는 것을 피하고 싶은 마음의 균형점을 찾고자 애썼다. 보기를 들어 운동량, 압력, 그리고 일률을 흔히 p로 나타낸다. 운동량은 소문자 p, 압력은 대문자 P를 써서 구별했는데, 그 까닭은 두 양이 기체 분자운동론을 끌어낼 때

---

4 "새 역학 학회(The New Mechanics Conference)"는 1992년 8월 6~7일 터프츠(Tufts) 대학교에서 열렸고 참석자는 다음과 같다: 쿠니(Pat Cooney), 딕스트라(Dewy Dykstra), 햄머(David Hammer), 헤스테네스(David Hestenes), 로오스, 리이(Suzanne Lea), 맥더못, 몰스(Robert Morse), 피스터(Hans Pfister), 레디쉬, 소콜로프, 쏜톤.

5 로오스, "A New Order of Mechanics" 125-136쪽, Proceedings of the Conference on the Introductory Physics Course, 렌슬러 공과대학(Rensselaer Polytechnic Institute), Troy, New York, May 20–23, 윌슨(Jack Wilson) 편집. 1993 (와일리 출판사, 뉴욕 1997).

함께 나오기 때문이다. 그러나 일률은 대문자 P로 나타냈는데, 그 까닭은 보통은 수식에 압력과 함께 나오지 않기 때문이다.

- 벡터는 굵은 글씨 대신 글자 위에 화살표를 붙여 나타내어, 손으로 쓴 방정식이 인쇄된 식과 같은 꼴이 되게 했다.
- 낱낱의 벡터 성분에 그 좌표축을 드러내는 아래글자를 붙였다. 이것은 벡터의 크기는 스칼라량이지만 벡터 성분은 스칼라량이 아닌데 학생들이 흔히 헷갈리는 것을 막으려는 것이다.
- 교수와 학생들은 수학적 변수와 관련된 물체의 이름을 생략하는 경향이 있지만, 우리는 아래글자를 붙여 뚜렷이 드러낸다. 또한 아래글자에 화살표를 붙여 어떤 물체가 다른 물체에 힘을 준다는 사실을 강조한다. 보기를 들어 밧줄이 나무토막에 주는 힘을 나타내는 기호는 다음과 같다: $\vec{F}_{\text{밧줄}\to\text{토막}}$.

교재 읽기를 권장함

지금까지 이 책의 내용을 더 좋게, 읽기 편하게 만들고자 고친 점을 설명했다. 그러나 책이 아무리 좋아도 학생들이 읽지 않는다면 아무 도움이 되지 않는다. 따라서 교수는 바쁜 학생들이 책을 적극적으로 읽는 버릇을 들이도록 격려하는 것이 아주 중요하다. 우리 생각에는 학생들이 이 책을 읽도록 만드는 가장 효과적인 길은 수업이 끝날 때마다 책의 "내용읽기", "생각해보기", 그리고 다른 "내용에 관한 물음"을 적절히 과제로 내는 것이다. "내용에 관한 물음"에 대한 효과적인 후속조치를 몇 가지 들면 다음과 같다:

1. "때맞춤 교육" 방법을 쓴다. 이것은 전자우편이나 컴퓨터 기반 과제 체계(보기를 들어 Web Assign 또는 E-Grade)를 써서 수업시간 전에 물음에 대한 답을 낼 수 있다. 수업을 시작하기 전에 여러 답을 읽어보면 학생들이 어려워하는 문제를 미리 알아 수업시간에 그것을 더 자세히 설명할 수 있다.
2. 과제에 대한 답을 미리 준비해 오게 하여 그것을 수업시간에 작은 모둠에서 토론하게 한다.
3. 컴퓨터로 자동채점할 수 있는 선다형 문제를 각 절 또는 각 장의 내용과 관련하여 낸다.
4. 학생들에게 각 장을 요약하여 내게 한다. 이 과제는 아주 효과적이어서 우리는 일부러 각장의 요약을 학생이 하도록 남겨 두었다.

분명히 이 모든 방법은 그렇게 한 학생들에게 점수를 더 주면 더 효과적이다. 따라서 학생들이 정기적으로 교재를 읽고 생각해보기의 답에 대해 생각한 것을 내게 하여 그 모두, 또는 무작위로 뽑아 추가점수를 주는 평가방식을 실시해야 할 것이다.

물리 꾸러미(The Physics Suite)

1997년과 1998년 와일리 출판사의 물리 분야 편집자인 존슨(Stuart Johnson)과 비공식적으로 모인 교육과정 개발자 집단 그리고 "활동에 바탕을 둔 물리 동아리"로 알려진 교육 개혁론자가 모여 물리 교육 연구에 바탕을 둔 여러 교육과정 자료를 묶을 수 있는 가능성에 관해 논의를 시작했다. 이로부터 "활동에 바탕을 둔 물리 꾸러미"가 나왔는데, 여기에는 이 책도 들어있다. 이 물리 꾸러미에는 교수들이 저마다 다른 강의 환경에서 그 여건에 맞게 여러 가지로 조합하여 쓸 수 있는 자료가 들어 있다. "Interactive Lecture Demonstration Series"[6]는 1차적으로 강의시간에 쓰도록 만든 것이다. 꾸러미에 들어 있는 다른 자료에는 "Workshop Physics Activity Guide",[7] "RealTime Physics Laboratory by Module",[8] "Physics Inquiry"[9]가 있다. 추가 자료로는 연습시간에 쓰기에 좋은, 워싱턴 대학교에서 개발한 "Tutorials in Introductory Physics"(프렌티스-홀 출판사)[10]와 매릴랜드 대학교에서 개발한 "Quantitative Tutorials"[11]가 있다. 활동에 바탕을 둔 물리 꾸러미에는 매릴랜드 대학교에서 개발한 "thinking problems" 모음으로 마무리를 했다. 물리 꾸러미에는 이 UP 말고도 다음의 요소가 들어 있다:

1. **Teaching Physics with the Physics Suite.** 레디쉬 지음. 이 책에 대한 "교수 편람"일 뿐 아니라 물리교육에 관한 최근의 발전에 대해 배우려는 사람은 누구나 흥미를 느낄 내용이다. 이것은 물리를 가르치고 배우는 것 모두를 개선하기위한 여러 도구−새로운 과제와 시험 문제에서 강의실에서 학생들에게 어떻게 생각하는가를 파악하기 위한 설문조사, 컴퓨터와 비디오를 써서 자료를 모으고 분석하는 도구까지−를 설명했다. 이 책에 들어있는 CD에는 14개의 개념에 대한 설문과 3개의 학습태도에 대한 설문, 일반물리의 모든 주제에 관한 250개의 **"생각해볼 문제 (thinking problem)"**, 그리고 컴퓨터 자료 수집과 동영상 사용법에 관한 판매회사의 자료, 그리고 여러 가지 쓸모 있는 참고 자료가 담겨 있다. (교수는 와일리 출판사로부터 책과 자료 CD를 기증 받을 수 있다.)
2. **RealTime Physics.** 소콜로프(오레곤 대학교), 로오스(디킨슨 대학), 쏜톤(터프츠 대학교) 공저. 이것은 컴퓨터 보조 자료수집장치를 쓰는 실험교육 자료 모음으로서 학생들은 개념을 구성하고, 자료를 해석하는 방법을 배우며, 물리 지식의 경험적 바탕에 대한 이해를 발전시킨다. 이 모음에는 세 개의 모듈이 있다: 모듈 1: 역학(12실험), 모듈 2: 열과 열역학(6실험), 모듈 3: 전기회로(8실험). (책으로도 나와 있고 물리 꾸러미 CD에 파일로도 들어 있다.)
3. **Interactive Lecture Demonstration(ILD)** 소콜로프와 쏜톤 공저. ILD는 연습지에 바탕을 두어 안내하는 시연으로서 기본 원리에 초점을 맞추고 구체적인 기초 개념을 다룬다. 시연에서는 컴퓨터-보조 자료 수집 도구를 써서 질 좋은 자료를 실시간에 모아 보여준다. 낱낱의 ILD 주제는 한 차례의 강의에서 할 수 있게 되어 있다. 이 시연을 통해 학생들은 교수가 이끄는 대로 결과에 대한 예측, 친구들과의 토론, 시연 관찰하고 그 결과를 음미하면서 개념을 구축한다. ILD 모음에는 역학, 열역학, 전기, 광학 등이 있다. (책으로도 나와 있고 물리 꾸러미의 CD에 파일로도 들어 있다.)
4. **Workshop Physics** 로오스 지음. 이 책은 미적분 기반 일반물리 강좌에서 쓸 수 있는 4 부의 활동 안내로 되어 있다. 이 책은 전통적인 강의와 실험을 대치하여 학생들이 컴퓨터 도구를 써서 자료를 모으고, 화면에 그림으로 나타내며, 분석하고, 모형을 세운다. 그 도구에는 컴퓨터-보조 자료 수집 소프트웨어와 장치, 디지털 동영상 수집 및 분석 소프트웨어, 그리고 해석적 수학 모형을 만드는데 쓰이는 스프레드시트 소프트웨어가 들어간다. 모듈은 고전역학(2 모듈), 열역학과 핵물

---

6 소콜로프, 쏜톤, "Using Interactive Lecture Demonstrations to Create an Active Learning Environment," The Physics Teacher **35**, 340−347, September 1997.

7 로오스, *Workshop Physics Activity Guide*, Modules 1−4 w/ Appendices (와일리 출판사, 뉴욕, 1997).

8 소콜로프, *RealTime Physics*, Modules 1−2 (와일리 출판사, 뉴욕, 1999).

9 맥더못, 워싱턴 대학교 물리교육 연구진, Physics by Inquiry (와일리 출판사, 뉴욕, 1996).

10 맥더못, 쉐퍼(Peter S. Shaffer), 워싱턴 대학교 물리교육 연구진, *Tutorials in Introductory Physics* (프렌티스-홀 출판사, Upper Saddle River, NJ, 2002).

11 스타인버그(Richard N. Steinberg), 위트만(Michael C. Wittmann), 레디쉬, "Mathematical Tutorials in Introductory Physics," in, *The Changing Role of Physics Departments in Modern Universities*, 레디쉬와 릭든(John S. Rigden) 편집, AIP Conference Proceedings 399, (AIP, 우드베리, 뉴욕, 1997), 1075−1092쪽.

리, 전기와 자기이다. (책으로도 나와 있고 물리 꾸러미의 CD에 파일로도 들어 있다.)

5. **Tutorials in Introductory Physics** 맥더못과 쉐퍼 그리고 워싱턴 대학교의 물리교육연구진이 만듦. 이 교재는 표준적인 일반물리 강좌의 교재와 강의에 의한 교육을 보충하고자 설계한 문제집 묶음이다. 낱낱의 지도서는 학생들이 작은 무리를 지어 간단하고 값싼 도구를 써서 실험하면서 배울 수 있는 곳에서 1시간 강의에 쓰게 만들었다. 여기에서 강조하는 것은 학생들이 핵심적인 개념을 더 깊게 이해하고 과학적 추론 능력을 기르도록 돕는 것이다. 주제는 역학, 전기와 자기, 파동, 광학, 그리고 다른 선별된 몇 가지이다. (프렌티스-홀 출판사에서 책으로 펴냈다.)
6. **Physics by Inquiry** 맥더못 교수와 워싱턴 대학교의 물리교육연구진이 만듦. 이 완전한 교과과정은 실험에 바탕을 두어 기본 개념과 과학적 추론 능력의 개발을 강조하는 모듈이다. 학생들은 먼저 현상을 관찰하고, 유도된 탐구문제를 통해 일관성 있는 개념적 틀을 만들어간다. 실험에는 간단하고 값싼 장치와 소모품만 있으면 된다. 그 모듈은 주로 초중등 교사들을 훈련시키고자 개발한 것인데 교양과정 학생들과 학력이 부족한 학생들에게도 효과적임이 입증되었다. 분량은 2년간 교육에 충분한 정도이다. (책으로 나와 있다.)
7. **The Activity Based Physics Tutorials** 레디쉬 교수와 매릴랜드 대학교의 물리교육연구진이 만듦. 이 책은 워싱턴 대학교에서 만든 것들처럼 강의 보조용으로 개발한 연습지와 표준적인 일반물리교재의 문제로 되어 있다. 그러나 이 책에는 다른 꾸러미 요소에서 자료 수집, 디지털 동영상 분석, 전산시늉, 스프레드시트 분석 등에 쓰는 컴퓨터 소프트웨어와 하드웨어를 종합해 놓았다. 이 교재에는 고전 물리의 주제와 함께 현대 물리의 주제도 들어있다. (물리 꾸러미 CD에 담긴 파일로만 제공된다.)
8. **The Understanding Physics Video CD for Students** 로오스 교수 및 공동 연구자들이 만듦: 이 CD에는 이 책의 설명과 추가문제에 나오는 비디오 토막이 들어있다. 비디오는 여러 물리현상을 찍은 동영상 조각이 퀵타임 형식의 파일이고, 그러한 파일을 여는 소프트웨어도 들어있다. 학생들은 교재를 읽으면서 그 동영상 조각을 볼 수 있다. 학생들에게 동영상 분석 소프트웨어가 있다면, 교재의 그림표에 보여준 자료를 스스로 만들어내거나, 강사가 부과한 과제에 따라 완전한 동영상 분석을 할 수 있다.
9. **The Physics Suite CD** 이 CD에는 여러 물리 꾸러미의 요소가 엠에스워드(MS Word) 파일로 들어있다. 따라서 강사는 자기 강의 요목에 맞게 고쳐 쓸 수 있다. 여기에는 다음 자료와 관련된 것을 비롯하여 쓸모 있는 것이 많다: *RealTime Physics*, *Interactive Lecture Demonstrations*, *Workshop Physics*, *Activity Based Physics Tutorials*.

• 교수에게 한마디

지난 십년동안 우리는 대부분의 학생들이 물리를 배우는데 실제로 필요한 것이 무엇인가에 집중하는 것이 얼마나 가치 있는가 그리고 물리교육에 관한 연구를 바탕으로 만든 능동학습을 촉진하는 자료를 써서 배우면 얼마나 가치 있을 것인가를 배웠다. 이 교재와 물리 꾸러미에 담긴 자료가 여러분과 여러분이 가르치는 학생에게 물리를 더 짜릿하고, 더 알기 쉽게 만들려는 노력에 도움이 되기를 바란다.

이 책의 보조 자료

• 교수를 위한 보조 자료

1. **Instructor's Solution Manual** 호워드 대학교의 바트라(Anand Batra)가 만든 이 풀이집에는 장의 뒤에 있는 문제 대부분의 풀이가 실려 있다.
2. **Test Bank** 크리스트만(J. Richard Christman) [미국 해안경비대 학교] 지음. 여기에는 HRW 6판에서 뽑아 고친 2500개 이상의 선다형 문제가 실려 있다. 이것은 전산화된 문제은행에도 들어있다 (아래를 보라).
3. **Instructor's Resource CD** 이 CD에 담긴 것은 다음과 같다: 엠에스워드(피씨와 매킨토시)와 피디에프(PDF) 파일로 된 교수용 전체 문제 풀이. 피씨와 매킨토시 컴퓨터 모두에서 쓸 수 있고, 편집할 수 있는 전산화된 문제은행. 강의실에서 화면에 비추거나, 인쇄하거나, 웹에 올릴 수 있는 교재의 모든 그림.
4. **Online Homework and Quizzing** 이 책은 WebAssign과 eGrade를 지원하는데, 이 두 프로그램을 쓰면 인터넷을 통해 과제와 짧은 문제를 주고, 채점할 수 있다.
5. **The Wiley Physics CD Domonstration Video** 럿거스 대학교의 마이울로(David Maiullo)가 만든 것으로 학생들이 재미있어하고 배울 것이 있는 100개의 고전적인 물리 시연을 담고 있다. 전문적인 필름 작업자가 찍고, 편집하여 만들었는데, 못이 빽빽하게 박힌 판에 눕기, 소리로 유리 깨기, 55-갈론 쇠 통이 대기압으로 쭈그러지는 것 등이 담겨있다. 낱낱의 시연에는 "물리교수자료 연합회[물교자연](Physics Instruction Resources Association: PIRA)" 시연 분류 체계에 따라 번호가 붙어 있다. 이 체계는 낱낱의 시연에 담긴 내용과 관련된 분야, 주제, 그리고 개념을 분류한다. "물교자연(PIRA)"에 관해 더 알고 싶거나 시연 분류 체계가 담긴 스프레드시트 파일을 내려 받으려면 www.pira.edu에 가 보라.
6. **Wiley Physics Simulations CD-ROM** 이 CD에는 50개의 대화형 전산시늉 프로그램(자바 애플릿)이 들어있어 강의실에서 시연해 줄 수 있다.

• 학생을 위한 보조 자료

1. **Student's Study Guide**, 크리스트만(미국 해안경비대 학교) 지음. 이 안내책은 장의 내용에 대한 개관, 장의 뒤에 있는 문제를 푸는 실마리, 그리고 스스로 풀어보는 문제가 실려 있다.
2. **Student Solution Manual**, 크리스트만(미국 해안경비대 학교) 지음. 이 풀이집에는 장의 뒤에 있는 홀수번 문제 약 450개에 대한 완전한 풀이가 실려 있다.

차례

3 부

부록

22 전하

플라스틱 빗을 종이쪽에 가까이 대면 아무일도 생기지 않는다. 그러나 그 빗으로 머리카락을 빗거나, 털에 문지른 뒤에 종이쪽을 끌어당긴다. 실제로 작은 빗이 종이쪽을 끌어당기는 힘은 지구의 중력을 이길 정도로 아주 세다. 흔히 '정전기로 달라붙는' 현상은 여러 물체에서 생기며, 특히 춥고 마른 날 쉽게 볼 수 있다.

왜 종이쪽이 빗에, 그리고 종이쪽끼리 달라붙을까?

◈ 답은 이 장에 있다.

22-1 전기의 중요성

춥고 마른 날, 양탄자를 가로질러 가서 쇠로 된 문손잡이를 잡으려는 순간 전기 불꽃이 튄다. 텔레비전 광고는 옷을 입을 때 '정전기로 달라붙는' 문제를 경고한다. 번개는 이러한 불꽃이 더 큰 규모로 생기는 것이다. 이 현상들은 나날이 겪는 수많은 전기적 상호작용의 일부일 뿐이다.

전기 현상은 현대 생활에서 중요하다. 2백 년도 채 안 되는 과거에는, 해나 달이 없을 때, 불은 거의 유일한 열원이자, 광원이고, 음식 조리 수단이었다. 전기 펌프가 없었기 때문에 대부분의 집안에는 상수도도 없었다. 이제는 전등(심지어 손전등까지), 난로, 냉장고, 에어컨, 컴퓨터, 전화기, 라디오, 텔레비전, CD 플레이어, 그리고 수많은 다른 전기기기가 없는 생활은 상상하기 힘들다. 우리는 전기를 여러 가지로 쓰는데, 전기가 도대체 무엇인가? 이 장에서는 이 중요한 물음에 대해 생각한다.

지금까지 물리적 세계에 대해 배우면서, 물체가 힘을 받으면 운동이 어떻게 바뀌는지 배웠다. 또한 원격-작용 힘인 중력을 알면서 물체끼리 직접 닿지 않고도 힘을 주고받을 수 있음을 배웠다. 이 장에서는 또 다른 원격-작용 힘인 정전기력을 배우는데, 이것은 전기 현상을 이해하는 바탕이 된다.

몇 가지 주변 물체가 전기적으로 주고받는 힘의 본질부터 살펴보자. 그 다음에 거시적으로 관찰할 정전기력을 설명하는 도구로서 충전과 전하의 개념을 발전시킨다. 그렇지만, 정전기 현상을 좀 더 일관성 있게 이해하려면, 원자론이 발견한 것을 알아야 한다.

정전기 상호작용을 알면, 전기와 자기의 근본적인 관계를 통찰할 수 있다. 30장에서는 전류가 만드는 자기장을 다루는데, 자기력이 비록 움직이는 전하들의 상호작용으로 생기지만, 정전기력과는 성질이 판연히 다름을 알게 될 것이다. 32장에서는 전기와 자기가 어떻게 근본적으로 연관되는지 알게 될 것이다.

생각해보기 22-1 한 주 동안 사용한 전기기기를 모두 적어 보아라.

22-2 전기적 상호작용의 발견

호박(琥珀)은 아주 오래전에 나무에서 흘러나온 수액(송진)이 굳은 것인데 아름다울 뿐 아니라 그 속에 고대 생물이 온전히 보존되어 있어 감탄을 자아낸다(그림 22-1). 호박은 또한 과학자들의 흥미를 끄는 전기적 성질이 있다. 고대 그리스 사람들은 황갈색 호박을 털가죽에 문지르면, 지푸라기가 끌려오는 것을 알았다. 당기는 힘의 세기는 호박과 지푸라기의 거리가 멀수록 줄어들고, 시간이 지나면서 약해지는데, 특히 습도가 높은 날에 그러하다.

그림 22-1
호박은 송진이 화석화된 것으로 아름답고 사진과 같이 고대 식물과 벌, 장수말벌, 개미, 파리, 모기와 같은 곤충이 보존되어 있어 인기가 있다. 호박은 전기적 성질도 있다.

1600년대에 이렇게 호박에 생겼다 사라지는 이상한 힘을 더 주의깊게 연구하여, 유리와 같은 것들도 비단에 문지르면 작은 조각을 끌어당긴다는 것을 발견했다. 이러한 힘은 호박에서처럼 시간이 갈수록 줄었고, 특히 습도가 높은 날 더 그러했으며, 유리를 문지르지 않으면 생기지 않았다. 더구나, 문지른 호박과 관련된 힘과 마찬가지로 인력의 세기는 유리와 작은 조각이 멀어질수록 줄었다.

헝겊으로 물체를 문지르면 생기는 이러한 상호작용 현상을 **대전(帶電)[electrification]**이라고 한다[전기현상과 관련된 영어의 뿌리 electron은 호박의 그리스어 electron에서 왔다]. (유리나 호박뿐만 아니라) 어떠한 물체든지 다음과 같다면 대전되었다고 한다.

1. 두 물체를 (대개 문질러) 매우 가까이 댔다가 떼면 두 물체가 서로 힘을 주고받을 때
2. 이 힘이 시간이 갈수록 약해지고, 습도의 영향을 받을 때

3. 두 물체가 멀어질수록 힘이 약해질 때

전하를 띤 유리와 전하를 띤 호박의 비슷함이 흥미로웠지만, 1733년에 프랑스의 과학자 뒤피(Charles DuFay)가 다음과 같은 증거를 제시한 논문을 발표하였다.

털로 문지른 두 호박 막대는 늘 서로 민다.
비단으로 문지른 두 유리 막대는 늘 서로 민다.
문지른 호박 막대와 문지른 유리 막대는 서로 끌어당긴다(그림 22-2).

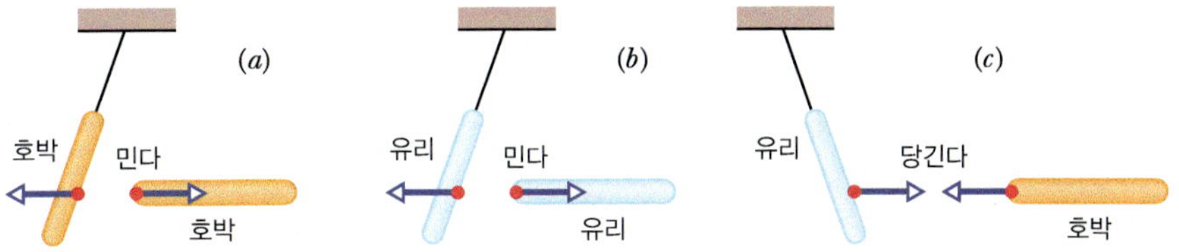

그림 22-2
(*a*) 같은 방법으로 대전시킨 두 호박 막대는 서로 민다. (*b*) 같은 방법으로 대전시킨 유리 막대도 서로 민다. (*c*) 전하를 띤 유리 막대와 전하를 띤 호박 막대는 서로 끌어당긴다.

습도가 너무 높지 않으면, (물리 실험실 밖에서는 구하기 어려운) 호박 막대와 유리 막대 대신 그림 22-3과 같이 스티로폼 컵과 플라스틱 주머니를 써서 뒤피가 했던 실험을 되풀이해 볼 수 있다. 손을 플라스틱 주머니에 넣어 스티로폼 컵의 표면을 문질러라. 그 다음, 같은 식으로 또 하나의 주머니로 다른 스티로폼 컵을 문질러라. 그런 다음 스티로폼 컵 하나를 매끄럽고 평평한 비금속 면 위에 놓고, 다른 컵을 가까이에 가져다 놓으면, 첫 번째 컵은 그림 22-3*a*와 같이 굴러 멀어질 것이다. 두 스티로폼 컵이 똑같은 방식으로 전하를 띤 뒤에, 뒤페이의 막대와 똑같이 서로 밀어낸다는 것을 눈여겨보라. 자, 이제 두 플라스틱 주머니의 위쪽 모서리를 같이 붙잡는다. 두 플라스틱 주머니도 같은 방식으로 대전되었으므로 그림 22-3*b*와 같이 서로 밀어낸다. 그러나 전하를 띤 호박이 전하를 띤 유리를 끌어당긴 것처럼 전하를 띤 지퍼백과 전하를 띤 스티로폼 컵은 서로 끌어당긴다. 이러한 관찰 결과를 잘 생각해 보라. 그러면 물질은 대전될 때의 거동이 다른 두 가지가 있다고 결론 내릴 수 밖에 없다.

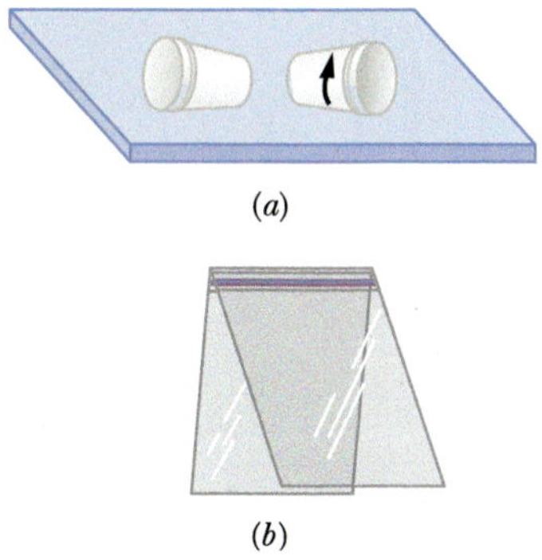

그림 22-3
(*a*) 같은 방법으로 대전시킨 두 스티로폼 컵은 서로 밀어낸다. (*b*) 스티로폼 컵을 대전시키는데 쓴 두 지퍼 백도 서로 밀어낸다.

모든 물체가 대전되지는 않는다. 그렇지만 전하를 띤 물체를 더 많이 관찰해 보면 다음과 같은 일반적인 진술을 얻는다.

> **관찰 1.** 모양과 재료가 같은 두 물체를 같은 방법으로 대전시키면 늘 서로 밀어낸다.
> **관찰 2.** 전하를 띤 두 물체는 늘 힘을 주고받는데, 서로 밀 수도, 당길 수도 있다.
> **관찰 3.** 모대전되지 않은 두 물체는 서로 밀지도 당기지도 않는다. (단지 감지할 수 없을 정도로 아주 작은 중력만 주고받을 뿐이다.)

두 스티로폼 컵을 대전시켜 서로 밀어내게 했다고 하자. 두 컵 중에 하나를 더 문지르면 어떻게 될까? 두 컵이 주고받는 힘이 더 세진다. 이는, (더 문지르지 않은) 첫째 컵을 '표준 물체' 로 잡으면, 표준 물체가 다른 물체에 주는 전기력의 크기를 잼으로써 다른 물체가 전하를 띤 정도를 결정할 수 있음을 뜻한다.

대전현상을 관찰한 바에 대한 한 가지 논리적 해석은 두 물체를 문지를 때 한 물체에서 다른 물체로 무엇인가가 옮겨간다고 가정하는 것이다. 18세기말에 프랭클린(Benjamin Franklin)을 비롯한 여러 사람이 한 많은 실험은 이러한 가정이 옳음을 보여준다. 그들은 또 관련된 물질이 실제로 두 가지임을 발견했다. 오늘날 이러한 물질을 **전하(electrical charge)**라고 하며, 두 가지 전하가 있다고 한다. 어떤 물체가 다른 물체보다 한 가지 전하를 다른 전하보다 더 많이 가지고 있으면 그 물체는 대전되었다고 하거나 **전하를 띤다(electrically charged)**고 한다. 아울러 물체를 (문지르는 것 말고도) 대전시키는 과정은 **충전(charging)**이라고 한다. 따라서 앞의 예에서, 좀 더 오래 문지른 스티로폼 컵에 더 많은 과잉 전하가 채워진다. (전하의 양을 종종 **전하량[amount of charge]**이라고도 한다.) 어떤 전하를 띤 물체의 전하량이 더 많을수록 표준 대전체로부터 받는 힘이 더 센 것을 관찰할 수 있다.

생각해보기 22-2 대전체를 만들 때 문지르는 대신 접착 테이프를 붙였다 떼어낼 수도 있다. 테이프를 약 10 cm 길이로 두 개 잘라라. (a) 두 테이프를 탁자에 나란히 붙인 뒤, 둘을 떼어내어 가까이 가져가면 어떻게 되는가? 예상하는 바를 근거를 들어 설명하라. (b) 실험을 해보고 어떻게 되는지 설명하라. 예상대로인가? 그렇지 않다면, 다시 더 생각하여 설명하라.

22-3 전하의 개념

스티로폼 컵과 플라스틱 주머니를 써서 한 실험을 포함한 여러 가지를 관찰해 보면 대전체끼리 주고받는 힘은 (꼭) 두 가지 전하를 띤 물질로써 설명할 수 있음을 보여준다. 하나는 비단으로 문지른 유리, 다른 하나는 털로 문지른 호박과 같은 것이다. 이 밖의 다른 종류의 전하가 없다는 것을 직접 증명할 수는 없다. 그러나 전하를 띤 유리와 전하를 띤 호박 모두를 끌어당기는 대전체를 아직 그 누구도 찾아내지 못했다는 사실은 그 밖의 다른 전하는 없다는 것을 믿게끔 한다.

오늘날, 이러한 두 가지 전하를 띤 물체와 관련하여 양(+)과 음(−)이라는 말을 쓴다. 이 말은 프랭클린이 제안했고, 다음과 같이 정의하였다.

관찰 1. 비단으로 문지른 유리막대가 밀어내는 물체는 **양전하를 띤다**.
관찰 2. 털로 문지른 호박(또는 플라스틱)이 밀어내는 물체는 **음전하를 띤다**.
관찰 3. 중력 상호작용을 빼면, 힘을 주고받지 않는 비자성체는 모두 **전기적으로 중성**이다.

두 가지 전하에 붙인 이름은 자의적이다. 프랭클린은 빛과 어둠과 같은 서로 다른 쉬운 말을 써서 두 가지 전하를 구분할 수도 있었다. 그렇지만, 앞에서 본 것처럼 양전하와 음전하가 똑같은 양 들어 있으면 대전되지 않은(즉 **전기적으로 중성인**) 물체가 된다. 다시 말해, 두 가지 전하를 양수와 음수처럼 대수적으로 더할 수 있으므로 양과 음은 편리하고 적절한 말이다.

새 용어를 앞서 관찰한 것에 쓰면, 어떤 두 물체가 모두 비단으로 문지른 유리에 밀린다면 그 물체는 양전하를 띤다고 할 수 있다. 아울러, 이 물체는 **같은 종류의 전하**를 띠므로 서로 밀어낸다고 할 수 있다. 한편, 서로 다른 물질로 된 두 물체가 문지른 뒤에 서로 끌어당긴다면, 한 물체는 양전하를, 다른 물체는 음전하를 띤다고 할 수 있다. 결국 **다른** 또는 **반대 전하**를 가진 두 물체는 끌어당긴다고 결론 내릴 수 있다.

생각해보기 22-3 아마포로 매끄러운 나무 막대를 문질러, '나무전하'라는 새로운 전하를 만들어냈다고 발표했다고 하자. (a) 어떤 의심 많은 사람이 당신에게 나무전하가 참으로 새로운 전하인지 증명하라고 요구한다면, 어떻게 하겠는가? 특히 아마포로 문지른 두 나무 막대를 가까이 하면 어떻게 되겠는가? 전하를 띤 유리 막대 가까이에 전하를 띤 나무 막대를 가져간다면 어떻게 되겠는가? 전하를 띤 호박(또는 플라스틱) 막대에 가까이 가져가면 어떻게 되겠는가? (b) 왜 대부분의 관찰자들이 전하는 두 종류만 있다는 것에 동의할까?

22-4 원자 이론으로 충전을 설명하기

어떤 물체는 서로 문지르면, 반대 전하를 가지게 된다는 사실을 어떻게 설명할 수 있는가? 이것을 이해하려면 물질의 원자구조에 대한 현대의 지식을 써야한다. 여기에서 설명하는 원자 모형은 지난 백 년 동안 발전시킨 것이다. 여기서는 원자 모형을 설명의 도구로 쓸 뿐 그에 대한 증거를 제시하지는 않는다.

• 원자 모형

현대 원자 구조 이론에 따르면, 원자는 양전하를 띤 양성자(proton), 음전하를 띤 전자(electron), 그리고 전기적으로 중성인 중성자(neutron)로 이루어진다. 전자와 양성자는 (부호는 반대이지만) 전하량이 같다. 이 전하량을 **기본 전하(elementary charge)**라고 하며 e로 나타낸다(표 22-1). 그러므로 전자의 전하는 $-1e$이고, 양성자의 전하는 $+1e$이다.

양성자와 중성자는 함께 단단히 붙어 중심에 있는 핵(nucleus)을 이룬다. 그들은 질량이 전자보다 훨씬 크다. 전자는 그림 22-4와 같이 핵의 바깥에 있다. 물질 속에 있는 원자는 대개 전자와 양성자의 수가 같아서 전하를 띤 물체가 원자에서 아주 멀리 있으면 원자는 전기적으로 중성처럼 느껴진다.

현대 원자 이론에 따르면, 전하는 전자와 양성자의 고유 특성이다. 가끔 '공 껍질의 전하', '전달된 전하', '전자가 운반한 전하'와 같은 말을 쓰는데, 그렇다고 전하를 물질로 생각하면 안 된다. 실험에 따르면 기본 물질은 전자와 양성자이며, 전하와 질량은 단순히 이들의 두 가지 근본적 성질일 뿐임을 기억해야 한다.

표 22-1
원자를 이루는 세 가지 기본 입자의 전하

입자	기호	전하
전자	e 또는 e^-	$-e$
양성자	P	$+e$
중성자	n	0

주의: 전자와 전자의 전하를 나타내는 기호가 같아서 헷갈릴 수 있다.

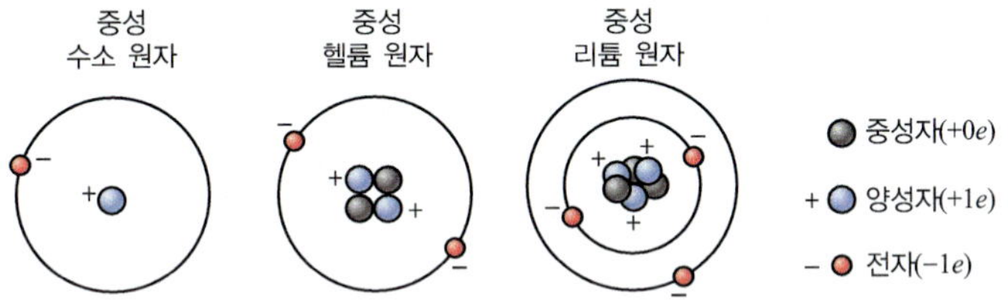

그림 22-4
가장 가벼운 원소 세 가지: 수소(H), 헬륨(He) 그리고 리튬(Li)의 원자 구조. 각 원소의 핵에 있는 고유한 중성자 수와 함께 원소를 특징짓는 양성자 수를 보여준다. 검은 원은 양성자, 파란 원은 중성자, 그리고 붉은 원은 전자를 나타낸다. 그림은 모형일 뿐이다: 물리학자는 전자가 핵 주위를 깨끗한 원을 그리며 돈다고 생각하지 않으며, 핵은 원자의 크기에 비해 아주 작다.

전자의 질량은 중성자나 양성자의 1/2000 정도로 작다. 전자와 핵 속의 양성자는 반대 전하를 띠므로 전자는 핵에 끌린다. 그러나 핵에서 가장 멀리 있는 전자는 핵 속의 양성자가 끌어당기는 힘이 약해서, 각 원자 주위에 늘 머물지는 않는다. 많은 물질에서 전자는 힘을 받으면 물질 속을 자유롭게 돌아다닌다. 원자가 그림 22-5와 같이 전자를 잃으면 양성자가 전자보다 많아져서 더 이상 중성이 아니라 알짜 양전하를 띠게 된다. 전하를 띤 원자를 **이온(ion)**, 이동하기 쉬운 전자를 **전도 전자(conduction electron)**라고 한다. 원자가 전기력 또는 다른 힘을 받으면 음전하를 띤 전도 전자만 확실히 이동하고, 질량이 훨씬 큰 양이온은 제자리에 머문다.

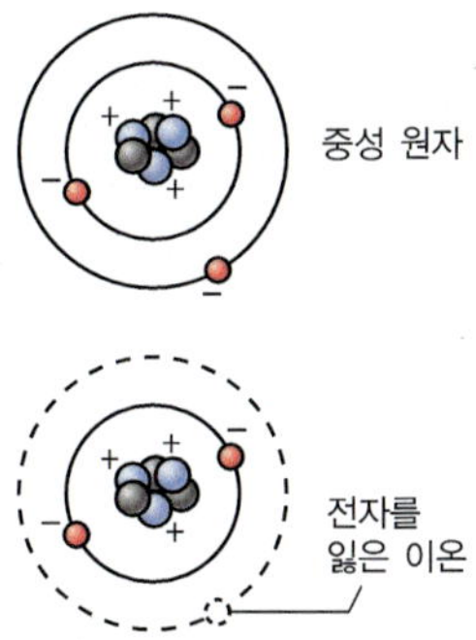

그림 22-5
위쪽 그림은 양성자와 같은 수의 전자를 가진 중성 리튬 원자이다. 아래쪽 그림은 바깥 전자를 잃어 양성자 세 개와 전자 두 개를 가지고 있어서 알짜 전하가 $+1e$인 양이온이다.

• 전하는 양자화되어 있다

프랭클린이 살던 때는, 전하는 연속 유체로서 전하량은 어떤 값도 '가질' 수 있을 것으로 생각했다. 오늘날 공기나 물과 같은 유체도 연속적이 아니라, 원자와 분자로 이루어져 있음을 알고 있다. 물질은 불연속적이다. 1909년에 미국 물리학자 밀리칸(Robert Millikan)은 중력 및 반대쪽의 전기력을 써서, 전하를 띤 두 금속판 사이에서 기름방울이 역학적 평형을 유지하게 했다. 그의 유명한 기름방울 실험과 잇따른 다른 실험들은 '전기적 유체[electrical fluid]'는 연속적이 아니라, 기본 전하의 배수로 이루어져 있음을 보여 주었다.

자유로운 상태로 검지된 모든 입자의 양전하 또는 음전하 q는 다음과 같이 쓸 수 있다.

$$q = ne, \quad n = \pm 1, \pm 2, \pm 3, \cdots \tag{22-1}$$

여기서 기본 전하 e의 값은 다음과 같다.

$$e = 1.60 \times 10^{-19}\,\mathrm{C} \tag{22-2}$$

전하의 국제단위는 **쿨롱(coulomb; C)**으로 쿨롱(Charles Augustin Coulomb)의 이름을 땄는데, 그는 1700년대 말에 전기력을 연구하였다. 전하와 같은 물리량의 값이 어떤 기본값의 정수배만 가질 수 있을 때, 그 물리량은 **양자화되어 있다(quantized)**고 한다. 예를 들어, 어떤 입자는 전하가 전혀 없거나, $+10e$ 또는 $-6e$의 전하를 가질 수 있다. 그러나 전하가 $3.57e$인 입자는 찾을 수 없다. 중성자와 양성자의 구조에 대한 현대 연구는 중성자와 양성자가 쿼크(quark)라는, $+2/3e$와 $-1/3e$의 전하를 가진 입자들이 강하게 묶여 있다는 강력한 증거를 제시했지만, 쿼크는 홀로 있을 수는 없는 것 같다. 따라서 여러 실험은 다음 사실을 확인한다.

> 전하는 양자화되어 있다. 홀로 있는 입자의 전하를 재면 언제나 1.60×10^{-19} C의 정수배만 나온다.

이 장의 첫머리에서 지적했듯이 발을 끌면서 양탄자를 가로질러 가서 금속 문손잡이를 잡을 때, 전하의 이동으로 불꽃이 튈 것이다. 이것은 전기적으로 중성인 물체 속에 쌓인 엄청난 전하량의 작은 표본을 보여준다. 그렇지만 물체에는 양전하와 음전하가 똑같이 들어 있으므로 전하는 대개 드러나지 않는다. 이러한 사실은 위에서 전기적으로 중성인 원자에 같은 수의 양성자와 전자가 들어 있다는 설명에서 암시하였다. 양전하와 음전하의 양이 같으면 — 또는 균형을 이루면 — 알짜 전하는 없다. 두 가지 전하의 균형이 깨져 알짜전하가 있으면, 물체는 전하를 띤다고 한다.

> 거시적 물체가 전기적으로 중성이라고 해서 전하가 전혀 없다는 것이 아니고, 그 물체에 들어 있는 양성자와 전자의 수가 같다는 것이다. 그 결과 양성자와 전자의 전기적 효과가 맞지워진다.

• 충전은 전자를 전해주는 것이다

유리와 비단, 스티로폼과 플라스틱을 대었다 떼면 서로 반대 전하로 대전되는 이유를 원자에 대한 현대적 이해를 바탕으로 설명할 수 있다. 스티로폼은 양으로, 플라스틱은 음으로 대전되는 것을 관찰했다고 하자. 스티로폼을 이루는 원자에 결합된 바깥 전자는 플라스틱을 이루는 원자에 끌려 그쪽으로 간다고 가정하는 것이 논리적이다. 스티로폼은 전자를 잃어 알짜 양전하를 갖고, 플라스틱은 과잉 전자를 얻어 알짜 음전하를 갖는다.

일반적으로, 실험에서는 전자가 한 물체에서 다른 물체로 가서 물체가 대전되는 것을 보여준다. 그래서 물체를 대전시키려면 두 물체를 문지르거나, 비비거나 아니면 접촉시켜야 한다. 플라스틱 주머니로 스티로폼 컵을 문지르면, 스티로폼 컵 표면 근처의 전자들이 아주 조금 플라스틱 주머니로 간한다.

스티로폼 컵의 전자들이 플라스틱 주머니로 간다면 왜 플라스틱 주머니가 더 무거워지지 않는가? 현대 원자론에 따르면, 아주 많은(보통 $10^9 \sim 10^{12}$쯤) 전자가 플라스틱 주머니로 이동해도 질량 증가는 10^{-10} kg보다 적어서 잴 수 없다. 보통 물질에서 양전하는 음전하보다 이동성이 훨씬 적다.

물체가 양전하를 띠는 까닭은 양성자가 늘어나서가 아니라 전자들이 다른 물체로 가기 때문이다.

• 전하는 보존된다

잘 재보면 두 물체가 닿았다 떨어지면 한 물체에 과잉 전하가 있는 만큼 다른 물체에도 과잉 전하가 있고, 두 전하의 양은 같지만 부호는 반대임을 보여준다. 이것은 전하가 한 물체에서 다른 물체로 갈 때, 어떤 전자도 이 과정에서 생기거나 사라지지 않음을 증명한다. 즉, 두 물체에 든 전하의 총량은 일정하게 보존된다.

전하 보존(conservation of charge) 가설은 프랭클린이 자신의 실험을 근거로 처음 제안했다. 전하 보존은 전하를 띤 큰 물체와 원자, 핵, 기본 입자들처럼 작은 것 모두에서 성립하는 것으로 관찰되며, 지금까지 어떤 예외도 발견된 적이 없다. 그래서 보존되는 양의 목록에 에너지, 선운동량, 각운동량과 함께 전하를 추가한다. 요약하면, 많은 실험을 통해 다음이 확인되었다.

> 우주에 있는 총 전하량은 보존된다. 전하를 가진 입자가 한 물체에서 다른 물체로 갈 수는 있어도, 입자와 연관된 전하는 새로 생기거나 파괴되지 않는다.

• 전하의 힘과 양

전하는 보존되므로, 한 물체에서 다른 물체로 전하를 옮겨도 계의 총 전하는 변하지 않는다. 따라서 대전체끼리 주고받는 힘이 각 물체의 전하량과 어떤 관계가 있는지를 실험으로 확인할 수 있다. 이러한 실험은 대전체가 쇠구슬 처럼 대칭적이고, 작을 때(물체의 크기가 물체들의 중심 사이의 거리에 비해 작다) 놀랄만큼 단순한 결과가 나온다. 예를 들어, 그림 22-6에 보인 실험을 생각하자. 대전되지 않은 똑같은 쇠공 두 개를 전하를 띤 플라스틱 막대로 대전시킨 다음, 두 쇠공을 맞댄다. 두 쇠공은 똑같고 과잉 전자들은 서로 밀어내므로, 과잉 전자는 두 쇠공에 똑같이 나누어질 때까지 쇠공 사이를 오갈 것이다. 다음으로 한 공이 다른 공에 주는 힘을 재고 기록한다(그림 22-6*a*).

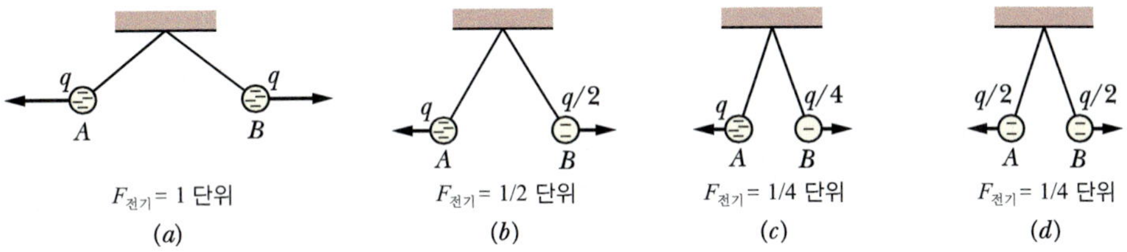

그림 22-6
전하량이 다른 두 개의 작은 쇠공이 주고받는 힘을 재는 이상적인 실험. 주의: 입자와 같은 물체에 대한 힘을 재려면, 두 공의 중심 거리는 반드시 공 지름의 2배 이상이어야 한다.

그 다음 공 *A*는 그대로 두고 공 *B*를 *A*에서 멀리 옮겨 대전되지 않은 셋째 공 *C*에 댄다. 공 *B*의 과잉 전자들은 공 *B*와 *C*에 똑같이 나눠져, 공 *B*의 과잉 전자의 수는 이전의 양의 반으로 줄어든다. 공 *B*를 다시 처음 있던 곳에 두어 공 *A*와 *B*가 주고받는 힘의 크기 $F=|\vec{F}|$를 잰다면, 처음 쟀던 힘의 크기의 반이 됨을 알 수 있다(그림 22-6*b*). 이 과정을 되풀이해서 공 *B*의 전하의 양을 처음의 1/4로 줄이면, 쇠 공들이 주고받는 힘도 처음의 1/4로 준다(그림 22-6*c*). 이와 비슷한 실험으로 공 *A*와 *B*의 전하를 모두 처음 값의 반으로 줄이면 이들이 주고받는 힘은 처음 값의 1/4이 되는 것을 잴 수 있다(그림 22-6*d*). 표 22-2에 요약한 이 관찰 결과는 주고받는 힘의 크기는 두 공의 전하량의 곱에 비례함을 잘 나타낸다. 이 관계는 다음과 같이 표현된다.

표 22-2

q_A	q_B	$q_A \cdot q_B$	F
q	q	q^2	$1F$
q	$q/2$	$q^2/2$	$1/2\,F$
q	$q/4$	$q^2/4$	$1/4\,F$
$q/2$	$q/2$	$q^2/4$	$1/4\,F$

$$F \propto |q_A||q_B| \tag{22-3}$$

여기서 절대값 기호는 전하량의 부호와는 관계가 없음을 뜻한다.

> 작은 물체의 전하량은, 똑같이 작은 입자 같은 표준 대전체와 그 물체가 주고받는 힘의 크기를 재어 계량할 수 있다.

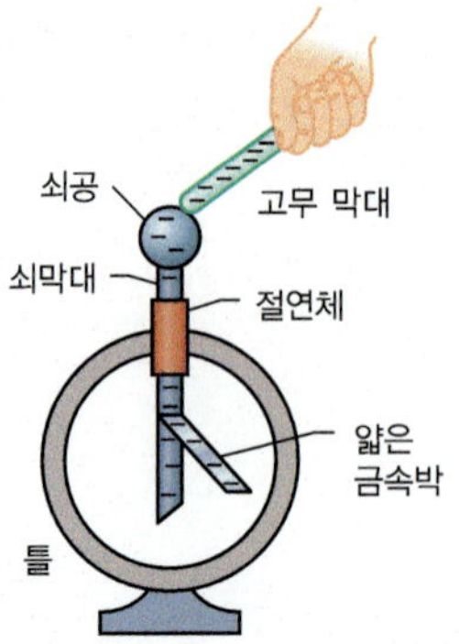

그림 22-7
검전기는 전하를 재는 데 쓸 수 있다. 금속박이 올라가는 까닭은 그 속에 퍼져 있는 같은 종류의 과잉 전하가 서로 밀어내기 때문이다. 금속박이 올라가는 높이는 그 속에 들어 있는 알짜 전하량에 비례한다.

• 검전기

같은 전하들은 서로 밀어낸다는 사실을 써서 민감한 전하 측정 장치인 **검전기(electroscope)**를 개발했다(그림 22-7). 전하를 띤 고무막대를 쇠공에 대면 알짜 전하가 검전기로 옮겨간다. 고무막대가 음전하를 띠고 있으면, 과잉 전자의 일부가 쇠공을 지나 쇠막대와 그것에 붙어 있는 금속박 전체에 퍼진다. 쇠막대에 붙어 있는 금속박이 휘어지기 쉬우면, 금속박의 전하가 쇠막대의 전하에 밀리므로 금속박은 위로 올라갈 것이다. 전자가 검전기로 더 많이 갈수록, 금속박은 더 높이 올라간다. 이와는 달리 고무막대가 양전하를 띠면, 그것은 검전기로부터 전자를 끌어당길 것이고, 검전기에는 알짜 양전하가 남게 되므로 금속박은 또다시 위로 올라갈 것이다.

생각해보기 22-4 물체가 연속적인 물질이 아니라 원자로 이루어져 있다면, 고체를 조각내거나 압축하기가 어려운 까닭을 그럴듯하게 설명할 수 있는가?

생각해보기 22-5 그림 22-6에 보인 측정을 생각해보자. 총 음전하량이 각각 q인, 모양이 똑같은 도금된 공끼리 밀어내는 힘을 잿다고 하자. 그 다음에 처음 전하량의 각각 1/4을 갖는 도금된 공끼리 밀어내는 힘을 재려고 한다. 대전되지 않은 공을 어떻게 해야 처음 공의 과잉 전하량을 $q/4$로 줄일 수 있는지 설명하라.

연습문제 22-4

1. 거대 전하

질량이 75.0 kg인 전자 무리의 총 전하량은 얼마인가?

2. 얼마나 많을까?

1.00몰의 중성 수소 기체 분자(H_2)에는 양전하(또는 음전하)가 몇 메가쿨롱이 있는가?

3. 전자의 개수는 몇 개일까?

동전 1개가 $+1.0\times10^{-7}$ C의 전하를 띠게 하려면 얼마나 많은 전자를 떼어내야 하는가?

4. 물 한 컵

250 cm^{3}의 (중성의) 물 (약 한 컵) 속에 든 양전하는 몇 C인가?

5. 우주선 양성자

지구대기층은 우주 어딘가에서 날아오는 우주선 양성자와 끊임없이 충돌한다. 이것이 지구대기층을 그대로 뚫고 들어온다면 지표면의 제곱미터(m^2)에 초당 평균 1500개의 양성자가 올 것이다. 그렇다면 지구 전체 표면이 받는 전하 흐름률은 얼마나 되는가?

6. 심장세동

0.300 C/s(즉 0.300 A)의 전류가 가슴을 지나가면 심근경색을 일으켜서 뇌로 가는 혈액(산소)의 흐름이 끊길 수 있다. 이러한 전류가 2분간 지속된다면 얼마나 많은 전도 전자가 가슴을 지나겠는가?

7. β붕괴

β붕괴에서 무거운 기본 입자는 또 다른 무거운 입자로 변한다. 이 과정에서 $-e$ 전하를 띤 전자 혹은 $+e$ 전하를 띤 양전자(전하의 부호만 다를 뿐 전자와 똑같은 입자)를 낸다.

(a) 양성자가 β붕괴 하여 중성자가 된다면 어떤 입자를 내겠는가?

(b) 중성자가 β붕괴 하여 양성자가 된다면 어떤 입자를 내겠는가?

8. X의 정체

다음 핵 반응식에서 X가 무엇인지 밝혀라.(여기서 n은 중성자를 나타낸다.) 부록 F를 참고하라.

(a) $^{1}H + ^{9}Be \rightarrow X + n$

(b) $^{12}C + ^{1}H \rightarrow X$

(c) $^{15}N + ^{1}H \rightarrow ^{4}He + X$

22-5 유도

전기적 상호작용 현상을 몇 가지 더 관찰해보자. 일반적으로 빨대나 종이쪽은 문지르지 않으면 전기적으로 중성이어서 서로 당기거나 밀지 않는다. 따라서 문질러 음전하를 띠게 한 플라스틱 빗이(이 장의 첫쪽 사진에 있는 빗처럼) 전기적으로 중성인 종이쪽을 끌어당길 수 있다는 사실은 아주 신기하다. 마찬가지로 양전하를 띤 유리 막대가 종이쪽을 끌어당기는 것도 신기하다.

> **유도(induction)**는 전하를 띤 물체와 전하를 띠지 않은 물체가 서로 끌어당기게 하는 과정이다.

유도 현상을 어떻게 설명해야 할까? 원자론으로 돌아가 설명해 보자. 전기적으로 중성인 물질은 전하가 전혀 없는 것이 아니라 같은 수의 양성자와 전자가 들어 있는 원자로 이루어져 있다는 것이 유도에 대한 단계적 설명의 첫걸음이다. 둘째로 중요한 생각은, 바로 앞 절에서 설명했듯이 전자는 양성자보다 훨씬 움직이기 쉽다는 것이다.

전하를 띤 물체를 대전되지 않은 금속 물체에 가까이 하면, 전하가 어떻게 유도되는지 살펴보자. 그리고 다음 절에서 절연체로 알려진 비금속 물질들에서 일어나는 유도 현상을 생각해 보자.

• 금속에서의 유도

그림 22-8과 같이, 끈에 매달린 작은 쇠막대가 전하를 띤 물체 근처에 있다면 어떻게 되는가? 원자 모형에 따르면, 쇠막대 속의 움직일 수 있는 전자는 음전하를 띤 물체로부터 밀려난다. 중성인 금속 물체 속의 전자가 밀리는 힘을 받아 멀리 가면, 짝을 잃은 양성자들만 그대로 남아 있게 된다. 두 물체 표면의 서로 다른 전하들은 그림 22-8*a*와 같이 서로 끌어당길 것이다. 중성인 쇠막대와 양전하를 띤 물체 사이의 인력은 그림 22-8*b*와 같이 일어난다. 중성인 물체에서 양전하를 띤 양성자와 음전하를 띤 전자가 분리되는 과정을 **편극(polarization)**이라고 한다.

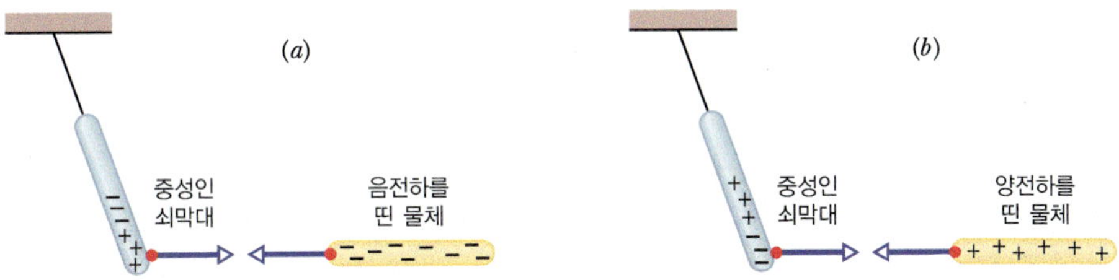

그림 22-8
전기적으로 중성인 작은 쇠막대가 절연체로 된 실에 매달려 있다. 쇠막대에서 대전체와 가장 가까운 부분은 다음의 둘 중 하나에 의해 물체에 끌린다. (*a*) (빗과 같이) 음전하를 띤 물체. (*b*) (유리와 같이) 양전하를 띤 물체. 쇠막대에서 전하가 분리되는 정도는 부풀렸다.

생각해보기 22-6 (a) 두 종이쪽이 전기적으로 중성일 때, 이것을 확인하는 방법을 설명하라. (b) 유도 현상으로 물체가 양으로 대전되었는지 음으로 대전되었는지를 확인할 수 있을까? 까닭을 설명하라.

생각해보기 22-7 (a) 아래 그림에 서로 다른 물질로 된 물체를 짝지워 6개 늘어 놓았다. *A*는 털가죽으로 문지른 플라스틱, *B*는 비단으로 문지른 유리, *C*는 전기적으로 중성인 쇳덩이다. 각 짝에서 주고받는 힘이 끄는 힘인지, 미는 힘인지, 없는지를 말하고, 그 까닭을 설명하라.

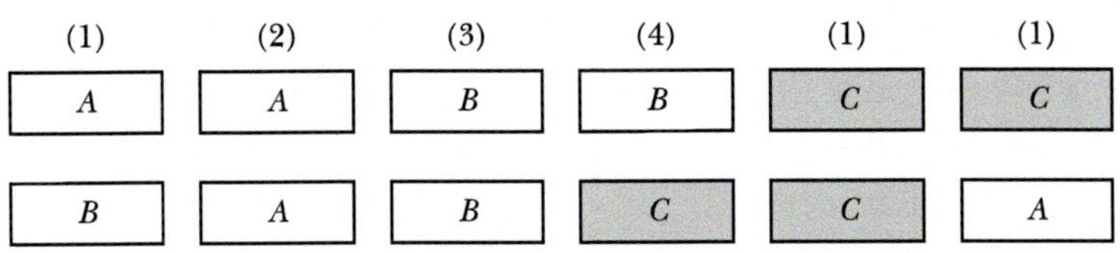

(b) 프랭클린이 정한 부호 규약에 따르면, 세 물체 중에서 어느 물체에 과잉 양전하가 있는가? 과잉 음전하가 있는가? 과잉 전하가 없는가? 설명하라. (c) A, B, C가 새로운 물질로 이루어져 있음은 알지만, 그것이 무엇인지는 모른다고 하자. 그 물체가 음전하 또는 양전하를 띠고 있는지 아니면 전기적으로 중성인지를, 그림에 나타난 짝의 상호작용을 살펴보아 결정할 수 있을까, 없을까? 그 까닭은 무엇일까?

22-6 도체와 절연체

전기적으로 중성인 물체 가까이에 전하를 띤 물체가 있으면 언제나 유도와 편극이 생긴다. 그렇지만 끄는 힘은 중성인 물체가 절연체일 때 보다 도체일 때 더 강하다. 왜 그럴까? 쇠막대와 스티로폼 컵, 그리고 플라스틱 주머니를 써서 해볼 수 있는 몇 가지 중요한 관찰 결과를 요약해 보자.

관찰 1. (a) 플라스틱 같은 절연체에 생긴 전하는 퍼지지 않고 문지른 곳에 남아 있는 것처럼 보인다. 그리고 (b) 전하를 띤 절연체와 닿으면 닿은 곳에 있는 전하만 사라진다.
관찰 2. (a) 도체는 유리나 플라스틱과 같은 절연체들에 붙어 있을 때는 대전될 수 있지만, 손에 닿으면 대전될 수 없다. 그리고 (b) 어느 곳이든 사람 손이 닿으면 도체는 바로 전하를 모두 잃는다.

종이는 절연체이지만, 유도와 편극의 개념을 써서 이 장 첫머리의 수수께끼에 나온 전하를 띤 빗이 어떻게 종이쪽을 한 줄로 들어올리는가 설명할 수 있다. 첫 종이쪽이 유도에 의해 전하를 띤 빗에 끌려오고 이 과정에서 편극된다고 하자. 그러면 첫 종이쪽의 아래쪽 끝에 있는 과잉 음전하는 둘째 종이쪽을 유도에 의해 끌어당긴다. 이제 둘째 종이쪽이 편극되어 있으므로 이 과정은 되풀이된다. (실험에서는 정전기력과 자기력의 거동이 다름을 보여주지만, 전기적 편극 과정은 자석이 쇠고리에 자기적 편극을 유도하는 것과 비슷한 과정 — 즉, 첫 쇠고리는 둘째 고리를 끌어당기면서 편극시키고, 또 다음 것을 끌어당기면서 편극시키는 과정 — 을 보여준다.)

• 원자 이론과 도체와 절연체의 거동

이 새로운 관찰에 대해서는 다시 원자 이론을 써서 그럴듯한 설명으로 더 발전시킬 수 있다. 쇠, 수도꼭지에서 나오는 물, 공기 중의 작은 물방울, 사람 몸과 같은 물질에서 음전하를 띤 전자는 일부 쉽게 이동한다는 것을 실험으로 알 수 있다. 이런 물질들을 **도체(conductor)**라고 한다. 또한 도체 속에서는 전하들이 매우 빨리 흘러가거나 빠져나갈 수 있다. 유리나 화학적으로 순수한 물, 플라스틱과 같은 물질에서는 전자가 원자 속에서 재배치될 수는 있지만, 원자 사이를 이동할 수는 없다. 이런 물질들을 **부도체(nonconductor)** 또는 **절연체(insulator)**라고 한다. 절연체에서는 전자가 한 원자에서 다른 원자로 쉽게 갈 수 없다. 다만 어떤 절연체 표면의 일부 전자가 다른 종류의 표면에 더 큰 친화력을 가질 때는 예외다. 예를 들어, 유리막대를 비단 헝겊에 대면, 전자는 유리막대 표면에서 비단 헝겊 표면으로 건너가, 유리막대는 양전하를 띤다.

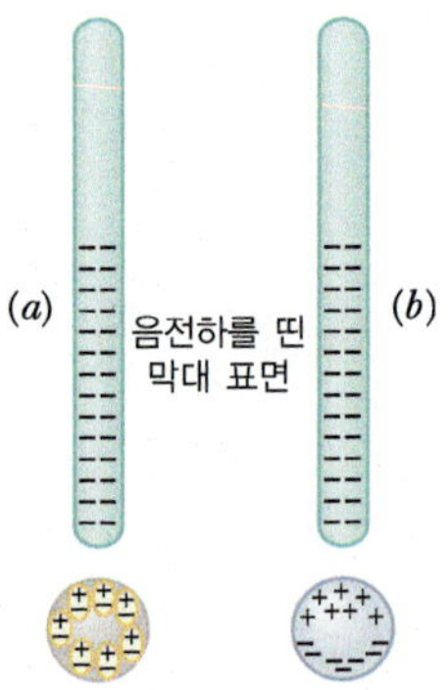

그림 22-9
원자이론에 따르면, (*a*) 절연체의 편극은 스티로폼 공에서 부풀려 그린 것처럼 매우 작은 원자 수준에서 전하가 분리되는 것이다. 반면, (*b*) 도체의 편극은 도금된 공에서 볼 수 있듯이, 매우 많은 전자 이동과 관련된다.

절연체와 도체의 이러한 전하 이동도의 차이는 22-5절에서 설명한 편극 과정이 절연체에서는 도체처럼 강하지 않음을 시사한다. 중성의 도체와 중성의 절연체 모두 전하를 띤 물체와 가까이 있을 때 전하가 분리된다(편극된다). 그러나 절연체 속의 전자는 원자에 꼭 잡혀 있어 전하 분리(편극)는 원자 반지름 정도의 아주 좁은 범위에서만 일어난다. 반면에, 도체의 전자는 처음에 붙어 있던 원자로부터 떨어져 나와 매우 자유롭게 물질 속에서 오갈 수 있다. 이러한 차이점을 그림 22-9의 두 그림에 대비시켜 보였다. 이 원자 모형은 전하를 띤 물체가 도체에 유도하는 전하는 절연체에 유도

하는 전하보다 훨씬 크다는 관찰 사실을 잘 설명해준다.

도체와 절연체 속 전하의 이동도에 대한 차이점은 사람이 쇠막대를 잡고 있으면 쇠막대를 문질러도 대전되지 않는 까닭을 설명해준다. 사람과 쇠막대는 모두 도체이다. 쇠막대를 문질러 막대 전하에 불균형이 생겨도, 과잉 전하는 즉시 쇠막대에서 사람을 통해 (땅과 연결된) 바닥으로 갈 것이고, 막대는 바로 중성이 될 것이다. 어떤 물체에서 땅으로 전자가 갈 수 있는 길을 만들어주는 것을 **접지한다(grounding)**고 하고, 그 결과 물체는 늘 전기적으로 중성이 된다. 쇠막대에 손을 직접 대지 않고 절연 손잡이를 통해 잡고 있다면, 땅으로 이어지는 도체 경로가 없으므로 쇠막대를 문질러 대전시킬 수 있다.

이러한 생각들은 물질이 도체인지 절연체인지를 매우 효과적으로 결정하는 방법을 알려준다. 힘을 주고받는 두 대전체가 있는데, 그것 가운데 하나에 손을 댄다면, 물체들의 상호작용은 멈출까? 그렇다면, 전자가 몸에서 물체로 갔거나 혹은 물체로부터 몸으로 왔음이 틀림없다. 그러므로 이것은 분명히 도체이다. 전하가 이동하지 않는다면 그 물체는 틀림없이 절연체이다.

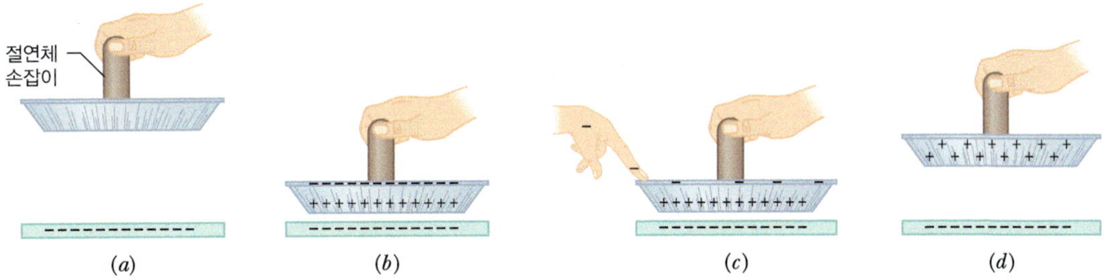

그림 22-10
전기쟁반은 유도에 의해 도체를 대전시키는데 쓰는 장치이다. 이것은 스티로폼 판과 같은 절연판과 알루미늄 쟁반 같은 도체판으로 되어 있다. *(a)* 절연판은 털을 문지르면 음전하를 띤다. *(b)* 도체판을 전하를 띤 절연판에 가까이 가져가면 도체가 편극되어 자유 전자들은 절연판에서 멀리 이동한다. *(c)* 도체의 윗부분에 손가락을 대면 자유 전자는 손을 타고 이동한다. *(d)* 이렇게 하여 도체에는 알짜 양전하가 남는다.

• 유도에 의한 충전

유리, 고무, 호박과 같은 절연체를 대전시킬 때 종종 쓰는 문지르는 방법은 도체에서는 효과적이지 않다. 다행히도 (유도를 설명할 때 썼던) 편극 모형과 **유도에 의한 충전(charging by induction)**법을 쓸 수 있다. 이 방법의 한 예는, 그림 22-10*b*와 같이 전기적으로 중성인 금속판을 음전하를 띤 절연체 가까이 가져가는 것이다. 금속판의 전하들은 유도에 의해 편극된다. 금속판의 윗부분에 과잉 전자가 몰리므로, 금속판에 손가락을 대면 전자가 몸을 타고 흐를 것이다. 이제 손을 떼면 전자의 경로는 제거된다. 그러므로 금속판은 더 이상 전기적으로 중성이 아니다. 전하를 띤 절연체에서 금속판을 멀리하면 편극의 영향은 사라지고 금속판은 전자가 부족하여 양전하를 띤 상태로 남는다. 물론, 금속판에 과잉 전하를 남길 수 있는 이와 유사한 다른 방법을 개발할 수도 있다. (그림 22-11은 전하를 유도하는 또 다른 실험을 보여준다.)

생각해보기 22-8 (a) 생각해보기 22-2에서 설명한 실험을 살펴보자. 셀로판 접착 테이프는 절연체와 도체 가운데 어느 것인가? 까닭을 설명해보자. (b) 풍선은 절연체인가, 도체인가? 까닭을 설명해보자.

생각해보기 22-9 (a) 정전기 유도로 절연체를 대전시킬 수 있을까? 그 까닭을 설명해 보자. (b) 그림 22-10의 전기쟁반 기구에 쓴 정전기 유도에 의한 충전 과정을 써서, 한 물체에 과잉 음전하를 주는 과정을 묘사해 보자.

그림 22-11
이것은 곡예가 아니라 우리 몸이 전기적으로 도체임을 증명하고자 1774년 수행했던 심각한 실험이다. 이 동판화는 부도체 줄에 매달린 사람이 전하를 띤 막대에 의해 (아마도 바지 대신 신체와 직접 접촉하는 방법으로) 전기를 띠게 되는 것을 보여준다. 이 사람이 얼굴이나 왼손, 또는 오른손의 도체 공이나 막대를 접시 위의 종이쪽 근처로 가져갔을 때, 종이쪽에 전하가 유도되어 공중으로 떠올라 사람 몸에 붙었다.

22-7 쿨롱 법칙

전기 현상에 대해 지금까지 한 설명은 모두 정성적이었다. 전하끼리 주고받는 힘을 정량적으로 기술하는 수학 법칙을 세울 수 있을까?

그림 22-6에서 설명한 관측을 통해 전하를 띤 두 물체가 주고받는 힘은 두 물체의 전하량의 곱에 비례한다는 결론을 얻었다. 그래서 낱낱의 물체가 받는 힘의 크기는 $F \propto |q_A q_B|$이다. 그렇다면 그 힘이 거리와 어떠한 관계가 있는지를 어떻게 알아냈을까?

프랭클린은 비단 줄에 매달린 작은 코르크 하나가 전하를 띤 쇠 깡통 밖에서는 유도에 의해 끌려가는 것을 관찰했다. 그러나 매달린 코르크가 깡통 속에 있으면 아무 힘도 확인할 수 없었다. 14장의 중력에 대한 설명에서 중력은 질량 사이의 거리 제곱에 반비례한다는 가정으로부터 뉴턴이 끌어낸 공 껍질정리를 제시했음을 상기하라. 뉴턴의 공 껍질 정리는 공 껍질의 질량은 그 속에 든 점 질량에 대해 아무런 알짜 중력도 줄 수 없음을 나타낸다. 프리스틀리(Joseph Priestly)는 비슷한 공 껍질정리가 전기적 상호작용에도 유효하다고 생각하여 전기력도 역제곱 법칙을 반드시 따를 것이라고 추론하였다.

1785년, 쿨롱은 민감한 비틀림 저울을 써서 전하를 띤 공 사이의 힘을 재는 실험으로 전기력이 거리의 역제곱에 비례할 것이라는 프리스틀리의 가설을 입증했다.

쿨롱은 전하를 띤 공 사이의 힘은 낱낱의 공의 전하가 중심에 모여 있을 때와 같을 것이라고 가정했다. 그는 또한 공 사이의 힘이 중심을 지나는 직선방향임을 알아냈다. 쿨롱은 비틀림 장치에 있는 쇠공의 전하를 이미 알고 있는 소량 단위로 줄이는데 22-4절에서 설명한 방법을 썼다. 그리하여 그는 전하를 띤 물체가 주고받는 힘이 물체의 전하량의 곱에 비례한다는 것을 확인하였다.

쿨롱은 정밀한 실험을 통해 서 있는 두 입자 같은 대전체 사이의 전기력(혹은 쿨롱힘) $F^{전기}$는 다음과 같음을 알아냈다.

$$F^{전기} = k\frac{|q_A||q_B|}{r^2} \quad \text{(쿨롱 법칙)} \tag{22-4}$$

여기서 k는 값이 양수인 비례 상수, r은 두 물체의 중심 사이의 거리, q_A는 한 물체의 전하량, q_B는 다른 물체의 전하량이다.

많은 기초 물리 실험실에 갖추어진 현대적 도구를 써서, 쿨롱 법칙의 역제곱($1/r^2$) 관계를 확인할 수 있다. 실험은 그림 22-12에서 설명했다. 도체로 감싼 탁구공 두 개가 털로 전하를 띤 고무막대와 접촉하여 음(−)으로 전하를 띤다. 공 하나는 흔들이처럼 긴 절연체 실에 매달려 있고, 다른 공 하나는 탐지 공 구실을 하는 것으로 절연 막대에 붙어 있다.

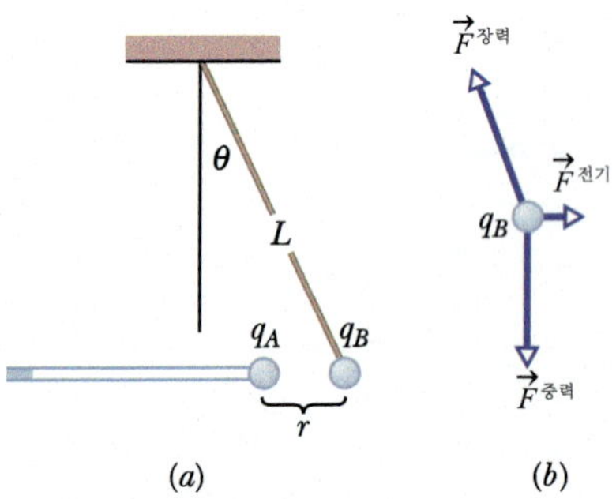

그림 22-12
전하를 띤 도금 탁구공이 전하를 띤 탐지 공에 밀린다. 매달린 공이 평형점에서 받는 중력, 줄의 장력, 쿨롱힘의 벡터 합은 0이다.

탐지 공을 매달린 공 쪽으로 아주 천천히 움직이면, 매달린 공은 밀려 올라간다. 탐지 공을 가까이 가져갈수록 매달린 공은 평형점에서 점점 더 멀리 간다. 이것은 전하를 띤 두 공의 중심 사이의 거리 r이 작을수록 탐지 공이 매달린 공을 더 세게 밀어냄을 정성적으로 보여준다. 또한 정전기력이 두 전하를 잇는 선을 따라 작용함을 보여준다. 이것은 매달린 공이 옆으로 벗어나지 않는 것을 통해서 알 수 있다.

동영상 기술을 쓰면 이 실험에서 한 단계 더 나아갈 수 있다. 조금씩 앞으로 움직이는 탐지 공의 운동을 영상 카메라로 잡고, 컴퓨터 소프트웨어를 써서 매달린 공의 각변위와 두 공 사이의 거리에 대한 분석을 동영상 틀 단위로 할 수 있다. 그림 22-13은 이러한 분석 결과의 한 예다. 공이 서 있을 때, 알짜 힘은 아래쪽으로 작용하는 중력, 줄이 주는 장력, 수평 방향으로 작용하는 전기력의

그림 22-13
두 전하를 띤 공 사이의 힘을 보여주는 디지털화된 25개의 동영상 가운데 세 장면. 공이 매달린 줄은 너무 가늘어서 보이지 않고 줄이 묶인 곳은 동영상 틀의 맨 위쪽보다 훨씬 더 높은 곳에 있다.

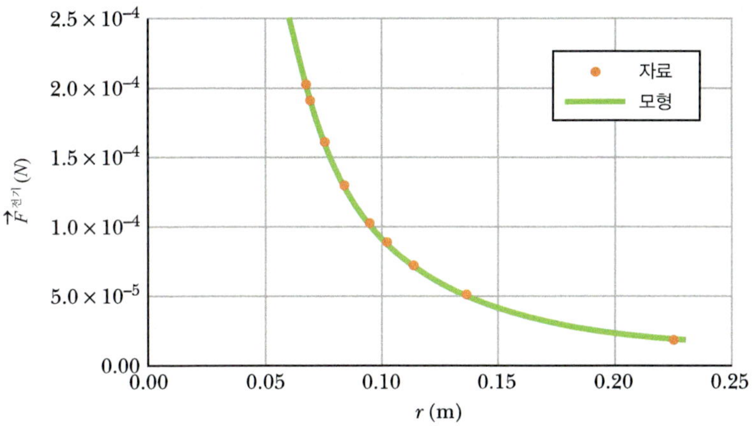

그림 22-14
질량이 각각 2.40 g인, 전하를 띤 두 탁구공에서 쿨롱 힘의 크기-거리 그림표. 녹색 곡선은 빨간 자료 값이 역제곱 곡선과 아주 잘 맞음을 보여준다. 맞춤곡선은 $F^{전기} = (7.9 \times 10^{-4}\ \mathrm{N \cdot m^2})/r^2$이다. (식 22-6과 22-7로부터) 쿨롱상수 $8.99 \times 10^9\ \mathrm{N \cdot m^2/C^2}$를 쓰면 각 공에 약 1×10^{-8} 쿨롱의 과잉 전하가 있음을 알 수 있다. 동영상 장면(Dson015.mov)에서 자료를 얻어내는데 비디오포인트 소프트웨어를 썼다.

벡터합이다. 공이 받는 전기력의 크기는 공의 질량과 수직방향에 대하여 올라간 각도 θ로부터 셈할 수 있다.

그림 22-14는 자료의 그림표이다. 자료를 곡선으로 맞추면, 전하 사이의 힘이 중력처럼 거리에 대하여 $1/r^2$으로 떨어지는 것을 알 수 있다. 이것은 식 22-4에 요약한 쿨롱의 결론을 확인한다.

식 22-4에서 힘과 전하량에 절대값 기호를 쓴 까닭은 힘(벡터)의 기호는 단순히 곱한 전하량의 종류가 같은지 다른지만 나타내는 것이 아니라 힘의 방향도 나타내기 때문이다. 그러므로 전하를 띤 두 물체 사이의 힘의 크기를 셈할 때 전하량을 써야 한다. 힘의 방향은 이미 말한 인력과 척력 규칙을 써서 결정하되 늘 두 전하를 잇는 선을 따라 작용함을 기억한다. 낱낱의 입자가 받는 힘의 방향은 입자들이 서로 밀어내면 다른 입자에서 멀어지는 쪽(그림 22-15*a*, *b*), 끌어당기면 가까워지는 쪽이다(그림 22-15*c*).

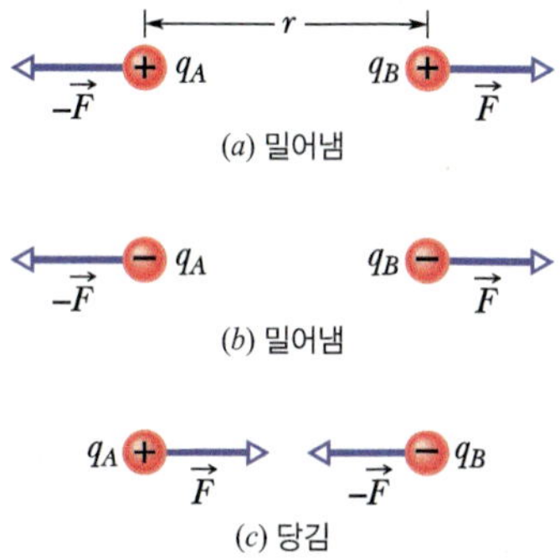

그림 22-15
거리가 r인 두 대전 입자. 두 입자의 전하가 같은 부호이면 [(*a*) 둘 다 양 혹은 (*b*) 둘 다 음] 서로 밀어낸다. (*c*) 반대 부호이면 서로 끌어당긴다. 세 경우 각각에서 한 입자가 받는 힘은 다른 입자가 받는 힘과 크기는 같고 방향은 반대이다.

절대값이 필요한 예로 다음 식을 보자.

$$F^{전기}_{A \to B} = k\frac{|q_A||q_B|}{r^2}$$

그림 22-15*c*의 부호가 반대인 두 전하를 생각하자. 위의 힘에 대한 식은 낱낱의 입자가 다른 입자에 주는 힘의 크기가 똑같음을 나타낸다.

$$F_{A \to B} = F_{B \to A} \tag{22-5}$$

그러나 정전기적 상호작용은 뉴턴 제3법칙을 따른다(그림 22-15*c*에서). 음전하가 양전하에 주는 힘은 오른쪽을, 양전하가 음전하에 주는 힘은 왼쪽을 향한다. 절대값을 쓰지 않고 양의 부호와 음의 부호를 그대로 쓰면, 곱 $q_A q_B$(혹은 $q_B q_A$)는 늘 음이므로 셈한 것이 양전하가 받는 힘이건 음전하가 받는 힘이건 상관없이 힘의 값은 음수가 된다. 두 힘은 서로 반대쪽을 향하고, 부호는 방향을 나타내므로 이것은 맞지 않다: 두 전하가 받는 힘이 모두 음일 수는 없다. 이 상황과 다른 모든 상황에서 셈할 때 전하량의 절대값을 쓰고 그 다음에 좌표계와 인력과 척력의 문제를 고려하여 힘과 관련된 부호를 결정하면 이러한 함정에 빠지지 않는다.

신기하게도, 식 22-4의 꼴은 14장에서 제시한 뉴턴 중력 법칙에서 질량 m_A, m_B인 두 입자가 중심 사이의 거리가 r일 때 주고받는 중력과 똑같다.

$$F^{\text{중력}}_{A\to B} = G\frac{m_A m_B}{r^2} \quad \text{(식 14-1)}$$

여기서 G는 중력상수이다.

쿨롱 법칙은 모든 실험적 검증을 견뎌냈다: 지금까지 어떠한 예외도 발견되지 않았다. 이 법칙은 심지어 원자의 속에서도 적용되어, 양전하를 띤 핵과 음전하를 띤 낱낱의 전자 사이의 힘도 정확히 기술한다. 고전적인 뉴턴 역학이 맞지 않아 양자역학으로 대체된 곳에서도 쿨롱 법칙은 잘 맞는다. 이 간단한 법칙은 또한 원자가 모여 분자를 이루도록 결합하는 힘이나 원자나 분자가 함께 모여 고체나 액체를 이루도록 결합하는 힘도 정확히 기술한다.

쿨롱 상수 k는 흔히 $1/4\pi\varepsilon_0$로 바꿔 쓰며 이때 $\varepsilon_0 = 4\pi k$이다. 아직은 도입하지 않았지만 관련된 많은 식을 단순하게 만드는 정전기 상수에 대한 좀 더 복잡한 식을 나중에 보게 될 것이다. 쿨롱 법칙에서 k를 $1/4\pi\varepsilon_0$로 바꾸면 다음과 같다.

$$F^{\text{전기}}_{A\to B} = \frac{1}{4\pi\varepsilon_0}\frac{|q_A||q_B|}{r^2} \quad \text{(쿨롱 법칙)} \quad (22\text{-}6)$$

여기서 k의 값은 다음과 같다.

$$k = \frac{1}{4\pi\varepsilon_0} = 8.99\times 10^9\ \mathrm{N\cdot m^2/C^2} \quad \text{(쿨롱 상수)} \quad (22\text{-}7)$$

ε_0는 **전기상수[electric constant]**(때로는 유전율 상수[permittivity constant])라고 하며, 가끔 홀로 쓰이는데 값은 다음과 같다.

$$\varepsilon_0 = 8.85\times 10^{-12}\ \mathrm{N\cdot m^2/C^2} \quad \text{(전기상수)} \quad (22\text{-}8)$$

생각해보기 22-10 22-4절 끝부분과 그림 22-6에서 제공한 정보를 써서 다음 문장이 왜 참이 아닌지를 설명하라: 전하를 띤 입자 같은 물체 둘이 주고받는 힘은 (a) 물체의 전하와 상관이 없다. (b) $1/|q_A||q_B|$에 비례한다. (c) $|q_A|+|q_B|$에 비례한다.

22-8 쿨롱 법칙을 써서 문제 풀기

쿨롱 법칙은 과잉 전하가 있는 입자 같은 물체가 받는 힘을 구하는데 쓸 수 있다. 쿨롱 법칙을 써서 정량적인(값을 셈하는) 문제를 풀 때에 주의할 점이 있다. 예를 들어 전하의 단위는 쿨롱, 전하 사이의 거리의 단위는 미터를 써야 한다. 이것은 거리와 전하의 국제 단위이며, 식 22-7의 쿨롱 상수의 표준값을 쓰려면 국제 단위를 써야 한다. 22-7절에서 설명한 바에 따르면, 힘의 크기는 전하의 (양의) 절대값을 써서 셈하여야 한다. 다음으로 상황을 살펴, 힘의 방향을 보이고, 좌표계를 잡는다. 힘이 음의 방향으로 작용하면, 그 힘의 크기에 음의 부호를 붙인다.

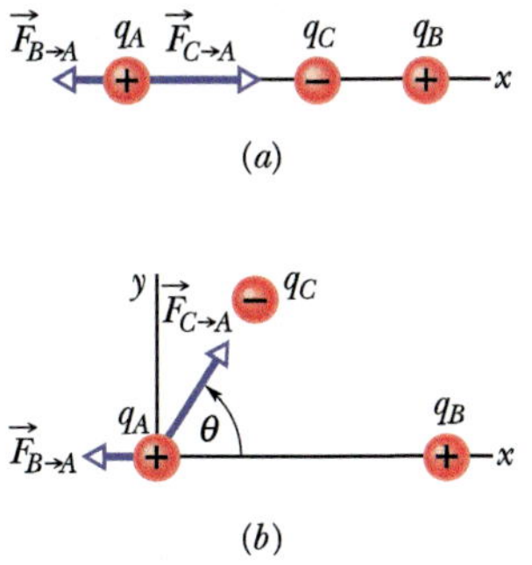

그림 22-16
(a) 과잉 전하가 있는 입자 같은 물체가 직선 위에 있다. 전하 B와 C가 전하 A에 주는 힘을 힘 벡터로 묘사한다. (b) 다른 전하가 직선 위에 있지 않을 때 전하 A가 받는 힘 벡터를 보여주는 비슷한 그림이다.

• 힘의 중첩

모든 다른 힘(중력을 포함하여)도 그렇듯이, 정전기력도 중첩 원리를 따른다. 예를 들어, 대전 입자가 4개 있으면, 그것이 이루는 짝마다 독립적으로 힘을 주고받으며, 전하들 중 어느 하나(입자 A라고 하자)가 받는 힘은 다음의 벡터합과 같다.

$$\vec{F}_A^{\text{알짜}} = \vec{F}_{B\to A} + \vec{F}_{C\to A} + \vec{F}_{D\to A} \tag{22-9}$$

여기서, $\vec{F}_{D\to A}$는 입자 D가 입자 A에 주는 힘이다.

그림 22-16b에 있는 전하들과 같은 경우에 그렇듯이, 입자가 받는 여러 힘은 보통 방향이 같지 않다. 이런 힘을 더하는 방법을 알고 있지만, 과정을 다시 살펴보자. 먼저 낱낱의 힘의 크기를 셈하고(이 경우엔 쿨롱 법칙을 써서), 좌표계를 하나 잡고, 힘의 방향을 결정한다. 그 다음 낱낱이 힘의 직각좌표성분을 셈하고 부호를 결정한다. 예를 들면, 각 힘의 x와 y성분을 결정하고 부호가 양인지 음인지를 결정한다. 그 다음 같은 쪽 성분을 모두 부호를 따져가며 더한다: 같은 쪽이면 더하고, 반대쪽이면 뺀다. 이렇게 하면 알짜힘(합성력)의 성분들을 구할 수 있다. 그런 다음 삼각함수를 써서 합력의 크기와 방향을 얻는다. 이 과정을 아래에 요약했다.

• 쿨롱 법칙을 써서 정량적인 문제를 푸는 단계적 과정

다음의 단계는 그림 22-17a의 전하 배치에 대한 묘사이지만, 전하를 띤 입자가 어떻게 배열되었건 쓸 수 있다.

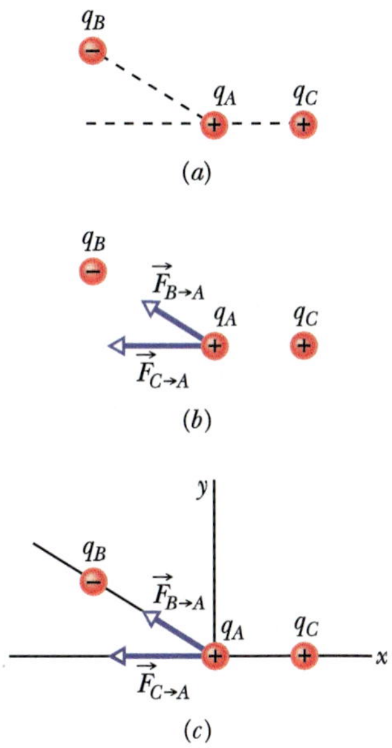

그림 22-17
쿨롱 법칙을 쓴 문제풀이 과정 요약.

1. 입자의 배치를 그리고 주변의 전하가 문제의 입자에 주는 힘의 방향을 화살표로 나타내라. 예를 들어 문제의 전하가 q_A이면 그림 22-17a처럼 나타낼 수 있다.
2. 쿨롱 법칙을 써서 문제의 입자가 받는 낱낱의 힘의 크기를 셈하라.
3. 힘의 방향을 결정하고 그림 22-17b와 같이 힘-물체 그림을 만들어라.
4. 좌표계를 하나 잡아 그림 22-17c와 같이 그림에 그려 넣어라.
5. 입자 A가 받는 힘의 크기가 F이면 $F_x = F\cos\theta$와 $F_y = F\sin\theta$의 표현을 써서(혹은 동등한 표현으로) 낱낱의 힘의 직각좌표 벡터 성분을 셈하라.
6. 그 성분의 방향에 따라 부호를 결정하라.
7. 좌표축과 나란히 작용하는 모든 힘의 성분들을 모아라.
8. 합성 성분을 모으고 다음 식을 써서 알짜힘의 크기를 얻는다.

$$[F^{\text{알짜}}]^2 = [F_x^{\text{알짜}}]^2 + [F_y^{\text{알짜}}]^2 \tag{22-10}$$

9. 다음의 식을 써서 힘이 작용하는 ($+x$쪽에 대한) 각도를 결정하라.

$$\tan\theta = \frac{F_y^{\text{알짜}}}{F_x^{\text{알짜}}} \tag{22-11}$$

아니면 그 대신 $\vec{F}^{\text{알짜}} = F_x^{\text{알짜}}\hat{\mathrm{i}} + F_y^{\text{알짜}}\hat{\mathrm{j}}$과 같은 벡터 표현법으로 힘을 나타내라.

생각해보기 22-11 그림은 x축 위에 있는 두 양성자(기호 p)와 하나의 전자(기호 e)를 보여준다. 다음의 방향은 어떻게 되는가? (a) 전자가 가운데 양성자에 주는 정전기력 (b) 다른 양성자가 가운데 양성자에 주는 정전기력 (c) 가운데 양성자가 받는 알짜 정전기력. 가운데 양성자를 옮겨놓으면 알짜 정전기력이 0이 되는 곳이 세 전하를 잇는 직선상에 있는가? 이론을 설명하고 힘의 중첩과 관련하여 대답하시오.

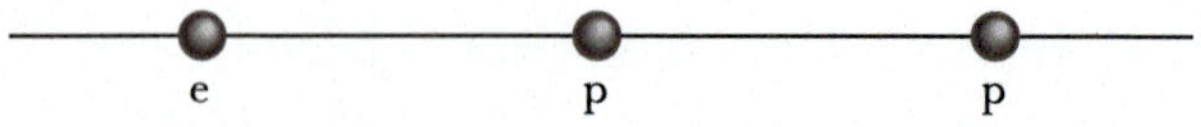

따라해보기 22-1 | 전하가 받는 힘

(a) 그림 22-18a에서 양전하를 띤 두 입자가 x축 위에 고정되어 있다. 두 전하는 $q_A = 1.60\times10^{-19}$ C와 $q_B = 3.20\times10^{-19}$ C이고, $R = 0.0200$ m만큼 떨어져 있다. 입자 B가 입자 A에 주는 정전기력 $\vec{F}_{B\to A}$의 크기와 방향은 어떻게 되는가?

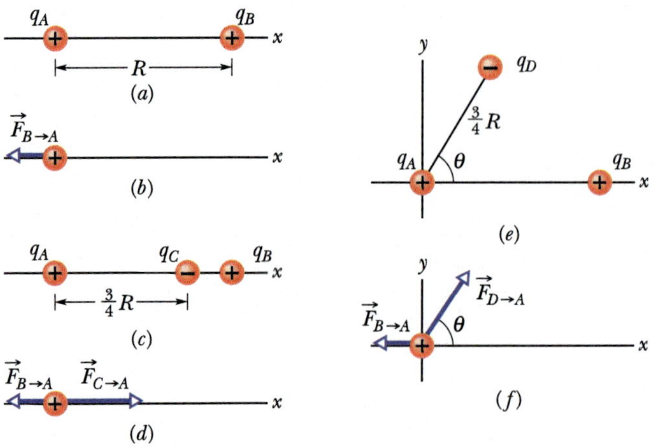

그림 22-18
(a) 전하 q_A와 q_B를 띤 두 입자가 x축 위에 거리 R만큼 떨어져 있다. (b) 입자 B가 A에 주는 정전기력을 보여주는 입자 A의 힘-물체 그림. (c) 입자 C는 x축 위에 입자 A와 B 사이에 있다. (d) 입자 B와 C에 의한 입자 A의 힘-물체 그림. (e) 입자 D는 x축과 θ의 각을 이루는 직선 위에 있다. (f) 입자 B와 D에 의한 입자 A의 새로운 힘-물체 그림

풀이 ■ 요점은 두 입자 모두 양전하를 띠고 있으므로, 입자 A는 입자 B에 밀리고, 힘의 크기는 식 22-4로 결정된다는 것이다. 그래서 입자 A가 받는 힘 $\vec{F}_{B\to A}$의 방향은 입자 B로부터 멀어지는 쪽이고, 그림 22-18b의 힘-물체 그림에 보인 것처럼 $-x$쪽이다. 식 22-4에서 r 대신 R을 써서 힘의 크기 $F_{B\to A}$를 다음과 같이 쓸 수 있다.

$$F_{B\to A} = k\frac{|q_A||q_B|}{R^2}$$
$$= (8.99\times10^9\ \mathrm{N\cdot m^2/C^2})\times\frac{(1.60\times10^{-19}\ \mathrm{C})(3.20\times10^{-19}\ \mathrm{C})}{(0.0200\ \mathrm{m})^2}$$
$$= 1.15\times10^{-24}\ \mathrm{N}$$

그래서 힘 $\vec{F}_{B\to A}$의 크기와 방향(+x쪽에 대하여)은 다음과 같다.

$$1.15\times10^{-24}\ \mathrm{N}\ \text{그리고}\ 180° \qquad \text{(답)}$$

또한 $\vec{F}_{B\to A}$를 단위 벡터 표현법을 써서 이렇게 쓸 수 있다.

$$\vec{F}_{B\to A} = -(1.15\times10^{-24}\ \mathrm{N})\,\hat{\mathrm{i}} \qquad \text{(답)}$$

(b) 그림 22-18c는 x축 위에 입자 A와 B 사이에 입자 C를 놓은 것을 빼놓고는 그림 22-18a와 같다. 입자 C의 전하는 $q_C = 3.20\times10^{-19}$ C이고 입자 A에서 거리 $\frac{3}{4}R$인 곳에 있다. 입자 B와 C가 입자 A에 주는 알짜 정전기력 $\vec{F}_A^{\text{알짜}}$는 어떻게 되는가?

풀이 ■ 첫째 **요점**은 입자 B가 입자 A에 주는 정전기력은 입자 C가 있어도 바뀌지 않는다는 것이다. 그러므로 힘 $\vec{F}_{B\to A}$는 여전히 입자 A에 작용한다. 마찬가지로 입자 C가 입자 A에 주는 힘 $\vec{F}_{C\to A}$도 입자 B의 영향을 받지 않는다. 입자 A와 C의 전하의 부호가 반대이므로 입자 C는 입자 A를 끌어당긴다. 그래서 힘 $\vec{F}_{C\to A}$는 그림 22-18d의 힘-물체 그림과 같이 입자 C쪽을 향한다.

$\vec{F}_{C\to A}$의 크기를 구하려면, 식 22-4를 이렇게 다시 쓸 수 있다.

$$F_{C\to A} = k\frac{|q_A||q_C|}{(\frac{3}{4}R)^2}$$
$$= (8.99\times10^9\ \mathrm{N\cdot m^2/C^2})\times\frac{(1.60\times10^{-19}\ \mathrm{C})(3.20\times10^{-19}\ \mathrm{C})}{\frac{3}{4}(0.0200\ \mathrm{m})^2}$$
$$= 2.05\times10^{-24}\ \mathrm{N}$$

또한 단위벡터 표현법으로 $\vec{F}_{C\to A}$를 이렇게 쓸 수 있다.

$$\vec{F}_{C\to A} = +(2.05\times10^{-24}\ \mathrm{N})\,\hat{\mathrm{i}}$$

둘째 **요점**은 입자 A가 받는 알짜힘 $\vec{F}_A^{\text{알짜}}$가 $\vec{F}_{B\to A}$와 $\vec{F}_{C\to A}$의 벡터합이라는 것이다. 즉 식 22-9로부터 입자 A가 받는 알짜힘

$\vec{F}_A^{알짜}$를 단위 벡터 표현법으로 이렇게 쓸 수 있다

$$\vec{F}_A^{알짜} = \vec{F}_{B\to A} + \vec{F}_{C\to A} = -(1.15\times10^{-24}\,\text{N})\,\hat{\text{i}} + (2.05\times10^{-24}\,\text{N})\,\hat{\text{i}}$$
$$= (9.00\times10^{-25}\,\text{N})\,\hat{\text{i}} \qquad \text{(답)}$$

그래서 $\vec{F}_A^{알짜}$의 크기와 방향(+x쪽에 대하여)은 다음과 같다.

$$9.00\times10^{-25}\,\text{N} \quad \text{그리고} \quad 0° \qquad \text{(답)}$$

(c) 그림 22-18e는 입자 D가 그림에 표시된 곳에 있는 것을 빼면 그림 22-18a와 같다. 입자 D의 전하는 $q_D = -3.20\times10^{-19}$ C이고, 입자 A에서 거리 $\frac{3}{4}R$인 곳에 있으며, x축에 대해 각도 $\theta = 60°$인 직선 위에 있다. 입자 B와 D가 입자 A에 주는 알짜 정전기력 $\vec{F}_A^{알짜}$는 어떻게 되는가?

풀이 ■ 요점은 합력 $\vec{F}_A^{알짜}$는 $\vec{F}_{B\to A}$와 입자 D가 입자 A에 주는 새로운 힘 $\vec{F}_{D\to A}$의 벡터합이라는 것이다. 입자 A와 D의 전하는 부호가 반대이므로, 입자 D는 입자 A를 끌어당긴다. 그래서, 입자 A가 받는 힘 $\vec{F}_{D\to A}$는 그림 22-18f의 힘-물체 그림과 같이 입자 D 쪽을 향하고, 각도 $\theta = 60°$이다.

$\vec{F}_{D\to A}$의 크기를 구하려면 식 22-4를 이렇게 다시 쓸 수 있다.

$$|\vec{F}_{D\to A}| = k\frac{|q_A||q_D|}{\left(\frac{3}{4}R\right)^2}$$
$$= (8.99\times10^9\,\text{N}\cdot\text{m}^2/\text{C}^2)\times\frac{(1.60\times10^{-19}\,\text{C})(3.2\times10^{-19}\,\text{C})}{\left(\frac{3}{4}\right)^2(0.0200\,\text{m})^2}$$
$$= 2.05\times10^{-24}\,\text{N}$$

그리고 식 22-9로부터, 입자 A가 받는 알짜힘 $\vec{F}_A^{알짜}$를 이렇게 쓸 수 있다.

$$\vec{F}_A^{알짜} = \vec{F}_{B\to A} + \vec{F}_{D\to A}$$

이 방정식의 오른쪽 부분의 값을 구하려면, 또 다른 해결 열쇠가 필요하다: 힘 $\vec{F}_{B\to A}$와 $\vec{F}_{D\to A}$의 방향이 다르므로, 이들의 크기를 그냥 더할 수 없고, 다음과 같은 방법으로 벡터 덧셈을 해야 한다.

방법 1. 벡터 계산기로 직접 더하기. $\vec{F}_{B\to A}$의 크기는 1.15×10^{-24}로 각도는 180°로 넣고, $\vec{F}_{D\to A}$의 크기는 2.05×10^{-24}로 각도는 60°로 넣는다. 그리고 벡터를 더하면 된다.

방법 2. 단위 벡터 표현법으로 더하기. 우선 $\vec{F}_{D\to A}$를 다음과 같이 다시 쓴다.

$$\vec{F}_{D\to A} = (F_{D\to A}\cos\theta)\,\hat{\text{i}} + (F_{D\to A}\sin\theta)\,\hat{\text{j}}$$

$F_{D\to A}$ 대신 2.05×10^{-24} N으로 바꾸고, θ 대신 60°로 바꾸면, 다음과 같이 된다.

$$\vec{F}_{D\to A} = (1.025\times10^{-24}\,\text{N})\,\hat{\text{i}} + (1.775\times10^{-24}\,\text{N})\,\hat{\text{j}}$$

그러고 나서 덧셈을 한다.

$$\vec{F}_A^{알짜} = \vec{F}_{B\to A} + \vec{F}_{D\to A}$$
$$= -(1.15\times10^{-24}\,\text{N})\,\hat{\text{i}} + (1.025\times10^{-24}\,\text{N})\,\hat{\text{i}} + (1.775\times10^{-24})\,\hat{\text{j}}$$
$$\approx (-1.25\times10^{-25}\,\text{N})\,\hat{\text{i}} + (1.78\times10^{-24}\,\text{N})\,\hat{\text{j}} \qquad \text{(답)}$$

방법 3. 좌표축 성분별로 더하기. x축 성분의 합은 다음과 같다.

$$\vec{F}_{Ax}^{알짜} = \vec{F}_{B\to Ax} + \vec{F}_{D\to Ax} = 0 + F_{D\to A}\cos 60°$$
$$= -1.15\times10^{-24}\,\text{N} + (2.05\times10^{-24}\,\text{N})(\cos 60°)$$
$$= -1.25\times10^{-25}\,\text{N}$$

y축 성분의 합은 다음과 같다.

$$\vec{F}_{Ay}^{알짜} = \vec{F}_{B\to Ay} + \vec{F}_{D\to Ay} = 0 + F_{D\to A}\sin 60°$$
$$= (2.05\times10^{-24}\,\text{N})(\sin 60°) = 1.78\times10^{-24}\,\text{N}$$

알짜힘 $\vec{F}_A^{알짜}$의 크기는 다음과 같다.

$$F_A^{알짜} = \sqrt{(F_{Ax}^{알짜})^2 + (F_{Ay}^{알짜})^2} = 1.78\times10^{-24}\,\text{N}$$

$\vec{F}_A^{알짜}$의 방향을 구하려면, 다음과 같이 셈한다.

$$\theta = \tan^{-1}\frac{F_{Ay}^{알짜}}{F_{Ax}^{알짜}} = -86.0°$$

그러나 $\vec{F}_A^{알짜}$의 방향은 $\vec{F}_{B\to A}$와 $\vec{F}_{D\to A}$의 방향 사이에 있어야 하므로 이것은 이치에 맞지 않다. θ를 정확하게 고치려면 180°를 더하여 다음의 답을 얻는다.

$$-86.0° + 180° = 94.0° \qquad \text{(답)}$$

따라해보기 22-2 | 평형점

그림 22-19a와 같이 고정된 두 입자가 있다. 전하 $q_A = +8q$를 띤 입자는 원점에, 전하 $q_B = -2q$를 띤 입자는 $x = L$인 곳에 있다. 전하 q_p를 띤 양성자를 (아주 먼 곳 말고) 어디에 두면 역학적 평형(알짜 힘이 0이 되는 것을 뜻함)이 되겠는가? 이 평형은 안정한가, 불안정한가?

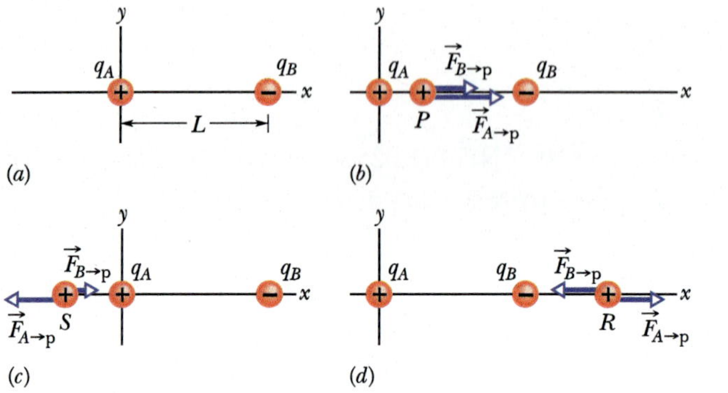

그림 22-19
(a) 전하 q_A와 q_B를 띤 두 입자가 x축 위에 거리 L 떨어져서 고정되어 있다. (b)–(d) 양성자가 있을 수 있는 세 곳 P, S, R를 나타낸다. 각 점에서 $\vec{F}_{A\to p}$는 입자 A가 양성자에 주는 힘, $\vec{F}_{B\to p}$는 입자 B가 양성자에 주는 힘을 나타낸다.

풀이 ■ 요점은 양성자가 q_A로부터 받는 힘을 $\vec{F}_{A\to p}$, q_B로부터 받는 힘을 $\vec{F}_{B\to p}$라고 하면, 찾는 곳에서는 $\vec{F}_{A\to p} + \vec{F}_{B\to p} = 0$이다. 이 조건에 의하면 다음과 같다.

$$\vec{F}_{A\to p} = -\vec{F}_{B\to p} \tag{22-12}$$

역학적 평형을 이루려면 두 입자가 양성자에 주는 힘이 다음과 같이 크기가 같아야 하고,

$$|\vec{F}_{A\to p}| = |\vec{F}_{B\to p}| \tag{22-13}$$

힘의 방향이 반대쪽이어야 한다.

양성자는 양전하를 띤다. q_A는 양전하이므로 양성자가 받는 힘 $\vec{F}_{A\to p}$의 방향은 q_A에서 멀어지는 쪽이다. 또한, q_B는 음전하이므로, 양성자가 받는 힘 $\vec{F}_{B\to p}$의 방향은 q_B쪽을 향한다. 'q_A에서 멀어지는 쪽' 과 'q_B를 향하는 쪽' 이 반대쪽이 되려면 양성자가 x축 위에 있어야 한다.

양성자가 그림 22-19b의 P와 같이 q_A와 q_B 사이의 어떤 곳에 있다면, $\vec{F}_{A\to p}$와 $\vec{F}_{B\to p}$는 같은 쪽이 되어, 반대쪽이 되지 못한다. 양성자가 그림 22-19c의 S와 같이 q_A의 왼쪽에 있다면, $\vec{F}_{A\to p}$와 $\vec{F}_{B\to p}$는 반대쪽이 된다. 그러나 식 22-4는 거기서 $\vec{F}_{A\to p}$와 $\vec{F}_{B\to p}$의 크기가 같을 수 없음을 말해준다: $|\vec{F}_{A\to p}|$를 만드는 전하가 더 크고($2q$보다 큰 $8q$), 더 가까이 있으므로(더 작은 r), $|\vec{F}_{A\to p}|$가 $|\vec{F}_{B\to p}|$보다 더 클 수밖에 없다.

끝으로, 양성자가 그림 22-19d의 R처럼 q_B의 오른쪽에 있다면, 다시 $\vec{F}_{A\to p}$와 $\vec{F}_{B\to p}$는 반대쪽이 된다. 그러나 이제는 더 큰 전하(q_A)가 작은 전하보다 양성자로부터 더 멀리 있으므로, $|\vec{F}_{A\to p}|$와 $|\vec{F}_{B\to p}|$가 같은 곳이 있다. 이곳의 좌표를 x라고 하면 식 22-4의 도움으로 식 22-13을 다음과 같이 쓸 수 있다.

$$k\frac{8|q||q_p|}{x^2} = k\frac{2|q||q_p|}{(x-L)^2} \tag{22-14}$$

(전하량은 오직 식 22-14에서 나타남을 눈여겨보라.) 식 22-14를 다시 정리하면 다음과 같다.

$$\left(\frac{x-L}{x}\right)^2 = \frac{1}{4}$$

양변의 제곱근을 셈하면 다음과 같다.

$$\frac{x-L}{x} = \frac{1}{2}$$

그러므로 답은 다음과 같다.

$$x = 2L \tag{답}$$

$x = 2L$에서의 평형은 불안정하다. 즉, 양성자가 점 R의 왼쪽으로 가면, $|\vec{F}_{A\to p}|$와 $|\vec{F}_{B\to p}|$는 모두 커지지만 $|\vec{F}_{B\to p}|$가 (q_B가 q_A보다 더 가까우므로) 더 많이 커지고, 알짜힘은 양성자를 더 왼쪽으로 당긴다. 양성자가 오른쪽으로 가면 $|\vec{F}_{A\to p}|$와 $|\vec{F}_{B\to p}|$는 모두 줄지만 $|\vec{F}_{B\to p}|$가 더 많이 줄고, 알짜힘은 양성자를 더 오른쪽으로 민다. 안정 평형이라면 양성자가 조금 움직일 때마다 평형점으로 되돌아가게 해야한다.

연습문제 22-8

9. 작용 거리

두 점전하 $q_A = 26.0\,\mu\text{C}$, $q_B = -47.0\,\mu\text{C}$가 전기력 5.70 N을 주고받는다면 둘 사이의 거리는 얼마인가?

10. 작용하는 힘

두 점전하 $q_A = 3.00 \times 10^{-6}\,\text{C}$, $q_B = -1.50 \times 10^{-6}\,\text{C}$가 거리 12.0 cm 떨어져 있을 때 둘이 주고받는 힘의 크기는 얼마인가?

11. 전하량이 같은 두 전하

똑같은 두 점전하 q_1과 q_2가 3.2×10^{-3} m 떨어져 서 있다. 이 전하를 가만히 두면, q_1과 q_2가 각각 $7.0\,\text{m/s}^2$, $9.0\,\text{m/s}^2$의 가속도로 운동한다. q_1의 질량이 6.3×10^{-7} kg이라면,

(a) q_2의 질량은 얼마인가?

(b) q_1, q_2의 전하량은 얼마인가?

12. 고립된 쇠공

똑같은 두 쇠공 A, B가 있다. 둘의 전하량은 같고, 둘 사이의 거리는 쇠공의 지름에 비해 훨씬 크다(그림 22-20a). 쇠공 A가 B에 주는 전기력을 $\vec{F}_{A\rightarrow B}$라고 하자. 전기적으로 중성이고 절연 손잡이가 달린 똑같은 쇠공 C를 쇠공 A(그림 22-20b)와 B(그림 22-20c)에 차례로 댄 뒤 뗀다(그림 22-20d). 이 상황에서 쇠공 A가 B에 주는 전기력($\vec{F}'_{A\rightarrow B}$)의 크기를 $F_{A\rightarrow B}$로 나타내어라.

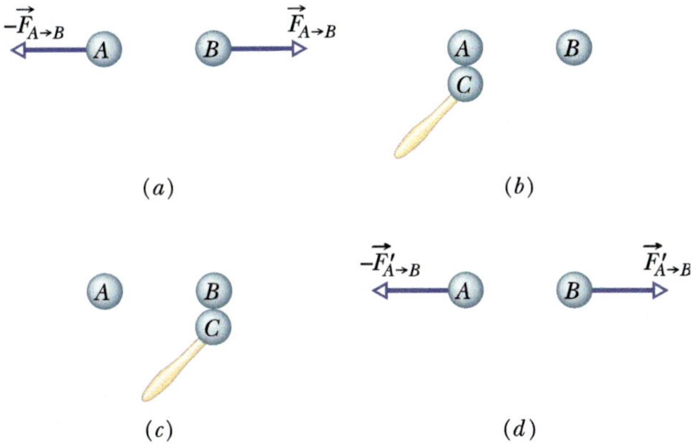

그림 22-20 문제 12

13. 점전하의 정사각형 배열

그림 22-21에서 사각형의 왼쪽 아래 모서리에 있는 대전입자가 받는 알짜 정전기력의 다음 각 성분의 크기는 얼마인가? $q = 1.0 \times 10^{-7}\,\text{C}$이고 $a = 5.0$ cm이다.

(a) 수평성분

(b) 수직성분

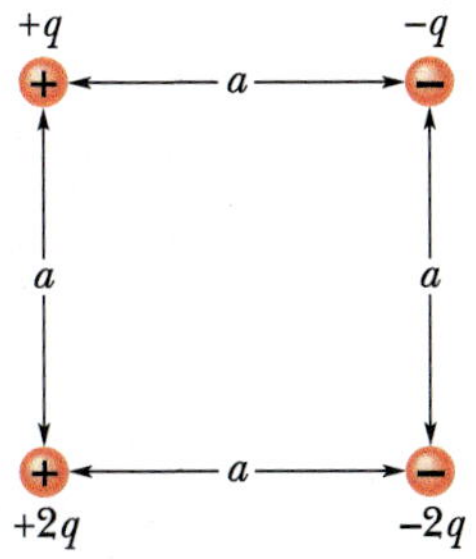

그림 22-21 문제 13

14. 직선 위의 힘

두 점전하 q_A, q_B가 각각 $x = -d$, $x = +d$에 있다.

(a) $x = +d/2$에 있는 점전하 $+Q$가 받는 알짜 힘이 0이었다. q_A, q_B는 어떤 관계일까?

(b) $x = +3d/2$에 있는 점전하 $+Q$가 받는 알짜 힘이 0이었다. q_A, q_B는 어떤 관계일까?

15. 똑같은 두 쇠공

고정된 두 쇠공의 중심 사이의 거리가 50.0 cm일 때, 서로 당기는 정전기력이 0.108 N이다. 두 쇠공을 가는 도선으로 이은 뒤 떼어내었더니, 정전기력 0.0360 N으로 서로 밀어낸다. 두 쇠공의 처음 전하량은 각각 얼마인가?

16. 세 점전하

그림 22-22와 같이 세 점전하가 직선 위에 놓여있고, 각각 거리 d만큼 떨어져 있다. q_A, q_B는 고정되어 있지만 q_C는 자유로이 움직일 수 있다. q_C가 역학적 평형상태에 있다(즉 q_C가 받는 알짜 힘이 0이다). q_A를 q_B로 나타내어라.

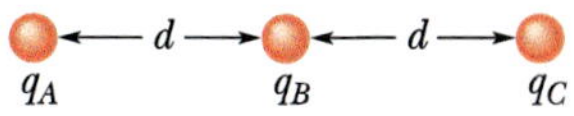

그림 22-22 문제 16

17. 두 자유 입자

자유로이 움직일 수 있는 두 점전하 $+q$, $+4q$가 거리 L 떨어져 있다. 또 다른 점전하를 어느 곳에 두었더니 세 전하로 이루어진 계가 역학적 평형을 이루었다.

(a) 셋째 전하의 전하량과 부호, 그리고 위치를 구하라.

(b) 이 계의 평형이 불안정함을 보여라.

18. 고정된 두 입자

두 점전하 $q_A = +1.0\,\mu\text{C}$, $q_B = -3.0\,\mu\text{C}$가 거리 10 cm 떨어져서 고정되어 있다. 셋째 전하는 어디에 두어야 이것이 받는 알짜 정전기력이 0이 되는가?

19. 어떤 전하 Q

전하량 Q인 어떤 전하가 q, $Q - q$의 두 부분으로 나뉘어 일정거리 떨어져 있다. 둘이 밀어내는 힘이 최대가 될 때, q를 Q로 나타내어라.

20. 전하와 좌표

두 대전 입자의 전하량과 xy 평면에 고정된 좌표는 다음과 같다.

$q_A = +3.0\,\mu\text{C}$, $x_A = 3.5$ cm, $y_A = 0.5$ cm

$q_B = -4.0\,\mu\text{C}$, $x_B = -2.0$ cm, $y_A = 1.5$ cm

(a) q_B가 받는 정전기력의 크기와 방향을 구하라.

(b) 또 다른 점전하 $q_C = +4.0\,\mu\text{C}$을 놓아 q_B가 받는 힘이 0이 되게 하려면 어디에 두어야 하는가?

21. 쌍둥이 이온

거리 5.0×10^{-10} m 떨어진 똑같은 두 이온이 3.7×10^{-9} N의 정전기력을 주고 받는다.

(a) 각 이온의 전하량은 얼마인가?

(b) 각 이온은 몇 개의 전자를 잃었을까?

22. 소금 결정

소금 결정 속에서 전하 $+e$를 띤 나트륨 이온(Na^+)과 전하 $-e$를 띤 염소 이온(Cl^-) 사이의 거리가 2.82×10^{-10} m라면 두 이온이 주고받는 정전기력의 크기는 얼마인가?

23. 염화세슘

그림 22-23의 염화세슘 결정구조에서 한 변의 길이가 0.40 nm인 정육면체 틀의 모서리에 Cs^+이온이, 중심에 Cl^-이온이 있다. Cs^+이온은 전자를 잃어 전하량이 $+e$이고, Cl^-이온은 전자를 얻어 전하량이 $-e$이다.

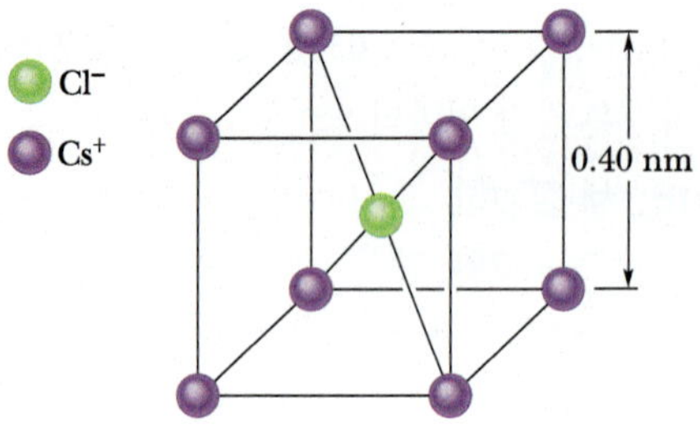

그림 22-23 문제 23

(a) 정육면체의 모서리에 있는 여덟 개의 Cs^+이온이 Cl^-이온에 주는 알짜 정전기력의 크기는 얼마인가?

(b) 8개의 Cs^+이온 중에 1개라도 떨어져나가면 결정에는 결함이 있다고 말한다. 나머지 일곱 개의 Cs^+이온이 Cl^-이온에 주는 알짜 정전기력의 크기는 얼마인가?

24. 물방울

작고 둥근 물방울 두 개 모두 전하 -1.0×10^{-16} C를 띠고 있고, 중심 사이의 거리는 1.00 cm이다.

(a) 두 물방울이 주고받는 정전기력의 크기는 얼마인가?

(b) 각 물방울의 과잉 전하의 개수는 얼마인가?

25. 구슬

그림 22-24처럼 전하를 띤 4개의 작은 구슬 A, B, C, D를 x, y좌표축을 따라 움직이게 하거나 고정시킬 수 있다. x, y축의 교차점(원점)에 전하량 $+e$인 구슬이 있다. 나머지 4개의 구슬은 모두 전하량이 $-e$이다. 처음에 구슬 A, B, C는 중심에서 $d = 10$ cm 떨어진 곳에, 구슬 D는 중심에서 $d/2 = 5$ cm 떨어진 곳에 있다.

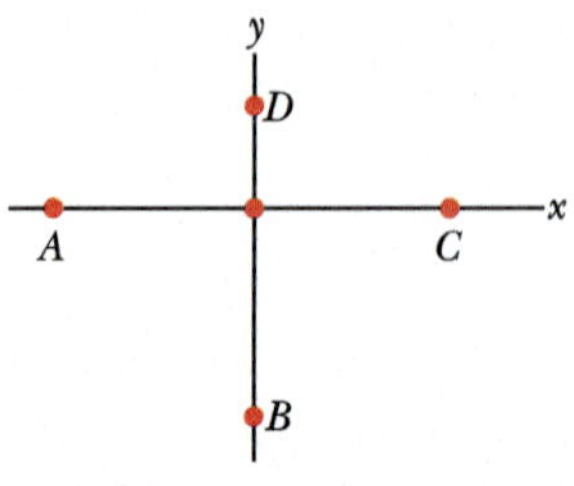

그림 22-24 문제 25

(a) 중심에 있는 구슬이 받는 알짜 정전기력 $\vec{F}_{알짜}$의 방향이 반시계 방향으로 30° 돌게 하려면 구슬 A를 어느 곳으로 옮겨야 하는가?

(b) 구슬 A를 새 위치에 놓은 상태에서 $\vec{F}_{알짜}$의 방향이 원래대로 30° 되돌아가게 하려면 구슬 C를 어느 곳으로 옮겨야 하는가?

26. 두 개의 구리 동전

전자의 음전하량과 양성자의 양전하량은 같다. 그러나 이들 전하량이 0.00010% 다르다고 가정하자. 1.0 m 떨어져 있는 두 구리 동전이 밀어내는 힘은 얼마인가? 동전 1개에 든 구리 원자는 3×10^{22}개라고 가정하자. (**실마리**: 중성 구리원자에는 양성자와 전자가 29개씩 들어 있다.)

27. 입자 A와 B

그림 22-25a와 같이 대전 입자 A와 B가 x축 위에 고정되어 있다. A의 전하량의 크기는 $|q_A| = 8.00\,e$이다. 또 다른 입자 C의 전하량은 $q_C = +8.00\,e$이고 처음에 입자 B 근처의 x축 위에 있다. C를 $+x$쪽으로 점차 옮기면, A와 C가 B에 주는 알짜 정전기력 $\vec{F}_B^{알짜}$도 변하게 된다. 그림 22-25b는 알짜 힘의 x성분을 입자 C의 위치 x의 함수로 나타낸 것이다. x가 아주 먼 곳으로 가면 $\vec{F}_B^{알짜} = 1.5 \times 10^{-25}$ N에 가까워진다. 입자 B의 전하량 q_B를 e의 정수배로 나타내면 어떻게 되는가?

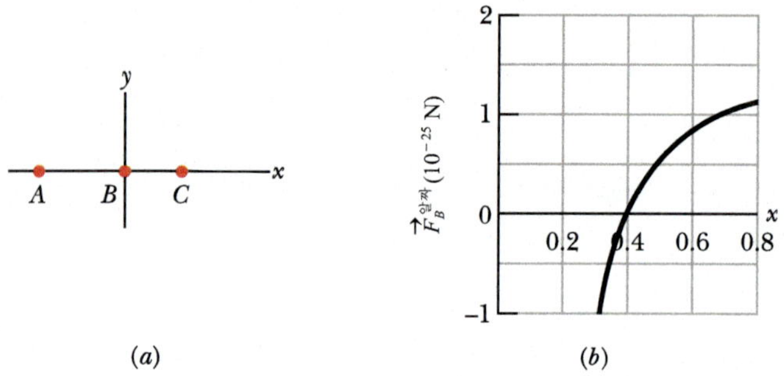

그림 22-25 문제 27

28. 수평면 위

그림 22-26과 같이 전하량 $+4e$인 첫째 입자는 수평면에서 수직위로 $d_1 = 2.0$ mm인 곳에, 전하량 $+6e$인 둘째 입자는 수평면 위, 첫째 입자로부터의 수평거리 $d_2 = 6.0$ mm만큼 떨어진 곳에 있다. 첫째 입자가 둘째 입자에 주는 정전기력의 x성분을 구하라.

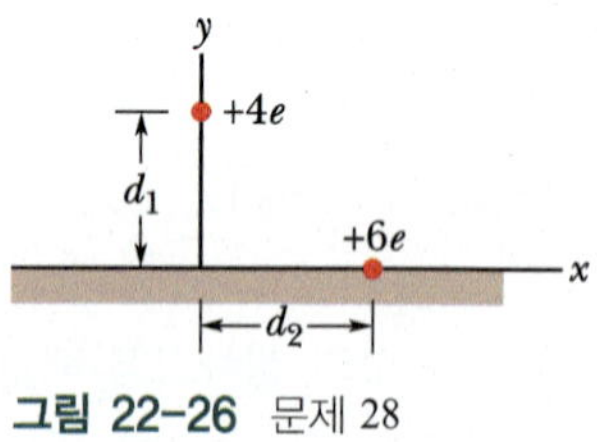

그림 22-26 문제 28

29. x축에 고정된 전하

그림 22-27a에서 전하량 q_A인 입자 A와 전하량 q_B인 입자 B가 x축 위에 8.0 cm 떨어져서 고정되어 있다. 전하량 $q_C = +5e$인 또 다른 입자 C가 x축 위 A와 B 사이에 있다. 입자 A와 B가 입자 C에

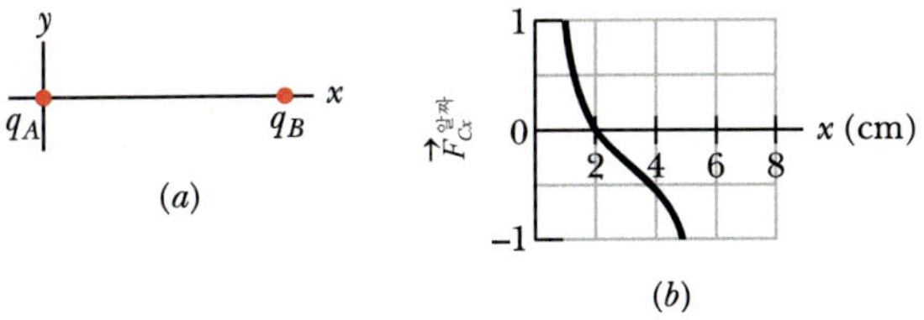

그림 22-27 문제 29

주는 알짜 정전기력은 $\vec{F}_C^{알짜}$이다. 그림 22-27b는 입자 C의 x좌표에 따른 $\vec{F}_C^{알짜}$의 x성분의 관계를 나타낸 그림표이다.

(a) 전하 q_A의 부호는 무엇인가?

(b) $\dfrac{q_B}{q_A}$는 얼마인가?

30. 네 개의 대전 입자

그림 22-28은 x축 위에 고정된 대전 입자 네 개를 보여준다. 각 입자 사이의 거리는 똑같이 $d = 2.00\,\text{cm}$이고, 전하량은 그림과 같다. 다음의 입자가 받는 알짜 정전기력의 크기와 방향을 구하라.

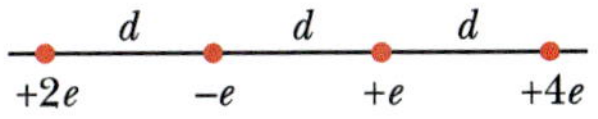

그림 22-28 문제 30

(a) 전하 $+2e$를 띤 입자

(b) 전하 $-e$를 띤 입자

31. 한 개를 둘로 쪼개다

전하량이 $6.0\,\mu\text{C}$인 입자를 둘로 쪼개어 거리 $3.0\,\text{mm}$만큼 떼어놓을 때, 두 입자가 주고받는 정전기력의 크기의 최대값은 얼마인가?

32. y축 상의 두 개의 입자

그림 22-29처럼 전하량이 각각 $+2e$인 두 입자가 y축 위에 고정되어 있다. 각 입자는 x축에서 $d = 17\,\text{cm}$ 떨어진 곳에 있다. 전하량이 $+4e$인 셋째 입자를 $x = 0$에서 $x = +5.0\,\text{m}$인 곳까지 x축을 따라 천천히 움직인다.

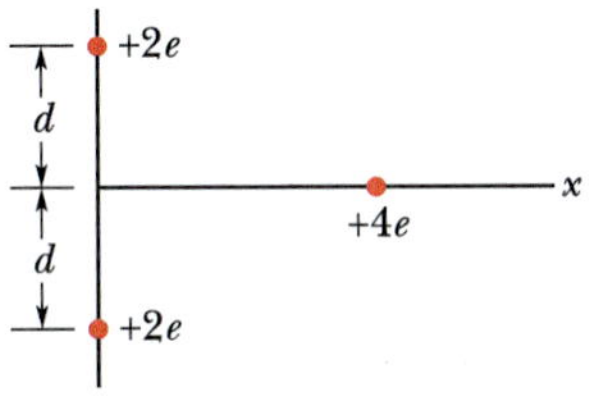

그림 22-29 문제 32

(a) 셋째 입자의 x값이 얼마일 때 두 입자가 주는 정전기력이 최소가 되는가?

(b) 셋째 입자의 x값이 얼마일 때 두 입자가 주는 정전기력이 최대가 되는가?

(c) 정전기력의 최소값은 얼마인가?

(d) 정전기력의 최대값은 얼마인가?

33. 얼마나 멀리

그림 22-30에서 셋째 대전 입자를 어떤 곳에 놓았더니 역학적 평형 상태가 되었다. 이 입자에서 오른쪽 입자까지의 거리는 어느 쪽으로 얼마이겠는가?

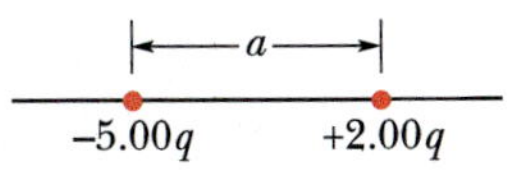

그림 22-30 문제 33

34. 3개의 양전하

그림 22-31a처럼 양전하를 띤 세 입자가 x축에 고정되어 있다. 두 입자 B와 C는 아주 가까이 있어서 입자 A까지의 거리가 같다고 볼 수 있다. 입자 B, C가 입자 A에 주는 알짜 힘이 $-x$쪽으로 $2.014 \times 10^{-23}\,\text{N}$이다. 그림 22-31$b$와 같이 입자 B를 A의 반대쪽으로 옮겼지만, A까지의 거리는 여전히 같다. 이제 A가 받는 알짜 힘은 $-x$쪽으로 $2.877 \times 10^{-24}\,\text{N}$이다. 이때 $\dfrac{q_C}{q_B}$는 얼마인가?

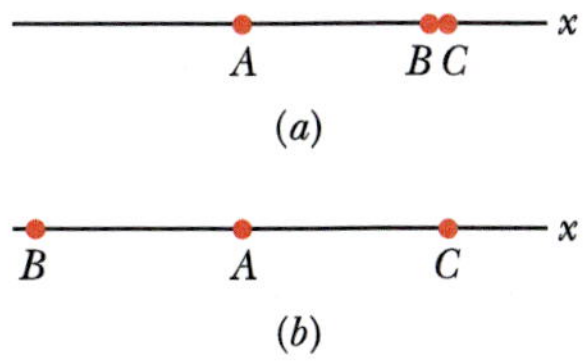

그림 22-31 문제 34

35. 원점에 고정된 입자

전하 Q를 띤 입자가 xy좌표계의 원점에 고정되어 있다. $t = 0$일 때 x축상의 $x = 20.0\,\text{cm}$에 있는 입자($m = 0.8\,\text{g}$, $q = 4.0\,\mu\text{C}$)가 $+y$쪽으로 $50.0\,\text{m/s}$의 속력으로 움직인다. 이 전하가 원운동을 하려면 Q값이 얼마이어야 하는가? (단, 중력의 영향은 무시한다.)

36. 일곱 개의 전하

그림 22-32처럼 7개의 양전하가 x축과 y축 위에 배열되어 있다. 각 전하는 원점에서 d(=1.0 cm) 또는 $2d$만큼 떨어져 있다. 나머지 6개의 전하가 원점에 있는 전하에 주는 알짜 정전기력의 크기와 방향은 어떻게 되는가?

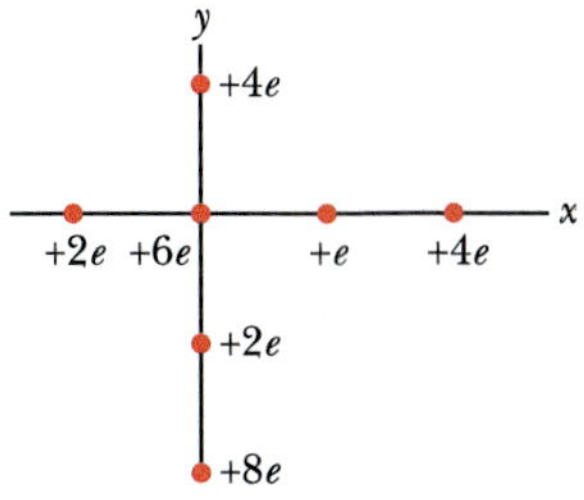

그림 22-32 문제 36

37. q값은 무엇일까

그림 22-33에서 정사각형의 왼쪽 위의 $+Q$가 받는 알짜 정전기력이 0이 될 때 q를 Q로 나타내어라.

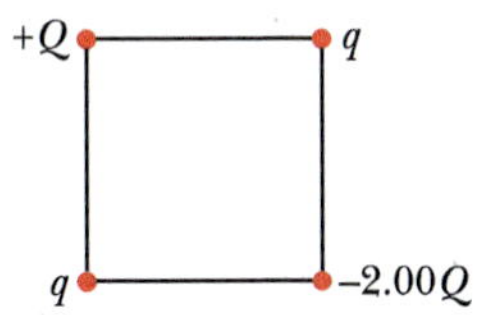

그림 22-33 문제 37

38. 전하

그림 22-34a는 거리 d만큼 떨어진 세 대전 입자의 배치를 보여준다. 입자 A와 C는 x축 위에 고정되어 있고, 입자 B는 입자 A를 중심으로 하는 원을 따라 움직일 수 있다. 움직이는 동안 입자 A와 B를 잇는 선이

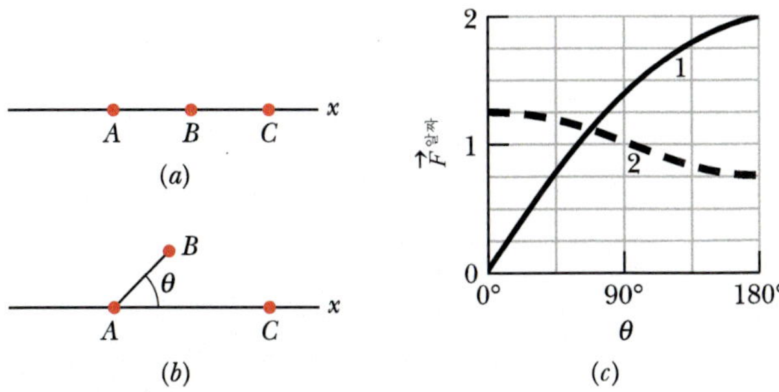

그림 22-34 문제 38

$+x$축과 이루는 각을 θ라고 하자(그림 22-34b). 그림 22-34c의 곡선들은 두 가지 상황에서 다른 입자들이 입자 A에 주는 알짜 정전기력의 크기 $F^{알짜}$을 나타낸 것이다. 이 알짜 힘의 크기는 θ의 함수와 기본 힘의 크기 F의 배수이다. 곡선 1을 예를 들면, $\theta = 180°$일 때 $F^{알짜} = 2F$가 된다.

(a) 곡선 1과 관련된 상황에서 $\frac{q_C}{q_B}$는 얼마인가? 부호도 나타내라.

(b) 곡선 2와 관련된 상황에서 $\frac{q_C}{q_B}$는 얼마인가? 부호도 나타내라.

39. 전자 두 개와 이온 두 개

그림 22-35처럼 전하 $-e$를 띤 전자 2개는 x축 위에 있고, 전하 $-q$를 띤 음이온 2개가 y축 위에서 서로 같은 각(θ)을 이루는 곳에 있다. 가운데 있는 전자는 자유로이 움직일 수 있다. 나머지 입자는 수평거리 R인 곳에 고정되어 있는데, 자유전자를 그 자리에 서 있게 하려고 한다.

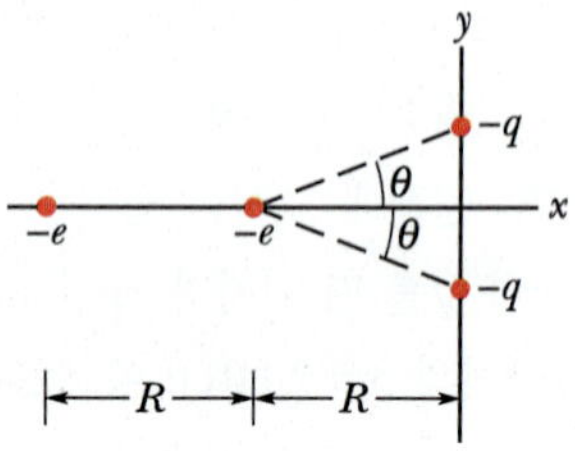

그림 22-35 문제 39

(a) 이런 상황이 일어날 때 θ에 따라 요구되는 q의 값을 그림표로 그려보아라.

(b) 이 그림표로부터 $q \le 5e$인 물리적으로 가능한 값들에 대해 필요한 θ값들을 구하라.

40. 마름모꼴 배치

그림 22-36은 $\theta = 30°$, $d = 2.0\,\text{cm}$로 배치된 네 대전입자를 나타낸 것이다. y축 위에 음전하를 띤 전자 2개가 고정되어 있다. 오른쪽 입자의 전하량은 $q_B = +5e$이다.

(a) 다른 세 입자가 왼쪽에 있는 q_A에 주는 알짜 힘이 0이 되는 거리 D를 구하라.

(b) 두 전자를 x축에 점점 가까이 가져간다면 요구되는 값 D는 (a)의 경우보다 더 커지는가, 작아지는가, 아니면 같은가?

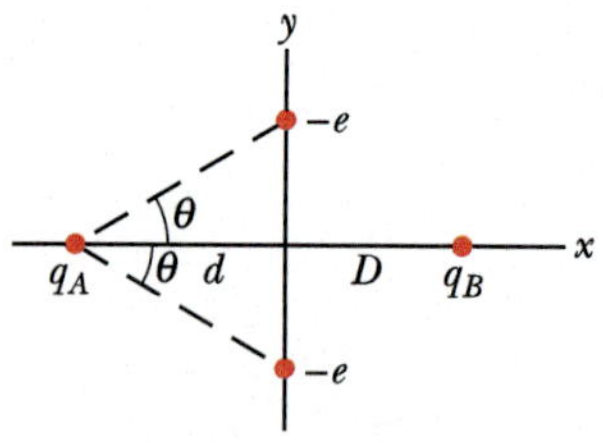

그림 22-36 문제 40

41. 낱낱의 양전하

두 양전하 q가 하나는 $x = 0$, 다른 하나는 $x = +d$에 고정되어 있다. 양전하 Q는 $x = \alpha d$에 있다.

(a) Q가 $x < 0$, $0 < x < d$, $x > d$의 세 영역에 있을 때, 이 입자가 받는 알짜 정전기력 $\vec{F}^{전기}$를 α로 나타내어라. $\vec{F}^{전기}$의 방향이 $+x$쪽이면 결과는 (+), $-x$쪽으로 작용한다면 결과는 (−)이다.

(b) $-2 < \alpha < 3$의 범위에서 α에 대한 $\vec{F}^{전기}$의 크기를 나타내는 그림표를 그려라.

42. 입자 A와 B

그림 22-37에서 입자 A와 B가 x축 위에서 거리 $L = 8.00\,\text{cm}$만큼 떨어져 고정되어 있다. 낱낱의 전하량은 $q_A = +e$, $q_B = -27e$이다. 전하량이 $q_C = +4e$인 입자 C가 A와 B를 잇는 선 위에 있다. 입자 A와 B가 입자 C에 주는 힘은 $\vec{F}_C^{알짜}$이다.

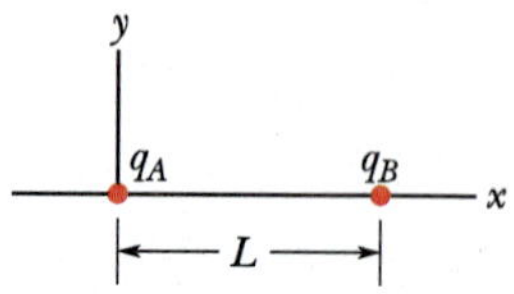

그림 22-37 문제 42

(a) 이 힘이 최소가 되려면 입자 C의 좌표값이 얼마이어야 하는가?

(b) 그 최소값은 얼마인가?

22-9 전기력과 중력 비교

앞에서 말했듯이 쿨롱 법칙은 다음과 같다.

$$F_{A\to B}^{전기} = k\frac{|q_A||q_B|}{r^2}$$

이것은 질량이 m_A와 m_B인 두 입자가 거리 r만큼 떨어져 있을 때 주고받는 중력을 나타내는 뉴턴의 방정식과 꼴이 같다.

$$F_{A\to B}^{중력} = G\frac{m_A m_B}{r^2}$$

두 식 모두 분모에 힘을 주고받는 두 물체 사이의 거리의 제곱 항이 있다: 둘 다 '역제곱 법칙' 이다. 또한 둘 다 힘을 주고받는 입자의 속성이 들어 있다. 하나는 질량, 다른 하나는 전하이다. 중력과 정전기력 모두 보존력이다. 즉 이들 힘이 닫힌 경로를 지나면서 하는 일은 0이다. 두 힘 모두 두 물체를 잇는 직선을 따라 작용한다. 이러한 힘을 '중심력' 이라고 한다.

이 힘은 비슷하지만 같지는 않으며, 한 힘의 다른 측면도 아니다. 이것을 어떻게 알 수 있을까? 정전기력은 본질적으로 중력보다 엄청나게 세다. 예를 들어 플라스틱 빗과 작은 종이쪽 사이의 중력은 크지 않아서 종이가 받는 지구 중력을 이겨내지 못한다. 그러나 자를 털가죽으로 문질러 생기는 정전기력은 지구 중력을 이겨낼 만큼 충분히 세다. 더군다나 중력은 늘 끌어당기기만 하지만 정전기력은 두 전하의 부호에 따라 끌어당기거나 밀어낸다. 질량은 오직 한 가지뿐이고 전하는 두 가지가 있어서 이러한 차이가 생긴다. 그래서 다음과 같이 첫째 식에는 절대값 기호가 필요하지만

$$F^{\text{전기}}_{A\to B} = k\frac{|q_A||q_B|}{r^2}$$

둘째 식에는 필요 없다.

$$F^{\text{중력}}_{A\to B} = G\frac{m_A m_B}{r^2}$$

정전기나 쿨롱 힘에 대한 논의를 끝내기 전에 다소 비슷한 힘(자석과 관련된 힘)과 비교해보자. 호박과 함께 고대 그리스인들은 다른 물체를 끌어당기는 능력이 있는 또 다른 특별한 물질을 알았다. 그들은 저절로 생겨난 몇몇 '천연자석' 에 대한 관찰을 기록했는데 오늘날 자철광으로 알려져 있으며, 철을 끌어당긴다. 천연자석은 처음으로 알려진 자석이다. 호박(전기)의 현상과 천연자석(자기)의 현상이 어떻게 관련되는가?

두 자석과 두 대전체 사이의 상호작용을 관찰하면 전기 현상과 자기현상이 다름을 알 수 있다. 두 자석은 방향에 따라서 서로 끌어당기거나 밀어낸다. 문지른 두 조각의 호박(혹은 유리)은 방향과 상관없이 늘 서로 밀어낸다.

그리하여 전기와 자기에 관한 연구는 여러 세기 동안 따로 발전하였다. 사실상 외르스테드가 도선에 흐르는 전류가 나침반 바늘을 빗나가게 하는 것으로부터 이들의 관련성을 알아낸 1820년까지는 그랬다. 전자기(전기와 자기 현상의 결합)라는 새로운 과학을 마이클 패러데이가 더욱 발전시켰는데, 그는 물리적인 직관과 이를 눈에 보이게 할 수 있는 재능을 가진 실로 천부적인 실험과학자였다. 사실상, 패러데이의 실험노트에는 단 하나의 방정식도 들어 있지 않았다. 19세기 중반에, 제임스 클러크 맥스웰이 패러데이의 생각을 수학적인 꼴로 나타냈는데, 자신의 새로운 생각도 많이 넣어, 전자기학의 확실한 이론적 바탕을 세웠다.

표 32-1은 전자기학의 기본법칙을 보여주는데, 오늘날 맥스웰 방정식이라고 한다. 여기부터 32장까지 차근차근 배워 나아가겠지만 무엇인지 궁금하면 지금 표를 살짝 보아도 된다.

따라해보기 22-3 | 핵 반발작용

철 원자의 핵 반지름은 4.0×10^{-15} m이고 양성자가 26개 들어 있다.

(a) 거리 4.0×10^{-15} m 떨어진 두 양성자가 밀어내는 정전기력의 크기는 얼마인가?

풀이 ■ 요점은 한 양성자가 다른 양성자에 주는 정전기력의 크기를 쿨롱의 법칙으로 구하면 된다. 표 22-1에서 양성자의 전하는 $+e$이다. 그러므로 식 22-4에서 다음의 답을 얻을 수 있다.

$$F^{\text{전기}} = \frac{ke^2}{r^2} = \frac{(8.99\times10^9\ \text{N}\cdot\text{m}^2/\text{C}^2)(1.60\times10^{-19}\ \text{C})^2}{(4.0\times10^{-15}\ \text{m})^2} = 14\ \text{N}$$

(답)

이 힘은 수박처럼 큰 물체에게는 아주 약한 힘이지만 양성자에게는 아주 센 힘이다. 이 힘은 수소(원자핵 속에 양성자가 단 하나 들어 있다)를 뺀 어떤 원소의 원자핵이라도 날려버릴 수 있다. 그러나 양성자가 아주 많이 든 원자핵조차 그렇게 되지는 않는다. 그러므로 어떤 엄청난 인력이 거대한 정전기 반발력을 누르고 있음이 틀림이 없다.

(b) 두 양성자가 서로 당기는 중력의 크기는 얼마인가?

풀이 ■ **요점**은 (a)에서와 같다. 양성자는 입자이므로 하나가 다른 하나에 주는 중력 크기는 중력에 대한 뉴턴의 방정식(식 14-2)을 써서 셈할 수 있다. 양성자의 질량 $m_{양성자}(= 1.67 \times 10^{-27}\,\mathrm{kg})$를 쓰면 식 14-2로 다음의 답을 구할 수 있다.

$$F = G\frac{m^2_{양성자}}{r^2} = \frac{(6.67 \times 10^{-11}\,\mathrm{N \cdot m^2/kg^2})(1.67 \times 10^{-27}\,\mathrm{kg})}{(4.0 \times 10^{-15}\,\mathrm{m})^2}$$

$$= 1.2 \times 10^{-35}\,\mathrm{N} \qquad \text{(답)}$$

이 결과로부터 핵 속의 양성자끼리 끌어당기는 중력은 정전기 반발력을 막아내기에는 너무나 약함을 알 수 있다. 대신에 양성자들은 강한 핵력(strong nuclear force)이라는 엄청난 힘으로 묶여 있다. 이 힘은 양성자(그리고 중성자)끼리, 핵 속에서와 같이 가까이 있을 때 주고받는다.

중력이 비록 정전기력보다 작지만 늘 끌어당기므로 거시적 규모에서는 더 중요하다. 이것은 중력이 많은 작은 물체들을 끌어 모아 행성이나 별과 같이 질량이 큰 물체를 만들 수 있고, 그런 다음에는 큰 중력이 작용할 수 있음을 뜻한다. 이에 반해 정전기력은 부호가 같은 전하는 서로 밀어내므로 양전하나 음전하를 아주 많이 끌어 모아 엄청나게 센 정전기력이 작용하게 만들 수 없다.

연습문제 22-9

43. 지구와 달

(a) 지구와 달 사이의 중력을 정전기력으로 지우려면 지구와 달에 똑같이 얼마의 전하를 두어야 하는가? 이 문제를 풀려면 지구와 달 사이의 거리를 알아야 하는가? 필요하거나, 필요 없다면 그 까닭은 무엇인가? (b) (a)에서 셈한 양전하를 공급하려면 필요한 수소의 질량은 몇 kg인가?

44. 전하량이 Q인 입자

정사각형의 마주보는 두 꼭지점에 각각, 전하량 Q인 입자가 있다. 나머지 꼭지점에 각각 전하량이 q인 입자가 고정되어 있다.

(a) 전하량이 Q인 입자가 받는 알짜 정전기력이 0일 때 전하량 Q를 q로 나타내어라.

(b) 네 입자 각각이 받는 알짜 정전기력이 0이 되는 q값이 있는가? 설명하라.

45. 실에 매달린 쇠공

그림 22-38과 같이 질량 m, 전하 q인 작은 쇠공 2개가 길이가 L인 절연체 실에 매달려 있다. θ가 아주 작다면 $\tan\theta$는 $\sin\theta$로 어림할 수 있다.

(a) 평형 상태에서 다음 식이 성립함을 보여라.

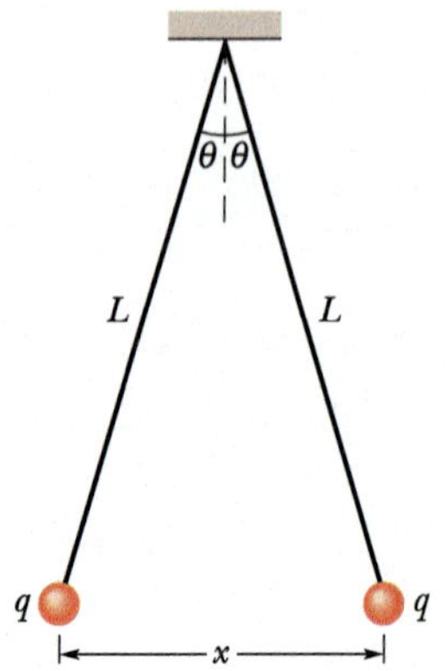

그림 22-38 문제 45

$$x = \left(\frac{2kq^2 L}{mg}\right)^{1/3}$$

여기서 x는 두 쇠공 사이의 거리다.

(b) $L = 120\,\mathrm{cm}$, $m = 10\,\mathrm{g}$, 그리고 $x = 5.0\,\mathrm{cm}$라면 q는 얼마인가?

46. 어떤 일이 벌어질까?

문제 45b에서 두 쇠공 중의 하나를 접지시켜 완전히 방전시키면 쇠공에는 어떤 일이 일어날지 설명하라. 그리고 주어진 L, m과 셈한 q값을 써서 새로 평형을 이루는 거리 x를 구하라.

47. 주축

그림 22-39는 절연체로 된, 질량을 무시할 수 있는 길이 L인 기다란 막대를 보여준다. 막대의 중심을 축으로 하고, 막대의 왼쪽 끝에서 거리 x인 곳에 무게 W인 토막을 놓으면 역학적 평형을 이룬다. 이 막대의 왼쪽 끝과 오른쪽 끝에 각각 양전하 q와 $2q$인 작은 쇠공을 붙여 놓았다. 이들 쇠공의 바로 아래쪽으로 거리 h인 곳에

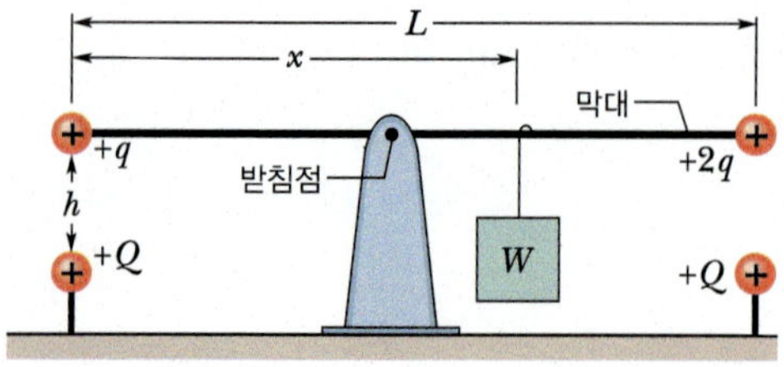

그림 22-39 문제 47

양전하 Q인 공이 고정되어 있다.

(a) 막대가 수평으로 평형을 이룰 때의 거리 x를 구하라.

(b) 막대가 수평으로 평형을 이룰 때 막대가 받침점에 주는 힘의 수직성분이 없다면 h의 값은 얼마인가?

48. 진공 속에서의 전자

전자가 지표면 근처의 진공 속에 있다. 둘째 전자가 첫째 전자에 주는 정전기력이 지구가 첫째 전자에 주는 정전기력과 균형을 이루려면 둘째 전자를 어느 곳에 두어야 하는가?

22-10 나날이 보는 힘은 대개 정전기력이다

6장에서 고체의 이상적 모형으로서 당기거나 누르는 힘에 저항하는 작은 용수철 같은 힘으로 결합된 원자 배열을 제시했다. 물체의 운동을 살펴볼 때 만나는 수직항력, 마찰력, 장력 등을 포함한 나날이 보는 힘의 본성의 대부분을 이 용수철 모형을 써서 설명했다. 이 모든 힘은 근본적으로 전기력이라고 주장했었다.

정전기력에 관해 새로 배운 것을 바탕으로 고체의 용수철 모형을 다시 살펴보자. 양성자와 전자는 반대 전하를 가지고 있으므로 서로 끌어당긴다. 그래서 결합하여 낱낱의 원자를 이룬다. 그리고 이것 때문에 줄을 당길 때 늘어나는 것을 방해하는 장력이 생긴다. 압축될 때는 물체를 이루는 원자의 바깥 전자가 다가오는 다른 물체의 바깥 전자를 밀어낸다. 이것이 수직항력의 근원이다. 우리는 이러한 반발이 표면에서 시작되는 것만 상상하지만, 속에 있는 원자층에서도 일어난다. 한 원자층의 전자가 다음 원자층의 전자에 다가가면, 전자들이 가까워짐에 따라 반발력은 급격히 커진다.

그러므로 고체란 원자들을 전자라는 풀로 붙여 딱 맞는 간격이 유지되도록 미묘한 평형 상태를 이룬 것으로 볼 수 있다. 이 현상을 더 자세히 살펴보려면 양자역학이 필요하지만, 나날이 겪는 모든 힘은 중력, 전기력, 자기력이라고 생각해도 된다. 정전기 상호작용과 자기 상호작용 사이의 관계는 32장에서 더 살펴본다.

추가문제

49. 인력

반대 전하는 끌어당긴다. 적당한 길이로 자른 접착테이프를 두 개 준비한다. 테이프의 접착면을 또 다른 테이프의 비접착면에서 붙였다가 빨리 떼어내면 두 테이프가 서로 끌어당기는 것을 볼 수 있다. 아마 낱낱의 테이프는 반대 전하를 가졌을 것이고, 규칙은 앞에서 이미 진술되었다. 왜 두 테이프의 전하가 서로 반대라고 생각하는가?

주의: '두 테이프가 서로 끌어당기는 것을 보았고, 반대 전하는 끌어당기기 때문이다.' 라는 답은 적절하지 않다.

50. 매달려 있는 알루미늄박 공

(a) 매달려 있는 알루미늄박 공과 같은 금속도체는 알짜 전하가 없어서 전기적으로 중성인데도 전하를 띤 절연체에 끌려갈 수 있는 까닭을 설명하라.

(b) 알짜 전하가 없는 두 도체 공은 서로 끌어당기는가? 설명하라.

(c) 유도 과정 때문에 중성 도체가 전하를 띤 절연체로부터 밀려날 수 있는가? 설명하라.

51. 네 개의 쇠공

그림 22-40과 같이 도금된 가벼운 공이 절연체 실에 매달려 있다. 털가죽으로 문지른 플라스틱 막대를 공 A에 댄다고 하자. A와 나머지 공을 한 번에 하나씩 짝 지어 상호작용을 관찰할 때 다음과 같은 결과가 나왔다.

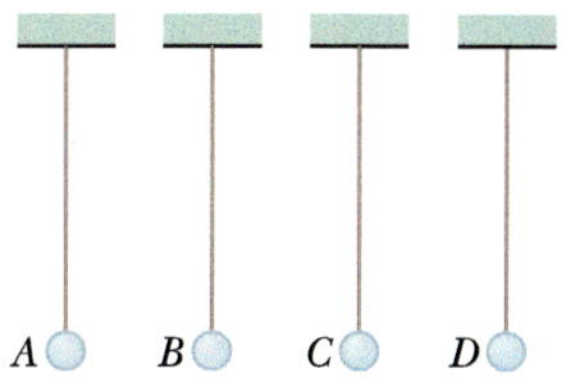

그림 22-40 문제 51

1. B, C, D는 각각 A에 이끌린다.
2. B와 C는 서로 영향을 주지 않는 것처럼 보인다.
3. B와 C 모두 D에 이끌린다.

정전기 유도 개념을 써서 낱낱의 공에 어떤 종류의 알짜 전하가 있는지 알아내라. 음전하인가, 양전하인가, 알짜 전하가 없는가? 논리적 근거를 제시하여 설명해보라. [Aron의 Homework and Test Questions for Introductory Physics Teaching (Wiley, New York, 1994)의 문제 5.9를 가져옴]

52. 털가죽으로 문지른 플라스틱

털가죽으로 플라스틱 막대를 문질러 음전하를 띠게한 막대를, 실에 매달린 대전되지 않은 도금된 스티로폼 공에 가까이 가져간다. (a) 막대가 공에 가까워지면 공은 막대 쪽으로 끌려오기 시작한다. 유도 개념을 써서 공 속 원자의 전자와 양성자에 어떤 일이 일어나는지를 플라스틱 막대와 공을 그려서 설명하라. 그 그림에는 플라스틱 막대에 있는 과잉 음전하를 그려라. (b) 공이 막대에 닿은 뒤에는 막대에서 재빨리 멀어진다. 까닭을 설명하라.

53. 전하를 띤 작은 공

전하량이 $+5.0 \times 10^{-19}$ C인 고정된 점전하에서 32 cm 떨어진 곳에 질량이 5.0 g인 전하를 띤 작은 공을 두었더니 공이 전하를 향해 2.5 m/s^{2}의 가속도운동을 하였다. 이 공의 전하는 얼마일까? **실마리**: 중력의 영향은 무시한다.

54. 번개

번개가 칠 때 뇌운에서 땅으로 전자가 이동한다. 번개 안에 10×20^{20}개의 전자가 있다면 땅에 떨어진 전하는 몇 쿨롱일까?

55. 전하량의 셈

건조한 날 질량이 10 g 이하인 딱딱한 고무공 2개를 털가죽으로 세게 문지른 다음 2개의 절연체 실로 막대에 매단다. 그림 22-41과 같이 평형을 이루면서 매달려 있는 것이 관찰되었다. 이 그림은 실제와 비슷하게 그렸다. 각 공의 전하량을 셈하라.

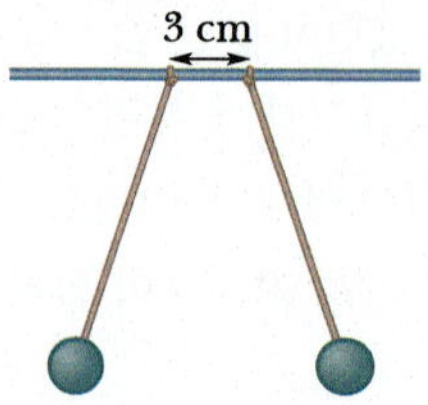

그림 22-41 문제 55

56. 다양한 배열

그림 22-42와 같이 두 개의 고정된 전하가 P점과 함께 배치되어 있다. 낱낱의 전하량은 모두 똑같고 그림과 같이 음전하이거나 양전하이다. 두 전하의 거리와 P점과 가장 가까운 전하의 거리는 모두 같다. P에 놓인 작은 시험용 양전하가 받는 힘이 큰 것부터 차례대로 배열을 나열하라. 힘의 크기가 같으면 등호로 나타내어라. 예를 들어 (d)와 (c)에서의 힘의 크기가 서로 같으면서 가장 크고, (b)에서의 힘의 크기가 (d)와 (c)보다 작고, (a)에서의 힘의 크기가 가장 작다면 (d)=(c)>(b)>(a)로 쓰면 된다. 경우에 낱낱의 힘 벡터를 그려라. [O' Kuma 외, Ranking Task Exercises in Physics (Prentice Hall, Upper Saddle River NJ, 2000)의 Ranking Task 128를 가져옴]

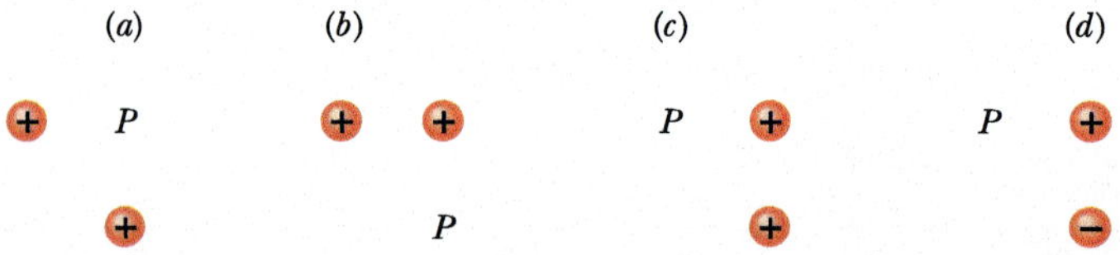

그림 22-42 문제 56

23 전기장

미국 전기 생산의 56%는 석탄 화력발전소가 하지만, 대기를 많이 더럽히고, 굴뚝에서 나오는 연기에는 이산화황, 질소산화물, 미세 입자가 들어 있어 사람에게 해롭다. 새로운 고등 혼성 집진기(Advanced Hybrid Particulate Collector: AHPC) 모형이 최근 남부 다코타 주 큰 바위 발전소에 시범적으로 설치되었다. 이 집진기는 미세 먼지를 실질적으로 제거한다. 집진기 속에 여과기가 있지만, 매연입자의 90%는 다른 방법으로 잡아낸다.

고등 혼성 집진기에서 오염물질의 대부분을 잡아내는데 어떤 기술을 쓰는가?

◈ 답은 이 장에 있다.

23-1 강한 전기력이 뜻하는 바

3-9절에서 지구 중력은 지면 근처 어디에서나 크기가 거의 같고, 그림 23-1a와 같이 지구 중심을 향한다는 실험적 사실을 설명했다. 다른 물체가 주는 중력은 지구 중력에 비하면 무시할 수 있다. 대조적으로, 22-2절에서는 작은 물체 사이의 전기력은 플라스틱에 문지른 스티로폼 컵이 서로 힘을 주고받는 것이 눈에 보일 정도로 강하다는 것을 설명했다. 또 대전된 물체 근처에 복잡하게 배열된 전하가 그 물체에 주는 알짜 전기력을 셈하기는 쉽지 않다. 힘의 벡터 합을 구하려면 22-8절에서 소개한 쿨롱 법칙과 중첩 원리를 써야 한다. 더 고약한 것은 대전된 물체(시험 전하[test charge]라고 한다)를 움직이면 그 물체가 받는 전기력은 크기와 방향이 계속 바뀌는 것을 자주 볼 수 있다. 그림 23-1b와 같이 지구로부터 먼 곳까지 고려할 때 우주선이 받는 중력의 변화에 대해서도 똑같이 말할 수 있다.

작은 시험 물체가 여러 곳에서 받는 지구 중력 또는 전기력의 효과를 어떻게 기술할 수 있을까? 전하 무리 근처에 있는 작은 시험 전하가 받는 알짜 힘은 무엇인가?

이 장에서는 공간의 여러 곳에 있는 시험 전하가 (정전기 상호작용으로) 받는 힘 또는 점과 같은 시험 질량이 (중력 상호작용으로) 받는 힘의 지도를 만드는 것으로 시작한다. 이러한 지도에서 역장(force field) 개념이 나온다. 그 다음 공간의 국소적 성질인 전기장(electric field)과 중력장(gravitational field)을 정의하고자 장의 개념을 상세히 설명한다. 중력장과 전기장을 알면 물체의 질량과 전하량에 상관없이 작은 물체가 받는 알짜 힘을 결정할 수 있다.

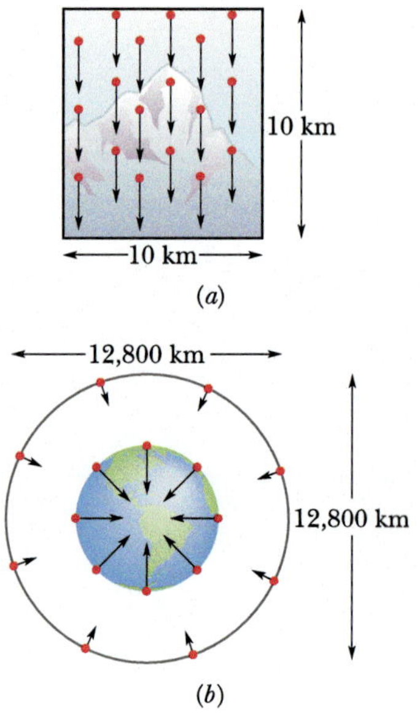

그림 23-1
(a) 지구 근처의 중력장 지도는 비교적 간단하다. 이 지도는 '시험 질량'이 수직 및 수평거리가 10km인 공간의 이곳저곳에서 받는 중력이 일정함을 보여준다. 배경은 에베레스트 산이다. 시험 질량을 둘 수 있는 여러 곳에 그곳에서 받는 힘 벡터의 꼬리를 놓는다. (b) 거리가 10km보다 훨씬 더 멀면 지도가 조금 복잡해진다. 곳에 따라 '아래' 쪽의 방향이 다르고, 시험 질량이 받는 중력은 지구의 반지름과 비슷한 높이에서 확실히 줄어든다.

23-2 장 개념의 도입

온도는 방 안의 모든 곳에서 잴 수 있다. 방안에 좋은 난로가 있고, 창문이 모두 열려 찬 공기가 들어온다면, 온도는 방 안의 곳곳마다 다를 수 있다. 이렇게 생기는 방 안의 온도 분포를 온도장이라고 한다. 마찬가지로 대기의 압력장도 생각할 수 있다. 온도와 압력은 방향성이 없으므로 스칼라량이고, 따라서 온도장과 압력장은 스칼라장이다. 일반적으로

> '**장(field)**은 공간에서 곳에 따라 변하며, 잴 수 있는 물리량을 나타내는 것'으로 정의된다.

• 벡터장

힘과 같은 벡터량과 관련된 장도 생각할 수 있다. 온도장과 같은 스칼라장과 달리 힘은 벡터량으로 방향성도 있어서 공간의 각 점에서 값과 함께, 방향도 정해야 한다. 예를 들어, "어떤 물체가 공간의 여러 곳에서 어떤 힘을 받겠는가?"라는 물음에 대한 답을 그림으로 나타내 보자. 그림 23-1b와 같이 중력이 작용하는 간단한 예를 생각하자. 질량을 아는 물체가 받는 지구 중력을 몇몇 곳에서 셈할(또는 잴) 수 있다. 낱낱의 힘 벡터의 크기는 지구의 질량과 물체의 질량에 비례한다. 그것은 어떤 물체가 받는 지구 중력은 그 물체의 질량에 따라 달라짐을 뜻한다. 질량이 더 큰 물체는 더 세게 당겨진다. 그림 23-2는 여러 곳에 있는 시험 전하가 원천 전하로부터 받는 전기력을 비슷한 방법으로 나타낸 것이다.

위에서 논의한 장의 지도를 만들 때 두 가지 측면이 있음에 유의하자. 첫째는 재는 양의 원천에 관한 것이다. 예를 들어, 난로와 창문은 열에너지 전달에 영향을 주어 방안 여러 곳의 온도에 영향을

준다. 중력에서는 지구와 다른 천체가 중력의 원천이다. 둘째는 위치를 옮길 수 있는 측정 장치에 관한 것이다. 압력장에서는 압력계이고, 중력장에서는 시험 질량의 운동이 측정 기구이다. 측정 기구가 없이는 역장을 '알' 수 없다.

역장을 그릴 때 다른 물체에 힘을 주는 고정된 물체는 **원천 물체(source object)**, 그 힘을 받아 힘을 재는 도구로 쓰이는 물체를 **시험 물체(test object)**라고 한다.

그림 23-2
양전하를 띤 고정된 원천 전하가 다른 시험 전하에 주는 힘의 상대적 크기와 방향을 나타내는 벡터. 시험 전하는 양전하를 띠고, 벡터의 꼬리가 있는 곳에 있다. 힘의 크기는 벡터의 길이에 비례한다.

• 시험 물체는 원천 물체를 움직일 정도로 세면 안 된다

모든 힘은 짝을 이루며 생기므로, 시험 물체도 원천 물체에 힘을 준다. 이 힘은 원천 물체의 위치를 변화시킬 수 있고, 그 결과 장의 성질이 바뀔 수 있다. 원천 물체의 양이 시험 물체의 양보다 훨씬 크거나 원천 물체가 공간에 어떻게든 고정되어 있지 않다면 장의 값을 결정하는 일이 매우 복잡해진다. 시험 물체가 원천 물체를 움직이지 못할 때만 장 개념이 유용하다는 사실은 측정과 관련된 일반 원칙이다: 측정 장치 또는 기구는 측정 양의 값에 영향을 주면 안 된다. 예를 들어, 작은 컵의 온도를 재는데는 큰 욕조 온도계를 쓰지 않는다. 그 온도계를 넣으면 컵 속의 물의 온도가 달라질 것이다. 여기에 장 지도를 그릴 수 있는 몇 가지 상황의 예가 있다.

1. 지구 중력 상호작용에서 아주 작은 시험 질량의 위치가 지구의 위치 및 그 때문에 역장에 미치는 영향은 무시한다(그림 23-3).
2. 과잉 전자가 수십억 개 있는 쇠공은 원천 전하로 행동할 수 있어서 양성자 하나로 된 시험 전하에 알짜 힘을 준다. 낱낱의 과잉 전자는, 근처의 다른 모든 전하가 주는 알짜 힘이 양성자 하나에 의한 힘보다 훨씬 커서 (양성자가 낱낱의 전자에 매우 가까이 있지 않아) 그대로 있다.
3. 스티로폼 조각과 같은 절연체 표면의 몇 개의 전자는 원천 전하로 거동할 수 있어서 전자 하나에 알짜 힘을 준다. 원천 전하는 절연체에 묶여 있어 스스로 재배열하지 않는다.

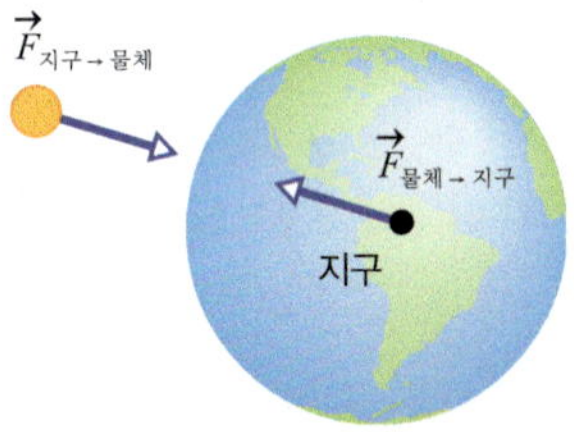

그림 23-3
질량이 아주 작은 물체와 지구가 주고받는 힘의 크기가 늘 같은 지구-물체 계. 물체가 떨어질 때, (그 반작용으로 생기는) 지구의 움직임은 무시할 수 있어서 지구 주변의 중력장은 변하지 않는다.

> 장 개념은 시험 물체가 아주 작아 원천 물체의 위치가 그 영향으로는 바뀌지 않거나 원천 물체가 고정된 때에 쓸모 있다.

• 벡터장 지도 그리기

공간상의 여러 곳에 있는 시험 물체에 대해 역장을 어떻게 그릴 수 있을까? 어떤 힘이건 장 지도는 다음과 같이 만들 수 있다. 시험 물체가 받는 힘은 하나 또는 여러 개의 원천 물체로부터 받은 것이다. 그 과정은 다음과 같다.

1. 원천의 근처에 점을 격자 꼴로 늘어 놓는다. 점이 빽빽할수록 역장의 모습을 더 잘 보여줄 수 있지만, 너무 빽빽하면 화살표로 표시하는 일이 번거롭고 혼란스러울 것이다.
2. 격자의 각 점에서 시험 물체가 받는 힘의 크기와 방향을 결정한다. (시험 물체는 한 번에 한 곳에 놓는다. 시험 물체를 여러 개 한꺼번에 놓으면, 서로 그리고 원천 물체에 힘을 주어 일이 엉망이 된다.) 시험 물체는 원천 물체의 위치에 영향을 줄 정도로 크면 안된다. 여러 곳에서 실험을 통해 힘을 직접 재서 결정할 수도 있고, 장의 원천을 안다면 중력 법칙이나 쿨롱 법칙과 같은 이론을 써서 격자 점에 있는 시험 물체가 받는 힘을 셈할 수도 있다.
3. 격자 점에 힘 벡터를 나타내는 화살표를 그리되, 길이는 그곳의 힘의 크기에 비례하고, 방향은 힘의 방향과 나란하게 한다. 관례적으로 화살표의(머리가 아니라) 꼬리를 시험 전하가 받는 힘을 셈한(또는 잰) 점에 둔다.

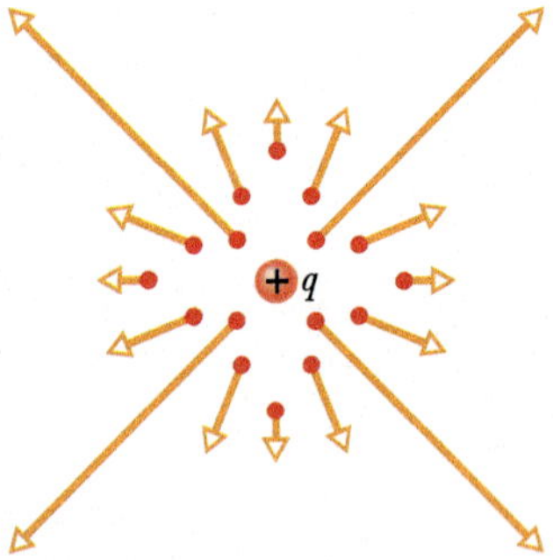

그림 23-4
그림 23-2에서 시험 전하에 비해 전하량이 두 배이다. 쿨롱 법칙에 따라 시험 전하가 받는 전기력도 두 배가 된다.

주의: 지도를 그릴 때 첫 화살표의 길이는 마음대로 잡을 수 있다. 그 다음에 다른 점에 그리는 화살표의 길이는 첫 화살표의 길이에 대한 비율이 두 점에서의 힘의 크기와 비와 같게 해야 한다. 예를 들어, 시험 전하와 원천 전하의 중심 사이의 거리가 2배라면 시험 전하가 받는 새로운 힘의 크기는 쿨롱 법칙에 따라 1/4배가 된다. 이것은 그림 23-4에서 볼 수 있는데, 거리가 두 배인 곳에 있는 화살표의 길이는 1/4배이다.

이러한 벡터장 그림은 힘의 특징에 관한 중요한 정보를 바로 보여주므로 힘의 지도를 그리는 데 쓸모가 있다. 예를 들어, 그림 23-1*b*와 23-4는 지구 중력은 어느 곳에서나 끄는 힘이고, 양전하를 띤 물체가 양전하를 다른 띤 물체에 주는 전기력(쿨롱 힘)은 어느 곳에서나 미는 힘임을 짐작하게 한다. 두 그림은 또한 이러한 힘은 두 물체의 중심을 잇는 선을 따라 작용함을 보여준다(이 힘을 '중심력(central force)' 이라 한다). 그 힘이 원천에 가까워질수록 세지고(긴 화살표), 멀어질수록 약해짐(짧은 화살표)을 이 그림에서 바로 알 수 있다.

생각해보기 23-1 그림 23-4에서 원천 전하에서 2 cm 떨어진 곳의 전기력을 나타내는데 화살표의 길이를 36 mm로 잡았다고 하자. 다음의 시험 전하가 받는 힘의 크기를 나타내는 화살표의 길이는 얼마인가? (a) 원천 전하에서 4 cm 떨어진 시험 전하 (b) 원천 전하에서 6 cm 떨어진 시험 전하.

생각해보기 23-2 공간의 각 점마다 값이 다른 장이 있다면, 그것을 잴 때, '시험' 장치 또는 측정 장치는 측정을 하는 공간 영역에 비해 상대적으로 작아야 한다. 왜 그럴까?

23-3 중력장과 전기장

그림 23-1과 23-4에서 보인 화살표의 길이는 시험 물체가 그 곳에서 받는 중력과 전기력의 크기를 나타내지만, 힘의 크기(화살표의 길이)는 시험 물체에 따라 다를 수 있다.

예를 들어, 그림 23-4는 그림 23-2에 보인 것보다 전하가 두 배인 시험 물체의 역장을 보여준다. 그림의 화살표는 모두 길이가 두 배임을 눈여겨보라. 낱낱의 화살표는 시험 물체의 전하량에 따라 같은 비율로 그린다. 정전기력은 시험 전하의 양에 비례하므로 힘 벡터는 힘과 같은 비율로 그려진다. 중력도 마찬가지다. 시험 물체의 질량이나 전화량에 따라 역장이 바뀌는 것을 모두 그림으로 나타내기는 어렵다. 왜냐하면 모든 시험 물체에 대한 변화를 나타내려면 한없이 많은 역장 그림이 필요하기 때문이다.

중력에 대해 이미 시험 질량의 문제를 다루어 보았다. 14-2절에서 지구와 같이 공 모양인 원천 질량 $m_{원천}$이 시험 질량 $m_{시험}$에 주는 중력의 크기는 다음과 같다.

$$F^{중력}_{원천\to시험} = |\vec{F}^{중력}_{원천\to시험}| = \left(\frac{Gm_{원천}}{r^2}\right) m_{시험} \tag{23-1}$$

여기에서 G는 중력상수, r은 두 물체 사이의 거리다. 같은 원천 물체(대표적으로 지구)가 여러 물체에 주는 힘을 쉽게 셈할 수 있도록 스칼라량인 국소 중력세기 $g_{원천}$을 다음과 같이 정의하여 비례값을 썼다.

$$g_{원천} = |\vec{g}_{원천}| = \left(\frac{F^{중력}_{원천\to시험}}{m_{시험}}\right) = \left(\frac{Gm_{원천}}{r^2}\right) \text{(공 모양의 원천물체)} \tag{23-2}$$

지금까지 발전시킨 장 개념을 쓰면, 벡터 $\vec{g}_{원천}$을 **국소 중력장 벡터(local gravitational vector)**라고 부를 수 있다. 식 23-1과 23-2를 묶어 원천 질량 $m_{원천}$이 시험 질량 $m_{시험}$에 주는 중력을 다음과 같은 간단한 식으로 결정할 수 있다.

$$\vec{F}^{중력}_{원천\to 시험} = m_{시험}\vec{g}_{원천} \tag{23-3}$$

다시 말해, 공간의 어느 곳에 있는 물체가 받는 중력은 그 물체의 질량과 그곳의 중력장 벡터를 곱한 값이다. 중력장 벡터는 공간만의 성질이므로 특히 편리하다. 그것은 원천 물체의 질량과 위치만으로 결정될 뿐, 시험 물체의 질량과는 아무 관계가 없다.

정전기력에서도 이와 비슷한 비례식을 쓸 수 있다. 하나 또는 여러 원천 전하가 시험 전하에 주는 힘은 시험 전하의 전하량에 비례한다. 원천 전하에 영향에 초점을 맞춘 새로운 장인 **전기장**을 정의하자: 하나 또는 여러 개의 원천 전하가 만드는 **전기장 벡터(electric field vector)**를 다음과 같이 정의한다.

$$\vec{E}_{원천} \equiv \frac{\vec{F}^{전기}_{원천\to 시험}}{q_{시험}} \tag{23-4}$$

여기서 $\vec{F}^{전기}_{원천\to 시험}$은 원천 전하의 집합이 시험 전하 $q_{시험}$에 주는 알짜 정전기력을 나타낸다.

식 23-4에서 힘은 모든 원천 전하가 시험 전하 $q_{시험}$에 주는 정전기력의 벡터 합이다. 낱낱의 원천 전하가 주는 힘은 $q_{시험}$에 비례하므로 그 힘을 $q_{시험}$으로 나누면 낱낱의 항에서 그것이 사라져서, $q_{시험}$에 *무관한* 전기장 벡터 $\vec{E}_{원천}$을 얻을 수 있다. 그러므로 전기장 벡터는 중력장 벡터의 편리한 특징을 공유한다. 그것은 공간과 원천의 고유한 성질이고 그것을 조사할 때 쓰는 시험 전하에 무관하다. *전기장은 오로지 원천 전하에만 의존하고, 시험 전하와는 무관하다.*

이러한 정의에 따르면 **전기장(electric field)**은 단위 시험 전하가 받는 힘이며, 국제 단위는 N/C이다. 비교해보면 중력장 g는 단위 질량이 받는 힘이고, 국제 단위는 N/kg이다.

전기장의 값은 또한 1 C의 시험 전하가 받는 힘으로 볼 수 있다. 표 23-1은 몇몇 물리적 상황에서 생기는 전기장을 보여준다. 그러나 1C은 아주 큰 전하량으로서, 시험 전하로 적절한 값은 아니다. 예를 들어 전자보다 양성자가 10 000개 더 많은 물체의 전하량은 약 10^{-15} C이다.

대전된 물체가 만드는 전기장을 결정하는데 시험 전하를 쓰기는 하지만, 전기장의 존재는 시험 전하와 무관함을 기억하라. 그것은 마치 온도계가 있건 없건 방안의 온도분포는 있는 것과 같다. 시험 전하는 그냥 측정 도구일 뿐이다. 그림 23-5에 있는 점 P에서의 장은 시험 전하를 그곳에 두건 두지 않건 존재한다. (시험 전하는 우리가 정의하는 전기장을 변화시키지 못한다고 늘 가정해야

표 23-1
몇 가지 전기장의 크기

전기장이 생긴 곳 또는 상황	값(N/C)
우라늄 핵 표면	$\sim 3\times10^{21}$
반지름 5.29×10^{-11} m인 수소원자 속	$\sim 5\times10^{11}$
신경세포막	$\sim 1\times10^{7}$
공기 중의 유전 파괴(방전)	$\sim 3\times10^{6}$
복사기의 대전된 복사용 원통 근처	$\sim 1\times10^{5}$
대전된 플라스틱 빗 근처	$\sim 1\times10^{3}$
대기 저층부	$\sim 1\times10^{2}$
가전기기의 구리도선 속	$\sim 1\times10^{-2}$

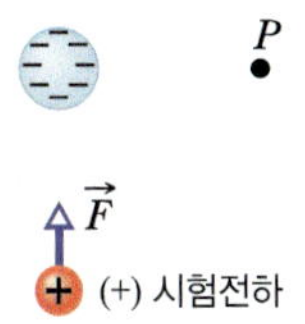

그림 23-5
음(−)전하를 띤 원천 물체가 만드는 전기장은 모든 곳에서 원천 물체를 가리킨다. 힘을 받는 작은 시험 전하가 있건 없건 전기장은 있다.

한다.)

이 장의 나머지 절은 쿨롱 법칙과 중첩 원리를 써서 점전하 하나 그리고 간단히 배열된 대전 물체가 만드는 전기장을 알아내는 방법을 주로 탐구한다. 또한 전기장 벡터를 그림으로 나타내는 전기장선(electric field line)의 개념을 탐구한다.

따라해보기 23-1 | 전하가 받는 힘 예측하기

원천 전하들이 숨어 고정된 것을 생각해 보자. $q_{시험} = 14\,\text{nC}$인 시험 전하를 써서 원천 전하 근처의 전기력의 특성을 조사하려고 한다. 그림 23-6과 같이 시험 전하는 점 A에서 $\vec{F}^{전기}_{원천\to시험,A} = +(2.8\,\text{N})\,\hat{\text{i}}$의 힘을, 점 B에서 $\vec{F}^{전기}_{원천\to시험,B} = -(4.2\,\text{N})\,\hat{\text{j}}$의 힘을 받는다.

(a) 점 A와 B에서 $q_1 = -15\,\text{nC}$인 다른 점전하, 또는 $q_2 = +25\,\text{nC}$인 또 다른 점전하가 받는 힘은 얼마일까? **주의**: nC은 $10^{-9}\,\text{C}$이다.

풀이 ■ 요점은 시험 전하가 받는 정전기력에 대한 정보를 써서 전기장을 알아낼 수 있다는 것이다. 일단 전기장을 알아내면 (원천 전하가 고정되어 있거나 그 근처로 가져온 전하에 비해 원천 전하가 크다면) 다른 전하가 받는 힘을 결정할 수 있다. 식 23-4의 전기장에 대한 정의를 써서 점 A와 B에서 전기장은 구하면 다음과 같다.

$$\vec{E}_A = \frac{\vec{F}^{전기}_{원천\to시험}}{q_{시험}} = \frac{+(2.8\,\text{N})\,\hat{\text{i}}}{14\times10^{-9}\,\text{C}} = +(2.0\times10^8\,\text{N/C})\,\hat{\text{i}}$$
$$\vec{E}_B = \frac{\vec{F}^{전기}_{원천\to시험}}{q_{시험}} = \frac{-(4.2\,\text{N})\,\hat{\text{i}}}{14\times10^{-9}\,\text{C}} = -(3.0\times10^8\,\text{N/C})\,\hat{\text{j}} \qquad (23\text{–}5)$$

이제 점 A와 B에서 전기장의 값을 알고 있으므로, 새로운 전하 q_1과 q_2가 받는 정전기력을 식 23-5를 써서 알 수 있다.

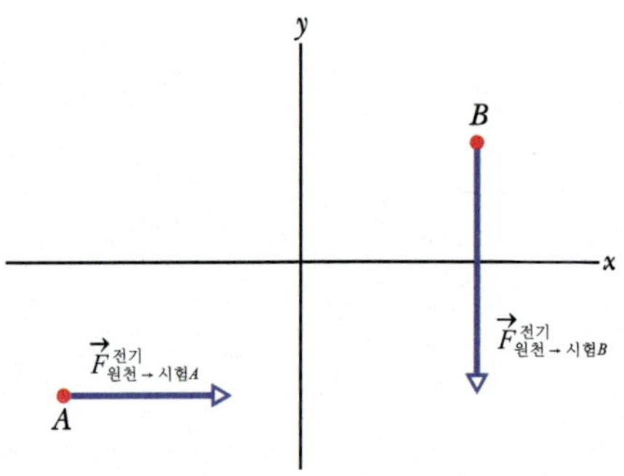

그림 23-6
두 점 A, B는 숨어 있는 고정된 전하의 무리 근처에 있다. 시험 전하가 받는 정전기력은 곳에 따라 다르다.

q_1이 받는 힘

$$\vec{F}^{전기}_{원천\to q_1,A} = q_1\vec{E}_A = (-15\times10^{-9}\,\text{C})[+(2.0\times10^8\,\text{N/C})\,\hat{\text{i}}] = (-3.0\,\text{N})\,\hat{\text{i}}$$
$$\vec{F}^{전기}_{원천\to q_1,B} = q_1\vec{E}_B = (-15\times10^{-9}\,\text{C})[-(3.0\times10^8\,\text{N/C})\,\hat{\text{j}}] = (+4.5\,\text{N})\,\hat{\text{j}}$$

(답)

q_2이 받는 힘

$$\vec{F}^{전기}_{원천\to q_2,A} = q_2\vec{E}_A = (+25\times10^{-9}\,\text{C})[+(2.0\times10^8\,\text{N/C})\,\hat{\text{i}}] = (+5.0\,\text{N})\,\hat{\text{i}}$$
$$\vec{F}^{전기}_{원천\to q_2,B} = q_2\vec{E}_B = (+25\times10^{-9}\,\text{C})[-(3.0\times10^8\,\text{N/C})\,\hat{\text{j}}] = (-7.5\,\text{N})\,\hat{\text{j}}$$

(답)

(b) 점 A와 B에서 작은 전하들이 받는 힘의 크기와 방향은 그곳의

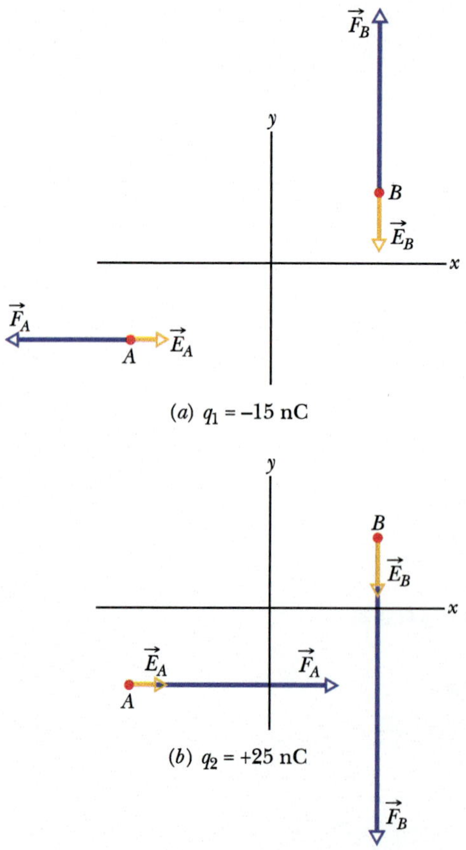

그림 23-7
두 점 A, B에서 전기장이 두 전하에 주는 힘 벡터를 보여주는 그림
(a) $q_1 = -15\,\text{nC}$
(b) $q_2 = +25\,\text{nC}$

전기장 벡터의 크기와 방향과 어떻게 관계되는지 설명하라. **실마리**: 힘 벡터를 그리면 이 상황을 보는데 도움이 된다.

풀이 ■ 요점은 전하는 스칼라량이므로 힘을 결정하고자 전기장 벡터에 전하를 곱할 때, 힘 벡터는 전기장 벡터와 같은 쪽(양전하)이거나 반대쪽(음전하)이어야 한다. 예를 들어, 바로 위의 식은 음전하 q_1이 받는 힘은 점 A와 B에서의 전기장과 반대쪽 양전하 q_2가 받는 힘은 점 A와 B에서의 전기장과 같은 쪽임을 보여주며, 그림 23-7에서 확인할 수 있다.

23-4 점전하가 만드는 전기장

가장 간단한 전하 분포는 크기가 0인 점전하이다. 양성자, 전자, 원자핵, 이온은 모두 점전하로 근사할 수 있다. 이 물체의 상호작용을 알아야만 물리적 세계의 상호작용을 알 수 있다. 사실 좀 더 큰 대전체도 아주 먼 곳에서 보면, 점전하로 볼 수 있다.

이 절에서는 점전하 $q_{\text{원천}}$이 만드는 전기장의 크기를 결정한다. 전하가 만드는 전기장에 대한 수식을 안다면, 전하 주변에 가져다 놓은 어떤 다른 전하들이 받는 힘을 알 수 있다.

다음으로 양전하 $q_{\text{원천}}$이 만드는 전기장의 값을 이론적으로 셈하는 방법을 논의할 것이다. $q_{\text{원천}}$ 주위 영역을 조사하려면 다른 점전하 $q_{\text{시험}}$을 써서 $q_{\text{원천}}$이 $q_{\text{시험}}$에게 주는 힘의 크기와 방향을 확인한다. 거리 r 떨어진 두 양전하 사이의 힘 벡터와 전기장 벡터를 그림 23-8에서 볼 수 있다. 아래에 양전하가 만드는 전기장에 대한 수식을 전개하고, 음전하에서는 이 상황이 어떻게 달라지는지 생각해볼 것이다.

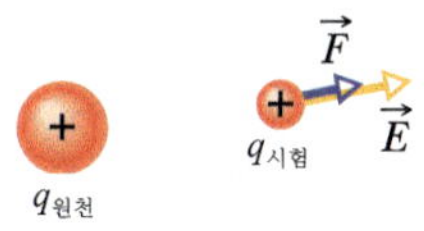

그림 23-8
원천 전하와 시험 점전하가 둘 다 양전하일 때, 그들은 서로 밀어내고, 시험 전하 $q_{\text{시험}}$이 받는 벡터와 그곳의 전기장 벡터는 똑같이 밖으로 향한다. $\vec{E}$와 $\vec{F}$의 단위가 다르므로 벡터의 상대적 길이는 마음대로 했다.

$q_{\text{시험}}$과 $q_{\text{원천}}$은 부호가 같은 전하이므로 $q_{\text{시험}}$은 $q_{\text{원천}}$이 밀어내는 힘을 받는다. $q_{\text{시험}}$이 받는 힘의 크기 $F^{\text{전기}}_{\text{원천}\to\text{시험}} = |\vec{F}^{\text{전기}}_{\text{원천}\to\text{시험}}|$은 쿨롱 법칙을 써서 다음과 같이 구할 수 있다.

$$F^{\text{전기}}_{\text{원천}\to\text{시험}} = k\frac{|q_{\text{원천}}||q_{\text{시험}}|}{r^2} \tag{23-6}$$

$q_{\text{원천}}$과 $q_{\text{시험}}$의 절대값 표시는 힘의 크기가 전하의 부호에 무관함을 뜻한다. 23-3절의 전기장 벡터에 관한 개념을 써서 $q_{\text{원천}}$이 만드는 전기장이 전하 $q_{\text{시험}}$에 주는 힘의 크기를 다음과 같이 나타낼 수 있다.

$$F^{\text{전기}}_{\text{원천}\to\text{시험}} = |q_{\text{시험}}|E_{\text{원천}} \tag{23-7}$$

여기서 $E_{\text{원천}}$은 원천 전하가 만드는 전기장의 크기이다.

식 23-6과 식 23-7을 묶으면, 점전하 $q_{\text{원천}}$에서 거리 r인 곳의 전기장의 크기는 다음과 같다.

$$E_{\text{원천}} = k\frac{|q_{\text{원천}}|}{r^2} \quad \text{(점전하가 만드는 전기장의 크기)} \tag{23-8}$$

단위 전하당 힘이라는 전기장의 정의에 따르면, 이 식은 시험 전하 $q_{\text{시험}}$의 값(크기와 부호)에 무관하다. 이 식은 점전하 $q_{\text{원천}}$ 주위의 어느 곳에서나 유효하다.

양 또는 음의 점전하가 만드는 전기장의 크기는 위의 식과 같지만, 전기장은 벡터이므로 양전하 $q_{\text{원천}}$이 만드는 전기장의 방향을 결정해야 한다. 식 23-4에서 전기장의 크기에 대한 정의를 다시 보면 다음과 같다.

$$\vec{E}_{원천} = \frac{\vec{F}^{전기}_{원천\rightarrow시험}}{q_{시험}} \tag{23-9}$$

이 식은 $q_{시험}$이 양전하이면 전기장 벡터 $\vec{E}_{원천}$의 방향은 정전기력 벡터 $\vec{F}^{전기}_{원천\rightarrow시험}$과 같음을 뜻한다. 이 힘은 그림 23-8과 같이 $q_{원천}$으로부터 방사상으로 퍼져가는 쪽을 가리킨다. 장의 방향은 양전하 $q_{시험}$이 받는 힘의 방향과 같으므로, 양전하 $q_{원천}$이 만드는 전기장은 그림 23-8과 같이 전하 $q_{원천}$으로부터 방사상으로 퍼져가는 쪽이다.

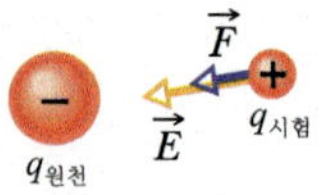

그림 23-9
원천 전하가 음전하이고 시험 전하는 양전하일 때, 이들은 끌어당기고, 시험 전하가 받는 힘을 나타내는 벡터와 전기장 벡터의 방향은 똑같이 반지름을 따라 원천 전하를 향한다.

$q_{원천}$이 양전하가 아니라 음전하라면 장의 방향이 바뀔까? '그렇다'. 양의 시험 전하 $q_{시험}$을 생각 해보자. 힘과 장의 벡터 관계(식 23-4)는 $q_{시험}$이 양전하이므로, 장의 방향(부호)은 $q_{시험}$이 받는 힘의 방향과 여전히 같음을 말해준다. 그러나 이제는 $q_{원천}$이 음수, $q_{시험}$은 양수이다. 다른 종류의 전하는 서로 끌어당기므로 그림 23-9와 같이 점전하 $q_{원천}$이 $q_{시험}$에 주는 힘의 방향은 $q_{원천}$쪽으로 모이는 방향이다. 힘과 장의 방향은 같으므로 전기장의 방향도 그렇다. 음의 시험 전하를 쓰면 전기장은 변하지 않지만, 시험 전하가 받는 힘은 힘과 장의 관계에 따라 반대쪽으로 작용한다.

• 전기장 벡터 표현

> **힘과 전기장의 방향**: 양의 시험 전하가 받는 힘의 방향은 늘 전기장의 방향과 같다. 그래서 양의 점전하가 만드는 전기장의 방향은 어디에서나 전하에서 반지름을 따라 퍼져가는 쪽이고, 음의 점전하가 만드는 전기장의 방향은 전하를 향해 반지름을 따라 모이는 쪽이다. '반지름을 따라' 라는 말은 '전하와 측정점을 잇는 선을 따라서' 라는 뜻이다.

전기장 벡터의 표현은 어떤 곳에 있는 전하가 받는 힘을 결정할 때 아주 쓸모 있다(그림 23-10). 단지 그곳의 전기장 벡터에 전하량만 곱하면 된다. 전하가 받는 힘을 알아내는데 전기장을 쓰는 방법은 장의 원천에 관계없이 전하 q가 전기장에 영향을 줄 정도로 크지 않을 때 유효하다.

생각해보기 23-3 시험 전하로 양전하 대신 음전하를 써서 장의 방향을 결정하는 방법을 적어보아라. 시험 전하의 부호에 따라 장의 방향이 달라지는가?

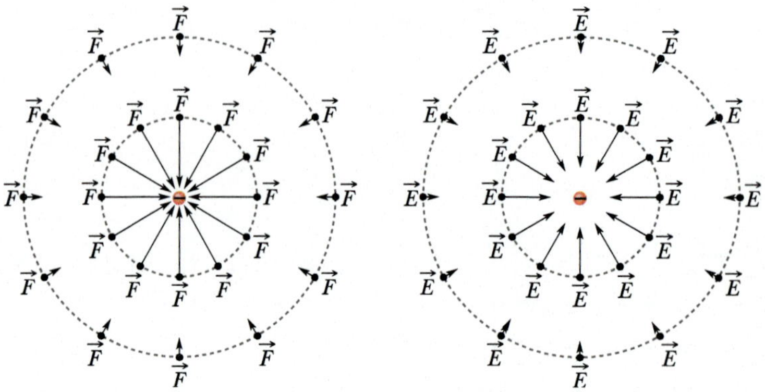

(*a*) 역장 벡터 (*b*) 전기장 벡터

그림 23-10
시험 전하가 공간에서 여러 곳에서 받는 힘의 분포를 보여주는데 보통 두 가지 방법을 쓴다. 원천 전하가 음전하 일 때 (*a*) 양의 시험 전하가 받는 역장 벡터를 보여준다. (*b*) 전기장 벡터를 보여준다. 전기장 벡터는 공간의 고유한 특성으로서 재는데 쓴 시험 전하와 무관하다.

연습문제 23-4

문제의 전기장은 원천 전하가 만드는 전기장이다: $\vec{E} = \vec{E}_{원천}$

1. 점전하

작은 입자에서 50 cm 떨어진 곳의 전기장의 크기가 2.0 N/C이다. 이 입자의 전하량은 얼마인가?

2. 전하량은 얼마인가?

점전하에서 1.00 m 떨어진 곳의 전기장의 크기가 1.00 N/C이다. 점전하의 전하량은 얼마인가?

3. 플루토늄-239

플루토늄-239 원자의 핵 반지름은 6.64 fm, 원자번호 $Z = 94$이다. 양전하가 핵 속에 고르게 퍼져 있다면, 양전하가 핵 표면에서 전기장의 크기와 방향은 어떻게 되는가?

23-5 여러 전하가 만드는 전기장

실제의 문제는 하나의 대전체가 다른 물체에 힘을 주는 것처럼 간단하지 않다. 대개 전하가 여러 개 있고, 시험 전하가 받는 힘은 낱낱의 원천 전하가 주는 힘의 합력이다. 22-8절에서 설명한 것처럼 중력과 전기력을 포함한 실험에서 원천 물체의 무리가 시험 물체에 주는 알짜 힘은 낱낱의 원천 물체가 주는 힘의 벡터 합이다.

n개의 점전하 q_A, q_B, q_C, $\cdots$, q_n 근처에 양의 시험 전하 $q_{시험}$을 놓으면 (그림 23-11에서는 세 전하만 보여준다), 알짜 힘은 낱낱의 전하가 주는 힘을 더한 것이다. 그러므로 n개의 점전하가 시험 전하에 주는 알짜 힘은 다음과 같다.

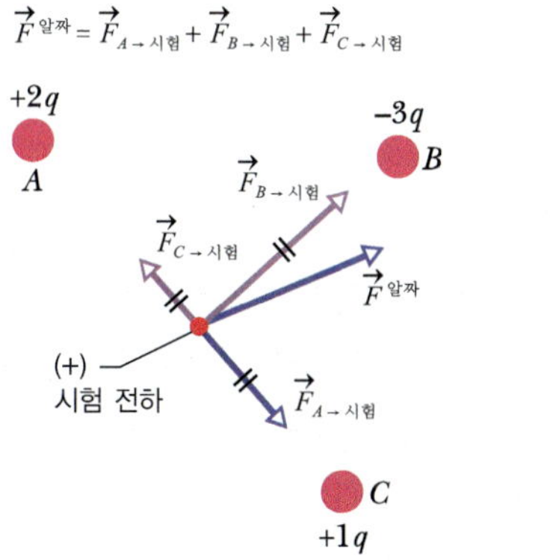

그림 23-11
세 점전하가 양의 시험 전하에 각각 힘을 준다. 알짜 힘은 이 힘 벡터의 합이다.

$$\vec{F}^{알짜}_{시험} = \vec{F}_{A\to 시험} + \vec{F}_{B\to 시험} + \cdots + \vec{F}_{n\to 시험} \tag{23-10}$$

위 식에서 각 항의 힘을 전기장의 정의에 따라 다음과 같은 꼴로 바꿀 수 있다.

$$\vec{F}_{시험} = q_{시험}\vec{E}_A \tag{23-11}$$

여기서 $\vec{E}_A$는 전하 q_A가 만드는 전기장이다. 식 23-10의 각 항을 이러한 꼴로 바꾸면 다음 식을 얻는다.

$$\vec{F}^{알짜}_{시험} = q_{시험}\vec{E}^{알짜} = q_{시험}\vec{E}_A + q_{시험}\vec{E}_B + \cdots + q_{시험}\vec{E}_n \tag{23-12}$$

여기서 $\vec{E}^{알짜}$는 전체 전하가 만드는 전기장이다.

$$q_{시험}\vec{E}^{알짜} = q_{시험}\vec{E}_A + q_{시험}\vec{E}_B + \cdots + q_{시험}\vec{E}_n \tag{23-13}$$

양변을 $q_{시험}$으로 나누면 다음과 같다.

$$\vec{E}^{알짜} = \vec{E}_A + \vec{E}_B + \cdots + \vec{E}_n \tag{23-14}$$

이 결과는 전하 무리가 만드는 알짜 전기장에 대한 식이다. 이 식은 정전기력과 같이 전기장에서도 중첩 원리가 적용됨을 보여준다. 그러나 셈을 할 때, 벡터 덧셈을 한다는 것을 기억해야 한다. 그러

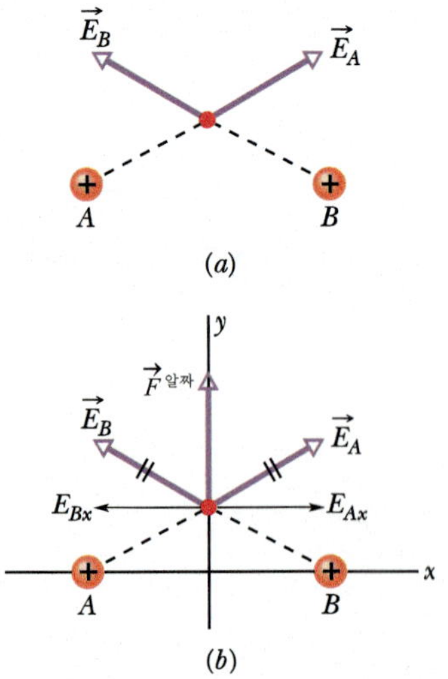

그림 23-12
전하가 대칭적으로 배열되면, 전기장 성분이 서로 지워질 때가 자주 있다. 그때는 두 전하의 중심을 잇는 선을 이등분하는 선을 따라 모든 곳에서 x성분이 지워진다.

그림 23-13
전하배열이 대칭적이면 전하의 중심을 잇는 선의 수직 이등분선 위의 모든 곳에서 전기장의 y성분이 지워진다.

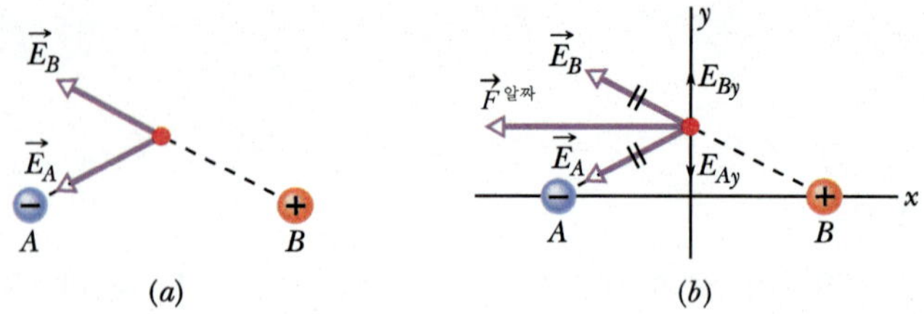

므로 단순히 산술적으로 숫자를 더하는 것보다 더 복잡하다.

점전하가 대칭적으로 배열되면, 때때로 전하 근처의 어떤 점에서 벡터 합이 간단해지기도 한다. 그림 23-12와 23-13은 두 전하를 잇는 선의 수직이등분선 위의 모든 곳에서 알짜 전기장이 하나의 성분만을 갖는 대칭적 상황을 보여준다.

생각해보기 23-4 그림은 x축 위에 있는 양성자 p와 전자 e를 나타낸다. 다음의 점에서 전자가 만드는 전기장의 방향을 나타내는 벡터를 그리고 방향을 설명하라. (a) S점 (b) R점. 다음의 점에서 두 전하가 만드는 전기장의 방향을 나타내는 벡터를 그리고 설명하라. (c) R점 (d) S점.

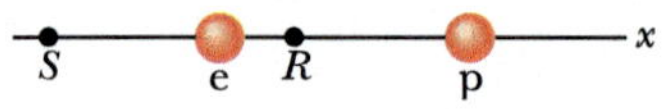

따라해보기 23-2 | 세 전하

그림 23-14와 같이 세 입자의 전하가 각각 $q_A = +2Q$, $q_B = -2Q$, $q_C = -4Q$이다. 세 입자는 원점에서 d만큼 떨어져 있다. Q는 (+)라고 하자. 원점에서 알짜 전기장은 얼마인가?

그림 23-14
전하량이 각각 q_A, q_B, q_C이고 원점에서 같은 거리 d에 있는 세 입자.

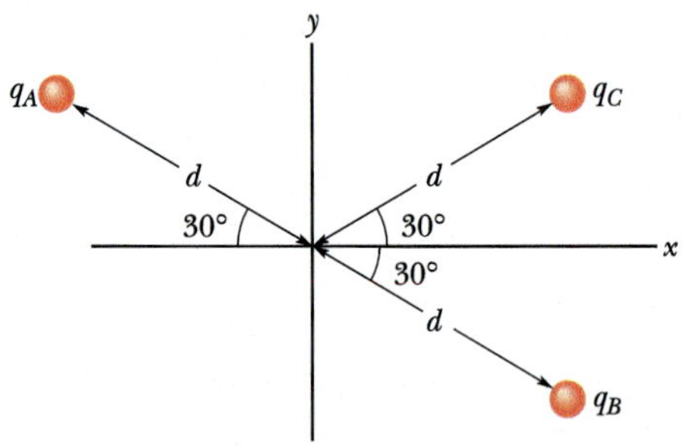

풀이 ■ 원점에서의 전기장 벡터 $\vec{E}_A$, $\vec{E}_B$, $\vec{E}_C$를 알아내야 한다. **요점**은 전기장 벡터를 기술하는데 편리한 좌표계를 잡는 것이다. 원래의 좌표축을 시계방향으로 30° 돌려 $x'-y'$좌표계를 잡는다. 그림 23-15a과 같이 q_A와 q_B가 이 새 좌표계의 x'축에 놓인다.

또 다른 **요점**은 세 전하 q_A, q_B, q_C가 각 각 원점에 전기장 $\vec{E}_A$, $\vec{E}_B$, $\vec{E}_C$를 만 들고, 알짜 전기장은 세 벡터의 합이라는 것이다. 벡터 합을 셈하려면 먼저 세 벡터의 크기와 시작점을 알아야 한다. q_A가 만 드는 $\vec{E}_A$의 크기를 찾아내는데 식 23-8을 쓰고 r을 d로 $|q|$를 $2Q$로 바꾸면 다음 식이 나온다.

$$E_A = k\frac{2Q}{d^2}$$

마찬가지로 $\vec{E}_B$와 $\vec{E}_C$의 크기를 다음과 같이 구할 수 있다.

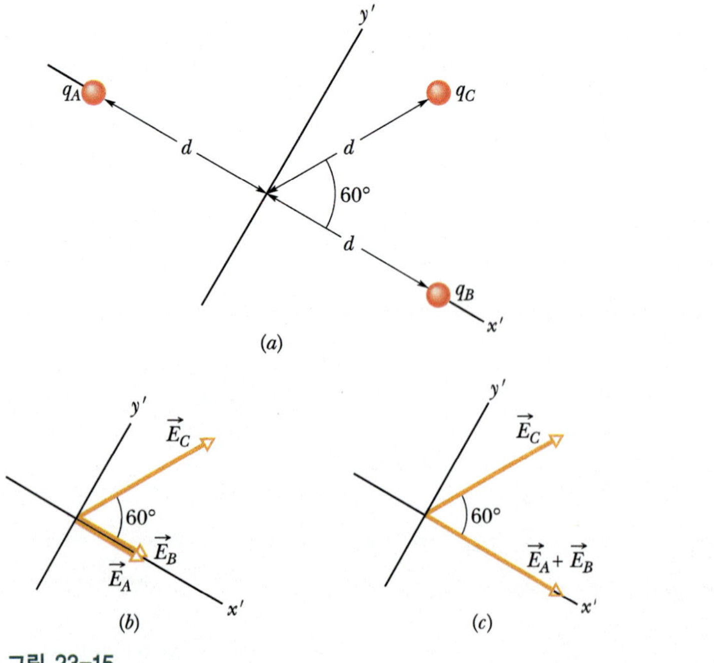

그림 23-15
(a) 새 $x'-y'$좌표계에서의 세 전하. (b) 세 전하가 만드는 원점의 전기장벡터 $\vec{E}_A$, $\vec{E}_B$, $\vec{E}_C$. (c) 원점에서 전기장 벡터 $\vec{E}_C$와 두 전기장 벡터의 합 $\vec{E}_A + \vec{E}_B$.

극자를 이루는 낱낱의 전하가 만드는 전기장 $\vec{E}_{(+)}$와 $\vec{E}_{(-)}$ — 는 z축으로 잡은 쌍극자 축과 나란하다. 전기장에 중첩 원리를 적용하면 점 P의 전기장의 크기 $E = |\vec{E}|$는 다음과 같다.

$$E = |\vec{E}_{(+)}| - |\vec{E}_{(-)}| = k\frac{|q|}{r_{(+)}^2} - k\frac{|q|}{r_{(-)}^2} = \frac{k|q|}{\left(z - \frac{1}{2}d\right)^2} - \frac{k|q|}{\left(z + \frac{1}{2}d\right)^2} \tag{23-15}$$

여기서 k는 쿨롱 상수이다. 식을 정리하여 위의 식을 다음과 같이 고칠 수 있다.

$$E = \frac{k|q|}{z^2}\left[\left(1 - \frac{d}{2z}\right)^{-2} - \left(1 + \frac{d}{2z}\right)^{-2}\right] \tag{23-16}$$

일반적으로 쌍극자의 크기에 비해 아주 먼 곳, 즉 $z \gg d$인 곳에서의 쌍극자의 전기적 효과가 관심거리다. 이처럼 먼 곳에서는 위의 식에서 $d/z \ll 1$이 된다. 따라서 괄호 속에 있는 두 항은 이항 정리(부록 E)를 써서 다음과 같이 쓸 수 있다.

$$\left[\left(1 + \frac{2d}{2z(1!)} + \cdots\right) - \left(1 - \frac{2d}{2z(1!)} + \cdots\right)\right]$$

따라서

$$E = \frac{k|q|}{z^2}\left[\left(1 + \frac{d}{z} + \cdots\right) - \left(1 - \frac{d}{z} + \cdots\right)\right] \tag{23-17}$$

식을 펼칠 때 d/z보다 더 높은 차수는 쓰지 않는다. 왜냐하면 $d/z \ll 1$이므로 차수가 높은 항의 값은 점점 작아지므로 먼 곳에서는 전기장의 크기 E를 어림할 때 이 항을 무시할 수 있기 때문이다. 따라서 식을 어림하여 다음과 같이 쓸 수 있다.

$$E \approx \frac{k|q|}{z^2}\frac{2d}{z} = 2k\frac{|q|d}{z^3} \quad (d/z \ll 1\text{일 때}) \tag{23-18}$$

쌍극자의 고유한 두 성질인 전하 q와 거리 d의 곱 $|q|b$는 **전기 쌍극자 모멘트(electric dipole moment)** $\vec{p}$라는 벡터량의 크기 $|\vec{p}|$이다. ($\vec{p}$의 단위는 C · m이다. 운동량이나 압력과 헷갈리지 않게 조심하라) 그러므로 이를 써서 식 (23-18)은 다음과 같이 쓸 수 있다.

$$E = 2k\frac{|\vec{p}|}{z^3} \quad (d/z \ll 1\text{일 때 쌍극자 축에서의 전기장의 크기}) \tag{23-19}$$

$\vec{p}$의 방향은 그림 23-24b처럼 음전하에서 양전하를 향한다.

전기 쌍극자가 만드는 전기장에 대한 식은 먼 곳에서 쌍극자의 전기장을 잰다면 $|q|$와 d를 따로 구할 수는 없고, 오직 $|q|$와 d의 곱으로만 구할 수 있음을 보여준다. 예를 들어 $|q|$가 두 배가 되면서 아울러 d가 반으로 준다면 먼 곳의 전기장은 변하지 않을 것이다. 그러므로 쌍극자 모멘트는 쌍극자의 기본적인 성질이다.

식 23-19는 쌍극자 축 위에서만 쓸 수 있지만, 쌍극자가 만드는 E는 먼 곳에서는 쌍극자 축 위가 아니어도 $1/r^3$에 비례하는 것으로 드러났다. 여기서 r은 쌍극자의 중심에서 전기장을 재려는 곳까지의 거리이다.

그림 23-24에서 전기장 벡터를 보면 쌍극자의 축 위에서는 어디에서나 $\vec{E}$의 방향이 늘 쌍극자 모멘트 벡터 $\vec{p}$와 나란함을 알 수 있다. 이것은 그림 23-24a에서 점 P가 쌍극자 축의 위가 아니라

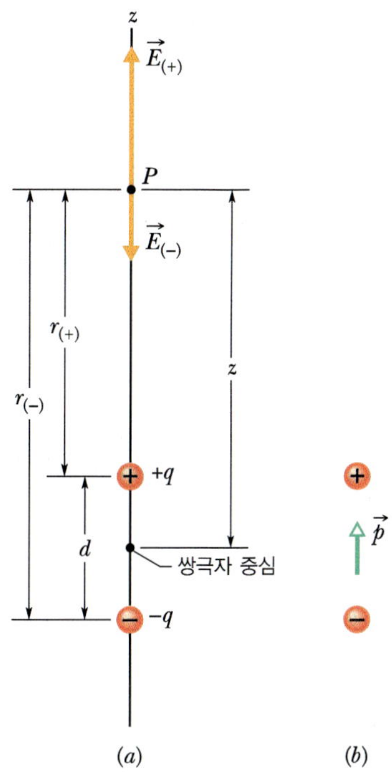

그림 23-24
(a) 전기 쌍극자. 쌍극자 축 위의 점 P의 전기장 벡터 $\vec{E}_+$, $\vec{E}_-$는 쌍극자의 두 전하가 만든 것이다. P에서 두 전하까지의 거리는 각각 거리 r_-와 r_+이다. (b) 쌍극자 모멘트 $\vec{p}$는 음전하에서 양전하를 향하는 벡터로 정의한다.

아래에 있어도 마찬가지다.

식 23-19에서 쌍극자에서 점까지의 거리를 두 배로 늘리면 그곳의 전기장은 1/8로 줄어드는 것을 알 수 있다. 그러나 점전하에 대해서는 거리를 두 배로 늘리면, 전기장은 1/4로 줄어든다(식 23-8을 보라.) 따라서 쌍극자의 전기장은 점전하가 만드는 전기장보다 거리가 멀어지면 더 빨리 약해진다. 쌍극자에서 전기장이 이같이 빨리 약해지는 까닭은 멀리 떨어진 곳에서 볼 때 쌍극자는 크기는 같고 방향이 반대인 두 전하가 완전하지는 않지만 거의 한 곳에 있는 것처럼 보이기 때문이다. 그러므로 그 곳의 전기장은 완전하지는 않지만 거의 지워진다.

연습문제 23-6

문제의 전기장은 모두 원천 전하가 만드는 전기장이다: $\vec{E} = \vec{E}_{원천}$

17. 모멘트 계산

4.30 nm 떨어져 있는 전자와 양성자의 전기 쌍극자 모멘트를 셈하라.

18. 점 P의 장

그림 23-24에서 두 전하는 양이라고 하자. $z \gg d$라면 그림의 점 P에서의 벡터 $\vec{E}$의 크기는 다음과 같음을 보여라.

$$|\vec{E}| = k\frac{2|q|}{z^2}$$

19. 전기 사중극자

그림 23-25는 전기 사중극자를 나타낸다. 그것은 쌍극자 모멘트의 크기는 같고 방향이 반대인 두 쌍극자로 이루어져 있다. 사중극자의 중심에서 거리 z인 축 위의 점 P의 벡터 $\vec{E}$의 크기는 다음과 같음을 보여라. ($z \gg d$라고 가정한다.)

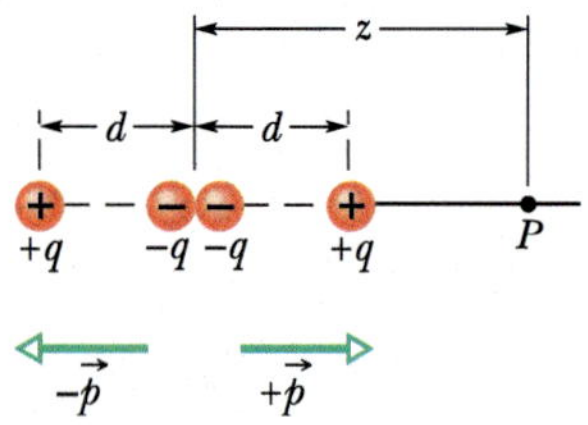

그림 23-25 문제 19

$$|\vec{E}| = k\frac{3|Q|}{4\pi\varepsilon_0 z^4}$$

여기서 $Q(=2qd^2)$는 전하 분포의 **사중극자 모멘트**(quadrupole moment)라고 한다.

20. 전기 쌍극자

그림 23-26에서 전기 쌍극자가 점 P에 만드는 전기장의 크기와 방향을 구하라. 전하 중심 간의 거리는 d이고, P는 전하를 잇는 선을 수직이등분하는 선을 따라 $z \gg d$인 곳에 있다. 답을 전기 쌍극자 모멘트 $\vec{P}$의 크기와 방향으로 나타내어라.

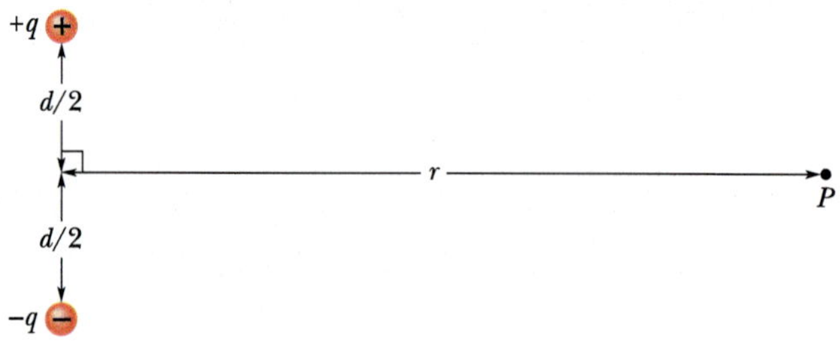

그림 23-26 문제 20

23-7 전하고리가 만드는 전기장

지금까지 점전하 하나 또는 많아야 몇 개가 만드는 전기장을 살펴보았다. 지금부터는 수많은 (아마도 수십억 정도의) 점전하가 선이나 곡선, 또는 표면, 또는 부피 속에 퍼져 있는 것을 살펴볼 것이다. 이러한 분포는 알알이 있는 것이 아니라 마치 **연속적인** 것처럼 생각할 수 있다. 점전하가 굉장히 많으므로 전기장을 셈할 때 낱낱의 점전하가 만드는 것을 셈하느니 보다는 적분셈을 쓴다. 이 절에서는 전하 고리가 만드는 전기장을 설명한다. 다음 장에서 고르게 대전된 공 속의 전기장을 구할 것이다.

전하가 물체 속에 연속적으로 퍼져 있을 때는 총 전하보다는 전하 밀도로 나타내는 것이 편리

표 23-2
전하밀도를 나타내는 몇 가지 양

이름	기호	정의*	국제 단위
전하	q	q	C
선 전하밀도	λ	q/L	C/m
면 전하밀도	σ	q/A	C/m^2
부피 전하밀도	ρ	q/V	C/m^3

* 이 정의는 고른 전하밀도에 대한 것이다. 그렇지 않으면 전하밀도는 위치의 함수가 되어 $\lambda(x) = dq/dx, \sigma(x, y) = dq/dA(x, y), \rho(x, y, z) = dq/dV(x, y, z)$가 된다.

하다. 예를 들어 선 전하는 선 전하밀도(또는 단위 길이당 전하) 로 나타낼 수 있고, 이때 국제 단위는 C/m이다. 총 전하량 q가 선 또는 곡선을 따라 고르게 퍼져 있다면, **선 전하밀도(linear charge density)**는 다음과 같이 정의된다.

$$\lambda = q/L$$

여기서 L은 직선이나 곡선의 총 길이다. 예를 들어 그림 23-17에서 반지름 R인 둥근 고리를 이루는 곡선의 총 길이는 $L = 2\pi R$이다.

표 23-2는 이 책에서 쓰는 전하밀도의 종류에 대한 정보를 요약한 것이다.

그림 23-27의 고리가 플라스틱이나 다른 절연체로 되어 있다면 전하는 그 자리에 박힌 것으로 볼 수 있다. 고리 평면에서 중심축을 따라 거리 z 떨어진 곳 P의 전기장 $\vec{E}$는 얼마일까?

이 물음에 답할 때, 고리는 점전하가 아니므로 점전하가 만드는 전기장의 식을 쓸 수 없다. 그러나 고리를 작은 조각으로 나누어 생각할 수 있다. 이 조각이 아주 작다면 그것은 점전하와 같이 거동할 것이고, 그러면 한 조각이 만드는 전기장의 크기는 식 23-8을 써서 다음과 같이 셈할 수 있다.

$$E_q = k\frac{|q|}{r^2}$$

여기서 쿨롱 상수 k의 값은 식 22-7과 같다. 다음으로 모든 조각이 점 P에 만드는 전기장들을 더한다. 모든 전기장의 벡터 합이 바로 전체 고리가 점 P에 만드는 알짜 전기장이다.

고리의 조각(활꼴)의 길이를 ds라고 하자. λ는 단위 길이에 들어 있는 전하이므로 조각 속의 전

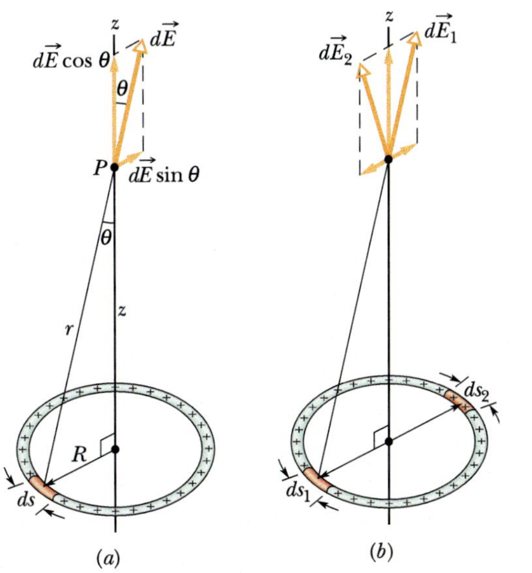

그림 23-27
(a) 양전하가 고르게 퍼진 고리. 전하 조각의 길이는 ds이다(부풀려 그렸다). 이 조각은 점 P에 전기장 $d\vec{E}$를 만든다. $d\vec{E}$의 고리 중심축 방향 성분의 크기는 $|d\vec{E}|\cos\theta$이다. (b) 낱낱의 조각 ds_1과 ds_2는 반대쪽에 있다. 대칭성 때문에 z축 방향의 $d\vec{E}$성분은 더해지고, 축에 수직 방향의 (xy 평면에 있는) 성분은 지워진다.

하량은 다음과 같다.

$$|dq| = |\lambda|\, ds \tag{23-20}$$

이 작은 전하는 조각까지의 거리가 r인 곳 P에 작은 전기장 $d\vec{E}$를 만든다. 조각을 점전하로 다루어 위의 dq에 대한 식을 쓰면 $d\vec{E}$의 크기를 다음과 같이 나타낼 수 있다.

$$|d\vec{E}| = k\frac{|dq|}{r^2} = k\frac{|\lambda|\, ds}{r^2} \tag{23-21}$$

그림 23-27로부터 피타고라스 정리를 써서 위 식을 다음과 같이 다시 쓸 수 있다.

$$|d\vec{E}| = k\frac{|\lambda|\, ds}{z^2 + R^2} \tag{23-22}$$

그림 23-27*a*는 또한 벡터 $d\vec{E}$가 중심축(z축)과 θ의 각도를 이루고 있고, 축에 수직한 성분과 나란한 성분을 가지고 있음을 보여준다.

고리의 조각마다 점 P에 위 식의 크기를 가진 미소 전기장 $d\vec{E}$를 만든다. 모든 $d\vec{E}$ 벡터의 중심축과 나란한 성분은 같다. 모든 $d\vec{E}$ 벡터에는 중심축에 수직인 성분도 있는데, 이 성분은 크기는 모두 같고 방향은 저마다 다르다. 실제로 그림 23-27*b*와 같이 축에 수직인 어느 한 성분에 대해 반대쪽 성분이 꼭 있다. 한 짝의 벡터 합은 0이다. 서로 반대쪽을 가리키는 모든 다른 짝도 마찬가지로 벡터 합이 0이다. 그러므로 수직 성분은 지워져서 더 이상 생각하지 않아도 되고 오직 나란한 성분만 남는다. 나란한 성분은 모두 같은 쪽을 가리키므로 점 P의 알짜 전기장은 낱낱의 크기의 합과 같다.

그림 23-27*a*와 같이 $d\vec{E}$의 나란한 성분의 크기는 $|d\vec{E}|(\cos\theta)$이다. 그림에서 또한 다음과 같은 관계가 있음을 알 수 있다.

$$\cos\theta = \frac{z}{r} = \frac{z}{(z^2 + R^2)^{1/2}} \tag{23-23}$$

이제 $d\vec{E}$와 $\cos\theta$에 대한 표현을 묶으면 $d\vec{E}$의 나란한 성분의 크기는 다음과 같다.

$$|d\vec{E}_{\parallel}| = |d\vec{E}|\cos\theta = \frac{k|z\lambda|\, ds}{(z^2 + R^2)^{3/2}} \tag{23-24}$$

모든 조각이 만든 나란한 성분 $|d\vec{E}|\cos\theta$를 더하려면 식 23-24를 고리의 둘레를 따라 $s = 0$에서 $s = 2\pi R$까지 적분한다. 적분할 때 변하는 양은 s뿐이므로 다른 양은 적분 기호 바깥으로 옮길 수 있다. 적분하면 전기장의 크기는 다음과 같다.

$$E = |\vec{E}| = \int |d\vec{E}|\cos\theta = \frac{k|z\lambda|}{(z^2 + R^2)^{3/2}}\int_0^{2\pi R} ds = \frac{k|z\lambda|(2\pi R)}{(z^2 + R^2)^{3/2}} \tag{23-25}$$

λ는 선 전하밀도이므로 $\lambda(2\pi R)$은 고리의 총 전하량 q이다. 그러므로 이 식을 다음과 같이 쓸 수 있다.

$$E = \frac{k|qz|}{(z^2 + R^2)^{3/2}} \quad \text{(전하고리가 만드는 전기장의 크기)} \tag{23-26}$$

고리에 음전하가 있다면 점 P의 전기장의 크기는 여전히 같지만 방향은 고리 안쪽을 가리킨다.

중심축에서 $z \gg R$로 아주 먼 곳의 전기장에 대해 이 식의 값을 구해보자. 그 점에서 $z^2 + R^2$은 z^2으로 근사할 수 있으므로 식 23-26은 다음과 같이 된다.

$$E = \frac{k|q|}{z^2} \quad \text{(중심축에서 } z \gg R\text{로 아주 먼 곳의 전기장)} \qquad (23\text{–}27)$$

이것은 아주 먼 곳에서는 고리가 단순히 점전하처럼 '보이기' 때문에 타당하다. 그러므로 z를 r로 바꿔주면 식 23-27은 점전하가 만드는 전기장에 대한 식과 같다.

다음으로 고리의 중심에 있는 점(즉 $z = 0$)에 대해 식 23-26을 살펴보자. 식에 따르면 그 점에서는 $\vec{E} = 0$이다. 이것은 점전하를 고리의 중심에 둔다면 점전하가 받는 알짜 정전기력이 없을 것이므로 타당하다. 고리의 어떤 조각이 주는 힘도 그 반대쪽에 있는 조각이 주는 힘 때문에 지워진다. 고리의 중심에서 받는 힘이 0이라면, 전기장도 0이어야 한다.

따라해보기 23-3 | 전기 띤 활꼴

그림 23-28a는 전하 $-Q$가 고르게 퍼져 있는 플라스틱 막대다. Q가 양이라면 $-Q$는 음이다. 막대는 반지름이 r이고 각도가 120° 인 활꼴로 구부러져 있다. 막대의 대칭축을 x축으로 하고, 막대의 곡률 중심 P가 원점이 되도록 좌표축을 정한다. 점 P에서 막대가 만드는 전기장 $\vec{E}$를 Q와 r로 나타내면 어떻게 되는가?

풀이 ■ 여기서 **요점**은 막대에 전하가 연속적으로 퍼져 있으므로 막대의 조각이 만드는 전기장의 식을 알아야 하고, 다음 그 전기장을 적분하여 합해야 한다는 것이다. 길이가 ds이고 x축 위쪽으로 θ의 각도를 이루는 조각을 생각하자(그림 23-28b). λ를 막대의 선 전하밀도라고 하면, ds에 있는 미소 전하는 다음과 같다.

$$dq = \lambda ds \qquad (23\text{–}28)$$

이 조각은 거리 r 떨어진 점 P에 미소 전기장 $d\vec{E}$를 만든다. 조각을 점전하로 보면 식 23-21을 써서 전기장 $d\vec{E}$의 크기를 나타낼 수 있다.

$$|d\vec{E}| = k\frac{|dq|}{r^2} = k\frac{|\lambda|\, ds}{r^2} \qquad (23\text{–}29)$$

$d\vec{E}$의 방향은 dq가 음이므로 ds를 향한다.

이 조각은 막대 아래쪽에 있는 조각 ds'과 대칭(거울 상)을 이룬다. ds'이 점 P에 만드는 전기장 $d\vec{E}'$의 크기는 식 23-29와 같지만 방향은 그림 23-28b와 같이 ds'을 향한다. ds와 ds'이 만드는 전기장을 그림 23-28b와 같이 x성분과 y성분으로 나누면 y성분은 지워지고 (크기가 같고 방향이 반대이다), x성분은 크기와 방향이 같음을 알 수 있다.

그러므로 막대가 만드는 전기장을 구하려면 막대의 모든 조각

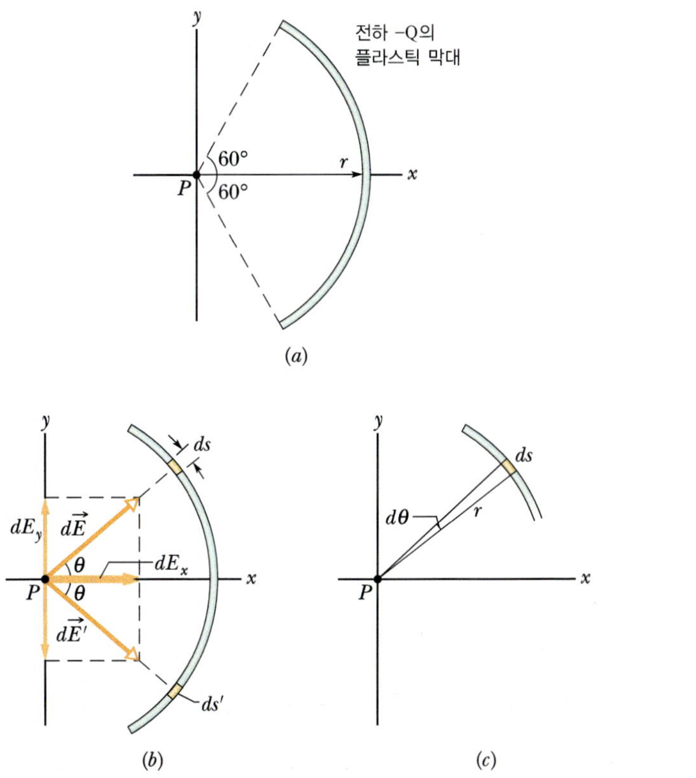

그림 23-28
(a) 반지름 r, 중심각 120° 인 활꼴이고 전하 $-Q$가 고르게 터진 플라스틱 막대. 점 P는 플라스틱의 곡률 중심이다. (b) x축과 θ의 각도를 이루고 호의 길이가 ds인 막대의 위쪽 부분의 조각은 점 P에 미소 전기장 $d\vec{E}$를 만든다. x축에 대해 ds에 대칭인 조각 ds'은 점 P에 같은 크기의 전기장 $d\vec{E}'$을 만든다. (c) 호의 길이는 ds이고, 점 P와 이루는 각은 $d\theta$이다.

이 만드는 미소 전기장의 x성분만을 더하면 된다. 그림 23-18b와 식 23-29로부터 ds가 만드는 dE_x 성분을 다음과 같이 쓸 수 있다.

$$|dE_x| = |d\vec{E}|\cos\theta = k\frac{|\lambda|}{r^2}\cos\theta ds \qquad (23\text{-}30)$$

식 23-30에는 두 변수 θ와 s가 있는데, 적분하기 전에 변수 하나를 지워야 한다. ds를 다음의 식을 써서 바꾸어 변수를 지울 수 있다.

$$ds = rd\theta$$

여기서 $d\theta$는 활꼴의 길이 ds가 점 P와 이루는 각이다(그림 23-18c). **주의**: 여기서 활꼴이 구부러진 각도를 알고 있으므로 ds보다는 $d\theta$를 바꾸는 것이 좋다. 이렇게 하면 식 23-30을 점 P가 막대와 이루는 각에 걸쳐, 즉 $\theta = -60°$에서 $\theta = 60°$까지 적분할 수 있다. 점 P에 막대가 만드는 전기장의 크기 E는 다음과 같다.

$$\begin{aligned} E &= \int |dE_x| = \int_{-60°}^{60°} \frac{k|\lambda|}{r^2}\cos\theta r d\theta = \frac{k|\lambda|}{r}\int_{-60°}^{60°}\cos\theta d\theta \\ &= \frac{k|\lambda|}{r}[\sin\theta]_{-60°}^{60°} = \frac{k|\lambda|}{r}[\sin 60° - \sin(-60°)] \\ &= \frac{1.73k|\lambda|}{r} \end{aligned} \qquad (23\text{-}31)$$

[적분의 상한과 하한을 바꾼다면 (−) 부호를 빼고는 같은 결과를 얻을 것이다. 적분은 오로지 $\vec{E}$의 크기만 알려주므로 (−) 부호를 고려하지 않아도 된다.]

선 전하밀도 $|\lambda|$를 구하려면 막대가 점 P와 120°의 각도를 이루고 있으므로 전체 원의 1/3이 되는 것에 유의한다. 그러면 호의 길이는 $2\pi r/3$이고, 선 전하밀도는 다음과 같다.

$$|\lambda| = \frac{\text{전하}}{\text{길이}} = \frac{Q}{2\pi r/3} = 0.477\frac{Q}{r}$$

이것을 식 23-31에 넣어 간단히 하면 전기장 E의 크기는 다음과 같다.

$$E = |\vec{E}| = (1.73)(0.477)\frac{kQ}{r^2} = 0.83\frac{kQ}{r^2}$$

$\vec{E}$의 방향은 전하 분포의 대칭축을 따라 막대 쪽을 향한다. $\vec{E}$는 단위 벡터 표기법으로 다음과 같이 쓸 수 있다.

$$\vec{E} = \frac{0.83kQ}{r^2}\hat{\text{i}}$$

연습문제 23-7

문제의 모든 전기장은 모두 원천 전하가 만드는 전기장이다: $\vec{E} = \vec{E}_s$

21. 갇힌 전자

전자가 23-7절에서 논의한 반지름 R인 전하 고리의 중심축에 갇혀 있다. 전자는 정전기력을 받아 다음과 같은 각진동수로 고리의 중심을 지나면서 진동함을 보여라.

$$\omega = \sqrt{\frac{eq}{4\pi\varepsilon_o mR^3}}$$

여기서 q는 고리의 전하이고, m은 전자의 질량이다.

22. 두 고리

그림 23-29는 공통의 선을 중심축으로 하여 배열된 두 절연체 고리를 나타낸다. 고리 A와 B는 반지름이 똑같이 R이고, 전하는 각각 q_A와 q_B가 고르게 퍼져 있다. 두 고리는 거리 $3R$ 떨어져 있다. 공통의 선 위에 있고, 고리 A에서 거리 R 떨어진 점 P의 알짜 전기장은 0이다. q_A/q_B는 얼마인가?

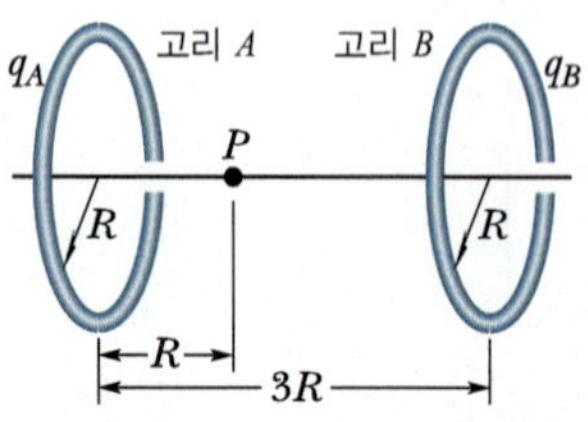

그림 23-29 문제 22

23. 가는 유리 막대

가는 유리 막대가 반지름 r인 반원 꼴로 구부러져 있다. 그림 23-30a와 같이 위쪽 반은 $+q$, 아래쪽 반은 $-q$가 고르게 퍼져 있다. 반원의 중심에 있는 점 P의 전기장 $\vec{E}$의 크기와 방향을 구하라.

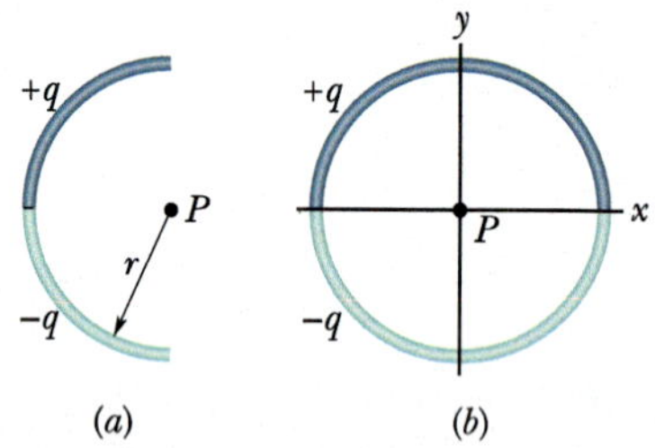

그림 23-30 문제 23과 24

24. 두 곡선 플라스틱 막대

그림 23-30b에서 두 플라스틱 막대가 xy평면에서 반지름 R의 원을 이루고 있다. 하나는 $+q$로, 다른 하나는 $-q$로 대전되어 있다. x축이 두 막대의 연결점을 지나고 있으며, 전하는 두 막대에 고르게 퍼져 있다. 원의 중심에 있는 점 P의 전기장 $\vec{E}$의 크기와 방향을 구하라.

25. 절연 막대

그림 23-31에서 길이 L인 절연 막대에 $-q$가 고르게 퍼져 있다. (a) 막대의 선 전하밀도를 구하라. (b) 막대의 끝에서 거리 a 떨어진 점 P의 전기장을 구하라. (c) P가 L에 비해 아주 멀리 떨어져 있다면

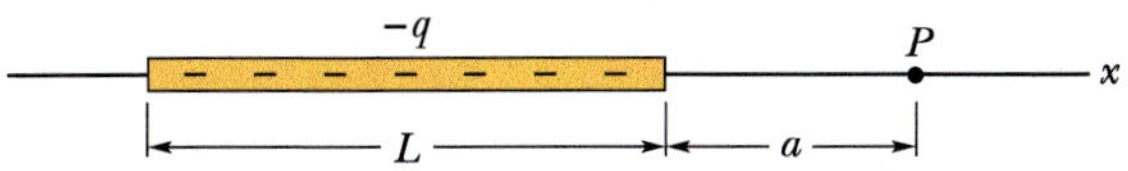

그림 23-31 문제 25

막대는 점전하처럼 보일 것이다. $a \gg L$일 때 (b)의 답이 점전하의 전기장으로 바뀜을 보여라.

26. 거리는 얼마인가?

고리의 중심축을 따라 거리가 얼마 떨어져 있을 때 고리의 전하가 만드는 전기장의 크기가 최대가 되는가? 고리의 반지름은 R이고 고른 전하를 띠고 있다.

27. 한쪽 무한대 막대

그림 23-32에서 '한쪽 무한대'(오직 한쪽으로만 무한대)인 절연 막대의 선 전하밀도가 λ이다. 점 P의 전기장이 막대와 45°의 각도를 이루며, 이 결과는 거리 R과 관계가 없음을 보여라. (**실마리**: 점 P의 전기장을 막대와 나란한 성분과 수직인 성분으로 나누어 구한 다음 비교하라.)

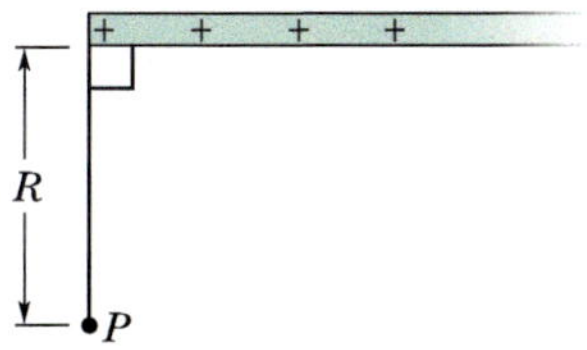

그림 23-32 문제 27

28. 길이 L인 막대

길이 L인 가는 절연 막대가 있다. 전하 q가 막대를 따라 고르게 퍼져 있다. 막대를 수직으로 이등분하는 선 위의 점 P에서 전기장의 크기가 다음과 같음을 보여라(그림 23-33).

$$|\vec{E}| = \frac{|q|}{2\pi\varepsilon_0 y}\frac{1}{(L^2+4y^2)^{1/2}}$$

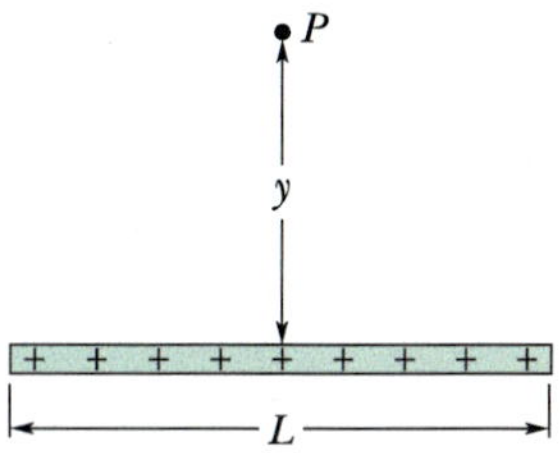

그림 23-33 문제 28

29. 밀도, 밀도, 밀도

(a) 반지름이 4.00 cm인 둥근 활꼴에 −300 e 전하가 고르게 퍼져 있다. 활꼴은 40°의 각을 이루고 있다. 활꼴의 선 전하밀도를 구하라. (b) 반지름이 2.00 cm인 둥근 원반의 한쪽 면에 −300 e의 전하가 고르게 퍼져 있다. 면 전하밀도를 구하라. (c) 반지름이 2.00 cm인 공 표면에 −300 e의 전하가 고르게 퍼져 있다. 면 전하밀도를 구하라. (d) 반지름이 2.00 cm인 공의 부피에 −300 e의 전하가 고르게 퍼져 있다. 부피 전하밀도를 구하라.

30. 절연 막대

(2) 양전하 Q가 고르게 퍼진 가는 절연막대가 반지름 R인 둥근 고리를 이루고 있다(그림 23-34). 고리를 지나는 중심축은 z축이고 고리의 중심이 원점이다. (a) $z = 0$인 곳에 막대가 만드는 전기장의 크기는 얼마인가? (b) $z = \pm\infty$일 때 막대가 만드는 전기장의 크기는 얼마인가? (c) 전기장의 크기가 최대가 될 때의 z값을 R로 나타내어라. (d) $R = 2.00$ cm이고 $Q = 4.00\ \mu$C일 때 전기장의 최대 크기는 얼마인가?

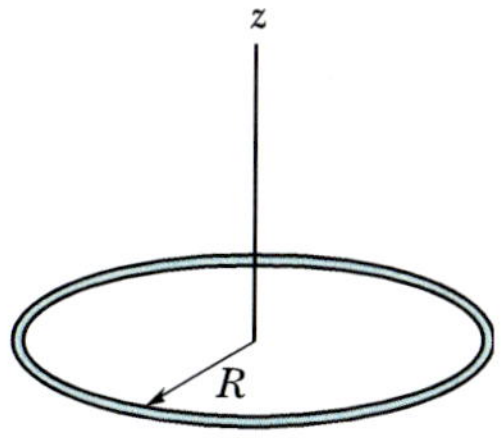

그림 23-34 문제 30

31. 둥근 막대

곡률 반지름이 R이고 전하 Q가 고르게 퍼진 둥근 막대가 있다. 그 막대는 (라디안의) 각도를 이루고 있다. 곡률의 중심에 만드는 전기장의 크기는 얼마인가?

32. 두 동심 고리

그림 23-35는 같은 평면에 놓여 있는 반지름이 R과 $R' = 3.00\,R$인 두 동심 고리를 나타낸다. 점 P는 z축 위에 있고, 고리의 중심에서 거리 $D = 2.00\,R$ 떨어져 있다. 작은 고리에는 $+Q$의 전하가 고르게 퍼져 있다. 두 고리가 점 P에 만드는 전기장이 0이라면 큰 고리에 고르게 퍼진 전하는 얼마인가?

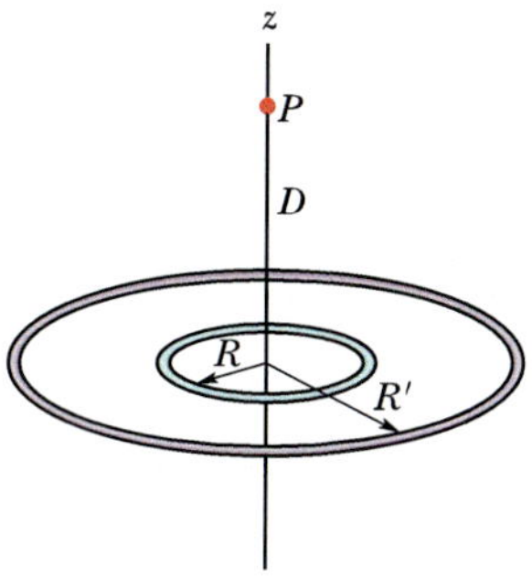

그림 23-35 문제 32

33. 전하 $+Q$

그림 23-36a에서 전하가 거리 R인 곳 P에 만드는 전기장의 크기는 $E_{부분}$이다. 그림 23-36b에서 같은 전하가 반지름이 R이고 θ의 각도를 이루는 둥근 활꼴을 따라 고르게 퍼져 있다. 활꼴의 전하가 곡률의 중심에 만드는 전기장의 크기는 $E_{활꼴}$이다. $E_{활꼴} = 0.500\,E_{부분}$일 때 θ는 얼마인가? (**실마리**: 그림을 써서 풀어라.)

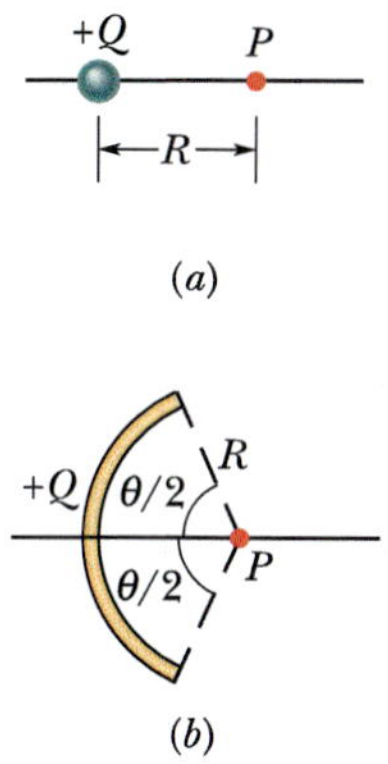

그림 23-36 문제 33

34. 반원

그림 23-37a는 $+Q$가 고르게 퍼진 절연 막대를 나타낸다. 막대는 반지름이 R인 반원을 이루고 있고, 곡률 중심 P에 크기가 $E_{활꼴}$인 전기장을 만든다. 반원이 점 P에서 거리 R 떨어진 곳에 점으로 뭉쳐 있다면(그림 23-37b), 점 P에 만드는 전기장의 크기는 $E_{활꼴}$의 몇 배인가?

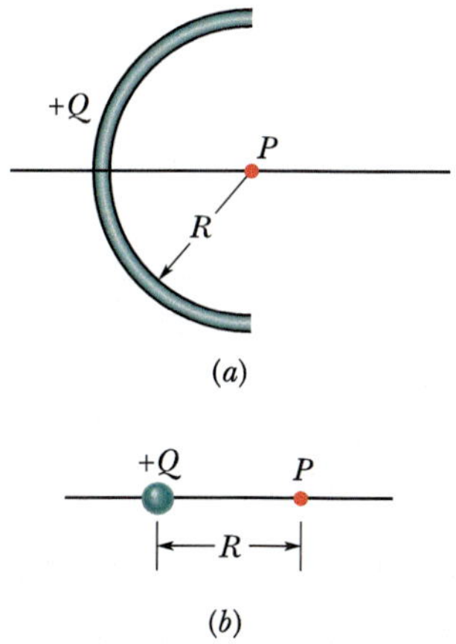

그림 23-37 문제 34

23-8 전기장 속에서의 점전하의 운동

지금까지는 원천 전하의 분포를 알 때 전기장을 이론적으로 셈하는데 집중해 왔다. 그러나 원천 전하에 대해 거의 또는 전혀 모를 때도 시험 전하가 받는 힘을 재어 전기장의 지도를 만들 수 있다. 어느 경우에나, 일단 전기장을 알면 시험 전하가 전기장 속 어디에 있건 그것이 받는 힘을 결정할 수 있다(시험 전하는 원천 전하를 방해하지 않아야 한다). 전하의 질량을 안다면, 힘을 알면 입자의 가속도 크기와 방향을 셈할 수 있고, 가속도를 알면 입자의 운동을 정확하게 예측할 수 있다.

앞 절에서 두 과제 중 첫째를 공부하였다: 전하 분포가 주위 공간에 만드는 전기장을 셈한다. 이제 둘째 과제를 시작하자: 대전 입자가 전기장 속에 있을 때 그 입자에 어떤 일이 생기는지를 결정한다. 대전 입자가 전기장 속에 있으면, 정전기력을 받는다. 벡터량인 이 힘은 다음과 같다.

$$\vec{F}^{\text{전기}}_{\text{시험}} = q_{\text{시험}} \vec{E}_{\text{원천}} \tag{23-32}$$

여기서 $q_{\text{시험}}$은 (부호를 포함하는) 시험입자의 전하, $\vec{E}_{\text{원천}}$은 원천 전하가 입자가 있는 곳에 만드는 전기장이다. (그 장은 시험 전하 스스로가 만드는 장이 아니다. 대전 입자는 그 자신이 만드는 전기장의 영향을 받지 않는다.) 식 23-32는 다음을 알려준다.

> 외부 전기장 $\vec{E}_{\text{원천}}$ 속에 놓인 대전된 시험입자가 받는 정전기력 $\vec{F}^{\text{전기}}$의 방향은 시험입자의 전하 $q_{\text{시험}}$이 양전하이면 $\vec{E}_{\text{원천}}$쪽, $q_{\text{시험}}$이 음전하이면 $\vec{E}_{\text{원천}}$의 반대쪽이다.

입자가 받는 힘을 알면 곧바로 가속도를 셈할 수 있지만 물체의 정확한 운동을 결정하는 것은 좀더 복잡하다. 전기장은 대전 입자가 받는 힘을 결정하며, 그것은 입자의 속도가 아니라 가속도를 결정한다. 그리하여 처음에 서 있다가 출발한 대전 입자는 장의 방향을 따라간다. 초기 속도가 없다면 힘과 가속도 방향이 속도 방향과 같다. 그러나 장의 방향이 바뀐다면 입자의 경로는 장의 방향에서 재빨리 벗어난다. 대전 입자의 처음 속도가 장과 다른 쪽이라면, 입자는 결코 장의 방향대로 움직이지 않을 것이다. 이 상황에 대한 좋은 비유는 지구 중력장 안에서의 발사체의 경로이다. 중력장은 고르게 아래쪽을 가리킨다. 이것은 어느 순간의 속도 방향을 반드시 가리키는 것이 아니라, 힘(그리고 가속도)의 방향을 가리킨다. 발사체의 운동방향은 중력장 방향과 다를 수 있다.

• 정전기 집진

이 장의 첫쪽 사진에 보인 '큰 바위' 석탄 화력발전소에 고등 혼성 집진기를 몇 해 전에 설치했다. 이 장치는 새로운 **정전기 집진(electrostatic precipitation)** 장치로 여과 체계의 최상의 특징을 묶어 매연 속의 거의 모든 미립자를 없앤다. 석탄 보일러에서 나온 매연이 장치로 들어가면, 작은 매연 입자의 90% 이상은 전기를 띠게 되어 집진판으로 끌려간다. 나머지 10% 입자는 집진판 속의 구멍을 지나 아주 작은 입자들을 없애는데 특히 효과가 좋은 관 모양의 여과기 주머니에 붙잡힌다(그림 23-38*a*).

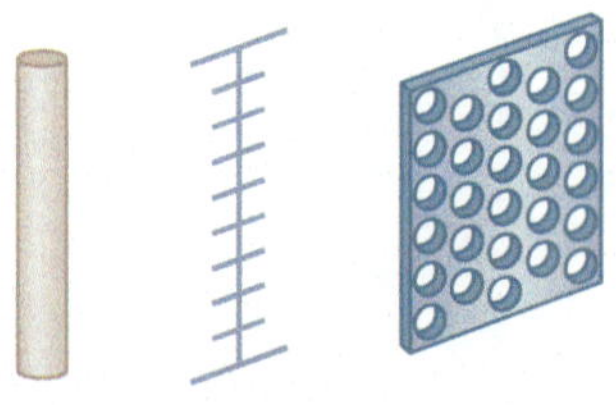

(*a*) (*b*) (*c*)

그림 23-38
고등 혼성 집진기(AHPC) 구성요소를 앞에서 비스듬하게 본 모습. (*a*) 관 모양 필터 (*b*) 방전 전극 (*c*) 구멍 뚫린 집진판 [실제 모형과 비교하면 (*b*)와 (*c*)의 위치가 바뀌었음].

강력한 전기장은 정전기 집진기의 효율을 결정하는 핵심 요소이다. 금속 도선으로 된 방전 전극(그림 23-38*b*)은 음전하를 띠고 있다. 전극 주위의 전기장은 전자가 방전될 정도로 강하다. 전자가 전극에서 튀어나와 매연 입자와 만나면 음이온을 만든다. 이 이온은 전극과 반발하여 중성 집진판으로 끌려가 (그림 23-38*c*) 붙잡힌다. 요약하면 전자와 이온은 전극의 전기장 속에서 점전하처럼

정전기 집진장치의 구성요소

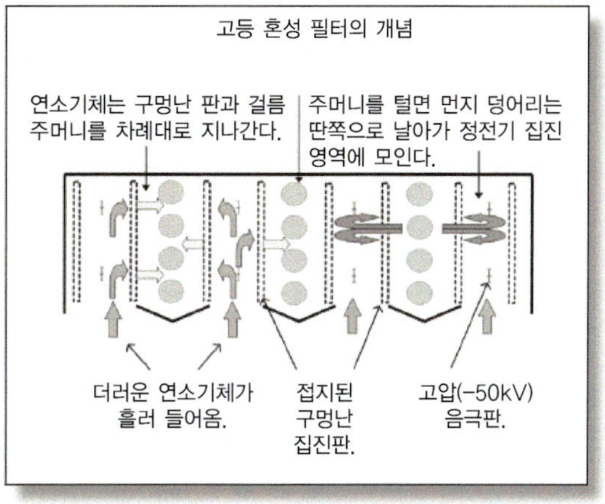

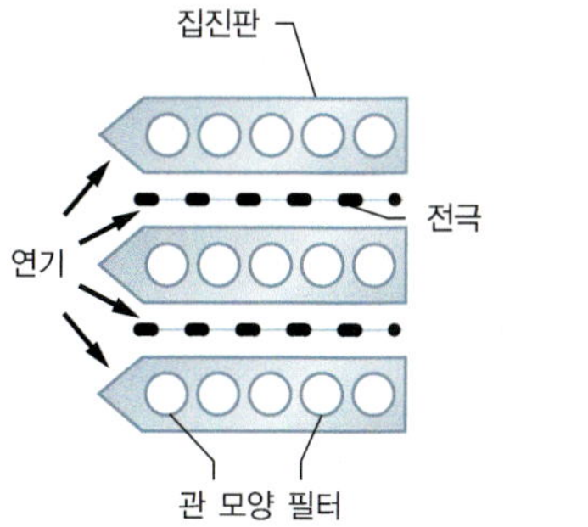

그림 23-39
고등 혼성 집진기를 위에서 본 모습. 필터를 둘러싼 집진판으로 이루어진 구성요소의 배열.

움직인다.

고등 혼성 집진기 구성요소는 그림 23-39와 같다. 필터를 보호하고자 도선 방전전극과 필터 사이에 구멍이 뚫린 집진판을 둔다. 전극의 다른 쪽에는 필터 배열의 양 옆에 또 다른 집진판을 둔다. 이렇게 배열하면 구멍이 뚫린 집진판은 먼지를 모으는 1차적 기능과 함께 필터를 보호하는 기능도 있다.

생각해보기 23-5 (a) 그림과 같이 고른 전기장이 전자에 주는 정전기력의 방향은 어디인가? (b) 전자가 전기장과 만나기 전에 y축과 나란히 움직인다면 전자는 어느 쪽으로 가속되는가? 전자는 어떤 길을 따르는가? (c) 전자가 처음에 오른쪽으로 움직인다면, 전자의 속력은 빨라지는가, 느려지는가, 일정하겠는가? 이 경우에 전자는 어떤 길을 따르는가?

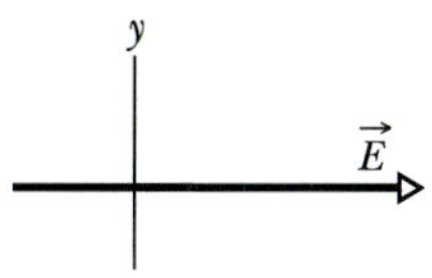

따라해보기 23-4 | 잉크 방울의 경로 구부리기

그림 23-40에 잉크젯 인쇄기의 편향판을 좌표축과 함께 보였다. 잉크 방울은 질량 $m = 1.3 \times 10^{-10}$ kg, 전하량 $Q = -1.5 \times 10^{-13}$ C인데 처음 속력 $v_x = 18$ m/s로 x축을 따라 판 사이의 영역으로 들어간다. 판의 길이 L은 1.6 cm이다. 판은 대전되어 있어서 판 사이의 모든 곳에 고른 전기장을 만든다: 크기는 1.4×10^6 N/C, 방향은 아래쪽이다. 판의 오른쪽 끝에서 잉크 방울의 수직 편향 거리는 얼마인가? (방울이 받는 중력은 정전기력에 비해 상대적으로 작아서 무시할 수 있다.)

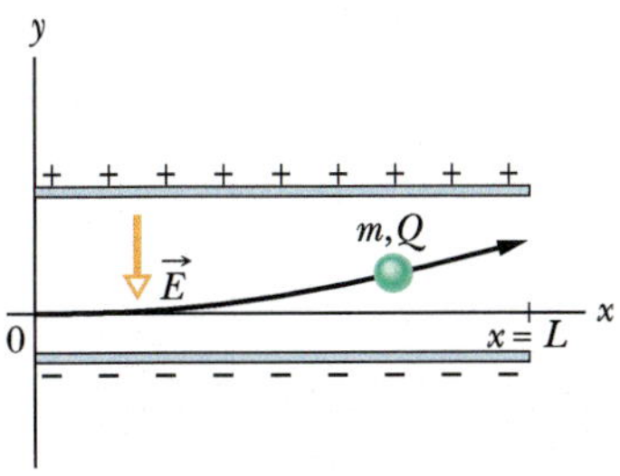

그림 23-40
질량 m이고 전하량 $|Q|$인 잉크방울은 잉크젯 인쇄기의 전기장 속에서 경로가 휜다.

풀이 ■ 잉크 방울은 음전하를 띠고 있고 전기장의 방향은 아래쪽이다. **요점**은 식 23-4로부터 대전된 잉크 방울은 정전기력을 받는데, 크기는 $|Q|E$로 일정하고 방향은 위쪽이라는 것이다. 그러므로 잉크 방울은 수평(x쪽)하게는 일정한 속력 v_x로 움직이고, 수직(y쪽)하게는 위쪽으로 등가속운동을 한다. 가속도의 크기 a_y는 뉴턴 제2법칙($F^{알짜}_{전기} = ma_y$)을 써서 다음과 같이 구할 수 있다.

$$a_y = \frac{F_y^{전기}}{m} = +\frac{|Q|E}{m} \qquad (23\text{-}33)$$

잉크 방울이 판 사이의 영역을 지나오는데 걸리는 시간을 Δt라 하자. 4장에서 Δt 동안 잉크 방울의 수직 및 수평의 변위는 각각 다음과 같음을 알았다.

$$\Delta y = \tfrac{1}{2} a_y \Delta t^2, \quad \Delta x = L = v_x \Delta t \tag{23-34}$$

두 방정식에서 Δt를 없애고 a_y를 식 23-33으로 바꾸면 답은 다음과 같다.

$$\Delta y = \frac{|Q| EL^2}{2mv_x^2}$$
$$= \frac{(1.5\times10^{-13}\,\mathrm{C})(1.4\times10^{6}\,\mathrm{N/C})(1.6\times10^{-2}\,\mathrm{m})^2}{(2)(1.3\times10^{-10}\,\mathrm{kg})(18\,\mathrm{m/s})^2}$$
$$= 6.4\times10^{-4}\,\mathrm{m} = 0.64\,\mathrm{mm} \quad \text{(답)}$$

연습문제 23-8

35. 가만히 풀어 놓은 전자

2.00×10^4 N/C의 고른 전기장 안에 전자를 가만히 풀어 놓았다. 전자의 가속도를 셈하라.(중력은 무시하라.)

36. 가속된 전자

전자가 전기장에 의해 동쪽으로 $1.80\times10^9\,\mathrm{m/s^2}$의 가속도로 가속된다. 전기장의 크기와 방향을 결정하라.

37. 쌍극자에 의한 힘

전기 쌍극자의 모멘트가 3.6×10^{-29} C · m이다. 전기 쌍극자의 중심에서 쌍극자의 축을 따라 거리 25 nm인 곳에 있는 전자가 받는 힘을 셈하라. 이 거리는 쌍극자의 두 전하 사이의 거리에 비해 상대적으로 크다고 가정한다.

38. α 입자

α 입자(헬륨 원자의 핵)의 질량은 6.64×10^{-27} kg이고, 전하는 $+2e$이다. α 입자가 받는 중력과 균형을 이룰 수 있는 전기장의 크기와 방향을 구하라.

39. 대전된 구름

대전된 구름은 지표면까지의 공간에 전기장을 만든다. -2.0×10^{-9} C의 대전 입자가 이 전기장 속에 있을 때 아래쪽으로는 정전기력 3.0×10^{-6} N을 받는다. (a) 전기장의 크기는 얼마인가? (b) 전기장 속에 있는 양성자가 받는 정전기력의 크기와 방향은 얼마인가? (c) 양성자가 받는 중력은 얼마인가? (d) 이 경우에 중력 대 정전기력의 크기의 비는 얼마인가?

40. 습도가 높은 공기

습도가 높은 공기는 3.0×10^6 N/C의 전기장 속에서 절연 파괴된다(즉, 분자들이 이온화된다). 이 전기장에서 다음 입자가 받는 정전기력의 크기는 얼마인가? (a) 전자, (b) 전자 1개를 잃은 이온.

41. 고속 양성자

전기장을 쓰는 '총' 속에서 양성자를 가속시켜 고속의 양성자 선을 쏠 수 있다. (a) 총의 전기장이 2.00×10^4 N/C이라면 양성자의 가속도는 얼마가 될까? (b) 전기장 속에서 양성자가 1.00 cm를 가는 동안 가속된 뒤의 속력은 얼마인가?

42. 황으로 된 공을 띄우다

평균 크기가 약 150 N/C인 전기장 E가 지면 근처의 대기에서 아래쪽을 향한다. 무게 4.4 N인 황(Sulfur)으로 된 공을 대전시켜 이 전기장 속에 떠 있게 하려고 한다. (a) 대전된 전하(크기와 부호)는 얼마인가? (b) 이 실험은 왜 비현실적인가?

43. 반대 전하를 띤 두 판

반대 전하를 띤 두 판 사이의 영역에 전기장이 고른 곳이 있다. 음전하를 띤 판에 전자를 가만히 놓았더니 1.5×10^{-8}초뒤에 2.0 cm 떨어져 있는 양전하를 띤 판에 도착했다. (a) 둘째 판에 도착할 때 전자의 속력은 얼마인가? (b) 전기장 $\vec{E}$의 크기는 얼마인가?

44. 장은 운동을 지연시킨다

전자가 5.00×10^8 cm/s의 속력으로 1.00×10^3 N/C의 전기장에 들어와 전기장과 나란히 움직여 속력이 점점 느려진다. (a) 전자가 순간적으로 서기 직전까지 전기장 속에서 움직인 거리는 얼마일까? (b) 걸린 시간은 얼마인가? (c) 전기장 영역의 너비가 8 mm라면(전자가 서기에는 너무 좁다.) 이곳에서 전자가 잃는 운동에너지는 얼마인가?

45. 두 구리판

두 개의 커다란 구리판이 그림 23-41과 같이 5.0 cm 떨어진 채 나란히 놓여 판 사이에 고른 전기장을 만든다. 전자는 음극판, 양성자는 양극판에서 동시에 가만히 놓는다. 두 입자 사이의 힘은 무시하라. 두 입자가 서로를 지나칠 때 양극판까지의 거리를 구하라. (전기장을 몰라도 이 문제를 풀 수 있다는 것이 얼마나 놀라운가?)

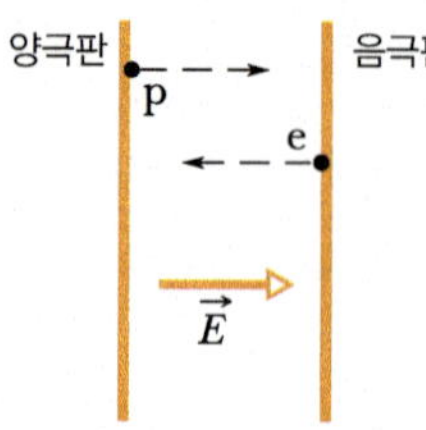

그림 23-41 문제 45

46. 속도 성분

나란한 두 대전판 사이를 움직이는 전자의 속도 성분은 어떤 순간 $v_x = 1.5\times10^5$ m/s, $v_y = 3.0\times10^3$ m/s이다. 판 사이의 전기장은

$\vec{E} = (120\,\text{N/C})\hat{\text{j}}$이다. (a) 전자의 가속도는 얼마인가? (b) x좌표가 2.0 cm만큼 바뀐 뒤에 전자의 속도는 어떻게 되겠는가?

47. 고른 위쪽 방향의 장

그림 23-42에서 위쪽을 향하고, 크기가 $2.00 \times 10^3\,\text{N/C}$로 고른 전기장이 두 수평판 사이에 있다. 아래쪽 판은 양전하를, 위쪽 판은 음전하를 띠고 있다. 판의 길이는 $L = 10.0\,\text{cm}$, 판 사이의 거리는 $d = 2.00\,\text{cm}$이다. 아래쪽 판의 왼쪽 모서리에서 전자가 판 사이로 들어갔다. 전자의 처음 속도 $\vec{v}_1$이 아래쪽 판과 이루는 각 $\theta = 45.0°$이고, 크기는 $6.00 \times 10^6\,\text{m/s}$이다. (a) 전자는 판들 중의 하나에 부딪치겠는가? (b) 그렇다면 어떤 판에 부딪칠 것인가? 그리고 왼쪽 모서리로부터 수평거리 얼마인 곳에서 부딪치겠는가?

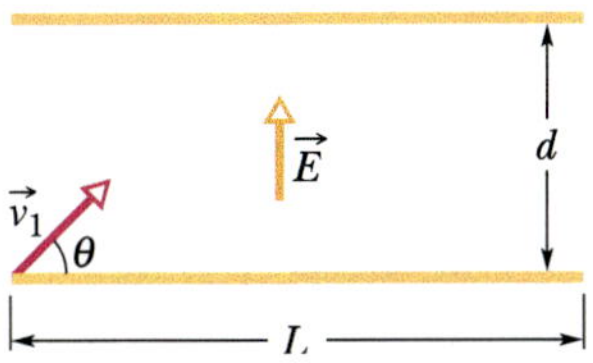

그림 23-42 문제 47

48. 전기장 E 속의 전하

질량이 10.0 g이고, $+8.00 \times 10^{-5}\,\text{C}$의 전하를 띤 토막이 전기장 $\vec{E} = (3.00 \times 10^3\,\text{N/C})\,\hat{\text{i}} - (600\,\text{N/C})\hat{\text{j}}$ 속에 놓여 있다. (a) 토막이 받는 힘의 크기와 방향은 무엇인가? (b) 토막을 $t = 0.00$초에 원점에 가만히 두었다면 $t = 3.00$초에 토막의 좌표는 어떻게 되겠는가?

49. 장에 들어오다

전자가 크기 $E = 50\,\text{N/C}$인 고른 전기장으로 들어간다. 전자의 처음 속력은 40 km/s이고 방향은 전기장의 방향과 같다. (a) 이 영역에 들어가 1.5 ns 뒤의 전자의 속력은 얼마인가? (b) 전자는 1.5 ns 동안에 얼마의 거리를 가는가?

50. 전자를 쏘다

그림 23-43에서 처음 속력 $v_1 = 2.00 \times 10^6\,\text{m/s}$이고 x축과 이루는 각이 $\theta_1 = 40°$가 되게 전자를 쏘았다. 전자는 고른 전기장 $\vec{E} = (5.00\,\text{N/C})\hat{\text{j}}$의 영역에서 움직인다. 전자를 감지하고자 화면을 $x = 3.00\,\text{m}$ 거리에 y축과 나란히 놓았다. 전자가 화면에 부딪칠 때 전자의 속력을 단위 벡터를 써서 나타내라.

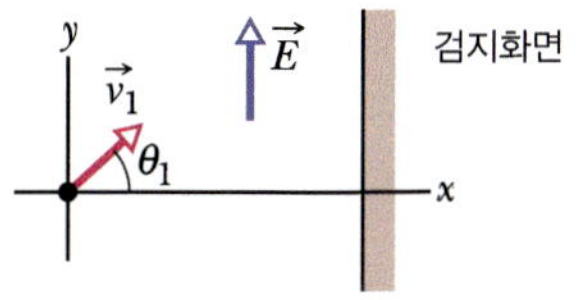

그림 23-43 문제 50

51. TV 관

그림 23-44는 TV 브라운관의 편향판을 나타낸 것이다. 판의 길이는 3.0 cm, 두 판 사이의 전기장은 $10^6\,\text{N/C}$이고 위쪽을 향한다. 전자가 판에 수평하게 $3.9 \times 10^7\,\text{m/s}$의 속력으로 들어온다면 판의 끝에서 수직 편향거리 Δy는 얼마인가?

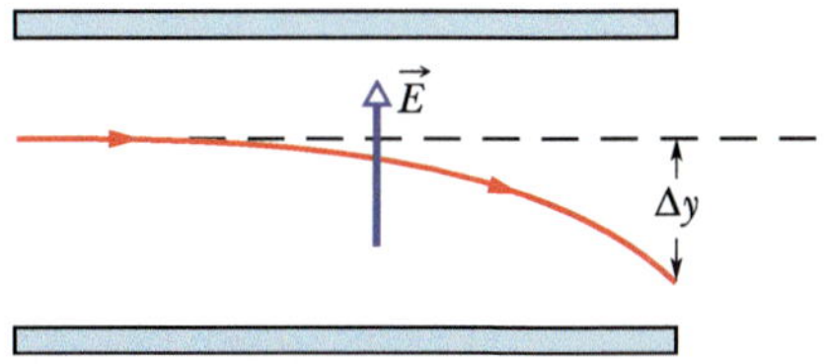

그림 23-44 문제 51

23-9 전기장 속의 전기 쌍극자

물질의 많은 전기적 효과는 물질이 아주 많은 작은 전기 쌍극자들로 이루어진 것으로 생각하면 이해할 수 있다. 전기장이 물질에 작용할 때 쌍극자의 방향은 일관된 방식으로 바뀐다. 비록 낱낱의 쌍극자는 작지만 모두 똑같이 움직이므로 상당한 전기적 효과를 낼 수 있다. 이 절에서는 고른 전기장에 놓인 쌍극자가 받는 회전력을 살펴본다.

전기쌍극자 모멘트 $\vec{p}$는 쌍극자의 음극에서 양극을 향하는 벡터로 정의했다. 고른 외부 전기장 $\vec{E}_{\text{원천}}$ 속에서 쌍극자의 거동은 쌍극자의 세부 구조와 무관하게 두 벡터 $\vec{E}_{\text{원천}}$, $\vec{p}$로 완전히 기술할 수 있다.

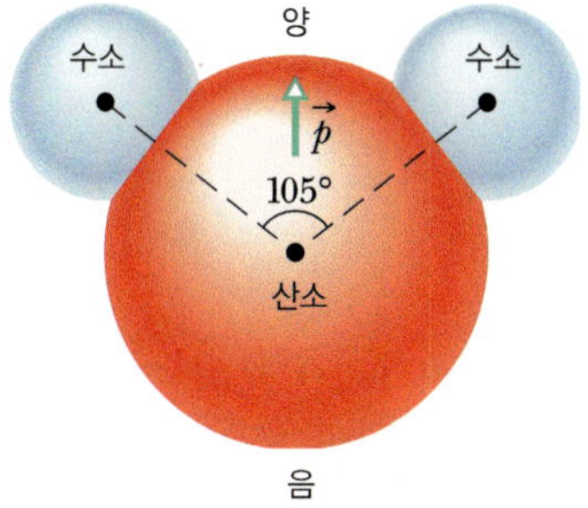

그림 23-45

이 H_2O 분자에는 (점으로 나타낸) 핵이 3개 있다. 핵 주위를 궤도 운동하는 전자는 산소 핵 근처에서 더 오래 머물기 때문에 분자는 쌍극자처럼 거동한다. 쌍극자 모멘트 $\vec{p}$는 산소 쪽(음)에서 수소 쪽(양)을 가리킨다.

그림 23-45에 보인 물 분자(H_2O)는 전기쌍극자이다. 검은 점은 (양성자가 8개 있는) 산소 핵과 (각각 양성자가 1개 있는) 두 수소 핵을 나타낸다. 색칠한 영역은 핵 주위에 전자가 퍼져 있는 영역을 나타낸다.

물 분자에서 두 수소 원자와 산소 원자는 직선 위에 있지 않고 약 105°의 각을 이룬다. 그 결과 분자에는 뚜렷이 '산소 쪽'과 '수소 쪽'이 있다. 더욱이 분자의 10개 전자는 수소 핵보다 산소 핵에 가까이 있는 경향이 있다. 그 결과 음전하는 수소 쪽보다 산소 쪽에 조금 더 많아지고, 그 결과 생기는 전기 쌍극자 모멘트 $\vec{p}$는 대칭축을 따라 그림과 같은 방향을 가리킨다. 물 분자가 외부 전기장 속

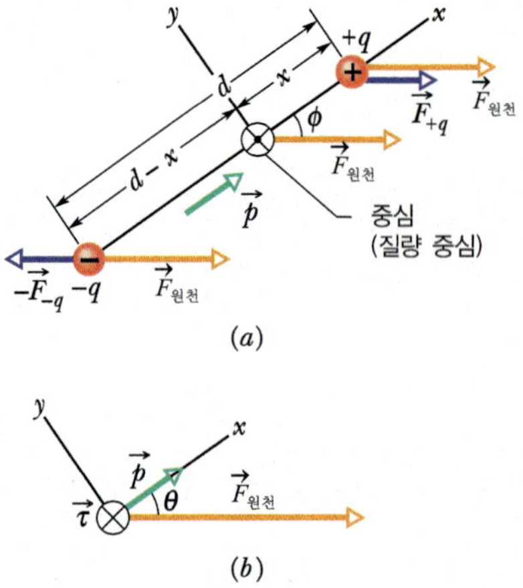

그림 23-46
(a) 고른 전기장 $\vec{E}$ 속의 전기 쌍극자. 전하량은 같으나 부호가 반대인 두 전하의 거리는 d이다. 전하 사이의 선은 강체 연결을 나타낸다. (b) 전기장 $\vec{E}$는 쌍극자에 회전력 $\vec{\tau}$을 준다. $\vec{\tau}$의 방향은 기호 ⊗로 나타낸 것처럼 종이 속으로 들어가는 쪽이다.

에 놓이면 그림 23-24에 보인 이상적인 전기쌍극자처럼 거동할 것이다.

그 거동을 따져보려면 이제 고른 **외부 전기장(external electric field)** $\vec{E}_{원천}$ 속에 놓인 이상적인 전기쌍극자가 어떻게 되는가 살펴보자. 이것은 그림 23-46a에 보였다. 전기쌍극자를 전하량이 각각 $|q|$이고 부호가 반대인 두 전하가 거리 d 떨어져 있는 강체라고 하자. 쌍극자 모멘트 $\vec{p}$는 장 $\vec{E}_{원천}$와 각도 ϕ를 이룬다. 앞의 23-6절의 설명에서 쌍극자에서 먼 곳의 전기장은 오직 $\vec{p}$(전하 q와 거리 d의 곱)와 거리에만 의존함을 상기하자. 물 분자와 전기장의 상호작용이 분자나 전기장의 모양을 바꿀 정도로 세지 않다면 물 분자의 세부구조는 중요하지 않다.

쌍극자의 양끝의 전하는 정전기력을 받는다. 전기장이 고르기 때문에 이 힘은 (그림 23-46의 그림처럼) 반대쪽으로 작용하고 크기는 똑같이 $|\vec{F}^{전기}|=|q\vec{E}_{원천}|$이다. 고른 전기장 속에서 쌍극자가 받는 알짜 힘은 0이고, 따라서 쌍극자의 질량중심은 움직이지 않는다. 그러나 양끝의 전하가 받는 힘은 쌍극자의 질량중심에 대해 알짜 회전력 $\vec{\tau}$를 만들어낸다. 쌍극자의 질량 중심은 양끝의 전하를 잇는 선 위에 있다. 두 전하의 질량이 다를 수 있으므로 질량 중심에서 한쪽 끝까지의 거리가 x라면 다른 쪽 끝까지의 거리는 $d-x$가 된다. 식 11-29($|\vec{\tau}|=|\vec{r}||\vec{F}|\sin\phi$)로부터 알짜회전력의 크기 $\tau=|\vec{\tau}|$를 다음과 같이 나타낼 수 있다.

$$\tau = F^{전기}|x|\sin\phi + F^{전기}|(d-x)|\sin\phi = F^{전기}d\sin\phi \tag{23-35}$$

또한 회전력의 크기를 전기장의 크기 $E=|\vec{E}|$와 쌍극자 모멘트의 크기 $p=|\vec{p}|=|q|d$로 나타낼 수 있다. 회전력의 크기를 구하려면 정전기력의 크기 $F^{전기}$를 $|q|E$로 바꾸고 쌍극자 간격 d를 $p/|q|$로 바꾼다. 회전력의 크기는 다음과 같다.

$$\tau = pE\sin\phi \tag{23-36}$$

벡터 $\vec{\tau}$의 방향은 오른손 법칙으로 알 수 있다. 그러므로 크기와 방향 모두에 대한 결과는 다음과 같이 가위곱으로 나타낼 수 있다.

$$\vec{\tau} = \vec{p}\times\vec{E} \tag{23-37}$$

벡터 $\vec{p}$와 $\vec{E}$는 그림 23-46b와 같다. 쌍극자가 받는 회전력은 ϕ가 줄도록 $\vec{p}$(그러므로 쌍극자)를 $\vec{E}$쪽으로 돌린다. 그림 23-46에서 회전방향은 시계방향이다. 11장에서 설명한 것처럼 회전력 성분 τ를 다음과 같이 나타낼 수 있다.

$$\vec{\tau} = -\tau\hat{k} = -(pE\sin\phi)\hat{k} \tag{23-38}$$

여기서 $\hat{k}$는 (쿨롱 상수가 아니라) z축 방향의 단위벡터이다.

생각해보기 23-6 그림은 외부 전기장 속에 놓인 네 방향의 전기 쌍극자를 보여준다. 쌍극자가 받는 회전력이 큰 것부터 차례대로 늘어놓아라.

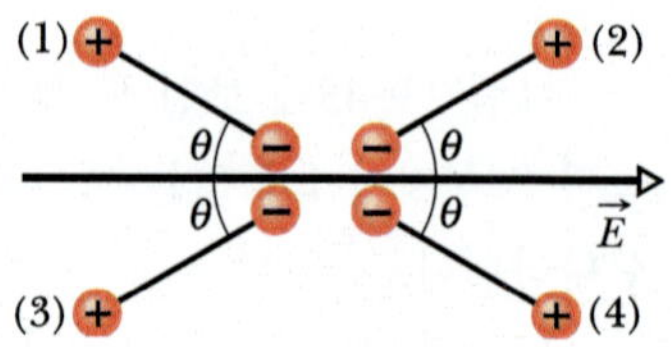

연습문제 23-9

52. 장 속의 쌍극자

두 전하의 크기가 각각 1.50 nC, 거리가 6.20 μm 떨어진 전기 쌍극자가 1100 N/C의 전기장 속에 있다. (a) 전기 쌍극자 모멘트의 크기는 얼마인가? (b) 쌍극자의 방향이 전기장에 나란할 때와 반대일 때 위치 에너지의 차이는 얼마인가?

53. 쌍극자가 받는 회전력

두 전하의 크기가 $+2\,e$, $-2\,e$이고, 거리 0.78 nm인 전기 쌍극자가 3.4×10^6 N/C의 전기장 속에 있다. 쌍극자 모멘트의 방향이 다음과 같을 때 쌍극자가 받는 회전력의 크기를 셈하라. (a) 전기장과 나란할 때 (b) 전기장에 수직일 때 (c) 전기장과 반대쪽을 향할 때.

54. 필요한 일

고른 전기장 $\vec{E}$ 속에서 전기 쌍극자의 끝과 끝이 반대가 되도록 돌리는데 필요한 일을 구하라. 이 때 답을 쌍극자 모멘트의 크기 $|\vec{p}|$, 장의 크기 $|\vec{E}|$, $\vec{p}$와 $\vec{E}$가 이루는 처음 각도 θ_1로 나타내라.

55. 진동수

고른 전기장 $|\vec{E}|$ 내에서 전기 쌍극자가 평형 위치에 대해 작은 진폭으로 진동할 때 전기 쌍극자의 진동수를 구하라. 전기 쌍극자의 쌍극자 모멘트는 $\vec{p}$이고, 회전 관성은 I이다.

56. 어떤 쌍극자

크기가 40 N/C으로 고른 전기장 $\vec{E}$ 내에 어떤 쌍극자가 있다. 그림 23-47는 전기장 $\vec{E}$와 쌍극자 모멘트 $\vec{p}$가 이루는 각 θ와 쌍극자가 받는 회전력의 크기 τ와의 관계를 나타낸 그림표이다. $\vec{p}$의 크기는 얼마인가?

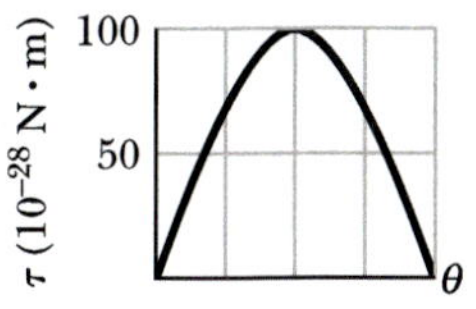

그림 23-47 문제 56

57. 에너지는 얼마인가?

고른 외부 전기장 속에서 전기장과 나란한 전기 쌍극자를 반대쪽으로 돌리려면 필요한 일은 얼마인가? 쌍극자는 전자와 양성자로 이루어져 있고, 거리는 2.00 nm 떨어져 있다. 고른 전기장의 크기는 3.00×10^6 N/C이다.

58. 그림표를 보아라

크기가 20N/C으로 고른 전기장 $\vec{E}$ 속 쌍극자가 놓여 있다. 그림 23-48은 전기장 $\vec{E}$와 쌍극자 모멘트 $\vec{p}$가 이루는 각 θ와 쌍극자의 위치 에너지 U와의 관계를 나타낸 그림표이다. $\vec{p}$의 크기는 얼마인가?

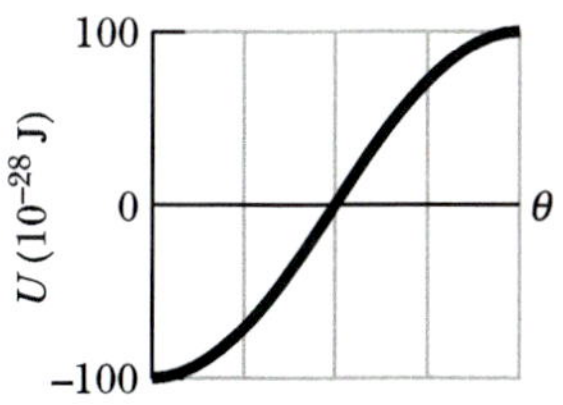

그림 23-48 문제 58

23-10 전기장선

지금까지 전기장을 벡터 화살표를 써서 힘 벡터장 그림으로 나타냈다. 어떤 공간 영역의 전기장에 대한 정보를 그림으로 나타낼 때 흔히 쓰는 또 다른 방법이 있는데, 그것은 전기장선을 그리는 것이다.

전기장선 그림에서는 연속적인 선을 써서 여러 곳의 장의 방향에 대한 정보를 나타낸다. 전기장의 크기와 방향은 보통 매끄럽게 변하므로 이 방식이 더 편리하다. 19세기에 전기장의 개념을 도입한 패러데이(Michael Faraday)는 대전체 주위의 공간이 장선으로 차 있다고 생각했다. 장선은 비록 실재성은 없지만 힘의 공간적 변화를 보여주는 좋은 방법이다. 장선 그림은 24장에서 가우스 법칙을 도입하는데도 쓰고, 29~33장에서 자기장을 설명하는데도 쓴다.

전기장선(electric field line)을 그리는 방법은 다음과 같다: 어느 한 곳에서 장의 방향을 조사한 다음, 그쪽으로 짧은 선을 그린다. 그리고 새로운 곳에서 장의 방향을 결정하고 그쪽으로 또 다른 짧은 선을 그린다. 이 과정을 어떤 전하 또는 한없이 먼 곳에 이를 때까지 계속한다. 그림 23-49와 그림 23-50를 예로서 비교하라. 장선들은 늘 원천 전하에서 시작하거나 끝나므로 그림 23-50와 그림 23-51의 장선은 그림 23-49의 짧은 직선의 장 벡터와 다름을 눈여겨보라. 직선 장선의 방향 또는 곡선 장선의 접선 방향은 그곳의 전기장 벡터 $\vec{E}_{원천}$의 방향이다. 장선이 장의 방향을 가리키므로 장선은 반드시 양전하에서 시작하여 음전하에서 끝나야 한다.

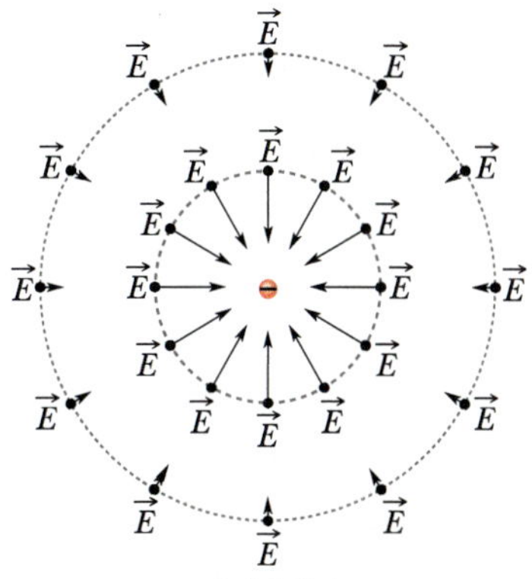

그림 23-49
전기장을 묘사하는데 흔히 쓰는 방법은 두 가지이다. 이 그림은 전기장 벡터 그림이다. 그림 23-50과 비교하라.

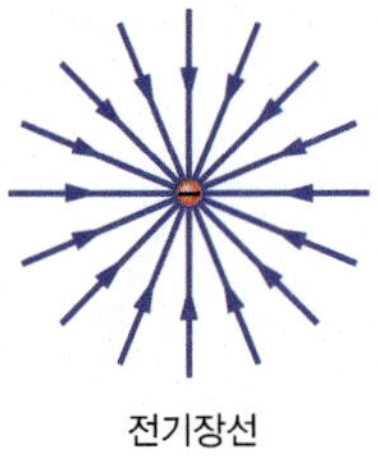

그림 23-50
전기장을 묘사하는데 흔히 쓰는 둘째 방법은 여기에 보인 장선 그림이다. 그림 23-49와 비교하라.

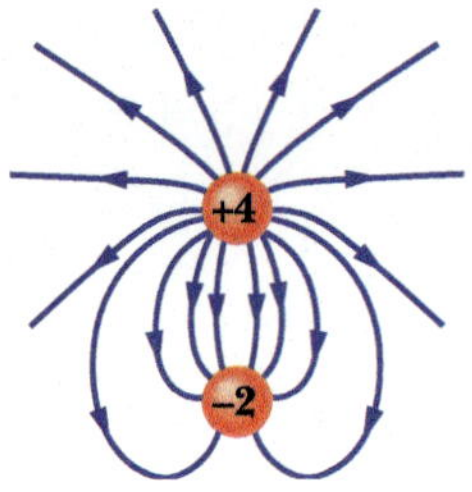

그림 23-51
$-2q$와 $+4q$의 전하 배열에 대한 전기장선

공간의 모든 곳에 장선을 그릴 수도 있지만, 그러면 종이가 온통 장선으로 채워져서 서로를 구별할 수 없어 쓸모가 없을 것이다. 대신에 낱낱의 양전하에서 장선을 출발시키되(또는 음전하에서 끝나게 하되) 장선의 수를 각 전하량에 비례하게 그린다. $+4\ \mu$C의 전하에서 시작하는 장선을 16개 그렸다면 $-2\ \mu$C에서 8개가 끝나게 그려야 한다. 장선의 수를 전하량에 비례하도록 정하면 전기장이 센 곳에서는 장선이 빽빽하고 약한 곳에서는 성기게 된다. 그림 23-50과 그림 23-53에서 그러한 것을 볼 수 있다. 다시 말해 장선의 평균 밀도(장선의 방향에 수직인 작은 면을 지나가는 장선의 수)는 장의 세기에 비례한다. 이제 다음의 규칙을 얻는다.

> 어느 곳의 전기장 벡터의 방향은 그곳을 지나는 전기장선의 접선 방향이다. **전기장선**은 양전하(장선이 시작되는 곳)에서 뻗어 나와 음전하(장선이 끝나는 곳)에서 사라진다. 장선의 밀도는 장의 세기에 비례한다.

• 절연판 근처의 전기장

그림 23-52a는 오른쪽에 양전하가 고르게 퍼져 있는 한없이 큰 절연판(또는 평면)의 한 부분을 보여준다. 그림 23-52b에서 보듯이 전기장선은 공간에 고르게 놓여 있고 늘 판에 수직이다. 왜 그런가? 판이 한없이 크다면 어느 쪽을 둘러보아도 똑같다. 판의 어느 한 부분이 시험 전하를 판과 나란한 쪽으로 밀거나 당기는 힘은 시험 전하를 기준으로 대칭이 되는 다른 부분이 시험 전하를 반대쪽으로 밀거나 당기는 힘과 지워진다. 그 결과 전기력 벡터는 (판에 음전하가 있다면) 판 쪽을 향하거나 (판에 양전하가 있다면) 판에서 멀어지는 쪽을 향해야 한다.

전기장선은 판에 수직이고 전하에서 시작되고 끝나야 하므로, 판에서 점점 멀어져도 퍼지거나 모이지 않는다. 이것은 판에서 점점 멀어져도 장이 더 약해지거나 세지지 않는다는 놀라운 결과를 보여준다. 차원 분석 논의를 통해 좀더 확실히 알아보자. E장의 차원은 kq/r^2의 차원과 같다. 한없이 큰 판에서는 총전하(무한하다)에 대해서는 말할 수 없고 오로지 전하 밀도 σ로만 나타낼 수 있다. σ는 이미 단위가 kq/r^2이므로 여기에 거리의 단위를 추가할 수가 없다. 적분(고리에 대한 적분을 일반화하면 된다)은 성가시지만 이 결과를 확실히 보여준다. 전하가 판에 고르게 퍼져 있으므로 모든 전기장 벡터의 크기는 같고, 판은 **고른 전기장(uniform electric field)**을 만든다.

물론, (평평한 플라스틱 판과 같은) 실제의 절연판은 한없이 크지 않지만, 실제의 판에서도 가두리 근처가 아니라 중심 근처에서는 장선이 그림 23-52a와 b처럼 배열된다.

• 두 양전하가 만드는 장선

그림 23-53은 두 양전하가 만드는 장선을 보여준다. 장선을 정량적으로 자주 쓰지는 않지만, 장선은 무슨 일이 있어나고 있는지 살펴보는데 큰 도움이 된다. 장선을 그리는 법을 익히려면 다음 순서에

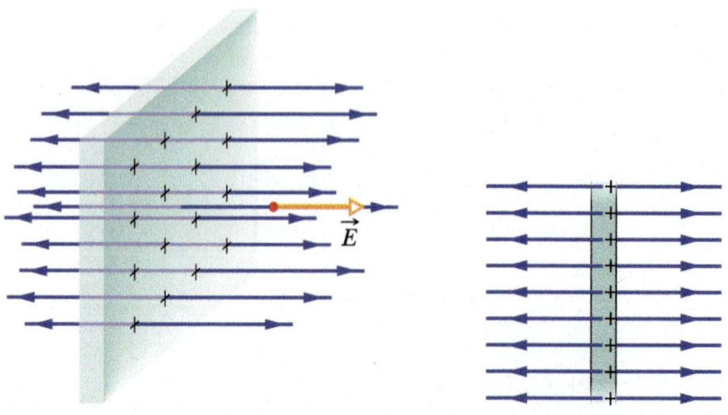

그림 23-52
양전하가 한쪽 면에 고르게 퍼진 매우 큰 절연판이 만드는 전기장선을 나타낸다. 두 그림에서 전기장은 고르고 절연판에 수직이다. (a) 시험 전하가 있는 곳의 전기장 벡터 $\vec{E}$. (b) 그림 a를 옆에서 본 것. 판 근처의 공간에서 전기장선은 양전하로부터 멀어지는 쪽을 향한다.

따라 간단한 점전하의 배열에 대해서도 조금 연습해야 한다. (1) 전기장 지도를 만든다. (2) 장선을 얼마나 자세히 나타낼까를 결정하고 단위 전하당 장선의 수를 정한다. (3) 낱낱의 점전하에 정해진 수의 선을 그려 넣는다. 선은 점전하에서 고른 간격으로 뻗어나가게 그려야 하며, 이때 방향은 점전하의 부호에 따라 정해진다: 장선은 낱낱의 양전하에서 뻗어 나가고(화살표가 바깥쪽을 향한다), 낱낱의 음전하로 모여 들어온다 (화살표가 그림 23-46과 23-51과 같이 안쪽을 향한다). (4) 벡터장 지도에 그린 장선은 늘 전기장 벡터에 접해야 한다. (5) 지도의 영역 안의 알짜 전하가 0이면, 낱낱의 장선은 양전하에서 시작하여 음전하에서 끝난다. 알짜 전하가 음이라면 몇몇 선은 아주 먼 곳(장선 그림에서 벗어난 곳)에서 들어오고, 양이라면 몇몇 선은 그림 23-51과 같이 아주 먼 곳으로 뻗어간다.

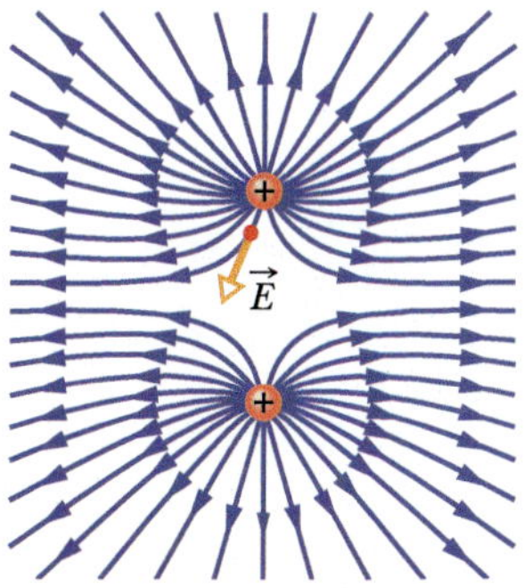

그림 23-53
똑같은 두 양 점전하의 장선. 전하는 서로 밀어낸다. (선은 멀리 있는 음전하에서 끝난다.) 장선의 실제 3차원 양식을 '보려면', 종이 면의 두 전하를 지나는 축에 대해 그림을 돌린 것을 상상하라. 3차원 양식과 그것이 나타내는 전기장은 그 축에 대해 회전 대칭이라고 말한다. 그림에 한 점의 전기장 벡터를 보였다. 이것은 그 점을 지나는 장선에 접함에 유의하라.

생각해보기 23-7 전기장선은 전기장 방향을 가리킨다고 정의한다. 이 정의가 왜 전기장선은 양전하에서 시작하여 음전하에서 끝나야 한다는 것을 뜻하는지 설명하라.

생각해보기 23-8 부호가 같은 두 전하를 이등분하는 선에 있는 알짜 전기장은 늘 전하를 잇는 선에 수직임을 보여주는 그림 23-12를 살펴보라. 이 그림의 구조를 쓰면, 고른 대전판이 만드는 알짜 전기장(그림 23-27)이 늘 판에 수직이라는 것을 어떻게 설명할 수 있는가?

연습문제 23-10

59. 거리가 두 배

그림 23-54에서 왼쪽 전기장선 사이의 거리는 오른쪽 전기장선 사이의 거리의 두 배다. (a) A의 전기장의 크기가 40 N/C이라면 A에 있는 양성자가 받는 힘은 얼마인가? (b) B의 전기장의 크기는 얼마인가?

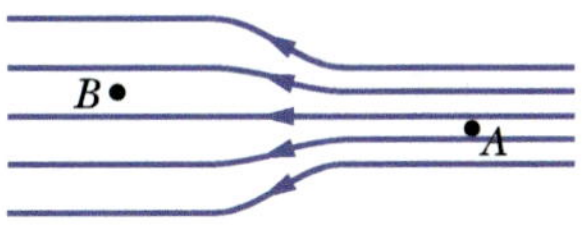

그림 23-54 문제 59

60. 그리기

중심이 같은 도체 공 껍질이 두 개 있다. 안쪽 공 껍질에는 양전하 q_A가, 바깥쪽의 공 껍질에는 음전하 $-q_B$가 고르게 퍼져 있다. 공 껍질의 사이와 바깥의 장선을 정성적으로 그려라. $q_A > q_B$, $q_A = q_B$, $q_A < q_B$일 때를 고려하여 그려라.

61. 얇은 원반

반지름이 R인 고르게 대전된 얇은 원반의 전기장선을 정성적으로 그려라. (**실마리**: 극단적인 경우를 생각해보자. 판에 아주 가까운 곳의 전기장은 표면에 수직이고, 판에서 멀리 떨어진 곳의 전기장은 점전하의 전기장과 같다.)

62. 입자와 선

그림 23-55에서 $+1.0q$와 $-2.0q$의 전하로 대전 입자가 거리 d만큼 떨어져 고정되어 있다. 다음의 점에서 알짜 전기장의 크기와 방향을 구하라. (a) A, (b) B, (c) C, (d) 장선을 그려라.

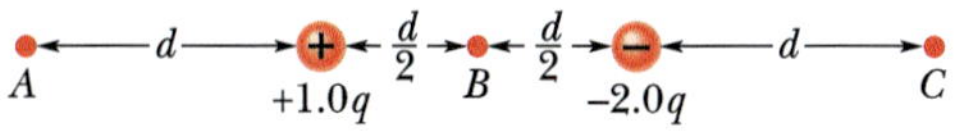

그림 23-55 문제 62

63. 세 점전하 (2)

그림 23-56에서 세 점전하가 정삼각형으로 배열되어 있다. (a) $+Q$와 $-Q$가 만드는 장선을 그려라. 그로부터 이 두 전하가 $+q$에 주는 힘의 방향을 결정하라. (b) $+q$이 받는 알짜 전기력의 크기는 얼마인가?

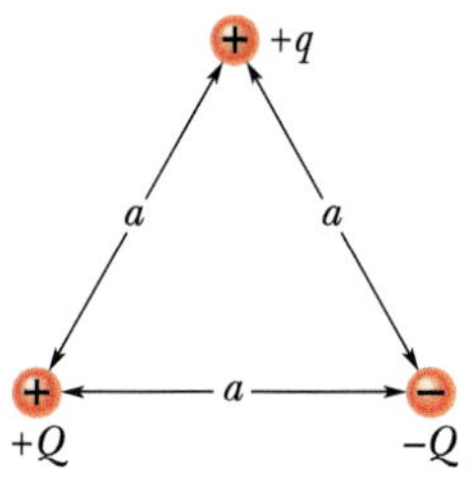

그림 23-56 문제 63

추가문제

64. 두 전하–전기력

그림 23–57은 두 전하의 일곱 가지 배열을 보여주는데, 각 그림에 P로 나타낸 점이 있다. 모든 전하의 전하량은 똑같이 20 nC이지만, 부호는 양이나 음 어느 것도 된다. 전하들과 점 P는 모두 직선상에 놓여 있다. 인접한 지점간의 거리(두 전하 사이의 거리일 수도 있고, 한 전하와 점 P 사이의 거리일 수도 있다.)는 모두 5 cm이다. 이 영역에 다른 전하들은 전혀 없다. 이제 +5 nC의 전하를 점 P에 놓을 것이다. 이때, +5 nC의 전하가 받는 전기력의 크기가 가장 큰 것에서 가장 작은 것 순으로 배열을 늘어 놓아라. [**출처**: Ranking Task 126, O' Kuma, et, al., *Ranking Task Exercise*(Prentice Hall, Upper Saddle River, NJ, 2000).]

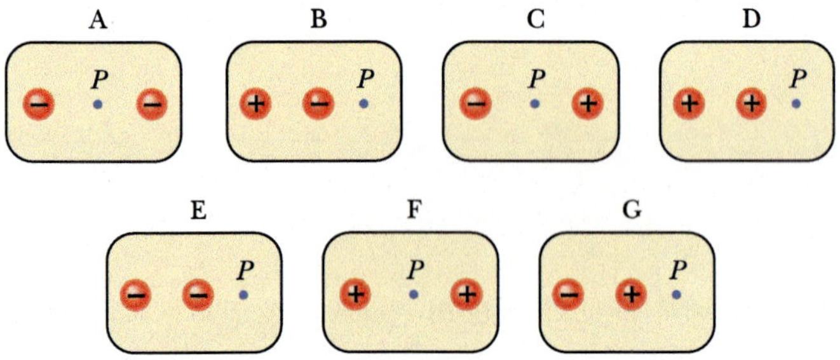

그림 23–57 문제 64

65. 고정된 전하와 매달린 전하–각도

그림 23–58에서 질량이 m_A이고 전하량이 q_A인 전하가 서 있고, 질량이 m_B이고 전하량이 q_B인 전하가 부도체 줄로 천장에 매달려 있다. 두 전하는 크기가 같은 도체공이다. q_A와 q_B의 부호는 같다. 아래의 조합을 수직선과 줄이 이루는 각도가 가장 큰 것에서 가장 작은 것 순으로 나열하여라. 만약 각도가 같다면 같다고 표시하여라. 이유를 설명하여라.

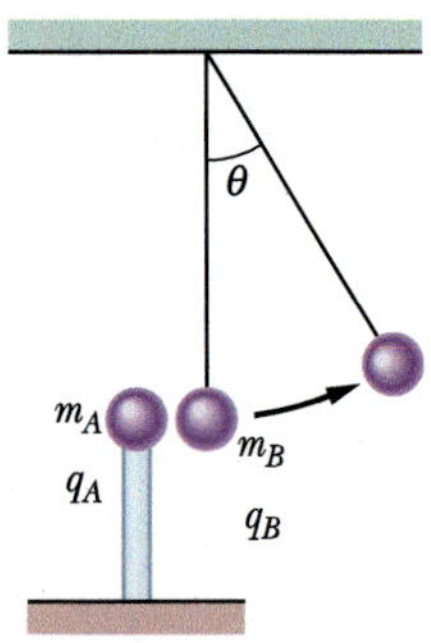

그림 23–58 문제 65

(a) $m_A = m$; $q_A = q$
  $m_B = m$; $q_B = q$

(b) $m_A = 2m$; $q_A = q$
  $m_B = 2m$; $q_B = 2q$

(c) $m_A = m$; $q_A = 2q$
  $m_B = m$; $q_B = 2q$

(d) $m_A = 2m$; $q_A = q$
  $m_B = 2m$; $q_B = q$

(e) $m_A = m$; $q_A = 2q$
  $m_B = 2m$; $q_B = 2q$

(f) $m_A = m$; $q_A = q$
  $m_B = m$; $q_B = 2q$

[**출처**: Ranking Task 138, O' Kuma, et, al., *Ranking Task Exercise* (Prentice Hall, Upper Saddle River, NJ, 2000).]

66. 전하가 받는 전기력

그림 23–59는 전기장이 x축 쪽으로 고르게 퍼진 영역을 나타낸다. 점 (0, 0) m에서의 전기장이 (30 N/C) $\hat{\imath}$이다. 5 C의 전하를 다음의 각 점에 놓을 때, 이 전하가 받는 전기력의 크기가 가장 큰 것부터 순서대로 점들을 늘어놓아라. 이유를 설명하여라.

A(0 m, 0 m), B(0 m, 3 m), C(−3 m, 0 m), D(3 m, 0 m), E(3 m, 3 m), F(6 m, 0 m)

[**출처**: Ranking Task 139, O' Kuma, et, al., *Ranking Task Exercise* (Prentice Hall, Upper Saddle River, NJ, 2000).]

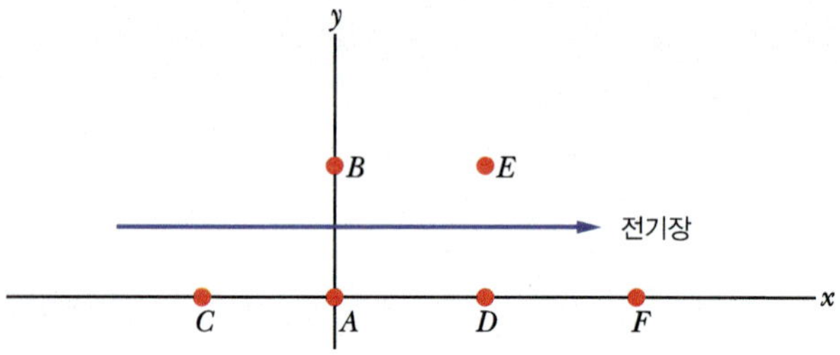

그림 23–59 문제 66

67. E는 무엇에 의존하는가?

그림 23–60은 (원으로 표시된) 고정된 전하와 (×로 표시된) 위치를 나타낸다. 고정된 전하의 전기적 효과를 재고자 시험 전하를 ×에 놓는다. 다음의 두 진술을 가능한 한 정량적으로 완성하여라.(예를 들어 만약 결과가 3배가 크다면, '증가한다' 가 아니라 '3배' 라고 말하여라.) 낱낱의 진술은 원래의 상황과 비교하려는 것이다(즉, 변화가 누적되지 않는다).

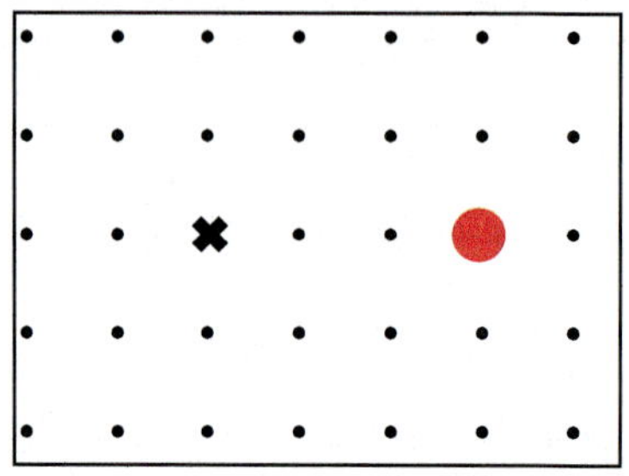

그림 23–60 문제 67

(a) 시험 전하의 전하량이 반이 된다면 시험 전하가 받는 전기장은 _____가 될 것이다.

(b) 고정된 전하의 전하량이 2배가 된다면 시험 전하가 받는 전기장은 _____가 될 것이다.

68. P에 무슨 일이?

그림 23–61에서 두 전하 $-q$가 y축에 대해 대칭적으로 배열되어 점 P에 전기장을 만든다. (a) 각 전하가 만드는 전기장의 크기는 같은가? 같다면 왜 같은가? 같지 않다면 왜 그런가? (b) 각 전하가 만드는 전기장의 방향은 전하에서 멀어지는 쪽인가, 전하에 다가오

는 쪽인가? 설명하여라. (c) 알짜 전기장의 크기는 두 전기장 벡터의 크기의 합과 같은가?(즉, $2E$와 같은가?) 같다면 왜 같은가? 같지 않다면 왜 같지 않은가? (d) 두 전기장의 x성분은 더해지는가, 지워지는가? 설명하여라. (e) 두 전기장의 y성분은 더해지는가, 지워지는가? 설명하여라. [**출처**: question 5.20, Arons, *Homework and Test Questions for Introductory Physics Teaching* (Wiley, New York, 1994).]

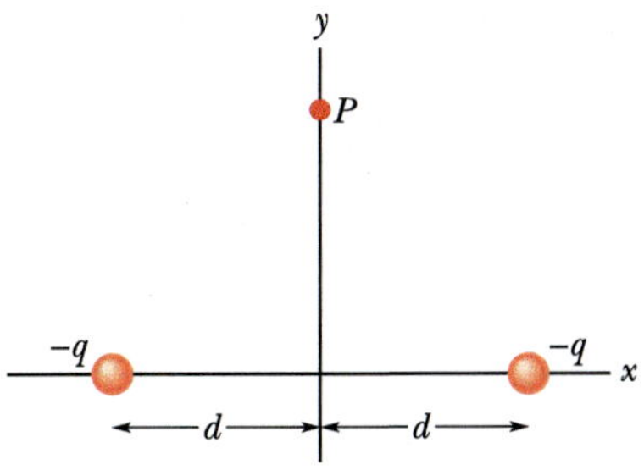

그림 23-61 문제 68

69. 장선

그림 23-62는 음전하를 띤 도체공과 양전하를 띤 커다란 도체판 근처의 영역을 보여준다. 도체판은 그림의 영역을 넘어서 멀리까지 뻗어 있다. 한 학생이 선 A–F는 두 도체 사이의 영역에서의 전기장을 표현하는 장선으로 모두 가능하다고 주장한다. (a) 선들을 검토하고 이 선들이 옳은 장선인지 확인하여라. 만약 선이 옳지 않다면 이유를 설명하여라. (b) 이 그림을 더 옳은 장선의 형태로 다시 그려라.

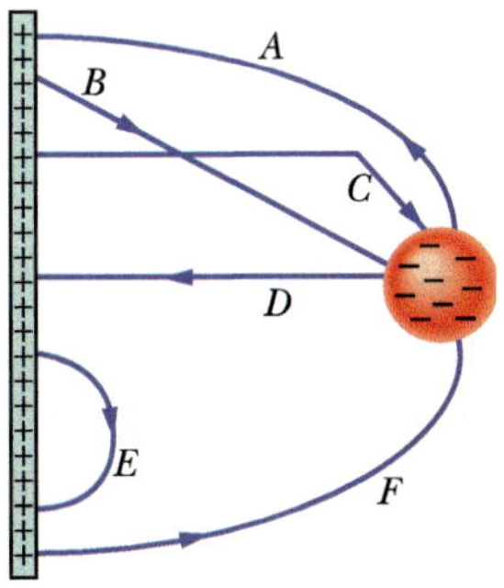

그림 23-62 문제 69

70. 장선 2

그림 23-63은 양과 음으로 대전된 세 점전하에 대한 장선을 나타낸 것이다. (a) 낱낱의 장선에 화살표를 그려서 전기장의 방향을 나타내어라. (b) 가운데 전하가 $+1.0\ \mu$C이라면 양 옆의 전하는 얼마이겠는가?

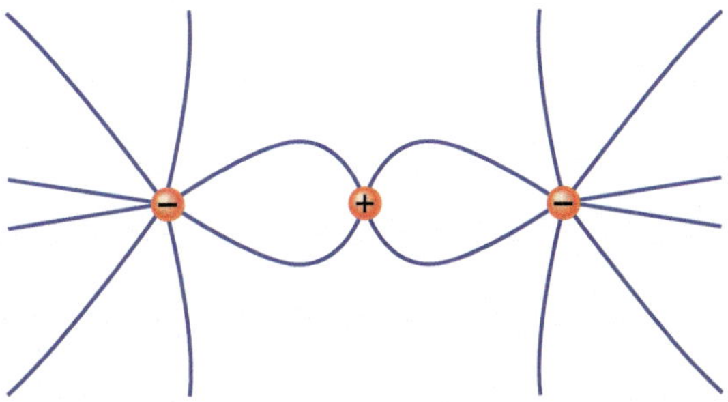

그림 23-63 문제 70

71. 장선 3

그림 23-64는 조금 떨어져 있는 세 점전하에 대한 장선을 나타낸다. 양 옆의 두 전하는 같고, 가운데 전하는 다르다. (a) q_A/q_B를 구하여라. (b) q_A와 q_B의 부호를 결정하여라.

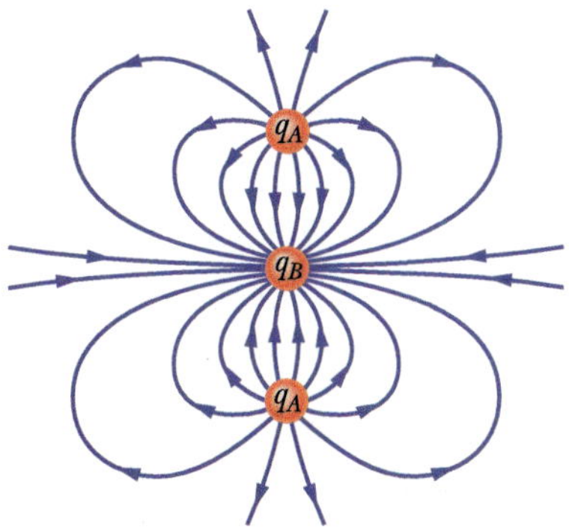

그림 23-64 문제 71

72. 함수적 의존성과 전기장

(a) 한 사람이 춘천에서 값이 4만원, 세금이 2백원인 스웨터를 사려 한다. 그의 친구가 춘천에서 똑같은 스웨터를 샀다. 그런데 그 스웨터의 값이 8만원, 세금이 4백원이었다. 두 사람의 세금과 값의 비를 비교하면 어떠한가?[즉, (세금)/(값)을 비교하여라.] 이 비는 무엇을 말해주는가? 이 비는 어떻게 정의되는가? (b) 한 전하가 2 cm 떨어져 있는 $0.2\ \mu$C의 시험 전하에 주는 반발력은 4 N이라고 가정하자. 그러나 그 전하가 2 cm 떨어져 있는 $0.4\ \mu$C의 시험 전하에 주는 반발력은 8 N이다. 낱낱의 경우에 시험 전하에 주는 힘과 시험 전하의 전하량의 비를 비교하면 어떠한가? [즉, (시험 전하에 주는 힘)/(시험 전하의 전하량)을 비교하여라.] 이 비는 무엇을 말해주는가? 이 비는 어떻게 정의되는가? (c) 전하 Q가 근처에 놓인 시험 전하 q에 주는 힘이 F라고 가정하자. 시험 전하의 전하량이 α배 커진다면 전하 Q가 시험 전하에 주는 힘은 얼마나 커지는가? 여기서 α는 어떤 상수이다(즉, $\alpha = -17$ 혹은 5 혹은 7.812 등이다). 이때 시험 전하가 받는 힘과 시험 전하의 전하량의 비는 얼마일까? 설명하여라. (d) 하나의 물리량의 값이 두 번째 물리량(그리고 아마도 다른 물리량들)의 값에 의존할 때, 첫 번째 물리량은 두 번째 물리량의 함수라고 말한다. 두 번째 물리량이 변할 때 첫 번째 물리량이 어떻게 변하는가를 함수적 의존성이라고 말한다. 예를 들어 $t = As$라면 t는 s에 비례한다고 한다. s가 두 배일 때 t도 두 배이고, s가 1/10배일 때, t도 1/10배이다. 다음의 예로 $y = Bx^2$라면, y는 x의 제곱에 비례한다고 한다. 만약 x가 2배이면 y는 4배가 되고, x가 1/10배이면 y는 1/100배가 된다. (A와 B를 어떤 값으로 정하고, 몇 개의 수를 가지고 시험해 보아라.)

(i) 문제 (a)에서 스웨터의 값에 대한 세금의 함수적 의존성은 무엇인가? 설명하여라. 세금(t)와 스웨터 가격(s)의 관계를 나타내는 식을 써라.

(ii) 문제 (a)에서 스웨터의 값에 대한 세금 백분율의 함수적 의존성은 무엇인가? 설명하여라.

(iii) 문제 (c)에서 시험 전하의 전하량 $|q|$에 대한 힘의 크기 F의 함

수적 의존성은 무엇인가? 설명하여라.

(iv) 문제 (c)에서 시험 전하 q에 대한 Q가 만든 전기장의 크기 E_Q의 함수적 의존성은 무엇인가? 설명하여라.

73. E의 여러 표현

그림 23-65a는 미터 단위로 재는 좌표를 가진 모눈을 나타낸 것이다. 두 전하가 모눈에 붉은색 원으로 표시된 곳에 놓여 있다. (1 m, 0 m)에 놓인 전하를 q_A, (−1 m, 0 m)에 놓인 전하를 q_B라고 하자. 그림 23-65b는 가능한 벡터의 방향들을 나타낸 것이다. 아래에 가능한 전기장 E의 성분들의 목록이 있다. 다음의 세 가지 경우 각각에 대하여 E의 방향과 대응되는 화살표를 그림 (b)에서 찾고, E의 성분을 아래의 목록에서 찾아라. 답을 대문자와 소문자로 나타내어야 한다.

I $q_A = 0$ $q_B = 8\pi\varepsilon_0$ $(x, y) = (-1\,\text{m}, 1\,\text{m})$의 전기장 E

II $q_A = 0$ $q_B = -8\pi\varepsilon_0$ $(x, y) = (-1\,\text{m}, -1\,\text{m})$의 전기장 E

III $q_A = 160\pi\varepsilon_0$ $q_B = -16\pi\varepsilon_0$ $(x, y) = (0\,\text{m}, -1\,\text{m})$의 전기장 E

(**주의**: 쿨롱의 단위로 나타낸 전하의 값은 쿨롱 법칙의 성가신 '$4\pi\varepsilon_0$'가 없어지도록 정해졌다.)

a. $(\sqrt{8}\,\text{N/C})\,\hat{\imath}$ b. $(-\sqrt{8}\,\text{N/C})\,\hat{\jmath}$

c. $(-2\,\text{N/C})\,\hat{\jmath}$ d. $(2\,\text{N/C})\,\hat{\jmath}$

e. $\left(\frac{1}{2}\,\text{N/C}\right)\hat{\imath} + \left(\frac{\sqrt{5}}{2}\,\text{N/C}\right)\hat{\jmath}$ f. $\left(\frac{1}{2}\,\text{N/C}\right)\hat{\imath} - (\sqrt{5}\,\text{N/C})\,\hat{\jmath}$

g. 보기 중에 답이 없다.

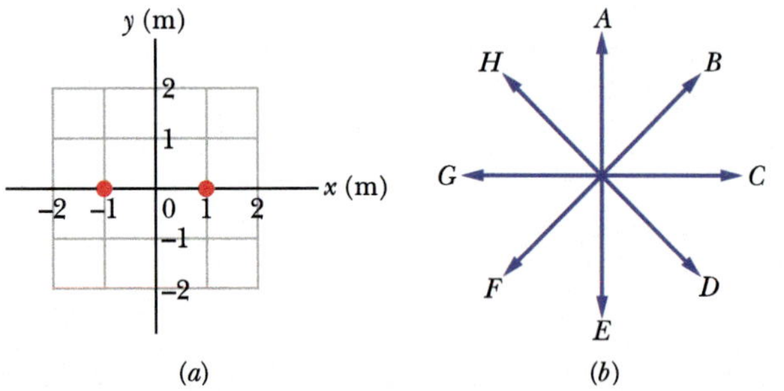

그림 23-65 문제 73

74. 기름방울의 크기

밀리컨의 기름방울 실험에서, 반대 전하를 띤 나란한 두 금속판 사이에 분무기로 작은 기름 방울을 아주 많이 뿜어 넣는다. 몇몇 방울에는 하나 또는 그 이상의 초과 전자가 있다. 과잉 전자가 받는 전기력이 방울의 무게와 정확히 균형을 이루게 금속판의 전하를 조정한다. 이 실험의 착상은 가장 작은 전기력을 받는 방울을 찾는 것과 그 방울에는 과잉 전자가 딱 하나 있다는 가정이다. 이것으로 관찰자는 전자의 전하를 잴 수 있다. 실험에서 전기장이 3×10^4 N/C이라고 가정하자. 전자의 전하는 약 1.6×10^{-19} C이다. 이 전기장에 의해 전자 1개가 받는 전기력이 방울의 무게와 균형을 이루는 기름방울의 반지름을 구하여라.

75. 전기장은 무엇인가?

이 수업에서 '전기장'을 되풀이해서 언급했는데, 그것이 무엇인지 설명하여라. 0이 아닌 전기장이 있는 것을 어떻게 알 수 있는지, 어떻게 잴 수 있는지 설명하여라.

76. 장선으로부터 전하를 알다

그림 23-66은 어떤 전하와 관련된 대표적인 장선을 나타낸 것이다. 두 그림 모두 전하는 같지만, 관찰자가 전하를 볼 수 없게 그려진 가상의 닫힌 표면에 의해 서로 다른 방법으로 감추어져 있다.

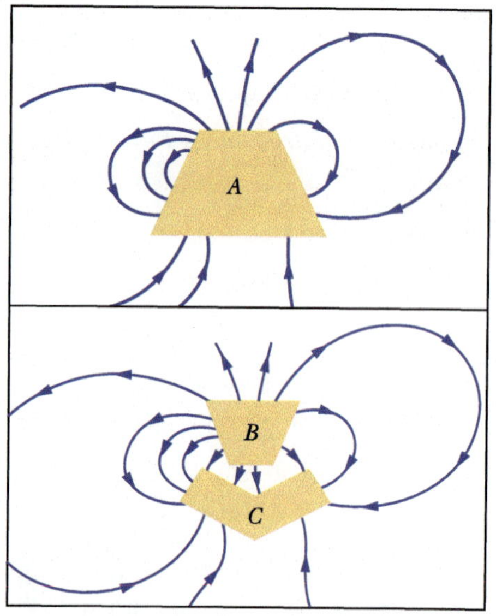

그림 23-66 문제 76

(a) 두 그림의 장선을 보고, 다음의 진술들 중에서 가장 옳은 것을 찾아라.

A. A 안에는 어떤 전하도 들어 있지 않다.
B. A 안에 든 전하는 양이다.
C. A 안에 든 전하는 음이다.
D. A 안에 든 총전하는 0이다.
E. 보기 중에 답이 없다.

(b) 두 그림의 장선을 보고 다음의 진술들 중에서 가장 옳다고 생각되는 진술을 찾아라.

A. B 안에는 어떤 전하도 들어 있지 않다.
B. B 안에 든 전하는 양이다.
C. B 안에 든 전하는 음이다.
D. B 안에 든 총전하는 0이다.
E. 보기 중에 답이 없다.

(c) 두 그림의 장선을 보고 다음의 진술 중에서 가장 옳은 것을 찾아라.

A. C 안에 든 전하는 양이고, B 안에 든 전하량보다 더 크다.
B. C 안에 든 전하는 양이고, B 안에 든 전하량보다 더 작다.
C. C 안에 든 전하는 음이고, B 안에 든 전하량보다 더 크다.

D. C 안에 든 총전하는 음이고, B 안에 든 전하량보다 더 작다.
E. 보기 중에 답이 없다.

77. 전기장 찾기

그림 23-67은 좌표 상에 놓인 두 전하를 나타낸다. 축 위의 한 눈금은 1 m이다. 속이 찬 원으로 나타낸 전하는 전하량이 q_A이고 (2 m, 0 m)에 있고, 속이 빈 원으로 나타낸 전하는 전하량이 q_B이고 (0 m, 2 m)에 있다. 아래에 전하량의 값과 전기장을 재려는 곳에 대한 조건이 제시된 5개의 (a–e로 표시된) 배열이 있다. 각 배열에서, 쿨롱 상수 $k = 1/4\pi\varepsilon_0$을 나타낸다. 배열 바로 아래에 x성분과 y성분으로 표시된 12개의 가능한 전기장의 목록이 있다. 낱낱의 배열에 대해 그 지점에서의 전기장을 나타내는 전기장 성분을 골라라.

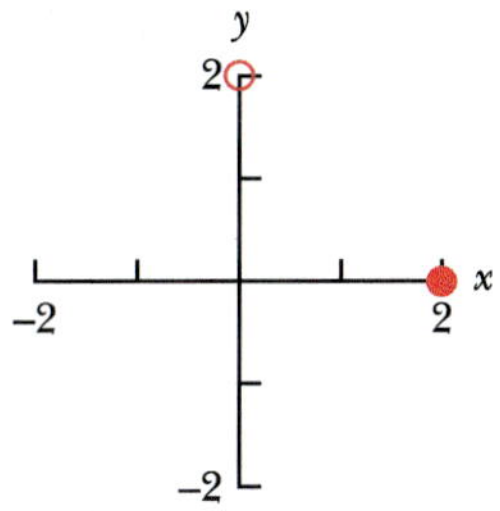

그림 23-67 문제 77

배열

	q_A	q_B	전기장을 재려는 곳
(a)	4/k	−4/k	(0 m, 0 m)
(b)	4/k	−4/k	(2 m, 2 m)
(c)	4/k	0	(0 m, 0 m)
(d)	0	−8/k	(−2 m, 2 m)
(e)	0	−8/k	(2 m, 0 m)

가능한 전기장

1. $(1\,\text{N/C})\,\hat{\mathrm{i}}$
2. $(-1\,\text{N/C})\,\hat{\mathrm{j}}$
3. $(1\,\text{N/C})\,\hat{\mathrm{i}} + (1\,\text{N/C})\,\hat{\mathrm{j}}$
4. $(-1\,\text{N/C})\,\hat{\mathrm{i}}$
5. $(-1\,\text{N/C})\,\hat{\mathrm{i}} + (1\,\text{N/C})\,\hat{\mathrm{j}}$
6. $(1\,\text{N/C})\,\hat{\mathrm{j}}$
7. $\left(\frac{1}{\sqrt{2}}\,\text{N/C}\right)\hat{\mathrm{i}} - \left(\frac{1}{\sqrt{2}}\,\text{N/C}\right)\hat{\mathrm{j}}$
8. $\left(-\frac{1}{\sqrt{2}}\,\text{N/C}\right)\hat{\mathrm{i}} - \left(\frac{1}{\sqrt{2}}\,\text{N/C}\right)\hat{\mathrm{j}}$
9. $(2\,\text{N/C})\,\hat{\mathrm{i}}$
10. $(2\,\text{N/C})\,\hat{\mathrm{j}}$
11. $(-2\,\text{N/C})\,\hat{\mathrm{i}}$
12. 보기 중에 답이 없다.

78. 고리의 구슬

그림 23-68a에서 플라스틱 고리 위에 대전된 구슬이 두 개 있다. 그림에 보이지 않은 구슬 2는 고리 위에 고정되어 있고, 고리의 반지름은 $R = 60.0$ cm이다. 처음에 구슬 1을 고리의 오른쪽, $\theta = 0°$인 곳에 놓는다. 그 다음에 구슬을 xy좌표계에서 1사분면과 2사분면을 지나 고리의 왼쪽편, $\theta = 180°$인 곳으로 옮긴다. 그림 23-68b는 두 구슬이 원점에 만드는 알짜 전기장의 x성분을 θ의 함수로 나타낸 그림표이다. 비슷하게, 그림 23-68c는 전기장의 y성분을 나타낸 그림표이다. (a) 구슬 2가 있는 곳의 각도 θ는 얼마인가? (b) 구슬 1의 전하량은 얼마인가? (c) 구슬 2의 전하량은 얼마인가?

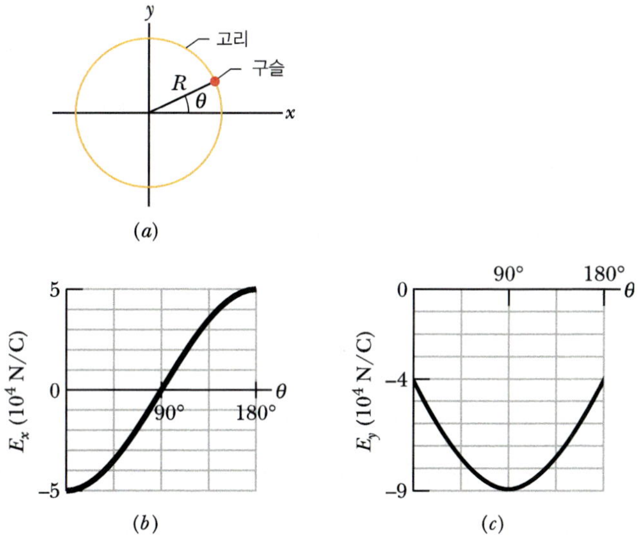

그림 23-68 문제 78

24 가우스 법칙

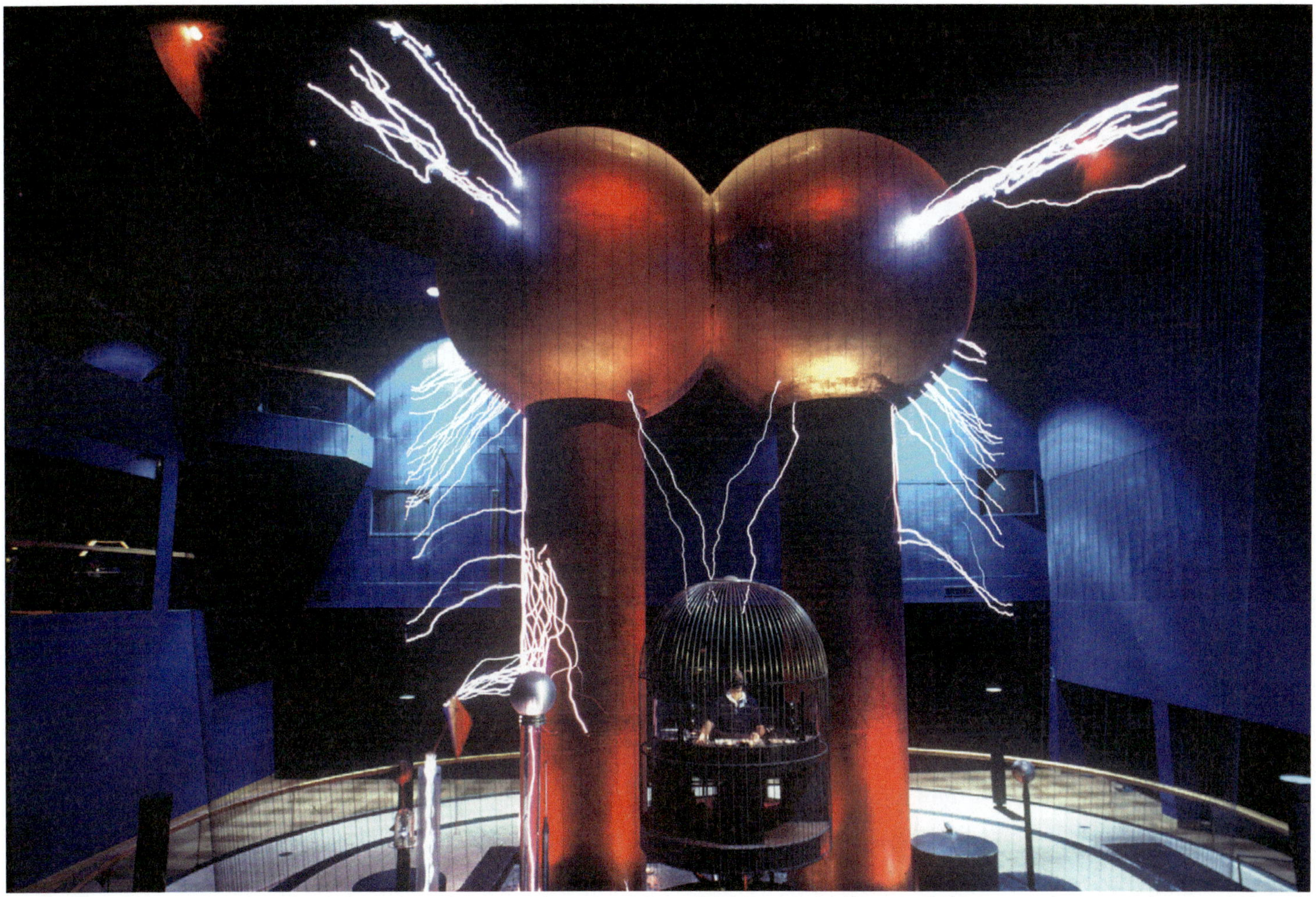

보스턴 시의 과학 박물관에서 어떤 시연자가 커다란 철망 새장 안에 들어가 있다. 25장에서 설명할 거대한 반 데 그라프 발전기(Van de Graaf Generator)에서 전기 방전이 일어나 철망 새장에 위험을 줄 정도로 높은 전압으로 충전한다. 그러나 시연자는 심지어 새장을 잡고 있어도 새장이 충전되는 것을 느낄 수 없다.

철망 새장이나 자동차와 같은 닫힌 도체 면이 어떻게 번개나 고압 전원에 의한 방전으로부터 사람을 보호할 수 있을까?

◈ 답은 이 장에 있다.

24-1 쿨롱 법칙의 대안

벡터 전기장을 전하 분포와 관련시키자. 전기장은 공간의 어느 곳에서 시험전하 $q_{시험}$이 어떤 힘을 받을지 알려 주는 벡터이다. 23-5절부터 맨 끝의 23-10절까지 쿨롱 법칙과 중첩 원리를 써서 여러 가지로 퍼져 있는 전하가 공간에 만드는 전기장 벡터를 셈하였다. 원리적으로는 쿨롱 법칙을 쓰면 어떤 전하 배열에 대해서도 시험전하가 받는 전기력(따라서 전기장)을 셈할 수 있지만, 보통은 아주 힘들다. 보기를 들어, 속이 비고 대전된 도체 공 표면 바깥쪽의 전기장을 셈하려면 3중적분을 해야 한다.

23장에서는 전하 분포를 알고 전기장을 셈하는데 쿨롱 법칙을 썼지만, 거꾸로 전기장 분포를 알고 전하 분포를 결정하고 싶다면 어떻게 할까? 전하 분포가 아주 단순하지 않는 한, 쿨롱 법칙을 써서 거꾸로 셈하는 것도 어렵다. 따라서 쿨롱 법칙은 확실하기는 하지만, 많은 상황에서 쓰기는 어렵다. 이 장에서는 가우스 법칙을 소개하는데, 이는 알고 있는 전기장을 전하 분포와 연관 짓고, 또 알고 있는 전하 분포를 그와 관련된 전기장과 연관 짓는 또 다른 방법이다. 이 장에서 설명하는 적분꼴 가우스 법칙을 쓰면 전하분포의 대칭성이 아주 클 때, 전기장을 쉽게 셈할 수 있다.

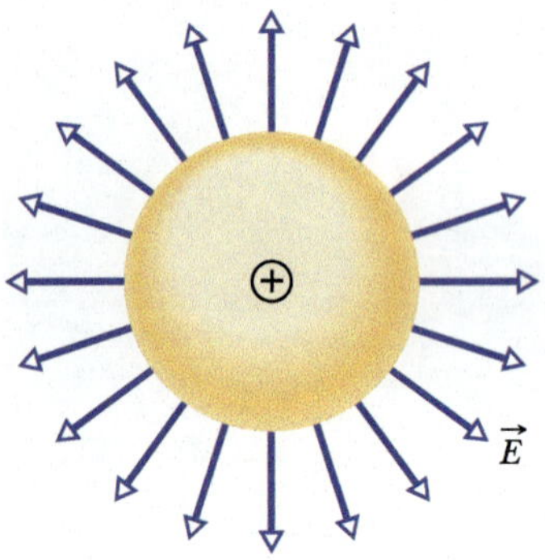

그림 24-1
가상적인 공의 중심에 전하가 하나 있다면, 쿨롱 법칙은 공 표면의 모든 곳에서 전기장 벡터의 크기는 같고 방향은 표면에 대한 법선방향(수직)임을 말해준다. 종이 면 위에 있는 전기장 벡터만 그림에 나타나 있다.

전하 무리와 이들이 만드는 전기장 사이의 일반적인 관계를 찾는 방법을 탐구하려면, 가장 단순한 전하분포 — 점전하 하나(그림 24-1) — 가 만드는 전기장을 살펴보자. 이 전하가 만드는 전기장의 크기는 쿨롱 법칙에서 거리 r의 제곱에 반비례하여 줄어 식 23-8과 같다.

$$E = |\vec{E}| = k\frac{|q|}{r^2}$$

그렇지만 전하를 중심에 둔 공 표면 하나를 생각하면, 겉넓이 A는 반지름 r의 제곱에 비례하여 넓어진다: $A = 4\pi r^2$ 그러므로 식 24-1과 같이, 상상한 공 표면에서의 전기장의 크기와 겉넓이의 곱은 공의 반지름에 상관없이 상수이다.

$$EA = k\frac{|q|}{r^2}(4\pi r^2) = \frac{1}{4\pi\varepsilon_0}\frac{|q|}{r^2}(4\pi r^2) = \frac{|q|}{\varepsilon_0} \tag{24-1}$$

여기서 식 22-7을 써서 정전기 상수 k를 $1/4\pi\varepsilon_0$로 바꾸었고 ε_0는 전기(유전율) 상수이다.

식 24-1은 두 가지 이유에서 눈여겨볼 만하다. 첫째, 전기장이 약해질수록 전기장이 작용하는 영역은 똑같은 비율로 넓어진다. 둘째, 공 표면 위 어디에서나 전기장의 세기와 공의 겉넓이의 곱은 면이 둘러싼 전하량 $|q|$에 비례한다. 이러한 비례관계가 모든 닫힌 곡면에 성립하는가? 이 물음에 대한 답은 독일의 수학자이자 물리학자인 가우스(Carl Friedrich Gauss, 1777~1855)가 얻었다. 가우스가 전기 선속이라는 양을 새로 정의하여 전하 분포, 전기장, 닫힌 곡면을 연관시킨 방법을 배우자.

24-2 전기 선속

중심에 점전하가 하나 있는 공을 상상하면, 식 24-1은 (공 표면에서의) 전기장의 크기와 공의 겉넓이의 곱이 전하량에 비례함을 알려준다. 곱 EA를 공을 지나는 **전기 선속(電氣線束: electric flux)**이라고 한다. 이 단순한 상황에서 점전하가 만드는 전기장 벡터의 방향은 상상의 공 표면 어디에서나 면에 대한 법선 쪽(즉, 수직)이다. 전하 배치가 복잡하거나 전하를 둘러싼 닫힌 면의 모양이 다르다면 어떻게 될까? 그때는 표면을 작은 조각으로 나누고 그림 24-2와 같이 낱낱의 조각에 대해 법선방향의 전기장 벡터 성분을 찾아야 한다. 15-10절에서 관이나 개울에 흐르는 유체의 **부피 흐름률**을 정의할 때와 비슷한 방법을 쓴다. 부피 흐름률과 면의 법선 벡터가 익숙하지 않다면, 15–10절을 찾아 다시 읽어 보라.

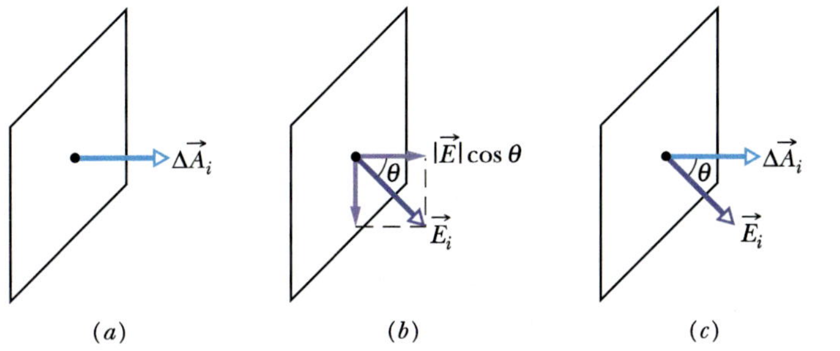

그림 24-2
(a) 작은 면 벡터 $\Delta\vec{A}$는 면 A인 정사각형 고리 면에 수직이며 크기가 A이다. (b) $\vec{E}$의 성분 가운데 고리 면에 수직인 것은 $|\vec{E}|\cos\theta$이며, θ는 $\vec{E}$와 면의 법선 사이의 각도이다. (c) 면 벡터 $\Delta\vec{A}$는 $\vec{E}$와 각도 θ를 이루고 있다.

유체의 움직임을 결정하는 속도 벡터 장 $\vec{v}$의 성질을 알면, 15장에서 작은 조각 $\Delta\vec{A}_i$를 지나가는 유체의 양을 셈할 때 제시했던 부피 흐름률의 정의를 쓸 수 있다.* i번째 조각을 생각해 보면, 대한 부피 흐름률 요소 Φ_i는 식 15–33와 같이 조각을 나타내는 법선 벡터와 조각이 있는 곳의 속도 벡터의 점곱으로 정의된다.

$$\Phi_i \equiv \vec{v}_i \cdot \Delta\vec{A}_i \quad \text{(작은 조각에 대한 부피 흐름률 정의)}$$

> 법선 벡터(Normal vector)란 무엇인가? 조각의 크기와 방향을 모두 나타내고자 작고 평평한 면의 법선 벡터를 정의하였음을 상기하라. 조각이 공간을 완전히 둘러싸는 닫힌 곡면의 일부라면, 법선 벡터의 방향은 닫힌 곡면의 바깥쪽을 향하도록 정의한다(그림 24–3). 어떤 조각의 법선 벡터는 평면에 직각, 또는 법선 방향이고 그 넓이와 같은 크기를 갖는다(그림 24–4).

전기 선속이 어떤 것의 흐름을 나타내지 않지만, 이것을 정의할 때는 15장에서 도입한 부피 흐름률과 수학적으로 비슷한 방법을 쓴다. **전기 선속 요소(electric flux element)**는 그림 24–2와 식 24–2와 같이 조각을 나타내는 법선벡터와 그 조각이 있는 곳의 전기장 벡터의 점곱으로 정의된다.

$$\Phi_i \equiv (E_i)(\Delta A_i)\cos\theta = \vec{E}_i \cdot \Delta\vec{A}_i \quad \text{(작은 면에 대한 전기 선속 정의)} \tag{24–2}$$

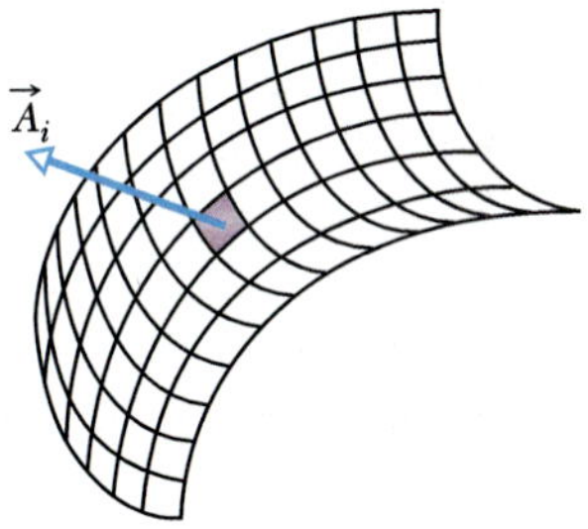

그림 24-3
알짜 선속을 셈하려면, 굽은 곡면은 N개의 작은 조각으로 나눈다. 낱낱의 조각이 충분히 작아지게 쪼개면 조각은 평평하고 조각 안의 모든 곳의 전기장 벡터가 크기와 방향이 똑같아진다. 여기에서는 닫힌 곡면의 바깥쪽 부분이 보인다는 가정하에 i번째 조각과 법선 벡터를 나타냈다.

여기서 E_i와 ΔA_i는 크기이고 θ는 두 벡터 사이의 각도이다. 그림 24–3과 같이 굽은 면을 작은 조각으로 나누면, 낱낱의 벡터 ΔA_i는 다른 쪽을 향할 수 있다.

부피 흐름률과 같이 면이 평평하다고 볼 수 있을 정도로 충분히 작지 않거나 면 전체에서 전기장 벡터가 고르지 않으면, 면을 더 잘게 나누어 낱낱의 조각이 본질적으로 평평하도록 해야 한다(그림 24–4). 그 다음에 낱낱의 선속 요소를 더해 알짜 전기 선속을 결정할 수 있다. 선속 요소가 N개 있 다면, 알짜 전기 선속은 다음과 같다.

$$\Phi^{\text{알짜}} = \Phi_1 + \Phi_2 + \cdots + \Phi_N = \vec{E}_i \cdot \Delta\vec{A}_1 + \vec{E}_2 \cdot \Delta\vec{A}_2 + \cdots + \vec{E}_N \cdot \Delta\vec{A}_N$$
$$= \sum_{n=1}^{N} \vec{E}_n \cdot \Delta\vec{A}_n \quad \text{(알짜 전기 선속)} \tag{24–3}$$

여기서 $\vec{E}_i$, $\vec{E}_2$ 등은 N개의 조각 낱낱이 있는 곳의 전기장 벡터를 나타낸다. 전기 선속은 스칼라이고, 국제 단위는 쿨롱당 뉴턴–미터제곱 또는 [N · m²/C]이다.

---

* A_i 대신 ΔA_i를 쓴 것은 영역이 매우 작다는 것을 나타내려는 것일 뿐, Δ가 변화를 뜻하지 않는다.

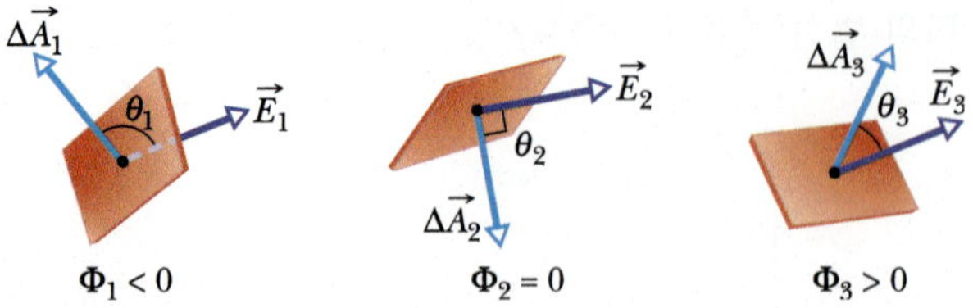

그림 24-4
여러 전기장 벡터에 대해 다른 각도를 이루는 세 개의 작은 조각. 첫째 선속 요소는 (−), 둘째는 0, 셋째는 (+)이다. 전기 선속이 있어도 아무것도 '흐르지 않는다'는 것을 눈여겨보라.

전기 선속 요소를 셈하는 데 필요한 조각과 전기장 벡터의 몇몇 보기를 그림 24-4에 보였다.

영어 flux를 우리말로 옮긴 '흐름률'은 흔히 흐름이나 변화를 나타낼 때 쓴다. 22장부터 25장에서 다루는 정전기 현상에 흐름률이라는 말을 그대로 쓰면 헷갈릴 수 있으므로 '선속(線束)'이라고 옮겼다. 전기 선속은 전기장이 고정되어 변하지 않아도 전기장이 있으면 언제나 정의할 수 있다. 또 전하가 재배열되어 전기장이 시간에 따라 변해도, 그에 따르는 선속의 변화는 어떤 것의 흐름과도 관련이 없다.

> 어느 곳의 **전기 선속**은 변화나 흐름을 나타내는 것이 아니라, 영역 안에 있는 모든 선속 요소를 더한 값이다. 낱낱의 선속 요소는 본질적으로 평평한 조각과 그곳의 전기장 벡터의 성분 가운데 법선과 나란한 성분의 곱이다.

생각해보기 24-1 그림은 장 벡터와 조각의 법선 벡터 사이의 각도가 60°인 두 가지 상황을 보여준다. 조각의 넓이는 모두 $\Delta A = 2 \times 10^{-4}\,\mathrm{m}^2$이라고 하자. (a) 조각이 있는 곳은 흐름 속력이 $v = 3\,\mathrm{m/s}$인 개울이라면 그 조각을 지나가는 부피 흐름률은 얼마인가? 그 조각을 지나 흐르는 것은 무엇인가? (b) 조각이 있는 곳은 크기가 $E = 3\,\mathrm{N/C}$인 전기장 속이라고 하자. 조각을 지나가는 전기 선속은 얼마인가? 그 조각을 지나 흐르는 그것은 무엇인가?

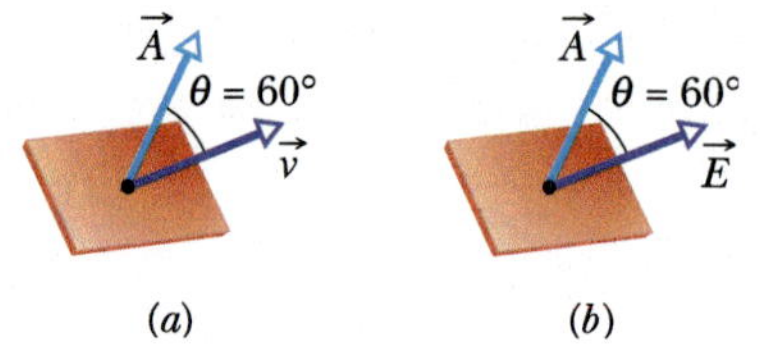

24-3 닫힌 곡면에서의 알짜 선속

첫 절에서 전하 분포와 그것을 둘러싼 닫힌 곡면의 전기 선속이 비례하는가 물었다. 답을 얻으려면 전하를 둘러싼 가상 곡면에서 알짜 전기 선속을 결정하는 과정을 세심하게 따져야 한다. 여기서 '둘러싼다'는 말이 중요하다. 앞으로는 닫힌 곡면의 전기 선속을 셈하는 것으로 제한한다. **닫힌(closed)** 곡면은 잘린 곳이나 경계가 없는 면으로서, 그 면을 지나지 않고는 아무것도 드나들 수 없다.

닫힌 곡면의 알짜 전기 선속을 정의하려면, 그림 24-5를 살펴보자. 이 그림은 어떤 (불규칙한 모양의) 닫힌 곡면이 고르지 않은 전기장 속에 있는 것을 보여준다. 역사적인 이유 때문에, 알짜 전기 선속을 셈할 때 쓰는 가상의 닫힌 곡면을 **가우스 면(Gaussian surface)**이라고 한다. 가우스 면 곳곳마다 전기장 벡터가 다를 수도 있으므로 면 전체를 작은 조각으로 나누고 식 24-3과 같이 덧셈을 해야 한다.

그림 24-5에 보인 닫힌 곡면을 생각하자. 낱낱의 조각에서 벡터 $\Delta\vec{A}_i$와 벡터 $\vec{E}_i$ 사이의 각도는 θ_i이다. 그림 24-5는 가우스 면 위의 세 조각(1, 2, 3)을 부풀린 모습과, $\Delta\vec{A}_i$와 $\vec{E}_i$ 사이의 각 θ_i를 보여준다. 알짜 선속 식(식 24-3)에 따르면 가우스 면 위의 낱낱의 조각을 확인하고, 낱낱의 조각에서 점곱 $\vec{E}_i \cdot \Delta\vec{A}_i$를 셈하여, 면을 이루는 모든 조각에서 얻은 값을 부호를 따지면서 더해야 한다. 점곱으로 얻는 값의 부호나 0값은 조각에서의 선속이 양수인지, 음수인지, 0인지를 결정한다. 점곱의 값은

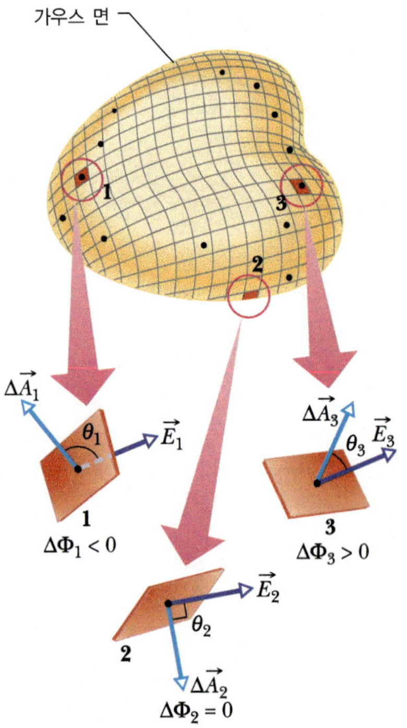

그림 24-5
어떤 가우스 면이 전기장 속에 있다. 면은 작은 조각으로 나뉘어 있다. 1, 2, 3으로 표시한 세 조각에서 전기장 벡터와 면 벡터를 그림에 보였다. 다른 전기장 벡터는 그림에 보이지 않았다.

$\vec{E}_1$이 안쪽을 향하는 1번 조각에서는 음수, $\vec{E}_2$가 면과 나란한 2번 조각에서는 0, $\vec{E}_3$이 바깥쪽을 향하는 3번 조각에서는 양수이다. (위에 설명한 낱낱의 조각의 선속의 부호는 앞쪽에서 정한 약속, 즉 닫힌 곡면에서의 면 벡터가 바깥쪽을 향한다는 약속의 결과이다.)

면에서의 전기장의 선속에 대한 정확한 정의는 그림 24-5의 조각의 넓이를 점점 줄여 미분 극한 dA에 가깝게 만들어 구할 수 있다. 그러면 낱낱의 작은 조각에 대한 법선 벡터는 미분 극한 $d\vec{A}$에 가까워진다. 그러므로 닫힌 곡면에서의 전기 선속을 구하려면 낱낱의 조각의 법선과 나란한 전기장 성분을 곡면에 대해 면적분한다. 전기 선속에 대한 수식은 다음과 같다.

$$\Phi^{\text{알짜}} \equiv \lim_{\Delta \vec{A} \to 0} \sum_{i=1}^{N} \vec{E}_i \cdot \Delta \vec{A}_i = \oint \vec{E} \cdot d\vec{A} \quad \text{(가우스 면의 알짜 전기 선속)} \tag{24-4}$$

적분 기호의 원은 닫힌 곡면(가우스 면) 전체에 대해 적분함을 뜻한다.

따라해보기 24-1 | 고른 장에 대한 알짜 선속

그림 24-6은 고른 전기장 $\vec{E}$ 속에 있는 반지름 R인 원통꼴 가우스 면을 보여주는데, 원통의 축은 전기장과 나란하다. 닫힌 곡면을 지나가는 전기장의 선속 $\Phi^{\text{알짜}}$는 얼마인가?

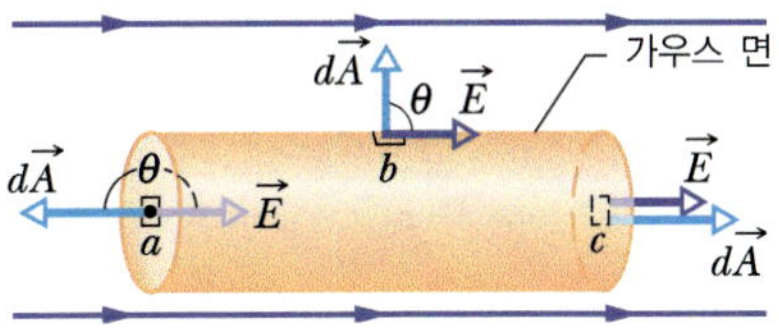

그림 24-6
양끝이 뚜껑으로 닫힌 원통꼴 가우스 면이 고른 전기장 속에 있다. 원통 축은 장의 방향과 나란하다.

풀이 ■ 요점은 가우스 면에 대한 선속 Φ는 점곱 $\vec{E} \cdot d\vec{A}$를 면적분하면 구할 수 있다는 것이다. 전체 면적분은 세 면에 대한 적분의 합이다: 왼쪽 뚜껑 a, 원통면 b, 오른쪽 뚜껑 c에서의 적분이다. 그러므로 식 24-4에 따라 다음과 같다.

$$\Phi^{\text{알짜}} = \oint \vec{E} \cdot d\vec{A} = \int_a \vec{E} \cdot d\vec{A} + \int_b \vec{E} \cdot d\vec{A} + \int_c \vec{E} \cdot d\vec{A} \tag{24-5}$$

왼쪽 뚜껑 어디에서나 $\vec{E}$와 $d\vec{A}$ 사이의 각도 θ는 $180°$이고, 전기장의 크기 E는 상수이다. 그러므로 다음과 같다.

$$\int_a \vec{E} \cdot d\vec{A} = \int E(\cos 180°)\,dA = -E\int dA = -EA$$

여기서 $\int dA$는 뚜껑의 넓이 $A(=\pi R^2)$이다. 마찬가지로 오른쪽 뚜껑에서도 어디에서나 $\theta = 0$이므로 다음과 같다.

$$\int_c \vec{E} \cdot d\vec{A} = \int E(\cos 0°)\,dA = E\int dA = +EA$$

마지막으로 원통면에서는 어디에서나 $\theta = 90°$이므로 다음과 같다.

$$\int_b \vec{E} \cdot d\vec{A} = \int E(\cos 90°)\,dA = 0$$

이 결과를 식 24-5에 넣으면 다음과 같다.

$$\Phi = -EA + EA = 0$$

이 결과가 놀랍지 않은 이유는 전기장을 나타내는 역선이 모두 가우스 면을 완전히 뚫고 지나가기 때문이다: 왼쪽 뚜껑을 지나 들어가 오른쪽 뚜껑을 통해 나오므로 알짜 선속은 0이다.

따라해보기 24-2 | 고르지 않은 장에서의 선속

$\vec{E} = (3.0\,\text{N/C}\cdot\text{m})x\hat{\text{i}} + (4.0\,\text{N/C})\hat{\text{j}}$인 고르지 않은 전기장이 그림 24-7의 가우스 육면체를 지난다. 오른쪽 면, 왼쪽 면, 윗면을 지나가는 전기 선속은 얼마인가?

풀이 ■ 요점은 낱낱의 면에서 점곱 $\vec{E} \cdot d\vec{A}$를 적분하여 가우스 면의 선속 Φ를 구할 수 있다는 것이다.

오른쪽 면: 면 벡터 $\vec{A}$는 늘 그 면에 수직하고 가우스 면의 바깥쪽을 향한다. 그러므로 육면체의 오른쪽 면의 벡터 $d\vec{A}$는 $+x$쪽을 향

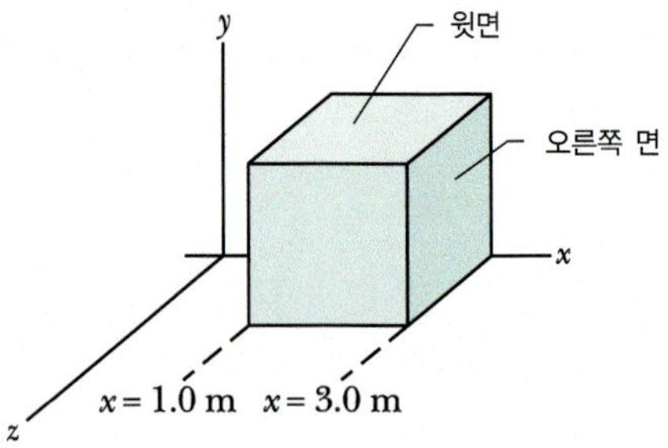

그림 24-7
면 하나가 x축 위에 있는 가우스 육면체가 고르지 않은 전기장 속에 있다.

한다. 단위 벡터 표현식으로는 다음과 같다.

$$d\vec{A} = dA\,\hat{\mathrm{i}}$$

그러면 식 24-4로부터 오른쪽 면을 지나는 선속 $\Phi_{\text{오른쪽}}$은 다음과 같다.

$$\begin{aligned}\Phi_{\text{오른쪽}} &= \int \vec{E}\cdot d\vec{A} = \int [(3.0\ \mathrm{N/C\cdot m})x\,\hat{\mathrm{i}} + (4.0\ \mathrm{N/C})\hat{\mathrm{j}}]\cdot(dA\,\hat{\mathrm{i}})\\ &= \int [3.0\ \mathrm{N/C\cdot m})(x)(dA)\,\hat{\mathrm{i}}\cdot\hat{\mathrm{i}} + (4.0\ \mathrm{N/C})(dA)\,\hat{\mathrm{i}}\cdot\hat{\mathrm{j}}]\\ &= \int (3.0\ \mathrm{N/C\cdot m})x\,dA = (3.0\ \mathrm{N/C\cdot m})\int x\,dA\end{aligned}$$

이제 오른쪽 면에 대한 적분에서, 그 면의 모든 곳에서 x 값이 같다. 다시 말해 $x = 3.0\ \mathrm{m}$이다. 이것은 x 대신 상수를 넣을 수 있음을 뜻하므로 다음과 같다.

$$\Phi_{\text{오른쪽}} = (3.0\ \mathrm{N/C\cdot m})\int (3.0\ \mathrm{m})\,dA = (9.0\ \mathrm{N/C})\int dA$$

오른쪽 면의 넓이는 간단히 $A = 4.0\ \mathrm{m}^2$이므로 다음과 같다.

$$\begin{aligned}\Phi_{\text{오른쪽}} &= (3.0\ \mathrm{N/C\cdot m})\int (3.0\ \mathrm{m})\,dA\\ &= (9.0\ \mathrm{N/C})(4.0\ \mathrm{m}^2) = 36\ \mathrm{N\cdot m^2/C}\end{aligned} \qquad \text{(답)}$$

왼쪽 면: 왼쪽 면을 지나는 선속을 구하는 과정은 오른쪽 면에서 한 것과 똑같다. 그러나 두 가지가 다르다. (1) 미분 면 벡터 $d\vec{A}$는 $-x$쪽을 향하므로 $d\vec{A} = -dA\,\hat{\mathrm{i}}$이다. (2) 적분에 x가 또 나타나는데, 그 값이 상수로서 이번에서 $x = 1.0\ \mathrm{m}$이다. 두 가지를 바꾸어서 왼쪽 면을 지나가는 선속 $\Phi_{\text{왼쪽}}$을 구하면 다음과 같다.

$$\Phi_{\text{왼쪽}} = -12\ \mathrm{N\cdot m^2/C} \qquad \text{(답)}$$

윗면: 미분 면 벡터 $d\vec{A}$는 $+y$쪽을 향하므로 $d\vec{A} = dA\,\hat{\mathrm{j}}$이다. 따라서 윗면을 지나는 선속 $\Phi_{\text{위쪽}}$은 다음과 같다.

$$\begin{aligned}\Phi_{\text{위쪽}} &= \int [(3.0\ \mathrm{N/C\cdot m})x\hat{\mathrm{i}} + (4.0\ \mathrm{N/C})\hat{\mathrm{j}}]\cdot(dA\,\hat{\mathrm{j}})\\ &= \int [(3.0\ \mathrm{N/C\cdot m})x(dA)\,\hat{\mathrm{i}}\cdot\hat{\mathrm{j}} + (4.0\ \mathrm{N/C})(dA)\,\mathrm{j}\cdot\hat{\mathrm{j}}]\\ &= (0.0\ \mathrm{N/C}) + \int (4.0\ \mathrm{N/C})\,dA = (4.0\ \mathrm{N/C})\int dA\\ &= 16.0\ \mathrm{N\cdot m^2/C}\end{aligned} \qquad \text{(답)}$$

연습문제 24-3

1. 정육면체

모서리 길이가 1.40 m인 정육면체가 그림 24-8과 같이 $z = 0$에서 xy평면에 놓여 있다. 고른 전기장이 다음과 같을 때 오른쪽 면을 지나가는 전기 선속을 구하라(단위는 N/C이다). (a) $6.00\,\hat{\mathrm{i}}$ (b) $-2.00\,\hat{\mathrm{j}}$ (c) $-3.00\,\hat{\mathrm{i}} + 4.00\,\hat{\mathrm{k}}$ (d) 세 전기장 각각에 대해 정육면체를 지나가는 총 선속은 얼마인가?

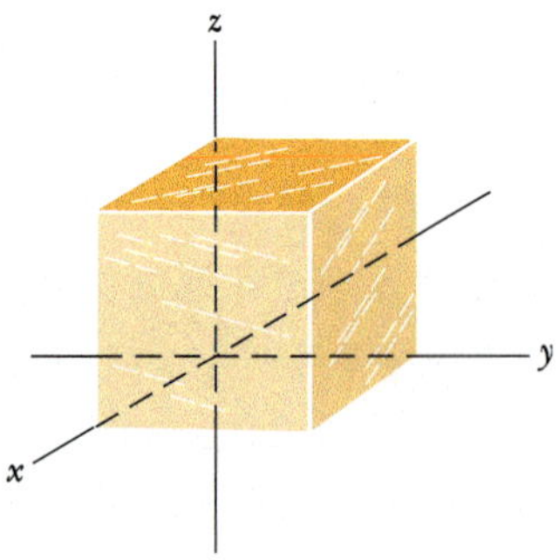

그림 24-8 문제 1, 5, 10

2. 정사각형 면

그림 24-9의 정사각형은 각 변의 길이가 3.2 mm이다. 정사각형 면은 크기 $|\vec{E}| = 1800\ \mathrm{N/C}$인 고른 전기장 속에 있다. 전기력선이 면의 법선과 이루는 각은 그림과 같이 35°이다. 마치 표면이 상자의 한쪽 면인 것처럼, 법선이 가리키는 쪽을 '바깥쪽'으로 잡아 표면을 지나가는 전기 선속을 셈하라.

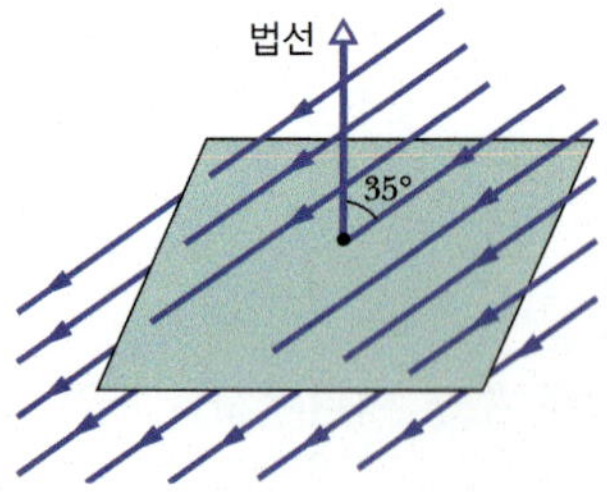

그림 24-9 문제 2

24-4 가우스 법칙

첫 절에서 공 모양의 가우스 면이 전하 하나를 둘러싼 상황에서 설명했던 쿨롱 법칙의 결론으로 잠시 돌아가자. 알짜 선속(즉, 공 표면 위의 전기장 크기와 공 표면의 넓이의 곱)이 둘러싼 전하에 상수를 곱한 것과 똑같음을 알았다. 놀라운 것은 이것이 공의 반지름이 얼마이든 성립한다는 것이며, 그 까닭은 공의 겉넓이가 넓어지는 만큼 전기장의 크기가 줄어들어 정확히 보상하기 때문이다. 이것은 가우스 면이 어떤 모양이든 그것을 지나가는 알짜 전기 선속은 그 면에 둘러싸인 전하량에 비례함을 말해준다.

• 가우스 면을 지나가는 선속의 가시화

3차원 공간에서는 선속과 가우스 면이 둘러싼 전하의 관계를 보여주기 어려우니까, 한없이 길고 전하 밀도가 고른 특별한 막대를 생각하자. 참으로 한없이 긴 막대는 없지만, 가우스 면이 막대의 양쪽 끝에서 멀리 떨어져 있다면 결과는 타당할 것이다. 그림 24-10과 같이 막대의 한 부분을 둘러싼 동전 모양의 가우스 면을 상상하라.

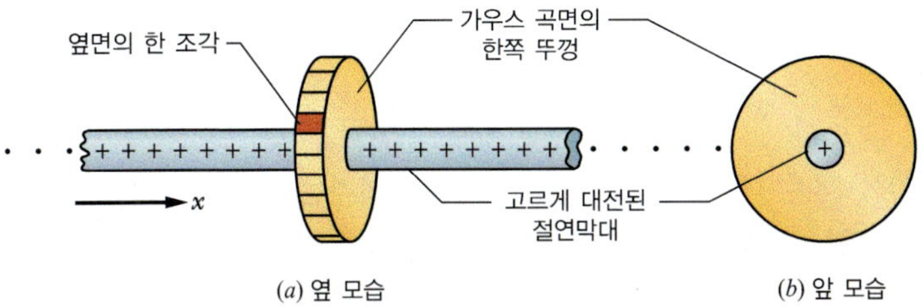

그림 24-10
(*a*) 한없이 길고 고르게 대전된 막대의 한 부분을 동전 모양의 가우스 면이 둘러싸고 있다: 앞, 뒷면이 막대기와 직교한다. (*b*) 막대와 가우스 면을 앞에서 보면 면의 가장자리 선속을 보여주는데 도움이 된다.

대전된 막대는 한없이 길기 때문에 막대의 어떤 점에 대해서도 대칭적이다. 23-5절(그림 23-12)에서 보인 것처럼 대칭적인 전하 쌍이 만든 전기장 벡터는 반지름 방향으로 바깥쪽을 향하고 전하가 놓인 선(여기서는 막대)과 나란한 성분은 없다. 긴 막대의 일부를 동전 꼴의 닫힌 곡면으로 둘러쌀 때 중요한 요소는 선속이 동전 꼴의 옆면에는 있지만 앞뒷면에는 없다는 것이다. 그래서 막대의 끝에서 본 그림에서 옆면의 면 조각에 있는 선속의 '값'을 셈하고 묘사할 수 있다. 이것은 닫힌 곡면의 앞뒷면이 둥근 동전 꼴만이 아니라도 두 면이 나란하고 막대와 직교하다면 어떤 모양이든 성립한다. 또한 막대가 가늘면 장의 크기는 $1/r$에 비례하여 작아짐을 보일 수 있는데, 여기서 r은 막대의 중심까지의 거리다. (마찬가지로 음전하를 띤 막대는 반지름 방향으로 중심축을 향하는 전기장을 만든다). 그림 24-11은 막대의 끝에서 본 그림들인데 세 가지 다른 가상 가우스 면을 붉은색 윤곽선으로 그렸고, 가두리 면에서의 선속의 값을 녹색 사각형으로 묘사했다.

전하 뭉치를 둘러싼 가우스 면이 어떤 꼴이건 알짜 전기 선속은 똑같다. 가우스 면이 전하 두 개를 둘러싸고 있다면, 중첩 원리에 따라 낱낱의 전하는 가우스 면 속 어디에 있건 전하량에 비례하

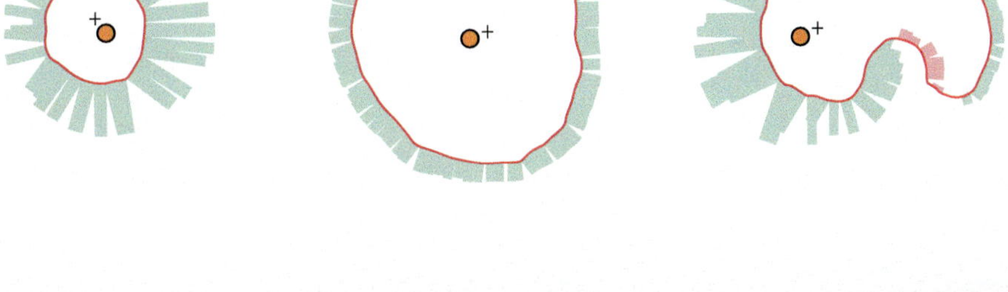

그림 24-11
점전하 하나를 둘러싼 가상적인 가우스 면 세 가지. 붉은 선은 3차원 곡면의 2차원 단면을 보여준다. 낱낱의 면 조각의 전기 선속을 셈하여 사각형으로 나타냈다. 전하에 가까운 면 조각은 선속이 더 크지만 개수가 적은 것에 유의하라. 세 곡면의 알짜 선속[밖으로 나가는 모든 선속(녹색)을 나타내는 넓이에서 안으로 들어오는 모든 선속(분홍색)을 나타내는 넓이를 뺀 값에 비례]이 대략 같음을 눈으로 보아 알 수 있다.

는 몫 만큼 알짜 전기 선속을 만든다. 이로부터 전하가 퍼져 있는 양식과 그것을 둘러싼 가우스 면의 모양에 상관없이 알짜 선속과 총 전하량 사이에 일반적으로 성립하는 관계를 설명하는 가우스 법칙이 나온다.

> **가우스 법칙(Gauss' law)**: 닫힌 곡면을 지나가는 알짜 전기 선속은 곡면이 둘러싼 알짜 전하에 비례한다.

국제 단위계를 쓴다면 비례상수는 $1/\varepsilon_0$이어야 하여, 여기서 ε_0는 유전율상수이다. 따라서 가우스 법칙을 나타내는 수식은 다음과 같다.

$$\Phi^{\text{알짜}} = \frac{q^{\text{안}}}{\varepsilon_0} \quad \text{(가우스 법칙)} \tag{24–6}$$

가우스 면에서의 전기 선속의 정의인 $\Phi^{\text{알짜}} \equiv \oint \vec{E} \cdot d\vec{A}$으로 바꾸면 가우스 법칙을 다음과 같이 쓸 수 있다.

$$\Phi^{\text{알짜}} = \oint \vec{E} \cdot d\vec{A} = \frac{q^{\text{안}}}{\varepsilon_0} \quad \text{(가우스 법칙)} \tag{24–7}$$

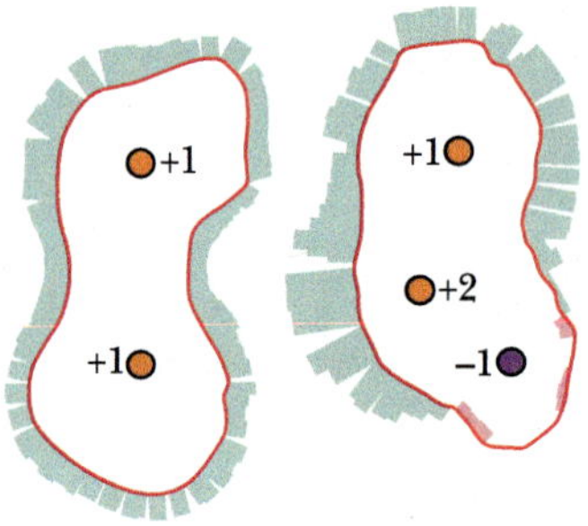

그림 24-12
두 가우스 면이 둘러싼 전하 분포는 다르지만 알짜전하는 같다. 곡면의 가두리에서 셈한 전기 선속은 녹색 사각형(밖으로 나가는 선속)과 붉은색 직사각형(안으로 들어오는 선속)으로 표시된다. 두 상황에서 녹색 사각형으로 덮인 곳의 넓이에서 분홍색 사각형으로 덮인 곳의 넓이를 뺀 값은 같다. 이것은 가우스 법칙의 예상과 맞다.

식 24-6, 24-7에서 진공의 유전율상수 ε_0를 쓴 것은, 이 모양의 가우스 법칙은 알짜 전하가 공기 또는 쉽게 편극되지 않는 매질 속에 있을 때만 적용됨을 나타낸다. 28-6절에서는 가우스 법칙을 고쳐 종이, 기름 또는 물과 같이 편극될 수 있는 물질, 이른바 유전체가 있는 상황을 포함하도록 한다. 그림 24-12는 전하량은 같지만 퍼진 모습이 다른 두 전하 분포에 대한 알짜 전기 선속의 값이 어떻게 같을 수 있는지 보여준다.

가우스 법칙은 전하와 선속을 셈하는데 모두 쓸모 있다. 즉, 닫힌 곡면을 지나가는 알짜 선속을 셈할 수 있으면 둘러싸인 전하량을 가우스 법칙을 써서 알 수 있고, 어떤 닫힌 곡면에 둘러싸인 전하량을 알면 그 곡면을 지나가는 알짜 선속을 가우스 법칙을 써서 알 수 있다.

• 가우스 법칙의 해석

가우스 법칙의 한 가지 쓰임새는 어떤 닫힌 곡면 안에 알짜전하가 얼마나 들어 있는가를 셈하는 것인데, 셈을 하려면 곡면에서 알짜 전기 선속만 알면 된다. 알짜 전기 선속은 곡면 위의 모든 곳에서 전기장의 법선 성분의 세기와 관련된다.

식 24-6, 24-7에서 알짜 전하 $q^{\text{안}}$은 둘러싸인 모든 양전하와 음전하를 부호를 따져 더한 값이며, 그 값은 양수, 음수, 또는 0이 될 수 있다. 둘러싸인 알짜 전하의 부호는 알짜 선속이 가우스 면에서 나오는지 들어가는지를 알려준다. 여기서 닫힌 곡면의 조각을 나타내는 면 벡터의 법선은 바깥쪽을 향한다는 관례를 계속 따른다. 둘러싸인 알짜 전하 $q^{\text{안}}$이 양수이면 전기장 벡터도 주로 바깥쪽을 향한다. 이때는 그림 24-13*a*처럼 알짜 선속이 바깥쪽을 향하고 값이 양수가 된다. $q^{\text{안}}$이 음수라면,

그림 24-13
세 가우스 면은 모양이 같다. (*a*) 둘러싸인 단위 양전하는 바깥쪽을 향하는 (+) 알짜 선속(녹색)을 만든다. (*b*) 둘러싸인 단위 음전하는 안쪽을 향하는 (−) 알짜 선속(분홍색)을 만든다. 앞의 그림에서 선속의 음수 값과 양수 값이 같음을 눈여겨보라. (*c*) 양전하와 음전하 모두가 들어 있다면 알짜 전하량은 0이고, 따라서 알짜 선속도 0이다.

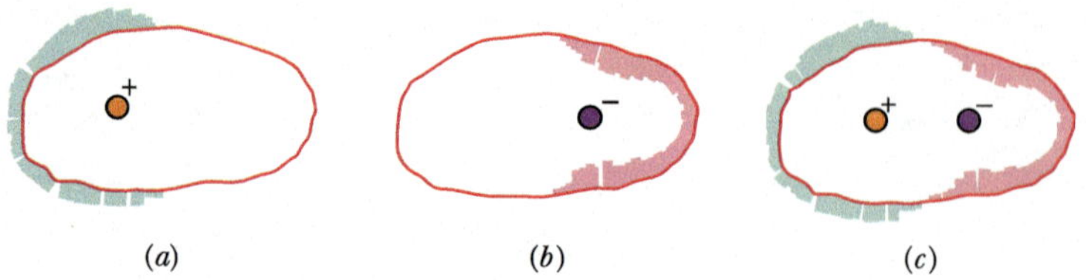

면 벡터는 여전히 바깥쪽을 향하지만 전기장 벡터는 안쪽을 향한다. 이 때는 그림 24-11*b*처럼 알짜 선속이 안쪽을 향하고 값이 음수가 된다. 그림 24-13*c*는 가우스 면 안에 있는 양전하와 음전하가 어떻게 되면 알짜 선속의 값이 0이 되는지 보여준다.

가우스 면 밖에 있는 전하는 전하량이 아무리 크고, 또 가우스 곡면에 아무리 가까워도 가우스 법칙의 $q^{안}$에 들어가지 않는다. 그 까닭은 그림 24-14와 같이 곡면 안쪽에는 전기장을 만드는 원천전하가 없어 양성 및 음성 선속 요소들이 서로 지워지기 때문이다. 가우스 곡면 속에 있는 전하의 정확한 모양이나 위치도 문제가 되지 않는다. 중요한 것은 오직 둘러싸인 알짜전하의 총 전하량과 부호이다. 그러나 식 24-7의 왼쪽에서 $\vec{E}$는 가우스 면 안과 밖의 모든 전하가 만든 전기장이다. 이것은 모순처럼 보일 수도 있지만, 가우스 면 바깥의 전하가 만드는 전기장에 의한 (그림 24-14에서 본 것처럼) 곡면 전체의 알짜 선속은 0임을 상기하라. 곡면 밖에 있는 전하가 비록 곡면의 각 부분에 전기장을 만들기는 하지만 이것은 사실이다.

크기는 같지만 부호가 반대인 두 점전하 주위의 전기력선을 보여주는 그림 24-15에, 이 생각들을 적용해보자. 4개의 가우스 면의 단면을 보였다. 차례대로 살펴보자.

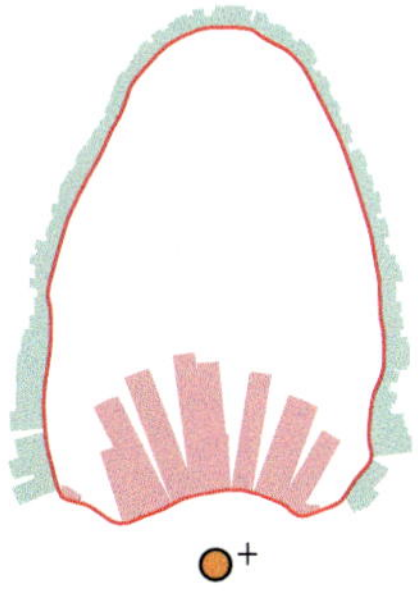

그림 24-14
막대의 전하가 가우스 면 밖에 있다. 쿨롱 법칙을 써서 낱낱의 면 조각에서 선속을 셈할 때, 밖으로 나가는 선속은 녹색 직사각형으로, 안으로 들어오는 선속은 분홍색 직사각형으로 나타낸다. 전하와 가까운 조각을 통해 안으로 들어오는 (−) 선속은 전하에서 멀리 떨어진 면을 통해 밖으로 나가는 (+) 선속과 정확히 지워지므로 알짜 선속은 0이다.

곡면 S_1 (양전하만 둘러싼다): 전기장은 가까이 있는 양전하의 지배를 받아서 곡면 위의 대부분의 점에서 바깥쪽을 향한다. 그러므로 곡면에서 선속은 양이고, 가우스 법칙에 따라 곡면 속의 알짜전하도 양이다. (즉, Φ가 양이면 $q^{안}$도 양이어야 한다.)

곡면 S_2 (음전하만 둘러싼다): 전기장은 가까이 있는 음전하의 지배를 받아서 곡면 위의 대부분의 점에서 안쪽을 향한다. 그러므로 곡면에서 선속은 음이고, 가우스 법칙에 따라 곡면 속의 알짜전하도 음이다. (즉, Φ가 음이면 $q^{안}$도 음이어야 한다.)

곡면 S_3 (둘러싼 전하가 없다): $q^{안} = 0$이고 두 전하 모두 곡면 위의 점에 전기장을 만들어주므로, 곡면의 어떤 곳에서는 전기장이 바깥을 향하고 다른 곳에서는 안쪽을 향한다. 가우스 법칙(식 24-7)에 따르면 곡면을 지나가는 알짜 선속이 0이다. 알짜 선속을 셈할 때 안으로 들어가는 선속 요소와 밖으로 나가는 선속 요소가 서로 지워지므로 논리적이다.

곡면 S_4 (두 전하를 모두 둘러싼다): 이 곡면은 같은 양의 양전하와 음전하를 둘러싸므로 둘러싼 알짜 전하는 0이다. 가우스 법칙에 따르면 곡면을 지나가는 알짜 선속이 0이다. 이때 전기장 벡터는 (양의 선속을 만들어내는) 양전하에 가장 가까운 곡면에서는 밖을 향하고 (음의 선속을 만들어내는) 음전하에 가장 가까운 곡면에서는 안을 향하므로 합당하다. 알짜 선속을 셈할 때, 비록 곡면 위의 대부분의 점에서 전기장이 0은 아니지만 양과 음의 선속 요소는 서로 지워진다.

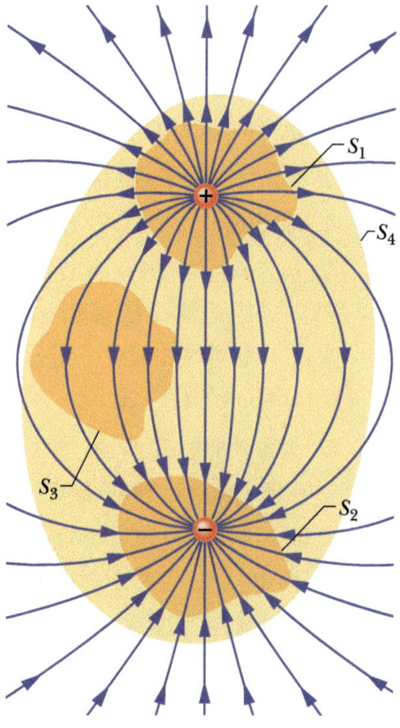

그림 24-15
크기가 같고 부호가 반대인 두 점전하가 마치 모든 전기력선들이 한 평면에 있는 것처럼 그것들의 알짜 전기장을 묘사하는 전기력선과 함께 그려져 있다. 4개의 가우스 면의 단면을 그림에 보였다. 곡면 S_1은 양전하를, S_2는 음전하를 둘러싸고, S_3은 아무 전하도 둘러싸지 않는다. S_4는 두 전하를 모두 둘러싸므로 알짜 전하는 0이다.

거대한 전하 Q를 그림 24-15의 곡면 S_4에 가까이(하지만 여전히 곡면 바깥에) 가져간다면 어떤 일이 벌어질까? 전기장의 모양은 확실히 달라질 것이나 네 가우스 면에서의 알짜 선속은 변함없을 것이다. 네 곡면 어디에서나 추가된 Q와 관련하여 안으로 들어가는 선속 요소와 밖으로 나오는 선속 요소가 서로 지워질 것이고 곡면 어디에서도 알짜 선속에 기여하지 못할 것이므로 이것을 이해할 수 있다. 고려하고 있는 모든 네 가우스 면에서 Q가 밖에 놓이므로 Q값은 어떤 방법으로든 가우스 법칙에 들어가지 않는다.

생각해보기 24-2 그림은 전기장 속에 놓인 가우스 정육면체의 3가지 상황을 보여준다. 화살표는 낱낱의 정육면체의 위, 앞, 오른쪽 면에서의 전기장 벡터의 방향을 가리킨다. 각 정육면체의 6개의 면에서의 선속은 아래 표와 같다. 정육면체가 둘러싼 알짜 전하의 값이 (a) 양수, (b) 음수, (c) 0인 상황은 어느 것인가?

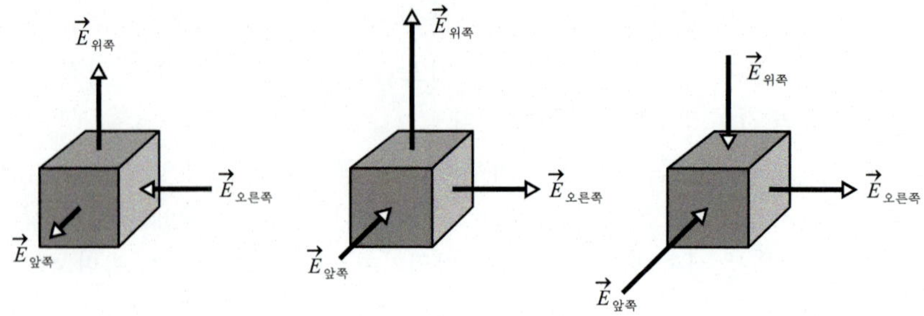

	선속[N · m²/C]		
면	육면체 1	육면체 2	육면체 3
앞쪽	+2	−4	−7
뒤쪽	−3	−3	+8
왼쪽	+7	+3	+2
오른쪽	−4	+5	+5
위쪽	+5	+10	−6
아래쪽	−7	−6	−5

연습문제 24-4

3. 정육면체 중심에 있는 전하

1.8 μC의 점전하가 모서리 길이 55 cm인 정육면체 가우스 면의 중심에 있다. 표면을 지나가는 알짜 전기 선속은 얼마인가?

4. 네 전하

$2q, q, -q, -2q$의 네 점전하가 있다. 닫힌 곡면 속에 적어도 $2q$(그리고 다른 전하도)를 넣고, 이 면을 지나가는 알짜 선속이 다음과 같이 되게 하려면 닫힌 곡면을 어떻게 두어야 하는가 설명하라: (a) 0, (b) $+3q/\varepsilon_0$, (c) $-2q/\varepsilon_0$.

5. 정육면체를 지나가는 선속

전기장이 (a) $\vec{E} = (3.00\ \text{N/C} \cdot my)\,\hat{\text{i}}$와 (b) $\vec{E} = -(4.00\ \text{N/C} \cdot my)\,\hat{\text{i}} + (6.00\ \text{N/C} + 3.00\ \text{N/C} \cdot my)\,\hat{\text{j}}$일 때, 문제 1과 그림 24-25의 정육면체를 지나가는 알짜 선속을 구하라. (c) 각 경우에 정육면체가 둘러싼 전하는 얼마인가?

6. 포충망

그림 24-16과 같이, 포충망이 크기 $\vec{E}$인 고른 전기장 속에 있다. 반지름 a인 둥근 테가 전기장에 수직으로 놓여 있다. 그물을 지나가는 선속을 구하라.

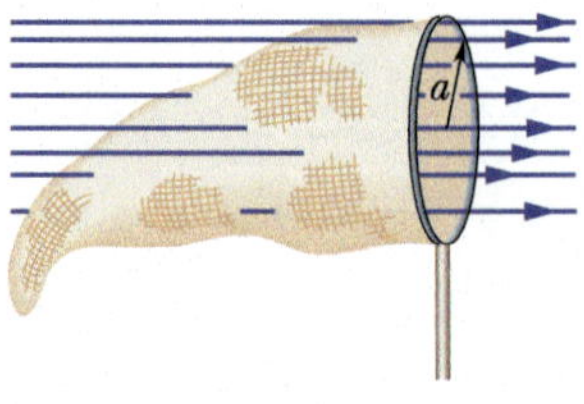

그림 24-16 문제 6

7. 지구의 대기

지구 대기의 어떤 영역에서는 전기장이 수직 아래쪽을 향한다는 사실이 실험적으로 발견되었다. 전기장의 크기는 고도 300 m에서 60.0 N/C, 고도 200 m에서 100 N/C이다. 고도 200 m와 300 m에 두 밑면이 놓인, 모서리 길이 100m의 정육면체에 들어있는 알짜 전하량을 구하라. 지구의 곡률은 무시하라.

8. 샤워기

닫혀 있는 욕실에서 샤워기를 틀 때, 빈 욕조에서 물이 튀어 욕실의 공기를 음이온으로 채울 수 있고, 공기 속에 크기 1000 N/C인 전기장을 만들 수 있다. 크기 2.5 m × 3.0 m × 2.0 m인 욕실을 생각해보자. 천장, 바닥, 사방의 벽면을 따라, 전기장이 면에 수직이고 크기가 600 N/C로 고르다고 어림하라. 또한 면을 욕실 공기의 주변을 둘러싼 닫힌 가우스 면으로 다룰 때 다음을 구하라. (a) 부피 전하밀도 ρ와 (b) 욕실 공기 1 m³당 초과 기본 전하 e의 수.

9. 점전하

점전하 q가 모서리 길이 a인 정육면체의 한 꼭지에 있다. 정육면체의 각 면을 지나가는 선속은 얼마인가? (**실마리**: 가우스 법칙과 대칭성을 써라.)

10. 정육면체 표면

그림 24-8의 정육면체 표면에서, 전기장은 $+y$쪽을 향한다. 정육면체의 각 모서리의 길이는 3.0 m이다. 정육면체 윗면에서는 $\vec{E} = (-34\ \text{N/C})\hat{\text{j}}$이고, 아랫면에서는 $\vec{E} = (+20\ \text{N/C})\hat{\text{j}}$이다. 정육면체에 들어 있는 알짜 전하량을 구하라.

24-5 전하 분포의 대칭성

전기장을 셈하는데 기껏해야 쿨롱 법칙과 등가인 방법을 개발하면서 왜 그리 힘을 쓰는가? 그 까닭은 전하분포의 대칭성이 클 때 가우스 법칙을 쓰면 셈을 쉽게 할 수 있기 때문이라고 이 장의 첫머리에서 말했다. 대칭적 전하 분포란 축을 중심으로 돌리거나 거울에 비쳐도 똑같아 보이게 전하가 배치된 것을 뜻한다. 그림 24-17은 대칭적인 물체의 몇 가지 예를 보여준다.

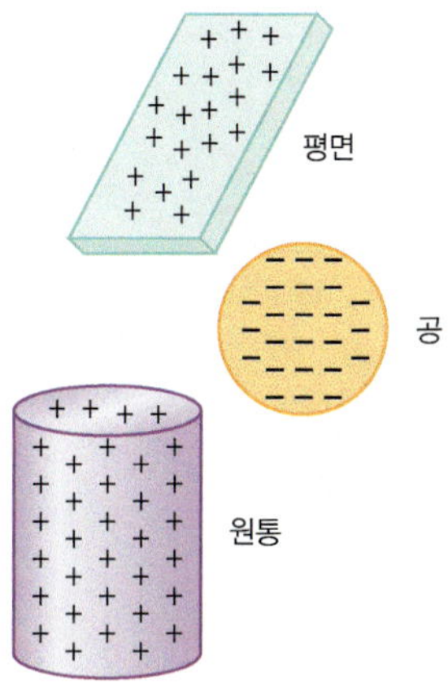

그림 24-17
대칭적으로 대전된 물체들—평면, 공, 원통.

전기장을 구하는데 가우스 법칙을 쓰려면 왜 전하분포가 대칭적이어야 하는가? 그 까닭은 전기장의 방향과 크기가 일정한 곡면을 찾는데 대칭성의 논리를 쓸 수 있기 때문이다. 곡면 전체에 걸쳐 전기장이 일정한 가상적인 가우스 면을 잡은 다음, 점곱을 셈하여 벡터를 스칼라로 바꿀 수 있다. 그때는 전기장의 크기가 적분면 위에서 상수이므로 전기장 벡터의 크기를 적분기호 밖으로 꺼낼 수 있다. 대충 설명한 위 단계를 따라가면 몇 가지 상황에서 가우스 법칙은 다음과 같이 고쳐 쓸 수 있다.

$$\oint E\cos\theta dA = E\oint \cos\theta dA = \frac{q^{\text{안}}}{\varepsilon_0}$$

전기장과 면 벡터 사이의 각 θ가 적분면 전체에 걸쳐 일정한 가우스 면을 찾을 수 있다면 더 좋은 상황이다. 그때는 전기장과 코사인 함수 모두를 적분기호 밖으로 꺼낼 수 있으므로 가우스 법칙은 다음과 같이 바뀐다.

$$(E\cos\theta)\oint dA = \frac{q^{\text{안}}}{\varepsilon_0}$$

dA에 대한 적분은 단순히 가우스 면의 전체 넓이여서, 셈이 아주 쉬우며, 그 값을 A로 나타내기로 한다. 따라서 곡면 전체에 걸쳐 전기장과 이루는 각 θ가 일정한 가우스 면을 찾을 수 있다면, 가우스 법칙의 적분을 실제로 하지 않아도 전하 분포가 만드는 전기장을 셈할 수 있다. 그때 전기장의 크기는 가우스 법칙에 따르면 다음과 같다.

$$E = \frac{q^{\text{안}}}{\varepsilon_0 A\cos\theta} \quad (E\text{와 }\theta\text{가 일정할 때}) \tag{24-8}$$

여기서 A는 가우스 면의 넓이, θ는 전기장과 각 면 벡터 사이의 각, $q^{\text{안}}$은 **가우스 면**으로 둘러싸인 알짜전하이다. 각 θ가 곡면 위의 곳에 따라 다르면, 적분을 θ가 일정한 부분으로 나누어 셈할 수 있다.

주의: 가우스 법칙을 쓸 수 있을 정도로 적절한 대칭성을 지닌 전하분포는 그다지 많지 않다. 점전하 하나와 공 대칭 전하 분포, 그리고 원통축에 대한 회전 대칭성을 가진 한없이 긴 원통과 평면 대칭성을 가진 한없이 큰 평면에 고르게 대전된 것이 있다. 다행히도 중요한 물리적 상황에는 이러한 모양이 많다. 그러므로 가우스 법칙은 매우 쓸모 있는 도구이다.

그러나 많은 전하 분포에서, 다음 식 왼쪽의 선속 적분을 셈하기가 너무 복잡하므로 가우스 법칙을 써서 전기장을 구할 수 없다.

$$\oint \vec{E}\cdot d\vec{A} = \frac{q^{\text{안}}}{\varepsilon_0}$$

이때도 가우스 법칙은 여전히 성립하지만 쓸모는 없다.

24-6 대칭적 전하 분포에서 가우스 법칙의 적용

바로 앞 절에서 설명한 것처럼 벡터 전기장의 일반적인 모양을 이미 알고 있다면 가우스 법칙을 쓸 수 있다. 어떤 때는 수식을 쓰거나 셈을 하지 않고도 전하 분포의 대칭성에서 전기장을 결정할 수 있다. 이때 가상의 닫힌 곡면을 잡고 가우스 법칙을 써서 곡면 위의 전기장의 크기를 셈한다. 이 절에서는 이 방법을 써서 대칭성이 아주 큰 세 가지 전하분포가 만드는 전기장을 결정한다.

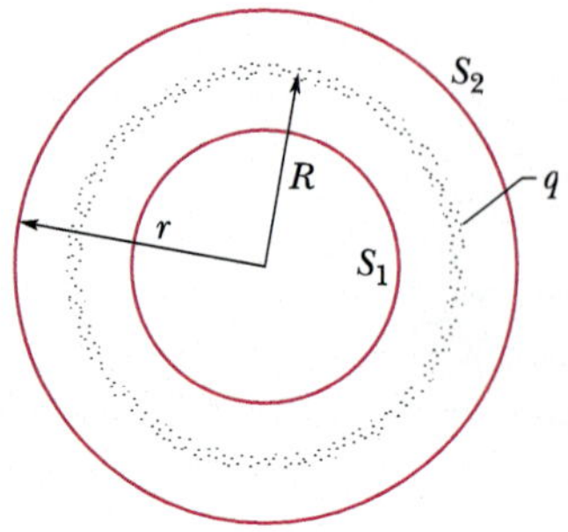

그림 24-18
총 전하가 q인 얇게 대전된 공 껍질의 단면. 두 가우스 면 S_1과 S_2의 단면도 나타나 있다. 곡면 S_2는 껍질을 둘러싸고 있고 S_1은 껍질 속 텅 빈 곳을 둘러싸고 있다.

• 전하껍질의 공 대칭성

그림 24-18은 반지름 R이고 총 양전하 q로 대전된 공 껍질과 이것을 둘러싼, 중심이 같은 두 공 모양의 가우스 면 S_1, S_2을 보여준다. (가우스 면의 모양을 전하분포의 대칭성에 맞추어 골랐음을 눈여겨보라.) 전하분포가 공 대칭적이므로 공 껍질을 중심에 대해 어떻게 돌려도 똑같아 보인다. 따라서 전기장도 공 대칭성을 가져야 하며, 전기장은 공 모양의 가우스 면 S_2 위 어디에서나 같아야 하고 방향은 반지름 쪽을 향해야 한다. 덧붙여 면 벡터는 S_2 위 어디에서나 반지름 쪽으로 바깥을 향하므로 전기장 $\vec{E}$와 넓이 $\vec{A}$ 사이의 각이 일정하다. 전하분포가 공 대칭적이므로 전기장도 S_2 위의 모든 곳에서 반지름 쪽을 향한다. 그러므로 각 θ는 일정하고 곡면의 모든 곳에서 $0°$이다. 그러면 곡면 S_2에 가우스 법칙을 적용하는 것은 식 24-8에서 E와 θ가 일정할 때 끌어냈던 전기장의 크기에 대한 다음 식을 셈하는 것이 된다.

$$E = \frac{q^{안}}{\varepsilon_0 A \cos\theta}$$

$\cos\theta = \cos 0 = 1$이고 반지름 r인 공(가우스 공)의 넓이는 $4\pi r^2$이다. 그러므로 $r \geq R$인 곳에서는 전기장의 크기가 다음 식과 같다.

$$E = \frac{1}{4\pi\varepsilon_0}\frac{q^{안}}{r^2} \quad (\text{공 껍질}, r \geq R) \tag{24-9}$$

놀라운 것은 껍질 밖에서는 전기장이 마치 전하를 띤 공 껍질이 하나의 점전하 q(점전하가 전하 껍질의 중심에 있다면)로 바뀐 것과 같다는 것이다. 그러므로 전하 q가 껍질에 고르게 퍼져 있다면 껍질 밖에 있는 작은 시험전하가 받는 힘은 공의 중심에 점전하 q가 있을 때와 같다.

> 전하 분포가 고른 공 껍질이 밖에 있는 대전된 입자에 주는 힘은 공 껍질의 모든 전하가 공의 중심에 모여 있을 때 주는 힘과 똑같다.

이 공 껍질 이론은 14-2절에서 중력에 대하여 뉴턴이 전개한 이론과 똑같다.

전하의 껍질 속에서는 전기장이 어떻게 될까? $r < R$인 곳에서 곡면 S_1에 가우스 법칙을 쓰면 가우스 면에 둘러싸인 전하가 없으므로 다음과 같다.

$$\vec{E} = 0 \quad (\text{공 껍질}, r < R) \tag{24-10}$$

그러므로 전하 분포가 고른 공 껍질 속에 들어 있는 작은 시험전하는 그 시험전하는 어떤 알짜 정전기력도 받지 않는다.

> 전하가 고르게 퍼진 공 껍질 속에 있는 대전 입자는 어떤 정전기력도 받지 않는다.

• 공 대칭 전하 분포

그림 24-19와 같은 공 대칭 전하분포는 중심이 같은 공 껍질을 모아 만들 수 있다. 이것은 핵 및 원자와 같이 전하분포가 공 모양에 가까운 물체에 대한 좋은 모형이다. 위에서 설명한 두 개의 껍질 이론을 쓰려면, 단위 부피당 전하로 정의되는 부피 전하밀도 ρ가 낱낱의 껍질 위의 모든 곳에서 똑같아야 하지만, 껍질마다 달라도 된다. 그러므로 전체적인 전하 분포에서 ρ는 오직 공의 중심까지의 반지름 방향의 거리 r에 따라 변할 수 있고, 방향에 대해서는 변하지 않는다. 그러면 '껍질 한 꺼풀씩' 전하분포의 효과를 조사할 수 있다.

그림 24-19a에서 모든 전하는 $r > R$인 가우스 면 속에 있다. 모든 전하가 마치 중심에 모여 점전하가 된 것처럼 가우스 면 위에 전기장을 만들고, 식 24-9를 쓴다.

그림 24-19b는 $r < R$인 가우스 면을 보여준다. 가우스 면 위의 전기장을 구하려면 두 무리의 전하 껍질 — 가우스 면 속에 있는 한 무리와 바깥에 있는 한 무리 — 을 고려한다. 가우스 면 *밖*에 있는 전하는 가우스 면 위에 알짜 전기장을 만들지 못한다. 가우스 법칙에 따르면 이 상황에서는 가우스 면으로 둘러싸인 전하는 마치 모든 전하가 중심에 모여 있는 것처럼 전기장을 만든다. 둘러싸인 전하를 q'으로 나타내면, 전기장의 크기는 다음 식과 같다.

$$E = \frac{1}{4\pi\varepsilon_0}\frac{q^{\text{안}}}{r^2} = \frac{1}{4\pi\varepsilon_0}\frac{q'(r)}{r^2} \quad (\text{공 대칭 전하분포}, r < R\text{인 곳의 전기장}) \tag{24-11}$$

이 식에서 $q'(r)$은 q'이 r의 함수임을 뜻한다. (q'과 r의 곱이 아니다.)

식 24-11은 공 대칭적 전하분포에 대해 유효하며, 전하분포는 공 대칭성만 유지된다면 균일하지 않아도 된다. 예를 들면 그림 24-19는 전하밀도가 공 대칭적이지만 공 중심 근처의 전하밀도가 바깥쪽 부분보다 더 큰 상황을 보여준다. 바꾸어 말하면 식 24-11은 $\rho = \rho(r)$ 또는 $\rho =$상수인 두 상황에서 모두 유효하다. 그러나 반지름 r인 공 껍질로 둘러싸인 전하 q'를 결정할 수 없다면 이 식은 쓸모가 없다.

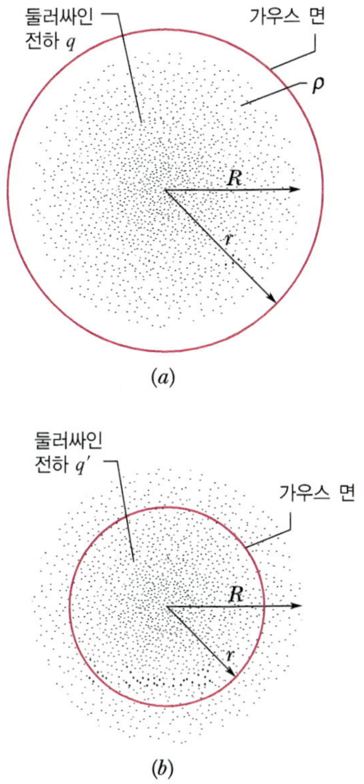

그림 24-19
부피 전하밀도 ρ가 오직 중심까지의 거리의 함수이고, 반지름이 R인 공 대칭 전하분포. 대전된 물체는 도체가 아니어서 전하가 그 자리에 고정되어 있다고 가정한다. (a)에는 $r > R$인 중심이 같은 공 모양의 가우스 면의 단면을 보여준다. (b) $r < R$인 가우스 면의 단면을 보여준다.

• 고른 전하분포의 공 대칭성

반지름 R인 공 속에 과잉 전하 q가 고르게 퍼져 있는 간단한 상황을 생각하자. 이때 공 속 어디에서나 공 속의 총전하로부터 전기장의 크기를 구할 수 있다.

반지름 R인 공 속에 총전하 q가 고르게 퍼져 있다면 그 공의 부피는 $\frac{4}{3}\pi R^3$이므로 부피 전하밀도는 (표 23-2에 제시된) 정의에 따라 다음과 같다.

$$\rho \equiv \frac{q}{V} = \frac{q}{\frac{4}{3}\pi R^3} \tag{24-12}$$

전하밀도가 상수이므로 반지름 r인 좀더 작은 공 속의 전하량은 부피 $V' = \frac{4}{3}\pi r^3$에 비례하므로 $q' = \rho V' = \rho\left(\frac{4}{3}\pi r^3\right)$이다. 식 24-12의 ρ에 이 값을 넣으면 다음과 같다.

$$q' = q\frac{r^3}{R^3} \tag{24-13}$$

이것을 식 24-11로 바꾸면 전기장의 크기는 공의 총 전하로 다음과 같다.

$$E = \left(\frac{|q|}{4\pi\varepsilon_0 R^3}\right) r \quad (\text{부피 전하밀도가 고를 때}, r < R\text{인 곳의 전기장}) \tag{24-14}$$

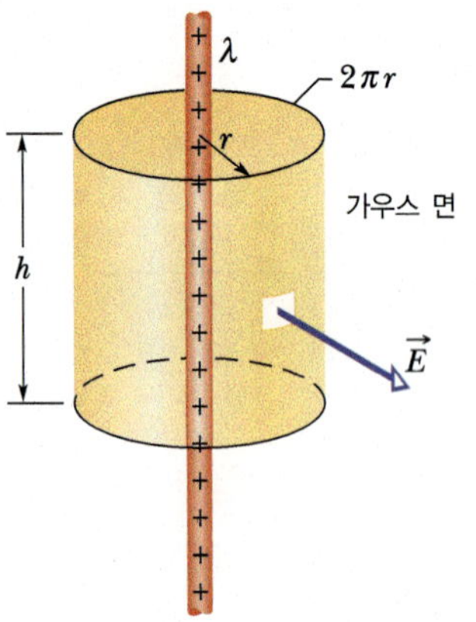

그림 24-20
고르게 대전된 매우 긴 원통꼴 플라스틱 막대의 한 부분을 닫힌 원통꼴 가우스 면이 둘러싸고 있다.

• 고른 선전하분포의 원통 대칭성

그림 24-20은 아주 길고 가는 원통꼴 플라스틱 막대의 한 부분을 보여주는데, 양전하가 고르게 퍼져, (표 23-2에서 정의된) 선전하밀도 λ가 상수이다. 막대의 바깥, 축까지의 거리가 r인 곳의 전기장 $\vec{E}$의 크기를 선전하밀도의 함수로 나타내자. 막대 양 끝의 효과를 무시할 수 있도록 r은 막대 길이에 비하여 작다고 가정한다.

막대의 원통 대칭성에 잘 맞는 가우스 면을 잡자: 가상의 곡면은 막대와 축이 같은 반지름 r, 길이 h인 원통이다. 가우스 면은 닫혀 있어야 하므로 원통 위아래에 뚜껑을 붙인다. 막대의 양 끝은 가우스 면의 두 뚜껑에서 아주 멀리 떨어져 있다.

막대의 축을 중심으로 막대를 돌리거나 축을 따라 유한한 거리만큼 이동시켜도, 막대의 생김새나 전하분포는 달라지지 않으며 따라서 막대를 둘러싼 전기장도 달라지지 않는다. 또한 막대의 양끝이 거꾸로 뒤집혀도 마찬가지다. 이것은 전기장의 본질에 대해 무엇을 알려주는가? 전기장 벡터에 원통면에 접하는 성분은 없고 전기장 벡터의 방향이 막대로부터 반지름 방향으로 나가거나 들어오는 성분만 있다. 그러므로 가우스 면의 원통 위 어디에나 전기장의 크기 $E = |\vec{E}|$는 같고, 방향은 (양전하를 띤 막대라면) 반지름 쪽으로 뻗어가야 한다는 결론이 나온다.

양쪽 뚜껑에서는 어디에서나 반지름 쪽으로 향하는 $\vec{E}$가 뚜껑면과 나란하다. 따라서 $\vec{E}$는 법선과 직교하고, 점곱은 0이 되어서 선속이 없다. 그러므로 원통면을 지나는 선속이 알짜 선속과 같다 ($\Phi^{알짜} = \Phi$). 원통의 둘레 길이는 $2\pi r$, 높이는 h이므로 원통면의 넓이 A는 $2\pi rh$이다. 원통면에서 $\vec{E}$의 선속은 다음과 같다.

$$\Phi_{일차} = EA\cos\theta = E(2\pi rh)\cos 0 = E(2\pi rh)$$

둘러싸인 전하는 선전하밀도로부터 구할 수 있다. 가우스 면에 둘러싸인, 길이 h인 막대의 전하는 다음과 같다.

$$q^{안} = \lambda h$$

그러므로 가우스 법칙은 다음과 같다.

$$E(2\pi rh) = |\lambda|\, h/\varepsilon_0$$

따라서 전기량의 크기는 다음과 같다.

$$E = \frac{|\lambda|}{2\pi\varepsilon_0 r} \quad \text{(길게, 고루 퍼진 전하가 만드는 전기장)} \qquad (24\text{-}15)$$

이것은 전하가 아주 긴 직선을 따라 고르게 퍼져 있을 때 그 주위에 생기는 전기장에 관한 식으로, 직선까지의 거리가 r인 곳의 전기장의 크기다. $\vec{E}$의 방향은 양전하라면 반지름을 따라 바깥쪽을, 음전하라면 안쪽을 향한다. 식 24-15는 또한 직선의 길이가 유한할 때는 (직선까지의 거리에 비해) 양 끝에서 너무 가깝지 않은 곳의 전기장에 대한 어림값이다.

• 전하가 고르게 퍼진 판

그림 24-21은 (표 23-2에 정의된 것처럼) 양전하가 면전하밀도 σ로 고르게 퍼진 얇고 매우 큰 판의 한 부분을 보여준다. 간단한 예를 들면 절연체로는 한쪽 면이 고르게 대전된 얇은 플라스틱 랩으로 된 큰 판이 적당하고, 도체판으로는 알루미늄 호일이 적당하다. 고르게 대전된 판에서 거리 r

인 곳의 전기장 $\vec{E}$를 구해보자. 그곳은 판의 가두리에서 멀리 있고 판의 두께는 r보다 매우 작다고 가정한다.

이때는 가우스 면을 판 모양에 상관없이 그림 24-21a와 같이 둥근 원통으로 잡는 것이 좋다. 원통의 위아래 면은 넓이는 A이고 판에서 같은 거리에 있다. 대칭성(이 절에서 앞부분에 썼던 것과 같은 또는 앞 장의 그림 23-12와 그림 23-13에 묘사한 것과 같은)을 쓰면 $\vec{E}$은 판에 수직이어야 하고 따라서 양쪽 뚜껑과도 수직이다. 또한 양전하이므로 $\vec{E}$는 판에서 멀어지는 쪽이고, 따라서 전기장 벡터는 두 가우스 뚜껑에서 바깥쪽으로 향한다. 원통의 옆면에서는 전기장 벡터가 옆면의 법선 벡터와 직교하므로 이 부분에서는 선속이 없다. 그러므로 $\vec{E}\cdot d\vec{A}$는 간단히 EdA($\vec{E}$와 $d\vec{A}$의 크기의 곱)이다. 이 경우 가우스 법칙(식 24-7)의 왼쪽은 다음과 같다.

$$\oint \vec{E}\cdot d\vec{A} = \int_{\text{양쪽 뚜껑}} EdA = EA + EA = 2EA$$

원통으로 둘러싸인 판의 전하량은 다음과 같다.

$$q^{\text{안}} = \sigma A$$

따라서 가우스 법칙은 다음과 같다.

$$2EA = \frac{\sigma A}{\varepsilon_0}$$

그러므로 전기량의 크기는 다음과 같다.

$$E = \frac{|\sigma|}{2\varepsilon_0} \quad \text{(전하가 고르게 퍼진 판)} \qquad (24\text{-}16)$$

이 식은 판이 도체이건 절연체이건 전하의 층이 얇으면 쓸 수 있다.

식 24-16은 고르게 대전된 넓은 판 바깥 어디에서나 전기장의 크기는 같고 방향은 판에 수직임을 알려준다. 결과가 매우 놀랍다! 알짜전기장이 판에 수직이라는 사실은 대칭성으로 설명할 수 있다. 그러나 어떻게 대전된 판에서 점점 멀어지는데 전기장이 약해지지 않을까? 그 답은 판에서 멀리 있을 때 전하의 영향을 따져보면 알 수 있다. 시험전하를 판에 아주 가까이 두면, 그것이 받는 힘은 가장 가까운 전하가 지배적으로 결정한다. 시험전하가 판에서 점점 멀어진다면, 가장 가까운 판 전하의 영향은 약해지지만 이웃에 있는 전하들이 전기장 벡터의 수직성분에 기여하기 시작하여 가까운 판 전하의 영향이 줄어드는 것을 보충해 준다. 시험전하가 더 멀리 가면 가장 가까운 전하와 근처의 전하의 영향은 줄어들지만 주변의 전하들이 더 많이 작용하기 시작한다.

식 24-16은 낱낱의 전하가 만드는 전기장 성분들을 적분하여 구하는 것과 같다. 적분 셈은 긴 시간이 걸리는 어려운 문제인데, 가우스 법칙을 쓰면 셈이 얼마나 쉬워지는지에 보라. 이것이 이 장 전체를 가우스 법칙에 쏟는 이유이다. 전하의 배열에 어떤 대칭성이 있으면 전기장 성분을 적분하는 것보다 가우스 법칙을 쓰는 것이 더 쉽다.

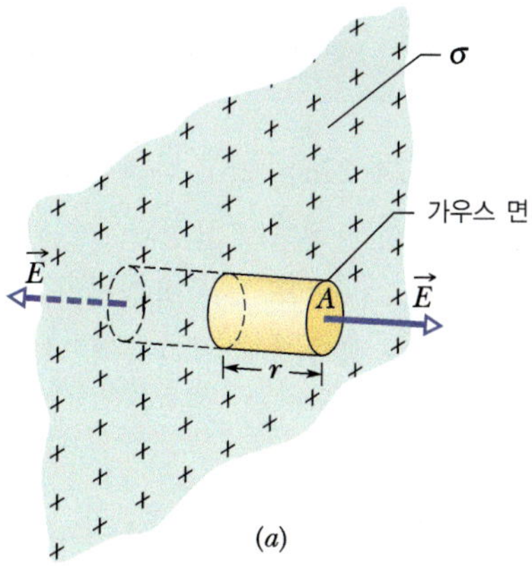

(a)

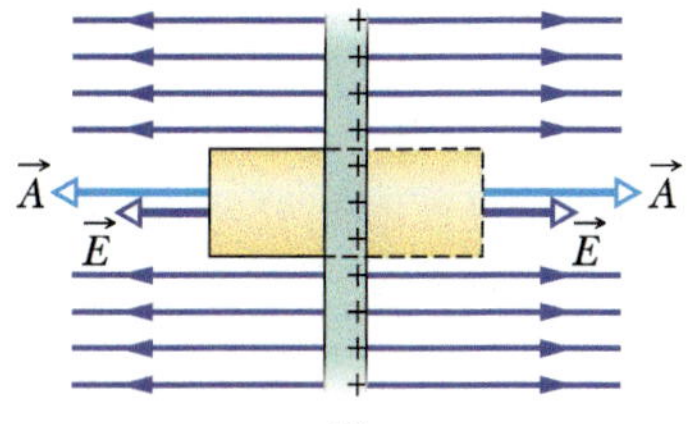

(b)

그림 24-21
전하가 면전하밀도 σ로 고르게 퍼진, 매우 크고 얇은 플라스틱 판의 한 부분에 대한 투시도(a)와 측면도(b). 닫힌 원통꼴의 가우스 곡면이 판을 뚫고 지나가며 곡면은 판과 직교한다.

생각해보기 24-3 그림과 같이 정사각형 절연판 위에 9개의 전하가 고르게 퍼진 것을 생각하자. 가운데 전하를 지나는 법선 위 어디에서나 전기장 벡터가 판에 나란한 성분이 없다는 것을 대칭성을 따져서 설명하라.

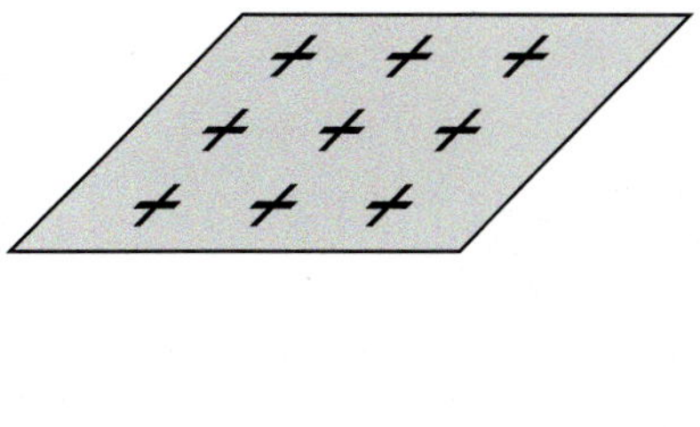

따라해보기 24-3 | 두 대전판에서의 $\vec{E}$

그림 24–22*a*는 넓고 나란한 두 절연체 판의 일부로서 각각 한쪽 면에 전하가 고르게 고정되어 있다. 면전하밀도는 양전하가 고정된 판은 $\sigma_{(+)} = 6.8\,\mu\text{C/m}^2$, 음전하가 고정된 판은 $\sigma_{(-)} = -4.3\,\mu\text{C/m}^2$이다.

다음 상황에서 전기장의 크기 $|\vec{E}|$를 구하라: (a) 판의 왼쪽, (b) 판 사이, (c) 판의 오른쪽

풀이 ■ **요점**은 그림 24–22*a*의 판의 전기장을 구하려면, 고정된 전하에 대해 (1) 낱낱의 판이 하나만 있는 것처럼 전기장을 구하고, (2) 중첩의 원리를 써서 낱낱의 판이 만드는 전기장을 더하면 된다는 것이다. (낱낱의 판이 만드는 전기장의 방향은 같거나 반대쪽이므로 벡터합이 간단하다.) 양전하를 띤 판이 만드는 전기장의 크기 $E_{(+)}$는, 식 24–16에 따라 어디에서나 다음과 같다.

$$|\vec{E}_{(+)}| = \frac{|\sigma_{(+)}|}{2\varepsilon_0} = \frac{6.8\times10^{-6}\,\text{C/m}^2}{(2)(8.85\times10^{-12}\,\text{C}^2/\text{N}\cdot\text{m}^2)} = 3.84\times10^5\,\text{N/C}$$

마찬가지로 음전하를 띤 판이 만드는 전기장의 크기 $|\vec{E}_{(-)}|$는 어디에서나 다음과 같다.

$$|\vec{E}_{(-)}| = \frac{|\sigma_{(-)}|}{2\varepsilon_0} = \frac{4.3\times10^{-6}\,\text{C/m}^2}{(2)(8.85\times10^{-12}\,\text{C}^2/\text{N}\cdot\text{m}^2)} = 2.43\times10^5\,\text{N/C}$$

그림 24–22*b*는 두 판의 왼쪽, 사이, 오른쪽에 생기는 전기장을 보여준다.

세 영역에 생기는 알짜 전기장은 중첩 원리를 따른다. 두 판의 왼쪽에서 전기장의 크기는 다음과 같다.

$$|\vec{E}_{\text{왼쪽}}| = |\vec{E}_{(+)}| - |\vec{E}_{(-)}|$$
$$= 3.84\times10^5\,\text{N/C} - 2.43\times10^5\,\text{N/C} = 1.4\times10^5\,\text{N/C} \quad \text{(답)}$$

$|\vec{E}_{(+)}|$가 $|\vec{E}_{(-)}|$보다 크므로 이 영역에서 알짜 전기장 $\vec{E}_{\text{왼쪽}}$은 그림 24–22*c*처럼 왼쪽을 향한다. 두 판의 오른쪽에서 전기장 $\vec{E}_{\text{오른쪽}}$은 그림 24–22*c*에서 나타나는 것처럼 크기는 같지만 오른쪽을 향한다. 두 판 사이에서는 두 전기장을 더하면 다음과 같다.

$$|\vec{E}_{\text{사이}}| = |\vec{E}_{(+)}| + |\vec{E}_{(-)}|$$
$$= 3.84\times10^5\,\text{N/C} + 2.43\times10^5\,\text{N/C} = 6.3\times10^5\,\text{N/C} \quad \text{(답)}$$

전기장 $\vec{E}_{\text{사이}}$는 오른쪽을 향한다.

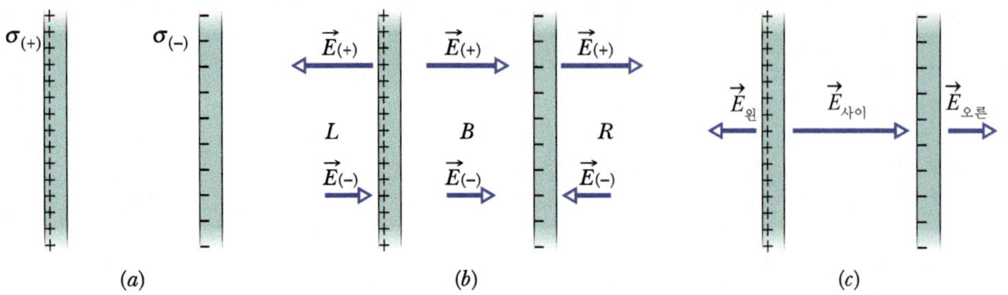

그림 24–22
(*a*) 한 면이 고르게 대전된 두 개의 넓고 나란한 절연판. (*b*) 두 대전판이 만드는 전기장. (*c*) 중첩 원리를 써서 구한 두 대전판이 만드는 알짜 전기장.

연습문제 24-6

11. 도체 공

반지름 10 cm인 도체 공에 어떤 전하가 있다. 공의 중심에서 15 cm 되는 곳의 전기장의 크기가 3.0×10^3 N/C이고, 반지름 방향으로 안쪽을 가리킨다면, 공의 알짜 전하는 얼마인가?

12. 선속을 만드는 전하

점전하를 중심으로 반지름 10.0 cm인 공 모양의 가우스 면을 지나가는 전기 선속이 −750 N · m²/C이다. (a) 가우스 면의 반지름이 두 배가 된다면, 가우스 면을 지나가는 선속은 얼마일까? (b) 점전하의 값은 얼마인가?

13. 러더퍼드

1911년의 논문에서 러더퍼드는 다음과 같이 말했다. "어떤 큰 각도로 α 입자를 편향시키는 힘의 원천에 대해 생각해 보기 위해, 원자를 양전하 Ze가 중심에 점전하로 있고, 음전하 $-Ze$는 반지름 R인 공 속에 고르게 퍼져있는 것으로 생각하자. 원자 속, 중심에서 거리 r인 곳의 전기장은 다음과 같다.

$$E = \frac{Ze}{4\pi\varepsilon_0}\left(\frac{1}{r^2} - \frac{r}{R^3}\right)\text{"}$$

이 식을 증명하라.

14. 중심이 같은 공

중심이 같은, 대전된 두 공의 반지름이 각각 10.0 cm와 15.0 cm이다. 안쪽 공의 전하는 4.00×10^{-8} C, 바깥쪽 공의 전하는 2.00×10^{-8} C이다. (a) $r = 12.0$ cm와 (b) $r = 20.0$ cm에서의 전기장을 구하라.

15. 양성자

속력 $v = 3.00 \times 10^5$ m/s인 양성자가 반지름 $r = 1.00$ cm인 대전된 공 바로 바깥 쪽 궤도를 돌고 있다. 공의 전하는 얼마인가?

16. 껍질의 중심에 놓인 전하

점전하 $+q$가 안쪽 반지름 a, 바깥 반지름 b인 전기적으로 중성인 도체 공 껍질의 중심에 있다. (a) 껍질의 안쪽 면과 (b) 바깥쪽 면에서 전하는 얼마인가? 껍질 중심으로부터 거리 r인 곳에서 (c) $r < a$, (d) $b > r > a$, (e) $r > b$일 때의 알짜 전기장은 얼마인가? 이들 세 영역에서의 전기력선을 그려라. $r > b$일 때, (f) 중심의 점전하 더하기 안쪽의 표면 전하와 (g) 바깥쪽의 표면 전하에 의한 알짜전기장은 얼마인가? 이제 점전하 $-q$가 껍질의 바깥쪽에 있다. 이 점전하가 (h) 바깥쪽 표면과 (i) 안쪽 표면의 전하 분포를 바꾸겠는가? 이 전기력선을 그려라. (j) 두 번째 점전하가 정전기력을 받는가? (k) 첫 번째 점전하가 알짜 정전기력을 받는가? (l) 이 상황이 뉴턴의 제3 법칙에 어긋나는가?

17. 딱딱한 절연체 고체 공

반지름 R인 딱딱한 절연체 공에 전하가 부피 전하밀도 $\rho = \rho_o r/R$로 고르지 않게 퍼져 있다. 식에서 ρ_o은 상수, r은 공의 중심까지의 거리다. (a) 공의 총 전하는 $Q = \pi\rho_o R^3$임과, (b) 공 속의 전기장의 크기는 $|\vec{E}| = k\dfrac{|Q|}{R^4}r^2$임을 보여라.

18. 수소 원자

수소 원자는 중심에 전하량 $+e$인 점 같은 양성자와 둘레에 전하량 $-e$인 전자가 부피 전하밀도 $\rho = A\exp(-2r/a_1)$로 퍼져 있는 것으로 볼 수 있다. 여기서 A는 상수이고, $a_1 = 0.53 \times 10^{-10}$ m는 보어 반지름(Bohr radius)이고, r은 원자의 중심까지의 거리다. (a) 수소는 전기적으로 중성이라는 사실에 근거하여, A를 구하라. (b) 그리고 보어 반지름에서 원자가 만드는 전기장을 구하라.

19. 반지름 a인 공

그림 24-23에 반지름이 a이고 부피 전체에 걸쳐 알짜 전하 $+q$가 고르게 퍼진 절연체 공이 안쪽 반지름 b, 바깥 반지름 c인 도체 공 껍질과 중심이 같다. 이 껍질의 알짜 전하는 $-q$이다. (a) 공 속 $(r < a)$, (b) 공와 껍질 사이 $(a < r < b)$, (c) 껍질 안쪽 $(b < r < c)$, (d) 껍질 바깥쪽 $(r > c)$의 전기장에 대한 식을 반지름 r의 함수로서 나타내어라. (e) 껍질의 안쪽과 바깥쪽에서의 전하는 얼마인가?

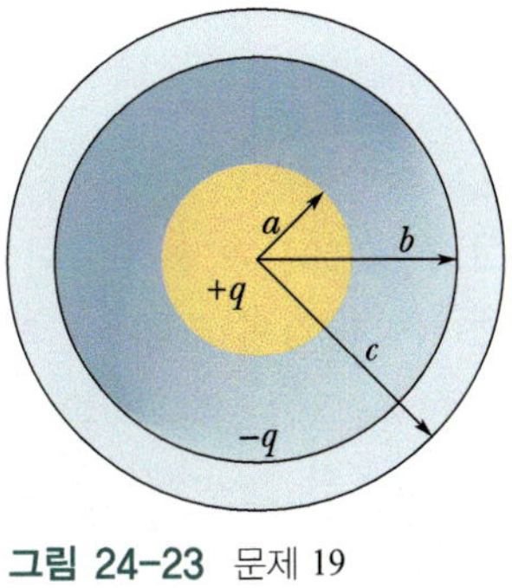

그림 24-23 문제 19

20. 고른 부피 전하밀도

그림 24-24a는 고른 부피 전하 밀도로 대전된 공 껍질을 보여준다. 껍질이 중심까지의 거리 r이 0에서 30 cm까지의 범위에 있을 때 껍질이 만드는 전기장 E의 그림표를 그려라. $\rho = 1.0 \times 10^{-6}$ C/m^2, $a = 10$ cm, $b = 20$ cm라고 가정하라.

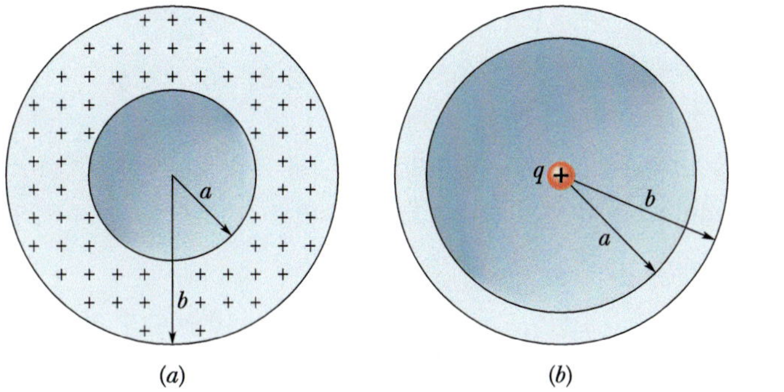

그림 24-24 문제 20, 21

21. 절연체 공 껍질

그림 24-24b의 안쪽 반지름 a, 바깥 반지름 b인 절연체 공 껍질의 부피 전하밀도가 $\rho = A/r$이다(자신의 두께 범위 내에서). 여기서 A는 상수이고, r은 껍질에서 중심까지의 거리다. 아울러, 점전하 q가 중심에 있다. 껍질 속$(a \le r \le b)$의 전기장이 일정하려면 A는 어떤 값이어야 하는가? (**실마리**: 상수 A는 b가 아니라, a와 관련된다.)

22. 증명하기

절연체 공이 고른 부피 전하밀도 ρ를 가진다. 공의 중심에서 공 속의 어떤 점까지의 벡터를 $\vec{r}$로 두자. (a) 점 P에서의 전기장이 $\vec{E} = \rho\vec{r}/3\varepsilon_0$임을 보여라. (결과는 공의 반지름과 무관함에 유의하라.) (b) 그림 24-25와 같이, 공 모양의 구멍을 파냈다. 중첩 개념을 써서 구멍 속에서의 모든 곳에서 전기장이 고르고, $\vec{E} = \rho\vec{a}/3\varepsilon_0$임을 보여라. 여기서 $\vec{a}$는 공의 중심에서 구멍의 중심까지의 위치 벡터이다. (이 결과는 공과 구멍의 반지름에 무관함에 유의하라.)

그림 24-25 문제 22

23. 공 대칭성

고르지 않지만 공대칭성을 띤 전하 분포가 만드는 전기장의 크기는 $|\vec{E}| = Kr^4$, 방향은 공의 중심에서 반지름을 따라 바깥쪽이다. 여기서 r은 중심까지의 거리, K는 상수로서 값은 양수이다. 전하 밀

도 ρ를 구하라.

24. 긴 금속 관

그림 24-26은 길고 얇은 금속관을 나타낸 것으로 관의 표면에서 단위 길이당 양의 전하가 λ이고, 반지름 R이다. (a) $r > R$인 때와, (b) $r < R$인 두 경우에 대하여, 관의 중심축으로부터의 거리 r로 나타낸 방정식 $|\vec{E}|$를 유도하라. $\lambda = 2.0 \times 10^{-8}\,\text{C/m}$, $R = 3.0\,\text{cm}$라고 가정하여, $r = 0$에서 $r = 5.0\,\text{cm}$까지의 범위에 대한 결과를 그림표로 그려라. (**실마리**: 금속관과 축이 같은 원통 가우스면을 써라.)

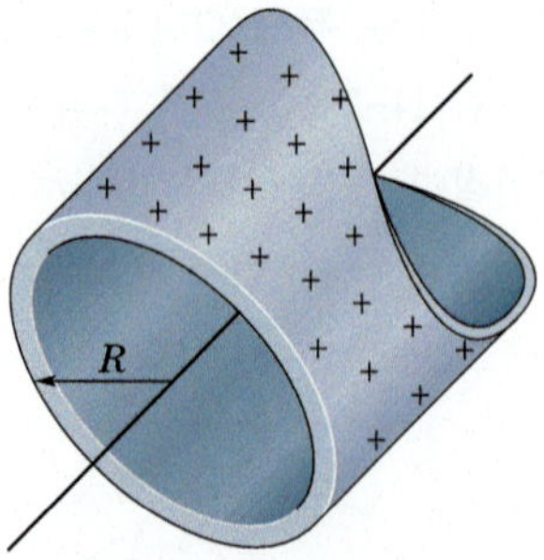

그림 24-26 문제 24

25. 대전된 긴 직선

대전된 긴 직선도선이 2 m 떨어진 곳에 $4.5 \times 10^4\,\text{N/C}$의 전기장을 만든다. 선전하밀도를 셈하라.

26. 긴 직선도선

긴 직선도선에 선전하밀도 $-3.6\,\text{nC/m}$인 음전하가 고정되어 있다. 도선과 축이 같고 바깥쪽의 반지름이 1.5 cm인 얇은 절연체 원통으로 도선을 둘러싸려고 한다. 원통은 바깥에서 알짜 전기장이 0이 되도록 바깥 면에 면전하밀도 σ로 전하를 가져야 한다. 필요한 σ를 구하라.

27. 원통꼴 막대

총 전하 $+q$, 길이 L인 매우 긴 도체 원통꼴 막대가 그림 24-27과 같이 총전하 $-2q$인 같은 길이의 도체 원통꼴 껍질로 둘러싸여있다. 가우스 법칙을 써서 (a) 도체 껍질 바깥의 전기장, (b) 껍질에서의 전하분포, (c) 껍질과 막대 사이의 영역에서의 전기장을 구하라. 끝 부분에서 전기장이 굽는 효과는 무시하라.

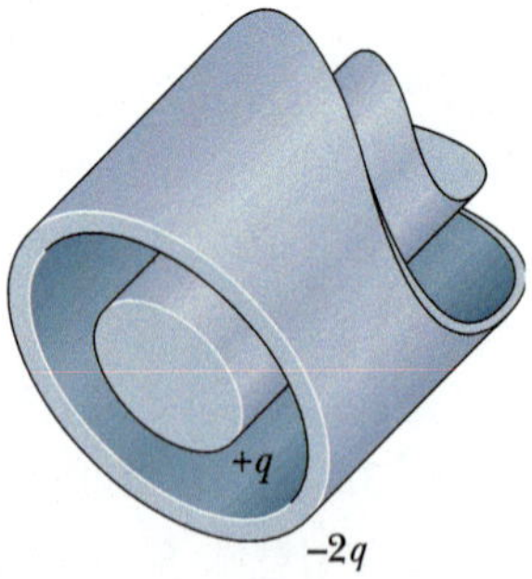

그림 24-27 문제 27

28. 속이 찬 원통

반지름 4.0 cm인 기다란, 속이찬 절연체 원통에, 부피 전하 밀도 ρ가 원통 축까지의 거리 r의 함수로, $\rho = Ar^2$ ($A = 2.5\,\mu\text{C/m}^5$)이다. 원통 축까지의 거리가 (a) 3.0 cm, (b) 5.0 cm인 곳의 전기장의 크기는 얼마인가?

29. 중심이 같은 두 원통

두 개의 길고 대전된, 중심이 같은 원통의 반지름이 각각 3.0과 6.0 cm이다. 바깥 원통은 속이 비어 있다. 단위 길이당 전하는 안쪽 원통이 $5.0 \times 10^{-6}\,\text{C/m}$, 바깥 원통이 $-7.0 \times 10^{-6}\,\text{C/m}$이다. 공통 중심축으로부터의 반지름 방향의 거리를 r이라고 할 때, (a) $r = 4.0\,\text{cm}$, (b) $r = 8.0\,\text{cm}$에서의 전기장을 구하라.

30. 가이거 계수기

그림 24-28은 이온화 방사선(원자를 이온화시키는 방사선)을 탐지하는데 쓰이는 가이거 계수기이다. 계수기는 양전하를 띤 가는 중심 도선과 이를 중심으로 둘러싼 같은 양의 음전하를 띤 도체 원통으로 되어 있다. 그러므로 원통 속에 강한 전기장이 반지름 쪽으로 생긴다. 원통 속에는 저압의 불활성 기체가 들어 있다. 방사선 입자가 원통 벽을 지나 장치 속으로 들어가면, 기체원자를 조금 이온화시킨다. 이로부터 생긴 (그림에서 e라고 표시한) 자유전자는 중심도선으로 끌려간다. 그러나 자유전자는 매우 강한 전기장 때문에 가속되어 에너지를 얻는데, 그 에너지로 다른 기체 원자와의 충돌할 때 그 원자를 이온화시킬 수 있다. 그 때문에 좀 더 많은 자유전자가 생겨나고, 전자가 도선에 이를 때까지 이 과정이 되풀이된다. 이렇게 생긴 전자들의 '사태(avalanche)'는 도선에 수집되어 애초의 방사선 입자 경로를 기록하는데 쓰는 신호가 된다. 중심 도선의 반지름이 25 μm, 원통 반지름이 1.4 cm, 그리고 관 길이는 16 cm이다. 원통의 안쪽 벽 전기장이 $2.9 \times 10^4\,\text{N/C}$라면, 중심 도선의 총 양전하는 얼마인가?

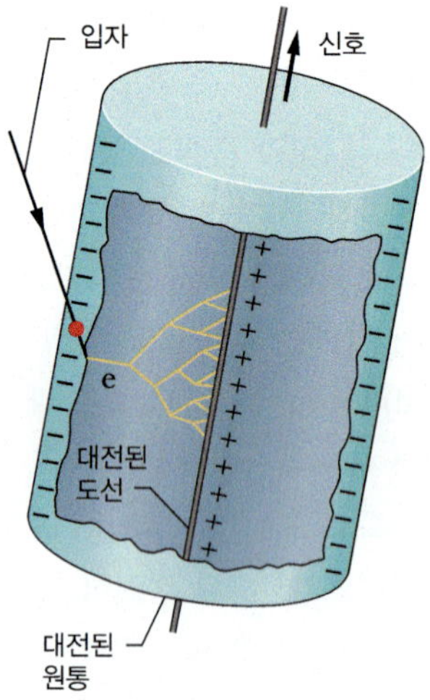

그림 24-28 문제 30

31. 고르게 퍼진 전하

한없이 긴, 반지름 R인 원통 전체에 전하가 고르게 퍼져 있다. (a) 원통 축까지의 거리가 r($r < R$일 때)인 곳의 전기장은 다음과 같음을 보여라. 식에서 ρ는 부피 전하밀도이다.

$$|\vec{E}| = \frac{\rho r}{2\varepsilon_0}$$

(b) $r > R$인 곳의 $|\vec{E}|$에 대한 식을 써라.

32. 평행 판

그림 24-29는 양전하가 면전하밀도 σ로 똑같이 퍼져 있는 두 개의 커다란 절연체 평행 판의 단면을 보여준다. (a) 판 위에서, (b) 평행 판 사이에서, (c) 판 아래에서 $|\vec{E}|$는 각각 얼마인가?

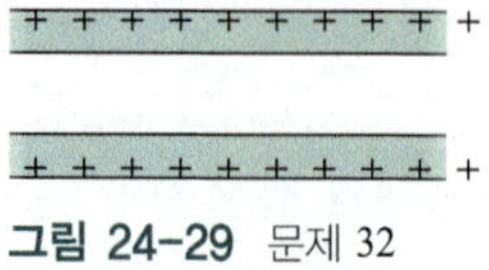

그림 24-29 문제 32

33. 정사각형 금속 판

한 모서리 길이가 8.0 cm인, 두께를 무시할 수 있는 정사각형 금속판이 총 전하 6.0×10^{-6} C을 가지고 있다. (a) 판의 양쪽 면에 전하가 고르게 퍼져 있을 때, 판의 중심 바로 옆(예컨대, 거리가 0.50 mm인 곳)에서의 전기장의 크기 E를 구하라. (b) 판을 점전하라고 볼 때, 거리 30 m인 곳(판의 크기에 비해 상당히 먼 거리)에서의 E를 구하라.

34. 얇은 금속판

크고 얇은 금속판 두 장이 나란히, 아주 가까이 놓여 있다. 두 판의 안쪽 면에 부호가 반대인 전하가 퍼져있다. 과잉 전하밀도의 크기는 $|\sigma| = 7.0\times10^{-22}$ C/m^{2}이고, 왼쪽 판이 음전하를 띠고 있다. 두 판의 (a) 왼쪽, (b) 오른쪽, (c) 사이에서 전기장 $|\vec{E}|$의 크기와 방향은 각각 얼마인가?

35. 실에 매달린 공

그림 24-30과 같이, 질량 $m = 1.0$ mg, 전하 $q = 2.0\times10^{-8}$ C(공의 부피 전체에 고르게 퍼져 있음)인 작은 절연체 공이 절연된 실로, 고르게 대전된 수직 절연체 판과 각도 $\theta = 30°$로 매달려 있다. 공이 받는 중력을 고려하고, 판이 한없이 크다고 가정하여, 판의 면전하밀도 σ를 셈하라.

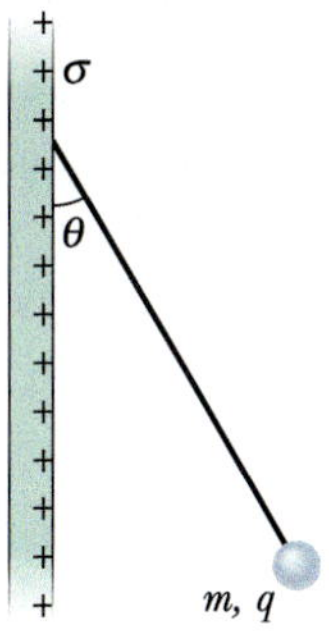

그림 24-30
문제 35

36. 커다란 금속판

넓이 1.0 m^{2}인 금속판 두 장이 서로 마주하고 있다. 간격은 5.0 cm이며, 안쪽 면에 크기는 같고 부호가 반대인 전하가 퍼져 있다. 두 판 사이의 전기장의 크기 $|\vec{E}|$가 55 N/C라면, 낱낱의 판의 전하량은 얼마인가? 가장자리 효과는 무시하라.

37. 발사된 전자

과잉 음전하가 면전하밀도 2.0×10^{-6} C/m^{2}로 퍼진, 커다란 쇠판의 중심을 향해 전자를 똑바로 쏘았다. 전자의 처음 운동에너지가 100 eV이고, (쇠판의 정전기적 반발 때문에) 판에 이르자마자 선다면, 판에서 얼마나 떨어진 곳에서 전자를 쏘아야 하는가?

38. 평면 널판

두께 d인 평면 널판의 부피 전하밀도가 고르게 ρ이다. 널판의 (a) 속과 (b) 바깥의 모든 곳의 전기장의 크기를 널판의 중심면에 대해 잰 거리 x로 나타내라.

24-7 가우스 법칙과 쿨롱 법칙

가우스 법칙과 쿨롱 법칙이 같다면, 한 법칙에서 다른 법칙을 끌어낼 수 있어야 한다. 여기서는 가우스 법칙과 대칭성을 약간 따져 쿨롱 법칙을 끌어낸다.

그림 24-31은 양의 점전하 q가 중심에 있는 반지름 r인 공 모양의 가우스 면을 보여준다. 이 면을 작은 조각 $d\vec{A}$로 나누어보자. 정의에 따라, $d\vec{A}$는 면과 수직이고, 안에서 밖을 향한다. 상황의 대칭성으로부터 어느 곳의 전기장 $\vec{E}$도 면에 수직이고, 안에서 밖을 향함을 알 수 있다. 그러므로 $\vec{E}$와 $d\vec{A}$ 사이의 각 θ가 0이므로 식 24-7의 가우스 법칙을 다음과 같이 쓸 수 있다.

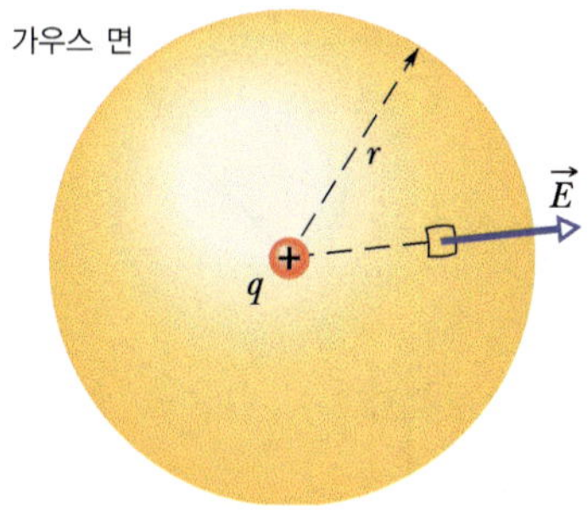

그림 24-31
점전하 q를 중심으로 한 가우스 구면

$$\oint \vec{E}\cdot d\vec{A} = \oint E\,dA = \frac{q^{안}}{\varepsilon_0} = \frac{q}{\varepsilon_0} \tag{24-17}$$

벡터 $\vec{E}$의 크기는 q까지의 거리의 함수이므로, 공 표면 어디에서나 같다. 이 방정식의 적분은 공 표면에 대한 것이므로 전기장의 크기($E = |\vec{E}|$)는 적분할 때는 상수가 되어 적분 기호 밖으로 끄집어 낼 수 있다. 그 결과는 다음과 같다.

$$\varepsilon_0 E \oint dA = q \tag{24-18}$$

이제 적분은 단지 공 표면의 조각의 넓이 dA를 더하는 것이므로 공 표면의 넓이 $4\pi r^2$가 된다. 이것을 넣으면 다음과 같다.

$$\varepsilon_0 E(4\pi r^2) = q$$

따라서 다음 결과를 얻는다.

$$E = \frac{1}{4\pi\varepsilon_0}\frac{q}{r^2} = k\frac{q}{r^2} \tag{24-19}$$

이 식은 점전하가 만드는 전기장을 쿨롱 법칙을 써서 구한 것(식 23-8)과 똑같다. 그러므로 점전하 하나가 만드는 전기장에 대하여 가우스 법칙과 쿨롱 법칙이 같은 결과를 냄을 보였다. 그렇지만 가우스 법칙은 전하가 복잡하게 배열되어 있을 때도 유효하다. 중첩 원리를 쓰면 전하 배열이 만드는 전기장에 대한 정보도 가우스 법칙이나 쿨롱 법칙 어느 것을 써서 얻어도 역시 같다는 것을 보여줄 수 있다. 두 법칙의 차이는 다음과 같다. 점전하 몇 개가 배열되어 있을 때는 쿨롱 법칙을 쓰는 것이 더 쉽고, 24-6절에서 설명한 것과 같이 대칭성이 큰 전하 분포에서는 가우스 법칙을 쓰는 것이 더 쉽다. 또 다른 상황에서는 어느 법칙을 써도 쉽지 않다.

생각해보기 24-4 고립된 대전 입자를 둘러싼 반지름 r인 가우스 공 표면의 알짜 선속이 $\Phi^{알짜}$이다. 가우스 공 표면을 다음과 같이 바꿀 때, 새 가우스 면에서의 알짜 선속은 애초의 알짜 선속 $\Phi^{알짜}$보다 클지, 작을지, 같을지 답하라.

(a) 더 큰 가우스 공 표면

(b) 모서리까지의 거리가 똑같이 r인 정육면체 가우스 면

(c) 모서리까지의 거리가 $2r$인 정육면체 가우스 면

24-8 대전된 고립 도체

고립 도체에 대한 중요한 정리를 가우스 법칙으로 증명할 수 있다.

> 고립된 도체에 과잉 전하가 있다면, 그 전하는 모두 도체 표면으로 이동한다. 전하 이동이 끝나면, 도체의 속에는 어떤 과잉 전하도 없다.

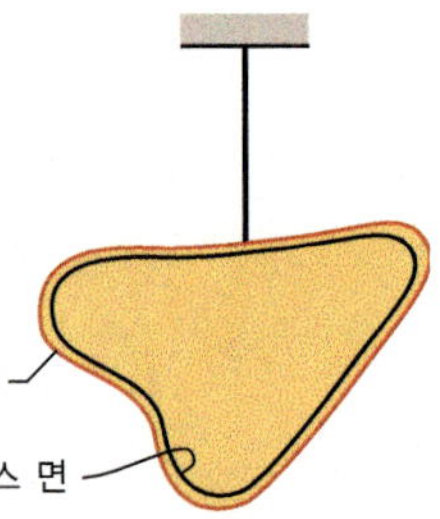

(a)

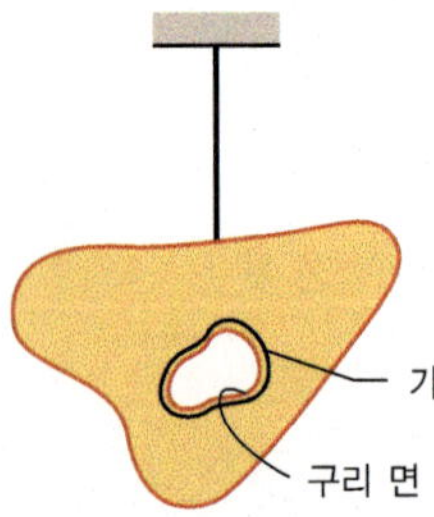

(b)

그림 24-32
(a) 전하량 q를 띤 구리 덩어리가 절연된 실에 매달려 있다. 가우스 면은 실제 표면의 바로 안쪽에 있다. (b) 구리 덩어리의 속에 구멍이 있다. 가우스 면은 덩어리 안 구멍의 표면 가까이에 있다.

부호가 같은 전하들은 서로 밀어낸다는 것을 생각하면, 이치에 맞는 것처럼 보일 수도 있다. 추가된 전하들은 표면을 따라 움직여 될 수 있는 한 서로 멀리 있으려고 한다고 상상할 수도 있지만 그렇다고 꼭 표면에만 있어야 할 까닭도 없다. 가우스 법칙으로 가우스 법칙을 증명해보자.

그림 24-32a는 절연된 실에 매달린, 과잉 전하 q를 가진 고립된 구리 덩어리의 단면을 보여준다. 도체의 실제 표면 바로 안쪽에 가우스 면을 그린다.

과잉 전하가 일단 이동을 멈추면, 이 도체 속의 전기장은 0이 되어야 한다. 그렇지 않다면 구리와 같은 도체 속에 늘 있는 전도 (자유) 전자가 전기장의 힘을 받아 움직일 것이므로, 도체 속에 전류가 계속 흐를 것이다. (즉, 전하가 도체 속에서 이리저리 돌아다닐 것이다.) 물론, 고립된 도체 속에서 전류가 그렇게 계속 유지될 수 없다. 따라서 도체 속에서는 전기장이 0이다.

도체를 충전시킬 때 내부 전기장이 실제로 생긴다. 그러나 추가된 전하는 알짜 내부 전기장 — 안과 밖의 모든 전하들이 만드는 전기장 벡터의 합 — 이 0이 되게 스스로 재빨리 움직인다. 그러고 나서 전하의 운동 에너지를 흩뜨리고 결국 전하를 서게 만드는 도체 속의 저항 때문에 전하의 이동은 끝난다. 알짜 전기장이 0이므로 낱낱의 전하가 받는 알짜 힘은 0이다. 그러므로 일단 도체 속의 저항 때문에 전하들이 서면, 전하들은 그 상태를 유지한다. 어떤 특별한 물질들은 매우 낮은 온도에

서 '초전도체'가 될 수 있고, 전하가 저항 없이 움직일 수 있다. 따라서 이러한 물질에서는 전류가 오랫동안 유지된다.

구리 속 어디에서나 $\vec{E}$가 0이라면, 가우스 면이 도체의 표면에 아무리 가까워도 분명 도체의 내부에 있으므로 가우스 면의 모든 점에서 전기장이 0이어야 한다. 이것은 가우스 면의 선속이 0이어야 함을 뜻한다. 그러므로 가우스 법칙은 가우스 면 속의 알짜 전하 또한 0이 되어야 함을 말해준다. 따라서 가우스 면 안쪽에는 과잉 전하가 없으므로, 과잉 전하는 가우스 면 바깥에 있어야만 한다. 그것은 초과 전자가 도체의 실제 표면 위에 있어야 함을 뜻한다.

• 속이 빈 고립 도체

그림 24-32*b*를 보면 앞서와 똑같이 절연된 실에 매달아 놓은 구리 덩어리가 있다. 그러나 이제 도체 속에 완전히 빈 구멍이 있다. 구멍을 만들고자 전기적 중성 물질을 파낼 때, 전하의 분포나 그림 24-32*a*에 있는 전기장의 모양은 변하지 않는다고 가정하는 것이 아마도 타당할 것이다. 이에 대한 정량적 증명도 가우스 법칙을 써서 할 수 있다.

빈 구멍의 표면에 가깝지만 도체 속에 있는 가우스 면으로 구멍을 둘러싼다. 도체의 속에서 $\vec{E}=0$이므로 새로운 가우스 면에는 어떤 선속도 있을 수 없다. 따라서 가우스 법칙으로부터 가우스 면은 어떠한 알짜 전하도 둘러쌀 수 없다. 따라서 빈 공간이 이루는 경계면에는 어떤 알짜 전하도 없다고 결론지을 수 있다. 그림 24-32*a*에서와 같이 모든 과잉 전하는 도체 표면 바깥에 있다.

• 도체를 파낸 상태

이제 표면의 모양이 위와 똑같지만 단지 전하를 띤 도체 껍질로 이루어진 물체를 생각하자. 이것은 그림 24-32*b*에서 전하만 남겨놓고, 도체 전부가 없어질 때까지 빈 공간을 넓힌 것과 같다. 전기장은 전혀 변하지 않는다. 즉, 얇은 전하 껍질의 안쪽은 0인 채로 남아 있을 것이고, 바깥의 모든 곳에 대해서 변하지 않은 상태로 남아 있을 것이다. 이러한 사실은 전기장은 도체가 만드는 것이 아니라, 전하가 만든다는 사실을 떠올리게 한다. 도체는 단지 전하들이 처음에 자리 잡는 길을 제공할 뿐이다.

• 외부 전기장

고립 도체에서 과잉 전하는 전적으로 도체의 표면으로 움직인다는 것을 알았다. 그러나 만약 도체가 공 모양이 아니라면, 전하는 스스로 고르게 퍼지지 않을 것이다. 달리 말하면, 면 전하 밀도, σ는 도체의 표면의 모양에 따라 변한다. 이러한 변화 때문에 표면 전하가 만드는 전기장을 셈하는 일은 일반적으로 아주 어렵다.

도체의 어떤 곳의 면 전하 밀도 σ를 알면 가우스 법칙을 써서 도체 표면 바로 바깥쪽의 전기장을 구하는 것은 쉽다. 그러려면 굴곡을 무시할 수 있을 만큼 작은, 그래서 편평하다고 할 수 있는 표면의 한 조각을 생각하자. 그림 24-33과 같이 그 조각에 세운 아주 작은 원통꼴의 가우스 면을 생각하자. 한쪽 뚜껑은 완전히 도체 속에, 다른 쪽 뚜껑은 완전히 바깥에 있고, 원통은 도체 표면에 수직이다.

도체 표면 바로 바깥의 전기장 $\vec{E}$은 도체 표면에 수직이어야 한다. 그렇지 않다면, 전기장 $\vec{E}$에는 도체 표면을 따라 면 전하에 힘을 주는 성분이 있을 것이고, 그러면 전하가 이동할 것이다. 그렇지만, 그러한 이동은 정전기적 평형상태에 있다는 가정과 어긋난다. 그러므로 $\vec{E}$는 도체 표면에 수직이다.

이제 가우스 면의 선속의 합을 구하자. 그림 24-33에서 속에 있는 뚜껑에는 선속이 없다. 왜냐하면 도체 속에서는 전기장이 0이기 때문이다. 원통면에는 선속이 없다. 왜냐하면 (도체) 속에는 선

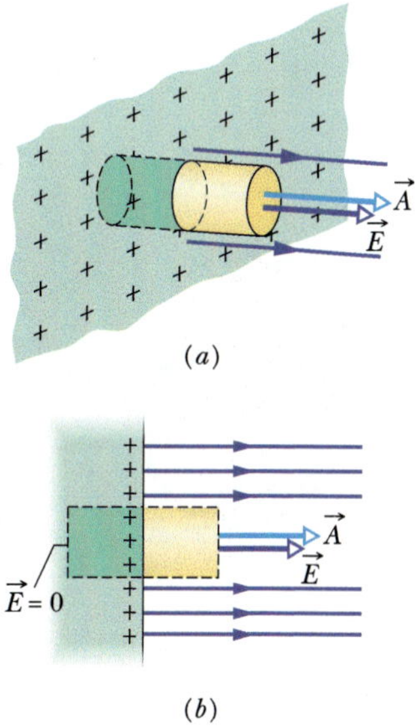

그림 24-33
표면에 과잉 양전하가 있는 커다란 고립 도체의 (*a*) 투시도와 (*b*) 측면도. 도체에 수직으로 세운 (닫힌) 원통꼴 가우스 면이 전하의 일부를 둘러싸고 있다. 전기력선은 원통의 바깥 뚜껑을 지나나, 안쪽 뚜껑은 지나지 않는다. 바깥 뚜껑의 넓이는 *A*, 면 벡터는 $\vec{A}$이다.

속이 없고, 도체의 바깥에서 전기장이 원통면과 나란하기 때문이다. 가우스 면에서 유일한 선속은 바깥 뚜껑에 있고, 그곳에서 $\vec{E}$는 뚜껑에 수직이다. 뚜껑의 넓이 A는 너무나 작아서 뚜껑에서의 전기장의 크기 $|\vec{E}|$가 일정하다고 할 수 있다. 따라서 뚜껑에서의 선속은 $|\vec{E}|A$이고, 그것은 가우스 면의 알짜 선속 $|\Phi^{알짜}|$이다.

가우스 면으로 둘러싸인 전하 $q^{안}$은 넓이 A인 도체 표면에 있다. 표면 전하 밀도가 σ라면, $q^{안}=\sigma A$이다. 가우스 법칙, $\varepsilon_0|\Phi^{알짜}|=|q^{안}|$에서 $q^{안}$에 σA를 $|\Phi^{알짜}|$에 $|\vec{E}|A$를 넣으면 $\varepsilon_0|\vec{E}|A=|\sigma|A$이므로 다음 결과를 얻는다.

$$|\vec{E}|=\frac{|\sigma|}{\varepsilon_0} \quad \text{(도체 표면에서)} \tag{24-20}$$

따라서 도체 바로 바깥의 전기장의 크기는 도체 위의 면전하밀도에 비례한다. 전기장의 방향은 그림 24-33과 같이 표면 전하가 양전하이면 도체에서 멀어지는 쪽, 음전하이면 도체를 향하는 쪽이 된다.

식 24-20과 식 24-16($|\vec{E}|=|\sigma|/2\varepsilon_0$)의 차이점은 도체가 두꺼워서 가우스 면의 두 뚜껑 가운데 하나가 전기장이 0인 도체의 속에 있기 때문에 생긴다. 그림 24-21과 그림 24-33의 상황이 비슷해 보이지만 중요한 차이가 있다. 그림 24-33에서는 도체 속의 전기장을 0으로 만드는 다른 전하가 있어야 한다. 이러한 전하는 가우스 면 바깥에 있고, 따라서 총 선속에는 기여하지 않지만, 내부 전기장의 값을 바꾼다.

그림 24-33의 전기장 벡터는 주변의 어딘가의 음전하를 향한다. 그러한 전하를 도체 가까이 가져오면, 도체 표면의 전하밀도가 변하고, 전기장의 크기 또한 변한다. 그러나 면전하 밀도와 전기장의 크기 사이의 관계는 여전히 식 24-20과 같다.

$$E=\frac{|\sigma|}{\varepsilon_0}$$

• 패러데이 새장

속이 빈 고립도체 속에는 전기장이 없다는 사실로부터 매우 쓸모 있는 전기 장치가 생겨났다. 오늘날 많은 실험에서 매우 약한 전기 신호를 잰다. 예를 들면, 미로를 달리는 생쥐의 신경에서 생기는 전기신호를 잴 때, 또는 초소형 컴퓨터 칩과 같은 아주 작은 장치의 전기적 특성을 잴 때 등이다. 지금은 수많은 전기 신호가 공간 속을 지나다니고, 그러한 신호는 60 Hz 전력선에서 생기는 것부터 TV 방송국과 휴대폰에서 생기는 라디오 신호에 이르기까지 여러 가지다. 이러한 신호들은 민감한 전기적 측정에 간섭할 수 있다.

그림 24-34
대전된 공 모양의 패러데이 새장. 새장 밖의 전하는 도선을 따라서 작은 공으로 이동하여 새장에서 밀려난다. 새장 속에는 전하가 없으므로 새장 속의 공들은 밀려나지 않는다.

잡다한 전기장이 민감한 측정에 영향을 주는 것을 막고자, 연구자들은 종종 패러데이 새장(Faraday cage)이라는 얇은 쇠그물 통 속에서 실험을 한다. 패러데이 새장의 예는 그림 24-34에서뿐만 아니라, 앞에서 사진으로 보였다. 그림 24-34의 패러데이 새장은 거의 전체가 '빈통'으로 된 것을 빼고는 그림 24-32b의 물체와 같다. 또한 패러데이 새장의 얇은 금속 껍질은 보통 쇠그물로 만든다. 그물코가 매우 촘촘하면, 전하는 표면에 고루 퍼질 수 있다. 이러한 새장은 매우 강한 전기 신호도 새장 속에 전기장을 만들지 못하게 막을 수 있다. 어떻게 그럴 수 있을까? 외부 전기장은 패러데이 새장의 표면에 전하를 유도하고, 유도된 전하가 만드는 전기장은 새장 속에서 외부 전기장을 정확히 지운다. 이러한 재배열은 저절로 이루어지고, 가우스 법칙으로 예측할 수 있다. 이것이 이 장 첫머리의 사진에서 보여준, 반 데 그라프 발전기로 강하게 대전시킨 패러데이 새장 안의 시연자가 새장 속을 만질 수 있고, 또 살아남을 수 있는 이유이다. 또한 패러데이 새장의 원리는 번개 치는 폭풍우 속에서도 자동차 안에 있으면 안전함을 알려준다. 뿐만 아니라, 자동차가 번개를 맞아도 도체 속에서는 효과가 크게 약해진다. 나무 상자 안에 있다면 그렇지 않을 것이다. 왜냐하면 번개는 나무 상자를 곧바로 지나갈 수 있기 때문이다. 또한 나무 상자는 불이 붙을 수도 있다.

생각해보기 24-5 양전하 한 개가 갑자기 그림 24-32*b*의 빈 공간에 들어왔다고 하자. 도체 속의 모든 곳에서 전기장이 0으로 유지되려면, 빈 공간의 도체 벽에서 무슨 일이 일어나야 하는가?

따라해보기 24-4 | 쇠로 된 공 껍질

그림 24-35*a*는 쇠로 된 공 껍질의 단면으로 안쪽 반지름이 R이다. 껍질 중심에서 거리 $R/2$인 곳에 점전하 $-5.0\,\mu C$가 있다. 껍질이 전기적으로 중성이라면, 껍질 안쪽 표면과 바깥쪽 표면의 (유도된) 전하량은 얼마인가? 그러한 전하들은 고르게 퍼져 있는가? 껍질 안쪽과 바깥 전기장의 모양은 어떠한가?

풀이 ■ 그림 24-35*b*는 쇠로 된 공 껍질 속, 안쪽 벽 바로 바깥에 있는 공 모양의 가우스 면의 단면이다. 여기서 **요점**은 전기장이 쇠로 된 공 껍질 속(그러므로 껍질 속의 가우스 면)에서 0이어야 한다는 것이다. 이것은 가우스 면을 지나가는 전기 선속도 0이어야 함을 뜻한다. 따라서 가우스 법칙은 가우스 면으로 둘러싸인 알짜 전하는 0이어야 함을 말해준다. 껍질 속의 $-5.0\,\mu C$의 점전하에 대해서 $+5.0\,\mu C$의 전하가 껍질의 안쪽 벽면에 놓여야만 한다.

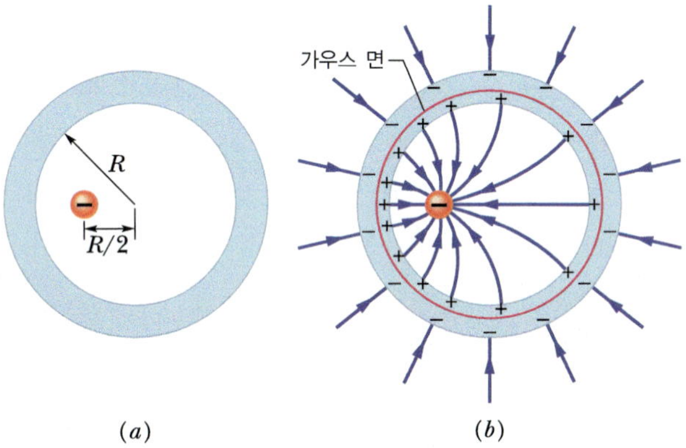

그림 24-35
(*a*) 전기적으로 중성인 공 모양 쇠 껍질 속에 음의 점전하가 있다. (*b*) 그 결과 껍질의 안쪽 벽면에 양전하가 고르지 않게 퍼지고, 같은 양의 음전하가 바깥쪽 벽면에 고르게 퍼진다. 전기력선은 그림과 같다.

점전하가 중심에 있다면, 양전하는 안쪽 벽면을 따라서 고르게 퍼질 것이다. 그러나 점전하가 중심에서 벗어나 있으므로, 양전하는 그림 24-35*b*에 보인 것처럼 흩어진다. 왜냐하면 양전하는 (음의) 점전하와 가장 가까운 안쪽 벽면에 모이는 경향이 있기 때문이다.

둘째 **요점**은 껍질이 전기적으로 중성이므로, 오직 총 전하량 $-5.0\,\mu C$인 전자가 안쪽 벽면을 벗어나 바깥 쪽 벽면으로 이동할 때만 껍질의 안쪽 벽면은 $+5.0\,\mu C$의 전하량을 가질 수 있다는 것이다. 그곳에서 전자들은 또한 그림 24-35*b*와 같이 고르게 퍼져 있다. 음전하가 이렇게 고르게 퍼지는 까닭은 껍질이 공 모양이고, 안쪽 벽면에 흩어진 양전하가 바깥쪽 벽면의 음전하가 만드는 전기장을 정확히 지워 껍질 속에서는 전기장이 0이 되게 하기 때문이다.

껍질 안쪽과 바깥의 전기력선은 대략 그림 24-35*b*와 같다. 모든 전기력선은 껍질과 수직으로 교차하고, 점전하와 수직으로 교차한다. 껍질 안쪽의 전기력선은 양전하 분포가 흐트러져 있으므로 함께 흐트러진다. 껍질의 바깥의 전기력선은 마치 점전하가 중심에 있고 껍질이 없을 때와 같다. 사실상 이것은 껍질 안쪽의 점전하가 어느 곳에 있어도 참일 것이다.

연습문제 24-8

39. 복사기

복사기의 대전된 원통 표면 바로 위에서 전기장 크기가 $|\vec{E}| = 2.3 \times 10^5$ N/C이다. 원통이 도체라면, 원통의 면전하밀도는 얼마인가?

40. 우주선

지구의 방사선대를 지나가는 우주선은 상당한 수의 전자를 가로챌 수 있다. 그 결과 생긴 전하의 증가로 전기기기가 손상되거나, 작동이 중단될 수 있다. 지름 1.3 m인 공 모양 금속 인공위성이 어떤 궤도를 도는 동안 2.4 μC의 전하가 쌓인다고 하자. (a) 그 결과 생겨나는 면전하밀도를 구하라. (b) 면전하가 만드는 인공위성의 표면 바로 바깥쪽에서의 전기장 크기를 셈하라.

41. 대전된 공

지름 1.2 m인 고르게 대전된 도체 공의 면전하밀도가 8.1 μC/m^{2}이다. (a) 공의 알짜 전하를 구하라. (b) 공 표면을 떠나는 총 전기 선속은 얼마인가?

42. 어떤 도체

어떤 고립도체에 $+10 \times 10^{-6}$ C의 알짜 전하가 있다. 그 속에는 구멍이 있고, 구멍 속에는 $q = +3.0 \times 10^{-6}$ C의 점전하가 있다. (a) 구멍 벽에서의 전하와 (b) 도체의 바깥 표면에서의 전하는 얼마인가?

추가문제

43. 만약/할 수 있는가

공간의 어떤 영역에서 전기장이 0이라면, 그 영역에는 전하들이 하나도 없다고 결론을 내릴 수 있는가? 설명하라.

44. 만약/..보다

만약 가우스 면으로 들어오는 전기력선보다 나가는 것이 더 적다면, 가우스 면으로 둘러싸인 알짜 전하에 대하여 어떤 결론을 내릴 수 있는가?

45. 알짜 선속

그림 24-36에서 q의 값이 $+1.6 \times 10^{-19}$ C이라면, 낱낱의 닫힌 곡면을 지나가는 알짜 전기 선속은 얼마인가?

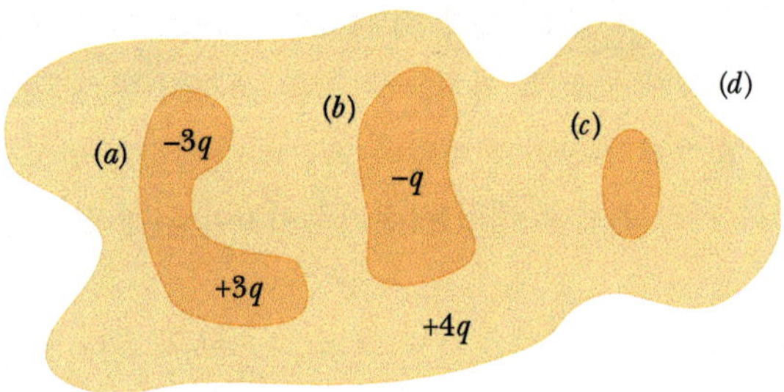

그림 24-36 문제 45

46. 알짜 선속 2

그림 24-37에서 q의 값이 8.85×10^{-12} C이라면, 낱낱의 닫힌 곡면을 지나가는 알짜 전기 선속은 얼마인지 답하고, 그 이유를 설명하라.

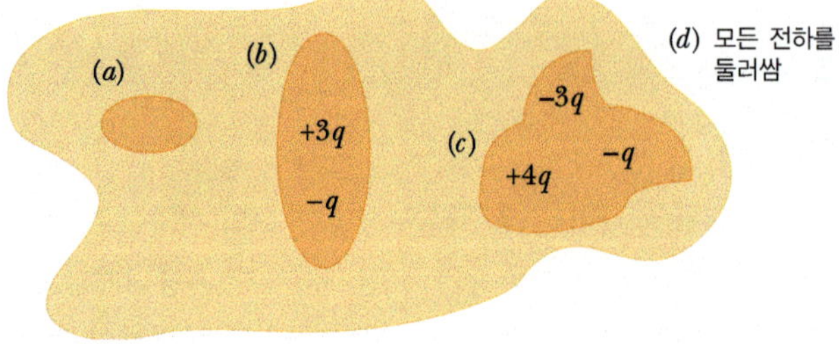

그림 24-37 문제 46

47. 맑은 날씨

날씨가 맑을 때, 지구 대기 속에는 약 100 N/C의 전기장이 아래쪽으로 생긴다. 이 전기장이 지구 표면에 걸쳐 공 대칭꼴로 퍼진 전하에서 생기는 것이라면, 지구의 반지름이 6.37×10^6 m일 때, 지구 표면의 알짜 전하를 구하라.

48. 속이 빈 공

그림 24-38과 같이 속이 빈 공의 중심에 전하가 있다고 하자.

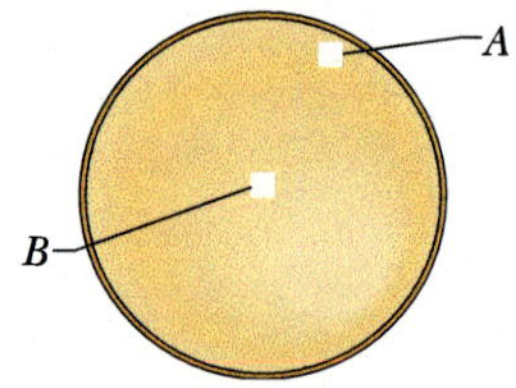

그림 24-38 문제 48

(a) 전체적으로 고르게 퍼진 공 표면에서 전기력선이 교차하는가? 즉, 공 표면을 지나가는 전기력선의 밀도는 고른가? 그렇다면 왜 그런지, 그렇지 않다면 왜 그렇지 않은지 설명하라.

(b) 넓이가 똑같은 조각 A와 B를 생각하자. 조각 A를 지나가는 전기력선의 수는 조각 B를 지나가는 전기력선의 수보다 많은가, 적은가, 같은가? 설명하라.

(c) 조각 A를 지나가는 선속은 조각 B를 지나가는 선속보다 큰가, 작은가, 같은가? 설명하라.

49. 정육면체의 중심

그림 24-39의 정육면체의 중심에 전하가 놓여 있다고 하자.

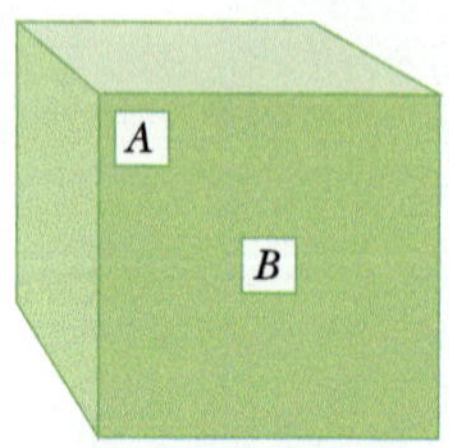

그림 24-39 문제 49

(a) 면을 가로질러서 고르게 퍼진 정육면체의 한쪽 면에서 전기력선이 교차하는가? 즉, 상자를 지나가는 전기력선의 밀도가 고른가? 그렇다면 왜 그런지, 그렇지 않다면 왜 그렇지 않은지 설명하라.

(b) 조각 A를 지나가는 전기력선의 수는 조각 B를 지나가는 전기력선의 수보다 많은가, 적은가, 같은가? 설명하라.

(c) 조각 A를 지나가는 선속은 조각 B를 지나가는 선속보다 많은

가, 적은가, 같은가? 설명하라.

50. 가우스 법칙의 이용

가우스 법칙은 주로 다음과 같은 꼴의 식으로 표현된다.

$$\oint \vec{E} \cdot d\vec{A} = q^{안} / \varepsilon_0$$

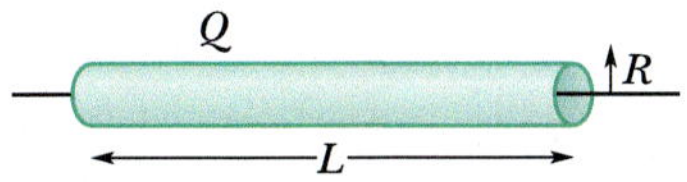

그림 24-40 문제 50

(a) 이 방정식에서 각 항이 의미하는 바가 무엇인지, 그리고 어떤 특정한 (그렇지만 임의적인, 즉 특별한 사례가 아닌) 셈을 할 때, 어떤 식이 되는지 자세히 써라.

그림 24-40과 같이 길이 L, 반지름 R, 그리고 $L \gg R$인 길고 가는 원통 껍질을 전하 Q가 고르게 덮고 있다. 원통 길이의 가운데 근처의 어떤 곳에서 전기장을 찾는다면, 이 원통을 마치 한없이 긴 원통으로 볼 수 있다. 이러한 가정에 바탕을 두어, 가우스 법칙을 써서, 원통의 중심축에서 거리 d에 있는(원통 껍질의 바깥쪽, 즉 $L \gg d > R$, 그러나, d는 R과 비슷한 값은 아니다), 어떤 곳의 전기장의 크기와 방향을 셈할 수 있다. 아래의 순서를 따라서 셈을 하여라.

(b) 적당한 가우스 면을 잡고, 왜 그렇게 잡았는지 설명하라.

(c) 미지의 전기장의 크기로 나타낸 방정식의 왼쪽을 적분하라.

(d) 잡은 가우스 면에 해당하는 q의 값은 얼마인가?

(e) (c)와 (d)에서 얻은 결과를 방정식에 넣어, E의 크기를 구하라.

51. 가우스 해석하기

가우스 법칙은 다음과 같다.

$$\oint_A \vec{E} \cdot d\vec{A} = \frac{q_A}{\varepsilon_0}$$

여기서 $d\vec{A}$는 면 조각이고, q_A는 전하이다.

(a) 아래 설명에서 방정식이 성립하려면, 가우스 법칙에 나타낸 면 A에 대하여 참인 것은 어느 것인가? 숫자를 적어라. 설명들은 모두 맞거나, 모두 틀릴 수도 있다.

- i. 면 A는 닫힌 곡면이어야 한다(부피를 덮어야 한다).
- ii. 면 A는 제시된 문제의 모든 전하를 둘러싸야 한다.
- iii. 넓이 A는 구나 원통처럼 매우 대칭적인 면이어야만 한다.
- iv. 면 A는 도체여야 한다.
- v. 면 A는 순수하게 가상적인 면이다.
- vi. 면 A의 법선은 면에서의 전기장과 모두 같은 방향이어야 한다.

(b) 아래 설명 중에서 가우스 법칙에 표현된 전하 q_A에 대하여 참인 것은 어느 것인가? 숫자를 적어라. 설명들은 모두 맞거나, 모두 틀릴 수도 있다.

- i. 전하 q_A는 가우스 면에 있는 모든 전하여야 한다.
- ii. 전하 q_A는 가우스 면 내부에 있는 모든 전하여야 한다.
- iii. 전하 q_A는 제시된 문제의 모든 전하여야 한다.
- iv. 전하 q_A는 일단 면이 결정되면, 가우스 면 위를 떠돌아다닌다.
- v. 가우스 법칙의 왼쪽 적분에서 전기장 E는 오직 전하 q_A가 만든 것이다.
- vi. 가우스 법칙의 왼쪽의 적분에서 전기장 E는 제시된 문제의 모든 전하가 만든 것이다.

25 전위

1889년. 에펠탑을 짓는 일은 세계에서 가장 유명하고 획기적인 사건이었다. 특히 에펠탑은 기술적 위업, 예술성, 경치 좋은 전망대, 라디오 탑으로 유명했다. 에펠탑에 대해 덜 알려진 것은 탑 뒤쪽의 소나기구름에서 나올지도 모르는 번개로부터 사람, 나무, 다른 건물을 보호하는 능력이다.

에펠탑은 어떻게 번개로부터 사람들을 보호할까?

◈ 답은 이 장에 있다.

25-1 서론

앞의 몇 장에서는 대전된 입자끼리 주고받는 힘의 본성을 탐구하였고, 전하 무리를 둘러싼 공간의 어느 곳에 있는 점전하가 받을 힘을 나타내는 방법으로 전기장의 개념을 발전시켰다.

어떤 상황에서는 전하의 운동을 전기장으로 이해하기가 어렵다. 이 어려움은 중력이 있는 곳에서 물체의 운동을 설명하려 할 때 직면하는 문제와 비슷하다. 9, 10장에서 이러한 문제를 다루고자 일과 에너지의 개념을 발전시켰다. 이제 정전기력이 작용하는 상황에서 일과 에너지의 개념을 적용하는 방법을 찾아본다. 이 장에서는 일반적으로 전압이라고 부르는 전위의 개념을 발전시킨다. 그리고 전기장 속에 놓인 금속 도체에 전하가 어떻게 퍼져 있는지를 포함한 몇 가지 특성을 찾아본다.

전위 또는 전압의 개념은 전기회로를 이해하는데 꼭 필요하므로, 다음 장에서 전위의 개념을 써서 전류를 계속 흐르게 하는 전지의 역할을 설명할 것이다.

25-2 전기적 위치 에너지

중력에 관한 뉴턴 법칙과 정전기력에 관한 쿨롱 법칙은 수학적으로 비슷하다. 14–2절에서 두 개의 질량을 가진 입자들이 주고 받는 중력이 질량의 곱에 직접 비례하고, 그들 사이의 거리의 제곱에 반비례함을 배웠다(식 14–2). 이와 비슷하게 두 점전하가 주고받는 정전기력은 전하량의 곱에 비례하고, 전하 사이의 거리의 제곱에 반비례한다(식 22–4). 이 비슷함을 출발점으로 삼아 대전된 물체의 상호작용과 관련된 유용한 개념을 더 찾아보자. 이 장에서는 중력에서 확립했던 몇몇 일반적인 특징들이 정전기력에도 마찬가지로 적용되는지 알아본다.

예를 들어, 중력은 보존력이다. 중력이 한 일은 물체가 움직인 경로에 무관하다. 실험적인 조사에서 정전기력이 한 일도 경로에 무관함이 밝혀졌다. 대전 입자가 정전기력을 받으면서 '처음' 점에서 '나중' 점으로 간다면, 정전기력이 한 일 W는 '처음' 점과 '나중' 점 사이의 어떤 경로를 따라가도 똑같다. 그러므로 우리는 정전기력도 보존력임을 추론할 수 있다.

• 전기적 위치 에너지의 정의

10장에서 서로 힘을 주고 받는 물체의 배열과 관련된 에너지로써 위치 에너지를 정의했다. 그리고 물체의 상대적 위치를 바꾸는 동안 물체가 받는 중력에 거슬러 해준 일로써 중력 위치 에너지를 정의했다. 식 10–5로부터 $\Delta U = -W^{보존}$ 또는 $\Delta U^{중력} = -W^{중력}$(식 10–6)임을 알 수 있다. 이러한 일반적인 일의 정의는 정전기력을 주고받는 전하들로 이루어진 계에도 적용할 수 있다.

정전기력도 중력과 같은 보존력이므로, 정전기력을 주고받는 전하들의 계에 **전기적 위치 에너지 변화(electric potential energy change)** ΔU를 비슷한 방법으로 정할 수 있다. 계의 배열을 위치 에너지가 U_1인 처음 상태에서 U_2인 나중 상태로 바꾼다면, 내부 정전기력이 계의 입자들에 한 일의

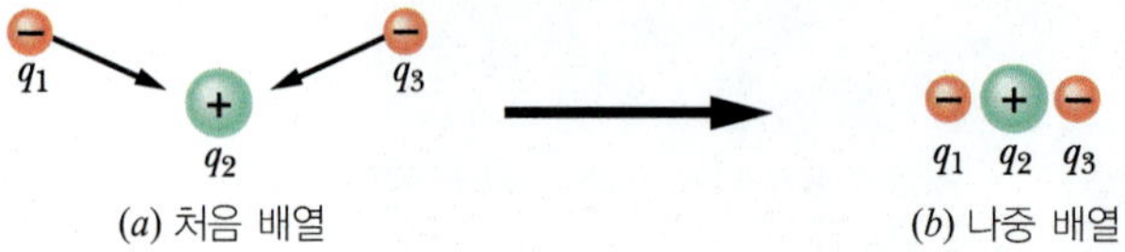

그림 25–1
(a) 세 전하 계의 처음 배열. 이 배열에서 전하들은 서로 떨어져 있고 전하들 사이의 전기적 위치 에너지는 U_1이다. (b) 두 개의 음전하들이 양전하에 끌려가서 달라붙은 나중 배열. 이 배열에서 전기적 위치 에너지는 U_2이다. 전하가 서로 해준 알짜 정전기 일은 양(+)이므로 계는 위치 에너지를 잃는다. 그러므로 $U_2 < U_1$이고 $\Delta U < 0$이다.

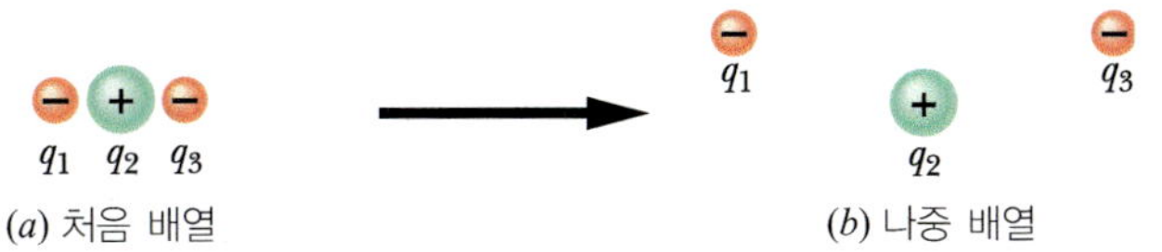

그림 25-2

(a) 세 전하 계의 처음 배열. 이 배열에서 세 전하는 함께 모여 있고, 전하 사이의 전기적 위치 에너지는 U_1이다. (b) q_1, q_3는 q_2를 끌어 당기므로, 전하들을 떼어놓으려면 바깥에서 양(+)의 일 $W^{외부}$를 해주어야 한다. 전하가 서로 해준 알짜 정전기 일은 음(−)이고, 계의 위치 에너지가 늘어난다. 그러므로 $U_2 > U_1$이고, $\Delta U > 0$이다.

총량은 $W^{전기}$이다. 10장에서와 같이, 위치 에너지 변화 ΔU는 계의 배열을 바꿀 때 해주는 일로 정의한다. 이것을 수식으로 나타내면 다음과 같다.

$$\Delta U = U_2 - U_1 \equiv W^{외부} = -W^{전기} \tag{25-1}$$

그림 25-1은 전하들로 이루어진 계의 배열이 저절로 바뀌어 정전기적 위치 에너지를 잃는 것을 보여준다. 그림 25-2는 (양의 일을 하는) 바깥의 누군가가 계의 배열을 바꿀 때 계가 정전기적 위치 에너지가 늘어난 것을 보여준다. 그 결과 계 스스로하는 일은 음이다.

앞에서 중력 위치 에너지는 차이만이 물리적으로 중요하다는 것을 설명했다. 10장에서 지구와 지표면 근처에 있는 물체 하나로 이루어진 계를 살펴보았다. 이때 중력 위치 에너지가 0이 되는 기준점은 문제를 쉽게 풀 수 있게 잡았다. 예를 들어, 지구-물체 계의 위치 에너지가 0인 곳을 마루 바닥으로 잡을 수도 있고, 탁자 위로 잡을 수도 있다. 이처럼 중력 위치 에너지의 기준은 상황에 따라 달리 정할 수 있다. 위치 에너지는 차이만이 뜻이 있으므로 이런 방법은 옳다.

전기적 위치 에너지를 따질 때도 그 차이만이 중요하다. 14장에서 중력 위치 에너지를 정의했던 것처럼, 일반적으로 *입자 모두가 서로 한없이 멀리 떨어져 있을 때 전하 계의 전기적 위치 에너지가 0이라고 정의한다.* 계를 이루는 전하가 이렇게 배열되면 전하끼리 주고받는 힘이 없으므로 이때의 전기적 위치 에너지를 0으로 정하는 것은 합리적이다. 기준점을 정하고, 그곳의 위치에너지 값을 정해주면 U_1과 U_2의 값은 유일하게 정해진다. 예를 들어, 몇 개의 대전된 입자들이 처음에 한없이 멀리 떨어져 있다가(상태 1), 가까이 모여 입자계를 이룬다고 하자(상태 2). 전하 배치의 기준에 대한 관례를 따르면 처음 위치 에너지 U_1은 0이다. 만약 $W^{전기}$가 전하를 한없이 먼 곳에서 끌어오는 동안 정전기력이 한 내부 일을 나타낸다면, 식 25-1로부터 다음과 같이 쓸 수 있다.

$$\Delta U = U_2 - U_1 = U_2 = -W^{전기} \tag{25-2}$$

U_1은 0이므로 계의 나중 위치 에너지 U_2는 간단히 U라고 쓸 수 있다. 그러면 다음과 같다.

$$U \equiv -W^{전기} \quad \text{(처음 위치 에너지가 0일 때)} \tag{25-3}$$

일반적으로 '≡' 가 들어간 식은 '정의' 식이다.

• 외부힘과 에너지 보존

부호가 반대인 전하들은 끌어당기므로 전하가 자유롭게 움직일 수 있다면 전하들은 자연히 모일 것이다. 그러면 전하들이 '함께 모여' 계의 위치 에너지는 줄어들 것이다. 비슷하게 부호가 같은 자유로운 전하들은 서로 멀어질 것이고 위치 에너지 또한 줄어들 것이다. 그렇지만 다른 계에서 에너지를 받아와 전하 계의 위치 에너지를 늘릴 수 있다. 전하 계의 위치 에너지를 늘릴 수 있는 바깥 행위자의 예로 흔히 볼 수 있는 것이 반 데 그라프 발전기(Van de Graaf generator)와 전지이다. 반 데 그라

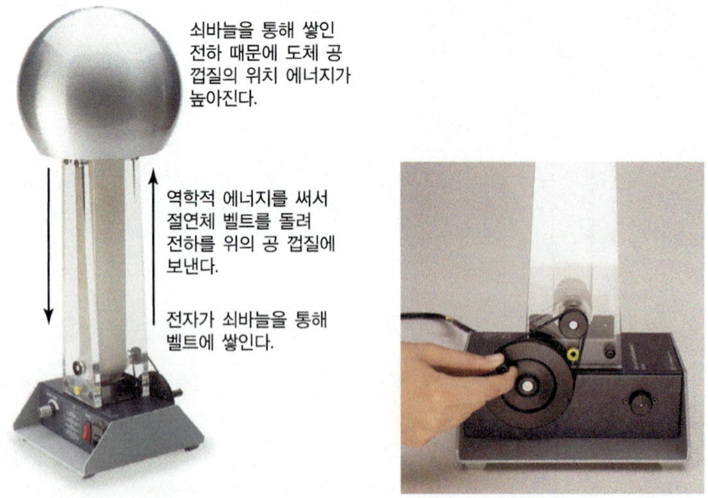

(*a*) (*b*)

그림 25-3
반 데 그라프 발전기는 (*a*) 전동기 또는 (*b*) 수동 크랭크에서 역학적 에너지를 받아 전하를 도체 공으로 옮겨 전하의 위치 에너지를 늘린다. (그림은 PASCO사 제공)

프 발전기(그림 25-3)는 역학적 에너지를 써서 도체 위에 같은 부호의 전하를 모은다. 전지는 화학 위치 에너지(실제로는 전기적 효과와 양자적 효과가 결합한 것이다)를 써서 같은 부호의 전하들을 전극으로 밀어낸다.

계의 밖에서 주는 **외부힘(external force)**이 계 속의 원천 전하가 만든 전기장은 바꾸지 않으면서 전하 q인 시험 입자를 처음 위치에서 나중 위치로 옮긴다고 하자. 시험전하가 움직일 때 외부힘은 전하에 일 $W^{외부}$를 해준다. 동시에 전기장은 전하에 일 $W^{전기}$을 해준다. 일-운동 에너지 정리에 따라 입자의 운동 에너지 변화 ΔK는 다음과 같다.

$$\Delta K = K_2 - K_1 = W^{외부} + W^{전기}$$

그러나 $W^{전기} = -\Delta U$이므로,

$$\Delta K + \Delta U = W^{외부} \tag{25-4}$$

가 된다. 이제 입자가 움직이기 전과 후에 모두 서 있다고 하자. 그러면 K_2와 K_1은 모두 0이고, 위 식은 간단히 다음과 같아진다.

$$\Delta U = W^{외부} \text{ (운동 에너지가 바뀌지 않을 때)} \tag{25-5}$$

이것은 운동 에너지가 바뀌지 않을 때는 입자가 움직이는 동안 외부힘이 한 일 $W^{외부}$가 전기적 위치 에너지의 변화와 같음을 뜻한다.

그렇다면 전하를 가만히 놓아둔다면 양전하 혹은 음전하는 어떤 쪽으로 움직일까? 전하가 가는 방향은 계의 위치 에너지가 늘어나는 쪽일까, 줄어드는 쪽일까? 위의 식을 써서 이것을 결정할 수 있다. 예를 들어, 외부힘(아마 손으로 밀거나 당김)이 양(+)의 일을 하는 경우를 생각하자. 9-4절의 일반적인 일과 관련된 부호 규칙을 상기하여라. $W^{외부}$가 (+)이면, ΔU는 (위의 식에 의해) 반드시 (+)이 될 것이고, $U_2 > U_1$임을 알게 된다. 다시 말해 전하를 위치 에너지가 낮은 곳에서 높은 곳으로 옮기려면 그 계에 양의 일을 해주어야 한다. 만약 입자를 그냥 가만히 놓아두면 이러한 운동은 일어나지 않을 것이다. 저절로 생기는 운동에서는 위치 에너지가 줄어든다. 이것은 9-8절에서 배웠던 지구의 인력을 받는 물체를 살펴보던 상황과 매우 비슷하다. 종종 전지는 그림 25-4와 같이 회로에서 이러한 일을 한다.

생각해보기 25-1 왜 전하들이 한없이 멀리 떨어져 있는 것을 기준 위치 에너지로 잡는 것이 좋은가? 떨어진 거리가 0일 때를 기준 위치 에너지로 잡아도 똑같이 좋은가? 그렇다면 왜 그런가, 그렇지 않다면 왜 그렇지 않은가?

생각해보기 25-2 그림에 보인 방향으로 고른 전기장 안에서 양성자가 점 1에서 점 2로 움직인다. (a) 전기장은 양성자에 양의 일을 하는가, 음의 일을 하는가? (b) 양성자의 전기적 위치 에너지는 늘어나는가, 줄어드는가? (c) 이때는 한없이 먼 곳의 위치 에너지를 0으로 잡지 않는다. 왜 그럴까?

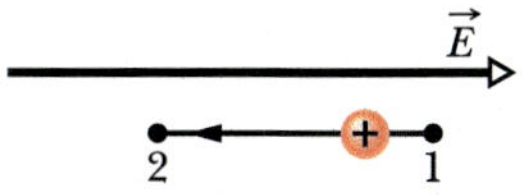

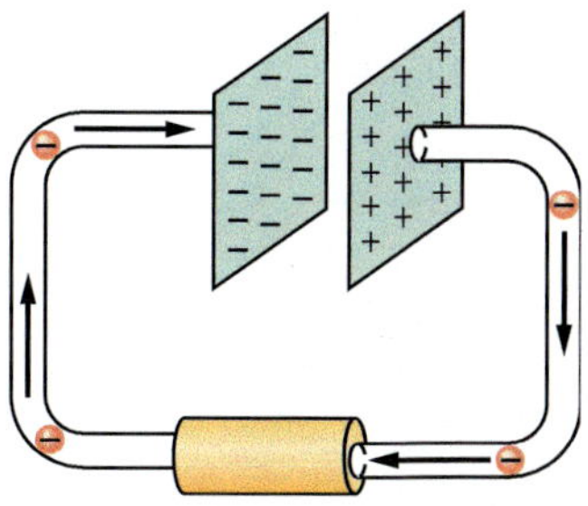

그림 25-4
이 회로에서 1.5 V의 D형 건전지는 바깥 행위자로서 전자들을 과잉 양전하가 있는 금속판으로부터 과잉 음전하가 있는 금속판으로 전선을 통하여 이동시키는데 필요한 일을 해준다.

25-3 전위

중력 위치 에너지를 고려할 때, 지구와 지구보다 아주 작은 물체 하나로 된 계를 먼저 다루었다. 물체가 지구 쪽으로 떨어질 때, 둘이 주고받는 힘의 크기는 같지만, 물체가 지구를 향해 움직이는 것에 비해 지구의 움직임은 아주 작아 무시할 수 있다. 그래서 계의 중력 위치 에너지의 변화는 간단히 떨어지는 물체의 위치 에너지의 변화라고 해도 된다. 마찬가지로 23-2절에서 했던 것처럼, 크게 변하지 않는 전기장 속에서 작은 '시험' 전하가 움직이는 계를 생각할 수 있다. 이 계의 전기적 위치 에너지는 시험전하를 한없이 먼 곳에서 필요한 곳으로 우리가 끌어오는 동안 전기장이 해준 일의 음의 값으로 셈할 수 있다.

> 다음 몇 장에서는 전기장 속에서 움직이는 시험전하의 위치 에너지 변화가 실제로는 전하들의 계 전체의 위치 에너지 변화와 같은 상황에 주로 초점을 맞춘다.

이러한 상황은 움직이는 전하가 시험전하일 때이며, 이때 고정된 원천 전하가 만든 전기장은 일정하고, 그 결과 계의 위치 에너지의 변화는 시험전하의 크기에 비례한다. (다른 전하들이 움직인다면 이것은 참이 아니다.)

• 전위의 정의

전기장을 **단위전하가 받는 전기력(electric force per unit charge)**으로 정의하고 쓰면 전하의 부호나 크기에 상관없이 그것이 받는 힘을 쉽게 알 수 있었음을 상기하자. 전하의 위치 변화에 따른 계의 전기적 위치 에너지를 결정하려면 비슷한 개념을 발전시키는 것이 편리하다. 이제 그렇게 하고자 단위전하당 위치 에너지를 **전위(electric potential)**로 정의한다. 기준 배열에서의 위치 에너지를 0으로 잡으면 전위(단위전하당 위치 에너지)는 공간의 어느 곳에서나 값이 유일하게 정해진다. 예를 들어, 전하량이 $q_{시험} = 1.60 \times 10^{-19}$ C인 시험전하를 전기적 위치 에너지가 0이라고 정의한 한없이 먼 곳에서 끌어와 전기장 속의 어느 곳에 둘 때 전기적 위치 에너지가 2.40×10^{-17} J이라고 하자. 이때 시험전하의 위치 변화에 의한 계의 전위 변화 ΔV는 다음과 같이 셈할 수 있다.

$$\Delta V = V_2 - V_1 = \frac{2.40 \times 10^{-17}\,\text{J}}{1.60 \times 10^{-19}\,\text{C}} - 0 = 150\ \text{J/C}$$

다음으로 시험전하의 전하량을 두 배인 3.20×10^{-19} C로 바꾼다고 하자. 둘째 시험전하의 전기적 위치 에너지는 같은 곳에 있는 첫째 시험전하의 두 배인 4.80×10^{-17} J임을 알 수 있다. 그러나 단위전하 당 위치 에너지 또는 전위는 여전히 150 J/C이다.

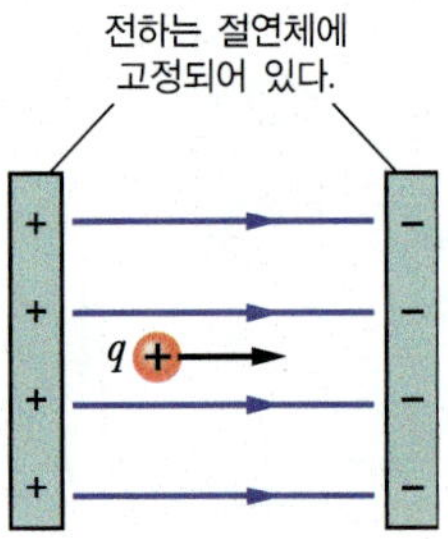

그림 25-5
고정된 원천전하가 만든 전기장 속에서 시험전하가 움직인다. 시험전하가 움직이면서 전기장에 큰 영향을 주지 않는다면 (원천전하와 시험전하로 된) 계의 전위 변화 ΔV는 전기장이 한 단위의 시험전하에 해준 일에 의한 것이다.

그러므로 $U/q_{시험}$으로 쓸 수 있는 계의 단위전하당 위치 에너지는 시험전하의 전하량 $q_{시험}$에 무관하다(그림 25-5). 그것은 전기장만의 특성이다. 전기장 속의 어느 곳의 전위 V는 그 곳에 단위전하가 있을 때의 위치 에너지로 정의하며, 따라서 다음과 같다.

$$V \equiv \frac{U}{q_{시험}} \tag{25-6}$$

위치 에너지와 전하량은 모두 스칼라량이므로 전위도 스칼라량이다.

전기장 속 어느 두 곳 1과 2의 전위차 ΔV는 단위전하가 1에서 2로 갈 때의 위치 에너지의 차이와 같다.

$$\Delta V = V_2 - V_1 = \frac{U_2}{q} - \frac{U_1}{q} = \frac{\Delta U}{q} \tag{25-7}$$

$\Delta U = U_2 - U_1 = -W^{전기}$(식 25-1)을 써서 위 식의 ΔU에 정전기력이 한 일 $-W^{전기}$를 넣으면, 점 1과 2 사이의 전위차를 다음과 같이 정의할 수 있다.

$$\Delta V = V_2 - V_1 \equiv -\frac{W^{전기}}{q} \quad \text{(전위차의 정의)} \tag{25-8}$$

즉, 두 곳의 전위차는 단위전하를 한 곳에서 다른 곳으로 옮길 때 정전기력이 한 일의 음의 값이다. 전위차는 전하 q와 정전기적 일 $W^{전기}$의 크기와 부호에 따라 양수, 음수, 또는 0이 될 수 있다.

이미 설명한 것처럼 모든 전하로부터 한없이 멀리 떨어져 있을 때의 위치 에너지를 기준값으로 잡아 $U_1 = 0$으로 정했다. 그러므로 $V \equiv U/q$(식 25-6)에 따라 한없이 먼 곳의 전위 V도 0이 되어야 한다. 그 다음에 식 25-8을 써서 전기장 속 어떤 곳의 (한없이 먼 곳에 대해 상대적으로 잰) 전위 V를 다음과 같이 정의할 수 있다.

$$V = -\frac{W_{\infty}^{전기}}{q} \quad \text{(한없이 먼 곳에 대해 상대적으로 정의된 전위)} \tag{25-9}$$

여기서 $W_{\infty}^{전기}$는 전하 q가 한없이 먼 곳에서 그 곳으로 오는 동안 정전기력이 해주는 일이다.

식 25-9에 따르면 전위의 국제 단위는 쿨롱당 줄(J/C)인데, 아주 자주 쓰이므로 특별한 단위인 **볼트(volt**, 줄여서 V)로 나타낸다.

$$1 \text{ volt} \equiv 1 \text{ joule/coulomb} \tag{25-10}$$

전기적 위치 에너지(electric potential energy)와 전위(electric potential)는 이름이 매우 비슷하지만 내용은 다르다. 전위를 흔히 단위인 volt(볼트)를 따서 종종 **voltage(전압)**라고 부르는 까닭은 이렇게 이름이 비슷하기에 헷갈리는 것을 막고자 하려는 것이다.

새 단위인 볼트를 쓰면 전기장 $\vec{E}$에 대해 지금까지 써온 쿨롱당 뉴턴보다 관습적인 단위를 쓸 수 있다. 단위를 두 번 바꾸면 다음을 얻는다.

$$1 \text{ N/C} = \left[1\frac{\text{N}}{\text{C}}\right]\left[\frac{1 \text{ V}}{1 \text{ J/C}}\right]\left[\frac{1 \text{ J}}{1 \text{ N}\cdot\text{m}}\right] = 1 \text{ V/m} \tag{25-11}$$

둘째 괄호 속에 있는 바꿈인수는 식 25-10에서 셋째 괄호 속의 바꿈인수는 줄의 정의에서 온 것이다. 앞으로는 전기장의 단위로 쿨롱당 뉴턴 대신 미터당 볼트를 쓴다.

- **전자볼트**

아주 작은 전하량(전자의 겨우 몇 배 정도)을 다룰 때가 흔하므로 원자 혹은 원자보다 작은 영역에서 에너지를 잴 때 편리한 에너지 단위를 정의하자. 1전자볼트(electron volt, eV)는 하나의 (+)의 기본전하 e(전자나 양성자의 전하량의 크기)를 전위차가 1볼트인 곳으로 옮기는데 필요한 일 에너지다. 식 25-8은 그러한 일의 양이 $e\Delta V$임을 말해준다.

$$\Delta V = V_2 - V_1 \equiv -\frac{W^{\text{전기}}}{q}$$

그러므로 다음과 같다.

$$1\,\text{eV} = e(1\,\text{V}) = (1.60 \times 10^{-19}\,\text{C})(1\,\text{J/C}) = 1.60 \times 10^{-19}\,\text{J} \qquad (25\text{–}12)$$

여기서 전자볼트는 전위의 단위가 아니라 에너지의 단위이므로 줄(J)로 표현된다.

생각해보기 25-3 생각해보기 25-2의 그림에서, 표시한 방향으로 전기장이 고르게 퍼져 있을 때 양성자를 '1' 에서 '2' 로 옮겼다. (a) 외부힘이 하는 일은 양(+)인가, 음(−)인가? (b) 양성자는 전위가 높은 곳으로 움직이는가, 낮은 곳으로 움직이는가?

따라해보기 25-1 | 전자의 운동

전자가 전위 9.0 V인 곳에 서 있다가 출발한다. 전자는 전기력만 받으며 움직인다면, 전위가 10.0 V인 곳을 지나갈 때 속력이 얼마일까?

풀이 ■ 우선 이 문제의 상황이 물리적으로 타당한가를 확인할 필요가 있다. 식 25-4에서 $\Delta K + \Delta U = W^{\text{바깥}}$이다. 여기에서는 $W^{\text{바깥}} = 0$이고, 전자의 속력이 빨라진다면 ΔK는 항상 0보다 크므로, ΔU는 0 보다 작아야 한다. 결국 $V_2 - V_1 = +1.0\,\text{V}$이므로 ΔV의 값은 (+)이다. 그러나 전자의 전하량은 음수이므로 식 25-7로부터 다음을 얻을 수 있다.

$$\Delta U = q\Delta V = (-e)\Delta V = (-e)(+1.0\,\text{V}) = -1.0\,\text{eV}$$

그 결과 ΔK는 (+)이 된다.

$$\Delta K = -\Delta U = -(-1.0\,\text{eV}) = +1.0\,\text{eV}$$

요점은 음전하가 전위가 낮은 곳에서 높은 곳으로 갈 때 위치 에너지를 잃고, 운동 에너지를 얻는다는 것이다. 양전하는 이와 반대이다.

전자의 운동 에너지가 1.0 eV임을 알고 있으므로 얼마나 빨리 가는지 결정해야 한다. **요점**은 $1\,\text{eV} = 1.60 \times 10^{-19}\,\text{J}$(식 25-12)이라는 것이다. 그러면

$$\Delta K = K_2 - K_1 = \tfrac{1}{2} m v_2^2 - 0$$

이고, 다음 결과를 얻는다.

$$v_2 = \sqrt{2\Delta K/m} = \sqrt{2(1.0\,\text{eV})(1.60 \times 10^{-19}\,\text{J/eV})/(9.1 \times 10^{-31}\,\text{kg})}$$
$$= 5.9 \times 10^5\,\text{m/s} \qquad \text{(답)}$$

연습문제 25-3

1. 자동차 배터리

12 V 자동차 배터리 하나가 회로를 통해 한 극에서 다른 극으로 보낼 수 있는 총전하는 84 A · h이다. (a) 이것은 전하 몇 쿨롱인가? (b) 총전하가 12 V의 전위차에서 얻는 에너지는 얼마인가?

2. 지면과 구름

폭풍우를 동반하는 구름과 지면의 전위차는 1.2×10^9 V이다. 지면과 구름 사이를 움직이는 전자 한 개의 전기적 위치 에너지의 변화량은 몇 전자볼트인가?

3. 번개

번개가 칠 때 구름과 지면의 전위차가 1.0×10^9 V이고 이동한 전하량이 30 C이라고 하자. (a) 이동한 전하의 에너지 감소량은 얼마인가? (b) 이 에너지를 서 있는 1000 kg의 자동차를 가속시키는데 쓴다면 자동차의 최종 속력은 얼마인가? (c) 이 에너지를 얼음을 녹이는 데 쓴다면 0 ℃의 얼음을 얼마나 녹일 수 있는가? 얼음의 융해열은 3.33×10^5 J/kg이다.

25-4 등전위면

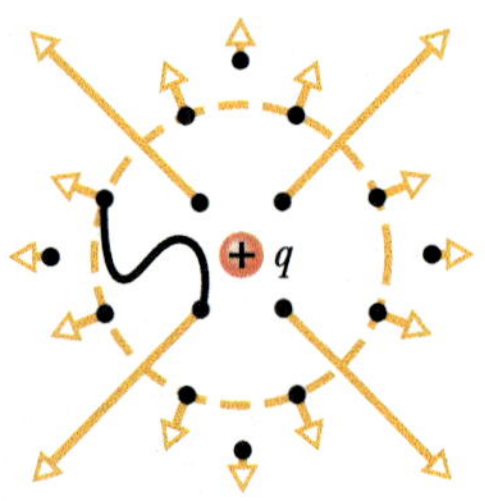

그림 25-6
점전하가 만드는 전기장 벡터는 3차원 공간에서 모든 방향으로 바깥쪽을 향한다. 시험전하가 전하를 중심으로 하는 공(점선의 원은 공의 단면을 보여준다.) 위에서 움직인다면, 전기장 벡터는 늘 공 표면에 수직이므로 전기장이 한 일은 0이다. 전하가 어떤 공에서 다른 공으로 이동한다면(구부러진 검은 실선), 전하는 어떤 시간은 전기장 벡터와 나란히 움직이므로, 전기장이 전하에 일을 한다.

어느 곳의 전위분포에 대해 알면 그곳에서 작은 시험전하가 어떻게 움직일지 알 수 있을까? 앞의 설명에서 대전된 입자가 등전위면 위의 한 곳에서 다른 한 곳으로 스스로 가지 않을 것을 짐작할 수 있다. 이것은 중력장 속의 질량 운동과 아주 비슷하다. 평평한 면에 있는 스키 선수는 운동 에너지가 없다면 평면 위의 한 곳에서 다른 곳으로 저절로 가지 못한다. 반면에 스키 선수가 비탈면에 있고, 움직임이 자유롭다면 위치 에너지가 높은 곳에서 낮은 곳으로 비탈면을 따라 내려오기 시작할 것이다. 그러므로 공간의 어떤 영역에서 위치 에너지가 같은 점 모두의 위치를 알면 낱낱의 전하가 받는 힘의 방향을 쉽게 짐작할 수 있다. **등전위면(equipotential surface)**은 전위가 같은 점으로 이루어진 면으로 정의된다. 이는 지형도에서 등고선(2차원 지도의 선)이 중력 위치 에너지가 같은 곳을 보여주는 것과 비슷하다.

고정된 점전하 하나가 만든 전기장을 생각하자. 원천전하까지의 거리가 r인 곳에 시험전하를 두고 주위를 자유롭게 움직이게 하면 어떻게 될까? 전하가 반지름이 r인 공의 표면에서 움직인다면, 전하는 늘 전기장 벡터에 대해 수직방향으로 가므로 정전기력이 시험전하에 한 일은 0이다. 그러나 시험전하가 원천전하까지의 거리가 다른 곳으로 움직이면 반드시 전기장이 일을 하게 된다. 이것을 그림 25-6에서 설명했다. 그러므로 원천전하를 중심에 둔 모든 공 표면은 등전위면이다. 원천전하가 양전하이면 전위는 원천전하에서 멀어질 수록 낮아진다. 그 까닭은 $\Delta U = -W^{전기}$(식 25-1)에서 전하는 위치 에너지가 높은 곳에서 낮은 곳으로 저절로 움직이기 때문이다. 그러므로 양의 점전하와 관련된 등전위면은 원천전하를 중심으로 하는 동심 공 껍질 무리를 이루고, 전위는 공의 반지름에 따라 달라진다.

등전위면은 수학적인 공처럼 상상의 구면일 수도 있고, 전선의 바깥쪽과 같이 실제 · 물리적 표면일 수도 있다. 공간의 어느 곳이나 전위의 값이 있으므로 등전위면의 집합은 공간의 모든 곳을 채운다. 공간상의 어느 곳이든 그곳을 지나가는 전기력선을 그릴 수 있듯이, 어느 곳이든 그곳을 품는 등전위면을 그릴 수 있다. 그렇지만 그림이 단순해지도록 대개는 몇 개의 등전위면만 그린다.

어떤 등전위면 위에 있는 두 점 '1' 에서 '2' 사이에서 대전된 입자가 움직일 때 전기장이 입자에 한 일 $W^{전기}$은 0이다. 이것은 식 25-8로부터 나온다.

$$\Delta V = V_2 - V_1 \equiv -\frac{W^{전기}}{q}$$

이것은 $V_2 = V_1$이면 $W^{전기}$는 0임을 말 해준다. 일(따라서 위치 에너지와 전위)은 경로에 무관하므로, 점 1과 2를 잇는 경로가 온전히 등전위면에 놓여 있건 벗어나건, $W^{전기} = 0$이다. 다시 말해 전하가 움직이는 동안 등전위면에서 멀어지는 동안 한 일(양 혹은 음)은 등전위면으로 돌아오는 동안 한 일로 완벽하게 상쇄된다.

그림 25-7은 어떤 전하분포가 만드는 전기장과 관련된 등전위면 무리를 보여준다. 어떤 대전입자가 경로 I과 II를 따라 한쪽 끝에서 다른 쪽 끝으로 갈 때 전기장이 전하에 하는 일은 0이다. 왜냐하면 낱낱의 경로의 시작점과 끝점이 모두 같은 등전위면에 있기 때문이다. 대전입자가 경로 III과 IV를 따라 한쪽 끝에서 다른 쪽 끝으로 갈 때에는 전기장이 한 일이 0이 아니다. 그러나 두 경로 모두 처음과 끝의 전위가 같으므로 전기장이 한 일은 두 경로 모두에 대해 같다. 즉 경로 III과 IV는 같은 한 쌍의 등전위면을 연결하고 있다.

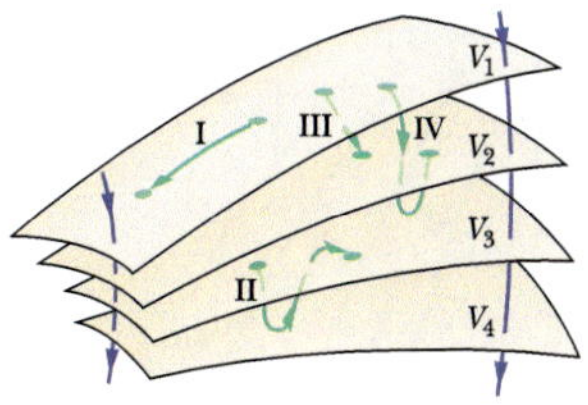

그림 25-7
전위가 각각 $V_1 = 100$ V, $V_2 = 80$ V, $V_3 = 60$ V, $V_4 = 40$ V인 네 등전위면에서 시험전하가 이동하는 네 가지 다른 길을 보였고, 전기력선도 두 개 보였다.

이미 알아차렸듯이 점전하 혹은 공 대칭 전하분포가 만드는 등전위면은 중심이 같은 공 껍질의 모임이다. 고른 전기장에서 등전위면이 전기력선에 수직인 면들의 모임이라는 것을 보이는 것은 어렵지 않다.

전기장은 늘 등전위면에 수직해야 한다. 그렇지 않으면 등전위면과 나란한 전기장 성분이 생기고, 그 성분은 대전 입자가 등전위면을 따라 이동할 때 그 입자에 일을 한다. 그러나 이것은 등전위면의 정의에 어긋난다. 그러므로, 전기력선은 늘 등전위면과 직교해야 한다.

전기력선이 등전위면과 직교하면, 거꾸로 등전위면도 전기력선과 직교해야 한다. 그러므로 등전위면은 전기장 $\vec{E}$의 방향과 늘 수직이고, 전기장은 전기력선에 접한다. 그림 25-8은 고른 전기장과 점전하가 만드는 전기장, 전기쌍극자가 만드는 전기장에 대한 전기력선과 등전위면의 단면을 보여준다.

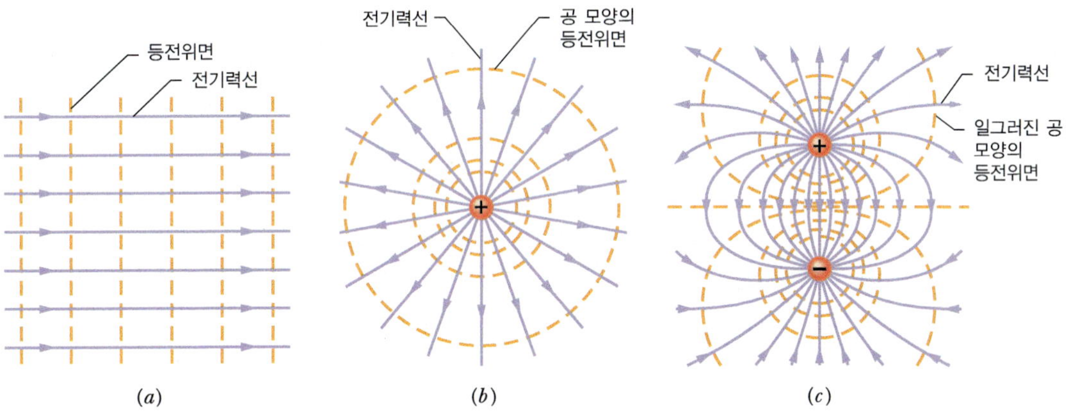

그림 25-8
세 경우에 대한 전기력선(화살표가 있는 자주색 실선)과 등전위면(금색 점선)의 단면. (*a*) 등전위면이 평면인 고른 전기장, (*b*) 등전위면이 공 모양인 점전하가 만드는 전기장. (*c*) 등전위면이 조금 일그러진 공모양인 전기쌍극자가 만드는 전기장.

25-5 전기장으로부터 전위 셈하기

전기장 속의 어떤 두 점 1과 2를 잇는 모든 경로의 모든 곳에서 전기장 벡터 $\vec{E}$를 알면 두 점의 전위차를 셈할 수 있을까? 시험전하가 1에서 2로 움직일 때 전기장이 시험전하에 한 일을 알고, 식 25-8을 쓰면 할 수 있다.

$$\Delta V = V_2 - V_1 \equiv -\frac{W^{전기}}{q}$$

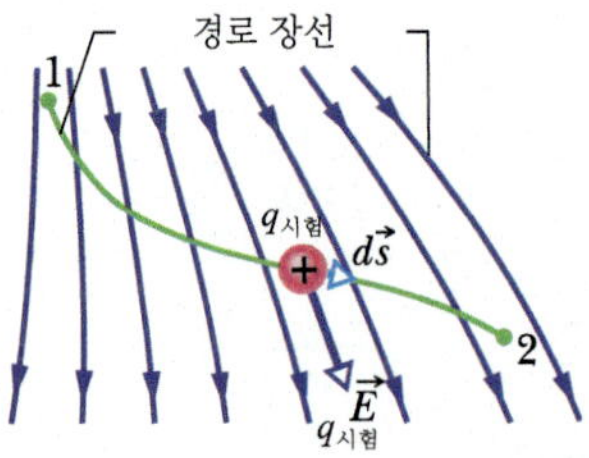

그림 25-9
굽은 전기력선으로 나타낸 고르지 않은 전기장 속에서 시험전하 $q_{시험}$이 점 1에서 2로 간다. 작은 변위 $d\vec{s}$ 동안 시험전하는 정전기력 $q_{시험}\vec{E}$를 받는다. 이 힘은 시험전하가 있는 곳에서 전기력선의 방향을 가리킨다.

예를 들어, 그림 25-9에서 전기력선으로 나타낸 어떤 전기장 속에서 시험전하 $q_{시험}$가 그림의 경로를 따라 점 1에서 2로 움직이는 것을 고려하자. 시험전하는 정전기력 $q_{시험}\vec{E}$를 받는다. 9장에서 설명했듯이 한 입자가 미소변위 $d\vec{s}$를 가는 동안 힘 $\vec{F}$가 입자에 한 미소 일 dW는 다음과 같다.

$$dW = \vec{F}\cdot d\vec{s} \tag{25-13}$$

그림 25-9의 상황에서 $\vec{F} = q_{시험}\vec{E}$이므로 식 25-13은 다음과 같이 된다.

$$dW^{전기} = q_{시험}\vec{E}\cdot d\vec{s} \tag{25-14}$$

입자가 1에서 2로 움직이는 동안 전기장이 입자에 한 전체 일 $W^{전기}$를 구하려면, 다음과 같이 전하가 경로를 따라 가는 동안 전하에 한 미소 일을 (적분으로) 합한다.

$$W^{전기} = q_{시험}\int_1^2 \vec{E}\cdot d\vec{s} \tag{25-15}$$

식 25-15의 총 전기적 일 $W^{전기}$을 식 25-8, $\Delta V = V_2 - V_1 \equiv -W^{전기}/q$에 넣으면 다음을 얻는다.

$$V_2 - V_1 = -\int_1^2 \vec{E}\cdot d\vec{s} \tag{25-16}$$

따라서 전기장 속 어느 두 곳 1과 2 사이의 전위차 $V_2 - V_1$은 $\vec{E}\cdot d\vec{s}$를 1에서 2까지 선적분한 것의 음의 값과 같다. 그러나 정전기력은 보존되므로 (쓰기 편리하든 어렵든 간에) 모든 경로에 대해서 값이 같다. 그러므로 쓰기 편리한 경로를 잡아라.

어떤 영역의 전기장을 알면 식 25-16을 써서 전기장 내의 어느 두 곳의 전위차를 셈할 수 있다. 점 1의 전위 V_1을 0으로 정하면 식 25-16은 다음과 같이 된다.

$$V = -\int_1^2 \vec{E}\cdot d\vec{s} \tag{25-17}$$

여기서 V_2의 아래글자 2를 뗐다. 식 25-17로 얻는 전기장 속 어느 점 2의 전위 V는 점 1의 전위 0에 대한 상대적인 값이다. 점 1을 한없이 먼 곳으로 잡으면 식 25-17로 얻는 값은 한없이 먼 곳의 전위 0에 대한 상대적인 값이다.

생각해보기 25-4 오른쪽 그림은 나란한 등전위면 무리를 잘라본 것과 한 등전위면에서 다른 등전위면으로 움직이는 전자의 다섯 가지 경로를 나타낸다. (a) 전기장의 방향은 어느쪽인가? (b) 각 경로에 대해서 한 일은 양인가, 음인가, 0인가? (c) 경로를 따라가며 하는 일이 큰 것부터 차례로 늘어 놓아라.

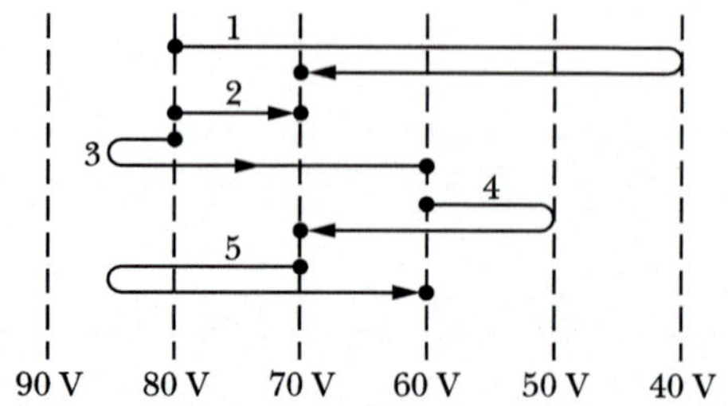

따라해보기 25-2 | 전위차 구하기

(a) 그림 25-10a는 고른 전기장 $\vec{E}$ 속의 두 점 1과 2를 보여준다. 두 점은 (그림에 나타나지 않은) 같은 전기력선 위에 있고 거리는 d이다. 시험전하 $q_{시험}$이 그림처럼 전기장과 나란한 경로를 따라 1에서 2로 움직일 때 전위차 $V_2 - V_1$을 구하라.

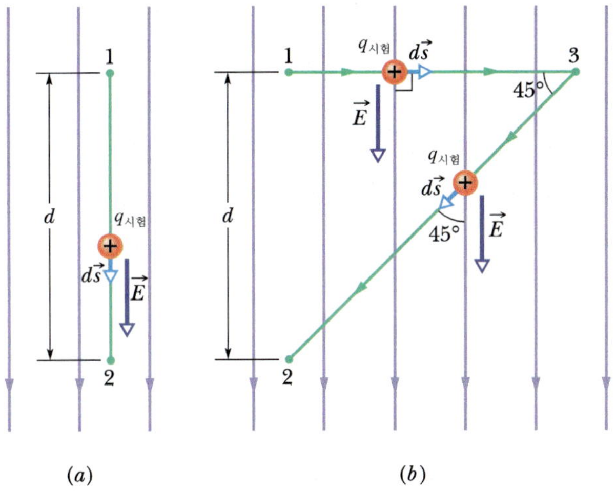

그림 25-10
(a) 시험전하 $q_{시험}$은 고른 전기장을 따라 점 1에서 2까지 직선으로 이동한다. (b) 전하 $q_{시험}$는 같은 전기장에서 경로 1–3–2를 따라 이동한다.

풀이 ■ 요점은 두 점의 전위차는 식 25–16을 써서 전기장 속의 두 점을 잇는 경로를 따라 $\vec{E}\cdot d\vec{s}$를 적분하여 구할 수 있다는 것이다. 시험전하가 처음 위치 1에서 나중 위치 2로 움직이는 것을 생각하자. 그림 25–10a의 경로를 따라 시험전하를 움직일 때, 미소 변위 $d\vec{s}$는 늘 전기장 $\vec{E}$와 나란하다. 따라서 $\vec{E}$와 $d\vec{s}$ 사이의 각도 ϕ는 0이고 식 25–16에서 점곱은 다음과 같다.

$$\vec{E}\cdot d\vec{s} = |\vec{E}||d\vec{s}|\cos\phi = |\vec{E}||d\vec{s}| \qquad (25\text{–}18)$$

따라서 식 25–16과 식 25–18에서

$$V_2 - V_1 = -|\vec{E}|\int_1^2 |d\vec{s}| = -|\vec{E}||d\vec{s}| \qquad (25\text{–}19)$$

가 된다. 전기장이 고르니까 E는 모든 경로에서 상수이므로 적분 밖으로 나올 수 있다. 즉,

$$V_2 - V_1 = -|\vec{E}|\int_1^2 |d\vec{s}| = -|\vec{E}||\vec{d}|$$

이다. 여기서 적분은 단순히 경로의 길이 d에 대한 것이다. 이 결과에서 음의 부호는 그림 25–10a에서 점 2의 전위가 점 1보다 낮음을 뜻한다. 이것은 일반적인 결과이다. 전기력선의 방향을 따라가면 전위는 늘 낮아진다.

(b) 이제 양의 시험전하 $q_{시험}$을 그림 25–10b의 경로 1–3–2를 따라 1에서 2로 옮겨 전위차 $V_2 - V_1$을 구하라.

풀이 ■ 시험전하 $q_{시험}$이 두 개의 선 1–3과 3–2를 따라 움직이는 것을 빼면 여기서도 (a)와 같은 **요점**이 적용된다. 선 1–3 위의 모든 곳에서 시험전하의 변위 $d\vec{s}$는 $\vec{E}$와 수직이다. 그러므로 $\vec{E}$와 $d\vec{s}$ 사이의 각도 ϕ는 90°이고 점곱 $\vec{E}\cdot d\vec{s}$는 0이다. 따라서 식 25–16에 의해 점 1과 점 3의 전위는 같고, $V_3 - V_1 = 0$이다.

선 3–2에서 $\phi = 45°$이고, 식 25–16으로부터 다음을 얻는다.

$$V_2 - V_1 = V_2 - V_3 = -\int_3^2 \vec{E}\cdot d\vec{s} = -\int_3^2 |\vec{E}|(\cos 45°)|d\vec{s}|$$
$$= -|\vec{E}|(\cos 45°)\int_3^2 |d\vec{s}|$$

위 식의 적분은 선 3–2의 길이에 대한 것이다. 그림 25–10b에서 길이는 $\frac{d}{\cos 45°}$이므로 다음과 같다.

$$V_2 - V_1 = -|\vec{E}|(\cos 45°)\frac{d}{\cos 45°} = -|\vec{E}||\vec{d}| \qquad \text{(답)}$$

이것은 당연히 (a)에서 얻은 값과 같다. 즉, 두 점의 전위차는 두 점을 잇는 경로와 무관하다. **교훈**: 시험전하를 옮겨 두 점의 전위차를 구할 때 식 25–16이 간단해지도록 경로를 잡으면 쉽게할 수 있다.

연습문제 25-5

4. A에서 B로

한 전자가 그림 25-11에 표시된 전기력선을 따라 A에서 B로 갈 때 전기장은 전자에 3.94×10^{-19} J의 일을 한다. 다음 전위차는 얼마인가? (a) V_B-V_A (b) V_C-V_A (c) V_C-V_B

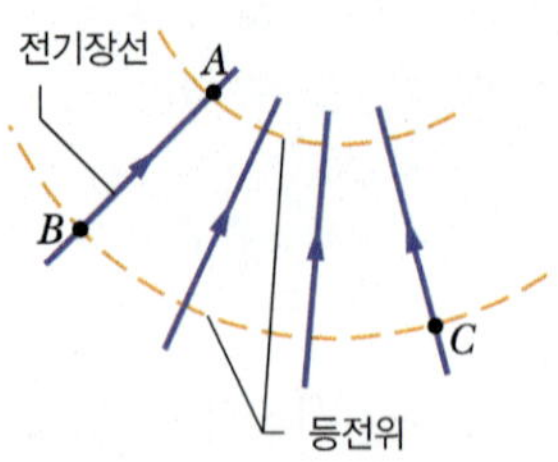

그림 25-11 문제 4

5. 한없이 큰 판

한없이 큰 절연체 판에서 한쪽 면의 표면전하밀도는 $\sigma=0.10\ \mu\text{C/m}^2$이다. 전위차가 50 V씩인 등전위면들은 판에서 얼마나 떨어져 있는가?

6. 평행판

큰 도체판 두 장이 12 cm 떨어져 나란히 있고, 크기가 같고 부호가 반대인 전하가 마주 보는 면에 놓여 있다. 두 판 사이의 어느 곳에 있는 전자가 받는 정전기력은 3.9×10^{-15} N이다.(가두리 효과는 무시한다.) (a) 전자가 있는 곳의 전기장은 얼마인가? (b) 두 판의 전위차는 얼마인가?

7. 가이거 계수기

가이거 계수기에는 지름이 2.00 cm인 금속 원통이 있고 원통 축을 따라 지름 1.30×10^{-4} cm인 전선이 뻗어 있다. 전선과 원통 사이의 전위차가 850 V라면 다음 표면에서의 전기장은 얼마인가? (a) 전선 (b) 원통 (**실마리**: 24장의 문제 30의 결과를 써라.)

8. 공 속의 전기장

반지름이 R인 절연체 공에 전하가 부피 전체에 고르게 퍼져 있다. 공 속의 전기장의 방향은 반지름 쪽이며 크기는 다음과 같다.

$$E(r)=|\vec{E}(r)|=\frac{|q|\,r}{4\pi\varepsilon_0 R^3}$$

여기서 q(양이건 음이건)는 공 속의 총 전하량이며 r은 공의 중심까지의 거리다. (a) 공의 중심에서 $V=0$이라고 할 때 공 속의 전위 $V(r)$을 구하라. (b) 공 표면과 공의 중심의 전위차는 얼마인가? (c) 전하 q가 양이라면 (b)의 두 점 중의 어느 점의 전위가 더 높은가?

9. 고르게 퍼져 있다

전하 q가 반지름이 R인 공 전체에 고르게 퍼져 있다. (a) 한없이 먼 곳에서 $V=0$이라면, 중심까지의 거리 $r\,(r<R)$인 곳의 전위가 다음과 같음을 보여라.(**실마리**: 24-8절을 보라.)

$$V=\frac{q(3R^2-r^2)}{8\pi\varepsilon_0 R^3}$$

(b) 이 결과는 문제 8의 (a)의 결과와 왜 다른가? (c) 공의 중심과 표면의 전위차는 얼마인가? (d) 이 결과는 문제 8의 (b)의 결과와 왜 같은가?

10. 한없이 큰 판 2

그림 25-12는 한 면의 표면전하밀도가 $+\sigma$인 한없이 큰 절연체 판을 옆에서 본 모습이다.

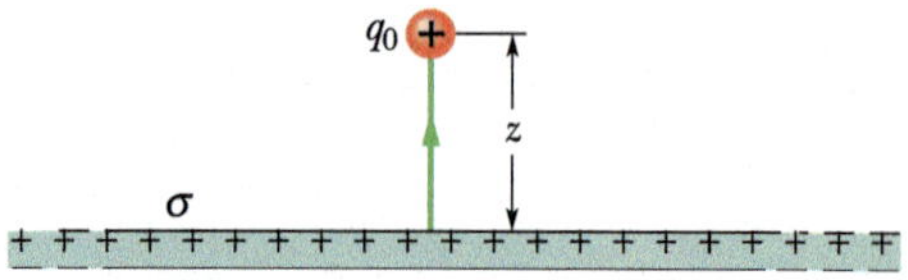

그림 25-12 문제 10

(a) 식 25-16과 식 24-16을 써서 한없이 큰 전하판의 전위는 $V=V_0-(\sigma/2\varepsilon_0)z$로 쓸 수 있음을 보여라. 여기서 V_0는 판의 표면의 전위, z는 판까지의 수직 거리다. (b) 작은 양의 시험전하 q_0가 처음에 판 위에 있다가 판까지의 거리가 z인 곳으로 갈 때, 전기장이 한 일은 얼마인가?

11. 두꺼운 공 껍질

전하가 Q이고 부피 전하밀도가 ρ로 고른 두꺼운 공 껍질의 안쪽 반지름은 r_1이고 바깥쪽 반지름은 r_2이다. 한없이 먼 곳에서 $V=0$이라면, 전위 V를 다음의 영역에서 분포의 중심으로부터의 거리 r의 함수로 나타내어라. (a) $r>r_2$, (b) $r_2>r>r_1$, (c) $r<r_1$, (d) 이러한 해들은 $r=r_1$과 $r=r_2$에서 일치하는가? (**실마리**: 24-8절을 보라.)

25-6 점전하가 만드는 전위

공간에 점전하가 한 개 있다고 생각하자. 점전하에서 거리 3 m인 곳의 전위는 얼마일까? 그림 25-11과 같이 고정된 양전하 q에서 거리 R인 곳 P를 생각하자. 아래의 식 25-16을 쓰기 위해, 양의 시험전하 $q_{시험}$를 한없이 먼 곳에서 P까지 끌어오는 것을 상상하자.

$$V_2-V_1=-\int_1^2\vec{E}\cdot d\vec{s}$$

전하의 경로는 어떻게 잡아도 적분값은 같으므로, 마음대로 잡을 수 있다. 가장 단순한 경로는 전기장 벡터와 나란한 선을 따라 가는 것이다. 그러면 변위 벡터의 성분 가운데 전기장 벡터와 나란한 성분만 생각하면 된다.

그 다음에는 점곱을 셈해야 한다.

$$\vec{E}\cdot d\vec{s}=|\vec{E}|\cos\phi\,|d\vec{s}|=(E)(ds)\cos\phi \tag{25-20}$$

그림 25-13에서 전기장 $\vec{E}$는 고정된 점전하에서 반지름을 따라 바깥쪽을 향한다. 잡은 경로를 따라 오는 시험 전하의 미소 변위 $d\vec{s}$는 반지름을 따라 안쪽을 향하고, 따라서 전기장 $\vec{E}$와는 반대쪽이다. 이것은 각도 $\phi=180°$임을 뜻하고, $\cos\phi=-1$이다. 경로가 반지름을 따라가므로 ds 대신 dr로 쓰고, 적분 구간의 양끝을 ∞와 R로 잡으면 전위차는 다음과 같다.

$$V_2-V_1=-\int_{\infty}^{R}E_r\,dr \tag{25-21}$$

여기서 E_r은 전기장의 반지름 쪽 성분이다. 다음으로 $V_1=0$(∞에서), $V_2=V$(R에서)으로 정한다. 시험전하가 있는 곳의 전기장의 크기로는 23장에서 구한 다음 식을 넣는다.

$$E=k\frac{|q|}{r^2} \tag{25-22}$$

그러면 식 25-21은 다음과 같이 된다.

$$V-0=-k|q|\int_{\infty}^{R}\frac{1}{r^2}dr=k|q|\left[\frac{1}{r}\right]_{\infty}^{R}=k\frac{|q|}{R}\quad (q\text{가 양전하일 때}) \tag{25-23}$$

이제 한없이 먼 곳에 대한 전위를 구하는 방법을 거리 R인 곳뿐만 아니라, 어느 곳에서도 쓸 수 있게 일반화하자. R을 r로 바꾸면 원천전하까지의 거리가 r인 곳의 전위에 대해 다음 식을 얻는다.

$$V=k\frac{|q|}{r}\quad (q\text{가 양전하일 때})$$

위 식은 비록 양전하에 대해서 끌어냈지만, 과정은 음전하에 대해서도 똑같이 적용된다. 그러나 그림 25-13의 q가 음전하라면, 전기장 벡터의 방향은 경로(반지름을 따라 안쪽을 향한다)와 같은 쪽이 될 것이다. 그래서 잡은 경로를 따르는 시험전하의 미소 변위 $d\vec{s}$는 $\vec{E}$와 방향이 같다. 이것은 각도 $\phi=0°$임을 뜻하므로 $\cos\phi=+1$이다. 이것은 유도 과정 전체에 걸쳐 음의 부호를 붙이게 되고 결과적으로 전위에 대한 최종 결과는 음이 된다. 그래서 *V의 부호는 q의 부호와 같다*는 결론이 나온다. 이것으로 전하 q인 입자가, 반지름 방향으로 거리 r인 곳에 만드는, 한없이 먼 곳에 대한 전위 V는 아래와 같다는 결과를 얻는다.

$$V=k\frac{q}{r}\quad (\text{전하의 부호에 관계없이, 한없이 먼 곳에 대한 전위}) \tag{25-24}$$

양전하를 띤 입자는 양전위를, 음전하를 띤 입자는 음전위를 만든다.

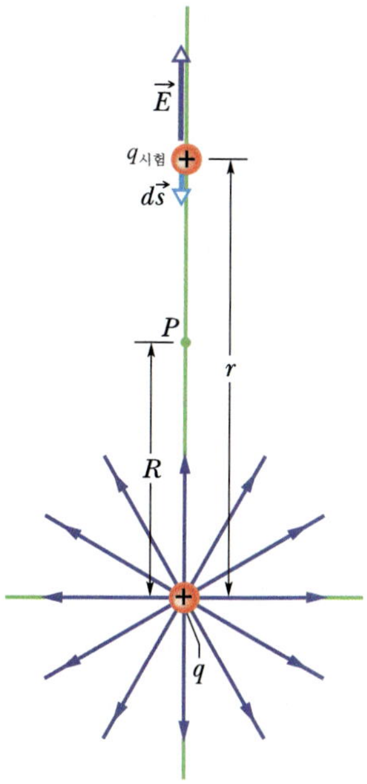

그림 25-13
양의 점전하 q는 점 P에 전기장 $\vec{E}$와 전위 ΔV를 만든다. 전위는 시험전하 $q_{시험}$을 한없이 먼 곳에서 점 P까지 옮기면서 구할 수 있다. 시험전하는 점전하에서 r만큼 떨어진 곳에서 미소 변위 $d\vec{s}$만큼 이동한다.

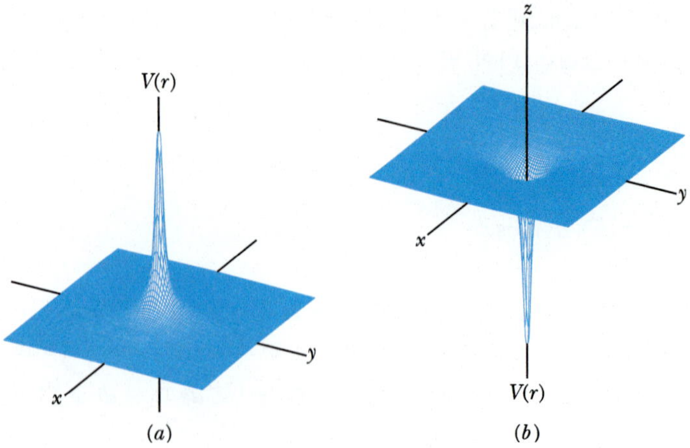

그림 25-14
(*a*) *xy* 평면의 원점에 있는 양의 점전하가 만드는 전위 $V(r)$ 분포의 컴퓨터 그림. 평면 위의 점의 전위 값을 수직축 쪽의 높이로 나타냈다(곡선은 그림을 이해하는데 도움이 된다.) $r = 0$일 때 식 25-24에 따라 예상되는 V의 무한값은 표시하지 않았다. (*b*) 음전하가 만드는 전위 분포 그림.

그림 25-14는 식 25-24를 써서 양전하를 띤 입자가 만든 전위를 컴퓨터로 그려낸 것이다. V의 크기는 수직좌표로 나타냈다. $r \to 0$에 가까울수록 커짐을 눈여겨 보라. 그림 25-14는 비록 $r = 0$일 때 유한하고 매끄럽게 마무리한 값을 보여주지만, 사실 위의 식에 따르면, V는 $r = 0$일 때 한없이 크다.

식 25-24는 또한 공대칭 전하분포 *바깥쪽*의 전위도 된다. 이것은 중력을 배울 때(14-2절) 매우 쓸모 있던 공 껍질 정리를 정전기학에 대해 유추하여 증명할 수 있다. 이 정리를 쓰면 실제의 공 모양의 전하분포를 같은 전하가 공의 중심에 모인 것으로 바꿀 수 있다. 그 다음에는 식 25-24로 가는 과정을 그대로 따르면 된다. 그 결과는 전하분포 바깥의 전위를 셈하는데 쓸 수 있다.

따라해보기 25-3 | 양성자 근처

수소 원자의 핵은 입자(또는 점전하)로서 다룰 수 있는 양성자 한 개로 구성된다.

(a) 양성자가 거리 $r = 2.12 \times 10^{-10}$ m인 곳에 만드는 전위 V는 얼마인가? 단 한없이 먼 곳의 전위를 0으로 잡는다.

풀이 ■ 요점은 양성자를 입자로 볼 수 있으므로 양성자가 거리 r인 곳에 만드는 전위 V는 식 25-24에 따라 $V = k\frac{q}{r}$라는 것이다. 여기서 전하 q는 $e(= 1.6 \times 10^{-19}\,\text{C})$이다. 이 값과 r 값을 넣으면 다음 결과를 얻는다.

$$V = \frac{(8.99 \times 10^9\,\text{Nm}^2/\text{C}^2)(1.60 \times 10^{-19}\,\text{C})}{2.12 \times 10^{-10}\,\text{m}} = 6.78\,\text{V}$$

(b) 핵에서 거리 $r = 2.12 \times 10^{-10}$ m인 곳에 있는 전자의 전기적 위치 에너지 U는 몇 전자볼트인가? [위치 에너지는 사실상 전자-양성자계(수소 원자)의 위치 에너지다.]

풀이 ■ 요점은 전하 q인 입자가 다른 전하가 만드는 전위가 V인 곳에 있을 때, 전기적 위치 에너지 U는 식 25-6($V = U/q$)에 따라 구할 수 있다는 것이다. 전자의 전하량 $-e$를 쓰면, 다음을 얻는다.

$$U = qV = (-1.6 \times 10^{-19}\,\text{C})(6.78\,\text{V}) = -1.0848 \times 10^{-18}\,\text{J} = -6.78\,\text{eV} \quad \text{(답)}$$

(c) 전자가 양성자에 가까이 가면, 전기적 위치 에너지는 커질까, 작아질까?

풀이 ■ 문제 (a)와 (b)의 **요점**이 여기에도 적용된다. 전자가 양성자에 가까이 갈 때, 전자가 있는 곳에 양성자가 만드는 전위 V는 (r이 작아지므로) 높아진다. 그러므로 문제 (a)의 V값은 커진다. 전자는 음전하를 띠므로 이것은 U 값이 더 작은 음수(절대값이 더 큰 음수)가 됨을 뜻한다. 그러므로 전자(즉, 계 혹은 원자)의 위치 에너지 U는 작아진다.

25-7 점전하 무리가 만드는 전위와 위치 에너지

이제 전하가 많이 모이면 무슨 일이 생길지 한번 살펴보자. 첫째 다른 모든 전하들은 고정시켜 놓고 오직 작은 시험전하만 움직일 때를 살펴본다. 이 때는, 앞에서 살펴본 것과 똑같은 전위 V가 정의 되면 시험전하가 움직이면 그에 따라 계의 위치 에너지가 달라진다. 이 절의 끝에서는 많은 전하가 움직이는 상황을 살펴보는데, 그 때는 계의 총 위치 에너지가 변하는데, 그 상황에서 계의 위치 에너지를 정의할 수 있지만 전위는 정의할 수 없다.

23장에서 점전하 무리가 만드는 전기장이 중첩 원리를 따름을 알았다. 즉, 총 전기장은 낱낱의 점전하가 만드는 전기장을 모두 더한 것이다. 전위 V가 전기장의 선적분이고 덧셈과 적분은 순서를 바꿀 수 있으므로 중첩 원리는 정전기 전위에도 적용된다.

그러므로 점전하 무리가 있을 때, 어느 곳의 전위를 구하는데 중첩 원리를 쓴다. 계를 이루는 낱낱의 전하가 만든 전위를 식 25-24를 써서 하나씩 셈한 다음, 그 전위를 모두 더한다. 전하가 n개 있으면, (한없이 먼 곳의 전위를 기준값 0으로 잡은) 알짜 전위는 다음과 같다.

$$V=\sum_{i=1}^{n} V_i = k\sum_{i=1}^{n}\frac{q_i}{r_i} \quad \text{(점전하 } n\text{개가 만드는 전위)} \qquad (25\text{–}25)$$

여기서 q_i는 i번째 전하의 전하량, r_i는 i번째 전하에서 전위를 셈하는 곳까지의 (반지름 방향의) 거리다. 식 25-25의 덧셈은 전기장을 셈할 때 쓴 벡터 덧셈이 아니라 스칼라 양의 부호를 따져 더하는 대수적 덧셈이다. 따라서 전기장보다는 전위를 셈하는 것이 더 유리하다. 스칼라 덧셈은 방향과 성분을 따져야 하는 벡터 덧셈보다 훨씬 쉽다.

25-2절에서 대전 입자가 정전기력을 받을 때 그 입자의 전기적 위치 에너지에 대해 설명했다. 그때 힘을 주는 전하는 공간에 고정되어 있고, 따라서 힘과 그에 대응되는 전기장 모두 시험전하의 영향을 받지 않는다고 가정했다. 계에서 시험전하가 이리저리 움직일 때 다른 전하들도 그에 따라 움직인다면, 그 계에서 전위를 결정할 수 없다. 시험전하가 움직이면 전기장도 계속 달라질 것이다. 그러나 관점을 더 넓혀 계 전체의 전기적 위치 에너지를 구할 수는 있다.

부호가 같은 전하를 띤 두 물체를 밀어 가까이 놓는 것부터 간단하게 시작하자. 예를 들어, 그림 25-3의 반 데 그라프 발전기의 도체 껍질에 과잉 전자가 하나 있고 적절한 곳에 둘째 전자를 놓으려 한다고 하자. 도체 껍질에 첫째 전자가 있는 상태에서 둘째 전자를 절연 벨트에 뿌려 발전기의 전동기가 둘째 전자를 도체 껍질 쪽으로 움직이도록 일을 한다. 이 과정에서 첫째 전자의 위치가 틀림없이 바뀌고, 둘째 전자에 힘을 준다. 그렇지만 전동기가 하는 일은 계속 추적할 수 있다. 이 일은 (물체들의 운동 에너지가 변하지 않는다면) 두 물체 계에서 전기적 위치 에너지로 저장된다. 셋째 전자를 보낼 때, 도체 껍질에 다른 두 전자가 있는 상태에서 셋째 전자를 보내는데 필요한 일을 잴 수 있는데, 이때 세 전자는 서로 힘을 주고받아 배치가 달라진다. 셋째 전자를 도체 껍질로 보내는데 드는 일은 둘째 전자를 보내는데 든 일에 더해진다. 전체 일은 세 전하 계의 위치 에너지로 저장된다. 더 많은 일을 하여 도체 껍질에 더 많은 과잉 전자를 올리고, 이것을 재배치하는 과정은 도체 껍질에 무수한 전자를 올릴 때까지 계속된다. 다음에 도체 껍질을 땅에 연결된 도체와 접촉시켜 방전시키면, 저장된 에너지 전부 또는 일부를 전자들이 재빨리 서로 멀어져가면서 운동 에너지로서 되찾게 된다.

점전하 계의 전기적 위치 에너지는 다음과 같이 모든 전하의 나중 위치를 써서 정의한다:

> 고정된 점전하 계의 전기적 위치 에너지는 누군가가 전하를 하나씩 끌어 모아 계를 만드는데 드는 일과 같다.

전하들이 처음에는 서로 한없이 멀리 서 있었고, 나중에는 모여 있는 곳에 서 있다고 하자. 계 전체의 전기적 위치 에너지는 계를 이루는 모든 전하 쌍의 위치 에너지를 더한 꼴로써 다음과 같다.

$$U = \sum_{\text{모든 짝}} k \frac{q_i q_j}{|\vec{r}_i - \vec{r}_j|} \tag{25-26}$$

생각해보기 25-5 지금까지 이 장에서 전위 V를 셈하는 두 가지 방법을 설명했다. 전하분포에 대한 정보(전하의 크기와 놓인 곳)가 있을 때 전위를 셈하는 방법을 설명하라. 전기장 $\vec{E}$에 관한 정보가 있을 때 전위를 셈하는 방법을 설명하라.

생각해보기 25-6 그림은 양성자 두 개를 늘어놓는 세 가지 방법을 보여준다. 양성자들이 P에 만드는 알짜 전위를 큰 것부터 차례대로 늘어 놓아라.

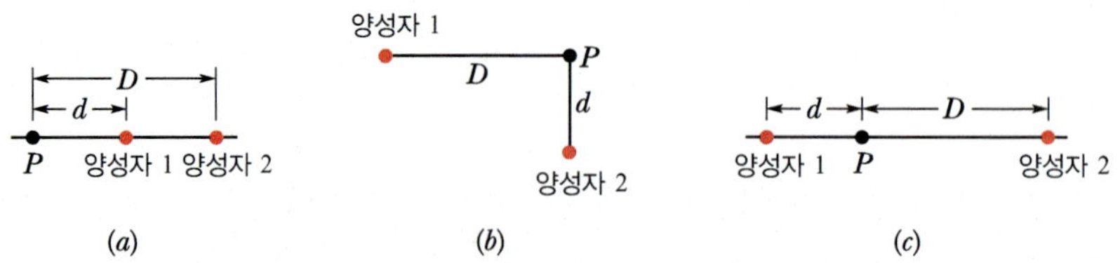

따라해보기 25-4 | 전하들의 사각형

그림 25-15*a*와 같이 점전하로 이루어진 사각형 중심에 있는 점 P의 전위는 얼마인가? 거리 $d = 1.3\,\text{m}$이고, 각 전하의 전하량은 다음과 같다.

$$q_1 = +12\,\text{nC}, \quad q_2 = -24\,\text{nC}, \quad q_3 = +31\,\text{nC}, \quad q_4 = +17\,\text{nC}$$

풀이 ■ 요점은 점 P의 전위 V는 4개의 점전하가 만드는 전위를 대수적으로 더한 값이라는 점이다(전위는 스칼라이므로 점전하가 있는 곳의 방향과는 무관하다). 그러므로 식 25-25에 따라 다음 식을 얻는다.

$$V = \sum_{i=1}^{4} V_i = k\frac{(q_1 + q_2 + q_3 + q_4)}{r}$$

거리 r은 $d/\sqrt{2} = 0.919\,\text{m}$이고, 전하의 합은 다음과 같다.

$$q_1 + q_2 + q_3 + q_4 = (12 - 24 + 31 + 17) \times 10^{-19}\,\text{C} = 36 \times 10^{-9}\,\text{C}$$

그러므로 전위는 다음과 같다.

$$V = \frac{(8.99 \times 10^9\,\text{N}\cdot\text{m}^2/\text{C}^2)(36 \times 10^{-9}\,\text{C})}{0.919\,\text{m}} \approx 350\,\text{V} \qquad \text{(답)}$$

그림 25-15*a*의 세 양전하 가운데 어느 하나의 근처에서는 전위가 매우 큰 양수이다. 한 개의 음전하 근처에서는 전위는 절대값이 매우 큰 음수이다. 그러므로 사각형 속에 있는 점 P의 전위와 같은 중간의 전위를 갖는 점들이 있어야 한다. 그림 25-15*b*의 곡선은 점 P를 품는 등전위면과 그림의 평면이 만나는 점을 보여준다. 그 곡선 위의 모든 점은 점 P와 전위가 같다.

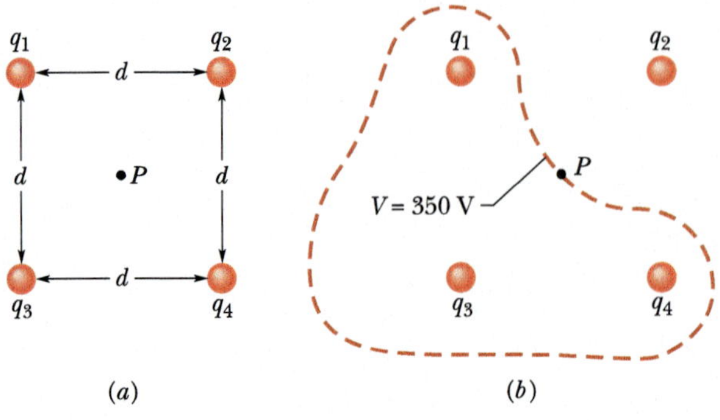

그림 25-15
(*a*) 네 점전하는 사각형의 모서리에 박혀 있다. (*b*) 닫힌 곡선은 그림의 평면에서 점 P를 품는 등전위면의 단면이다. (곡선은 대강 그렸다.)

따라해보기 25-5 | 12개의 전자

(a) 그림 25-16*a*에서 반지름 R인 원둘레에 (전하가 $-e$인) 전자 12개가 고른 간격으로 박혀 있다. 한없이 먼 곳의 전위를 0으로 잡을 때, 이 전자가 원의 중심 C에 만드는 전위와 전기장은 얼마인가?

풀이 ■ 요점은 C의 전위 V는 모든 전자가 만드는 전위를 대수적으로 더한 값이라는 것이다. 전자는 모두 전하량이 똑같이 $-e$이고, C까지의 거리가 똑같이 R이므로 식 25-25에 따라 전위는 다음과 같다.

$$\Delta V = -12k\frac{e}{R} \qquad (25\text{-}27)$$

C의 전기장을 구하는 **요점**은 전기장이 벡터량이므로 전자의 방향이 중요하다는 것이다. 그림 25-16*a*의 배열의 대칭성 때문에 어떤 전자가 C에 만드는 전기장 벡터는 정반대 쪽에 있는 전자가 만드는 전기장 벡터에 의해 지워진다. 그래서 C의 전기장은 $\vec{E}=0$이다.

$$\vec{E}=0 \qquad (답)$$

(b) 전자들이 120°인 호 위에서 간격이 고르지 않게 늘어설 때까지 원을 따라 움직인다면(그림 25-14*b*), C의 전위는 얼마인가? C의 전기장은 어떻게 바뀔까?

풀이 ■ 식 25-27에 따라 전위는 바뀌지 않는다. 왜냐하면 C와 각 전자 사이 거리는 바뀌지 않았고 방향은 무관하기 때문이다. 전기장은 이제는 0이 아니다. 왜냐하면 배열이 더 이상 대칭이 아니기 때문이다. 이제 전하분포 쪽을 향하는 알짜 전기장이 있다.

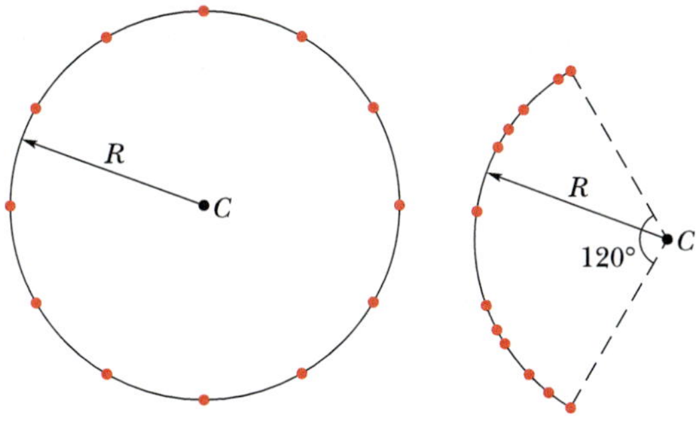

그림 25-16
(*a*) 12개의 전자가 원둘레에 고른 간격으로 늘어서 있다. (*b*) 이 전자들은 현재 처음 원의 호를 따라 간격이 고르지 않게 늘어서 있다.

연습문제 25-7

12. 우주선

우주선이 지구 전리층의 이온화된 엷은 기체를 지나 움직여 궤도를 한 바퀴 도는 동안 전위는 대략 −1.0 V만큼 바뀐다. 우주선을 반지름 10 m인 공이라고 가정할 때 우주선이 모으는 전하량은 얼마인가?

13. 정반대

점전하 $q=10\,\mu C$, q로부터 $d_1=2.0$ m 떨어진 점 A, q로부터 거리 $d_2=1.0$ m 떨어진 점 B를 생각하자. (a) 이 점들이 그림 25-17*a*와 같이 서로 정반대 쪽에 있다면 전위차 V_A-V_B는 얼마인가? (b) 점 A와 B가 그림 25-17*b*와 같이 놓여 있다면 전위차는 얼마인가?

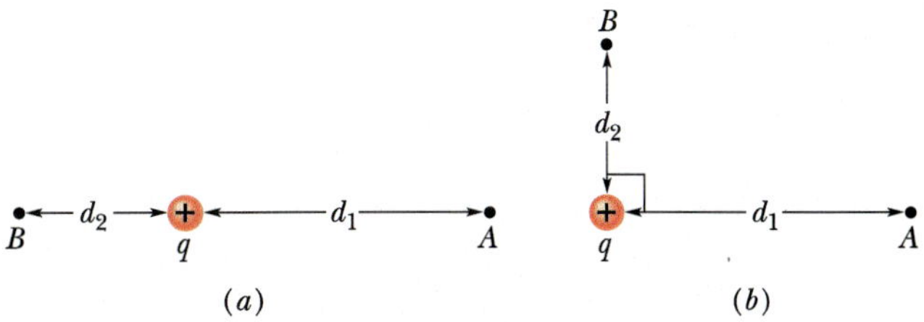

그림 25-17 문제 13

14. 전기력선과 등전위면

그림 25-18은 축 위에 있는 두 대전입자를 나타낸다. 다음의 경우 평면에 있는 전기력선과 등전위면을 그려보아라. (a) $q_1=+q$, $q_2=+2q$ (b) $q_1=+q$, $q_2=-3q$

15. d로 나타내기

그림 25-18에서 한없이 먼 곳에서 $V=0$이라고 놓고, 두 입자의 전하를 $q_1=+q$, $q_2=-3q$라고 하자. x축 위에서 두 입자가 만드는 알짜 전위가 0이 되는 (한없이 먼 곳이 아닌) 점의 위치를 (떨어진 거리 d로) 나타내어라.

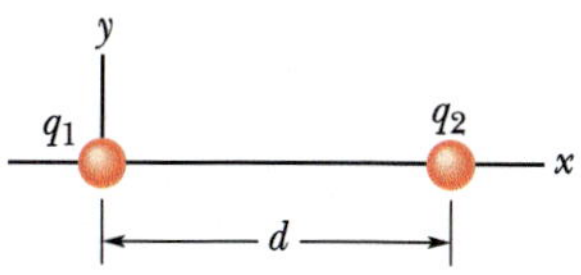

그림 25-18 문제 14, 15, 16

16. 전기장이 0

그림 25-18과 같이 전하 q_1과 q_2의 두 입자가 거리 d만큼 떨어져

있다. $x = d/4$에서 두 입자가 만드는 알짜 전기장이 0이다. 한없이 먼 곳에서 $V = 0$이라면, x축 위에서 두 입자가 만드는 전위가 0이 되는 (무한대가 아닌) 점의 위치를 (떨어진 거리 d로) 나타내어라.

17. 물방울

30 pC의 전하를 가진 공모양의 물방울 표면에서 전위는 500 V이다. (한없이 먼 곳에서 $V = 0$이다.) (a) 물방울의 반지름은 얼마인가? (b) 전하와 반지름이 같은 두 물방울이 합쳐져서 하나의 공모양 물방울을 이룬다면 새로운 물방울 표면의 전위는 얼마인가?

18. 전하와 전하 밀도

반지름이 0.15 m, 전위가 200 V인 도체 공을 생각하자.(한없이 먼 곳에서 $V = 0$이다.) (a) 공 표면의 전하는 얼마인가? (b) 공 표면의 전하밀도는 얼마인가?

19. 지구 근처의 전기장

지면 근처에서는 근사적으로 100 V/m인 전기장이 주로 관측된다. 이 전기장이 전체 표면에 걸쳐 있다면 표면의 한 점에서의 전위는 얼마가 될까?(한없이 먼 곳에서 $V = 0$이다.)

20. 직사각형의 중심

그림 25-19에서 점 P는 직사각형의 중심에 있다. 한없이 먼 곳에서 $V = 0$이라고 할 때 여섯 개의 점전하가 점 P에 만드는 알짜 전위는 얼마인가?

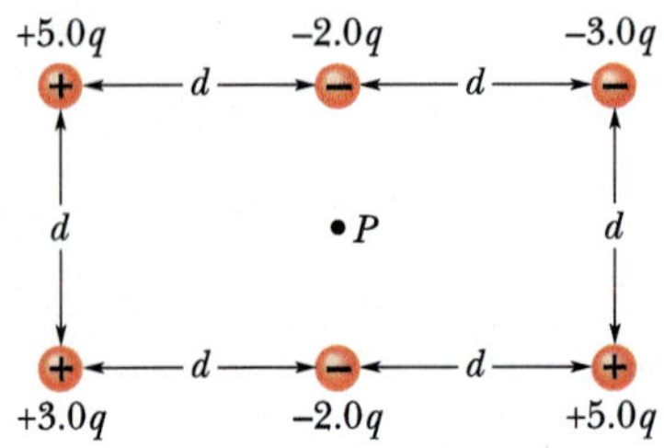

그림 25-19 문제 20

21. 점 P의 전위

그림 25-20에서 네 점전하가 점 P에 만드는 알짜 전위는 얼마인가? 한없이 먼 곳에서 $V = 0$이다.

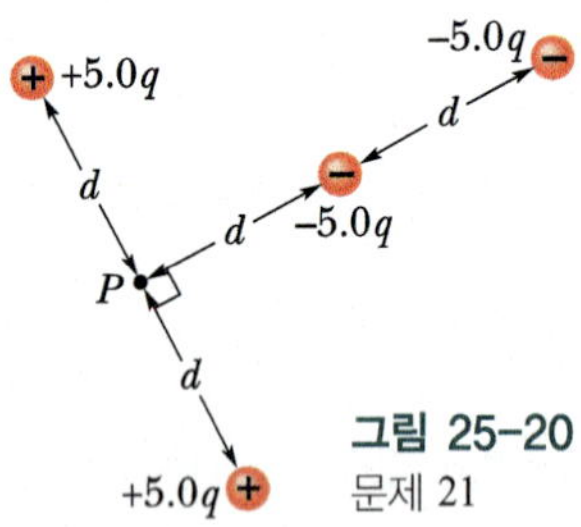

그림 25-20 문제 21

22. 위치 에너지

(a) 2.00 nm 떨어져 있는 두 전자의 전기적 위치 에너지는 얼마인가? (b) 거리가 멀어지면, 위치 에너지는 늘어나는가, 줄어드는가?

23. 필요한 일

그림 25-21과 같이 4개의 전하를 배치하는데 필요한 일에 대한 식을 끌어내라. 전하들은 처음에 아주 멀리 떨어져 있다고 가정하여라.

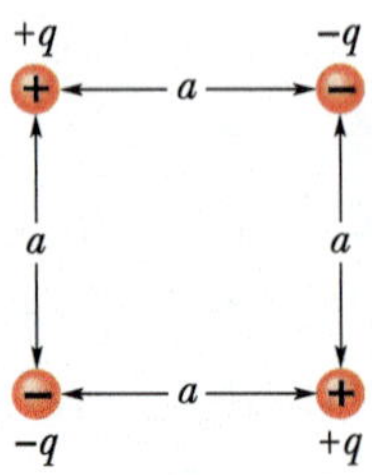

그림 25-21 문제 23

24. 전기적 위치 에너지

그림 25-15a와 같은 전하 배열이 갖는 전기적 위치 에너지는 얼마인가? 따라해보기 25-4에서 제시된 값을 써라.

25. 직사각형

그림 25-22의 직사각형에서 각 변의 길이는 5.0 cm와 15 cm이며 $q_1 = -5.0\ \mu\text{C}$이고 $q_2 = +2.0\ \mu\text{C}$이다. 한없이 먼 곳에서 $V = 0$이다. (a) 꼭지점 A에서의 전위는 얼마인가? (b) 꼭지점 B에서의 전위는 얼마인가? (c) 세 번째 전하 $q_3 = +3.0\ \mu\text{C}$를 B에서 A로 직사각형의 대각선을 따라 옮기는데 필요한 일은 얼마인가? (d) 이 일이 세 전하계의 전기적 에너지를 늘리는가, 줄이는가? (e) (d)에서 만약 q_3를 사각형의 내부에서 대각선이 아닌 경로를 따라 움직일 때 필요한 일은 더 많은가, 더 적은가, 같은가? (f) (d)에서 사각형의 외부 경로를 따라 움직일 때 필요한 일은 더 많은가, 더 적은가, 같은가?

그림 25-22 문제 25

26. 필요한 일

그림 25-23에서 $5q$의 전하를 한없이 먼 곳에서 점선을 따라 가져와서 두 개의 고정된 전하 $4q$와 $-2q$ 근처에 그림과 같이 놓을 때 필요한 일은 얼마인가? 단 거리 $d = 1.40$ cm이고, 전하 $q = 1.6 \times 10^{-19}$ C이다.

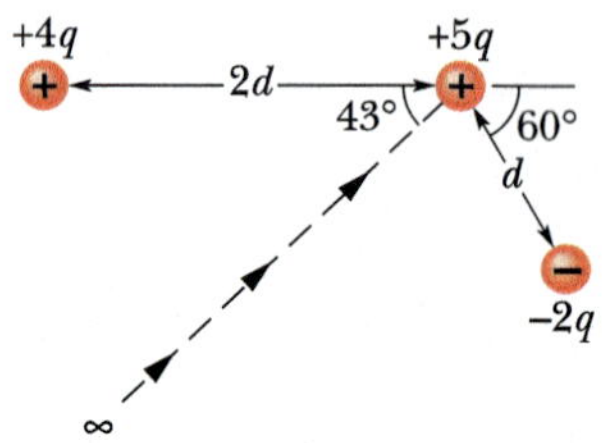

그림 25-23 문제 26

27. 양전하 입자

양전하 Q인 입자가 점 P에 고정되어 있다. 질량이 m이고 음전하 $-q$인 둘째 입자가 점 P를 중심으로 하는 반지름이 r_1인 원을 일정한 속력으로 움직인다. 둘째 입자가 운동하는 원의 반지름을 r_2로 키우기 위해 해주어야 하는 일 W에 대한 식을 끌어내라.

28. 에너지는 얼마인가?

(a) 수소 원자의 전자 평균 거리($r = 5.29 \times 10^{-11}$ m)만큼 떨어진 곳에 수소 원자핵이 만드는 전위를 구하라. (한없이 먼 곳에서 $V = 0$이라고 한다) (b) 전자가 반지름에 있을 때 원자의 전기적 위치 에너지를 구하라. (c) 전자가 핵을 중심으로 하여 반지름의 원 궤도를 운동한다고 가정할 때 전자의 운동 에너지를 구하라. (d) 수소 원자를 이온화(즉, 전자를 핵으로부터 사실상 한없이 먼 곳으로 떼어놓는 것)시키는데 필요한 에너지는 얼마인가? 에너지는 모두 전자볼트(eV)로 나타내어라.

29. 점 P에 박혀 있다

전하 q인 입자가 점 P에 박혀 있다. 질량이 m이며 같은 전하 q의 둘째 입자를 처음에 P에서 r_1만큼 떨어진 곳에 잡고 있다가 놓는다. 이 입자가 P에서 r_2만큼 떨어진 거리에 있을 때 속력은 얼마인가? $q = 3.1\ \mu\text{C}$, $m = 20$ mg, $r_1 = 0.90$ mm, $r_2 = 2.5$ mm라고 하자.

30. 얇은 플라스틱 고리

원점을 중심으로, yz평면에 놓여 있는 반지름이 1.5 m인 얇은 플라스틱 고리에 −9.0 nC의 전하가 고르게 퍼져 있다. −6.0 pC의 점전하가 x축 위 $x = 3.0$ m인 곳에 있다. 점전하를 원점으로 옮기기 위해 외부힘이 점전하에 한 일을 셈하여라.

31. 작은 쇠공

질량이 각각 $m_A = 5.00$ g이고 $m_B = 10.0$ g인 두 개의 작은 쇠공 A와 B가 있다. 두 쇠공에는 똑같이 양전하 $q = 5.00\ \mu$C가 들어 있다. 공이 길이 $d = 1.00$ m인 질량 없는 절연체의 끈으로 연결되어 있는데, 끈의 길이는 공의 반지름보다 훨씬 크다. (a) 계의 전기적 위치에너지는 얼마인가? (b) 끈을 끊는 순간 낱낱의 공의 가속도는 얼마인가? (c) 끈을 끊고 나서 한참 지난 뒤에 낱낱의 공의 속력은 얼마인가?

32. 지지대 위의 도체 껍질

반지름이 R인 얇은 공 껍질 모양의 도체가 고립된 지지대에 전위 $-V$로 대전되어 있다. 껍질 중심까지 거리가 r인 점 P에서 전자 한 개를 처음 속력 v_1로 중심을 향해 똑바로 쏘았다($r \gg R$). 전자가 방향을 반대로 바꿀 때 껍질에 막 닿으려면 v_1는 얼마이어야 하는가?

33. 두 전자

두 개의 전자가 2.0 cm 떨어져서 박혀 있다. 한없이 먼 곳에서 또 다른 전자를 쏘아보내니 두 전자의 중간점에서 선다. 전자의 처음 속력은 얼마인가?

34. 대전된 나란한 면

두 개의 대전된 평평한 도체면이 $d = 1.00$ cm 만큼 떨어져 나란히 있다. 그들의 전위차는 $\Delta V = 625$ V이다. 전자 하나를 한 면에서 다른 면으로 똑바로 쏜다. 전자가 다른 면에서 가까스로 선다면 전자의 처음 속력은 얼마인가?

35. 전자를 쏘다

고정된 양성자를 향해 전자를 처음 속력 3.2×10^5 m/s로 쏘았다. 전자가 처음에 양성자에서 아주 멀리 있었다면, 양성자에서 얼마의 거리에서 속력이 처음 속력의 두 배가 되는가?

25-8 전기쌍극자가 만드는 전위

전기적으로 중성인 물질에는 양전하와 음전하가 같은 양 들어 있다. 밖에서 주는 전기력은 두 가지 전하를 반대쪽으로 당긴다. 따라서 전기장은 물질 속의 양전하와 음전하를 조금 떼어 놓는다(편극[polarization]이라고 한다). 또한 많은 분자 속의 전자는 분자의 부피 전체에 고르지 않게 퍼져 있다. 그 결과 어느 쪽 끝은 더 많은 양전하를, 다른 쪽 끝은 더 많은 음전하를 띠게 된다. 예를 들어, 그림 23-22의 물 분자에서는 전하분포가 고르지 않다.

양전하와 음전하가 이렇게 조금 떨어져 있을 때 만드는 전기장은 크기가 같고 부호가 반대인 전하 한 쌍이 조금 떨어져 있을 때 만드는 것과 매우 비슷하다. 두 전하가 바짝 붙어 있다면 두 전하가 만드는 전기장은 서로 지워져 중성인 것처럼 보일 것이다. 그러나 그들이 조금 떨어져 있다면 전기장은 완벽하게 지워지지 않고 전기 쌍극자 전기장으로 알려진 모양을 남긴다. 분자가 만드는 전기쌍극자 장은 색깔이나 투명도와 같은 물질의 전기적 특성을 결정할 뿐 아니라, 매우 많은 화학적 및 생물학적 과정에서 핵심적인 구실을 한다.

다음 식 25-25를

$$V = \sum_{i=1}^{n} V_i = \frac{1}{4\pi\varepsilon_0} \sum_{i=1}^{n} \frac{q_i}{r_i}$$

전기쌍극자에 적용하여 그림 25-24a의 어느 한 점 P의 전위를 구하자. 점 P까지의 거리가 $r_{(+)}$인 양전하는 전위 $V_{(+)}$를 만들고, 거리가 $r_{(-)}$인 음전하는 전위 $V_{(-)}$를 만든다. 따라서 점 P의 알짜 전위는 식 25-25에 따라 다음과 같다.

$$V=\sum_{i=1}^{2} V_i = V_{(+)}+V_{(-)}=\frac{1}{4\pi\varepsilon_0}\left(\frac{q}{r_{(+)}}+\frac{-q}{r_{(-)}}\right)=\frac{q}{4\pi\varepsilon_0}\frac{r_{(-)}-r_{(+)}}{r_{(-)}r_{(+)}} \tag{25-28}$$

많은 분자에 저절로 생기는 쌍극자는 크기가 매우 작고, 보통 두 전하 사이의 거리를 d라 할 때 $r \gg d$와 같이 쌍극자에서 상대적으로 멀리 있는 곳의 전위만이 중요하다. 이런 조건에서 그림 25-24b에 따르는 어림법은 다음과 같다.

$$r_{(-)}-r_{(+)} \approx d\cos\theta \text{와 } r_{(-)}r_{(+)} \approx r^2$$

어림한 양을 식 25-28에 넣으면, V를 다음과 같이 어림할 수 있다.

$$V \approx \frac{q}{4\pi\varepsilon_0}\frac{d\cos\theta}{r^2} \quad (r \gg d \text{ 일 때})$$

여기서 θ는 그림 25-24a와 같이 쌍극자 축을 기준으로 잰 각도이다. 이제 V를 다음과 같이 쓸 수 있다.

$$V \approx k\frac{p\cos\theta}{r^2} \quad (r \gg d \text{ 일 때 전기쌍극자 전위}) \tag{25-29}$$

여기서 $p(=qd)$는 23-7절에서 정의했던 전기 쌍극자 모멘트 $\vec{p}$의 크기다. 벡터 $\vec{p}$는 쌍극자 축을 따라서 음전하로부터 양전하로 향한다. (그러므로 θ는 $\vec{p}$의 방향을 기준으로 잰다.)

• 유도 쌍극자 모멘트

물과 같은 많은 분자에는 영구적인 전기 쌍극자 모멘트가 있지만, 다른 분자(비극성 분자[nonpolar molecule])와 모든 고립된 원자들은 양전하와 음전하의 중심이 같아서(그림 25-25a). 쌍극자 모멘트가 생기지 않는다. 그러나 원자나 비극성 분자를 외부 전기장 속에 두면, 그 전기장은 핵과 전자에 반대쪽으로 힘을 주므로 양전하와 음전하의 중심이 분리된다(그림 25-25b). 전자는 음전하를 띠므로 전기장의 반대쪽으로 힘을 받아 이동하고, 그 결과 전기장과 나란한 쌍극자 모멘트 $\vec{p}$가 생긴다. 이 쌍극자 모멘트는 전기장이 유도한 것이므로 유도 쌍극자 모멘트라고 하고, 이때 원자나 분자는 전기장에 의해 편극되었다고 한다. 전기장을 없애면, 유도 쌍극자 모멘트와 편극도 사라진다.

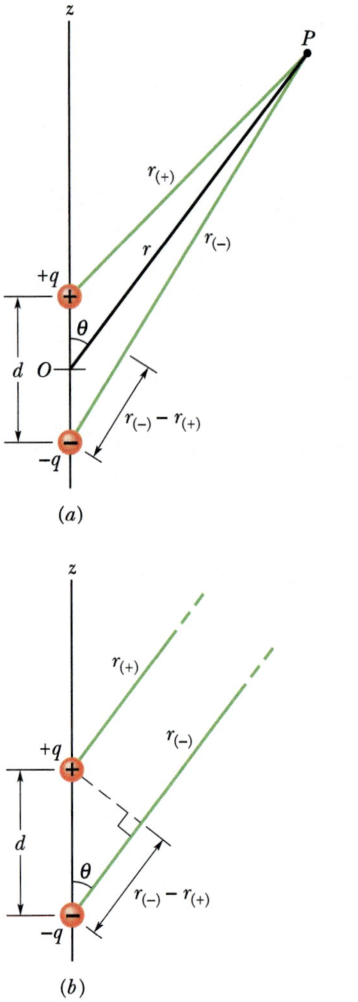

그림 25-24
(a) 점 P는 쌍극자의 중간 지점 O에서 거리 r인 곳이다. 선 $\overline{OP}$는 쌍극자 축과 θ의 각을 이룬다. (b) P가 쌍극자에서 멀면, 길이 $r_{(+)}$인 선과 길이 $r_{(-)}$인 선은 길이 r인 선과 거의 나란하고, 점선은 길이 $r_{(-)}$인 선과 거의 직교한다.

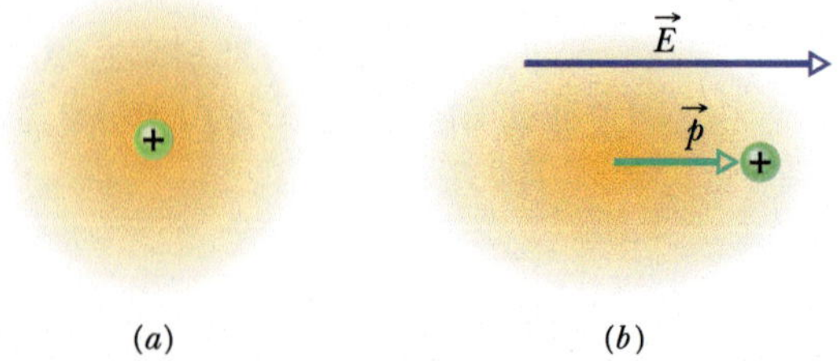

그림 25-25
(a) 양전하를 띤 핵(녹색)과 음전하를 띤 전자구름(노란색 음영)을 보여주는 원자. 양전하와 음전하의 중심이 같다. (b) 원자를 외부 전기장 $\vec{E}$ 속에 두면, 전자 궤도는 비틀리고 양전하와 음전하의 중심은 어긋나, 유도 쌍극자 모멘트 $\vec{p}$가 생긴다. 여기서는 이런 변형을 부풀려 보였다.

생각해보기 25-7 세 점 a, b, c가 그림 25-24의 쌍극자 중심까지의 거리가 똑같이 (긴) r인 곳에 있다고 하자: 점 a는 양전하 위쪽 쌍극자 축 위에 b는 음전하 아래쪽 축 위에, 그리고 c는 두 전하를 잇는 선을 지나 쌍극자를 수직 이등분하는 선 위에 있다. 쌍극자의 전위가 가장 큰 곳부터 순서대로 늘어 놓아라.

연습문제 25-8

36. 암모니아

암모니아 분자 NH_3는 1.47D의 영구 전기 쌍극자 모멘트를 가진다. 여기서 $1D = 1debye$ 단위 $= 3.34 \times 10^{-30} C \cdot m$이다. 쌍극자 축을 따라 52.0nm 떨어진 곳에 암모니아 분자가 만드는 전위를 구하라.(한없이 먼 곳에서 $V = 0$이다.)

37. 세 입자

그림 25-26은 수평축 위에 놓인 세 개의 대전된 입자를 보여준다. $r \gg d$일 때 축 위의 (P와 같은) 점들에서 전위 $V(r)$은 다음과 같음을 보여라.

$$V(r) = \frac{kq}{r}\left(1 + \frac{2d}{r}\right)$$

(**실마리**: 전하배열은 하나의 고립된 전자와 하나의 쌍극자의 합으로 생각할 수 있다.)

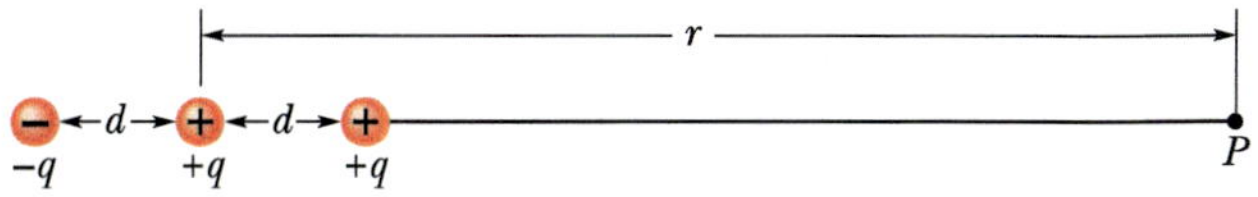

그림 25-26 문제 37

25-9 연속전하분포가 만드는 전기장

전하분포 q가 (고르게 대전된 가느다란 막대 혹은 원반에서) 연속적일 때는 점 P의 전위 V를 구하는데 덧셈을 쓸 수 없다. 대신에 미소 전하요소 dq를 잡아야 한다. 미소 전하요소는 매우 작은 전하의 조각으로, 너무나 작아서 마치 점전하처럼 다룰 수 있다. 그러면 dq가 점 P에 만드는 전위를 결정할 수 있고, 전체 전하분포에 걸쳐서 적분할 수 있다.

다시 한 번 한없이 먼 곳의 전위를 0으로 잡자. 전하요소 dq를 점전하로 다룬다면 다음의 식 25-24를 쓸 수 있다.

$$V = k\frac{q}{r}$$

이 식을 써서 dq가 점 P에 만드는 전위 dV를 다음과 같이 나타낼 수 있다.

$$dV = k\frac{dq}{r} \tag{25-30}$$

여기서 r은 P와 dq 사이의 거리다. 점 P의 총 전위 V를 구하려면 모든 전하요소가 점 P에 만드는 전위들을 합하기 위해 적분한다.

$$V = \int dV = k\int \frac{dq}{r} \tag{25-31}$$

적분은 전체 전하분포에 대해 한다. 전위가 스칼라이므로 위 식에서 벡터 성분을 따질 필요가 없음을 눈여겨 보라.

이제 연속전하분포인 선전하를 조사해보자.

• 선전하

그림 25-27a에서 길이 L인 가느다란 도체 막대에 양(+)전하가 선전하밀도 λ로 고르게 퍼져 있다. 막대의 왼쪽 끝에서 수직으로 거리 d만큼 떨어진 곳 P에 막대가 만드는 전위 V를 결정하자.

그림 25-27b에 보여주는 것처럼 막대의 미소 요소 dx를 고려하여 보자. 막대의 이(또는 다른 어떤) 요소에 있는 전하는 다음과 같다.

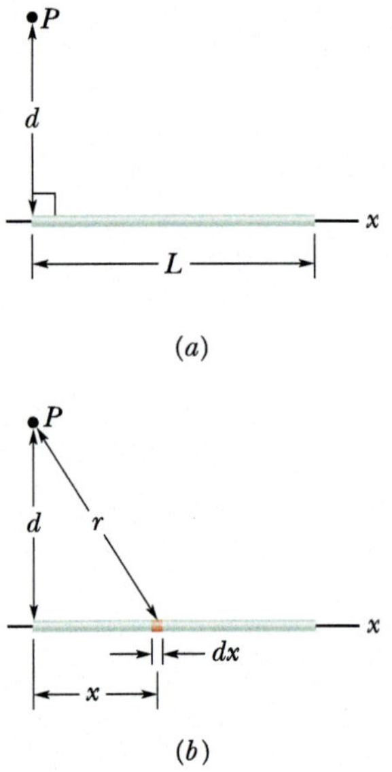

그림 25-27
(*a*) 고르게 대전된 가느다란 막대가 점 *P*에 전위 *V*를 만든다. (*b*) 작은 전하요소는 점 *P*에 작은 전위 *dV*를 만든다.

$$dq = \lambda dx \tag{25-32}$$

이 요소는 점 P에 전위 dV를 만든다. 요소에서 점 P까지의 거리는 $r = (x^2 + d^2)^{1/2}$이다. 요소를 점전하로 보면 다음의 식 25-30을 쓸 수 있다.

$$dV = k\frac{dq}{r}$$

이 식을 쓰면 dV를 다음과 같이 쓸 수 있다.

$$dV = k\frac{dq}{r} = k\frac{\lambda dx}{(x^2 + d^2)^{1/2}} \tag{25-33}$$

막대에는 양전하가 있고 한없이 먼 곳의 전위를 0으로 잡았으므로 이 식에서 dV는 양이어야 한다.

이제 $x = 0$에서 $x = L$까지 막대의 길이를 따라 적분하여 막대가 점 P에 만드는 (한없이 먼 곳의 전위를 0으로 잡고 잰) 총 전위 V를 구해보자. 적분표를 쓰거나 수식처리 프로그램(Mathcad, Maple 등)을 써서 적분하면 다음을 얻는다.

$$V = \int dV = \int_0^L k\frac{\lambda}{(x^2 + d^2)^{1/2}}\,dx = k\lambda\int_0^L \frac{dx}{(x^2 + d^2)^{1/2}} = k\lambda\left\{\ln[x + (x^2 + d^2)^{1/2}]\right\}_0^L$$
$$= k\lambda\left\{\ln[L + (L^2 + d^2)^{1/2}] - \ln d\right\}$$

이 결과를 $\ln A - \ln B = \ln(A/B)$의 일반적 관계를 써서 간단히 하면 다음과 같다.

$$V = k\lambda\ln\left[\frac{L + (L^2 + d^2)^{1/2}}{d}\right] \tag{25-34}$$

V는 양수인 dV를 모두 더한 값이므로, V는 양수이어야 한다. 그러나 이 식이 V의 값이 양수임을 시사하는가? 로그함수의 변수가 1보다 크므로 로그함수의 값은 양수이고, 따라서 V는 참으로 양수이다.

연습문제 25-9

38. 플라스틱 막대

(a) 그림 25-28*a*는 길이가 L이고 고른 선전하밀도 λ를 갖는 전하를 띤 플라스틱 막대를 나타낸다. 한없이 먼 곳에서 $V = 0$이라 하고 그림 25-27과 식 25-34를 고려하여, 셈을 하지 말고 점 P에서의 전위를 구하라. (b) 그림 25-28*b*는 같은 막대이지만 반으로 나뉘어져서 오른쪽 반이 음전하를 띤 경우를 나타낸다. 왼쪽 반과 오른쪽 반이 같은 크기의 고른 선전하밀도 λ를 가진다. 한없이 먼 곳에서 $V = 0$이라 할 때 그림 25-28*b*의 점 P에서의 전위는 얼마인가?

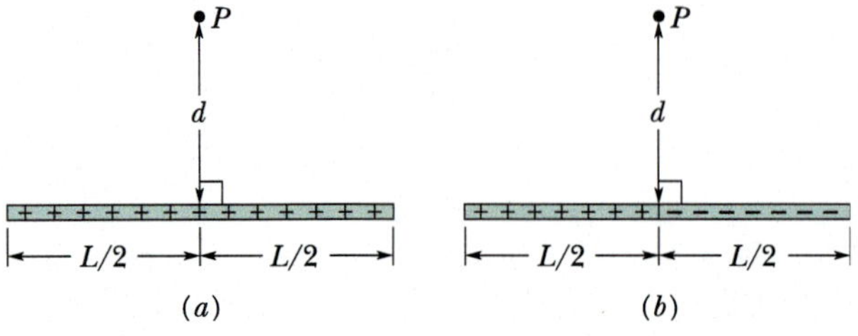

그림 25-28 문제 38

39. 고르지 않은 전하 밀도

그림 25-29의 플라스틱 막대의 길이는 L이고 선전하밀도가 $\lambda = cx$로 고르지 않다. 여기서 c는 값이 양수인 상수이다. 한없이 먼 곳에서 $V = 0$이라고 할 때 막대의 한 쪽 끝에서 거리 d 떨어진 축 위의 점 P_1의 전위를 구하라.

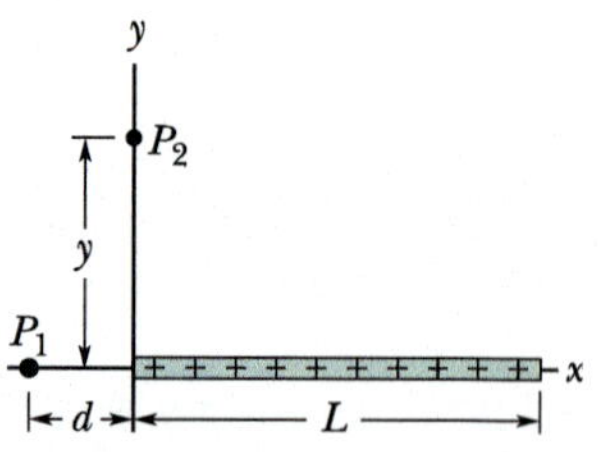

그림 25-29 문제 39, 40, 44, 45

40. 길이 L의 막대

그림 25-29는 길이가 L이고, 양전하 Q가 고르게 퍼진 플라스틱 막대가 x축 위에 있는 것을 보여준다. 한없이 먼 곳에서 $V = 0$이라고 할 때 막대의 한 쪽 끝에서 거리 d 떨어진 축 위의 점 P_1에서의 전위를 구하라.

25-10 전위로부터 전기장 셈하기

25-5절에서 기준점에서 점 f까지의 경로를 따라 전기장을 알고 있을 때 점 f에서의 전위 구하는 법을 알았다. 이 절에서는 거꾸로 가는 방법을 제시하려고 한다. 즉, 전위를 알고 있을 때 전기장을 구하는 방법이다. 그림 25-30과 같이 전기장의 방향을 그림으로 찾는 것은 쉽다. 즉 전하 무리 근처의 모든 곳의 전위 V를 알면 등전위면을 그릴 수 있다. 이 등전위면에 대해 수직인 전기력선이 $\vec{E}$의 방향을 나타낸다. 여기서는 그림 대신에 수학적 과정을 탐구한다.

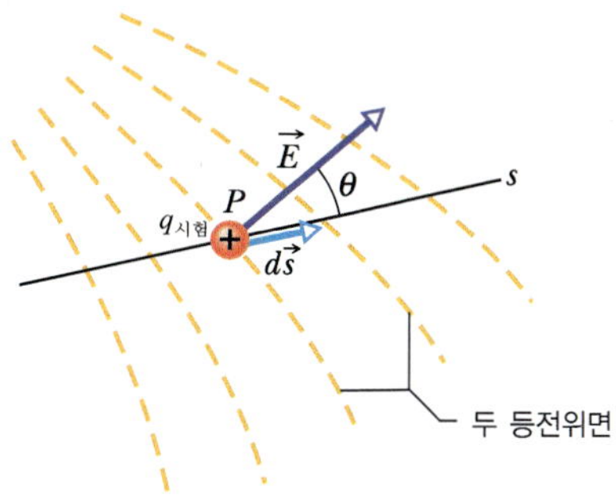

그림 25-30
시험전하 $q_{시험}$이 한 등전위면에서 또 다른 등전위면으로 변위 $d\vec{s}$만큼 움직인다. (등전위면의 간격은 부풀렸다.) 변위 $d\vec{s}$는 전기장 $\vec{E}$의 방향과 θ의 각도를 이룬다.

그림 25-30은 촘촘히 배열된 등전위면의 단면을 보여준다. 이웃한 두 면의 전위차는 dV이다. 그림이 나타내는 것처럼 어떤 점 P의 전기장 $\vec{E}$는 P를 지나는 등전위면에 수직이다.

양의 시험전하 $q_{시험}$이 한 등전위면에서 이웃 등전위면으로 변위 $d\vec{s}$만큼 움직였다고 가정하자. 식 25-8로부터 다음과 같이 전위의 변화를 전기장이 시험전하에 한 일과 관련시킬 수 있다.

$$\Delta V = V_2 - V_1 = -\frac{W_{전기}}{q_{시험}}$$

$d\vec{s}$로 나타낸 작은 변위와 관련된 전위차를 생각해보자. 움직이는 동안 전기장이 시험전하에 일을 조금 해준다. 이 일의 양은 식 25-8로부터 $-q_{시험}dV$라고 쓸 수 있다. 식 25-14의 $dW = q_{시험}\vec{E}\cdot d\vec{s}$와 그림 25-30로부터 전기력이 한 일은 $q_{시험}\vec{E}\cdot d\vec{s} = q_{시험}|\vec{E}||d\vec{s}|\cos\phi$로 쓸 수 있다. 여기서 ϕ는 그림 25-30에서와 같이 전기장과 변위벡터가 이루는 각이다. 일에 대한 두 식은 같으므로 다음과 같은 식이 나온다.

$$-q_{시험}dV = q_{시험}|\vec{E}||d\vec{s}|\cos\phi \tag{25-35}$$

또는

$$|\vec{E}|\cos\phi = -\frac{dV}{ds} \tag{25-36}$$

$E_s = |\vec{E}|\cos\phi$는 $\vec{E}$의 $d\vec{s}$쪽 성분이므로, 위의 식은 다음과 같이 된다.

$$E_s = -\frac{\partial V}{\partial s} \tag{25-37}$$

$\vec{E}$에 아랫글자 s를 붙이고, 편미분 기호를 써서 이 식이 어떤 축(여기서는 s축)을 따라갈 때 생기는 전위의 변화 ΔV와 축방향의 $\vec{E}$ 성분만 포함하고 있음을 강조했다. 요컨대 식 25-37은 본질적으로 다음 식 25-16을 뒤집은 것이다.

$$V_2 - V_1 = -\int_1^2 \vec{E}\cdot d\vec{s}$$

그리고 다음의 내용을 담고 있다:

> $\vec{E}$의 어떤 쪽 성분은 그 쪽의 거리에 대한 전위의 변화율에 (−) 부호를 붙인 것이다. 그러므로 $\vec{E}$는 전위 V가 줄어드는 쪽을 향한다.

어떤 곳의 $\vec{E}$의 x, y, z 성분은 s축을 차례대로 x, y, z축으로 잡아 다음과 같이 구한다.

$$E_x = -\frac{\partial V}{\partial x},\ E_y = -\frac{\partial V}{\partial y},\ E_z = -\frac{\partial V}{\partial z} \tag{25-38}$$

그러므로 전하가 퍼져 있는 곳 근처의 모든 곳에서 함수 $V(x, y, z)$를 알면 그것을 편미분하여 $\vec{E}$의 성분을 알 수 있으므로 $\vec{E}$ 자체를 알 수 있다. 전기장의 낱낱의 성분은 좌표축 방향의 거리에 대한 전위의 기울기의 음수값이다.

전기장 $\vec{E}$가 일정한 단순할 때는 등전위면은 전기장에 수직한 면의 집합으로서 서로 나란하다. 덧붙여 전위차가 일정하면 등전위면 사이의 거리가 같다. 그러므로 $d\vec{s}$쪽으로 전기장의 성분이 일정하면 식 25-37($E_s = -\partial V/\partial s$)는 다음과 같이 전기장의 크기 $E = |\vec{E}|$로 나타낼 수 있다.

$$E = \left|\frac{\Delta V}{\Delta s}\right| \tag{25-39}$$

여기서 Δs는 등전위면에 수직인 변위 성분이다. 식 25-39는 전위가 면을 따라 일정할 때, 즉 $\Delta V = 0$일 때 전기장이 0임을 알려준다. 등전위면과 나란한 쪽의 전기장 성분은 0이다. 그러므로 전위차 ΔV가 정해지면 전기장의 크기는 전위차를 어느 두 등전위면 사이의 거리로 나눈 값의 크기와 같다.

생각해보기 25-8 그림은 같은 간격으로 떨어져 있는 세 쌍의 평행판을 보여준다. 판 사이의 전기장은 균일하고 판에 수직이다. (a) 판 사이의 전기장의 크기가 큰 것부터 평행판을 나열하여라. (b) 전기장이 오른쪽을 향하는 평행판은 어느 것인가? (c) 전자를 셋째 평행판 사이의 중간쯤에 놓는다면, 전자는 그대로 있을까, 오른쪽으로 등속운동을 할까, 왼쪽으로 등속운동을 할까, 오른쪽으로 가속운동을 할까, 왼쪽으로 가속 운동을 할까?

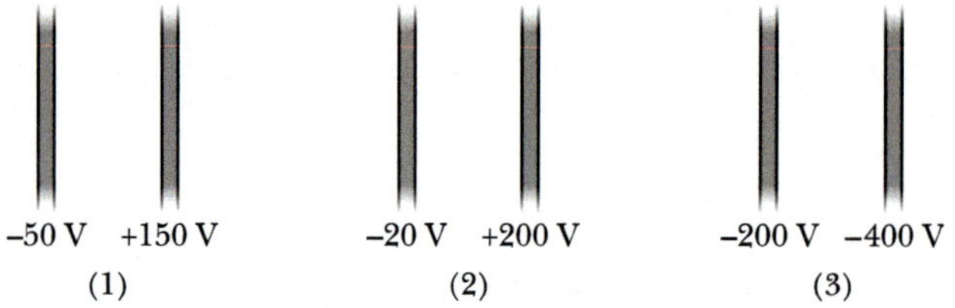

생각해보기 25-9 전기장의 중첩 원리는 앞에서 논의했던 에너지 중첩 원리와 어떤 점에서 같고, 어떤 점에서 다른가?

따라해보기 25-6 | V로부터 $\vec{E}$ 구하기

고르게 대전된 원반의 축 위의 어느 점의 전위는 다음과 같다.

$$V = \frac{\sigma}{2\varepsilon_0}\left(\sqrt{z^2+R^2} - z\right)$$

이 식으로부터 원반의 축 위의 어느 점에서의 전기장에 대한 식을 끌어내라.

풀이 ■ 원반의 축을 따라 거리 z의 함수로 전기장 $\vec{E}$를 구하려고 한다. 원반이 축에 대해 회전 대칭이므로 어떤 z값에 대해 $\vec{E}$의 방향은 축 방향이어야 한다. 그러므로 구하려는 것은 전기장 $\vec{E}$의 z 방향의 성분 E_z이다. **요점**은 이 성분은 거리 z에 대한 전위의 변화율에 음의 기호를 붙이면 된다는 것이다. 그러므로 식 25-38의 마지막 식으로부터 다음과 같이 쓸 수 있다.

$$E_z = -\frac{\partial V}{\partial z} = -\frac{\sigma}{2\varepsilon_0}\frac{d}{dz}\left(\sqrt{z^2+R^2} - z\right) = \frac{\sigma}{2\varepsilon_0}\left(1 - \frac{z}{\sqrt{z^2+R^2}}\right) \text{ (답)}$$

연습문제 25-10

41. xy평면의 점들

xy평면의 점에서 전위가 $V = (2.0\ \text{V/m}^2)x^2 - (3.0\ \text{V/m}^2)y^2$이다. (3.0 m, 2.0 m)인 곳의 전기장의 크기와 방향을 구하라.

42. 평행 금속판

커다란 평행 금속판 두 장이 1.5 cm만큼 떨어져 있고 서로 마주보는 면에 크기는 같고 부호가 반대인 전하가 퍼져 있다. 음전하를 띤 판의 전위를 0이라 하자. 판 사이의 중간점의 전위가 +5.0 V라면, 판 사이의 영역에서 전기장은 얼마인가?

43. 다음을 보여라

식 25-31을 써서, 반지름이 R인 얇은 전하 고리의 중심축 위에 있고 고리까지의 거리가 z인 한 점의 전위가 다음과 같음을 보여라.

$$V = \frac{kq}{\sqrt{z^2 + R^2}}$$

(b) 이 결과로부터 고리 축 위의 점에서 전기장의 크기 $|\vec{E}| = E$에 대한 식을 끌어내라. 이 결과를 23-7절에서의 E에 대한 셈결과와 비교하여라.

44. 왜 아닌가?

그림 25-29에서 길이 L인 플라스틱 막대는 선전하밀도가 $\lambda = cx$로 고르지 않다. 여기서 c는 양의 상수이다. (a) 한없이 먼 곳에서 $V = 0$이라고 할 때, 막대의 한쪽 끝에서 거리 y만큼 떨어진 y축 위의 점 P_2의 전위를 구하라. (b) 이 결과로부터 P_2의 전기장 성분 E_y를 구하라. (c) (a)의 결과를 써서 P_2의 전기장 성분 E_x를 구할 수 없는 이유는 무엇인가?

45. 성분을 구하라

(a) 문제 39의 결과를 써서 그림 25-29의 점 P_1의 전기장의 성분 E_x를 구하라. (**실마리**: 우선 결과에서 거리 d를 변수 x로 바꾸어라.) (b) 대칭성을 써서 점 P_1의 전기장의 성분 E_y를 구하라.

25-11 대전된 고립 도체가 만드는 전위

24-8절에서 전기적으로 고립된 도체 속 어디에서나 $\vec{E} = 0$이라고 결론지었다. 그 다음 가우스 법칙을 써서 고립된 도체에 있는 과잉 전하는 모두 도체의 표면에만 있음을 증명하였다. (이것은 도체 속에 구멍이 있을 때도 성립한다.) 여기서 첫째 사실을 써서 둘째 사실을 다음과 같이 확장하여 증명하고자 한다.

> 고립된 도체에 있는 과잉 전하는 스스로 도체 표면에 퍼져 도체의 모든 곳(속이건 겉이건)의 전위가 같아지게 만든다. 이것은 도체 속에 구멍이 있을 때도 그리고 구멍에 알짜 전하가 있을 때도 그렇다.

도체 속에 전위차가 생기려면 그 속에 전기장이 있어야 하므로 이 사실은 아주 뻔하다. 전기장이 0이 아니면 자유로운 전도전자가 스스로 다시 퍼져 전위차가 없어질 때까지 움직일 것이다.

전기적으로 고립된 도체는 등전위 영역이라는 것에 대한 수학적 증명은 다음의 식 25-16으로부터 직접 나온다.

$$V_2 - V_1 = -\int_1^2 \vec{E} \cdot d\vec{s}$$

도체 속 모든 곳에서 $\vec{E} = 0$이므로 도체 속의 어느 두 점에 대해서도 $V_2 = V_1$이라는 것이 바로 나온다.

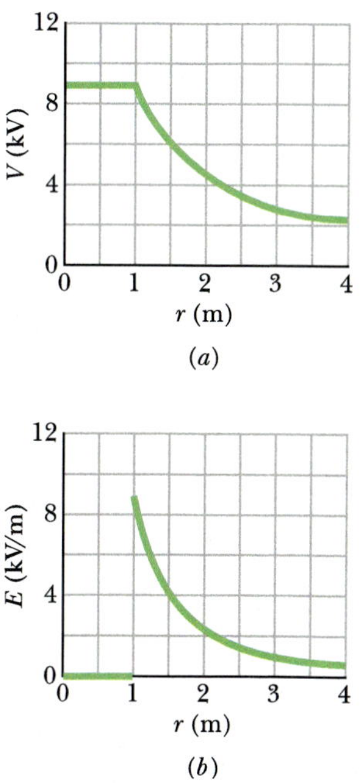

그림 25-31
(a) 반지름이 1.0 m인 대전된 공껍질 속과 바깥의 $V(r)$ 그림표. (b) 똑같은 공껍질에 대한 전기장의 크기 $E(r)$의 그림표.

• 외부 전기장이 없는 공 껍질

그림 25-31a는 반지름이 1.0 m이고 알짜 과잉 전하가 1.0 μC인 고립된 도체 공 껍질의 전위를 공껍질의 중심까지의 거리 r에 대해 나타낸 그림표이다. 외부 전기장이 없을 때 대칭성에 의해 표면의 전하들은 껍질 표면에 고르게 퍼질 것을 알고 있다. 그러므로 껍질 밖의 점에 대해 전위 $V(r)$을 셈할

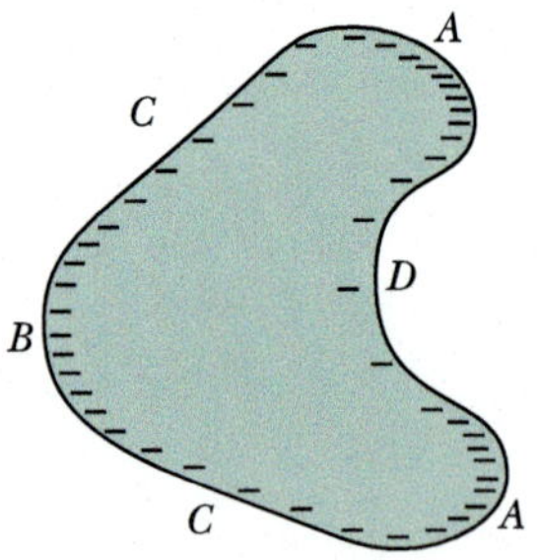

그림 25-32
도체의 전하밀도는 곡률 반지름이 작은 볼록한 표면(A)에서 가장 크고, 곡률 반지름이 작은 오목한 표면(D)에서 가장 작다. 전하밀도가 큰 순서대로 늘어 놓으면 $A > B > C > D$이다.

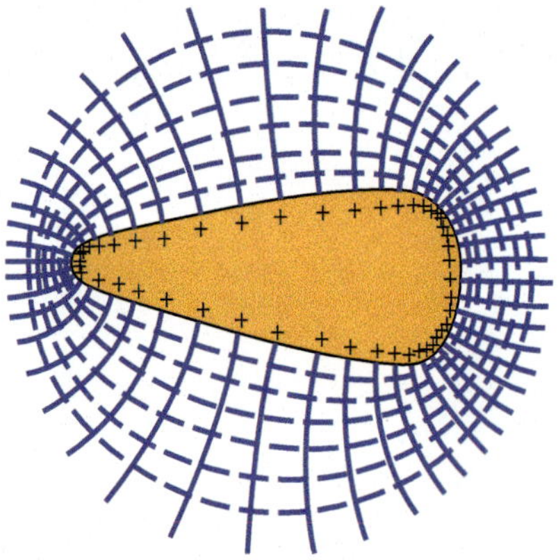

그림 25-33
공 모양이 아닌 고립도체의 알짜 양전하는 도체 표면에 퍼져 알짜 전기장이 도체 속에서 0이 되고 도체 표면에서는 수직이 되도록 한다. 그 결과 등전위면(점선)이 볼록하고 곡률 반지름이 가장 작은 왼쪽에서 촘촘해지게 만든다. 전기력선(실선)과 과잉 전하도 왼쪽에서 가장 촘촘하다.

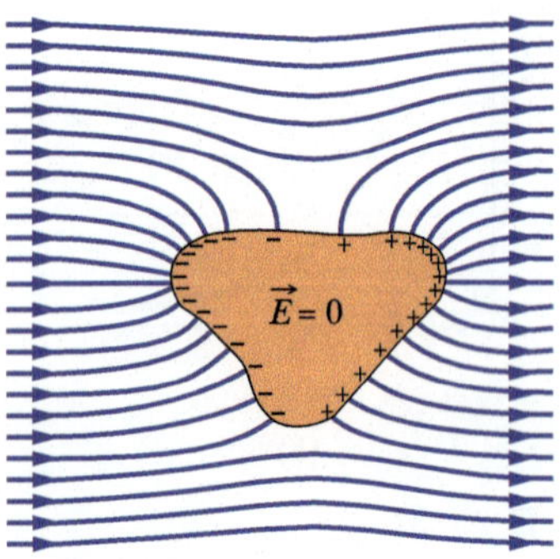

그림 25-34
대전되지 않은 도체가 외부 전기장 속에 떠 있다. 도체의 자유전자는 스스로 그림과 같이 퍼져 알짜 전기장이 도체 속에서는 0이고 밖에서는 표면에 수직이 되게 한다.

수 있다. 전위도 명백하게 공 대칭성이 있고, 밖에서 보기에는 껍질의 총전하 q가 마치 껍질의 중심에 모인 것처럼 보이므로 다음의 식 25-24와 같을 것이다.

$$V = k\frac{q}{r}$$

이 방정식은 공 껍질의 표면에 이르기까지 성립한다. 이제 작은 시험전하를 (공 껍질에 조그마한 구멍이 있다고 가정하여) 껍질을 통해서 중심을 향해 밀어넣자. 시험전하는 일단 공 껍질의 속으로 들어가면 알짜 전기력을 받지 않으므로 시험전하를 미는데 더 이상의 일을 할 필요가 없다. 따라서 그림 25-31a와 같이 껍질 속의 모든 곳의 전위는 공 껍질의 표면 값과 같다.

그림 25-31b는 똑같은 공 껍질에 대해 지름방향의 거리에 대한 전기장의 변화를 보여준다. 공 껍질 속의 모든 곳에서 $\vec{E} = 0$임을 눈여겨보라. 그림 25-31b의 곡선은 식 25-37을 써서 r에 대해 미분하여(상수를 미분한 값은 0임을 상기하라) 그림 25-31a의 곡선에서 끌어낼 수 있다. 그림 25-31a의 곡선은 다음의 식을 적분하여 그림 25-31b의 곡선에서 끌어낼 수 있다.

$$E_s = -\frac{\partial V}{\partial s}$$

• 공 모양이 아닌 도체의 전하분포

공 모양이 아닌 대전된 도체를 생각하자. 도체는 전기적으로 고립되어 있고 근처에 외부 전기장이 없다고 하자. 전하는 도체 표면에 고르게 퍼지지 않는다. 공 모양 도체의 과잉 전하의 밀도가 고른 것과 비교하면, 볼록하고 곡률 반지름이 작을 때 전하밀도는 더 높아지고, 오목하고 곡률 반지름이 작을 때 전하밀도는 더 낮아지도록 전하가 퍼진다(그림 25-32). 왜 그럴까? 등전위면의 특징을 써서 이 현상을 정성적으로 설명할 수 있다.

설명은 다음과 같다. 도체의 속에는 전기장이 없고, 도체 표면의 각 점에서 전기장은 표면에 대해 수직이어야 한다. 표면에 나란한 전기장의 성분이 있다면, 그 성분이 없어질 때까지 자유전자가 재배열하므로 조건은 자명하다. 이것은 또한 도체는 모양이 어떠하든 표면 전체가 등전위면임을 뜻한다. 그러나 대전된 도체에서 아주 멀리 있다면 등전위면은 점점 더 점전하의 등전위면처럼 보일 것이다. 그러므로 이전의 등전위면과 전위차가 각각 ΔV인 등전위면의 모양은 점점 더 공 모양에 가까워질 것이다. 이어지는 등전위면이 공 모양이 아닌 꼴에서 공 모양으로 서서히 바뀔 때 곡률 반지름이 작은 볼록한 표면 요소 근처의 등전위면들은 곡률 반지름이 큰 볼록한 표면 요소 근처의 등전위면들보다 점점 더 조밀해져야 한다. 이것은 그림 25-33과 같이 나타난다. 이제, 간격이 더 조밀한 등전위면은 전기장이 가장 세어 시험전하에 가장 많은 일을 할 수 있는 곳에 생긴다. 그런데 전기장이 가장 센 곳은 전기장의 원천인 전하밀도가 가장 큰 곳이다. 이것이 시사하는 바는 다음과 같다.

> 고립된 도체에서 전하밀도와 전기장의 세기는 곡률이 큰 뾰족한 점 근처에서 더 크다.

• 외부 전기장 속에 있는 고립된 도체

그림 25-34와 같이 *대전되지 않은* 고립 도체가 외부 전기장 속에 있다고 하자. 도체 표면의 전기장은 외부 전기장이 없을 때와 같은 특징을 가져야 한다. 그러나 이것은 전하들이 마치 외부 전기장이 없을 때와 똑같이 퍼져 있음을 뜻하지는 않는다. 도체가 전기적으로 중성이건 과잉 전하를 가지고 있건 도체의 모든 곳은 전위가 같다. 자유 전도 전자는 그들이 도체 속에 만드는 전기장이 외부 전기장을 지우도록 표면에 퍼진다. 더욱이 전자 분포는 표면의 모든 곳에서 알짜 전기장이 표면에 수직하도록 만든다. 그림 25-34에서 표면 전하를 그 자리에 고정시킨 채 도체만 없앤다면 전기장의

모습은 안팎 모든 곳에서 똑같은 상태로 남을 것이다.

고립된 금속 물체에 영향을 줄 수 있는 외부 전기장의 자연스러운 원천으로 흔한 것이 번개를 몰고 오는 먹구름 아래쪽의 과잉 음전하이다. 이러한 외부 전기장은 골프채, 착암기와 같은 지구 표면의 금속 물체에서 전하를 분리시킬 수 있다. 이러한 물체에는 곡률이 큰(뾰족한) 곳이 있으므로 표면 전하 밀도 — 따라서 그것에 비례하는 바깥쪽 전기장 — 가 아주 커질 수 있다. 뾰족한 점 근처의 공기는 이온화되어 코로나 방전을 일으킬 수도 있는데, 골프선수나 산악인들이 뇌우가 위협할 때 자신들이 쓰는 도구로 알 수 있다. 곤두선 머리카락 같은 꼴의 코로나 방전은 종종 벼락이 칠 징조가 된다.

몸 속의 세포와 혈액에는 도체의 특성을 지닌 소금물이 들어 있다. 머리카락에 저절로 생기는 기름도 전도성이 있다. 강한 전기장 속에서 사람은 대전되지 않은 도체처럼 거동할 수 있다. 예를 들어 그림 25-35의 여자는 산중턱에 세운 전망대에 서 있는데, 산중턱과 거의 같은 전위에 놓여 있다. 강한 전하 분리로 아래쪽에 과잉 음전하를 가진 구름 덩어리가 머리 위로 움직여왔고 그녀와 산중턱 주위에 강한 전기장을 만들었다. 이 전기장에 의한 정전기력은 그녀의 몸에 있는 전도전자의 일부를 그녀의 몸을 통해 아래로 움직이게 하여 그녀의 머리와 머리카락들은 양전하로 대전되었다. 이 전기장의 크기는 명백히 크기는 하지만 공기 분자가 전기방전을 일으키는데 필요한 값 약 3×10^6 V/m보다는 작다. (이 사진을 찍은 뒤 곧 번개가 전망대를 쳤을 때 전기장의 값은 이 값을 넘었다.)

그림 25-35
그림을 포개 그린 이 사진은 구름덩어리가 여자의 머리 근처에 강한 전기장 $\vec{E}$를 만든 결과를 보여준다. 머리카락 여러 가닥이 전기장을 따라 뻗어 있다. 이 전기장은 등전위면에 수직이고, 등전위면은 그녀의 정수리 근처에서 가장 조밀하다.

방금 설명했듯이 공 모양이 아닌 도체의 표면 전하는 곡률이 가장 큰 곳에 모인다. 그러므로 전기장은 그녀의 정수리 근처 — 등전위면 — 에서 가장 클 것으로 예상된다. 이 막연한 느낌은 과잉 양전하를 포함하고 있는 그녀의 머리카락이 머리의 곡률이 가장 큰 곳에서 가장 강하게 일어서는 것에서 확인된다. 또한 머리카락들은 그녀 머리에 수직인 $\vec{E}$의 방향으로 뻗어 있다. $\vec{E}$의 크기는 머리 바로 위에서 가장 크므로 이곳에 등전위면들이 가장 조밀하게 퍼져 있다. 그림 25-35는 그 분포를 점선으로 그려서 보여준다.

여기서의 교훈은 간단하다. 만약 머리카락이 위로 곤두서면 사진을 찍으려고 하기보다는 대피소로 뛰어가는 것이 더 낫다.

• 번개가 치면 어떻게 될까?

번개에 대해 알아보자. 번개가 칠 때 자기를 보호하는 가장 좋은 방법은 무엇일까? 도체가 전기장 안에서 어떻게 행동하는지 알면 자신을 보호 방법 두 가지를 알 수 있다. 하나는 비교적 공 모양인 도체 껍질 속에 숨는 것이고, 다른 하나는 피뢰침을 쓰는 것이다.

그림 25-36
커다란 방전 불꽃이 차체에 떨어진 다음 절연체인 왼쪽 앞바퀴를 지나 빠져나간다. 차 속은 전위차가 0이므로 타고 있는 사람은 해를 입지 않는다.

공 껍질 쓰기: 대체로 공 모양인 통 속에 몸을 숨기면, 통 속의 전기장이 0임은 확실하다. 자동차(접는 포장이 달린 자동차가 아니라면)는 번개의 영향으로부터 사람을 보호할 수 있으므로 거의 이상적인 피난처이다. 이것은 24장의 첫 쪽에 보인, 반 데 그라프 발전기에서 생겨난 전하를 전달받아 높은 전압이 걸려 있는 패러데이 새장 속에 있는 실험자가 안전한 것과 같은 이유이다.

피뢰침 쓰기: 번개를 동반한 폭우가 자주 오는 곳에 산다면 길다란 금속 피뢰침의 아래쪽을 땅에 묻어 놓을 수 있다. 번개구름의 아래쪽은 지표면에 강한 전기장을 만드는 과잉 음전하를 가지고 있음을 상기하여라. 에펠탑과 같은 금속 막대에 뾰족한 끝이 있고 인접한 주위의 사물보다 더 크다면 어떤 일이 생길까? 여러 요인이 작용한다. 첫째, 비록 긴 막대의 꼭대기 근처의 전기장의 세기가 실제로 고르지 않지만 구름의 아래쪽과 막대의 꼭대기 사이의 거리 $|\Delta s|$는 구름에서 지면까지의 거리보다 더 가깝다. 식 25-39($E = |\Delta V/\Delta s|$)로부터 구름의 아래쪽과 막대의 꼭대기 사이의 전기장의 크기가 지면과 구름 사이의 전기장보다 더 크다는 것을 알 수 있다. 둘째, 이 절의 초반에서 설명했

그림 25-37
이 역사적인 1902년 우편엽서 사진은 에펠탑 꼭대기에 벼락이 모이는 것을 보여준다. 탑은 번개로부터 사람, 나무, 다른 건물을 보호하는 '피뢰침'의 구실을 하고 있다.

듯이 끝이 뾰족한 도체 근처의 전기장은 평평한 땅 근처의 전기장에 비해 훨씬 세다. 이것이 뜻하는 바는 (에펠탑과 같은) 피뢰침의 꼭대기에서 자유전자가 땅으로 흘러, 피뢰침의 뾰족한 끝에는 금속 양이온들이 상당히 쌓인다는 것이다. 그래서 피뢰침 끝은 코로나 방전을 통해 주위 대기에서 전자를 끌어당겨 땅으로 내려보냄으로써 탑 근처에서 큰 규모의 방전 또는 벼락이 치는 것을 막아준다. 그림 25-37은 에펠탑에 벼락이 치는 사진이다.

생각해보기 25-10 아래 그림은 음전하를 띤 도체 공과 양전하를 띤 커다란 도체판 근처의 영역을 보여준다. 도체판은 그림의 영역을 넘어 멀리까지 뻗어 있다. 누군가가 A에서 F까지의 선이 모두 두 도체 사이의 영역의 전기장을 나타내는 전기력선이라고 우긴다. (a) 선들을 하나씩 살펴보고 제대로 그린 것인지 판단하라. 제대로 그리지 않았다면 까닭을 설명하라. (b) 전기력선을 제대로 다시 그려라. (출처: Arnold Arons' *Homework and Test Questions*, Wiley, New York, 1994.)

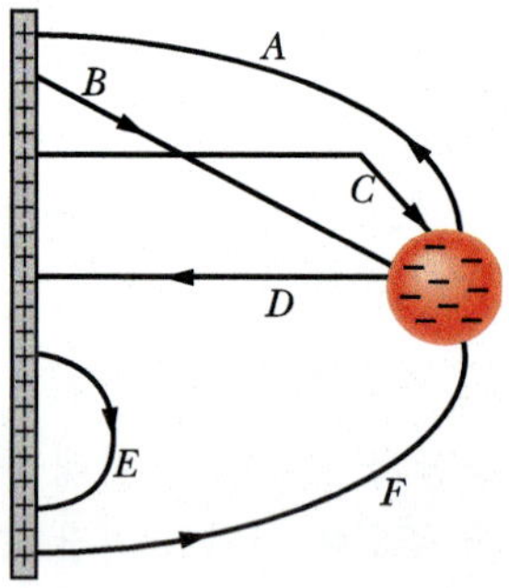

생각해보기 25-11 그림 25-35에서 여자의 머리 바로 위의 등전위면들은 머리 양옆의 등전위면들보다 왜 더 조밀한가?

연습문제 25-11

46. 속이 빈 쇠공
속이 빈 쇠공이 지면($V = 0$으로 정의된다)에 대해 전위가 +400 V이고, 전하 5.0×10^{-19} C가 퍼져 있다. 공의 중심의 전위를 구하라.

47. 과잉 전하
한없이 먼 곳에서 $V = 0$이고 반지름이 0.15 m인 쇠공의 전위가 1500 V일 때 이 공의 과잉 전하는 얼마인가?

48. 멀리 떨어진 공
두 개의 쇠공 1과 2가 멀리 떨어져 있다. 공 2의 반지름은 공 1의 반지름의 두 배이다. 작은 공에는 처음에 양전하 q가 있었고, 큰 공은 처음에 전하가 없었다. 이제 길고 얇은 도선으로 공을 잇는다. (a) 공의 최종 전위 V_1과 V_2는 어떻게 연관되는가? (b) 공의 최종 전하 q_1과 q_2를 q로 나타내어라. (c) 공 1과 구 2의 최종 표면 전하밀도의 비는 얼마인가?

49. 두 쇠공
낱낱의 반지름이 3.0 cm인 두 쇠공의 중심 사이의 거리가 2.0 m이다. 하나는 전하 $+1.0 \times 10^{-8}$ C를, 다른 하나는 전하 -3.0×10^{-8} C를 띠고 있다. 떨어진 거리는 공의 크기보다 훨씬 커서 낱낱의 전하는 고르게 퍼져 있다고 생각할 수 있다(공은 서로 영향을 주지 않는다). 한없이 먼 곳에서 $V = 0$이다. (a) 두 공의 중심 사이의 중간점에서 전위를 셈하여라. (b) 각 공의 전위를 셈하여라.

50. 대전된 쇠공
반지름이 15 cm인 쇠공에 3.0×10^{-8} C의 알짜 전하가 있다. (a) 공 표면의 전기장은 얼마인가? (b) 한없이 먼 곳에서 $V = 0$이라면 공 표면의 전위는 얼마인가? (c) 공의 표면에서 얼마나 떨어져 있을 때 전위가 500V만큼 주는가?

51. 표면전하밀도
(a) 지구가 1.0 e/m^2의 알짜 표면전하밀도를 가지고 있다면 지구의 전위는 얼마일까? (이는 매우 인위적인 가정이며, 한없이 먼 곳에서 $V = 0$이다.) (b) 지표면 바로 바깥에서 지구가 만드는 전기장은 얼마일까?

52. 중심이 같은 공
반지름이 R_1과 R_2인 ($R_1 < R_2$) 얇고 고립된 중심이 같은 두 쇠공에 전하가 q_1과 q_2 퍼져 있다. 한없이 먼 곳에서 $V = 0$일 때 두 공의 전기장의 크기 $E(r)$과 전위 $V(r)$에 대한 식을 끌어내라. 여기서 r은 공의 중심까지의 거리이다. $R_1 = 0.50$ m, $R_2 = 1.0$ m이고 $q_1 = +2.0\ \mu$C, $q_2 = +1.0\ \mu$C일 때, $r = 0$에서 $r = 4.0$ m까지 $E(r)$과 $V(r)$의 그림표를 그려라.

추가문제

53. 해준 일

그림 25-38과 같이 전하 $q = -2.0\ \mu C$가 A에서 B로 혹은 C에서 D로 길을 따라 움직인다고 하자. 전하는 $E = 100$ N/C인 고른 전기장에서 움직인다. (a) A에서 B까지의 거리가 0.62 m라면 전하에 해준 총 일은 얼마인가? (b) C에서 D까지의 거리가 0.58 m라면 전하에 해준 총 일은 얼마인가?

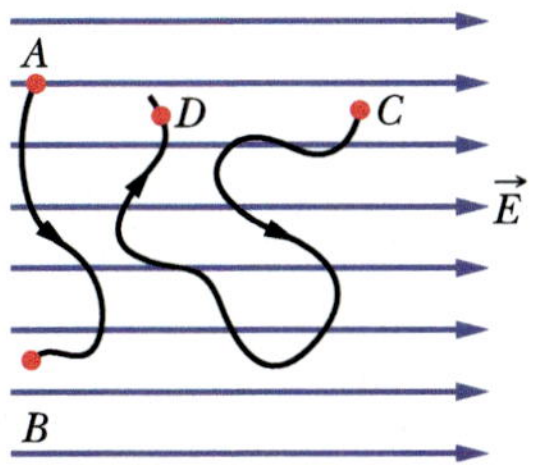

그림 25-38 문제 53

54. 전위 소개

(a) 그림 25-39는 개성의 두 언덕을 나타낸 등고선이다. 그림에서 (0으로 표시된) 바깥쪽 부분은 해수면의 높이와 같다. 낱낱의 등고선은 0으로 표시된 곳부터 옆의 등고선보다 10 m씩 높아지고 있음을 보여준다. 최고 높이는 70 m이고 숫자 70으로 표시했다. 다음 문제에 구하려는 곳에서 가장 가까운 점의 좌표(영문자와 숫자 쌍)를 제시하여 답하라.

i. 가파른 절벽은 어디에 있는가?

ii. 두 언덕 사이의 길은 어디에 있는가?

iii. 언덕으로 올라가는 가장 쉬운 등반길은 어디인가?

그림 25-39 문제 54

(b) 이제 이 그림이 유리판 표면의 등전위선들을 나타낸다고 하자. 숫자는 전압을 나타낸다. 최대 전압은 70 V이고, 각 선은 0으로 표시된 영역으로부터 이전의 선보다 10 V씩 높아지고 있음을 보여준다.

i. 시험전하가 어디에 있을 때 가장 센 전기력을 받겠는가? 힘은 어느 쪽으로 작용하겠는가?

ii. 전하가 어디에 있을 때 전기력을 받지 않겠는가?

26 전류와 저항

체펠린 비행선 힌덴부르크 호(Zeppelin Hindenburg)는 독일의 자랑이었다. 길이가 축구장의 거의 세 배로, 그때까지 나온 비행체 중 가장 컸다. 가연성이 매우 큰 수소를 16개의 통에 담아 날아올랐지만, 사고 없이 대서양 횡단 여행을 여러 번 했다. 그런데 1937년 5월 6일, 힌덴부르크는 폭풍우 속에서 뉴저지의 미해군공항에 착륙하다가 불길에 휩싸였다. 조종 밧줄을 지상 요원에게 내릴 때, 기체의 뒤쪽 바깥 표면에 작은 파문이 보였고, 그 다음, 불꽃이 생기더니, 32초 뒤에는 추락하였다.

수소를 채운 비행선이 성공적인 비행을 수없이 했는데, 왜 그때는 불길에 휩싸였을까?

◈ 답은 이 장에 있다.

26-1 서론

22장에서 25장까지 설명한 정전기 실험으로 알 수 있는 것은 물질은 음전하와 양전하 두 가지로 되어 있다는 것이다. 적어도 음전하 몇 개는 한 물체에서 다른 물체로 이동할 수 있고, 그 결과 첫째 물체는 음전하가 부족하므로 양전하를 띠고, 둘째 물체는 음전하가 너무 많아서 음전하를 띠게 된다. 일단 전하가 움직임을 멈추면 두 물체 사이의 정전기력을 조사할 수 있다.

컴퓨터, 전등, 전화기와 같이 자주 쓰는 전기제품은 전하가 완전히 서 있지 않고 계속 움직이는데 앞으로 이것을 '전류'라고 할 것이다. 또한, 번개, 지구의 자극 사이의 양성자 흐름, 우주선(cosmic ray)과 같은 자연현상에도 전류가 들어 있다.

이 장에서는 전기회로에서 전류가 도체를 어떻게 지나가는가에 초점을 맞추어서, 전류나 전하의 흐름을 살펴본다. 핵심은 도체에 전하가 흐르는(전류) 까닭은 도체에 걸린 전위차 때문임을 이해하는 것이다.

26-2 전지와 전하 흐름

18세기 끝 무렵, 볼타(Alessandro Volta)는 두 장의 금속판을 젖은 금속조각과 접촉시킬 때, 문지른 호박이나 유리와 비슷하게 전기적 성질이 생기는 것을 발견하였다. 그는 효과를 높이고자, 두 가지 금속을 번갈아 쌓아올렸다. 그는 쌓아올린 양 끝판(전극)을 양손으로 붙잡으니, 전하가 자기 몸을 계속 지나가는 것을 느꼈다고 주장하였다. 그는 전지를 발명하였고 그의 초기 전지를 써서 해본 경험은 22~25장에서 설명한 전하와 전지나 다른 전원이 만든 연속적인 전기의 흐름이 연관되어 있음을 시사한다. 어쨌든, 그가 경험한 전기가 흐르는 느낌과 22장에서 설명한 정전기적 관찰을 바탕으로 존재한다고 믿는 전하가 실제로 관련이 있는지는 조사를 더 해야 명확해진다.

추가적인 조사를 위해서, 그림 26-1*a*와 같이 정반대로 대전된 금속판에 도선을 잇는 것과 그 대신 그림 26-1*b*과 같이 전지에 같은 전선을 잇는 여러 가지 실험 결과를 확인해보자.

실험 1 (정전기 방전): 문지른 유리와 호박 막대기를 써서 전자를 축전기 판으로 이동시키거나 떼어내자. 그림 22-2와 같이 실에 매단 호박 또는 유리 막대기를 써서 각 판에 있는 과잉 전하를 확인할 수 있다. 축전기에 전자를 더 주는 것이 전자를 빼내는 것보다 쉽기 때문에 음전하를 띤 판의 전하량이 더 큰 경향이 있다. 애초에 왼쪽 판에 있는 전자는 서로 밀어내며 퍼지지만 판을 벗어날 수는 없다. 판 사이에 놓인 양의 시험전하는 (오른쪽에 있는) 양전하를 띤 판에서 밀리고, (왼쪽에 있는) 음전하를 띤 판으로 끌리므로, 판 사이에 전기장이 있음을 안다. 식 25-17은 판 사이에 전위차가 있

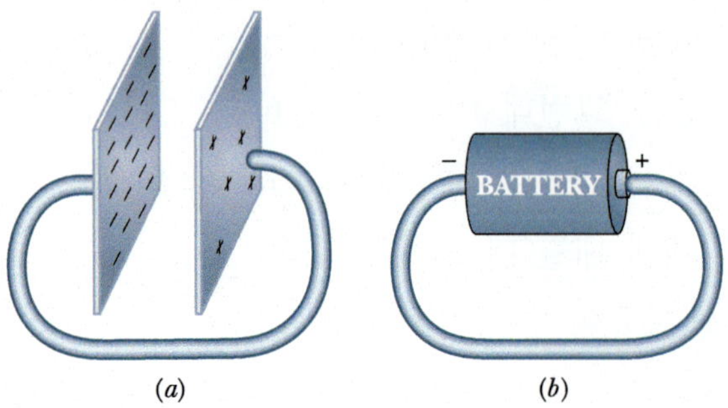

그림 26-1
(*a*) 반대로 대전된 두 판을 도선으로 이으면, 음전하를 띤 판에서 양전하를 띤 판으로 전하가 흘러 두 판의 과잉 전자 수가 같을 때 멈춘다. (*b*) 전지가 전선의 양끝에 놓여 있으면, 전선이 뜨거워지며, 이는 전하가 흐르고 있음을 나타낸다.

음을 말해준다.

두 판을 실로 이으면 아무 일도 생기지 않는다. 하지만 두 판을 도선으로 이으면(그림 26-1*a*), 두 판에 있는 과잉 전자의 수가 같아질 때까지 왼쪽 판에 있는 전자가 오른쪽 판으로 갈 것을 안다. 왼쪽 판에 있는 전자끼리 밀어내므로 전자가 도선으로 밀려나고, 오른쪽 판은 전자를 끌어당길 것이므로 이것은 놀라운 일이 아니다. 판에 과잉 전하가 충분하면, 방전 직후에 전선은 뜨겁게 느껴질 것이고, 얼마 뒤에 식을 것이다. 전선의 중간에 작은 전구를 연결해 두면, 전구에 불이 잠깐 켜졌다가 꺼질 것이다. 이러한 관찰로부터 전하가 전선을 통해 잠시 흐른다고 결론지을 수 있다.

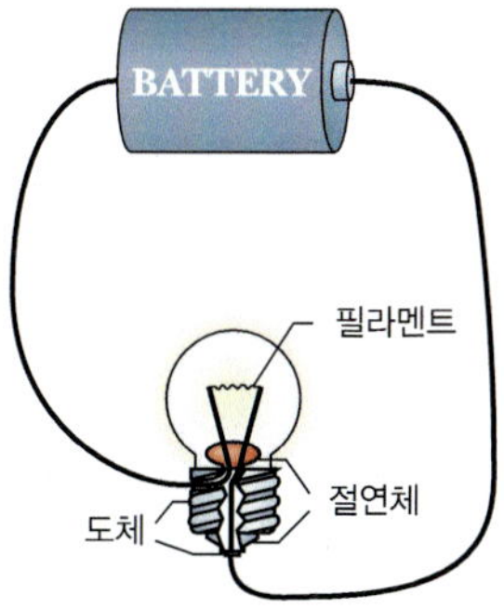

그림 26-2
전지의 두 전극 사이에 완전한 전도 고리를 만들면, 전지가 다 닳을 때까지 전구에 불이 켜진다.

실험 2 (전지 전류): 25장에서 설명한 것처럼, 전지는 전하에 일을 하여, 위치 에너지를 늘릴 수 있다. 그래서 두 전극에는 전위차가 생긴다. 전지의 전극을 실로 이으면 아무 일도 생기지 않지만, 그림 26-1*b*와 같이 도선으로 이으면 도선이 달구어져 오래 그 상태를 유지한다. 또한 그림 26-2와 같이 도선 중간에 전구를 연결하면, 전지가 다 닳을 때까지 계속 불이 켜진다. (다음 절에서 전구를 전지에 어떻게 연결해야 불이 켜지는지 설명한다.)

생각해보기 26-1 자세한 설명은 없지만, 볼타가 전하가 자기 몸을 지나 흘렀다고 믿게 된 느낌은 어땠을까?

26-3 전지와 전류

전류의 본질을 이해하는데 도움이 될 만한 몇 가지 관찰들이 더 있다. 전지와 전선을 써서 전구에 불을 켠다고 하자. 회로를 여러 가지로 꾸며 보면 많은 경우 전구에 불이 켜지지 않는다. 예를 들어, 그림 26-3에 보인 회로는 어느 것도 전구에 불이 켜지지 않는다.

그림 26-3
전지와 전구와 전선의 많은 배열 가운데 전구가 켜지지 않는 세 가지 예

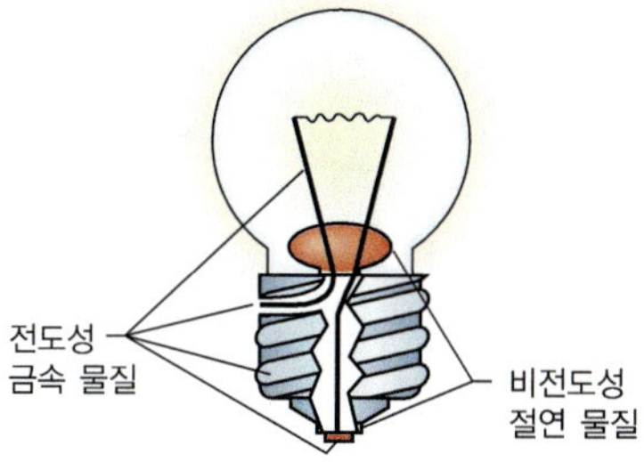

그림 26-4
전구의 단면도

이런 회로가 왜 작동하지 않는지 알려면, 전구를 더 자세히 살펴 보아야 한다. 전구는 공기를 뺀 유리 공 속에 가는 도체 '필라멘트'가 들어 있는 것인데, 여기에 전류가 흐르면 달구어져 빛을 낸다. 그림 26-4는 전구의 단면도에서 볼 수 있듯이 필라멘트의 한 끝은 전구의 바닥에 있는 전극에 닿아 있고, 다른 쪽 끝은 전구의 기둥에 있는 또 다른 전극에 연결되어 있으며, 두 전극은 절연체로 떨어져 있다.

몇 가지 다른 경우를 좀더 시도해 보면 전구에 불이 들어오는 전선, 전구, 전지의 배열은 모두 공통점이 있다. 그것은 모두 전류가 전지의 한쪽 전극에서 나와 도체를 지나 전지의 다른 전극으로 흘러 돌아갈 수 있게 연속적이고, 완전한 고리나 **회로(circuit)**로 되어 있다. 그림 26-2에 덧붙여서, 완전한 고리를 이루어 전구에 불이 들어오는 많은 배열들 중에 또 다른 예가 그림 26-5에 있다.

그림 26-5
전구 소켓에 든 이상적인 전구 두 개를 한 줄로 전지에 이으면, 두 전구의 밝기는 같다. 따라서 두 전구에 같은 전류가 흐른다고 결론짓는다. 이것은 전지에서 과잉 전하가 나와 전구에서 소모되는 것이 아님을 뜻한다.

전구 필라멘트는 낡으면 때때로 끊어진다. 그러면 회로가 완전하지 않게 되어, '타버린' 전구는 빛이 나지 않는다. 또 다른 조건은 전지가 전극 사이에 전위차를 유지해야 한다는 것이다. 전지를 오래 쓰면 전위차가 사라지는데, 그것을 '닳은 전지'라고 한다.

• 전지에는 무엇이 저장되어 있는가?

사람들은 전지에 과잉 전하가 저장되어 있어, 회로에서 '쓸 수 있고', 이러한 과잉 전하를 다 써버리면 '닳는다' 고 (틀리게) 믿는다. 흔히 '충전' 및 '방전' 이라는 말을 쓰는 사실이 이러한 믿음의 증거다. 잘 생각하면 이 생각은 틀렸음을 알 수 있다. 새 알칼리 전지만큼 오래 손전등 전구를 켜 있도록 유지하려면 20,000쿨롱 이상의 과잉 전하를 공급해야 한다. 이것은 도금된 공에 보통 채울 수 있는 전하량의 백만 배이다. 그러나 그렇게 전하를 채운 공과 새 전지가 정전기력을 주고받는 것을 전혀 관찰할 수 없다. 또한 대전된 공과 회로에서 전류를 나르는 도선도 아무런 힘을 주고받지 않는다.

> 관찰해 보면 전지와 그것에 연결되어 전류가 흐르는 도선 모두 전기적으로 중성이다.

이로부터 전지에는 전하가 저장되어 있는 것이 아니라고 결론지을 수 있다. 전지에는 에너지가 저장되어 있다. 전지에 저장된 에너지가 밀어낸 전하가 전선과 전구를 지날 때 역학적 에너지, 빛 에너지, 열 에너지로 바뀐다. 그래서 관찰 결과는 전지가 음극에서는 전자를 흡수하고 양극에서는 위치 에너지가 더 높은 전자를 내놓는 펌프처럼 작용한다는 생각을 뒷받침한다. 화학반응이 어떻게 전하를 펌핑하는지는 27-6절에서 더 자세히 설명한다.

그림 26-5과 같이 이상적인 전구 두 개를 같은 전지에 이으면, 둘 다 같은 밝기로 빛난다. 이 관찰을 바탕으로 양쪽 전구에 같은 전류가 흐른다고 결론짓는다.

> 전지의 전극 사이에 전선과 전구 같은 도체 요소를 이어 연속적인 고리나 회로를 만들면, 전지는 고리를 이루는 전선 속에 원래 있던 전자를 밀어내는 펌프 구실을 한다. 전지는 전하를 만들지 않으며, 전구와 같은 전기 부품은 전하를 소모하지 않는다.

그림 26-6*a*는 전기적으로 중성인 원자로 이루어진 작은 전선 조각을 아주 단순하게 나타낸 모형이다. 그림 26-6*b*에서 전선 조각의 끝은 (그림에는 없는) 전지에 연결되어 있다. 금속에서 몇 개의 전도 전자가 움직이기 시작하지만, 서 있는 전하, 중성 원자와 (전도 전자를 잃은) 이온은 여전히 도선에 남아 있다. 서 있는 이온은 움직이는 전도 전자와 함께 전기적 중성을 이룬다. 그림 26-6*b*는 혼란을 줄이고자 중성 원자는 생략하고 서 있는 이온과 움직이는 전자만 보여준다. 이 장에 있는 다른 그림에서는 서 있는 이온이 아니라 움직이는 전자만을 나타낼 것이다. 이렇게 그리면 전선에 과잉 전하가 있는 것처럼 오해할 수 있지만 사실은 그렇지 않다. 도선은 전기적으로 중성이다.

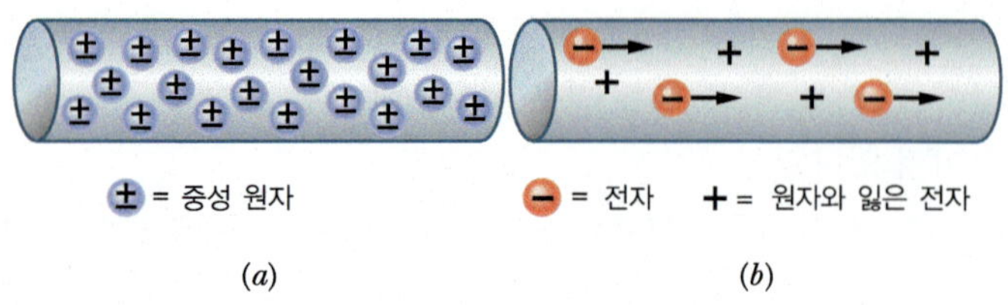

그림 26-6
(*a*) 도선에 있는 전기적으로 중성인 많은 원자. (*b*) 전선의 양끝에 걸린 전위차 때문에 원자를 둘러싼 전자 가운데 아주 작은 일부가 움직이기 시작하는 것과 전도 전자를 잃은 몇 개의 이온을 보여주는 그림. 이온은 과잉 양전하를 가지고 있다. **주의:** 중성 원자들도 여전히 있지만 그려 넣지 않았다.

• 전류의 수학적 정의

그림 26-2는 전극 사이의 전위차가 일정하게 유지되는 전지(혹은 다른 전원장치)와 함께 완전한 회로를 보여준다. 이때, 전지에 의해 회로를 통하여 밀리는 전하는 도선을 지나고, 일반적으로 매우 가는 도선인 전구의 필라멘트를 흐른다. 전류에 대하여 더 깊이 생각하려면 전류를 수학적으로 정의할 필요가 있다.

그림 26-7은 일정한 전류가 흐르는 도선 고리의 일부와 여러 단면을 보여준다. 총 전하 dq가 시간 dt동안 (a 같은) 가상의 단면을 지나가면, 그 단면을 지나가는 전류는 다음과 같이 정의된다.

$$i \equiv \frac{dq}{dt} \tag{26-1}$$

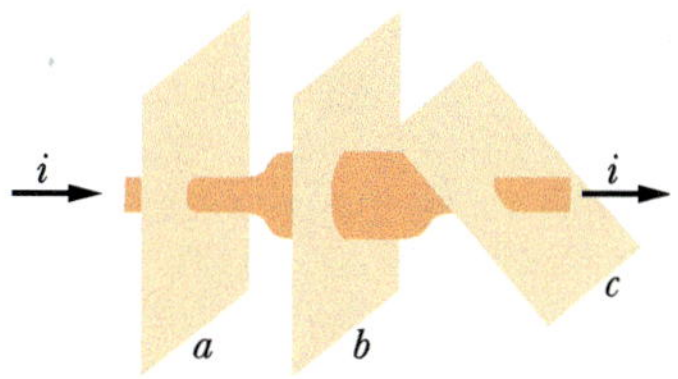

그림 26-7
전류 i 또는 단위시간에 도체를 지나가는 전하량은 가상 평면 a, b, c가 도체를 완전히 잘라낸 면이라면 어떤 면에서나 값이 같다.

전하 흐름을 세부적으로 나타내는 그림 모양에 상관없이, 0부터 t까지의 시간에 어떤 면을 지나는 총 전하는 적분으로 나타낼 수 있다.

$$q = \int dq = \int_0^t i dt \tag{26-2}$$

하나의 고리 회로에서 합류점이나 전류가 빠져나갈 수 있는 다른 길이 없다면 모든 곳에서 전류 값이 같다. 그림 26-7에 있는 가상 평면 a, b, c를 지나가는 전류 혹은 전하 흐름률은 같다. 그뿐 아니라, 전류는 갈림길이 없으면, 도체 요소를 완전히 자르는 어떤 단면에서도 같고, 위치나 방향에 상관없다. 이것은 평면 c를 지나는 모든 전하 운반자가 평면 a를 지나가야 한다는 것이다.

전류의 단위는 암페어(A)라고 하고, 쿨롱과는 다음과 같은 관계에 있다.

$$1\text{암페어} = 1\text{ A} = 1\text{ coulomb/second} = 1\text{ C/s}$$

• 전류의 방향

전기적으로 중성인 도체에 전류가 흐를 때, 움직이는 것이 양전하인지 음전하인지를 어떻게 알 수 있을까? 그림 26-8과 같이 금속판을 도선으로 이으면, 전하 운반자는 금속판이 중성이 될 때까지 흐른다. 움직이는 것이 양전하든 음전하든 마지막 결과(중성이 된 금속판)는 똑같으므로 거시적 관찰에 바탕을 두고 가려낼 수 있는 실험을 꾸밀 수는 없다. 일찍이 전기실험을 한 사람들은 원자 구조에 대해 아무것도 몰랐고 오직 거시적 관찰을 통해서만 전기적 성질을 밝혔을 뿐이다. 그들은 전하 운반자가 양전하라고 가정했다. 지금은 음전하를 띤 전자가 전하를 운반한다는 것을 알고 있지만, 이러한 역사적인 이유로 전하 운반자는 양전하라는 가정을 따른다. 이 가정을 따르면 전기 분야의 전통적인 참고 자료를 더 쉽게 활용할 수 있고, 거시적 관점에서 배울 회로의 모든 특성은 정확히 같다. 더 나아가, 플랭클린이 결정을 반대로 하여 고무 막대의 과잉 전하를 양전하로, 유리에 있는 것을 음전하로 나타내기로 했다면 전자가 양전하를 띠게 되어 실제로 움직이는 것과 맞게 되었을 것이다.

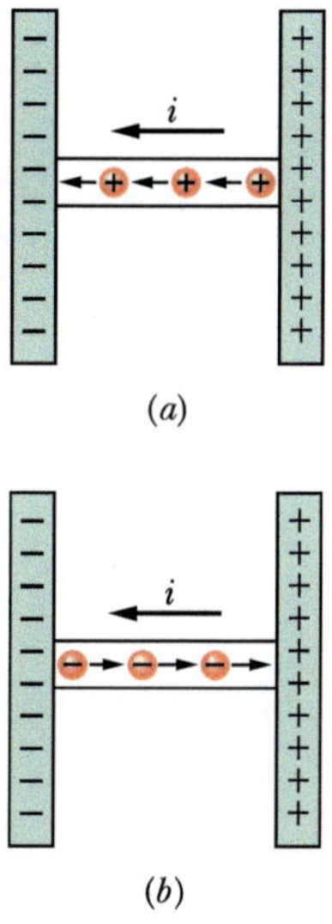

그림 26-8
거시적 실험으로는 도선 속에서 전하운반자가 (a) 양전하인지 아니면 (b) 음전하인지를 감지할 수 없다. 그래서 전류의 방향을 양쪽 모두 오른쪽에서 왼쪽이라고 정의한다. 서 있는 전하는 나타내지 않았고, 도선은 중성이다.

도체의 전하 운반자는 음전하이지만, 예를 들어, 태양에서 흘러나오는 전류는 양전하를 띤 양성자의 흐름이다. 또한 유체의 전하운반자는 양이온(전자를 잃은 원자들)이나 전자나 음이온(여분의 전자가 있는 원자)이 모두 될 수 있다. 사실 대부분의 전지에서 전하의 움직임은 화학반응을 하는 양이온의 이동이다. 또한, 생체 전류는 소듐(나트륨)과 포타슘(칼륨) 양이온이 운반한다.

전류 화살표는 전지의 두 전극을 잇는 도체가 구부러지고 돌아가는 대로 전하운반자가 따라 흐르는 방향(혹은 감각)만을 보여줄 뿐 공간에 고정된 방향을 나타내는 것이 아니다. 전류는 실제로 스칼라량이므로 이러한 전류 화살표는 크기와 방향을 갖는 벡터를 나타내는 것이 아니다.

> 전류 화살표는 수학적으로 벡터는 아니지만, 양전하를 띤 전하운반자가 전선과 회로 소자들을 통해서 전위가 높은 곳에서 낮은 곳으로 움직이는 방향을 나타낸다. 하지만 실제로 움직이는 전하 운반자는 보통 음전하를 띤 전자이고 전류 화살표와 반대쪽으로 움직인다.

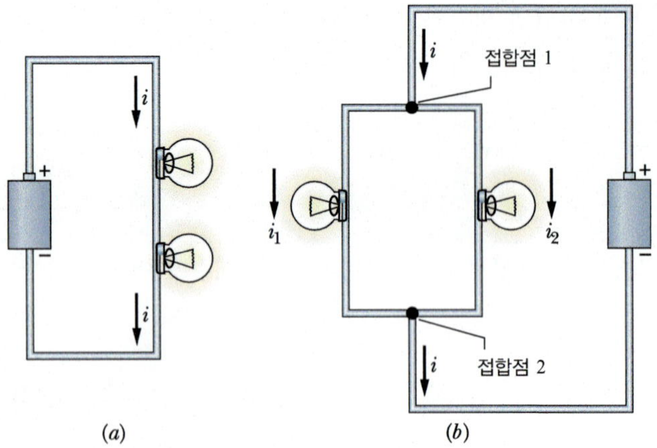

그림 26-9
회로 소자의 예로 전구를 든다. (*a*) 직렬연결은 회로 소자를 여러 개 잇달아 이어 한 소자를 지나는 전류는 그대로 다른 소자를 지나게 한다. 소자 전체에 걸린 전위차는 낱낱의 소자에 걸린 전위를 더한 값이다. (*b*) 병렬연결은 여러 회로 소자의 한쪽 끝을 모아 회로의 한 점에 잇고 다른 끝을 모아 회로의 또 다른 점에 잇는다. 이렇게 붙인 점을 접합점이라고 한다. 병렬 연결 회로에서 접합점에 연결된 낱낱의 회로 소자에 걸린 전위차는 똑같다.

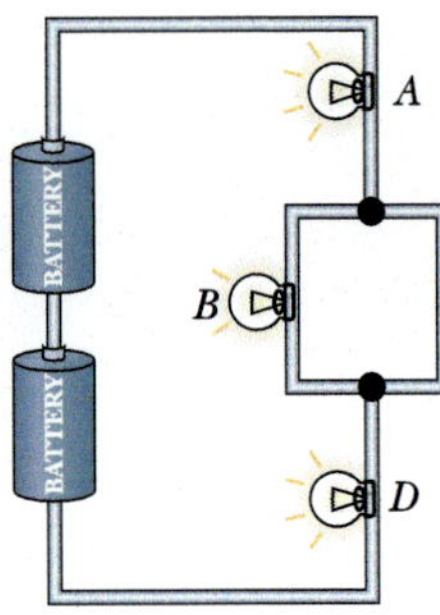

그림 26-10
접합점에서 전류가 어떻게 될지 살펴보고자, 똑같은 전구 4개와 전지를 직렬 및 병렬로 연결했다. 잘 살펴보면 전구의 밝기는 *A*와 *D*가 같다. 전구 *B*와 *C*의 밝기도 같지만 전지의 전류가 나뉘므로, *A*와 *D*보다는 훨씬 어둡다. 전구 *A*와 *D*가 가까이 있지는 않아도 직렬임에 유의하라.

• 접점에서의 전하 보존

지금까지는 그림 26-9*a*와 같이 전하 운반자가 갈 수 있는 길이 오직 하나뿐인 회로만 생각했다. 이런 회로를 **직렬(series)** 회로라고 한다. 그러나 그림 26-9*b*처럼 전하 운반자가 두 가지(혹은 더 많은) 길 중에 하나로 갈 수 있는 갈림길을 만나는 회로나 회로의 부분을 발견하는 일도 흔하다. 이런 꼴의 회로를 **병렬(parallel)** 회로라고 한다. 여기서 '직렬' 과 '병렬' 이라는 말을 소개했지만, 27장에서는 직렬과 병렬 회로의 양적인 값을 구하는 것에 집중할 것이다.

그림 26-9*b*는 갈림길에서 나뉘어 나란히(병렬로) 가는 전하 운반자를 보여준다. 전구가 이상적이고 같다면, 전류는 접합점 1에서 어떻게 나누어질까?

접합점 2에서 전선이 다시 만나면 어떻게 되는가? 전구가 이상적이므로, 접합점 1로 들어간 전류가 딱 반으로 똑같이 나뉘어 반은 왼쪽 길로, 반은 오른쪽 길로 갈 것으로 기대한다. 전하가 보존된다면, 전류가 접합점 2에서 모일 때, 그들은 더해져서 원래의 값이 될 것이다. 그림 26-10과 같이 전지 한 쌍과 전구 4개로 직병렬을 섞어 회로를 꾸미고 관찰하여 이것을 확인할 수 있다. 전구 *A*와 *D*는 밝기가 같다. 이 사실이 전구 *A*를 지나는 전류의 양이 전구 *D*를 지나 전지로 돌아오는 전류의 양과 같음을 말해준다. 전구 *B*와 *C*가 밝기가 같지만 *A*와 *D*보다 약하다는 사실은 접합점에서 전류가 반으로 나뉨을 암시한다. 결론적으로 다음과 같다.

$$i = i_1 + i_2 = \frac{i}{2} + \frac{i}{2} \tag{26-3}$$

여기서 i는 총 전류이고 i_1과 i_2는 두 갈림길에서의 전류이다.

전하가 보존된다면, 한 도선에서 갈라져 나란히 뻗은 두 도선에 다른 전구가 달려 있어도 두 도선의 전류를 더하면 갈리기 전의 도선의 전류값과 같아야 한다. 이러한 설명을 키르히호프 전류 법칙이라고 하고, 일반적으로 다음과 같은 식으로 나타낸다.

$$i = i_1 + i_2 \tag{26-4}$$

키르히호프 전류 법칙에 대해서는 27장에서 더 자세하게 다룰 것이다.

실험에서 전선을 구부리고 방향을 바꾸어도 식 26-4가 적용됨을 알았다. 전류가 전선의 방향에 영향을 받지 않는다는 사실은 표면 정전하의 축적으로 설명할 수 있다. 이러한 표면 전하는 전선이 어떻게 비틀려 있든 상관없이 전위차에 의해 생기는 전기장이 전선을 따라서 생기게 한다. 그림 26-11는 구부러짐에 영향을 받지 않는 것을 묘사한다.

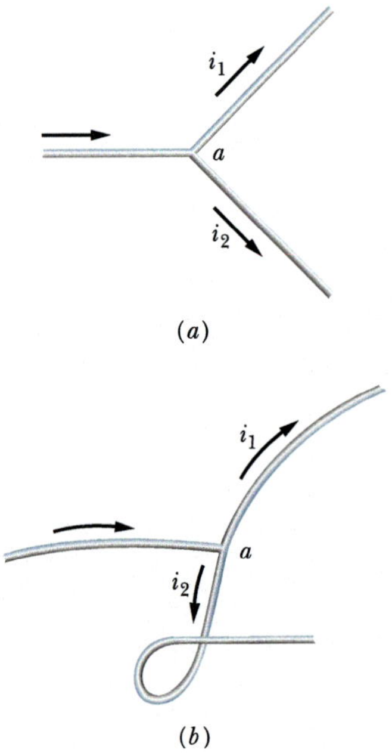

그림 26-11
세 조각의 전선이 어디서 왔는지에 상관없이 접합점 a에서 $i = i_1 + i_2$라는 관계식이 성립한다.

생각해보기 26-2 보통 쓰는 '회로' 라는 말을 전기적 상황에서 쓰기에 적당한 까닭은 무엇인가?

생각해보기 26-3 전지가 전선과 전구를 지나는 전하의 흐름을 만들었다고 하자. (a) 전지, 전구, 전선을 포함한 총 회로가 전기적으로 중성인가, 양인가, 음인가? 설명하라. (b) 전선이 전기적으로 중성인가, 양인가, 음인가? (c) 대답을 뒷받침하는 통상적인 관찰은 무엇인가?

생각해보기 26-4 흐름률의 개념, 전하의 속성, 제시된 전류의 정의에 대한 이해를 바탕으로 반대 전하가 같은 쪽으로 같은 양 흐르면 전류를 0으로 보는 까닭을 설명하라. 즉, 전류가 흐르려면 어떤 면을 지나는 전하의 알짜 흐름이 있어야 하는 까닭을 설명하라.

생각해보기 26-5 아래 그림은 회로의 일부이다. 아래 오른쪽 전선에서 전류 i의 크기와 방향은 무엇인가?

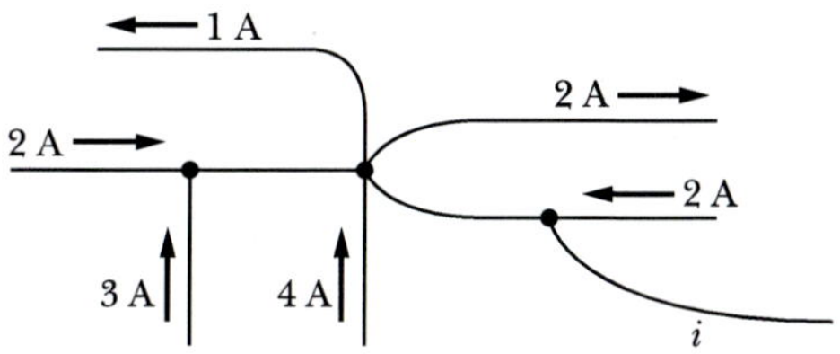

따라해보기 26-1 | 대전된 연료

잔디 깎기의 연료로 쓸 휘발유 통을 채우러 주유소에 가보면, 휘발유를 채우기 전에 통을 차에서 꺼내 땅에 두라는 경고판을 보았을 것이다. 왜 경고를 했을까? 연료를 땅속 저장통에서 퍼올릴 때, 알짜 전하를 가질 수도 있다. 그러면 연료를 통에 주입할 때, 그 통이 주변과 전기적으로 고립되어 있다면 통이 알짜 전하를 띨 수 있다. 이러한 전하가 충분히 많이 쌓이면, 방전불꽃이 생겨, 통 주위의 증기에 불이 붙어 아주 불행한 결과가 생길 수 있다.

5.0갤런의 가솔린 통에 쌓을 수 있는 안전한 전하량의 최대값은 1.0 μC이라고 가정하라.

(a) 당신이 뽑아내는 연료 1리터당 안전한 최대 전하량은 얼마인가?

풀이 ■ 요점은 간단히 안전 최대 '전하 밀도'가 다음과 같다는 것이다.

$$(1.0\ \mu\text{C})/(5.0\ \text{gal}) = (0.20\ \mu\text{C/gal})(264\ \text{gal/m}^3)(1\ \text{m}^3/1000\ \text{L}) = 0.0528\ \mu\text{C/L} \qquad \text{(답)}$$

(b) 분당 8.0갤런씩 연료를 퍼올리면, 연료가 통으로 흐를 때 안전 최대 전류는 얼마인가?

풀이 ■ 요점은 연료의 운반율이 다음과 같다는 것이다.

$$(8.0\ \text{gal/min})(1\ \text{L}/0.264\ \text{gal})(1\ \text{min}/60\ \text{s}) = 0.50505\ \text{L/s}$$

연료 1리터에 0.0528 μC 이상 운반할 수 없으므로, 안전 최대 전류는 바로 다음과 같다.

$$(0.0528\ \mu\text{C/L})(0.50505\ \text{L/s}) = 0.027\ \mu\text{C/s} = 27\ \text{nA}$$

연습문제 26-3

1. 쿨롱과 전자

10 Ω 저항에 전류 5.0 A가 4.0분 동안 흐른다. 그 동안 저항의 어느 단면을 지나가는 (a) 전하량과 (b) 전자의 수는 얼마인가?

2. 전하를 띤 띠

전하샘과 공 사이를 폭 50 cm인 전하를 띤 띠가 30 m/s 속도로 오가며 100 μC의 비율로 공에 전하를 옮겨준다. 띠 표면의 전하밀도를 셈하라.

3. 고립된 공

반지름 10 cm인 고립된 공이 전하를 띠고 있다. 한 도선을 통해 전류 1.0000020 A가 공으로 흘러 들어오고, 다른 도선을 통해 전류 1.0000000 A가 흘러 나간다. 공의 전위가 1000 V 올라가는데 얼마의 시간이 걸리겠는가?

26-4 회로도와 계측기

이 장의 남은 절과 다음 장에서 전지, 전구, 도선, 스위치 등의 회로요소가 든 전기회로를 그린다. 또한 저항과 같은 새로운 소자와 전류 및 전압을 재는 계측기를 소개한다.

• 기본 회소요소의 기호

전류와 저항을 배우기 전에 과학자와 공학자가 회로요소를 나타내고자 만든 몇 가지 기호를 소개한다. 그림 26-12는 이 장에서 설명할 회로를 좀더 쉽게 그리고자 쓰는 공통적인 기호를 보여준다. 이러한 기호를 쓰면 그림 26-2의 스위치가 달린 회로는 그림 26-13과 같이 나타낼 수 있다.

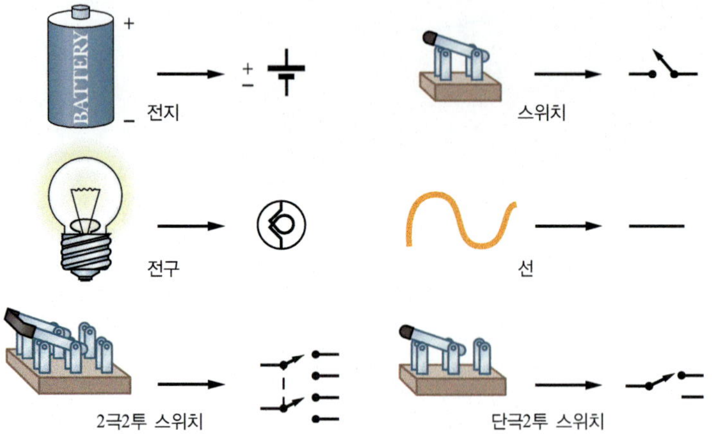

그림 26-12
회로 기호

• 계측기

전류와 전위차는 전기회로의 매우 중요한 특성이고, 계측기를 쓰면 이 양을 안정적이고 편리하게 잴 수 있다. 전류를 재는 장치는 **전류계(ammeter)**, 전위차를 재는 장치는 **전압계(voltmeter)**라고 한다. 그림 26-14에 전류계와 전압계를 회로 기호와 함께 나타냈다.

전류계는 회로(혹은 좀더 복잡한 회로의 가지)를 *지나는* 전류를 재므로 회로 소자와 *직렬*로 연결한다. 전압계는 회로의 두 곳(혹은 지점) 사이의 전위차를 재므로 재려는 두 곳에 *병렬*로 연결한다. 그림 26-15를 보라.

종종 전류계와 전압계를 묶어 하나의 장치로 만들고, 필요에 따라 전위차 또는 전류를 골라 잰다. 계측기가 둘 또는 그 이상 묶여 있으면, 보통 **다중계측기(multimeter)**라고 한다. 그림 26-16은 디지털 다중계측기를 보여준다. 현대적인 많은 디지털 다중

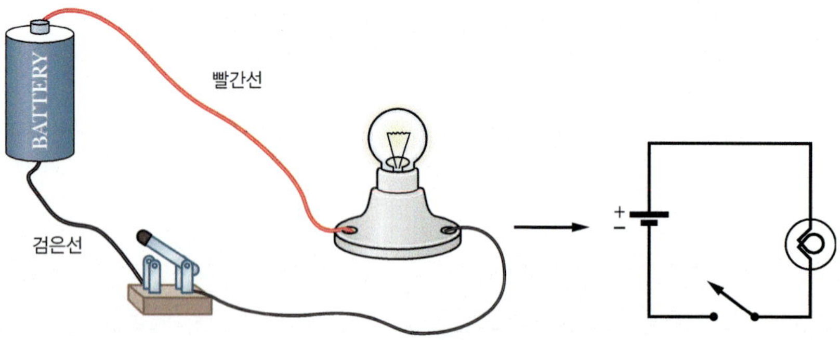

그림 26-13
회로 그림과 대응되는 회로도

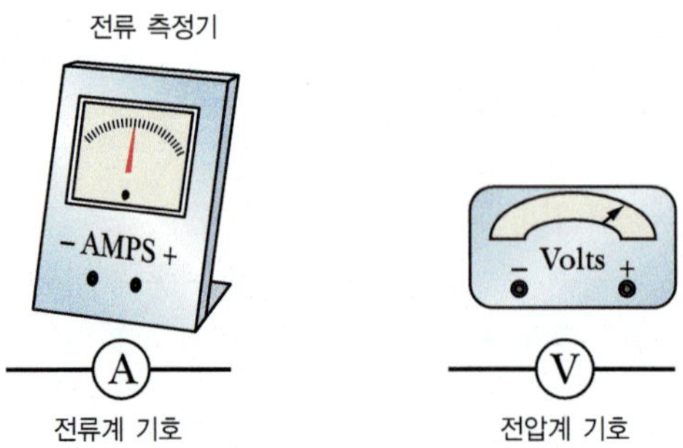

그림 26-14
전류를 재는 아날로그 전류계와 전위차(혹은 '전압')를 재는 아날로그 전압계와 기호

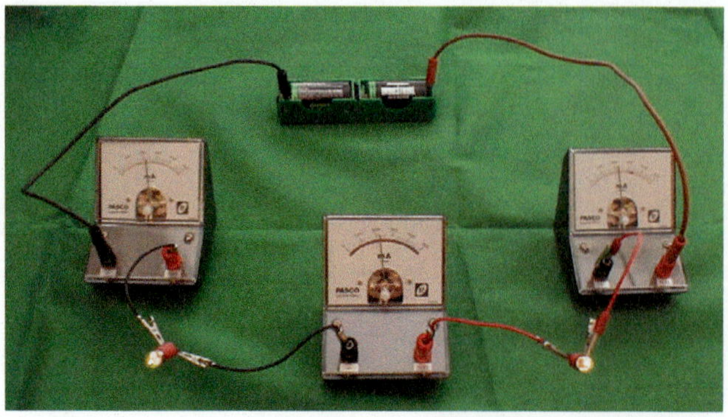

그림 26-15
세 개의 아날로그 전류계로 #14 규격의 꼬마전구 2개가 직렬로 연결된 회로의 세 곳을 지나는 같은 양의 전류를 재고 있다.

계측기는 앞으로 설명할 저항, 전기용량과 같은 다른 양도 잴 수 있다.

생각해보기 26-6 그림 26-17에서 전압계는 전구 양 끝에 연결되어 있고, 전류계는 회로에 끼워져 있다. 왜 이 장치를 이렇게 연결했을까? 전류계가 회로에서 전구의 뒤쪽이 아니라 전구의 앞쪽에 끼워져 있다면 전류계의 눈금은 어떻게 변할까?

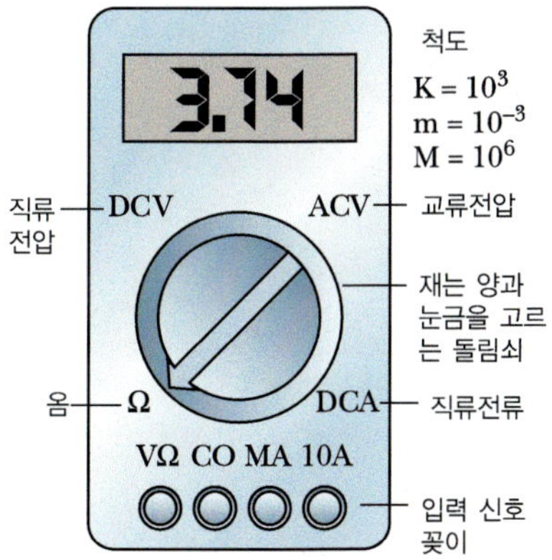

그림 26-16
디지털 다중계측기는 회로의 어떤 곳을 *지나는* 전류를 재는 전류계, 회로의 어떤 두 곳의 전위차를 재는 전압계로 쓸 수 있고, 또 어떤 회로 요소의 저항을 잴 수 있다.

26-5 저항과 옴 법칙

전자소자 설계와 같이 물리학을 전문적으로 응용하는 분야에서는 종종 회로 소자를 더 많이 넣으면 전류의 흐름이 어떻게 달라지는가 알아야 한다. 전류와 전위차를 잴 수 있는 전류계와 전압계와 같은 장치로 전류와 전위차의 관계를 정량적으로 살펴볼 수 있다. 예를 들면 전지와 전구를 연결한 회로에 전지를 직렬로 더 붙이면 전구에 흐르는 전류는 어떻게 될까? 전류가 흐르는 도선에서 전압을 높이면 전류는 어떻게 될까? 그림 26-17은 이러한 탐구를 위한 실험 장치다. 그 결과는 그림 26-18에 두 회로 소자에 걸린 전위차 ΔV와 전류 i의 그림표로 나타나 있다.

그림 26-18의 두 그림표를 살펴보면 몇 가지 흥미로운 결론이 나온다. 첫째, 두 그림표에서 전위차가 커지면 소자를 지나는 전류의 양도 많아진다. 둘째, 회로 소자에 걸린 전위차만 알아서는 소자에 흐르는 전류를 알 수 없다. 예를 들면 전구와 니크롬선에 똑같이 1.0 V의 전위차를 걸 때, 전구에 흐르는 전류는 니크롬선에 흐르는 전류보다 크다. 셋째, 길이가 정해진 니크롬선에 흐르는 전류는 양끝에 걸린 전위차 ΔV에 비례한다. 그러므로 직선의 기울기를 알면 어떤 ΔV에 대한 전류를 예측할 수 있다. 이러한 비례성 때문에 니크롬선은 **선형(linear)** 소자라고 한다. 전구는 그러한 비례성이 없어서 **비선형(nonlinear)** 소자라고 한다.

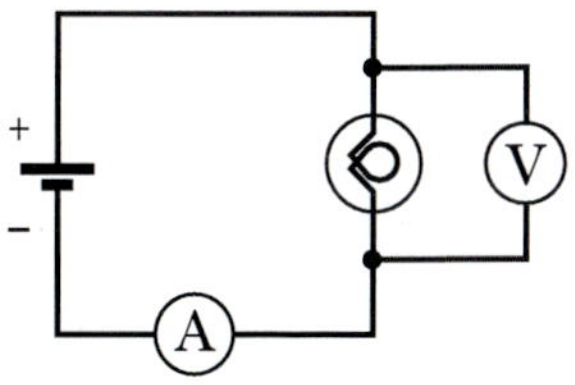

그림 26-17
회로 요소를 *지나는* 전류를 요소에 *걸린* 전위차의 함수로서 재는 기본 회로.

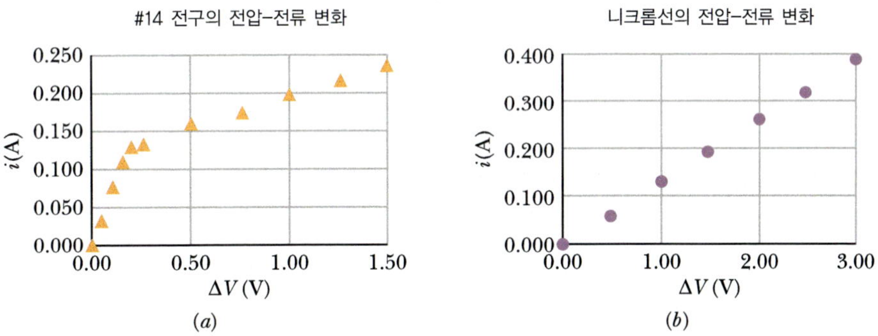

그림 26-18
(*a*) #14 규격의 전구를 지나는 전류에 대한 전류계 자료를 전구 양단의 전위차의 함수로 보여준다. (*b*)는 원통꼴 니크롬선을 지나는 전류에 대한 전류계 자료를 니크롬선 양단의 전위차의 함수로 보여준다.

• 저항의 정의

꼬마전구와 니크롬선 모두 소자 양 끝의 전위차 값 ΔV와 그때의 전류를 재면, 오직 ΔV에서의 전류에 대한 회로 소자의 저항을 알게 된다. 회로 요소의 **저항(resistance)**은 요소 양끝에 걸린 전위차와 요소를 지나는 전류의 비로 정의된다. 전위차가 작아도 상대적으로 큰 전류가 흐르면, 그 회로 요소의 저항은 작고, 반대로 같은 전위차에 작은 전류가 흐르면 저항은 크다고 말한다. 예를 들면 그림 26-18의 자료에서 전구 양 끝에 1 V의 전위차를 걸면 0.19 A의 전류가 흐르지만 니크롬선 양 끝에 같은 전위차를 걸어도 겨우 0.13 A의 전류가 흐른다. 그러므로 전위차 1.0 V에서 니크롬선의 저항이 전구보다 더 크다.

저항은 걸어준 전위차와 그 결과 흐르는 전류의 비로 정의된다.

$$R \equiv \frac{\Delta V}{i} \tag{26-5}$$

여기서 회로 두 곳의 전위 차를 다루고 있음을 강조하고자 ΔV라는 기호를 썼다. 전위의 차는 전하가 흐를 때 위치 에너지를 변화시킨다. 회로를 설명할 때, 종종 전위차 대신 **전압(voltage)**이라는 말을 쓴다.

식 26−5에 따르면, 저항의 국제 단위는 암페어당 볼트(V/A)인데, 이것은 매우 흔히 나오므로, 특별히 **옴(ohm**, 기호 Ω)이라는 이름을 붙여 쓴다. 즉,

$$1\text{옴} = 1\ \Omega = 1\ \text{volt/ampere} = 1\ \text{V/A} \tag{26-6}$$

식 26−5를, 고쳐 쓰면 다음과 같다.

$$i = \frac{\Delta V}{R}$$

이것은 저항 R인 소자에 전위차를 걸면 전류가 흐른다는 사실을 강조한다. 식 26−5의 저항의 정의를 나타내는 가장 일반적인 식은 다음과 같다.

$$\Delta V = iR \tag{26-7}$$

니크롬선과 같은 선형소자에서는, 얼마의 전위차를 걸어주든 R 값이 같다. 그러나 백열전구와 같은 비선형 소자에서 저항을 재려면 전류 i를 잴 때 얼마의 전위차를 걸어주었는가를 명시해야 한다.

• 옴 법칙

방금 지적한 것처럼 니크롬선은 (그림 26−18*b*와 같이) 전위차를 얼마를 걸든 저항이 같다. 백열전구와 같은 다른 도체 소자는 (그림 26−18*a*와 같이) 걸어준 전위차에 따라 저항 값이 달라진다. 비록 니크롬선과 전구 모두 금속 도체이지만, 전구 속의 도선은 아주 가늘어서, 전위차가 커지면 온도가 눈에 띠게 오르고, 따라서 전구의 저항은 커진다.

1827년에, 바바리아에 사는 옴(George Simm Ohm)은 금속 도체는 온도를 일정하게 유지하면 전류가 전위차에 비례함을 관찰했다는 것을 발표했다. 그래서, 니크롬선과 같은 선형 소자는 때로 **'옴 소자(Ohmic device)'** 라고 한다.

> 소자에 흐르는 전류가 걸어준 전위차에 늘 비례하면, 소자는 옴 법칙을 따른다고 한다. 곧 $\Delta V = iR$의 관계에서 소자의 저항은 일정하다.

전기 회로에 쓰이는 많은 부품은 그것이 구리든 순수 규소든 또는 특별한 불순물이든 반도체든, 어떤 범위의 전위차에서는 옴 법칙을 따른다. 저항소자에 흐르는 전류가 온도를 상당히 변화시킬 만큼 크면 옴 법칙은 흔히 깨진다.

때로는 $R = \Delta V/i$(또는 $\Delta V = iR$)이 옴 법칙이라는 주장도 있는데, 이것은 옳지 않다! 이 식은 저항의 정의식이고, 이것은 소자가 옴 법칙을 따르든, 어기든 모든 도체 소자에 적용된다. 어떤 소자 — 그것이 전구가 되었든 다른 비 옴소자가 되었든 — 의 전위차 ΔV와 전류 i를 재면, 전위차가 ΔV일 때의 소자의 저항을 $R \equiv \Delta V/i$로 구할 수 있다. 그러나 옴 법칙의 핵심은 ΔV에 대한 i의 변화를 그린 특성곡선이 직선이고 따라서 R의 값이 ΔV의 값과 무관하다는 것이다.

• 저항기

도체가 회로 속에 있을 때 옴 법칙을 따라서 전류에 대한 저항 값이 걸어준 전위차와 무관하게 일정한 것을 **저항기(resistor)**라고 한다(그림 26-19). 탄소 저항기는 옴 소자로서 전기회로에서 가장 많이 쓰인다. 탄소 저항기는 백열전구와는 달리 전류가 변해도 저항이 일정하다. 탄소 저항기는 저항값을 여러 가지로 값싸게 만들 수 있다. 저항기의 회로 기호는 그림 26-20과 같다.

탄소저항기는 흑연을 접착제로 단단히 굳힌 것으로 보통 플라스틱을 입히고 그림 26-21 처럼 색띠를 그려 저항값을 나타낸다.

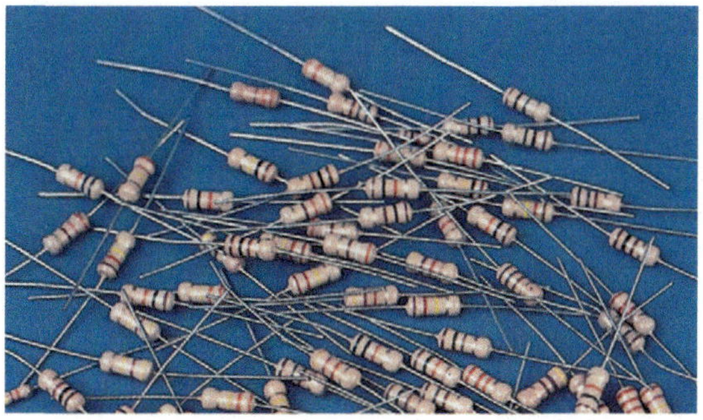

그림 26-19
각종 탄소 저항기. 저항에 그려진 색깔 띠는 저항값을 나타낸다.

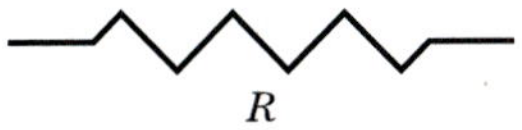

그림 26-20
옴형 저항기의 회로 기호

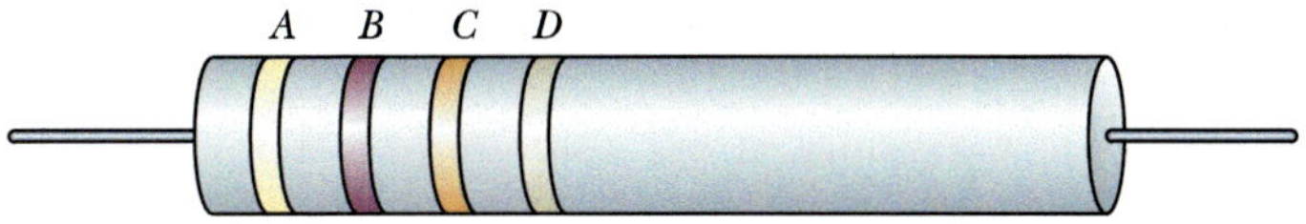

그림 26-21
저항값 $R = 47\ \text{k}\Omega \pm 10\%$를 네 개의 색깔 띠로 나타낸 모습. 자세한 것은 표 26-1을 보라.

표 26-1
저항기 코드[a]

검정 = 0	파랑 = 6
갈색 = 1	보라 = 7
빨강 = 2	회색 = 8
주황 = 3	흰색 = 9
노랑 = 4	은색 = ± 10%
녹색 = 5	금색 = ± 5%

[a] 옴 값 $= AB \times 10^C \pm D$.
(AB는 A와 B의 곱이 아니라 십진수의 두 자릿수이다: A는 십자릿수, B는 일자릿수이다). 띠 A, B, C의 색깔은 표 26-1에 보인 숫자를 뜻한다. D 띠는 저항기의 '허용오차'를 뜻한다. 띠가 없으면 ± 20%, 은색 띠는 ± 10%, 금색 띠는 ± 5%를 나타낸다. 예를 들면, 파랑-회색-빨강-은색의 띠를 가진 저항기의 값은 다음과 같다: $A = 6$, $B = 8$, $C = 2$, $D =$ 은색(± 10)이므로, $AB \times 10^C \pm D = 68 \times 10^2\ \Omega \pm 10\%$ 또는 $(6800 \pm 680)\ \Omega$이다.

생각해보기 26-7 아래 표는 세 소자에 몇 가지 전위차 ΔV(volt)를 걸었을 때 흐르는 전류 i(ampere)이다. 이 자료로 미루어 볼 때, 옴 법칙을 따르는 소자는 어느 것인가?

기기 1		기기 2		기기 3	
ΔV	i	ΔV	i	ΔV	i
2.00	4.50	2.00	1.50	2.00	6.50
3.00	6.75	3.00	2.50	3.00	8.75
4.00	9.00	4.00	3.00	4.00	11.00

연습문제 26-5

4. 도선 묶음

저항 $2.65\ \mu\Omega$인 가는 도선 125가닥을 묶어 만든 도선 묶음이 있다. 모든 가닥의 양 끝에 같은 전위차를 걸어 총 전류 0.750 A가 흘렀다. (a) 낱낱의 가닥에 흐르는 전류는 얼마인가? (b) 걸어준 전위차는 얼마인가? (c) 도선 묶음의 저항은 얼마인가?

5. 감전사

전류가 사람의 심장 근처로 50 mA만 흘러도 죽을 수 있다. 땀에 젖은 손으로 일하는 전기기사는 양손에 하나씩 잡고 있는 두 도체와 전기적 접촉이 잘 된다. 그의 몸의 저항이 2000 Ω이라면 치명적인 전압은 얼마가 되나?

26-6 저항과 비저항

다음으로 금속 도선 또는 탄소 저항기와 같은 옴 소자의 저항이 모양에 따라 어떻게 변하는지 살펴보자. 다시 말해, 짧고 굵은 물체를 길고 가늘게 펴면 저항이 어떻게 될까? 실험에서 재료는 하나로 고정한다. 예를 들면, 구리선으로 실험할 수도 있다. 전기회로에 비교적 두꺼운 구리선을 흔히 쓰는

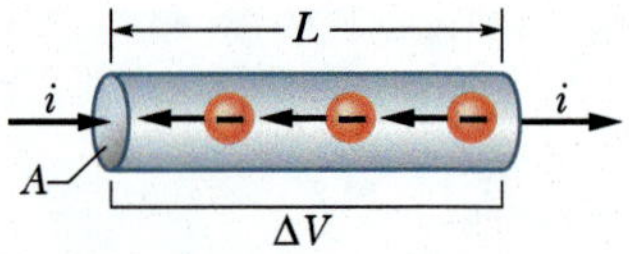

그림 26-22
길이 L, 단면적 A인 도선의 양끝에 전위차 ΔV가 걸려 전류 i가 흐른다. 전류를 이루는 전도 전자를 중화시키는 정지 이온은 그리지 않았지만, 도선은 늘 그렇듯이 본질적으로 전기적으로 중성이다.

데, 그 까닭은 다른 회로 소자보다 저항이 매우 작기 때문이다. 따라서 구리선을 쓰면 회로의 저항을 별로 높이지 않으면서 회로 소자를 연결할 수 있다.

• 관찰

그림 26-22와 같이 양끝에 전위차가 걸린 도선을 생각하자. 처음에 도선의 굵기는 유지한 채 길이만 줄인다. 도선의 양끝에 걸린 전위차와 전류의 측정값을 써서, 길이 변화에 따른 도선의 저항 변화를 잴 수 있다. 그 결과 도선의 저항은 길이 L에 비례함을 알았다. 따라서 이 결과를 다음과 같이 쓸 수 있다.

$$R = kL$$

도선의 길이를 고정시키고, 굵기 또는 단면적 A를 줄이면, 측정된 저항값은 도선의 단면적이 줄어들수록 커진다. 사실 반비례 관계를 얻으므로 다음과 같이 쓸 수 있다.

$$R = k' \frac{1}{A}$$

두 결과를 묶으면 R은 L에 비례하고, A에 반비례하며, 새 비례상수 ρ를 도선의 **비저항(resistivity)**으로 정의할 수 있다. 따라서 다음과 같다.

$$R = \rho \frac{L}{A} \tag{26-8}$$

이러한 비저항 관찰 결과는 두 가지 점에서 중요하다. 첫째, 저항이 단면적에 반비례하는 사실은 전류가 도선의 표면만을 지나는 것이 아니라, 도선의 단면 전체를 지난다는 것을 뜻한다. 이러한 지식은 전하가 도선과 다른 회로 요소를 어떻게 지나가는가를 살펴볼 때 유용하다.

둘째, 전류가 흐르는 모든 물질은 비저항 ρ가 있음을 알았다. ρ는 모든 금속에 대해 같은가? 대답은 '아니오' 이다. 어떤 도선의 길이(또는 단면적)가 변해도, ρ의 값은 같은가? 대답은 '예' 이다. 우리가 본 것은, 모양이 비슷한(L과 A가 같은) 구리 막대나 유리 막대의 양끝에 같은 전위차를 걸 때, 전류는 크게 다르다는 것이다. 이 조사는 비저항이 금속에 따라 다름을 밝혀준다. 즉, 그것은 물체를 이루는 **물질**(material)의 고유 특성이다.

이제 다음과 같은 중요한 차이를 알게 되었다.

> **저항**은 **물체**의 고유 특성이고, **비저항**은 **물질**의 고유 특성이다.

비저항은 여러 면에서 밀도의 개념과 비슷하다. 밀도는 단지 (납 또는 스티로폼과 같은) 쓰인 물질의 종류에 따라서 결정된다. 밀도는 어떤 부피의 어떤 물질의 질량을 셈할 때 쓸 수 있다. 마찬가지로, 비저항은 전선의 길이나 단면적이 아니라, 단지 전선을 만든 물질에만 관계된다. 도선의 저항은 그것을 만든 물질의 비저항을 알면, 식 26-8에 이미 알고 있는 도선의 길이와 단면적을 넣어 셈할 수 있다.

• 온도에 따른 비저항의 변화

물체의 물리적 성질은 대개 온도에 따라 변하고, 저항도 마찬가지다. 예를 들어, 그림 26-23은 구리의 저항의 온도에 대한 변화를 보여준다. 구리에서 — 그리고 일반적으로 금속에서 — 온도와 비저항은 회로를 쓰는 발견된 온도 범위에서 거의 비례한다. 그러한 비례 관계는 측정 결과를 바탕으로 다음과 같은 어림식으로 쓸 수 있다.

$$\rho - \rho_0 \approx \rho_0 \alpha (T - T_0) \quad \text{(온도에 따른 } \rho \text{의 어림값)} \tag{26-9}$$

T_0은 기준 온도로 잡은 값이고, ρ_0는 그 온도에서의 비저항이다. 대개 $T_0 = 293\,\text{K}$(실내온도)이고, 이때 구리는, $\rho_0 = 1.69 \times 10^{-8}\,\Omega \cdot \text{m}$이다. 이 어림식은 대부분의 공학적 목적에 쓸때 잘 맞는다.

이 식에는 온도차가 들어 있으므로, 방정식에 섭씨온도와 절대온도 어느 것을 써도 된다. 왜냐하면, 두 온도체계의 눈금 간격이 같기 때문이다. α는 **비저항의 온도계수(temperature coefficient of resistivity)**라고 하는데, 선택한 온도 범위에서 방정식과 실험값이 잘 맞게 값을 잡는다. 몇몇 금속의 α값이 표 26-2에 있다.

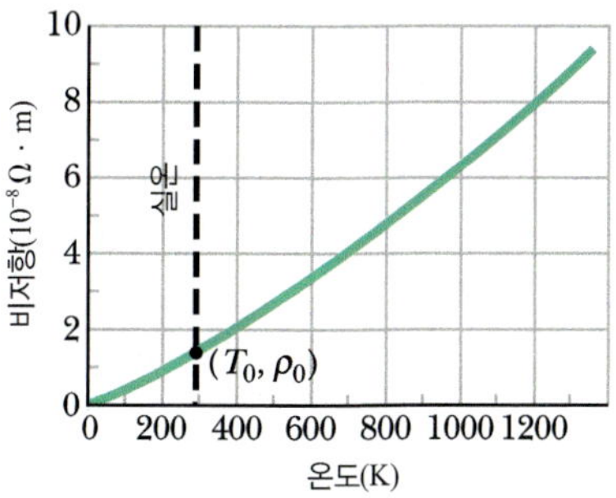

그림 26-23
구리의 저항의 온도에 따른 변화. 곡선 위의 점은 편의상 잡은 기준점을 나타낸다. ($T_0 = 293\,\text{K}$, $\rho_0 = 1.69 \times 10^{-8}\,\Omega \cdot \text{m}$)

• 힌덴부르크 호

1937년 5월, 체펠린 비행선 힌덴부르크 호가 착륙준비를 하면서 지상 요원에게 조절 밧줄을 내렸다. 밧줄은 비에 젖어 있었고 (따라서 전류가 흐를 수 있었고), 체펠린의 금속 틀을 묶어 접지시켰다. 즉, 젖은 밧줄은 체펠린의 금속 틀과 땅 사이의 전도성 통로가 되어, 틀의 전위를 땅과 같게 만들었다. 이것은 또 체펠린의 덮개 천을 접지시켰다. 그렇지만 힌덴부르크 호는 전기적 비저항이 큰 도료를 칠한 천으로 덮인 첫 번째 체펠린이었다. 덮개는 힌덴부르크 호가 떠 있던 약 43 m의 고도의 대기의 전위를 유지하고 있었고, 폭풍우 때문에 전위는 땅의 전위보다 상당히 높았다.

아마도 밧줄을 다루다가 수소통 가운데 하나가 파열되어, 수소통과 덮개 사이로 수소가 새어나와 보고된 것처럼 덮개를 요동치게 했다. 그러자 위험한 상황이 벌어졌다: 덮개는 전기가 통하는 빗물로 젖어 있었고, 체펠린의 금속 틀과는 매우 큰 전위차를 유지하고 있었다. 분명, 전하는 젖은 덮개를 따라 흘렀고, 체펠린의 금속 틀에 이르자 새어 나온 수소 속에서 불꽃을 튀겨, 수소에 불이 붙었다. 그 결과 순식간에 체펠린의 수소통에 불이 붙었고, 비행선은 추락했다. 힌덴부르크 호의 덮개

표 26-2
실온(20℃)에서 물질의 비저항

물질	비저항, $\rho(\Omega \cdot \text{m})$	비저항의 온도계수, $\alpha(\text{K}^{-1})$
	금속	
은	1.62×10^{-8}	4.1×10^{-3}
구리	1.69×10^{-8}	4.3×10^{-3}
알루미늄	2.75×10^{-8}	4.4×10^{-3}
텅스텐	5.25×10^{-8}	4.5×10^{-3}
철	9.68×10^{-8}	6.5×10^{-3}
백금	10.6×10^{-8}	3.9×10^{-3}
망가닌[a]	48.2×10^{-8}	0.002×10^{-3}
	반도체	
실리콘, 순수한	2.5×10^{3}	-70×10^{-3}
실리콘, n형[b]	8.7×10^{-4}	
실리콘, p형[c]	2.8×10^{-3}	
	절연체	
유리	$10^{10} - 10^{14}$	
용융 석영	$\sim 10^{16}$	

[a] α값이 작도록 특별히 고안한 합금
[b] 순수한 실리콘에 인 불순물을 섞어 전하운반자밀도가 $10^{23}\,\text{m}^{-3}$이 되게 한 것
[c] 순수한 실리콘에 알루미늄 불순물을 섞어 전하운반자밀도가 $10^{23}\,\text{m}^{-3}$이 되게 한 것

에 바른 도료의 비저항 값이 (다른 체펠린처럼) 작았다면, 아마도 힌덴부르크 호의 재앙은 생기지 않았을 것이다.

생각해보기 26-8 지름만 반이고, 나머지는 그림 26-22과 같은 니크롬선의 $i-\Delta V$ 그림표를 그려라.

생각해보기 26-9 앞에서 전류가 도선의 표면을 따라 흐르기보다는 도선의 단면 전체를 지난다는 증거로서, 전류에 대한 도선의 비저항은 도선의 단면적에 반비례한다고 하였다. (a) 이 주장을 입증하여라. (b) 전류가 도선의 표면을 따라서 흐른다면, 방정식 26-8을 어떻게 바꿔야 하는가?

생각해보기 26-10 그림은 단면적과 길이가 다른 세 원통꼴 구리 도체를 보여준다. 양끝에 같은 전위차 ΔV를 걸 때, 전류가 가장 큰 것부터 순서대로 나열하여라.

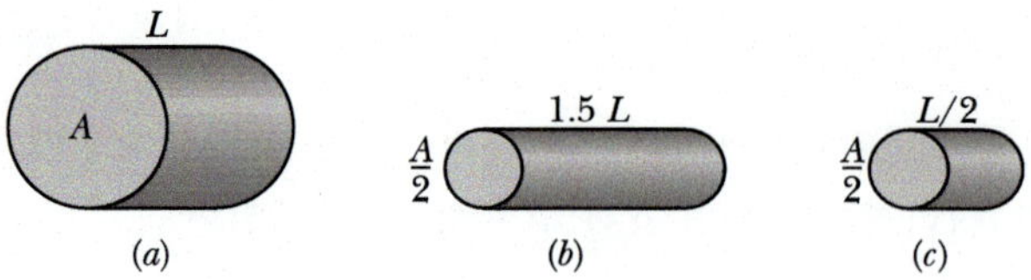

연습문제 26-6

6. 전차
전차의 강철 레일은 횡단면이 56.0 cm²이다. 길이 10 km인 레일의 저항은 얼마인가? 강철의 비저항은 $3.00\times10^{-7}\,\Omega$이다.

7. 도선
지름 1.0 mm, 길이 2.0 m, 저항 50 mΩ인 도선이 있다. 그 물질의 비저항은 얼마인가?

8. 도선
길이 4.00 m, 지름 6.00 mm인 도선은 저항이 15.0 Ω이다. 도선 양끝에 전위차 23.0 V를 걸었다. (a) 도선에 흐르는 전류는 얼마인가? (b) 도선 물질의 비저항을 셈하여라. 물질을 확인하라.(표 26-2를 써라.)

9. 코일
절연된 16게이지 구리선(지름 = 1.3 mm)을 지름 12 cm인 원통에 한 층으로 250번 감아 코일을 만들었다. 코일의 저항은 얼마인가? 절연체 두께는 무시하라.(표 26-2를 써라.)

10. 어떤 온도
(a) 구리 도체의 저항이 20℃에서의 값의 2배 되는 온도는 몇 도인가? (식 26-9에서 20℃를 기준온도로 써라. 식 26-23과 당신의 답을 비교하라) (b) 이 같은 '온도 2배' 는 모든 구리 도체에 대해 모양과 크기에 상관없이 성립하는가?

11. 좀더 긴 도선
저항 6.0 Ω인 도선을 형판을 통해 뽑아 길이를 3배로 늘렸다. 물질의 저항과 밀도는 변하지 않았다고 하고 늘어난 도선의 저항을 구하라.

12. 어떤 도선
어떤 도선의 저항이 R이다. 같은 물질로 만든, 길이가 반, 지름이 반인 둘째 도선의 저항은 얼마인가?

13. 두 도체
같은 물질, 같은 길이로 두 도체를 만들었다. 도체 A는 지름이 1.0 mm인 속이 찬 도선이고, 도선 B는 바깥지름이 2.0 mm, 안지름이 1.0 mm인 속이 빈 관이다. 양끝에서 잰 저항의 비율 R_A/R_B는 얼마인가?

14. 손전등 전구
손전등 전구는 보통 0.30 A와 2.9 V(사용 환경 조건의 전류와 전압 값)에 맞춰져 있다. 실험실 온도(20℃)에서 전구 필라멘트의 저항이 1.1 Ω이라면 전구가 켜졌을 때 필라멘트의 온도는 얼마인가? 필라멘트는 텅스텐으로 만든다.

15. 쇠막대
쇠막대를 달구면, 저항은 물론 길이와 단면적도 변한다. 여러 온도에서 ρ를 잴 때 관계 $R=\rho L/A$은 3가지 요소 모두를 고려해야 함을 시사한다. (a) 온도가 1.0℃ 변한다면 구리도선에서 나타나는 R, L, A에서 변화는 몇 퍼센트인가? (b) 구리에 의한 선팽창계수는 1.7×10^{-5}/K이다. 당신은 어떤 결론을 내리겠는가?

16. 게이지 숫자

도선의 게이지 값이 6 커지면 지름은 반이 된다. 게이지 숫자가 1 커지면 지름이 $s^{1/6}$의 비율로 줄어든다(문제 32번의 표를 보라). 이로부터 10게이지 구리도선 3m의 저항이 대략 1.00 Ω임을 알 때 22게이지 구리도선 7.5 m의 저항을 어림하라.

26-7 전기회로에서의 전력

건전지에는 화학 에너지가 저장되어 있고, 전류가 여러 회로 요소를 통해 흐를 때 이 화학 에너지가 전기적 에너지 또는 다른 꼴의 에너지로 바뀐다. 때때로 회로가 쓰는 에너지의 비율이 관심거리가 되기도 한다. 9-10절에서 일률을 힘이 단위시간에 일을 하는 비율로 정의한 것처럼, 전력(power)은 단위시간에 회로에 전기적 에너지를 공급하는 비율을 나타내는 말로 쓰겠다.

전지에 이상적인 도선으로 이은 전기 소자에 공급되는 에너지로서 전력을 생각해 보자. 그림 26-24는 어떤 전도성 소자를 전지 B에 도선으로 이어 꾸민 회로이다. 소자는 저항기, 건전지(재충전할 수 있는 건전지), 전동기, 또는 그 어떤 것도 될 수 있다. 회로의 도선은 충분히 굵어 저항이 없는 이상적인 것으로 본다. 저항이 없는 도선에 전류가 흐르면, 도선 전체의 전위가 같다. 바꾸어 말하면, 이상적인 도선에서는 양 끝의 전위차가 없다. 건전지는 두 극에 크기 ΔV인 전위차를 유지한다. 따라서 소자의 한 끝 a는 다른 끝 b보다 전위가 더 높다.

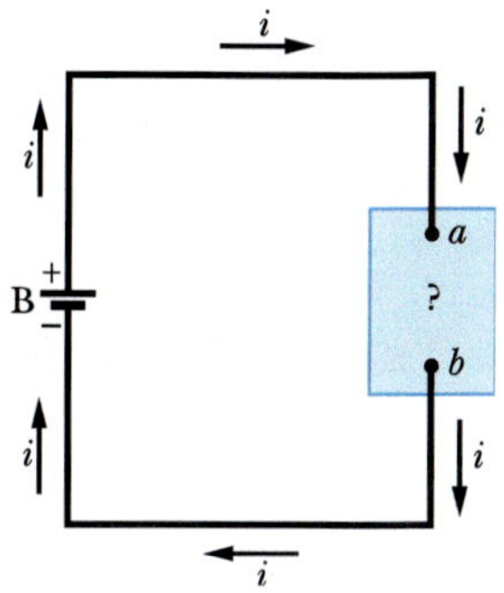

그림 26-24
전지 B는 전도성 소자가 들어있는 회로에 전류 i를 공급한다.

전지의 두 극에는 일정한 전위차가 유지되고, 전지 바깥에 두 극을 잇는 전도 통로가 있으므로, 전지는 회로에 일정한 전류 i를 공급한다. 이 전류는 a에서 b로 흐르는데, 시간 dt에 이동하는 전하량 dq는 idt이다. 전하 dq는 전위차 ΔV인 소자 속을 지나가므로 전위가 그만큼 줄어들고, 따라서 전기적 위치 에너지 U는 다음과 같이 줄어든다.

$$dU = -dq\Delta V = -idt(\Delta V)$$

에너지 보존 원리에 따르면, 전하가 a에서 b로 가면서 전기적 위치 에너지가 줄어들면 그만큼의 에너지가 다른 꼴로 바뀐다. $P = dW/dt$(식 9-48)이므로, 전력(전하를 이동시키는 일률) P는 전지의 일률이다. $dW = -dU = idt(\Delta V)$이므로, 다음 식을 얻는다.

$$P = i\Delta V \quad \text{(전기 에너지 전달률 = 전력)} \qquad (26\text{–}10)$$

이 전력 P는 전지가 소자에 에너지를 전달하는 비율이기도 하다. 그 소자가 역학적인 부하에 연결된 전동기라면, 전달된 에너지는 부하에 해준 일로 바뀐다. 그 소자가 충전중인 전지라면, 전달된 에너지는 전지 속에서 화학 에너지로 바뀐다. 그 소자가 저항기라면, 전달된 에너지는 내부 열에너지로 바뀌어 저항기의 온도를 높인다.

앞 식에서 얻는 전력의 단위는 볼트-암페어(V · A)로 다음과 같이 나타낼 수 있다.

$$1\,\text{V}\cdot\text{A} = \left(1\frac{\text{J}}{\text{C}}\right)\left(1\frac{\text{C}}{\text{s}}\right) = 1\frac{\text{J}}{\text{s}} = 1\,\text{W}$$

저항기를 일정한 속력으로 지나는 전자의 운동은 죽 속에서 일정한 종단 속력으로 떨어지는 돌멩이와 매우 비슷하다. 전자의 평균 운동에너지는 일정하고, 전자가 잃는 전기적 위치 에너지는 저항기와 저항기 주위의 열에너지로 나타난다. 미시적으로 보면, 이러한 에너지 전환은 전자와 저항기를 이루는 원자의 충돌로 생기고, 그 결과 저항기의 온도가 높아진다. 에너지 전환은 비가역적이

빵굽는 기계의 도선 코일은 적당한 저항이 있다. 코일에 전류가 흐르면, 전기 에너지는 코일에서 열에너지로 바뀌고, 코일의 온도는 높아진다. 그러면 코일은 적외선과 가시광선을 내어 빵을 구워낸다.

므로 이렇게 바뀐 열에너지는 다시 전기에너지로 되돌릴 수 없다. 원자의 충돌로 생긴 이러한 에너지 전환은 26-10절과 26-11절에서 더 자세히 설명한다.

저항 R인 저항기 또는 어떤 다른 소자에 대하여, 식 26-5($R = \Delta V/i$)와 26-10을 묶으면 저항에 의한 전기에너지 손실(또는 흩어짐)의 비율에 관한 다음 식을 얻는다.

$$P = i^2 R \quad (\text{저항 손실}) \tag{26-11}$$

또는

$$P = \frac{(\Delta V)^2}{R} \quad (\text{저항 손실}) \tag{26-12}$$

주의: 식 26-10에서 온 새로운 두 식을 잘 구별해야 한다: $P = i\Delta V$는 모든 전기에너지 전환에 쓸 수 있다. $P = i^2 R$과 $P = (\Delta V)^2/R$은 저항이 있는 소자에서 전기적 위치 에너지가 열에너지로 바뀔 때만 쓸 수 있다.

생각해보기 26-Ⅱ 저항 R인 소자의 양 끝에 전위차 ΔV가 걸려 소자에 전류 i가 흐른다. 전기에너지가 저항에서 열에너지로 바뀌는 비율이 큰 것부터 차례대로 늘어 놓아라. (a) R은 일정하고, ΔV가 두 배일 때, (b) R은 일정하고, i가 두 배일 때, (c) ΔV는 일정하고, R이 두 배일 때, (d) i는 일정하고 R이 두 배일 때.

따라해보기 26-2 | 열선

니켈-크롬-철 합금으로 만든 고른 니크롬 열선이 있다. 열선의 저항이 72 Ω이다. 다음 상황에서 에너지의 손실률은 얼마일까? (1) 열선 전체에 120 V의 전위차를 걸 때, (2) 열선의 가운데를 잘라, 반쪽 열선마다 120 V를 걸 때.

풀이 ■ 요점은 저항이 있는 물질에 흐르는 전류는 전기에너지를 열에너지로 바꾼다는 것이다. 전달(손실)율은 식 26-10에서 26-12까지와 같다. 전위차 ΔV와 저항 R을 알고 있으므로, 식 26-12를 쓰면, (1)의 상황에 대해 셈하면 다음과 같다.

$$P = \frac{(\Delta V)^2}{R} = \frac{(120\,V)^2}{72\,\Omega} = 200\text{ W} \quad (\text{답})$$

(2)의 상황은, 각 반쪽 열선의 저항이 (72 Ω)/2, 즉 36 Ω이다. 따라서 각 반쪽 열선의 손실률은 다음과 같다.

$$P' = \frac{(120\,V)^2}{36\,\Omega} = 400\text{ W}$$

두 반쪽 열선에 대하여서는 다음과 같다.

$$P = 2P' = 800\text{ W} \quad (\text{답})$$

이것은 자르기 전 열선의 손실률의 4배이다. 이 결과에 따라, 어쩌면 열선을 사서 가운데를 자르고, 다시 연결하여 4배의 열 출력을 얻는 것이 좋다는 결론을 내릴지도 모르겠다. 그런데 왜 이러한 짓이 어리석은가? (코일에 흐르는 전류의 양은 어떻게 달라질까?)

연습문제 26-7

17. X-선 관

어떤 X-선 관은 전류 7.0 mA와 전위차 80 kV에서 작동한다. 이것의 일률은 와트 단위로 얼마인가?

18. 학생

학생은 오전 9시부터 오후 2시까지 9.0 V, 7.0 W인 라디오를 최대 음량으로 켜놓는다. 얼마나 많은 전하가 지나갔는가?

19. 전기난로

뜨거울 때 저항이 14 Ω인 전기난로에 전위차 120 V를 건다. (a) 전기에너지가 열로 바뀌는 비율은 얼마인가? (b) 5.0원/kW · h일 때, 난로가 5.0 h 작동하면 요금은 얼마인가?

20. 열에너지

저항기에서 열에너지가 전류 3.00 A일 때 100 W의 비율로 생겨난다. 저항은 얼마인가?

21. 전력을 썼다

어떤 저항기를 3.00 V 전지의 두 전극에 연결했다. 저항기는 0.540 W의 전력을 썼다. 같은 저항기를 다음엔 1.50 V 전지의 두 전극에 연결했다. 에너지를 쓰는 비율은 얼마인가?

22. 전기난로 2

작동 전력 500 W인 전기난로에 전위차 120 V를 걸었다. (a) 작동되는 동안 저항은 얼마인가? (b) 전자가 난로의 어떤 단면을 통해 흐르는 비율은 얼마인가?

23. 적외선 난로

일률 1250 W인 적외선 난로가 115 V에서 작동한다. (a) 난로의 전류는 얼마인가? (b) 가열코일에서의 저항은 얼마인가? (c) 난로에서 1.0시간에 생기는 열에너지는 얼마인가?

24. 발열 소자

단면 $2.60 \times 10^{-6}\,m^2$인 니크롬선 양끝에 75.0 V 전위차를 걸어둔 발열 소자가 있다. 니크롬의 비저항은 $5.00 \times 10^{-7}\,\Omega \cdot m$ 이다. (a) 이 소자가 5000 W를 쓴다면 도선의 길이는 얼마인가? (b) 전위차 100 V를 걸어 같은 전력을 쓰려면 도선의 길이를 얼마로 해야 하는가?

25. 니크롬선 난로

니크롬선 난로에 전위차 110 V를 걸면 도선 온도가 800℃일 때 500 W를 쓴다. 도선을 냉각 기름통에 담가 도선의 온도를 200℃로 고정시키면 권력 소비율은 어떻게 되겠는가? 이때 걸어주는 전위차는 같고 800℃에서 니크롬선의 α는 4.0×10^{-4}/K이다.

26. 100W 전구

100 W 전구를 표준 120 V 전원에 꽂았다. (a) 한 달 동안 계속 전구를 켜두면 전기요금은 얼마나 나올까? 전기 요금 요율은 120원/kW · h이다. (b) 전구의 저항은 얼마인가? (c) 전구에 흐르는 전류는 얼마인가? (d) 전구를 끄면 저항이 달라지는가?

27. 선형 가속기

선형 가속기는 전자 펄스를 만들어낸다. 펄스 전류는 0.50 A이고 낱낱의 펄스의 지속시간은 0.10 μs이다. (a) 펄스 하나에 전자가 몇 개 들어있는가? (b) 가속기가 500펄스/초로 작동할 때의 평균 전류는 얼마인가? (c) 전자가 에너지 50 MeV로 가속된다면 가속기의 평균 일률과 최대 일률은 얼마인가?

28. 원통꼴 저항기

비저항 $3.5 \times 10^{-5}\,\Omega \cdot m$인 물질로 반지름 5.0 mm인 원통꼴 저항기를 만들었다. 저항기의 에너지 소비율이 1.0 W일 때 전위차는 얼마인가?

29. 구리 도선

단면적 $2.0 \times 10^{-6}\,m^2$, 길이 4 m인 구리도선에 흐르는 전류 2.0 A가 단면 전체에 고르게 나뉘어 흐른다. 30분 동안 열에너지로 바뀐 전기에너지는 얼마인가?

26-8 도체에서의 전류밀도

전류는 양(+) 또는 음(−)의 방향을 가진 스칼라 양 — 기본적으로 어떤 면을 1초에 지나가는 전하의 총량이며, 부호는 그 방향이 우리가 정한 쪽인가 그 반대쪽인가를 나타낸다 — 으로 정의하였다. 전류에서, 전하가 실제로 움직이고, 속도가 있으므로, 전류의 개념에는 벡터 성질이 '숨어' 있다. 이를 **전류밀도(current density)**라는 새로운 개념으로 분명히 드러낼 수 있다. 어떤 부피 속에 한 무리의 움직이는 전하 입자가 들어 있고, 각 입자의 전하를 e, 전하의 수 밀도(단위 부피당 개수)를 n, 전하의 평균 속도를 $\langle\vec{v}\rangle$라고 하자. 그러면 전류밀도(또는 단위 단면적을 지나는 전류)는 다음과 같이 정의한다.

$$\vec{J} \equiv ne\langle\vec{v}\rangle \quad \text{(전류밀도의 정의)} \qquad (26\text{–}13)$$

식 15–33으로 나타낸 물의 부피 흐름률처럼 어떤 면 조각을 지나가는 총전하량은 전류밀도와 면 조각의 점곱(=내적)으로 정의한다. 그 조각이 아주 작으면 그것을 지나는 전류의 양을, $\vec{J} \cdot d\vec{A}$로 나타낼 수 있다. 여기에서 $d\vec{A}$는 그 조각의 면 벡터이다. 그러면 도선의 단면을 지나는 전체 전류는 다음과 같다.

$$i = \int \vec{J} \cdot d\vec{A} \tag{26-14}$$

대개의 전기 도체에서, 전하 운반자는 음전하를 띤 전자이다. 앞에서 설명했듯이, '관습적인 전류(conventional current)' 란 양전하를 띤 전하 운반자의 흐름 방향을 말한다. 구리와 같은 전형적인 도체에서 전자는 관습적인 전류와 반대쪽으로 움직인다.

26-6절에서, 도체에 일정한 전류가 흐를 때, 전하는 도체의 부피 전체를 통해서 흐르는 것을 확인하였다. 이에 대한 결정적 증거는 저항이 도체의 단면적이 반비례한다는 것이다.* 전류의 방향이 $d\vec{A}$와 나란하다고 가정하면, $\vec{J}$도 일정하고 $d\vec{A}$에 나란하게 된다. 그 때는, 식 26-14는 전류밀도의 크기와 넓이로 나타낼 수 있다.

$$|i| = \int JdA = J\int dA = JA$$

따라서

$$J = \frac{|i|}{A} \tag{26-15}$$

여기서 A는 도선의 단면적이다. 이들 식에서 전류밀도의 국제단위가 제곱미터당 암페어(A/m^2)임을 알 수 있다.

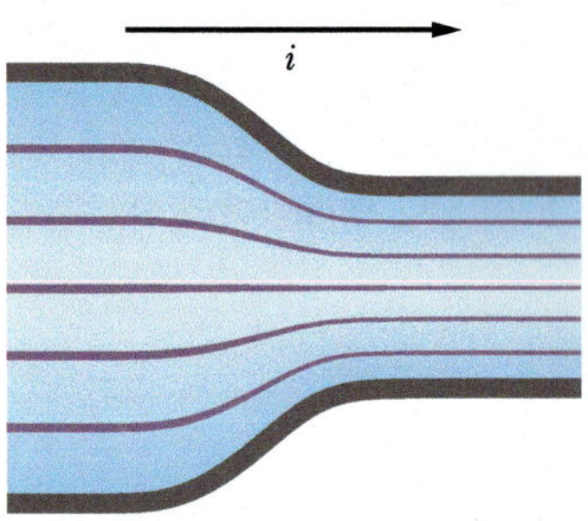

그림 26-25
가늘어진 도체를 지나는 전하의 흐름에서의 전류밀도를 나타내는 유선

23장에서 전기장을 전기력선으로 나타내었다. 그림 26-25는 전류밀도를 비슷한 선으로 나타낼 수 있음을 보여주며, 이것도 유선이라고 할 수 있다. 그림 26-25에서 전류는 오른쪽으로 흐르는데, 왼쪽의 굵은 도체에서 오른쪽의 가는 도체로 옮겨간다. 옮겨가는 동안 전하는 보존되므로, 전류 또는 도선을 통한 전하의 흐름률은 변하지 않는다. 그렇지만 전류밀도(또는 단면의 단위 면적에서의 전하의 흐름률)는 바뀐다. 이것은 가는 도체일수록 더 크다. 유선의 간격은 전류밀도의 증가와 관계가 있다. 유선이 빽빽할수록 전류밀도가 더 크다.

생각해보기 26-12 아래는 양 끝의 전위차가 같은 몇몇 구리도선을 보여준다. 전류밀도가 큰 것부터 차례대로 늘어놓아라.

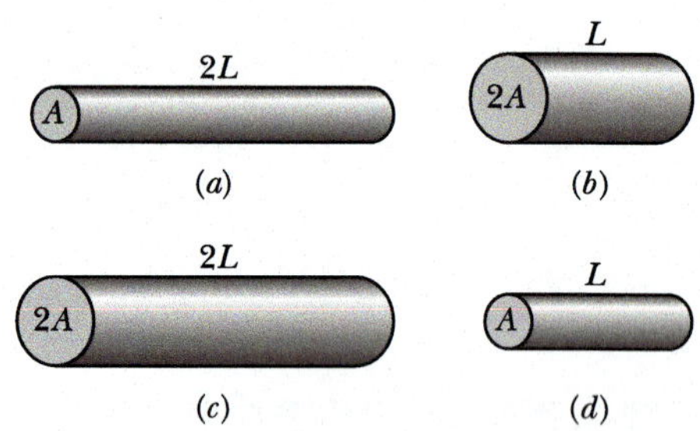

연습문제 26-8

30. 작지만 잴 수 있는 전류

지름 2.5 mm인 구리도선에 작지만 잴 수 있는 전류 1.2×10^{-10} A가 흐른다. 전류가 단면에 고르게 퍼져 있을 때 다음을 셈하라. (a) 전류밀도 (b) 평균 전자 속력.

31. 이온선 다발

밀도 2.0×10^8개/cm^3인 2가 양이온이 북쪽으로 속력 1.0×10^5 m/s로 움직여 이온선 다발을 이룬다. (a) 전류밀도 $\vec{J}$의 크기와 방향을 구하라? (b) 이온선 다발의 전체 전류 i를 셈할 수 있는가? 그렇지 않다면 더 필요한 정보는 무엇인가?

* 23장에서 다룬 고주파 교류 전류에서는 전하가 도체 단면 전체에 고르게 퍼져 흐르지 않는다.

32. 도선의 안전 전류

(미국의) 국정 전기코드는 절연된 구리 도선의 지름에 따라 최대 안전 전류를 정한 표이다. 안전 전류 밀도를 지름의 함수로 써라. 최대 안전 전류밀도가 가장 큰 도선의 굵기는 얼마인가? ('게이지' 는 도선 지름을 간단히 나타낸다. 1 mil = 10^{-3} in)

게이지	4	6	8	10	12	14	16	18
지름(mils)	204	162	129	102	81	64	51	40
안전 전류(A)	70	50	35	25	20	15	6	3

33. 퓨즈

전기회로의 퓨즈는 전류가 미리 정한 값을 넘으면 녹아서 회로가 끊기도록 만든 도선이다. 전류밀도가 440 A/cm^{2}가 되면 녹는 재료로 퓨즈를 만든다고 하자. 원통도선의 지름을 얼마로 하면 제한전류 0.50 A인 퓨즈가 되는가?

34. 지구 근처

지구 근처에서 태양풍(태양에서 오는 입자의 흐름)의 양성자 밀도는 8.70 cm^{-3}이고 속력은 470 km/s이다. (a) 이 양성자의 전류밀도를 구하라. (b) 지구의 자기장이 양성자를 반사시키지 않으면 지구와 부딪칠 것이다. 지구가 받는 총 전류는 얼마인가?

35. 일정한 입자선

운동에너지가 20 MeV인 알파입자($q = +2e$)로 이루어진 입자선이 0.25 μA의 전류를 운반한다. (a) 입자선이 평면에 수직하게 들어올 때 3.0 초 동안 들어오는 알파입자는 몇 개인가? (b) 입자선의 길이 20 cm 속에 알파입자가 몇 개 있는가? (c) 서 있는 알파입자를 가속시켜 20 MeV의 에너지를 주려면 얼마의 전위차를 걸어야 하는가?

36. 전류밀도

(a) 반지름 R인 원통꼴 도체의 전류밀도는 다음 식과 같다.

$$J = J_0\left(1 - \frac{r}{R}\right)$$

여기서 r은 중심축까지의 거리다. 그러므로 전류밀도의 크기는 축에서 최대값 $J = |\vec{J}_0|$이고 반지름에 비례하여 줄어 표면($r = R$)에서는 0이 된다. 전류를 셈하여 J_0와 도체의 단면적 $A = \pi R^2$으로 나타내라. (b) 전류밀도가 원통 표면에서 최대값 J_0이고 반지름에 비례하여 줄어 축에서 0이 된다고 하자: $J = J_0 r/R$. 전류의 크기를 셈하여라. (a)의 결과와 왜 다른가?

37. 얼마나

전자가 자동차 전지에서 나와 시동 전동기로 가는데 시간이 얼마나 걸리는가? 전류는 300 A이고 전자는 단면적 0.21 cm^2, 길이 0.85 m인 구리도선을 따라 움직인다고 하자. (**실마리**: 원자 마다 전도전자를 하나씩 낸다면 $n = N_A \rho/m$이다. 여기서 N_A는 아보가드로 수, ρ는 밀도, m은 몰질량이다.)

38. 니크롬

니크롬 도선의 길이가 1.0 m, 단면적이 1.0 mm^{2}이다. 도선 양 끝에 2.0 V의 전위차를 걸면 4.0 A의 전류가 흐른다. 니크롬의 전도도 σ를 셈하여라.

39. 적용하면

길이 10 m, 반지름 0.30 mm인 도선 양끝에 전위차 115 V를 걸었을 때 전류밀도가 1.4×10^4 A/m^{2}이다. 도선의 비저항을 구하라.

40. 끝을 자른 직원뿔

직원뿔 모양의 저항이 있다(그림 26-26). 반지름은 a, b이고 높이는 L이다. 천천히 가늘어진다면 전류밀도가 어떤 단면에서도 고르다고 할 수 있다. (a) 이 물체의 저항을 셈하라. (b) 굵기가 고르다면 ($a = b$) 앞에서 얻은 답이 $\rho(L/A)$가 됨을 보여라.

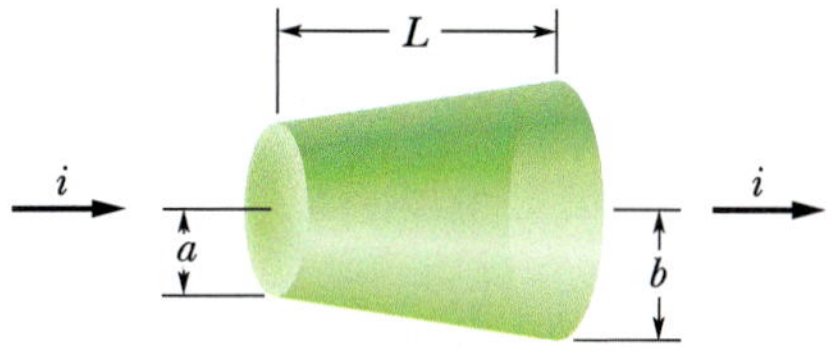

그림 26-26 문제 40

26-9 비저항과 전류밀도

전기회로에서 i, ΔV, R을 직접 잴 수 있지만, 전하의 움직임에서 어떤 일이 일어나는지 더 명확하게 알려면, 옴 법칙을 힘(또는 전기장)과 전류밀도의 관계로 재구성하여 힘이 어떻게 전하의 이동에 영향을 주는지를 알아야 한다.

옴 법칙을 따르는 도체의 한 부분의 저항 R은 그것에 흐르는 전류 i 및 양끝에 걸린 전위차 ΔV와 다음 관계가 있다.

$$\Delta V = iR \qquad \text{(식 26-7)}$$

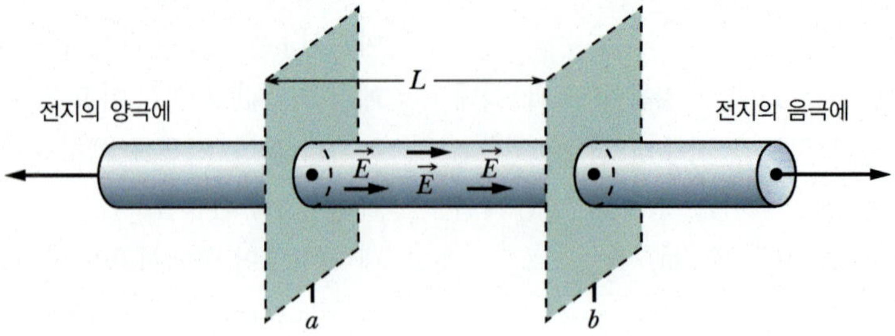

그림 26-27
전류가 흐르는 도체에서 a와 b 사이의 길이는 L이다.

전위차 ΔV를 전기장 $\vec{E}$가 들어간 식으로 바꾸어 쓸 수 있다면, 이 식은 다른 꼴로 쓸 수 있다. 25장에서 두 곳 a, b의 전위차와 전기장과 사이에 다음 관계가 있음을 이미 배웠다.

$$V_a - V_b = \int_a^b \vec{E} \cdot d\vec{s}$$

한 끝이 a, 다른 끝이 b에 있는 길이 L인 도선에서(그림 26-27), 도선에 걸린 전기장 $\vec{E}$는 일정하다. 그 결과 위 식은 전기장의 크기를 E, 도선의 길이 L이라고 할 때, 다음과 같이 쓸 수 있다.

$$V_a - V_b = \pm EL$$

이 식에서 부호는 $\vec{E}$, $d\vec{s}$가 같은 쪽이면 (+), 반대쪽이면 (−)를 쓴다. 위 식을 아래식과 묶고, 부호를 떼자.

$$R = \frac{V_a - V_b}{i}$$

그러면 다음과 같은 식이 된다.

$$R = \frac{EL}{i} = \frac{EL}{JA}$$

전류 i, 전류밀도 $\vec{J}$, 도선의 단면적 A의 관계로부터 i를 바꾸어 넣을 수 있다. 앞서 식 26-8 $\left(R = \rho \frac{L}{A}\right)$에서 물질의 비저항으로 ρ를 소개할 때에 제시했던 관계와 이 관계를 비교할 것이다.

$$\rho \equiv \frac{E}{J} \quad (\rho\text{의 정의}) \tag{26-16}$$

$\vec{E}$와 $\vec{J}$의 국제단위를 묶으면, ρ의 단위로, 옴-미터(Ω · m)를 얻는다.

$$\rho\text{의 단위} = \frac{E\text{의 단위}}{J\text{의 단위}} = \frac{\text{V/m}}{\text{A/m}^2} = \frac{\text{V}}{\text{A}}\text{m} = \Omega \cdot \text{m}$$

(비저항의 단위인, 옴-미터와 저항을 재는 장치인 전기 저항계측기[ohmmeter]를 헷갈리지 말라.)

$\vec{E}$와 $\vec{J}$는 늘 같은 쪽을 가리키므로, 다음과 같은 벡터꼴 식으로 다시 쓸 수 있다.

$$\vec{E} = \rho\vec{J} \tag{26-17}$$

그렇지만 두 관계식은 **등방성 물질** — (도선을 만드는데 쓴 금속처럼) 전기적 특성이 모든 방향에서 같은 물질 — 에서만 유효하다는 것에 유의하자.

26-10 전류와 저항에 대한 미시적 관점

거시적으로는 도체에 전위차가 생기면 전류가 흐른다는 것을 알고 있다. 옴 법칙이 유효한 한, 전류는 전위차에 비례한다. 길이 L인 가느다란 도체의 양끝에 전위차 ΔV가 걸린 것을 생각해보자. 이러한 상황에서 미시적으로 전하운반자에 무슨 일이 일어날까?

금속 안의 전하운반자는 전도전자이며, 정상 전류가 흐를 때는 전자 밀도를 n, 전자의 전하는 e로 나타낼 수 있음을 이미 알고 있다. 이 전자의 평균 속도 $\langle\vec{v}\rangle$에 대해 옴 법칙은 무엇을 말해주는가? 옴 법칙이 성립하여 $\Delta V = iR$(식 26-7)이라면, 식 26-13에 따르면 전류 밀도는 다음 정의에 따라 전자의 평균속도에 비례한다.

$$\vec{J} \equiv ne\langle\vec{v}\rangle \qquad \text{(식 26-13)}$$

$\vec{E} = \rho\vec{J}$(식 26-17)이므로, (도선 양끝의 전위차 ΔV와 관계된) 도선에 걸린 전기장 $\vec{E}$도 전자의 평균속도에 비례함을 알 수 있다.

$$\vec{E} = \rho ne\langle\vec{v}\rangle \qquad (26\text{-}18)$$

그렇지만 전자가 받는 정전기력은 $\vec{F}^{\text{전기}} = e\vec{E}$(식 23-4)이므로 다음 식이 성립한다.

$$\vec{F}^{\text{전기}} = e\vec{E} = \rho ne^2\langle\vec{v}\rangle \qquad (26\text{-}19)$$

이 결과는 극적이고 흥미롭다: 전자의 평균속도 $\langle\vec{v}\rangle$는 전자가 받는 정전기력에 비례한다! 하지만 정전기력이 전자가 받는 유일한 힘이라면, 뉴턴 제2법칙에 따라 전자는 가속되므로, 일정한 평균 속도를 유지할 수 없다. 일정한 속도를 유지하려면 전자가 받는 알짜힘은 0이어야 한다. 따라서 다른 힘이 있어야 한다. 이러한 상황은 중력을 받아 떨어지는 물체가 반대쪽으로 공기 저항을 받아 결국 종단 속도에 이르는 것과 매우 비슷하다. 이미 알고 있는 식 6-24를 쓰면 다음과 같다.

$$\vec{F}^{\text{알짜}} = \vec{F}^{\text{전기}} + \vec{D} = \rho ne^2\langle\vec{v}\rangle + \vec{D} = 0$$

따라서 다음과 같다.

$$\vec{D} = -e\vec{E} = -\rho ne^2\langle\vec{v}\rangle \qquad (26\text{-}20)$$

이로부터 전자는 평균속도에 비례하는 항력을 받는다는 결론이 나온다. 떨어지는 물체가 받는 공기 항력은 물체가 움직일 때 그 물체를 때리는 수많은 작은 공기 분자의 작용 때문이다. 마찬가지로 전자가 도체를 지나면서 많은 서 있는 원자 및 이온과 부딪침으로써 속도가 줄어드는 것을 상상할 수 있다. 전자와 도체 속의 원자들 사이의 상호작용은 양자역학을 써야만 제대로 설명할 수 있다. 그렇지만 양이온을 지나가는 전하의 흐름을 그림 26-28과 같이 그려볼 수는 있다.

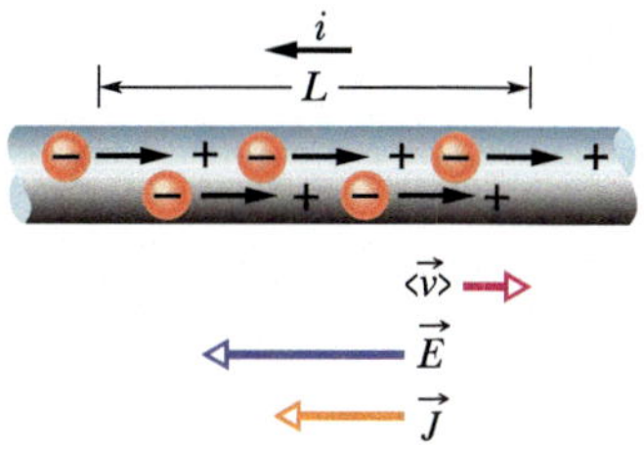

그림 26-28
걸어준 전기장 $\vec{E}$의 반대쪽으로 평균 속도 $\langle\vec{v}\rangle$로 떠도는 음전하운반자인 전도전자. 이들의 크기는 매우 부풀렸다. 관례대로 전류밀도 $\vec{J}$의 방향과 관습적인 전류의 방향을 나타내는 화살표는 같은 쪽으로 그렸다.

• 전하 운반자의 전형적인 평균 속력은?

$\vec{J} \equiv ne\langle\vec{v}\rangle$(식 26-13)을 전자의 평균 속력에 대해 풀고, 식 25-15($J = |i|/A$)를 쓰면 다음 식을 얻는다.

$$|\langle\vec{v}\rangle| = \frac{|i|}{nAe} = \frac{J}{ne} \qquad (26\text{-}21)$$

ne는 **운반자전하밀도(carrier charge density)**로서 국제단위는 단위부피당 쿨롱(C/m^3)이다.

이제 식 26-21을 써서 구리 도선에 흐르는 전자의 평균 속력의 전형적인 값을 구할 수 있다. 구리 원자마다 전도 전자가 하나씩 있으므로, 구리 원자 밀도의 측정값, $n = 8.5\times10^{28}$원자/m^{3}을 쓸 수 있다. 지름 2 mm인 도선에 전류 1.0 A가 흐른다고 하자. 도선의 단면적이 $3\times10^{-6}\,\text{m}^3$이므로 전자의 평균 속력은 식 26-21에 따라 대략 다음과 같다.

$$|\langle\vec{v}\rangle| = \frac{|i|}{nAe} = \frac{1\,\text{C/s}}{(8.5\times10^{28}\,\text{원자/m}^3)(3\times10^{-6}\,\text{m}^2)(1.6\times10^{-19}\,\text{C/원자})} \approx 2.5\times10^{-5}\,\text{m/s}$$

전자의 열운동 속력이 아주 빠른 것에 비하면 이 전형적인 평균 속력은 아주 느리다. 이 속력으로는 전자가 도선에서 10 cm 가는데 약 11시간이 걸릴 것이다. 전도전자는 비록 지친 달팽이처럼 아주 느리게 도선을 따라 움직이지만, 수가 아주 많으므로 전도 전류는 상대적으로 클 수 있다.

• **비저항에 대한 미시적 관점**

미시적 분석을 좀더 해서 도체의 저항을 전자의 성질과 전자 충돌간 평균시간과 연관시킬 수 있다. 질량 m인 전자가 전기장 E 속에 있으면 뉴턴 제2법칙에 따라 가속된다.

$$\vec{a} = \frac{\vec{F}}{m} = \frac{e\vec{E}}{m} \tag{26-22}$$

전도전자가 겪는 충돌의 본질은, 낱낱의 전도전자가 충돌한 뒤에는, 말하자면 충돌 전의 평균속도에 대한 기억을 완전히 잊어버리는 것이다. 20-5절의 기체의 분자 운동에서 끌어낸 평균자유거리처럼 전도전자도 충돌 사이에 λ를 움직일 것이다. 충돌간 평균 자유시간이 τ라면 전도전자는 속력 $v^{\text{유효}} = \lambda\tau$로 움직인다. 낱낱의 전자는 충돌할 때마다 새 출발을 하고 방향도 마구 바뀔 것이다. 충돌간 평균시간 τ 동안 전자는 그림 26-7과 같이 전기장과 반대쪽으로 가속도 $\vec{a}$를 받는다. 그러므로 전자의 평균속력(종종 표류속력이라 불리는)은 $|\langle\vec{v}\rangle| = a\tau$가 된다. 식 26-22를 쓰면 다음 식을 얻는다.

$$|\langle\vec{v}\rangle| = a\tau = \frac{eE\tau}{m} \tag{26-23}$$

이 결과를 $\vec{J} = ne\langle\vec{v}\rangle$와 묶으면 평균속도는 다음과 같다.

$$\langle\vec{v}\rangle = \pm\frac{\vec{J}}{ne} = \pm\frac{e\vec{E}\tau}{m}$$

여기서 (+)와 (−) 부호는 각각 양전하와 음전하 운반자에 쓴다. 이 식의 마지막 두 항들을 묶어 전기장 $\vec{E}$를 구하면 다음과 같다.

$$\vec{E} = \left(\frac{m}{e^2 n\tau}\right)\vec{J}$$

이 식은 도선 속의 전기장과 전류가 비례함을 보여준다. 도선 속의 전기장의 세기는 또한 도선 양 끝의 전위차에 비례함에 유의하자. 따라서 금속도체의 저항에 대한 미시적 모형은 거시적 측정과 맞고 이것은 전위차와 전류가 비례함을 예견한다.

위의 식을 식 26-17($\vec{E} = \rho\vec{J}$)과 비교하면 비저항을 전자의 질량과 전하량, 전하밀도 n과 충돌간 평균시간으로 나타내는 식이 나온다.

$$\rho = \frac{m}{e^2 n\tau} \tag{26-24}$$

• **전도도**

물질의 비저항과 함께 전도도 σ를 쓰는데, 이것은 비저항의 역수이다.

$$\sigma \equiv \frac{1}{\rho} \quad (\sigma\text{의 정의}) \tag{26-25}$$

전도도의 국제단위는 옴-미터의 역수$(\Omega \cdot \text{m})^{-1}$이다. 이것을 '미터당 모(mhos per meter)' 라고 부르기도 한다(mho는 ohm를 뒤집은 것). 전도도 σ의 정의를 쓰면 식 26-17($\vec{E} = \rho\vec{J}$)를 다음과 같이 다른 꼴로 쓸 수 있다.

$$\vec{J} = \sigma\vec{E} \tag{26-26}$$

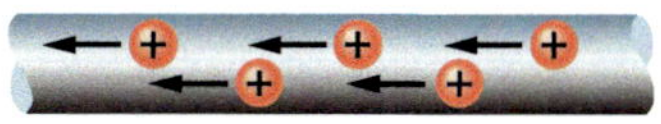

생각해보기 26-13 그림은 양성 전하운반자가 도선을 따라 왼쪽으로 가는 것을 보여준다. 다음은 왼쪽인가, 오른쪽인가? (a) 관습적 전류 i, (b) 전류밀도 $\vec{J}$, (c) 도선 속의 전기장 $\vec{E}$? (**실마리**: 관습적 전류에 관한 설명은 26-8절에 있다.)

따라해보기 26-3 | 평균 자유 시간

(a) 구리 속의 전도전자의 충돌간 평균 자유 시간 τ는 얼마인가?

풀이 ■ **요점**은 구리의 평균 자유 시간은 거의 일정하고 구리 시편에 걸어주는 어떤 전기장의 영향도 받지 않는다는 것이다. 그러므로 걸어준 전기장은 전혀 따질 필요가 없다. 그러나 전기장 속에 있는 구리의 비저항 ρ는 τ에 따라 달라지므로 식 26-24 ($\rho = m/e^2 n\tau$)에서 τ를 구할 수 있다. 방정식은 다음과 같다.

$$\tau = \frac{m}{ne^2\rho}$$

단위부피의 구리에 든 전도전자의 수 n을 $8.5 \times 10^{28}\,\text{m}^{-3}$으로 잡고 표 26-2에서 ρ값을 잡으면 분모의 값은 다음과 같다.

$$\begin{aligned}&(8.5 \times 10^{28}\,\text{m}^{-3})(1.6 \times 10^{-19}\,\text{C})^2(1.69 \times 10^{-8}\,\Omega \cdot \text{m})\\&= 3.67 \times 10^{-17}\,\text{C}^2 \cdot \Omega/\text{m}^2 = 3.67 \times 10^{-17}\,\text{kg/s}\end{aligned}$$

여기서 단위를 다음과 같이 바꿨다.

$$\frac{\text{C}^2 \cdot \Omega}{\text{m}^2} = \frac{\text{C}^2 \cdot A}{\text{m}^2 \cdot A} = \frac{\text{C}^2 \cdot \text{J/s}}{\text{m}^2 \cdot \text{C/s}} = \frac{\text{kg} \cdot \text{m}^2/\text{s}^2}{\text{m}^2/\text{s}} = \frac{\text{kg}}{\text{s}}$$

이 결과와 전자 질량 m의 값을 넣으면 다음 결과를 얻는다.

$$\tau = \frac{9.1 \times 10^{-31}\,\text{kg}}{3.67 \times 10^{-17}\,\text{kg/s}} = 2.5 \times 10^{-14}\,\text{s} \qquad \text{(답)}$$

(b) 도체 속에 있는 전도전자의 평균 자유거리 λ는 전자의 충돌간 평균 이동거리이다. (이 정의는 20-5절에서 기체 속의 분자의 평균자유거리와 비슷하다.) 구리 속에 있는 전도전자의 λ는 얼마인가?

풀이 ■ **요점**은 어떤 입자가 일정한 속력 v로 시간 t에 간 거리 d는 $d = vt$라는 것이다. 전자의 충돌간 이동속력의 전형적인 값 $v^{유효}$를 셈하려면 전자를 금속 도선 속에서 그 주변과 열평형을 유지하는 '기체' 입자로 생각한다. 그러면 전자의 운동에너지는 식 20-21$\left[\frac{1}{2}m\langle v^2\rangle = \frac{3}{2}k_B T\right]$에 따라 주위의 절대온도에 비례한다($k_B$는 볼츠만 상수). 실험실(온도 300K)에서 전자의 유효 속력을 $v^{제평근} = \sqrt{\langle v^2 \rangle}$으로 잡으면 크기는 다음과 같다.

$$\begin{aligned}v^{유효} &= \sqrt{3k_B T/m}\\&= \sqrt{[3(1.38 \times 10^{-23}\,\text{J/K})(300\,\text{K})(9.11 \times 10^{-31}\,\text{kg})]}\\&= 1.17 \times 10^5\,\text{m/s}\end{aligned}$$

따라서 평균 이동거리는 다음과 같다.

$$\begin{aligned}\lambda = v^{유효}\tau &= (1.17 \times 10^5\,\text{m/s})(2.5 \times 10^{-14}\,\text{m/s})\\&= 2.9 \times 10^{-9}\,\text{m} = 2.9\,\text{nm} \qquad \text{(답)}\end{aligned}$$

이것은 구리격자 속에서 이웃한 두 원자간 거리의 약 10배이다. 이것은 합리적으로 보이지만 λ의 실제 값은 양자 효과 때문에 이보다 10배 더 큰 것으로 밝혀졌다.

연습문제 26-10

41. 가스 방전관
방전관의 두 전극에 충분히 높은 전위차를 걸면 전류가 흐르고, 기체는 이온화된다. 전자는 양극으로, 1가 양이온은 음극으로 움직인다. (a) 수소방전관에서 1초에 전자 3.1×10^{18}개, 양성자 1.1×10^{18}개가 단면을 지나간다면 전류는 얼마인가? (b) 전류밀도 $\vec{J}$의 방향은 어느쪽인가?

42. 덩어리
직육면체꼴의 고체 덩어리의 단면적이 $3.50\ \text{cm}^2$, 길이 15.8 cm, 저항 935 Ω이다. 덩어리를 만든 재료의 전도전자 밀도는 5.33×10^{22}개/m^3이다. 앞뒷면에 35.8 V의 전위차를 일정하게 유지한다. (a) 덩어리에 흐르는 전류는 얼마인가? (b) 전류밀도가 고르다면 값은 얼마인가? (c) 전도전자의 평균속도나 표류속도는 얼마인가? (d) 덩어리 속의 전기장의 크기는 얼마인가?

43. 지구 대기의 아래쪽
지구 대기의 아래쪽에는 우주로부터 온 우주선과 흙 속의 방사능 원소가 만드는 음이온과 양이온이 들어 있다. 어떤 곳에서는 수직 아래쪽으로 대기의 전기장 세기가 120 V/m이다. 이 전기장은 밀도 $620/\text{cm}^3$인 1가 양이온은 아래로, 밀도 $550/\text{cm}^3$인 1가 음이온은 위로 움직이게 한다(그림 26-29). 이곳에서 잰 공기의 전도도는 $2.70\times10^{-14}(1/\Omega\cdot\text{m})$이다. 다음을 셈하라. (a) 이온의 평균속력. 양이온과 음이온이 같다고 가정하라. (b) 전류밀도.

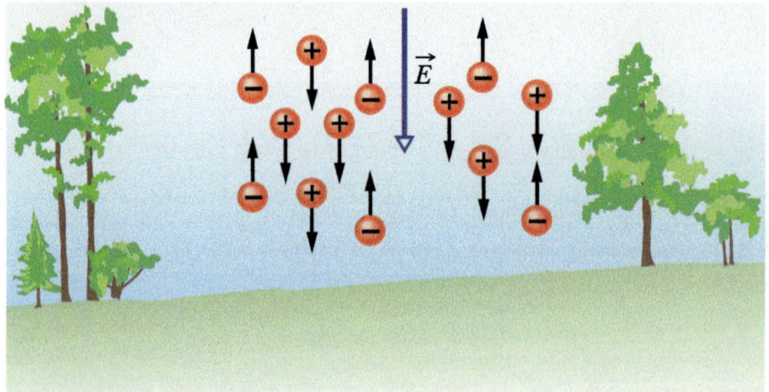

그림 26-29 문제 43

26-11 다른 종류의 도체

앞의 몇 장에서는 도체를 구리나 니크롬과 같은 금속으로 가정했다. 표 26-2에서 보인 것처럼 금속 도체의 특이한 성질은 온도 계수가 양수여서 온도가 올라가면 비저항이 커진다는 것이다. 이 성질은 합리적인 것이, 금속 격자의 열 에너지가 더 많으면 원자가 더 심하게 진동하므로 전도전자의 흐름이 더 방해받기 때문이다. 또한 식 26-9는 비저항의 증가가 온도에 거의 비례함을 나타낸다.

도체 가운데 비저항이 단순히 온도에 비례하여 커지지 않는 것이 있다. 이 가운데 가장 중요한 것은 초미세 전자공학 혁명의 핵심재료인 반도체이다. 반도체의 비저항은 온도가 올라가면 다소 비례하여 작아진다. 초전도체는 온도 특성이 보통의 도체와는 또 다른 종류이다. 초전도체의 비저항은 온도에 따라 커지지만 매우 비선형적이다.

반도체와 초전도체는 중요한 비금속 도체로서 몇 가지 놀라운 특성이 있는데 이 절에서 간단히 특성의 일부를 설명한다. 그러나 다음 몇 장은 금속 도체 속을 움직이는 전도전자의 정상전류에 대한 설명으로 돌아간다.

• 반도체

거의 모든 반도체 소자를 이루는 원소는 실리콘이나 게르마늄이다. 표 26-3은 전형적 반도체인 실리콘과 전형적 금속 도체인 구리의 특성을 비교하였다. 실리콘은 전하 운반자가 현저히 적고, 비저항이 훨씬 크고, 비저항의 온도 계수가 음수임이다. 그러므로 구리의 비저항은 온도에 따라 커지는데 반해 순수 실리콘의 비저항은 작아진다.

순수 실리콘은 비저항이 너무 커서 실질적인 절연체이므로 그대로는 미세전자공학 회로를 만드는데 별로 쓸모가 없다. 그러나 비저항은 아주 적은 양의 특정 '불순물' 원자들을 넣는 '도핑

표 26-3
구리와 실리콘의 몇 가지 전기적 성질[a]

성질	구리	실리콘
재료의 종류	금속	반도체
전하밀도, m^{-3}	9×10^{28}	1×10^{16}
비저항, $\Omega \cdot m$	2×10^{-8}	3×10^{3}
비저항의 온도계수, K^{-1}	$+4 \times 10^{-3}$	-70×10^{-3}

[a] 비교하기 쉽게 유효숫자를 하나로 줄였다.

(doping)' 으로 크게 줄일 수 있다. 표 26-2는 실리콘에 인과 알루미늄의 두 불순물을 넣기 전과 넣은 뒤의 비저항의 전형적인 값이다. 트랜지스터와 접합다이오드와 같은 반도체 소자는 대개 실리콘에 영역별로 다른 불순물 원자를 넣어 만든다.

반도체와 금속 도체의 비저항 차이를 제대로 설명하려면 원자의 거동을 설명하고자 개발한 양자 이론을 알아야 한다. 그렇지만 차이는 물질 속의 전자가 이동할 수 있게 될 확률과 관계된다. 22-6절에서 설명한 것처럼 금속 도체를 이루는 원자의 맨 바깥에 있는 전자의 일부는 에너지를 더 받지 않아도 이 원자에서 저 원자로 갈 수 있다. 그러므로 도선에 전위차를 걸어주면 전기장이 생겨 도체 속에 전류가 흐른다.

절연체 속에서는 전자가 물질 속을 움직일 수 있도록 자유롭게 해주려면 상당한 에너지가 필요하다. 열에너지로는 충분하지 않고, 절연체에 걸어주는 적당한 수준의 전기장으로도 전자를 자유롭게 만들 수 없다. 그러므로 절연체 속에는 자유롭게 움직일 수 있는 전자가 없고 따라서 전기장을 걸어주어도 전류가 흐르지 않는다. 반도체는 절연체와 비슷하지만 전자의 일부를 자유롭게 만드는데 필요한 에너지를 도핑을 통해 조절할 수 있다는 점이 다르다. 도핑은 물질 속에 아주 느슨하게 묶여 있는 음성 또는 양성 전하 운반자를 공급하고, 이들은 쉽게 움직이게 만들 수 있다.*

반도체의 전하 운반자 밀도는 작지만 온도가 높아지면 매우 빨리 늘어난다. 그 까닭은 열적으로 흔들리면 더 많은 전하운반자가 자유롭게 되기 때문이다. 그래서 온도가 올라가면 비저항은 작아지고, 이미 표 26-3에서 실리콘의 비저항의 온도 계수가 음수인 것을 시사했다. 금속에서 본 충돌률의 증가는 반도체에서도 나타나지만 효과는 전하 운반자의 빠른 증가에 묻혀 버린다.

• 초전도체

네덜란드 물리학자 온네스(Kamerlingh Onnes)는 1911년에 약 4 K 아래의 온도에서 수은의 비저항이 완전히 없어지는 것을 발견했다(그림 26-30). **초전도(superconductivity)** 현상은 기술적으로 엄청난 중요성이 숨어 있다. 그 까닭은 초전도체 속에서는 전하가 열 에너지 손실이 없이 흐를 수 있기 때문이다. 예를 들면, 초전도 고리(superconducting ring)에 전류가 수년 동안 계속 흐르는데, 그 동안 전류의 감소가 검지되지 않았다. 전류를 처음 만들어낼 때는 전자를 움직이는데 힘과 에너지원이 필요하지만 그 뒤에는 필요 없다.

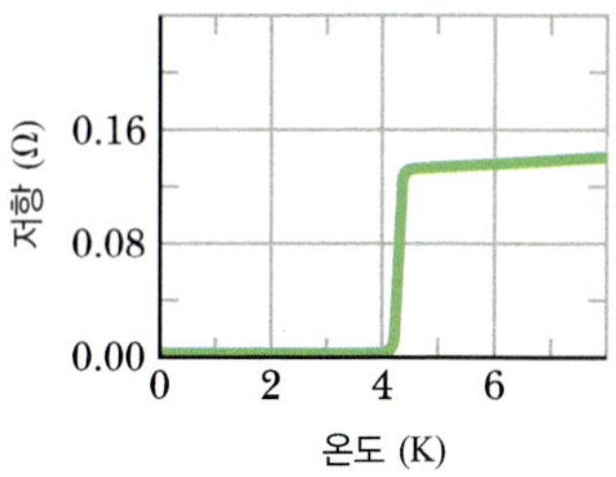

그림 26-30
수은의 저항은 온도 약 4 K에서 0으로 떨어진다.

1986년 전까지는 초전도 현상을 보는데 필요한 극저온 상태를 만드는데 돈이 많이 들어 기술적 발전이 지체되었다. 그러나 1986년에 상당히 높은(그러므로 돈이 덜 드는) 온도에서 초전도가 되는 새로운 세라믹 물질을 발견했다. 결국 상온에서 초전도 소자를 실제로 쓸 수 있을지도 모른다.

초전도성은 전도성과 전혀 다른 현상이다. 사실 보통의 도체 가운데 가장 좋은 은과 구리는 온도를 아무리 낮춰도 초전도체가 되지 않으며, 새로운 세라믹 초전도체는 상온에서는 실제로는 절연

액체질소로 식힌 초전도 물질 위에 자석 원반이 떠 있고, 그 위에 얹은 유리 그릇 속에서 금붕어가 놀고 있다.

* 양성 전하운반자가 무엇이고, 어떻게 움직이는가를 설명하는 것은 복잡하다. 당분간은 전하운반자가 전자라고 생각하자.

체이다.

초전도성에 대한 한 가지 설명은 전류를 이루는 전자가 짝을 이루어 함께 움직인다는 것이다. 짝을 이루는 전자 하나가 지나갈 때 초전도 물질의 분자 구조를 전기적으로 변형시켜 주변에 양전하를 잠깐 모은다. 그러면 짝을 이루는 다른 전자가 양전하 쪽으로 끌린다. 이론에 따르면 짝을 이루는 전자의 조화 때문에 물질을 이루는 분자와 충돌을 피하게 되어 전기적 저항이 없어진다. 이 이론은 1986년 이전의 저온 초전도체는 잘 설명했지만 새로운 고온 초전도체에 대해서는 새 이론이 필요하다.

추가문제

44. 전기 요금 아끼기

형광등은 전력은 덜 쓰면서도 백열등과 같은 양의 빛을 낸다. 전기 요금이 1 kW-hr에 12원이라면, 당신 집의 75 W 백열등을 모두 10 W 형광등으로 바꾸면 한 달에 얼마나 아낄 수 있는지 셈해보라.

45. 물 끓이는 장치 만들기

니크롬을 섞은 니켈-크롬의 비저항은 약 $10^{-6}\,\Omega\cdot\mathrm{m}$이다. 물 30 ml를 끓여 온도를 1분에 20℃에서 40℃로 올리고자 6 V 전지와 니크롬 도선 코일로 작은 난방기를 만들려 한다고 상상하라. 전지의 내부저항은 무시할 수 있다고 가정하라. (a) 이렇게 할 때 필요한 열에너지(J)는 얼마인가? (b) 필요한 일률(W)은 얼마인가? (c) 열로 이만한 일률을 생산하려면 니크롬 코일의 저항은 얼마이어야 하는가? (d) 이 특성들을 갖는 코일을 만들 수 있는가? (**실마리**: 필요한 저항값을 가진 도선의 길이와 단면적을 구할 수 있는가?) (e) 전지의 내부저항이 $1/3\,\Omega$이라면 셈이 달라질까? (코일 크기를 다시 셈하지 말고 셈을 어떻게 해야 하는가만 설명하라.)

46. 혼란스러운 것

회로를 꾸미고 결과를 이해할 때 매우 헷갈리는 것 가운데 하나는 많은 회로가 전기적으로 같다는 것이다. 특별한 시각화 능력이 없으면 종종 이것을 알아차리기 어렵다. 예를 들면 그림 26-31의 회로 중 3개는 전기적으로 같지만 하나는 아니다. 물음 (a)부터 (c)까지 차례로 답하라. (a) 어떤 회로가 나머지와 다른가? 왜 다른지 설명하라. (b) 각 회로의 회로도를 그리고 각각 A, B, C, D로 이름을 붙여라. (c) 그림을 살펴보라. 전기적 연결이 같은데 겉보기에 달라 보이는 그럴듯한 회로도를 그릴 수 있는가?

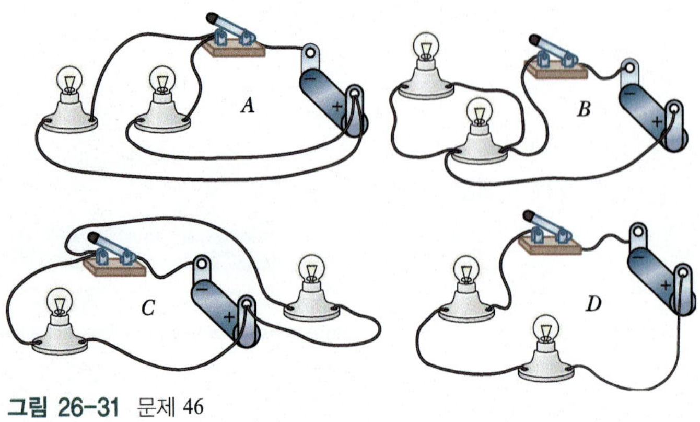

그림 26-31 문제 46

47. 회로 그리기

전구, 전지, 스위치들을 표준 기호를 써서 그림 26-32의 두 회로에 대한 회로도를 그려라.

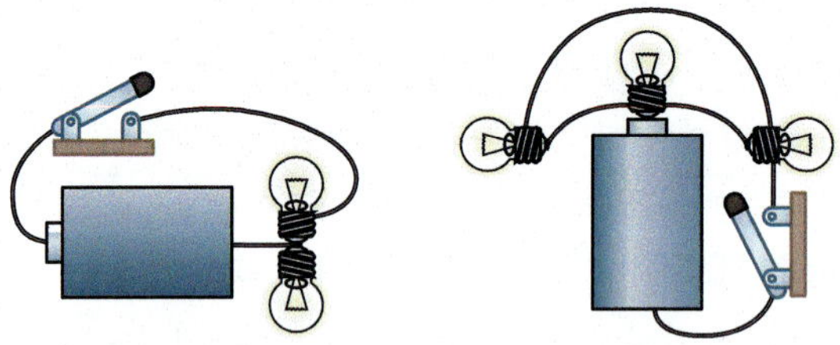

(a) (b)

그림 26-32 문제 47

48. 도체를 지나는 전하

도체를 지나는 전하가 $q(t) = (1.6\,\mathrm{C/s^2})\,t^2 + (2.2\,\mathrm{C/s})\,t$처럼 시간에 따라 늘어난다. 여기서 t는 초이다. (a) 회로의 전류를 시간의 함수로 나타내라. (b) 두 순간 $t = 0.0$ s와 $t = 2.0$ s의 도체의 전류는 얼마인가?

49. 시간에 걸친 증가

도체를 지나는 전하가 $q(t) = (1.5\,\mathrm{C/s^3})\,t^3 - (4.5\,\mathrm{C/s^2})\,t^2 + (2\,\mathrm{C/s})\,t$로 시간에 따라 늘어난다. 여기서 t는 초이다. (a) 회로의 전류를 시간의 함수로 나타내라. (b) 두 순간 $t = 0.0$ s이고 $t = 1.0$ s의 도체의 전류는 얼마인가?

50. 2008년형 소나타

2008년형 소나타에 52암페어-시간 전지가 있다. 이 전지는 자동차의 전기장치에 1 A의 전류를 적어도 52시간 동안, 2 A의 전류를

26시간 동안 제공할 수 있다. 주차 뒤 등을 켜둔 채 떠났고 등이 2 A의 전류를 쓴다고 하자. 전지가 모두 닳을 때까지 얼마나 걸리겠는가?

51. 휴대용 계산기의 저항

대표적 AA 전지는 1.5 V의 거의 일정한 전압을 주며 약 10^4 J의 에너지가 저장되어 있다. 당신이 가진 계산기에 있는 전지를 다 쓰는데 걸린 시간으로부터 계산기의 저항을 셈해보라. (이러한 계산기가 없다면 전지를 다 쓰는데 시간이 얼마나 걸릴지 대충 어림해 보아라. 어림셈에 대한 근거를 제시하라.)

27 회로

남미의 강에 사는 전기뱀장어는 전류 펄스로 물고기를 잡아먹는다. 머리에서 꼬리 사이에서 전위차 수백볼트인 펄스를 만들어 물고기를 잡는다. 전기뱀장어의 머리에서 꼬리 주위의 물속에 전류가 1A 정도 흐른다. 당신이 헤엄칠 때 전기뱀장어가 스쳐 지나가면 (매우 고통스런 기절에서 깨어난 뒤에) 이상하다고 생각할 것이다.

전기뱀장어는 어떻게 해서 자신은 충격을 받지 않으면서 커다란 전류를 만들어낼 수 있을까?

◈ 답은 이 장에 있다.

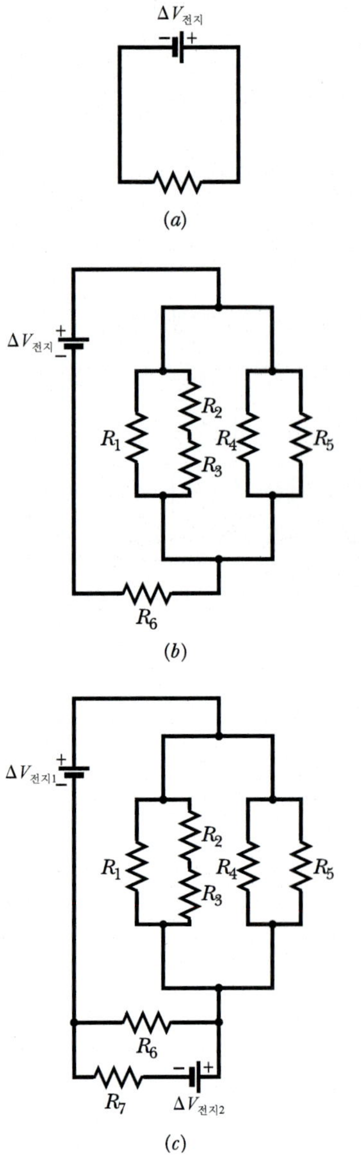

그림 27-1
이 장에서 살펴볼 회로 몇 가지는 전지, 도선, 옴 저항기가 이상적인 것으로 구성된다. (*a*) 단일 고리 회로. (*b*) 단일 전지, 다중 고리 회로. (*c*) 전지가 여러 개 든 다중 고리 회로.

27-1 전류와 회로

전기 장치를 설계하거나 잘 쓰려면 회로 부품에 흐르는 전류와 전위차를 예측하여 회로가 어떻게 작동하는지 알아야 한다. 이 장의 목적은 전류, 전위차, 저항기와 같은 개념을 써서 비교적 단순한 전기 회로의 특성을 이해하는 것이다. 아주 간단한 이상적인 회로부터 시작하여 그림 27-1과 같이 고리와 전지가 여러 개 들어 있는 회로를 살펴본다. 맨뒤에서는 전지나 다른 동력원의 기전력의 개념을 소개한다. 특히 내부저항이 있는 실제의 전지로 동력을 공급하는 회로를 분석한다.

• 이상적인 회로

물리적인 착상을 전개할 때는 흔히 먼저 이상적인 조건에서 계가 어떻게 움직이는지 살펴본 다음, 비로소 실제의 복잡함을 넣고 그에 맞추어 분석 방법을 고친다. 먼저 살펴볼 이상적인 회로에는 세 가지 특징이 있다.

1. **이상적인 전지가 회로에 전력을 공급한다.** 이상적인 전지에서는 '두 전극의 전위차가 일정하게 유지된다.' (26-3절) 이것은 전지 속에서 '전기 마찰'이 무시할 수 있을 만큼 작다는 것과 두 전극의 전위차 $\Delta V_{\text{전지}}$는 흘러 나오는 전류의 양에 상관없이 늘 똑같이 유지됨을 뜻한다. 그러나 실제의 전지에서는 화학적 위치 에너지가 줄어듦에 따라, **내부저항**이 생겨, 전류가 많이 흐를수록 두 전극의 전위차는 작아진다.
2. **전지와 연결 도선을 뺀 모든 회로 요소는 저항값이 큰 옴 소자이다.** 옴 저항기의 저항값 R은 그것을 지나는 전류의 양에 상관없이 일정하다(26-5절). 전구나 다른 회로 요소의 저항값이 전류에 따라 변해도 표준 탄소 저항기는 옴 법칙을 따르고 저항값은 넓은 범위의 전류에 대해 일정하다. 옴 저항기 양 끝의 전위차가 저항기를 지나는 전류 i에 비례하여 $\Delta V = iR$(식 26-7)이라는 사실을 쓸 것이다.
3. **이상적인 도선이 전지와 회로요소를 이어준다.** 전기제품에 쓰이는 대부분의 회로에는 구리도선을 쓴다. 길이 30 cm인 22번 굵기 구리선의 저항은 식 26-7과 표 26-2의 자료에서 약 0.1 Ω임을 알 수 있다. 이 도선을 10 Ω 저항기에 연결하면 도선 때문에 늘어나는 저항은 전체 저항의 1%이다. 저항값이 더 큰 저항기에 연결하면 도선 저항의 영향은 더 작아질 것이다. 도선 저항이 매우 작으므로 긴 도선 양 끝의 전위차는 대부분의 경우 무시한다. 이상적인 회로에서는 연결도선에서 전압강하가 없다고 가정한다.

생각해보기 27-1 길이 30 cm, 지름 0.024 cm인 22번 굵기 구리 도선의 저항이 약 0.1 Ω임을 보여라. **실마리**: 식 26-7을 쓰려면 표 26-2의 정보를 써야 할 것이다.

27-2 단일 고리 회로의 전류와 전위차

CD 연주기나 냉장고와 같은 전기제품을 작동시키려면 최소한의 전류나 전위차가 요구된다. 전기제품 속의 회로에 흐르는 전류 양이나 어느 두 곳의 전위차는 어떻게 셈할까? 이것이 이 절의 주제이다.

회로에서 전지 밖의 어떤 곳에 초점을 맞춰 회로에 흐르는 전류에 관한 논의를 시작하자. 다시 말해 전지의 한쪽 전극에서 나와 회로를 지나 다른 쪽 전극으로 들어가는 전류에 초점을 두자. 이 장의 끝에서는 앞서 다룬 내용을 재검토하고 확장하여 전지와 발전기와 같은 장치 속에서 어떤 일이 일어나는지 알아본다.

이상적인 전지, 저항 R과 두 개의 이상적인 도선으로 이루어진 단일 고리회로를 생각하자(그림 27-2). 전지는 그 속에 저장된 (내부 위치 에너지의 한 가지인) 화학 에너지를 써서 양극(+로 나타낸다)의 전위를 음극(−로 나타낸다) 보다 더 높게 유지한다.

도선 속에서 움직이는 전자는 음극에서 나와 양극으로 들어간다. 그림 27-2의 회로에서 전자의 알짜 흐름은 반시계방향이다. 26장에서 음전하가 어느 쪽으로 흐르면 양전하가 반대쪽으로 흐르는 것과 거시적으로는 구별할 수 없음을 설명했다. 26장에서 설명한, 역사적으로 양전하가 전류의 방향으로 흐르는 것으로 보았던 것을 계속 따를 것이다.

그림 27-2의 회로에서 관습적인 전류 i의 방향은 화살표로 나타낸다. 전기회로 분석에서 다른 설명이 없으면, 관습적인 전류의 방향을 쓴다. 그렇지만 전자의 이동 방향을 전류의 방향으로 잡아 분석해도 회로의 기본 특성에 관한 결과는 같다.

회로의 전류를 셈하는 법을 배우려면 그림 27-2에서 설명한 이상적인 회로에서 시작하자. 회로의 각 구성요소 앞뒤에 a, b, c, d의 글자를 붙여 위치를 나타냈다. 점 a에서 시작해서 어느 쪽으로든 회로를 따라 한 바퀴 돌며 전위의 변화가 생길 때마다 더하자. 시작점으로 다시 돌아오면, 전위도 처음 값으로 돌아와야 한다. 다시 말해 단위전하가 전지를 지나갈 때의 위치 에너지 변화와 도선과 저항을 지나갈 때의 위치 에너지 변화를 더하면 0이 되어야 한다. 이것을 식으로 나타내면 다음과 같다.

$$\Delta V_{a\to b}+\Delta V_{b\to c}+\Delta V_{c\to d}+\Delta V_{d\to a}=\Delta V_{a\to a}=0\text{ V}$$

그림 27-2의 간단한 회로에서 단위전하가 a에서 b로 갈 때 전지로부터 에너지를 받아 전위를 얻는다. 그러므로 $\Delta V_{a\to b}=V_b-V_a=\Delta V_{\text{전지}}$이다. 도선은 저항이 거의 없으므로 전하는 b에서 c로 전위의 손실 없이 자유롭게 흐른 다음($\Delta V_{b\to c}=0$), 저항 R을 뚫고 흐른다. 끝으로 전하는 또 다른 이상적인 도선을 지나 a로 되돌아온다($\Delta V_{d\to a}=0$).

$$\Delta V_{\text{전지}}+\Delta V_{c\to d}=0\text{ V}$$

여기서 $\Delta V_{\text{전지}}$는 단위전하가 a에서 b로 전지를 지나 갈 때 얻는 전위이다. 저항값이 R이라면 전류가 i일 때, 식 26-7에서 $\Delta V=iR$이 됨을 상기하자. 그렇지만 식 26-7은 ΔV가 $\Delta V_{c\to d}$인지 $\Delta V_{d\to c}=-\Delta V_{c\to d}$인지 명시하지 않았다. c에서 d로 간다면, $\Delta V_{c\to d}$의 값은 음수여야 값이 양수인 $\Delta V_{\text{전지}}$와 맞지워질 것이다. 따라서 저항 양끝의 전위차에 대한 식은 다음과 같아야 한다.

$$\Delta V_{c\to d}=-iR$$

다시 말해 전하는 저항을 지날 때 에너지를 잃는다. 저항에서는 에너지가 열과 빛으로 사라지기 때문에 이것이 물리적으로 이치에 맞다. 전지는 전하의 위치에너지를 높이는 펌프 구실을 하고, 전하는 저항을 지나면서 위치 에너지를 잃는다.

이것은 고리 규칙으로 요약할 수 있다.

> **고리 규칙**: 단위전하가 회로 속의 어떤 고리를 한 바퀴 돌 때 만나는 소자에 의한 전위 변화를 부호를 따져서 모두 더한 값은 0이다.

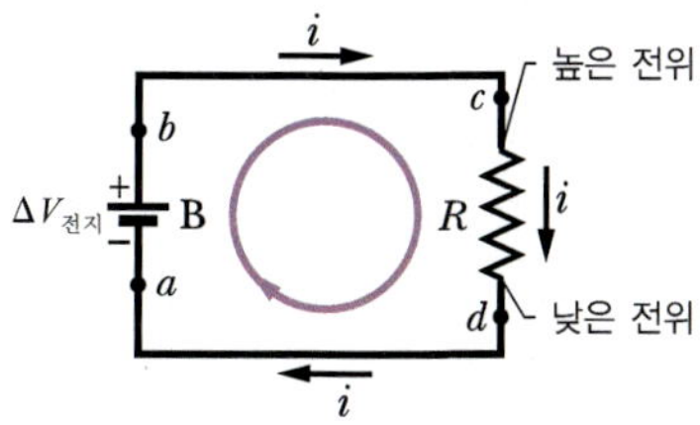

그림 27-2
전위차 $\Delta V_{\text{전지}}$인 이상적인 전지 B의 양극에 저항 R이 연결된 단일 고리 회로. 전류 i는 회로의 어디에서나 같다.

위 규칙은 독일 물리학자인 키르히호프(Gustav Robert Kirchhoff)의 이름을 따서 **키르히호프 고리 규칙** 또는 **키르히호프 전압 법칙**이라 한다. 이 규칙은 산을 오를 때 각 지점의 해발고도 값은 단 하나라는 것과 마찬가지다. 즉, 산의 어떤 곳에서 출발해 다시 제자리로 돌아오면서 그 동안 겪은 고도 변화를 부호를 따져서 더한 값은 0이 된다. 그러므로 제자리에 돌아온 뒤의 중력 위치 에너지는 출발할 때와 똑같다. 이 규칙은 고리가 하나인 회로를 써서 끌어냈지만 고리가 여럿인 복잡한 회로에서도 어떤 고리에서나 똑같이 성립한다.

그림 27-2에서 전위가 V_a인 a에서 출발하여 전위 변화를 기록하면서 시계방향으로 한 바퀴 돌아 다시 a로 돌아온다고 생각하자. [출발점은 전지의 음극 — 전위가 낮은 극 — 이다.] 전지의 두 전극의 전위차는 ($\Delta V_{전지}$)이다. 전위가 낮은 전극을 떠나 높은 전극을 지날 때, 전위 변화의 값은 양수이다.

위쪽 도선을 따라 저항의 위쪽 끝까지 가는 동안 저항이 거의 없으므로 전위 변화가 없다. 도선에서의 전위는 전지의 (+)극의 전위와 같다. 저항 위쪽 끝도 전위가 같다. 전류를 따라 저항을 지나갈 때 전위는 $-iR$만큼 낮아진다. 저항에서 전위가 높은 쪽 끝에서 출발하여 낮은 쪽 끝으로 갔으므로 전위가 낮아짐을 안다.

전류를 따라 전체 저항이 R인 단일 고리 회로를 돌면 고리 규칙은 다음과 같다.

$$\Delta V_{전지} - iR = 0\ \text{V}$$

이 방정식을 i에 대해 풀면 다음과 같다.

$$i = \frac{\Delta V_{전지}}{R} \quad (\text{단일 고리 회로}) \tag{27-1}$$

이와는 달리 전류를 거슬러 회로를 돌면 고리 규칙은 다음과 같다.

$$-\Delta V_{전지} + iR = 0\ \text{V}$$

이로부터 다음을 얻는다.

$$i = \frac{\Delta V_{전지}}{R} \quad (\text{단일 고리 회로})$$

그러므로 회로규칙을 쓸 때 고리를 어느 쪽으로 돌아도 똑같은 결과를 얻는다.

그림 27-2보다 복잡한 회로에서 전위차를 셈하는 것에 대비하여 두 규칙을 다음과 같이 요약하자.

> **저항 규칙**: 저항을 지나갈 때의 전위 변화는 전류를 따라가면 $-iR$, 거슬러 가면 $+iR$이다.

> **전위 규칙**: 전원을 지나갈 때의 전위 변화는 전위가 낮은 곳[예: a로 나타낸 전지의 (−)극]에서 높은 곳[예: b로 나타낸 전지의 (+)극]으로 갈 때는 $V_b - V_a = \Delta V_{전지}$이고, 반대쪽으로 지나갈 때는 $V_a - V_b = -\Delta V_{전지}$이다.

전류가 저항으로 들어갈 때와 나올 값이 같은가? 저항(예를 들어 전구)은 전류를 '소모' 하는가? 그림 26-5의 전지와 전구가 든 회로에서 단일 고리 회로 어디에서나 전류가 일정함을 분명히 보여주었다. 이 관찰 결과는 새 건전지 몇 개와 구리 도선, 그리고 1.5 V 전구를 가지고 쉽게 재현할 수 있다.

생각해보기 27-2 위에서는 직렬로 이은 세 전구의 밝기가 같으므로 저항으로 들어가는 전류와 나가는 전류가 같다고 주장하였다. 그림 27-3a에서 저항이 전구라고 가정하고 다음 세 가지 가정에서 첫째, 둘째 전구와 비교한 셋째 전구의 밝기를 설명하여라: (a) 모든 전류가 첫째 전구에서 소모된다, (b) 대부분의 전류가 첫째 전구에서 소모된다, (c) 적은 양의 전류가 첫째 전구에서 소모된다.

생각해보기 27-3 오른쪽 그림은 전지 B와 저항 R(도선의 저항은 무시한다)이 든 단일 고리 회로에 전류 i가 흐르는 것을 보여준다. 점 a, b, c에서 (a) 전류의 양과 (b) 전위를 큰 순서대로 늘어놓아라.

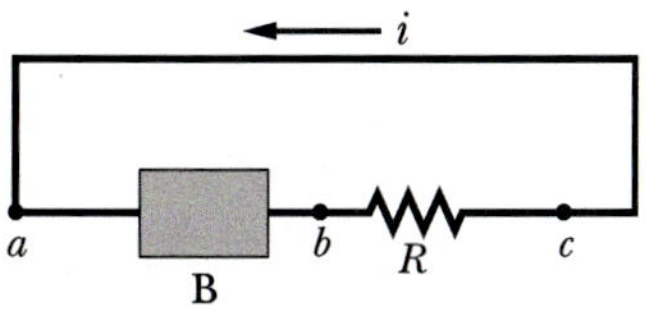

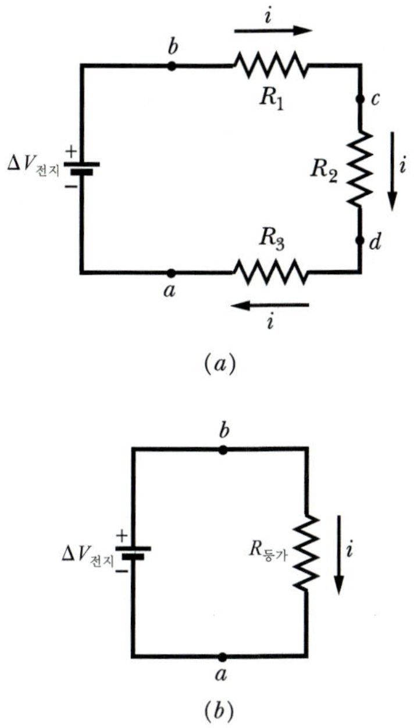

그림 27-3
(a) a와 b 사이에 세 저항이 직렬로 이어져 있다. (b) 세 저항 대신에 등가 저항 하나가 든 등가회로.

27-3 직렬 저항

이제 더 복잡한 단일 고리 회로를 살펴보자. 그림 27-3a에는 두 전극의 전위차가 ΔV인 이상적인 전지에 세 저항이 직렬로 달려있다. 세 저항은 bc, cd, da 사이에 있다. 또한 전지는 저항(a와 b 사이)의 전위차를 일정하게 유지시킨다. 전지의 음극 쪽에 있는 a에서 출발하여 전류를 따라 돌아 다시 a로 오는 고리에 고리 규칙을 쓰면, 다음을 얻는다.

$$\Delta V_{a\to b} + \Delta V_{b\to c} + \Delta V_{c\to d} + \Delta V_{d\to a} = 0\ \mathrm{V} \tag{27-2}$$

저항에서 전류가 소모되지 않으므로 고리의 전류는 어디에서나 같고, 따라서 낱낱의 저항에 흐르는 전류도 같다. 또 도선에서는 전위 변화가 없다. 전지와 세 저항에서의 전위 변화를 생각하면, 위의 고리 규칙은 다음과 같다.

$$\Delta V_{\text{전지}} + (-iR_1) + (-iR_2) + (-iR_3) = 0\ \mathrm{V}$$

식을 정리하면 다음을 얻는다.

$$\Delta V_{\text{전지}} - i(R_1 + R_2 + R_3) = 0\ \mathrm{V} \tag{27-3}$$

등가저항을 $R_{\text{등가}} = R_1 + R_2 + R_3$으로 정의하면 식 27-3이 식 27-1과 같은 꼴로 바뀌며, 등가저항이 저항이 하나만 있는 회로의 저항 구실을 함을 알 수 있다. 이것을 그림 27-3에 보였다.

이 두 식을 같게 보면 다음 두 가지를 알 수 있다. 첫째, 연결된 저항 전체의 전위차는 낱낱의 저항의 전위차를 더한 값과 같다. 둘째, 저항 전체의 전위차는 전지의 두 전극에 걸리는 전위차와 같다. 그림 27-3b는 그림 27-3a의 세 저항과 같은 효과를 내는, 저항값이 $R_{\text{등가}}$인 새 저항을 보여준다.

$R_{\text{등가}} = R_1 + R_2 + R_3$은 26-6절에서 설명한 실험에서 발견한 것과 맞으므로 놀라운 것이 아니다: 저항은 도선의 길이에 비례한다(식 26-8). 앞 장에서 보여준 것과 같은 탄소 저항기 세 개를 생각해 보자(그림 26-21). 이 저항들은 단면적과 성분이 똑같은 흑연으로(저항이 거의 없는) 이상적인 도체에 연결되어 있다. 낱낱의 저항의 저항 값이 다른 까닭은 길이가 달라서라고 보면 된다. 그러므로 전체 저항은 세 저항의 길이를 더한 값에 비례할 것임을 알 수 있다.

식 27-3을 확장하면 저항이 N개 있을 때의 등가 저항을 구하는 다음 방정식을 얻는다.

$$R_{등가} = R_1 + R_2 + R_3 + \cdots + R_N = \sum_{j=1}^{N} R_j \tag{27-4}$$

저항을 직렬로 이으면, 등가 저항은 늘 낱낱의 저항값보다 크다는 것을 기억하자. 직렬로 이은 저항을 지나는 전류는 하나의 길만 따라서 간다. 샛길이 있고 낱낱의 저항을 지나는 전류가 다르다면 그 저항들은 직렬로 이어진 것이 아니다.

> N개의 저항이 직렬 연결된 것을 상자로 가리면, 그것을 저항값이 다음과 같은 등가저항 하나로 바꿔칠 수 있다: $R_{등가} = R_1 + R_2 + R_3 + \cdots + R_N$. 상자 밖에서는 그 속에 저항이 여러 개 이어져 있는지, 등가 저항 하나가 있는지 아무리 해도 알 수 없다.

간단히 말해, 직렬 연결된 저항을 등가저항 하나로 바꿔치면 새 회로의 전체적인 전위차와 전류는 (낱낱의 저항의 전위 강하를 재려들지 않지 않는 한) 애초의 회로와 같다.

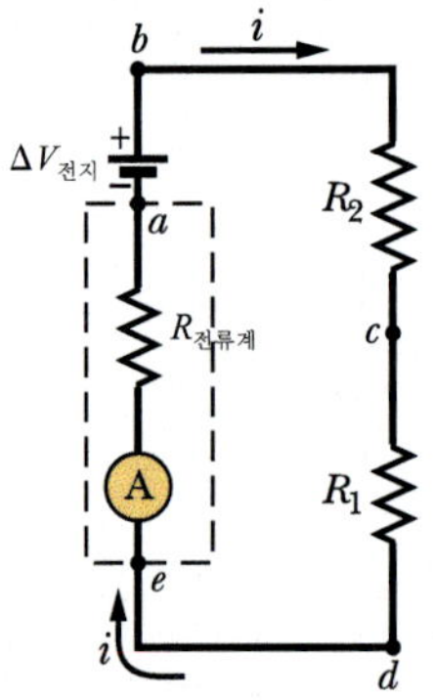

그림 27-4
이 그림은 회로에서 전류를 재려면 전류계를 직렬로 연결해야함을 보여준다. 셋째 저항 $R_{전류계}$는 전류계의 내부저항으로 저항값이 작다.

• 전류계 보충

아날로그 전류계의 작동원리는 도선에 전류가 흐를 때 받는 자기력에 의한 회전력을 재는 것이며, 29장에서 자기장을 다룰 때 설명한다. 그렇지만, 전류계가 갖추어야 할 중요한 특성을 살펴보자.

도선에 흐르는 전류를 재는 방법에 대한 26장의 설명을 상기하라. 재야 할 전류가 전류계를 지나도록 도선을 잘라 전류계를 직렬로 끼워 넣었다. (그림 27-4에서 전류계 A는 전류 i를 재려고 설치했다.)

회로에서 전류(또는 다른 어떤 물리량)를 잴 때, 측정 도구가 재려는 물리량을 변화시키면 안 된다. 그러므로 전류계 속에 있는 저항 $R_{전류계}$는 회로에 있는 다른 저항에 비해 아주 작아야 한다. 그렇지 않으면 전류계 때문에 회로에 흐르는 전류의 양이 상당히 달라져, 실제의 전류와는 다른 부정확한 값을 재게 될 것이다.

생각해보기 27-4 그림 27-3a에서 $R_1 > R_2 > R_3$일 때 (a) 전류, (b) 전위차가 큰 저항 순으로 늘어놓아라.

생각해보기 27-5 그림 27-4의 회로에 들어 있는 전류계를 생각해보자. 다음 세 가지 상황에서 저항 R_1을 지나는 전류의 양을 비교하여라 (a) 전류계가 들어 있지 않을 때 (b) 전류계의 저항이 등가 저항 $R_1 + R_2$보다 아주 작을 때 (c) 전류계의 저항이 등가저항 $R_1 + R_2$와 같을 때. 추론의 근거를 설명하여라. 이 결과가 뜻하는 바를 전류계 설계에 어떻게 담아야 하는지 설명하여라.

연습문제 27-2/27-3

1. 3개의 저항

그림 27-5에서 $R_1 = R_2 = R_3 = 10\,\Omega$이다. 이상적인 전지의 두 전극의 전위차가 $\Delta V_{전지} = 12\,\text{V}$일 때, (a) 회로의 등가 저항과 (b) 회로에서 전류의 방향 (c) 점 A, B 중 전위가 더 높은 곳은 어디인가?

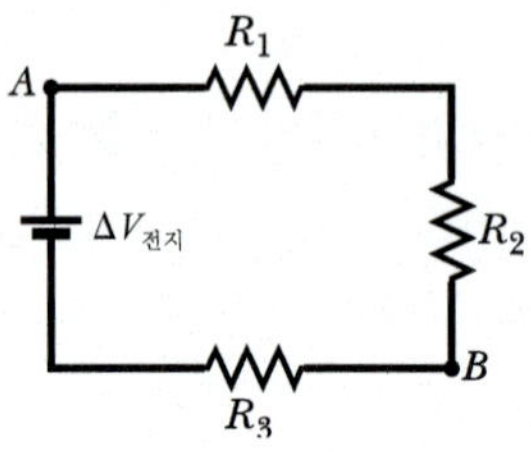

그림 27-5 문제 1, 3, 5

2. 2개의 이상적인 전지

그림 27-6은 $\Delta V_{전지1} = 12\,\text{V}$와 $\Delta V_{전지2} = 8\,\text{V}$인 이상적인 전지 2개를 보여준다. (a) 저항에 흐르는 전류의 방향은 얼마인가? (b) 어느 전지가 양의 일을 하는가? (c) A, B 중 전위가 더 높은 곳은 어디인가?

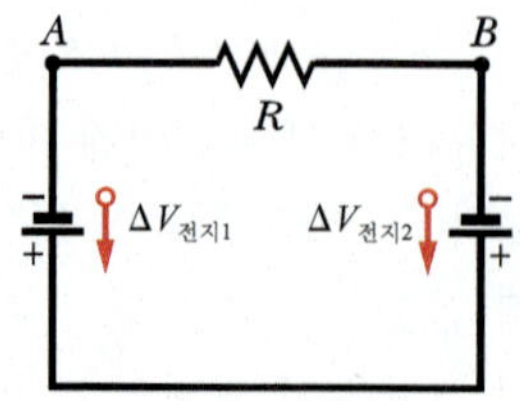

그림 27-6 문제 2

3. 총 전류

그림 27–5에서 $R_1 = 10\,\Omega$, $R_2 = 15\,\Omega$, $R_3 = 20\,\Omega$이다. 전지의 두 전극의 전위차가 $\Delta V_{전지} = 15\,V$일 때: (a) 회로의 등가저항과 (b) 각 저항을 지나는 전류, (c) 회로 전체에 흐르는 총 전류를 구하여라.

4. P에서의 전위

그림 27–7에서 P의 전위가 100 V라면, Q의 전위는 얼마인가?

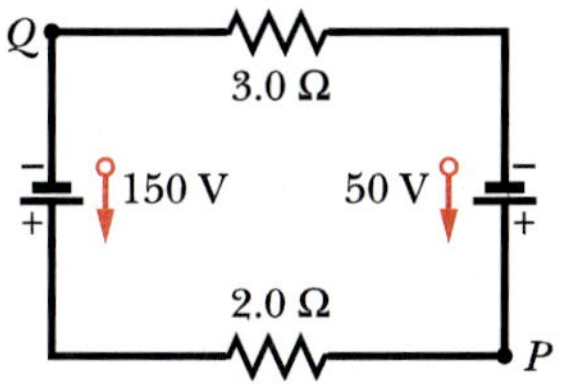

그림 27–7 문제 4

5. 전압

그림 27–5에서, $R_1 = 12\,\Omega$, $R_2 = 15\,\Omega$, $R_3 = 25\,\Omega$이다. 전지의 두 전극의 전위차가 $\Delta V_{전지} = 15\,V$일 때, 각 저항에 걸린 전위차는 얼마인가?

6. 무시하는 도선

그림 27–8과 같이 12 V전지와 6 Ω 저항이 두 구리선으로 이어져 있다. 각 도선은 길이 20.0 cm, 반지름 1.00 mm이다. 이러한 회로에서는 보통 도선에 걸리는 전위차와 그 속에서 생기는 열에너지는 에너지를 무시한다. 이러한 어림에 대한 정당성을 그림 27–8의 회로에서 확인하라: (a) 저항과 (b) 두 도선에 걸린 전위차는 얼마인가? (c) 저항과 (d) 두 도선에서 1초마다 열에너지로 잃은 에너지의 양은 얼마인가?

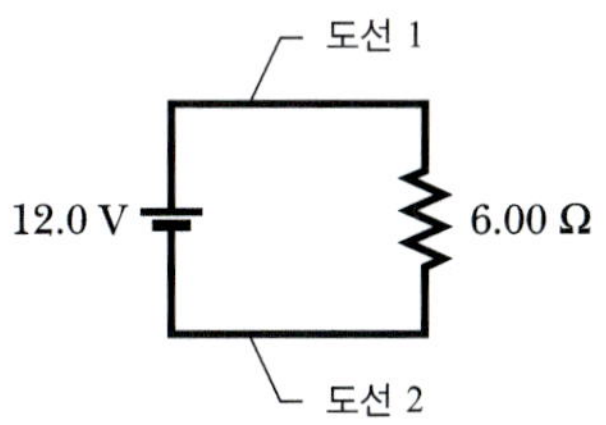

그림 27–8 문제 6

7. 단일 고리

저항 R 하나가 든 고리 하나로 된 회로에 전류 5.0 A가 흐른다. 저항 $R = 2.0\,\Omega$을 회로에 직렬로 끼워 넣으면, 전류는 4.0 A로 준다. 저항 값 R은 얼마인가?

8. 저항계

간단한 저항계는 그림 27–9와 같이 저항 R, 1.5 V전지, 0~1.00 mA까지 읽을 수 있는 전류계를 직렬로 이어 만든다. 저항 R을 조정할 때는 저항계의 두 감지선 끝을 붙였을 때 전류계의 바늘이 1.00 mA를 가리키게 맞춘다. 이제 두 감지선을 어떤 저항의 양 끝에 붙였을 때 바늘이 총 눈금의 (a) 10%, (b) 50%, (c) 90%를 가리킨다면 저항값은 얼마인가? (d) 전류계의 저항이 20 Ω이고 전지의 내부 저항은 무시할 수 있다면, R의 값은 무엇인가?

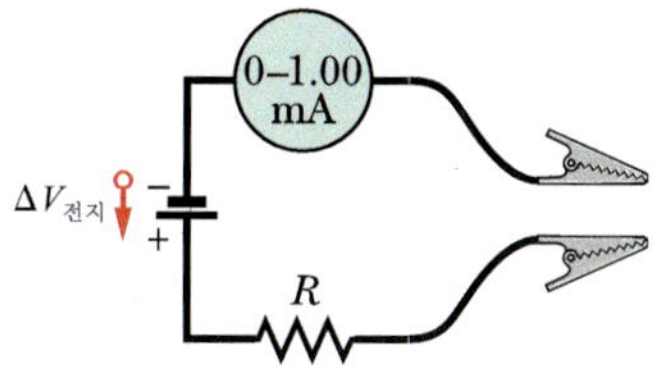

그림 27–9 문제 8

27-4 다중 고리 회로

그림 27–10은 두 개의 고리가 붙은 회로이다. 그림에서 보면 전류가 갈라지거나 모이는 두 점(b와 d)이 있다. 이러한 점을 **접점(junction)**이라고 한다. 두 접점 b와 d에는 갈림길이 셋 있다. b에 왼쪽 갈림길(bad), 오른쪽 갈림길(bcd) 및 가운데 갈림길(bd)이 있다.

세 갈림길의 전류는 얼마인가? 낱낱의 갈림길에 흐르는 전류를 아래글자로 구분하였다. 전류 i_1은 갈림길 bad에, 전류 i_2는 갈림길 bcd에, 전류 i_3는 갈림길 bd에 흐른다. 전류의 방향은 마음대로 정했다.

접점 d를 살펴보자. 전하는 전류 i_1, i_3를 타고 이 점으로 들어와 전류 i_2를 타고 나간다. 전하는 접점에서 사라지지 않으므로 들어오는 양과 나가는 양이 같아야 한다. 그러므로 전하 보존에 의해 접점 d로 들어오는 전류 전체의 양이 접점 d에서 나가는 전류 전체의 양과 같아야 한다고 결론지을 수 있다.

$$i_{들어옴} = i_{나감} \quad 또는 \quad i_1 + i_3 = i_2 \tag{27–5}$$

이 조건은 접점 b에 대해서도 똑같이 적용된다. 갈림길에서의 전류에 대한 식은 다음과 같은 일반 원리를 말해준다.

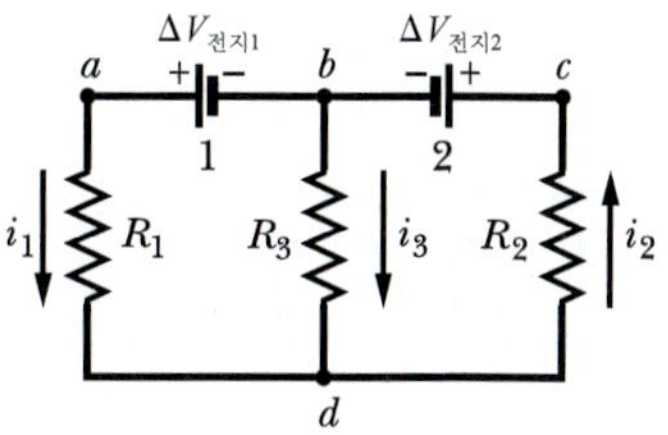

그림 27–10
갈림길이 셋인 다중 고리 회로: 왼쪽 갈림길은 bad, 오른쪽 갈림길은 bcd, 가운데 갈림길은 bd이다. 회로는 고리 세 개, 즉 왼쪽 고리 $badb$, 오른쪽 고리 $bcdb$, 큰 고리 $badcb$로 이루어져 있다.

> **접점규칙(junction rule)**: 어떤 접점으로 들어오는 전류의 합은 그 점에서 나가는 전류의 합과 같다.

이 규칙을 **키르히호프 접점 규칙** 또는 **키르히호프 전류 법칙**이라고 한다. 이것은 전하가 접점에서 정상적으로 흐를 때 — 접점에 전하가 쌓이거나 고갈되지 않을 때 — 의 전하 보존을 말한 것이다. 따라서 복잡한 회로를 분석하는 기본적인 도구는 고리 규칙(에너지 보존)과 접점규칙(전하 보존)이다.

위의 전류 i_1, i_2, i_3의 관계식은 방정식 하나에 미지수가 셋이다. 다중 고리 회로를 완벽하게 풀려면 (즉, 세 전류를 알아내려면) 같은 미지수가 든 방정식 두 개가 더 필요하고, 이것은 고리 규칙을 두 번 더 써서 얻는다. 그림 27-10의 고리 세 개 가운데 두 고리를 고르면 된다. 즉, 왼쪽 고리(*badb*), 오른쪽 고리(*bcdb*)와 바깥쪽 큰 고리(*badcb*) 중에서 아무거나 고르면 된다. 여기서는 왼쪽 고리와 오른쪽 고리를 고르자.

접점 *b*에서 왼쪽 고리를 반시계방향으로 돌며 회로규칙을 쓰면 다음 식을 얻는다.

$$\Delta V_{\text{전지}1} - i_1 R_1 + i_3 R_3 = 0\ \text{V} \tag{27-6}$$

여기서 $\Delta V_{\text{전지}1}$은 전지 1의 두 전극의 전위차다. 같은 방법으로 접점 *b*에서 오른쪽 고리를 따라가면, 전지 2가 든 방정식을 얻는다.

$$-i_3 R_3 - i_2 R_2 - \Delta V_{\text{전지}2} = 0\ \text{V} \tag{27-7}$$

이제 모르는 전류가 세 개이고, 방정식도 세 개(27-5, 27-6, 27-7)이므로 풀 수 있다.

큰 고리에 대해 같은 고리 규칙을 (점 *b*에서 반시계방향으로) 쓰면 다음 식을 얻는다.

$$\Delta V_{\text{전지}1} - i_1 R_1 - i_2 R_2 - \Delta V_{\text{전지}2} = 0\ \text{V}$$

이 식은 새 정보를 주는 것 같지만 사실은 식 27-6과 식 27-7를 더한 것과 같다. (식 27-6와 27-7의 둘 중 하나와 식 27-5를 쓰면 된다.)

회로의 갈림길에서 전류의 방향을 잘못 잡아도 해는 올바르게 얻을 수 있다. 처음에 잡은 방향을 제대로 기억하면 된다. 대수식을 풀어 얻은 전류의 값이 음수라면 애초에 잡았던 방향과 반대쪽으로 흐른다는 것이다.

일반적으로 필요한 방정식의 총 수는 회로에 있는 고리의 총 수와 같다. 고리의 수는 회로에서 모든 갈림길을 포함하는 최소의 수이다. 어떤 갈림길이 두 번 들어갈 수 있지만 모든 회로 요소는 적어도 한 번은 들어가야 한다. 예를 들어 그림 27-10의 회로에서는 모든 고리를 넣으려면 최소한 방정식이 두 개 필요하고, 좀더 복잡한 회로인 그림 27-11에서는 모든 고리를 넣으려면 방정식이 세 개 필요하다.

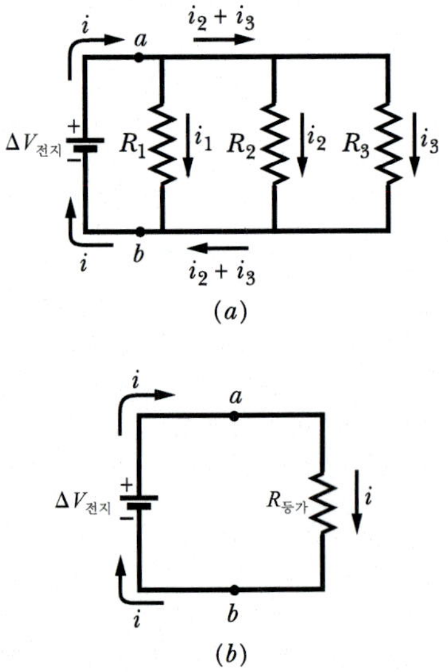

그림 27-11
(*a*) *a*, *b*에 저항 셋이 병렬로 이어져 있다. (*b*) 세 저항을 등가저항 하나로 바꾼 등가회로.

27-5 병렬 저항

그림 27-11*a*는 갈림길 접점에서 연결된 세 저항을 보여준다. 그림 27-11*a*과 같이 저항마다 다른 고리에 들어가게 연결된 것을 전지에 **병렬** 연결되었다고 말한다. '병렬' 연결된 저항은 한쪽 끝이 모두 한데 붙어 있고, 반대쪽 끝도 모두 한데 붙어 있고 양 끝에 전위차 ΔV가 걸려 있다. 그러므로 모

든 저항은 양 끝의 전위차가 똑같이 ΔV이다. 이상적인 도선에서는 전위차가 없다. 그러므로 회로의 위쪽 갈림길에서는 모든 곳의 전위가 전지 양극의 전위와 같고, 회로의 아래쪽 갈림길에서는 모든 곳의 전위가 전지 음극의 전위와 같다. 일반적으로, 다음과 같다.

> 병렬 연결된 저항에 전위차 ΔV가 걸리면, 낱낱의 저항의 양끝에 걸리는 전위차도 ΔV로 같다.

낱낱의 갈림길에서 갈라지는 전류를 i_1, i_2, i_3로 나타내자. 접점으로 들어가는 전류는 접점에서 나오는 전류와 같음은 이미 설명했다. 그러나 전류가 갈림길에서 어떤 비율로 나뉘는지는 설명하지 않았다. 세 전류 i_1, i_2, i_3는 같은가? 그렇지 않다면 이 전류 가운데 어떤 것이 가장 큰가? 이에 대한 답은 고리에 대한 전위 규칙을 써서 그림 27-11에서 낱낱의 저항을 지나는 전류에 대한 식을 적어 보면 분명해 진다.

$$i_1 = \frac{\Delta V}{R_1}, \quad i_2 = \frac{\Delta V}{R_2}, \quad i_3 = \frac{\Delta V}{R_3} \tag{27-8}$$

낱낱의 저항의 양 끝에 걸리는 전위차가 같으므로 각 저항에 흐르는 전류의 양을 분명히 비교할 수 있다. 저항이 모두 같다면, 낱낱의 저항에 흐르는 전류도 모두 같을 것이다. 그러나 세 저항의 크기가 다르다면 더 작은 저항에는 더 많은 전류가 흐를 것이다. 이 결과는 저항이 전류의 흐름을 방해하는 장치라는 특성과 맞는다.

병렬 연결된 저항이 든 회로에 대한 분석을 단순하게 만들려면 병렬 연결된 세 저항을 하나의 등가 저항 $R_{등가}$로 바꿔칠 수 있다. 그림 27-11b는 병렬 연결된 세 저항을 등가 저항 하나로 바꿔친 것을 보여준다. 저항에 걸리는 전위차 $\Delta V_{전지}$는 전지가 유지한다. 이 그림에서 등가 저항 양 끝에 걸리는 전위차는 원래의 낱낱의 저항에 걸리는 전위차와 같음을 알 수 있다. 게다가 등가 저항에 흐르는 전류는 원래의 낱낱의 저항에 흐르는 전류를 더한 값($i_1 + i_2 + i_3$)임을 알 수 있다.

> 병렬 연결된 저항은 등가 저항 $R_{등가}$ 하나로 바꿔칠 수 있다. 등가 저항 양 끝에 같은 전위차를 걸면 그것에 흐르는 전류의 양은 애초의 낱낱의 저항에 흐르는 전류를 더한 값과 같다.

그림 27-11a에서 점 a에 접점 규칙을 쓰고 그림 27-8을 쓰면 다음 식을 얻는다.

$$i = i_1 + i_2 + i_3 = \Delta V\left(\frac{1}{R_1} + \frac{1}{R_2} + \frac{1}{R_3}\right) \tag{27-9}$$

병렬 연결된 저항 대신에 등가 저항 $R_{등가}$로 바꾸면(그림 27-11b), 다음 식을 얻는다.

$$i = \frac{\Delta V}{R_{등가}} = \Delta V\left(\frac{1}{R_{등가}}\right) \tag{27-10}$$

위의 두 식을 비교하면 다음 식을 얻는다.

$$\frac{1}{R_{등가}} = \frac{1}{R_1} + \frac{1}{R_2} + \frac{1}{R_3} \tag{27-11}$$

결과는 26-6절에서 본 실험적 발견과 같아 놀랍지 않다: 저항은 도선의 단면적에 반비례한다(식 26-8). 이 연관성을 보려면 다른 탄소 저항 셋이 병렬 연결된 것을 생각하자(그림 26-21). 저항값이 다른 것은 단면적이 다르기 때문이다. 저항이 병렬로 연결되어 있으므로 전체 단면적은 세 저항의 단면적을 더한 것 $A_{등가} = A_1 + A_2 + A_3$과 같다. 단면적과 저항의 크기는 반비례하므로 위 식을 얻는다.

식 27-11을 저항이 N개 연결된 경우로 확장하면 다음 식이 된다.

$$\frac{1}{R_{등가}} = \sum_{j=1}^{N} \frac{1}{R_j} \tag{27-12}$$

두 저항이 병렬 연결된 것은 자주 다루므로 조금 더 생각해 보자. 이때의 등가 저항은 다음과 같다.

$$\frac{1}{R_{등가}} = \frac{1}{R_1} + \frac{1}{R_2}$$

식을 조금 정리하면 다음 식을 얻는다.

$$R_{등가} = \frac{R_1 R_2}{R_1 + R_2} \quad \text{(병렬 연결된 두 저항)} \tag{27-13}$$

등가 저항을 구할 때 두 저항의 합과 저항의 곱 어느 것이 분모인지 헷갈릴 때는 차원분석을 하면 바로 알 수 있다.

저항을 둘 이상 병렬로 연결하면, 등가저항의 저항값은 연결된 어떤 저항보다도 작다.

• 전압계 보충

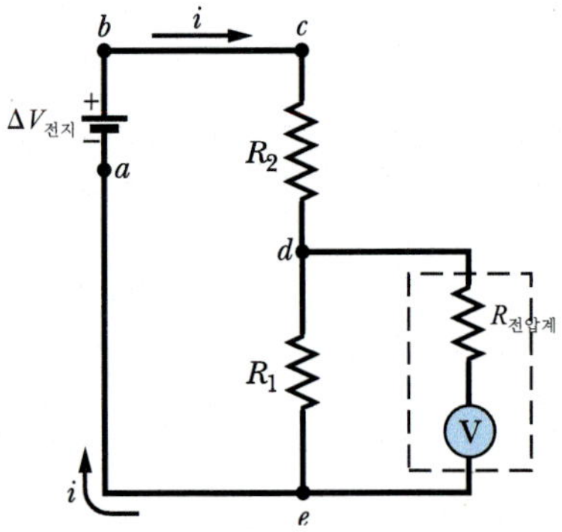

그림 27-12
전압계(V)를 연결하는 방법. 저항 $R_{전압계}$는 전압계 속에 있는 저항이며, 크기는 바깥의 저항 R_1과 R_2에 비해 아주 크다고 가정한다.

전위차를 재는 기구가 전압계이다(26장). 회로에서 두 곳의 전위차를 재려면 회로를 그대로 둔 채, 전압계의 양 끝을 두 곳에 연결한다. 그림 27-12에서 전압계는 저항 R_1의 양 끝 d와 e의 전위차를 잰다. 전압계의 양 끝은 저항 R_1의 양 끝 d와 e에 연결되어 있으므로 저항 R_1과 병렬로 연결되어 있다.

전압계로 재는 전위차의 정확도를 높이려면 전압계의 내부저항값 $R_{전압계}$는 전위차를 잴 저항의 저항값보다 훨씬 커야 한다. 그렇지 않으면 전압계에 상당한 양의 전류가 흘러 전압계 자체가 또 하나의 중요한 회로 요소가 된다. 이 전류의 변화는 재려는 전위차도 변화시킨다. 반면에 전압계 양 끝의 전위차가 커도 전압계에 흐르는 전류의 양이 매우 작으면, 저항 R_1을 지나는 전류의 양이 거의 변하지 않는다.

생각해보기 27-6 전위차가 $\Delta V_{전지}$인 전지에 같은 저항 두 개가 연결되어, 전류 I가 흐른다. (a) 직렬 연결되어 있을 때와 (b) 병렬 연결되어 있을 때 저항 하나에 흐르는 전류와 전위차를 각각 구하여라.

생각해보기 27-7 그림 27-12에서 $R_{전압계} \ll R_1$이라면 무슨 일이 일어날지 설명해보라. 이것이 저항 R_1 양 끝의 전위차에 어떤 영향을 줄까? $R_{전압계} \ll R_1$이라면 무슨 일이 일어날지 설명해보라. 이것이 저항 R_1 양 끝의 전위차에 어떤 영향을 줄까? 전압계가 회로의 요소가 안 되면서 저항 양 끝의 전위차를 가장 '정확하게' 재는 방법은 두 경우 중에 어느 것인가?

생각해보기 27-8 그림 27-11a에서 저항이 모두 똑같은 전구라고 하자. 전구 세 개의 밝기를 순서대로 늘어놓아라. 똑같은 전지에 똑같은 전구가 하나씩 연결되었을 때의 전구의 밝기와 전구가 세 개 연결되었을 때 전구 하나의 밝기를 비교해 보라.

따라해보기 27-1 | 전지 하나와 저항 네 개

그림 27-13a는 하나의 전지와 네 개의 저항을 가진 다중 고리 회로이고, 크기는 다음과 같다.

$$R_1 = 20\,\Omega,\ R_2 = 20\,\Omega,\ \Delta V_{전지} = 12\text{ V},\ R_3 = 30\,\Omega,\ R_4 = 8.0\,\Omega$$

(a) 전지에서 흘러나오는 전류는 얼마인가?

풀이 ■ 전지에서 흘러나오는 전류는 R_1을 지난다. 따라서 첫째 **요점**은 R_1이 든 고리에 고리 규칙을 써서 전류를 구할 수 있다는 것이다. 이 전류는 R_1의 전위차와 관계가 있다. 이는 왼쪽 고리나 큰 고리 중 어느 것에 적용해도 된다. 전지의 전위를 위를 향한 화살표로 나타냈으므로 전지에서 나오는 전류는 시계방향이다. 여기서 a로부터 시계방향으로 왼쪽 고리에 대해 고리 규칙을 쓰면 전지를 지나는 전류를 i는 다음과 같이 쓸 수 있다.

$$\Delta V_{전지} - iR_1 - iR_2 - iR_4 = 0\text{ V}$$

그러나 이 식은 R_1, R_2, R_4에 똑같은 전류 i가 흐른다고 가정했으므로 옳지 않다. R_1과 R_4에 흐르는 전류는 같다. 이것은 R_4를 지나는 전류가 전지를 지나 R_1로 흐르고 이 과정에서 새로운 전하가 생기지 않기 때문이다. 그러나 접점 b에서 전류는 R_2와 R_3로 갈라져 흐른다.

회로에서 여러 전류를 구별하려면 그림 27-13b처럼 전류에 이름을 붙인다. a에서 시계방향으로 왼쪽 고리에 고리 규칙을 쓰면 다음과 같다.

$$\Delta V_{전지} - i_1 R_1 - i_2 R_2 - i_1 R_4 = 0\text{ V}$$

이다. 이 방정식에는 미지수가 i_1과 i_2 둘이므로 전류를 결정하려면 식 하나가 더 필요하다.

둘째 **요점**은 등가 회로를 찾아 그림 27-13b의 회로를 간단하게 만드는 것이다. R_1과 R_2는 직렬연결이 아니므로 등가저항으로 나타낼 수 없다. 하지만 R_2와 R_3는 병렬 연결되어 있으므로 등가저항 R_{23}는 다음과 같다(식 27-12 또는 식 27-13).

$$R_{23} = \frac{R_2 R_3}{R_2 + R_3} = \frac{(20\,\Omega)(30\,\Omega)}{50\,\Omega} = 12\,\Omega$$

따라서 그림 27-13c와 같은 회로를 만들 수 있다. R_1과 R_4를 지나는 전하는 R_{23}을 지나야 하므로 R_{23}의 전류도 i_1이어야 한다. 이렇게 간단해진 단일 고리 회로에서 a로부터 시계방향으로 회로규칙을 적용하면

$$\Delta V_{전지} - i_1 R_1 - i_1 R_{23} - i_1 R_4 = 0\text{ V}$$

얻고, 주어진 값들을 넣은 다음 식

$$12\text{ V} - i_1(20\,\Omega) - i_1(12\,\Omega) - i_1(8.0\,\Omega) = 0\text{ V}$$

에서 다음을 얻는다.

$$i_1 = \frac{12\text{ V}}{40\,\Omega} = 0.30\text{ A} \qquad \text{(답)}$$

(b) R_2를 흐르는 전류 i_2는 얼마인가?

풀이 ■ 첫째 **요점**은 그림 27-13c의 등가회로로 돌아가는 것이다. 여기서 R_{23}은 R_2와 R_3의 등가저항이다. 둘째 **요점**은 R_2와 R_3가 병렬 연결되어 있으므로 둘 다 양 끝의 전위차는 R_{23}의 전위차와 같다는 것이다. R_{23}를 지나는 전류가 $i_1 = 0.030\text{ A}$이므로 식 26-5 $R = V/i$를 써서 R_{23}의 전위차 V_{23}을 구할 수 있다.

$$\Delta V_{23} = i_1 R_{23} = (0.30\text{ A})(12\,\Omega) = 3.6\text{ V}$$

따라서 R_2의 전위차는 3.6 V이므로 R_2를 지나는 전류 i_2는 식 26-5로부터 얻는다.

$$i_2 = \frac{\Delta V_2}{R_2} = \frac{3.6\text{ V}}{20\,\Omega} = 0.18\text{ A}$$

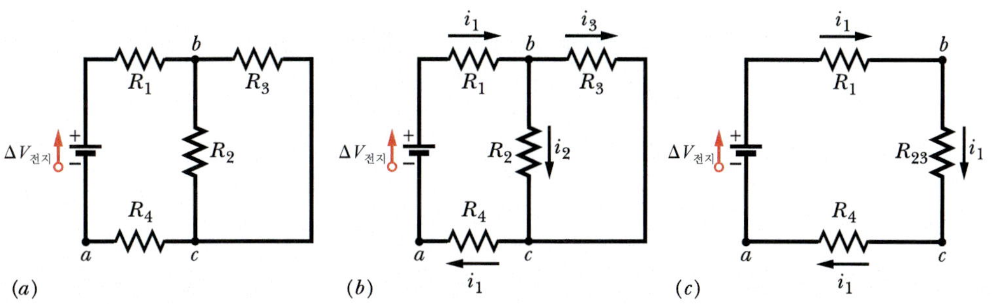

그림 27-13 (a) 전위차가 $\Delta V_{전지}$인 이상적인 전지와 저항 네 개로 이루어진 다중 고리 회로. (b) 마음대로 잡은 전류의 방향. (c) 저항 R_2, R_3를 등가저항 R_{23}으로 바꾼 회로. 이때 R_{23}을 지나는 전류는 R_1 및 R_4를 지나가는 전류와 같다.

(c) R_3을 지나는 전류 i_3를 구하여라.

풀이 ■ (b)와 같은 방법을 쓰자. **요점**은 그림 27-13b의 b에서 접점규칙을 쓰면 들어가는 전류 i_1과 나가는 전류 i_2와 i_3가 다음 식을 만족한다는 것이다.

$$i_1 = i_2 + i_3$$

따라서 다음을 얻는다.

$$i_3 = i_1 - i_2 = 0.30\,\text{A} - 0.18\,\text{A} = 0.12\,\text{A} \qquad \text{(답)}$$

따라해보기 27-2 | 전지 세 개와 저항 다섯 개

그림 27-14는 전지가 세 개 있는 회로이다. 이들 중에 두 전지의 전위차는 $\Delta V_{전지2}$로 똑같다. 다른 전기 소자의 값은 다음과 같다.

$$\Delta V_{전지1} = 3.0\,\text{V},\ \Delta V_{전지2} = 6.0\,\text{V},\ R_1 = 2.0\,\Omega,\ R_2 = 4.0\,\Omega$$

세 갈림길 각각에 대하여 전류의 크기와 방향을 구하여라.

풀이 ■ 어떤 두 저항도 병렬 연결되어 있지 않으므로 회로를 간단히 만들려고 할 필요가 없다. 직렬 연결된 저항(오른쪽 갈림길에 연결된 저항과 왼쪽 갈림길에 연결된 저항)은 별 문제가 없다. 따라서 접점규칙과 고리 규칙을 써서 문제를 푸는 것이 **요점**이다.

그림 27-14에서 마음대로 전류의 방향을 잡았다. a에서 접점규칙을 쓰면 다음 결과를 얻는다.

$$i_3 = i_1 + i_2 \qquad (27\text{-}14)$$

이다. b에서의 접점규칙도 같은 식이다. 세 고리 중 두 개를 골라 회로규칙을 적용한다. 왼쪽 고리에서 a부터 시작하여 반시계방향으로 회로규칙을 쓰면 다음 결과를 얻는다.

$$-i_1 R_1 - \Delta V_{전지1} - i_1 R_1 + \Delta V_{전지2} + i_2 R_2 = 0\,\text{V}$$

주어진 값을 넣으면 다음 결과를 얻는다.

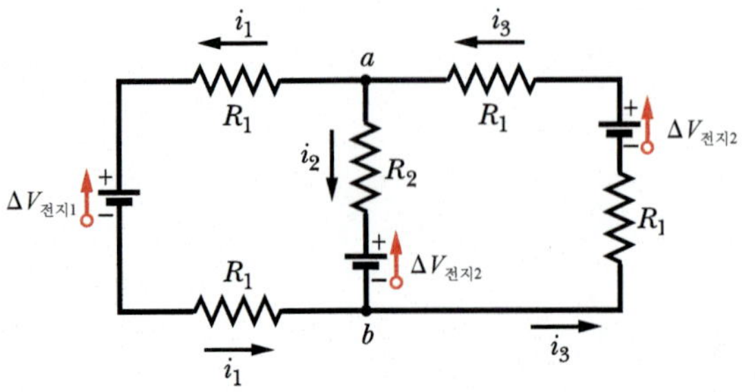

그림 27-14
세 개의 이상적인 전지와 다섯 개의 저항으로 이루어진 다중 고리 회로

$$i_1(4.0\,\Omega) - i_2(4.0\,\Omega) = 3.0\,\text{V} \qquad (27\text{-}15)$$

오른쪽 고리에서 a부터 시작하여 시계방향으로 회로규칙을 적용하면 다음 결과를 얻는다.

$$+i_3 R_1 - \Delta V_{전지2} + i_3 R_1 + \Delta V_{전지2} + i_2 R_2 = 0\,\text{V}$$

주어진 값을 넣으면 다음 결과를 얻는다.

$$i_2(4.0\,\Omega) + i_3(4.0\,\Omega) = 0\,\text{V} \qquad (27\text{-}16)$$

이다. 식 27-16에서 식 27-14를 써서 i_3를 없애면 다음 결과를 얻는다.

$$i_1(4.0\,\Omega) + i_2(8.0\,\Omega) = 0\,\text{V} \qquad (27\text{-}17)$$

이제부터 식 27-15와 식 27-17을 연립하여 i_1과 i_2를 구해보자. 부록 E에 있는 크래머 규칙을 써서 구하면 다음 결과를 얻는다.

$$i_2 = -0.25\,\text{A}$$

여기서 (−)부호는 i_2의 실제의 방향은 그림 27-14에서 잡은 방향 반대쪽, 즉 $\Delta V_{전지2}$에서 R_2를 향하는 위쪽이다. $i_2 = -0.25\,\text{A}$를 식 27-17에 넣고 i_1에 대해 풀면 다음 결과를 얻는다.

$$i_1 = 0.50\,\text{A} \qquad \text{(답)}$$

식 27-14를 쓰면 다음과 같다.

$$i_3 = i_1 + i_2 = 0.25\,\text{A} \qquad \text{(답)}$$

결국, i_2와 i_3에서 (+)부호는 전류의 방향이 옳았다는 뜻이다. i_2의 크기를 말할 때는 부호를 빼고 답해야 한다.

$$i_2 = 0.25\,\text{A} \qquad \text{(답)}$$

연습문제 27-4/27-5

9. 크기와 방향

그림 27-15에서 (a) 저항 R_2와 (b) R_3를 지난 전류의 크기와 방향은 얼마인가? 세 저항은 똑같이 4 Ω씩이다.

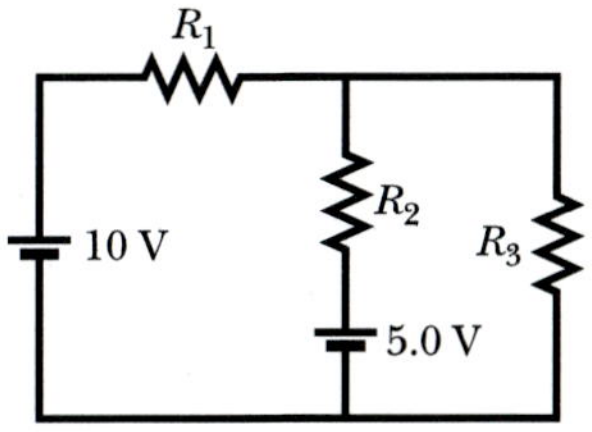

그림 27-15 문제 9

10. 변화

그림 27-16*a*와 *b*에서 저항은 똑같이 6.0 Ω이고 전지는 모두 이상적이고 12 V이다. (a) 그림 27-16*a*에서 스위치 S를 닫을 때, 저항 1 양 끝의 전위차 $\Delta V_{저항1}$은 얼마인가? (b) 그림 27-16*b*에서 스위치 S를 닫을 때, 저항 1 양 끝의 전위차 $\Delta V_{저항1}$의 변화는 얼마인가?

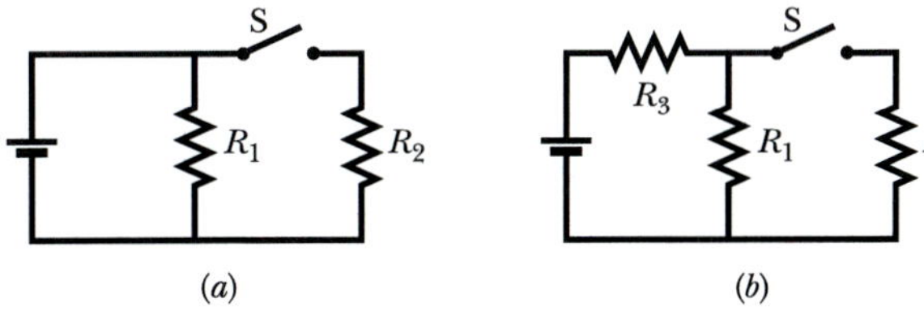

그림 27-16 문제 10

11. 등가

(a) 그림 27-17에서 보인 회로망의 등가저항은 얼마인가? (b) 낱낱의 저항에 흐르는 전류는 얼마인가?

$$R_1 = 100\ \Omega,\ R_2 = R_3 = 50\ \Omega,$$
$$R_4 = 75\ \Omega,\ \Delta V_{전지} = 6.0\ \text{V}$$

이다. 전지는 이상적이다.

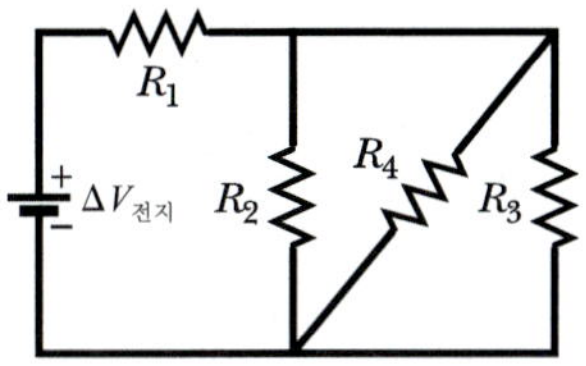

그림 27-17 문제 11

12. 그림

그림 27-18*a*의 직선 1은 저항 1을 지나는 전류 *i*와 양끝에 걸린 전위차 ΔV_{R1}의 관계를 보여준다. 직선 2와 3은 각각 저항 2와 3에 대한 것이다. 그림 27-18*b*는 세 저항과 6.0 V 전지로 꾸민 회로이다. 이 회로에서 저항 2를 지나는 전류는 얼마인가?

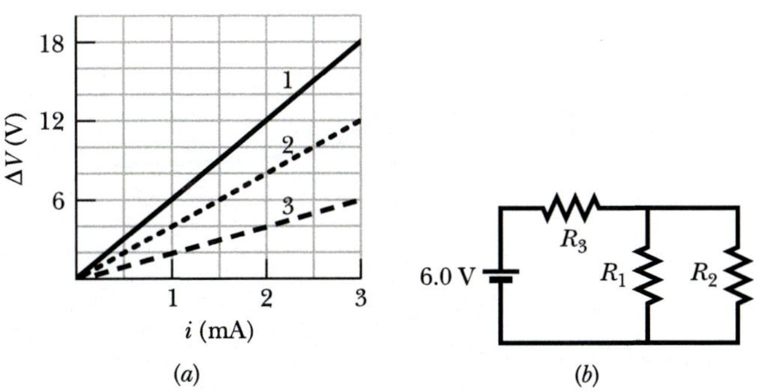

그림 27-18 문제 12

13. 등가 저항 2

그림 27-19에서 $R = 10\ \Omega$이다. *A*, *B* 사이의 등가저항은 얼마인가? (실마리: 회로에서 *A*와 *B*가 전지에 연결되어 있다고 가정하면 더 간단해 보일 것이다.)

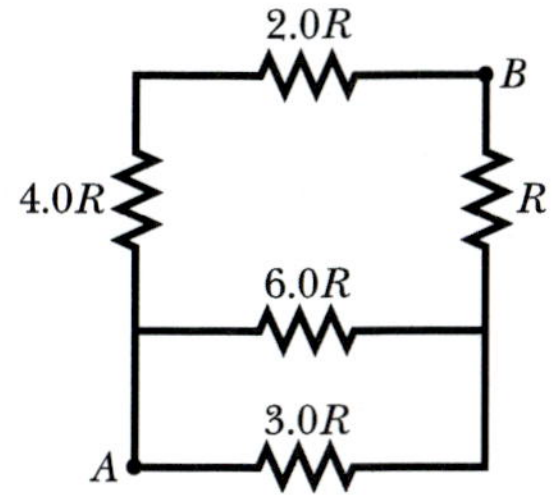

그림 27-19 문제 13

14. 세 스위치

그림 27-20은 세 스위치 S_1, S_2, S_3가 있는 회로이다. 세 스위치로 꾸밀 수 있는 모든 상황에서 *a*에 흐르는 전류의 세기를 구하라. $\Delta V_{전지} = 120\ \text{V}$, $R_1 = 20.0\ \Omega$, $R_2 = 10.0\ \Omega$이다. 전지는 이상적이다.

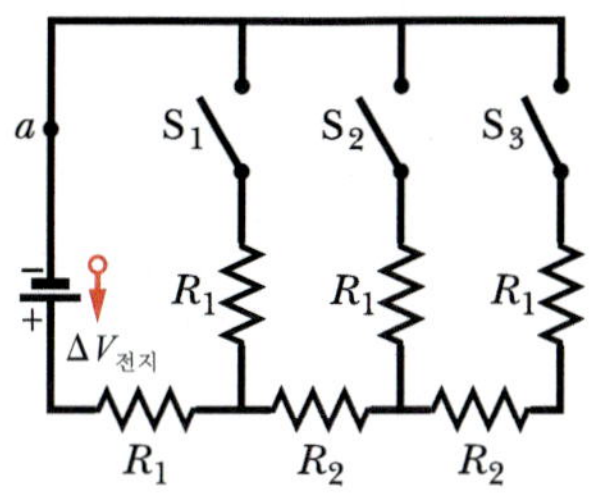

그림 27-20 문제 14

15. 두 백열전구

저항이 R_1과 R_2인 두 백열전구가 전지에 (a) 병렬로, (b) 직렬로 연결되어 있다. $R_1 = R_2$이면 어느 전구가 더 밝을까? $R_1 > R_2$라면 답이 어떻게 달라지는가?

16. 전위 계산

그림 27-10에서 *c*와 *d* 사이의 가능한 모든 경로에 대해 전위차를 셈하여라. $\Delta V_{전지1} = 4.0\ \text{V}$, $\Delta V_{전지2} = 1.0\ \text{V}$, $R_1 = R_2 = 10\ \Omega$, $R_3 = 5.0\ \Omega$이다.

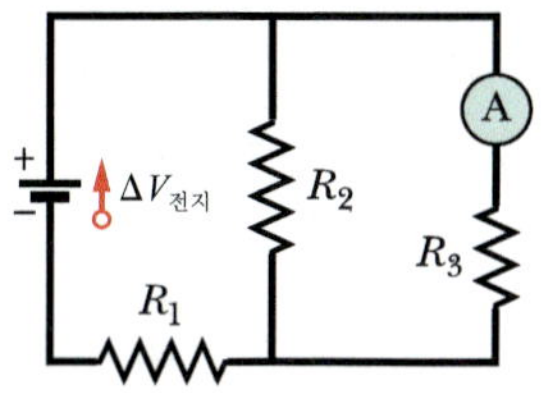

그림 27-21 문제 17

17. 전류계

(a) 그림 27-21에서 전류계의 눈금을 결정하여라. $\Delta V_{전지} = 5.0\ \text{V}$, $R_1 = 2.0\ \Omega$, $R_2 = 4.0\ \Omega$, $R_3 = 6.0\ \Omega$이다. (b) 전류계와 기전력 장치를 맞바꾸어 놓아도 전류계의 눈금은 바뀌지 않음을 보여라.

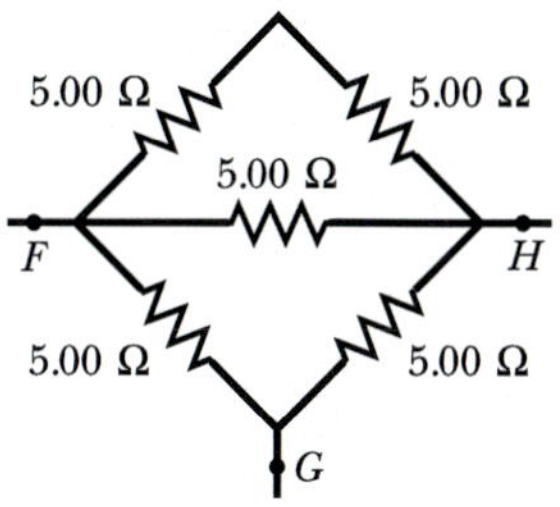

그림 27-22 문제 18

18. 등가 저항

그림 27-22에서 (a) *F*와 *H* 사이, (b) *F*와 *G* 사이의 등가저항을 구하라. (실마리: 두 점에 전지를 연결한 것을 상상하여라.)

19. 각각의 전류

그림 27-23에서 각 저항의 전류 및 *a*와 *b* 사이의 전위차를 구하여라. $\Delta V_{전지1} = 6.0\ \text{V}$, $\Delta V_{전지2} = 5.0\ \text{V}$,

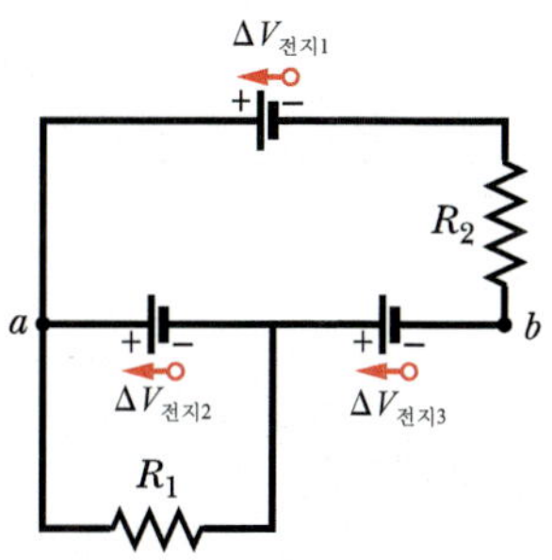

그림 27-23 문제 19

$\Delta V_{전지3}$=4.0 V, R_1 = 100 Ω, R_2 = 50 Ω

20. 두 저항

저항 두 개만으로 — 하나만으로, 직렬로, 또는 병렬로 — 저항값 3.0, 4.0, 12, 16을 얻는다. 이 두 저항의 저항값은 얼마인가?

21. 도선 반지름

반지름 a = 0.250 mm인 구리 도선을 둘러싼 알루미늄 덮개의 바깥 반지름은 b = 0.380 mm이다. (a) 이 복합 도선에 전류 i = 2.00 A가 흐른다. 표 26-1을 써서 각 물질에 흐르는 전류를 셈하여라. (b) 복합 도선 양 끝에 전위차 V = 12.0 V가 걸려 전류를 유지한다면 도선의 길이는 얼마인가?

22. D와 E 사이

그림 27-24에서 D와 E 사이의 등가저항을 구하여라. (**실마리**: D와 E 사이에 전지가 연결되어 있다고 상상하여라.)

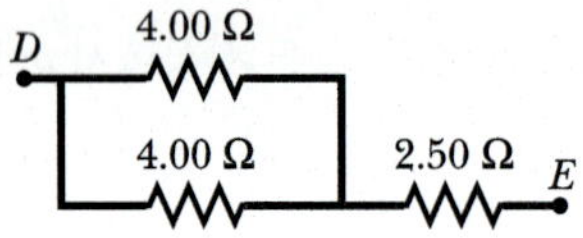

그림 27-24 문제 22

23. 네 저항

18 Ω 저항 네 개가 병렬로 25.0 V 전지에 연결되어 있다. 전지에서 얼마의 전류가 나오는가?

24. 회로망

(a) 그림 27-25의 회로에서 회로망의 등가저항은 얼마인가? (b) 각 저항에 흐르는 전류는 얼마인가? R_1 = 100 Ω, $R_2 = R_3$ = 50 Ω, R_4 = 75 Ω, $\Delta V_{전지}$ = 6.0 V. 전지는 이상적이다.

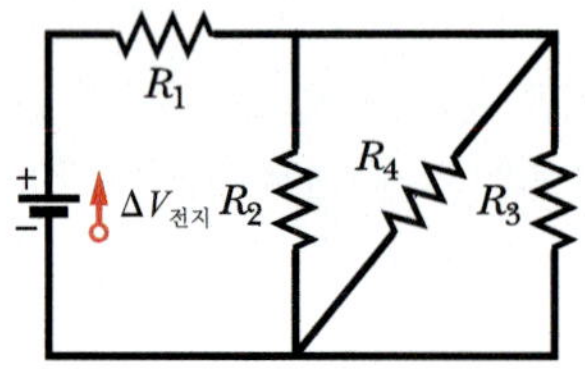

그림 27-25 문제 24

25. 아홉 개의 구리 도선

길이 l, 지름 d인 구리선 9개를 병렬로 묶어 저항 R인 복합 도선 하나를 만들었다. 이것의 저항값이 길이 l인 구리선 하나의 저항값과 같다면, 이 복합도선의 지름 D는 얼마이어야 하는가?

26. 전압계

저항 R을 재고자 그림 27-26a와 같이 전압계(저항 R_V)와 전류계(저항 R_A)를 연결했다. 전압계로 잰 값이 ΔV, 저항 R에 흐르는 전류가 i라면 저항은 $R = \Delta V/i$이다. 그런데 전류계로 잰 전류 i'의 일부는 전압계를 지난다. 그래서 두 측정값의 비(= $\Delta V/i'$)는 겉보기 저항 R'일 뿐이다. R과 R' 사이에 다음 관계가 있음을 보여라.

$$\frac{1}{R} = \frac{1}{R'} - \frac{1}{R_{\Delta V}}$$

$R_{\Delta V} \to \infty$이면 $R' \to R$임을 눈여겨보라. R_0는 지금은 무시한다.

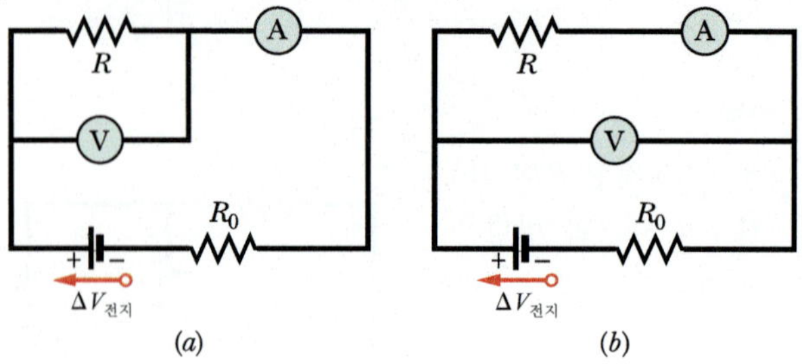

그림 27-26 문제 26

27. 전류계와 전압계

(문제 26 참고) 전류계와 전압계를 써서 저항을 잰다면, 회로를 그림 27-26b와 같이 꾸밀 수도 있다. 여기에서, 측정값의 비율로는 겉보기 저항 R'만 구할 수 있다. R'은 R과 다음 관계가 있음을 보여라.

$$R = R' - R_A$$

여기에서 R_A는 전류계의 저항이다. 단, $R_A \to 0\,\Omega$이면 $R' \to R$임을 눈여겨보라. R_0는 지금은 무시한다.

28. 측정값은 얼마일까?

(문제 26과 27 참고) 그림 27-26에서 전류계와 전압계의 저항이 똑같이 3.00 Ω이고 전지의 기전력은 $\Delta V_B = 12.0\,V$, R_0 = 100 Ω로 잡자. R = 85.0 Ω이라면 (a) 두 가지 다른 회로(그림 27-26a,b)에서의 측정값은 얼마일까? (b) 각 회로에서 잰 값으로 셈한 겉보기 저항 R'은 얼마일까?

29. 주어진 값

10 Ω 저항이 여러 개 있는데, 이것이 망가지지 않고 견딜 수 있는 일률은 1.0 W이다. 적어도 5 W의 일률을 견디려면 이 저항을 직렬이나 병렬로 몇 개 연결해야 하는가?

30. 점근선

그림 27-27a에서 저항 3은 가변저항, 전지는 기전력 12 V인 이상적인 전지다. 그림 27-27b는 R_3에 대한 전류의 변화를 나타낸다. $R_3 \to \infty$일 때, 곡선이 2 mA에 가까워진다면, (a) 저항 R_1과 (b) 저항 R_2는 얼마인가?

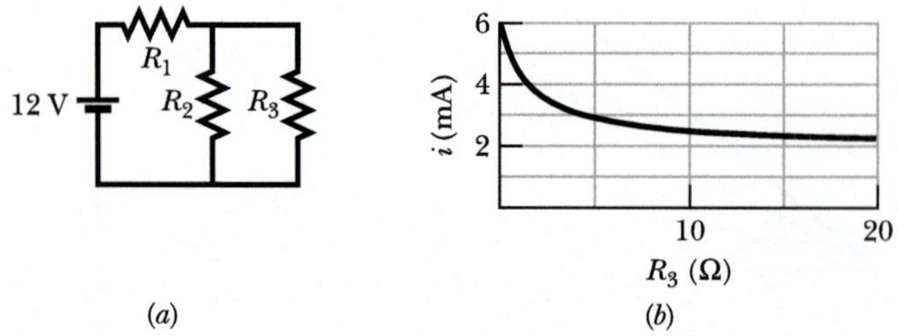

그림 27-27 문제 30

31. 상자

그림 27-28은 회로의 일부분이다. 이 부분과 회로의 나머지가 연결되는 두 곳 A, B의 전위차가 $V_A - V_B = 78\text{ V}$, $6\,\Omega$ 저항을 지나는 전류가 6 A이다. '상자'로 나타낸 소자는 이 회로에 에너지를 공급하는가, 흡수하는가, 일률은 얼마인가?

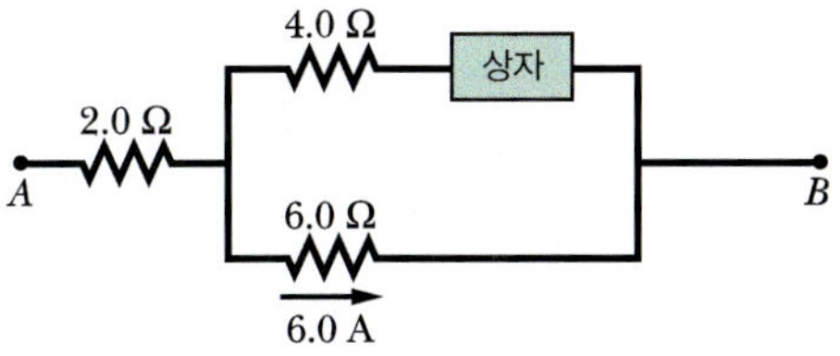

그림 27-28 문제 31

32. 저항 N개의 배열

그림 27-29에서 저항 하나와, 병렬 연결된 저항 N개가 전지에 연결되어 있다. 모든 저항의 저항값은 같다. 똑같은 저항 하나를 병렬 구조에 덧붙일 때 전류가 1.25%변한다면, 병렬 연결된 저항의 개수 N은 얼마인가?

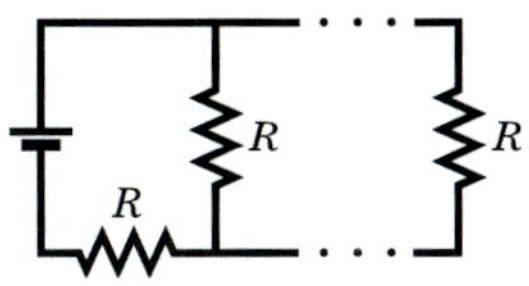

그림 27-29 문제 32

33. 에너지 전달률

그림 27-30에서 각 저항의 저항값이 $4.00\,\Omega$이면 전류 (a) i_1과 (b) i_2의 크기와 방향은 얼마인가? 전지의 기전력이 (c) 4.0 V, (d) 12.0 V일 때 일률은 얼마인가? 또, 각각의 경우 에너지를 흡수하는가, 공급하는가?

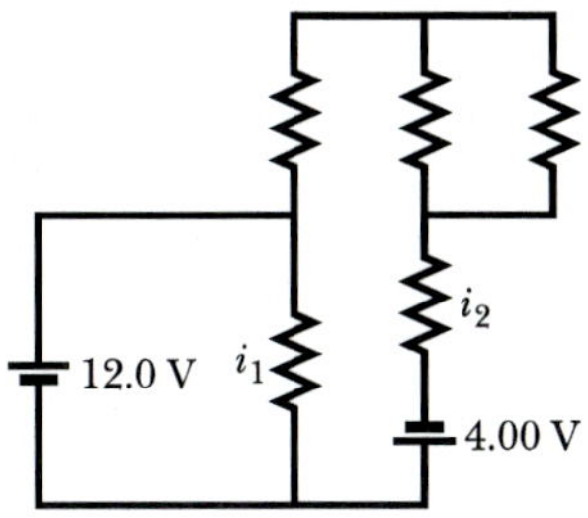

그림 27-30 문제 33

34. 두 전지

그림 27-31a의 전지 1의 $\Delta V_{전지1}$은 일정하고, 전지 2의 $\Delta V_{전지2}$는 1.0 V ~ 10 V 사이에서 조절된다. 그림 27-31b는 두 전지를 지나는 전류를 $\Delta V_{전지2}$의 함수로 보여준다. 여러분은 각 전지에 해당하는 그림을 골라야 한다. 그러나 각 그림에서, 전지의 전위차의 방향과 반대쪽으로 전류가 흐르면, 전류값은 음수가 된다. (a) $\Delta V_{전지1}$, (b) R_1, (c) R_2의 값은 얼마인가?

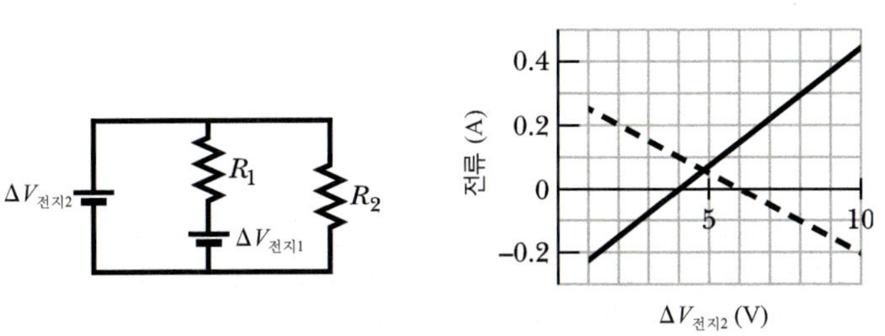

(a) (b)

그림 27-31 문제 34

35. 전지가 한 일

(a) $\Delta V_{전지} = 12.0\text{ V}$인 전지가 양극에서 음극으로 가는 전자에 해준 일은 얼마인가? (b) 전자가 1초에 3.4×10^{18}개씩 지나간다면 전지의 일률은 얼마인가?

36. 회로의 한 부분

그림 27-32는 회로의 한 부분을 보여준다. 그림처럼 회로의 나머지 부분은 A와 B를 통해 전류 i를 공급한다. $\Delta V_{전지1} = 10\text{ V}$, $\Delta V_{전지2} = 15\text{ V}$, $R_1 = R_2 = 5.0\,\Omega$, $R_3 = R_4 = 8.0\,\Omega$, $R_5 = 12\,\Omega$이다. 전류 i가 0.4, 0.8, 0, 12 A일 때 전지를 지나는 전류를 구하고, 전지가 충전되는지 방전되는지를 말하여라. 또한 A와 B의 전위차 ΔV_{AB}를 구하여라.

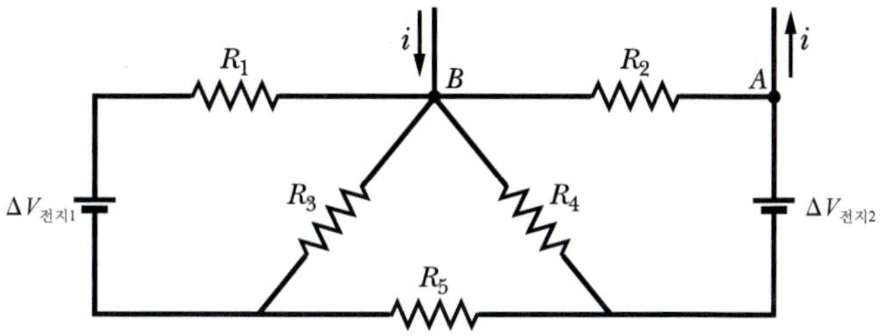

그림 27-32 문제 36

37. 조정한 값

그림 27-33에서 R_s를 조절하여 a, b 두 곳의 전위를 같게 만든다. (이 조건을 확인하고자 a, b 사이에 감도가 좋은 전류계를 잠깐 연결한다. 두 곳의 전위가 같으면 전류계의 바늘이 움직이지 않는다.) 그렇게 맞추면 다음 관계가 성립함을 증명하여라.

$$R_x = R_s\left(\frac{R_2}{R_1}\right)$$

이 장치를 '휫스톤 브리지(Wheatstone bridge)'라고 하는데, 이것으로 표준 저항(R_s)를 써서 모르는 저항의 저항값(R_x)을 잰다.

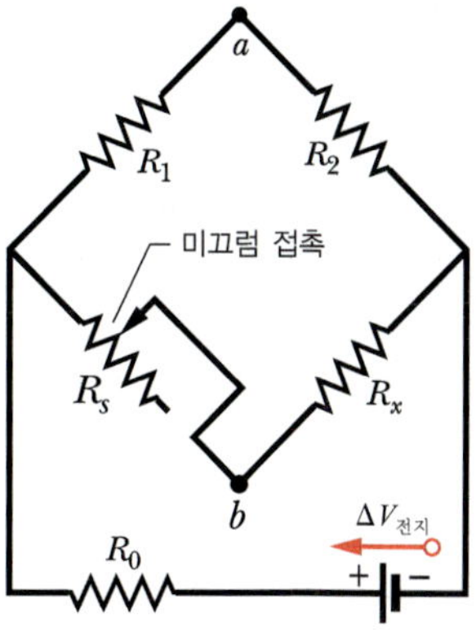

그림 27-33 문제 37

38. 전류는 얼마인가?

그림 27-34에서 전류 (a) i_2, (b) i_4, (c) i_1, (d) i_3, (e) i_5는 얼마인가?

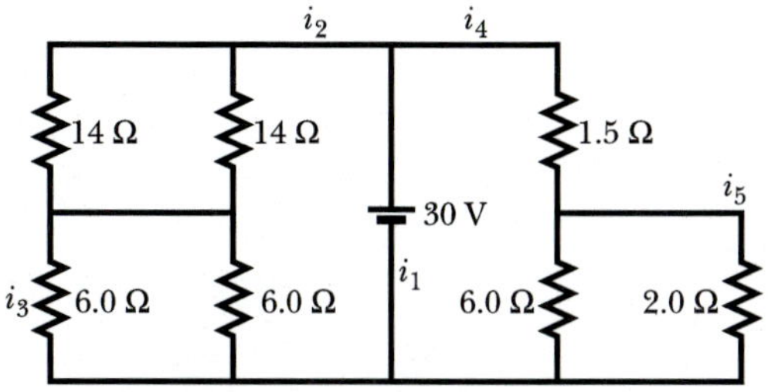

그림 27-34 문제 38

39. 크기와 방향 2

그림 27–35에서 낱낱의 저항이 2.0 Ω이면 (a) i_1, (b) i_2의 크기와 방향은 무엇인가? (답을 머릿속으로만 셈하여 낼 수 있는가?) (c) 왼쪽의 5.00 V 전지의 에너지 전달률은 얼마이며, 전지가 그것을 공급하는가 흡수하는가?

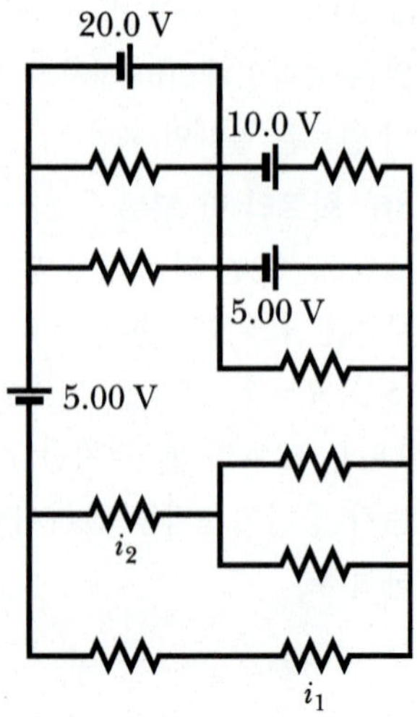

그림 27–35 문제 39

40. 크기와 방향 3

(a) 그림 27–36에서 낱낱의 저항이 2.0 Ω이면 전류 i_1의 크기와 방향은 얼마인가? 다음 전지의 일률은 얼마이며, 그것을 공급하는가 흡수하는가?: (b) 20 V 전지, (c) 10 V 전지 (d) 5.0 V.

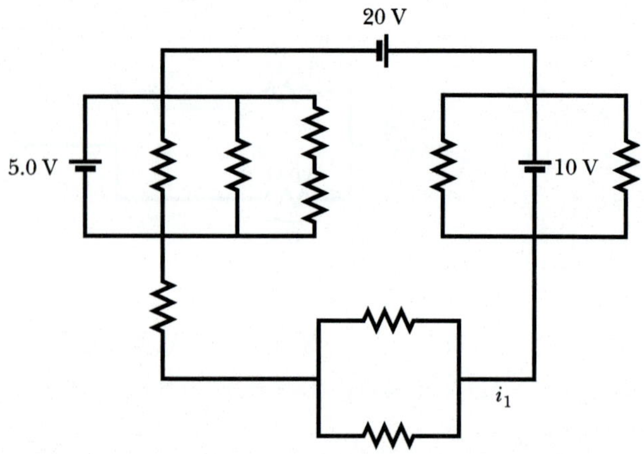

그림 27–36 문제 40

41. 크기와 방향 4

(a) 그림 27–37에서 전류 i_1의 크기와 방향은 얼마인가? (b) 1.0분 동안 4개의 저항이 쓰는 에너지는 모두 얼마인가?

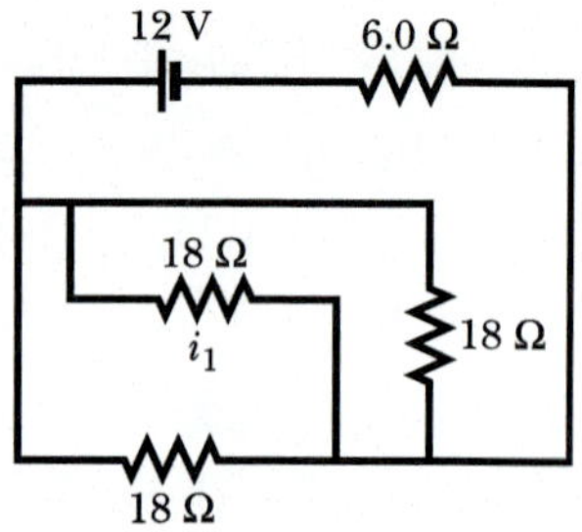

그림 27–37 문제 41

27-6 전지와 에너지

지금까지는 회로에 얼마의 전류가 흐르든 두 전극의 전위차를 일정하게 유지하는 이상적인 전지에 연결된 회로에서 어떤 일이 생기는가를 살펴보았다. 여기서는 전지 속에서 무슨 일이 일어나는지, 실제의 전지가 어떻게 작동하는지 살펴보자.

전지에서 신기한 것은 양전하가 흘러나와 회로를 돌면서 위치 에너지가 낮아져서 음극으로 들어오면, (그 속에서 어떤 일이 벌어졌는지) 다시 높은 위치 에너지를 되찾아 양극에서 나온다는 것이다. 전지 속에서 벌어지는 에너지 변환 과정 덕분에 양전하는 음극에서 양극으로 올라가면서 전기장으로부터 받는 힘을 이겨낼 수 있다. 양전하는 전지 속에 생긴 전기장에 거슬러 이동하는 것처럼 보인다. 이것은 전지 속에 어떤 다른 힘이 있어 양전하가 전기장으로부터 받는 힘을 거슬러 움직일 수 있게 해주는 것이 분명하다. 이 '힘' 에 대한 옛날 말이 '기전력(electromotive force)' 이고 그것을 줄인 영어 emf를 오늘날도 쓰고 있다. 이 '힘' 은 어떻게 정의되었을까? 전형적인 전지에서는 이 힘이 어디에서 오는가?

전지의 기전력, $\mathscr{E}$는 전지에 전하가 흘러 들어올 때 단위전하에 해준 일로 정의한다.

$$\mathscr{E} \equiv \frac{dW}{dq} \tag{27–18}$$

말로 설명하면, 기전력은 단위 전하를 한쪽 전극에서 다른 쪽 전극으로 옮길 때 하는 일이다. 기전력은 힘이 아니고, 정전기적 전위(단위 전하당 에너지)와 단위가 같은 양인데, 이름 때문에 오해하기 딱 좋다. 더구나 기전력은 힘과 같은 벡터량이 아니고 스칼라량이다. 기전력의 국제 단위는 쿨롱 당줄(J/C)고, 25장에서 이것은 볼트라고 정의했다. 전지 속에는 틀림없이 무엇인가 전하에 일을 해주는 에너지의 근원이 있다. 그것은 어쩌면 전지(또는 연료 전지) 속의 화학물질일 수도 있고, 열전기쌍더미(thermopile)와 같이 온도 차이일 수도 있고, 또는 태양전지처럼 햇빛일 수도 있다.

회로에 전지를 연결하면, 전지는 지나가는 전하에 에너지를 전달해준다. 화학 반응이 그러한 일을 하는 한 가지 예로서, 자동차의 납축전지 속에서 벌어지는 일을 살펴보자. 납축전지는 전지를 여러 개 직렬로 이은 것이다. 낱낱의 전지에는 금속판 2장이 황산에 잠겨 있는데, 음극은 순수한 납, 양극은 산화납이다. 황산은 물에서 수소이온 (H_3O^+)과 중황산염 이온 (HSO_4^-)으로 분리된다. 이것은 그림 27-10에 보였다. 납과 산화납 모두 다음과 같이 중황산염 이온과 반응할 수 있다.

$$Pb + HSO_4^- + H_2O \rightarrow PbSO_4 + H_3O^+ + 2e^-$$

$$PbO_2 + HSO_4^- + 3H_3O^+ + 2e^- \rightarrow PbSO_4 + 4H_2O$$

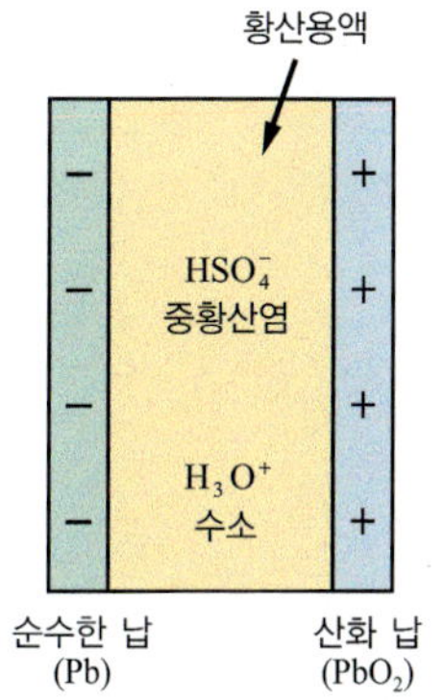

그림 27-38
납축전지의 화학 성분

음극인 순수한 납판에서 생긴 전자 두 개는 그곳에 쌓인다. 둘째 반응에서 필요한 전자 두 개는 양극인 산화납에서 빼낸다. 그러므로 한 쌍의 반응이 일어날 때마다, 전자가 두 개씩 양극판에서 빠져나와 음극판으로 간다. 전지를 회로에 이어 놓지 않으면, 두 극판에 전하가 충분히 많이 쌓여 전하를 더 쌓는데 필요한 에너지가 화학반응에서 나오는 에너지보다 더 커지면 반응은 멈춘다. 전지에 회로를 이으면 전하는 회로를 통해 흘러 한쪽 극판에서 다른 쪽 극판으로 간다. 이 과정은 황산 용액이 소진될 때까지 계속 된다.

전지를 전하펌프라고 말할 때, 그것은 비유일 뿐이므로 오해하면 안 된다: 전지의 한쪽 극판에서 화학반응으로 사라진 전자가 다른 쪽 극판에서 방출되는 것은 아니다.

화학전지의 종류는 아주 많다. 납축전지는 전지에서 화학반응을 통해 전하가 분리되는 것을 간단히 설명하고자 든 보기일 뿐이다.

27-7 내부 저항과 전력

지금까지는 회로를 살펴볼 때 전류가 전지 (또는 다른 기전력 장치) 속을 아무 저항 없이 지나온다고 가정해왔다. 이러한 전지나 기전력 장치를 '이상적' 이라고 한다.

이상적인 기전력 장치에서는 전하가 지날 때 아무 저항도 받지 않는다. 이상적 기전력 장치에서 두 전극의 전위차는 기전력과 같다. 예를 들어, 기전력이 12.0 V인 이상적인 전지에서는 두 전극의 전위차가 12.0 V이다. 새 알칼리 전지는 거의 이상적이다.

실제의 기전력 장치에서는 전하가 지날 때 저항을 받는다. 실제의 기전력 장치(보기를 들어, 실제 전지)에서는, 두 전극의 전위차가 기진력과 같을 때는 장치에 회로가 연결되어 있지 않아 장치를 통해 전류가 흐르지 않을 때 뿐이다. 그렇지만 장치에 전류가 흐를 때는 두 전극의 전위차가 기전력과 다르다.

그림 27-39*a*는 실제 전지의 작동 상황을 묘사하는데, 내부 저항이 r이고 저항값이 R인 저항기를 연결했다. 전지의 내부 저항은 전지를 이루는 전도 물질의 전기저항으로써 모든 실제 전지에서 피할 수 없는 특징이다. 그렇지만 실제 전지는 그림 27-39*b*와 같이 두 전극의 전위 차가 $\mathscr{E}$인 이상적인 전지와 저항값이 r인 저항기로 나누어 그릴 수 있다. 그림에서 나누어 그린 부분의 배치 순서는 문제되지 않는다.

점 a에서 출발하여 시계방향을 따라 돌면서 전위 (고리) 규칙을 쓰면 전위의 변화는 다음과 같다.

$$\Delta V_{a\to b} + \Delta V_{\text{저항}} = 0\,\text{V} \quad \text{또는} \quad \mathscr{E} + \Delta V_{\text{내부 저항}} + \Delta V_{\text{저항}} = 0\,\text{V} \tag{27-19}$$

관습적인 전류의 방향을 따라 두 저항을 지나가면서 전위차를 셈한다.

$$\mathscr{E} - ir - iR = 0\,\text{V} \tag{27-20}$$

전류에 대해서 위 식을 정리하면 다음 결과를 얻는다.

$$i = \frac{\mathscr{E}}{R+r} \tag{27-21}$$

전지가 이상적이어서 $r = 0\,\Omega$이라면 이 식은 식 27-1이 된다.

그림 27-39b는 회로 주위의 전위 변화를 그림으로 보여준다. (그림 27-39a의 닫힌회로를 그림 27-39b와 관련지으려면, 양쪽 끝의 a를 잡아 원통꼴로 말아 두 곳이 만나게 한다고 상상하라.) 회로를 따라가면서 어떻게 (전위의) 산을 거슬러 올라가고 내려와 출발점으로 되돌아오는지 생각하라. 높이도 또한 출발할 때의 높이로 되돌아온다.

앞으로, 전지를 실제 전지라고 말하지 않았거나 또는 내부저항을 표시하지 않았다면, 이상적이라고 생각하라.

• 실제 기전력 장치에서 내부 저항이 뜻하는 바

실제 회로에서 기전력 장치의 내부 저항의 효과를 알 수 있게 좀더 정량적으로 살펴보자. 먼저 그림 27-39의 전지의 두 전극의 전위차 $\Delta V_{\text{전지}} = \Delta V_{a\to b} = V_b - V_a$가 전지의 내부 저항 때문에 어떤 영향을 받는지 보자. $V_b - V_a$를 셈하려면, a에서 출발하여 b까지 전지 속을 지나가는 짧은 길을 따라가면 다음 결과를 얻는다.

$$V_a + \mathscr{E} - ir = V_b \quad \text{또는} \quad V_b - V_a = \Delta V_{\text{전지}} = \mathscr{E} - ir \tag{27-22}$$

이 식은 전지의 두 전극의 전위차는 기전력에서 내부저항 때문에 생긴 전위감소를 뺀 값임을 말해준다.

더욱이, 식 27-21로 돌아가서 (그림 27-39의 회로 속의) 전류에 관한 식

$$i = \frac{\mathscr{E}}{R+r}$$

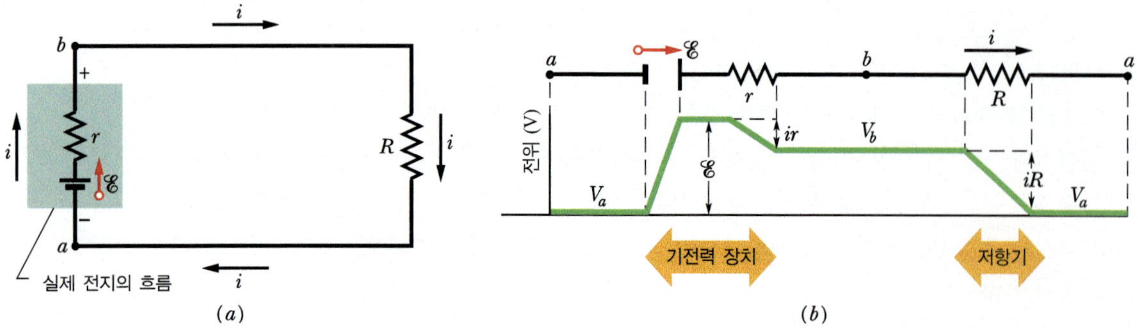

그림 27-39
(a) 내부 저항 r, 기전력 $\mathscr{E}$인 실제 전지가 든 회로. (b) 같은 회로를 직선으로 펼친 꼴. 한 점 a에서부터 시계방향으로 회로를 지나면서 위치에 따른 전위의 변화를 보여준다. 전위 V_a는 마음대로 0으로 정하고, 다른 곳의 전위는 V_a에 대한 상대적인 값을 그림표로 그렸다.

을 전지의 두 전극의 전위차에 관한 식에 넣으면, 다음 식을 얻는다.

$$\Delta V_{전지} = \mathscr{E} - \left(\frac{\mathscr{E}r}{R+r}\right) = \mathscr{E}\frac{R}{R+r} \tag{27–23}$$

예를 들어, 그림 27–39에서 $\mathscr{E} = 12\ \mathrm{V}$, $R = 10\ \Omega$, $r = 2.0\ \Omega$이라면 위 식에 따라 전지의 두 전극의 전위차는 다음과 같다.

$$\Delta V_{전지} = (12\ \mathrm{V})\frac{10\ \Omega}{10\ \Omega + 2.0\ \Omega} = 10\ \mathrm{V}$$

전지가 그 속에서 전하를 '펌핑' 할 때, 전지는 (전기화학반응을 통해) 단위 전하에 $\mathscr{E} = 12\ \mathrm{J/C}$, 또는 12 V의 일을 하지만, 전지의 내부 저항 때문에 전지의 두 전극에 생기는 전위차는 10 J/C, 또는 10 V이다.

내부 저항이 회로의 총 저항보다 크면, 전지, 발전기 또는 다른 기전력 장치에서 쓸 수 있는 전위차는 매우 줄어들 것이다. 쓸 수 있는 전위차가 줄어들면 회로의 전류도 줄어든다. 큰 전류를 흘리고자 저항값을 작게 설계한 회로에서는 이것을 따지는 것이 특히 중요하다.

예를 들어, 그림 27–11의 (전지에 저항 3개를 병렬로 이은) 회로에서 낱낱의 저항값이 $R = 3\ \Omega$이라고 하자. 회로 안에서 등가저항은 $R_{등가} = 1\ \Omega$이다. 이상적인 전지(내부저항 $r = 0$)가 전위차를 만든다면, 이 회로의 전류는 다음과 같다.

$$i = \frac{\Delta V_{전지}}{R_{등가}} = \frac{12\ \mathrm{V}}{1\Omega} = 12\ \mathrm{A}$$

12 A의 전류는 낱낱의 도선에 고루 나뉘어(저항값이 똑같으니까), 각 저항에는 4 A의 전류가 흐른다.

그러나, 실제 전지에서 기전력이, $\mathscr{E} = 12\ \mathrm{V}$ 내부저항이 $r = 2.0\ \Omega$이라면, 전지에서 쓸 수 있는 전위차는 다음과 같다.

$$\Delta V_{전지} = (12\ \mathrm{V})\frac{1\ \Omega}{1\ \Omega + 2.0\ \Omega} = 4\ \mathrm{V}$$

그러므로 회로에 흐르는 총 전류는 다음과 같다.

$$i = \frac{\Delta V_{전지}}{R_{등가}} = \frac{4\ \mathrm{V}}{1\Omega} = 4\ \mathrm{A}$$

이 전류도 회로의 여러 저항에 나뉘어 흐른다. 그래서 실제 전지가 달리면, 각 저항에는 결국 $\frac{4}{3}$ A의 전류가 흐른다. 이상적인 전지를 달 때의 전류 4 A와 비교하면, 기전력 장치의 내부저항이 실제 회로의 기능에 얼마나 중요한 구실을 하는지 알 수 있다.

• 전력(전기일률)

전지나 다른 기전력 장치가 전류 i를 흘리고자 전하에 일을 할 때, 그것은 (전지 속의 화학 물질과 같은) 에너지 샘으로부터 전하에 에너지를 전해준다. 실제 기전력 장치에는 내부저항 r이 있으므로, 에너지의 일부는 26장에서 설명한 저항 손실에 의해 내부 열에너지로도 전달된다. 이 에너지 전달량을 구하자.

기전력 장치가 전하에게 에너지를 전달하는 알짜 전력 P는 아래와 같다.

$$P = i\Delta V \tag{27–24}$$

여기서 ΔV는 기전력 장치의 두 전극의 전위차다(이것은 에너지 전달과 관련된 일률임을 눈여겨보라). 이 식을 그림 27-39(위의 방정식 27-24로부터)의 회로에 쓰면, $\Delta V_{전지} = \mathscr{E} - ir$을 식 27-24에 넣어 다음 식을 얻는다.

$$P = i(\mathscr{E} - ir) = i\mathscr{E} - i^2 r \tag{27-25}$$

식 27-25 안의 $i^2 r$이 기전력 장치 속에서 열에너지로 바뀌는 전력 $P_{내부\ 저항}$임을 알 수 있다.

$$P_{내부\ 저항} = i^2 r \tag{27-26}$$

그러므로 식 27-25의 $i\mathscr{E}$은 기전력 장치가 전하 운반자와 내부 열에너지 양쪽에 에너지를 제공하는 전력 $P_{기전력}$임에 틀림없다. 그래서 다음과 같다.

$$P_{기전력} = i\mathscr{E} \tag{27-27}$$

전지에 전류를 반대쪽으로 흘려 재충전한다면, 에너지가 전하로부터 전지로 전달될 것이다. 전지에 저장되는 화학 에너지와 내부저항 r이 소비하는 에너지 둘 다 포함한다. 화학 에너지로 바뀌는 비율은 식 27-27, 열에너지로 소비되는 비율은 식 27-26에 따라 정해진다. 또한 전하가 에너지를 공급하는 비율은 식 27-24와 같다.

전력을 나타내는 국제 단위는 역학에서와 마찬가지로 와트(watt)이다. 1 W는 1 J/s이다.

따라해보기 27-3 | 두 개의 실제 전지

내부 저항이 있는 실제 전지가 두 개 연결된 회로를 생각하자. 실제 전지에서는 두 전극의 전위차가 일정하게 유지되지 않으므로 낱낱의 전지를 기전력($\mathscr{E}_1$, $\mathscr{E}_2$)과 내부 저항(r_1, r_2)을 써서 나타내야 한다. 그림 27-40*a* 회로 안의 기전력과 저항값은 다음과 같다.

$$\mathscr{E}_1 = 4.4\ \text{V},\ \mathscr{E}_2 = 2.1\ \text{V},\ r_1 = 2.3\ \Omega,\ r_2 = 1.8\ \Omega,\ R = 5.5\ \Omega$$

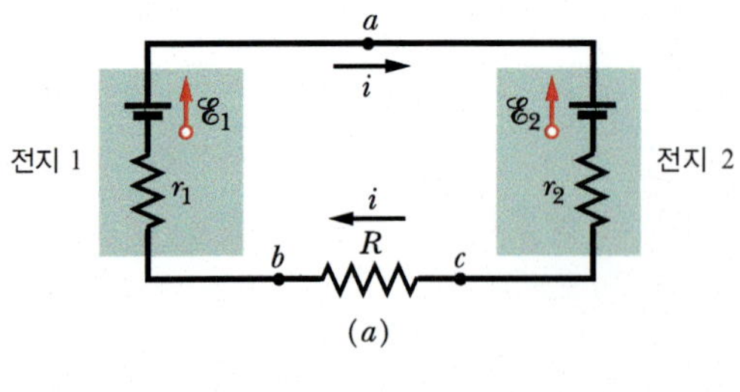

그림 27-40
(*a*) 실제 전지 2개와 저항 하나로 된 단일 회로. 두 전지의 전극이 서로 반대쪽을 향하므로, 저항을 통해 반대 쪽으로 전류를 보내려 한다. (*b*) *a*로부터 이 회로를 반시계방향으로 따라갈 때 전위 변화 그림. *a*의 전위는 마음대로 '0'으로 한다. (회로와 그림을 더 잘 관련짓기 위해 *a*에서 회로를 잘라 양쪽으로 펼쳤다.)

(a) 회로에 흐르는 전류 i는 얼마인가?

풀이 ■ 요점은 고리 규칙을 써서 단일 회로 안의 전류 i에 관한 방정식을 얻는 것이다. 전류의 방향은 어느 쪽으로 정해도 되지만, 두 전지의 기전력으로부터 쉽게 결정할 수 있다. 왜냐하면 $\mathscr{E}_1$이 $\mathscr{E}_2$보다 크므로 전지 1이 i의 방향을 결정하게 되어 전류의 방향은 시

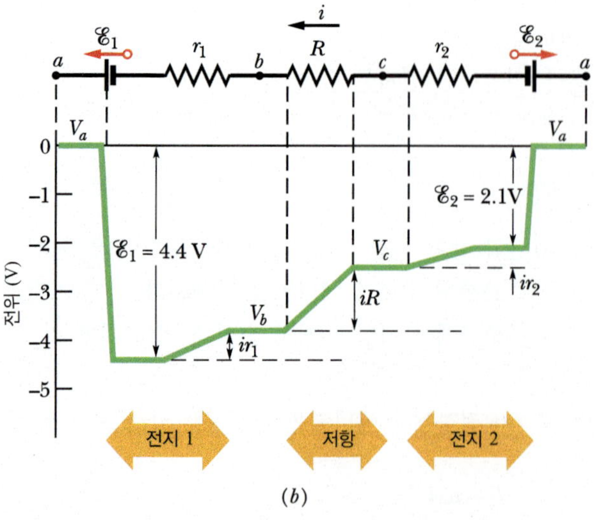

계방향이다. 그래도 점 a에서 출발하여 반시계방향 — 전류와 반대방향 — 으로 따라가며 고리 규칙을 써보면 다음 식을 얻는다.

$$-\mathscr{E}_1 + ir_1 + iR + ir_2 + \mathscr{E}_2 = 0\,\text{V}$$

고리 규칙을 시계방향으로 적용하거나 점 a가 아닌 다른 점에서 출발해도 같은 방정식을 얻는다. 이 식을 전위 변화를 나타내는 그림 27-40b와 한 항씩 비교해 보면 더욱 이해하기 쉽다(a에서의 전위는 마음대로 0으로 한다).

위의 회로 식을 전류 i에 대하여 풀면,

$$i = \frac{\mathscr{E}_1 - \mathscr{E}_2}{R + r_1 + r_2} = \frac{4.4\,\text{V} - 2.1\,\text{V}}{5.5\,\Omega + 2.3\,\Omega + 1.8\,\Omega} = 0.2396\,\text{A} \approx 240\,\text{mA}$$

(답)

(b) 그림 27-40a에서 전지 1의 두 전극의 전위차는 얼마인가?

풀이 ■ 요점은 a와 b의 전위차의 합을 구하는 것이다. 전지 1의 음극인 b에서 출발하여 시계방향으로 전지 1을 지나 전지의 양극인 a까지 전위 변화를 따라가면,

$V_b - ir + \mathscr{E}_1 = V_a$이므로 다음 식을 얻는다.

$$V_a - V_b = -ir_1 + v\mathscr{E}_1 = -(0.2396\,\text{A})(2.3\,\Omega) + 4.4\,\text{V}$$
$$= +3.84\,\text{V} \approx 3.8\,\text{V}$$

이 값은 전지의 기전력보다 작다. 그림 27-40a 회로의 점 b에서 시작하여 반시계방향으로 점 a까지 이동하여도 같은 결과가 됨을 확인할 수 있다.

따라해보기 27-4 | 전기뱀장어

전기 물고기는 몸에 전기반(電氣斑)[electroplaques]이라는 기전력을 내는 세포가 있어 전류를 만들어낸다. 이 장의 첫머리에 보여준 사진은 남미에 사는 전기뱀장어로 5000개의 전기반이 몸통을 따라 연결된 줄이 140개 전기반이 있다. 그림 27-41a는 이 배열을 회로소자로 나타냈다. 낱낱의 전기반의 기전력 $\mathscr{E}$는 0.15 V, 내부저항 r은 0.25 Ω이다. 뱀장어 전기반 배열의 양 끝인 머리와 꼬리를 잇는 도선 구실은 주위의 물이 한다.

(a) 전기뱀장어를 둘러싼 물의 저항이 $R_{물} = 800\,\Omega$이라면 뱀장어가 물에 흘려보내는 전류는 얼마인가?

풀이 ■ 요점은 그림 27-41a 회로의 기전력과 저항의 결합을 등가기전력과 등가저항으로 바꾸어 단순한 회로로 바꾸는 것이다. 먼저 한 줄을 생각하자. 5000개의 전기반으로 이루어진 한 줄의 총 기전력 $\mathscr{E}_{줄}$은 낱낱의 기전력을 더한 값이므로 $\mathscr{E}_{줄} = 5000\mathscr{E} = (5000)(0.15\,\text{V}) = 750\,\text{V}$이다. 전체 저항값 $R_{줄}$도 마찬가지로 5000개 전기반의 내부저항을 더한 값이므로 $R_{줄} = 5000\,r = (5000)(0.25\,\Omega) = 1250\,\Omega$이다. 이제 140개의 똑같은 줄은 각각 그림 27-

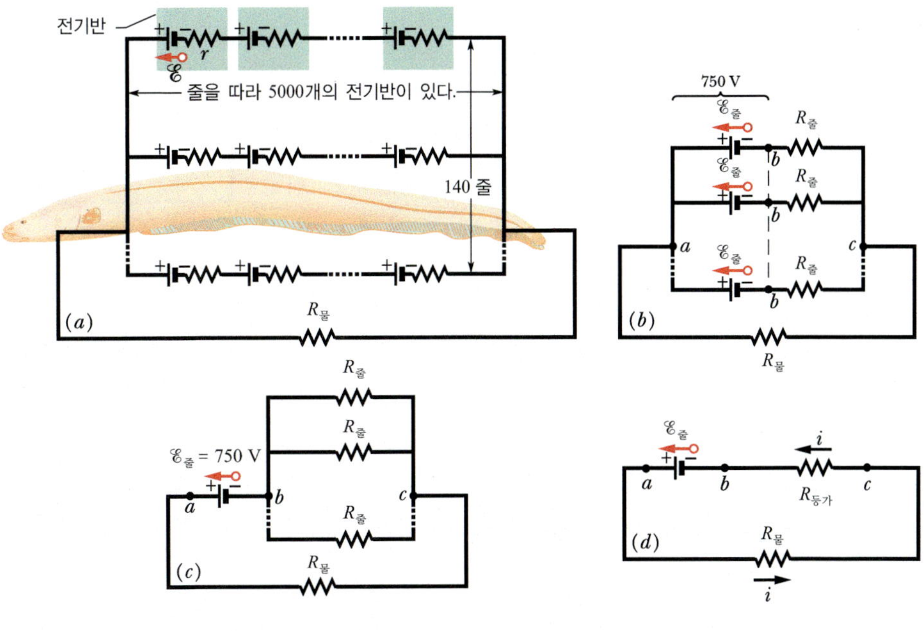

그림 27-41
(a) 물 속의 전기뱀장어의 전기회로 모형. 뱀장어 전기반의 기전력은 $\mathscr{E}$, 내부저항은 r이다. 머리에서 꼬리까지 펼쳐진 140개의 줄을 따라 각각 5000개의 전기반이 직렬로 연결되어 있다. 주위의 물의 저항은 $R_{물}$이다. (b) 각 줄 기전력 $\mathscr{E}_{줄}$과 저항 $R_{줄}$. (c) a와 b 사이의 기전력은 $\mathscr{E}_{줄}$이다. b와 c 사이에는 140개의 저항 $R_{줄}$가 병렬로 연결되어 있다. (d) 병렬 연결된 저항들을 하나의 등가저항으로 바꾸어 간단히 바꾼 회로.

41b와 같이 한 개의 기전력 $\mathscr{E}_{줄}$과 한 개의 저항 $R_{줄}$로 나타낼 수 있다.

그림 27-41b에서 각 줄의 a와 b 사이의 기전력(전위차)은 모두 $\mathscr{E}_{줄} = 750\text{ V}$이다. 각 줄은 모두 같고 왼쪽 끝은 한 점(a)에 연결되어 있으므로 그림에 나타낸 b의 전위는 모두 같다. 그러므로 이들이 한 점 b에 연결되어 있다고 볼 수 있다. a와 b 사이의 기전력은 $\mathscr{E}_{줄} = 750\text{ V}$이므로 회로를 그림 27-41$c$와 같이 그릴 수 있다.

그림 27-41c과 같이 b와 c 사이에는 $R_{줄} = 1250\,\Omega$인 저항 140개가 모두 병렬 연결되어 있다. 이 저항의 합과 같은 등가저항 $R_{등가}$를 식 27-12를 써서 구하면

$$\frac{1}{R_{등가}} = \sum_{j=1}^{140} \frac{1}{R_j} = 140\frac{1}{R_{줄}} \text{ 또는 } R_{등가} = \frac{R_{줄}}{140} = \frac{1250\,\Omega}{140} = 8.93\,\Omega$$

이다. 병렬 연결된 저항들을 하나의 등가저항 $R_{등가}$로 바꾸면 그림 27-41d와 같은 간단한 회로를 얻는다. 이 회로에 b에서부터 반시계방향으로 고리 규칙을 적용하면, $\mathscr{E}_{줄} - iR_{물} - iR_{등가} = 0\text{ V}$을 얻는다.

구한 값을 여기에 넣어 전류 i를 셈하면 다음과 같다.

$$i = \frac{\mathscr{E}_{줄}}{R_{물} + R_{등가}} = \frac{750\text{ V}}{800\,\Omega + 8.93\,\Omega} = 0.927\text{ A} \approx 0.93\text{ A} \qquad \text{(답)}$$

어떤 물고기가 뱀장어의 머리나 꼬리 근처에 있으면 이렇게 큰 전류가 물고기를 지나 흐를 수 있고, 그러면 기절하거나 죽는다.

(b) 그림 27-41a에서 낱낱의 줄을 따라 흐르는 전류 $i_{줄}$은 얼마일까?

풀이 ■ **요점**은 140개의 줄이 모두 같으므로 뱀장어로 들어가고 나오는 전류를 그 수로 고르게 나누면 다음과 같다.

$$i_{줄} = \frac{i}{140} = \frac{0.927\text{ A}}{140} = 6.6 \times 10^{-3}\text{ A}$$

따라서 각 줄에 흐르는 전류는 주변의 물을 통해 흐르는 전류보다 100배 정도 작다. 이처럼 전기뱀장어의 몸에는 전류가 나뉘어 흐르므로, 다른 물고기를 기절시키거나 죽이면서도 전기뱀장어는 충격을 받지 않는다.

연습문제 27-7

42. 화학 에너지

기전력 6.0 V인 충전지로 5.0 A의 전류가 6분 동안 흐르게 꾸민 회로가 있다. 전지의 화학 에너지는 얼마나 줄어드는가?

43. 손전등 전지

보통의 손전등 전지는 다 닳을 때까지 약 2.0 W · h의 에너지를 공급할 수 있다. (a) 전지 하나의 값이 800원이라면 이 전지들을 써서 100 W 전구를 8시간 동안 켜두려면 돈이 얼마나 들겠는가? (b) 전기회사가 에너지를 kw · h당 120원에 공급한다면 이 전구를 같은 시간 동안 켜는데 돈이 얼마나 들겠는가? (c) 120원/(kW · 시간)에 에너지를 공급한다면 돈이 얼마나 드는가?

44. 공급된 일률

기전력 $\mathscr{E}$인 장치가 저항 R인 도선을 통해 에너지를 공급한다. $\mathscr{E} = 110,000\text{ V}$일 때와 $\mathscr{E} = 110\text{ V}$일 때 공급되는 일률이 같다면 도선에서 소모되는 일률의 비율은 얼마인가?

45. 자동차 전지

기전력이 12 V인 자동차 전지에 처음에 120 A · h의 전하가 차 있다. 이 전지가 완전히 방전될 때까지 기전력이 똑같이 유지된다면 이 전지는 100 W의 일률로 에너지를 몇 시간 동안 공급할 수 있는가?

46. 전달되는 에너지

저항 5.0 Ω인 도선이 기전력 $\mathscr{E}$가 2.0 V이고 내부저항이 1.0 Ω인 전지에 연결되어 있다. 2분 동안에 (a) 얼마의 화학 에너지가 전기 에너지로 바뀌었는가? (b) 얼마나 많은 에너지가 도선에서 열에너지로 나타나는가? (c) (a)와 (b)의 차이를 설명하여라.

47. 전지

그림 27-42에서 전지의 내부저항은 무시할 수 있다고 하자. (a) 회로의 전류, (b) 각 저항에서 소모되는 일률, (c) 각 전지의 일률을 셈하고, 어느 전지가 에너지를 공급하고 어느 전지가 흡수하는지를 설명하여라.

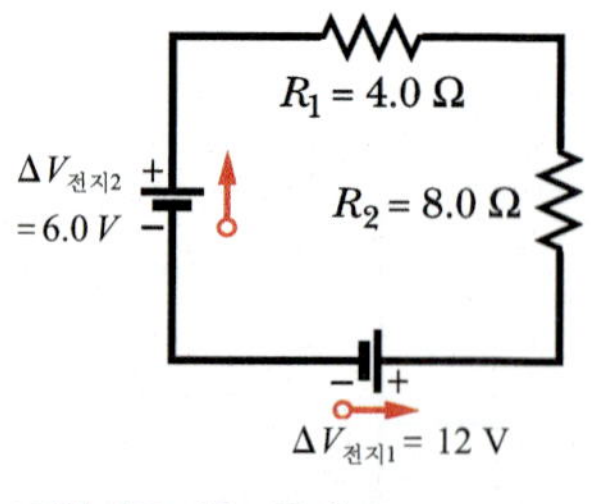

그림 27-42 문제 47

48. 두 전지

그림 27-43a에서 두 전지 모두 기전력 $\mathscr{E} = 1.20\text{ V}$이고, 외부저항 R은 가변저항이다. 그림 27-43b는 각 전지 양극의 전위차 ΔV_T를 저항 R의 함수로 나타낸 것이다: 그림표 1과 2는 각각 전지 1과 2를 나타낸다. (a) 전지 1과 (b) 전지 2의 내부저항은 얼마인가?

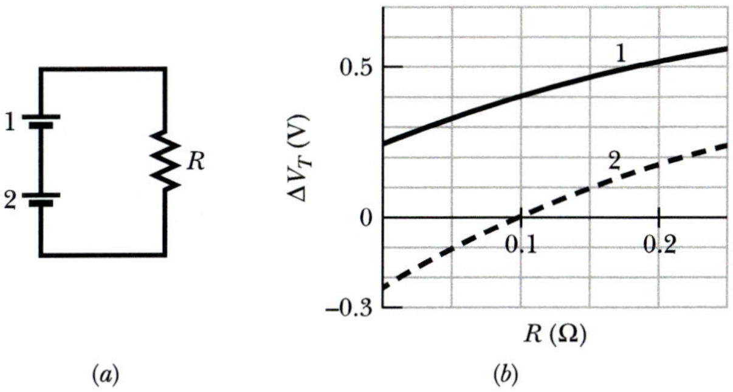

그림 27-43 문제 48

49. 내부저항

아래 표는 전지 양극의 전위차 ΔV_T를 전지에서 나오는 전류 i의 함수로 나타낸 것이다. (a) 전위차 ΔV_T와 전류 i의 사이의 관계를 나타내는 식을 써라. 자료를 컴퓨터에 넣어 그림표 함수의 직선 맞춤 기능을 써서 i에 대한 ΔV_T의 식을 찾아라. 직선 맞춤에 쓴 매개변수로부터 전지의 (b) 기전력과 (c) 내부저항을 구하여라.

i(A)	50	75	100	125	150	175	200
ΔV_T(V)	10.7	9.0	7.7	6.0	4.8	3.0	1.7

50. 그림표

그림 27-39a에서 $\mathscr{E} = 2.0$ V, $r = 100\,\Omega$이다. R이 0 Ω에서 500 Ω까지 변할 때 (a) 저항을 지나는 전류와 (b) 저항 양 끝의 전위차를 R의 함수로 그려라. 두 곡선을 한 틀 속에 그려라. (c) 두 양을 곱한 값의 변화를 보여주는 셋째 곡선을 그려라. 셋째 곡선의 물리적 내용은 무엇인가?

51. 전환된 에너지

기전력 12 V, 내부저항 0.040 Ω인 자동차 전지를 50 A의 전류로 충전하고 있다. (a) 전지 양극의 전위차는 얼마인가? (b) 전지에서 열에너지로 소모되는 일률은 얼마인가? (c) 전기에너지가 화학에너지로 바뀌는 일률은 얼마인가? (d) 전지가 시동 전동기에 50 A의 전류를 공급할 때 (a)와 (b)의 답은 얼마인가?

52. R의 값은 얼마인가?

(a) 그림 27-44에 보인 회로의 전류가 1.0 mA가 되려면 R 값이 얼마이어야 하는가? $\mathscr{E}_1 = 2.0$ V, $\mathscr{E}_2 = 3.0$ V, $r_1 = r_2 = 3.0\,\Omega$이다. (b) R에서 열로 바뀌는 일률은 얼마인가?

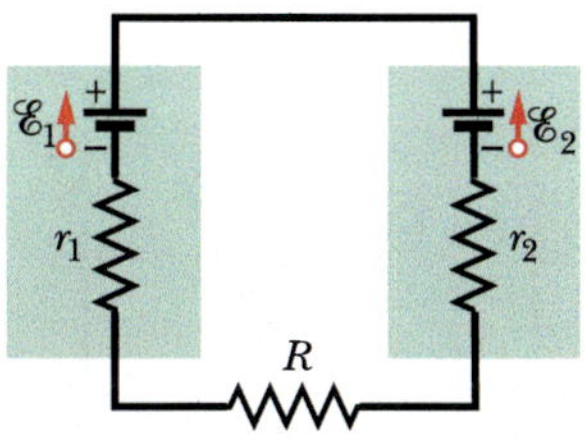

그림 27-44 문제 52

53. 회로의 부분

그림 27-45에서 회로의 AB부분은 전류 $i = 1.0$ A가 그림에 보인 쪽으로 흐를 때 50 W의 일률로 에너지를 흡수한다. (a) A와 B의 전위차는 얼마인가? (b) 기전력 장치 X는 내부저항이 없다. 기전력은 얼마인가? (c) X의 극성 (양극과 음극의 위치)은 어떻게 되는가?

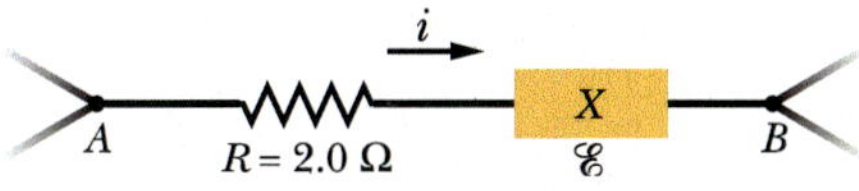

그림 27-45 문제 53

54. 자동차의 전등

자동차의 전등을 켤 때 이것과 직렬로 연결된 전류계는 10 A를, 병렬로 연결된 전압계는 12 V를 가리킨다. 그림 27-46을 보라. 전기 시동 전동기를 켤 때 전류계는 8.0 A를 가리키고, 전등은 조금 어두워진다. 전지의 내부저항이 0.050 Ω이고 전류계의 저항은 무시할 수 있으면 (a) 전지의 기전력과 (b) 전등을 켰을 때 시동 전동기에 흐르는 전류는 얼마인가?

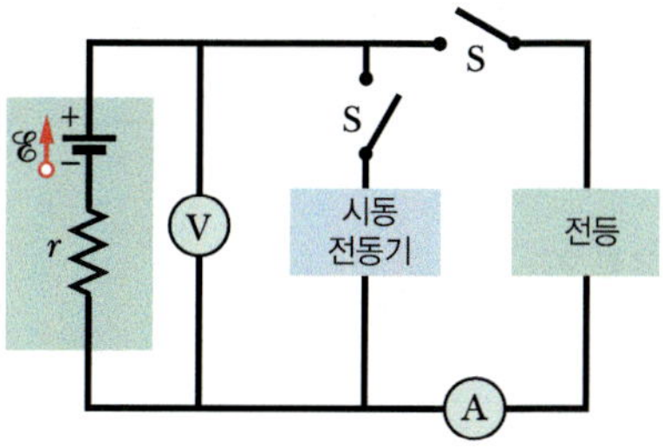

그림 27-46 문제 54

55. 같은 기전력

기전력은 모두 $\mathscr{E}$이지만 내부저항은 r_1, r_2로($r_1 > r_2$) 다른 두 전지를 외부저항 R에 직렬로 연결했다. (a) 전지 하나의 양극의 전위차가 0이 되는 R의 값을 구하여라. (b) 어떤 전지의 전위차가 0인가?

56. 시동 전동기

어떤 자동차에서 시동 전동기가 너무 천천히 돌고 있다. 자동차 수리공은 엔진, 도선, 전지 중 어느 것을 바꿀지 결정해야 한다. 사용설명서에 따르면 12 V 전지의 내부저항은 0.020 Ω보다 작아야 하고, 엔진의 저항은 0.200 Ω보다 작아야 하고, 도선의 저항은 0.040 Ω보다 작아야 한다고 한다. 수리공이 모터를 켰을 때 전지 양극의 전위차는 11.4 V, 도선 양 끝의 전위차는 3.0 V, 그리고 전류는 50 A가 흐른다. 어느 것이 고장인가?

57. 최대 일률

(a) 그림 27-39a에서 저항 R이 열로 소모하는 일률은 $R = r$일 때 가장 큼을 보여라. (b) 이때 최대 일률이 $P = \mathscr{E}^2/4r$임을 보여라.

58. 태양 전지

어떤 태양 전지는 양극에 500 Ω 저항을 달면 0.10 V, 1000 Ω 저항을 달면 0.15 V의 전위차가 생긴다. (a) 태양 전지의 내부저항과 (b) 기전력은 얼마인가? (c) 전지의 넓이는 5.0 cm^{2}이고, 단위 면적당, 단위 시간당 받는 빛에너지는 2.0 mW/cm^{2}이다. 전지에 1000 Ω 저항을 달 때 빛에너지를 열에너지로 바꾸는 효율은 얼마인가?

59. 최대 에너지

그림 27-47a와 같이 기전력 $\mathscr{E}$, 내부저항 r인 전지 두 개가 저항 R에 병렬로 연결되어 있다. (a) R이 얼마일 때 저항이 소모하는 일률이 최대가 되는가? (b) 전체 에너지 소모율의 최대값은 얼마인가?

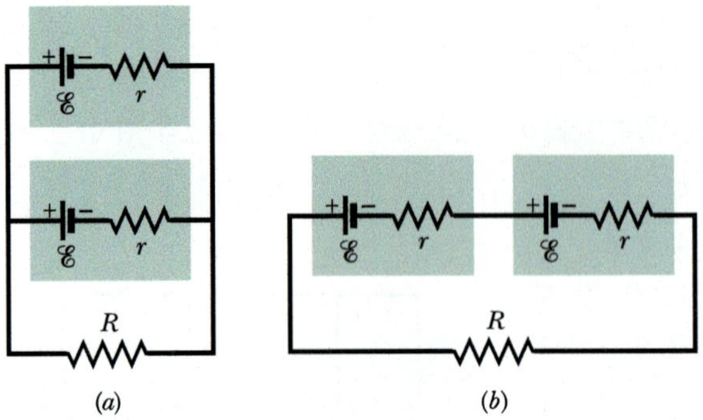

그림 27-47 문제 59, 60

60. 병렬 혹은 직렬

기전력 $\mathscr{E}$, 내부저항 r인 전지 두 개를 병렬(그림 27-47a)로 혹은 직렬(그림 27-47b)로 저항 R에 연결되어 전류가 흐르게 한다. (a) 위의 두 경우 R에 흐르는 전류에 대한 식을 끌어내라. 다음의 경우 어떤 연결에서 전류가 더 많이 흐르는가? (b) $R > r$ (c) $R < r$.

61. 이상적인 전지

그림 27-48에서 $\mathscr{E}_1 = 3.00\text{ V}$, $\mathscr{E}_2 = 1.00\text{ V}$, $R_1 = 5.00\,\Omega$, $R_2 = 2.00\,\Omega$, $R_3 = 4.00\,\Omega$이고 두 전지는 모두 이상적이다. (a) R_1, (b) R_2, (c) R_3에서 에너지의 소모율은 얼마인가? (d) 전지 1과 (e) 전지 2의 일률은 얼마인가?

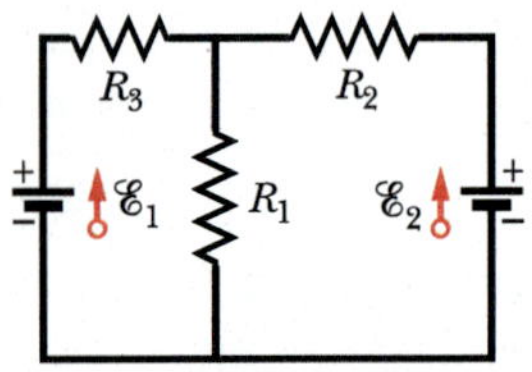

그림 27-48 문제 61

62. 저항 R 값

그림 27-49의 회로에서 R의 저항값이 얼마일 때 이상적인 전지가 저항에 전달하는 일률이 (a) 60.0W, (b) 최대값, (c) 최소값이 되겠는가? (d) (b), (c)에서 그 값은 얼마인가?

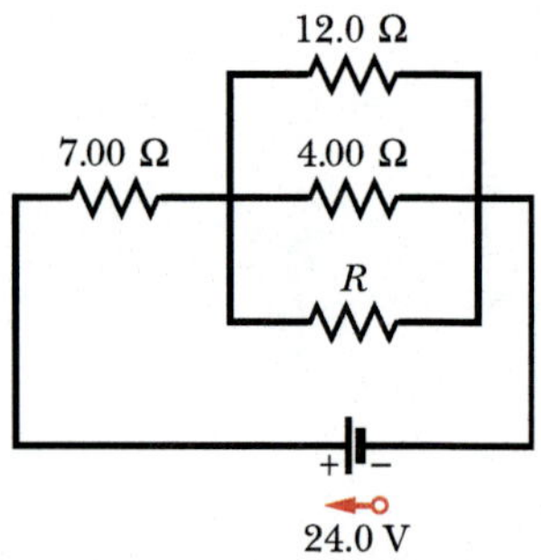

그림 27-49 문제 62

63. 전류 계산

(a) 그림 27-50에서 낱낱의 이상적인 전지에 흐르는 전류를 셈하여라. 전지는 이상적이므로 각 경우에 $\mathscr{E} = \Delta V_B$이다. $R_1 = 1.0\,\Omega$, $R_2 = 2.0\,\Omega$, $\mathscr{E}_1 = 2.0\text{ V}$, $\mathscr{E}_2 = \mathscr{E}_3 = 4.0\text{ V}$이다. (b) $V_a - V_b$를 셈하여라.

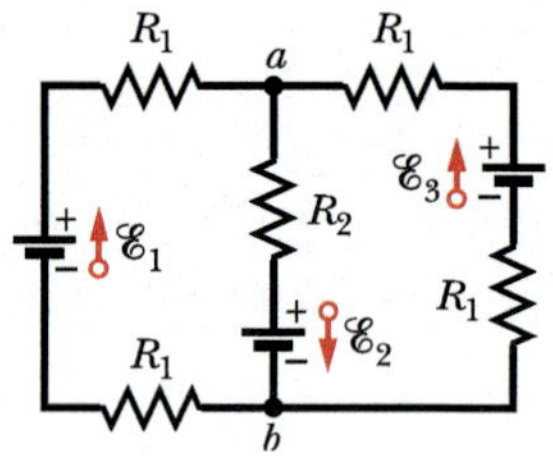

그림 27-50 문제 63

64. 상수 값

그림 27-51의 회로에서 $\mathscr{E}$는 일정하지만 R은 변할 수 있다. 전지가 이상적일 때 저항이 방출하는 열이 최대가 되는 R값을 구하여라.

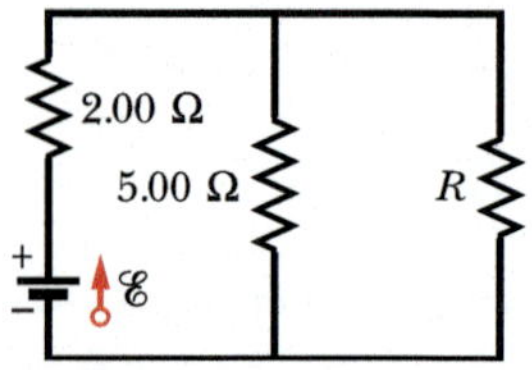

그림 27-51 문제 64

추가문제

65. 참과 거짓

그림 27-52의 회로에서 다음의 설명이 참인지 거짓인지 가려내라. 만약 설명이 거짓이면 옳게 바꾸어라.

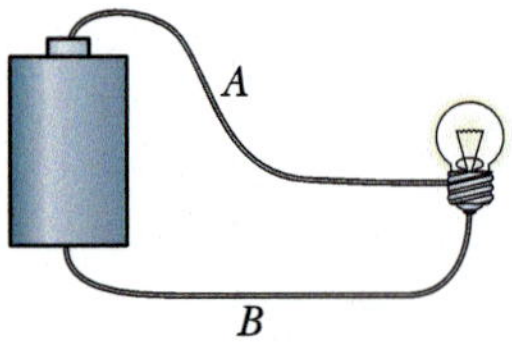

그림 27-52 문제 65

(a) 전구가 켜질 때 전류의 일부가 소모된다; 도선 B의 전류는 도선 A의 전류보다 작다.

(b) 도선 A 또는 도선 B에 흐르는 전류를 알고자 전류계를 연결하면 전류계의 눈금값은 같을 것이다. 전류는 전지에서 도선 A, 전구, 그리고 도선 B를 지나 전지로 되돌아온다.

(c) 전류는 도선 A와 도선 B 모두에서 전구 쪽으로 흐른다.

(d) (양)의 전류는 전지에서 도선 A, 도선 B를 지나 전지로 되돌아온다.

(e) 도선 A는 그대로 연결되어 있지만, 도선 B는 연결되어 있지 않아도 전구는 여전히 켜질 것이다.

66. 모형을 써라

(a) 전류에 대한 모형을 써서 그림 27-53의 회로망을 저항이 큰 순서로 나열하고, 근거를 설명하여라. (b) 전지 하나를 낱낱의 회로에 연결한다면 전류가 어느 경우에 가장 크고 어느 경우에 가장 작겠는가? 근거를 설명하여라.

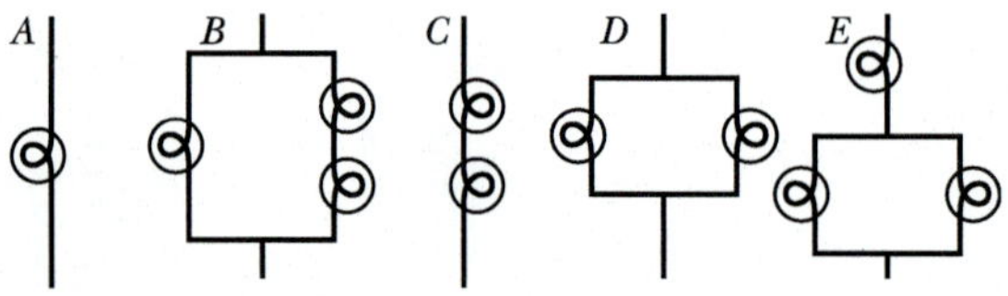

그림 27-53 문제 66

67. 회로를 검사하여라

그림 27-54의 회로를 검사하여 다음의 두 설명이 각각 참인지 거짓인지 가려내고, 근거를 설명하여라.

(a) 회로 1과 2는 다르다. 회로 1에서는 두 전구의 밝기가 같다. 그

러나 회로 2에서는 전지에 더 가까운 전구가 더 멀리 있는 전구보다 더 밝다.

(b) 회로도는 오직 전기적 연결을 보여준다. 그러므로 회로 1과 2의 그림은 전기적으로 같고, 두 전구의 밝기도 같다.

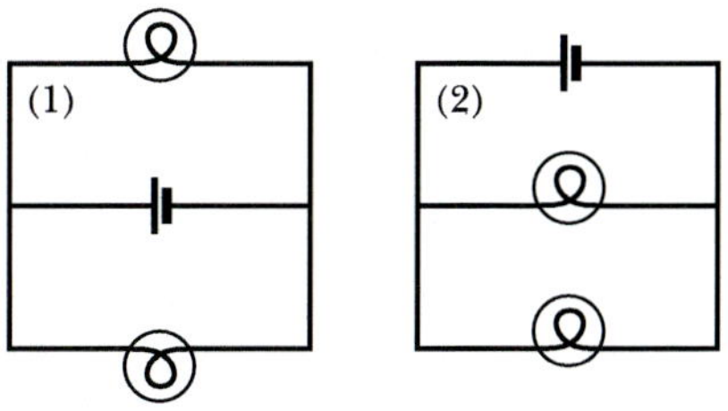

그림 27-54 문제 67

68. 어느 회로도

(a) 그림 27-55*a*의 어지러운 회로에 대응되는 회로도를 그림 27-55*c*에서 찾아내고, 근거를 설명하여라.

(b) 그림 27-55*b*의 어지러운 회로에 대응되는 회로도를 그림 27-55*c*에서 찾아내고, 근거를 설명하여라.

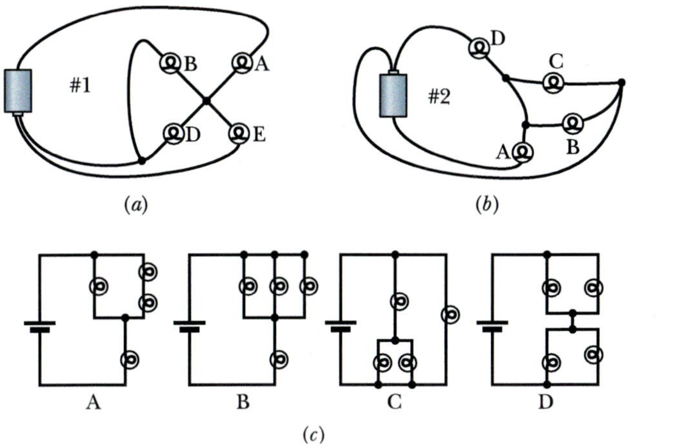

그림 27-55 문제 68

69. 어느 곳에서

(a) 그림 27-56의 회로에서 A, B, C, D, E 어느 곳의 전압이 가장 낮은가? 설명하여라. (b) 어느 곳에서 양전하의 전기적 위치 에너지가 가장 높은가? 설명하여라. (c) 어느 곳에서 전류가 가장 센가? 설명하여라.

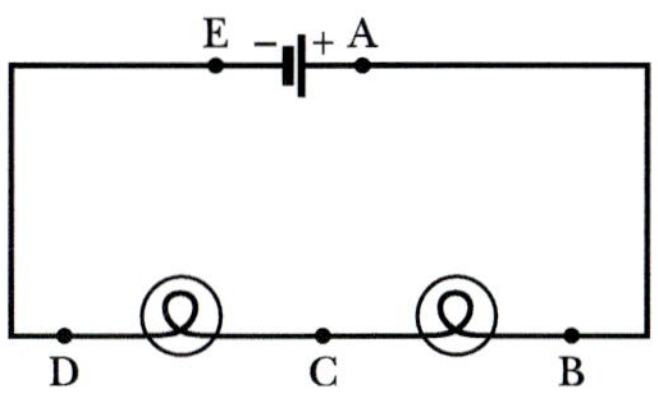

70. 전구 1에서 전구 6

(a) 그림 27-57의 회로에서, 전구 1에서 전구 6을 가장 밝은 것부터 차례대로 나열하고, 근거를 설명하여라. (b) 이제 전구 6의 필라멘트가 끊어졌다고 가정하고, 다시 한 번 전구를 가장 밝은 것부터 차례대로 나열하고, 근거를 설명하여라.

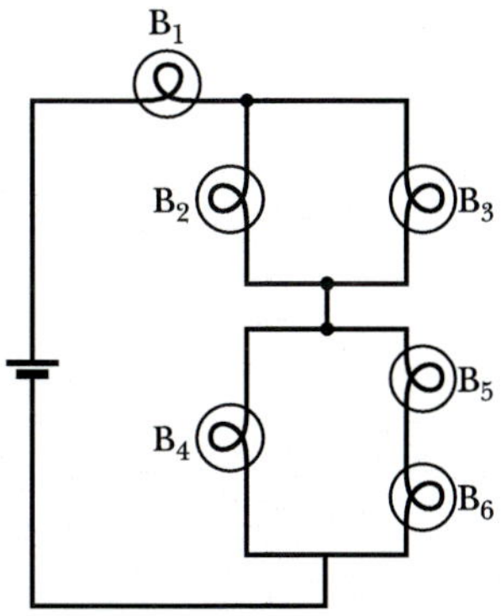

그림 27-57 문제 70

71. 회로도

그림 27-58의 회로도에서 저항값 표시가 없는 두 저항이 똑같은 전구에 연결되어 있다. 전구 A와 B의 밝기를 바탕으로 어느 것의 저항값이 더 큰지 결정하는 방법을 설명하여라.

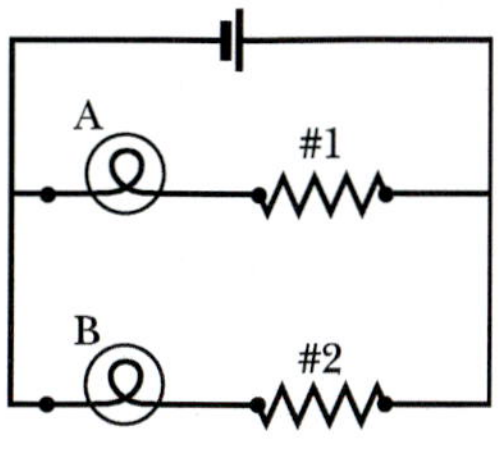

그림 27-58 문제 71

72. 세 개의 회로

그림 27-59의 세 회로에서 전기적으로 같은 것은 어느 것인가? 다른 것은 어느 것인가? 근거를 설명하여라.

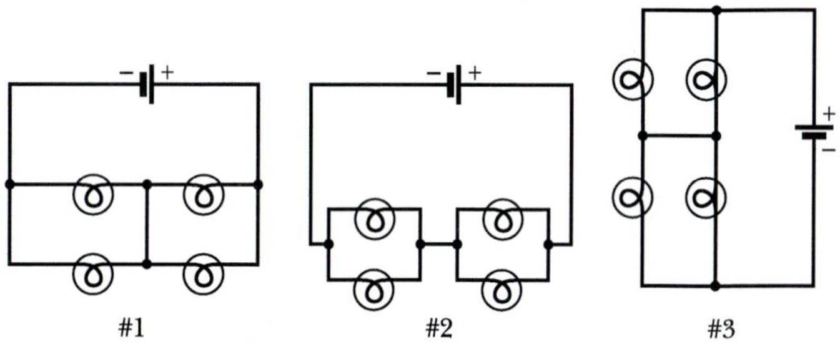

그림 27-59 문제 72

73. 소켓에서 빼낸 전구

그림 27-60의 회로를 검사하여라. (a) 밝은 순서로 전구를 나열하고 이유를 설명하여라. (b) 전구 4를 소켓에서 빼냈다면 전구 1과 전구 3의 밝기는 어떻게 변할까? 설명하여라. (c) A와 F 사이를 도선으로 이으면 전구 1, 3, 5, 6의 밝기는 어떻게 변할까? 설명하여라.

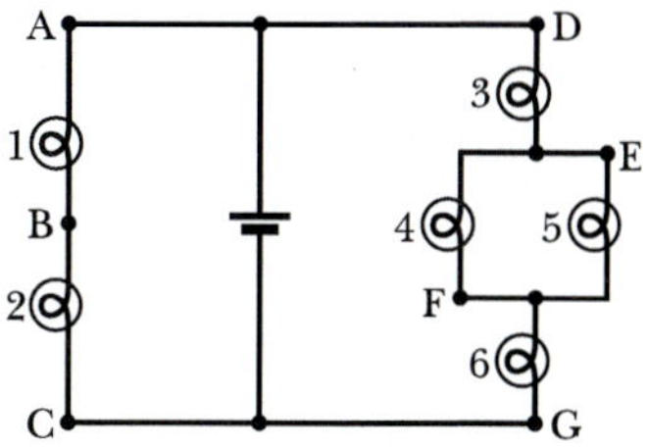

그림 27-60 문제 73

74. 회로 검사

그림 27-61의 회로를 살펴보아라. (a) 스위치를 이으면 어떤 전구 또는 전구 묶음이 직렬과 병렬로 연결되어 있는가 설명하여라. (b) 스위치를 끊으면 어떤 전구 또는 전구 묶음이 직렬과 병렬로 연결되어 있는가 설명하여라.

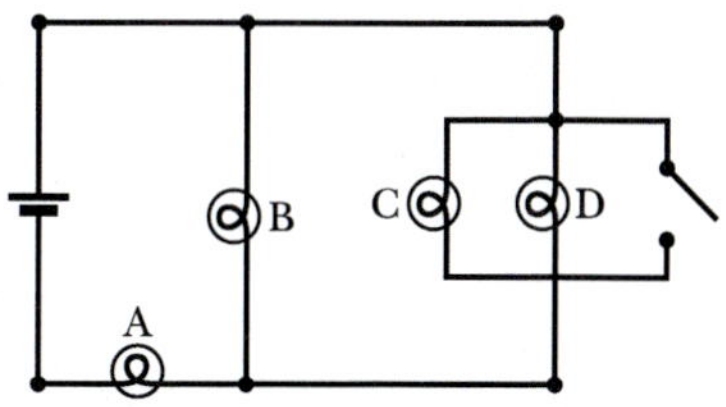

그림 27-61 문제 74

75. 회로 검사 2

그림 27-62의 회로를 살펴보아라. (a) 스위치가 끊겨

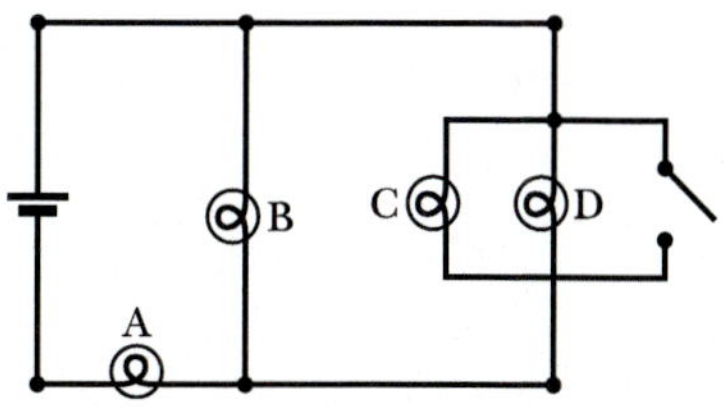

그림 27-62 문제 75

있다고 가정하여, 전구를 밝은 순서로 늘어놓고 그 근거를 설명하여라. (b) 스위치가 이어져 있다고 가정하여, 전구를 밝은 순서로 늘어놓고 그 근거를 설명하여라.

76. 더 많은 전류

그림 27-63의 전지가 똑같다면 어느 회로에 더 많은 전류가 흐르겠는가? 회로 A인가? 회로 B인가? 둘 다 아닌가? 계산 과정을 보이고 추론의 근거를 설명하여라.

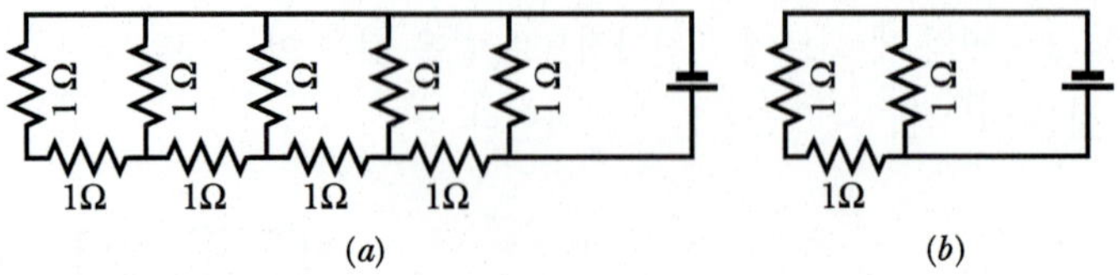

그림 27-63 문제 76

77. 어느 것이 연결되어 있는가

그림 27-64의 회로에서 서로 직렬로 연결된 저항, 병렬로 연결된 저항, 이도 저도 아닌 저항을 찾아 설명하여라.

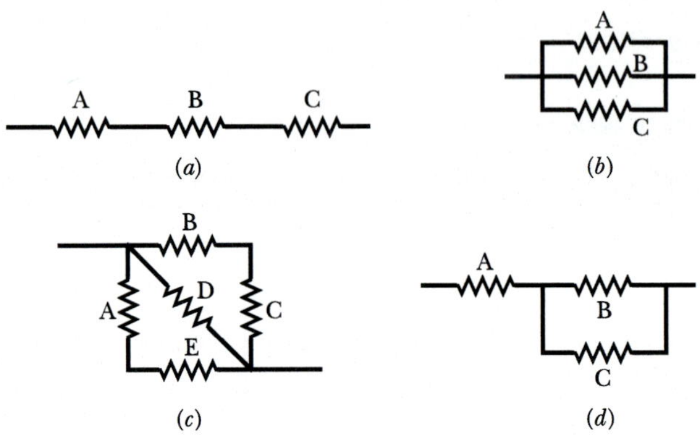

그림 27-64 문제 77

78. 전구 하나와 많은 전지

그림 27-65는 똑같은 전구에 똑같은 전지를 여러 가지 배열 방식으로 연결된 것을 보여준다. 전지의 내부저항은 무시할 수 있다고 하자. 각 전지의 양극은 (+)로 나타냈다. 전구가 밝은 순서로 회로를 나열하고, 추론의 근거를 설명하여라.

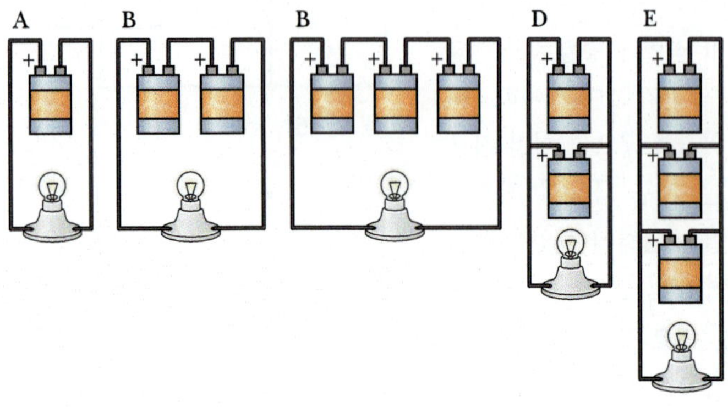

그림 27-65 문제 78

79. 일정 전류샘

전지는 양극에서 일정한 전위차의 전압을 공급한다고 배웠다. 그때 전지를 지나는 전류를 셈하려면 회로를 살펴보고 물리적 원리를 썼다. 신경과학에서는 때때로 일정 전류샘을 써야 하는데, 이것은 일정한 전류를 공급한다. 이때 전원 양극의 전압 강하를 셈하려면 물리적 원리를 써야 한다.

전류 $i_c = 10^{-6}$ A를 늘 공급하는 일정 전류샘('전류샘'으로 나타내자)이 있다고 하자. 그림 27-66의 세 회로에 대해, 전류 공급원 양극의 전압강하를 구하여라. 각 저항값은 $R = 2000\,\Omega$이다. (답을 i_c나 R로 나타내도 좋다.)

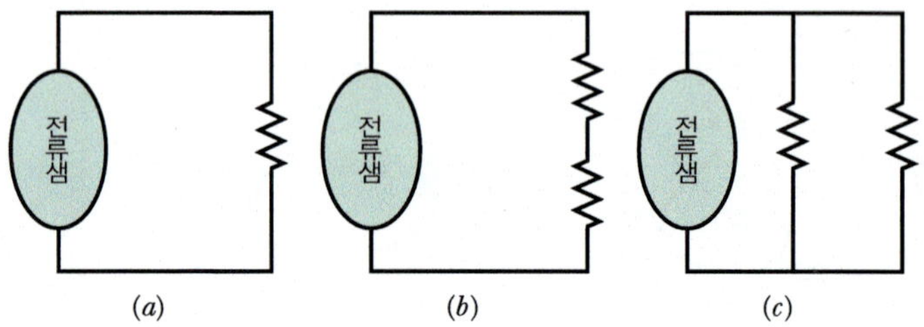

그림 27-66 문제 79

80. 회로를 따라서

그림 27-67은 이상적인 전지와 저항 세 개로 이루어진 회로이다. 전지의 기전력은 1.5V, $R_1 = 2\,\Omega$, $R_2 = 3\,\Omega$, $R_3 = 5\,\Omega$이다. 이 그림에는 또한 회로를 따라갈 때 어떤 물리량이 변하는 것을 추적하는 그림표가 있다. 그림표를 3장 베껴라. 전지의 양극에서 출발하여 회로를 따라 음극까지 갈 때, 첫째에는 시험 전하가 각 부분에서

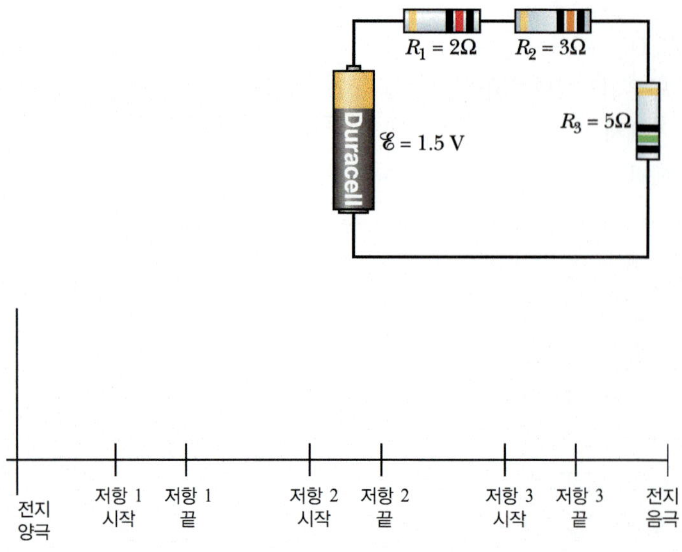

그림 27-67 문제 80

느끼는 전압을, 둘째에는 시험전하가 느끼는 전기장을 그려라. 셋째에는 도선의 수직단면을 지나는 전류를 그려라.

81. 신경막 모형

(대학원 과정의 신경 생리학 과목 숙제 모음집에서 뽑았다.) 신경세포의 세포막은 복잡한 생화학 반응을 통해 이온(Na^+과 K^+)이 세포막을 오가도록 펌핑을 하고, 그 결과 막의 안팎에 정전기 전위차가 유지된다. 조건이 바뀌면 이 전위차가 바뀔 수 있다.

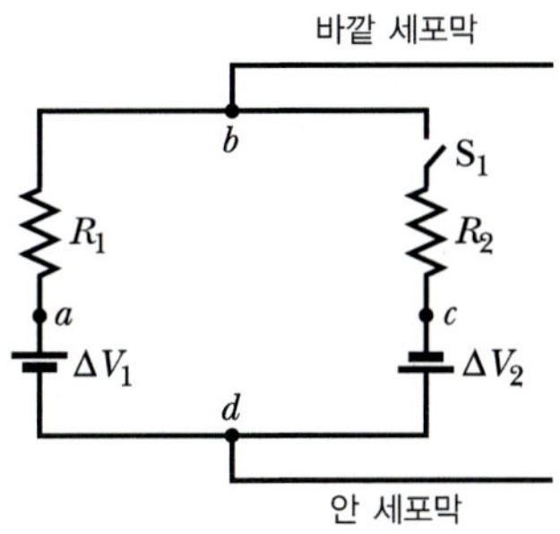

그림 27–68 문제 81

신경막을 마치 전지, 저항, 스위치로 된 간단한 전기회로처럼 다루면 이러한 과정의 일부에 대한 모형을 세울 수 있다. 그림 27–68은 신경세포 막의 간단한 모형이다. 이것은 전압이 $\Delta V_1 = 100\,\text{mV}$, $\Delta V_2 = 50\,\text{mV}$인 전지(이온 펌프) 두 개로 되어 있다. 막을 가로지르는 이온 흐름에 대한 저항은 두 저항기 $R_1 = 10\,\text{k}\Omega$, $R_2 = 90\,\text{k}\Omega$으로 나타낸다. 변동성은 스위치 S_1으로 나타낸다.

회로의 네 곳을 a–d로 표시했다. b는 막의 바깥쪽, d는 막의 안쪽을 나타낸다.

(a) 스위치를 끊으면 막의 양쪽(즉, d와 b 사이)의 전압차는 얼마인가?

(b) 스위치를 이으면 고리를 따라 흐르는 전류는 얼마인가?

(c) 스위치를 끊으면 저항 R_1 양 끝의 전압 강하는 얼마이고, 스위치를 이으면 얼마인가?

(d) 스위치를 끊으면 저항 R_2 양 끝의 전압 강하는 얼마이고, 스위치를 이으면 얼마인가?

(e) 스위치를 이으면 막의 양쪽(즉, d와 b 사이)의 전위차는 얼마인가?

(f) R_1과 R_2의 위치가 바뀌면 세포막 양쪽에 걸린 전압이 달라지겠는가?

82. 다섯 전류 구하기

그림 27–69의 회로를 보라. (a) 접합점 규칙을 d와 a에, 고리 규칙을 세 고리에 써서 연립 1차 독립 방정식을 5개 세워라. (b) 이 방정식을 행렬방정식 $[A][B] = [C]$으로 나타내어라. 여기서

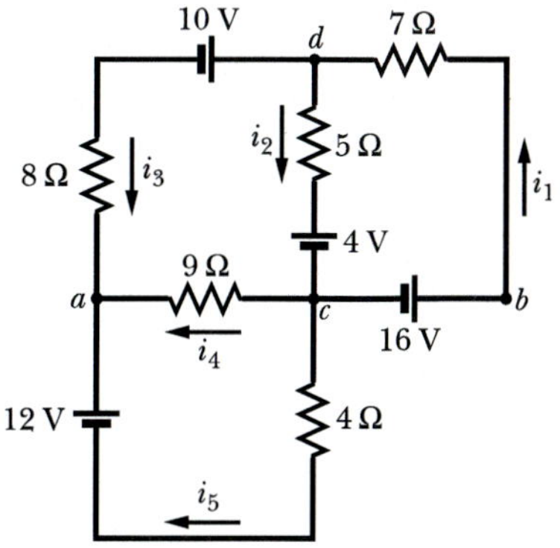

그림 27–69 문제 82

$$[B] = \begin{bmatrix} i_1 \\ i_2 \\ i_3 \\ i_4 \\ i_5 \end{bmatrix}$$

이다. 행렬 $[A]$와 $[C]$는 무엇인가? (c) 계산기로 $[A]^{-1}[C]$를 셈하여 i_1, i_2, i_3, i_4, i_5의 값을 구하여라.

83. 전류 알기

문제 82와 똑같은 상황에서 5개의 전류값을 다 셈한 뒤에, 다음 문제를 풀어라. (a) 9Ω 저항기 양 끝의 전위차를 구하여라. (b) 7Ω 저항기에 해주는 일률을 구하여라. (c) 12 V 전지가 회로에 해주는 일률을 구하여라. (d) 4 V 전지가 회로에 해주는 일률을 구하여라. (e) a, c 어느 곳이 전위가 더 높은가?

28 전기용량

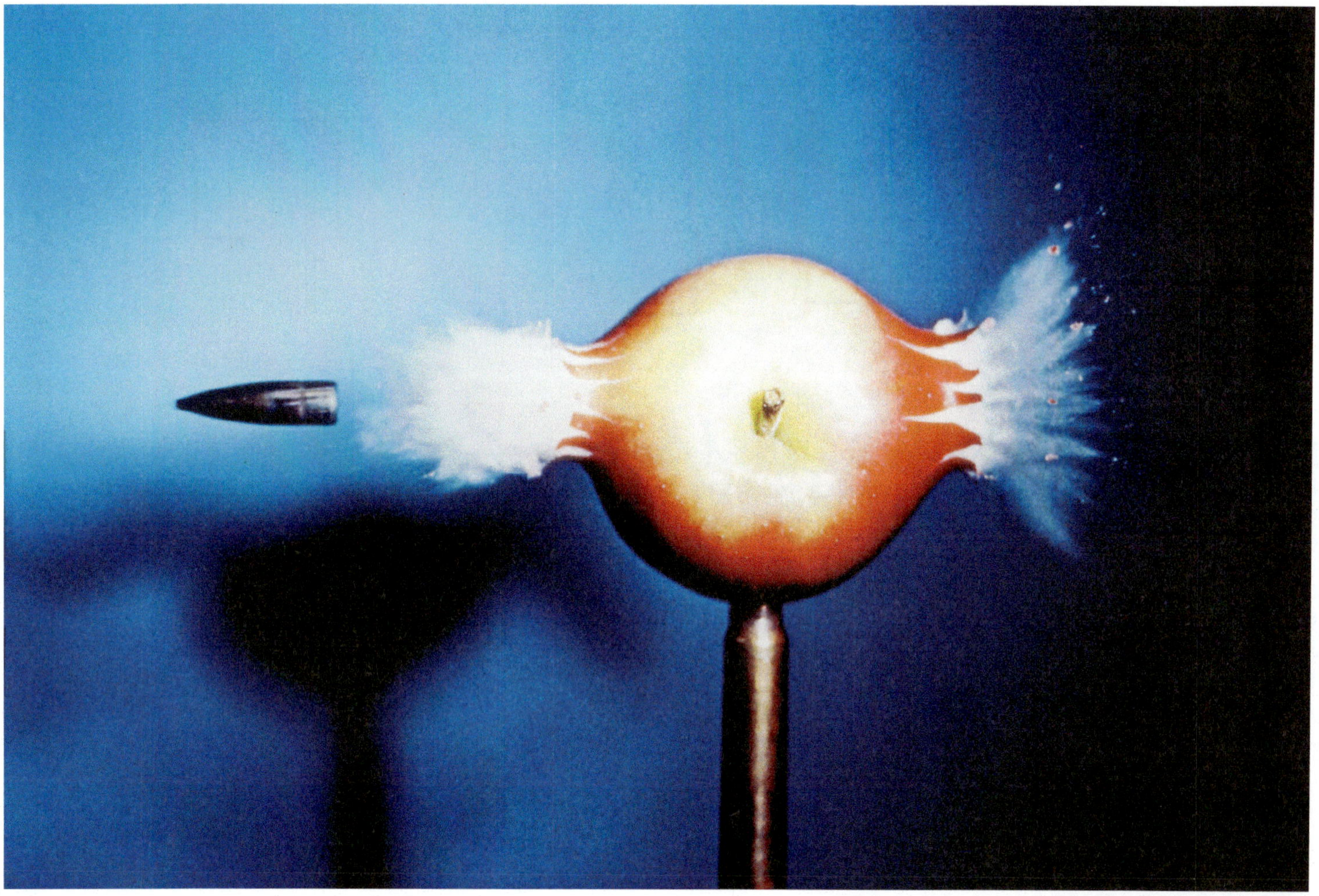

메사추세츠 공과대학의 에거튼(Herold 'Doc' Edgerton)은 순간 포착 사진을 멋지게 찍는 능력으로 유명했는데, 1964년에 총알이 사과를 뚫고 지나가는 이 사진을 찍었다. 사진은 사진기 셔터를 열어 두고, 고속 전자 섬광을 아주 정확한 시각에 사과에 비추어 찍었다. 총알이 속력 900 m/s로 날아가므로, 에거튼은 0.3 μs 동안만 지속되는 섬광등을 썼다. 이것은 빛이 번쩍이는 동안 총알은 겨우 0.3 mm를 날아갔음을 뜻한다. 보통 사진을 찍을 때 100 W 전등을 1/20초 동안 비추어 5 J의 빛 에너지를 공급한다. 그러나 그 빛 에너지를 0.3 μs 동안에 공급하려면 15MW의 일률이 필요하다.

총알이 날아가는 모습을 잡는데 필요한 짧은 시간에 사진 찍을 때 필요한 에너지를 어떻게 공급할 수 있었을까?

◈ 답은 이 장에 있다.

28-1 축전기의 쓰임새

26장에서 그림 26-1과 같은 한 쌍의 금속판에 과잉 전하를 전달하는 것을 설명했다. 한 쌍의 금속판은 **축전기(capacitor)**의 기본 구성 요소이다. 축전기는 두 도체 사이에 절연체를 끼워 넣어 만든다. 축전기를 이루는 두 도체에 전지와 같이 전위차를 유지하는 전원의 두 전극을 하나씩 연결하면, 한 쪽 도체는 알짜 양전하를 얻고 다른 쪽 도체는 같은 양의 알짜 음전하를 얻는다. 축전기는 어떤 모양이든 좋다. 그림 28-1은 몇 가지 모양의 축전기를 보여준다. 축전기를 이루는 도체의 모양이나 크기에 상관없이, 그 도체를 흔히 '극판' 이라고 부른다.

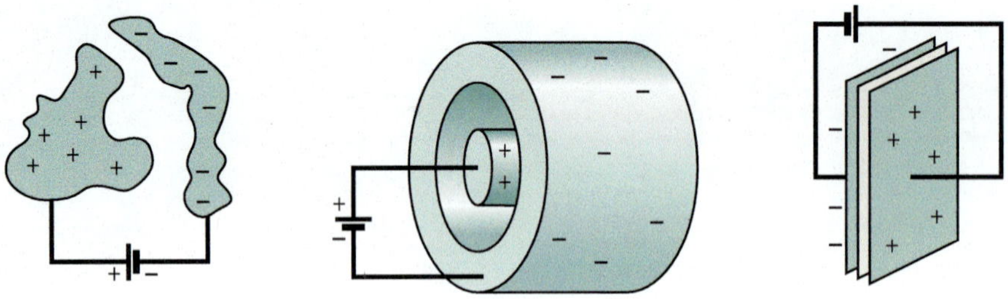

그림 28-1
크기와 모양이 다른 축전기 3개가 전지에 연결되어 있다. 이들은 각각 절연체로 분리된 한 쌍의 도체이다. 낱낱의 회로에서 전지는 한쪽 도체에서 전자들을 빼내어 알짜 양전하가 남게 하고, 다른 쪽 도체에 같은 수의 전자를 보낸다.

• 전기 회로 속의 축전기

축전기는 두 극판사이에 절연체가 끼어 있으므로, 그대로는 아무런 전류도 흐르지 않는다. 그래서 언뜻 보면, 축전기를 회로의 소자로 쓰는 것은 사리에 어긋나는 것 같다. 놀랍게도, 축전기는 회로 안에서 다른 소자들의 전류를 변화시키는 매우 재미있고 유용한 성질이 있다. 예를 들어, 가변 축전기는 라디오나 텔레비전 수신기에서 방송국의 진동수(주파수)를 고를 수 있게 해주는 핵심 소자다. 축전기는 공사장에서 경고신호등이 켜졌다 꺼지는 주기를 조절하는 데도 쓴다. 극초단파와 라디오 신호를 전달하는 동축도선은 원통꼴 축전기다. 초소형 축전기는 통신과 컴퓨터에서 시간에 따라 변하는 신호의 전송 시각과 세기를 결정한다. 그림 28-2는 전기 회로에서 흔히 볼 수 있는 여러 크기와 모양의 축전기의 일부를 보여준다.

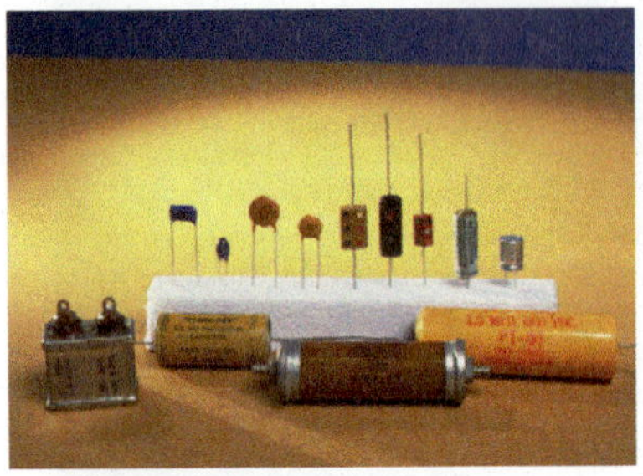

그림 28-2
전기 회로에서 흔히 볼 수 있는 축전기 모음. 소자의 내부구조는 보이지 않는다.

• 에너지 저장 소자로서의 축전기

활시위를 당기거나, 용수철을 늘리거나, 기체를 압축하거나, 책을 들어 올려서 위치 에너지를 저장할 수 있는 것과 마찬가지로, 그림 28-3과 28-4에 보인 '충전된' 축전기 속에 생긴 전기장에 전기 에너지를 저장할 수 있다. 예를 들어, 현대의 디지털 컴퓨터 그리고 영상 사진기에 쓰이는 전하결합 소자(CCDs)에서 초소형 축전기는 그 속에 저장된 에너지 덕분에 기억 소자 구실을 할 수 있다. 축전기에 저장된 에너지는 또한 잠깐 정전된 동안에도 컴퓨터 회로가 계속 작동하도록 도와줄 수 있다. 전지로 작동하는 섬광등에서는 매우 큰 축전기가 핵심부품이다. 섬광등이 터져 빛을 내는 순간들 사이에 축전기가 상대적으로 천천히 전기 에너지를 축적하면서, 점점 더 센 전기장을 만든다. 축전기는 에너지를 극판 사이에 전기장으로 저장했다가 순간적으로 방출하여 눈부신 빛을 만들어낸다. (축전기는 전기에너지 저장소이다. 따라서 어떤 전기 장치가 꺼져 있어도 그것을 열고 축전기의 두 전극을 한꺼번에 만지면 위험한 전기 충격을 받을 수 있으니 주의해야 한다.)

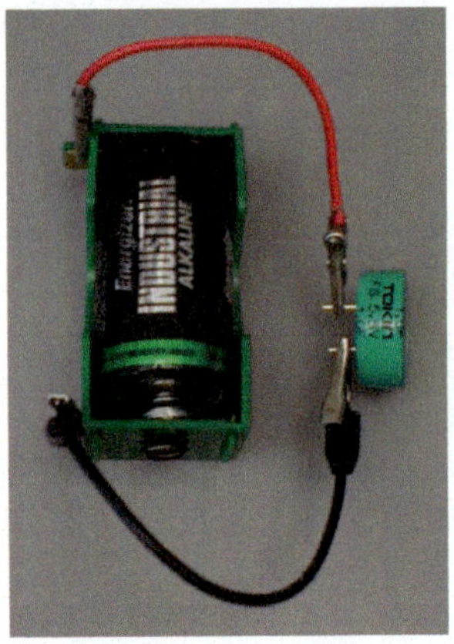

그림 28-3
전지를 축전기의 두 단자에 연결하면, 축전기에 전기 에너지가 저장된다.

28-2 전기용량

그림 28-5는 두 금속판으로 만든 축전기를 보여준다. 넓이가 A인 두 금속판을 간격 d로 나란히 두어 만든 소자를 평행판 축전기라고 한다. 축전기를 나타내는 기호(⊣⊢)는 평행판 축전기의 구조에 바탕을 두고 있지만 다른 축전기에도 쓸 수 있다. 전기용량을 간단히 정의하고자, 두 개의 평평하고 나란한 도체(또는 **극판**) 사이에 완벽한 절연체가 끼워진 이상적인 축전기를 생각한다. 완벽한 절연체에는 전류가 전혀 흐르지 않는다. 간단히, 축전기 극판 사이에 (공기, 유리, 플라스틱 같은) 물질이 전혀 없어 진공인 상황을 먼저 생각하여, 이상적인 전지로 축전기를 충전하자. 이상적인 전지는 내부저항이 없으므로, 두 전극의 전위차가 늘 기전력과 같음을 상기하자. 28-6절과 그 뒤에서 이러한 이상화된 제한의 일부를 풀 것이다.

그림 28-4
'충전된' 축전기를 전지에서 떼어내어 전구에 연결하면, 축전기에 저장된 에너지로 전구를 잠깐 켤 수 있다.

• 극판의 과잉 전하: 크기가 같고 부호가 반대

축전기 극판이 어떤 모양이든 전지나 다른 전원에 연결하면, 전자가 전지의 음극에서 나와 그것과 연결된 극판으로 도선을 통해 흘러간다. 그동안 전지의 양극은 다른 극판에서 전자들을 끌어 뽑아낸다. 이 전자들은 극판에서 빠져나와서 도선을 통하여 끌려오며, 극판에는 전자를 잃어 과잉 양전하를 띤 금속 이온이 남는다. 이러한 과정이 진행되는 동안에도, 축전기 전체는 전기적으로 중성이고, 축전기의 바깥에는 전기장이 생기지 않는다. 따라서 언제나 한쪽 극판에 $+q$의 알짜 혹은 과잉 전하가 있으면 다른 쪽 극판에 $-q$의 알짜 전하가 있다고 결론지을 수밖에 없다. 전지는 양극판에서 하나의 전자를 빼낼 때마다 음극판에 전자를 하나씩 준다. 이 과정을 **전하 분리** 또는 **충전**이라고 한다.

> 축전기의 작동을 이해하려면, 회로의 도선에 전하가 흐르면 전하 분리가 일어남을 기억하는 것이 중요하다. 이상적인 축전기 속에서 전하는 한쪽 극판에서 다른 쪽 극판으로 전달되지 않는다.

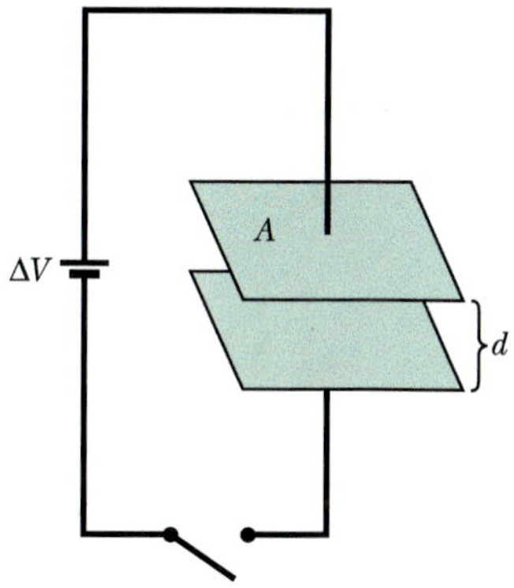

그림 28-5
넓이 A인, 두 극판이 간격 d로 떨어진 평행판 축전기가 전위차 ΔV인 전지에 연결되어 있다. 두 극판의 마주보는 면에는 크기 $|q|$로 같고 부호가 반대인 과잉 전하가 있다.

• 축전기 극판은 왜 전하축적을 멈추는가?

조금 지나면 전지가 양극판에서 전자를 끌어내고 음극판에 전자를 밀어 넣는 것을 결국은 멈춘다. 그 까닭은 전자가 음극판에 쌓이면, 전지의 작용을 방해하여 흘러 들어오는 전자를 밀어내기 시작하기 때문이다. 마찬가지로, 양극판에서는 더 많은 양이온들이 전자를 점점 더 세게 끌어당기므로 전지가 전자를 떼어내기가 점점 더 어려워진다. 충분한 전하가 극판에 쌓이면, 전지가 전자에 주는 힘과 극판에 있는 다른 전하가 전자에 반대쪽으로 주는 힘이 서로 맞비겨 전자는 더 이상 흐르지 않게 된다. 성능 좋은 전압계를 쓰면 전지에서 금방 떼어낸 축전기에 걸린 전위차를 잴 수 있고, 그 결과는 **축전기에 걸린 전위차가 전지의 두 전극의 전위차와 같을 때 전하 분리가 멈춘다**는 것을 알 수 있다.

• 전하 분리 용량에 영향을 주는 요소

관례에 따라, 축전기의 전하는 낱낱의 극판에 있는 알짜 전하의 절대값 $|q|$를 말한다. 축전기의 극판에 전하 q와 $-q$가 쌓이면 '충전되었다' 고 말하지만, 축전기는 전기적으로는 중성이므로 실제로는 전압원이 만들어낸 전하 분리를 말하는 셈이다. 평행판 축전기의 전하 분리 용량을 결정하는 요소는 무엇일까? 여러 요소의 영향을 탐구하는데 정전기학에 관한 지식을 쓸 수 있다. 특히 전지의 두 전극의 전위차와 극판의 넓이와 간격 같은 기하학적 요소가 전하에 주는 영향을 살펴보자(그림 28-6):

1. **전위차**, ΔV: 축전기가 어떤 모양이든, 극판에 연결한 전지의 전위차가 클수록 전하 분리가 더 많

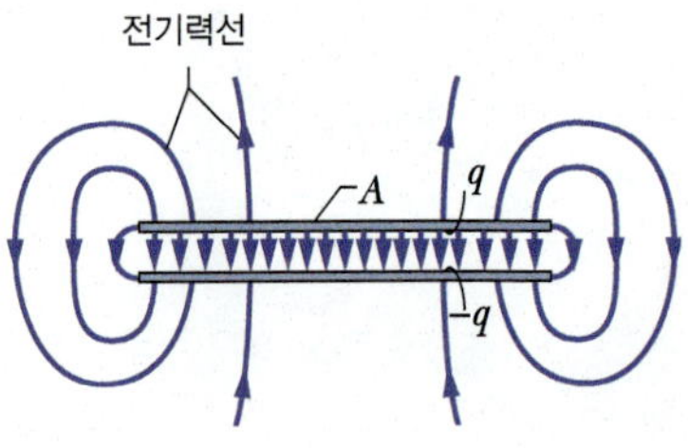

그림 28-6
전기력선이 보여 주듯이, 충전된 극판이 만드는 전기장은 두 극판 사이의 가운데에서는 고르고, 극판의 가두리에서는 고르지 않음을 전기력선의 '흔들림'이 보여준다.

아질 것을 기대할 수 있다. 얼마나 더 많아질까? n개의 전하 무리가 극판에 퍼진 것을 생각해보자. 극판은 도체이므로, 각각 등전위면이다. 식 25-25을 쓰면 한없이 먼 곳에 대한 극판 위의 어느 곳의 전위를 알 수 있다: 축전기에 퍼져 있는 n개의 전하 무리의 위치만 알면 되고, 그 전위는 다음과 같다.

$$V = k\sum_{i=1}^{n} \frac{q_i}{r_i} \qquad \text{(식 25-25)}$$

r_i는 전위를 셈할 곳과 i번째 전하가 있는 곳 사이의 거리다. 이 식에 따르면 전위가 두 배가 되려면 축전기 극판 곳곳의 전하가 두 배가 되어야 한다. 축전기 극판에 분리된 전하량은 극판에 걸린 전위차에 비례할 것임을 예상할 수 있다. 따라서 다음과 같다.

$$|q| \propto |\Delta V|$$

축전기 극판에 쌓인 과잉 전하량과 두 극판에 걸리는 전위차 사이의 비례상수를 **전기용량**이라고 하며, 그 정의와 그 단위는 다음 절에서 다룬다.

2. **극판의 넓이** A: 평행판 축전기에서 전위차와 극판 간격이 정해져 있을 때, 분리되는 전하량은 극판의 넓이에 따라 어떻게 달라질까? 극판이 더 넓으면, 전지가 음극판에 밀어 넣은 전자가 더 멀리 퍼질 수 있다. 마찬가지로, 양극판에서 전자들이 빠져 나간 뒤 남는 양이온도 더 멀리 퍼질 수 있다. 극판이 더 넓어지면, 거기에서 전자를 빼내거나 밀어 넣기가 더 쉬워질 것이다.

   분리되는 전하량이 실제로 극판의 넓이에 비례함을 간단한 실험으로 보일 수 있다. 이 실험에서는 종이를 절연체로 삼아 알루미늄박 두 조각을 양쪽에 붙인다. 26-4절에서 설명한 다중계측기를 써서 전기용량을 재며, 알루미늄박의 넓이를 바꾸어가며 잰다. 그림 28-7에 결과를 보였다. 다음 절에서 이 관계를 이론적으로 끌어낸다.

3. **극판 간격** d: 평행판 축전기에서 전위차와 극판의 넓이가 정해져 있을 때, 분리되는 전하량이 극판 간격에 따라 어떻게 달라질까? 두 극판이 더 가까워지면, 두 극판의 과잉 전하가 더 가까워진다. 부호가 다른 전하는 서로 끌어당기므로, 이 전하들은 절연된 공간을 가로질러 서로 세게 끌어당긴다. 이 인력은 낱낱의 극판에서 같은 전하끼리 밀어내는 효과를 줄이는데 도움이 된다. 따라서 두 극판이 가까워질수록 전지가 분리하는 전하량이 더 커질 수 있다.

   극판이 가까워질수록 전하 분리 용량이 실제로 커짐을 간단한 실험으로 확인할 수 있다. 이 실험에서는 종이를 절연체로 삼아 알루미늄박 두 조각을 양쪽에 붙인다. 극판 사이에 끼운 종이의 쪽수를 늘려가며 다중계측기로 전기용량을 잰다. 그 결과가 그림 28-8인데 알루미늄박 축전기의 전기용량은 극판의 간격 d에 반비례함을 알 수 있다. 다음 절에서 이 관계를 이론적으로 끌어낸다.

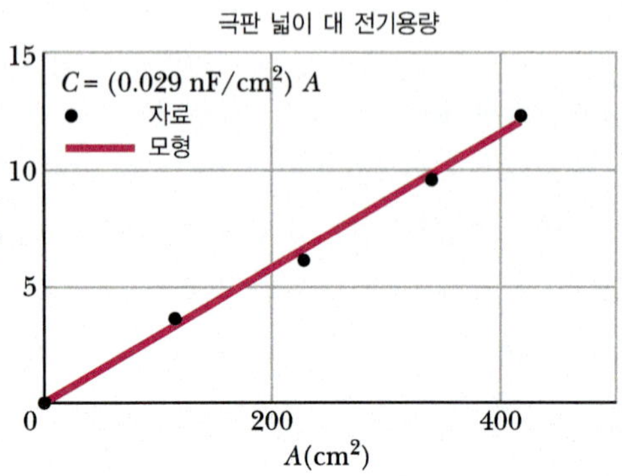

그림 28-7
네모꼴 알루미늄박 조각 두 개를 종이 양쪽에 붙인다. 다중계측기를 써서 이 장치의 전기용량을 잰 결과는 전기용량이 알루미늄 조각의 넓이에 비례하여 커짐을 보여준다.

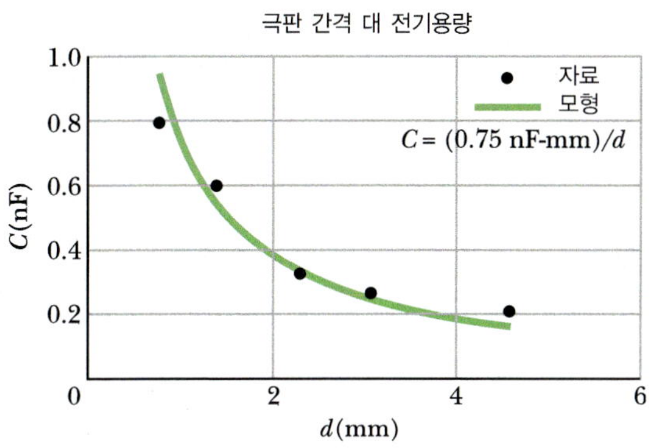

그림 28-8
네모꼴 알루미늄박 조각 두 개를 종이 양쪽에 붙인다. 다중계측기를 써서 이 장치의 전기용량을 극판 간격의 함수로 잰 결과는 전기용량이 간격에 반비례함을 보여준다.

• 전기용량의 정의

바로 앞 절에서 설명한 것처럼, 축전기의 두 극판에 쌓인 과잉 전하량 $|q|$와 두 극판의 전위차의 크기 $|\Delta V|$는 비례한다.

$$|q| = C|\Delta V| \tag{28-1}$$

비례상수 C를 **전기용량(capacitance)**으로 정의한다. 전기용량은 두 극판에 한 단위의 전위차를 만들기 위해 낱낱의 극판에 쌓아야 하는 과잉 전하량이다. 전위차가 같으면 전기용량이 클수록 더 많은 전하가 분리된다.

실험 결과, 평행판 축전기의 전기용량은 두 극판의 넓이에 비례했고, 간격에 반비례했다. 또한 전기용량은 두 극판 사이에 끼워 넣는 절연 물질의 성질과도 관련된다(28-6절과 28-7절). 축전기의 모양이 달라지면 전기용량과 극판 넓이 및 간격 사이의 관계가 달라진다. 다음 절에서는 전위와 가우스 법칙을 써서 평행판, 원통, 공 모양 축전기에서 기하학적 요인들을 이론적으로 확인한다.

• 전기용량의 단위

전기용량의 국제단위는 볼트당 쿨롱이다. 이 단위는 자주 나오므로 특별히 패럿(farad, F)이라는 이름을 붙여 쓴다.

$$1\ \text{farad} = 1\ \text{F} = \text{볼트 당 쿨롱} = 1\ \text{C/V} \tag{28-2}$$

알게 되겠지만, 패럿은 아주 큰 단위다. 마이크로패럿 ($1\ \mu\text{F} = 10^{-6}\ \text{F}$)과 피코패럿 ($1\ \text{pF} = 10^{-12}\ \text{F}$)과 같은 작은 단위가 실제로 더 쓸모 있다. 표 28-1에 단위와 일반적 표기법을 요약해보였다.

표 28-1
전기용량의 단위

마이크로패럿: $10^{-6}\ \text{F} = 1\ \mu\text{F}$
나노패럿: $10^{-9}\ \text{F} = 1\ \text{nF} = 1000\ \mu\mu\text{F}$
피코패럿: $10^{-12}\ \text{F} = 1\text{pF} = 1\ \mu\mu\text{F}$

생각해보기 28-1 다음 상황에서 축전기의 전기용량 C는 커질까, 작아질까, 그대로일까? (a) 축전기 극판의 과잉 전하량 $|q|$가 두 배가 될 때, (b) 그 사이의 전위차 ΔV_C가 세 배가 될 때.

연습문제 28-2

1. 전하계

전하계는 계기의 축전기 극판에 있는 정전하를 재며, 실제로는 전위차를 잰다. 전기용량이 50 pF, 전압 감도가 0.15 V인 전하계로 잴 수 있는 가장 작은 전하량은 얼마인가?

2. 두 쇠 물체

그림 28-9에 있는 두 금속 물체에는 저마다 +70 pC와 −70 pC의 알짜 전하가 있어, 둘 사이의 전위차가 20 V이다. (a) 이 계의 전기용량

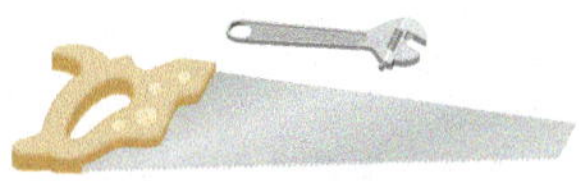

그림 28-9 문제 2

은 얼마인가? (b) 알짜전하가 +200 pC와 −200 pC으로 바뀌면 전기용량은 어떻게 되는가? (c) 전위차는 어떻게 되는가?

3. 처음에는 빈 축전기

전기용량 25 pF인 그림 28−10의 축전기가 처음에는 비어 있다. 전지는 전위차 120 V를 공급한다. 스위치 S를 닫으면, 그것을 지나가는 전하량은 얼마나 되는가?

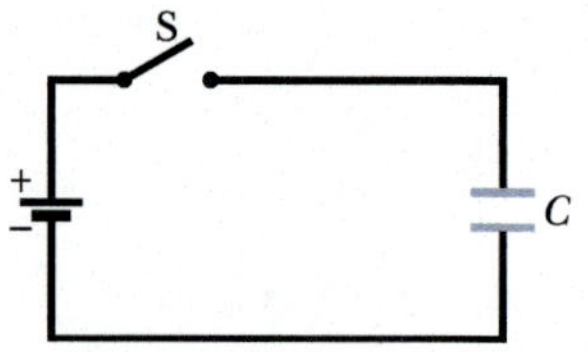

그림 28−10 문제 3

28-3 전기용량 셈하기

여기에서는 일단 모양을 아는 축전기의 전기용량을 셈한다. 여러 가지 모양을 다룰 것이므로, 셈하는 일반적인 절차를 요약하면 다음과 같다.

1. 낱낱의 '극판' 에 전하량 $|q|$가 있다고 가정한다.
2. 가우스 법칙을 써서 극판 사이의 전기장 $\vec{E}$를 전하량의 함수로 셈한다.
3. $\vec{E}$을 알면, 다음 식을 써서 두 극판 사이의 전위차 ΔV를 셈한다.

$$V_2 - V_1 = -\int_1^2 \vec{E} \cdot d\vec{s} \qquad \text{(식 25−16)}$$

4. $|q| = C|\Delta V|$(식 28−1)에서 C를 셈한다.

시작하기 전에, 몇 가지 가정을 하면 전기장과 전위차의 셈이 간단해진다. 하나씩 살펴보자.

• 전기장 셈하기

축전기 극판의 과잉 전하량 $|q|$와 극판 사이의 전기장 $\vec{E}$의 관계를 구할 때 다음 가우스 법칙을 쓸 수 있다.

$$\varepsilon_0 \oint \vec{E} \cdot d\vec{A} = q^{\text{알짜}} = q \qquad (28\text{−}3)$$

여기서 q는 가우스 면으로 둘러싸인 알짜전하, $\oint \vec{E} \cdot d\vec{A}$는 가우스 면을 지나가는 전기력선이다. 앞으로 살펴볼 모든 상황에서, 전기력선이 가우스 면을 지날 때는 늘 가우스 면 위에서 $\vec{E}$는 크기가 일정하여 $E = |\vec{E}|$이고, 벡터 $\vec{E}$와 $d\vec{A}$는 나란하다. 그러면 식은 다음과 같다.

$$|q| = \varepsilon_0 EA \quad \text{(식 28−3의 특별한 경우)} \qquad (28\text{−}4)$$

여기서 A는 전기력선이 지나가는 가우스 면의 일부의 넓이다. 앞으로 편의상 가우스 면이 양(+)극판의 전하를 완전히 감싸도록 그린다. 그 예로서 그림 28−11을 보라.

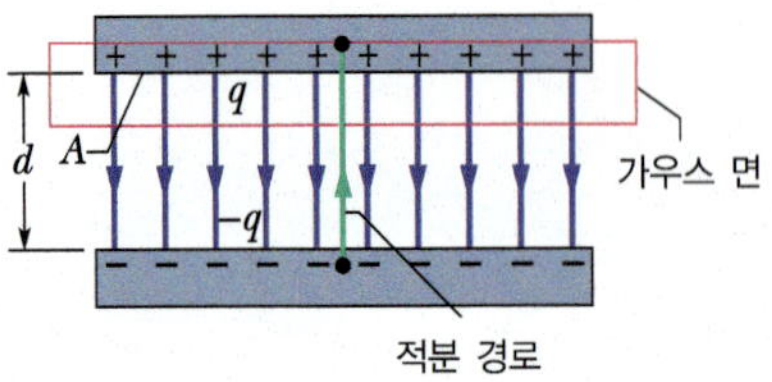

그림 28−11
충전된 평행판 축전기. 가우스 면은 양극판의 전하를 둘러싼다. 식 28−6의 적분은 음극판에서 양극판까지 곧바로 그은 경로를 따라 셈한다.

• 전위차 셈하기

축전기 극판의 전위차는 25장(식 25−16)의 기호를 쓰면 전기장 $\vec{E}$와 다음 관계가 있다.

$$V_2 - V_1 = -\int_1^2 \vec{E} \cdot d\vec{s} \qquad (28\text{−}5)$$

여기서 적분은 한쪽 극판에서 시작하여 다른 쪽 극판에서 끝나는 경로를 아무것이나 잡아서 셈한다. 앞으로 적분 경로는 늘 음극판에서 양극판에 이르는 전기력선을 따라 잡는다. 이 경로에서 벡터 $\vec{E}$와 $d\vec{s}$는 방향이 서로 반대이므로, $\vec{E}$와 $d\vec{s}$의 점곱 $\vec{E} \cdot d\vec{s}$는 $-|\vec{E}||d\vec{s}|$가 될 것이다. 그러면 이 식의

오른쪽은 값이 양수가 된다. $V_2 - V_1$를 ΔV로 표현하면, 식은 다음과 같이 바꾸어 쓸 수 있다.

$$\Delta V = \int_{(-)}^{(+)} |\vec{E}||d\vec{s}| \quad \text{(식 28–5의 특별한 경우)} \tag{28–6}$$

여기서, (−)와 (+)는 적분 경로가 음극판에서 시작하여 양극판에서 끝남을 나타낸다.

이제 $|q| = \varepsilon_0 EA$(식 28–4)와 $\Delta V = \int_{(-)}^{(+)} |\vec{E}||d\vec{s}|$(식 28–6)을 쓸 준비가 되었다.

• 평행판 축전기

그림 28–11에서 설명했듯이, 평행판 축전기의 극판은 매우 넓고 아주 가깝다고 가정했으므로, 극판 사이의 공간에서 $\vec{E}$가 일정하다고 볼 수 있고 극판의 가두리에서 전기장의 흔들림 효과를 무시할 수 있다. 이러한 모양은 구식 라디오에서 썼다. 33장에서 보게 되겠지만, 진동 회로의 주파수는 전기용량에 따라 결정된다. (작은 트랜지스터가 나오기 전에 만들어진) 구식 라디오에서는 포개놓은 한 쌍의 금속판이 손잡이에 연결되어 있었다. 손잡이를 돌리면 고정된 금속판 사이에 끼워진 금속판이 돌아 두 금속판이 겹치는 비율이 바뀌어 전기용량이 바뀌고, 따라서 라디오가 공진하는 신호의 주파수가 달라졌다.

그림 28–11처럼 가우스 면을 양극판의 과잉 전하 q를 둘러싸도록 그린다. 앞의 식을 다시 쓰면 다음과 같다.

$$|q| = \varepsilon_0 EA \tag{28–7}$$

여기서 A는 낱낱의 극판 넓이다.

식 28–6은 다음과 같이 쓸 수 있다.

$$\Delta V = \int_{(-)}^{(+)} |\vec{E}||d\vec{s}| = |\vec{E}| \int_0^d ds = Ed \tag{28–8}$$

여기서 $|\vec{E}| = E$은 상수이므로 적분 기호 밖으로 끌어낼 수 있고, 그러면 둘째 적분은 단순히 극판의 간격 d이다.

두 식을 $|q| = C|\Delta V|$(식 28–1)과 묶으면, 다음 식을 얻는다.

$$C = \frac{\varepsilon_0 A}{d} \quad \text{(평행판 축전기)} \tag{28–9}$$

이론적으로는 앞 절에서 제시한 실험 결과와 들어맞는다. 전기용량은 실제로 오직 기하학적 요인들 — 평판의 넓이 A와 극판 간격 d — 과 관련된다. C는 판의 넓이 A가 늘어나거나, 간격 d가 줄어들 때 커진다는 사실을 꼭 기억해야 한다.

부차적으로 이 식을 통해 쿨롱 법칙에서 정전기 상수를 $1/4\pi\varepsilon_0$의 꼴로 쓴 까닭을 알 수 있다. 그렇게 쓰지 않으면, 공학에서 쿨롱 법칙보다 더 자주 쓰는 위의 평행판 축전기의 전기용량에 대한 식이 더 복잡한 꼴이 되었을 것이다. 이 식은 축전기와 관련한 문제에서 유전상수 ε_0를 더 적합한 단위를 쓸 수 있게 해준다는데 더 뜻이 있다. 즉, 다음과 같이 나타낼 수 있다.

$$\varepsilon_0 = 8.85 \times 10^{-12}\,\text{F/m} = 8.85\,\text{pF/m} \tag{28–10}$$

유전상수는 앞에서 다음과 같이 나타냈다.

$$\varepsilon_0 = 8.85 \times 10^{-12}\,\text{C}^2/\text{N}\cdot\text{m}^2 \tag{28–11}$$

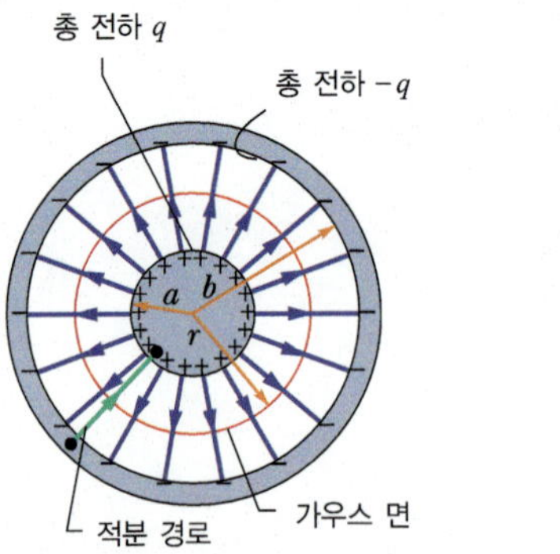

그림 28-12
긴 원통 축전기의 단면. 양극판을 둘러싼 반지름 r인 원통 가우스 면과 식 28-6을 쓸 수 있게 반지름을 따라가는 적분 경로를 나타냈다. 가운데 도체가 긴 원통 도선의 단면이 아니라, 공의 단면이라면 공 모양 축전기에도 이 그림을 쓸 수 있다.

• 원통 축전기

그림 28-12는 반지름 a, b이고 중심축이 같은 길이 L의 원통 축전기의 단면을 보여준다. $L \gg b$로 가정하면, 원통의 끝에서 생기는 가두리 효과를 무시할 수 있다. 각 극판에는 같은 양의 과잉 전하 q가 있다. 동축도선(그림 28-13)은 먼 곳에 전기 신호를 전달하는 통신 사업에 쓰이므로 이러한 꼴은 매우 중요하다.

원통 속의 전기장은 회전대칭성이 있어서 값을 결정할 때 가우스 법칙을 쓸 수 있다. 가우스 면으로 그림 28-12와 같은 끝이 막힌 길이 L, 반지름 r인 원통을 잡으면 다음과 같이 된다.

$$|q| = \varepsilon_0 |\vec{E}| A = \varepsilon_0 |\vec{E}| (2\pi r L)$$

여기서 $2\pi rL$은 가우스 면의 원통면(옆면)의 넓이다. 원통의 양쪽 뚜껑을 지나는 전기력선은 없다. $|\vec{E}|$에 대하여 풀면 다음과 같다.

$$|\vec{E}| = \frac{|q|}{2\pi\varepsilon_0 Lr} \tag{28-12}$$

전위차에 대한 일반식에 넣으면 다음과 같다.

$$\Delta V = \int_{(-)}^{(+)} \vec{E} \cdot d\vec{s} = -\frac{q}{2\pi\varepsilon_0 L} \int_b^a \frac{dr}{r} = \frac{q}{2\pi\varepsilon_0 L} \ln\left(\frac{b}{a}\right) \tag{28-13}$$

여기서 $ds = -dr$이다(반지름 방향으로 안쪽으로 적분한다). 관계식 $C = |q/\Delta V|$로부터 다음 식을 얻을 수 있다.

$$C = 2\pi\varepsilon_0 \frac{L}{\ln(b/a)} \quad \text{(원통 축전기)} \tag{28-14}$$

평행판 축전기의 전기용량과 마찬가지로 원통 축전기의 전기용량도 L, b, a와 같은 기하학적인 요인이 결정한다.

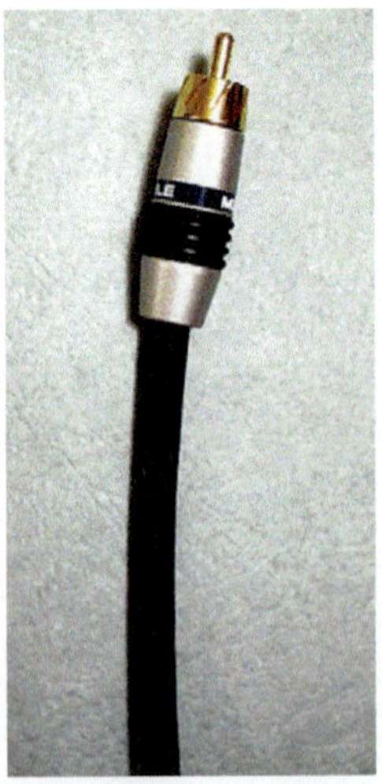

그림 28-13
동축도선과 연결쇠는 텔레비전 및 라디오 신호를 멀리 보내는데 쓴다. 도선은 절연층으로 둘러싸인 중심 도선과 원통 도체로 되어 있다. 세 요소 모두 축이 같다(동축). 동축도선은 원통 축전기의 좋은 보기다.

• 공 축전기

그림 28-12는 반지름 a, b로 중심이 같은 공 껍질 두 개로 된 축전기의 중심 단면도 될 수 있다. 가우스 면으로서 두 껍질과 중심이 같은 반지름 r의 공을 그리면, 다음과 같다.

$$|q| = \varepsilon_0 EA = \varepsilon_0 E(4\pi r^2)$$

여기서 $4\pi r^2$은 공 모양 가우스 면의 넓이다. $|\vec{E}|$에 대하여 방정식을 풀면, 다음 식을 얻는다.

$$E = |\vec{E}| = k\frac{|q|}{r^2} = \frac{1}{4\pi\varepsilon_0}\frac{|q|}{r^2} \tag{28-15}$$

이것은 24장의 고른 공모양 전하 분포의 전기장 식과 같다.

이 식을 식 28-6에 넣으면, 다음과 같다.

$$\Delta V = \int_{(-)}^{(+)} \vec{E} \cdot d\vec{s} = -\frac{|q|}{4\pi\varepsilon_0} \int_b^a \frac{dr}{r^2} = \frac{|q|}{4\pi\varepsilon_0}\left(\frac{1}{a} - \frac{1}{b}\right) = \frac{|q|}{4\pi\varepsilon_0}\frac{b-a}{ab} \tag{28-16}$$

여기서 ds를 다시 $-dr$로 바꾸어 썼다.

이것을 $|q| = C|\Delta V|$(식 28-1)에 넣어 C에 대해 정리하면, 다음과 같다.

$$C = 4\pi\varepsilon_0 \frac{ab}{b-a} \quad (\text{공 축전기}) \tag{28-17}$$

• **고립된 공**

반지름 R인 공 모양 도체 하나도 전기용량이 있는데, 이것과 축전기를 이루는 '사라진 극판'은 반지름이 한없이 큰 도체 공으로 보면 된다. 결국, 양전하가 쌓인 고립된 도체의 표면에서 나가는 전기력선은 어디에선가 끝이 나야 한다. 축전기가 있는 방의 벽은 실제로 반지름이 한없이 큰 도체 공으로 볼 수 있다.

고립된 도체의 전기용량을 구하려면, 먼저 공 축전기에 대한 식을 다음과 같이 고쳐 쓴다.

$$C = 4\pi\varepsilon_0 \frac{a}{1 - a/b}$$

그러고 나서 $b \to \infty$로 두고 a에 R을 넣으면, 다음 식을 얻는다.

$$C = 4\pi\varepsilon_0 R \tag{28-18}$$

이 공식과 전기용량에 대하여 끌어낸 다른 공식들은(식 28-9, 식 28-14, 식 28-17)은 상수 ε_0에 길이의 차원을 가지는 양을 곱한 값임을 유의하자.

생각해보기 28-2 다음 축전기들을 똑같은 전지로 충전한 다음 전지를 떼어 냈다. 다음 각 상황에서 축전기 극판의 과잉 전하는 늘어날까, 줄어들까, 그대로일까? (a) 평행판 축전기의 극판 간격이 멀어질 때, (b) 원통꼴 축전기의 안쪽 원통의 반지름이 커질 때, (c) 공 모양 축전기의 바깥쪽 공 껍질의 반지름이 커질 때.

생각해보기 28-3 다음 축전기들을 똑같은 전지로 충전한 다음 전지를 그대로 두었다. 다음 각 상황에서 축전기 극판의 과잉 전하는 늘어날까, 줄어들까, 그대로일까? (a) 평행판 축전기의 극판 간격이 멀어질 때, (b) 원통꼴 축전기의 안쪽 원통의 반지름이 커질 때, (c) 공 모양 축전기의 바깥쪽 공 껍질의 반지름이 커질 때.

연습문제 28-3

4. 보여라

식 28-9를 ε_0에 대해 풀면 국제단위는 미터당 패러데이(F/m)인데, 이 단위는 앞에서 얻은 ε_0의 단위(곧, 쿨롱 제곱당 뉴턴 미터 제곱: $N \cdot m^2/c^2$ [식 22-8] 제곱)과 등가임을 보여라.

5. 둥근 판

평행판 축전기의 극판이 반지름 8.2 cm, 간격 1.3 mm이다. (a) 전기용량을 셈하라. (b) 두 극판에 전위차 120 V를 걸면 낱낱의 극판에 저장되는 과잉 전하는 얼마인가?

6. 평평한 쇠판 두 장

평평한 쇠판 두 장이 있는데, 낱낱의 넓이가 1.00 m²이다. 이것으로 평행판 축전기를 만든다. 전기용량이 1.00 F가 되게 하려면 두 극판의 간격은 얼마로 해야 하는가? 그러한 축전기를 실제로 만들 수 있는가?

7. 수은 한 방울

반지름 R인 공 모양의 수은 한 방울의 전기용량이 $C = 4\pi\varepsilon_0 R$이다. 그러한 수은 방울 두 개를 붙여 만든 더 큰 수은 방울의 전기용량은 얼마인가?

8. 공 축전기

공 축전기의 극판의 반지름이 38.0 mm, 40.0 mm이다. (a) 전기용량을 셈하라. (b) 전기용량과 극판 간격이 같은 평행판 축전기의 극판 넓이는 얼마인가?

9. 공 껍질 두 개

공 축전기의 두 공 껍질의 반지름이 거의 같다. 이 조건에서는 $b - a = d$인 평행판 축전기와 근사하다. 이때는 식 28-17이 실제로 식 28-9로 환원됨을 보여라.

28-4 병렬 및 직렬 연결 축전기

회로에 축전기가 여러 개 결합되어 있을 때, **등가 축전기(equivalent capacitor)**, 즉 결합된 축전기와 똑같은 구실을 하는 하나의 축전기로 바꿀 수 있다. 이렇게 바꾸면, 회로가 단순해진다. 이것은 27장에서 저항을 다룬 방법과 비슷하다. 게다가 다른 회로 소자에도 도체와 절연체가 들어 있어 **흩어진 전기용량**이 있기도 하다. 그러한 요소들끼리 그리고 가까이 있는 다른 축전기와 결합한 유효 전기용량이 얼마나 되는지 아는 것은 고성능 회로 설계에 아주 중요하다. 이 절에서는 축전기 결합의 두 가지 기본 유형인 병렬 연결과 직렬 연결을 설명한다.

• 병렬 연결 축전기

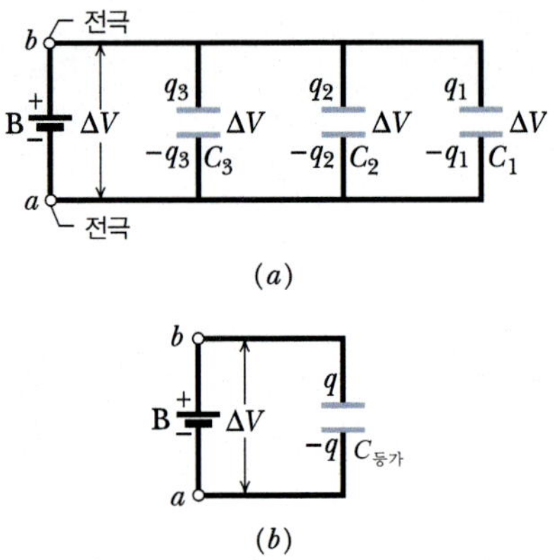

그림 28-14
(*a*) 전지 B와 병렬 연결된 세 축전기. 전지는 전지의 양단과 완전히 충전된 축전기에 양의 전위차, $\Delta V_{전지} = V_b - V_a$를 유지한다. (*b*) 병렬 조합 대신 전기용량 $C_{등가}$인 등가 축전기가 들어 있다.

그림 28-14*a*는 축전기 세 개가 전지 B에 **병렬** 연결된 전기회로를 보여준다. '병렬' 이라는 말은 그림에 나타난 축전기 극판의 모양과는 관계가 없고, 그보다는 여러 축전기의 한쪽 극판들이 모두 직접 연결되어 있음을 뜻한다. 반대쪽 극판들도 모두 직접 연결되어 있다. 병렬 연결 축전기를 전지에 연결하면, 전지의 전위 $\Delta V_{전지}$가 그림 28-14*a*와 같이 세 축전지에 똑같이 걸린다.

간격이 똑같은 3개의 평행판 축전기를 살펴보면 축전기를 병렬로 이으면 어떻게 될지 예상할 수 있다. 이때 연결된 축전기 회로판의 유효 넓이는 축전기 3개의 극판 넓이를 더한 것과 같다. 식 28-9을 쓰면 아래의 결과를 얻는다.

$$C_{등가} = \frac{\varepsilon_0 A}{d} = \frac{\varepsilon_0 (A_1 + A_2 + A_3)}{d} = \frac{\varepsilon_0 A_1}{d} + \frac{\varepsilon_0 A_2}{d} + \frac{\varepsilon_0 A_3}{d} = C_1 + C_2 + C_3$$

심지어는 3개의 축전기가 각각 모양이 다를 때도 병렬 연결 축전기의 유효 넓이는 늘어날 것을 기대할 수 있다. 실험 결과는 확실한 증거가 된다. 어떤 유형의 축전기든 3개를 병렬 연결하여 다중계측기로 전기용량을 재면 아래와 같음이 밝혀졌다.

$$C_{등가} = C_1 + C_2 + C_3$$

병렬 연결 축전기에 걸린 전위차는 그것에 연결한 전지의 전위차와 같으므로, $|q| = C|\Delta V|$(식 28-1)을 써서 $C_{등가} = C_1 + C_2 + C_3$라면 다음 관계가 성립함을 보일 수 있다.

$$\frac{|q_{등가}|}{|\Delta V|} = \frac{|q_1|}{|\Delta V|} + \frac{|q_2|}{|\Delta V|} + \frac{|q_3|}{|\Delta V|}$$

따라서 다음 관계가 성립한다.

$$|q_{등가}| = |q_1| + |q_2| + |q_3|$$

일반적으로,

> 병렬 연결된 여러 축전기에 걸린 전위차가 ΔV이면, 낱낱의 축전기에 걸린 전위차도 ΔV이다. 등가 축전기에 저장된 총 전하량 $|q|$는 낱낱의 축전기에 저장된 전하량의 합과 같다.

축전기의 병렬 회로를 분석할 때 다음 사항을 고려하면 간단하다.

> 병렬 연결 축전기는 총 전하 $|q|$와 전위차 ΔV가 똑같은 하나의 등가 축전기로 바꿀 수 있다.

병렬 연결된 3개의 축전기의 등가 전기용량을 찾는 방법은 쉽게 확장하여 축전기가 몇 개든 쓸 수 있다. 축전기 n개가 병렬 연결되어 있으면 등가 전기용량은 다음과 같다.

$$C_{\text{등가}} = \sum_{j=1}^{n} C_j \quad (\text{병렬 연결 축전기 } n\text{개}) \tag{28-19}$$

병렬 연결 축전기의 등가 전기용량을 셈하려면, 낱낱의 전기용량을 그냥 더한다.

• 직렬 연결 축전기

그림 28-15a는 3개의 축전기가 전지 B에 직렬 연결된 회로인데, 이 그림에서 축전기가 어디에 있든 상관없다. 그보다는 '직렬 연결'은 한 축전기의 한쪽 극판이 다음 축전기의 반대쪽 극판에 차례로 연결되어 전지가 걸어주는 ΔV는 직렬 연결 축전기 전체의 양끝에 걸린다.

직렬 연결 축전기의 극판에서 전하가 어떻게 되는가 보자: 이 상태에서는 축전기 하나를 충전하면 다음 축전기가 저절로 충전되는 사슬반응이 일어난다. 축전기 3에서 시작하여 축전기 1로 향하는 충전 과정을 살펴보자. 직렬 연결 축전기에 전지를 연결하면 축전기 3의 아래 극판에 알짜 전하 $-q$가 생긴다. 이 전하는 축전기 3의 위 극판의 음전하를 밀어낸다(그러므로 위 극판에는 알짜 또는 과잉 $+q$가 남는다). 밀려난 음전하는 축전기 2의 아래 극판으로 간다(알짜 전하 $-q$를 준다). 축전기 2의 아래 극판의 음전하는 축전기 2의 위 극판의 음전하를 밀어내고(전하 $+q$가 남는다), 밀려난 음전하는 축전기 1의 아래 극판으로 간다(알짜 전하 $-q$를 준다). 결국 축전기 1의 아래 극판의 전하는 축전기 1의 위 극판의 음전하를 전지로 이동시켜 축전기 1의 위 극판에는 알짜 전하 $+q$가 남는다. 그러므로 직렬 연결 축전기 양 끝의 전위차는 축전기의 모든 극판에 똑같은 과잉 전하 $|q|$를 만들어 냄을 알 수 있다.

직렬 연결 축전기 낱낱의 양쪽 극판의 과잉 전하량은 똑같으므로 식 28-1, $|q| = C|\Delta V|$를 써서 위의 추론을 다음 식으로 요약할 수 있다.

$$|q_1| = |q_2| = |q_3| = |q|$$

따라서 다음 식이 성립한다.

$$|\Delta V_1| = \frac{|q|}{C_1}, \quad |\Delta V_2| = \frac{|q|}{C_2}, \quad |\Delta V_3| = \frac{|q|}{C_3}$$

전지에 의한 총 전위차 ΔV는 세 전위차의 합이므로

$$|\Delta V| = |\Delta V_1| + |\Delta V_2| + |\Delta V_3|$$

이고, 따라서 다음과 같다.

$$\frac{|q|}{C_{\text{등가}}} = \frac{|q|}{C_1} + \frac{|q|}{C_2} + \frac{|q|}{C_3}$$

그러므로 등가 전기용량은 다음과 같다.

$$C_{\text{등가}} = \frac{|q|}{|\Delta V|} \text{ 이고 또한 } \frac{1}{C_{\text{등가}}} = \frac{1}{C_1} + \frac{1}{C_2} + \frac{1}{C_3}$$

> 여러 축전기가 직렬 연결된 것에 전위차 $|\Delta V|$를 걸면, 낱낱의 축전기의 극판에는 똑같은 과잉 전하 $|q|$가 생긴다. 낱낱의 축전기에 걸린 전위차를 모두 더하면 전체에 걸어준 전위차 $|\Delta V|$와 같다.

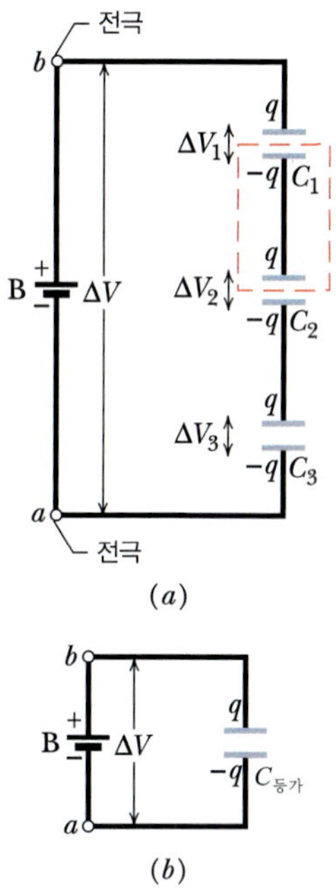

그림 28-15
(a) 전지 B에 직렬 연결된 3개의 축전기. 전지는 직렬 연결된 첫째와 끝 축전기 사이의 전위차 ΔV를 유지한다. (b) 전기용량 $C_{\text{등가}}$를 갖는 등가 축전기는 직렬 조합을 대신할 수 있다.

직렬 연결 축전기의 중요한 특성은 다음과 같다: 전하가 어느 한 축전기에서 다른 축전기로 이동할 때, 그림 28-15a의 축전기 3에서 축전기 2로 이동하는 것처럼 전하가 갈 수 있는 길은 단 하나다. 두 축전기 사이에서 전하가 갈 수 있는 길이 둘 이상이면 축전기는 직렬 연결된 것이 아니다. 따라서 직렬 연결 축전기 회로를 분석할 때는 등가 축전기 하나로 바꿔치면 쉬워진다.

> 직렬 연결 축전기는 등가 축전기 하나로 바꿔칠 수 있다: 이것의 과잉 전하 $|q|$는 낱낱의 축전기의 극판에 있던 것과 똑같고, 전위차 $|\Delta V|$는 낱낱의 축전기에 걸린 전위차를 모두 더한 값과 같다.

직렬 연결된 3개의 축전기의 등가 전기용량을 찾는 방법은 쉽게 확장하여 축전기가 몇 개든 쓸 수 있다. 축전기 n개가 직렬 연결되어 있으면 등가 전기용량은 다음과 같다.

$$\frac{1}{C_{\text{등가}}} = \sum_{j=1}^{n} \frac{1}{C_j} \tag{28-20}$$

위 식을 쓰면 등가 직렬 연결 축전기의 등가 전기용량은 언제나 연결된 축전기 가운데 가장 작은 것보다 더 작음을 보일 수 있다. 이것은 또한 맨 위와 맨 아래 극판 사이가 실질적인 간격은 $d = d_1 + d_2 + d_3$로 늘어나는 것으로부터 정성적으로 예견할 수 있다. 식 28-9에 따르면 전기용량은 극판의 간격에 반비례한다.

표 28-2는 직렬 및 병렬 연결된 저항과 축전기의 등가관계를 요약한다. 이것은 또한 소자를 여러 가지 모양으로 배열했을 때 전하가 어떻게 이동하고 퍼지는가를 물리적으로 따져 알아낸 전위차와 전하에 대한 정보도 제공한다.

생각해보기 28-4 등가 축전기: 똑같은 두 축전기에 전위차 $|\Delta V|$인 전지를 써서 과잉 전하량 $|q|$를 충전한 뒤 떼어냈다. 그 다음에 이 축전기를 연결하는데, (a) 병렬 및 (b) 직렬로 연결할 때 낱낱의 축전기에 걸리는 전위차와 극판의 과잉 전하량은 얼마인가?

표 28-2
직렬 및 병렬 연결된 저항과 축전기

저항		축전기	
직렬	병렬	직렬	병렬
$R_{\text{등가}} = \sum_{j=1}^{n} R_j$	$\frac{1}{R_{\text{등가}}} = \sum_{j=1}^{n} \frac{1}{R_j}$	$\frac{1}{C_{\text{등가}}} = \sum_{j=1}^{n} \frac{1}{C_j}$	$C_{\text{등가}} = \sum_{j=1}^{n} C_j$
식 27-4	식 27-12	식 28-20	식 28-19
1. 모든 저항에 흐르는 전류가 똑같음	1. 모든 저항에 걸리는 전위차가 똑같음	1. 모든 축전기에 생기는 과잉 전하가 똑같음	1. 모든 축전기에 걸리는 전위차가 똑같음
2. 낱낱의 저항에 걸리는 전위차를 더함	2. 낱낱의 저항에 흐르는 전류를 더함	2. 낱낱의 축전기 걸리는 전위차를 더함	2. 낱낱의 축전기 생기는 과잉 전하를 더함

따라해보기 28-1 | 등가 축전기

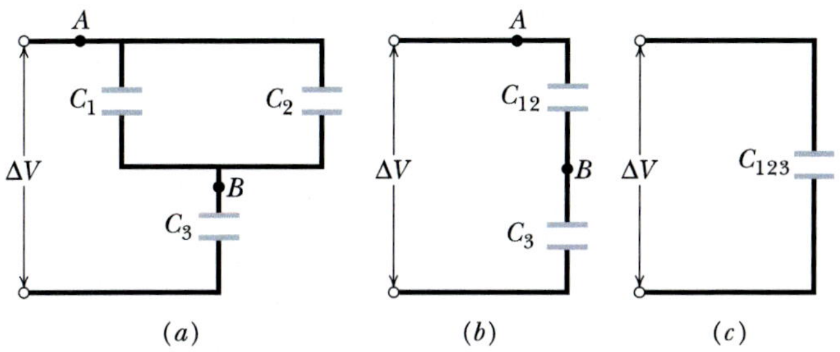

그림 28-16
(*a*) 세 개의 축전기 (*b*) 병렬 연결된 C_1과 C_2를 등가 축전기 C_{12}로 바꾼다. (*c*) 직렬 연결된 C_{12}와 C_3을 등가 축전기 C_{123}으로 바꾼다.

(a) 그림 28-16*a*와 같이 연결된 축전기 회로에 전위차 $|\Delta V|$가 걸린다. 등가 전기용량을 구하여라. 단, $C_1 = 1.20\ \mu\text{F}$, $C_2 = 5.30\ \mu\text{F}$ $C_3 = 4.50\ \mu\text{F}$이다.

풀이 ■ **요점**은 직렬 연결된 모든 축전기는 등가 축전기 하나로 바꿀 수 있으며 병렬 연결된 어떤 축전기도 마찬가지로 등가 축전기 하나로 바꿀 수 있다는 것이다. 그러므로 먼저 그림 28-16*a*의 축전기의 연결이 병렬인지 직렬인지 확인해야 한다.

축전기 1과 3이 직접 연결되어 있는데, 직렬 연결일까? 아니다. 축전기 1에 걸린 전위차 $|\Delta V|$는 축전기 3의 아래 극판에 과잉 전하를 만든다. 그 전하 때문에 축전기 3의 위 극판으로부터 전하가 이동한다. 그렇지만 이동한 전하는 축전기 1과 2 모두의 아래 극판으로 움직일 수 있음을 유의하자. 전하가 움직이는 길이 둘 이상이므로 축전기 3은 축전기 1(또는 축전기 2)과 직렬 연결된 것이 아니다.

축전기 1과 축전기 2는 병렬로 연결되어 있는가? 그렇다. 위 극판끼리 같은 선에 연결되어 있고 아래 극판끼리도 같은 선으로 연결되어 있으므로 위 두 극판과 아래 두 극판에 같은 전위차가 걸린다. 따라서 축전기 1과 2는 병렬 연결이고, 식 28-19로부터 등가 전기용량 C_{12}는 다음과 같다.

$$C_{12} = C_1 + C_2 = 12.0\ \mu\text{F} + 5.30\ \mu\text{F} = 17.3\ \mu\text{F}$$

그림 28-16*b*에서 축전기 1과 2를 등가 축전기 12로 바꾸었다(*A*와 *B*에서의 연결은 그림 28-16*a*와 *b*에서와 같다).

축전기 12는 축전기 3과 직렬 연결인가? 직렬 연결 축전기의 검증방법을 다시 쓰면 축전기 3의 위 극판에서 가는 전하는 모두 축전기 12의 아래 극판으로 가야 한다. 따라서 축전기 12와 축전기 3은 직렬 연결되어 있고 이들을 그림 28-16*c*와 같이 등가 축전기 C_{123}으로 바꿀 수 있다. 이제 식 28-20으로부터 다음 결과를 얻는다.

$$\frac{1}{C_{123}} = \frac{1}{C_{12}} + \frac{1}{C_3} = \frac{1}{17.3\ \mu\text{F}} + \frac{1}{4.50\ \mu\text{F}} = 0.280\ \mu\text{F}^{-1}$$

따라서 다음 결과를 얻는다.

$$C_{123} = \frac{1}{0.280\ \mu\text{F}^{-1}} = 3.57\ \mu\text{F} \qquad \text{(답)}$$

(b) 그림 28-16*a*의 입력단에 걸린 전위차가 $\Delta V = 1.25\ \text{V}$일 때 C_1의 낱낱의 극판의 과잉 전하량은 얼마인가?

풀이 ■ 첫째 **요점**은 축전기 1에 충전된 전하 q_1을 구하려면 등가 축전기 123으로부터 시작하여 거꾸로 셈해야 한다는 것이다. 그림 28-16*a*에서 전위차 $\Delta V = 1.25\ \text{V}$가 세 축전기 묶음에 걸리므로 그림 28-16*c*의 C_{123}에도 같은 전위차가 걸린다. 따라서 식 28-1 ($|q| = C|\Delta V|$)에서 다음 결과를 얻는다.

$$|q_{123}| = C_{123}|\Delta V| = (3.57\ \mu\text{F})(12.5\ \text{V}) = 44.6\ \mu\text{C}$$

둘째 **요점**은 그림 28-16*a*에서 직렬 연결 축전기 12와 3은 등가 축전기 123과 같은 전하를 갖는다는 사실이다. 따라서 축전기 12의 전하는 $q_{12} = q_{123} = 44.6\ \mu\text{C}$이다. 식 28-1로부터 축전기 12에 걸린 전위차는 다음과 같다.

$$|\Delta V_2| = \frac{|q_{12}|}{C_{12}} = \frac{44.6\ \mu\text{C}}{17.3\ \mu\text{F}} = 2.58\ \text{V}$$

셋째 **요점**은 병렬 연결 축전기 1과 2는 둘 다 등가 축전기 12와 같은 전위차를 갖는다는 사실이다. 따라서 축전기 1의 전위차는 $\Delta V_1 = \Delta V_{12} = 25.8\ \text{V}$이고, 식 28-1에 따라 축전기 1에 충전된 전하는 다음과 같다.

$$|q_1| = C_1|V_1| = (12.0\ \mu\text{F})(2.58\ \text{V}) = 31.0\ \mu\text{C} \qquad \text{(답)}$$

연습문제 28-4

10. 등가
그림 28-17의 축전기 조합과 등가인 전기용량을 구하라. $C_1 = 10.0\ \mu\text{F}$, $C_2 = 5.00\ \mu\text{F}$, $C_3 = 4.00\ \mu\text{F}$ 이다.

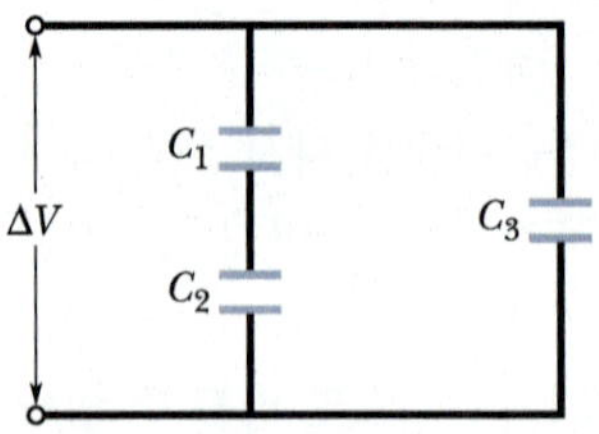

그림 28-17 문제 10, 30

11. 얼마나 많이
용량 $1.00\ \mu\text{F}$인 축전기를 몇 개나 병렬로 이어야 전위 110 V를 걸어 과잉 전하 1.00 C를 여투어 둘 수 있는가?

12. 낱낱이 변하지 않는
그림 28-18의 빈 축전기 낱낱의 전기용량은 $25.0\ \mu\text{F}$이다. 스위치를 닫으면 전위가 4200 V가 걸린다. 그러면 전류계 A를 지나는 전하는 몇 쿨롱인가?

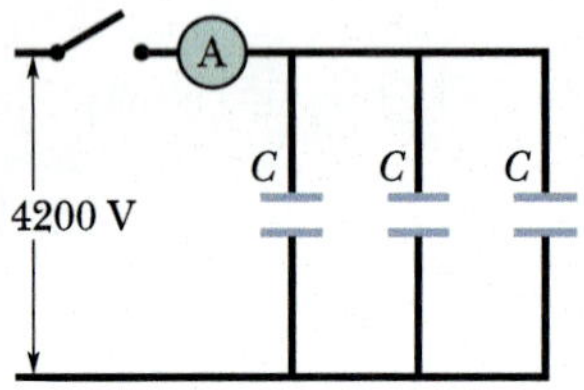

그림 28-18 문제 12

13. 콤보
그림 28-19에서 축전기 조합과 등가인 전기용량을 구하라. $C_1 = 10.0\ \mu\text{F}$, $C_2 = 5.00\ \mu\text{F}$, $C_3 = 4.0\ \mu\text{F}$ 이다.

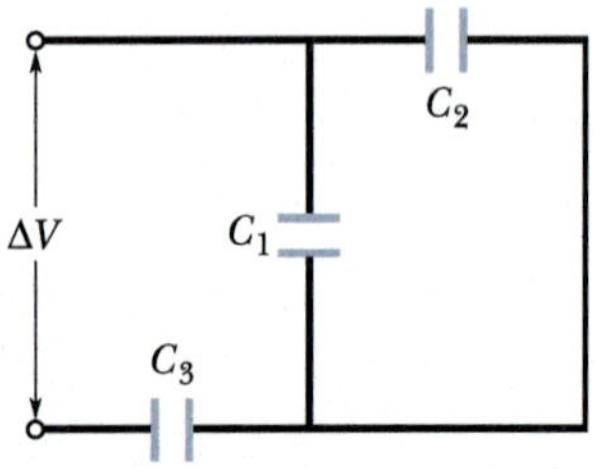

그림 28-19 문제 13, 14, 28

14. 타버린 축전기
그림 28-19에서 축전기 C_3가 타버려 도선과 같아졌다고 하자. 축전기 1의 (a) 과잉 전하량과 (b) 전위차는 얼마나 변하는가? $\Delta V = 100$ V라고 하자.

15. 직렬 두 개
그림 28-20은 축전기 두 개가 직렬로 이어진 것을 보여준다. 길이 b인 가운데 부분은 수직방향으로 움직일 수 있다. 직렬 조합의 등가 전기용량은 가운데 부분의 위치와 무관하게 다음과 같음을 보여라: $C = \varepsilon_0 A/(a-b)$. 여기에서 A는 전극의 넓이다.

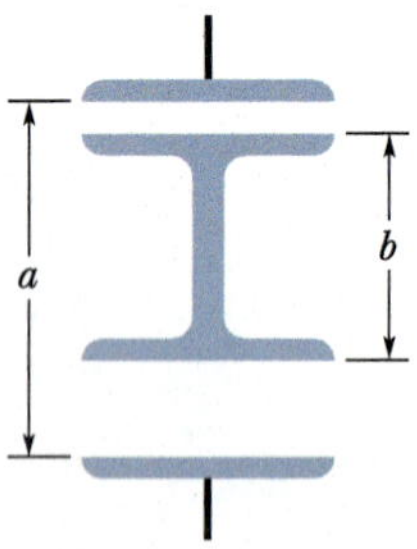

그림 28-20 문제 15

16. 전지 전위
그림 28-21에서 전지의 전위차는 10 V이고 다섯 개의 축전기는 낱낱의 용량이 $10\ \mu\text{F}$이다. (a) 축전기 1의 용량과 (b) 2의 용량은 얼마인가?

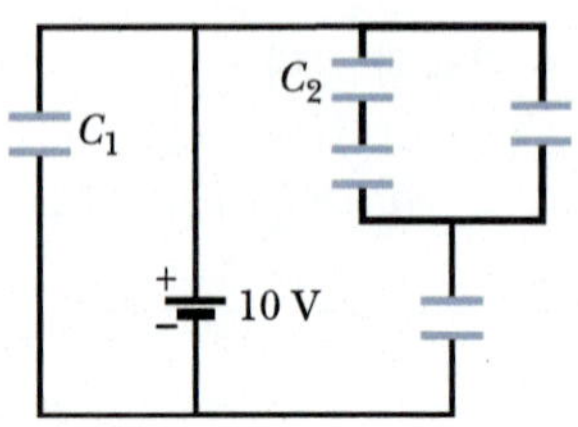

그림 28-21 문제 16

17. 둘째와 직렬
100 pF 축전기에 기전력 50 V인 전지로 충전한 다음 전지를 떼내었다. 축전기를 비어 있는 축전기와 병렬로 연결했다. 첫 축전기의 극판의 전위차가 35 V로 떨어진다면, 둘째 축전기의 전기용량은 얼마인가?

18. 저장된 전하
그림 28-22에서 전지의 전위차는 20 V이다. 다음을 구하라: (a) 모든 축전기에 대한 등가 전기용량, (b) 등가 축전기에 여툴 수 있는 과잉 전하량. 다음 축전기에 걸리는 전위차와 여투어지는 전하량을 구하라: (c) 축전기 1, (d) 축전기 2, (e) 축전기 3.

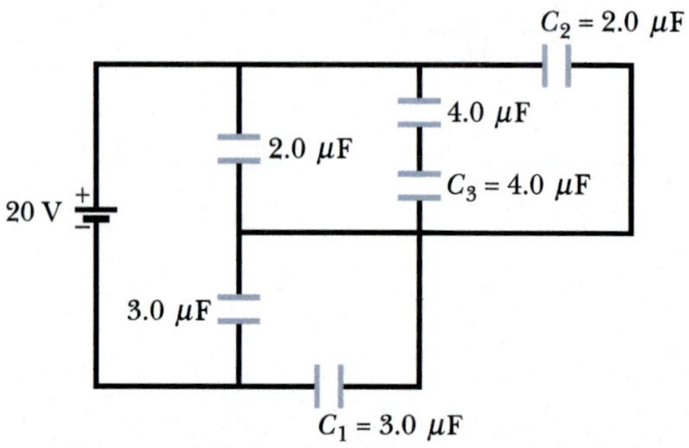

그림 28-22 문제 18

19. 반대 극성
그림 28-23에서 전기용량은 $C_1 = 1.0\ \mu\text{F}$, $C_2 = 3.0\ \mu\text{F}$이고, 두 축전기 모두 전위차 $\Delta V = 100$ V이 되, 보인 것처럼 극성을 반대로 연결했다. 이제 스위치 S_1과 S_2를 잇는다. (a) a와 b의 전위차가 얼마인가? (b) 축전기 1과 (c) 축전기 2에 남은 과잉 전하는 얼마인가?

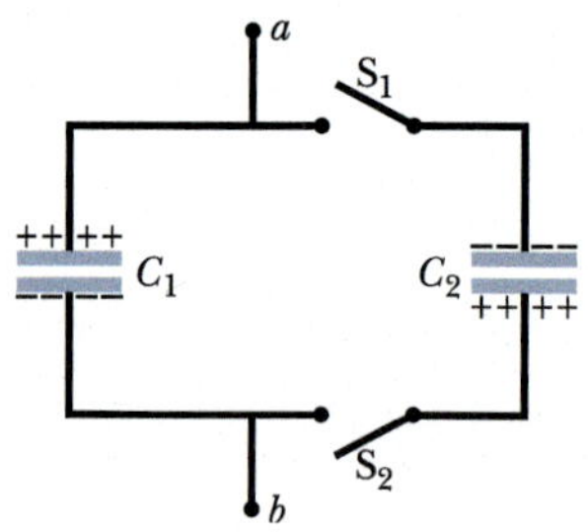

그림 28-23 문제 19

20. 전지 공급
그림 28-24에서 전지 B가 12 V를 공급한다. 다음 두 상황에서 낱낱의 축전기에 쌓이는 과잉 전하를 구하라: (a) 스위치 S_1만 이을 때, (b) 그 뒤에 스위치 S_2도 이을 때.

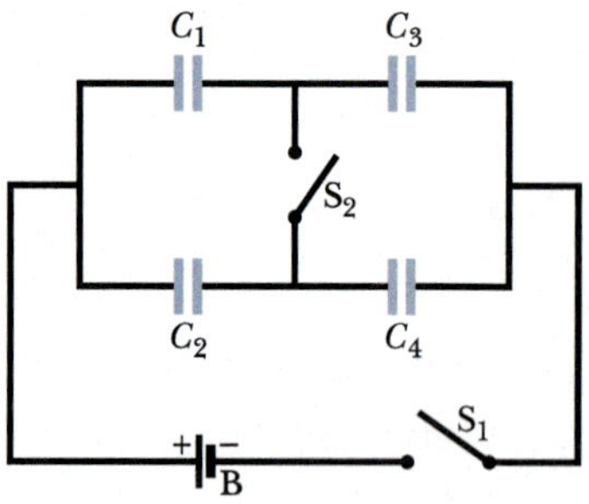

그림 28-24 문제 20

21. 스위치를 넣다
그림 28-25에서 스위치 S를 왼쪽으로 닫으면, 축전기 1의 극판에는 전위차 ΔV_0가 걸린다. 축전기 2와 3은 처음에 비어있다. 이제 스위치를 오른쪽으로 잇는다. 낱낱의 축전기에 쌓이는 과잉 전하 $|q_1|$, $|q_2|$, $|q_3|$를 구하라.

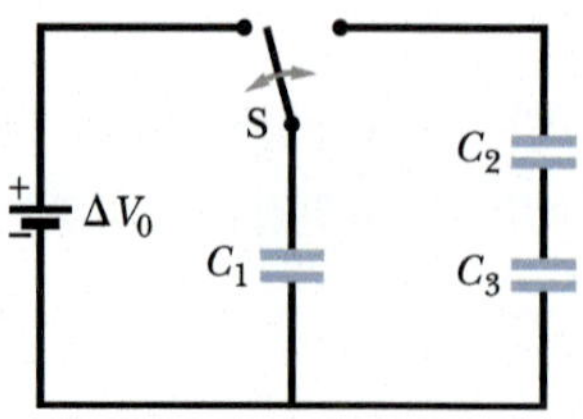

그림 28-25 문제 21

28-5 전기장에 저장된 에너지

축전지를 충전시키려면 밖에서 일을 해주어야 한다. '요술 집게'를 써서 비어있는 축전기의 한쪽 극판에서 전자를 하나씩 떼어내어 다른 극판으로 옮긴다고 하자. 이때 극판 사이 공간에 전기장이 생기는데 그 방향은 전자를 더 옮길 때 가로막는 쪽이 될 것이다. 따라서 극판에 전자가 더 많이 쌓일수록 전자를 더 옮길 때 더 많은 일을 해야 한다.

축전기를 충전시키며 해준 일은 극판 사이의 전기장에 **전기적 위치 에너지(electrical potential energy)** U의 꼴로 저장된다고 머리 속에 그려보자. 당긴 활에 저장된 위치 에너지는 활시위를 놓아 화살의 운동 에너지로 바꿀 수 있는 것처럼 축전기에 저장된 에너지는 축전기를 회로 속에서 방전시켜 마음대로 되찾을 수 있다. 또 다른 예는 중력에 거슬러 바위를 언덕 위로 밀어 올리는 것이다. 에너지는 언덕 높이 때문에 저장되고, 되찾으려면 바위가 다시 아래로 떨어지게 하면 된다. 축전기의 두 극판에 도선을 연결하면 저장된 에너지를 되찾을 수 있다.

어느 순간 전하 $|q'|$을 한 극판에서 다른 극판으로 회로의 도선을 통해 옮겼다고 하자. 그러면 이때 두 극판의 전위차 $|\Delta V'|$는 $|q'|/C$이 될 것이다. 이제 전하 $|dq'|$를 더 옮긴다면 해주어야 할 일은 (25장으로부터) 다음과 같다.

$$|dW| = |\Delta V'||dq'| = \frac{|q'|}{C}|dq'|$$

따라서 극판의 전하가 나중값 $|q|$가 될 때까지 전하를 옮기며 해준 일을 모두 더하면 다음과 같다.

$$W = \int dW = \frac{1}{C}\int_0^q q'|dq'| = \frac{|q|^2}{2C}$$

이 일이 축전기에 위치 에너지 U로 저장되고, $q^2 = |q|^2$이므로 다음과 같다.

$$U = \frac{q^2}{2C} \quad \text{(위치 에너지)} \tag{28-21}$$

또한 $|q| = C|\Delta V|$로부터 다음과 같이 쓸 수 있다.

$$U = \tfrac{1}{2}C(\Delta V)^2 = \tfrac{1}{2}q\Delta V \quad \text{(위치 에너지)} \tag{28-22}$$

이 관계는 축전기가 어떤 모양이든 성립된다.

에너지 저장을 물리적으로 통찰하려면 두 평행판 축전기 1과 2를 생각하자: 축전기 1의 극판 간격이 축전기 2의 두 배라는 것을 빼고는 똑같다. 그러면 축전기 1은 축전기 2와 비교하면 두 극판 사이의 부피는 두 배, 전기용량은 반이 된다(식 28-9). 두 축전기가 같은 전하량 $|q|$를 가지면 두 극판 사이 전기장은 같다(식 28-4). 축전기 1에 저장된 위치 에너지는 축전기 2에 저장된 위치 에너지의 두 배임을 알 수 있다(식 28-21). 따라서 극판 간격만 다르고 나머지는 똑같은 두 축전기의 전하량과 전기장이 같으면, 극판 사이의 부피가 두 배인 축전기는 저장된 위치 에너지가 두 배이다. 그러므로 다음 결론을 내릴 수 있다. 이와 같은 논리는 앞서의 가정을 확인해준다.

> 충전된 축전기의 위치 에너지는 두 극판 사이의 전기장에 저장된다고 볼 수 있다.

• 고속 전자 섬광등 장치

축전기에 위치 에너지를 저장할 수 있는 기능은 순간 포착 사진을 찍는데 쓴 것과 같은 **고속 전자 섬광등 소자**의 바탕이 된다. 전자 섬광등 장치에서 전지는 축전기를 상대적으로 천천히 높은 전위차로 충전하여 많은 에너지를 축전기에 저장한다. 전지의 전위차는 높지 않다. 전기회로는 전위차를 되풀이하여 써서 축전기에 걸리는 전위차를 크게 높인다. 이 과정에서는 에너지 전달률, 곧 일률도 높지 않다.

고속 섬광등 장치가 빛을 낼 때, 축전기는, 제논(Xe) 기체 방전관을 통해 짧은 시간에 큰 전류를 보냄으로써 저장된 에너지를 방출하며, 방전관은 짧은 시간에 아주 밝은 흰빛을 낸다. 예를 들면, 고속 섬광등 소자 속에 전기용량 200 μF인 축전기가 300V로 충전되어 있으면, 식 28–22에 따라 축전기에 저장된 에너지는 다음과 같다.

$$U = \frac{1}{2}C(\Delta V)^2 = \frac{1}{2}(200\times10^{-6}\,\text{F})(300\,\text{V})^2 = 9\,\text{J}$$

이 장 첫머리의 수수께끼에서처럼, 이 에너지는 보통의 필름으로 사진을 찍는데 필요한 에너지보다 더 많아야 한다. 에거튼이 사과를 뚫고 지나가는 총알의 모습을 찍는데 쓴 초고속 섬광등 장치 속에 있는 섬광관의 방전률이 아주 빠르다고 하자. 제논관이 방전하는데 1/3 μs가 걸린다면, 방전일률은 다음과 같다.

$$P = \frac{U}{t} = \frac{9\,\text{J}}{0.33\times10^{-6}\,\text{s}} = 27\times10^{6}\,\text{W} = 27\,\text{MW}$$

• 에너지 밀도

평행판 축전기에서 가두리 효과를 무시하면 극판 사이의 어느 곳이나 전기장이 같다. 따라서 **에너지 밀도(energy density)** u — 즉, 극판 사이에서 단위 부피당 위치 에너지 — 도 균일해야 한다. u를 셈하려면 전체 위치 에너지를 두 극판 사이의 전체 부피 Ad로 나눈다. 식 28–22를 쓰면, 다음 결과를 얻는다.

$$u = \frac{U}{Ad} = \frac{C(\Delta V)^2}{2Ad}$$

식 28–9($C = \varepsilon_0 A/d$)를 쓰면 위의 결과는 다음과 같이 된다.

$$u = \frac{1}{2}\varepsilon_0\left(\frac{\Delta V}{d}\right)^2$$

그러나 식 25–39로부터 $\Delta V/d$는 전기장의 크기 $|\vec{E}| = E$이므로 다음과 같은 결과를 얻는다.

$$u = \frac{1}{2}\varepsilon_0 E^2 \quad (\text{에너지 밀도}) \tag{28–23}$$

위의 결과는 특별히 평행판 축전기에 대해 끌어냈지만, 이 식은 전기장의 원인이 무엇이든 일반적으로 성립한다. 공간의 어느 곳에 전기장 $\vec{E}$가 있다면, 식 28–23에 따라 그곳에 단위 부피당 전기적 위치 에너지가 있다고 볼 수 있다.

따라해보기 28-2 | 전하 재분포

(a) $C_1 = 3.55\,\mu\text{F}$인 축전기 1을 6.30 V 전지로 전위차 $\Delta V_0 = 6.30\text{ V}$가 되도록 충전하였다. 그 다음에 건전지를 떼고 축전기를 그림 28-26과 같이 $C_2 = 8.95\,\mu\text{F}$인 충전이 안 된 축전기 2에 연결하였다. 스위치 S를 이으면 축전기들이 같은 전위차가 될 때까지 축전기들 사이에 전하들이 이동한다. ΔV를 구하여라.

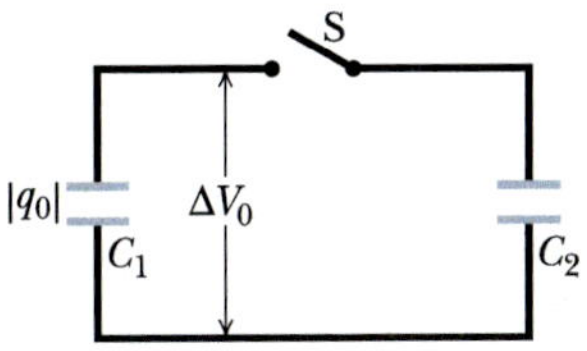

그림 28-26
전위차 ΔV_0가 축전기 1에 걸린 다음 충전용 전지는 떼어낸다. 스위치 S를 이어 축전기 1의 전하를 축전기 2와 나누어 가지게 한다.

풀이 ■ 이 상황은 따라해보기 28-1과는 다른데, 그 까닭은 축전기 조합의 전위를 일정하게 유지해주는 전원이 없기 때문이다. 스위치 S를 이은 직후에 축전기 2에 축전기 1의 전위가 걸린다. 축전기들이 그림 28-26과 같이 연결되어 있지만, 이것은 직렬 연결이 아니다. 또한 축전기들이 그림처럼 나란히 그려져 있지만 그들은 병렬 연결도 아니다.

최종 전위(계에서 전하의 흐름이 멈춘 평형 상태의 전위)를 셈하려면 다음 **요점**을 쓴다: 스위치를 이은 뒤, 축전기 1의 양쪽 극판에 있던 애초의 과잉 전하량 $|q_0|$이 축전기 1과 축전기 2 사이에 나뉘어 퍼진다. 평형상태에 이르면, 애초의 과잉 전하량 $|q_0|$는 나중 전하량 $|q_1|$과 $|q_2|$와 다음과 같이 관계된다.

$$|q_0| = |q_1| + |q_2|$$

$|q| = C|\Delta V|$(식 28-1)을 위 식의 낱낱의 항에 넣으면 다음과 같다.

$$C_1|\Delta V_0| = C_1|\Delta V| + C_2|\Delta V|$$

이 식으로부터

$$|\Delta V| = |\Delta V_0|\frac{C_1}{C_1 + C_2} = \frac{(6.30\text{ V})(3.55\,\mu\text{F})}{3.55\,\mu\text{F} + 8.95\,\mu\text{F}} = 1.79\text{ V} \qquad \text{(답)}$$

축전기들의 전위차가 이 정상값에 이르면 전하의 흐름이 멈춘다.

(b) 축전기 1이 충전될 때 얼마나 많은 전기 에너지가 저장되었는가?

풀이 ■ 요점은 식 28-22의 축전기 속의 전기적 위치 에너지는 바로 다음과 같다는 것이다.

$$U = \tfrac{1}{2}C(\Delta V)^2 = \tfrac{1}{2}(3.55\,\mu\text{F})(6.30\text{ V})^2 = 70.4\,\mu\text{J} \qquad \text{(답)}$$

(c) 두 축전기를 연결한 뒤에 두 축전기에 저장된 총 에너지는 얼마인가?

풀이 ■ 요점은 낱낱의 축전기에 저장된 에너지는 28-22와 같다는 것이다. 따라서 다음과 같다.

$$U^{\text{전체}} = U_1 + U_2 = \tfrac{1}{2}C_1(\Delta V_1)^2 + \tfrac{1}{2}C_2(\Delta V_2)^2$$
$$= \tfrac{1}{2}[(3.55\,\mu\text{F}) + (8.95\,\mu\text{F})](1.79V)^2 = 20.0\,\mu\text{J} \qquad \text{(답)}$$

어떻게 이럴 수 있는가? 둘째 축전기를 첫째 축전기에 연결하기 전에는 70 μJ이 넘는 에너지가 계에 저장되어 있었다. 둘째 축전기를 연결함으로써 사라진 것처럼 보이는 약 50 μJ의 에너지는 어떻게 되었는가? 두 축전기를 잇는 전선의 저항에서 열로 소모되었을 것이라고 주장할 수도 있을 것이다. 그러나 저항이 없는 초전도체 선으로 두 축전기를 이어도 그렇게 되겠는가? 잃어버린 에너지는 어디로 갔는가? 답은 33장과 34장에서 배울 것인데, 전하가 두 축전기 사이를 오가며 진동하면서 50 μJ의 '과잉' 에너지를 전자기파로 내놓기 때문이다.

연습문제 28-5

22. 공기

'맑은 날씨' 의 전기장 150 V/m가 걸린 대기 1세제곱미터에 여투어진 에너지는 얼마나 되는가?

23. 필요한 전기용량

축전기에 전위차 1000 V를 걸어 10 kW·h의 에너지를 여투어 두려면 전기용량이 얼마나 되어야 하는가?

24. 공기를 채운 축전기

전극 넓이 40 cm^2, 극판 간격 1.0 mm인 공기를 채운 평행판 축전기에 전위차 600 V를 걸어 충전시켰다. 다음을 구하라: (a) 전기용량, (b) 낱낱의 극판을 채우는 과잉 전하, (c) 여투어진 에너지, (d) 두 극판 사이에 걸리는 전기장, (e) 두 극판 사이의 공간의 에너지 밀도.

25. 두 축전기

전기용량 2.0 μF, 4.0 μF인 두 축전기를 병렬로 이어 300 V의 전위차를 걸었다. 축전기 조합에 여투어진 전체 에너지를 셈하라.

26. 축전기 에너지 창고

전기용량 5.00 μF 축전기를 여러 개 병렬로 이어 전기에너지를 여투어두는 창고를 만든다. 축전기 2000개로 만든 에너지 창고에 5000 V를 걸어 에너지를 여투어 두는데 돈이 얼마나 들까? 전기요금은 200원/kW·h이다.

27. 축전기 하나

축전기 하나에 충전하여 4.0 J의 에너지를 여투었다. 빈 축전기를 새로 구해 이것과 병렬로 이었다. (a) 두 축전기에 전하가 똑같이 나누어진다면 전기장에 여투어진 에너지는 얼마인가? (b) 사라진 에너지는 어디로 갔을까?

28. 찾아라

그림 28–19에서 낱낱의 축전기에 대해 다음을 구하라: (a) 과잉 전하, (b) 전위차, (c) 여투어진 에너지. 값은 문제 13에서 쓴 값을 그대로 쓰고, $\Delta V = 100$ V이다.

29. 넓이 A인 극판

극판의 넓이 A, 간격 d인 평행판 축전기에 전위차 ΔV인 전지를 이어 충전한 다음, 전지를 떼어 낸다. 그 다음에 극판을 당겨 간격을 $2d$로 넓힌다. 다음 양을 구하여 A, d, ΔV로 나타내라: (a) 극판의 나중의 전위차, (b) 처음과 나중에 여투어진 에너지 $U_{처음}$과 $U_{나중}$, (c) 극판을 당기는데 들어간 일에너지.

30. 전하를 찾아라

그림 28–17에서 낱낱의 축전기에 대해 다음을 구하라: (a) 과잉 전하, (b) 전위차, (c) 여투어진 에너지. 값은 문제 10에서 쓴 값을 그대로 쓰고, $\Delta V = 100$ V이다.

31. 원통 축전기

그림 28–13과 같은 원통꼴 축전기의 두 전극의 반지름이 a와 b이다. 원통에 저장된 전기적 위치 에너지의 반은 반지름 $r = \sqrt{ab}$인 원통 속에 들어 있음을 보여라.

32. 쇠공

아주 먼 곳의 전위를 $V = 0$으로 잡을 때 지름 10 cm인 쇠공에 전하를 채우니 전위가 8000 V가 되었다. 공 표면 가까운 곳의 전기장에 여투어진 에너지 밀도를 셈하라.

33. 힘의 크기

(a) 평행판 축전기의 전극판이 서로 끌어 당기는 힘의 크기가 $F = q^2/2\varepsilon_0 A$임을 보여라. 이것을 극판의 과잉 전하 $|q|$를 그대로 둔 채 간격을 x에 $x + dx$로 늘리는데 필요한 일에너지를 셈하여 구하라. (b) 그 다음에는 단위 넓이의 전극이 받는 힘의 크기(정전기적 변형력)가 $\frac{1}{2}\varepsilon_0 E^2$임을 보여라. (사실은 어떤 모양의 도체든 표면에서의 전기장이 $\vec{E}$라면 단위 넓이가 받는 힘의 크기는 이 값이다.)

28-6 축전기와 유전체

그림 28–27
패러데이가 쓴 간단한 정전기 실험 장치. 조립된 장치(왼쪽에서 둘째)는 가운데 있는 놋쇠 공과 놋쇠 공껍질로 되어 있어 공모양 축전기를 이룬다. 패러데이는 공과 공껍질 사이의 공간을 유전체로 채웠다.

축전기의 극판 사이를 기름이나 플라스틱과 같은 절연 물질인 **유전체**로 채운다면, 전기용량이 어떻게 달라질까? 1837년 패러데이는 전기용량이란 개념을 처음 생각해냈다. 따라서 전기용량의 국제단위에 그의 이름을 붙였다. 그림 28–27과 같은 간단한 실험 장치를 써서 전기용량이 κ배 만큼 커지는 것을 발견하고, 그 값을 절연 물질의 유전 상수라고 이름 지었다. 다시 말해 축전기를 유전체로 채우면, 어떤 전위차로 유지할 수 있는 과잉 전하량이 늘어난다.* 표 28–3은 몇 가지 유전 물질과 유전 상수 값을 나타낸다. 진공의 유전 상수는 1로 정의한다. 공기는 거의 빈 공간이므로 유전 상수는 1보다 아주 조금 크다.

축전기의 극판 사이에 유전체를 채울 때 생기는 또 다른 효과는 두 극판에 거는 전위차가 **파괴 전위**라는 어떤 값 $\Delta V^{최대}$를 넘을 수 없다는 것이다. 전위차가 이 값을 넘으면 유전체가 파괴되어 극판 사이에 전도 통로가 생긴다. 모든 유전체는 파괴되지 않고 견딜 수 있는 최대 전기장 값인 고유 **유전 강도**가 있다.

식 28–18과 관련하여 설명한 것처럼 어떤 축전기든 전기용량을 다음과 같은 꼴로 쓸 수 있다.

* 몇 가지 값이 표 28–3에 있다.

표 28-3

유전체의 몇 가지 성질[a]

물질	유전상수 κ	유전강도 (kV/mm)	물질	유전상수 κ	유전강도 (kV/mm)
공기(1기압)	1.00054	3	실리콘	12	
폴리스티렌	2.6	24	게르마늄	16	
종이	3.5	16	에타놀	25	
변압기 기름	4.5		물(20°C)[b]	80.4	
파이렉스 유리	4.7	14	물(25°C)[b]	78.5	
붉은 운모	5.4		산화티타늄 자기	130	
도자기	6.5		산화티타늄 스트론튬	310	8
산화 탄탈룸	11.6				
진공, $\kappa = 1$(기준)					

[a] 물을 제외하고 실온에서 쟀다.
[b] 물은 절연체가 아님에 주의하라. 이 표는 유전체를 열거했다.

$$C = \varepsilon_0 L \tag{28-24}$$

L은 길이의 차원을 갖는다. 예를 들어 평행판 축전기는 $L = A/d$이다. 패러데이는 극판 사이의 공간을 온통 유전체로 채우면 식 28-24가 다음과 같이 되는 것을 발견했다.

$$C = \kappa\varepsilon_0 L = \kappa C_{공기} \tag{28-25}$$

여기서 $C_{공기}$는 두 극판 사이를 공기로 채울 때의 전기용량이다.

그림 28-28을 보고 잘 생각해보면 패러데이 실험을 통찰할 수 있다. 그림 28-28a에서 전지는 두 극판 사이의 전위차 ΔV를 일정하게 유지한다. 유전체를 두 판 사이에 넣으면, 극판의 과잉 전하량 $|q|$가 언제나 1보다 큰 수인 κ배만큼 늘어난다. 축전기 극판에 추가되는 전하는 전지가 공급한다. 그림 28-28b에서는 전지가 없으므로 유전체를 넣어도 과잉 전하량 $|q|$는 변하지 않는다. 그러면 두 극판의 전위차 ΔV는 κ배만큼 줄어든다. 두 가지 관찰은 유전체가 전기용량을 늘리는 것과 ($|q| = C|\Delta V|$의 관계를 통해) 일관성이 있다.

식 28-24와 28-25를 비교하여 유전체의 효과를 더 일반적으로 요약할 수 있다.

유전 상수 κ인 유전체로 완전히 채운 영역에서는 모든 정전기 관련 공식의 ε_0가 $\varepsilon_0\kappa$로 바뀐다.

유전체 속의 점전하가 만드는 전기장의 크기는 쿨롱 법칙에 따라 아래와 같다.

$$|\vec{E}| = \frac{1}{4\pi\varepsilon_0}\frac{|q|}{r^2} \tag{28-26}$$

또한, 유전체 속에 잠긴, (고립된) 도체 바로 밖의 전기장에 관한 식은 다음과 같다(식 24-20).

$$|\vec{E}| = \frac{|\sigma|}{\kappa\varepsilon_0} \tag{28-27}$$

위의 두 식은 전하분포가 고정되어 있을 때, 유전체는 유전체가 없을 때에 비해 전기장을 약하게 만듦을 보여준다. 또한, 저장된 에너지의 양도 줄어드는데, 그 까닭은 전기장이 유전체 속의 전하를 당기느라 일을 해야 하기 때문이다.

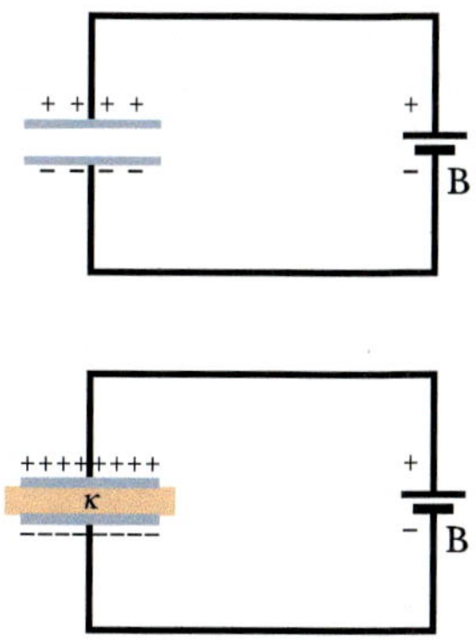

$V = a$ 상수

(a)

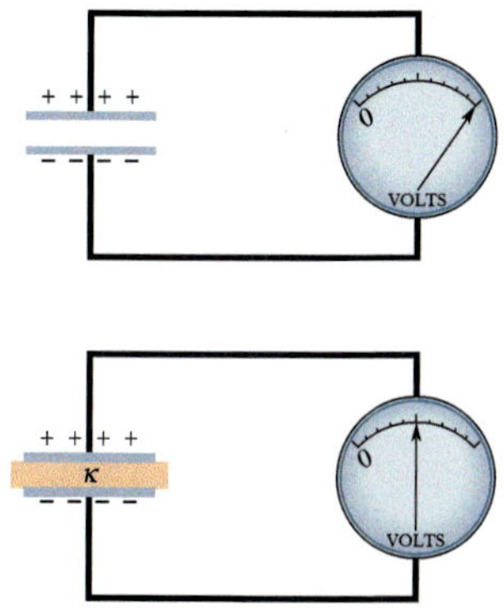

$q = a$ 상수

(b)

그림 28-28
(a) 축전기의 두 극판의 전위차를 전지 B로 유지할 때, 유전체를 채우면 두 극판에 저장되는 과잉 전하가 늘어난다. (b) 축전기 극판에 저장된 전하를 유지한 채, 유전체를 채우면 두 극판의 전위차가 줄어든다. 그림에 보인 것은 전위차를 재는 장치인 전위차계(potentiometer)의 눈금이다. 축전기는 전위차계를 통해서는 방전할 수 없다.

따라해보기 28-3 | 유전체 에너지학

전기용량 C가 13.5 pF인 평행판 축전기의 두 극판을 전위차 $\Delta V = 12.5$ V인 전지로 충전한 다음, 떼어내고 도자기판($\kappa = 6.50$)을 두 극판 사이에 밀어 넣었다. 도자기판을 밀어 넣기 전과 넣은 뒤의 축전기의 위치 에너지는 얼마인가?

풀이 ■ 요점은 축전기의 전기적 위치 에너지 U를 전기용량 C와 전위차 ΔV(식 28-22) 또는 축전기 전하량 $|q|$(식 28-21)을 관련시킬 수 있다는 것이다.

$$U_1 = \frac{1}{2}C\Delta V^2 = \frac{q^2}{2C}$$

처음 전위차 ΔV(=12.5 V)가 정해졌으므로, 처음 위치 에너지를 셈하는데 식 28-22를 쓴다.

$$U_1 = \frac{1}{2}CV^2 = \frac{1}{2}(13.5\times10^{-12}\,\text{F})(12.5\,\text{V})^2 = 1.055\times10^{-9} = 1055\,\text{pJ} \quad \text{(답)}$$

도자기판을 넣은 뒤의 위치 에너지 U_2를 구하려면, 다른 요점이 필요하다. 전지를 떼어냈으므로 두 극판의 과잉 전하량은 도자기판을 넣어도 바뀌지 않지만, 전위차는 바뀐다. 나중 위치 에너지 U_2를 구하려면 (q가 들어 있는) 식 28-21를 쓴다. 도자기판이 축전기 속에 있으므로 전기용량은 κC이다.

$$U_2 = \frac{q^2}{2\kappa C} = \frac{U_1}{\kappa} = \frac{1055\,\text{pJ}}{6.50} = 162\,\text{pJ} \quad \text{(답)}$$

도자기판을 넣으면 위치 에너지는 $1/\kappa$배로 줄어든다.

'잃은' 에너지는 원리적으로는 도자기판을 넣는 사람에게는 분명하다. 축전기가 도자기판을 약한 힘으로 끌어당겨 일을 해주며, 그 양은 다음과 같다.

$$W = U_1 - U_2 = (1055 - 162)\,\text{pJ} = 893\,\text{pJ}$$

도자기판이 축전기의 두 극판 사이를 아무 구속 없이 미끄러져 갈 수 있다면, 도자기판은 역학적 에너지 893 pJ을 유지하며 두 판 사이에서 앞뒤로 진동할 것이고, 계의 에너지는 움직이는 도자기판의 운동 에너지와 전기장에 저장된 위치 에너지 사이를 오가게 된다.

연습문제 28-6

34. 왁스

공기가 든 평행판 축전기의 전기용량이 1.3 pF이다. 극판 간격을 두 배로 늘리고, 그 사이에 왁스를 끼워 넣었더니 전기용량이 2.6 pF로 커졌다. 왁스의 유전상수를 구하라.

35. 바꾸기

공기가 든 전기용량 7.4 pF인 평행판 축전기가 있다. 이것을 최대 전위차 652 V를 걸어 7.4 μJ의 에너지를 여투어둘 수 있는 축전기로 바꾸어야 한다. 표 28-3의 유전체 가운데 어떤 것을 극판 사이에 채워야 할까? 오차는 허용되지 않는다.

36. 분리

공기가 든 평행판 축전기의 전기용량이 50 pF이다. (a) 낱낱의 극판 넓이가 0.35 m^{2}이라면, 극판 간격은 얼마인가? (b) 극판 사이를 $\kappa = 5.6$인 물질로 채우면 전기용량은 어떻게 되는가?

37. 동축도선

통신선으로 쓰이는 동축도선의 안쪽 반지름이 0.10 mm, 바깥쪽 반지름이 0.60 mm이다. 도선 1미터당 전기용량을 셈하라. 두 도선 사이는 폴리스티렌으로 채웠다고 가정하라.

38. 축전기 만들기

전기용량이 거의 1 nF이고 파괴전위가 10000 V 이상인 축전기를 만들어야 한다. 파이렉스 유리컵 큰 것의 바깥쪽와 안쪽에 알루미늄박을 입혀 만들려고 한다. 유리컵의 높이는 15 cm, 안쪽 반지름은 3.6 cm, 바깥쪽 반지름은 3.8 cm이다. 이 축전기의 (a) 전기용량과 (b) 파괴전위를 구하라.

39. 어떤 물질

어떤 물질의 유전상수가 2.8, 유전 강도가 18 MV/m이다. 이것을 평행판 축전기의 전극 사이에 채운다면 전극의 넓이가 적어도 얼마가 되어야 전기용량이 7.0×10^{-2} μF이고, 전위차 4.0 kV를 견딜 수 있을까?

40. 두 유전체

전극의 넓이가 A인 평행판 축전기의 전극 사이를 그림 28-29a와 같이 두 가지 유전체로 채웠다. 축전기의 용량이 다음과 같음을 보여라.

$$C = \frac{\varepsilon_0 A}{d}\cdot\frac{\kappa_1+\kappa_2}{2}$$

이 공식이 맞는가를 한계 상황에서 점검하여라. (**실마리**: 이것을 축전기 두 개를 병렬로 이어 놓은 것으로 볼 수 있는가?)

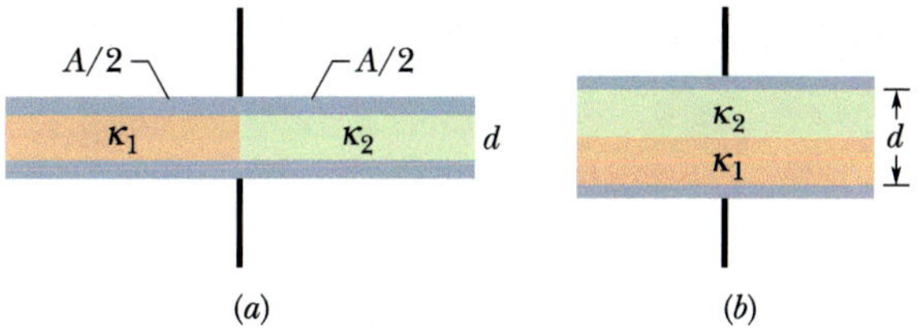

그림 28-29 문제 40과 41

41. 한계 상황

전극의 넓이가 A인 평행판 축전기의 전극 사이를 그림 28-29b와 같이 두 가지 유전체로 채웠다. 축전기의 용량이 다음과 같음을 보여라.

$$C=\frac{\varepsilon_0 A}{d}\cdot\frac{2\kappa_1\kappa_2}{\kappa_1+\kappa_2}$$

이 공식이 맞는가를 한계 상황에서 점검하여라. (**실마리**: 이것을 축전기 두 개를 직렬로 이어 놓은 것으로 볼 수 있는가?)

42. 전기용량

그림 28-30에 보인 축전기의 용량을 얼마인가? (**실마리**: 문제 40과 41을 보라.)

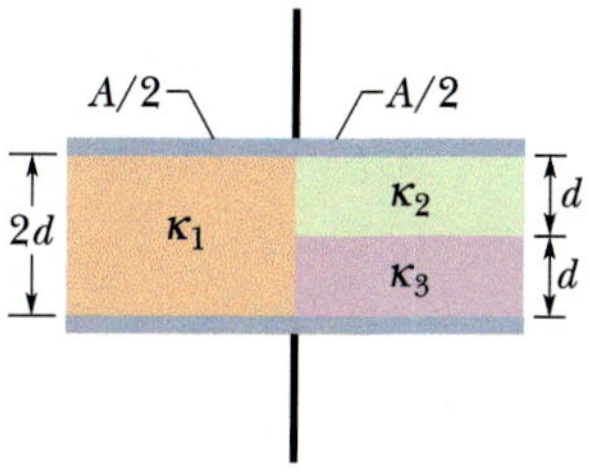

그림 28-30 문제 42

28-7 유전체: 원자적 관점

유전체를 전기장 속에 넣으면 원자나 분자에 어떤 변화가 생기는가? 분자의 성질에 따라 2가지 가능성이 있다.

1. **극성 유전체**: 물과 같은 유전체 분자에는 영구 전기 쌍극자 모멘트가 있다. (극성 유전체라는) 물질 속에서는 그림 28-31과 같이 전기 쌍극자가 바깥 전기장과 나란히 늘어서는 경향이 있다. 분자들은 무질서한 열운동을 하여 계속 서로 부딪치므로 정렬이 완벽하지 않지만, 전기장이 더 셀수록 정렬 정도가 완벽해진다. (또는 온도가 내려갈수록 부딪치는 효과가 줄어들어 정렬 정도가 좋아진다.) 정렬된 전기 쌍극자가 만드는 전기장의 방향은 바깥 전기장과 반대쪽이고 크기는 더 작다.
2. **비극성 유전체**: 분자에 영구 전기 쌍극자 모멘트가 있든 없든 관계없이 분자는 바깥 전기장 속에 놓이면 쌍극자 모멘트가 생긴다. 25-9절(그림 25-27)에서 이것은 바깥 전기장이 분자를 '늘려' 음전하와 양전하의 중심을 아주 조금 떼어 놓기 때문임을 보았다.

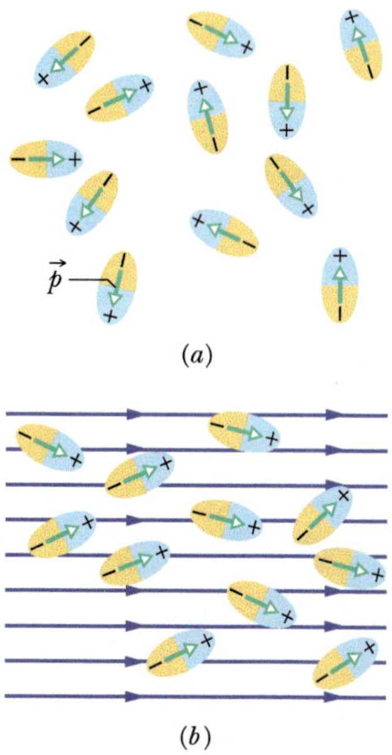

그림 28-31
(a) 바깥 전기장이 없으면 영구 전기 쌍극자가 있는 분자들의 배향이 제멋대로이다. (b) 바깥 전기장을 걸어주면 쌍극자가 일부 늘어선다. 열운동의 흔들림 때문에 완벽하게 늘어서지 못한다.

그림 28-32a는 비극성 유전체 판에 전기장을 걸지 않았을 때의 모습이다. 그림 28-32b는 축전기 극판에 과잉 전하를 채워 두 극판 사이에 전기장 $\vec{E}_0$가 걸렸을 때의 모습이다. 그 결과 유전체 판 속의 양전하와 음전하의 중심이 약간 어긋나 분리되어, 유전체 판의 한쪽 면에는 양전하(쌍극자의 양전하)가 유도되고, 반대쪽 면에는 음전하(쌍극자의 음전하)가 유도된다. 유전체 판 전체적으로는 전기적으로 중성이다. 유전체 판 속의 어떤 조각에도 과잉 전하는 없다.

그림 28-32c는 유전체 판의 양쪽 면에 유도된 전하가 바깥 전기장 $\vec{E}_0$와 반대쪽으로 전기장 $\vec{E}'$를 만드는 것을 보여준다. 유전체 판 속의 전체 전기장 $\vec{E}(=\vec{E}_0+\vec{E}')$는 방향은 $\vec{E}_0$와 같지만 크기는 더 작다.

그림 28-32c에서 표면전하가 만드는 전기장 $\vec{E}'$와 그림 28-31에서 영구 전기 쌍극자가 만드는 전기장은 같은 방식으로 작용한다 — 걸어준 전기장과 방향이 반대이다. (물질 속에서의 전기장 $\vec{E}$는 그곳이 분자의 어느 쪽에 가까운가에 따라 크게 달라진다. 여기에서 보는 효과는 여러 분자에 대해 평균한 효과를 뜻한다.) 유전체는 극성이든 비극성이든 축전기의 두 극판 사이를 채울 때처럼 걸

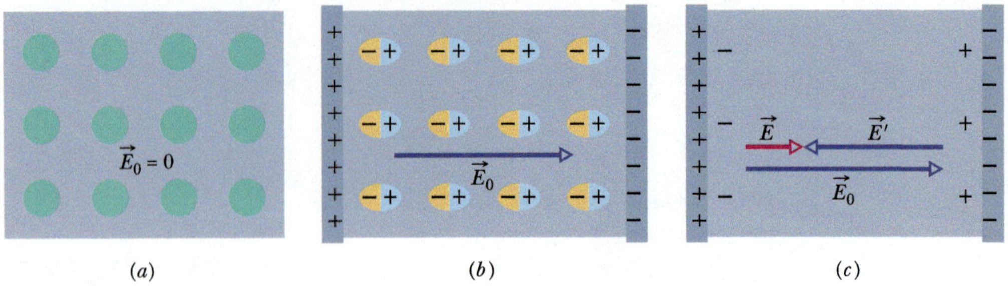

그림 28-32
(a) 비극성 유전체 판. 원은 판 속의 원자들이 전기적으로 중성임을 나타낸다. (b) 축전기 극판을 충전시키면 전기장이 생긴다. 이 전기장은 유전체판 속의 원자를 양쪽으로 조금 늘려 양전하와 음전하의 중심을 분리시킨다. (c) 전하분리로 유전체 판에 표면 전하가 생긴다. 전하들은 걸어준 전기장 $\vec{E}_0$와 반대쪽을 향하는 전기장 $\vec{E}'$를 만들어낸다. 유전체 판 속의 전체 전기장 $\vec{E}(=\vec{E}_0+\vec{E}')$는 방향은 $\vec{E}_0$와 같지만 크기는 더 작다.

어준 전기장의 크기를 줄이는 효과를 낸다. 그 결과 분리된 두 전하 사이의 공간을 유전체로 채우면 진공일 때 보다 전위차 ΔV가 더 낮아진다. 이것은 축전기에 유전체를 채우면 용량이 더 커짐을 뜻한다.

이제 따라해보기 28-3에서 왜 유전체 도자기판이 축전기 속으로 끌려 들어가는지 알 수 있다. 유전체 판이 축전기의 두 극판 사이에 들어가면, 유전체판 양쪽 면에 과잉 표면 전하가 생기는데 이들은 근처 축전기 극판에 있는 과잉 전하와 부호가 반대이다. 결과적으로 유전체판과 축전기 극판은 서로 끌어당긴다.

28-8 유전체와 가우스 법칙

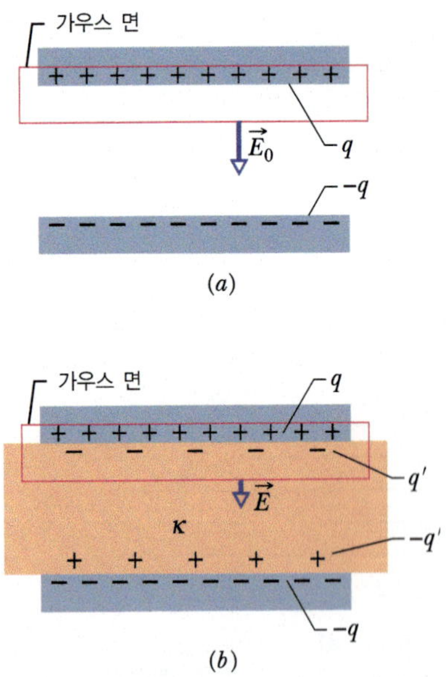

그림 28-33
평행판 축전기의 두 극판 사이에 유전체가 (a) 없을 때와 (b) 있을 때. 극판의 과잉 전하량 $|q|$는 두 상황에서 같다.

24장에서 가우스 법칙을 설명할 때 전하가 진공 속에 있다고 가정했다. 여기에서는 표 28-3과 같은 유전체 물질이 있을 때 그 법칙을 어떻게 고쳐 일반화할 수 있는지 살펴본다. 그림 28-33은 유전체가 있을 때와 없을 때에 넓이가 A인 평행판 축전기의 모습을 보여준다. 극판의 과잉 전하량 $|q|$는 두 상황에서 같다. 두 극판 사이의 전기장은 28-7절에서 설명한 방법 가운데 한 가지 방법으로 유전체 표면에 전하가 생기게 한다.

그림 28-33a와 같이 유전체가 없을 때, 두 극판 사이의 전기장 $\vec{E}_0$는 그림 28-11에서 한 것처럼 구할 수 있다: 위쪽 극판의 과잉 전하량 q를 품는 가우스 면을 잡아 가우스 법칙을 쓴다. 전기장의 크기를 $E_0=|\vec{E}_0|$라고 하면, 다음 결과를 얻는다.

$$\left|\varepsilon_0 \oint \vec{E}\cdot d\vec{A}\right| = \varepsilon_0 E_0 A = |q^{\text{알짜}}| = |q| \qquad (28\text{–}28)$$

또는

$$E_0 = \frac{|q|}{\varepsilon_0 A} \qquad (28\text{–}29)$$

그림 28-33b와 같이 유전체가 있을 때도, 똑같은 가우스 면을 써서 두 극판 사이(그리고 유전체 속)의 전기장을 구할 수 있다. 그렇지만 지금은 가우스 면이 두 가지 전하를 품고 있다: 위쪽 극판의 알짜 전하 q와 함께, 이제는 유전체 위쪽 표면에 유도된 전하 q'도 품는다. 극판에 있는 과잉 전하는 극판의 전위가 바뀌면 회로를 통해 움직일 수 있으므로 *자유 전하*라고 한다. 유전체 표면에 유도된 전하는 속박전하이다. 그것은 절연체의 분자에 붙어 있다. 그것은 또한 원래 있던 곳에서 미시적인 거리는 벗어날 수 있지만 표면에서 떨어져 나갈 수는 없다.

그림 28-33b에서 가우스 면에 둘러싸인 알짜 전하량은 $|q+q'|$이므로, 가우스 법칙은 다음과 같다.

$$\left|\varepsilon_0 \oint \vec{E} \cdot d\vec{A}\right| = \varepsilon_0 EA = |q + q'| \tag{28-30}$$

또는

$$E = \frac{|q + q'|}{\varepsilon_0 A} \tag{28-31}$$

q'과 q의 부호가 다르므로, 이것은 유전체의 효과가 애초의 전기장 E_0을 계수 κ만큼 약화시킴을 뜻하고, 따라서 식을 다음과 같이 쓸 수 있다.

$$E = \frac{E_0}{\kappa} = \frac{|q|}{\kappa \varepsilon_0 A} \tag{28-32}$$

식 28–31과 28–32를 비교하면 다음과 같다.

$$|q^{\text{알짜}}| = |q + q'| = \frac{|q|}{\kappa} \tag{28-33}$$

식 28–33은 유전체 표면에 유도된 전하가 전극의 과잉 자유전하 보다는 적으며 유전체가 없다면(식 28–33에서 $\kappa = 1$이 된다) 0이 됨을 보여준다.

식 28–30에서 $|q + q'|$을 식 28–33으로 바꾸면 가우스 법칙을 다음과 같은 꼴로 쓸 수 있다.

$$\left|\varepsilon_0 \oint \kappa\vec{E} \cdot d\vec{A}\right| = q \quad \text{(유전체가 있을 때의 가우스 법칙)} \tag{28-34}$$

여기서 q는 가우스 면에 둘러싸인 극판의 알짜 자유 전하이다. 극판의 과잉 전하 q는 양전하 또는 음전하 어느 것도 될 수 있으므로 여기에서는 절대값 기호를 없앴다.

이 중요한 식은 비록 평행판 축전기에 대해 끌어낸 것이지만 일반적으로 참이며, 가장 일반적인 꼴의 가우스 법칙이다. 다음을 유의하자.

1. 적분은 이제 $\vec{E}$가 아니라 $\kappa\vec{E}$에 대해 한다. (벡터 $\varepsilon_0 \kappa\vec{E}$는 때때로 전기변위[electric displacement] $\vec{D}$라고 하며, 이것을 쓰면 식 28–34는 $\oint \vec{D} \cdot d\vec{A} = q$의 꼴로 쓸 수 있다.)
2. 가우스 면으로 둘러싸인 과잉 전하 $|q|$의 양은 이제 자유전하만 셈한다. 유도된 표면전하는 식 28–34에서는 왼쪽에 도입한 유전상수 κ에서 따져 넣은 셈이므로 오른쪽에서는 빠진다.
3. 식 28–34가 애초의 가우스 법칙인 식 24–7과 다른 점은 ε_0가 $\kappa\varepsilon_0$로 바뀐 것뿐이다. 식 28–34에서 κ의 값이 가우스 면에서 곳에 따라 다를 수 있으므로 적분 기호 속에 남겨두어야 한다.

가우스 법칙은 전하를 띤 분자가 있을 때도 성립하지만, 그러한 분자 전하가 어디에 있는지 모르므로 쓰기가 어렵다. 오직 평균적 효과만 알고 있으며, 이 효과는 측정된 상수 κ로 요약된다. 여기서는 분자의 효과가 가우스 법칙에 저절로 들어가도록 하는 방법을 보았다. 이 법칙을 쓰면 직접 다룰 수 있는 '자유' 전하만 따지면 된다.

따라해보기 28-4 | 유전체 추가하기

그림 28–34는 단면적 A, 간격 d인 평행판 축전기를 보여준다. 두 극판에 전위차 ΔV_0를 걸어준다. 그 다음 건전지를 없애고, 두께 b, 유전상수 κ인 유전체 판을 그림과 같이 극판 사이에 놓는다. $A = 115\,\text{cm}^2$, $d = 1.24\,\text{cm}$, $\Delta V_0 = 85.5\,\text{V}$, $b = 0.780\,\text{cm}$, $\kappa = 2.61$이라고 하자.

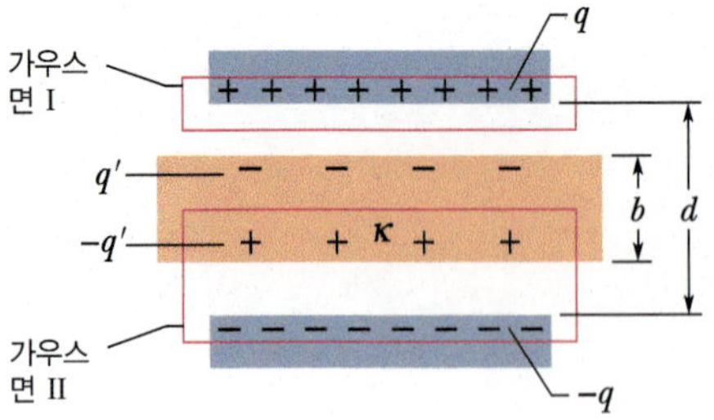

그림 28-34
평행판 축전기. 유전체 판이 축전기 극판 사이의 공간의 일부를 채운다.

(a) 유전체 판을 넣기 전의 전기용량 C_0를 구하라.

풀이 ■ 식 28-9에서

$$C_0 = \frac{\varepsilon_0 A}{d} = \frac{(8.85\times10^{-12}\,\text{F/m})(115\times10^{-4}\,\text{m}^2)}{1.24\times10^{-2}\,\text{m}}$$
$$= 8.21\times10^{-12}\,\text{F} = 8.21\,\text{pF} \qquad \text{(답)}$$

(b) 낱낱의 극판에 생기는 과잉 자유전하의 양을 구하여라.

풀이 ■ 식 28-31에서

$$|q| = C_0|\Delta V_0| = (8.21\times10^{-12}\,\text{F})(85.8\,\text{V})$$
$$= 7.02\times10^{-10}\,\text{C} = 702\,\text{pC} \qquad \text{(답)}$$

전지를 축전기에서 떼어낸 뒤 유전체 판을 넣었으므로, 판을 넣어도 자유전하는 그대로이다.

(c) 두 극판과 유전체판 사이의 빈 공간에서 전기장의 크기 E_0는 얼마인가?

풀이 ■ **요점**은 식 28-34 꼴의 가우스 법칙을 그림 28-34의 가우스 면 I(이 표면은 빈 공간을 지나므로 위쪽 극판의 자유전하만 둘러싼다)에 쓰는 것이다. 면 벡터 $d\vec{A}$와 전기장 벡터 $\vec{E}_0$가 모두 아래쪽을 향하므로, 식 28-34에서 점곱은 다음과 같다.

$$\vec{E}_0\cdot d\vec{A} = |\vec{E}_0|\,dA\cos 0° = E_0\,dA$$

그러면 식 28-34는 다음과 같다.

$$\varepsilon_0\kappa E_0\oint dA = q$$

이제 판의 넓이에 대해 간단히 적분하면 된다. 그러므로 다음과 같다.

$$\varepsilon_0\kappa E_0 A = q \quad \text{또는} \quad E_0 = \frac{q}{\varepsilon_0\kappa A}$$

E_0를 셈하려면 또 하나의 **요점**이 필요하다. 즉, 여기서 가우스 면 I는 유전체를 지나지 않으므로 $\kappa = 1$이다. 위쪽 극판의 전하 q가 양전하이므로 답은 다음과 같다.

$$E_0 = \frac{q}{\varepsilon_0\kappa A} = \frac{7.02\times10^{-10}\,\text{C}}{(8.85\times10^{-12}\,\text{F/m})(115\times10^{-4}\,\text{m}^2)}$$
$$= 6900\,\text{V/m} = 6.90\,\text{kV/m} \qquad \text{(답)}$$

유전체판을 끼어 넣을 때 E_0의 값이 변하지 않음을 눈여겨보라. 왜냐하면 그림 28-34에서 가우스 면 I이 둘러싸는 전하량이 변하지 않기 때문이다.

(d) 유전체 판 속의 전기장 E_1의 크기는 얼마인가?

풀이 ■ **요점**은 식 28-34를 그림 28-21의 가우스 면 II에 적용하는 것이다. 그 표면은 자유전하 $-q$와 유도전하 $-q'$을 둘러싸고 있지만, 식 28-34를 쓸 때 유도전하는 무시하므로 다음과 같다.

$$\varepsilon_0\oint\kappa\vec{E}_1\cdot d\vec{A} = -\varepsilon_0\kappa E_1 A = -q \qquad (28\text{-}35)$$

(이 식에서 첫째 − 부호는 $\vec{E}_1\cdot d\vec{A}$에서 온 것이다. 왜냐하면 전기장 벡터 $\vec{E}_1$은 아래쪽, 면 벡터 $d\vec{A}$는 위쪽을 가리키기 때문이다.) 식 28-35로부터 답은 다음과 같다.

$$E_1 = \frac{q}{\varepsilon_0\kappa A} = \frac{E_0}{\kappa} = \frac{6.90\,\text{kV/m}}{2.61} = 2.64\,\text{kV/m} \qquad \text{(답)}$$

(e) 유전체 판을 넣은 뒤 두 극판의 전위차 ΔV는 얼마인가?

풀이 ■ **요점**은 전기장을 아래 극판에서 위 극판까지 곧은 길을 따라 적분하여 ΔV를 구하는 것이다. 유전체에서는 경로 길이는 b, 전기장은 E_1이다. 위아래 두 공간에서 전체 경로의 길이는 $d-b$이고, 전기장은 E_0이다. 그러면 식 28-6은 다음과 같이 된다.

$$\Delta V = \int_-^+ |\vec{E}||d\vec{s}| = E_0(d-b) + E_1 b$$
$$= (6900\,\text{V/m})(0.0124\,\text{m} - 0.00780\,\text{m})$$
$$+ (2640\,\text{V/m})(0.00780\,\text{m})$$
$$= 52.3\,\text{V} \qquad \text{(답)}$$

이것은 애초의 전위차 85.5 V보다 작다.

(f) 유천체 판이 있을 때 전기용량은 얼마인가?

풀이 ■ **요점**은 전기용량 C는 유전체가 없을 때와 마찬가지로 식 28-1에 의해 자유전하 q와 전위차 ΔV와 관계가 있다는 것이다. q는 (b)의 값으로 하고, ΔV는 (e)의 값으로 하면 다음과 같이 된다.

$$C = \frac{|q|}{|\Delta V|} = \frac{7.02\times10^{-10}\,\text{C}}{52.3\,\text{V}} = 1.34\times10^{-11}\,\text{F} = 13.4\,\text{pF} \qquad \text{(답)}$$

이것은 애초의 전기용량 8.21 pF보다 크다.

연습문제 28-8

43. 운모

어떤 평행판 축전기의 용량이 100 pF, 극판의 넓이가 100 cm^{2}이고 극판 사이는 온통 운모($\kappa = 5.4$)가 채우고 있다. 두 극판의 전위차가 50 V일 때 다음을 셈하라: (a) 운모 속의 전기장의 크기 E, (b) 낱낱의 극판의 과잉 전하량, (c) 운모 표면에 유도된 전하량.

44. 전기장

넓이가 100 cm^{2}인 나란한 두 극판에 부호가 반대이고 크기는 8.9×10^{-7} C의 과잉 전하가 들어있다. 두 극판 사이를 채운 유전체 속의 전기장은 $14. \times 10^6$ V/m이다. (a) 유전체의 유전 상수를 셈하라. (b) 유전체 표면에 유도된 속박전하량을 결정하라.

45. 공심 도체 공 껍질

두 공심 도체 공 껍질의 반지름이 b와 $a\,(b > a)$이고, 그 사이에 유전상수 κ인 물질이 차 있다. 두 도체 사이에는 전위차 ΔV가 걸려 있다. 다음 양을 구하라: (a) 장치의 전기용량, (b) 안쪽 껍질의 과잉 자유전하량 q, (c) 안쪽 껍질 표면에 유도된 전하량 q'.

28-9 *RC* 회로

지금까지는 전류가 일정한 회로만 다루었는데, 여기에서는 시간에 따라 변하는 회로에 대한 설명을 시작한다.

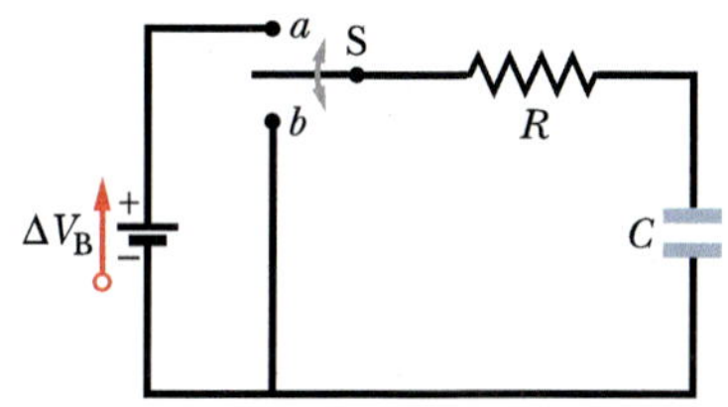

그림 28-35
스위치 S가 a쪽으로 닫히면, 축전기는 저항을 통해 충전된다. 나중에 스위치가 b쪽으로 닫히면, 축전기는 저항을 통해 방전된다.

• 축전기 충전

그림 28-35에서 전기용량 C인 축전기는 처음에는 충전되지 않았다. 이것을 충전시키려면 스위치 S를 a쪽으로 잇는다. 이것으로 축전기, 기전력 $\mathscr{E}$인 이상적인 전지, 저항 R로 이루어진 RC 직렬회로가 이루어진다. 이상적인 전지는 내부 저항이 없으므로 기전력은 전지의 두 전극의 전위차 $\Delta V_{전지}$와 같다.

28-2절에서 회로가 이루어지면 축전기 극판과 극판에 이어진 전지의 끝 사이에 전류가 흐름을 배웠다. 이 전류는 극판의 과잉 전하량 q와 축전기 두 극판의 전위차 $|\Delta V_{축전기}| = |q|/C$를 늘린다. 축전기 두 극판의 전위차가 전지의 두 전극의 전위차(여기서는 전지의 기전력 $\Delta V_{전지}$와 같다)와 같아지면, 전류는 0이 된다. 축전기가 완전히 충전되면 낱낱의 극판의 과잉 전하량은 $|q| = C|\Delta V_{축전기}|$이다(식 28-1).

여기서 충전 과정을 살펴보자. 특히, 충전되는 동안 축전기의 두 극판의 과잉 전하량 $|q(t)|$와 전위차 $\Delta V_{축전기}(t)$, 그리고 회로에 흐르는 전류 $i(t)$의 시간 변화를 본다. 먼저 전지의 (−)극에서부터 시계방향으로 회로를 따라 돌면서 고리 법칙을 쓰면 다음과 같다.

$$\Delta V_{전지} - iR - \frac{q}{C} = 0 \tag{28-36}$$

여기서 q는 축전기의 위쪽 극판의 과잉 전하로, 지금은 양전하이다.

왼쪽의 끝항은 축전기 두 극판의 전위차를 나타낸다. 축전기의 위쪽 극판 — 전지의 (+)극과 연결되어 있다 — 이 아래쪽 극판보다 전위가 높으므로 이 항은 (−)값이다. 그러므로 축전기를 지나 아래로 갈 때, 전위는 낮아진다.

식 28-36을 바로 풀 수는 없다. 왜냐하면 이 식에는 i와 q 두 변수가 들어 있기 때문이다. 그러나 두 변수는 독립적이 아니고 다음과 같이 관련되어 있다.

$$i = \frac{dq}{dt} \tag{28-37}$$

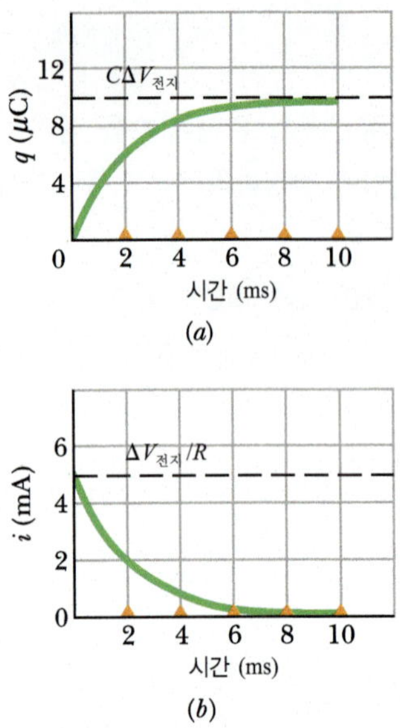

그림 28-36
(a) 식 28-39의 그림표. 그림 28-35의 축전기의 극판에 과잉 전하가 쌓임을 보여준다. (b) 식 28-40의 그림표. 그림 28-35의 회로에서 축전기가 충전됨에 따라 충전 전류가 줄어든다. 그림표에서 $R = 2000\ \Omega$, $R = 2000\ \Omega$, $C = 1\ \mu\text{F}$, $\Delta V_{전지} = 10\ \text{V}$ 이다. 작은 삼각형들은 시간상수 τ만큼씩 시간 간격을 나타낸다.

이것을 i에 넣고 다시 정리하면, 다음과 같다.

$$R\frac{dq}{dt} + \frac{q}{C} = \Delta V_{전지} \quad \text{(축전기를 충전할 때)} \tag{28–38}$$

이것의 해 $q(t)$는 축전기가 처음에는 충전되지 않았으므로 $t = 0$초일 때 $q = 0\,\text{C}$이라는 초기 조건을 만족해야 한다.

식 28–38에 대한 해는 다음과 같다.

$$q = C\Delta V_{전지}(1 - e^{-t/RC}) \quad \text{(축전기를 충전할 때)} \tag{28–39}$$

(여기서 e는 지수함수의 밑으로서 2.718…이며 기본전하량이 아니다.) 식 28–39가 식 28–38의 해인가는 실제로 넣어보면 알 수 있다. 이 식에서 $t = 0$일 때 $e^{-t/RC}$는 1이어서 $q = 0$이 되므로 초기 조건을 충족시킨다. 또한 t가 ∞으로 갈 때(곧, 오랜 시간 뒤에), $e^{-t/RC}$는 0이 된다. 그러므로 이 식은 축전기의 양극판을 가득 채운 (평형) 과잉 전하량이, $q = C\Delta V_{전지}$임을 알려준다. 충전 과정에서의 $q(t)$의 그림표는 그림 28–36a이다.

$q(t)$의 시간 도함수는 축전기를 충전시키는 전류 $i(t)$이다.

$$i = \frac{dq}{dt} = \left(\frac{\Delta V_{전지}}{R}\right)e^{-t/RC} \tag{28–40}$$

충전 과정에서의 $i(t)$의 그림표는 그림 28–36b이다. 전류는 초기값이 $\Delta V_{전지}/R$이고, 축전기가 완전히 충전되면서 0으로 줄어든다.

> 충전되는 축전기는 충전 전류에 대해 처음에는 도선처럼, 한참 뒤에는 끊어진 도선처럼 작용한다.

$|q| = C|\Delta V_{축전기}|$(식 28–1)와 $|q| = C\Delta V_{전지}(1 - e^{-t/RC})$를 묶어, 충전되는 동안의 축전기 두 극판의 전위차 $\Delta V_{축전기}(t)$를 다음과 같이 구할 수 있다.

$$\Delta V_{축전} = \Delta V_{전지}(1 - e^{-t/RC}) \tag{28–41}$$

이것은 충전을 시작하는 첫 순간($t = 0$)에는 두 극판의 전위차가 $\Delta V_{축전기} = 0$이고, 시간이 오래 지나($t \to \infty$) 축전기가 완전히 충전되면 $\Delta V_{축전기} = \Delta V_{전지}$임을 알려준다.

• 시간상수

위 식에 있는 곱 RC는 차원이 시간이다. (왜냐하면 지수는 차원이 없어야 하고, 또 실제로 $1.0\,\Omega \times 1.0\,\text{F} = 1.0\,\text{s}$이기 때문이다.) RC는 회로의 **용량시간상수(capacitive time constant)**라고 하며, 기호 τ로 나타낸다.

$$\tau = RC \tag{28–42}$$

충전되는 축전기 한쪽 극판의 과잉 전하를 나타내는 시간의 함수 $q = C\Delta V_{전지}(1 - e^{-t/RC})$(식 28–39)로부터 그림 28–35에서 처음에 비어 있는 축전기의 위쪽 극판의 과잉 전하가 처음 값 0에서 시각 $t = \tau (= RC)$일 때 다음 값으로 늘어남을 알 수 있다.

$$q = C\Delta V_{전지}(1 - e^{-1}) = 0.63C\Delta V_{전지} \tag{28–43}$$

다시 말해 과잉 전하량이 처음 값 0에서 첫 시간상수 τ 뒤에는 최종값 $C\Delta V_{전지}$의 63%까지 늘어난다. 그림 28–35에서 시간축에 늘어놓은 작은 삼각형은 축전기가 충전되는 동안 시간상수만큼씩 간격을 나타낸다. *RC* 회로에 대한 충전 시간은 종종 τ로 기술한다. τ가 클수록 충전시간이 길다.

• 축전기의 방전

이제 그림 28–35의 축전기가 완전히 충전되어 두 극판의 전위차 ΔV_0가 전지의 전위차 $\Delta V_{전지}$와 같아졌다고 하자. 새로운 시각 $t = 0$일 때, 스위치 S를 a에서 b로 옮기면 축전기가 저항 R을 통해 방전된다. 이제 축전기의 위쪽 판의 과잉 전하 $q(t)$와 축전기와 저항으로 이루어진 방전 고리를 흐르는 전류 $i(t)$는 시간에 따라 어떻게 변하는가?

이때 $q(t)$를 기술하는 미분방정식은 충전할 때 쓴 식 28–38과 비슷하고, 달라진 점은 방전 고리에 전지가 없으므로 $\Delta V_{전지} = 0$이라는 것뿐이다.

$$R\frac{dq}{dt} + \frac{q}{C} = 0 \quad (\text{축전기를 방전할 때}) \tag{28–44}$$

여기서 전류 항 dq/dt와 축전기 양단의 전압 q/C은 양수 또는 음수일 수 있다. 이 미분방정식의 해는 다음과 같다.

$$q = q_0 e^{-t/RC} \quad (\text{축전기를 방전할 때}) \tag{28–45}$$

여기서 $|q_0|(= C|\Delta V_0|)$은 축전기 극판의 과잉 전하의 처음 값이다. 식 28–45를 식 28–44에 실제로 넣어 해임을 증명할 수도 있다.

식 28–45는 축전기 낱낱의 극판의 과잉 전하량이 시간에 따라 용량시간상수 $\tau = RC$에 따라 정해진 비율로 지수적으로 줄어감을 알려준다. $t = \tau$일 때, 축전기의 과잉 전하는 $|q_0|e^{-1}$로 처음 값의 약 37%이다. 즉, 극판의 과잉 전하량은 63%가 줄어든다. τ가 크다는 것은 방전시간이 더 길다는 것을 뜻한다.

전류 $i(t)$는 식 28–45를 미분하면 나온다.

$$i = \frac{dq}{dt} = -\left(\frac{q_0}{RC}\right)e^{-t/RC} \tag{28–46}$$

이것은 전류도 시간에 따라 지수적으로 줄어들며, 비율은 $\tau = RC$에 따라 정해짐을 말해준다. 전류의 처음 값 i_0는 q_0/RC이다. 고리 규칙을 $t = 0$일 때의 회로에 단순히 적용하여 i_0를 구할 수도 있음을 눈여겨보라. 시각 $t = 0$은 처음 전위가 ΔV_0인 축전기를 저항 R에 연결한 때이다. 그러므로 전류는 다음과 같다.

$$t_0 = \frac{\Delta V_0}{R} = \frac{(q_0/C)}{R} = \frac{q_0}{RC}$$

방전되는 축전기에 관한 식(식 28–46)에서 (–)부호는 무시할 수 있다. 이것은 단지 극판의 과잉 전하량이 줄고 있음을 뜻한다.

생각해보기 28–5 아래 표는 그림 28–22의 회로요소의 값이다. (a) 처음 전류(a에서 스위치를 닫는 순간 흐르는 전류)와 (b) 전류가 처음 값의 반으로 주는데 걸리는 시간이 큰 것부터 차례로 늘어 놓아라.

	1	2	3	4
$\Delta V_{전지}(V)$	12.0	12.0	10.0	10.0
$R(\Omega)$	2.0	3.0	10.0	5.0
$C(\mu F)$	3.0	2.0	0.5	2.0

따라해보기 28-5 | 축전기 방전시키기

전기용량 C인 축전기가 저항 R인 저항소자를 통해 방전한다.

(a) 극판의 과잉 전하가 처음 값의 반이되는데 걸리는 시간을 시간 상수 $\tau = RC$로 나타내라.

풀이 ■ 요점은 극판의 과잉 전하는 식 28-45에 따라 아래와 같이 변한다는 것이다.

$$q = q_0 e^{-t/RC}$$

여기에서 q_0는 처음 전하량이다. 문제는 $q = \frac{1}{2} q_0$가 되는 시각을 구하는 것인데, 그때는 다음 식이 성립한다.

$$\tfrac{1}{2} q_0 = q_0 e^{-t/RC} \qquad (28\text{–}47)$$

이 식의 양쪽에서 q_0를 지우면 시각 t가 지수함수 속에 '묻힌다.' 윗식에서 t를 드러내려면 식의 양쪽에서 자연로그값을 구한다. (자연로그는 지수함수의 역함수이다.) 그러면 다음 결과를 얻는다.

$$\ln \tfrac{1}{2} = \ln(e^{-t/RC}) = -\frac{t}{RC}$$

또는

$$t = \left(-\ln \tfrac{1}{2}\right) RC = 0.69\, RC = 0.69\, \tau \qquad \text{(답)}$$

(b) 축전기에 저장된 에너지가 처음 값의 반이 되는데 걸리는 시간은 얼마인가?

풀이 ■ 요점은 두 가지다. 첫째, 축전기에 저장된 에너지 U는 낱낱의 극판에 저장된 전하 $|q|$와 $U = q^2/2C$(식 28-21)의 관계가 있다. 둘째, 전하는 식 28-45에 따라 줄어든다. 두 가지를 묶으면 다음 결과를 얻는다.

$$U = \frac{q^2}{2C} = \frac{q_0^2}{2C} e^{-2t/RC} = U_0 e^{-2t/RC}$$

여기에서 U_0는 저장된 에너지의 처음 값이다. 문제는 $U = \frac{1}{2} U_0$인 시각을 구하는 것인데, 그때는 다음 식이 성립한다.

$$\tfrac{1}{2} U_0 = U_0 e^{-2t/RC}$$

이 식의 양쪽에서 U_0를 지우고, 양쪽의 자연로그 값을 구하면 다음 결과를 얻는다.

$$\ln \tfrac{1}{2} = -\frac{2t}{RC}$$

또는

$$t = -RC \frac{\ln \frac{1}{2}}{2} = 0.35\, RC = 0.35\, \tau \qquad \text{(답)}$$

저장된 에너지가 반으로 주는데 걸리는 시간(0.35τ)보다는 저장된 전하가 반으로 주는데 걸리는 시간(0.69τ)이 더 길다. 이 결과가 놀라운가?

연습문제 28-9

46. 처음 전하

축전기에 애초에 채워진 과잉 전하 $|q_0|$가 저항기를 통해 방전되었다. 축전기가 방전하는 전하량이 다음과 같은 값이 되는데 걸리는 시간을 시간상수 τ로 나타내라: (a) 처음 값의 1/3, (b) 처음 값의 2/3.

47. 시간상수가 몇 개

RC 직렬회로에서 애초에 빈 축전기에 과잉 전하가 평형 상태의 값의 99.0%로 채워지는데 걸리는 시간은 시간상수의 몇 배인가?

48. 새는 축전기

용량 2.0 μF인 축전기에서 전하가 새어 전극 사이의 전위차가 2.0초 만에 처음 값의 $\frac{1}{4}$로 떨어진다. 축전기의 전극 사이의 등가 저항은 얼마인가?

49. 시간상수

15.0 kΩ 저항기와 축전기를 직렬로 잇고, 여기에 갑자기 12.0 V의 전위차를 걸었다. 축전기의 전극 사이의 전위차가 1.30 μs만에 5.00 V로 올라갔다. (a) 이 회로의 시간 상수를 구하라. (b) 전기용량을 구하라.

50. 섬광등

그림 28-37은 고속도로 공사장의 경고등에 붙어 있는 것과 같은 섬광등 회로이다. 형광등 L은 RC 회로의 축전기 C에 병렬로 붙어 있다. 섬광등은 전극에 걸린 전위차

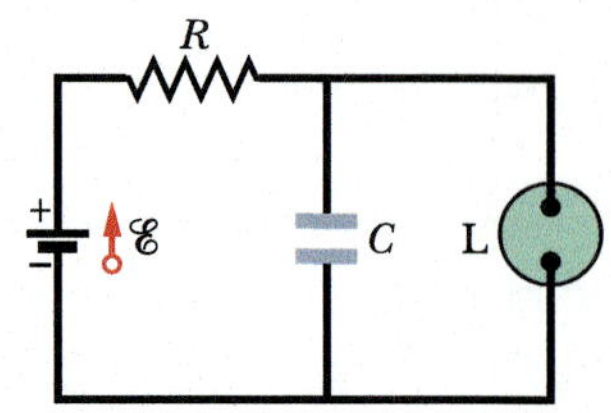

그림 28-37 문제 50

가 파괴전압 V_L이 되어야만 전류가 흐른다. 이때 축전기에 차 있던 전하가 형광등을 통해 완전히 방전되면서 형광등이 잠깐 켜진다. 1초에 두 번씩 불빛이 번쩍여야 한다고 하자. $V_L = 72.0$ V이고, $\mathscr{E} = 95.0$ V, $C = 0.150$ μF라면 R은 얼마이어야 하는가?

51. 처음 전위차

처음 전위차가 100 V인 축전기가 시각 $t = 0$s에 스위치를 닫자 저항을 통해 방전된다. $t = 10.0$s에 축전기에 걸린 전위차가 1.00 V가 되었다. (a) 이 회로의 시간 상수는 얼마인가? (b) $t = 17.0$s에는 축전기에 걸리는 전위차가 얼마인가?

52. 전자 아케이드 게임

전자 아케이드 게임의 제어기는 용량 0.220 μF인 축전기의 두 극판에 가변저항을 연결하여 만든다. 축전기는 5.00 V를 걸어 충전한 다음, 저항기를 통해 방전한다. 축전기에 걸린 전위차가 0.800 V로 줄어드는데 걸리는 시간은 게임 속의 시계로 잰다. 실질적으로 조절할 수 있는 방전시간의 범위가 10.0 μs에서 6.00 ms라면 가변저항의 저항값의 범위는 어떻게 되어야 하는가?

53. 처음에 저장된 에너지

용량 1.0 μF인 축전기에 처음에 여투어둔 0.50 J의 에너지가 1.0 MΩ의 저항기를 통해 방전된다. (a) 축전기에는 처음에 전하가 얼마나 차 있는가? (b) 방전이 시작될 때 저항기를 지나는 전류는 얼마인가? (c) 축전기에 걸리는 전위차 ΔV_C와 저항기에 걸리는 전위차 ΔV_R을 시간의 함수로 구하라. (d) 저항기에서 생겨나는 열에너지를 시간의 함수로 구하라.

추가문제

54. 전기용량

(a) 축전기를 물리적으로 정의하고 기술해보라. (b) 축전기를 수학적으로 정의해보라. (c) 두 도체 조각의 전위차가 커질수록 낱낱의 도체 표면에 더 많은 과잉 전하가 쌓일 것으로 예상할 수 있는 까닭을 축전기의 구조에 바탕을 두고 설명하라.

55. 알짜 전하

어떤 회로 속의 축전기에 쌓이는 알짜 전하는 얼마인가? 한쪽 전극에 쌓이는 과잉 전하량이 다른 쪽 전극에 쌓이는 과잉 전하량과 다를 수 있는가? 설명하라.

56. 당김과 밀어냄

다른 종류의 전하끼리 끌고 당김을 생각하자. (a) 전지가 평행판 축전기에 채울 수 있는 과잉 전하량이 극판의 넓이에 비례할 것으로 기대하는 까닭을 설명하라. (b) 전지가 평행판 축전기에 채울 수 있는 과잉 전하량이 극판 사이의 간격에 반비례할 것으로 기대하는 까닭을 설명하라.

57. 평행판 축전기 세 개

다음과 같은 평행판 축전기가 세 개 있다:

축전기 1: 극판 넓이 A, 극판 간격 d

축전기 2: 극판 넓이 A, 극판 간격 $2d$

축전기 3: 극판 넓이 $2A$, 극판 간격 d

그림 28-38의 세 직선(a, b, c)은 낱낱의 축전기의 극판에 있는 과잉 전하를 축전기에 걸린 전위차의 함수로 보여주는 자료이다. 낱낱의 직선(a, b, c)에 대응되는 축전기(1, 2, 3)를 찾아 짝지워라. 추론의 근거를 자세히 설명하라.

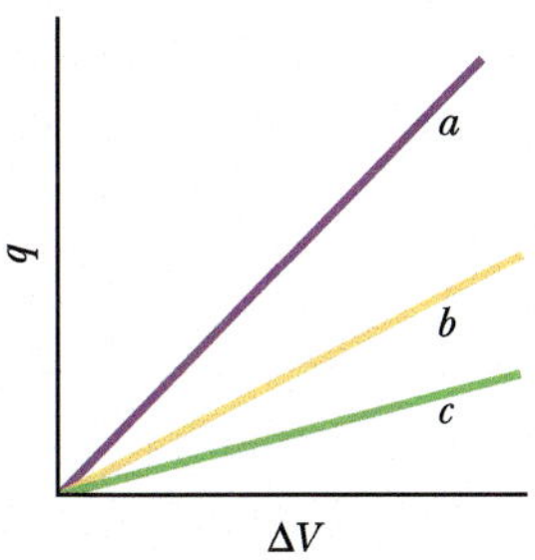

그림 28-38 문제 57

58. 직렬 축전기

똑같은 평행판 축전기 두 개를 직렬로 이어놓으면 전기용량이 반이 될 것으로 기대하는 것이 물리적으로 타당함을 설명하라. **실마리:** 두 축전기를 직렬로 이을 때, 축전기 1의 첫째 극판과 축전기 2의 둘째 극판 사이의 유효 간격은 얼마가 되는가? 전하가 같은 종류는 서로 밀어내고 다른 종류는 서로 당긴다는 사실이 이것과 무슨 관계가 있는가?

59. 병렬 축전기

똑같은 평행판 축전기 두 개를 병렬로 이어놓으면 전기용량이 두 배가 될 것으로 기대하는 것이 물리적으로 타당함을 설명하라. **실마리:** 두 축전기를 병렬로 이을 때, 극판의 유효 넓이는 얼마가 되는가? 전하가 같은 종류는 서로 밀어내고 다른 종류는 서로 당긴다는 사실이 이것과 무슨 관계가 있는가?

60. 축전기의 전하 비율

(다카하시[D. Takahashi]가 개발한 TYC WS Project 평가 문제를 고침) 그림 28-39에 보인 축전기 여덟 개는 모두 똑같고, 전하를 가득 채웠다. 전지도 모두 똑같다. 낱낱의 회로에서 축전기 하나는 C_1, 다른 하나는 C_2라고 부른다. C_1과 C_2에 쌓인 과잉 전하량을 각각 $|q_1|$과 $|q_2|$, 두 값의 비를 $|q_1/q_2|$라 할 때, $|q_1/q_2|$ 값이 큰 회로부터 차례대로 등급을 매겨라. 그 값이 같은 회로가 둘 이상이면, 같은 등급을 주어라. 이 등급을 기호를 써서 나타내라. (예를 들어, 그 값이 D와 G가 가장 크고 A와 E가 가장 작으며, 나머지는 그 사이

의 값으로서 같다면 등급순서는 다음과 같다.

$$D = G > B = C = H = F > A = E$$

(**주의**: 이것은 보기일 뿐 맞는 답이 아니다!)

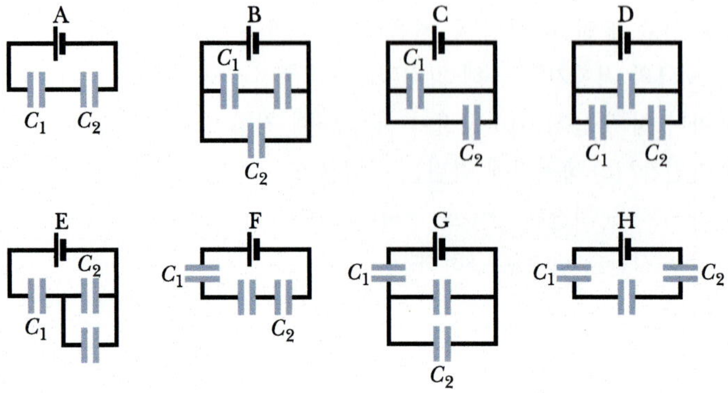

그림 28-39 문제 60

61. 물리학자의 주장

물리학자는 이상적인 축전기를 통해서는 전류가 흐르지 않는다고 주장한다. 그렇지만, 빈 축전기를 저항과 전지에 직렬로 이으면, 처음에는 전지와 저항을 통해 전류가 흐른다. 어떻게 해서 이런 일이 생기는지 설명하라.

62. 전압 그림표

그림 28-40은 똑같은 저항을 통해 방전하는 세 개의 축전기에 걸린 전압을 시간의 함수로 보여준다. 전기용량이 가장 큰 것부터 차례로 늘어 놓고, 그렇게 추론한 까닭을 설명하라.

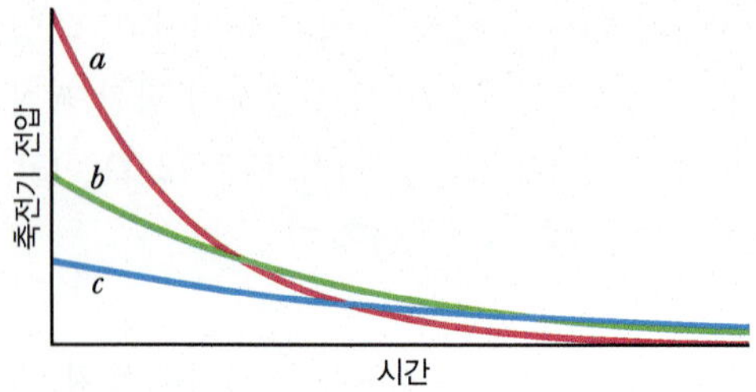

그림 28-40 문제 62

63. 세포막

세포막의 안쪽 및 바깥쪽 표면에는 각각 과잉 음전하와 과잉 양전하가 있다. 이 전하 때문에 약 70 mV 정도의 전위차가 세포막에 걸려 있다. 세포막의 두께는 8 nm이다.

(a) 세포막이 비어 있다면 (공기만 차 있다면), 세포막 속의 전기장의 크기는 얼마일까?

(b) 세포막의 유전상수가 $\kappa = 3$이라면, 세포막 속의 전기장의 크기는 얼마일까?

(c) 세포는 여러 가지 활성 수송 기구를 써서 세포막에 걸려 있는 전기장에 거슬러 이온을 옮길 수 있다. 그러한 기구 한 가지는 ATP를 ADP로 바꿈으로써 세포에 저장된 에너지를 조금 쓰는 것이다. 나트륨 이온(전하량$= +e$) 하나를 세포막에 걸려 있는 전기장에 거슬러 옮기는데 얼마의 일에너지가 드는가? 단위를 eV, 줄, 킬로칼로리/몰 단위로 나타내라(맨 끝 단위는 나트륨 이온 1 몰에 대해 셈하라).

29 자기장

핵융합 반응으로 에너지를 얻으려면 가벼운 원자핵이 필요한데, 이것은 바닷물에 많이 있는 '중수(heavy water)'에서 얻을 수 있다. 세계의 에너지 문제는 경제적인 핵융합 발전소만 건설할 수 있다면 풀린다. 인류는 이 사실을 50년 전부터 알고 있지만 아직도 핵융합 에너지를 얻지 못하고 있다. 가벼운 핵 두 개를 융합시키려면 온도를 적어도 섭씨 1억 도로 올려야 하는데, 이렇게 뜨거운 반응물질이 반응로의 벽에 닿으면 벽이 바로 증발해 버리기 때문이다. 그림에 보인 대형 토카막 반응로의 '고리방(torus chamber)'은 핵융합 반응을 가두고 제어하고자 만든 것이다.

어떻게 토카막은 섭씨 1억 도의 물질을 가두어 둘까?

◈ 답은 이 장에 있다.

그림 29-1
제강공장에서는 고철을 모으고 옮길 때 대형 전자석을 쓴다.

29-1 새로운 힘?

14장에서는 매일 느끼는 중력을 다루었다. 중력은 아주 약하므로 그 근원이 행성이나 항성 정도로 커야 효과를 관찰할 수 있었다. 그래서 지면 근처에서 중력 효과를 연구하는 것은 비교적 간단하다. 대체로 물체가 받는 중력은 일정하다고 보면된다.

22장에서 배운 정전기력은 중력보다 훨씬 세다. 빗으로 머리를 빗으면 빗 근처에 있는 종잇조각이 빗에 들러붙는다. 빗이 종잇조각에 주는 정전기력은 지구가 종잇조각을 당기는 중력보다 조금 더 세다.

원격 작용력이 또 있을까, 아니면 이게 전부일까? 여러분도 아마 냉장고에 붙이는 작고 둥근자석이나 막대자석을 가지고 놀았을 것이다. 더 큰 것으로는 고철 조각 등을 들어 올리는데 쓰는 **전자석(electromagnet)**이 있다(그림 29-1). 자석 놀이가 재미있는 까닭은 자석 사이의 힘이 좀 남다르기 때문이다. 자석을 들어 다른 자석에 가까이 대면 직접 닿지 않고도 서로 밀어내므로 책상 위에서 이리저리 몰고 다닐 수 있다. 그러나 조금 다른 쪽에서 자석에 가까이 대면 갑자기 움직임이 바뀌어 서로 끌어당긴다. 냉장고 자석은 제법 떨어진 거리에서도 냉장고 문으로 끌려가 붙는다. 그것이 원격 작용력임은 의심할 바가 없는데, 문제는 이 힘이 처음 보는 새로운 힘인가, 아니면 그냥 중력이나 전기력의 일종인가이다.

29-2 자기 상호작용

작은 막대자석을 써본 경험으로부터 자석끼리는 서로 끌거나 밀어내며 힘을 주고받는다는 것을 알고 있다. 따라서 막대자석을 감지기로 써서 자기 상호작용의 본질을 연구할 수도 있다. 자기 상호작용의 본질이 중력인가 아니면 정전기력인가를 알아보기 위해 작은 막대자석이나 둥근 냉장고 자석이 제법 센 힘을 받으면 어떻게 되는지 살펴보자.

• 자기력은 중력인가?

지면 근처에서 시험 자석이 받는 힘은 분명 지구의 중력 외에 따로 덧붙은 힘이다. 냉장고 자석이 땅으로 떨어지지 않고 냉장고에 붙어 있다는 사실은 자석이 냉장고로부터 받는 힘이 지구 전체가 그 자석을 당기는 중력보다도 세다는 것을 뜻한다.

이 감지기 자석을 질량과 모양이 같은 비자성 물체로 바꾸면 어떻게 될까? 자기력이 사라짐을 알 수 있다. 그러므로 막대자석에서 관찰한 힘은 다른 물체도 똑같이 받는 중력은 아니라고 할 수밖에 없다. 더 나아가 경험에 비추어볼 때, 그 힘은 끌기도 하고, 밀기도 한다. 잘 아는 바처럼 중력은 늘 끌어당긴다.

• 자기력은 정전기력의 일종인가?

그렇다면 자기력이 정전기력일까? 어찌 되었든 자기력도 정전기력처럼 때로는 끌고 때로는 민다. 이 생각을 검증하려면 감지기용 자석이 있던 곳에 자석 대신 (고무 막대로 문지른 스티로폼 공 등의) 시험 전하를 띤 물체를 두어보자. 그러면 (전하를 띤) 새 물체가 아주 약하게 끌리는 것을 볼 수는 있는데, 끌리는 정도는 전하가 있을 때나 없을 때나 거의 같다. 그러므로 여기서도 '막대자석이 받는 힘은 정전기력이 아니다' 라고 추론할 수 있다.

• 자기력과 움직이는 전하

지금까지 자석끼리 주고받는 힘은 정전기력이나 중력과 근원적으로 다르다는 것을 입증하는 관찰 결과를 설명했다. 그러고 보면 이제 새로 배워야 할 원격 작용력이 한 가지 생긴 것 같다. 이 힘은 끌 때도 있고 밀 때도 있다. 이 힘은 자석을 써서 감지할 수 있으므로 **자기력(magnetic force)**이라고 부르자.

앞 장에서 전기력 실험은 다 했으니, 이제는 여태까지 감지기로 써온 전하를 잡아서 자석에서 빨리 치워보자. 그런데 이때 뭔가 이상한 현상이 나타난다. 전하를 움직이면 힘이 감지된다!

> **관찰 결과:** 자석 주위에 있는 전하는 움직일 때는 힘을 받지만, 서 있을 때는 힘을 받지 않는다.

더구나 전하를 여러 속도로 움직여보면, 속력이 빠를수록 더 센 힘을 받는다는 것을 알게 된다. 전하가 없는 비자성 물체도 그럴까? 실험해보면 전하가 없는 물체는 그런 힘을 받지 않는다. 전하가 없는 비자성 물체를 감지기로 써보면 운동을 하건 서 있건 자기력을 받지 않는다.

19세기 초반에 외르스테드(Oersted)와 앙페르(Ampere)는 독자적으로 자석과 움직이는 전하가 힘을 주고받음을 발견했다. 실제로 두 과학자는 전류가 흐르는 도선이 막대자석에 힘을 주고 또 그 자석으로부터 힘을 받음을 입증했다. 이들의 관찰 결과는 자기력을 이해하는데 중요한 실마리가 되었다. 자기력은 다른 자석에만 작용하는 것이 아님이 밝혀진 것이었다. 전하를 띤 비자성 입자도 전하량과 속도에 거의 비례하는 자기력을 받는다. 이러한 관찰 결과에 맞는 자기력, 전하 및 속도 사이의 관계 중 가장 간단한 것은 무엇일까? 그것은 수학적으로는 다음과 같은 비례관계이다.

$$|\vec{F}^{자기}| \propto |q|\, v$$

이 식에서 $|q|$와 v는 각각 입자의 전하량과 속력을 나타낸다.

이 식이 맞는가? 맞는다면 감지기로 쓰는 입자의 속력을 두 배로 빨리할 경우 힘도 두 배가 되어야 할 것이다. 이것이 사실임은 실험적으로 밝혀졌다. 더 나아가 감지기의 전하량을 곱절로 할 때 감지된 힘도 곱절이 되는 것도 관찰되었다. 그러므로 위의 비례식은 전하를 띤 입자가 움직일 때 받는 자기력을 기술하는 더 정밀한 수학적 모형을 향한 첫 단계로는 적절하다. 우리는 곧 자기력에 대한 정확한 표현을 끌어내려고 한 실험을 다룬다.

29-3 자기장 $\vec{B}$ 정의하기

막대자석 두 개를 써서 실험해보면 자기력은 끌어당기기도 하고 밀어내기도 하며(방향), 좀더 신중하게 살펴보면 두 자석이 멀어질수록 약해진다는 것(크기)을 알게 된다. 이러한 관찰 결과는 두 전하 사이의 정전기력을 떠올리게 한다. 그러므로 자기력에 대한 첫째 어림 모형은 정전기력 모형과 좀 비슷할 수도 있다.

자기학 모형을 정전기학 모형과 비슷하게 만들려면 두 가지 '자기 전하(magnetic charge)' 가 있어야 한다. 이 개념상의 물체를 **자기 홀극(magnetic monopole)**이라 한다. 막대자석은 남극과 북극이 조금 떨어져 있는 것으로 모형을 만들 수 있다. 같은 극끼리는 밀어내고 다른 극끼리는 당긴다고 가정하면, 이 모형을 써서 관찰한 현상을 모두 설명할 수 있다. 막대자석을 가지고 실험해보면 같은 극은 서로 밀고, 다른 극은 서로 당기는 것을 알 수 있는데, 이것은 바로 전하에서 본 바이다. 그렇지만 막대자석의 상호작용을 더 자세히 살펴보면 그 거동이 전기 쌍극자와 비슷함을 알 수 있다. 전기 쌍극자는 부호가 다른 두 전하가 가까이 있는 것임을 상기하자. 전기 쌍극자 두 개를 전하가 일직선 상에 있게 하면서 가까이 가져가면 둘은 서로 당긴다. 왜 그럴까? 쌍극자 하나의 끝에 있는 음전하에 가장 가까이 있는 것은 다른 쌍극자의 양전하이기 때문이다. 그런데 전기 쌍극자 중 하나를 돌려서 전하를 반대쪽으로 늘어놓으면, 같은 종류의 전하가 가장 가까이 있게 되어 이제는 두 쌍극자가 서로 밀어낸다.

막대자석 두 개를 나란히 또는 반대쪽으로 나란히 두면 전기 쌍극자와 같은 특성을 보인다. 그래서 흔히 자석을 자기 **쌍극자**(magnetic dipole)라고 한다. 즉, 한쪽 끝은 '자기 전하' 한 종류, 다른 끝은 다른 종류의 '자기 전하'와 같다는 것이다. 자석의 극 이름을 붙이는 규칙은 다음과 같이 정한다. 막대자석 한 가운데를 끈으로 묶어 매달고, 다른 자석을 모두 치우면, 매달린 자석의 한 끝은 대략 북쪽을, 다른 끝은 남쪽을 가리킨다. 이때 북쪽을 가리키는 극을 자석의 북극, 남쪽을 가리키는 다른 쪽을 자석의 남극이라 부른다.

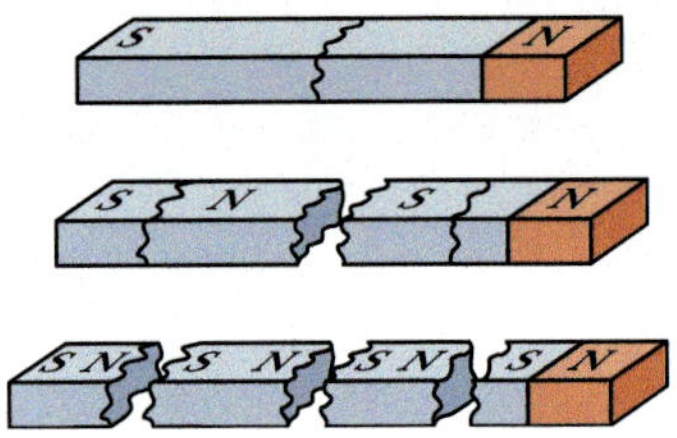

그림 29-2
자석을 작은 조각으로 나누어도 세기가 약해지기는 하지만 여전히 자석이다.

막대자석을 한끝에 북극, 다른 끝에 남극이 놓인 자기 쌍극자로 보는 것은 자기 상호작용을 설명하는 출발점이다. 그러나 자기와 전기의 비유를 계속하려면 양전하와 음전하를 분리한 것처럼 자기 전하를 분리해야 한다. 막대자석의 남극과 북극을 갈라놓으려면 막대자석을 반으로 자른다. 그런데 놀라운 사실을 알게 된다. 막대자석을 반으로 자르면 당연히 크기가 반인 두 조각이 되지만, 각 조각에는 남극이나 북극만 남아 있는 것이 아니라 북극과 남극 모두가 여전히 남아 있다. 이 자석을 다시 반으로 자르면 자석의 크기는 작아지지만 남극과 북극이 여전히 함께 있다(그림 29-2). 사실, 자석을 계속 잘라 원자를 이루는 원소로 줄여도, 원자 속의 전자, 양성자 및 중성자까지 자기 쌍극자의 특성 — 막대자석이 가진 특성 — 을 지니고 있음을 알 수 있다.

막대자석의 자기 효과는 궁극적으로는 철, 니켈, 코발트 등의 원소에 들어 있는 전자의 작은 막대자석들이 같은 쪽으로 늘어서서 모두 합쳐서 강한 효과를 내는 것이다. 낱낱의 전자의 자석은 작지만 자석 방향이 똑같아서 모두 더하면 전체 효과는 아주 커져서 막대자석의 자기 효과가 나타난다. 따라서 간단히 정리하면, 외톨이 자기 전하(자기 홀극)가 있음을 예언한 물리학자도 있기는 하지만, 실제로 발견된 예는 아직까지 없다.

자기 홀극을 발견하지 못했으니까 자기력과 정전기력의 대칭구조를 찾으려는 노력을 접어야 할까? 전혀 그렇지 않다. 23장에서 우리는 전기장의 개념이 아주 편리함을 알았다. 제법 센 정전기력을 낼 수 있는 원천은 아주 많으므로 (정전기력의 원천인) 전하에 대해 역장을 쓰면 그 힘을 어느 물체가 받을지 미리 정하지 않아도 되므로 아주 편리하다. 즉, 힘의 원천을 따지는 것과 힘을 받는 물체를 따지는 것을 떼어낼 수 있다. 그래서 전기장 $\vec{E}$를 다음과 같이 정의했다.

$$\vec{E} = \frac{\vec{F}^{\text{전기}}}{q} \qquad \text{(식 23-4)}$$

전기장을 재려면 그곳에 시험 전하 q인 입자를 두고 그 입자가 받는 힘 $\vec{F}^{\text{전기}}$을 재어 전기장 $\vec{E}$를 정할 수 있었다. 전하가 전기장을 만들고, 전기장이 다른 전하에 힘을 준다는 것도 관찰했다.

어쩌면 자기력도 같은 방식으로 설명할 수 있을 것이다. 자기장에도 전기장과 같은 개념을 쓰면 자기력의 원천을 따지는 것과 물체가 받는 자기력을 따지는 것을 떼어낼 수 있다. 자기 홀극이 있다면 자기장 $\vec{B}$를 정의할 때도 전기장을 정의한 방법을 쓸 수 있으나 그러한 전하를 띤 것을 찾아내지 못했으므로 다른 방법을 써야 한다.

이미 소개한 바와 같이 전하를 띤 비자성 입자가 받는 자기력의 세기는 그 입자의 전하와 속도의 크기에 비례한다. 이 사실을 쓰면 움직이는 감지기용 전하를 띤 입자가 받는 힘 $\vec{F}^{\text{자기}}$로부터 자기장을 정의할 수 있다. 힘의 크기는 입자의 속도 $\vec{v}$에 따라서도 달라진다. 다음 절에서 이 효과를 좀더 자세히 다루기로 하고, 여기에서는 $\vec{v}$를 바꿔가며 잰 힘 가운데 가장 센 힘을 써서 $\vec{B}$를 정의한다. 따라서 $\vec{B}$의 크기를 힘의 최대 크기를 써서 아래와 같이 나타낼 수 있다.

$$B = \frac{F^{자기}_{최대}}{|q|v} \tag{29-1}$$

여기서 q와 v는 입자의 전하량과 속력이다.

자기장의 크기를 정의했으므로, 이제 자기장의 방향을 정하는 문제를 다루자.

29-4 자기장과 자기력의 관계

자기장의 방향을 정하려면 자기장 $\vec{B}$가 있는 공간으로 전하를 띤 입자를 쏘아본다. 이 입자를 여러 방향으로 쏘아보면 자기력 $\vec{F}^{자기}$의 방향이 늘 $\vec{v}$의 방향과 직교한다는 놀라운 사실을 알게 된다(그림 29-3). 이 실험을 여러 가지로 해 보면 입자의 속도 $\vec{v}$가 어떤 방향이면 $\vec{F}^{자기}$는 0이 되며, 그 밖의 방향이면 $\vec{F}^{자기}$의 크기가 $\vec{v}$의 방향에 따라 달라진다. 크기는 $|\vec{v}|\sin\phi$에 비례하는데, 여기서 ϕ는 힘을 받지 않는 방향축과 $\vec{v}$의 방향 사이의 각도이다. 회전력과 회전운동량에 관해 배운 내용을 되돌아보면, 이런 측정 결과로부터 가위곱 연산이 관련되어 있음을 짐작할 수 있다. 그러나 어떤 두 물리량의 가위곱일까?

관련된 두 벡터량 중의 하나는 틀림없이 속도 벡터이다. 속도가 어떤 쪽일 때 힘이 0이라는 실험 결과는 그 다른 벡터도 '자기력이 0이 되는' 그 쪽과 나란함을 시사한다. 식 29-1에 제시한 자기장의 세기 B에 대한 정의를 다시 보면 관찰되는 자기력이 다음과 같음을 알 수 있다.

$$F^{자기}_{최대} = |q|vB$$

여기에서 v는 입자의 속력, $|q|$는 입자의 전하량이다. 자기장의 방향을 '자기력 0' 인 속도의 방향으로 잡아 보자. 그러면 지금까지 정리한 결과를 다음과 같은 벡터식으로 나타낼 수 있는데, 이것을 자기력 법칙 또는 **로렌츠 힘 법칙**이라고 한다.

$$\vec{F}^{자기} = q\vec{v} \times \vec{B} \quad \text{(자기력 법칙)} \tag{29-2}$$

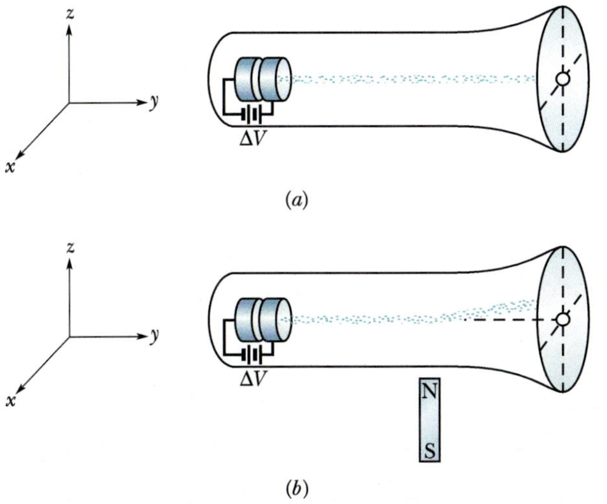

그림 29-3
(*a*) 전자선이 전압으로 가속되어, 진공관을 지나 형광막 중심부를 때린다. (*b*) 자석을 (+z쪽으로) 수직으로 세워 전자선 바로 밑에 두면 전자가 $-x$쪽으로 힘을 받아 전자선의 궤적이 수평면을 따라 옆으로 구부러진다.

즉, 입자가 받는 힘 $\vec{F}_{자기}$은 전하 q에 속도 $\vec{v}$와 자기장 $\vec{B}$의 가위곱을 곱한 것과 같다. 이 식이 옳다면 음전하를 띤 입자가 받는 힘은 양전하를 띤 입자가 받는 힘과 반대쪽이어야 하는데, 이 예측은 사실로 밝혀졌다.

더 나아가, 입자가 자기장을 지나갈 때 받는 힘을 $\vec{F}_{자기} = q\vec{v} \times \vec{B}$와 같이 나타내려면 자기장의 방향에 대해 아래의 표준 규약을 써야 한다.

> 자기장의 방향은 양전하를 띤 입자가 받는 힘과 속도 사이에 $\vec{F}_{장기} = q\vec{v} \times \vec{B}$의 관계가 있는 것으로 정의한다.

이 규약은 자기장의 방향을 찾아내는 방법에 대한 직관적인 설명은 되지 못하지만, 입자가 움직일 때 받는 자기력의 크기와 방향을 찾으려면 $\vec{F}_{자기} = q\vec{v} \times \vec{B}$의 관계를 쓰면 된다.

가위곱의 수학적인 정의를 써서 이 관계식을 정리하면 힘의 크기는 다음과 같다.

$$F_{자기} = |q\vec{v}||\vec{B}|\sin\phi = |q|\,vB\sin\phi \tag{29-3}$$

여기서 ϕ는 속도 $\vec{v}$와 자기장 $\vec{B}$ 사이의 각도로서, 값의 범위는 0°에서 180°까지이다.

지금까지 본 바, 자기력과 전기력은 다르다. 그러면서도 자기력은 막대자석은 물론 움직이는 전하도 받는다. 이 사실은 전기력과 자기력이 서로 다른 힘이면서도, 전기와 자기는 깊이 연관되어 있음을 시사한다. 뒤에 밝혀진 일이지만 38장에서 다루는 상대성 이론에 따르면 $\vec{E}$와 $\vec{B}$ 사이에 깊고 긴밀한 관계가 있다. 게다가 오늘날 삶을 더욱 편하게 해주는 기술의 상당 부분이 이 식에서 나왔다. 30장에서는 움직이는 전하가 자기장을 만드는 것을, 그리고 31장에서는 전기와 자기 사이의 더 깊고 놀라운 연결 고리(패러데이 법칙)를 소개할 것이다. 그 내용은 자기장이 시간에 따라 변화하면 전하가 없어도 전기장이 생긴다는 것이다.

• 전하를 띤 입자가 움직일 때 받는 자기력 찾기

식 29-3에 따르면 자기장 속에 있는 입자가 받는 힘 $\vec{F}_{자기}$의 크기는 입자의 전하량 $|q|$와 속력 v에 비례한다. 그러므로 전하가 0이거나 입자가 서 있으면 힘은 0이 된다. 이 식에서 얻는 또 다른 결론은 $\vec{v}$와 $\vec{B}$가 나란하거나($\phi = 0°$) 반대쪽($\phi = 180°$)이어도 힘이 0이 되며, 힘이 가장 커지는 것은 $\vec{v}$와 $\vec{B}$가 직교할 때라는 것이다.

식 29-2에는 이 모든 이야기와 함께 $\vec{F}_{자기}$의 방향에 대한 내용도 들어 있다. 12-4절에서 배운 바로는, 식 29-2에 있는 가위곱 $\vec{v} \times \vec{B}$는 두 벡터 $\vec{v}$와 $\vec{B}$에 모두 직교하는 벡터이다. 오른손 법칙(그림 29-4*a*)에 따라, 손가락을 $\vec{v}$에서 $\vec{B}$쪽으로 감아쥐면 엄지손가락이 $\vec{v} \times \vec{B}$의 방향을 가리킨다. q가 양전하이면 (식 29-2에 의해) $\vec{F}_{자기}$의 부호는 $\vec{v} \times \vec{B}$의 부호와 같아서 같은 쪽이다. 즉, 양전하 q가 받는 힘 $\vec{F}_{자기}$는 그림 29-4*b*과 같이 엄지손가락 방향이다. q가 음전하이면, 힘 $\vec{F}_{자기}$와 가위곱 $\vec{v} \times \vec{B}$는 서로 반대쪽을 향해야 한다. 음전하 q가 받는 힘 $\vec{F}_{자기}$는 그림 29-4*c*에서와 같이 엄지손가락의 반대쪽을 향한다. 그러나 다음의 정리는 전하의 부호에 관계없이 성립한다.

> 자기장 $\vec{B}$ 속에서 속도 $\vec{v}$로 움직이는 전하를 띤 입자가 받는 힘 $\vec{F}_{자기}$는 늘 $\vec{v}$와 $\vec{B}$에 직교한다.

그러므로 $\vec{F}_{자기}$에 $\vec{v}$와 나란한 성분은 없다. 이는 바로 $\vec{F}_{자기}$가 입자의 속력 $v = |\vec{v}|$를 변화시킬 수 없고, 따라서 입자의 운동에너지도 바꾸지 못함을 뜻한다. 이 힘은 $\vec{v}$의 방향(즉 입자의 운동방향)만 바꿀 수 있을 뿐이다. $\vec{F}_{자기}$는 이런 뜻으로만 입자를 가속할 수 있다. 전하를 띤 입자가 자기력만 받고

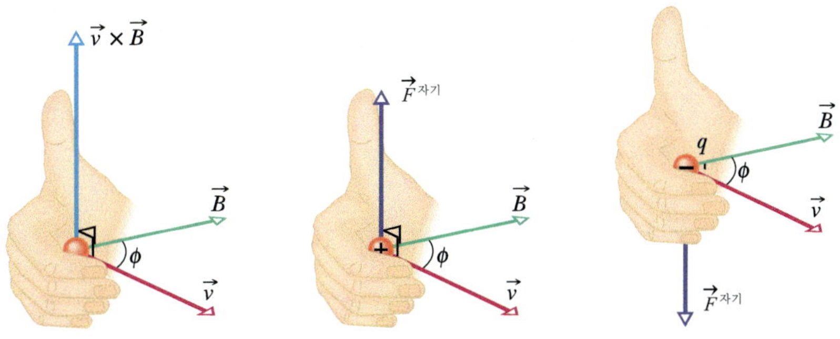

그림 29-4
(a) 오른손 법칙($\vec{v}$를 $\vec{B}$쪽으로 감되, 두 벡터가 이루는 각도 중에서 작은 각을 씀)을 쓰면 엄지손가락이 $\vec{v} \times \vec{B}$의 방향을 가리킨다. (b). q가 양(+)이면 $\vec{F}^{자기} = q\vec{v} \times \vec{B}$의 방향은 $\vec{v} \times \vec{B}$와 같은 쪽이다. (c) q가 음(−)이면 $\vec{F}^{자기} = q\vec{v} \times \vec{B}$의 방향은 $\vec{v} \times \vec{B}$와 반대쪽이다.

속도가 자기장과 직교한다면 그 입자는 원운동을 한다. 입자의 속도에 자기장과 직교하는 성분과 나란한 성분이 함께 있으면 그 입자는 반지름이 일정한 나선운동을 한다. 이 내용은 다음 절 (29-5절)에서 자세히 다룬다.

전하를 띤 입자가 움직일 때 받는 자기력 $\vec{F}^{자기} = q\vec{v} \times \vec{B}$에 대한 느낌을 키우려면 그림 29-5를 살펴보자. 이 그림은 로렌스 버클리 연구소(Lawrence Berkeley Laboratory, 미국)에서 고속으로 움직이는 전하를 띤 입자가 거품상자에서 남긴 궤적이다. 액체 수소를 담은 상자는 그림의 종이면에서 솟아 나오는 방향의 강한 자기장 속에 있었다. 여기에 감마선 입자가 들어오면 — 이 입자는 전하가 없으므로 아무 흔적도 남기지 않는다 — 수소에서 전자를 하나 떼어 내면서(길게 나타난 e^- 흔적) 자신은 전자(e^- 표시 나사꼴 흔적)와 양전자(e^+ 표시 흔적)로 변한다. 새로 생긴 이 입자들은 처음에는 감마선과 같은 쪽으로 움직인다. 움직이면서 각각 크기가 $F^{자기} = |q|vB$인 힘을 받아 원 궤적을 그리는데, 그 힘과 궤적의 반지름은 $F^{자기} = mv^2/r$의 관계에 있다. $qvB = mv^2/r$이므로 입자의 운동 반지름은 $r = mv/|q|B$가 된다. 식 29-2와 그림 29-4를 써서 음전하를 띤 두 입자와 양전하를 띤 하나의 입자가 휘는 방향이 옳음을 확인할 수 있다. 전자와 양전자가 그리는 원 궤도가 깨끗하지 않음을 눈여겨보자. 이들의 궤적이 반지름이 일정한 원이 아니라 반지름이 줄어드는 나사꼴인 까닭은 입자가 거품 상자 속의 원자와 부딪치면서 속력이 느려지기 때문이다. 이 생각이 옳은 까닭은 $r = mv/|q|B$이므로 입자의 속력 v가 느려지면 반지름 r도 따라서 작아져야 하기 때문이다. 입자가 느려지면 입자의 속력에 비례하는 자기력도 작아지므로 입자의 운동궤적의 반지름이 작아진다.

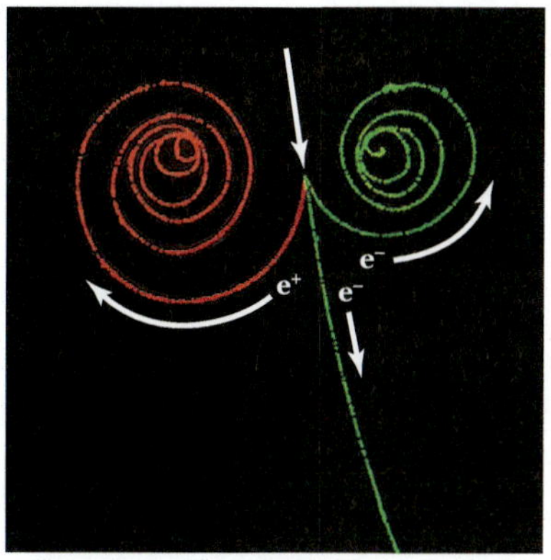

그림 29-5
(a) 종이면에 수직으로 나오는 자기장 속에 있는 상자에서 전자(e^-) 두 개와 양전자(e^+) 하나가 움직인 궤적을 색깔로 나타내었다.

• 어떻게 자기장이 생기는가?

앞에서 전하를 띤 플라스틱 막대가 주위 공간에 벡터 장 — 전기장 $\vec{E}$ — 을 만드는 것을 다루었다. 이와 비슷하게 자석도 주위 공간에 벡터 장 — **자기장(magnetic field)** $\vec{B}$ — 을 만든다. 작은 자석으로 냉장고 문에 쪽지를 붙이거나 컴퓨터 디스크를 강한 자석 근처에 두었다가 자료가 지워지는 일을 당할 때 자기장이 있다는 사실을 간접적으로 알게된다. 자석은 자기장을 통해 냉장고 문이나 디스크에 그러한 작용을 한다.

흔히 쓰는 전자석은 철심 주위에 도선 코일을 감아, 코일에 전류를 흘리는데, 자기장의 세기는 전류의 크기에 따라 정해진다. 산업계에서는 **전자석(electromagnet)**을 써서 여러 폐품 중에서 고철을 분리해 낸다(그림 29-1). 보통 **영구자석(permanent magnet)**을 더 많이 접하는데, 이것은 냉장고 문에 붙이는 자석처럼 전류를 흘려주지 않아도 자기장을 만든다.

자기장은 어떻게 생길까? 자기장을 만드는 방법은 두 가지가 알려져 있다. (1) 전선에 흐르는 전류나 전하를 띤 우주선 다발 등 전하를 띤 입자가 움직이면 자기장이 생긴다. (2) 양성자, 중성자 및 전자 등의 소립자는 자기장을 만드는 자기 쌍극자를 가지고 있다. 30장에서는 움직이는 전하가 자기장을 만드는 것을, 그리고 32장에서는 고유 자기 쌍극자가 자기장을 만드는 것을 소개한다. 여기에서는 자기장을 어떻게 나타내며, 그것이 움직이는 전하에 어떻게 영향을 주는가에만 초점을 맞춘다.

식 29-2와 29-3으로부터 B의 국제 단위를 끌어내면 '초당 미터-쿨롱당 뉴턴(newton per coulomb-meter per sec)' 이 된다. 자기장의 국제 단위는 테슬라(tesla, T)이다.

$$1\,\text{테슬라[tesla]} = 1\,\text{T} = 1\,\frac{\text{newton}}{(\text{coulomb})(\text{meter/second})}$$

1초에 1쿨롱의 전하가 흐르는 전류의 단위가 암페어(ampere)이므로 다음 관계가 있다.

$$1\,\text{T} = 1\,\frac{\text{newton}}{(\text{coulomb/second})(\text{meter})} = 1\,\frac{\text{N}}{\text{A}\cdot\text{m}} \tag{29-4}$$

국제 단위계를 쓰기 전에 쓰던 $\vec{B}$의 단위인 가우스(gauss, G)를 지금도 흔히 쓴다.

$$1\,\text{테슬라} = 10^4\,\text{가우스} \tag{29-5}$$

표 29-1은 몇몇 상황에서 생기는 자기장이다. 지면에서 잰 지구 자기장의 세기는 약 10^{-4} T($=100\,\mu$T $=1$가우스)이다.

표 29-1
자기장의 예

중성자 별의 표면	10^8 T
대형 전자석	1.5 T
작은 막대자석	10^{-2} T
지면	10^{-4} T
우주 공간	10^{-10} T
자기 차폐실(측정된 최소값)	10^{-14} T

생각해보기 29-1 아래 그림은 전하를 띤 입자가 자기장 $\vec{B}$속에서 속도 $\vec{v}$로 움직이는 세 가지 상황을 나타내고 있다. 각 상황에서 입자가 받는 자기력 $\vec{F}^{자기}$의 방향을 구하라.

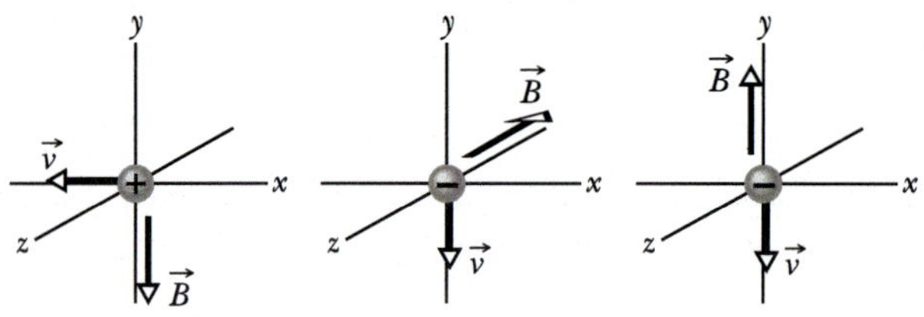

• 자기장선

자기장도 전기장처럼 장선 그림으로 나타낼 수 있다. 장선을 그리는 규칙도 비슷하다. 어떤 곳의 $\vec{B}$의 (1) 방향은 그곳을 지나는 자기장선의 접선방향이고, (2) 세기는 그 부근을 지나가는 자기장선 다발의 빽빽함에 비례하므로, 장선이 촘촘한 곳은 자기장이 세고 성긴 곳은 약하다.

막대자석(막대 모양의 영구자석) 주변의 자기장의 장선을 그림 29-6*a*에 보였다. 그림에 나타난 선은 모두 자석을 지나고 있으며 (일부 선은 그림에 다 나타나지 않지만) 모두 끊어지지 않고 처음과 끝이 이어져 있다. 자기장선은 어디에서 시작하거나 끝나지 않는다. 전기장선이 양전하에서 나와 음전하에서 사라지는 것과 비교하면, 자기장선은 자석에 자기 전하(자기 홀극)가 없다는 가정과 맞다. 그림에 장선으로 나타낸 것처럼, 막대자석 밖의 자기 효과는 끝 부분에서 가장 강한데, 이 부분에서 자기장선이 가장 촘촘하다. 그래서 그림 29-6*b*의 자기장이 주로 자석의 양쪽 끝 부분에만 철가루를 끌어 모은다. 전체적으로 볼 때, 막대자석 바깥에서는 장선이 전기 쌍극자와 같아 보이지만, 자석 안에서는 (전기장선과는) 반대쪽을 향한다.

(*a*) (*b*)

그림 29-6
(*a*) 막대자석의 자기장선. (*b*) '소 자석(cow magnet)' – 소의 제1위에 넣어, 실수로 삼킨 쇳조각이 창자로 내려가지 않게 막는 막대자석. 그 끝 부분의 쇳가루 분포가 주변의 자기장 방향을 보여준다.

(처음과 끝이 이어진) 자기장선은 자석의 한 극으로 들어가서 다른 극으로 빠져나간다. 자기장선이 자석을 빠져나가는 쪽을 '북극', 자석으로 들어오는 반대쪽을 '남극' 이라고 한다. (장선의 방향이 움직이는 양전하에 주는 힘의 방향과 관련 있음을 잊지 말 것.) 냉장고에 쪽지를 붙이는 데 쓰는 자석 중에는 짧은 막대자석도 있다. 그림 29-7은 흔히 볼 수 있는 두 가지 자석인데, 하나는 말굽

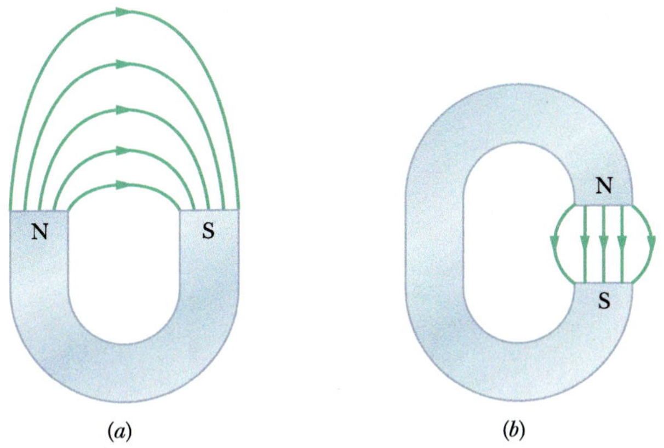

그림 29-7
(a) 말굽자석 (b) C자 꼴의 자석. (자기장선은 일부만 보임.)

자석, 다른 하나는 극이 서로 마주 보도록 C자 꼴로 굽은 자석이다. (이때 극 사이의 자기장은 거의 일정하다.) 자석의 모양과 관계없이, 자석 두 개를 가까이 하면 다음과 같은 현상을 볼 수 있다.

> 다른 자극은 서로 당기고, 같은 자극은 서로 밀친다.

모든 자석의 자기장은 자석의 심지에서 나온다. 지구 자기장의 본성과 특성에 대한 전류이론은 32-9절에서 소개한다. 지면에서는 나침반을 써서 자기장을 감지할 수 있는데, 나침반은 막대자석을 마찰이 적은 받침점 위에 올려놓은 것이다. 막대자석, 즉 바늘이 도는 까닭은 나침반의 북극 끝이 지구의 북극 쪽으로 끌리기 때문이다. 따라서 지구 자기장의 남극이 (지구의) 북극 근처에 있다고 확신할 수 있다. 이치로 따지면 나침반의 그 끝을 남극이라 해야 하지만, 이미 북극이라고 불러왔기 때문에 이제는 지자기적 북극을 자극의 남극이라고 부를 수밖에 없다.

좀더 정밀하게 재보면, 일반적으로 북반구에서는 지구의 자기장선이 지구 속을 그리고 북극점 쪽을 향하고 있음을 알 수 있다. 남반구에서는 일반적으로 지구에서 솟아 나오면서 남극 대륙, 즉 지구의 지자기적 남극으로부터 멀어지는 쪽을 향한다.

따라해보기 29-1 | 자기장 속의 양성자

실험실에 있는 상자에 자기장 $\vec{B}$가 세기 1.2 mT로 고르게 위쪽으로 걸려 있다. 이 상자에 양성자가 남쪽에서 북쪽으로 수평하게 운동에너지 5.3 MeV로 들어온다. 이 양성자가 받는 자기력의 크기는 얼마인가? 양성자의 질량은 1.67×10^{-27} kg이다. (지구 자기장은 무시한다.)

풀이 ■ 양성자는 전하를 띠고 있고 자기장 속에서 움직이므로 자기력 $\vec{F}_{자기}$를 받는다. **요점**은 양성자의 처음 운동 방향이 자기장선 방향과 다르므로 $\vec{F}_{자기}$가 간단히 0이 되지 않는다는 점이다. $\vec{F}_{자기}$의 크기를 구하려면 양성자의 속력 $|\vec{v}|=v$를 구했다 하고 식 29-3을 쓸 수 있다. v는 운동에너지 값에서 $K=\frac{1}{2}mv^2$를 써서 구한다. $|\vec{v}|$에 대해 풀면 다음 결과를 얻는다.

$$v=\sqrt{\frac{2K}{m}}=\sqrt{\frac{(2)(5.3\,\text{MeV})(1.60\times10^{-13}\,\text{J/MeV})}{1.67\times10^{-27}\,\text{kg}}}=3.2\times10^{7}\,\text{m/s}$$

이제 식 29-3을 쓴다.

$$\begin{aligned}F_{자기}&=|q|vB\sin\phi\\&=(1.60\times10^{-19}\,\text{C})(3.2\times10^{7}\,\text{m/s})(1.2\times10^{-3}\,\text{T})(\sin 90^\circ)\\&=6.1\times10^{-15}\,\text{N}\end{aligned}\qquad\text{(답)}$$

이 힘은 별로 크지는 않지만 아주 가벼운 물체가 받으면 가속도가 아주 커진다.

$$a=\frac{F_{자기}}{m}=\frac{6.1\times10^{-15}\,\text{N}}{1.67\times10^{-27}\,\text{kg}}=3.7\times10^{12}\,\text{m/s}^2$$

$\vec{F}^{자기}$의 방향을 구하는 **요점**은 $\vec{F}^{자기}$의 방향이 가위곱 $q\vec{v}\times\vec{B}$의 방향이라는 것이다. q가 양전하이므로, $\vec{F}^{자기}$는 $\vec{v}\times\vec{B}$와 방향이 같고, 이는 가위곱에 대한 오른손 법칙(그림 29-4*b*)을 써서 구할 수 있다. 앞에서 $\vec{v}$는 남에서 북으로 수평하게 가고 $\vec{B}$는 위쪽이라고 했다. 오른손 법칙에 따르면 $\vec{F}^{자기}$가 그림 29-8과 같이 서쪽에서 동쪽을 향해야 한다. (그림에 보이는 점의 배열은 종이에서 솟아 나오는 자기장을 나타 낸다. 점이 아니고 ×가 배열되어 있다면 종이 속으로 들어가는 자기장을 나타낸다.)

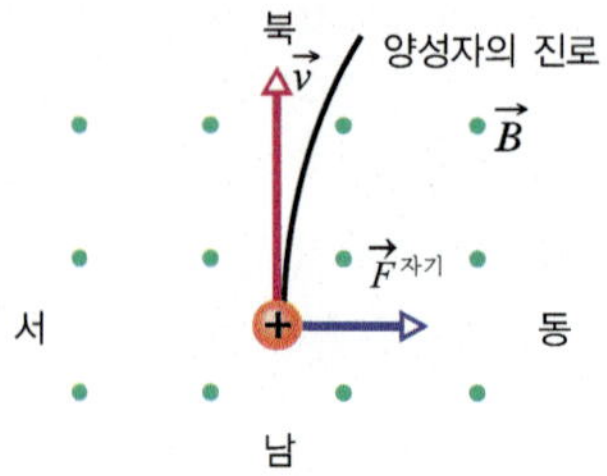

그림 29-8
상자 속에서 양성자가 남에서 북으로 속도 $\vec{v}$로 가는 것을 위에서 본 모습. 자기장은 위쪽을 향하며 여기서는 점으로 표시했다 (화살촉을 상상하라). 양성자는 동쪽을 향해 굽는다.

입자가 음전하를 띤다면, 자기력은 반대쪽, 즉 동쪽에서 서쪽을 향했을 것이다. 이는 식 29-2의 q에 음의 값을 넣으면 알 수 있다.

연습문제 29-4

1. 알파입자

알파입자가 속도 $\vec{v}$의 크기 550 m/s로 세기 0.045 T인 고른 자기장 $\vec{B}$ 속을 지난다. (알파 입자의 전하는 $+3.2\times10^{-19}$ C, 질량은 6.6×10^{-27} kg임.) $\vec{v}$와 $\vec{B}$ 사이의 각도는 52°이다. (a) 자기장이 입자에 주는 힘 $\vec{F}^{자기}$과 (b) $\vec{F}^{자기}$에 의한 입자의 가속도 크기는 얼마인가? (c) 입자의 속도는 빨라지는가 느려지는가, 아니면 550 m/s 그대로 유지되는가?

2. TV 카메라

TV 카메라 속의 전자 하나가 세기 83.0 mT의 자기장 속에서 7.20×10^6 m/s의 속력으로 운동한다. (a) 자기장의 방향을 모를 때 전자가 받는 자기력의 최대값과 최소값을 어림할 수 있는가? (b) 어느 곳에서 전자의 가속도 크기가 $4.90\times10^{14}\,\text{m/s}^2$이었다. 전자의 속도와 자기장 사이의 각도는 얼마인가?

3. 움직이는 양성자

양성자가 세기 2.60 mT인 자기장에 대해 23°의 각도로 운동하면서 6.50×10^{-14} N의 힘을 받는다. (a) 양성자의 속력과 (b) eV 단위로 그 운동에너지를 구하라.

4. 전하가 받는 힘

속도가 다음과 같은 전자가 자기장 $\vec{B}=(0.030\text{T})\hat{\text{i}}-(0.15\text{T})\hat{\text{j}}$ 속에서 운동한다.

$$\vec{v}=(2.0\times10^6\,\text{m/s})\hat{\text{i}}+(3.0\times10^6\,\text{m/s})\hat{\text{j}}$$

(a) 전자가 받는 힘을 구하라. (b) 속력이 같은 양성자가 받는 힘을 구하라.

5. 전자관

전자관 속의 전자선을 이루는 낱낱의 전자가 가진 운동에너지가 12.0 keV이다. 이 관은 전자들이 지자기 남극에서 북극을 향해 수평방향으로 운동하도록 방향을 잡았다. 지구 자기장의 수직 성분은 아래쪽을 향하고 크기는 55.0 μT이다. (a) 전자선은 어느 쪽으로 휘겠는가? (b) 전자가 자기장으로부터 받는 가속도의 크기는 얼마인가? (c) 전자관 속에서 전자선이 20.0 cm를 가며 휘는 거리는 얼마인가?

29-5 전하를 띤 입자의 원운동

[5장에서] 발사체 운동을 배울 때, 발사체의 (수직 방향) 중력 가속도는 수평 속도에 아무 영향을 주지 않음을 알았다. 또한, 등속 원운동에서는 (반지름 방향의) 구심 가속도가 속도의 방향만 바꿀 뿐 (원운동이 가능하게 함) 속력(속도의 크기)은 바꾸지 못했다. 이로부터 다음과 같은 일반적인 관계를 알 수 있다: 속도와 직교하는 가속도 성분은 속도의 방향만 바꿀 뿐 크기는 바꾸지 못한다.

여기에서도 비슷한 상황이다. 작은 전하를 띤 입자가 느끼는 자기력은 늘 그 속도에 직교하므로 속도의 크기는 바뀌지 않는다. 앞에서 소개한 것처럼 전하를 띤 입자의 속도와 자기력이 직교한다면(그리고 그 밖에는 다른 힘이 없다면), 그 입자는 원운동을 한다.

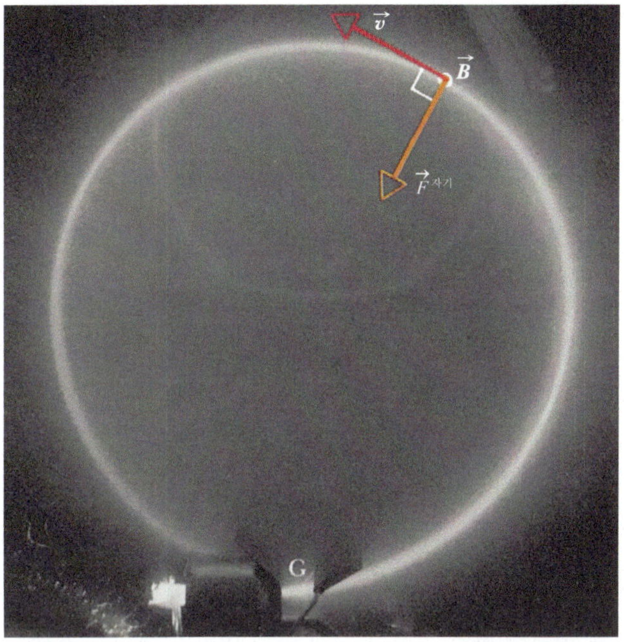

그림 29-9
저압 기체가 든 상자에서 원운동하는 전자(밝은 원이 경로임). 상자 속에는 고른 자기장 $\vec{B}$가 종이면에서 솟아나온다. 자기력 $\vec{F}^{자기}$는 반지름 방향이다. 원운동을 하려면 $\vec{F}^{자기}$가 원의 중심을 향해야 한다. $\vec{F}^{자기}=q\vec{v}\times\vec{B}$에서 가위곱에 대한 오른손 법칙을 써서 $\vec{F}^{자기}$의 방향이 바르게 얻어지는 것을 확인할 것. (q의 부호도 잊지 말고 넣어라.)

입자가 일정속력으로 원을 따라 돌면, 입자가 받는 알짜 힘은 크기가 일정하고 늘 원의 중심을 향한다고 확신할 수 있다. 줄 끝에 돌멩이를 매달아 돌려 수평면 상에서 원을 그리게 하는 것이나 지구 주위에서 원 궤도를 도는 위성을 생각하자. 원운동에 필요한 구심력을 첫째 보기에서는 줄의 장력이, 둘째 보기에서는 지구의 인력이 준다.

그림 29-9에 구심력의 또 한 가지 예를 보였다. 여기서는 전자선 다발이 전자총 G에서 나와 거품 상자로 들어온다. 전자는 종이면에 나란히 속력 v로 들어가서 자기장 $\vec{B}$가 종이면에서 솟아나오는 쪽으로 걸린 곳에서 움직인다. 그러면 입자의 속도 $\vec{v}$와 그곳의 자기장 $\vec{B}$가 서로 직교하므로, 자기력 $\vec{F}^{자기}=q\vec{v}\times\vec{B}$가 전자를 계속 옆으로 밀어, 전자는 원운동을 하게 된다. 이 사진에서 궤적이 눈에 보이는 것은 원운동 하는 전자의 일부가 상자 속의 원자와 부딪쳐, 빛을 내기 때문이다.

이제 전하 $|q|$, 질량 m인 입자가 고른 자기장 $\vec{B}$에 직각 방향으로 속력 v로 움직일 때의 원운동을 살펴보자. 식 29-3으로부터 입자가 받는 힘의 크기는 $|q|vB$이다. 뉴턴 제2법칙($\vec{F}=m\vec{a}$)을 등속 원운동(식 5-34)에 쓰면,

$$F^{자기}=m\frac{v^2}{r} \tag{29-6}$$

이로부터 다음 결과를 얻는다.

$$|q|vB=\frac{mv^2}{r} \tag{29-7}$$

r에 대하여 이를 풀면 원궤도의 반지름은 다음과 같다.

$$r=\frac{mv}{|q|B} \quad \text{(원 궤도의 반지름)} \tag{29-8}$$

주기(한 바퀴 도는데 걸리는 시간) T는 원둘레를 속력으로 나눈 값이다.

$$T=\frac{2\pi r}{v}=\frac{2\pi}{v}\frac{mv}{|q|B}=\frac{2\pi m}{|q|B} \quad \text{(주기)} \tag{29-9}$$

회전수(단위 시간에 도는 횟수) f는 다음과 같다.

$$f = \frac{1}{T} = \frac{|q|B}{2\pi m} \quad \text{(회전수)} \tag{29-10}$$

운동의 각 회전수 ω는 아래와 같이 정해진다.

$$\omega = 2\pi f = \frac{|q|B}{m} \quad \text{(각 회전수 또는 사이클로트론 회전수)} \tag{29-11}$$

T, f 및 ω는 (입자 속도가 빛의 속도보다 훨씬 작다면) 입자의 속력과 무관한 양들이다. 빠른 입자는 큰 원을, 느린 입자는 작은 원을 그리지만, 질량 대 전하 비, 즉 q/m이 같은 입자들은 한 바퀴 도는데 걸리는 시간 T가 똑같다. 속력이 빠르면 큰 원을 그려야 하므로 원을 한 바퀴 도는 시간은 속력에 관계없이 같다. 이 현상이 전하를 띤 입자의 가속기(사이클로트론)를 만드는 중요한 원리가 된다. 입자가 양전하를 띠면 $\vec{B}$의 방향에서 볼 때 늘 반시계 방향으로, 음전하를 띠면 시계 방향으로 도는 것을 식 29-2를 써서 보일 수 있다.

• 나선 경로

그림 29-5의 거품상자 속의 전자와 양전자에 대하여 말한 것처럼, 전하를 띤 입자가 자기장 속에서 운동하면서 속력이 계속 바뀌면 그 입자는 원운동 대신 반지름이 바뀌는 나선운동을 한다. 이런 일이 생길 수 있는 사례로, 입자가 마찰이나 기타의 힘을 받아 속력이 느려질 때를 들 수 있다. 더 나아가 전하를 띤 입자의 속도 성분 가운데 (고른) 자기장과 나란한 성분이 있다면, 입자는 자기장 방향으로 나선 궤도를 그린다. 예를 들어 그림 29-10a는 그러한 입자의 속도 $\vec{v}$를 두 방향의 성분, 곧 $\vec{B}$에 직교하는 성분과 나란한 성분으로 나누어 보인 것이다:

$$v_{\parallel} = |\vec{v}|\cos\phi \quad \text{그리고} \quad v_{\perp} = |\vec{v}|\sin\phi \tag{29-12}$$

나란한 성분은 나선의 간격 p, 즉 이웃한 고리 사이의 거리를 결정한다(그림 29-10b). 수직 성분은 나선의 회전 반지름을 결정하며, 수직 성분 값이 식 29-8의 $|\vec{v}|$자리에 들어간다.

그림 29-10c은 고르지 않은 자기장 속에서 전하를 띤 입자가 나선운동을 하는 모습이다. 왼쪽과 오른쪽에서 장선이 촘촘한 것은 그곳의 자기장이 더 셈을 뜻한다. 끝 부분의 자기장이 얼마 이상으로 세면 입자가 끝에서 '반사' 된다. 입자가 양 끝에서 반사되면, 입자가 자기 병(magnetic bottle) 속에 갇혔다고 한다.

• 토카막 반응로 속에 입자 가두기

이 장의 앞머리에서 가벼운 원자핵을 융합시키는 핵융합 반응을 일으키면 많은 에너지를 얻을 수 있다고 했다. 이 반응을 일으키려면 운동에너지가 아주 큰, 즉 초고온의 이온들을 가두어야 한다. 이

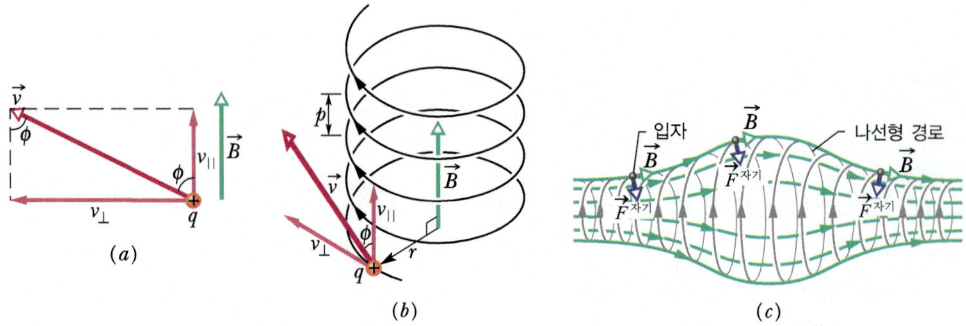

그림 29-10
(a) 고른 자기장 $\vec{B}$ 속에서 전하를 띤 입자가 자기장과 각도 ϕ를 이루며 속도 $\vec{v}$로 움직인다. (b) 입자가 반지름 r, 간격 p인 나선을 그린다. (c) 고르지 않은 자기장 속에서 나선운동을 하는 전하를 띤 입자. (양 끝의 자기장이 세면 입자는 양 끝 사이를 오가면서 그 속에 갇힐 수 있다.) 왼쪽과 오른쪽 끝에서 자기력의 방향이 그림 가운데를 향함을 살펴볼 것.

온을 가두는데 자기장이 이상적인 까닭은 이온과 전자 모두 전하를 띠고 있고, 따라서 자기장의 방향을 따라 나선운동을 하면 이들이 반응로의 벽에 부딪치지 않기 때문이다.

과학자들은 아직 고온의 전하를 띤 입자들을 가두어 제어된 핵융합 반응을 일으키지 못했다. 그러나 실험으로 밝혀진 바로는 자기장선이 고리 모양일 때 가벼운 이온을 가장 효과적으로 가둘 수 있다. 유럽연합핵융합로(Joint European Torus: JET)는 보통 토카막(tokamak)이라 부르는데 장의 처음에 소개했다. 토카막 반응로에서 자기장은 그림 29–11에 보인 고리 모양 그릇을 따라 고르게 감긴 자기 코일이 만들어낸다. 고리 속에서 자기장선은 끊어지지 않는 원을 이룬다. 이론상으로는 토카막이 제대로 작동할 때, 고온의 이온과 전자들이 자기장선을 따라 주위에서 나선궤도를 그리며 돈다. 이온은 고리를 따라 돌다가 다른 이온을 만나 핵융합 반응을 일으킬 수 있다.

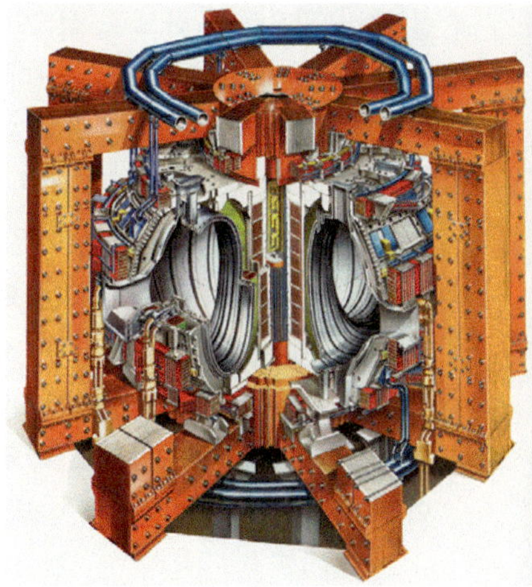

그림 29–11
핵융합로를 잘라본 그림. 고리 모양의 반응로와 주변의 자기 코일이 보인다.

• 지구 자기장에 갇힌 입자들

지구의 자기장은 자기 병의 구실을 하여 전자와 양성자를 가두고 여기에 갇힌 입자들이 반알렌 방사띠(Van Allen raidation belt)를 이루어 지구의 남북 자극 사이 대기층의 아주 높은 곳에 갇혀 있다. 이 입자들은 자기 병의 양쪽 끝 사이를 몇 초 안에 오간다.

해에서 대폭발이 일어나면 에너지가 큰 전자와 양성자들이 튀어나와 반알렌 방사띠에 들어와, 보통 때 전자들이 반사되던 곳에 전기장이 생겨난다. 이 장에 의해 반사가 없어지며 전자들이 대기층으로 방출되고, 전자들이 공기의 원자, 분자와 부딪쳐 빛을 내게 한다. 이 빛이 북극이나 남극에 가까운 곳에서 볼 수 있는 극광(極光, aurora)으로서, 대기권 100 km까지도 내려오는 빛의 장막이다. 녹색 빛은 산소 원자가 내고, 분홍색 빛은 질소 원자가 내지만 흔히 빛이 너무 약해서 우리 눈에는 흰 빛으로만 감지되곤 한다.

생각해보기 29–2 이 그림은 종이면으로 들어가는 고른 자기장 $\vec{B}$ 속에서 속력이 같은 두 입자의 원궤도를 보여준다. 하나는 양성자이고, 다른 것은 (질량이 작은) 전자이다. 원의 상대적 크기가 실제 크기에 비례하지는 않는다. (a) 어느 입자가 작은 원 궤도를 그리는가? (b) 입자의 회전 방향은 시계 방향인가 반시계 방향인가?

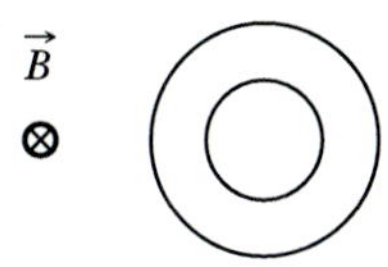

따라해보기 29–2 | 질량 분석계

그림 29–12는 이온의 질량을 재는 질량분석계의 얼개이다. 이온 발생장치 S에서 질량 m, 전하량 q인 이온이 생겨난다. 처음에 서 있던 이온을 전위차 ΔV가 만드는 전기장이 가속한다. 가속된 이온은 S를 벗어나 분석실로 들어가는데, 이곳에는 고른 자기장 $\vec{B}$가 이온 경로에 대해 직각 방향으로 걸려 있다. 이온은 자기력을 받아 반원을 그리면서 입사 실틈에서 x 떨어진 곳에 이르러 필름을 감광시킨다. 어떤 실험에서 $B = 80.000\,\mathrm{mT}$이고 $\Delta V = 1000.0\,\mathrm{V}$, 그리고 전하량 $q = +1.6022\times10^{-19}\,\mathrm{C}$의 이온이 $x = 1.6254\,\mathrm{m}$인 곳에 이르렀다고 하자. 낱낱의 이온의 질량 m을 표준 원자질량단위 $(1\,\mathrm{u} = 1.6605\times10^{-27}\,\mathrm{kg})$로 나타내면 얼마인가?

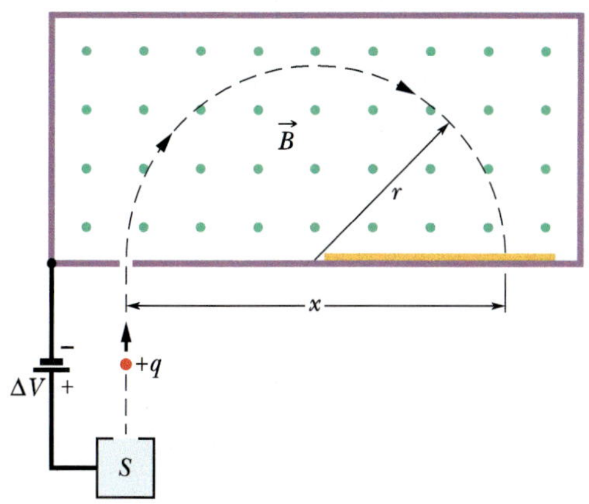

그림 29–12
질량분석계의 얼개. 이온 발생장치 S에서 나온 이온이 전위차 ΔV에 의해 가속된 뒤 고른 자기장 $\vec{B}$가 있는 분석실로 들어간다. 여기서 이온은 반지름 r인 반원을 그리면서 입사 실틈에서 거리 x인 곳에서 사진 필름을 감광시킨다.

풀이 ■ 요점 하나는, (전하를 띤) 이온이 (고른) 자기장 속에서 힘

을 받아 원운동을 하므로, 식 29-8을 써서 이온의 질량 m을 궤도의 반지름 r과 연결시킬 수 있다는 것이다. 그림 29-12에서 보면, $r = x/2$이며 $|\vec{B}|$의 값은 알려져 있다. 그러나 이온이 전위차 ΔV로 가속된 뒤 자기장 속에서 움직이는 속력 v는 아직 모른다.

v와 ΔV를 연결시키려면 이온이 가속되는 동안 역학적 에너지 ($E^{역학} = K + U$)가 보존된다는 **요점**을 쓴다. 이온의 운동에너지는 발생장치에서 나올 때는 거의 0에 가깝지만, 가속이 끝날 때는 $\frac{1}{2}mv^2$이다. 또, 가속 과정에서 양이온이 $-\Delta V$의 전위차를 지나는데, 양전하 q를 띠고 있으므로, 위치 에너지는 $-q\Delta V$만큼 바뀐다. 역학적 에너지 보존 법칙을 아래와 같이 쓰면

$$\Delta K + \Delta U = 0$$

이로부터 다음 결과를 얻는다.

$$\frac{1}{2}mv^2 - q\Delta V = 0 \quad 또는 \quad v = \sqrt{\frac{2|q\Delta V|}{m}} \qquad (29\text{–}13)$$

이것을 식 29-8에 넣으면 다음 결과를 얻는다.

$$r = \frac{mv}{|q\vec{B}|} = \frac{m}{|q|B}\sqrt{\frac{2|q\Delta V|}{m}} = \frac{1}{B}\sqrt{\frac{2m|\Delta V|}{|q|}}$$

그러므로 다음과 같다.

$$x = 2r = \frac{2}{B}\sqrt{\frac{2m|\Delta V|}{|q|}}$$

이를 m에 대해 풀고 주어진 값을 넣는다.

$$m = \frac{B^2|q|x^2}{8|\Delta V|}$$
$$= \frac{(0.080000\,\mathrm{T})^2(1.6022\times10^{-19}\,\mathrm{C})(1.6254\,\mathrm{m})^2}{8(1000.0\,\mathrm{V})}$$
$$= 3.3863\times10^{-25}\,\mathrm{kg} = 203.93\,\mathrm{u} \qquad (답)$$

연습문제 29-5

6. 정지 상태에서 출발

서 있던 전자가 350 V의 전위차로 가속된 뒤, 세기 200 mT인 고른 자기장 속으로 자기장에 직각방향으로 들어간다. (a) 전자의 속력과 (b) 자기장 속에서의 궤도 반지름을 구하라.

7. 전자선과 직교하는 장

1.3×10^6 m/s의 속력으로 움직이는 전자선에 직각 방향으로 고른 자기장을 걸었다. 전자가 반지름 0.35 m의 활꼴을 그린다면 자기장의 세기는 얼마인가?

8. 중 이온

호우트스미트(Goudsmit)는 세기를 아는 자기장 속에서 이온의 원운동 시간을 재어 중이온의 질량을 재는 방법을 고안했다. 1가 요드 이온이 45.0 mT의 자기장 속에서 1.29 ms에 7.00회전했다. 그 질량을 원자질량단위(amu)로 구하라. (이 방법을 쓰면 이온의 질량을 다른 방법보다 훨씬 더 정확하게 잴 수 있다.)

9. 운동에너지

운동에너지가 1.20 keV인 전자가 고른 자기장과 직교하는 평면 위에서 원운동하는데, 궤도의 반지름은 25.0 cm이다. (a) 전자의 속력과 (b) 자기장(의 세기), 그리고 (c) 운동의 주기를 구하라.

10. 원궤도

알파 입자($q = +2\,\mathrm{e}$, $m = 4.00\,\mathrm{u}$)가 세기 $B = 1.20$ T인 고른 자기장 속에서 반지름 4.50 cm의 원궤도를 따라 움직인다. 이에 대하여 다음의 물리량을 구하라. (a) 속력 (b) 원운동 주기 (c) 운동에너지 (eV) (d) 알파 입자가 이 에너지를 가질 수 있게 가속하는데 필요한 전위차.

11. 회전 주기

(a) 세기가 35.0 μT인 고른 자기장 속에서 에너지가 100 eV인 전자의 원운동 주기를 구하라. (b) 전자의 속도가 자기장과 직교할 때 전자 궤도의 반지름을 구하라.

12. 전자총

전자총에서 속력 $v = 1.5\times10^7$ m/s의 전자가 나와 세기 $B = 1.0\times10^{-3}$ T인 고른 자기장 속으로 들어간다. 전자의 속도는 자기장의 방향과 $\theta = 10°$의 각도를 이룬다. 전자가 애초에 들어가는 곳을 지나가는 자력선과 다시 만나는 곳까지의 거리 d를 구하라.

13. 전자 빔

운동에너지가 K인 전자선이 가속관 끝의 '금속박창(金屬箔窓, thin foil window)'으로부터 나온다. 이 창에서 거리 d인 곳에 금속판이 전자선에 대해 직각 방향으로 놓여 있다(그림 29-13). 세기가 아래와 같은 고른 자기장을 걸면 전자선이 금속판에 닿지 않음을 보여라.

$$B \geq \sqrt{\frac{2mK}{e^2d^2}}$$

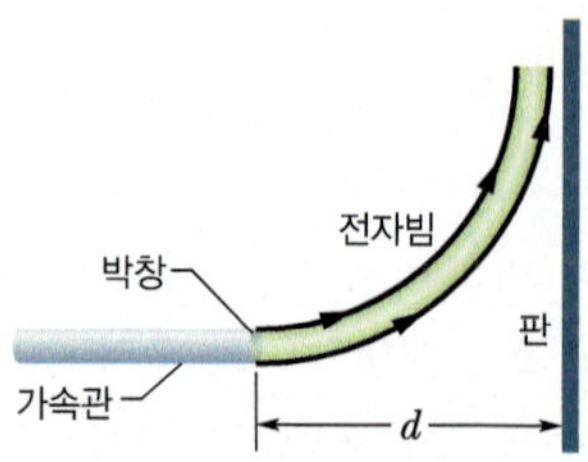

그림 29-13 문제 13

이 식에서 m과 e는 전자의 질량과 전하이다. $\vec{B}$의 방향은 어느 쪽인가?

14. 양성자, 중양성자, 알파입자

운동에너지가 같은 양성자, 중양성자($q=+e$, $m=2.0\,\text{u}$)와 알파입자($q=+2e$, $\text{m}=4.0\,\text{u}$)가 고른 자기장 $\vec{B}$ 속으로 $\vec{B}$에 직각방향으로 들어간다. 이들의 궤도 반지름을 비교하라.

15. 핵실험

어느 핵 실험에서 운동에너지 1.0 MeV인 양성자가 고른 자기장 속에서 원궤도를 돈다. 똑같은 궤도를 (a) 알파입자($q=+2\text{e}$, $m=4.0\,\text{u}$), (b) 중양성자($q=+\text{e}$, $m=2.0\,\text{u}$)가 돌게 하려면 각 입자의 운동에너지는 얼마여야 하는가?

16. 고른 자기장

전하 $+e$, 질량 m인 양성자가 처음 속도 $\vec{v}=v_{1x}\hat{\text{i}}+v_{1y}\hat{\text{j}}$로 고른 자기장 $\vec{B}=B\hat{\text{i}}$ 속으로 들어간다. 시간 t가 지났을 때 벡터 $\vec{v}$에 대한 표현을 단위벡터를 써서 구하라.

17. 질량분석기

질량분석기(따라해보기 29–2 참조)를 써서 질량 $3.92\times10^{-25}\,\text{kg}$, 전하 $3.20\times10^{-19}\,\text{C}$인 우라늄 이온을 분리했다. 이 이온을 전위차 100 kV로 가속한 뒤 고른 자기장 속에 넣었는데, 이곳에서 이온들은 반지름 1.00 m의 궤도로 휘어 180°를 돌고 너비 1.00 mm, 길이 1.00 cm의 실틈을 빠져 나와 컵에 잡힌다. (a) 분리기 속의 (수직인) 자기장의 세기는 얼마인가? 이 기기를 써서 시간당 100 mg씩 분리해 내려면 (b) 필요한 이온 전류와 (c) 컵에서 1.00 h에 방출되는 열에너지를 계산하라.

18. 반원

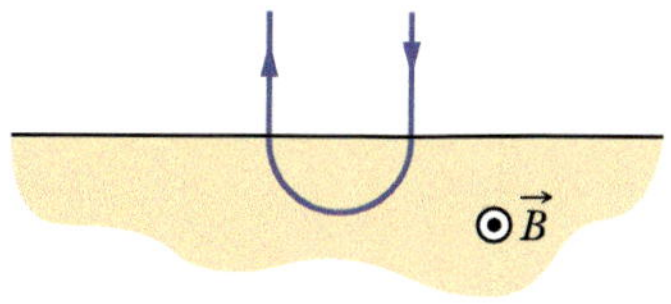

그림 29–14 문제 18

그림 29–14에서 전하를 띤 입자가 고른 자기장 B 속으로 들어가서 반원을 그린 뒤에 빠져나온다. 이 입자는 양성자 아니면 전자이다(어느 것인가는 여러분이 판단하라). 입자는 그 속에서 130 ns만에 나왔다. (a) $|\vec{B}|$의 크기는? (b) 이 입자의 에너지를 두 배로 높여 원래 방향으로 넣으면 얼마 뒤에 자기장을 빠져 나오겠는가?

19. 양성자

운동에너지 2.0 keV인 양성자를 세기 0.10 T인 고른 자기장 $\vec{B}$ 속에 넣는데, 속도 벡터는 자기장 $\vec{B}$와 89°의 각을 이룬다. (a) 주기 (b) 피치 p (c) 나선 궤도의 반지름 r 등을 구하라.

20. 중성 입자

전하를 띠지 않은 입자가 고른 자기장 $\vec{B}$ 속에 멈춰 있다. 시각 $t=0$에 입자가 각각의 질량이 m인 두 개의 전하를 띤 입자로 붕괴했다. (a) 입자 중 하나의 전하가 $+q$라면, 다른 입자의 전하는? (b) 두 입자가 서로 다른 방향으로 진행하는데, 두 경로 모두 $\vec{B}$에 수직한 평면 위에 있다. 시간이 얼마 지난 뒤에 둘이 다시 충돌했다. 붕괴 후 충돌할 때까지 걸린 시간을 m, $\vec{B}$ 및 $|q|$로 나타내라.

29-6 교차장: 전자의 발견

앞에서 본 것처럼 전기장 $\vec{E}$와 자기장 $\vec{B}$ 둘 다 전하를 띤 입자에 힘을 줄 수 있다. 두 장이 서로 직교하는 것을 교차장(crossed field)이라고 한다. 이제 전하를 띤 입자(전자)가 교차장에 들어오면 어떻게 되는지 살펴보자. 보기로서 톰슨(J. J. Thomson)이 1897년 케임브리지 대학교에서 전자를 발견한 실험을 들겠다.

그림 29–15은 현대판으로 단순하게 바꾼 톰슨의 실험 장치 — 음극선 관 — 이다. 공기를 뺀 긴 관 한 끝에 있는 가열된 필라멘트에서 (지금은 전자로 알려진) 전하를 띤 입자가 나와 전위차 ΔV로 가속된다. 전자는 화면 C에 있는 실틈을 지나면서 가느다란 선 모양이 된다. 그 다음에는 $\vec{E}$와 $\vec{B}$가 교차된 곳을 지나서 형광 화면 S에 이르러 한 점의 빛을 낸다. 교차장 속의 힘을 쓰면 전자를 화면 중심에서 이동시킬 수 있다. 톰슨은 장의 크기와 방향을 조절하여 화면의 어디에서든 빛을 내게 할 수 있었다. 음전하를 띤 입자가 전기장 속에서 받는 힘은 전기장과 반대쪽이다. 그러므로 전자기장이 그림 29–15와 같이 걸려 있으면, 전자에 주는 힘의 방향은 전장 $\vec{E}$는 위쪽, 자기장 $\vec{B}$는 아래쪽이 되어, 두 힘의 방향이 서로 반대가 된다. 톰슨의 실험은 다음과 같이 요약할 수 있다.

1. $\vec{E}=0$ N/C, $\vec{B}=0$ T로 두어 힘을 받지 않은 전자가 화면 S에 와서 빛을 내는 곳을 기록한다.
2. $\vec{E}$를 켜서 전자선이 휘는 것을 잰다.
3. $\vec{E}$를 켜둔 채, $\vec{B}$를 켜서 전자선이 애초의 위치로 돌아올 때까지 세기를 키운다. (서로 반대쪽의 힘이 비기게 한다.)

두 평판 전극 사이의 전기장 $\vec{E}$에 수직으로 들어온 전하를 띤 입자의 휨(여기서의 제2단계) 문제는 예제 23–4에서 다루었다. 그 결과에 따르면 전극 끝에서 입자가 휜 거리는 다음과 같았다.

$$|\Delta y| = \frac{|q|EL^2}{2mv^2} \tag{29–14}$$

여기서 v는 입자의 처음 속력(예제 23–4에서의 v_x), m은 질량, q는 전하량 그리고 L은 전극의 길이이다. 입자의 휨이 크지 않으면 그림 29–15의 전자선에 대해서도 같은 식을 쓸 수 있는데, 필요하면 화면 S에서 전자선이 휜 거리를 재고 이로부터 전극 끝에서의 휜 거리 Δy를 셈할 수도 있다. (휘는 방향은 입자의 전하에 따라 정해지므로, 이를 써서 톰슨은 화면을 환하게 빛을 내는 입자들이 음전하를 띠고 있음을 알아냈다.)

그림 29–15의 두 장을 조절하여 두 힘이 비기면 식 29–1과 29–3에서 다음 관계가 얻어진다.

$$|q|E = |q|vB\sin(90°) = |q|vB$$

이로부터 입자의 속력은 두 장의 크기의 비에 따라 결정된다.

$$v = \frac{E}{B} \tag{29–15}$$

그러므로 전하를 띤 입자의 속력은 교차장 속으로 보내면 알 수 있다. 식 29–15를 29–14의 v에 넣으면 다음 결과를 얻는다.

$$\frac{m}{|q|} = \frac{B^2L^2}{2|\Delta y|E} \tag{29–16}$$

여기서 오른쪽 항의 값은 모두 잴 수 있는 물리량이다. 그러므로 교차장을 쓰면 톰슨의 장치를 지나는 입자의 질량 대 전하의 비 $|q|/m$를 잴 수 있다.

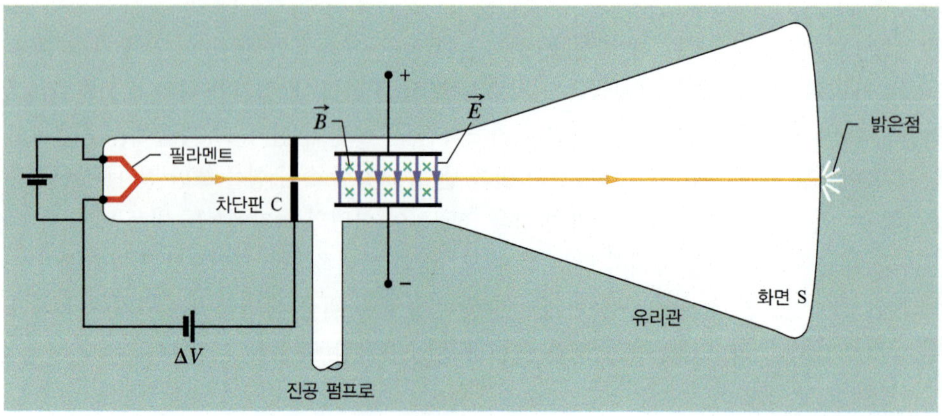

그림 29–15
톰슨이 전자의 질량 대 전하 비를 잰 장치의 현대적 변형. 전기장 $\vec{E}$는 편향판 양극에 건전지를 연결하여 만든다. 자기장 $\vec{B}$는 편향 코일에 전류를 흘려 만든다(코일은 그림에 보이지 않음). 그림에 보인 자기장의 방향은 종이면 속으로 들어가며, (화살을 뒤에서 본 모양인) x 표시로 나타냈다.

톰슨은 이 입자가 모든 물질에 들어 있고, 그때까지 알고 있던 가장 가벼운 원자(수소)보다 1000배 이상 가볍다고 주장했다. (나중에 밝혀진 정확한 값은 1836.15이다.) 톰슨의 대담한 두 주장과 함께 $|q|/m$을 잰 순간을 '전자 발견'의 순간으로 보고 있다.

생각해보기 29-3 이 그림은 고른 전기장 $\vec{E}$(종이면을 뚫고 나오는 방향, 속에 점이 있는 동그라미로 표시)와 고른 $\vec{B}$(왼쪽을 향함) 속에서 움직이는 양전하를 띤 입자의 속도 $\vec{v}$의 네 방향을 보인 것이다. (a) 1, 2, 3, 4 방향을 입자가 받는 알짜 힘이 큰 것부터 차례대로 늘어놓아라. (b) 네 방향 중에서 알짜 힘이 0이 될 수 있는 방향은?

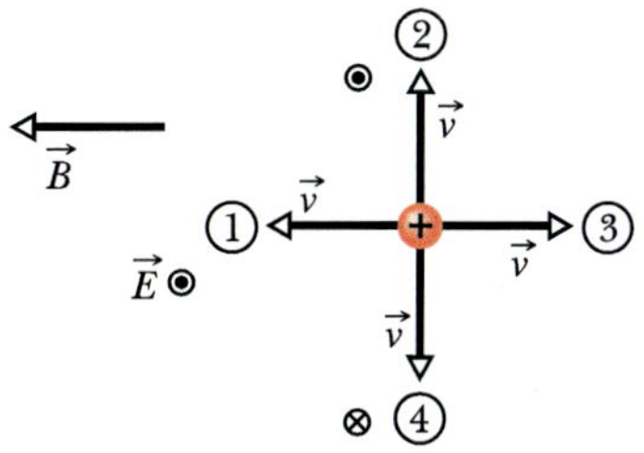

연습문제 29-6

21. 수평 운동

세기 10 kV/m인 전기장이 아래쪽을 향한 곳에 운동에너지 2.5 keV인 전자가 수평방향으로 들어간다. (a) 이 전자가 수평 운동을 계속하는데 필요한 자기장의 (최소) 세기와 방향은? 중력은 작으므로 무시한다. (b) 양성자도 교차장의 구역을 휘지 않고 지나갈 수 있는가? 그렇다면 어떤 조건에서 그러한가?

22. 어느 순간

양성자가 고른 자기장과 전기장 구역을 지나간다. 자기장은 $\vec{B} = (-2.5\,\text{mT})\,\hat{\text{i}}$이다. 양성자의 순간 속도는 $\vec{v} = (2000\,\text{m/s})\,\hat{\text{j}}$이다. 그 순간의 전기장이 (a) $(4.0\,\text{V/m})\,\hat{\text{k}}$, (b) $(4.0\,\text{V/m})\,\hat{\text{i}}$인 두 상황에서 양성자가 받는 알짜 힘의 크기를 구하라.

23. 전위차

전자를 1.0 kV의 전위차로 가속시켜 전위차 100 V, 거리 20 mm인 두 금속판 사이에 넣었다. 전자가 금속판 사이로 들어갈 때는 판 사이에 걸린 전기장에 대해 직각 방향으로 움직였다. 고른 자기장을 전자의 경로와 전기장 모두에 대해 직각 방향으로 걸어 전자를 직선 운동시킬 때 그 세기를 구하라.

24. 전기장과 자기장

세기 1.50 kV/m인 전기장과 0.400 T인 자기장 속에서 전자가 받는 알짜힘이 0이다. (a) 전자의 최저 속도 $|\vec{v}|$를 구하라. (b) 알짜 힘이 얻어지는 $\vec{E}$, $\vec{B}$ 및 $\vec{v}$ 벡터를 그려라.

25. 이온 샘

이온 샘에서 전하량 $+e$인 ^{6}Li(질량 6.0 u) 이온이 나와, 전위차 10 kV로 가속되어 자기장이 아래쪽을 향해 $|\vec{B}| = 1.2\,\text{T}$로 고르게 걸린 구역을 수평하게 지나간다. 여기에 전기장을 걸어 ^{6}Li 이온이 휘지 않고 지나가게 하려면 그 세기의 최소값은 얼마인가?

26. 초기 속도

전기장과 자기장이 고르게 걸린 구역에서 처음 속도 $(12.0\,\text{km/s})\,\hat{\text{j}} + (15.0\,\text{km/s})\,\hat{\text{k}}$인 전자가 일정한 가속도 $(2.00 \times 10^{12}\,\text{m/s}^2)\,\hat{\text{i}}$를 낸다. $\vec{B} = (400\,\mu\text{T})\,\hat{\text{i}}$이라면 전기장 $\vec{E}$는 어떻게 되는가?

29-7 홀 효과

22장과 26장에서 도체 속의 전류는 전자가 이동하는 것이고, 양전하를 띤 핵은 움직이지 않는다고 했다. 그 주장의 근거는 무엇일까? 1870년대 말 24세의 홀(Edwin H. Hall)은 존스 홉킨스 대학의 대학원에 다니며 자기장 속에 놓인 구리 도선에 흐르는 전류의 편향을 연구하였다. 그 연구 결과를 오늘날 그의 이름을 따서 **홀 효과(Hall effect)**라 하는데, 전하 운반자의 성질에 관해 중요한 실마리를 알려주었다. 예를 들어, 도체 속에서 움직이는 전하의 부호가 양인가 음인가를 판정할 수 있고, 전하운반자의 밀도(단위 부피 속의 개수)를 어림할 수도 있다.

자기장 속에 있는, 전류가 흐르는 도선 속에서 양전하는 움직이고 음전하는 서 있다면 어떻게 될까? 그림 29-16*a*에는 너비가 d인 구리판에 양전하 운반자가 위에서 아래쪽으로 이동하며 전류 i

를 유지한다. 양전하는 전류의 방향으로 (평균 속력 $|\langle\vec{v}\rangle|$) 흐른다. 그림 29-16a에 보인 순간, 자기장 $\vec{B}$를 종이면에 수직하게 들어가는 쪽으로 걸어주었다. 그러면 떠내려 오는 양전하는 자기력 $\vec{F}^{자기}$를 받아 도체의 오른쪽으로 밀린다(식 29-2).

시간이 가면 양전하는 오른쪽에 점점 더 많이 쌓이고, 왼쪽에는 양전하가 부족해진 음전하들이 고정될 것이다. 도체 속에서 이렇게 양전하와 음전하가 갈려 있으면 오른쪽에서 왼쪽으로 향하는 고른 전기장 $\vec{E}$가 생긴다. 이 전기장은 양전하에 평균 정전기력 $\langle\vec{F}^{전기}\rangle$를 주어 도체의 왼쪽으로 다시 밀어낸다.

낱낱의 양전하가 (왼쪽으로) 받는 전기력이 커지면 (오른쪽의) 자기력과 크기가 같아질 때 평형 상태에 이르고, 이렇게 되면 그림 29-16b와 같이 $\vec{B}$가 주는 힘과 $\vec{E}$가 주는 힘이 같아진다. 흘러가는 양전하들은 더 이상 오른쪽으로 밀리지 않고 평균 속력 $|\langle\vec{v}\rangle|$로 아래로 흘러간다.

너비가 d인 도체판 양쪽 끝 사이에 생기는 전기장과 관련된 전위차를 홀 전위차 ΔV라 한다. 전기장이 일정하므로, 식 25-39를 써서 다음의 관계를 얻는다.

$$|\Delta V| = Ed \tag{29-17}$$

너비 양쪽에 전압계를 걸어 전위차를 잴 수 있고, 또 어느 쪽의 전위가 더 높은지도 확인할 수 있다. 이로부터 전하 운반자가 음전하와 양전하 가운데 어떤 것인지도 판단할 수 있다.

측정 결과는? 그림 29-16a의 경우 전위를 재보면 왼쪽이 더 높은데, 이는 그쪽에 양전하가 쌓임을 뜻한다. 이 결과는 전하 운반자가 양전하를 띠고 있다는 가정과 어긋난다.

가정을 반대로 하여 전류 i의 전하 운반자가 그림 29-17과 같이 음전하를 띤다고 하자. 음전하는 평균 속력 $|\langle\vec{v}\rangle|$로 전류와는 반대쪽, 즉 아래에서 위로 움직인다. 자기력 법칙(식 29-2)을 쓰면 이 전하는 아래에서 위로 가면서 $\vec{F}^{자기}$을 받아 오른쪽으로 밀리고 따라서 왼쪽의 전위가 높아짐을 확인할 수 있다. 이는 전압계로 잰 사실과 맞기 때문에 전하 운반자가 음전하를 띠고 있다는 결론을 얻는다.

이 결과를 식으로 정리하자. 전기력과 자기력이 같으면(그림 29-16b), 식 29-1과 29-3으로부터 전기장과 자기장의 크기 사이의 관계를 얻을 수 있다.

$$eE = e\,|\langle\vec{v}\rangle|\,B \tag{29-18}$$

여기서 e는 전자의 전하량이다. 식 26-21로부터 평균 혹은 흐름 속력 $|\langle\vec{v}\rangle|$는

$$|\langle\vec{v}\rangle| = \frac{|\vec{J}|}{ne} = \frac{|i|}{neA} \tag{29-19}$$

가 되는데, 여기서 $|\vec{J}|(=|i|/A)$는 도체판 속의 전류밀도, A는 단면적, 그리고 n은 전하 운반자의 수밀도 (단위 부피 속에 든 전하 운반자 수)이다.

식 29-18에서 E를 $|\Delta V|/d$로 바꾸어 넣고(식 29-17), $|\langle\vec{v}\rangle|$를 식 29-19의 오른쪽 항으로 바꾸면

$$n = \frac{|i|\,B}{el\,|\Delta V|} \tag{29-20}$$

를 얻는데, 여기서 $l = A/d$는 도체판의 두께다. 이 식을 쓰면 잴 수 있는 물리량으로부터 n을 구할 수 있다.

홀 효과를 써서 전하운반자의 평균 혹은 흐름 속력 $|\langle\vec{v}\rangle|$를 곧바로 얻을 수도 있는데, 이 값은

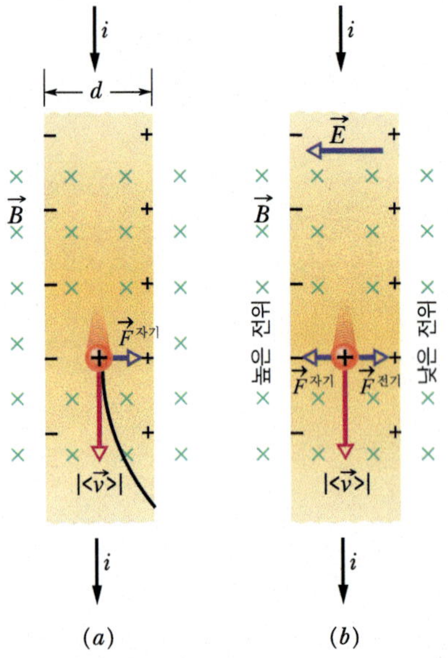

그림 29-16
자기장 $\vec{B}$ 속에서 구리판에 흐르는 전류가 양전하로 이루어지면 어떻게 되나? (a) 자기장이 켜지자마자 양전하는 그림과 같은 곡선을 따라간다. (b) 조금 뒤 양전하가 오른쪽에 쌓인다. 따라서 도선 오른쪽의 전위가 왼쪽보다 높아진다. 그러나 실제로 전위를 재보면 왼쪽이 높다. 그러므로 전하운반자는 양전하가 아니라고 결론 짓게 된다.

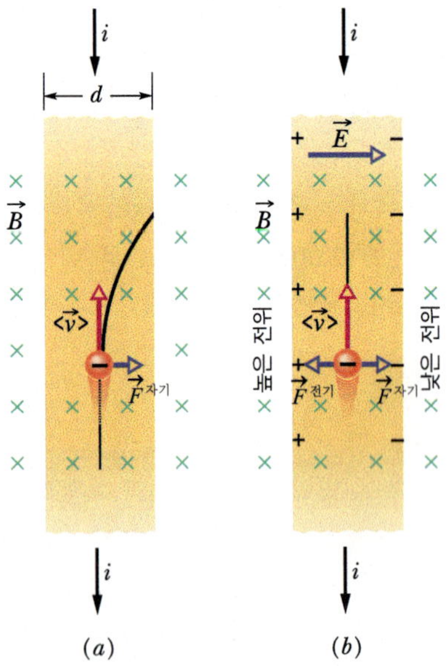

그림 29-17
전류 i가 실제로는 음전하를 띤 전자들이 전류와 반대쪽으로 움직이는 것이라면 어떻게 되는가? (a) 자기장이 켜지자마자 전자는 그림과 같은 곡선을 따라간다. (b) 조금 뒤 음전하가 오른쪽에 쌓이면서 왼쪽의 전위가 더 높아진다. 이 예측이 실험으로 잰 결과와 맞으므로 전하운반자는 음전하라는 결론을 얻는다.

기억을 되살려보면 시간당 몇 cm 정도이다. 이 절묘한 실험에서는 도체판을 자기장 속에서 기계적인 방법으로 전하 운반자의 흐름 속도 방향과 반대쪽으로 움직이되, 속도를 조절하여 홀 전위차가 0이 되게 한다. 홀 효과가 사라진 상태에서는 실험실 좌표계에 대한 전하 운반자들의 속도가 0이어야 하고, 따라서 평면 도체의 속도는 음의 전하 운반자들 속도와 크기는 같고 방향이 반대가 되어야 한다.

따라해보기 29-3 | 운동 전위차

한 변의 길이 $d = 1.5\,\text{cm}$인 육면체 도체가 $+y$쪽으로 4.0 m/s의 일정 속도로 움직인다(그림 29-18). 세기가 0.050 T인 고른 자기장의 $+z$쪽으로 걸려 있다.

(a) 자기장 속에서의 운동 때문에 생기는 전위차를 써서, 이 육면체에서 전위가 높고 낮은 면을 찾아라.

풀이 ■ 요점은 첫째, 이 육면체가 자기장 $\vec{B}$를 지나는 동안 전도전자를 비롯한 내부의 전하가 자기력 $\vec{F}_{\text{자기}}$를 받고, 둘째, $\vec{F}_{\text{자기}}$때문에 육면체의 면 사이에 전위차가 생긴다는 것이다. 이 육면체가 처음에 자기장 속에서 움직이기 시작하면 전자들도 함께 움직인다. 낱낱의 전자의 전하량은 $q = -e$이고, 자기장 속을 속도 $\vec{v}$로 움직이므로, 식 29-2와 같은 힘 $\vec{F}_{\text{자기}}$를 받는다. q가 음전하이므로 $\vec{F}_{\text{자기}}$의 방향은 $\vec{v} \times \vec{B}$의 방향인 $+x$쪽과 반대쪽이다(그림 29-18).

전자의 대부분은 육면체를 이루는 분자에 묶여 제자리를 벗어나지 않는다. 그러나 이 육면체는 금속이므로 자유로이 움직일 수 있는 전도전자도 있다. 전도전자의 일부는 $\vec{F}_{\text{자기}}$를 받아 육면체의 왼쪽 면으로 밀리므로 왼쪽 면에는 음전하가, 오른쪽 면에는 양전하가 쌓인다. 이렇게 되면 오른쪽 면에서 왼쪽 면을 향하여 전기장 $\vec{E}$가 생긴다. 따라서 왼쪽 면의 전위는 낮아지고 오른쪽 면의 전위는 높아진다.

(b) 전위가 높고 낮은 두 면의 전위차를 구하라.

풀이 ■ 요점은 다음과 같다.

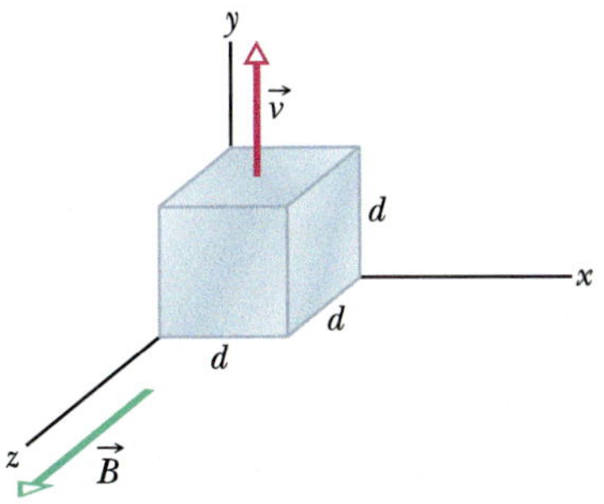

그림 29-18
한 변의 길이가 d인 금속 입방체가 고른 자기장 $\vec{B}$ 속에서 속도 $\vec{v}$로 움직인다.

1. 전하가 나뉘어져 생기는 전기장 $\vec{E}$가 낱낱의 전하에 주는 전기력은 $\vec{F}_{\text{전기}} = q\vec{E}$이다. q가 음전하이므로 이 힘은 $\vec{E}$의 반대쪽, 즉 오른쪽이다. 그러므로 $\vec{F}_{\text{전기}}$은 오른쪽으로, $\vec{F}_{\text{자기}}$는 왼쪽으로 작용한다.
2. 육면체가 자기장 속에서 움직이기 시작하면 $\vec{E}$의 크기가 0에서부터 시작하여 커지기 시작한다. 그러므로 $\vec{F}_{\text{전기}}$의 크기도 0에서부터 커지는데, 처음에는 크기가 $\vec{F}_{\text{자기}}$보다 작다. 운동 초기에 전자가 받는 힘은 대부분 $\vec{F}_{\text{자기}}$인데, 이 힘은 계속 전자를 육면체의 왼쪽 면으로 밀면서 전하의 나뉨을 증가시킨다.
3. 그러나 전하의 나뉨이 많아지면서 점차 $|\vec{F}_{\text{전기}}|$와 $|\vec{F}_{\text{자기}}|$의 크기가 같아진다. 그러면 전자가 받는 알짜 힘은 0이 되고, 전자는 더 이상 왼쪽 면으로 밀리지 않게 된다. 따라서 $\vec{F}_{\text{전기}}$도 더 이상 커지지 않고 전자는 평형 상태에 있게 된다.

우리가 찾으려는 것은 평형 상태에 이른 (빠르게 진행됨) 뒤 왼쪽과 오른쪽 면의 전위차 ΔV이다. ΔV의 크기는 평형 상태에서 전기장의 세기 $|\vec{E}| = E$만 알면 식 29-17($|\Delta V| = Ed$)를 써서 셈할 수 있고, 이 일은 힘의 평형조건 ($|\vec{F}_{\text{전기}}| = |\vec{F}_{\text{자기}}|$)을 써서 풀 수 있다.

$|\vec{F}_{\text{전기}}|$는 $|q|E$로, $|\vec{F}_{\text{자기}}|$는 식 29-3의 $|q|vB\sin\phi$로 바꾼다. 그림 29-18에서 보면 v와 B 사이의 각도 ϕ는 90°이므로 $\sin\phi = 1$이다. 그러므로 이제 ($|\vec{F}_{\text{전기}}| = |\vec{F}_{\text{자기}}|$)는 아래와 같이 쓸 수 있다.

$$|q|E = |q|vB\sin 90° = |q|vB$$

이로부터 $E = vB$의 관계가 얻어지므로, 식 29-17 ($|\Delta V| = Ed$)는 다음과 같이 된다.

$$|\Delta V| = |V_{\text{왼쪽}} - V_{\text{오른쪽}}| = vBd \qquad (29\text{–}21)$$

주어진 값들을 넣으면 다음과 같다.

$$|\Delta V| = (4.0\,\text{m/s})(0.050\,\text{T})(0.015\,\text{m}) = 0.0030\,\text{V} = 3.0\,\text{mV}$$

입방체의 왼쪽 면에 여분의 음전하가 쌓이므로 오른쪽 면의 전위가 왼쪽 면보다 3.0 mV 더 높다. (답)

연습문제 29-7

27. 홀: 전류의 비

(a) 그림 29-16에서 홀 효과에 의한 전기장 $\vec{E}$의 크기를, 전하를 전선의 길이 방향으로 이동시키는 전기장 $\vec{E}^{전류}$의 크기와 비교하면 다음과 같음을 보여라.

$$\frac{E}{E^{전류}} = \frac{B}{he\rho}$$

ρ는 재료 비저항, n은 전하 운반체의 수 밀도, e는 전자의 전하량이다. (b) 문제 28에 대하여 이 결과값을 구하라. (표 26-2 참조)

28. 구리판

세기 0.65 T인 고른 자기장 $\vec{B}$ 속에 너비 150 μ인 구리판이 $\vec{B}$에 직각 방향으로 놓여 있다. $i = 23$ A의 전류를 흘리자 구리판 양쪽에 전위차 ΔV가 생겼다. ΔV를 구하라 (구리의 전하 운반체 밀도는 8.47×10^{28} 전자/m^{3}임).

29. 금속판

길이 6.50 cm, 너비 0.850 cm, 두께 0.760 mm인 철편이 그림 29-19와 같이 세기 $|\vec{B}| = 1.20$ mT인 자기장에 직각 방향으로 놓인 채 일정 속도 $\vec{v}$로 움직인다. 철편 양쪽의 점 x, y의 전위차를 재니 3.90 μV였다. 속력 $|\vec{v}|$를 구하라.

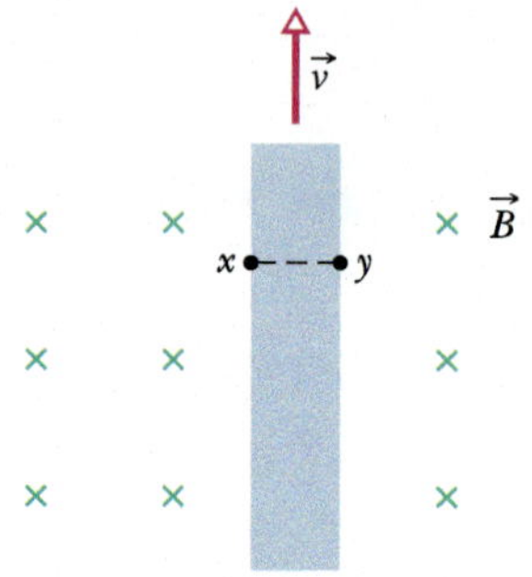

그림 29-19 문제 29

29-8 전류가 흐르는 도선이 받는 자기력

앞 절에서 자기장은 도선 속에서 움직이는 전하를 옆으로 민다는 것을 알았다. 그런데 전도 전자는 도체 밖으로 나갈 수 없으므로 이 힘은 도선이 그대로 받게 될 것이다.

그림 29-20*a*에 보인 도선은 그림에 흐린 원으로 나타낸 자석의 양극 사이를 수직으로 지나 위아래 두 점에 고정되어 있고, 전류는 아직 흐르지 않는다. 자극 사이의 자기장은 종이면에서 솟아 나오는 방향이다. 이제 그림 29-20*b*와 같이 전류를 위쪽으로 흘려주면 전선이 오른쪽으로 휜다. 그림 29-20*c*에서 전류의 방향을 바꾸면 전선이 왼쪽으로 휜다.

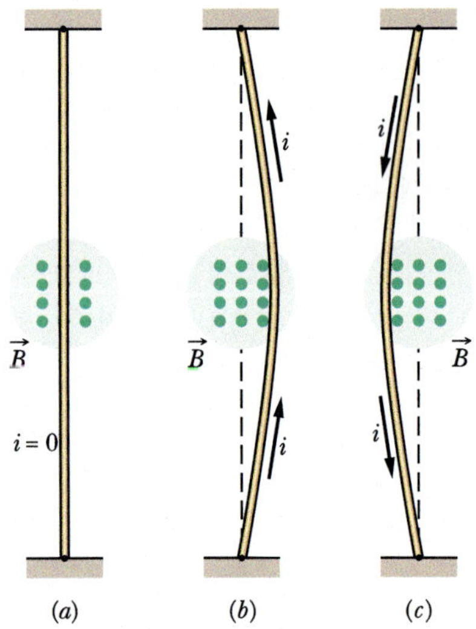

그림 29-20
잘 휘는 도선이 장기장 속에 있다. 자기장의 방향은 종이면에서 솟아나오는 쪽이다. (*a*) 전류가 흐르지 않으면 도선은 곧은 꼴이다. (*b*) 전류를 위쪽으로 흘리면 도선이 오른쪽으로 휜다. (*c*) 전류를 아래쪽으로 흘리면 왼쪽으로 휜다. 도선에 전류를 흘려보내고 받아내는 연결선은 나타내지 않았다.

그림 29-20에 보인 전선 속에서 어떤 일이 일어나고 있는가를 그림 29-21에 보였다: 여기에서는 전도전자 하나가 평균 속력 $|\langle\vec{v}\rangle|$로 아래쪽으로 움직이고 있다. 식 29-3에서 $\phi = 90°$로 두면 이 전자가 받는 힘의 크기는 $\vec{F}^{자기} = e|\langle\vec{v}\rangle|B$이고, 힘의 방향은 식 29-2로부터 오른쪽임을 알 수 있다. 그러므로 그림 29-20*b*와 같이 전체적으로 받는 힘의 방향은 오른쪽일 것으로 예상할 수 있다.

그림 29-21에서 자기장이나 전류의 방향을 반대로 바꾸면 힘의 방향도 바뀌어 이제는 왼쪽을 향할 것이다. 여기에서 (실제 상황처럼) 음전하가 도선 속에서 위쪽으로 움직이는 것으로 보든 양전하가 아래쪽으로 움직이는 것으로 보든 결과는 같다. 그러므로 전류를 양전하가 흐르는 것으로 보아도 된다.

그림 29-21에서 길이가 L인 도선을 생각하자. 도선 속의 모든 전도 전자는 (그림 29-21에 보인) xx'에 나란한 면을 시간 $\Delta t = L/|\langle\vec{v}\rangle|$에 이 구간을 지나간다. 그러므로 그 면을 그 시간 동안에 지나는 전하량은 아래와 같다.

$$q = i\Delta t = i\frac{L}{|\langle\vec{v}\rangle|}$$

이 결과를 식 29-3에 넣으면 자기력의 세기를 다음과 같이 구할 수 있다.

$$\vec{F}^{자기} = |q||\langle\vec{v}\rangle|B\sin\phi = \frac{|i|L|\langle\vec{v}\rangle|B}{|\langle\vec{v}\rangle|}\sin 90°$$

즉

$$F^{자기}=|i|LB \quad (29\text{-}22)$$

이 식은 자기장 $\vec{B}$와 직교하는 길이 L인 도선이 전류 i가 흐를때 받는 자기력을 구하는 식이다.

그림 29-22와 같이 자기장이 도선과 직교하지 않으면 자기력은 일반적인 식 29-22의 꼴이 된다.

$$\vec{F}^{자기}=|i|\vec{L}\times\vec{B} \quad (\text{전류가 받는 힘}) \quad (29\text{-}23)$$

이 식에서 $\vec{L}$은 길이 벡터로서 방향은 도선에 흐르는 전류 방향이다. 자기력의 세기는

$$F^{자기}=|i|LB\sin\phi \quad (29\text{-}24)$$

인데, 여기서 ϕ는 $\vec{L}$과 $\vec{B}$가 이루는 각 중 작은 각을 나타낸다. 식 29-23에 따르면 $\vec{F}^{자기}$의 방향은 그림 29-19와 같이 늘 $\vec{L}$과 $\vec{B}$가 만드는 평면과 직교한다.

식 29-23과 29-2 가운데 어느 것을 써서도 $\vec{B}$를 정의할 수 있는데, 실제로는 식 29-23을 써서 $\vec{B}$를 정의한다. 실험에서는 움직이는 전하 하나가 받는 힘보다는 도선 토막이 받는 힘을 재는 것이 훨씬 쉽기 때문이다.

도선이 직선이 아니거나 장이 고르지 않으면 도선을 작은 직선 조각으로 나누어 각각의 조각 $d\vec{L}$에 대하여 식 29-23을 적용한다. 이를 미분꼴로 쓰면 다음과 같다.

$$d\vec{F}^{자기}=id\vec{L}\times\vec{B} \quad (29\text{-}25)$$

도선이 통째로 받는 힘은 도선 조각이 받는 힘을 모두 벡터 덧셈한 값이므로 위의 힘을 도선 전체에 대하여 적분하여 셈할 수 있다.

식 29-25를 쓸 때는 외톨이 전선 조각 $d\vec{L}$ 하나에 전류가 흐르는 일은 없음을 명심하여야 한다: 전류는 늘 도선 조각 한쪽 끝으로 흘러 들어와 다른 쪽 끝으로 흘러 나간다.

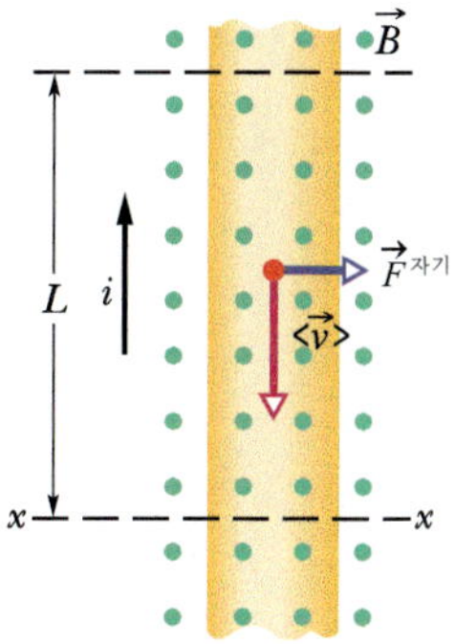

그림 29-21
그림 29-20b의 부분 확대도. 전류는 위쪽으로 흐르는데, 이는 전자가 아래쪽으로 움직임을 뜻한다. 종이면에서 솟아 나오는 자기장 때문에 전자와 전선은 오른쪽으로 밀린다.

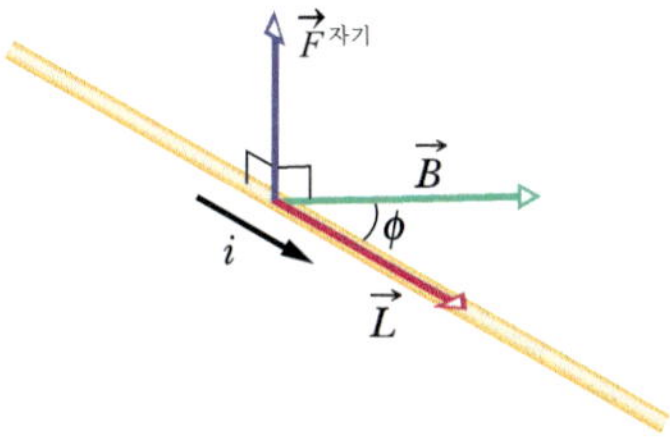

그림 29-22
전류 i가 흐르는 도선이 자기장 $\vec{B}$와 각도 ϕ를 이루고 있다. 전선의 길이는 L, 길이 벡터는 (전류 방향으로) $\vec{L}$이다. 전선은 $\vec{F}^{자기}=i\vec{L}\times\vec{B}$의 자기력을 받는다.

생각해보기 29-4 그림은 고른 자기장 $\vec{B}$ 속에 놓인, 전류 i가 흐르는 도선이 자기력 $\vec{F}^{자기}$를 받는 것을 보여준다. 자기장의 방향은 힘의 크기가 최대가 되는 쪽이다. 자기장은 어느 쪽을 향하는가?

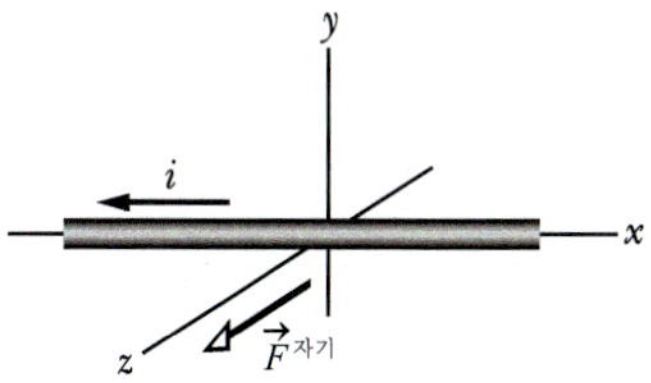

따라해보기 29-4 | 전선의 공중 부양

수평하게 놓인 곧은 구리 도선에 전류 $i=28$ A가 흐르고, 전류의 방향은 그림 29-23과 같다. 자기력과 중력을 비기게 함여 도선을 공중에 띄우려면, $\vec{B}$의 최소 크기와 방향은 어떻게 되어야 하는가? 선밀도(단위 길이당 질량)는 46.6 g/m이다.

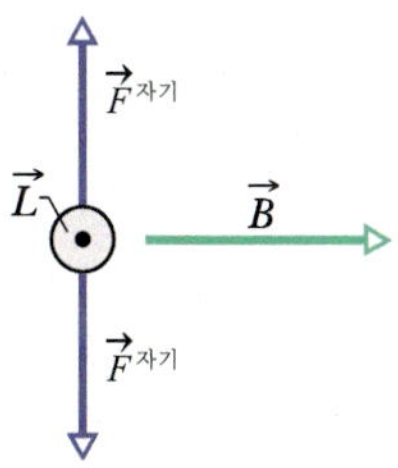

그림 29-23
(단면으로 나타낸) 도선은 자기장 속에서 '공중에 뜨게' 할 수 있다. 도선의 전류는 지면에서 나오고 있으며, 자기장은 오른쪽을 향한다.

풀이 ■ 첫째 **요점**은 도선에 전류가 흐르므로, 이를 자기장 $\vec{B}$ 속에

두면 자기력 $\vec{F}^{자기}$를 받을 수 있다는 점이다. 도선이 아래쪽으로 받는 중력 $\vec{F}^{중력}$을 맞지우려면 $\vec{F}^{자기}$는 위쪽을 향해야 한다.

둘째 **요점**은 $\vec{F}^{자기}$의 방향이 $\vec{B}$의 방향과 전선의 거리 벡터 $\vec{L}$과 식 29–23으로 연결되어 있다는 점이다. $\vec{F}^{자기}$가 위쪽을 향하려면, $\vec{L}$이 수평 방향이므로 식 29–23과 가위곱의 오른손 법칙에 따르면, $\vec{B}$는 수평으로 오른쪽이어야 한다(그림 29–20).

$\vec{F}^{자기}$의 크기는 식 29–24로 정해진다($|\vec{F}^{자기}| = |i\vec{L}||\vec{B}|\sin\phi$). $\vec{F}^{자기}$와 $\vec{F}^{중력}$이 같아야 하므로 아래의 관계가 성립해야 한다:

$$|i|LB\sin\phi = mg \tag{29–26}$$

여기서 mg는 $\vec{F}^{중력}$의 크기이고 m은 도선의 질량이다. 또 $\vec{F}^{자기}$와 $\vec{F}^{중력}$을 같게 하되 B의 크기를 최소가 되게 한다. 그러므로 식 29–26에서 $\sin\phi$가 최대가 되어야 한다. 그러려면 $\phi = 90°$, 곧 $\vec{B}$가 전선과 직교하게 한다. 그러면 $\sin\phi = 1$이고, 29–26식으로부터 자기장의 세기를 다음과 같이 구할 수 있다.

$$|\vec{B}| = B = \frac{mg}{|i|L\sin\phi} = \frac{(m/L)g}{|i|} \tag{29–27}$$

결과를 이런 식으로 나타내는 것은 전선의 선밀도 m/L을 알고 있기 때문이다. 그 값을 넣으면 B의 크기는 다음과 같다.

$$B = \frac{(46.6\times10^{-3}\,\text{kg/m})(9.8\,\text{m/s}^2)}{28\,\text{A}} = 1.6\times10^{-2}\,\text{T} \qquad \text{(답)}$$

이 값은 지구 자기장 세기의 약 160배이다. 해답의 둘째 문장에서 설명했듯이, 오른손 법칙에 따라 B는 오른쪽을 향해야 한다.

연습문제 29-8

30. 전류가 흐르는 도선

전류 13.0 A가 흐르는, 길이 1.8 m인 도선이 세기 $B = 1.50$ T인 고른 자기장과 35.0°를 이룬다. 도선이 받는 자기력의 크기를 구하라.

31. 수평한 도체

남쪽에서 북쪽으로 수평하게 걸린 송전선에 전류 5000 A가 흐른다. 지자기의 세기는 60.0 μT이고, 북쪽을 향하며, 송전선에 대해 아래쪽으로 70° 기울어져 있다. 송전선 100 m가 지구 자기장으로부터 받는 힘의 크기와 방향을 구하라.

32. $+x$쪽으로

길이 50 cm인 도선에 $+x$쪽으로 전류 0.50 A가 흐른다. 도선에 $\vec{B} = (0.0030\,\text{T})\hat{\text{i}} + (0.0100\,\text{T})\hat{\text{k}}$의 자기장을 걸어줄 때 받는 자기력을 구하라.

33. 긴 도선

길이 62 cm, 질량 13 g인 도선이 세기 0.440 T인 고른 자기장 속에서 부드러운 도선에 매달려 있다(그림 29–24). 이 도선이 알짜힘을 받지 않게 하려면 전류를 어느 쪽으로 얼마나 흘려야 하는가?

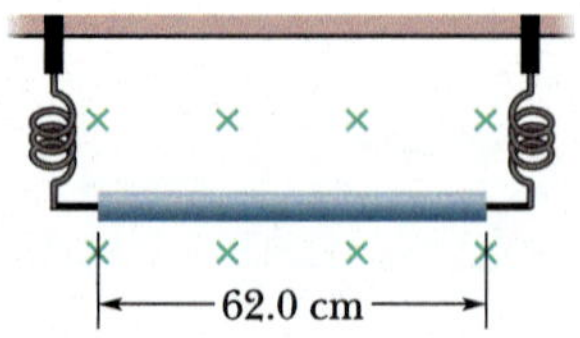

그림 29–24 문제 33

34. 전기 기차

새 전기 기차의 설계 가능성을 검토하자. 기관차는 지구 자기장의 수직성분이 도체로 된 차축에 주는 힘으로 구동된다. 이 힘을 내도록 전류가 궤도 한쪽을 따라 흘러와 도체로 된 바퀴와 차축 그리고 다른 쪽 바퀴를 지나 반대쪽 궤도를 따라 되돌아가게 한다. (a) 보통 정도의 힘인 10 kN을 내는데 필요한 전류는 얼마나 되는가? 지자기의 수직 성분의 세기는 10.0 μT, 차축의 길이는 3.0 m라 하자. (b) 이 전류라면 매초당 궤도의 저항 1 V이 소모하는 전기 에너지는 얼마인가? (c) 그러한 기차는 현실성이 전혀 없는가, 아니면 실용화가 무리인가?

35. 구리 막대

간격 1.0 m인 레일 위에 구리 막대 1 kg이 수평하게 놓여 있고, 이 막대를 통해 레일 사이에 전류 50 A가 흐른다. 레일과 막대 사이의 정지마찰계수는 0.60이다. 이 막대를 레일 위로 미끄러지게 하는데 필요한 자기장의 최소 세기는 얼마인가? 자기장이 꼭 수직일 필요는 없다.

29-9 전류 고리가 받는 회전력

많은 일을 전동기가 해내는데, 그 일을 하는 힘은 바로 자기력이다. 원리상으로는 고리 회로를 전지에 연결하여 자기장 속에 두면 직류전동기가 된다. 고리에서 전류가 같은 쪽으로만 흐른다면, 고리는 자기장 속에서 어느 순간에 한쪽으로 돌다가 반 바퀴를 돌면 힘의 방향이 바뀌므로 회전력을 반대쪽으로 받아 진동하게 되며, 진동은 곧 잦아든다. 그러나 고리에 정류자라는 부품을 붙여 연결하면 고리가 반 바퀴 돌 때마다 전류의 방향을 바꾸어주므로 회전운동을 계속하게 된다(그림 29-25). 이렇게 되면 힘이 고리를 계속 같은 쪽으로 밀어 전동기는 계속 돌아간다. 이 그림은 주요 내용의 자세한 면은 많이 줄였지만, 전류고리가 받는 자기력이 회전운동을 만들어내는 과정을 보여준다. 직류전동기의 작동원리를 잘 알려면 자기장이 어떻게 전류가 흐르는 도선고리에 회전력을 줄 수 있는가를 알아야 한다.

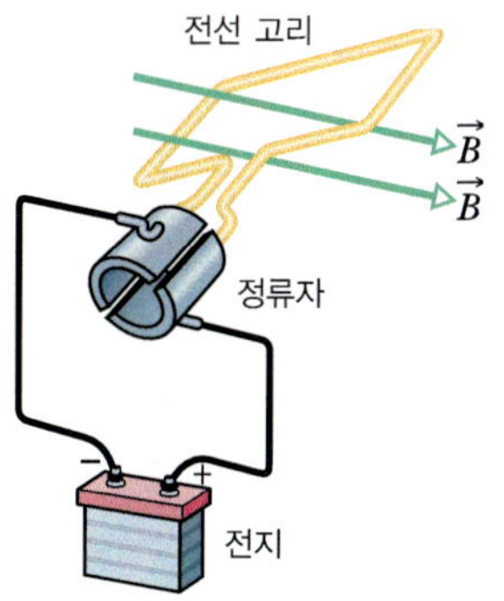

그림 29-25
전동기의 구성 요소. 자기장 속에 고정 축을 중심으로 도는 전류 고리가 있다. 도선이 받는 자기력 때문에 회전력이 생겨 고리가 돌아간다. 고리가 반 바퀴 돌 때마다 정류자가 전류의 방향을 반대로 바꾸어주므로 회전력은 늘 같은 쪽으로 작용한다.

• 전류 고리가 회전력을 받는 원리

그림 29-26*a*는 변의 길이가 a, b인 직사각형 고리를 앞에서 본 것으로, 전류 i가 흐르고 고른 자기장 $\vec{B}$ 속에 놓여 있다. 우선 그림 29-26*a*와 같이 고리의 면이 자기장과 나란한 특수한 상황에서 고리가 받는 회전력부터 살펴보자.

이 상황에서 고리의 각 변이 받는 힘을 식 29-24를 써서 구한다. 변 1과 3의 경우, $\vec{L}$의 크기는 a이고, 방향은 $\vec{B}$와 나란하므로 $\phi = 0°$이다. 그러므로 이 두 변이 받는 힘의 크기는 다음과 같다.

$$F_1^{자기} = F_3^{자기} = |i|\, aB \sin 0° = 0\ \mathrm{N}$$

변 2와 4는 $\vec{L}$의 크기가 b이고, 방향은 $\vec{B}$와 직교하므로 $\phi = 90°$이다. 그러므로 $\vec{F}_2$와 $\vec{F}_4$의 크기가 같다.

$$F_2^{자기} = F_4^{자기} = |i|\, bB \sin 90° = |i|\, bB \tag{29-28}$$

그러나 양쪽 전류의 방향이 반대이므로 오른손 법칙을 써보면 두 힘의 방향이 서로 반대임을 알 수 있다. $\vec{F}_2$는 종이면 앞쪽, $\vec{F}_4$는 뒤쪽을 향한다. 그러나 그림 29-26a와 같이, 두 힘의 작용선이 다르므로 알짜 회전력이 생긴다. 이 회전력은 고리면의 방향이 자기장 $\vec{B}$와 직교하는 쪽으로 고리를 돌린다. $\phi = 90°$인 곳에서는 회전축에 대한 고리의 모멘트 팔의 크기는 $b/2$이다. $\vec{F}_2$와 $\vec{F}_4$가 주는 회전력의 크기는 다음과 같다(그림 29-26a 참조).

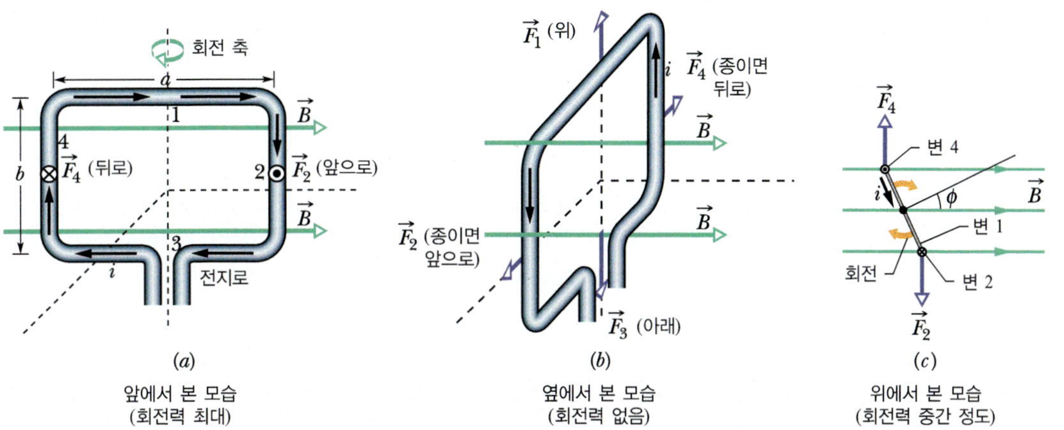

그림 29-26
전류 i가 흐르는 길이 a, 너비 a인 네모꼴 고리가 고른 자기장 속에 놓여 있다. 이 고리는 자기장에 직각 방향으로 회전력 $\vec{\tau}$를 받는다. 고리 면과 B장에 수직한 각도 ϕ의 값은 달라진다. (*a*) 고리의 면이 자기장과 나란하여 $\phi = 90°$가 된다. (*b*) 고리가 자기장에 의한 회전력을 받아 $\phi = 0°$ 되는 곳까지 돌아간 모습. (*c*) 고리가 $\phi = 90°(a)$와 $\phi = 0°(b)$ 사이에 왔을 때 위에서 본 모습.

$$\tau_{90} = \frac{a}{2}F_2 + \frac{a}{2}F_4 = |i|\frac{a}{2}(bB) + |i|\frac{a}{2}(bB) = |i|\,abB \tag{29-29}$$

그림 29-26a의 코일이 돌기 시작하면, 변 2와 4 사이의 모멘트 팔이 작아지면서 고리가 그림 29-26b에 보인 곳에 오면 0이 된다. 일반적으로 고리가 받는 회전력은

$$\tau' = |i|\,abB\sin\phi \tag{29-30}$$

와 같은데, 여기서 ϕ는 고리의 법선과 외부 자기장 사이의 각도 중 작은 각을 가리킨다(그림 29-26c).

한 번 감은 고리를 N번 감은 고리로 바꾸었다고 해보자. 더 나아가 도선을 촘촘히 감아 모든 고리가 같은 평면 위에 있고 크기도 같다고 하자. 이렇게 감은 것이 평면 코일이고, 감겨 있는 낱낱의 고리가 식 29-30의 회전력을 받는다. 따라서 코일 전체가 받는 회전력의 크기는 다음과 같다.

$$\tau = N\tau' = N|i|\,AB\sin\phi \tag{29-31}$$

여기에서 $A\,(=ab)$는 코일의 넓이다. 식 29-31은 자기장이 고르기만 하면 평면 코일의 모양에 상관없이 늘 성립한다.

• 직류 전동기의 작동 원리

그림 29-25과 비슷한 직류 전동기를 살펴보자. 코일 면이 자기장과 직교하여 $\phi = 0°$일 때 전지의 극을 갑자기 바꾼다. 코일은 처음에 회전력을 받아 가속되므로 코일은 계속 돌아 $\phi = 0°$가 되는 곳을 지나친 다음 새 회전력을 받아 같은 쪽으로 계속 돈다. 이렇게 코일이 반 바퀴 돌 때마다 전류의 방향을 바꾸어 주는 것이 정류자로서, 이것은 전지(혹은 바깥 전원)와 연결되어 있는 정지 코일을 회전코일과 연결해 준다.

연습문제 29-9

36. 전류 고리

변의 길이가 50, 120, 130 cm인 직각 삼각형 꼴로 한 번 감긴 전류 고리에 전류가 4.00 A 흐른다. 이 고리는 빗변에 흐르는 전류와 방향이 같고 세기가 75.0 mT인 고른 자기장 속에 있다. (a) 이 고리의 세 변이 받는 자기력의 세기를 각각 구하라. (b) 이 고리가 받는 자기력 합은 0임을 보여라.

37. 직사각형 코일

그림 29-27은 변의 길이가 10 cm, 5 cm인 20번 감이 직사각형 코일을 보여준다. 이 코일에는 전류가 0.10 A 흐르며 긴 변을 축으로 회전할 수 있다. 코일 면은 xy평면 위에 있고 세기가 0.50 T인 고른 자기장과 30°의 각도를 이룬다. 이 코일의 회전축이 받는 회전력의 크기와 방향을 구하라.

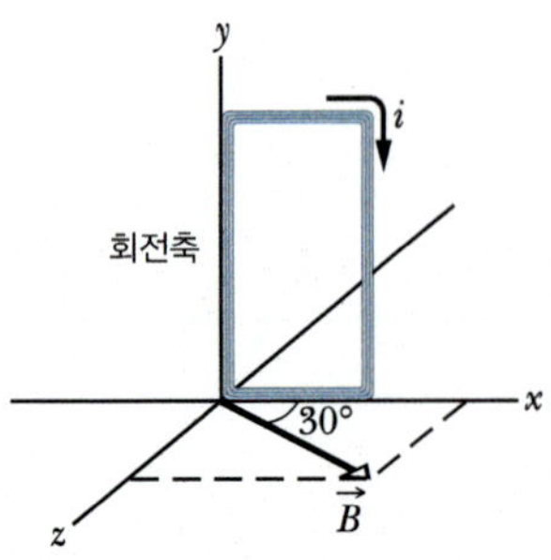

그림 29-27 문제 37

38. 아무렇게나 생긴 코일

$\tau = N|i|AB\sin\phi$(식 29-31)의 관계식은 그림 29-26에 보인 사각형 코일뿐 아니라 닫힌 고리라면 어떤 모양에서나 성립함을 증명하라. (**실마리**: 아무렇게나 생긴 고리를 서로 맞닿은 가늘고 긴, 대략 사각형인 고리의 모둠으로 바꾼다. 이 모둠은 전류 분포로 따지면 아무렇게나 생긴 코일과 거의 같다.)

39. 증명 문제

길이 L인 전선에 전류 i가 흐른다. 이 전선으로 고리를 만들면, 회전력이 최대가 되는 것은 감은 횟수가 1번일 때이고, 최대 회전력 크기는 $\tau = L^2 iB/4\pi$임을 보여라.

40. 알짜힘 = 0

닫힌 도선 고리가 고른 자기장 속에 있다. 고리 면이 자기장 $\vec{B}$와 각도 θ를 이루고 있고 전류 i가 흐른다. 고리가 받는 자기력이 0임을 보여라. 고르지 않은 자기장 속에서도 그런가?

41. 둥근 도선 고리

그림 29-28에 보인 도선 고리의 반지름은 a이며, 위로 퍼져나가는

대칭꼴 자기장의 대체적인 방향에 대해서 수직하다. 전기장은 도선의 어디에서나 세기가 똑같이 $|\vec{B}|$이고, 방향은 고리 면에 대한 법선과 θ의 각도를 유지한다. 꼬인 리드선은 문제에 영향을 주지 않는다. 이 고리에 양의 전류 i가 흐를 때 장이 고리에 주는 힘의 크기와 방향을 구하라.

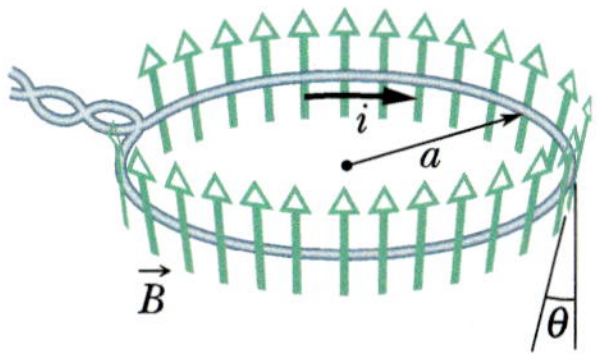

그림 29-28 문제 41

42. 최대 회전력

전하량 q인 입자가 반지름 a인 고리를 따라 속력 $|\vec{v}|$로 돈다. 세기가 $|\vec{B}|$인 고른 자기장 속에서 고리가 받는 최대 회전력을 구하라.

43. 나무 원기둥

질량 $m = 0.250\,\mathrm{kg}$, 길이 $L = 0.100\,\mathrm{m}$인 나무 기둥에 전선을 길이 방향으로 $N = 10.0$번 감아 코일 면이 원기둥의 축을 포함하게 했다(그림 29-29). 코일 면은 비탈면과 나란하다. 세기 0.5 T인 고른 자기장이 수직방향으로 걸려 있다. 수평면과 각도 θ를 이루는 비탈면에서 원기둥이 굴러 내리지 않게 하려면 코일에 전류 $|i|$를 적어도 얼마나 흘려야 하는가?

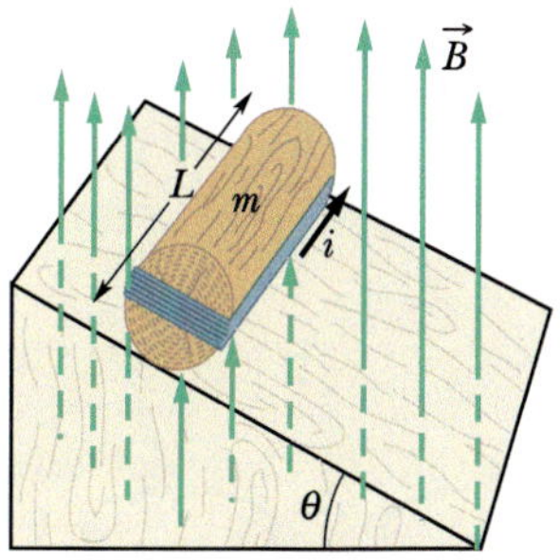

그림 29-29 문제 43

29-10 자기 쌍극자 모멘트

앞 절에서 소개한 전류 코일은 자기 쌍극자 모멘트인 벡터 $\vec{\mu}$로 나타낼 수 있다. 자기 쌍극자 $\vec{\mu}$의 방향은 그림 29-4처럼 또다시 오른손 법칙으로 결정한다. 오른손을 코일의 전류 방향으로 감으면서 세운 엄지 방향이 자기 쌍극자 $\vec{\mu}$의 방향이다.

자기 쌍극자의 크기 $\mu = |\vec{\mu}|$는 아래와 같이 정의한다:

$$\mu \equiv N|i|A \quad \text{(자기 모멘트의 크기)} \tag{29-32}$$

여기서 N은 코일을 감은 수, $|i|$는 코일에 흐르는 전류, 그리고 A는 낱낱의 코일의 넓이를 나타낸다. (식 29-32에 따르면 $\vec{\mu}$의 단위가 $\mathrm{A/m^2}$임을 알 수 있다.) $\vec{\mu}$를 쓰면 자기장이 코일에 주는 회전력의 크기를 다음과 같이 쓸 수 있다.

$$\tau = |\vec{\mu}||\vec{B}|\sin\phi = \mu B \sin\phi \tag{29-33}$$

여기서 ϕ는 두 벡터 $\vec{\mu}$와 $\vec{B}$가 이루는 각 중 가장 작은 각이다.

이 식을 일반화하여 벡터 식으로 쓰면 다음과 같다.

$$\vec{\tau} = \vec{\mu} \times \vec{B} \tag{29-34}$$

이 식은 전기장이 전기 쌍극자에 주는 회전력, 즉 식 23-37

$$\vec{\tau} = \vec{p} \times \vec{E}$$

와 여러 모로 비슷하다: 둘 다 밖에서 걸어준 장 — 자기장 혹은 전기장 — 이 주는 회전력은 해당 쌍극자 모멘트와 장 벡터의 가위곱과 같다.

바깥 자기장 속에 있는 자기 쌍극자는 자기 위치 에너지가 있는데, 그 값은 자기장에 대한 쌍극자의 방향에 따라 달라진다. 전기 쌍극자의 경우에는 다음과 같았다.

$$U(\theta) = -\vec{p}\cdot\vec{E}$$

똑같은 방법으로 자기 쌍극자의 경우에는 다음과 같다.

$$U(\theta) = -\vec{\mu}\cdot\vec{B} \qquad (29\text{-}35)$$

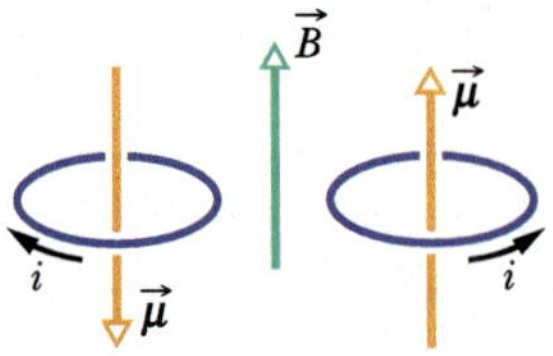

그림 29-30
외부 자기장 $\vec{B}$ 속에 든 자기 쌍극자의 에너지가 최대, 최소일 때의 방향. 각각의 경우 전류 i의 방향이 오른손 법칙으로 그림 29-30에 보인 자기 쌍극자 모멘트 $\vec{\mu}$의 방향을 결정한다.

쌍극자 모멘트 $\vec{\mu}$가 자기장과 나란할 때, 자기 위치 에너지가 가장 작고$(-|\vec{\mu}||\vec{B}|\cos 180^\circ = -\mu B)$, 자기장과 반대쪽일 때 가장 크다$(-|\vec{\mu}||\vec{B}|\cos 180^\circ = +\mu B)$ (그림 29-30).

자기장 속에서 자기 쌍극자가 처음의 방향 θ_1에서 θ_2로 돌 때, 자기장이 쌍극자에 한 일 $W_{B\to\mu}$는

$$W_{B\to\mu} = -\Delta U = -(U_2 - U_1) \qquad (29\text{-}36)$$

인데, U_2와 U_1은 식 29-25로 셈한다. 쌍극자가 돌 때 외부 자기장이 주는 회전력을 받았다면 그 회전력이 쌍극자에 $W_{B\to\mu}$만큼의 일을 한 셈이다. 방향이 바뀌기 전후에 쌍극자가 서 있었다면 일 $W_{바깥\to\mu}$는 장이 쌍극자에 한 일의 음수 값이다.

$$W_{바깥\to\mu} = -W_{B\to\mu} = U_2 - U_1 \qquad (29\text{-}37)$$

표 29-2
자기 쌍극자 모멘트의 예

작은 막대자석	5 J/T
지구	8.0×10^{22} J/T
양성자	1.4×10^{-26} J/T
전자	9.3×10^{-24} J/T

지금까지는 전류가 흐르는 코일을 자기 쌍극자라고 했다. 그러나 간단한 막대자석도 자기 쌍극자이다. 지구 자체도 (근사적으로) 자기 쌍극자이다. 그리고 전자, 양성자 및 중성미자와 같이 원자를 이루는 대부분의 입자에도 자기 쌍극자 모멘트가 있다. 32장에서 소개하겠지만, 모든 자기쌍극자는 전류 고리로 볼 수 있다. 표 29-2에 몇 가지 자기 쌍극자의 어림값을 실었으니 비교하라.

생각해보기 29-5 이 그림은 자기 쌍극자 모멘트 $\vec{\mu}$가 자기장 속에서 각도 θ를 이루는 네 방향을 나타낸 것이다. (a) 쌍극자가 받는 회전력의 크기, (b) 쌍극자의 위치 에너지에 따라 큰 것부터 순서를 매겨라.

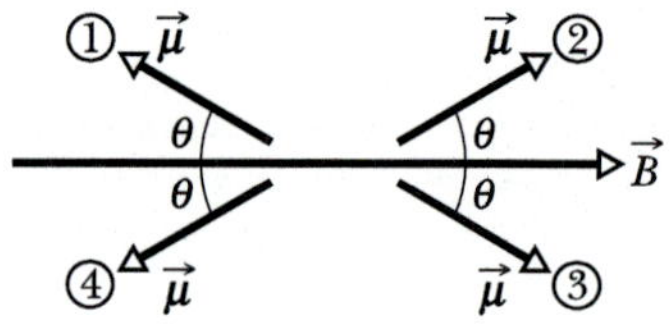

따라해보기 29-5 | 바깥 자기장 속의 코일

그림 29-31는 넓이 $A = 2.52\times10^{-4}\,\mathrm{m}^2$인 250번 감이 코일에 전류 $100\,\mu\mathrm{A}$가 흐르는 것을 나타낸다. 이 코일의 자기 쌍극자 모멘트가 세기 $|\vec{B}| = 0.85\,\mathrm{T}$인 고른 자기장 $\vec{B}$와 나란히 서 있다.

(a) 코일에 흐르는 전류의 방향은 어느 쪽인가?

풀이 ■ 요점은 코일에 오른손 법칙을 쓰는 것이다. 코일의 전류를 따라 오른손을 말아 쥐면서 세운 엄지가 $\vec{\mu}$의 방향이다. 그러므로 그림 29-31에 나타낸 코일의 가까운 쪽 전선 속에서 전류는 위에서 아래로 흐른다.

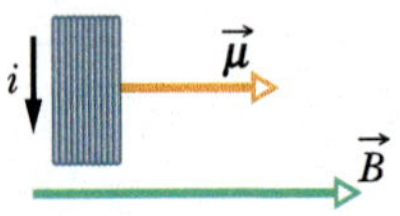

그림 29-31
(a) 자기 쌍극자 모멘트 $\vec{\mu}$가 자기장 $\vec{B}$와 나란한, 전류가 흐르는 둥근 코일을 옆에서 본 모습

(b) 코일을 90° 돌려 $\vec{\mu}$가 $\vec{B}$에 직교한채 서 있게 하려면 일을 얼마나 해주어야 하는가?

풀이 ■ 요점은 회전력이 한 일 $W_{바깥\to\mu}$는 코일의 방향 변화에 따르는 위치 에너지의 차이와 같다는 것이다. 식 29-37 ($W_{바깥\to\mu} = U_2 - U_1$)에서 다음의 관계가 나온다.

$$\begin{aligned} W_{바깥\to\mu} &= U(90^\circ) - U(0^\circ) = -\mu B\cos 90^\circ - (-\mu B\cos 0^\circ) \\ &= 0 + \mu B = \mu B \end{aligned}$$

식 29-32$(\mu = N|i|A)$에서 $\vec{\mu}$를 넣으면 다음과 같다.

$$W_{바깥\to\mu} = (N|i|AB)$$
$$= (250)(100\times10^{-6}\,\mathrm{A})(2.52\times10^{-4}\,\mathrm{m}^2)(0.85\,\mathrm{T})$$
$$= 5.356\times10^{-6}\,\mathrm{J} \approx 5.4\,\mu\mathrm{J} \qquad \text{(답)}$$

연습문제 29-10

44. 지구의 모멘트

지구의 자기 쌍극자 모멘트는 크기가 8.00×10^{22} J/T인데, 이것이 액체 상태의 외핵에 흐르는 전류 때문에 생긴다고 하자. 전하의 원궤도 반지름을 3500 km라 하고 각각의 움직이는 전하에 의한 전류의 크기를 구하라.

45. 전류 셈하기

반지름 1.9 cm로 160번 감은 코일이 있다. (a) 2.30 A·m^{2}의 자기 쌍극자 모멘트를 내는데 필요한 전류를 셈하라. (b) 코일에 전류가 흐른다 하고, 코일이 고른 30.0 mT의 자기장 속에서 받을 수 있는 최대 회전력을 구하라.

46. 모멘트와 회전력

반지름이 15.0 cm인 원 고리 전선에 전류 2.60 A가 흐른다. 고리 면에 대한 법선과 세기가 12.0 T로 일정한 자기장 사이의 각도는 41.0° 이다. (a) 고리의 자기 쌍극자 모멘트의 크기를 구하라. (b) 고리가 받는 회전력의 크기는 얼마인가?

47. 직각 삼각형

각 변의 길이가 30, 40, 50 cm인 직각 삼각형 모양의 고리에 전류 5.0 A가 흐른다. 삼각형 고리는 고른 자기장 속에 들어 있는데, 방향은 빗변의 전류와 나란하고 세기는 80 mT이다. (a) 이 고리의 자기 쌍극자 모멘트의 크기와 (b) 고리가 받는 회전력을 각각 구하라.

48. 벽시계

벽에 걸린 어느 벽시계의 눈금판 반지름이 15 cm이다. 원둘레에 6번 감긴 도선에 전류 2.0 A가 흐른다. 시계에 세기 70 mT인 고른 자기장을 바깥에서 걸어주었다(그래도 시간은 잘 맞는다). 정확히 1:00 pm에 시침이 자기장의 방향을 가리킨다. (a) 몇 분이 지나면 분침이 자기장이 도선이 받는 회전력의 방향을 가리키는가? (b) 회전력의 크기를 구하라.

49. 동심 고리

반지름 20.0, 30.0인 두 동심원 고리가 xy평면 위에 있고, 각 고리에 7.00 A의 전류가 흐른다(그림 29-32). (a) 이 계의 알짜 자기 쌍극자 모멘트를 구하라. (b) 안쪽에 있는 고리의 전류 방향이 반대쪽일 때에 대해서도 구하라.

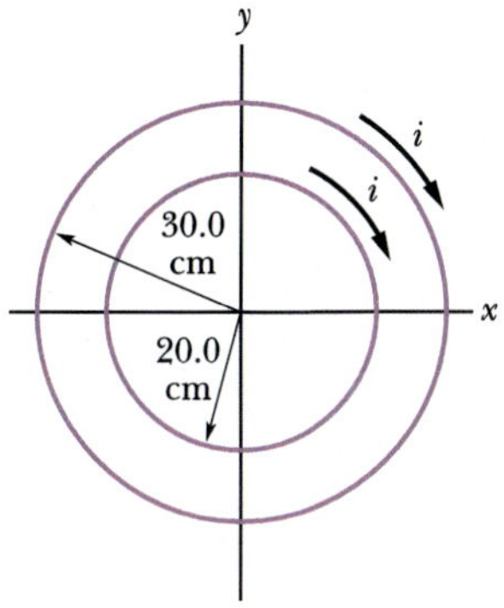

그림 29-32 문제 49

50. *ABCDEFA*

그림 29-33과 같이 전류 $i = 36$ A가 흐르는 고리 *ABCDEFA*가 있다. 고리의 직선 구간들은 좌표축과 나란하며 $AB = 20.0$ cm, $BC = 30.0$ cm, $FA = 10.0$ cm이다. 고리에 대해 자기 쌍극자 모멘트의 크기와 방향을 구하라. (**실마리**: *AD* 구간에 서로 반대쪽으로 흐르는 전류 i를 가정하고, *ABCDA*와 *ADEFA* 두 개의 사각형으로 본다.)

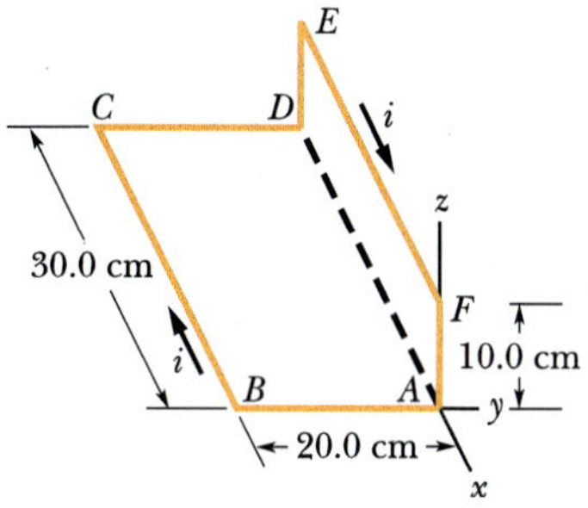

그림 29-33 문제 50

51. 전류 고리

반지름 8.0 cm인 둥근 고리에 전류 0.20 A가 흐른다. 고리의 쌍극자 모멘트 $\vec{\mu}$와 나란한 단위 벡터가 $0.60\hat{\mathrm{i}} - 0.80\hat{\mathrm{j}}$이다. 고리는 고른 자기장 $\vec{B} = (0.25\,T)\hat{\mathrm{i}} + (0.30\,T)\hat{\mathrm{k}}$ 속에 들어 있다. (a) 고리가 받는 회전력을 단위 벡터를 써서 구하라. (b) 고리의 자기 위치 에너지를 구하라.

29-11 사이클로트론

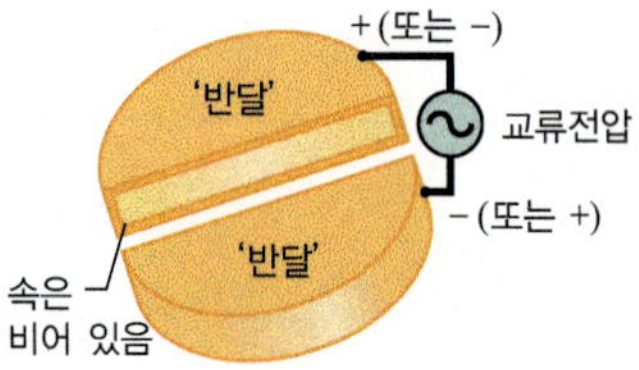

그림 29-34
사이클로트론의 '반달'은 속이 빈 반달꼴 통으로, 지름 부분은 트여있다.

물리학자들은 자기장 속에서의 전하를 띤 입자의 운동에 관한 지식을 바탕으로 양성자를 고속으로 가속하는 장치를 개발했다. 고에너지 양성자는 물질에 충돌시켜 원자 및 원자보다 작은 입자의 성질을 연구하는데 쓴다. 고에너지 양성자와 이온을 써서 새로운 방사성 원소를 만들어낼 수도 있고, 더 나아가 암종양을 파괴할 수도 있다. 1939년 로렌스는 사이클로트론을 발명한 업적으로 노벨 물리학상을 받았는데, 이 장치는 양성자, 이온 및 전자들을 가속시킬 수 있는 수많은 자기 가속기 중 제1호였다.

사이클로트론의 작동 원리는 아주 간단하다. 그림 29-9에서 진공 속에서 자기장에 대해 직각 방향으로 쏘아 보낸 전자는 원궤도를 그린다는 실험적 증거를 보았다. 그리고 자기력 법칙(식 29-2)을 써서 원궤도의 회전주기를 구하여(식 29-10) $f=|q|B/2\pi m$의 관계식을 얻었다. 이를 사이클로트론 진동수라 하는데, 이 유도과정에서 뜻밖의 결과를 얻었다. 전하를 띤 입자가 원궤도를 도는 진동수 f는 전하량과 질량 그리고 자기장의 세기만으로 결정될 뿐, 속력과는 무관하다. 그 까닭은 느린 입자는 작은 원, 빠른 입자는 큰 원을 그리기 때문이다. 입자의 속력과 궤도의 반지름이 비례하므로 전하를 띤 입자들이 고른 자기장 속에서 원운동하는데 걸리는 시간이 원궤도의 반지름에 상관없이 늘 같다. (속력이 빛 보다 훨씬 느리면 이 관계가 성립한다.) 로렌스는 전하를 띤 입자의 궤도운동 진동수가 속력과는 무관하다는 점을 써서 사이클로트론을 설계했다.

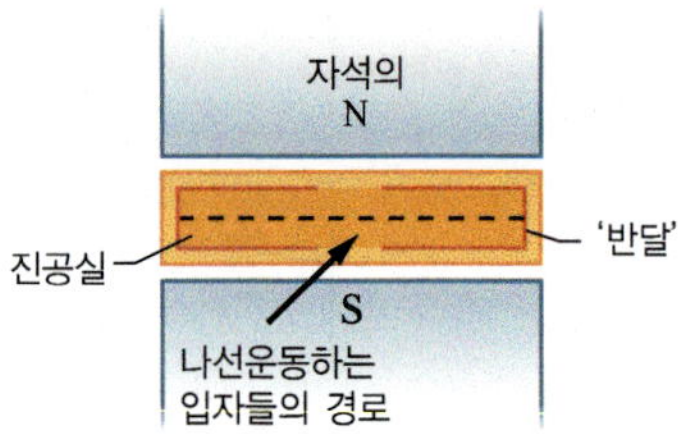

그림 29-35
대형 전자석의 양극 사이에 끼워진 '반달' 단면도. 점선은 입자의 회전평면이다.

처음 만든 사이클로트론으로는 양성자를 가속했다. 이 장치는 그림 29-34와 같이 속이 빈 반달꼴 판 두 개로 되어 있다['반달(Dee)'이라고 부른다]. 초기의 사이클로트론에서는 '반달'을 구리판으로 만들었는데, 지름은 1 m 정도였다. '반달'을 진공통 속에 두고 몇 테슬라의 강력하고 고른 자기장을 직각방향으로 걸었다. 두 '반달' 사이에 좁은 틈을 두었는데, 틈 양쪽의 전위차를 양성자가 자기장 속에서 원운동하는 진동수와 똑같은 진동수로 번갈아 걸어줄 수 있는 교류 발진기에 연결시켰다. 이 구조는 그림 29-35에 보였다.

최초의 사이클로트론을 가동시킬 때는 발진기의 진동수를 사이클로트론 진동수에 맞춘 다음 진공통 속에 수소 기체를 넣었다. 다음에 에너지가 큰 전자를 통 가운데로 쏘아 수소원자에서 전자들을 떼어내 양성자를 만들었다. 왼쪽 '반달'의 전압이 오른쪽 '반달'보다 낮은 동안에는 양성자가 오른쪽으로 힘을 받아, 전기장이 0인 오른쪽 '반달' 속으로 이동한다. 그러나 자기장이 '반달' 속을 지나고 있으므로 양성자는 천천히 작은 원궤도를 그린다. 반주기가 지나면 양성자는 다시 두 '반달' 사이의 틈에 이르는데, 발진기의 진동수가 사이클로트론 진동수와 같으므로 이제는 오른쪽 '반달'의 전위가 왼쪽 '반달'보다 낮아지고 따라서 양성자는 틈새를 지나면서 다시 가속된다. 양성자는 이번에는 속력과 반지름(식 29-8)이 조금 커진 원궤도를 그린다.

$$r=\frac{mv}{|q|B}$$

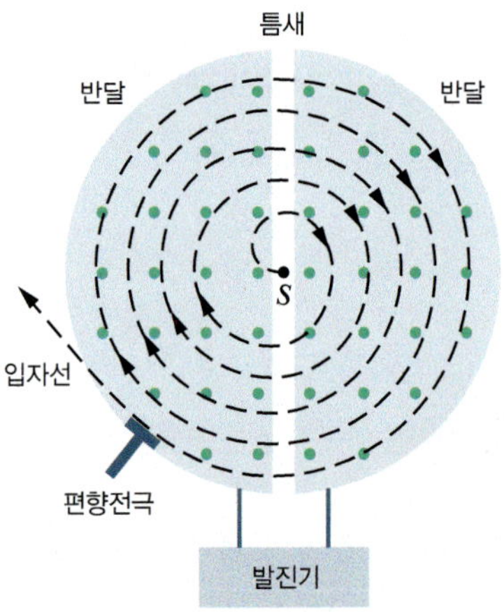

그림 29-36
'반달'을 위에서 본 모습: 전하를 띤 입자의 궤적을 점선으로 보여준다. 입자가 틈새를 지나갈 때마다 세 가지 일이 생긴다. (1) 입자가 가속력을 받아 가속되어 속력이 더 빨라진다. (2) 발진기에 의하여 틈새 양끝에 걸어준 전위차의 부호가 바뀐다. (3) 입자가 그리는 원궤도의 반지름이 더 커진다.

양성자가 반바퀴 돌아 다시 틈새에 와 한 주기 운동을 마칠 때 발진기도 한 주기를 마친다. 따라서 양성자는 다시 가속된다. 이 과정은 양성자의 원운동과 '반달' 전위의 진동이 박자를 맞추면서 줄곧 되풀이 된다. 맨 뒤에 양성자가 '반달'에서 벗어날 때에는 편향 전극을 써서 양성자를 출구 쪽으로 보낸다. 그림 29-36은 그러한 양성자의 경로를 보여준다.

사이클로트론 작동의 핵심은 자기장 속에서 양성자의 원운동 진동수 f가 발진기의 고정된 진동수 $f_{발진}$과 같아야 한다는 것(그리고 이 값은 속력과는 무관)임을 되새기자.

$$f = f_{발진} \quad (\text{공명 조건}) \tag{29-38}$$

이 공명 조건이 뜻하는 바는 원운동하는 양성자의 에너지를 높이려면 $f_{발진}$을 양성자가 자기장 속에서 원운동하는 진동수인 자연진동수 f와 같게 맞추어 에너지를 계속 공급해야 한다는 것이다.

식 29-10과 29-38을 모으면 공명 조건을 아래와 같이 쓸 수 있다.

$$|q|B = 2\pi m f_{발진} \tag{29-39}$$

양성자의 q와 m은 일정불변이다. (가정하고 있는) 발진기는 고정된 진동수 $f_{발진}$에서 작동하게 설계했다. 그러면 식 29-39가 만족될 때까지 $\vec{B}$나 $f_{발진}$를 조절하여 사이클로트론을 '동조' 시킬 수 있다. 동조가 되면 많은 양성자가 자기장 속에서 원운동을 한 뒤 양성자선 다발이 되어 나온다.

사이클로트론이 강력해서 양성자, 전자 또는 이온을 빛의 속력에 가깝게 가속시키면 상대론적 효과가 나타난다. 그때는 원운동의 진동수와 발진기 진동수 사이의 간단한 관계가 깨진다. 과학자들은 자기장을 바탕으로 싱크로트론, 베타트론이라는 더 정교한 입자 가속기를 개발했다. 상대론적 효과는 특수 상대론을 다루는 38장에서 소개한다.

따라해보기 29-6 | 사이클로트론

사이클로트론을 발진기 진동수 12 MHz로 구동하고 있고, '반달'의 반지름이 $R = 53\,\text{cm}$라 하자.

(a) 이 사이클로트론으로 중양성자(deutron)를 가속하는데 필요한 자기장의 세기는 얼마인가? 중양성자는 수소의 동위원소인 중수소의 핵으로 양성자와 중성자가 하나씩 들어 있고 전하는 양성자와 같다. 질량은 $m = 3.34 \times 10^{-27}\,\text{kg}$이다.

풀이 ■ 요점은 진동수 $f_{발진}$에 대하여 어떤 입자를 가속하는데 필요한 B의 크기가 식 29-39에 따라 질량 대 전하의 비 m/q에 따라 정해진다는 것이다. 발진기 진동수 $f_{발진} = 12\,\text{MHz}$로 중양성자를 가속한다면 자기장의 세기는 다음과 같이 구한다.

$$B = \frac{2\pi m f_{발진}}{q} = \frac{(2\pi)(3.34 \times 10^{-27}\,\text{kg})(12 \times 10^{6}\,\text{s}^{-1})}{1.60 \times 10^{-19}\,\text{C}}$$
$$= 1.57\,\text{T} \approx 1.6\,\text{T} \qquad \text{(답)}$$

양성자를 가속한다면, 발진기의 진동수가 12 MHz로 고정된 경우 B의 크기는 2로 나누면 된다는 점을 유의하자.

(b) 이렇게 얻은 중양성자의 운동에너지는 얼마인가?

풀이 ■ 첫째 **요점**은 사이클로트론에서 나오는 중양성자의 운동에너지 $\frac{1}{2}mv^2$는 사이클로트론에서 나오기 바로 전, 거의 같은 반지름으로 원운동할 때의 운동에너지와 같다는 것이다. 둘째 **요점**은 그 경로에서의 중양성자 속력 v는 식 29-8을 써서 구할 수 있다는 것이다. 이 식에서 r을 R로 바꾸고 v에 대하여 정리한 뒤 주어진 값들을 넣는다.

$$v = \frac{RqB}{m} = \frac{(0.53\,\text{m})(1.60 \times 10^{-19}\,\text{C})(1.57\,\text{T})}{3.34 \times 10^{-27}\,\text{kg}} = 3.99 \times 10^{7}\,\text{m/s}$$

이 속력에 해당하는 운동에너지는 다음과 같다.

$$K = \tfrac{1}{2}mv^2 = \tfrac{1}{2}(3.34 \times 10^{-27}\,\text{kg})(3.99 \times 10^{7}\,\text{m/s})^2$$
$$= 2.7 \times 10^{-12}\,\text{J} \qquad \text{(답)}$$

이는 대략 17 MeV 정도이다.

추가문제

52. 영구자석

영구자석은 움직이는 전하나 전류에 힘을 줄 수 있다. (a) 자석이 움직이는 전하에 힘을 준다면 자석도 힘을 받는가? 설명하라. (b) 두 물체 사이의 중력 혹은 정전기 상호작용은 두 물체 공통의 특성 — 예를 들어 중력에서는 질량, 정전기력에서는 과잉 전하 — 들이 있다. 영구자석과 움직이는 전하는 전혀 다른 양인 것처럼 보인다. 두 가지에 공통 속성이 있다고 설명할 수 있는가?

53. U자 모양 자석

속력 v인 전자가 U자꼴 자석의 두 극 사이로 들어간다. 이곳에는 고른 자기장 $\vec{B}$가 그림 29-37과 같이 종이면 앞쪽인 $+z$쪽으로 있다.

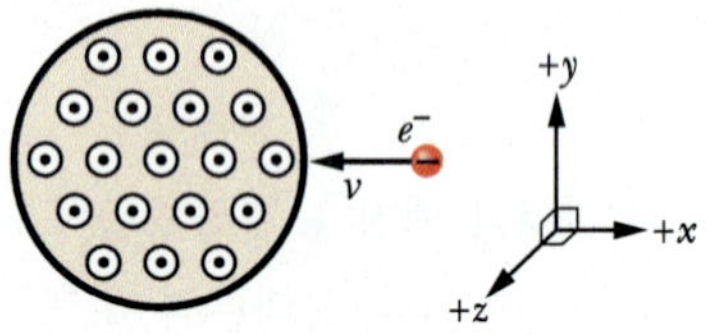

그림 29-37 문제 53

(a) 자기장이 종이면에서 솟아 나오는 쪽이라면, 자석의 북극은 어디에 있는가, 그림의 앞인가 뒤인가? (b) 오른손 법칙을 써서 자기장이 고른 구역으로 전자가 들어갈 때 받는 힘의 방향을 구하라. (c) 자기장이 비교적 약하다고 가정하고 전자의 궤적을 그려보라. (d) 전자의 속력이 4.76×10^6 m/s이고, 자기장의 세기가 0.234 T라면 전자가 받는 힘의 크기는 얼마인가?

그림 29-38
(*a*) 문제 54
(*b*) 자석의 두 극 사이를 확대한 것으로, 속력 v인 알파 입자 하나가 고른 자기장에 들어가는 모습을 나타낸다.

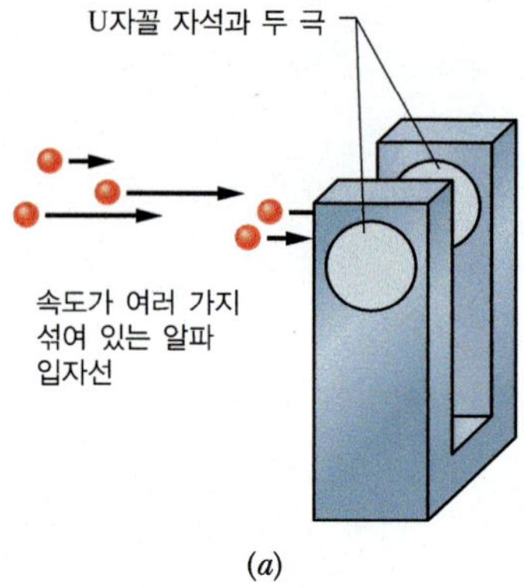

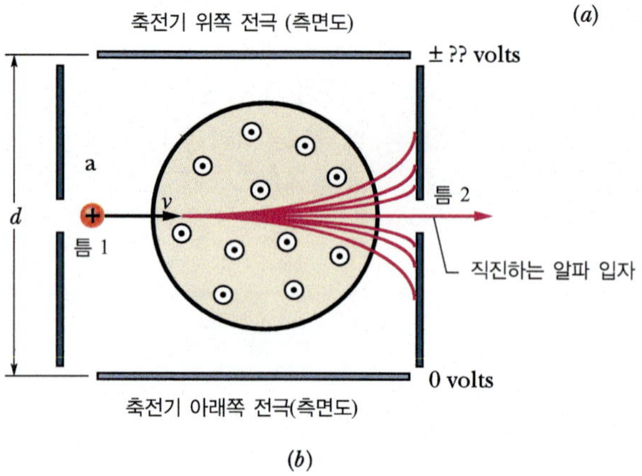

54. 속도 선별기

원자력 에너지연구소에서 물리학자가 금속에 에너지가 일정한 알파 입자선을 충돌시켜 산란 양식을 연구한다. (알파 입자는 헬륨의 핵으로, 양성자와 중성자 각각 두 개씩으로 이루어져 있으며, 총 전하는 $+2e$인데, e는 선사의 선하량의 절내값이나.) 이들이 방사성 원소의 붕괴를 써서 알파 입자선을 얻기는 했지만, 입자의 일부는 선원 속에서 다른 원자와 충돌하여 에너지를 잃었다. 당신이 연구진에 들어온 새내기로서 할 일은 속도 선별기를 써서 입자선에서 속도가 어떤 값에 아주 근사한 알파 입자만 골라내고 나머지는 없애는 것이다. 속도 선별기의 주요 부품은 다음과 같다. (1) 축전기 양 극판에 높은 전위차를 걸 수 있는 전원 장치 (2) 입자선과 직교하는 방향으로 고른 자기장을 만드는 큰 영구자석. 속도 선별기의 얼개는 그림 29-38과 같다. B장의 방향은 종이면에서 솟아 나오는 쪽이다. 자석의 자기장 세기는 0.22 T이며, 축전기의 극판 간격은 2.5 cm이다. 속도 선별기의 작동 원리를 알아내고, 속력 4.2×10^6 m/s인 입자를 골라내려면 축전기 양 극판에 전압을 얼마 걸어야 하는가를 연구진에게 설명하라는 지시를 받았다.

첫 업무이므로 당연히 어렵겠지만, 침착하게 상황을 차근차근 따져보자. 다음 내용을 하나씩 정리 한다.

(a) 자기장이 그림에서 종이면 앞으로 솟아 나오므로, 자기장 속을 왼쪽에서 오른쪽으로 지나가는 알파입자가 받는 힘의 방향을 오른손 법칙을 써서 구한다. 힘의 방향은 어느 쪽인가?

(b) $\vec{F}^{자기} = q\vec{v} \times \vec{B}$를 쓰면 자기장에 속력 v로 들어오는 알파 입자가 받는 힘을 알파입자의 전하와 자기장의 세기 B의 함수로 구할 수 있음을 알았나. 이 힘을 e, B, v를 써서 나타내면 어떻게 되는가?

(c) 곰곰이 생각해보니, 전극에 적절한 전압을 걸어주면 전기장이 알파 입자가 주는 힘이 로렌츠 힘과 크기는 같고 방향이 반대가 되게 할 수 있겠다. 그러면 속도가 꼭 맞는 알파 입자만 자석의 극 사이를 휘지 않고 곧게 지날 것이다. 우선 축전기 위쪽 전극의 극성을 알아보아야 하겠다. 결론은?

(d) 다음, 전극 사이의 전기장과 알파 입자의 전하량을 알면 입자가 받는 힘을 셈할 수 있음을 깨달았다. 전기력 $\vec{F}^{전기}$, 전하 q, 전기장 $\vec{E}$ 사이의 관계는 무엇인가?

(e) 끝으로 전극의 간격이 d라면, 그 사이의 전기장 세기는 $E = |\Delta V| / d$라는 사실을 쓴다. 전기력과 자기력이 '크기가 같고 방향이 반대'가 되는데 필요한 전압은 $|\Delta V| = vBd$의 관계로부터 구할 수 있음을 증명하고 필요 전압을 구하라.

55. 구역 A - 구역 B

그림 29-39과 같이 $+x$쪽으로 움직이는 전하를 띤 입자가 자기장

이 고른 구역 A에 들어온다. 이 입자는 반원을 그린 뒤에 다른 자기장이 고른 구역 B로 들어간다. 입자는 여기에서도 반원을 그린다. 마지막으로 이 입자는 축전기의 두 극판 사이로 들어가서 $-y$쪽으로 휘었다.

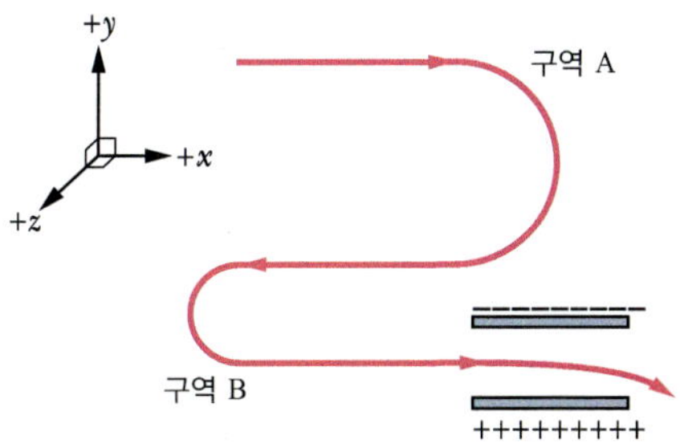

그림 29-39 문제 55

(a) 전하의 부호는 양인가, 음인가? 설명하라.

(b) 구역 A에서 자기장의 방향은 어떠한가? 설명하라.

(c) 구역 B에서 자기장의 방향은 어떠한가? 설명하라.

(d) 구역 A와 B 중 어느 구역의 자기장이 더 강한가? 설명하라.

56. 질량분석기

전기장을 쓰면 이온이 정해진 운동에너지를 갖게 가속할 수 있다. 화학자와 물리학자는 가끔 이온선 속에 들어 있는 이온의 질량을 구하여 화학 성분을 밝히는데 이 방법을 쓴다. 이 방법에서는 고른 자기장 속에서 이온선을 휘게 하고 각 이온이 그린 반원의 반지름을 잰다. 이 일을 하는 장치를 질량분석기라고 하며, 구조를 그림 29-40에 보였다.

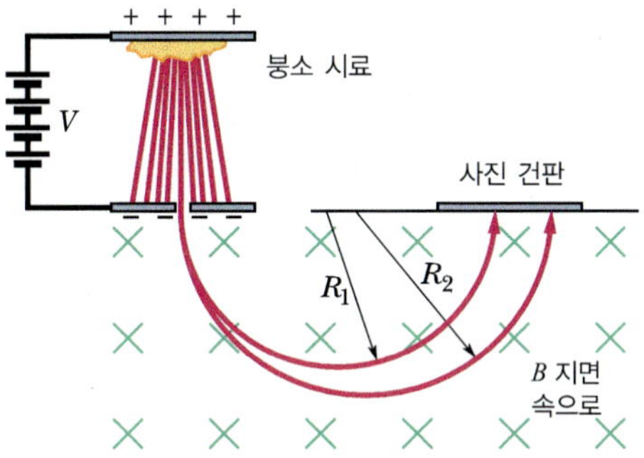

그림 29-40 문제 56

붕소는 주기율표에서 다섯 번째 원소이므로 양성자가 5개 들어 있다. 그러나 붕소의 동위원소 중에는 5개의 양성자 외에 중성자가 3, 5, 6, 7 혹은 8개 든 것이 있어 B-8, B-10, B-11 등의 상태를 이룬다. 당신은 붕사주식회사의 연구 개발 담당 화학자로서 질량분석기를 써서 충청북도 무극 광산에서 나온 붕소 샘플에서 동위원소의 상대적인 비율을 재야 한다. 이를 위해 우선 붕소 1가 이온(즉 궤도 전자 하나가 떨어진 붕소)들을 가속시키기로 했다. 가속 전압은 -2.68×10^3 V이다. 이제 자기장 세기를 0.182 T로 고르게 맞춘 구역에 붕소 이온선을 자기장에 수직으로 넣는다. 실험 결과, 사진 건판에 밝은 점이 두 개 나타나는데, 반지름 13.0 cm인 곳의 밝기가 13.6 cm인 곳보다 4배 밝다. 11.6 cm, 14.2 cm, 14.8 cm에도 아주 흐리기는 하지만 흔적이 보인다. 동위 원소 중 농도가 80% 정도인 것은 어느 종인가? 20% 수준인 종은? 극소량만 있는 동위원소 종은 어떤 것들인가? 답에 대한 근거와 계산 과정을 모두 보여라. **실마리**: (1) 1원자 질량 단위는 1.66×10^{-27} kg으로, 양성자 및 중성자의 질량과 비슷하다. (2) 붕소의 각 동위원소가 가속전압 -2.68×10^3 V으로 가속된 직후의 속력을 m/s로 구한다. (3) 각각의 동위원소에 대한 셈은 스프레드시트로 하면 편리하다.

57. 거품상자 궤적

지구 바깥에서 오는 고에너지 감마선은 무거운 핵 근처에서 고속의 전자 양전자 쌍을 만들고 사라진다. (양전자란 전자와 질량은 같으나 전하량은 크기가 같고 부호가 반대인 입자이다.) 이 과정을 쌍생성이라 한다. 거품상자라는 장치를 쓰면 감마선이 만든 전자-양성자 쌍의 궤적을 볼 수 있다. 이 거품상자 궤적 분석을 통하여 고에너지 감마선, 쌍생성 과정 및 전자와 양성자의 에너지 손실 등에 대한 많은 사실이 발견되었다. 그림 29-41은 거품상자 궤적의 한 예를 보인 것이다.

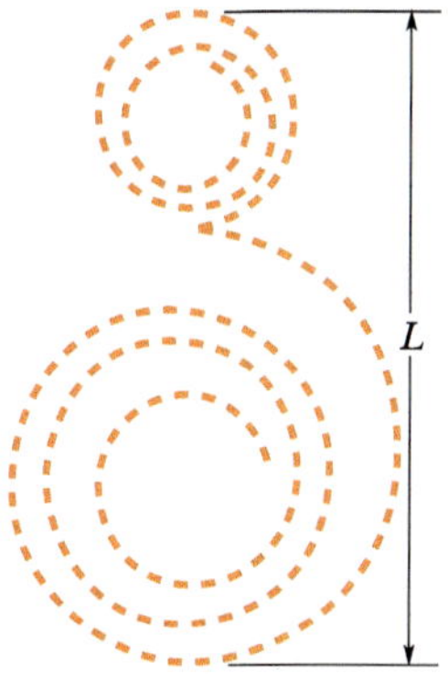

그림 29-41 문제 57

(a) 자기장이 고르게 종이면 속을 향하고 있다면, 위아래 궤적 중 어느 것이 양성자의 운동을 나타내는 것인가? 그 이유를 설명하라. (b) 나선 궤적의 어느 부분에서 양성자의 에너지가 최대인가? 반지름이 큰 부분인가 작은 부분인가? 답에 대한 이유를 설명하라. (c) 전자의 속력은 두 입자가 생기던 때와 비교하면 느려지는가, 아니면 같은가? 답에 대한 근거를 제시하라. (d) 그림 29-41의 거품상자 사진이 실제 $L = 2.4\times10^{-3}$ m에 대한 것을 확대 한 것이라고 하자. 전자가 생긴 직후 그 반지름이 대략 0.8×10^{-3} m임을 보여라. **실마리**: 그림에서 L의 거리를 재어 축척을 구한 뒤, 전자의 해당되는 양을 잰 뒤 축척을 써서 R을 m으로 구한다. (e) 로렌츠 힘 법칙과 구심력을 써서 전자의 속력을 B, R, e와 m으로 나타내는 관계식을 구하라. (f) 거품 상자 내의 자기장의 세기가 $B = 0.54$ T라 할 때 전자가 그 속에서 처음 생긴 순간의 대략적인 속력을 구하라.

58. 세 가지 역장

세 종류의 원거리력, 즉 중력, 전기력 및 자기력을 배웠다. 이 힘을 비교하고 대비하되, 세 힘에 모두 공통적인 특징을 한 가지 이상, 그리고 각 힘이 다른 힘과 다른 특징들을 한 가지 이상씩 제시하라.

59. $\vec{E}$와 $\vec{B}$장의 비교

지금까지 두 가지 장, 즉 전기장과 자기장을 배웠다. 장의 개념을 도입하는 까닭을 설명하고, 두 장을 비교 및 대비하라. 비교할 때는 비슷한 점과 다른 점을 적어도 하나씩 들어라.

60. 반물질 이온 우주선

어느 국제 단체가 반물질로 이루어진 은하가 있는지 알려고 우주선으로부터 반물질을 찾아내는 장치를 만들고 있다. 반물질이란 보통의 물질과 같지만 기본 입자들(반양성자, 반전자)의 전하가 보통 물질들과 반대인 물질이다. 반양성자는 음전하를, 그리고 반전자(양전자)는 양전하를 띠고 있다.

이 장치의 구조도는 그림 29-42와 같다. 우주선 — 탄소 핵 혹은 반탄소 핵 — 이 왼쪽에서 들어오는데, 여기서 위치와 속도를 잰다. 우주선은 그 뒤에 (비교적) 고른 자기장을 지나게 된다. 여기에서 입자의 전하가 양이면 한쪽 방향으로, 음이면 다른 쪽 방향으로 경로가 굽는다. 굽은 거리는 입자가 장치를 떠나는 시점에 잰다.

(a) 그림 29-42에서 자기장의 방향은 어느 쪽인가? 어떻게 알 수 있는가?

(b) 각각의 입자가 따르는 경로는 어느 것인가? 어떻게 알 수 있는가?

(c) 자기장 B, 장치의 크기 B, 입사 입자의 전하량 q, 질량 M을 알고 있으면 전하의 편향 거리 d를 구할 수 있는가? 그렇다면 어떻게 하면 될 것 같은지 간단하게 설명하라(그러나 실제로 하지는 말 것). 만약 그렇지 않다면, 어떤 정보가 더 필요한지 설명하라(그러나 수치를 어림하지는 말 것).

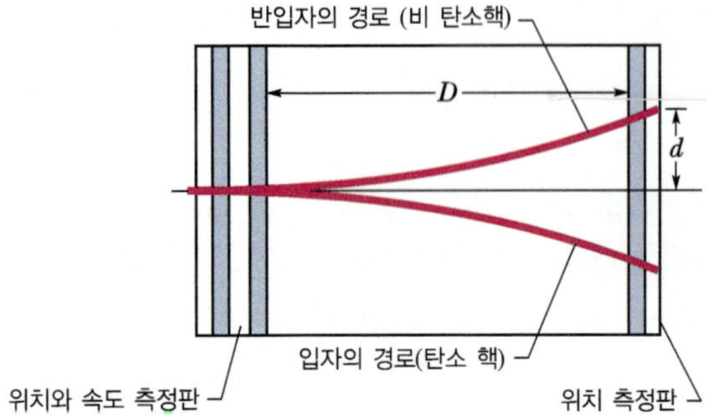

그림 29-42 문제 60

61. 자석과 전하

막대자석이 그림 29-43과 같이 가운데를 중심으로 매달려 있다. 여기에 대전된 막대를 그림에 보인 곳으로 천천히 가까이 가져왔다. 자석은 어느 쪽으로 돌겠는가? 이제 대전된 막대를 북극을 위로 한 다른 막대자석으로 바꾸었다고 하자. 자석은 어느 쪽으로 돌겠는가? 두 경우 매달린 막대자석에게 생기는 현상이 다른가? 그렇다거나 그렇지 않다고 생각하는 까닭을 설명하라.

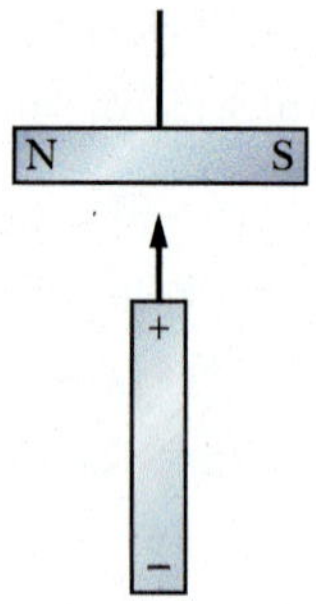

그림 29-43 문제 61

62. 질량분석기 구입*

탁상형 자기 질량분석기를 써서 시료에서 C^{12}와 C^{14}원자의 비를 재어 그 연대를 정하는 일을 받았다. 이 문제에서 실제로 질량 분석을 수행하는 자석에 집중해보자. 우선 시료를 태워 탄소 원자들이 기체가 되었다고 하자. 이제 이 기체를 '이온화 장치'에 넣어 각각의 원자에서 평균적으로 전자 하나씩을 떼어낸다. 그 다음 이온을 정전가속기로 가속시키는데, 이것은 축전기의 양 극판으로 이루어져 있고, 극판 가운데 작은 구멍이 있어 이온이 들어가고 나갈 수 있는 장치이다. (출처: 워싱턴 대학교 물리 교육 그룹)

두 극판에 전하를 채워 판 사이에 전위차 ΔV가 생기게 한다. 축전기 양극 사이에 있는 전기장이 이온을 $q\Delta V$의 에너지로 가속시킨다. 이 이온을 이제 거의 고른 수직방향의 자기장 속에 넣는다. 중력을 무시한다면 전하를 띤 입자는 자기장 때문에 수평면에서 원궤도를 따라 돌 것이고, 원의 반지름은 원자의 질량에 따라 결정될 터이다. (장치 일체가 진공 속에 설치한다고 가정하자). 이 장치의 작동 원리에 대하여 아래의 세 질문에 답하라.

(a) 전압은 너무 높지 않게 해야 한다. ΔV를 1000 V로 한다면, 자기장의 세기는 어느 정도로 해야 이 실비를 탁상형으로 만들 수 있는가? 이러한 자기장은 탁상형 크기의 자석으로 만들 수 있는가?

(b) C^{12}와 C^{14} 원자가 검출판에 이르는 곳은 충분히 떨어져 있는가? (원자의 도착점이 몇 mm 이상 떨어져 있어야 원자를 두 무더기로 구별하여 잴 수 있다).

(c) 중력은 무시해도 되는가? (**실마리**: 원자가 반원을 그리는 시간을 셈하고, 이 시간 동안에 원자가 떨어지는 거리를 구한다).

---

* C^{14}는 탄소의 동위원소로서 가장 흔하면서 조금 가벼운 C^{12}와 화학적 성질은 같다. C^{14}는 우주선이 계속 만들어내므로 대기 속의 농도는 거의 일정하게 유지된다. 대기 속의 탄소가 유기 물질과 결합하면, C^{14}는 붕괴하여 5730년마다 양이 반으로 준다. 그러므로 유기물 속의 C^{14}와 C^{12}의 비를 알면 그 물질이 생긴 연대를 알 수 있다.

30 전류가 만드는 자기장

로켓을 쏘아 올려 발사체를 우주 공간으로 보낸다. 그러나 달이나 소행성에서 채광을 시작하면, 그곳에서는 재래식 로켓 연료를 구할 수 없으므로 더 효율적인 방법이 필요할 것이다. 전자기 발사장치가 해법이 될 수도 있다. 소형 시험장치인 전자기 레일 대포를 쓰면 서 있는 발사체를 1밀리초 만에 10 km/s(36 000 km/h)로 가속시킬 수 있다.

어떻게 그렇게 빨리 가속시킬 수 있을까?

◈ 답은 이 장에 있다.

30-1 서론

인류가 자기를 과학적으로 연구하기 시작했을 때는(1600년에 발표된 길버트의 《자석론[Treatise de Magnete]》을 시점으로 보자) 자석의 특성을 집중적으로 연구했다. 예를 들어, 천연자석을 연구하여 자석은 다른 자석과 '원격력'으로 상호작용하는 것을 알았는데, 이를 현재는 자기력이라 부른다. 자기력이란 이미 알려져 있던 두 가지 비접촉력, 즉 중력과 전기력에 덧붙여야 할 세 번째 비접촉력으로 밝혀졌다.

앞 장에서 배운 바로는 서 있는 전하와 자석은 (전하가 모든 물체에 일으킬 수 있는 분극 현상 외에는) 힘을 주고받지 않는다. 그러나 움직이는 전하는 자석이 있으면 힘을 받는다. 자석끼리는 서로 힘을 주고받으므로, 움직이는 전하는 자석처럼 거동한다고 할 수 있는가?

우리는 영구자석이 움직이는 전하에 줄 수 있는 힘을 수학적으로 설명하는 자기력 법칙을 도입하고자 자기장이 있다고 가정했다. 뉴턴 제3법칙에 따르면, 한 물체가 다른 물체에 힘을 주면, 그 물체도 첫째 물체에 같은 크기의 힘을 반대쪽으로 준다. 그러므로 자석이 '전류가 흐르는 도선'(앞으로 간단히 '전류 도선'이라고 한다)에 힘을 주면, 전류 도선도 자석에 크기가 같은 힘을 반대쪽으로 주어야 하지 않을까? 뉴턴 제3법칙이 요구하는 대칭성에 따르면 움직이는 전하가 자기장을 지나면서 힘을 받는다면 전하도 이 자기장의 근원에게 힘을 줄 수 있어야 한다. 19세기 초반, 덴마크의 물리학자 외르스테드는 실제로 전류가 근처의 자석에 힘을 준다는 것을 보였다.

이 장에서는 전류 도선과 관련된 자기장과 이것이 다른 전류나 자석에 주는 힘을 셈하는 방법을 설명한다. 먼저 전류 도선과 관련하여 외르스테드가 관찰한 자기 현상을 요약 설명한다. 또 프랑스 물리학자인 비오(Biot)와 사바르(Savart)의 업적도 소개한다. 비오와 사바르는 일련의 면밀한 관찰을 하여 작은 전류 도선 조각이 만드는 자기장을 기술하는 수학 공식을 찾아냈는데, 이 공식은 전기에 대한 쿨롱 법칙의 구실을 자기에서 한다. 그 다음에는 여러 모양의 전류 도선이 만드는 자기장과 힘을 셈하는데 비오-사바르 법칙(Biot-Savart law)과 (가우스의 법칙이 쿨롱 법칙의 다른 꼴인 것처럼) 이것의 다른 꼴인 앙페르 법칙(Ampere' s law)을 쓰는 방법을 소개한다. 이런 셈법의 개발은 전기 칫솔에서 초대형 입자가속기에 이르는 기기 설계에 엄청난 영향을 주었다.

30-2 전류의 자기 효과 - 외르스테드의 관찰

지구에는 약한 자기장이 있어서 자석에 힘을 미친다. 인류는 이 현상을 써서 나침반 — 지도리에 올려놓은 작은 막대자석 — 을 만들어 항해할 때 방향을 찾는데 썼다. 그러므로 나침반은 민감한 자기장 검지기다. 외르스테드와 다른 과학자도 나침반의 방향으로 자기장을 검지하고 방향을 쟀다. 규약에 따르면 자기장 방향은 나침반의 북극이 향하는 쪽이다.

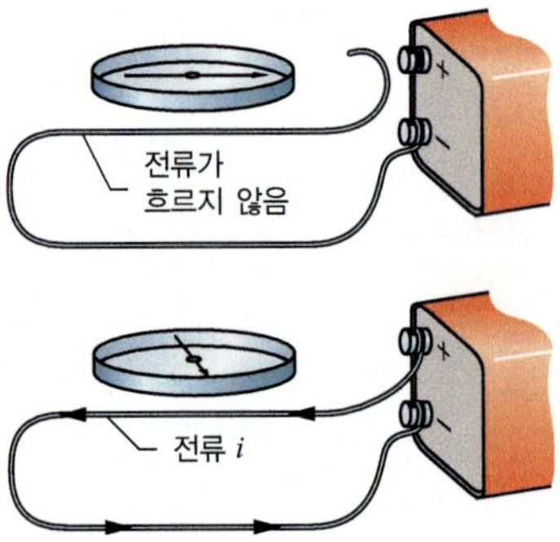

그림 30-1
나침반 바늘이 도선의 전류 방향과 직각을 이루는 쪽으로 도는 것을 보여주는 외르스테드의 실험.

1820년, 외르스테드는 자성과 전류를 연관시킨 유명한 실험에 대해 발표하였다. 그는 도선을 지자기장의 남-북 연결선에 나란히 두고 그 위에 나침반을 놓았다. 나침반의 바늘은 도선과 나란한 방향(지구의 남-북 방향)을 가리켰다. 그가 도선의 양 끝을 전지에 연결하자 바늘이 그림 30-1과 같이 도선에 직각 방향으로 돌아, 도선 속에서 움직이는 전하도 자석과 마찬가지로 나침반에 영향을 준다는 것을 입증하였다. 그는 또한 전류의 방향을 뒤집으면 나침반의 방향도 반대쪽으로 바뀐다는 것도 관찰하였다.

외르스테드는 도선에 흐르는 전류와 같이 움직이는 전하를 띤 입자가 자기장을 만든다는 것을 발견했다. 그가 관찰한 것이 특히 놀라운 까닭은 물체(이 경우에는 나침반)가 받는 힘의 방향이 그 물체와 힘의 근원(이 경우는 도선)을 잇는 선의 방향과 다른 것으로 드러난 첫 사례이기 때문이다. 외르스테드가 관찰 결과를 발표한 뒤 한 주일도 안 되어 프랑스 물리학자 앙페르가 그 결과를 다듬기 시작하였다. 앙페르는 자기력선이 도선 주위에서 동심원 꼴을 이룬다는 점을 눈여겨보았다. 그의 주의 깊은 관찰 결과 기다란 전류 도선이 만드는 자기장은, 도선과 직교하는 평면에서 작은 나침반을 정렬시켜 도선에 중심을 둔 원의 접선방향을 가리키게 한다는 것이 밝혀졌다. 그림 30-2는 작은 나침반처럼 움직이는 쇳가루가 늘어선 모습을 보인 것이다. 도선 주변을 완전히 둘러싼 많은 점에서 나침반 바늘이 늘어선 방향들을 그리면 그림 30-3과 같은 동심원을 얻는다.

그림 30-2
가운데 도선에 큰 전류가 흐르면 판지에 뿌린 쇳가루는 그 주변에 동심원 꼴로 늘어선다. 쇳가루는 자성을 띠어 작은 나침반처럼 전류가 만든 자기장 방향으로 늘어선다.

앙페르는 (전지의 양극에서 음극으로 가는) 전류의 방향과 나침반의 북극이 가리키는 자기장의 방향을 연결시키는 기하학적 방법을 발견하였다. 앙페르는 **'오른손 법칙'** 을 아래와 같이 기술하였다.

> 도선을 오른손으로 잡아 손가락을 감고, 엄지는 전류가 흐르는 쪽으로 편다. 그러면 손가락은 나침반의 북극이 향하는 쪽을 가리킨다.

그림 30-4에 오른손 법칙을 그림으로 보였다.

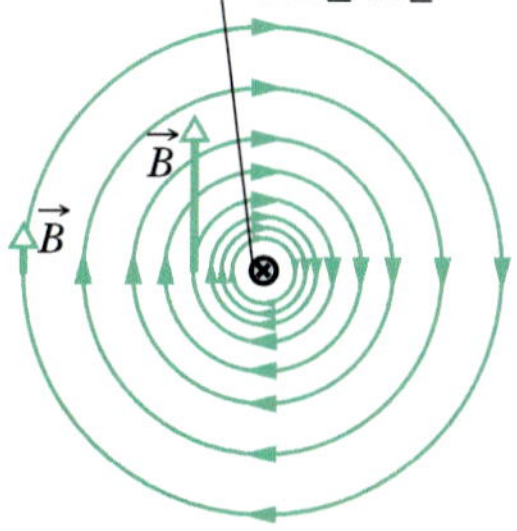

그림 30-3
긴 직선 전류가 만드는 자기력선은 도선 주위에 동심원을 그린다. 여기서 전류는 ×로 나타낸 것처럼 종이면 쪽으로 들어간다. 도선에서 멀어질수록 장의 세기가 약해지므로 역선 사이의 간격이 벌어진다.

전지, 도선, 판지와 작은 나침반 몇 개만 있으면 외르스테드, 앙페르 및 여러 학자들이 19세기 초반에 했던 아래의 실험관찰들을 쉽게 재현할 수 있다.

- 나침반 바늘은 도선에서 멀리 있을 때보다 가까울 때 더 강하게 돈다.
- 전류가 흐르면, 바늘이 도는 정도는 바늘과 도선 사이의 반지름 방향 거리의 영향만 받는다.
- 전선까지 거리가 같으면, 바늘이 도는 각도는 전류에 비례하여 커진다.
- 전류를 반대쪽으로 흘리면, 바늘 방향도 반대가 된다(180° 돌아간다).
- 도선을 온전히 감싸는 여러 곳에서 바늘 방향을 그리면 그림 30-3과 같은 동심원 꼴이 된다.

생각해보기 30-1 다음 각 상황에서 전류 도선과 관련된 자기장은 위와 아래, 왼쪽과 오른쪽, 종이면 뒤와 앞 등을 향할 수 있다고 하자. (a) 전류가 종이면 앞쪽을 향한다면, 점 1에서 자기장의 방향은 어느 쪽인가? (b) 점 2에서는? (c) 전류가 종이면 뒤쪽을 향한다면, 점 1에서 자기장의 방향은 어느 쪽인가? (d) 점 2에서는?

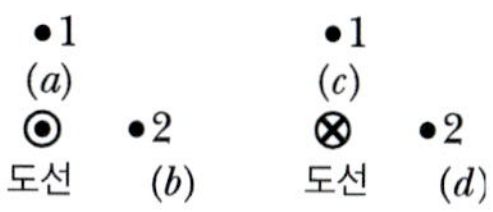

30-3 전류에 의한 자기장의 계산

전류 도선이 만드는 알짜 자기장을 셈할 수 있으면 매우 유용하다. 물론 이 셈을 긴 직선 도선뿐 아니라 어떤 꼴의 도선에 대해서도 할 수 있으면 더 좋다.

프랑스 물리학자 비오와 사바르가 전류 도선의 짧은 토막 주변의 자기장에 대한 수학적 관계식을 찾아냈다. 이를 위해 두 사람은 일련의 재치 있는 측정실험을 했다.

- 우선 지구 자기장을 지우고자 실험 장치 주변에 자석을 여러 개 두었다.
- 다음 '고립된' 전류 토막이 만들어내는 대략적인 효과를 관찰하고자 전류 도선을 뾰족하게 구부렸다.
- 그 다음 일정한 전류를 도선에 흘리면서 나침반 바늘이 가리키는 방향을 조사하여 여러 곳에서 전류 토막이 만드는 자기장 방향을 잿다.
- 끝으로 나침반 바늘을 돌리는데 필요한 회전력, 즉 나침반 바늘이 상대적으로 받는 힘을 잿다. 이것은 여러 곳에서 자기장의 세기를 실제로 잰 셈이었다.

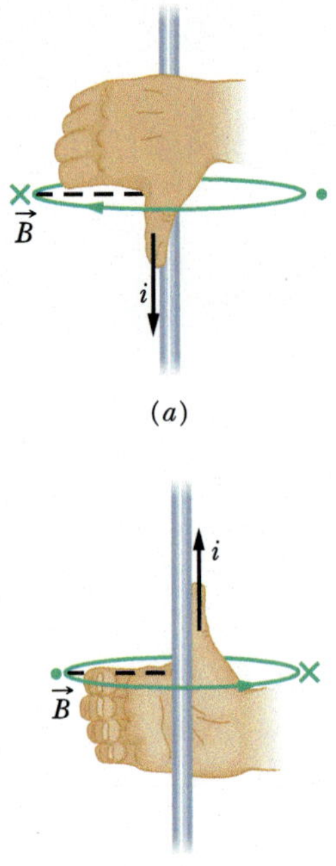

그림 30-4
앙페르의 오른손 법칙을 쓰면 전류 방향에 대한 자기장 방향을 찾을 수 있다. (*a*) 그림 30-3의 상황을 옆에서 본 모습. 도선의 왼쪽 어느 한 곳의 자기장 $\vec{B}$는 반지름 방향의 점선과 직교하며 ×로 나타낸 것처럼 종이면 뒤쪽을 향한다. (*b*) 전류의 방향을 바꾸면 왼쪽 어느 곳의 $\vec{B}$는 아직도 반지름 방향의 점선과 직교하지만 이제는 점으로 나타낸 것처럼 종이면 앞쪽을 향한다.

앞 절에서 요약하여 소개한 관찰 결과를 생각하면 비오와 사바르가 자기장 기여분 $|d\vec{B}| = dB$가 전류 $|i|$와 철사 토막의 길이에 비례함을 발견한 것은 전혀 놀라운 일이 아니다. 이들은 또 어느 한 점 P의 자기장의 세기는 도선 토막에서 P까지의 거리 제곱에 반비례함을 알아냈다. 그들은 전류 i가 흐르는 도선 토막 $d\vec{s}$가 P에 만드는 자기장은 다음과 같다고 제안하였다.

$$dB = \frac{\mu_0}{4\pi}\frac{|i\,ds|\sin\phi}{r^2} \tag{30-1}$$

여기서 벡터 $d\vec{s}$의 크기는 도선 토막의 길이 ds이며 방향은 전류와 같고, ϕ는 $d\vec{s}$와 $\vec{r}$ 사이의 각도인데, $\vec{r}$은 $d\vec{s}$에서 P로 가는 거리 벡터이다(그림 30-5*b* 참조). μ_0는 자기 상수(또는 투자율)라 한다. 국제 단위계에서는 이 값을 정확히 다음과 같이 정의한다.

$$\mu_0 \equiv 4\pi\times10^{-7}\,\mathrm{T\cdot m/A} \approx 1.26\times10^{-6}\,\mathrm{T\cdot m/A} \tag{30-2}$$

식 30-1은 정전하가 있는 도선 조각이 만드는 미소 전기장(식 23-21)과 여러 가지로 비슷하다. 그러나 전류 도선과 그것이 만드는 자기장이 직교하는 것은 새로운 현상이다. 다행히 자기장의 방향은 벡터 가위곱을 써서 찾을 수 있다. 그림 30-5*b*에 종이면 쪽으로 들어가는 것으로 나타낸 $d\vec{B}$의 방향은 $d\vec{s}\times\vec{r}$의 방향과 같다. 그러므로 식 30-1은 아래와 같이 벡터 식으로 고쳐 쓸 수 있다.

$$d\vec{B} = \frac{\mu_0}{4\pi}\frac{i\,d\vec{s}\times\vec{r}}{r^3} \quad \text{(비오-사바르 법칙)} \tag{30-3}$$

이 벡터 방정식을 **비오-사바르 법칙(Biot-Savart law)**이라 한다. 실험으로 찾아낸 이 법칙은 역제곱 법칙이다(식 30-3에서 분모의 지수가 3인 까닭은 분자에 $\vec{r}$이 있기 때문이다). 여러 전류 분포가 어느 한 곳에 만드는 알짜 자기장 $\vec{B}$를 구하려면 이 법칙을 어떻게 써야 할까?

목표가 어떤 전류 분포가 만드는 자기장을 셈하는 것이고, 그 셈을 전류 조각이 만드는 자기장을 바탕으로 한다면 23장에서 전하를 띤 입자 분포가 만드는 전기장을 셈할 때 쓴 것과 똑같은 기본 과정을 쓸 수 있다. 그 기본 과정을 간단히 복습하자. 먼저 그림 30-5*a*와 같은 전하 분포를 전하 조각 dq로 잘게 나눈 다음, 조각 하나가 어느 점 P에 만드는 전기장 $d\vec{E}$를 셈 한다. 전하 조각이 만드는 전기장은 중첩되므로, 낱낱의 조각이 만드는 전기장 $d\vec{E}$를 적분하면 P의 알짜 전기장 $\vec{E}$가 된다.

$d\vec{E}$의 크기는 아래와 같이 쓸 수 있음을 상기하자.

$$|dE| = k\frac{|dq|}{r^2} \tag{30-4}$$

이 식에서 r은 dq에서 P까지의 거리다. 전하 조각이 양전하를 띠면, $d\vec{E}$의 방향은 $\vec{r}$의 방향과 같은데, $\vec{r}$은 dq에서 P를 잇는 벡터이다. $\vec{r}$를 쓰면 식 30-4를 다음과 같이 벡터 식으로 쓸 수 있다.

$$d\vec{E} = k\frac{dq}{r^3}\vec{r} \tag{30-5}$$

이 식은 양전하 조각이 만드는 벡터 $d\vec{E}$의 방향은 벡터 $\vec{r}$과 나란함을 말해준다. 비오-사바르 법칙과 마찬가지로 이 법칙도 분모의 지수가 3이지만 역제곱 법칙(즉 $d\vec{E}$가 r^2의 역수에 비례함)이다. 분자에 있는 $\vec{r}$이 분모의 r 하나를 지우기 때문이다.

전류가 만드는 자기장도 같은 방법으로 셈할 수 있다. 그림 30-5*b*는 어떤 모양의 도선에 전류 i가 흐르는 상황을 보인 것이다. 우리는 근처에 있는 점 P의 자기장 $\vec{B}$를 구하려 한다. 먼저 도선을 길이 ds인 작은 조각으로 나누고, 조각 마다 길이 벡터 $d\vec{s}$를 정의한다: 크기는 ds, 방향은 조각 ds에 흐르는 전류 방향이다. 이렇게 하면 전류-도선 조각 $i\,d\vec{s}$를 정의할 수 있는데, 전류-도선 조각 하나가 P에 만드는 자기장 $d\vec{B}$를 셈한다. 실험으로부터 자기장도 전기장처럼 중첩시켜서 알짜 장을 구할 수 있음을 알게 되었다. 그러므로 낱낱의 전류-도선 조각이 만드는 것을 모두 더하거나, 연속적으로 퍼져 있으면 모든 전류-도선 조각이 만든 미소 $d\vec{B}$들을 적분하여 P에서의 알짜 장 $\vec{B}$를 셈할 수 있다. 그러나 이런 덧셈(또는 적분)이 전기장보다 복잡하므로 셈이 더 어렵다. 전기장을 만드는 전하 조각 dq는 스칼라이지만, 자기장을 만드는 전류-도선 조각 $id\vec{s}$는 스칼라와 벡터의 곱인 벡터량이다.

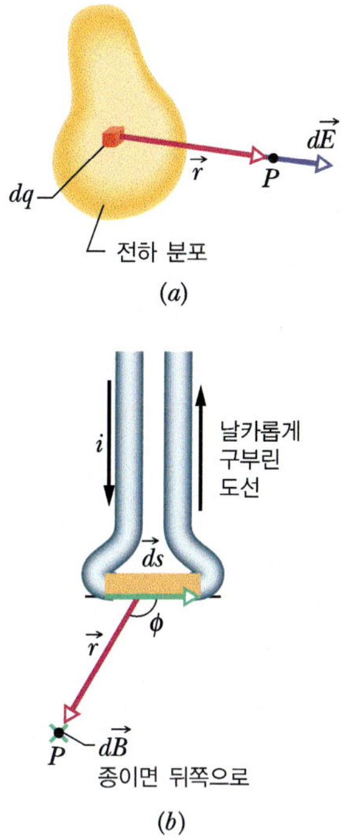

그림 30-5
(a) 전하 조각 dq가 P에 미소 전기장 $d\vec{E}$를 만든다. (b) 도선을 뾰족하게 굽혀 다른 전류에서 분리시킨 전류-도선 조각 $id\vec{s}$가 P에 미소 자기장 $d\vec{B}$를 만든다. P를 나타내는 곳에 있는 (화살의 꼬리 모양인) ×는 i와 $d\vec{s}$가 나란한 특별한 경우에는 $d\vec{B}$가 종이면 뒤쪽을 향함을 뜻한다. 작은 나침반을 써서 자기장을 검지한다면, 북극이 종이면 뒤쪽을 가리킨다.

• 길고 곧은 도선에 흐르는 전류가 만드는 자기장

비오-사바르 법칙을 써서 (한없이) 긴 도선에 전류 i가 흐를 때 도선에서 수직거리 R인 곳의 자기장의 세기가 다음과 같음을 증명하자.

$$B = \frac{\mu_0 |i|}{2\pi R} \tag{30-6}$$

식 30-6에서 장의 세기 $B = |\vec{B}|$는 전류의 크기와 도선에서의 수직 거리 R만으로 결정된다. $\vec{B}$의 역선은 그림 30-3이 보여주고, 그림 30-2의 쇳가루의 배열이 시사하듯이 도선 주위에 동심원을 이룬다는 것을 유도 과정에서 보여줄 것이다. 그림 30-3에서 도선에서 멀어질수록 역선의 간격이 넓어지는 것은 $B = \mu_0|i|/2\pi R$(식 30-6)과 같이 $\vec{B}$의 크기가 $1/R$에 비례하여 줄어드는 것을 뜻한다. 그림 30-3을 살펴보면 그림에 있는 두 벡터 $\vec{B}$의 길이(자기장의 세기도) $1/R$로 줄어드는 것을 나타낸다. 지금 실제로 하는 일은 도선을 중심으로 한 동심원의 방향을 기술하는 것이다. 그림 30-3을 살펴보면 자기장 문제를 푸는데 유용한 두 가지 요점이 더 나온다. 즉, 전류 도선이 어느 곳에 만드는 자기장 $\vec{B}$는 그곳을 지나는 자기력선의 접선 방향이며, 그 점과 전류를 잇는 점선과 직교한다.

• 30-6 식의 증명

그림 30-6은 그림 30-5b와 비슷하지만 도선이 아주 길고 곧으며, 이제 할 일은 도선에서 수직거리 R인 곳 P에서의 자기장 $\vec{B}$를 구하는 것이다. P에서 거리 r인 곳에 있는 전류-도선 조각 $|id\vec{s}|$가 P에 만드는 미소 자기장의 크기는 식 30-1과 같다.

$$dB = \frac{\mu_0}{4\pi}\frac{|ids|\sin\phi}{r^2}$$

$d\vec{s}$의 방향은 전류의 방향이므로 그림 30-6에서 ($d\vec{s} \times \vec{r}$로 나타낸) $d\vec{B}$의 방향은 종이면 속으로 들어간다.

전류-도선 조각 $id\vec{s}$가 도선 위 어디에 있든 P에 만드는 $d\vec{B}$의 방향은 같다(종이면 뒤쪽). 그러므로 아주 긴 도선의 위쪽 반이 P에 만드는 자기장은 식 30-1의 dB를 0에서 ∞까지 적분한 값이다.

이제 도선의 아래쪽 반에 있는, P를 기준으로 위에서 고려했던 $d\vec{s}$와 대칭이 되는 곳에 있는 도선 조각을 생각하자. 식 30-6에 따르면 전류-도선 조각 $id\vec{s}$가 P에 만드는 장의 크기는 그림 30-6에 보인 위쪽 반에 있는 $id\vec{s}$가 만든 장과 크기와 방향이 같다. 그러므로 도선 아래쪽 반이 만드는 자기장은 위쪽 반이 만드는 것과 같다. 따라서 P에서의 총 자기장 $\vec{B}$의 세기는 위의 적분값의 2배이다.

$$B = 2\int_0^\infty dB = \frac{\mu_0|i|}{2\pi}\int_0^\infty \frac{|\sin\phi ds|}{r^2} \tag{30-7}$$

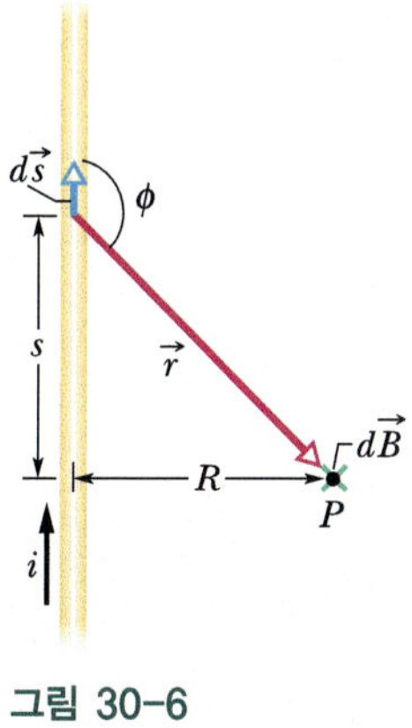

그림 30-6
길고 곧은 도선에 흐르는 전류 i가 만드는 자기장의 셈법. 앙페르의 오른손 법칙 또는 $d\vec{s} \times \vec{r}$ 관계를 쓰면 P에서의 $d\vec{B}$는 그림에 보인 것처럼 종이면 뒤를 향한다.

이 식의 변수 ϕ, s 및 r은 아래의 관계가 있다(그림 30-6 참조).

$$r = \sqrt{s^2 + R^2}$$

$$\sin\phi = \sin(\pi - \phi) = \frac{R}{\sqrt{s^2 + R^2}}$$

이 값을 넣고 부록 E의 19번 적분 결과를 쓰면, 자기장의 세기를 나타내는 식 30-7은 다음과 같아진다.

$$B = \frac{\mu_0 |i|}{2\pi} \int_0^{\infty} \frac{R\,ds}{(s^2 + R^2)^{3/2}} = \frac{\mu_0 |i|}{2\pi R} \left[\frac{s}{(s^2 + R^2)^{1/2}} \right]_0^{\infty}$$

이 식의 상 하한 값을 넣으면 다음 결과를 얻는다.

$$B = \frac{\mu_0 |i|}{2\pi R} \quad \text{(한없이 긴 곧은 도선)} \qquad (30\text{–}8)$$

이 결과가 우리가 증명하려 한 식이다. 그림 30-6에 보인 아주 긴 도선의 위쪽 또는 아래쪽 반이 P에 만드는 자기장의 크기는 이 값의 반이다.

$$B = \frac{\mu_0 |i|}{4\pi R} \quad \text{(반쪽만 한없이 긴 곧은 도선)} \qquad (30\text{–}9)$$

• 활꼴 도선에 흐르는 전류가 만드는 자기장

굽은 도선에 흐르는 전류가 어느 곳에 만드는 자기장도 식 30-1을 써서, 하나의 전류-도선 조각이 만드는 자기장을 셈한 다음 이를 적분하여 전류-도선 조각 전체가 만드는 알짜 장을 구하면 된다. 도선의 모양에 따라서는 적분이 어려울 수도 있지만, 도선이 활꼴이고 장을 셈할 곳이 활꼴의 중심이라면 간단하다.

그림 30-7은 중심각 ϕ_C, 반지름 R, 중심점 C와 전류 i 등으로 이루어진 활꼴 도선을 나타낸다. 도선 위의 전류-도선 조각 $i d\vec{s}$마다 크기 dB가 식 30-1로 나타난 자기장을 C에 만든다. 그리고 그림 30-7b와 같이, 전류-도선이 활꼴 위 어디에 있건, $d\vec{s}$와 $\vec{r}$ 사이의 각도 ϕ는 늘 90°이고, $r = R$이다. 그러므로 r을 R로, ϕ에 90°를 넣으면 식 30-1에서 다음 결과를 얻는다.

$$dB = \frac{\mu_0}{4\pi} \frac{|i|\,ds \sin 90^\circ}{R^2} = \frac{\mu_0}{4\pi} \frac{|i|\,ds}{R^2} \qquad (30\text{–}10)$$

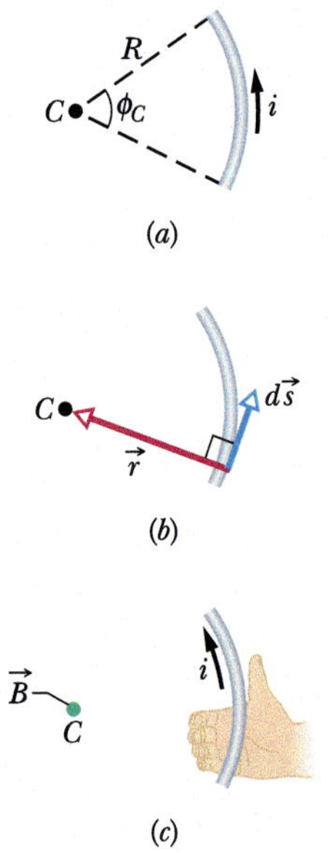

그림 30-7
(a) 중심이 C에 있는 활꼴 도선에 전류 i가 흐른다. (b) 활꼴 위 어느 곳이나 $d\vec{s}$와 $\vec{r}$ 사이의 각도는 90°이다. (c) 도선의 전류가 중심에 만드는 자기장의 방향 구하기. 장의 방향은 C에 녹색 점으로 나타낸 것처럼 손가락 끝이 가리키는 쪽, 즉 종이면 밖으로 나온다.

활꼴 위의 낱낱의 전류-도선 조각이 C에 만드는 장의 크기는 모두 이 값과 같다.

도선을 따라가며 어디에서든 오른손 법칙을 써보면(그림 30-7c) C에서는 미소 자기장 $d\vec{B}$가 모두 같은 쪽, 즉 종이면 앞쪽임을 알 수 있다. 그러므로 C의 전체 장은 바로 모든 $d\vec{B}$장 전체 (적분) 합이다. $ds = R\,d\phi$의 관계를 써서 적분 변수를 ds에서 $d\phi$로 바꾸면 식 30-10으로부터 크기는 다음과 같다.

$$B = \int dB = \int_0^{\phi_C} \frac{\mu_0}{4\pi} \frac{|i|\,R\,d\phi}{R^2} = \frac{\mu_0 |i|}{4\pi R} \int_0^{\phi_C} d\phi$$

이를 적분하여 다음 결과를 얻는다.

$$B = \frac{\mu_0 |i| \phi_C}{4\pi R} \quad \text{(활꼴의 중심에서)} \tag{30-11}$$

이 자기장의 크기는 활꼴의 곡률 중심에서만 적용된다는 점을 유의하자. 이 식에 값들을 넣을 때, ϕ_C의 단위는 '도'가 아닌 '라디안'임에 주의해야 한다. 예를 들어, 전류가 완전한 원을 이룰 때 중심의 자기장의 세기를 구한다면 식 30-11의 ϕ_C에 2π를 넣어야 하고, 그 결과는 아래와 같다.

$$B = \frac{\mu_0 |i| (2\pi)}{4\pi R} = \frac{\mu_0 |i|}{2R} \quad \text{(원형 전류의 중심에서)} \tag{30-12}$$

생각해보기 30-2 고른 자기장이 아래 그림과 같이 종이면 오른쪽을 향한다. 종이면에 수직하게 세운 도선에 전류 i가 흐른다. 크기 $|\vec{B}|$인 고른 자기장과 점 1에 있는 도선이 만드는 자기장이 점1에서 겹쳐 생기는 자기장이 0이라고 하자. (a) 도선에 흐르는 전류의 방향은 종이면 앞, 뒤 어느 쪽인가? 답의 근거를 설명하라. (b) 점 2도 점 1과 도선 중심에서 같은 거리에 있고, 고른 자기장의 크기와 방향을 그림 왼쪽에 그린 화살표로 나타냈다. 점 2의 자기장의 크기와 방향을 나타내는 화살표를 그려라. 결과를 추론해낸 근거를 설명하라. (출처: A. Arons, *Homeworks and Test Questions for Introductory Physics Teaching*, John Wiley and Sons, 1947)

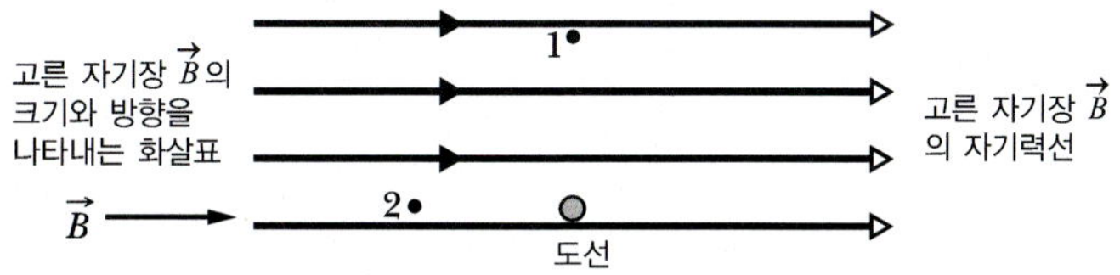

따라해보기 30-1 | 활꼴 하나와 직선 둘

그림 30-8*a*의 도선에 전류 i가 흐른다. 이 도선은 반지름 R, 중심각 $\pi/2$인 활꼴과 연장선이 활꼴의 중심 C에서 만나는 두 선분으로 되어 있다. 이 전류가 C에 만드는 $\vec{B}$의 크기는 얼마인가?

풀이 ■ 첫째 **요점**은 C에서의 $\vec{B}$는 이 도선에 식 30-3의 비오-사바르 법칙을 써서 구할 수 있다는 것이다. 둘째 **요점**은 식 30-3을 쓸 때 도선을 세 부분으로 나누어 $\vec{B}$를 구하면 일이 간단해진다는 것이다. 세 부분은 (a) 왼쪽의 선분, (b) 오른쪽 선분, (c) 활꼴이다.

선분: 선분 1에 있는 전류-도선 조각에서는 $d\vec{s}$와 $\vec{r}$ 사이의 각도 ϕ는 늘 0이므로 (그림 30-8*b*), 식 30-1에서 다음 결과를 얻는다.

$$|d\vec{B}_1| = \frac{\mu_0}{4\pi}\frac{|i\,d\vec{s}|\sin\phi}{r^2} = \frac{\mu_0}{4\pi}\frac{|i\,d\vec{s}|\sin 0}{r^2} = 0$$

따라서 선분 1 전체에 흐르는 전류가 C에 만드는 자기장은 없다.

$$\vec{B}_1 = 0\,\text{T}$$

선분 2에 대해서도 상황이 비슷한데, 여기서는 $d\vec{s}$와 $\vec{r}$ 사이의 각도 ϕ는 항상 180°이다. 따라서 다음과 같다.

$$\vec{B}_2 = 0\,\text{T}$$

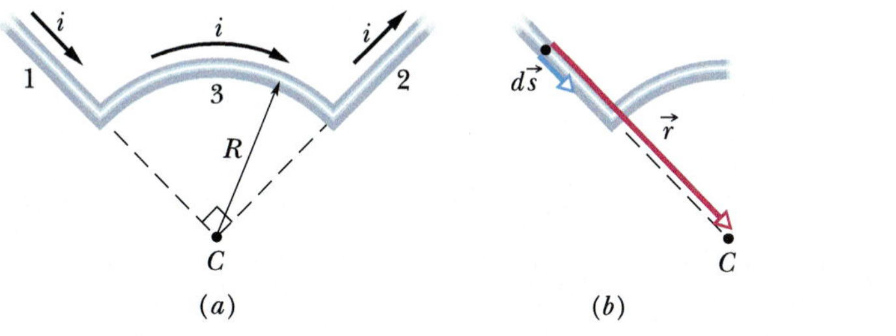

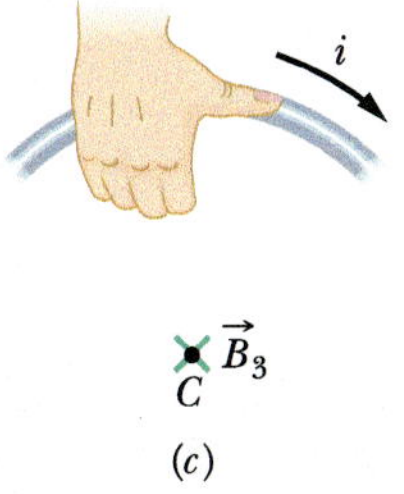

그림 30-8
(*a*) 두 선분(1, 2)과 활꼴(3)로 이루어진 도선에 전류 i가 흐른다. (*b*) 선분 1에 있는 전류-도선 조각에 대해 $d\vec{s}$와 $\vec{r}$ 사이의 각도 ϕ는 0이다. (*c*) C 점에서 활꼴 부분의 전류가 만드는 자기장 $\vec{B}_3$구하기: 장은 여기서 종이면 뒤쪽 방향이다.

활꼴: **요점**은 비오-사바르 법칙을 써서 활꼴의 중심점에서 자기장을 구하면 식 30-11($|B| = \mu_0|i|\phi/4\pi R$)을 얻는다는 것이다. 여기서 활꼴의 중심각 ϕ는 $\pi/2$이다. 그러므로 30-11식에서 중심점 C의 자기장 $\vec{B}_3$는 다음과 같다.

$$|\vec{B}_3| = \frac{\mu_0|i|(\pi/2)}{4\pi R} = \frac{\mu_0|i|}{8R}$$

$\vec{B}_3$의 방향은 그림 30-4와 같이 오른손 법칙을 써서 구한다. 마음속으로 그림 30-8c와 같이 오른손 엄지를 전류의 방향을 향하게 하여 오른손으로 도선을 감을 때, 손가락이 감기는 방향이 도선 주변 자기장의 방향이다. (활꼴 속의) C 주변에서는 손가락이 종이면 뒤쪽을 가리킬 것이다. 그러므로 $\vec{B}_3$는 그 종이면 뒤쪽을 향한다.

알짜 장: 일반적으로 자기장을 둘 이상 더해 알짜 자기장을 구할 때는 벡터 덧셈을 해야한다. 그러나 여기서는 활꼴 부분만 C에 자기장을 만든다. 그러므로 알짜 장 $\vec{B}$를 다음과 같이 쓸 수 있다.

$$|\vec{B}| = |\vec{B}_1 + \vec{B}_2 + \vec{B}_3| = 0 + 0 + \left|\frac{\mu_0 i}{8R}\right| = \left|\frac{\mu_0 i}{8R}\right| \quad \text{(답)}$$

$\vec{B}$의 방향은 $\vec{B}_3$의 방향으로 그림 30-8의 종이면 뒤쪽이다.

따라해보기 30-2 | 나란한 긴 도선

그림 30-9a와 같이 아주 긴, 나란한 두 도선에 서로 반대쪽으로 전류 i_1과 i_2가 흐른다. P에서의 자기장의 크기와 방향을 구하라. 다음 값들을 가정한다: $i_1 = 15\,\text{A}$, $i_2 = 32\,\text{A}$, $d = 5.3\,\text{cm}$

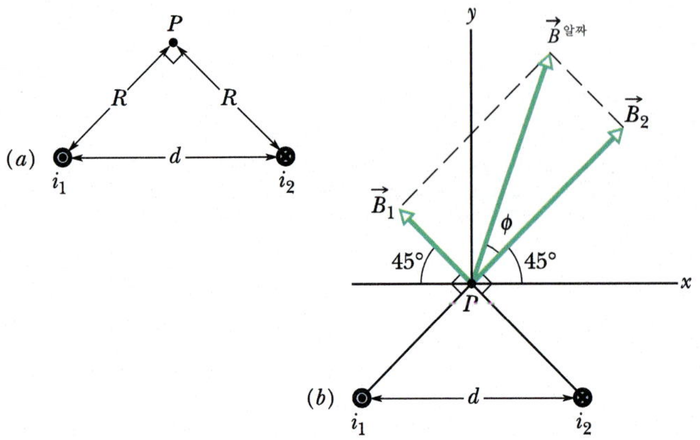

그림 30-9

(a) 두 도선에 전류 i_1과 i_2가 반대쪽(종이면 앞쪽과 뒤쪽)으로 흐른다. P에서의 직각을 눈여겨보라. (b) 장 $\vec{B}_1$과 $\vec{B}_2$를 벡터 덧셈하여 알짜 장 $\vec{B}_{알짜}$를 구한다.

풀이 ■ **요점** 하나는 P에서의 자기장은 두 도선에 흐르는 전류가 만드는 자기장의 벡터 합이라는 것이다. 둘째 **요점**은 전류가 만드는 자기장은 언제든지 비오-사바르 법칙을 써서 구할 수 있다는 것이다. 기다란 직선 전류 근처에 있는 점에서는, 이 법칙이 식 30-6의 꼴이 된다.

그림 30-9a에서 두 전류 i_1과 i_2에서 P까지의 거리는 R이다. 그러므로 식 30-6에 따르면 각 전류가 P에 만드는 자기장 $\vec{B}_1$과 $\vec{B}_2$는 다음과 같다.

$$B_1 = \frac{\mu_0|i_1|}{2\pi R}, \quad B_2 = \frac{\mu_0|i_2|}{2\pi R}$$

그림 30-9a의 직각 삼각형에서 밑변의 각(R과 d의 사이각)이 둘 다 45° 임을 눈여겨보자. 그러므로 $\cos 45° = R/d$로 쓸 수 있고, R은 $d\cos 45°$로 바꿀 수 있다. 그러면 장의 세기 B_1과 B_2는 다음과 같다.

$$B_1 = \frac{\mu_0|i_1|}{2\pi d\cos 45°}, \quad B_2 = \frac{\mu_0|i_2|}{2\pi d\cos 45°}$$

이제 $\vec{B}_1$과 $\vec{B}_2$를 더해 P의 알짜 장 $\vec{B}_{알짜}$를 구하자. $\vec{B}_1$과 $\vec{B}_2$의 방향을 구하려면 그림 30-9a의 두 전류 각각에 그림 30-4의 오른손 법칙을 쓴다. 도선 1에서는 전류가 종이면에서 나오므로 마음속으로 오른손 엄지손가락을 종이면 앞쪽으로 하여 도선 주변을 감싼다. 그러면 손가락이 감긴 쪽으로부터 자기장이 반시계 방향임을 알 수 있다. 특히 P 주위에서는 왼쪽 위를 가리킨다. 기다란 직선 도선의 전류에 의한 자기장은 그 점과 전류를 잇는 지름선에 수직한 방향임을 떠올리자. 그렇다면 $\vec{B}_1$은 그림 30-9b와 같이 왼쪽 위를 향해야 한다. (벡터 $\vec{B}_1$과 P과 도선 1을 잇는 선 사이에 직각 기호가 있음을 주의하여 살필 것.)

도선 2에 대해서도 이 해석법을 되풀이하면, $\vec{B}_2$는 그림 30-9b와 같이 오른쪽 위를 향함을 알 수 있다. (벡터 $\vec{B}_2$와 P와 도선 2를 잇는 선 사이에 직각 기호가 있음을 주의하여 살필 것.)

이제는 $\vec{B}_1$과 $\vec{B}_2$를 벡터 계산기를 쓰거나 벡터를 성분으로 나누어 $\vec{B}^{알짜}$의 성분을 합하여 P에서의 알짜 자기장 $\vec{B}^{알짜}$를 구할 수 있다. 그러나 그림 30-9b의 경우에는 제3의 방법이 있다. $\vec{B}_1$과 $\vec{B}_2$가 서로 직교하므로 둘이 $\vec{B}^{알짜}$를 빗변으로 직각 삼각형을 이룬다. 피타고라스의 정리를 쓰면 다음 결과를 얻는다.

$$\begin{aligned} B^{알짜} &= \sqrt{B_1^2 + B_2^2} = \frac{\mu_0}{2\pi d(\cos 45°)}\sqrt{i_1^2 + i_2^2} \\ &= \frac{(4\pi \times 10^{-7}\,\mathrm{T \cdot m/A})\sqrt{(15\,\mathrm{A})^2 + (32\,\mathrm{A})^2}}{(2\pi)(5.3 \times 10^{-2}\,\mathrm{m})(\cos 45°)} \\ &= 1.89 \times 10^{-4}\,\mathrm{T} \approx 190\,\mu\mathrm{T} \end{aligned} \qquad \text{(답)}$$

그림 30-9b에서 $\vec{B}^{알짜}$와 $\vec{B}_2$의 방향 사이의 각도 ϕ는 아래의 관계로부터 구한다.

$$\phi = \tan^{-1}\frac{B_1}{B_2}$$

여기에 위에서 구한 B_1과 B_2를 넣으면 다음 관계를 얻는다.

$$\phi = \tan^{-1}\frac{i_1}{i_2} = \tan^{-1}\frac{15\,\mathrm{A}}{32\,\mathrm{A}} = 25°$$

그림 30-9b에서 $\vec{B}^{알짜}$와 x축 사이의 각도는 다음과 같다.

$$\phi + 45° = 25° + 45° = 70° \qquad \text{(답)}$$

연습문제 30-3

1. 측량기사

측량기사가 일정 전류 100 A가 흐르는 전력선 아래 6.1 m인 곳에서 나침반을 쓴다. (a) 전력선이 나침반이 있는 곳에 만드는 자기장의 세기는 얼마인가? (b) 자기장이 나침반의 바늘 방향에 큰 영향을 주겠는가? 이 곳에서 지자기의 수평 성분의 세기는 20 μT이다.

2. 전자총

텔레비전에 쓰는 전자총은 운동에너지 25 keV인 전자를 매초 5.6×10^{14}개씩 화면 위 지름 0.22 mm인 동그라미 안으로 보낸다. 이 전자선 다발의 중심에서 1.5 mm 떨어진 곳에 생기는 자기장의 세기를 구하라.

3. 필리핀

필리핀의 어느 곳에서는 지자기가 세기 39 μT이고 수평 방향으로 정북을 향한다. 일정한 전류가 흐르는 수평 직선 도선에서 위로 꼭 8.0 cm인 곳에서 알짜 자기장이 0이 될 때, 이 전류의 (a) 크기와 (b) 방향을 구하라.

4. 지점 찾기

전류 100 A가 흐르는 긴 도선이 5.0 mT의 고른 자기장 속에 있다. 도선의 방향은 자기장과 직교한다. 알짜 자기장이 0이 되는 곳을 찾아라.

5. 양전하를 띤 입자

전류 i가 흐르는 길고 곧은 도선에서 거리 d인 곳에 양전하 q를 띤 입자가 도선에 수직하게 속력 $|\vec{v}|$로 간다. 입자가 (a) 도선 쪽으로, (b) 도선에서 멀어지는 쪽으로 갈 때 입자가 받는 힘의 크기와 방향을 구하라.

6. 반활꼴

전류 i가 흐르는 직선 도선이 그림 30-10와 같이 같은 반원꼴로 나뉘었다. 이렇게 생긴 둥근 고리의 중심 C에서의 자기장의 크기는?

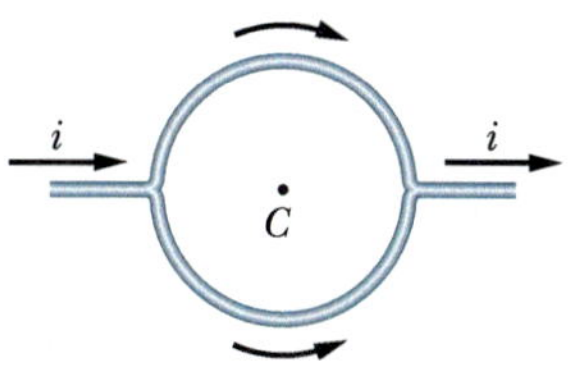

그림 30-10 문제 6

7. 두 개의 반 무한 직선

그림 30-11와 같은 꼴의 도선에 전류 i가 흐른다. 두 반 무한 직선은 어떤 원과 접하고, 그 원의 둘레를 따라 중심각 ϕ인 활꼴과 이어져 있고, 모든 선은 같은 평면 위에 있다. ϕ가 얼마이면 원의 중심에서 $|\vec{B}|$가 0이 되는가?

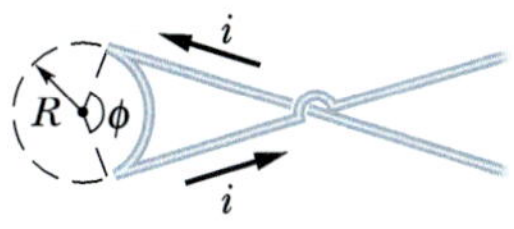

그림 30-11 문제 7

8. 비오-사바르 법칙

그림 30-12a에서 반원 활꼴 AD와 HJ의 공통 중심 C의 자기장 $\vec{B}$의 크기와 방향을 비오-사바르 법칙을 써서 구하라. 반지름이 R_2, R_1인 두 활꼴은 전류 i가 흐르는 회로 $ADJHA$의 일부분이다.

9. 곡선 구간

그림 30-12b의 회로에서, 곡선 구간은 P가 공통 중심인 반지름 a, b인 원의 활꼴이다. 직선 구간은 반지름 방향이다. 회로에 전류

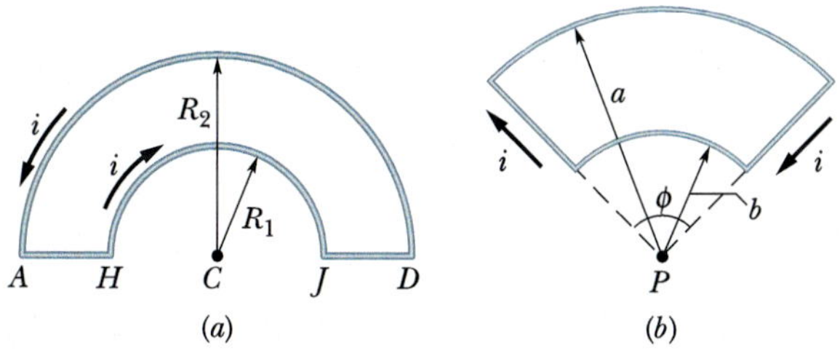

그림 30-12 문제 8, 9

i가 흐를 때 P점의 자기장 $\vec{B}$의 크기와 방향을 구하라.

10. 크기와 방향

그림 30-13의 도선에 전류 i가 흐른다. (a) 길이 L인 직선 구간 각각, (b) 반지름 R의 반원 구간 및 (c) 도선 전체에 의해 중심 C에 생기는 자기장 $\vec{B}$의 크기와 방향을 구하라.

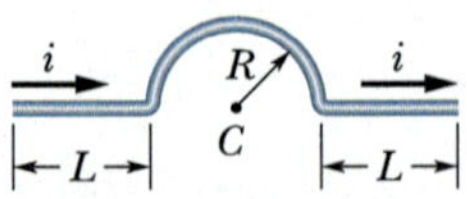

그림 30-13 문제 10

11. 직선 도선

그림 30-14에서 길이 L인 직선 도선에 전류 i가 흐른다. 이 구간의 수직 이등분선 위, 도선에서 거리 R인 곳에 생기는 자기장 $\vec{B}$의 크기는 다음과 같음을 보여라.

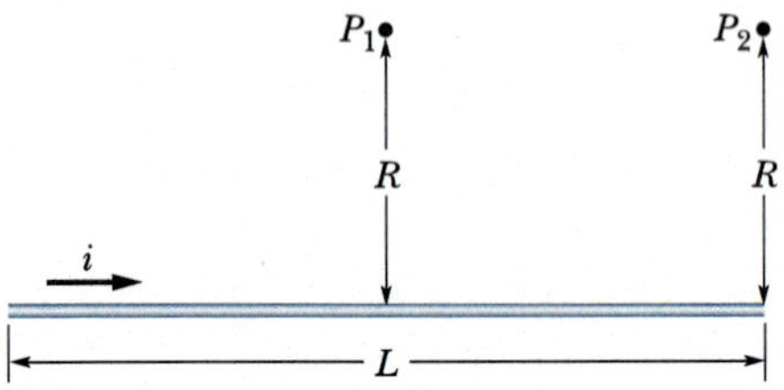

그림 30-14 문제 11, 13

$$B = \frac{\mu_0 |i|}{2\pi R} \frac{L}{(L^2 + 4R^2)^{1/2}}$$

$L \to \infty$이면 $|\vec{B}|$에 대한 식이 우리가 아는 식으로 변형됨을 보여라.

12. 정사각형 고리

한 변의 길이가 a인 정사각형 고리에 전류 i가 흐른다. 문제 11의 결과를 써서 전류가 고리 중심에 만드는 자기장의 크기는 다음과 같음을 보여라.

$$B = \frac{2\sqrt{2}\,\mu_0 |i|}{\pi a}$$

13. 길이 L

그림 30-14에서 길이 L인 직선 도선에 전류 i가 흐른다.

$$B = \frac{\mu_0 |i|}{4\pi R} \frac{L}{(L^2 + R^2)^{1/2}}$$

가 도선의 한 끝에서 수직으로 R 떨어진 곳 P_2의 자기장 $\vec{B}$의 세기를 나타냄을 보여라.

14. 사각형 고리

문제 11의 결과를 써서 길이 L, 너비 W인 사각형 고리에 흐르는 전류 i가 중심에 만드는 자기장의 크기는 아래와 같음을 보여라.

$$B = \frac{2\mu_0 |i|}{\pi} \frac{(L^2 + W^2)^{1/2}}{LW}$$

15. 정사각형 고리 2

한 변의 길이가 a인 정사각형 고리에 전류 i가 흐른다. 문제 11의 결과를 써서 고리의 축 위, 중심에서 거리 x인 곳의 자기장 크기는 다음과 같음을 보여라.

$$B(x) = |\vec{B}(x)| = \frac{4\mu_0 |i| a^2}{\pi(4x^2 + a^2)(4x^2 + 2a^2)^{1/2}}$$

이 답이 문제 12의 결과와 같음을 증명하라.

16. 거리 a

그림 30-15의 길이 a의 직선 도선에 전류 i가 흐른다. 이 전류가 점 P에 만드는 자기장의 크기는 $B = \sqrt{2}\,\mu_0 |i| / 8\pi a$가 됨을 보여라.

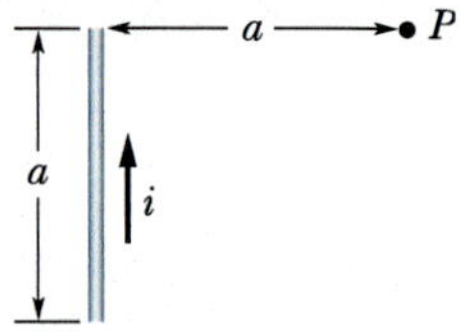

그림 30-15 문제 16

17. 도선 2

길이가 L인 도선 두 개를 각각 정사각형과 원으로 만들어 전류 i를 흘린다. 중심에 생기는 자기장의 세기는 정사각형이 더 셈을 보여라. (문제 12 참조)

18. 자기장

그림 30-16의 점 P의 자기장 $\vec{B}$의 크기와 방향을 구하라. (문제 16 참조)

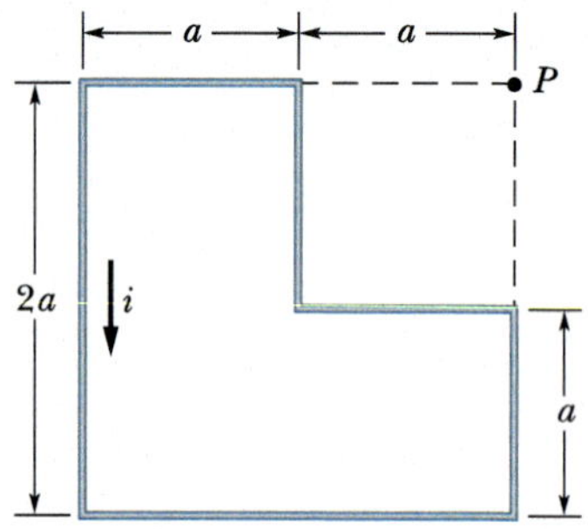

그림 30-16 문제 18

19. 얇고 긴 띠

그림 30-17에 보인 너비 w인 길고 얇은 띠에 고른 전류 i가 종이면 뒤쪽으로 흐른다. 이 띠의 한 끝에서 거리 d 떨어진 점 P의 자기장 $\vec{B}$의 크기와 방향을 구하라. (띠를 길고 얇은 도선 여러 개가 나란히 놓여 붙은 것으로 볼 것.)

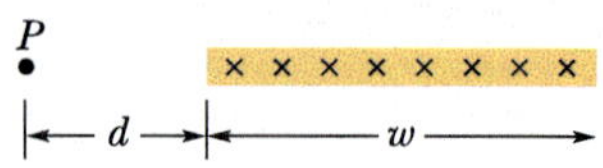

그림 30-17 문제 19

20. 크기와 방향 구하기

그림 30-18에서 $|i| = 10\text{ A}$, $a = 8.0\text{ cm}$일 때 점 P의 자기장 $\vec{B}$의 크기와 방향을 구하라. (문제 13 참조)

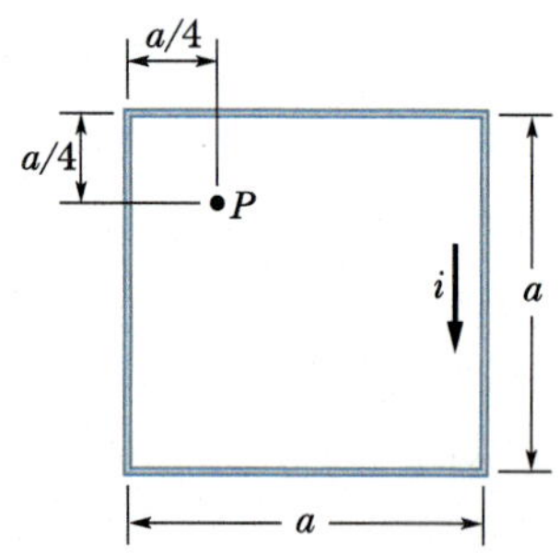

그림 30-18 문제 20

21. 수직 이등분선

그림 30-19는 기다란 두 직선 도선에 각각 4.00 A의 전류가 종이면 앞으로 나오는 것을 보여주는 단면이다. 거리 $d_1 = 6.00\text{ m}$, $d_2 = 4.00\text{ m}$이다. 도선을 잇는 선분의 수직 이등분선 위에 있는 점 P의 알짜 자기장의 크기를 구하라.

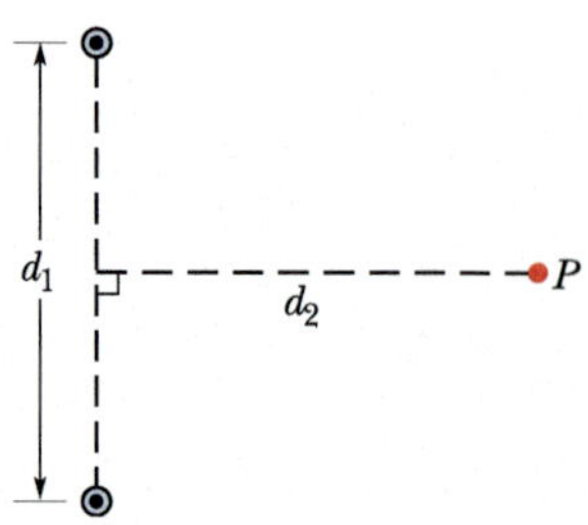

그림 30-19 문제 21

22. 수직 이등분선

그림 30-20에서 P점은 전류가 흐르는 아주 긴 도선에서 수직거리 $R = 2.00\,\text{cm}$인 곳이다. P점의 자기장 $\vec{B}$은 도선 위의 모든 전류-도선 조각 $i d\vec{s}$가 만드는 자기장의 합이다. (a) 이 자기장에 가장 크게 기여하는 전류-도선 조각까지의 거리 s와 (b) 최대값의 10%가 되는 조각까지의 거리 s를 구하라.

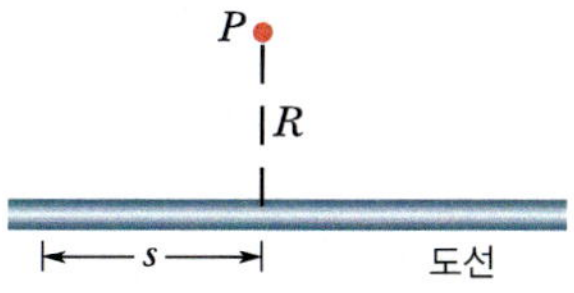

그림 30-20 문제 22

30-4 나란한 전류가 주고받는 힘

1820년, 앙페르가 처음으로 외르스테드의 관찰 결과를 재현할 때, 그는 나란한 두 도선에 전류가 흐르면 서로 힘을 줄 것이라고 예측했다. 이 예측은 전류 도선 주변에 생기는 자기장을 정량적으로 설명하는 비오-사바르 법칙과 자기장이 전류에 주는 힘을 기술하는 자기력 법칙의 논리적 결론이었다. 그는 두 도선이 실제로 힘을 주고받음을 발견하였다. 그림 30-21과 같이, 비오-사바르 법칙(식 30-10)에 따른 오른손 법칙과 전류가 받는 자기력에 대한 공식(식 29-22)을 쓰면 나란한 두 도선에 전류가 같은 쪽으로 흐르면 서로 당기고, 반대쪽으로 흐르면 서로 밀어내는 것을 예상하게 된다. 이렇게 밀고 당기는 관계는 정전하와 자석에서 같은 전하나 같은 극끼리는 밀어내고 다른 전하나 다른 극끼리는 당기는 성질과는 반대라는 흥미로운 면이 있다.

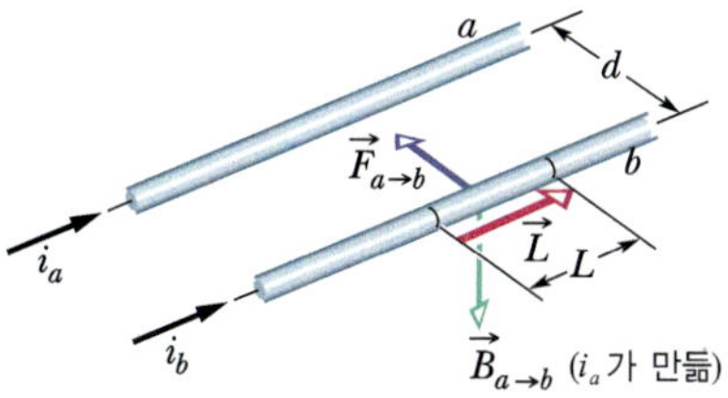

그림 30-21
(a) 나란한 두 도선에 전류가 같은 쪽으로 흐르면 서로 끌어당긴다. $\vec{B}_{a\to b}$는 도선 a의 전류가 도선 b에 만드는 자기장이다. $\vec{F}_{a\to b}$는 도선 b에 흐르는 전류가 받는 힘이다.

위에서 소개한 두 방정식을 쓰면 나란한 두 전류가 주고받는 힘을 나타내는 제3의 방정식을 끌어낼 수 있다. 왜 이 힘을 재려고 하는가? 세 가지이다: 우선, 이렇게 잰 힘을 제3의 방정식이 예측하는 힘과 비교하여 비오-사바르 법칙을 검증할 수 있다. 둘째, 주고받는 힘을 써서 암페어를, 전류의 국제 단위로 정의할 수 있다. 끝으로, 이러한 힘의 본질을 알면 (이 장 첫쪽에서 문제 제시한) 전자기 레일 대포를 설계할 수 있다.

그림 30-21은 거리 d 떨어진 나란한 두 도선에 전류 i_a와 i_b가 흐르는 것을 나타낸다. 두 도선이 주고받는 힘을 구하는 첫 단계는 도선 a의 전류가 도선 b에 주는 힘을 나타내는 식을 구하는 것이다. 도선 a의 전류는 도선 b에 자기장 $\vec{B}_{a\to b}$를 만들고, 바로 이 자기장이 도선 b에 힘 $\vec{F}_{a\to b}$을 준다. 식 30-6에 따르면, 도선 b 위 어느 곳의 $\vec{B}_{a\to b}$의 크기는 다음과 같다.

$$B_{a\to b} = \frac{\mu_0 |i_a|}{2\pi d} \tag{30-13}$$

오른손 법칙을 쓰면 도선 b에서 $\vec{B}_{a\to b}$의 방향은 그림 30-21과 같이 아래쪽임을 알 수 있다.

자기장 벡터를 구했으므로 도선 a가 도선 b에 주는 힘을 구할 수 있다. 길이 L인 전류 도선이 받는 힘에 대한 식 29-22를 쓰면 도선 b가 받는 힘은

$$\vec{F}_{a\to b} = i_b \vec{L} \times \vec{B}_{a\to b} \tag{30-14}$$

인데, 여기서 $\vec{L}$은 도선의 길이 벡터이다.(방향은 전류 i의 방향에 따라 정해짐). 그림 30-21에서 벡터 $\vec{L}$과 벡터 $\vec{B}_{a\to b}$는 직교하므로 식 30-13과 식 30-14를 쓰면 도선 a의 전류가 도선 b에 주는 힘의 크기를 다음과 같이 나타낼 수 있다.

$$F_{a\to b} = |i_b| L B_{a\to b} \sin 90° = \frac{\mu_0 L |i_a i_b|}{2\pi d} \tag{30-15}$$

$\vec{F}_{a\to b}$의 방향은 가위곱 $\vec{L} \times \vec{B}_{a\to b}$의 방향이다. 가위곱의 오른손 법칙을 그림 30-21의 $\vec{L}$와 $\vec{B}_{a\to b}$에 쓰

면 그림에 보인 것처럼 $\vec{F}_{a\to b}$가 바로 도선 a를 향한다.

전류 도선이 받는 힘을 구하는 일반적인 방법은 다음과 같다.

> 어떤 전류 도선이 다른 전류 도선으로부터 받는 힘을 구하려면 먼저 다른 전류 도선이 처음 도선이 있는 곳에 만드는 자기장을 구한 다음, 그 장이 그 도선에 주는 힘을 구한다.

이제는 이 방법을 써서 도선 b의 전류가 도선 a에 주는 힘을 셈할 수 있다. 셈의 결과에 따르면 힘은 크기는 같고 방향이 반대이다. 이는 두 전류의 방향이 같건 반대이건 똑같이 성립한다. 또다시 뉴턴 제3법칙이 성립한다.

> 두 전류가 같은 쪽으로 흐르면 끌어당기고, 반대 쪽으로 흐르면 밀어낸다.

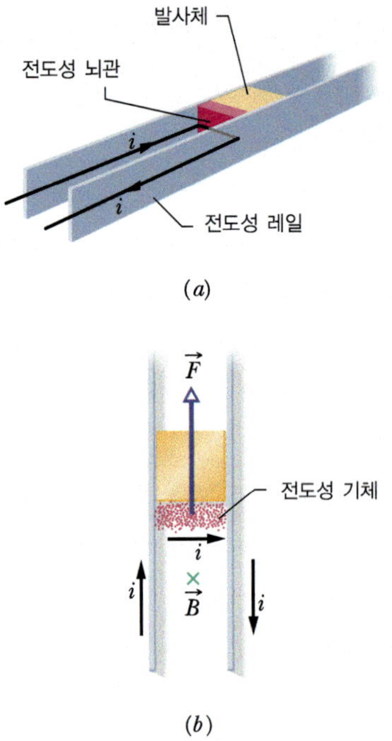

그림 30-22
(*a*) 전류 *i*가 흐르는 레일 대포. 전류가 흐르면 뇌관이 고속으로 증발하여 전도성 기체가 된다. (*b*) 전류가 레일 사이에 자기장 $\vec{B}$를 만들고, 자기장 때문에 회로의 일부인 전도성 기체가 힘 $\vec{F}$를 받는다. 발사체는 기체에 밀려 레일을 따라 가속되어 발사된다.

나란한 도선에 흐르는 전류 사이의 힘을 쓰면 일곱 가지 국제 단위의 하나인 암페어를 정의할 수 있는 그 이름은 나란한 전류 사이의 힘을 처음으로 보인 앙페르(Andre Ampere)의 이름을 기린 것이다. 1946년에 채택된 국제 단위의 공식 정의는 다음과 같다.

> **암페어**란 한없이 길고 나란하며 단면적을 무시할 수 있는 두 직선 도선을 진공에서 1 m 떼어둘 때 도선 1 m 당 두 도선 사이에 2×10^{-7} N의 힘이 생기게 하는 전류이다.

• 레일 대포

레일 대포는 자기력을 써서 발사체를 짧은 시간에 고속으로 가속시키는 장치이다. 레일 대포의 기본 원리를 그림 30-22*a*에 보였다. 도체 레일 두 개와 그것을 잇는 도체 '뇌관' (가는 구리선 등)으로 이루어진 회로에 전류가 흘러 들어갔다가 다른 레일을 타고 나온다. 쏘아 올릴 발사체는 뇌관 앞 레일 사이에 느슨하게 놓는다. 전류가 흐르자마자 뇌관은 녹아서 증발하면서 레일 사이 뇌관이 있던 곳에 전도성 기체를 만든다.

그림 30-4의 오른손 법칙에 따르면 그림 30-22*a*의 레일에 흐르는 전류가 레일 사이 공간에 만드는 자기장의 방향은 종이면 뒤쪽이다. 전도성 기체는 알짜 자기장 $\vec{B}$와 기체를 통해 흐르는 전류 i 때문에 힘 $\vec{F}$를 받는다. $\vec{F}$의 방향은 식 30-14과 가위곱의 오른손 법칙을 쓰면 레일을 따라 앞쪽을 향함을 알 수 있다. 기체가 레일을 따라 앞쪽으로 밀려가면서 발사체를 최고 5×10^{7} m/s^2(또는 5×10^{6} g)로 가속하여 10 km/s의 속력으로 쏘아 대는데 이 모든 것이 1000분의 1초 안에 끝난다.

생각해보기 30-3 아래 그림은 나란한 세 도선에 같은 크기의 전류가 종이면으로 들어가거나 나오는 것을 보여준다. 각 도선이 다른 두 도선의 전류에 의해 받는 힘이 큰 것부터 차례로 늘어 놓아라.

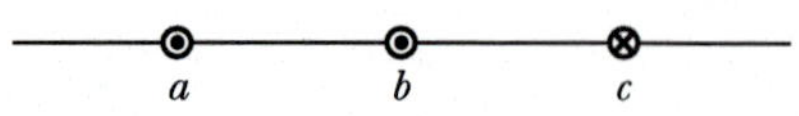

연습문제 30-4

23. 평행 두 도선
긴 도선 두 개가 8.0 cm 떨어져 나란히 놓여 있다. 두 도선에 같은 전류를 흘려 가운데에서 자기장의 세기가 300 μT가 된다면 전류의 세기는 얼마인가? (a) 나란한 전류와 (b) 반대쪽 전류 두 경우 모두에 대하여 답하라.

24. *i*와 3*i*
한없이 긴 두 도선이 거리 d만큼 떨어져 나란히 놓여 있고, 같은 쪽으로 전류 i와 $3i$가 흐른다. 이 두 도선이 만드는 자기장이 지워지는 곳(들)을 찾아라.

25. 평행한 두 도선 2

그림 30-23와 같이 75 cm 떨어진 긴 두 도선이 종이면에 수직하게 놓여 있다. 도선 1에는 전류 6.5 A가 종이면 뒷쪽으로 흐른다. 점 P의 자기장이 0이 되려면 전류를 도선 2에 어느 쪽으로 얼마 흘려야 하는가?

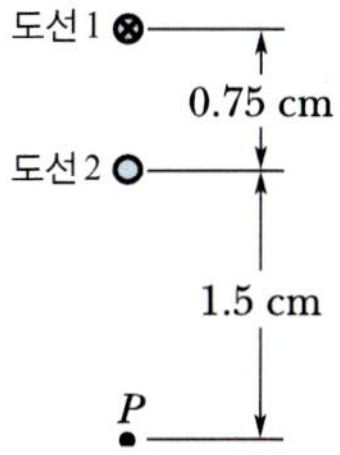

그림 30-23 문제 25

26. 평행한 다섯 가닥 도선

xy평면 위에 다섯 가닥의 도선이 나란히 놓여 있다(그림 30-24). 각 도선에는 $+x$쪽으로 전류 $i = 3.00$ A가 흐른다. 도선 간격은 $d = 8.00$ cm이다. 단위 벡터를 써서 각 도선이 다른 도선으로부터 받는 힘의 크기와 방향을 구하라.

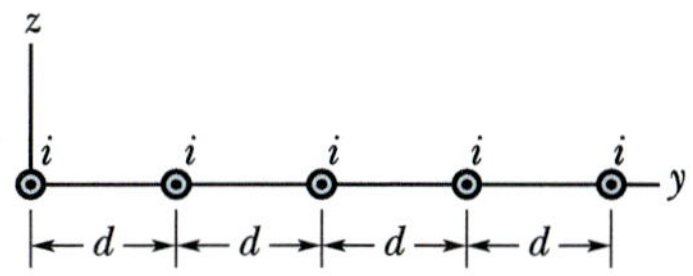

그림 30-24 문제 26

27. 네 가닥의 긴 도선

구리 도선 네 가닥이 나란히, 한 변의 길이 $a = 20$ cm인 정사각형의 네 꼭지에 배치되어 있다. 이 도선에는 그림 30-25에 보인 방향으로 전류 20 A가 흐른다. 정사각형 중심의 자기장 $\vec{B}$의 크기와 방향을 구하라.

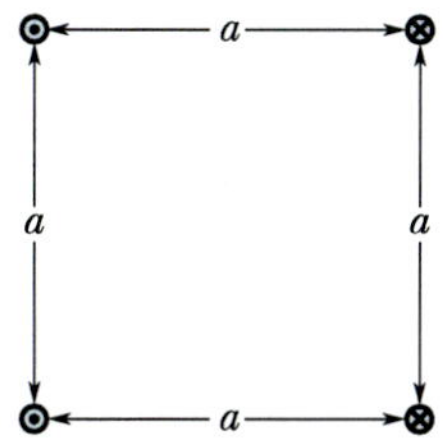

그림 30-25
문제 27, 28, 29

28. 정사각형을 이룬 네 가닥 도선

그림 30-25와 같이 한 변의 길이가 a인 정사각형의 네 꼭지에 네 가닥의 같은 도선이 나란히 배치되어 있고, 각 도선에 전류 i가 흐르는데, 그림과 달리 이번에는 전류가 모두 종이면을 뚫고 나온다. 어느 한 도선의 단위 길이 구간이 받는 힘의 크기와 방향을 구하라.

29. 단위 길이당의 힘

그림 30-25와 같이 전류가 흐를 때, 아래 왼쪽에 있는 도선의 단위 길이 구간이 받는 힘의 크기와 방향을 구하라. 전류는 i이다.

30. 이상적인 구조도

그림 30-26은 레일 대포의 이상적인 구조도이다. 단면이 둥근 굵은 레일 사이에 발사체 P가 있고, 전원에서 전류가 레일과 (도체) 발사체를 통해서 흐른다(뇌관은 쓰지 않음). (a) 레일 사이의 거리를 w, 레일의 반지름을 R, 그리고 전류를 i라 하자. 발사체 받는 힘의 방향은 오른쪽이고, 크기의 근사값은 다음과 같음을 증명하라.

$$F = |\vec{F}| = \frac{i^2 \mu_0}{2\pi} \ln \frac{w+R}{R}$$

(b) 발사체가 레일의 왼쪽 끝에 서 있다가 출발할 때, 오른쪽 끝을 떠나는 순간의 속력 v를 구하라. $|i| = 450$ kA, $w = 12$ mm, $R = 6.7$ cm, $L = 4.0$ m이며, 발사체의 질량은 $m = 10$ g이라 하자.

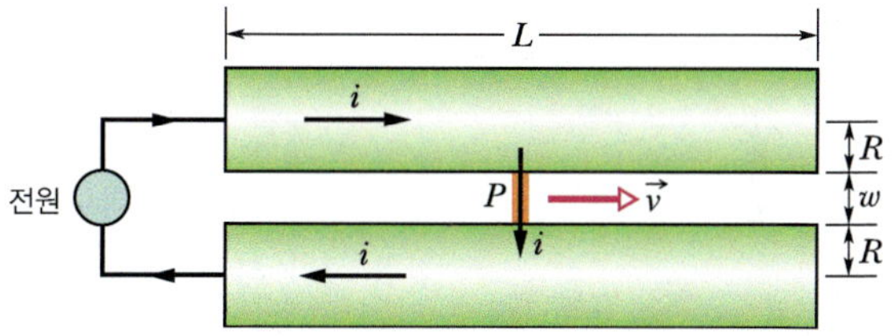

그림 30-26 문제 30

31. 직사각형 고리 2

그림 30-27의 직선 도선에는 30 A, 직사각형 도선에는 20 A의 전류가 흐른다. 고리가 받는 힘을 구하라. $a = 1.0$ cm, $b = 8.0$ cm, 그리고 $L = 30$ cm를 가정한다.

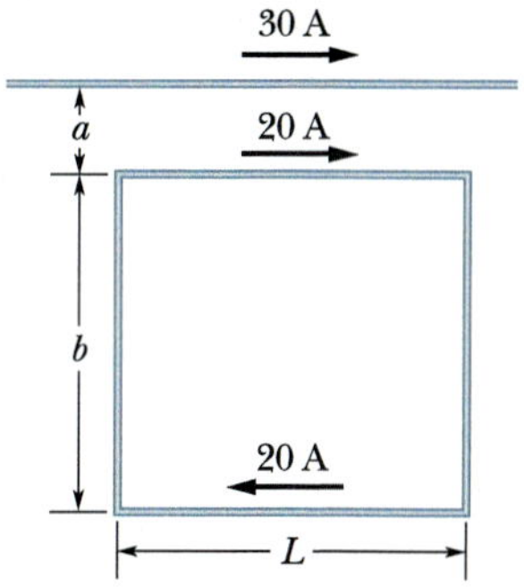

그림 30-27 문제 31

30-5 앙페르 법칙

전하 분포를 알면 역제곱 법칙을 써서 미소 장 $d\vec{E}$을 셈하여(식 30-5) 알짜 전기장을 구할 수 있고, 혹 전하 분포가 복잡하면 컴퓨터를 쓸 수도 있다. 그렇지만 전하 분포가 평면, 원통 혹은 공 대칭성을 띠면 가우스 법칙을 써서 훨씬 간단히 알짜 전기장을 구할 수 있었음을 상기하자.

이와 비슷하게 전류 분포를 알면 역제곱 법칙을 써서 미소 장 $d\vec{B}$을 셈하여(식 30-3) 알짜 자기장을 구할 수 있으나, 여기에서도 전류 분포가 복잡하면 컴퓨터를 써야 한다. 그러나 전류 분포에 대칭성이 있으면 앙페르 법칙을 써서 훨씬 간단히 알짜 자기장을 구할 수 있다. 비오-사바르 법칙에서 끌어낼 수 있는 이 법칙은 전부터 앙페르의 업적으로 간주되어 왔지만, 실제로는 영국 물리학자 맥스웰(James Clerk Maxwell)이 발전시켰다.

앙페르 법칙은 다음과 같다.

$$\oint \vec{B} \cdot d\vec{s} = \mu_0 i^{\text{안}} \quad \text{(앙페르 법칙)} \tag{30-16}$$

적분 기호의 동그라미는 점곱 $\vec{B} \cdot d\vec{s}$을 가상의 닫힌 고리 — 앙페르 고리 — 를 따라 적분함을 뜻한다. 오른쪽의 $i^{\text{안}}$은 고리에 둘러싸인 알짜 전류이다.

가우스 법칙에서는 닫힌 곡면을 잡아 그 면 위에서 적분한다. 선 속의 적분값은 표면에 둘러싸인 알짜 전하량에 비례한다. 앙페르 법칙에서는 닫힌 고리를 잡아 고리를 따라 적분한다. 적분값은 고리를 지나는 알짜 전류에 비례한다.

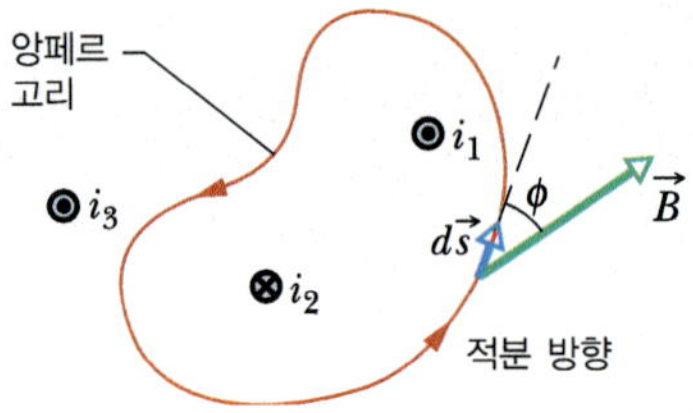

그림 30-28
앙페르 고리가 도선 두 개만 둘러싸고 셋째는 빠진 상황에서 쓴 앙페르 법칙. 전류의 방향을 눈여겨 보라.

점곱 $\vec{B} \cdot d\vec{s}$와 적분의 뜻을 알려면 먼저 그림 30-28에 보인 일반적인 상황에 대하여 앙페르 법칙을 써보자. 이 그림은 종이면을 뚫고 드나드는 도선 세 가닥에 전류 i_1, i_2, i_3가 흐르는 것의 단면을 나타낸다. 종이면 위에 아무렇게나 잡은 앙페르 고리에 두 가닥이 들어 있고, 셋째 도선은 고리 밖에 있다. 고리에 그린 오른손을 따라도는 표시는 식 30-16의 적분 방향을 나타낸다.

앙페르 법칙을 쓰려면 가상의 고리를 방향이 있는 짧은 조각 $d\vec{s}$으로 나눈다. 낱낱의 조각은 적분 방향을 따라 고리에 접한다. 그림 30-28에 보인 조각 $d\vec{s}$가 있는 곳에 세 전류가 만든 알짜 자기장을 $\vec{B}$라 하자. 도선이 그림 30-28의 종이면과 직교하므로 $d\vec{s}$가 있는 곳에 낱낱의 전류가 만드는 자기장은 종이면 위에 있다. 따라서 $\vec{B}$도 종이면 위에 있지만, 방향은 아직 알 수 없다. 그림 30-28에서는 $\vec{B}$를 $d\vec{s}$의 방향에 대해 어떤 각도 ϕ로 나타냈다.

식 30-16 왼쪽의 점곱 $\vec{B} \cdot d\vec{s}$는 $(B\cos\phi)\,ds$이다. 따라서 앙페르 법칙은 다음과 같이 쓸 수 있다.

$$\oint \vec{B} \cdot d\vec{s} = \oint (B\cos\phi)\,ds = \mu_0 i^{\text{안}} \tag{30-17}$$

이제 점곱 $\vec{B} \cdot d\vec{s}$는 앙페르 고리 길이 ds와 고리에 접하는 자기장 성분 $B\cos\phi$의 곱으로 볼 수 있고, 그러면 이 적분은 고리를 따라가며 곱을 모두 더한 것으로 볼 수 있다.

이 적분을 실제로 할 수 있으면 적분하기 전에 미리 $\vec{B}$의 방향을 알 필요가 없다. 대신 (그림 30-18과 같이) $\vec{B}$가 대충 적분 방향을 향하고 있다고 가정하고, 아래와 같은 오른손 감기-펴기 규칙을 써서 고리에 둘러싸인 알짜 전류 $i^{\text{안}}$를 이루는 낱낱의 전류에 대하여 (+) 또는 (−) 부호를 달아준다.

앙페르 법칙에 대한 오른손 규칙: 앙페르 고리의 적분 방향을 따라 오른손을 말아쥐고 엄지는 편다. 이 고리를 지나되, 엄지와 나란한 전류는 (+) 부호를, 대략 반대쪽 전류는 (−) 부호를 달아준다.

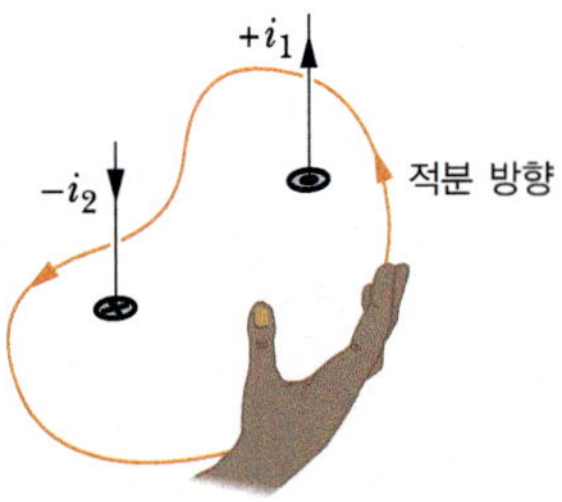

그림 30-29
앙페르 법칙에 대한 오른손 규칙으로 앙페르 고리를 지나는 전류 부호를 결정한다. 이 상황은 그림 30-28에 대한 것임.

끝으로 식 30-17을 풀어 $\vec{B}$의 크기를 구한다. 일단 셈에 필요한 좌표계를 잡으면, 앙페르 법칙의 오른손 규칙을 써서 $\vec{B}$가 양인지 음인지를 정할 수 있다.

그림 30-29에서는 그림 30-28의 상황에 앙페르 법칙의 오른손 규칙을 적용하고 있다. 그림과 같이 오른손 방향으로 적분하면 고리에 둘러싸인 알짜 전류는 다음과 같다.

$$i^{\text{안}} = i_1 - i_2$$

(전류 i_3는 고리 바깥에 있다.) 그러면 식 30-17은 다음과 같이 쓸 수 있다.

$$\left|\oint (B\cos\phi)\,ds\right| = \mu_0|(i_2 - i_1)| \tag{30–18}$$

아마도 전류 i_3가 왜 식 30–18 왼쪽 B의 크기를 만들 때는 들어갔는데 오른쪽에서는 들어가지 않는지 궁금할 것이다. 대답은 식 30–18에서 전류 i_3가 만드는 자기장을 고리를 따라돌며 적분한 값은 0이라는 것이다. 반대로 고리에 둘러싸인 전류가 만드는 자기장에 대한 적분값은 0이 아니다.

식 30–18에서 자기장 B의 크기를 셈할 수 없는 까닭은 그림 30–28의 상황에서 적분을 하는데 필요한 정보가 부족하기 때문이다. 그러나 적분값은 안다: 그것은 $\mu_0|(i_1 - i_2)|$로서 고리를 지나는 알짜 전류에 따라 정해진다. 다음에는 앙페르 법칙의 적분을 대칭성을 써서 셈하여 자기장을 결정할 수 있는 두 가지 상황을 소개한다.

• 전류가 흐르는 긴 직선 도선 밖의 자기장

그림 30–30은 종이면에서 수직으로 솟아 나오는 (고르게 퍼진) 전류 i가 흐르는 길고 곧은 도선을 나타내고 있다. 긴 직선 도선이 만드는 자기장의 세기 B를 구하는 공식(식 30–6)에 따르면 B는 도선까지의 반지름 거리가 결정한다. 즉, $\vec{B}$에는 도선에 대해 원통 대칭성이 있다. 그 대칭성을 써서 그림 30–30과 같이 도선을 반지름 r인 동심원으로 둘러싸면 앙페르 법칙의 적분(식 30–16, 30–17)이 단순해지고, 그러면 $\vec{B}$의 값은 고리 위의 어느 곳이나 같아진다. 적분은 시계 반대방향을 따르므로, ds의 방향은 그림 30–30과 같다.

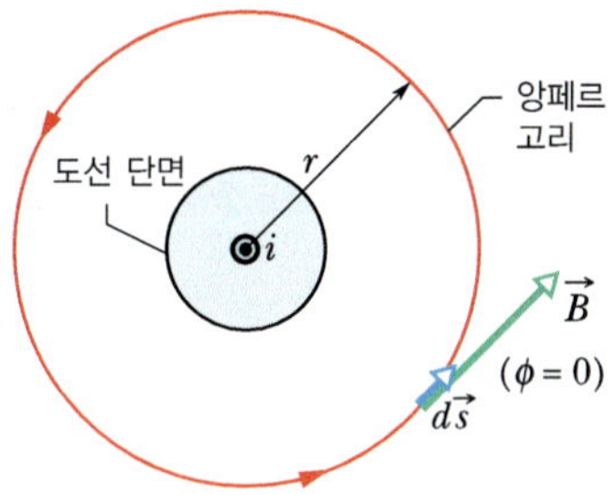

그림 30–30
긴 직선 도선에 흐르는 전류 i가 만드는 자기장을 앙페르 법칙을 써서 구하는 법. 앙페르 고리는 도선 바깥의 동심원이다.

이제 $\vec{B}$도 $d\vec{s}$처럼 고리 위의 모든 곳에서 고리에 접하므로 $B\cos\phi$는 더 간단해진다. 모든 곳에서 $\vec{B}$와 $d\vec{s}$ 사이의 각 ϕ는 0° 이다($\cos\phi = +1$). 따라서 식 30–17의 적분은 다음과 같다.

$$\left|\oint \vec{B}\cdot d\vec{s}\right| = \oint (B\cos\phi)\,ds = B\left|\oint ds\right| = B(2\pi r)$$

위에서 $\oint ds$는 둥근 고리를 따라 조각 ds의 길이를 모두 더한 값, 즉 고리의 원둘레 $2\pi r$이다.

앙페르 법칙의 오른쪽은 $+\mu_0|i|$이므로

$$B(2\pi r) = \mu_0 i$$

이다. 즉,

$$B = \frac{\mu_0|i|}{2\pi r} \tag{30–19}$$

기호를 일부 바꾸어 보면, 이 식은 앞에서 비오–사바르 법칙을 써서 훨씬 힘들게 끌어낸 식 30–6이다. $\vec{B}$의 방향은 i가 (+)일 때 그림 30–14에 보였듯이 오른손 방향이다. i가 (−)이면 $\vec{B}$는 왼손 방향이다.

• 전류가 흐르는 긴 직선 도선 속의 자기장

그림 30–31은 반지름 R인 도선에 고루 퍼진 전류 i가 종이면 앞이나 뒤로 수직하게 흐르는 모습의 단면도이다. 전류가 고루 퍼져 있으므로, 이것이 만드는 자기장 $\vec{B}$에 축 대칭성이 있다. 따라서 도선 속의 자기장을 구하려면 그림 30–31과 같이 반지름 r인 앙페르 고리를 잡는데 이제는 $r < R$이다. 대칭성에 따라 $\vec{B}$가 그림과 같이 고리에 접하고, 따라서 앙페르 법칙의 왼쪽은 아래와 같다.

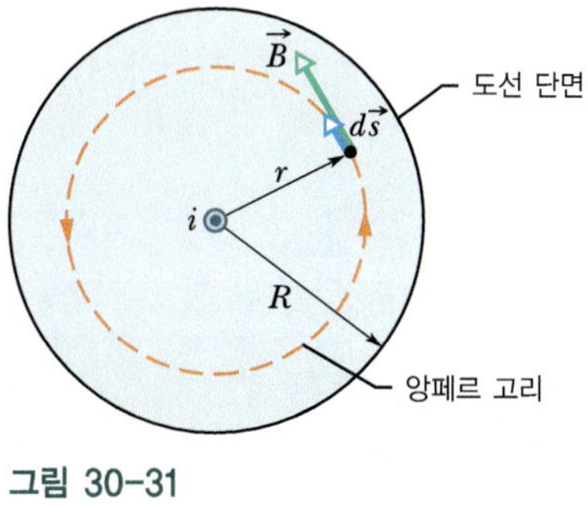

그림 30–31
단면이 둥근 기다란 도선에 흐르는 전류 i가 도선 속에 만드는 자기장을 앙페르 법칙을 써서 구하기. 전류는 단면 전체에 고루 퍼져 흐르며 종이면을 뚫고 나온다. 앙페르 고리는 도선 속에 잡는다.

$$\oint \vec{B}\cdot d\vec{s} = B\left|\oint d\vec{s}\right| = B(2\pi r) \tag{30–20}$$

앙페르 법칙의 오른쪽을 구하려면 전류가 고루 퍼져 있으므로 고리로 둘러싸인 전류 $i^{안}$은 고리에

둘러싸인 넓이에 비례한다는 사실에 주목하자. 즉,

$$i^{\text{안}} = i\frac{\pi r^2}{\pi R^2} = i\frac{r^2}{R^2} \tag{30-21}$$

이다. 그러면 앙페르 법칙을 다음과 같이 쓸 수 있다.

$$B(2\pi r) = \mu_0|i|\frac{r^2}{R^2}$$

이로부터 다음 결과를 얻는다.

$$B = \left(\frac{\mu_0|i|}{2\pi R}\right)r \tag{30-22}$$

그러므로 도선 속에서는 자기장의 세기 B가 r에 비례하여, 중심에서는 0이며 $r = R$인 표면에서 최대이다. 눈여겨볼 것은 $r = R$이면 식 30-19과 식 30-22의 값이 같아진다는 점, 즉 도선 안팎의 자기장 공식이 도선의 표면에서는 값이 같아진다는 것이다.

생각해보기 30-4 이 그림에는 전류 3가지(평행 2, 반대 방향 1)와 4가지 앙페르 고리가 표시되어 있다. 각 고리의 $\oint ds$ 값이 큰 것부터 차례로 늘어놓아라.

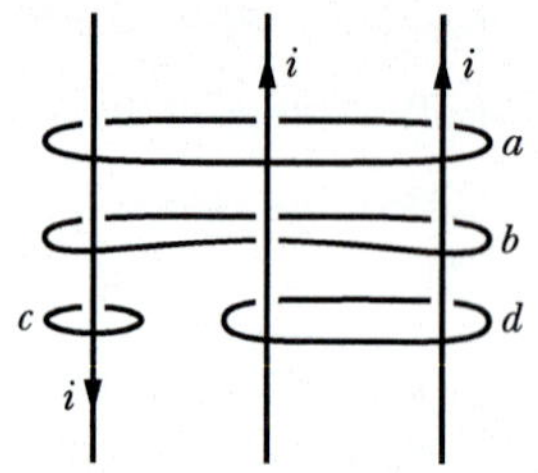

따라해보기 30-3 | 속 빈 원기둥

그림 30-32a는 안 지름 $a = 2.0\,\text{cm}$, 바깥 지름 $b = 4.0\,\text{cm}$인 기다란 속 빈 원기둥을 나타낸다. 전류는 원기둥에서 나오는 쪽이며 단면의 전류밀도는 $|\vec{J}| = cr^2$인데, $c = 3.0 \times 10^6\,\text{A/m}^2$이고 r의 단위는 m이다. 원통의 중심에서 3.0 cm인 곳의 자기장 $\vec{B}$의 세기는 얼마인가?

풀이 ■ $\vec{B}$를 구하려는 곳은 원기둥의 안 지름과 바깥 지름 사이의 원통 속이다. 전류 분포에 축 대칭성이 있다는 점(반지름이 같은 곳이면 단면 어디에서도 값이 같음)이 눈에 띈다. 그러므로

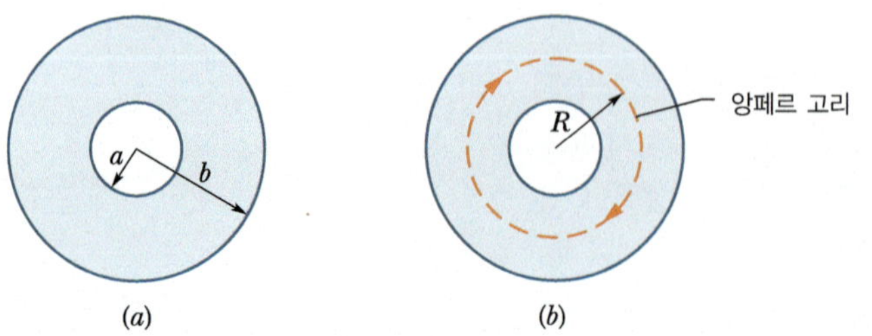

그림 30-32
(a) 안 지름 a, 바깥 지름 b인 원기둥 도체의 단면도 (b) 반지름 R인 앙페르 고리를 덧붙여 중심축에서 거리 R인 곳의 자기장을 구한다.

요점은 대칭성을 써서, 앙페르 법칙으로 $\vec{B}$를 구할 수 있다는 것이다. 먼저 그림 30-32b와 같은 앙페르 고리를 그린다. 이 고리는 원통과 동심원이며 반지름은 $R = 3.0\,\text{cm}$인데, 이 거리를 잡은 까닭은 원통의 중심축에서 그만큼 떨어진 곳의 $\vec{B}$를 셈하려는 것이기 때문이다.

다음에는 앙페르 고리 속의 전류 $i^{\text{안}}$안을 셈한다. 그렇지만 둘째 **요점**은 여기에서는 전류 분포가 고르지 않기 때문에 식 30-21과 같은 비례식을 쓸 수 없다는 것이다. 대신 원통의 안쪽 지름 a에서 고리의 반지름 r까지 전류밀도를 적분한다. $\vec{J}$와 $d\vec{A}$가 나란하므로, $\vec{J}\cdot d\vec{A} = J\,dA$이다:

$$|i^{\text{안}}| = \left|\int \vec{J}\cdot d\vec{A}\right| = \left|\int_a^R cr^2(2\pi r\,dr)\right| = \left|2\pi c\int_a^R r^3\,dr\right| = \left|2\pi c\left[\frac{r^4}{4}\right]_a^R\right|$$

따라서 다음과 같다.

$$|i^{\text{안}}| = \frac{\pi c(R^4 - a^4)}{2}, \qquad (R > a)$$

그림 30-32b에 보인 적분 방향은 (마음대로) 시계 반대 방향으로 잡았다. 이 고리에 앙페르 법칙의 오른손 규칙을 쓰면 전류는 종

이면 앞으로 나오는데 엄지 손가락은 종이면 쪽으로 들어가므로 $i^{안}$은 (−)로 잡아야 한다.

다음 차례로, 그림 30-31과 같이 앙페르 법칙의 왼쪽을 정확히 셈하면 다시 식 30-20을 얻는다. 그러면 앙페르 법칙

$$\oint \vec{B}\cdot d\vec{s} = \mu_0 i^{안}$$

으로부터 다음 결과를 얻는다.

$$(B\cos\phi)(2\pi R) = -\frac{\mu_0 \pi c}{2}(R^4 - a^4)$$

여기서 $\vec{B}$가 $d\vec{s}$와 나란하면 $\cos\phi = \cos 0° = +1$이고, 반대쪽이면 $\cos\phi = \cos 180° = -1$이 된다. $\phi = 180°$로 하여 $(B\cos\phi)$에 대해서 풀고 주어진 값들을 넣는다.

$$(B\cos\phi) = -\frac{\mu_0 c}{4R}(R^4 - a^4)$$

$$-B = \frac{(4\pi\times10^{-7}\,\mathrm{T\cdot m/A})(3.0\times10^{6}\,\mathrm{A/m^4})}{4\,(0.030\,\mathrm{m})} \times[(0.030\,\mathrm{m})^4 - (0.020\,\mathrm{m})^4]$$

$$= -2.0\times10^{-5}\,\mathrm{T}$$

그러므로 중심축에서 3.0 cm인 곳의 자기장 $\vec{B}$는 다음과 같다.

$$B = 2.0\times10^{-5}\,\mathrm{T} \qquad \text{(답)}$$

자기력선의 방향은 적분 방향과 반대쪽, 즉 그림 30-32*b*에서 왼손 방향이다.

연습문제 30-5

32. 여덟 가닥의 도선

도선 여덟 가닥이 그림 30-33에 보인 점에서 종이면을 수직으로 지난다. 자연수 번호 $k(k = 1, 2, \ldots, 8)$를 붙인 도선에는 전류 ki가 흐른다. 전류의 방향은 번호가 홀수인 도선은 종이면 앞쪽, 번호가 짝수인 도선은 종이면 뒤쪽이다. 그림에 보인 닫힌 곡선을 따라 $\oint \vec{B}\cdot d\vec{s}$를 구하라.

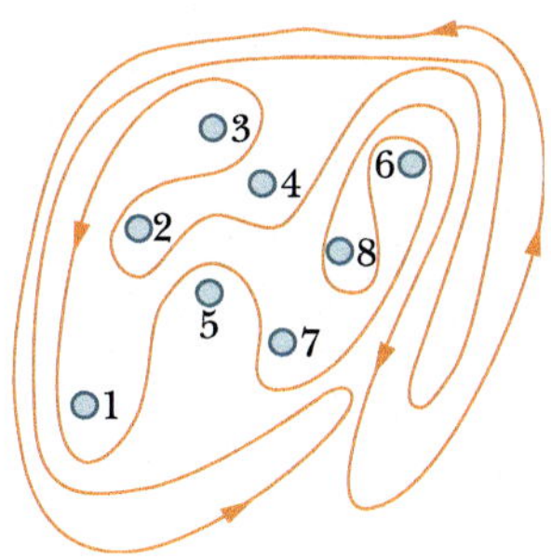

그림 30-33 문제 32

33. 여덟 가닥의 도선

그림 30-34의 각 도선에 전류 2.0 A가 종이면 앞쪽이나 뒤쪽으로 흐른다. 그림에 보인 두 경로에 대하여 선적분 $\oint \vec{B}\cdot d\vec{s}$를 셈하려 한다. (a) 왼쪽 경로와 (b) 오른쪽 경로에 대한 적분값을 구하라.

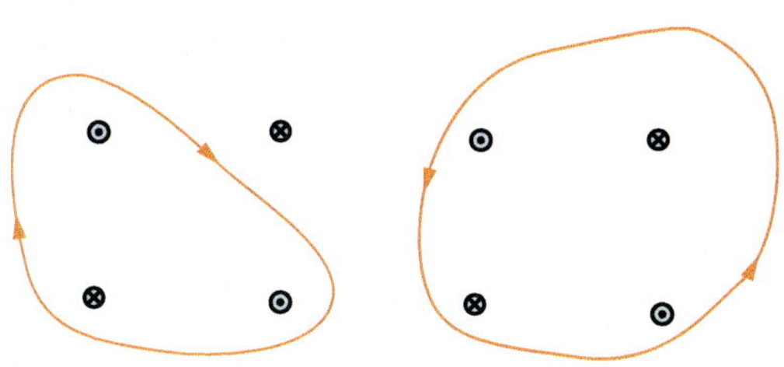
그림 30-34 문제 33

34. 원기둥꼴 도체의 단면

그림 30-35는 전류 i가 고르게 퍼져 흐르는 반지름 a인 원기둥꼴 도체의 단면을 보여준다. $a = 2.0\,\mathrm{cm}$, $i = 100\,\mathrm{A}$라 하고 $0 < r < 6.0\,\mathrm{cm}$인 구간에 대해 자기장의 세기 $|\vec{B}(r)| = B(r)$을 그림표로 그려라.

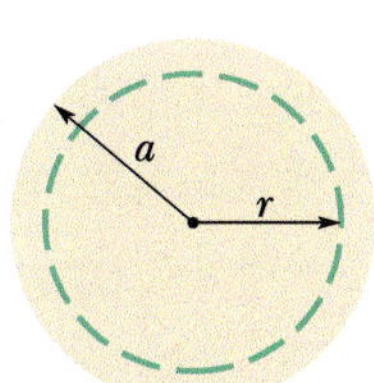

그림 30-35 문제 34

35. 자기장이 갑자기 0이 될 수는 없음

고른 자기장 $\vec{B}$ 속에서 (그림의 수평 화살표를 따라) 장에 수직한 방향으로 나아갈 때(그림 30-36에서 점 a의 오른쪽에 역선이 없는 것처럼) 자기장이 갑자기 0이 될 수는 없음을 증명하라. (**실마리**: 괘선으로 나타낸 사각형 고리에 앙페르 법칙을 써보라.) 실제 자석에서는 늘 자기력선에 가두리가 생기는데, 이는 $\vec{B}$가 천천히 0으로 줄어듦을 뜻한다. 좀더 사실적인 상황을 반영하도록 그림의 역선을 고쳐라.

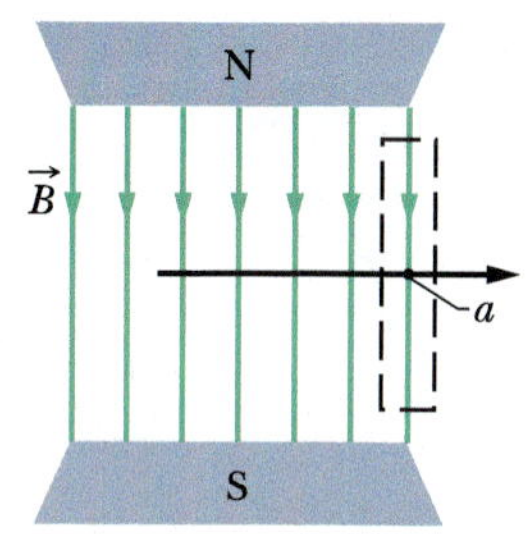

그림 30-36 문제 35

36. 정사각형 도체 고리 둘

두 정사각형 도체 고리에 전류 5.0 및 3.0 A가 흐른다(그림 30-37). 그림에 보인 두 경로에 대한 $\oint \vec{B}\cdot d\vec{s}$를 각각 얼마인가?

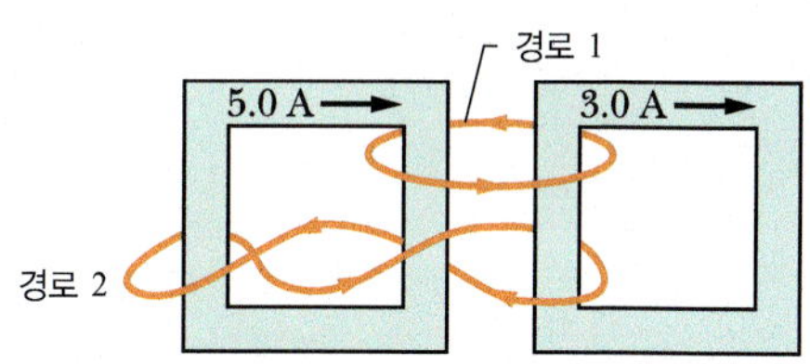

그림 30-37 문제 36

37. 전류 밀도

반지름 a인 원기둥꼴 도선 속의 전류 밀도가 방향은 중심축과 나란하고, 크기는 축까지의 거리 r에 비례하여 $|\vec{J}| = |\vec{J}_0|\, r/a$의 꼴이

다. 도선 속에서의 자기장의 크기와 방향을 구하라.

38. 고른 전류 분포

긴 직선 도선(반지름 = 3.0 mm)에 도선의 축에 수직한 단면 전체에 일정한 전류가 고르게 퍼져 흐른다. 전류 밀도의 크기가 100 A/m^{2}일 때 도선 중심축에서 (a) 2.0 mm, (b) 4.0 mm인 곳의 자기장의 크기를 구하라.

39. 원기둥꼴 구멍

반지름 a인 긴 원기둥꼴 도체 속에 반지름 b인 원기둥 구멍이 있다(그림 30-38). 도체와 구멍의 중심 사이의 간격은 d이고, 칠한 부분에 전류 i가 고르게 퍼져 흐른다. (a) 중첩 기법을 써서 구멍 중심에서의 자기장은 다음과 같음을 증명하라.

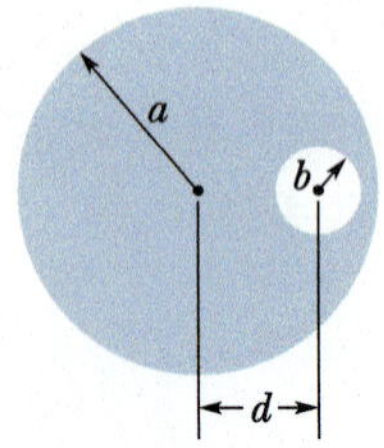

그림 30-38
문제 39

$$B = \frac{\mu_0 |i| d}{2\pi(a^2 - b^2)}$$

(b) $b = 0$와 $d = 0$의 두 특수한 경우에 대하여 논하라. (c) 앙페르 법칙을 써서 구멍 속의 자기장은 일정함을 보여라. (**실마리**: 원기둥꼴 구멍을 전류가 한쪽으로 흐르는 (구멍이 없는) 큰 원기둥과 전류가 반대쪽으로 흐르는 반지름 b의 원기둥을 겹쳐 놓은 것으로 본다. 두 기둥의 전류 밀도 크기는 같다.)

40. 둥근 관

바깥 반지름 R인 둥근 관에 (고르게 퍼진) 전류 i가 종이면으로 흘러 들어간다(그림 30-39). 이 관의 중심에서 $3R$되는 곳에 도선이 관과 나란히 놓여 있다. 점 P에서 자기장의 세기가 관 중심에서의 알짜 자기장과 같지만 방향이 반대가 되게 하려면 이 도선에 어느 쪽으로 얼마의 전류를 흘려야 하는가?

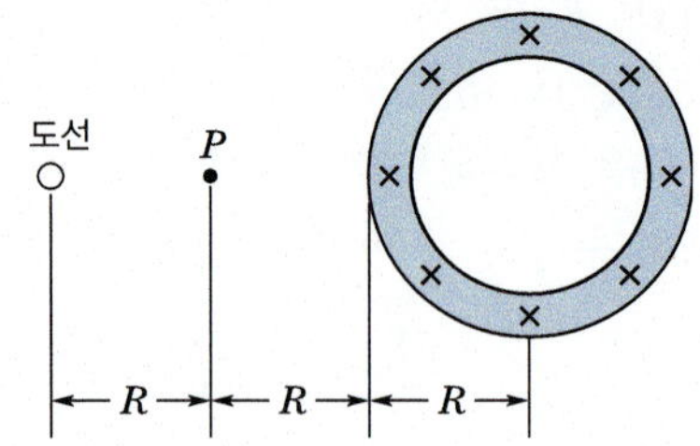

그림 30-39 문제 40

41. 도체 평면

xy평면 위에 있는 한없이 큰 도체 평면에 $+x$쪽으로 단위 거리당 λ의 전류가 종이면 앞쪽으로 흐른다(그림 30-40). (a) 비오-사바르 법칙과 대칭성을 써서 평면 위의 점 P와 아래의 점 P'의 자기장 $\vec{B}$는 어디에서나 평면과 나란하고 그림에 보인 것과 같음을 증명하라. (b) 앙페르 법칙을 써서 P, P' 어느 점에서나 $B = \frac{1}{2}\mu_0|\lambda|$임을 증명하라.

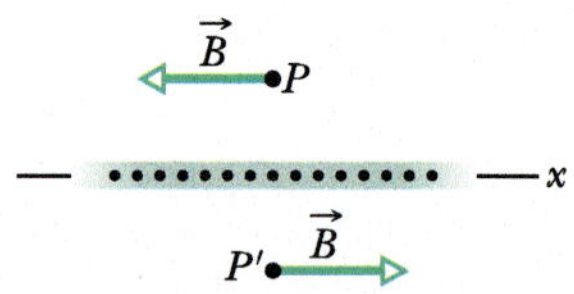

그림 30-40 문제 41, 48

42. P에서의 장 = 0

그림 30-41은 두 도선의 단면을 그린 것으로, 오른쪽 도선에는 종이면 앞쪽으로 전류 3.0 A가 흐른다. 점 P의 알짜 자기장을 0으로 만드는 왼쪽 도선의 전류의 크기와 방향을 구하라.

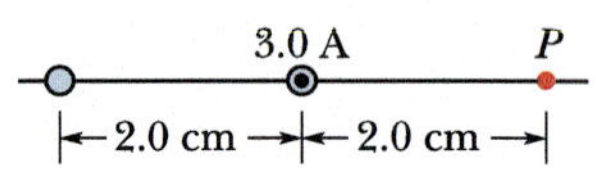

그림 30-41 문제 42

30-6 솔레노이드와 또아리

• 솔레노이드의 자기장

그림 30-42
전류 i가 흐르는 솔레노이드

앙페르 법칙을 멋지게 쓰는 또 하나의 보기는 **솔레노이드(solenoid)**라는 나선형으로 촘촘히 감은 긴 코일(그림 30-42)이 만드는 자기장이다. 솔레노이드는 여러 기기에서 많이 쓴다.

여기서는 셈이 간단해지도록, 솔레노이드의 지름이 길이보다 훨씬 더 작다고 가정한다. 그림 30-43은 '잡아 당긴(코일 간격을 늘린)' 솔레노이드의 일부 구간을 보인 것이다. 솔레노이드의 자기장은 그것을 이루는 낱낱의 고리가 만드는 자기장의 벡터 합이다. 각 고리에 가까운 점에서 보면 도선이 자기장을 만드는 성질에서는 기다란 곧은 도선과 같고 그곳의 $\vec{B}$의 장선은 거의 동심원이다. 그림 30-43을 보면 이웃 고리 사이에서는 자기장이 서로 지워지는 것을 알 수 있다. 또한 솔레노이드 속, 도선에서 제법 먼 곳에서는 $\vec{B}$가 솔레노이드 (중심)축과 거의 나란함도 알 수 있다. 한없이 길고 단면이 사각형인 도선을 딱 붙여 감은 이상적인 솔레노이드에서는, 코일 속의 장은 세기가 일정하고 솔레노이드 축과 나란하다.

그림 30-43의 P와 같이 솔레노이드 위에 있는 점에서는 솔레노이드 고리의 윗부분(⊙로 나타냄)이 만든 장은 (P 주변에 그린 것처럼) 왼쪽을 향하므로 고리의 아랫부분(⊗로 나타냄)이 만든 오

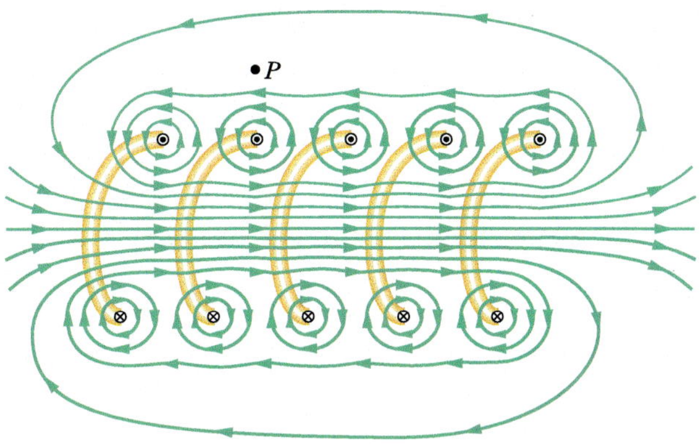

그림 30-43
당겨 늘인 솔레노이드의 중심축을 지나는 수직 단면도. 다섯 번 감은 구간의 뒷부분과 솔레노이드에 흐르는 전류가 만드는 자기장을 함께 나타냈다. 낱낱의 감긴 코일이 주변을 둥글게 맴도는 자기장을 만든다. 솔레노이드 축 근처에서는 자기력선이 겹쳐 알짜 자기장이 축 방향으로 생긴다. 그곳의 빽빽한 역선은 자기장이 강함을 뜻한다. 솔레노이드 밖에서는 자기장이 아주 약해서 역선이 성기다.

른쪽을 향하는 장(그림에 보이지 않음)을 지운다. 이상적인 솔레노이드에서는, 솔레노이드 밖의 자기장은 0이다. 솔레노이드의 길이가 지름보다 훨씬 길고 솔레노이드 바깥, 양끝에서 멀리 있는 P 같은 곳에서는 장을 0으로 가정해도 실제 솔레노이드에 대해서 잘 맞는다. 솔레노이드 축에서의 자기장의 방향은 오른손 규칙에 따라 정해진다: 솔레노이드 코일의 전류 방향을 따라 오른손가락을 감으면 뻗친 엄지손가락이 자기장 방향을 가리킨다.

그림 30-44는 실제 솔레노이드의 $\vec{B}$ 장선을 나타내고 있다. 중심부에서 $\vec{B}$ 장선이 빽빽한 것은 코일 속의 장이 코일의 단면 전반에서 상당히 강하고 고름을 나타낸다. 그러나 바깥의 장은 상대적으로 약하다.

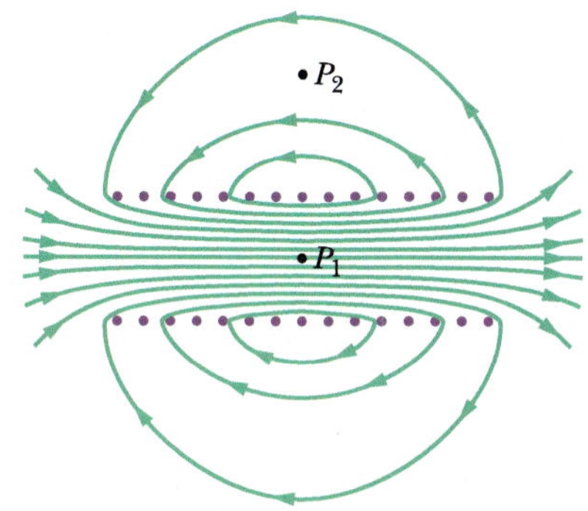

그림 30-44
길이가 유한한 실제 솔레노이드에 생기는 자기력선. P_1과 같은 속에서는 장이 고르고 세지만 P_2와 같은 바깥에서는 상대적으로 약하다.

이제 앙페르 법칙

$$\oint \vec{B} \cdot d\vec{s} = \mu_0 i^{\text{안}} \tag{30-23}$$

을 그림 30-45의 이상적인 솔레노이드에 적용하자. $\vec{B}$는 솔레노이드 속에서는 일정하고 바깥에서는 0인데, 여기서는 앙페르 고리를 직사각형 $abcda$로 잡는다. 이제 $\oint \vec{B} \cdot d\vec{s}$를 고리를 이루는 네 구간에 대한 적분 합으로 나타낸다.

$$\oint \vec{B} \cdot d\vec{s} = \int_a^b \vec{B} \cdot d\vec{s} + \int_b^c \vec{B} \cdot d\vec{s} + \int_c^d \vec{B} \cdot d\vec{s} + \int_d^a \vec{B} \cdot d\vec{s} \tag{30-24}$$

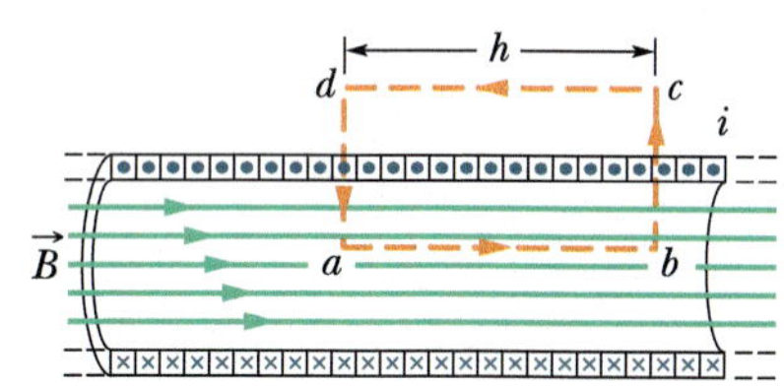

그림 30-45
전류 i가 흐르는 이상적인 솔레노이드 일부 구간에 앙페르 법칙 쓰기. 앙페르 고리는 직사각형 $abcd$이다.

식 30-24 오른쪽의 첫째 적분은 Bh인데, B는 솔레노이드 속의 고른 장 $\vec{B}$의 크기, h는 a에서 b까지의 선분의 길이이다. 둘째와 넷째 적분은 0인데, 그 까닭은 이 구간의 모든 요소 ds에 대해서 $\vec{B}$가 $d\vec{s}$와 직교하거나 0이어서 $\vec{B} \cdot d\vec{s}$가 0이기 때문이다. 바깥은 어디에서나 $\vec{B} = 0$이므로 솔레노이드 바깥 경로에 대한 셋째 적분은 0이다. 따라서 사각형 고리 전체에 대한 적분은 Bh이다.

그림 30-45의 사각형 앙페르 고리에 둘러싸인 알짜 전류 $i^{\text{안}}$은 솔레노이드 도선에 흐르는 전류 i와는 다른데, 그 까닭은 도선이 앙페르 고리를 여러 번 지나기 때문이다. 솔레노이드의 단위 길이당 감은 수가 n번이면, 앙페르 고리에는 nh번이 감긴 셈이므로

$$i^{\text{안}} = i(nh)$$

이다. 이제 앙페르 법칙은 다음 결과를 낳는다.

$$Bh = \mu_0 |i| nh$$

즉 다음과 같다.

$$B = n\mu_0|i| \quad \text{(이상적인 솔레노이드 속)} \tag{30-25}$$

식 30-25은 비록 한없이 긴 이상적인 솔레노이드에 대하여 끌어냈지만 결과는 실제의 솔레노이드에서도 양끝에서 멀리 있는 속에서는 잘 맞는다. 식 30-25은 솔레노이드 속에서 자기장의 세기 $|\vec{B}| = B$가 솔레노이드의 지름이나 길이와 무관하며 솔레노이드의 단면 전반에 걸쳐 B가 고르다는 실험적 사실과 맞는다. 그러므로 고른 전기장을 실제로 만들 때 평행판 축전기를 쓰듯이, 실험에 필요한 고른 자기장을 실제로 만들 때 솔레노이드를 쓴다.

• 또아리의 자기장

그림 30-46*a*는 **또아리(toroid)**를 나타내는데, 이는 솔레노이드를 둥글게 구부린 것으로 볼 수도 있다. 또아리의 빈 속에는 어떤 자기장 $\vec{B}$가 생길까? 이에 대한 답은 앙페르 법칙과 또아리의 대칭성에서 찾을 수 있다.

대칭성으로부터 또아리 속에서 $\vec{B}$의 선은 그림 30-46*b*에 보인 방향으로 동심원을 그림을 알 수 있다. 반지름 r인 동심원을 앙페르 고리로 잡고 왼손 방향으로 따라간다. 앙페르 법칙(식 30-16)에서 다음 결과를 얻는다.

$$B(2\pi r) = N\mu_0|i|$$

여기서 i는 또아리 코일의 전류(앙페르 고리에 들어 있는 감긴 부분에 대해서는 +값임)이며 N은 전체 감은 회수이다. 이로부터 다음 결과를 얻는다.

$$B = \frac{N\mu_0|i|}{2\pi}\frac{1}{r} \quad \text{(또아리)} \tag{30-26}$$

솔레노이드와는 달리, 또아리의 단면에서는 $\vec{B}$가 고르지 않다. 앙페르 법칙을 쓰면 이상적인 또아리 바깥에서는 (또아리가 이상적인 솔레노이드로 이루어진 듯) $\vec{B} = 0$임을 어렵지 않게 보일 수 있다.

또아리 속 자기장의 방향은 오른손 규칙을 따른다: 오른손가락을 코일을 따라 감으면서 또아리를 감싸면 뻗은 엄지손가락이 자기장의 방향을 가리킨다.

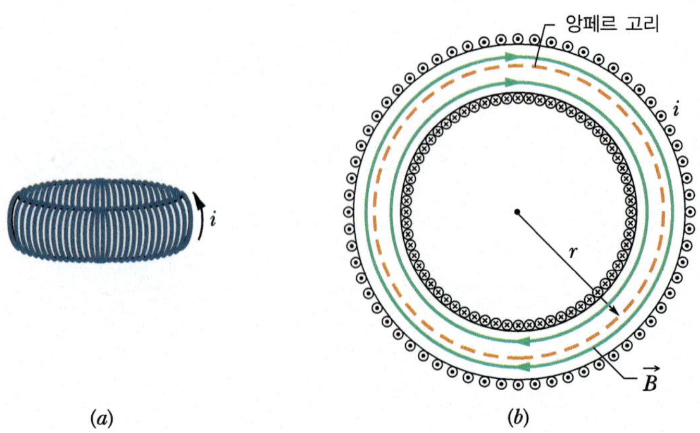

그림 30-46
(*a*) 전류 i가 흐르는 또아리. (*b*) 또아리의 수평 단면도. 속(또아리 모양의 관 안쪽)의 자기장은 그림에 보인 앙페르 고리에 대해 앙페르 법칙을 써서 구할 수 있다.

연습문제 30-6

43. 솔레노이드 속의 장

길이 25 cm, 반지름 10 cm인 200번 감이 솔레노이드에 전류 0.30 A가 흐른다. 솔레노이드 속의 자기장 $\vec{B}$ 크기를 구하라.

44. 솔레노이드 속의 장 2

반지름 2.0 cm, 길이 95.0 cm인 1200번 감이 솔레노이드에 전류 3.60 A가 흐른다. 솔레노이드 속의 자기장 크기를 구하라.

45. 또아리

한 변의 길이 5.00 cm인 정사각형 단면과 속 반지름 15.0cm인 500번 감아 또아리에 전류 0.800A가 흐른다. (그림 30-46에 보인 원형 대신 정사각형 솔레노이드가 또아리를 이룸). 또아리 속의 (a) 속 반지름 (b) 바깥 반지름 지점에서 자기장의 크기를 구하라.

46. 필요한 도선 길이

길이 1.30 m, 지름 2.60 cm인 솔레노이드에 전류 18.0 A가 흐른다. 솔레노이드 속 자기장의 세기는 23.0 mT이다. 솔레노이드에 들어간 도선의 길이를 구하라.

47. 또아리 속의 장

또아리 속 반지름 r인 곳의 자기장의 세기는 다음과 같다(30-6절).

$$B = \frac{\mu_0 |i| N}{2\pi r}$$

또아리 바로 안쪽의 어느 곳과 바로 바깥쪽의 어느 곳의 $\vec{B}$의 크기 차이는 $\mu_0|\lambda|$임을 보여라. 여기서 $|\lambda|$는 또아리 속 반지름 r인 곳의 원둘레에서의 단위 거리당의 전류이다. 이를 문제 48에서 얻은 비슷한 결과와 비교해보라. 두 결과가 같은 것이 놀랍지 않은가?

48. 원기둥꼴 도체로서의 솔레노이드

이상적인 솔레노이드를 얇은 원기둥꼴 도체로 다루는데, 기둥 축 방향으로 잰 단위 길이당의 전류를 λ라 하자. (a) 이렇게 하면 이상적인 솔레노이드 속의 자기장 세기를 $B = \mu_0|\lambda|$로 표시 할 수 있음을 보여라. 이 값은 솔레노이드 벽을 사이에 두고 속과 바깥의 $\vec{B}$의 차이다. (b) 그림 30-40(문제 41 참조)에 보인 한없이 넓은 전류 평면 위아래에서도 이러한 차이가 있음을 보여라. 두 결과가 같은 것이 놀랍지 않은가?

49. 장의 방향

10번/cm씩 감은, 지금 7.00cm인 기다란 코일에 전류가 20.0mA 흐른다. 이 코일의 중심축을 따라가는 곧은 도선에 전류 6.00A가 흐른다. (a) 두 도선에 흐르는 전류가 만드는 자기장의 합이 광축과 45.0°를 이루는 곳은 광축에서 얼마나 멀리 있는가? (b) 그곳의 자기장의 세기는 얼마인가?

50. 솔레노이드의 전류

100번/cm의 긴 솔레노이드에 전류 i가 흐른다. 전자 하나가 솔레노이드 속에서 솔레노이드 축에 수직하게 반지름 2.30 cm인 원을 그린다. 전자의 속력은 $0.0460\,c$ (c = 빛의 속력)이다. 솔레노이드의 전류 $|i|$를 구하라.

30-7 자기 쌍극자로 보는 전류 고리

지금까지는 직선 도선, 솔레노이드, 또아리 등에 흐르는 전류가 만드는 자기장을 다루었다. 이제는 전류가 흐르는 고리가 만드는 장을 살펴보자. 이미 29-10절에서 코일을 자기장 $\vec{B}$ 속에 두면 아래와 같은 회전력 $\vec{\tau}$를 받으므로 고리가 자기 쌍극자의 특성을 가지고 있음을 발견하였다.

$$\vec{\tau} = \vec{\mu} \times \vec{B} \tag{30-27}$$

여기서 $\vec{\mu}$는 고리의 자기 쌍극자 모멘트이며 크기는 NiA인데, N은 고리를 감은 수, i는 전류 그리고 A는 한 번 감긴 고리의 넓이다.

$\vec{\mu}$의 방향은 오른손 규칙으로 정해지는 점을 상기하자: 전류의 방향을 따라 오른손가락으로 고리를 감싸면 뻗은 엄지가 쌍극자 모멘트 $\vec{\mu}$의 방향을 가리킨다.

• 고리의 자기장

이제 전류가 흐르는 고리의 자기 쌍극자로서의 또 다른 면모를 생각해 보자. 이 고리는 주변에 어떠한 자기장을 만들까? 이 문제에서는 대칭성이 부족하므로 앙페르 법칙은 쓸모가 없고 비오-사바르 법칙을 써야 한다. 문제를 단순화해 우선 한 번 감은 둥근 고리와 z축으로 잡은 중심축 위의 점만 생각한다. 아래에 증명하는 것처럼, 그곳의 자기장은 z성분, B_z만 있고 아래와 같다.

$$\vec{B} = B_z\,\hat{\mathrm{k}} = \frac{u_0 iR^2}{2(R^2+z^2)^{3/2}}\,\hat{\mathrm{k}} \qquad (30\text{–}28)$$

여기서 R은 둥근 고리의 반지름, z는 그곳에서 고리 중심까지의 거리다. $\vec{B}$의 방향은 고리의 자기 쌍극자 모멘트 $\vec{\mu}$의 방향과 같다.

z축 위, 고리에서 먼 곳에서는 식 30-28에서 $z \gg R$이 된다. 어림셈을 쓰면 z만의 함수인 $\vec{B}$의 z 성분을 나타내는 식은 다음과 같아진다.

$$B_z \approx \frac{\mu_0 iR^2}{2z^3}$$

πR^2이 고리의 넓이 A라는 사실을 상기하고, 이 결과를 N번 감은 고리로 확장하면 방정식을 아래와 같이 쓸 수 있다.

$$B_z = \frac{\mu_0}{2\pi}\frac{NiA}{z^3}$$

더 나아가서 $\vec{B}$와 $\vec{\mu}$의 방향이 같으므로 이 방정식도 $\mu = NiA$를 바꾸고 (식 29-32) 벡터 식으로 바꾸어 적는다.

$$\vec{B} = B_z\,\hat{\mathrm{k}} = \frac{\mu_0}{2\pi}\frac{\vec{\mu}}{z^3}\,\hat{\mathrm{k}} \quad \text{(전류 고리)} \qquad (30\text{–}29)$$

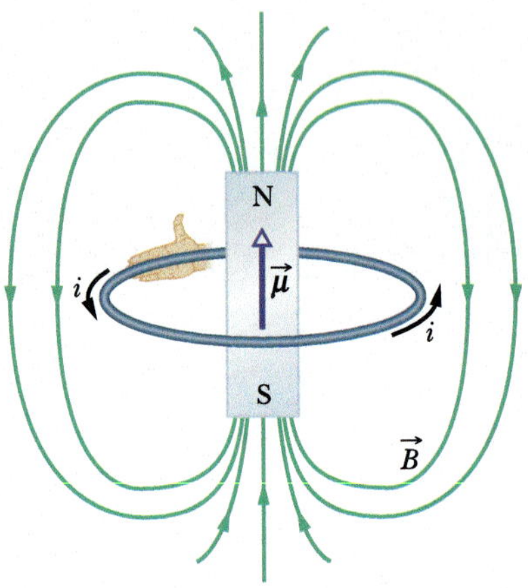

그림 30-47
전류 고리는 막대자석과 비슷한 자기장을 만들기 때문에 그와 관련된 남북극이 있다. 오른손 규칙을 따르는 고리의 쌍극자 모멘트 $\vec{\mu}$는 고리 속의 장 $\vec{B}$ 방향을 따라 남극에서 북극을 향한다.

자기상수 μ_0와 자기 모멘트 벡터 $\vec{\mu}$는 단위가 다른 완전히 다른 물리량이라는 점을 주의해야 한다. 두 물리량을 나타내는데 똑같은 기호 μ를 고른 것은 우연이다.

요약하면, 전류가 흐르는 고리를 자기 쌍극자로 보는 데는 두 가지 방법이 있다. (1) 바깥 자기장 속에 두면 회전력을 받는다. (2) 축 위의 먼 곳에서는 식 30-29로 나타낼 수 있는 자기장을 만든다. 그림 30-47은 전류 고리가 만드는 자기력선의 일부를 보여주는데, 그림에서 흐리게 그린 자석과 같이 고리의 한쪽은 ($\vec{\mu}$의 방향으로) 북극, 다른 쪽은 남극이 된다.

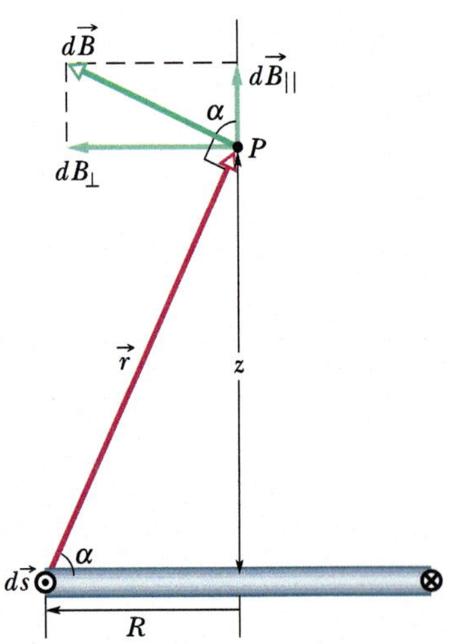

그림 30-48
반지름 R인 전류 고리. 고리 면은 종이면과 직교하고 그림에는 고리의 뒷부분만 보였다. 비오-사바르 법칙을 써서 고리의 중심축 위에 있는 점 P의 자기장을 구한다.

• 식 30-28의 증명

그림 30-48은 전류 i가 흐르는 반지름 R인 고리의 뒷부분 반을 나타낸 것이다. 고리의 중심축을 따라 고리면에서 거리 z인 곳에 있는 점 P를 보자. 고리 왼쪽에 있는 작은 조각 $d\vec{s}$에 비오-사바르 법칙을 쓰자. 이 조각을 나타내는 벡터 $d\vec{s}$는 종이면을 뚫고 나온다. 그림 30-48에서 $d\vec{s}$와 $\vec{r}$ 사이의 각도 θ는 90° 이고, 두 벡터가 이루는 평면은 그림의 평면과 직교하고 그 평면에 $\vec{r}$과 $d\vec{s}$가 모두 들어있다. 비오-사바르 법칙과 오른손 규칙을 쓰면 이 조각이 P에 만드는 미소 장 $d\vec{B}$는 그 평면과 직교함을 알 수 있다. 따라서 $d\vec{B}$는 그림 평면 위에 있으며 (그림 30-48에 나타낸 것처럼) $\vec{r}$과 직교한다.

이제 $d\vec{B}$를 고리의 축 방향 성분 $dB_{\|}$와 그 축에 수직한 방향성분 $d\vec{B}_{\perp}$로 나눈다. 대칭성에 의해, 고리의 조각 $d\vec{s}$ 전체에 의한 수직성분 $d\vec{B}_{\perp}$의 합은 0이다. 그러면 축 방향의 성분 $d\vec{B}_{\|}$만 남고, 크기는 다음과 같이 구한다.

$$B_{\|} = \int dB_{\|}$$

그림 30-48의 조각 $d\vec{s}$에 대해 비오-사바르 법칙을 쓰면 거리 r인 곳에서 자기장의 크기는 다음과 같다.

$$dB = \frac{\mu_0}{4\pi}\frac{i\,ds\sin 90°}{r^2}$$

또 자기장의 축방향 성분은 아래와 같다.

$$dB_{\parallel} = dB\cos\alpha$$

이 관계를 모으면 다음 결과를 얻는다.

$$dB_{\parallel} = \frac{\mu_0 i\cos\alpha\, ds}{4\pi r^2} \tag{30-30}$$

그림 30-48을 보면 r과 α가 서로 관련이 있음을 알 수 있다. 이 각각을 P에서 고리 중심까지의 거리 z로 나타내자. 관련 식은 다음과 같다.

$$r = \sqrt{R^2 + z^2} \tag{30-31}$$

$$\cos\alpha = \frac{R}{r} = \frac{R}{\sqrt{R^2 + z^2}} \tag{30-32}$$

식 30-31, 30-32을 식 30-30에 넣으면 다음 결과를 얻는다.

$$dB_{\parallel} = \frac{\mu_0 iR}{4\pi(R^2 + z^2)^{3/2}}\,ds$$

고리를 이루는 어떤 조각 $d\vec{s}$에 대해서도 i, R, z의 값은 같으므로, 이 방정식을 적분하면 장의 축방향 성분은 다음과 같이 구해지거나

$$B_{\parallel} = \oint dB_{\parallel} = \frac{\mu_0 iR}{4\pi(R^2 + z^2)^{3/2}}\oint ds$$

$\oint ds$가 고리의 원둘레를 나타내므로, 자기장의 축방향 성분은 아래와 같다.

$$\vec{B} = B_z\hat{\mathrm{k}} = \frac{\mu_0 iR^2}{2(R^2 + z^2)^{3/2}}\hat{\mathrm{k}}$$

이 결과는 우리가 증명하려던 식 30-28이다.

생각해보기 30-5 아래에 반지름 R과 $2R$인 고리가 (고리와 직교하는) 축을 중심으로 놓여 있고, 두 고리에는 같은 전류가 그림에 보인 방향으로 흐른다. 고리의 크기는 부풀려 보였고, $z \gg R$이라 하자. 두 고리 사이 축 위의 가운데에 있는 검은 점에서 관찰되는 알짜 자기장의 크기에 따라 큰 것부터 순서를 매기시오.

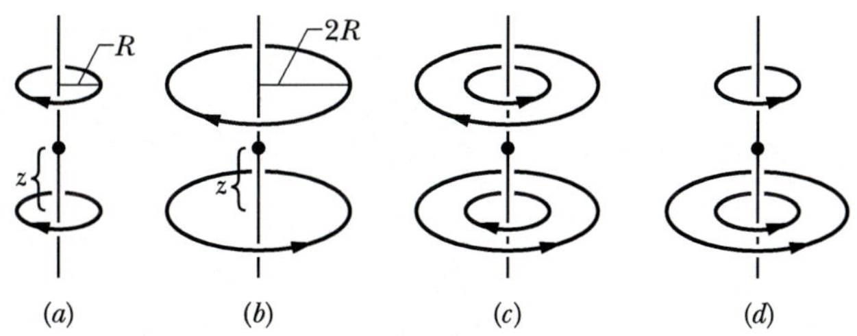

연습문제 30-7

51. 자기 쌍극자

문제 43에서 다룬 솔레노이드의 자기 쌍극자 모멘트 $\vec{\mu}$는 얼마인가?

52. 1번 감이 코일

전류 i가 흐르는 일정한 길이의 도선을 굽혀서 1번 감이 코일을 만들었다(그림 30-49a). 그림 34-49b는 같은 도선으로 반지름이 먼저의 반이 되는 2번 감이 코일을 만든 것이다. (a) 두 코일 중심의 자기장 크기를 각각 B_a, B_B라 하면, B_a/B_b비는 얼마인가? (b) 두 코일의 쌍극자 모멘트의 비 μ_a/μ_b는 얼마인가?

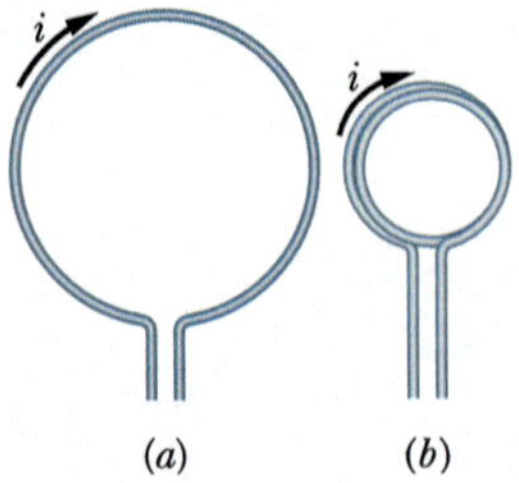

그림 30-49 문제 52

53. 학생이 만든 자석

어느 학생이 지름 $d = 5.0\,\text{cm}$인 나무 원기둥에 코일을 300번 감아서 짧은 전자석을 만들었다. 이 코일을 건전지에 연결하여 전류 4.0 A를 흘렸다. (a) 이 장치의 자기 모멘트는 얼마인가? (b) $z \gg d$인 z축 위에서 쌍극자가 만드는 자기장의 세기가 (지구 자기장 세기의 10분의 1 정도인) 5.0 μT가 되는 곳은 어디인가?

54. 헬름홀츠

그림 30-50은 헬름홀츠 코일을 보여준다. 이 코일은 각각 N번 감은 반지름 R인 두 코일이 거리 R 떨어져 있는 구조이다. 두 코일에 같은 전류가 같은 쪽으로 흐른다. 중간 지점 P의 알짜 자기장의 크기를 구하라.

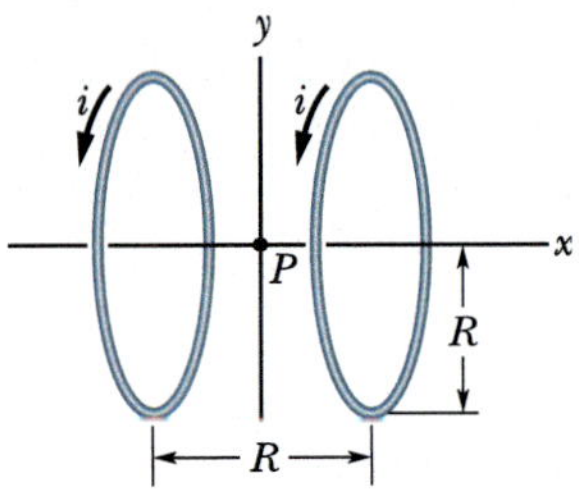

그림 30-50 문제 54, 55, 57

55. 거리에 따른 장의 변화

반지름 R로 300번 감은 두 코일에 전류 i가 흐른다. 두 코일은 그림 30-50과 같이 거리 R 떨어져 있다. $R = 5.0\,\text{cm}$, $i = 50\,\text{A}$일 때 알짜 자기장의 세기 $|\vec{B}(x)| = B(x)$를 거리 $x = 0$를 두 코일의 중심 점 P로 잡고 $x = -5\,\text{cm}$부터 $x = +5\,\text{cm}$까지 그래프로 그려라. (이 코일장치는 P 근처에 아주 고른 자기장을 만든다.) (**실마리**: 식 30-28 참조)

56. 네모꼴 전류

정사각형 전류 고리의 중심축 위의 자기장 크기 $B(x)$는 문제 15에 있다. (a) $x \gg a$인 곳에서 고리가 만드는 알짜 자기장의 축방향 성분은 자기쌍극자가 만드는 자기장(식 30-29 참조)과 같음을 보여라. (b) 고리의 자기 쌍극자 모멘트를 구하라.

57. 사이 간격

문제 54(그림 30-50)에서 코일의 간격을 변수 s라 하자. (반드시 코일의 반지름 R과 같을 필요는 없음). (a) 두 코일의 중간 점 P에서는 자기장 크기의 1차 미분(dB/ds)가 간격 s에 무관하게 0임을 보여라. 대칭성의 원리로부터 이것이 사실임을 예상할 수 있는가? (b)$s = R$이면 P에서 2차 미분(d^2B/ds^2)도 사라짐을 보여라. 이 때문에 간격이 특정한 값일 때 P 근처에서 B가 고르게 된다.

58. *abcdefgha*

그림 30-51의 육면체 12개의 모서리 중 여덟 곳을 지나는 닫힌 곡선 $abcdefgha$를 따라 전류 6.0 A가 흐른다. (a) 이 문제를 정방형 고리 세 개 $bcfgb$, $abgha$, $cdefc$가 중첩된 것으로 볼 수 있는 까닭은 무엇인가? (b) 중첩 원리를 써서 닫힌 곡선의 자기 쌍극자 모멘트 $\vec{\mu}$를 구하라. (c) 두 곳 $(x, y, z) = (0.0\,\text{m}, 5.0\,\text{m}, 0.0\,\text{m})$과 $(5.0\,\text{m}, 0.0\,\text{m}, 0.0\,\text{m})$에서 자기장 $\vec{B}$의 크기와 방향을 구하라.

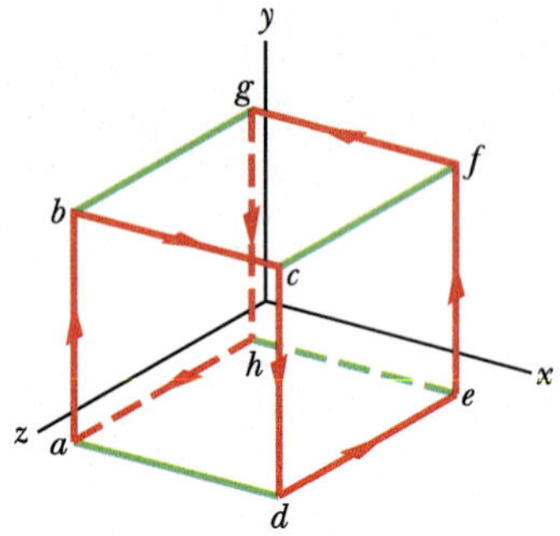

그림 30-51 문제 58

59. 회전력

반지름 12 cm인 둥근 고리에 전류 15 A가 흐른다. 1.3 A가 흐르는 반지름 0.82 cm의 52번 감이 평면 코일이 고리와 동심으로 놓여 있다. (a) 고리가 중심에 만드는 자기장 $\vec{B}$의 크기와 방향을 구하라. (b) 코일이 받는 회전력을 구하라. 고리와 코일 면은 수직하며 고리가 만든 자기장은 코일 전반에 걸쳐 고르다고 가정한다.

60. 넓이가 다를 때

도선으로 그림 30-52와 같이 반지름 a와 b인 닫힌 회로를 만들어 전류 i를 흘려 보낸다. (a) 점 P의 자기장 $\vec{B}$의 크기와 방향은 어떻게 되는가? (b) 이 회로의 자기 쌍극자 모멘트를 구하라.

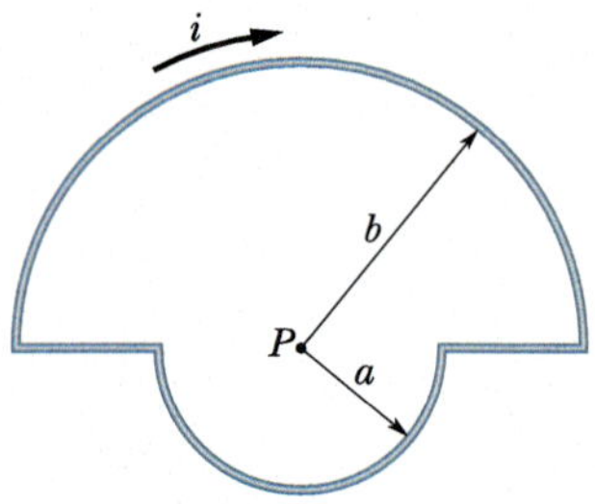

그림 30-52 문제 60

추가문제

61. 도선의 단면

그림 30-53은 종이면에 수직인 도선의 단면이다. 도선에서 거리 r인 A에 나침반을 두자, 나침반의 바늘이 그림에 보인 방향을 가리켰다. (a) 이 그림을 다시 그려서 B와 C에서 나침반이 가리킬 것으로 예상되는 방향을 표시하라. *주의:* 전류의 방향이 종이면 뒤쪽이면 ⊙, 앞쪽이면 ⊗부호를 써라. (b) 도선에 (+)전류가 어느 쪽으로 흐르는지 나타내고, 방향을 유추할 때 쓴 규칙을 설명하라. (c) 도선에서 전자는 어느 쪽으로 이동하는가?

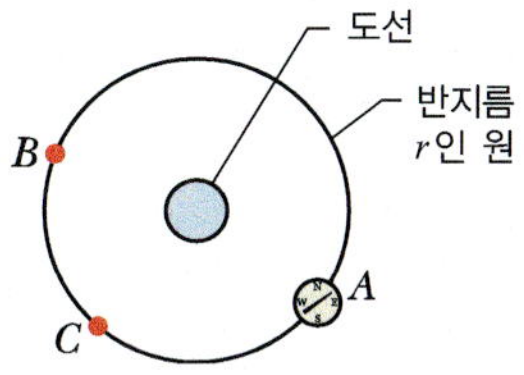

그림 30-53 문제 61

62. *B*장 속의 도선

고른 자기장이 그림 30-54와 같이 종이면의 오른쪽을 향한다. A에 있는, 종이면에 수직한 도선에 전류 i가 흐른다. D에서 고른 자기장 B와 도선이 만든 자기장 B_w가 중첩된 결과가 0이라고 하자. (a) 도선의 전류는 종이면 뒤쪽인가 앞쪽인가? 답을 얻는 과정을 설명하라. (b) A가 도선 중심에서 D까지의 거리와 같은 거리에 있고, 고른 자기장의 크기를 나타내는 벡터 크기가 왼쪽에 나타낸 화살표의 길이라고 하자. A의 알짜 자기장 $B_A^{알짜}$를 나타내는 벡터 그림을 그려라. (c) C가 도선 중심에서 D까지 거리의 두 배 되는 곳에 있다고 하자. C에서의 알짜 자기장 B를 나타내는 벡터 그림을 그려라. (출처: A. Arons, Homeworks and Test Questions for Introductory Physics Teaching, John Wiley and Sons, 1994)

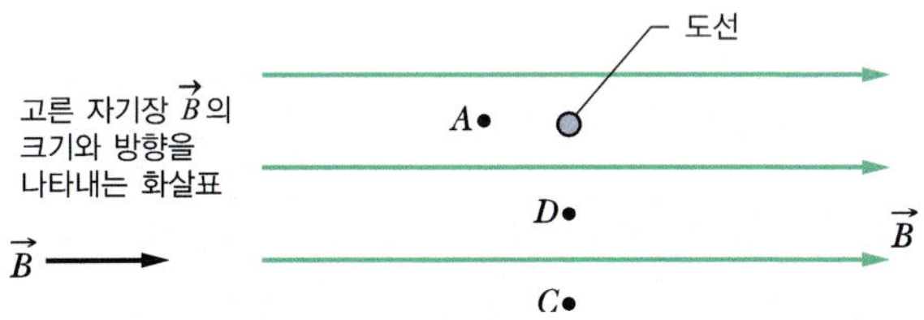

그림 30-54 문제 62

63. 지구 자기장

지구의 양쪽 지자극에서 지자기 장 B의 세기는 대략 7×10^{-5} T이다. 이 장을 적도에 있는 전류 고리가 만든다는 모형을 써서, 전류의 크기를 구하라. ($R_{지구} = 6.37 \times 10^6$ m)(**실마리:** 반지름 R인 전류 고리가, 중심에서 거리 R인 곳에 만드는 자기장의 고리 면에 수직 방향 성분의 크기는 다음 식으로 나타낼 수 있다.

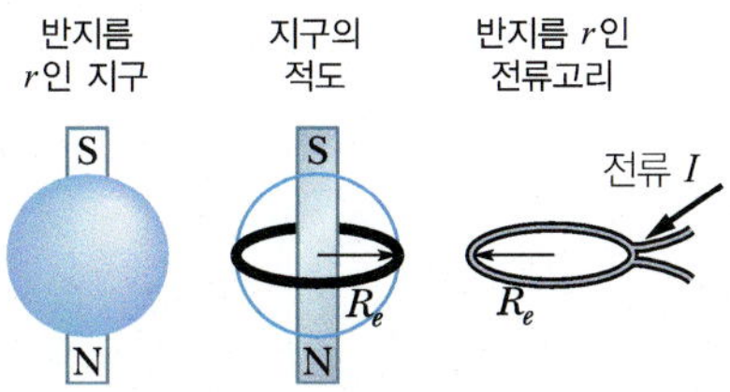

그림 30-55 문제 64

$$B = \frac{\mu_0 |i|}{2\sqrt{8}\,R}$$

그림 30-55참조

64. 전기 자기력의 비교 1

이 문제에서는 다음 세 가지 길고 가는 물질이 전하를 띤 상황을 생각한다: 1) 전류가 흐르는 구리 도선 2) 털가죽으로 문질러 음전하가 고르게 퍼진 기다란 호박 막대, 3) 음극선관 속 진공 속에서 이동하는 전자선 전류 방향과 전자의 이동 방향은 왼쪽에서 오른쪽이다. 그림 30-56에 x로 표시한 점과 오른쪽에 기호를 매긴 여러 방향을 나타내었다.

(a) 위의 세 가지 물질 각각에 대하여 x의 전기장과 자기장의 방향을 표시하라. 방향을 표시하려면 그림 30-56의 '나침반' 위의 방향을 나타내는 화살표에 붙어 있는 글자 중 하나를 쓰자. 어느 장이건 0이면 0이라고 적는다.

(b) 이제는 x에 (+)전하를 둔다고 하자. 한 경우에는 전하가 움직이지 않지만, 둘째 경우에는 C쪽(오른쪽)으로 움직인다. 전하가 받는 전체 힘에 가장 가까운 방향을 표시하라. (중력과 공기 저항은 무시한다.) 세 가지 재료와 두 경우 모두에 대하여 답하라.

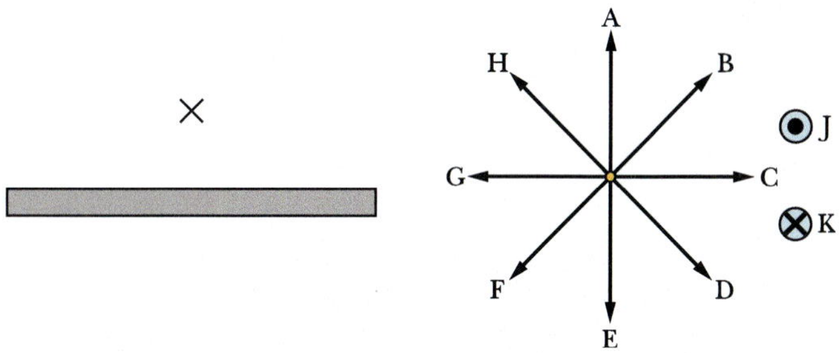

그림 30-56 문제 64

65. 전기 자기력의 비교 2

전류 i가 오른쪽으로 흐르는 긴 도선과 전하 밀도(전하량/거리)가 λ인 긴 호박 막대가 있다 (그림 30-57 참조). i와 λ는 둘 다 양의 값이라고 하자.

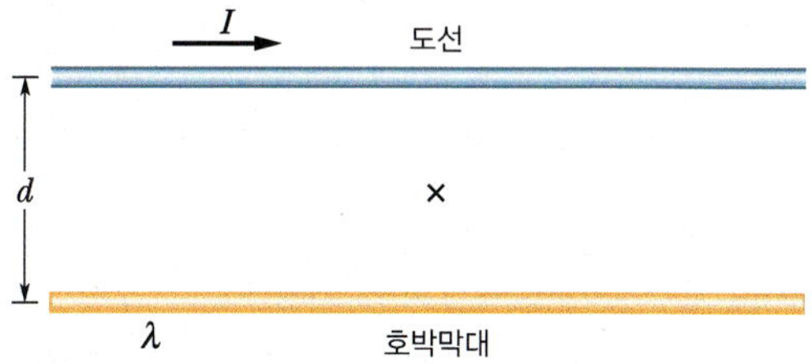

그림 30-57 문제 65

(a) 둘은 d만큼 떨어져 있다. x로 나타낸 점은 중간 지점이다. 그림을 답지에 옮겨 그리고 다음을 나타내는 화살표를 나타내라.

(화살에 기호를 분명하게 나타낼 것)

i. x로 표시한 곳의 자기장 방향

ii. x로 표시한 곳의 전기장 방향

iii. x에 둔 양 전하 q가 받는 전기력의 방향

iv. x에 둔 양 전하 q가 오른쪽으로 움직일 때 받는 자기력의 방향

(b) 전류 i는 +10 A, 전하밀도 λ는 −1 nC/m (= 10^{-9} nC/m)(음수 주의)이고 둘 사이의 거리는 40 cm이다. 그림에 보인 순간에 전하 $q = 1.6 \times 10^{-19}$ C의 양성자가 종이면 뒤쪽을 향해 속력 $v = 10^6$ m/s으로 들어간다. 중력을 무시할 때, 양성자가 이 순간 받는 알짜 힘의 크기와 방향을 구하라.

66. 자기력의 방향

그림 30-58은 (A~D로 나타낸) 네 줄의 길고 나란한 도선을 수직하게 자른 면이다. 이 도선 중 몇 개에는 전류가 흐를 수도 있다. 어느 도선에 전류 i_0가 흐른다면 방향은 표시한 바와 같고 세기는 $|i_0|$이다.

아래 (i)부터 (iv)까지 열거한 벡터량 각각의 방향을 밝혀라. 방향을 나타내려면 그림 30-58의 '나침반' 에 방향을 나타내는 화살표에 붙어 있는 글자 중 하나를 쓰자. 어느 장이건 0이면 '0' 이라고 적고, 0이 아니지만 주어진 어느 방향과도 맞지 않으면 '기타' 라고 적는다.

i. 도선 B와 D에만 전류가 흐름. 도선 D가 받는 힘의 방향은 ______이다.

ii. 도선 B와 D에만 전류가 흐름. (나침반의) E쪽으로 가는 전자가 받는 힘의 방향은 ______이다.

iii. 도선 B와 D에만 전류가 흐름. (나침반의) N쪽으로 가는 전자가 받는 힘의 방향은 ______이다.

iv. 도선 모두에 전류가 흐름. 도선 A가 받는 힘의 방향은 ______이다.

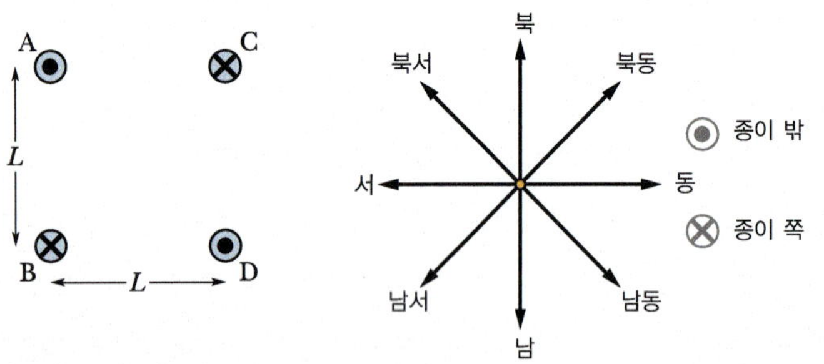

그림 30-58 문제 66

67. 자기력과 장

그림 30-59는 (A~C로 표기한) 세 줄의 길고 나란한 도선을 수직으로 자른 면이다. 도선 중 몇 개에는 전류가 흐를 수도 있다. 어느 도선에 전류 i_0가 흐른다면 그 방향은 표시한 바와 같고 세기는 $|i_0|$이다. 아래 (1)부터 (5)까지 열거한 다섯 가지 벡터의 방향을 밝혀라. 방향을 나타내려면 그림 30-59의 "나침반" 에 방향을 나타내는 화살표에 붙어있는 글자 중 하나를 쓰자. 어느 장이건 0이면 "0" 이라고 적고, 0이 아니지만 주어진 어느 방향과도 맞지 않으면 "기타" 라고 적는다.

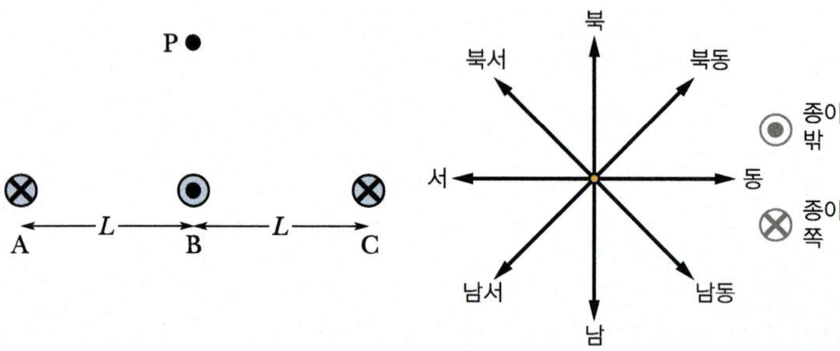

그림 30-59 문제 67

1. 도선 A에만 전류가 흐를 때 P의 자기장
2. 도선 A에만 전류가 흐를 때 도선 C의 자기장
3. 도선 A와 C에만 전류가 흐를 때 도선 C가 받는 자기력
4. 도선 A에만 전류가 흐를 때 도선 C가 받는 자기력
5. 도선 B에만 전류가 흐를 때 E쪽(오른쪽)으로 가는 양성자가 받는 힘

68. 오른손 규칙

자성과 회전운동을 배울 때 여러 물리량의 방향이나 부호를 찾는 여러 가지 오른손 규칙을 배웠다. 오른손 규칙 세 가지를 설명하라. 각각의 설명 과정에서 그 규칙이 적용되는 방정식이나 법칙에 대한 설명과 규칙이 '근본적' 인 것인지 아니면 더 기본적인 원리로부터 유도된 것인가를 설명하라.

69. 자기력

그림 30-60은 전류가 흐르는 긴 도선 1, 2의 일부분을 보인 것이다. 두 도선은 같은 평면 위에 있고 그림에 표기한 점에서 직각으로 교차한다. 전류가 흐를 때는 두 도선에 모두 같은 전류가 표시한 방향으로 흐른다. 오른쪽에 보인 것은 벡터의 방향을 기술하는 쓰는 좌표계의 방향이다.

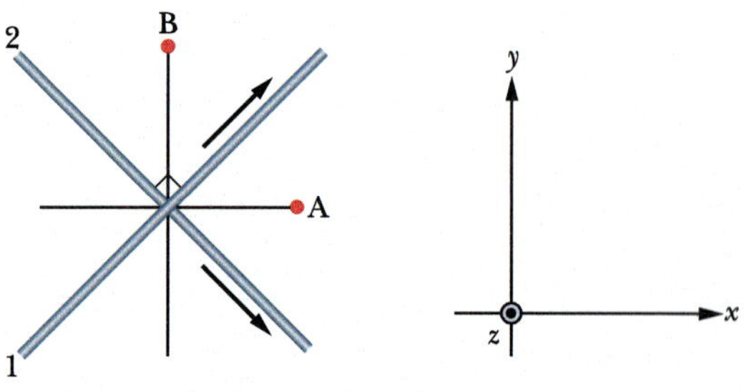

그림 30-60 문제 69

답하는 각각의 벡터에 대해 그림에 보인 좌표계를 써서 방향을

설명하라. 예를 들면, '$+x$쪽', '$-z$쪽', '$x-y$ 평면위 $+x$와 $+y$쪽 사이 45°' 등과 같이 기술한다. 요구한 벡터의 크기가 0이면 '0' 이라고 적는다.

(a) 도선 1에만 전류가 흐를 때, B에서 $+y$쪽으로 가는 양전하가 받는 힘의 방향

(b) 도선 둘에 모두 전류가 흐를 때, B에서 $-z$쪽으로 가는 양전하가 받는 힘의 방향

(c) 도선 2에만 전류가 흐를 때, A에서 $+x$쪽으로 가는 양전하가 받는 힘의 방향

다음 두 문항에 대해서는 두 도선에 모두 전류가 흐른다 하고 어느 답이 맞는지를 고르라.

(d) 도선 1이 받는 자기력은

i. 도선을 $-z$쪽으로 민다.
ii. 도선을 $+z$쪽으로 민다.
iii. 도선을 교차점 중심으로 하여 왼쪽으로 돌린다.
iv. 도선을 교차점 중심으로 하여 오른쪽으로 돌린다.
v. 해당 사항 없음

(e) 도선 2가 받는 자기력은

i. 도선을 $-z$쪽으로 민다.
ii. 도선을 $+z$쪽으로 민다.
iii. 도선을 교차점 중심으로 하여 왼쪽으로 돌린다.
iv. 도선을 교차점 중심으로 하여 오른쪽으로 돌린다.
v. 해당 사항 없음

70. 원 기둥에 붙어서

반지름 20.0 cm의 플라스틱 원기둥 표면에 두 긴 도선이 붙어 있다 (그림 30-61). 도선 1에는 $i_1 = 60.0$ mA가 종이면 앞으로 흐르고 있으며, 원기둥의 왼쪽에 고정되어 있다. 도선 2에는 $i_2 = 40.0$ mA가 종이면 앞으로 흐르며 원기둥 표면을 따라 이동할 수 있다. 도선 2가 어느 각도 θ_2에 있어야 두 전류가 원점에 만드는 알짜 자기장의 크기가 80.0 nT가 되는가?

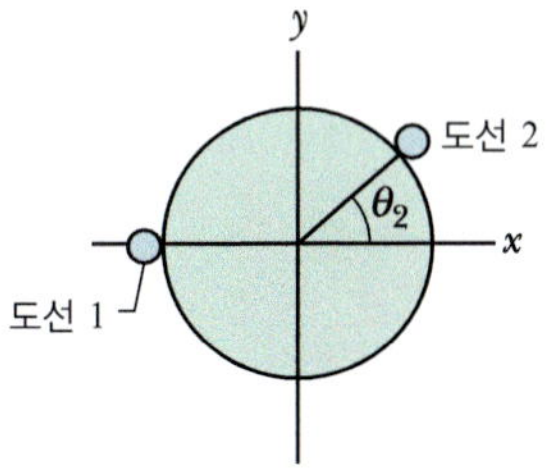

그림 30-61 문제 70

71. 거리 요소

그림 30-62a는 전류가 흐르는 긴 직선 도선에서 길이 조각 $ds = 1.00\ \mu$m를 보여준다. 이 길이 조각의 전류가 주변 공간에 미소 자기장 $d\vec{B}$를 만든다. 그림 30-62b는 이 조각에서 2.5 cm 떨어진 곳의 자기장 세기를 도선과 그 곳을 잇는 직선 사이의 각도 θ에 대해 pT(10^{-12} T)로 그린 것이다. 도선 전체가 도선에서 2.5 cm인 곳에 만드는 자기장의 세기는 얼마인가?

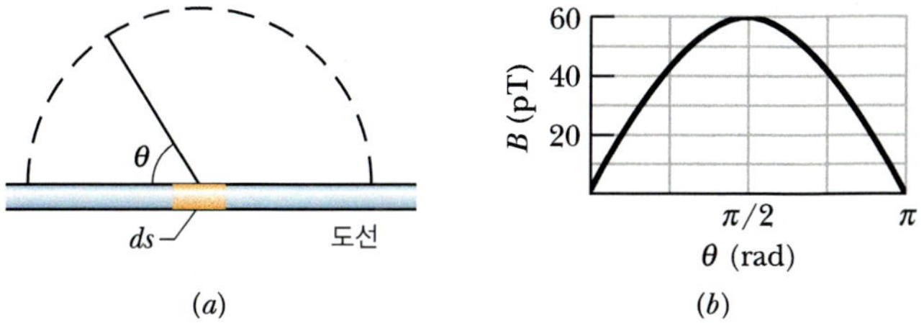

그림 30-62 문제 71

72. 도선 2의 위치는?

전류가 흐르는 가늘고 긴 도선 두 줄이 길이가 같고 반지름이 $R = 20.0$ cm인 원통 표면에 놓여 있다. 그림 2에는 원통과 도선 1의 단면만 그리고 도선 2는 보이지 않았다. 도선 2는 고정시키고 도선 1은 원통 면을 따라 xy좌표계의 1, 2사분면에서 $\theta_1 = 0°$에서 $\theta_2 = 180°$까지 움직인다. 원통 중심의 알짜 자기장을 각도 θ_1의 함수로 쟀다. 그림 30-63b와 30-63c는 둘 다 θ_1의 함수로 장의 x성분 B_x와 y성분 B_y를 μT(10^{-6} T)단위로 나타낸 것이다. (a) 도선 2는 어느 각도 θ_2에 있는가? (b) 도선 1 (c)도선 2의 전류 방향과 크기를 구하라.

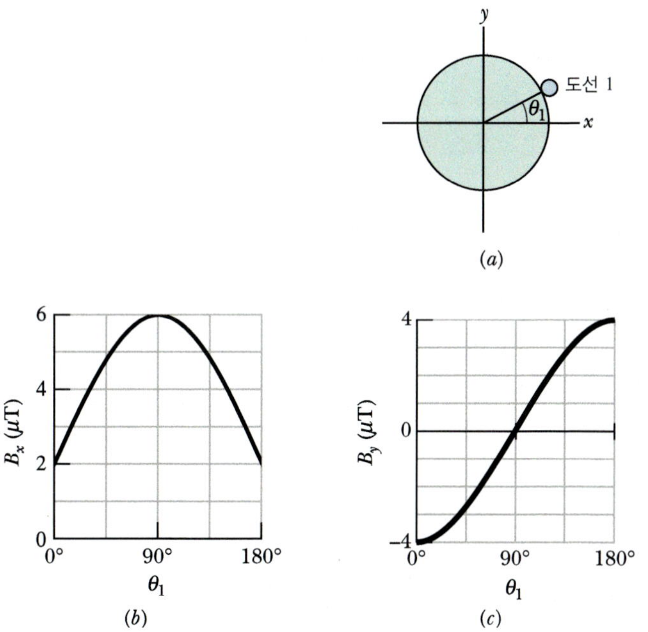

그림 30-63 문제 72

73. 전류의 비

전류가 흐르는 기다란 도선 두 가닥이 거리 L만큼 떨어져 나란히 놓여 있다(단면도 그림 30-64a). 두 도선의 전류 비 $|i_1/i_2|$는 4.00이며 전류의 방향은 나타나 있지 않다. 그림 30-64b는 도선 오른쪽으로 가면서 두 전류가 만드는 알짜 자기장의 y성분 B_y를 nT(10^{-9} T) 단위로 나타낸 것이다. (a) B_y가 최대가 되는 $x > 0$인 곳은 어디인

가? (b) $|i_2| = 3\,\text{mA}$라면 최대값은 얼마인가? (c) 전류 i_1과 (d) 전류 i_2의 방향은 어떻게 되는가?

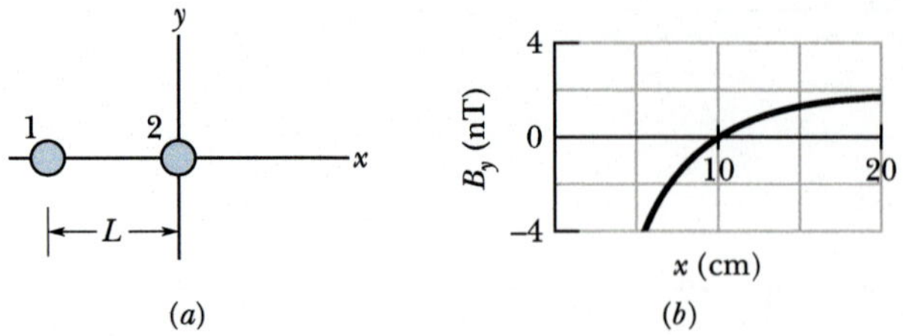

그림 30-64 문제 73

74. 반지름은 같지만 전류가 달라

두 둥근 고리가 있어 각각에 흐르는 전류는 다르지만 반지름은 모두 4.0 cm로 같다(그림 30-65*a*). 처음에 이 둘은 고리 2를 축의 원점에 두고 간격이 $L = 3.00\,\text{cm}$이었다. 두 고리의 전류가 원점에 y 성분 B_y인 알짜 자기장을 만들었다. 고리 1을 서서히 $+y$쪽으로 옮기면서 이 성분을 쟀다. 그림 30-65*b*는 고리 2의 위치 y에 대하여 B_y를 μT단위로 나타낸 것이다. $y \to \infty$가 되면서 그래프값이 $B_y = 7.20\,\mu\text{T}$로 수렴하는 것을 볼 수 있다. (a) 고리 1의 전류 i_1과 (b) 고리 2의 전류 i_2를 구하라.

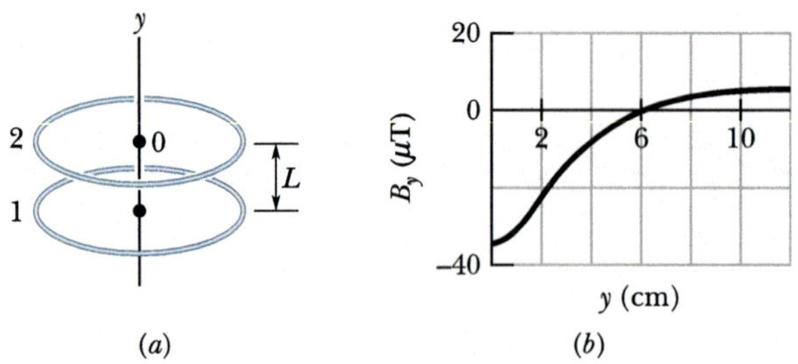

그림 30-65 문제 74

75. 회전 횟수

솔레노이드 속으로 전자를 쏘아, 전자가 속력 800 m/s로 고른 자기장 속으로 들어가는데, 그 방향은 솔레노이드 중심축과 30°의 각도를 이룬다. 솔레노이드에는 전류 4.0 A가 흐르며, 모두 8000번 감겨 있다. 전자는 솔레노이드 반대편으로 나갈 때까지 솔레노이드 속에서 나선 궤적을 그리는데, 전체 회전수는 얼마인가? (실제의 솔레노이드에서는 양 끝에서 자기장이 고르지 않아서 실제 회전수는 이 값보다 조금 작다.)

76. 단위 길이당의 힘 2

그림 30-66과 같이 전류 4.00 mA가 흐르는 도선 1이 표면에서 $d_1 = 2.4\,\text{cm}$ 떨어져 있다. 도선 2는 도선 1에서 수평거리 $d_2 = 5.0\,\text{cm}$ 떨어져 있고 전류 6.80 mA가 종이면 뒷쪽으로 흐른다. 도선 1의 전류에 의해 도선 2의 단위 길이가 받는 자기력 x성분은 얼마인가?

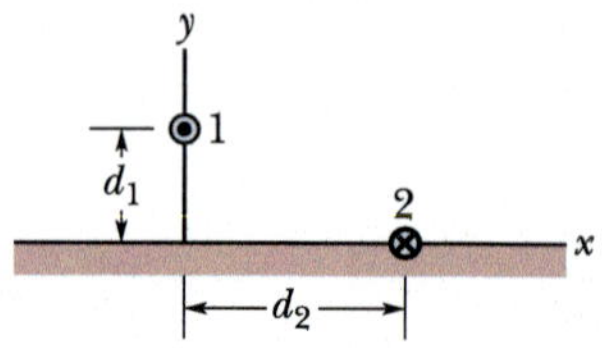

그림 30-66 문제 76

31 자기유도와 맥스웰 방정식

제너럴 모터스는 전기자동차 EV1을 남서부 지방에서 1997년과 1999년 두 번에 걸쳐 팔았다. 1999년에 만든 자동차를 모두 빌려준 뒤에는 생산을 중단했다. EV1에는 엔진, 배기관, 밸브, 피스톤, 타이밍 벨트나 크랭크 축 등의 부품이 없다. EV1에는 유도 충전장치가 있어 충전할 때 금속과 금속을 직접 댈 필요가 없었다. 대신 220 V 전원에 연결된 충전판을 자동차 앞쪽의 충전구에 꽂기만 하면 되었다.

전기 자동차를 전원에 직접 연결하지 않고도 어떻게 전지를 충전할 수 있는가?

◈ 답은 이 장에 있다.

그림 31-1
저명한 영국의 과학자 패러데이는 전자기 유도를 발견한 것으로 인정받고 있다.

31-1 서론

앞 장에서 전류(움직이는 전하)가 자기장을 만든다는 것을 알았다. 또한 영구자석과 움직이는 전하가 서로 힘을 준다는 것도 배웠다. 이러한 발견으로부터 매우 중요하고 실질적인 결과가 얻어져서, 전자석으로 강력한 자기장을 만들 수 있게 되었고, 더 나아가서는, 자기장이 움직이는 전하에 주는 강한 힘을 제어하여 무거운 물체를 움직이는 전동기를 만들 수 있게 되었다.

1820년 외르스테드가 전류가 자기장을 만든다는 것을 발견하자, 여러 저명한 과학자가 자기장을 써서 전류를 만드는 방법을 연구하기 시작했다. 10년이 넘게 정자기장이 유도하는 전류를 찾았으나 성공하지 못했다. 1831년에 이르러 패러데이(Michael Faraday)(그림 31-1)와 헨리(Joseph Henry)가 전류를 유도하려면 자기장이 변화해야 한다는 것을 발견했다. 이 현상을 **전자기 유도(electromagnetic induction)**라 한다.

전자기 유도를 발견한 업적은 보통 패러데이에게 돌리는데 그 기술적인 중요성은 엄청난 것이었다. 유도를 써서 운동으로부터 전기를 만들 수 있게 되었다. 실제로 19세기 말까지 전력의 생산 및 전송 시설이 개발되었다. 패러데이와 헨리의 발견이 쓰이는 사례는 변압기, 고속열차, 유도형 전지 충전기, 전기 기타의 픽업 등 수많은 전기 기기에서 찾을 수 있다.

유도현상의 발견에서 온 실용적인 혜택도 엄청나지만, 과학에 준 파급 효과도 컸다. 패러데이의 유도법칙이 자기와 전기를 잇는 고리를 만들었기 때문에 많은 과학자가 이 법칙을 모든 고전물리학 법칙 가운데 가장 중요하다고 생각한다. 패러데이 법칙과 앙페르 법칙을 묶으면 전기와 자기를 같은 현상의 상호 보완적인 것으로 다룰 수 있다. 19세기 중반에 이르러 맥스웰이 페러데이 및 기타 사람들의 착상을 모아 전자기 현상을 기술하는 네 방정식으로 묶었다. 이 장에서는 전자기 유도의 특성과 전자기 상호작용에 대해 맥스웰이 종합한 식을 다룬다.

생각해보기 31-1 19세기 초 과학자들이 실제로 자기유도를 발견하기까지 그렇게 오래 걸린 까닭은 무엇인가?

31-2 자기장 속에서의 운동으로 생기는 전류

전자기 유도 현상을 다루려면 먼저 그림 31-2처럼 고른 자기장 속에서 도체 고리를 일정한 속력으로 이동시키다가 자기장 밖으로 나가게 할 때 생기는 현상을 생각해보자. 이 현상은 패러데이가 관찰한 것과는 다르다. 그의 실험은 뒤에 소개한다. 이 그림은 코일 면이 자기장 방향과 직교한다는 점에 유의하자. 어떤 조건에서 전류가 유도되는 것일까? 이 상황을 실험과 이론 양면에서 살펴보자.

• 자기장을 가로질러 움직이는 도체 – 관찰

코일의 양 끝을 전류계에 연결하면 코일이 자석의 극 사이를 벗어날 때 바늘이 앞뒤로 순간적으로 잠시 튀는 것을 볼 수 있다. 코일 전체가 자석 사이의 중심에 있을 때에는 전류계 바늘은 0을 가리킨

그림 31-2
두 자석 덩어리 사이에 나무토막을 끼워 놓고, 사이에서 코일을 잡아당기면 코일에 전류가 흐르는 것을 쉽게 잴 수 있다. 두 자석 덩어리 사이의 중심 부분에서는 자기장이 고르다고 할 수 있다. 여러 번 감은 코일 끝에는 전류 감지기가 달려 있다.

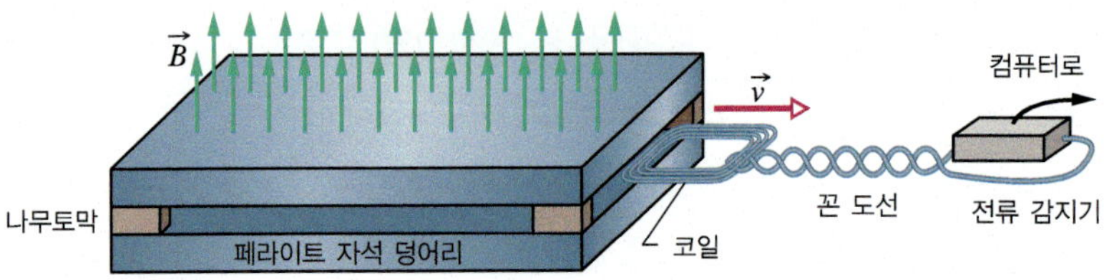

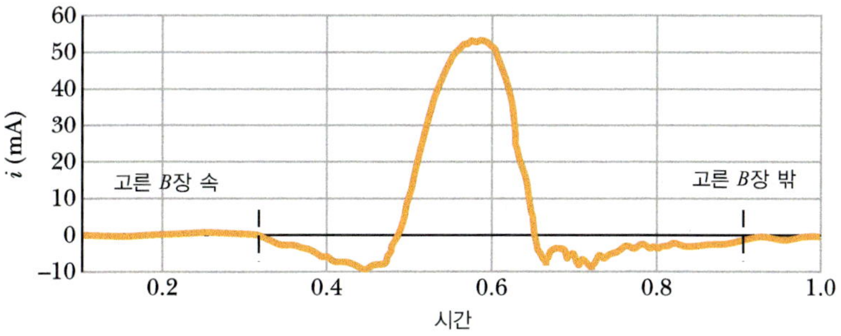

그림 31-3
그림 31-1의 두 자석 페라이트 덩어리 사이 가운데 부분에서 코일을 일정한 속도로 당길 때 유도되는 전류를 컴퓨터 자료 기록 장치를 써서 1초에 200번씩 쟀다. 0.0초부터 0.3초 사이에는 코일 전체가 고른 자기장 속에 들어 있다. 0.9초 이후, 코일은 자기장 영역을 완전히 벗어난다. 0.3초에서 0.9초 사이, 코일의 일부분은 자기장 속에, 나머지 부분은 자기장 바깥에 걸쳐 있다.

다. 코일 전체가 자석의 영향을 받는 부분에서 완전히 벗어나면 전류계 바늘이 다시 0으로 돌아간다. 이처럼 전류가 튀는 것은 전자회로를 쓰면 그림 31-3과 같이 자세히 살펴볼 수 있다.

민감한 전류계를 쓰는 간단한 실험과 전자식 전류 감지기로 잰 자료 두 가지에서 다음과 같은 점을 관찰할 수 있다.

- 코일이 서 있으면 정자기장과 무관하게 전류는 흐르지 않는다.
- 코일이 움직일 때 그 곳의 정자기장이 고르거나 0이면 전류는 흐르지 않는다.
- 코일이 움직일 때 정자기장이 고르지 않은 부분을 지나면 전류가 흐른다.

이러한 관찰 결과에서 아래와 같은 결론을 내릴 수 있다.

관찰 결과: 도체 고리가 자기장에 수직하게 움직이면, 코일이 자기장의 변화를 느낄 때마다 전류가 유도된다.

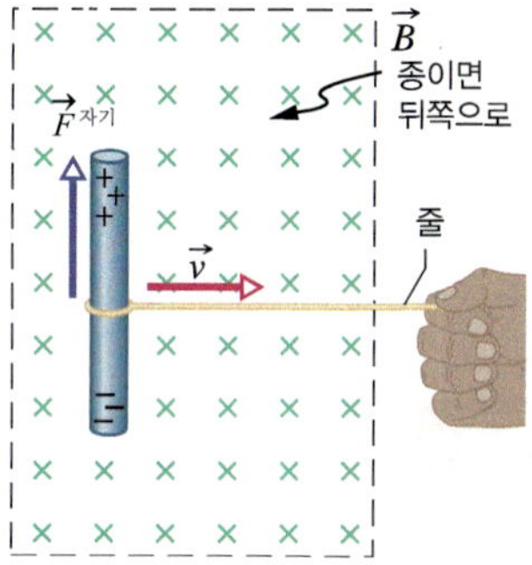

그림 31-4
고른 자기장 속에서 곧은 도선을 일정 속도로 당기면 도선 속의 전하가 분리된다.

• 자기장을 가로질러 움직이는 도체-이론

깊이 생각해보면 움직이는 코일에 전류가 생기려면 자기장의 변화가 있어야 함을 예측할 수 있다. 이 유도 현상은 식 29-2와 29-23에서 설명한 자기력으로부터 자연스럽게 얻어지는 결과이다.

고른 $\vec{B}$장 속에서 움직이는 곧은 도선: 힘의 법칙을 써서 고른 자기장 속에서 곧은 도선 토막을 자기장에 수직방향으로 잡아당기면 어떤 일이 생길까 예상해보자(그림 31-4). 도선 속 낱낱의 전하는 $F^{자기} = q\vec{v} \times \vec{B}$의 자기력을 받는다(식 29-2). 이 힘의 방향은 그림 31-5과 같이 가위곱의 오른손 규칙으로 정해진다. 금속에는 자유롭게 움직일 수 있는 전자가 있고, 이 전자는 도선의 아래쪽으로 이동하여 도선 위쪽에는 움직이지 못하는 과잉 양전하가 생긴다. 따라서 잠시 동안은 도선에 전류가 흐르지만 곧 이렇게 나누어진 전하가 만드는 전기장 때문에 전자는 더 이상 이동하지 못한다.

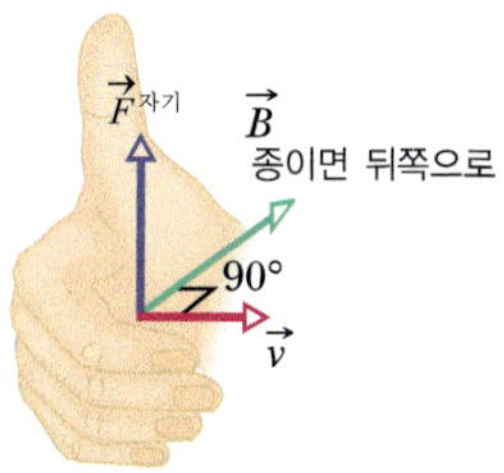

그림 31-5
자기력을 구하는 오른손 법칙에 따라 그림 31-4에서 (+)전하는 '위쪽', 도선속의 자유 (−)전하는 '아래쪽'의 힘을 받는다.

고른 $\vec{B}$장 속에서 움직이는 고리: 그렇다면 곧은 도선 대신 고리를 만들면 전류를 유도할 수도 있음직하다. 그러나 이는 도움이 되지 않는 것이, 오른쪽과 왼쪽 (그림 31-6*a*, *c*) 모두 운동 방향과 직교하고 따라서 둘 다 같은 방식으로 전하가 나뉘기 때문이다. 이렇게 되면 여전히 과잉 전하가 위아래에 쌓일 뿐이다(그림 31-6*b*, *d*).

고른 $\vec{B}$장에서 장이 없는 곳으로 움직이는 고리: 자기력이 만드는 전하분리 현상을 써서 전류를 만드는 가장 쉬운 방법은 구간 *a*는 자기장 속에, 그리고 구간 *c*는 밖에 있게 하여 고리를 당기는 것이다. 어떤 일이 벌어질까? 그림 31-7에서 보면 뒤에서 따라가는 구간 *a*에 든 전자는 계속 자기력을 받음을 알 수 있다. 그러나 구간 *c*는 이미 자기장을 벗어났으므로 이 부분의 전자는 아무 힘도 받지 않는다. 고리에 전류를 흘리는 힘은 고리의 왼쪽 구간에만 작용하므로 이 구간의 전자는 아래쪽으로 밀린다. 그 결과 반시계 방향으로 전자의 알짜 흐름이 생긴다. 26장에서 정의한 '전류'는 양전하 운반자의 흐름을 나타내므로 전류는 그림 31-7과 같이 시계 방향이 된다.

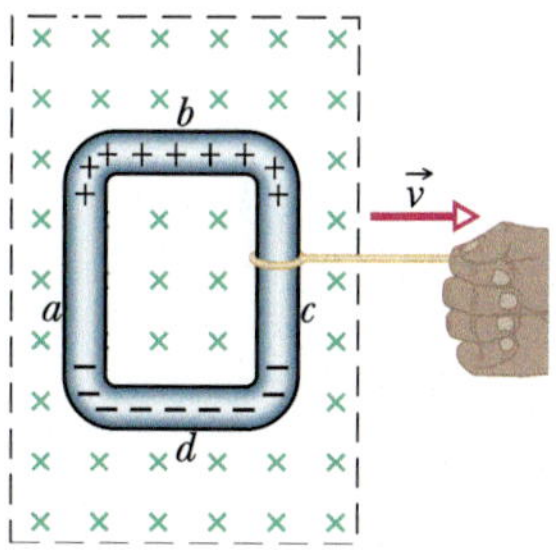

그림 31-6
줄을 써서 도선 고리를 고른 자기장 속에서 잡아당긴다. 고리의 위와 아래 부분(*b*와 *d*)에 과잉 전하가 쌓이지만 전류는 고리에 유도되지 않는다.

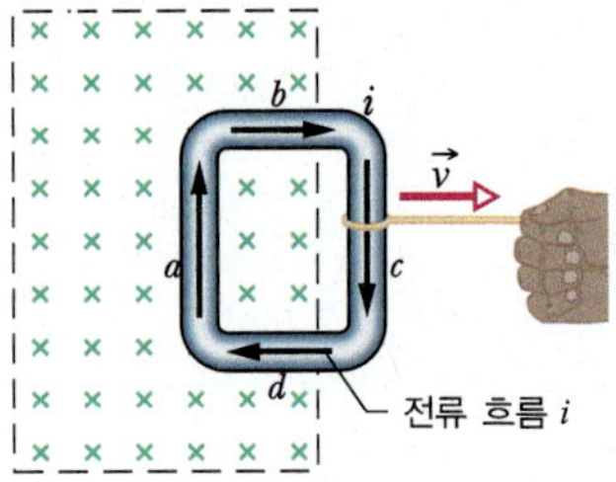

그림 31-7
줄을 써서 고리 한쪽에서는 자기장이 고르고 다른 쪽에서는 0인 구간에서 고리를 잡아당긴다. 고리의 위와 아래 부분(b와 d)에 과잉 전하가 쌓이지만 전류는 고리에 유도되지 않는다. 구간 a의 전자는 고리를 따라 반시계 방향으로 움직일 수 있다. 전류는 시계 방향으로 흐른다.

고르지 않은 $\vec{B}$장: 이론적으로는 고르지 않은 자기장 속에서는 늘 고리에 전류를 유도할 수 있다. 예를 들어, 그림 31-7에서 고리의 오른쪽(구간 c 근처)의 자기장 왼쪽(구간 a)에서 보다 약하다고 (그러나 0일 필요는 없음)하자. 이 경우 고리의 양쪽 구간의 전자가 받는 힘의 크기가 다르므로 어느 한 쪽 구간의 전하가 받는 힘이 다른 쪽 구간 전하가 받는 힘을 압도하고, 이에 의해 알짜 전류가 흐르게 된다.

이 이론적 분석을 통해 얻을 수 있는 결론은 자기력 법칙을 쓰면 이 절 처음에 소개한 관측 결과를 예측할 수 있다는 것이다. 도체 고리가 자기장에 수직하게 움직이면, 고리를 지나는 자기장의 변화를 감지할 때마다 고리에 전류가 흐른다.

생각해보기 31-2 위의 논의에서는 그림 31-6에서 위와 아래 부분에서 전자가 받는 힘은 전류에 기여하는 바가 없다고 했다. 이유는 무엇인가?

생각해보기 31-3 그림 31-6의 자기장이 늘 오른쪽이 왼쪽보다 더 강하게 변한다고 하자. 이 고리에 흐르는 전류의 방향은 어느 쪽인가? 설명하라.

31-3 변화하는 자기장이 만드는 전류

패러데이는 다음과 같은 질문을 제시하여 물리학에 크나큰 공헌을 하게 되었다: 자기장 속에서 도선 고리를 움직이는 대신, 도선은 고정시킨 채 자석을 고리에 가까이 또는 멀리하여 '움직이는' 또는 변화하는 자기장을 만들어 주면 어떻게 될까? 이 상황에서는 도선 속의 전자가 움직이지 않으므로 자기력 법칙에서 고리 토막의 속도가 0이고, 따라서 전자가 힘을 받지 않고, 그러므로 전류도 없다고 주장할 수 있다. 반면, 여러 면에서 두 상황은 같다. 이 물음의 답을 얻고자, 패러데이는 아래의 설명 비슷한 실험을 했다.

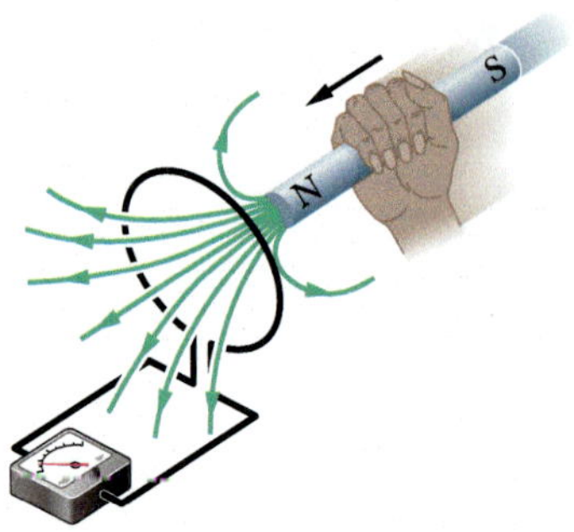

그림 31-8
고정된 고리 근처에서 자석이 움직일 때, 고리에 생기는 전류를 기록하는 전류계를 보여주는 가상의 실험 장치. (보통 여러 번 감은 고리를 써야 전류를 잴 수 있다.)

실험 1. 자석을 쓸 때: 그림 31-8은 도체 고리를 고감도 전류계에 연결한 것을 나타낸 것이다. 전지나 바깥 전원이 없으므로 회로에 흐르는 전류도 없다. 이제 막대자석을 코일에 가까이 가져가면 어떤 일이 벌어질까? 갑자기 회로에 전류가 흐르는 것을 확인할 수 있다. 그런데 자석이 서는 순간 전류는 사라져버린다. 이제 자석을 멀리 가져가면 또 갑자기 전류가 나타나지만 이번에는 반대쪽으로 흐른다. 실험을 해보면 다음과 같은 것이 관찰된다.

1. 고리와 자석이 상대적으로 움직일 때(어느 것이든, 어느 하나가 다른 것에 대해 움직일 때)만 전류가 흐른다. 상대 운동이 없어지면 전류도 사라진다. 그림 31-9에서 서 있는 코일 사이로 자석을 떨어뜨릴 때 생기는 전류 그림표를 보라.
2. 운동이 빠르면 더 큰 전류가 흐른다.
3. 자석의 북극을 고리 가까이 할 때 전류가 반시계 방향으로 흐른다면, 북극을 멀리하면 시계 방향으로 흐른다. 남극을 코일에 가까이 하거나 멀리 해도 전류가 흐르지만, 반대쪽으로 흐른다.

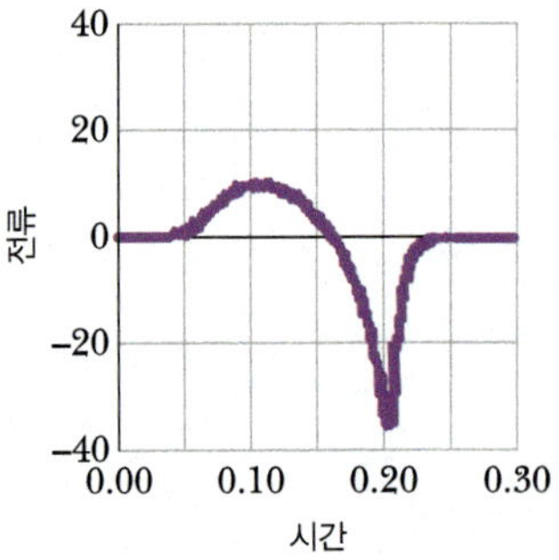

그림 31-9
(그림 31-8과 같이) 여러 번 감은 코일 가운데로 자석을 떨어뜨렸을 때 유도된 전류. 컴퓨터 자료 처리 장치를 써서 1초에 200번씩 전류를 기록했다.

이와 같이 고리에 생기는 전류를 **유도 전류(induced current)**라 하고, 전류를 만드는데(즉 전류를 이루는 전도 전자를 움직이는데) 필요한 단위 전하당 일은 **유도 기전력(induced emf)**, 그리고 전류와 기전력을 만들어 내는 과정을 **유도(induction)**라고 한다. 회로에 포함된 전지에 의한 전류와 도선 고리에 유도된 전류는 모두 같다. 도선 속에 전도 전자가 흐르는 것이다.

실험 2. 자석 대신 전류가 흐르는 코일을 쓸 때: 이제 둘째 실험을 해보자. 이 실험에서는 두 코일을 닿지 않게 가까이 놓은, 그림 31-10과 같은 장치를 쓴다. 스위치 S를 닫아 오른쪽 고리에 전류를 흐르게 하면 전류계는 왼쪽 고리에 짧고 급한 전류(유도 전류)를 기록한다. 이제 스위치를 열면 왼쪽 고리에 이번에는 짧고 급한 전류가 반대쪽으로 흐른다. 오른쪽 고리의 전류가 변화할 때(스위치를 닫거나 열 때)만 유도 전류(와 유도 기전력)가 나타나고, 전류가 일정하면 (큰 전류가 흘러도) 유도 전류는 생기지 않는다. 둘째 실험의 결과는 예상하지 못했던 것이다. 전류가 흐르는 도선 주변의 자기장은 앙페르 법칙(30장)에 따라 전류가 커지면 같이 세지고, 전류의 방향이 바뀌면 같이 방향이 바뀐다는 것은 이미 알고 있다.

패러데이는 또한 고리로 둘러싸인 면에서 자기장의 세기는 중요하지 않음을 알아챘다. 유도 기전력과 유도 전류의 값을 결정하는 것은 자기장의 세기의 시간 변화율이다.

패러데이가 한 것처럼 위의 실험 관찰 결과들을 종합해보면 다음 결론을 얻는다.

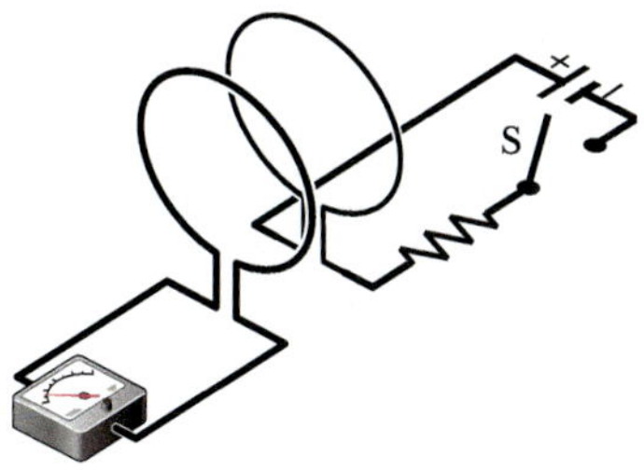

그림 31-10
스위치 S를 여닫을 때(오른쪽 고리의 전류를 켜거나 끔), 왼쪽 고리에 생기는 전류를 기록하는 전류계를 보여주는 가상의 실험 장치. 코일은 고정되어 움직이지 않는다. 패러데이도 본질적으로 같은 실험을 여러 번 감은 코일을 써서 했다.

> 유도 기전력과 전류는 도체 고리로 둘러싸인 면에서 자기장이 어떠한 이유로든 *변화*할 때 생기며, 그 크기는 고리로 둘러싸인 면에서 자기장의 시간 변화율에 비례하여 커진다.

• 유도 현상으로 전기자동차 충전하기

그림 31-10의 오른쪽 고리에 있는 스위치를 조절하여 전류를 시간에 대해 사인함수꼴로 흘린다고 하자. 그러면 왼쪽 고리에도 시간에 대해 사인함수꼴로 변하는 자기장이 생긴다. 이렇게 시간 변화하는 자기장은 왼쪽 고리에 시간 변화하는 전류를 유도한다. 적절한 전자 회로를 써서 (−)쪽으로 흐르는 전류를 걸러내면 오른쪽과 왼쪽의 두 고리가 전기적으로 직접 닿지 않아도 이 유도 전류로 전지를 충전할 수 있다. 이러한 비접촉식 충전법은 전기칫솔 등 흔히 보는 기기에 쓰이고 있다. 전기칫솔이나 이 장 첫머리의 수수께끼에서 소개한 자동차용 충전기에는 고리의 수가 훨씬 많지만 이들 모두 19세기 초 헨리와 패러데이가 발견한 전자기 유도의 원리로 작동한다.

유도 충전법의 한 가지 단점은 직접 충전법보다 느리다는 것이다. 이것은 전기칫솔에서는 문제가 아니지만 전기자동차에서는 문제다. 이 문제가 아마도 이 장의 수수께끼에 소개한 제너럴 모터스의 전기자동차 EV1이 시장에서 밀려난 이유 중의 하나였을 것이다. 다음 32장에서는 실제로 유도 현상을 쓰는 여러 사례를 소개한다.

생각해보기 31-4 자기력 법칙을 써서 움직이지 않는 고리에 막대자석을 가까이 가져가면 전류가 나타나는 이유를 설명할 수 있는가? 가능하다면, 알고 있는 힘의 법칙을 써서 이 현상이 어떻게 생기는지 설명하라. 불가능하다면, 그 이유를 설명하라.

생각해보기 31-5 그림 31-9의 유도 전류 자료를 살펴보자. 자석은 서 있는 코일 가운데로 떨어지면서 가속된다. 전류의 봉우리 값은 +8 mA, 골짜기 값은 −35 mA이다. 왜 골짜기 값이 더 크고 폭도 더 좁을까?

31-4 패러데이 법칙

전자기 유도에 대한 수학적인 관계를 밝히면 패러데이가 한 실험 결과의 효용성을 높일 수 있다. 전자기 유도를 설명하는 수식은 통상 **패러데이 법칙(Faraday's law)**이라고 한다. 패러데이 법칙을 이미 소개한 개념과 법칙들만을 써서 간단한 상황에 대해서 끌어내겠지만, 이 법칙은 거의 모든 상황에서 쓸 수 있다.

• 자기선속

자기선속의 개념을 써서 고리로 둘러싸인 면에서 자기장의 양을 정한다. 24장에서도 어떤 표면에서 전기장의 양을 셈할 필요성이 있었다. 그 장에서는 그림 24-2의 작은 평면 조각의 전기선속을 $\Phi^{전기} = \vec{E} \cdot \Delta\vec{A}$(작은 면을 나타내는 수직 벡터와 면에서의 전기장과의 점곱)으로 정의했다. 이와 비슷하게 자기장 $\vec{B}$ 속에 있는 작은 면 조각 $\Delta\vec{A}$의 자기선속을 아래와 같이 정의한다.

$$\Phi^{자기} = \vec{B} \cdot \Delta\vec{A} \quad (\text{면 조각 } \Delta\vec{A}\text{의 자기선속}) \tag{31-1}$$

간단히 말하면, 면 조각 A에서 자기장의 선속 $\Phi^{자기}$는 면 조각과 고른 자기장에서 면에 수직한 성분을 곱한 것이다. 이 기본적인 정의가 옳은가는 자기장 $\vec{B}$가 면 조각 $\Delta\vec{A}$ 위에서 고르다는 가정이 맞는가에 달려 있다. 그 면에서 장이 고르지 않으면 면을 더 잘게 나누어, 나눈 낱낱의 면 조각에서 자기장이 거의 일정하도록 한다. 그 다음에는 전기선속에 대한 일반적인 정의처럼 낱낱의 작은 면 조각에서 선속을 셈하고 적분하여 낱낱의 작은 값을 모두 더한다.

식 31-1에서 자기선속의 국제단위는 테슬라-제곱미터임을 알 수 있는데, 이를 웨버(weber, 줄여서 Wb)라 한다.

$$1\ \text{weber} = 1\,\text{Wb} = 1\ \text{T} \cdot \text{m}^2 \tag{31-2}$$

이제는 자기선속을 간단히 나타낼 수 있으므로 패러데이 법칙을 끌어내는데 필요한 준비가 끝났다.

• 단순화시킨 패러데이 법칙 유도

그림 31-7에 보인 간단한 상황을 생각하자: 도선 고리를 일정한 속도로 당겨 고른 자기장에서 빼낸다. 이제 고리에 유도된 기전력과 고리로 둘러싸인 자기선속의 변화율과의 관계를 끌어내자. 그림 31-11에 이 상황을 다시 그리고 고리의 크기와 고리가 움직이는 축에 대한 기호 등을 나타냈다.

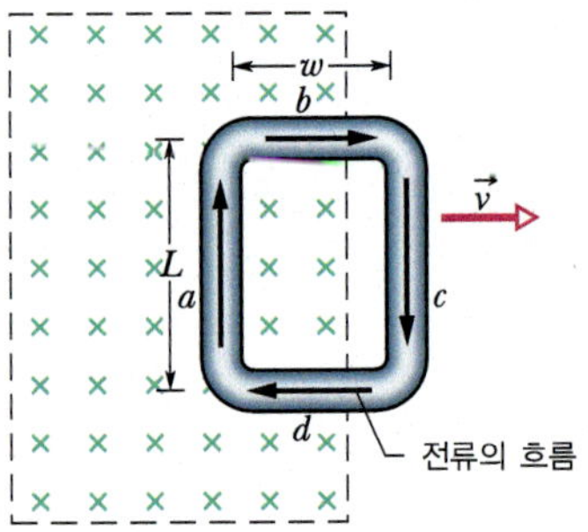

그림 31-11
자기장이 한쪽에서는 고르고 다른 쪽에는 0인 영역에 걸쳐 있는 도선 고리가 일정한 속도로 지날 때, 코일로 싸인 면의 자기선속은 일정한 비율로 줄어든다.

고리를 $+x$쪽으로 당긴다면 속도 성분은 $v_x = dx/dt$로 나타낼 수 있다. 자기력 법칙에 따르면 고리의 왼쪽 부분(토막 a)에 있는 낱낱의 전하는 크기가 $F^{자기} = qv_x B$인 힘을 받는다. 이때 (+)와 (−) 전하가 나뉘면서 전기장이 생기는데, 크기는 다음과 같다.

$$E = \frac{F^{자기}}{|q|} = v_x B \tag{31-3}$$

토막 a의 길이가 L이면, 유도 기전력의 전위차는 다음과 같다.

$$\mathscr{E} = EL = vB_x L \tag{31-4}$$

다음에는 식 31-4의 오른쪽을 고리가 고른 자기장에서 빠져나가면서 고리로 둘러싸인 넓이에서 자기선속이 줄어드는 속도와 연관시켜야 한다. 움직이는 고리의 넓이는 $dA/dt = -L\,dx/dt = -Lv_x$의 비율로 줄어든다. 고리로 둘러싸인 넓이 왼쪽 부분의 자기장은 고르므로 고리의 자기선속 변화율은 다음과 같이 나타낼 수 있다.

$$\frac{d\Phi^{자기}}{dt} = \frac{d(BA)}{dt} = B\frac{dA}{dt} = -v_x BL \tag{31-5}$$

식 31-4와 31-5를 연결하면 간단한 고리나 코일에 대한 패러데이 법칙을 얻는다.

$$\mathscr{E} = -\frac{d\Phi^{자기}}{dt} \quad \text{(한 번 감은 코일에 대한 패러데이 법칙)} \tag{31-6}$$

다음 절에서 접하게 되겠지만, 유도 기전력 $\mathscr{E}$는 선속의 변화를 막으려 하는데, 그 성질은 (−) 부호가 나타낸다. 패러데이의 법칙을 말로 하면 다음과 같다.

> 도체 고리에 유도된 기전력 $\mathscr{E}$의 크기는 고리로 둘러싸인 면의 자기선속 $\Phi^{자기}$의 시간 변화율과 같다.

N번 감은 코일에서 자기선속을 변화시키면 낱낱의 코일마다 유도 기전력이 생기므로 코일 전체에 유도된 기전력은 낱낱의 코일에 생기는 유도 기전력을 더한 값이다. 코일을 촘촘히 감아서 낱낱의 감은 코일마다 자기선속 $\Phi^{자기}$가 똑같다면 코일 전체에 유도된 기전력은 다음과 같다.

$$\mathscr{E} = -N\frac{d\Phi^{자기}}{dt} \quad \text{(}N\text{번 감은 코일에 대한 패러데이 법칙)} \tag{31-7}$$

패러데이 법칙(식 31-7)은 비록 간단한 모양에 대해 끌어냈지만, (그림 31-12와 같은) 실험을 통하여 자기선속이 변화하는 모든 상황에서 성립함이 입증되었다. 사실, 기전력과 전류를 유도할 때 코일의 자기선속을 바꾸는 방법은 다음과 같이 여러 가지다.

1. 코일 속 자기장 B의 세기를 바꾼다.
2. (코일의 고리를 더 크게 하거나 코일을 자기장 밖으로 밀어내어) 코일의 넓이나 자기장 속에 든 넓이를 변화시킨다.
3. (코일을 돌려 $\vec{B}$가 처음에는 코일 면과 직교하다가 나중에는 나란하게 만들어) 자기장 $\vec{B}$의 방향과 코일 면 사이의 각도를 변화시킨다.

이 장의 뒷부분에서는 전하나 도선 고리가 없어도 선속의 변화를 유도되는 전기장과 연관시키는 좀더 일반적인 패러데이 법칙을 끌어내겠다.

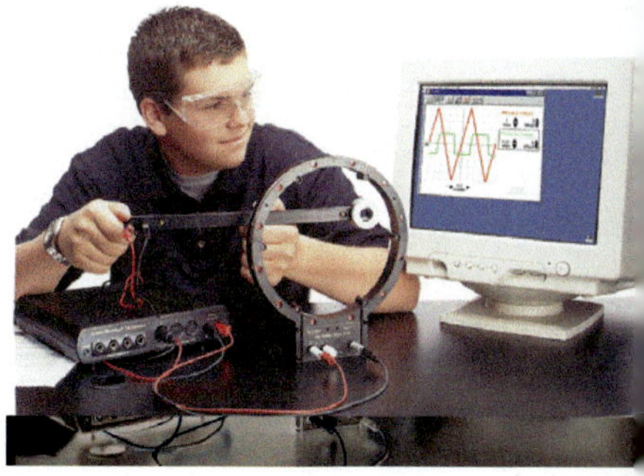

그림 31-12
현대식 장치와 컴퓨터 자료 처리 체계를 쓰면 패러데이 법칙을 쉽게 입증할 수 있다. 이 학생은 '톱날' 모양으로 커졌다 작아지는 것을 되풀이하는 자기장을 만드는 큰 자기장 코일 속에서 여러 번 감은 코일로 이루어진 감지 코일을 들고 있다. B장은 컴퓨터 화면에 톱날꼴 붉은 선으로 보이고, 감지 코일에 유도된 전류는 정사각형에 가까운 연녹색 선으로 보인다. (사진 출처: PASCO scientific)

생각해보기 31-6 이 그림표는 도체 고리로 둘러싸인 면 전체에 고르게 수직방향으로 걸린 자기장 $B(t)$의 시간변화를 나타낸 것이다. (a) 그림표에 보인 다섯 시간 구간(a, b, c, d, e)을 고리에 유도된 기전력 $|\mathscr{E}|$이 큰 것부터 순서대로 써라. (b) 그렇게 정한 이유를 설명하라.

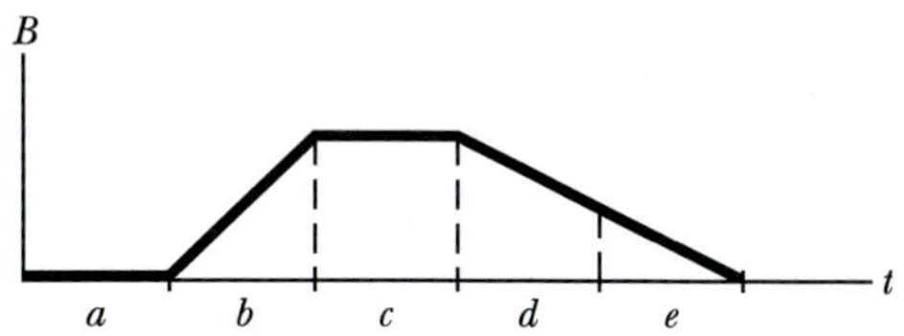

따라해보기 31-1 | 긴 솔레노이드 속의 코일

그림 31-13의 긴 솔레노이드 S에는 cm당 220번 감겨 있고, 여기에 $i = 1.5\,\text{A}$의 전류가 흐르며 지름 D는 3.2 cm이다. 중심부에 촘촘히 130번 감은 지름 $d = 2.1\,\text{cm}$인 코일이 있다. 솔레노이드의 전류가 25 ms만에 일정한 비율로 0까지 줄어드는 동안 코일 C에 유도된 기전력 $|\mathscr{E}|$의 크기는 얼마인가?

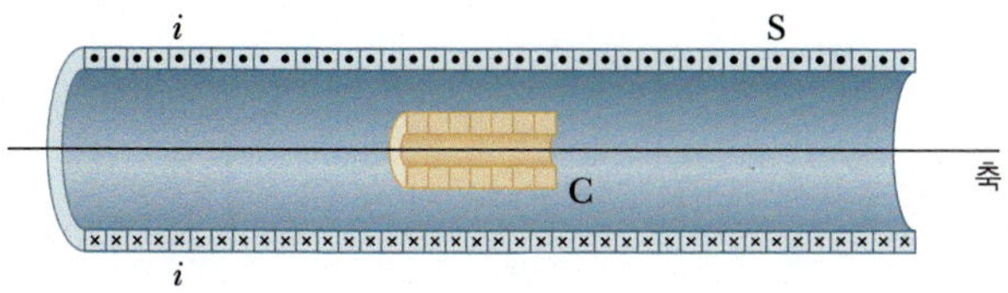

그림 31-13
코일 C가 전류 i의 솔레노이드 S 속에 있다.

풀이 ■ 요점은 다음과 같다.

1. 코일 C가 솔레노이드 속에 있으므로, 솔레노이드의 전류 i가 만드는 자기장 속에 있고, 따라서 코일 C에는 자기선속 $\Phi^{자기}$가 있다.
2. 전류 i가 줄어들면 선속 $\Phi^{자기}$도 줄어든다.
3. 선속 $\Phi^{자기}$가 줄어들면 패러데이 법칙에 따라 코일 C에 기전력 $\mathscr{E}$가 유도된다.

코일 C에는 한 번 이상 감겨 있으므로 식 31-7의 패러데이 법칙 ($\mathscr{E} = -N d\Phi^{자기}/dt$)을 쓰는데, 여기에서 감은 수 N은 130, $d\Phi^{자기}/dt$는 한 번 감은 코일의 선속의 변화율이다.

솔레노이드의 전류가 일정한 속도로 줄어드니까 선속 $\Phi^{자기}$도 일정 속도로 줄어들고, $d\Phi^{자기}/dt$는 $\Delta\Phi^{자기}/\Delta t$로 쓸 수가 있다. $\Delta\Phi^{자기}$를 셈하려면 처음과 나중의 선속 값을 알아야 한다. 솔레노이의 나중 전류가 0이므로 마지막 선속 $\Phi^{자기}_{나중}$는 0이다. 처음 선속 $\Phi^{자기}_{처음}$를 구하려면 두 가지 **요점**을 알아야 한다.

4. 코일 C의 한 번 감은 고리로 둘러싸인 면의 선속은 넓이 A와 솔레노이드의 자기장 $\vec{B}$에 대한 고리의 방향에 따라 달라진다. $\vec{B}$는 고르고 면 $\vec{A}$와 직교하므로, 선속은 식 31-1($\Phi^{자기} = BA$)에 따라 결정된다.
5. 그림 31-13의 상황에서, A는 $\frac{1}{4}\pi d^2 (= 3.46 \times 10^{-4}\,\mathrm{m}^2)$, n은 220번/cm 또는 22 000번/m이다. 식 30-25를 식 31-1에 넣으면 다음 결과를 얻는다.

$$\Phi^{자기}_{처음} = BA = (n\mu_0 |i|)A$$
$$= (22\,000\,\text{번/m})(4\pi \times 10^{-7}\,\mathrm{T \cdot m/A})(1.5\,\mathrm{A})(3.46 \times 10^{-4}\,\mathrm{m}^2)$$
$$= 1.44 \times 10^{-5}\,\mathrm{Wb}$$

이로부터 다음 관계를 구할 수 있다.

$$\frac{d\Phi^{자기}}{dt} = \frac{\Delta\Phi^{자기}}{\Delta t} = \frac{\Phi^{자기}_{나중} - \Phi^{자기}_{처음}}{\Delta t} = \frac{(0 - 1.44 \times 10^{-5}\,\mathrm{Wb})}{25 \times 10^{-3}\,\mathrm{s}}$$
$$= -5.76 \times 10^{-4}\,\mathrm{Wb/s} = -5.76 \times 10^{-4}\,\mathrm{V}$$

기전력의 크기만을 알고자 하므로 이곳과 식 31-7의 (−)부호는 무시한다.

$$|\mathscr{E}| = \left| N \frac{d\Phi^{자기}}{dt} \right| = (130\text{번})(5.76 \times 10^{-4}\,\mathrm{V})$$
$$= 7.510^{-2}\,\mathrm{V} = 75\,\mathrm{mV} \qquad \text{(답)}$$

연습문제 31-4

1. 극고주파 안테나

지름이 11 cm인 둥근 극고주파 안테나가 있다. TV 신호의 자기장은 안테나 면과 직교하고, 어느 한 순간 0.16 T/s의 비율로 변한다. 자기장은 고르다. 안테나에 유도되는 기전력은 얼마인가?

2. 작은 원 고리

단위길이에 n번씩 감겨 있고 전류 i가 흐르는 긴 솔레노이드 속에 넓이 A인 작은 고리가 솔레노이드와 같은 쪽으로 놓여 있다. 전류가 $i = I^{최대} \sin \omega t$일 때, 이 고리에 유도되는 자기장의 세기를 구하라.

3. 자기선속

그림 31-14의 고리로 둘러싸인 자기선속이 $\Phi^{자기} = (6.0\,\mathrm{mW/s^2})t^2 + (3.7\,\mathrm{mW/s})t$와 같이 늘어난다. (a) 시각 $t = 2.0$초에 고리에 유도된 기전력의 크기를 구하라. (b) 전류는 R에서 어느 쪽으로 흐르는 가?

그림 31-14 문제 3, 13

4. 기전력 구하기

지름 12 cm, 저항 8.5 Ω인 고리를 지나는 자기선속이 시간에 대하여 그림 31-15와 같이 변한다. 이 고리의 기전력 크기를 시간의 함수로 구하라. 시간 구간은 다음과 같다. (a) $t_1 = 0.0$ 초 ~ 2.0 초 (b) $t_2 = 2.0$ 초 ~ 4.0 초 (c) $t_3 = 4.0$ 초 ~ 6.0 초. (고른) 자기장은 고리의 면과 직교한다.

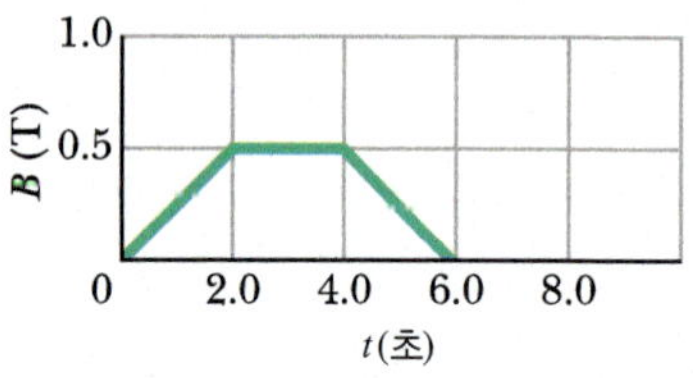

그림 31-15 문제 4

5. 고른 자기장

고른 자기장이 (지름 2.5 mm) 구리 도선으로 된 지름 10 cm인 둥근 고리와 직교한다. (a) 도선의 저항을 구하라(표 26-2 참조). (b) 고리에 10 A의 유도 전류가 흐르게 하려면 자기장의 변화율이 얼마가 되어야 하는가?

6. 솔레노이드에 흐르는 전류

따라해보기 31-1의 솔레노이드에 흐르는 전류가 그 문제에서 기술한 것과 달리 $i = (3.0\,\mathrm{A/s})t + (1.0\,\mathrm{A/s^2})t^2$로 변한다. (a) $t_1 = 0.0$ 초부터 $t_2 = 4.0$ 초 사이에 코일에 유도되는 기전력을 구하라. (b) 코일의 저항이 0.15 Ω이다. 시각 $t = 2.0$ 초에 코일의 전류는 얼마인가?

7. 솔레노이드 밖의 코일

그림 31-16은 따라해보기 31-1과 같은 솔레노이드의 밖에 반지름

1.8 cm로 120번 감고 저항이 5.3 Ω인 코일을 나타낸 것이다. 솔레노이드에 흐르는 전류가 그 문제와 같이 변화한다면, 전류가 변하는 동안 코일에는 어떤 전류가 나타나는가?

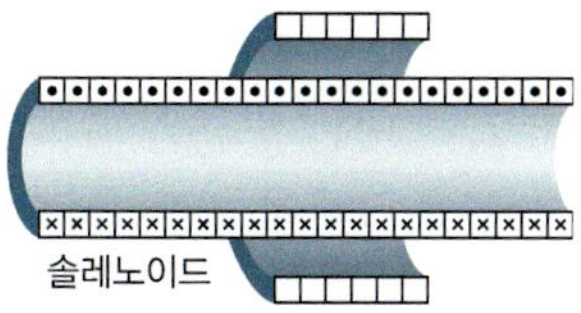

그림 31-16 문제 7

8. 전도성 탄성 재료

전도성 탄성 물질을 당겨서 지름 12.0 cm인 고리를 만들었다. 이 고리의 면을 0.800 T의 고른 자기장과 직교하게 두었다. 당긴 것을 놓으면 고리 반지름이 순간속력 75.0 cm/s로 줄어들기 시작한다. 그 순간 고리에 유도되는 기전력의 세기는 얼마인가?

9. 네모꼴 고리

철사로 만든 네모꼴 고리에 0.24 T의 자기장이 고르게 고리 면에 수직하게 걸려 있다. 고리의 변마다 길이가 5.0 cm/s의 비율로 줄어든다. 길이가 12 cm 되는 때 고리에 유도되는 기전력은 얼마인가?

10. 직사각형 고리

직사각형 고리(넓이 = 0.15 m^2)가 B = 0.20 T의 고른 자기장 속에서 돈다. 장과 고리면의 법선 방향의 사잇각이 $\pi/2$이고 0.60 rad/s의 빠르기로 커진다면 고리에 유도되는 기전력은 얼마인가?

31-5 렌츠 법칙

패러데이가 유도법칙을 발표한 뒤 곧 렌츠(Heinrich Fridriech Lenz)도 고리에 유도된 전류의 방향을 찾는 법칙을 소개했는데, 오늘날은 이를 렌츠 법칙이라 부른다.

> 유도 전류의 방향은 전류가 만드는 자기장이 전류를 유도한 자기선속의 변화를 줄이는 방향이다.

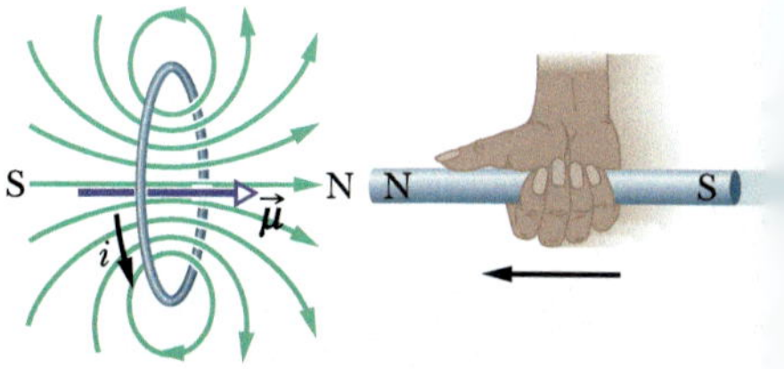

그림 31-17
렌츠 법칙. 자석을 고리에 가까이 하면 고리에 전류가 유도된다. 이 전류가 만드는 자기장은 자기 쌍극자 모멘트 $\vec{\mu}$가 자석의 운동을 방해하는 쪽이다. 따라서 유도 전류는 그림과 같이 반시계 방향으로 흘러야 한다.

이 법칙에서 중요한 점은 유도 전류의 방향을 결정하는 것은 자기선속의 변화이지 자기장이나 운동의 방향이 아니라는 것이다. 유도 기전력의 방향도 유도 전류의 방향과 같다. 렌츠의 법칙을 느낄 수 있도록 그림 31-17과 같이 자석의 북극이 철사 고리 쪽으로 움직이는 상황에서 렌츠 법칙을 두 가지 방법으로 살펴보자.

1. **선속 변화를 줄임.** 그림 31-17에서 애초에 자석이 멀리 있었다면 고리를 지나는 자기선속은 없다. 자석의 북극이 왼쪽을 향한 자기장 $\vec{B}$를 내면서 고리에 다가가면, 고리의 선속이 늘어난다. 이 선속의 증가를 막으려면 유도 전류 i가 만드는 자기장 $\vec{B}_i$가 그림 31-18a와 같이 오른쪽으로 생겨야 하고, 그러면 $\vec{B}_i$의 오른쪽 선속이 $\vec{B}$에 의해 늘어나는 왼쪽 선속을 지우게 된다. 여기에 그림 30-44의 오른손 규칙을 쓰면 i의 방향이 그림 31-18a와 같은 쪽이 되어야 함을 알 수 있다.
2. **자극의 운동을 막음.** 그림 31-17에서 자극이 고리에 다가가면 고리의 선속이 늘어나고 따라서 고리에 전류가 유도된다. 그러면 그림 30-47에서 고리가 남북극이 있는 자기 쌍극자의

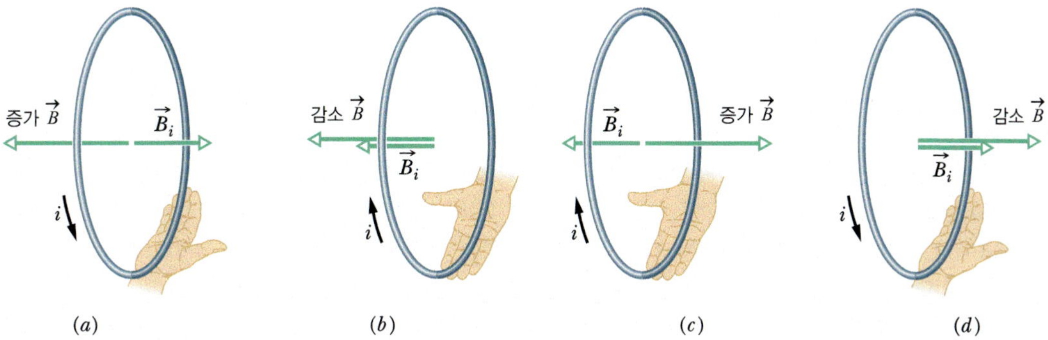

그림 31-18
고리에 유도되는 전류 i가 만드는 자기장 $\vec{B}_i$는 i를 유도한 자기장 $\vec{B}$의 변화를 줄인다. $\vec{B}_i$장은 언제나 (a)와 (c)에 나타낸 바와 같이 $\vec{B}$장의 세기가 커질 때는 반대쪽이고, (b)와 (d)에서처럼 $\vec{B}$장의 세기가 작아질 때는 같은 쪽이다. 오른손 규칙을 쓰면 유도된 장으로부터 유도 전류의 방향을 구할 수 있다.

구실을 하며, 자기 쌍극자 모멘트 $\vec{\mu}$의 방향은 남극에서 북극을 향한다. 다가오는 자석이 선속을 늘리는 것을 막으려면 고리의 북극(곧 $\vec{\mu}$)이 다가오는 자석의 북극을 마주하여 밀어내야 한다(그림 31-17). 그러면 $\vec{\mu}$에 대한 오른손 규칙(그림 30-47)으로부터 고리에 유도되는 전류는 그림 31-17과 같이 반시계 방향이 됨을 알 수 있다.

자석을 고리에서 멀리해도 전류가 유도된다. 그렇지만, 이번에는 자석이 멀어지는 것을 방해하도록 고리의 남극이 멀어지는 자석의 북극을 마주한다. 따라서 유도 전류는 시계 방향으로 흐른다.

위에서 본 바와 같이, $\vec{B}_i$의 선속은 늘 $\vec{B}$의 선속 변화를 방해하지만, 그렇다고 $\vec{B}_i$가 늘 $\vec{B}$의 반대쪽은 아니다. 예를 들어, 그림 31-17에서 자석을 고리에서 멀리하면 고리로 둘러싸인 면에서 자석으로부터 오는 선속 $\Phi^{자기}$는 여전히 왼쪽이지만 크기가 줄어든다. 그러면 고리 안에서 $\vec{B}_i$의 선속이 왼쪽이어야만 그림 31-18*b*에서와 같이 $\Phi^{자기}$가 줄어드는 것을 막을 수 있다. 따라서 이때는 $\vec{B}_i$와 $\vec{B}$가 같은 쪽이다.

그림 31-18*c*와 *d*는 자석의 남극이 고리에 다가올 때와 멀어질 때를 각각 나타낸 것이다. 그림 31-19는 렌츠 법칙을 실제 실험으로 보여주는 사진이다.

그림 31-19
전자석 스위치를 갑자기 켜면 렌츠 법칙을 보여줄 수 있다. 쇠 고리에 유도되는 전류는 전자석의 전류와 반대쪽이다. 고리는 자석과 반발하여 1 m 이상 튀어오른다. (사진 출처: PASCO scientific)

• 전기 기타

1950년 중반에 록 음악이 시작된 지 얼마 되지 않아서부터 기타 연주자들은 음향 기타에서 전기 기타로 바꾸었는데, 전기 기타를 처음 쓴 사람은 헨드릭스(Jimi Hendrix)였다. 그가 만들어낸 새로운 소리는 지금까지도 록 음악에 영향을 주고 있다. 그가 다른 소리를 낼 수 있게 한 전기 기타란 무엇일까?

음향 기타는 줄을 진동시켜 비어 있는 기타 몸통에서 일어나는 음향 공명을 이용하는데, 그림 31-20에서 헨드릭스가 연주하는 전기 기타는 몸통이 비어 있지 않으므로 공명이 없다. 대신 쇠줄의 진동을 '픽업'이 감지하여 앰프와 스피커로 전달한다.

그림 31-20
기타(Fender Stratocaster)를 연주하는 헨드릭스. 이 기타에는 (몸통의 넓은 곳에) 여섯 개의 전자 픽업이 세 무리를 이루고 있다. 연주가는 어떤 픽업의 신호를 앰프와 스피커로 보낼지를 (기타 아래에 있는) 토글스위치로 고를 수 있다.

기타 픽업의 기본 구조는 그림 31-21과 같다. 악기와 앰프로 연결된 도선이 작은 자석 주위에 감겨 있다. 이 자석의 자기장이 자석 바로 위에 있는 쇠줄 토막에 남북극을 만든다. 그러면 이 토막이 스스로 자기장을 만든다. 줄을 튕겨서 진동시키면 코일에 대한 그 운동에 의해서 코일을 지나는 자기선속이 달라지므로 코일에 전류가 유도된다. 줄이 코일 앞뒤로 움직이면 유도 전류도 같이 진동하며, 그 신호가 앰프와 스피커로 전달된다.

헨드릭스의 기타의 몸통 넓은 부분 끝에 있는 브리지 근처에 픽업 세 무리가 배치되어 있다. 브리지에 가장 가까운 것은 현의 진동에서 높은 진동수를, 그리고 가장 먼 것은 낮은 진동수를 잘 감지한다. 연주자는 기타에 있는 스위치로 어떤 무리 또는 무리 짝의 신호를 골라 앰프와 스피커로 보낸다.

헨드릭스는 소리에 더 많은 변화를 주고자 가끔씩 기타의 감지 코일을 다시 감아서 감은 수를 바꾸기도 했다. 이렇게 코일에 유도되는 기전력을 바꾸어 줄의 진동에 대한 상대적인 감도를 변화시키기도 했다. 이렇게 하지 않아도, 전기 기타는 보통 기타보다 훨씬 더 다양하게 소리를 변화시킬 수 있다.

생각해보기 31-7 렌츠 법칙은 다음과 같다: "유도 전류의 방향은 전류에 의한 자기장이 전류를 유도하는 자기장의 변화를 막는 쪽이다." (a) 종이면 뒤쪽으로 들어가는 자기장이 있고, 세기가 약해진다고 하자. 이 자기선속의 변화를 막는 자기장은 종이면 앞쪽, 뒤쪽 또는 기타의 방향 중 어느 쪽인가? 그렇게 생각한 이유를 설명하라. (b) 종이면 뒤쪽으로 들어가는 자기장이 있고, 세기가 강해진다고 하자. 이 자기선속의 변화에 막는 자기장은 종이면 앞쪽, 뒤쪽 또는 기타의 방향 중 어느 쪽인가? 그렇게 생각한 이유를 설명하라.

생각해보기 31-8 똑같은 쇠고리 세 개가 자기장 속에 있는데, 자기장은 같은 비율로 점점 세지거나, 약해지거나 한다. 점선은 모두 지름과 겹쳐 있다. (a) 낱낱의 고리에 유도되는 전류가 큰 것부터 순서를 매겨라. (b) 그 이유를 설명하라.

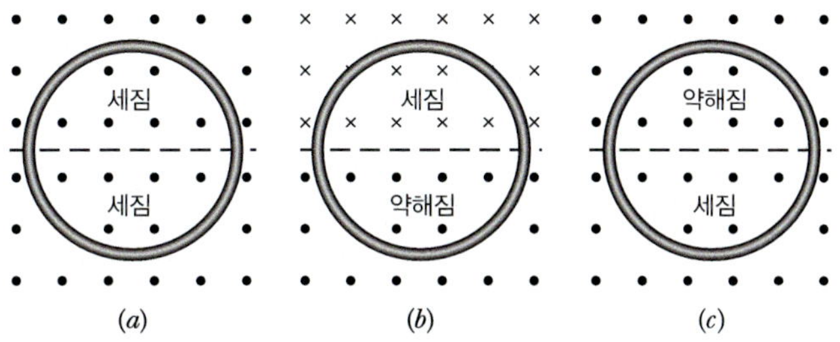

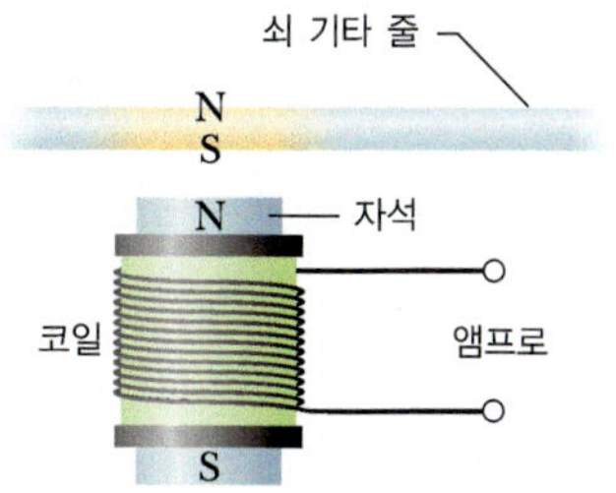

그림 31-21
기타 픽업의 옆면도. (자석 구실을 하는) 쇠줄이 진동하면 코일을 지나는 자기선속이 변하여 코일에 전류가 유도된다.

따라해보기 31-2 | 유도 기전력

반지름 $r = 0.20\,\text{m}$인 반원과 직선 토막 세 개로 된 쇠고리가 있다(그림 31-22). 반원 부분은 종이면 앞으로 나오는 고른 자기장 $\vec{B}$ 속에 들어 있고, 자기장의 세기는 $B = (4.0\,\text{T/s}^2)t^2 + (2.0\,\text{T/s})t + 3.0\,\text{T}$이다. $\mathscr{E} = 2.0\,\text{V}$인 이상적인 전지를 고리에 연결했다. 고리의 저항은 $2\,\Omega$이다.

(a) 시각 $t = 10\,\text{s}$에 장 $\vec{B}$가 고리 주변에 유도하는 기전력 $\mathscr{E}^{유도}$의 크기와 방향을 구하라.

풀이 ■ 요점 하나는 $\mathscr{E}^{유도}$는 패러데이 법칙에 따라 고리로 둘러싸인 넓이에서 자기선속의 (시간) 변화율 $d\Phi^{자기}/dt$의 음수값과 같다는 점이다. 둘째 **요점**은 고리 선속은 고리 넓이 A와 자기장 $\vec{B}$에 대한 방향에 따라 결정된다는 점이다. $\vec{B}$가 고르고 고리 면과 직교하므로 선속은 식 31-1($\Phi^{자기} = BA$)으로 나타낼 수 있다. 이 식을 쓰고 또 시간에 따라 변화하는 것은 A뿐이라는 점(A는 불변)을 알 수 있어서 패러데이의 법칙, 즉, 식 31-6을 아래와 같이 바꿀 수 있다.

$$|\mathscr{E}^{유도}| = \left|\frac{d\Phi^{자기}}{dt}\right| = \left|\frac{d(BA)}{dt}\right| = A\left|\frac{dB}{dt}\right|$$

셋째 **요점**은 선속이 반원 부분에만 있으므로 이 식에서 넓이 A는 $\frac{1}{2}\pi r^2$이라는 것이다. 이 값과 B에 대한 식을 넣으면 다음 결과를 얻는다.

$$|\mathscr{E}^{유도}| = A\left|\frac{dB}{dt}\right| = \frac{\pi r^2}{2}\frac{d}{dt}[(4.0\,\text{T/s})t^2 + (2.0\,\text{T/s})t + 3.0\,\text{T}]$$
$$= \frac{\pi r^2}{2}[(8.0\,\text{T/s}^2 t) + (2.0\,\text{T/s})]$$

시각 $t = 10$초에는,

$$|\mathscr{E}^{유도}| = \frac{\pi(0.20\,\text{m})^2}{2}[(8.0\,\text{T/s})(10\,\text{s}) + (2.0\,\text{T/s})]$$
$$= 5.152\,\text{V} \approx 5.2\,\text{V} \qquad \text{(답)}$$

$\mathscr{E}^{유도}$의 방향을 구하려면 우선 그림 31-22에서 선속은 지면에서 앞으로 나오고, 시간적으로 증가하고 있다는 점에 유의해야 한다. 그러면 요점은 (유도 전류가) 유도한 장 $B^{유도}$는 (선속의) 증가를 막아야 하므로 종이면 뒤쪽으로 들어가야 한다. (그림 30-8c의) 오른손 규칙을 쓰면 유도 전류는 고리를 시계 방향으로 돌아야 한다. 유도 기전력 $\mathscr{E}^{유도}$도 역시 시계 방향이어야 한다.

(b) 시각 $t = 10$초에 전류는 얼마인가?

풀이 ■ 요점은 전하를 움직이는 기전력이 둘이라는 점이다. 유도 기전력 $\mathscr{E}^{유도}$은 전류가 고리를 따라 반시계 방향으로 흐르게 하고, 전지는 전류를 시계 방향으로 흐르게 한다. $\mathscr{E}^{유도}$는 $\mathscr{E}_{전지}$ 보다 크므로 알짜 기전력은 시계 방향이고 따라서 전류도 시계 방향이다. $t = 10$ 초 순간의 전류를 구하려면 $i = \mathscr{E}/R$의 관계를 쓴다.

$$i = \frac{\mathscr{E}^{알짜}}{R} = \frac{\mathscr{E}^{유도} - \mathscr{E}_{전지}}{R} = \frac{5.152\,\text{V} - 2.0\,\text{V}}{2.0\,\Omega}$$
$$= 1.58\,\text{A} \approx 1.6\,\text{A} \qquad \text{(답)}$$

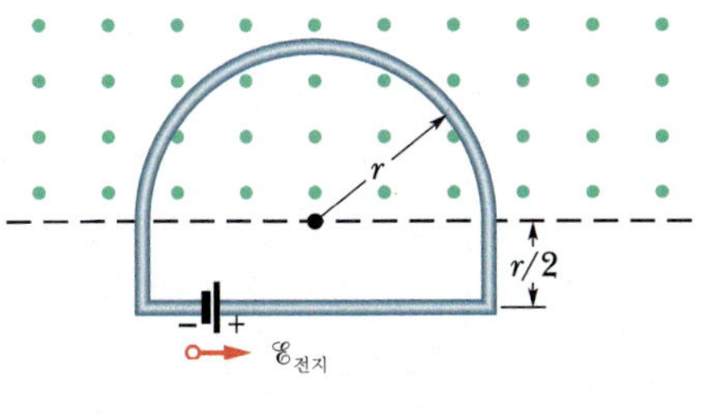

그림 31-22
고른 자기장 속에 놓인 반지름 r인 반원으로 된 고리에 전지가 연결되어 있다. 장은 종이면 앞쪽이며 시간에 따라 크기가 변한다.

연습문제 31-5

11. 두 개의 나란한 고리

그림 31-23은 축척대로 그린 것은 아니지만 두 고리가 하나의 축을 따라 놓인 것을 나타낸다. (반지름 r인) 작은 고리는 (반지름 R인) 큰 고리 위쪽 $x \gg R$인 곳에 있다. 그 결과 큰 고리의 전류 i가 만드는 자기장이 작은 고리 전체에서 거의 고르다. x가 일정한 속도 $dx/dt = v$로 커진 다고 가정하자. (a) 작은 고리로 둘러싸인 면의 선속을 x의 함수로 구하라. (**실마리**: 식 30-29 참조) 작은 고리에서 (b) 기전력과 (b) 유도 전류의 방향을 구하라.

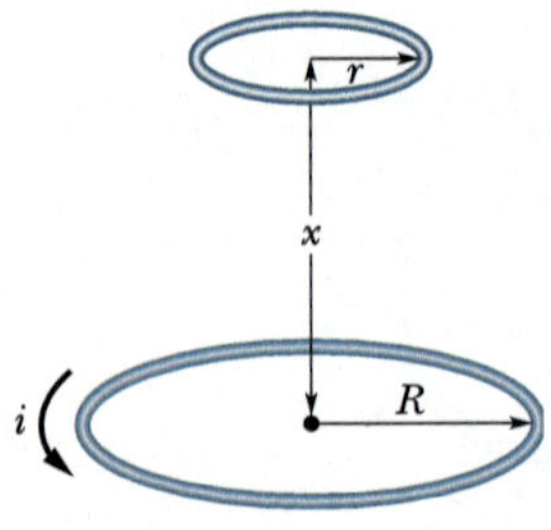

그림 31-23 문제 11

12. 둥근 고리

그림 31-24에 지름 10 cm인 도선 고리의 법선이 (옆에서 본 모습) 세기 0.50 T인 고른 자기장 $\vec{B}$의 방향과 $\theta = 30°$를 이루고 있다. 이제 이 고리를 각도 θ는 일정하게 유지한 채 돌려 법선이 100바퀴/분의 속력으로 자기장 방향에 대해 원뿔 모양을 그리게 한다. 고리에 유도되는 기전력은 얼마인가?

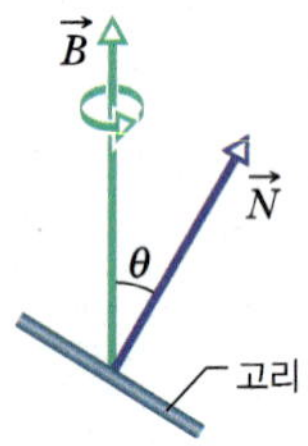

그림 31-24 문제 12

13. 고리의 선속

그림 31-14에서 $t_1 = 0$에 고리를 지나는 선속이 $\Phi^{자기}(0)$이라 하자. 그리고 자기장 $\vec{B}$가 크기와 방향을 알 수 없게 계속 변화하여 t_2에 선속이 $\Phi^{자기}(t_2)$였다. (a) 시간 t_2 동안에 저항을 지나 흐른 알짜 전하 $q(t_2)$는 $\vec{B}$가 변해온 과정과 무관하게 다음과 같음을 보여라.

$$q(t_2) = \frac{1}{R}[\Phi^{자기}(0) - \Phi^{자기}(t_2)]$$

(b) 어느 순간 $\Phi^{자기}(t_3) = \Phi^{자기}(0)$라면 $q(t_3) = 0$가 된다. 시각 0에서 t_3 사이의 시간 동안에 유도 전류도 반드시 0인가?

14. 큰 고리, 작은 고리

넓이 2.00 m^{2}의 작은 고리가 반지름 1.00 m의 큰 고리의 중심에 고리 평면과 나란히 놓여 있다. 큰 고리의 전류를 $t_1 = 0$에서 1초 동안 200 A에서 −200 A(방향 전환)으로 바꾸었다. (a) $t_1 = 0$ s, $t_2 = 0.500$ s 및 $t_3 = 1.00$ s인 순간 큰 고리의 전류가 만드는 자기장의 작은 고리 중심에서의 세기는 얼마인가? (b) $t_2 = 0.500$ s에 작은 고리에 유도된 기전력의 크기는 얼마인가? (안쪽 고리는 작기 때문에 작은 고리 전체에 걸쳐 바깥 고리에 의한 장 $\vec{B}$가 고르다고 가정하라.)

15. 나무 심지에 감은 구리선

단면 넓이 1.2×10^{-3} m^{2}인 원기둥꼴 나무심지 둘레에 절연 피복된 구리선을 100번 감고, 양 끝은 저항에 연결했다. 회로의 전체 저항은 13.0 Ω이다. 밖에서 걸어주는 축방향의 고른 자기장이 1.60 T로 심지의 한쪽을 향하다가 1.60 T로 반대쪽을 향한다면 회로에서 이동하는 전하량은 얼마인가? (**실마리**: 문제 13 참조)

16. 지자기장

어느 곳에서 지자기장의 세기 $|\vec{B}|$가 0.590가우스이고 수평면에 대해 70.0° 아래 쪽을 향한다. 수평 방향으로 반지름 10.0 cm인 둥근 코일이 100번 감겨 있고 전체 저항은 85 Ω이다. 코일은 저항 140 Ω의 측정기에 연결되어 있다. 코일을 지름에 대해 반바퀴 돌려 다시 수평하게 한다면 그 동안 회로에 흐른 전하량은 얼마인가? (**실마리**: 문제 13 참조)

17. 네모꼴 고리

변 길이 2.0 m인 정사각형 고리가 고른 자기장에 수직으로 그림 31-25와 같이 절반만 장 속에 들어 있다. 고리에는 내부 저항이 거의 없는 20.0 V의 건전지가 들어 있다. 장의 세기가 시간에 따라 $B = (0.0420\text{ T}) - (0.870\text{ T/s})\,t$와 같이 변한다면 (a) 회로의 알짜 기전력과 (b) 전류 방향은 어떠한가?

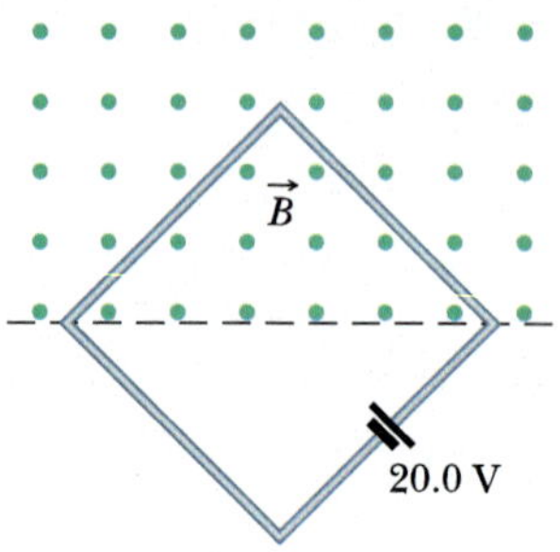

그림 31-25 문제 17

18. 세 개의 둥근 도선 조각

그림 31-26과 같이 도선을 반지름이 $r = 10$ cm인 세 개의 활꼴로 구부렸다. 낱낱의 조각은 4분의 1원으로, ab는 xy평면, bc는 yz평면 그리고 ca는 zx평면 위에 각각 놓여 있다. (a) $+x$쪽을 향한 고른 자기장 $\vec{B}$가 걸려 3.0 mT/s의 비율로 세질 때 생기는 기전력의 크기는 얼마인가? (b) 구간 bc에 흐르는 전류의 방향은 어느 쪽인가?

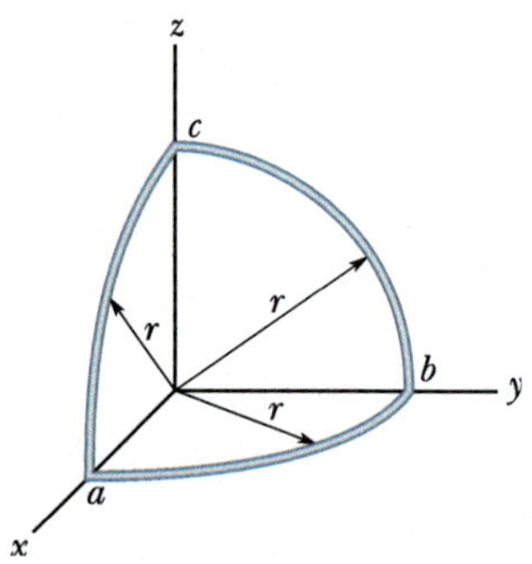

그림 31-26 문제 18

19. 직사각형 코일

N번 감긴, 가로 a, 세로 b인 직사각형 코일이 진동수 f로 고른 자기장 $\vec{B}$ 속에서 돈다(그림 31-27). 코일은 함께 도는 두 고리에 연결되어 있고, 고리들은 쇠솔을 통해 전기적으로 연결되어 있다. 처음 1/4바퀴 돌 때의 기전력을 (+)로 잡으면, (a) 코일에 유도된 기전력이 시간 t에 대한 함수로써 다음 식과 같음을 보여라.

$$\mathscr{E} = 2\pi f NabB \sin(2\pi ft) = \mathscr{E}_0 \sin(2\pi ft)$$

이것이 교류 발전기의 원리다. (b) 0.500 T의 고른 자기장 속에서 회전수 60.0 rev/s로 돌 때 $\mathscr{E}_0 = 150$ V의 기전력을 발생시키는 고리를 설계하라.

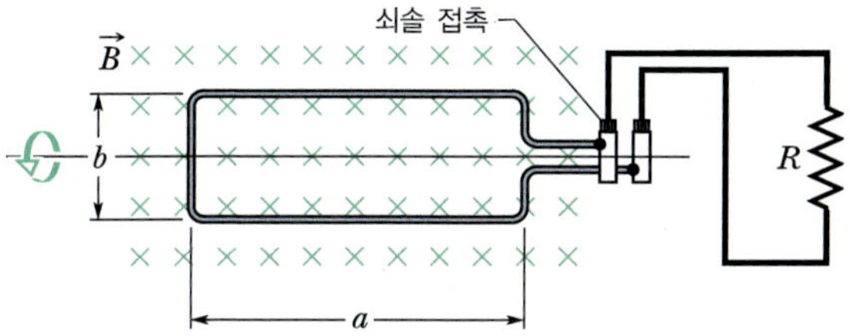

그림 31-27 문제 19

20. 반원

그림 31-28에서, 반지름 a인 반원꼴 도선을 진동수 f로 고른 자기장 속에서 돌린다. 고리에 유도된 교류 기전력의 (a) 진동수와 (b) 진폭을 구하여라.

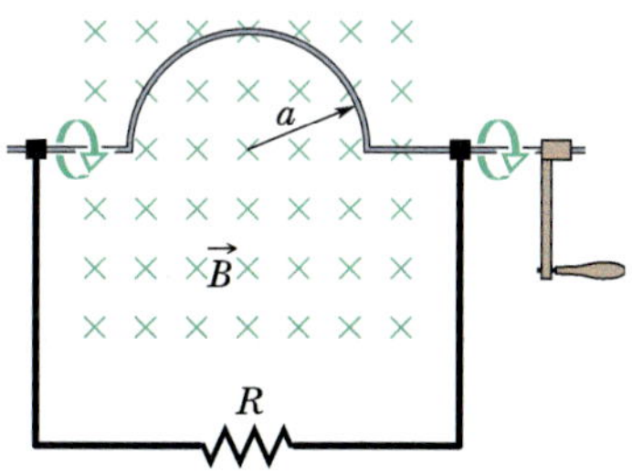

그림 31-28 문제 20

21. 발전기

크기 50 cm × 30 cm인 네모꼴로 100번 감은 코일 전체가 세기 $B = 3.50$ T인 고른 자기장 속 있는 발전기가 있다. 이 고리가 $\vec{B}$에 대해 수직인 축에 대해 1000 rev/min로 돌 때, 기전력의 최대값은 무엇인가?

22. 닫힌 둥근 고리

그림 31-29에서, 도선을 반지름 2.0 m, 저항 4.0 Ω의 둥근 고리로 만들었다. 고리 중심은 곧은 철사 위에 있고, $t = 0$에 곧은 도선에 5.0 A의 전류가 오른쪽으로 흐른다. 그 다음부터, 전류는 $i = 5.0\text{ A} - (2.0\text{ A/s}^2)t^2$의 꼴로 바뀐다. (곧은 도선은 고리와 절연되어 있다.) $t > 0$일 때 고리에 유도되는 전류의 크기와 방향을 구하라.

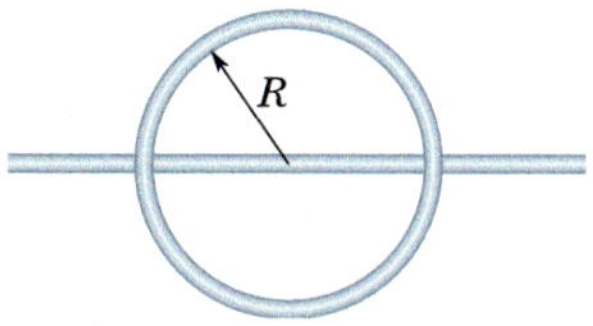

그림 31-29 문제 22

23. 네모꼴 고리 2

그림 31-30의 정사각형 철사 고리의 한 변 길이는 2.0 cm이다. 자기장은 종이면 앞쪽으로 나오고, 세기는 $B = (4.0\text{ T}\cdot\text{m/s}^2)t^2 y$인데, 여기서 B는 테슬라, t는 초, 그리고 y는 m 단위이다. $t = 2.5$ s인 순간 고리 주변의 기전력을 구하고 그 방향이 시계 방향인지 아니면 반시계 방향인지 나타내라.

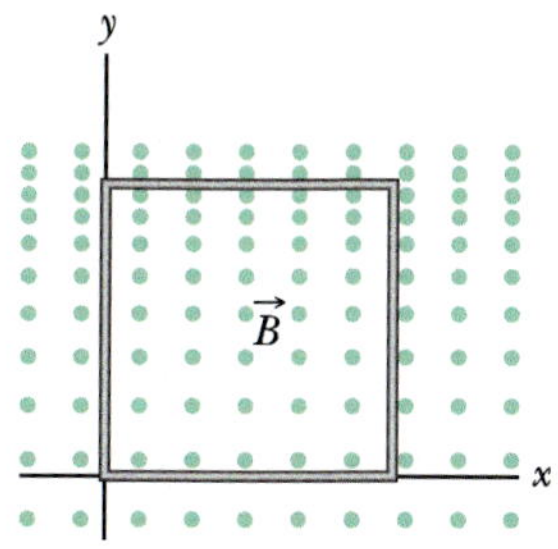

그림 31-30 문제 23

24. 네모꼴 고리 3

그림 31-31의 상황에서 $a = 12.0$ cm, $b = 16.0$ cm이다. 직선 도선에 흐르는 전류는 $i = (4.50\text{ A/s}^2)t^2 - (10.0\text{ A/s})t$인데, i는 암페어, t는 초단위다. (a) $t = 3.00$ s에 네모꼴 고리의 기전력 세기를 구하라. (b) $t = 3.00$ s에 고리의 전류 방향이 시계 방향인지 아니면 반시계 방향인지 나타내라.

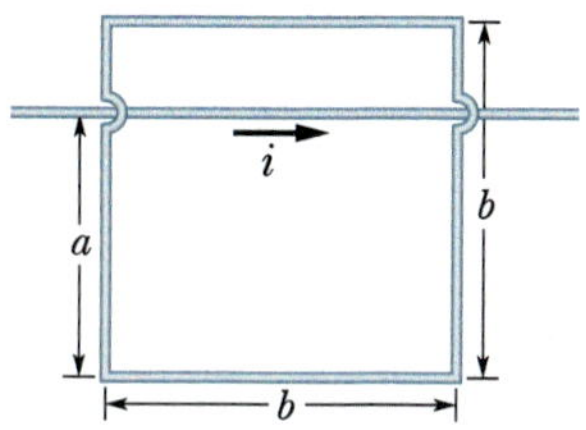

그림 31-31 문제 24

25. 나란한 구리선

지름 2.5 mm인 평행 도선 두 가닥에 반대쪽으로 10 A의 전류가 흐른다. (a) 두 선의 중심이 20 mm 떨어져 있을 때 도선 1 m당 두 축 사이 공간에 있는 자기선속을 셈하라. (b) 선속 중에서 도선 속에 있는 선속의 비율은 얼마인가? (c) 나란히 흐르는 전류에 대하여 (a)의 셈을 되풀이하라.

26. 직사각형 도선 고리

그림 31-32에서와 같이 가로 a, 세로 b, 저항이 R인 직사각형 고리를, 전류 i가 흐르는 아주 긴 도선 근처에 두었다. 긴 도선과 고리의 중심까지의 거리는 r이다. (a) 고리를 지나는 선속과 (b) 고리를 도선에서 속력 v로 멀리할 때 고리에 유도되는 전류의 크기 $|i|$를 구하라. (c) 유도 전류의 방향이 시계 방향인가 반시계 방향인가를 나타내라.

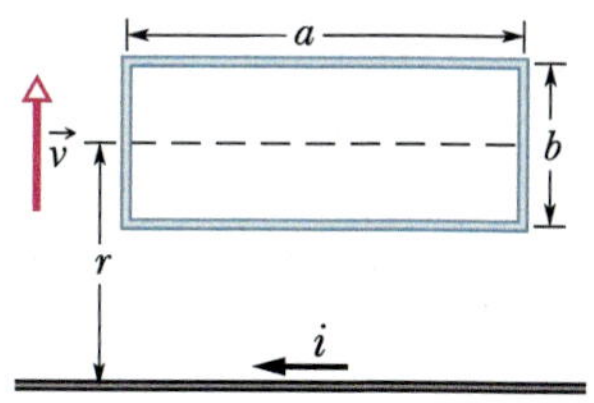

그림 31-32 문제 26

31-6 유도와 에너지 전달

그림 31-7의 상황을 다시 살펴보자. 고리를 오른쪽으로 당기면 전류가 시계 방향으로 흐르고, 고리를 왼쪽으로 밀면 반시계 방향으로 흐른다는 사실이 왜 중요한가? 누군가가 고리를 좌우로 당기고 민다면, 그 결과 고리에는 교류 전류가 생긴다. 이 전류는 바로 가정에서 쓰는 전류와 다를 바가 없다. 이 전류로 전동기를 움직이고 전구를 밝히며 저항에 의한 열손실로 난방을 한다. 고리를 흔드는 데 아무런 힘이 들지 않는다면 에너지 위기가 해결되었을 것이다. 당연히 고리를 좌우로 흔들려면 일을 해야한다.

쇠고리를 일정 속도로 자기장 밖으로 끌어내려면 고리에 힘을 주어서 자기장 속에서 움직이는 전하가 받는 자기력을 지워주어야 한다. 그러려면 고리에 일을 해주어야 하는데, 일을 하면 계의 에너지가 늘어난다. 그렇다면 에너지는 어디로 가는 것일까? 에너지가 갈 수 있는 곳 한 가지는 고리의 내부 에너지다. 고리 온도가 올라가는 것이 관찰되므로 해준 일이 열에너지 — 내부 에너지의 한 가지 — 로 바뀌었다고 결론 내릴 수 있다. 이는 틀린 말은 아니다. 저항 R이 있는 고리에 전류 i가 흐르면 26-7절에서 다룬 바와 같이 전력 손실율(도선의 열에너지 증가율)은 다음과 같다.

$$P = i^2 R \qquad \text{(식 26-11)}$$

이 에너지 손실율과 고리에 일을 해주는 비율 사이에 어떤 관계가 있을까? 두 값이 같은가? 그렇다면, 고리를 움직이는데 들어간 일이 고리에서 열에너지로 바뀌었다고 결론지을 수 있을 것이다. 자세히 살펴보자.

유도 전류와 관련된 상황은 그림 31-11에 나타냈다. 세로 L인 사각형의 고리 한쪽이 고리 면에 수직하게 종이면 속으로 들어가는 자기장 속에 있다. 자기장은 큰 전자석 등으로 만들 수 있을 것이다. 이 그림에서 점선은 자기장이 있는 영역을 나타내고, 자기장의 가장자리에 나타나는 가두리 장은 무시했다. 이제 고리를 일정 속도 $\vec{v}$로 오른쪽으로 잡아당기자.

그림 31-11의 상황에서, 고리의 자기선속은 시간에 따라 변한다. 이제 고리를 일정 속도로 당기는데 드는 역학적 일률을 셈해보자. 고리를 시간 dt에 작은 거리 $d\vec{x}$를 옮기는데 하는 일은 다음과 같다.

$$dW = \vec{F} \cdot d\vec{x}$$

셈이 간단해지게, 힘 $\vec{F}$가 변위 $d\vec{x}$와 나란할 때를 살펴보면 다음과 같다.

$$dW = \vec{F} \cdot d\vec{x} = F dx$$

일을 해주는 비율(일률 P)은 다음과 같다.

$$P = \frac{dW}{dt} = F \frac{dx}{dt}$$

즉

$$P = Fv \qquad (31\text{-}8)$$

인데, 여기서 v는 고리를 옮기는 속력이다.

일률 P를 자기장 B의 크기와 고리의 특성 — 즉, 전류에 대한 저항 R, 고리의 크기 L — 으로 나타내자. 그림 31-11에서 고리를 오른쪽으로 당기면 자기장에 들어 있는 부분의 넓이가 줄어든다.

따라서 고리의 선속도 줄고 그러면 렌츠 법칙에 따라 고리에 전류가 유도된다. 이 전류 때문에 고리를 당기려고 하면 저항력이 나타난다.

전류의 크기를 구하려면 우선 식 31-4를 써서 한 번 감은 고리에 대해 패러데이 법칙을 쓴다. 이렇게 얻는 기전력의 크기는 아래와 같이 쓸 수 있다.

$$|\mathscr{E}| = \left|\frac{d\Phi_{자기}}{dt}\right| = BvL \tag{31-9}$$

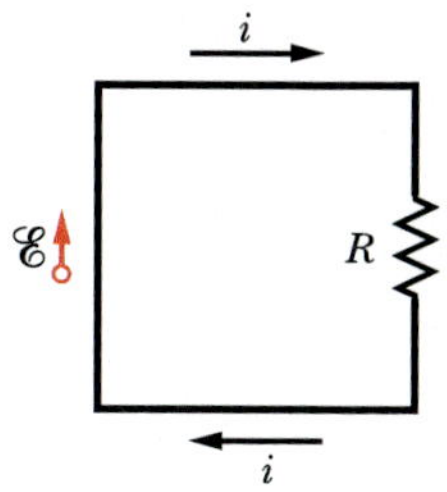

그림 31-33
그림 31-7에 있는 움직이는 고리에 대한 회로도

그림 31-7의 고리를 회로로 다시 꾸리면 그림 31-33과 같다. 유도 기전력 $\mathscr{E}$은 왼쪽에, 고리 전체 저항 R은 오른쪽에 나타냈다. 유도 전류의 방향은 그림 31-7에 나타내었고, $\mathscr{E}$의 방향이 통상적인 전류의 방향과 같다는 점은 이미 설명했다.

유도 전류의 크기를 구하는데 회로에서의 고리 규칙을 쓸 수는 없다. 그 까닭은 31-7절에서 설명하는데, 유도 기전력에 대해서는 전위차를 정의할 수 없기 때문이다. 그러나 식 $i = \mathscr{E}/R$은 쓸 수 있다. 식 31-9를 쓰면 전류의 크기는 다음과 같다.

$$|i| = \frac{BvL}{R} \tag{31-10}$$

그림 31-7에서 전류가 흐르는 고리의 세 조각이 자기장 속에 있으므로 이들은 자기력을 옆쪽으로 받는다. 29장에서 힘의 크기는 다음과 같음을 알았다.

$$F = |i\vec{L} \times \vec{B}| \tag{31-11}$$

그림 31-7의 고리에서 조각 a, b, d가 받는 자기력은 $\vec{F}_a$, $\vec{F}_b$ 및 $\vec{F}_d$로 나타낸다. 낱낱의 조각에 오른손 법칙을 써보면 힘이 낱낱의 조각과 직교하고 고리의 바깥쪽을 향함을 알 수 있다. 대칭성을 따져 보면 $\vec{F}_b$와 $\vec{F}_d$는 서로 반대쪽이며 크기가 같으므로 서로 맞비긴다. 그러면 남는 힘은 고리를 당기는 힘 F와 반대쪽인 $\vec{F}_a$뿐이다. 따라서, $\vec{F} = \vec{F}_a$이다.

식 31-11을 써서 $\vec{F}_a$의 크기를 구하고 $\vec{B}$와 길이 벡터 $\vec{L}$ 사이의 각도가 90°이므로 다음 식을 얻는다.

$$F = F_a = |i|BL\sin 90° = |i|BL \tag{31-12}$$

식 31-10의 전류 i를 식 31-12에 넣으면 다음 결과를 얻는다.

$$F = \frac{B^2 vL^2}{R} \tag{31-13}$$

B, L 및 R은 상수이고, 고리를 당기는 힘 F가 일정하면 고리가 끌려오는 속력 v도 일정하다.

식 31-13을 식 31-8에 넣으면 고리를 자기장에서 당기는 일률을 구할 수 있다.

$$P = Fv = \frac{B^2 v^2 L^2}{R} \quad (\text{일률}) \tag{31-14}$$

이제 분석 마무리 단계로 고리를 일정 속력으로 당길 때 고리 속에 내부 에너지가 생기는 비율을 구해보자. 이는 식 26-11에서 구한다.

$$P = i^2 R \tag{31-15}$$

여기에 식 31-10으로부터 전류 i를 넣으면 다음 결과를 얻는다.

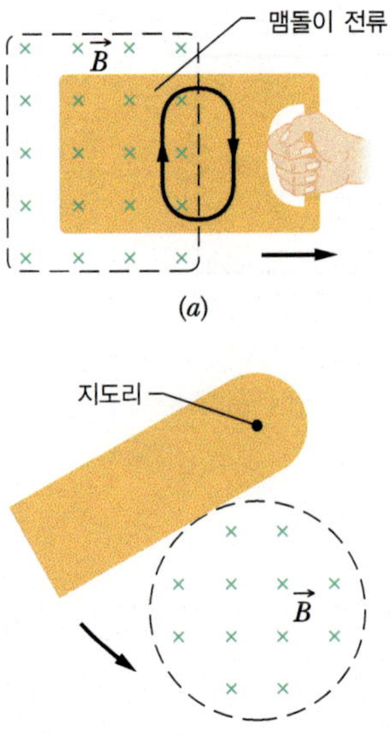

그림 31-34
(*a*) 쇠판을 자기장에서 끌어내면 판에 맴돌이 전류가 유도된다. 대표적인 맴돌이 전류를 나타냈는데, 방향은 그림 31-7의 고리 문제에서와 같이 시계 방향이다. (*b*) 쇠판을 지도리를 중심으로 흔들리게 하여 자기장 속으로 들어가게 한다. 판이 자기장을 드나들 때마다 판에 맴돌이 전류가 유도된다.

$$P = \left(\frac{BvL}{R}\right)^2 R = \frac{B^2v^2L^2}{R} \quad \text{(내부 에너지 증가율)} \tag{31-16}$$

이는 고리에 해주는 일률(식 31-14)과 똑같다. 그러므로 자기장 속에서 고리를 당기며 해주는 일이 고리에서 열에너지로 바뀌어 고리의 온도가 조금 올라간다.

• 맴돌이 전류

그림 31-7의 쇠고리를 그림 31-34*a*와 같은 판으로 바꾸었다고 하자. 그리고 이 판을 자기장 속에서 잡아당기면, 장과 판의 상대 운동 때문에 쇠판에 전류가 유도된다. 따라서 유도된 전류 때문에 생겨난 저항력에 대해 일을 해주어야 한다. 그러나 쇠판에서는 유도 전류를 이루는 전도 전자가 고리에서 처럼 일정한 경로만 따라가지는 않는다. 대신 전자들은 소용돌이에 갇힌 것처럼 판 속에서 맴돌이를 한다. 그런 전류를 맴돌이 전류라 하고 그림 31-34*a*와 같이 마치 하나의 경로인 것처럼 나타낼 수 있다.

맴돌이 전류는 유도 화덕에서 요리를 하는데 쓰인다. 유도 화덕에서는 조리판 바로 밑에 있는 유도 코일에 교류 전류를 흘린다. 이 전류가 만드는 자기장도 시간에 대해 진동하므로 쇠로 된 냄비에 교류 전류를 유도한다. 냄비에는 전류 저항이 조금 있으므로 전류의 전기 에너지가 계속 열에너지로 바뀌면서 냄비와 그 속에 든 음식을 데운다. 믿기 힘들겠으나 화덕의 조리판은 전혀 뜨겁지 않고 냄비만 뜨거워진다.

그림 31-7의 도선 고리처럼 쇠판에 유도된 전류 때문에 냄비가 뜨거워지면서 역학적 에너지가 소진된다. 에너지의 소진은 그림 31-34*b*의 장치에서 더 잘 드러난다. 이 그림에서는 지도리를 중심으로 마찰 없이 돌 수 있는 쇠판이 흔들이처럼 자기장이 있는 영역으로 흔들리며 들어간다. 이 판이 자기장을 드나들 때마다 역학적 에너지의 일부가 열에너지로 전달된다. 몇 차례 진동하면 역학적 에너지는 남아 있지 않고 따뜻해진 판이 그냥 지도리에 걸려 서 있게 된다.

생각해보기 31-9 고리가 네 개 있는데, 변의 길이가 L이나 $2L$이다. 네 고리 모두 같은 속력으로 고른 자기장 B의 영역을 지나 이동한다. (a) 자기장을 지날 때 유도되는 유도 기전력이 큰 것부터 순서를 매겨라. (b) 그렇게 생각한 이유를 설명하라.

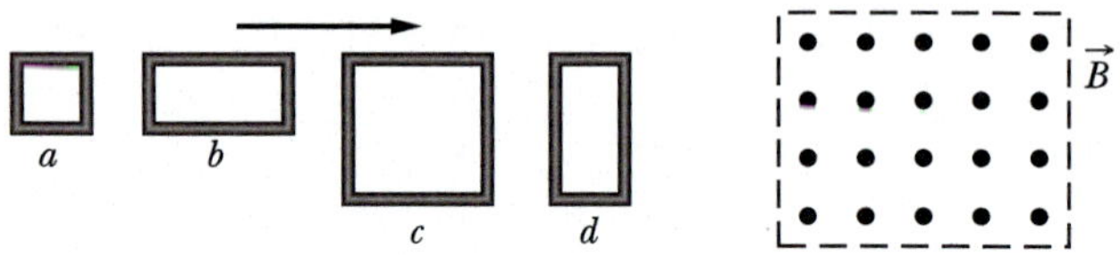

연습문제 31-6

27. 내부 에너지

50 cm 되는 (지름=1.00 mm) 구리선을 둥근 고리로 만들어 10.0 mT/s의 비율 일정한 비율로 변하는 고른 자기장에 수직하게 두었다면 고리의 내부 에너지 증가율은 얼마인가?

28. 고리 안테나

넓이 A, 저항 R인 고리 안테나가 고른 자기장 $\vec{B}$에 직각으로 있다. 장의 세기가 Δt 동안에 일정한 비율로 0으로 떨어진다. 고리에 추가된 전체 내부 에너지에 대한 식을 구하라.

29. 궤도 위에 놓인 막대

그림 31-35와 같이 한쪽 끝을 쇠막대로 연결한 나란한 두 궤도 위에서 쇠막대를 일정속도 $\vec{v}$로 이동시킨다. 세기 $|\vec{B}| = 0.350\,\text{T}$인 자기장은 종이면에서 나온다. (a) 궤도 간격이 25.0 cm이고 막대의 속력이 55.0 cm/s라면, 생기는 기전력은 얼마나 생기는가? (b) 막대의 저항이 18.0 Ω이고 궤도와 연결 부분의 저항은 무시해도 된다면, 막대에 흐르는 전류는 얼마인가? (c) 어떤 비율로 역학적 에너지가 열에너지로 바뀌고 있는가?

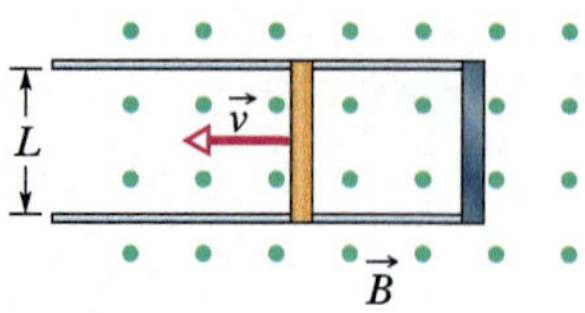

그림 31-35 문제 29

30. 끝 속력 구하기

그림 31-36에 가로 L, 저항 Ω, 질량 m인 기다란 사각형 고리가 *aa*

선 위쪽에만 있는, 종이면으로 들어가는 고른 자기장 $\vec{B}$ 속에 걸려 있다. 이제 고리가 떨어지는데, 떨어지는 동안 가속되다가 어떤 끝 속력 $v_{끝}$에 이른다. 공기의 저항을 무시하고 끝 속력을 구하라.

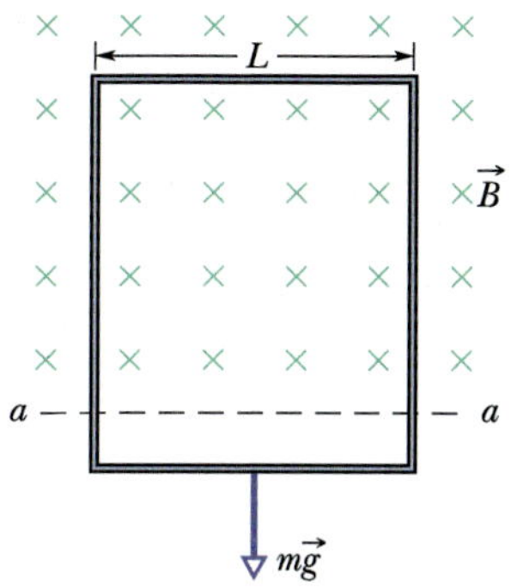

그림 31-36 문제 30

31. 궤도 위에 놓인 막대 2

그림 31-35에 보인 도체 막대는 길이가 L이고 마찰이 없는 궤도 위를 수평 방향으로 속도 $\vec{v}$로 끌려 간다. 이 궤도는 한쪽 끝에서 쇠막대로 연결되어 있다. 막대가 움직이는 공간에는, 종이면으로 솟아나오는 고른 자기장 $\vec{B}$가 있다. $L = 10\,\text{cm}$, $v = 5.0\,\text{m/s}$, $B = 1.2\,\text{T}$이다. (a) 막대에 유도되는 기전력 크기는? (b) 도체 고리에 흐르는 전류의 크기와 방향(시계/반시계)은 무엇인가? 막대의 저항은 $0.40\,\Omega$이고, 궤도와 철 조각의 저항은 무시하라. (c) 어떤 비율로 역학적 에너지가 열에너지로 바뀌는가? (d) 막대가 현재의 운동을 유지하려면 어떤 크기의 힘을 주어야 하는가? (e) 이 힘은 어떤 비율(속도)로 막대에 일을 하는가? 이 답을 (c)의 답과 비교하여라.

32. V자로 꺾인 막대

두 개의 직선 막대가 그림 31-37과 같이 끝에서 직각으로 만난다. 이 궤도와 접촉하고 있는 도체 막대가 시각 $t = 0$에 꼭지점에서 출발하여, 그림과 같은 쪽으로 5.20 m/s의 일정한 속도로 이동한다. 크기 $B = 0.350\,\text{T}$인 자기장이 종이면 앞쪽으로 솟아나온다. (a) $t = 3.00\,\text{s}$에 궤도들과 막대가 만드는 삼각형의 선속과 (b) 삼각형 주변의 기전력의 크기를 셈하여라. (c) 기전력을 $\mathscr{E} = at^n$이라 하고, a와 n이 상수라면, n의 값은 얼마인가?

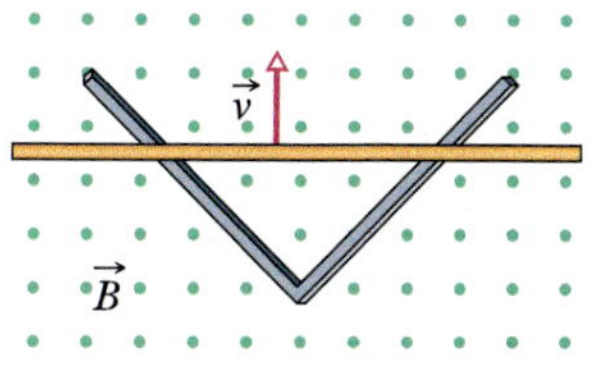

그림 31-37 문제 32

33. 도체 궤도 위에 놓인 막대 2

그림 31-38에는 수평 도체 궤도 위에서 일정속력 v로 움직이게 되어 있는 길이 L인 막대를 나타낸 것이다. 막대가 움직이는 곳의 자기장은 도체에 나란한 긴 도선에 흐르는 전류 i에 의해 생긴 것이라서 고르지 않다. $v = 5.00\,\text{m/s}$, $a = 10.0\,\text{mm}$, $L = 10.0\,\text{cm}$ 그리고 $i = 100\,\text{A}$라고 가정하자. (a) 막대에 유도되는 기전력의 크기는 얼마인가? (b) 고리에 흐르는 전류의 크기는 얼마인가? 막대의 저항은 $0.400\,\Omega$이고 궤도와 오른쪽에서 궤도들을 잇는 연결쇠의 저항은 무시할 수 있다고 가정하라. (c) 어떤 비율로 내부 에너지가 막대에 가해지는가? (d) 이 운동을 지속시키려면 밖에서 막대에 어떤 크기의 힘을 주어야 하는가? (e) 이 힘은 어떤 비율로 막대에 일을 하는가? 이 답을 (c)의 답과 비교하라.

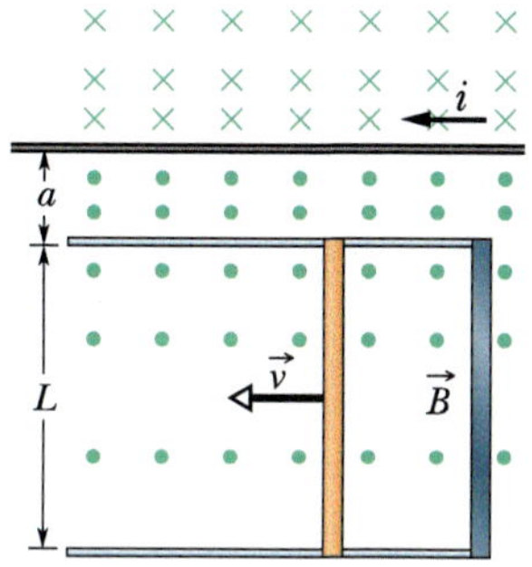

그림 31-38 문제 33

31-7 유도 전기장

구리선으로 된 반지름이 r인 고리를 그림 31-39a와 같이 고른 자기장 속에 두자. 자기장은 가두리장을 빼고는 반지름이 R인 원통 모양의 공간을 채우고 있다. 이 자기장의 세기를 일정 비율로 키운다고 하자. 그러면 고리의 자기선속도 일정비율로 변하므로 패러데이 법칙에 따라 유도 전류가 고리에 흐르는데 그 방향은 렌츠 법칙으로부터 그림 31-39a와 같이 시계 방향임을 짐작할 수 있다.

고리에 전류가 흐른다면 고리를 따라 전기장이 있어야 한다. 왜냐하면 전기장이 있어야 전도전자를 옮길 수 있기 때문이다. 더 나아가, 그 전기장은 분명 변하는 자기장이 만들어냈을 것이다. 이 **유도 전기장(induced electric field)** $\vec{E}$도 정전하가 만드는 전기장처럼 전하 q인 입자에 $q\vec{E}$의 힘을 준다.

이러한 논리를 따라가면 패러데이 유도법칙을 더 일반적이고 뜻깊게 바꾸어 말할 수 있다.

> (시간에 대해) 변하는 자기장은 전기장을 만든다.

이 명제에서 놀라운 것은 구리도선 고리가 없어도 전기장은 유도된다는 것이다.

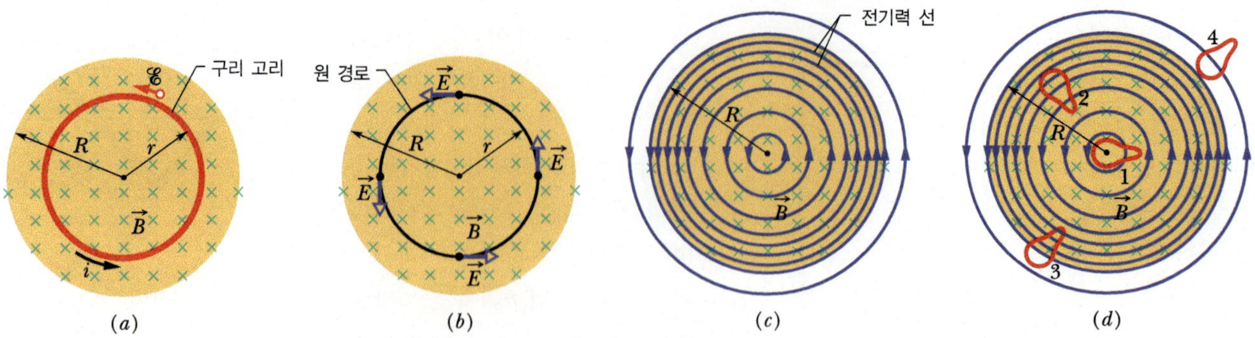

그림 31-39
(a) 자기장이 일정한 비율로 세지면 일정한 유도 전류가 반지름 r인 구리 고리에 나타난다. (b) 고리가 없어도 유도 전기장은 있다. 그림에 네 곳의 전기장을 나타냈다. (c) 전기력선으로 나타낸 전체적인 유도 전기장의 분포. (d) 넓이가 같은 닮은꼴 닫힌 경로 4개. 변하는 자기장 속에 든 경로 1과 2에 유도되는 기전력은 같다. 일부분만 자기장에 걸쳐 있는 경로 3에 유도되는 기전력은 이보다 작다. 완전히 자기장 밖에 있는 경로 4에는 기전력이 생기지 않는다.

이 생각을 정리하려면, 그림 31-39b를 살펴보는데, 구리도선 고리를 반지름 r의 가상의 원으로 바꾼 것 말고는 그림 31-39a와 똑같다. 앞서와 마찬가지로 자기장 $\vec{B}$의 세기는 일정한 비율 dB/dt로 늘고 있다고 가정한다. 원의 여러 곳에 유도되는 전기장의 방향은 대칭성으로 보아서도 그림 31-29b에 나타낸 것처럼 원에 접하는 쪽이어야 한다*. 따라서 그 원이 전기장선이다. 반지름 r인 원에는 특별한 것이 따로 없으므로 변하는 자기장이 만드는 전기장선은 그림 31-39c와 같이 동심원꼴이다.

자기장에 시간이 갈수록 세지는 동안에는 그림 31-39c에 둥근 장선으로 나타낸 전기장이 있다. 시간이 가도 자기장이 변하지 않으면 유도 전기장도 사라지고 전기장선도 사라진다. 시간에 따라 자기장의 세기가 (일정한 비율로) 약해질 때는 전기장은 그림 31-39c와 같이 동심원꼴이지만 방향이 앞서와는 반대이다. 이런 모든 내용이 "변하는 자기장은 전기장을 만든다."라는 말 속에 들어 있다.

• 패러데이 법칙 재정리

전하 q인 입사가 그림 31-39b의 원둘레를 따라 움직이는 것을 생각하자. 이 전하가 원둘레를 한 바퀴 도는 동안 유도 전기장이 해주는 일은 $q\mathscr{E}$인데, 여기에서 $\mathscr{E}$는 유도 기전력, 즉 난위 전하를 원 둘레를 따라 돌리는데 해주는 일이다. 이를 다른 시각에서 보면 일은 다음과 같다.

$$\int \vec{F}\cdot d\vec{s} = qE(2\pi r) \tag{31-17}$$

여기서 $|q|E$는 시험전하가 받는 힘, $2\pi r$은 전하가 힘을 받으며 간 거리다. W에 대한 두 식을 같다고 두고 q를 맞지우면 다음 결과를 얻는다.

$$|\mathscr{E}| = 2\pi r E \tag{31-18}$$

좀더 일반적으로는 식 31-17을 고쳐 써서 전하 q인 입자가 어떤 닫힌 곡선을 따라가며 받는 일은 다음과 같이 정리할 수 있다.

$$W = \oint \vec{F}\cdot d\vec{s} = q\oint \vec{E}\cdot d\vec{s} \tag{31-19}$$

---

* 대칭 논리로는 원 주위의 전기장 $\vec{E}$가 접선 방향이 아니라 반지름 방향도 허용된다. 그렇지만, 전기력선이 반지름 방향이면 전기력선이 시작되거나 끝나는 자유 전하가 대칭축 주위에 대칭적으로 퍼져 있음을 뜻하는데, 여기에는 그러한 전하가 없다.

(적분 기호에 붙인 동그라미는 닫힌 경로에 대한 적분을 나타낸다.) W에 $q\mathscr{E}$를 넣으면 다음 결과를 얻는다.

$$\mathscr{E} = \oint \vec{E} \cdot d\vec{s} \tag{31-20}$$

이 적분을 그림 31–39b에 대해서 셈하면 바로 식 31–18이 된다.

식 31–20을 쓰면 유도 기전력의 뜻을 넓힐 수 있다. 앞에서는 유도 기전력이란 변화하는 자기선속이 만드는 전류를 유지하는데 드는 단위 전하당의 일 또는 단위 전하를 띤 입자가 변화하는 자기선 속 안에 있는 닫힌 경로를 따라 갈 때 한 일을 나타내었다. 그러나 그림 31–39b와 식 31–20에서 볼 수 있는 것처럼 전류나 입자가 없어도 유도 기전력은 존재한다: 유도 기전력은 $\vec{E} \cdot d\vec{s}$값을 닫힌 경로에 따라 적분한 값인데, 여기서 $\vec{E}$는 변하는 자기선속이 유도한 전기장이고, $d\vec{s}$는 닫힌 경로를 이루는 조각 벡터이다.

식 31–20과 식 31–6의 패러데이 법칙($\mathscr{E} = -d\Phi^{자기}/dt$)을 묶으면, 패러데이 법칙을 다음과 같이 다시 쓸 수 있다.

$$\oint \vec{E} \cdot d\vec{s} = -\frac{d\Phi^{자기}}{dt} \quad (\text{패러데이 법칙, 일반식}) \tag{31-21}$$

이 식은 자기장이 시간에 대해 변하면 전기장이 생김을 뜻한다. 시간 변화하는 자기장은 이 식의 오른쪽에, 전기장은 왼쪽에 나타난다.

식 31–21 꼴의 패러데이 법칙은 변하는 자기장 속의 모든 닫힌 경로에 쓸 수 있다. 그러나 $\oint \vec{E} \cdot d\vec{s}$의 값은 대칭성이 있을 때만 구할 수 있다. 예를 들어 그림 31–39d에 네 개의 닫힌 경로를 보였는데, 이들은 모두 넓이가 같지만 변하는 자기장 속에서 위치가 다르다. 경로 1과 2는 둘 다 자기장 속에 들어 있어서 $d\Phi/dt$의 값이 같으므로 유도 기전력 $\mathscr{E}(= \oint \vec{E} \cdot d\vec{s})$이 같다. 두 경로 위의 낱낱의 점에서 전기장 벡터가 다르다는 것은 그림에 보인 전기력선의 모양에서 알 수 있지만 유도 기전력은 같다. 경로 3은 그 속에 들어가는 선속($\Phi^{자기}$)이 적어서 기전력이 작고, 경로 4는 전기장이 모든 점에서 없어지지는 않았지만 유도 기전력은 0이다.

• 다시 보는 전위

유도 전기장을 만드는 것은 정전하가 아니라 시간 변화하는 자기선속이다. 근원이 다른 두 전기장 모두 전하를 띤 입자에 힘을 주는 점은 같지만 중요한 차이도 있다. 그 차이는 대역적 특성에 있다. 유도 전기장의 장선은 그림 31–39c처럼 닫힌 곡선이 된다. 정전하가 만드는 전기장은 결코 그런 특성이 없이, 늘 (+)전하에서 나와 (−)전하로 들어간다. 유도 전기장은 정전하가 만드는 것이 아니므로 전기장이 나오거나 들어가는 곳이 없다. 대신, 자기장처럼 닫힌 곡선을 이룬다. (그래도 여전히 전기장이다. 자기장과 달리 이 장은 서 있는 전하에도 힘을 준다.)

그러므로 변하는 자기장이 있으면 주위에 고리 모양의 전기장선이 생긴다. 전류가 있으면 고리 모양의 자기장선이 생긴다는 것은 이미 아는 바다. 그런데 자기장선을 만드는 것으로는 전류가 유일한 것일까? 전기장이 변해도 고리 모양의 자기장이 생기는 것은 아닐까? 이 문제는 다음에 이어서 다루기로 한다.

당장의 문제는 전기장선이 고리 모양이라는 것인데, 이는 정전위를 정의할 때 중대한 뜻이 있다. 전위차란 단위 전하에 해주는 일과 같으므로, 전하를 전기장선 고리를 따라 이동시키면 $\vec{E}$장이 항상 운동 방향과 일치하고 따라서 전기장선을 따라 움직일 때마다 일 에너지는 늘어난다. 그러나

장이 고리 모양이므로 결국은 출발점으로 돌아오면 해준 일 에너지의 총량은 양수가 된다. 이 사실이 뜻하는 바는 다음과 같다.

> 전위는 정전하가 만드는 전기장에서만 뜻이 있다. 자기 유도로 생긴 전기장에서는 뜻이 없다.

이 말의 뜻을 알려면 그림 31-39*b*의 경로를 한 바퀴 돌아온 전하에 어떤 일이 생기는지 따져 보라. 이 입자가 어떤 곳에서 출발하여 그곳으로 돌아올 때는 기전력 $\mathscr{E}(= 5\,\text{V}$라 하자)를 거쳐 온다. 이는 입자가 5 J/C의 일을 받았다는 뜻이고, 따라서 입자는 전위가 5 V 더 높은 곳에 있어야 한다. 그러나 입자는 같은 곳으로 돌아와 있고, 그곳의 전위가 두 값을 가질 수 없으므로 이런 일은 있을 수 없다. 따라서 시간 변화하는 자기장이 만든 전기장에 대해서는 전위를 정의할 수 없다는 결론을 내릴 수밖에 없다.

전기장 $\vec{E}$ 속에 있는 두 곳 1, 2 사이의 전위차를 정의하는 식 25-16을 다시 살펴보면 문제를 구체적으로 살펴볼 수 있다.

$$V_2 - V_1 = -\int_1^2 \vec{E} \cdot d\vec{s} \tag{31-22}$$

25장에서는 아직 패러데이 유도 법칙이 나오지 않았기 때문에 식 25-16에서 쓴 전기장은 고정된 전하가 만든 것이었다. 식 31-22에서 1과 2가 같은 곳이라면 두 곳을 잇는 경로는 닫힌 경로이며, V_1과 V_2가 같으므로 식 31-22는 다음과 같아진다.

$$\oint \vec{E} \cdot d\vec{s} = 0\,\text{V} \tag{31-23}$$

그러나 변하는 자기선속이 있으면 적분 결과가 0이 아니라 식 31-21이 나타내듯이 $-d\Phi^{자기}/dt$가 된다. 따라서 유도 전기장에 대해 전위를 정의하려면 모순에 생긴다. 유도 전기장의 전위차는 경로에 따라 달라진다는 결론이 나온다.

생각해보기 31-10 이 그림에는 고른 자기장이 종이면에서 수직하게 나오기나(영역 *a*) 속으로 들어가는 영역 5개를 글자로 나타냈다. 모든 영역에서 자기장이 일정 비율로 세지고 있고, 넓이는 똑같다. 또한 '자기' 단위로 번호를 붙인 경로 4개의 $\oint \vec{E} \cdot d\vec{s}$로 표시했다. 영역 *b*부터 *e*까지에서 자기장이 종이면에서 나오는지 속으로 들어가는지 답하라.

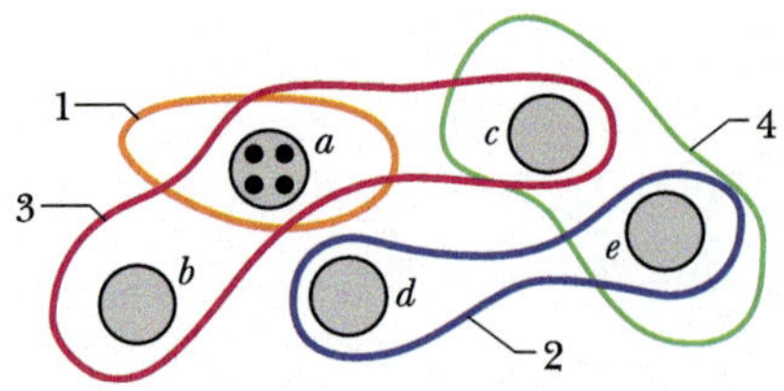

경로:	1	2	3	4
$\oint \vec{E} \cdot d\vec{s}$:	1(자기)	2(자기)	3(자기)	0(자기)

따라해보기 31-3 | 전기장 유도하기

그림 31-39b에서 $R = 8.5\,\text{cm}$, $dB/dt = 0.13\,\text{T/s}$로 잡는다.

(a) 자기장 속, 중심에서 반지름 r인 곳에 생기는 유도 전기장의 크기 E에 관한 식을 구하라. $r = 5.2\,\text{cm}$인 곳의 값을 구하라.

풀이 ■ **요점**은 자기장이 변하면 패러데이 법칙에 따라 전기장이 유도된다는 것이다. 이 장의 세기 E를 구하려면 식 31-21꼴의 패러데이 법칙을 쓴다. 여기서 구하려는 것은 자기장이 있는 곳에서의 전기장이므로 적분 경로를 $r \le R$인 동그라미로 잡는다. 대칭성으로 보아 그림 31-39b에서 $\vec{E}$의 방향은 어느 곳에서나 경로에 접한다고 가정한다. 경로 벡터 $d\vec{s}$도 어디서나 원에 접하므로 식 31-21의 점곱 $\vec{E}\cdot d\vec{s}$의 값은 경로 위의 모든 곳에서 $E\,ds$이다. 또 대칭성으로부터 동그라미 위에서 전기장 E의 세기는 모두 같다고 할 수 있다. 그러면 식 31-21의 왼쪽은 다음과 같아진다.

$$\oint \vec{E}\cdot d\vec{s} = \oint E\,ds = E\oint ds = E(2\pi r) \qquad (31\text{-}24)$$

(적분 $\oint ds$는 동그라미 둘레인 $2\pi r$.)

다음은 식 31-21의 오른쪽을 셈한다. 경로에 둘러싸인 면 A 전체에 걸쳐 $\vec{B}$가 일정하고 면에 수직하므로 자기선속은 식 31-1을 써서 구한다.

$$\Phi^{\text{자기}} = BA = B(\pi r^2) \qquad (31\text{-}25)$$

이 결과와 식 31-24를 식 31-21에 넣고 (−) 부호를 지우면 전기장의 세기는 다음과 같다.

$$E(2\pi r) = (\pi r^2)\frac{dB}{dt}$$

이를 정리하면 다음과 같다.

$$E = \frac{r}{2}\frac{dB}{dt} \qquad \text{(답)}\ (31\text{-}26)$$

식 31-26은 $r \le R$인 곳(즉 자기장이 있는 곳)의 전기장을 구하는 식이다. 주어진 값들을 넣으면 $r = 5.2\,\text{cm}$에서 $\vec{E}$의 크기는 다음과 같다.

$$E = \frac{(5.2\times10^{-2}\,\text{m})}{2}(0.13\,\text{T/s}) = 0.0034\,\text{V/m} = 3.4\,\text{mV/m} \qquad \text{(답)}$$

(b) 자기장 밖에 있는 반지름 r인 곳의 유도 전기장 E를 나타내는 식을 구하라. $r = 12.5\,\text{cm}$에 대하여 이 값을 구하라.

풀이 ■ 자기장 바깥에 있는 곳의 E를 구하려면 반지름 $r = R$의 적분 경로를 쓴다는 점 말고는 (a)에서의 요점이 이 문제에도 쓰인다. (a)에서와 같이 다시 식 31-24에 이른다. 그런데 새 적분 경로가 자기장 바깥에 있으므로 식 31-25에는 이를 수 없고 새로운 **요점**, 즉 새로운 경로로 둘러싸인 자기선속은 자기장이 미치는 넓이 πR^2으로부터 오는 것뿐이라는 점을 쓴다.

$$\Phi^{\text{자기}} = BA = B(\pi R^2) \qquad (31\text{-}27)$$

이 결과와 식 31-24를 식 31-21에 (음의 부호 제외) 넣고 $\vec{E}$의 크기에 대해서 풀면 다음을 얻는다.

$$E = \frac{R^2}{2r}\frac{dB}{dt} \qquad \text{(답)}\ (31\text{-}28)$$

E가 0이 아니므로 변하는 자기장 밖에 서도 전기장이 유도됨을 알 수 있는데, 이 결과로부터 변압기가 나온다(32-5절 참조). 주어진 값들을 넣으면 $r = 12.5\,\text{cm}$에서 $\vec{E}$의 크기는 식 31-28로부터 구할 수 있다.

$$E = \frac{(8.5\times10^{-2}\,\text{m})^2}{(2)(12.5\times10^{-2}\,\text{m})}(0.13\,\text{T/s})$$
$$= 3.8\times10^{-3}\,\text{V/m} = 3.8\,\text{mV/m} \qquad \text{(답)}$$

$r = R$이면 당연히 식 31-26과 31-28이 같아진다. 그림 31-40은 두 식을 써서 그린 $E(r)$의 그림표이다.

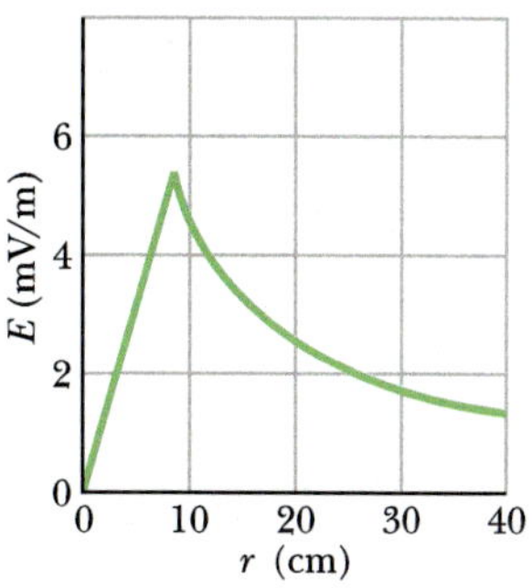

그림 31-40
따라해보기 31-3의 조건에 대한 유도 전기장 $E(r)$의 그림표

연습문제 31-7

34. 두 원 영역

그림 31-41은 반지름이 $r_1 =$ 20.0 cm와 $r_2 =$ 30.0 cm인 두 원 영역 R_1과 R_2를 나타낸 것이다. R_1에는 세기가 $B_1 =$ 50.0 mT인 고른 자기장이 종이면 뒤쪽을 향하고 있으며, R_2에는 세기가 $B_2 =$ 75.0 mT인 고른 자기장이 종이면 앞쪽을 향하고 있다(가두리장 효과는 무시한다). 두 자기장 모두 8.50 mT/s의 비율로 줄고 있다. 점선으로 나타낸 세 경로에 대하여 $\oint \vec{E} \cdot d\vec{s}$를 구하라.

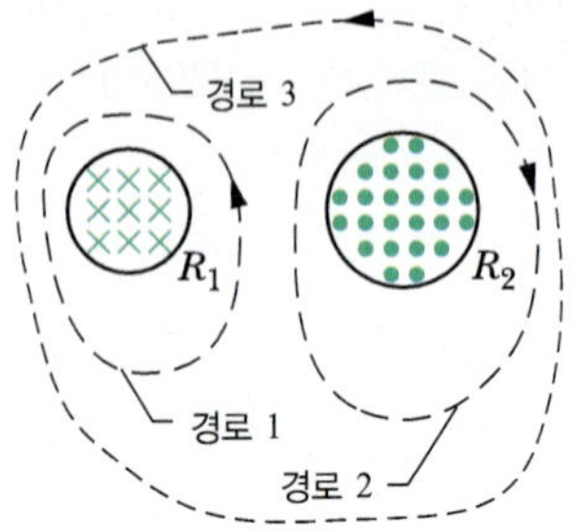

그림 31-41 문제 34

35. 긴 솔레노이드

어느 긴 솔레노이드의 지름이 12.0 cm이다. 도선에 전류 i가 흐르면 세기가 $B =$ 30.0 mT인 자기장이 속에 만들어진다. 전류 i를 줄이자 장의 세기가 6.50 mT/s의 비율로 줄었다. 솔레노이드 축에서 (a) 2.20 cm (b) 8.20 cm 되는 지점에 유도되는 전기장의 크기를 구하라.

36. 자석 연구실

1981년 초, MIT의 국립자석연구실에서 30 T 세기의 자기장을 내는 지름 3.3 cm의 자석을 쓰기 시작했는데, 이는 당시 세계에서 가장 센 정자기장이었다. 장의 세기는 삼각함수 모양으로 29.6 T에서 30.9 T 사이를 15 Hz의 주기로 변화시킬 수 있다. 이렇게 할 때, 축으로부터 바깥쪽으로 1.6 cm인 곳에 유도될 수 있는 유도 전기장의 최대값은 얼마인가?

37. 0으로 떨어지는…

평행판 축전기에서 (그림 31-42의 화살표와 같이) 전기장에 수직 방향으로 이동하면 전기장 $\vec{E}$가 갑자기 0으로 급변할 수는 없음을 증명하라. 실제의 축전기에서는 언제나 가두리장 효과가 나타나는데, 이는 $\vec{E}$가 연속적이면서 서서히 0으로 줄어든다는 것을 뜻한다(30장의 문제 35 참조). (**실마리**: 점선으로 나타낸 네모꼴 경로에 패러데이 법칙을 쓸 것.)

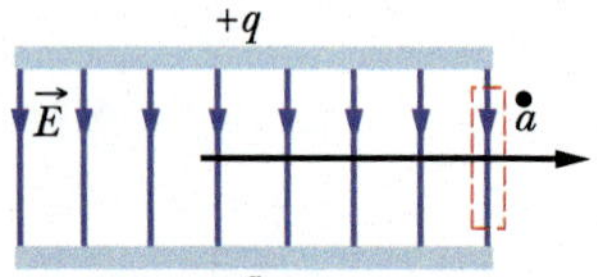

그림 31-42 문제 37

31-8 유도 자기장

진류가 없는 공간의 일부 영역을 생각해보자. 이미 앞에서 배운 것처럼, 자기장이 변화하면 전기장이 유도되고 이로부터 다음과 같은 꼴의 패러데이 법칙이 나왔다.

$$\oint \vec{E} \cdot d\vec{s} = -\frac{d\Phi^{자기}}{dt} \text{ (패러데이 유도법칙)} \tag{31-29}$$

여기서 $\vec{E}$는 닫힌 고리 속의 자기선속의 변화율 $d\Phi^{자기}/dt$ 때문에 고리를 따라 유도되는 전기장이다. 물리학에서는 자주 대칭성이 위력을 발휘하므로, 여기서도 유도 현상이 반대쪽으로 진행될 수 있는가, 즉 전기선속이 바뀌어도 자기장이 유도될 수 있는가 하는 물음이 생긴다.

이 물음에 대한 대답은 그렇다일 뿐 아니라, 자기장의 유도를 기술하는 방정식도 식 31-21과 거의 완전히 대칭적이다. 이 관계는 맥스웰(James Clerk Maxwell)의 이름을 따서 맥스웰 유도법칙이라고 하며, 다음과 같다.

$$\oint \vec{B} \cdot d\vec{s} = \mu_0 \varepsilon_0 \frac{d\Phi^{전기}}{dt} \text{ (맥스웰 유도법칙 – 전류가 없을 때)} \tag{31-30}$$

여기서 $\vec{B}$는 고리 속의 전기선속의 변화율 $d\Phi^{전기}/dt$ 때문에 고리를 따라 유도되는 자기장이다.

이러한 유도 현상의 사례로, 그림 31-43a와 같은 평행판 축전기를 충전하는 과정을 생각해보자. (이러한 특이한 상황을 집중적으로 다루지만, 변화하는 전기장은 늘 자기장을 유도한다.) 여기서는 연결하는 도선에 일정한 전류 i가 흘러 들어와서 축전기의 전하가 일정하게 늘어나는 것을 가정한다. 그러면 두 판 사이의 전기장도 일정한 비율로 세져야 한다.

그림 31-43b는 그림 31-43a의 두 판 사이에서 오른쪽 판을 본 모습이다. 전기장은 종이면 속으로 들어간다. 이 판보다 반지름이 작은, 그림 31-43a와 b의 점 1을 지나는 동심 고리를 생각해보자. 이 고리에 둘러싸인 면에서 전기장이 변하므로 고리 속의 전기선속도 변해야 한다. 이처럼 변하는 전기선속은, 식 31-30에 따르면, 고리를 따라 자기장을 유도한다.

이런 자기장 $\vec{B}$가 실제로 그림에 보인 쪽으로 생겨남이 실험적으로 확인되었다. 둥근 고리를 따라 자기장의 세기가 모두 같으므로 축전기 판의 중심축에 대한 축대칭성이 있다. 이제 반지름이 더 큰 고리 — 그림 31-43a와 b의 점 2를 지나는 판 바깥의 고리를 생각해 보면, 그 고리에도 자기장이 유도됨을 알 수 있다. 그러므로 전기장이 변하는 동안 판 사이에는 안팎으로 모두 자기장이 유도된다. 전기장이 더 이상 변하지 않으면 유도 자기장도 사라진다.

식 31-30이 비록 식 31-29와 비슷하기는 해도, 두 가지 면에서 다르다. 우선, 식 31-30에 나오는 두 개의 새로운 기호 μ_0와 ε_0는 국제 단위계를 쓰기 때문에 생기는 것이다. 둘째, 식 31-30에는 식 31-29에서의 (−)부호가 없다. 부호 차이는 유도 전기장 $\vec{E}$와 유도 자기장 $\vec{B}$는 각각이 비슷한 방법으로 유도 될 때 방향이 서로 반대임을 뜻한다.

이 방향의 차이를 관찰하려면 그림 31-44에서 종이면 속으로 들어가는 자기장이 점점 세지면서 전기장 $\vec{E}$를 유도하는 상황을 살펴보자. 유도 전기장 $\vec{E}$는 반시계 방향인데 비하여 그림 31-43b에서 자기장은 시계 방향이다.

• 앙페르-맥스웰 법칙

식 31-30의 왼쪽, 즉 닫힌 고리 주변에 대한 점곱 $\vec{B}\cdot d\vec{s}$의 적분이 앙페르 법칙에도 나온 것을 상기하자.

$$\oint \vec{B}\cdot d\vec{s} = \mu_0 i^{\text{안}} \quad \text{(앙페르 법칙)} \tag{31-31}$$

여기서 $i^{\text{안}}$는 닫힌 고리로 둘러싸인 전류이다. 그러므로 자성물질이 아닌 것, 즉 전류와 변하는 전기장이 만드는 자기장 $\vec{B}$를 나타내는 두 방정식이 자기장을 똑같은 꼴로 기술한다. 두 방정식을 하나로 모으면 다음과 같다.

$$\oint \vec{B}\cdot d\vec{s} = \mu_0 \varepsilon_0 \frac{d\Phi_{\text{전기}}}{dt} + \mu_0 i^{\text{안}} \quad \text{(앙페르-맥스웰 법칙)} \tag{31-32}$$

전류는 있지만 전기선속의 변화가 없을 때(일정한 전류가 흐르는 도선)는 식 31-32 오른쪽 첫 항이 0이 되어 식 31-32는 식 31-31, 즉 앙페르 법칙이 된다. 전기선속의 변화는 있지만 전류가 없을 때(충전 중인 축전기의 두 극판 사이의 안팎)는 식 31-32 오른쪽의 둘째 항이 0이 되어 식 31-32는 식 31-30, 즉 맥스웰 유도법칙이 된다.

생각해보기 31-11 처음으로 앙페르 법칙을 다룬 30장을 참조하여 전류가 만드는 자기장의 방향을 구한 방법을 설명하라. 긴 직선 전류가 만드는 자기력선의 모양은 어떠했는가? 이 전류와 그림 31-43에 나타낸 것 사이의 관련성이나 유사성을 설명하라.

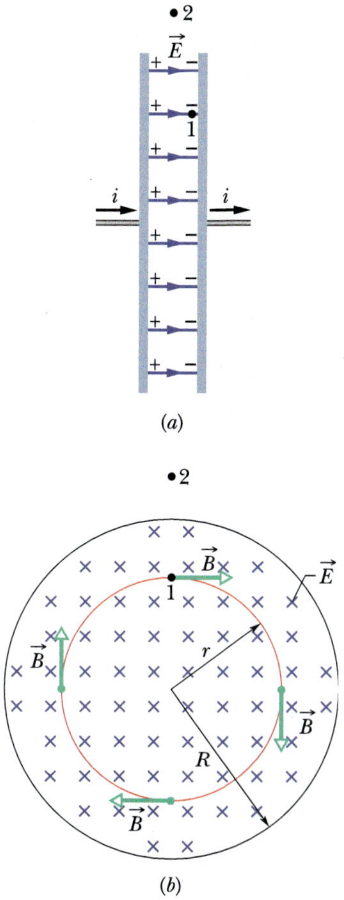

그림 31-43
(a) 극판이 둥근 평행판 축전기가 일정 전류 i로 충전되는 것을 옆에서 본 모습. (b) 극판 사이에서 오른쪽 판을 본 모습. 전기장 $\vec{E}$의 방향은 종이면 속(극판 쪽)으로 들어가고, 크기는 전체적으로 고르고 축전기의 전하량이 늘어감에 따라 더 커진다. 극판보다 작은 고리 위의 네 곳에서 전기장의 변화율이 유도한 자기장 $\vec{B}$를 나타냈다.

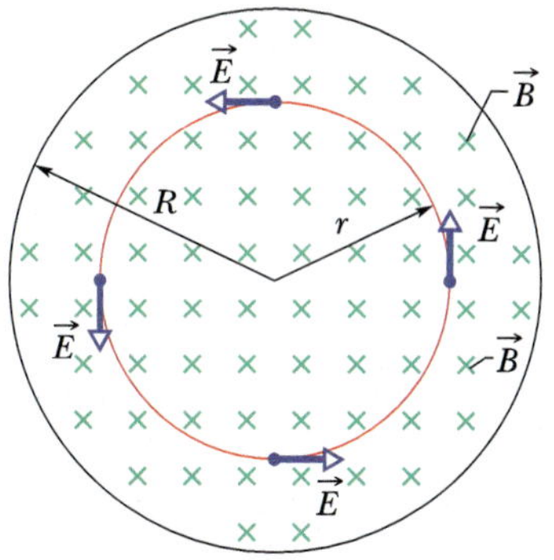

그림 31-44
자기장 $\vec{B}$가 둥근 영역에 고르게 퍼져 있는데, 방향은 종이면 속으로 들어가고 크기는 점점 커진다. 자기장의 변화율이 유도한 전기장 $\vec{E}$를 둥근 영역과 동심인 원의 네 곳에서 나타냈다. 이것을 그림 31-24b와 비교해 보라.

따라해보기 31-4 | 자기장 유도하기

극판이 반지름 R인 원판인 평행판 축전기가 그림 31-43a와 같이 충전된다.

(a) $r \le R$일 때, 반지름 r인 곳의 자기장의 세기를 나타내는 식을 구하라.

풀이 ■ 요점은 자기장은 전류 및 변하는 전기선속의 유도로 생겨난다는 것으로, 식 31-32에는 두 효과가 모두 들어 있다. 그림 31-43의 축전기 판 사이에는 전류는 없지만 전기선속은 변하고 있다. 그러므로 식 31-32는 다음과 같이 된다.

$$\oint \vec{B}\cdot d\vec{s} = \mu_0 \varepsilon_0 \frac{d\Phi_{전기}}{dt} \tag{31-33}$$

이 식의 양쪽을 각각 따로 구한다.

식 31-33의 왼쪽: 둥근 앙페르 고리를 그림 31-43과 같이 반지름 $r \le R$이 되게 잡는데, 이는 $r \le R$인 곳, 곧 축전기 속에서 자기장을 구하려는 것이다. 고리 둘레의 모든 곳에서 자기장 $\vec{B}$의 방향은 길이 요소 $d\vec{s}$처럼 고리에 접한다. 그러므로 고리의 모든 곳에서 $\vec{B}$와 $d\vec{s}$는 나란하거나 반대쪽이다. 간단히 둘이 나란하다고 하자 (어떻게 잡아도 결과는 같다). 그러면 다음과 같다.

$$\oint \vec{B}\cdot d\vec{s} = \oint B\cdot ds\cos 0^\circ = \oint B\,ds$$

극판의 축대칭성에 의해 고리 위 어디에서나 $\vec{B}$의 크기는 똑같다고 할 수 있다. 따라서 위 식의 오른쪽에서 B는 적분기호 밖으로 나올 수 있다. 남은 적분 $\oint ds$은 고리 둘레의 길이 $2\pi r$이다. 그러므로 식 31-33의 왼쪽은 $(B)(2\pi r)$이다.

식 31-33의 오른쪽: 전기장 $\vec{E}$가 축전기 극판 사이에서는 고르고 극판과 직교한다고 가정한다. 그러면 앙페르 고리 속의 전기선속 $\Phi_{전기}$는 EA가 되는데, A는 전기장이 생긴 영역 속에 들어 있는 고리의 넓이다. 따라서 식 31-33의 오른쪽은 $\mu_0\varepsilon_0\, d(EA)/dt$가 된다.

왼쪽과 오른쪽에 대한 결과를 식 31-33에 넣으면 다음 결과가 된다.

$$B(2\pi r) = \mu_0\varepsilon_0 \frac{d(EA)}{dt}$$

A가 상수이므로, $d(EA)$를 $A\,dE$라 쓴다.

$$B(2\pi r) = \mu_0\varepsilon_0 A\frac{dE}{dt} \tag{31-34}$$

이제는 새 **요점**, 즉 앙페르 고리의 반지름 r이 극판의 반지름 R보다 작으므로, 고리는 전기장 속에 들어 있고 넓이 A는 πr^2이라는 점을 쓴다. 식 31-34의 A에 πr^2을 넣고 풀면, $r \le R$에 대한 B는 다음과 같이 구해진다.

$$B = \frac{\mu_0\varepsilon_0 r}{2}\frac{dE}{dt} \tag{답) (31-35}$$

이 식에 따르면 축전기 속에서는 B가 반지름 r에 비례하여 커져서, 극판의 중심에서는 0이고 가장자리 $(r = R)$에서 가장 크다.

(b) $r = R/5 = 11.0\,\text{mm}$, $dE/dt = 1.50\times10^{12}\,\text{V/m}\cdot\text{s}$일 때 장의 세기 B를 구하라.

풀이 ■ (a)의 답으로부터 구한다.

$$\begin{aligned} B &= \tfrac{1}{2}\mu_0\varepsilon_0 r\frac{dE}{dt} \\ &= \tfrac{1}{2}(4\pi\times10^{-7}\,\text{T}\cdot\text{m/A})(8.85\times10^{-12}\,\text{C}^2/\text{N}\cdot\text{m}^2) \\ &\quad\times(11.0\times10^{-3}\,\text{m})(1.50\times10^{12}\,\text{V/m}\cdot\text{s}) \\ &= 9.18\times10^{-8}\,\text{T} \end{aligned} \tag{답}$$

(c) $r \ge R$일 때의 유도 자기장을 구하라.

풀이 ■ 방법은 (a)와 같으나 여기서는 앙페르 고리의 반지름 r을 극판의 반지름 R보다 크게 잡아서 축전기 밖에서의 자기장 B를 셈한다. 식 31-33의 양쪽을 각각 셈하면 다시 식 31-34를 얻는다. 그러나 여기에서 미묘한 **요점**은 전기장은 극판 사이에만 있고 밖에는 없다는 점이다. 그러므로 앙페르 고리 속에서 전기장이 있는 곳의 넓이 A는 고리 전체의 넓이 πr^2이 아니고 극판의 넓이 πR^2이다.

식 31-34의 A에 πR^2를 넣고 풀면 $r \ge R$에 대한 B를 얻는다.

$$B = \frac{\mu_0\varepsilon_0 R^2}{2r}\frac{dE}{dt} \tag{답) (31-36}$$

이 식에 따르면 축전기 밖에서는 반지름 r이 커질수록 B가 약해지며, 극판 가장자리$(r = R)$에서 가장 세다. 식 31-35과 식 31-36에 $r = R$을 넣으면 두 식이 같다는 것, 즉 극판 가장자리에서 얻어지는 최대값이 같음을 보일 수 있다.

(b)에서 셈한 유도 자기장은 아주 약해서 간단한 장비로는 재기 어렵다. 이는 쉽사리 잴 수 있는 유도 전기장(패러데이 법칙)과 대조된다. 이런 실험적 차이가 있는 까닭은 유도 기전력은 코일을 여러 번 감아서 증폭시킬 수 있기 때문이다. 그러나 유도 자기장은 간단히 증폭시키는 방법이 없다. 아무튼, 예제의 내용은 실험으로 입증되었고, 유도 자기장이 있다는 것도 정량적으로 확인되었다.

연습문제 31-8

38. 축전기 충전

따라해보기 31-4에서는 반지름 55.0 mm인 둥근 극판으로 된 평행판 축전기의 충전 과정을 기술했다. 유도된 자기장의 세기가 최대값의 50%가 되는 두 곳에서 중심까지의 반지름 r을 구하라.

39. 유도 자기장

극판이 둥근 평행판 축전기 사이에서 중심에서 6.0 mm 떨어진 곳의 자기장의 세기가 2.0×10^{-7} T이다. 극판의 반지름은 3.0 mm이다. 극판 사이에서 전기장의 세기가 변하는 비율 $|\vec{E}/dt|$는 얼마인가?

40. 평행판 축전기

평행판 축전기가 반지름 $R = 30$ mm인 둥근 극판으로 되어 있고, 극판 간격이 5.0 mm이다. 두 극판에 최대값이 150 V, 주파수 60 Hz인 사인파 꼴의 전압을 건다고 하자. 다음과 같다.

$$\Delta V = (150\ \text{V})\sin[2\pi(60\ \text{Hz})t]$$

(a) $r = R$인 곳에 생기는 유도 자기장의 최대값 $B^{최대}(R)$을 구하라. (b) $0 < r < 10$ cm에 대하여 $B^{최대}(r)$을 그림표로 나타내라.

41. 고른 전기선속

그림 31-45는 고른 전기선속이 종이면에서 앞으로 나오는 곳에 있는 반지름 $R = 3.00$ cm인 원을 나타낸다. 원 속의 전체 선속은 시간을 t로 나타낼 때 $\Phi^{전기} = (3.00\ \text{mV}\cdot\text{m/s})t$의 꼴이다. 반지름이 (a) 2.00 cm, (b) 5.00 cm 인 곳에 유도되는 자기장의 세기는 각각 얼마인가?

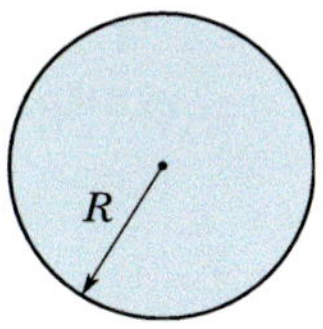

그림 31-45 문제 41~44, 57, 59, 60

42. 고르지 않은 전기선속

그림 31-45는 고르지 않은 전기선속이 종이면 앞쪽으로 나오는 곳에 있는 반지름 $R = 3.00$ cm인 원을 나타낸다. 원 속의 전체 선속은 시각을 t로 나타낼 때 $\Phi^{전기} = (0.600\ \text{V}\cdot\text{m/s})(r/R)t$꼴인데, 여기서 $r \le R$이다. 반지름이 (a) 2.00 cm, (b) 5.00 cm인 곳에 유도되는 자기장의 세기는 각각 얼마인가?

43. 고른 전기장

그림 31-45에서 반지름 $R = 3.0$ cm인 원 속에서 고른 전기장이 종이면 앞으로 나오고 있다. 전기장의 세기는 시각을 t로 나타낼 때 $E = (4.5 \times 10^{-3}\ \text{V/m}\cdot\text{s})t$의 꼴이다. 반지름 (a) 2.00 cm, (b) 5.00 cm인 곳에 유도되는 자기장의 세기는 각각 얼마인가?

44. 고르지 않은 전기장

그림 31-45에서 반지름 $R = 3.0$ cm의 원 속에서 고르지 않은 전기장이 종이면 앞으로 나오고 있다. 전기장의 세기는 시각을 t로 나타낼 때 $E = (0.500\ \text{V/m}\cdot\text{s})(1 - r/R)t$의 꼴인데, 여기서 $r \le R$이다. 반지름 (a) 2.00 cm, (b) 5.00 cm인 곳에 유도되는 자기장의 세기는 각각 얼마인가?

45. 축전기의 방전

한 변의 길이가 L인 정사각형 극판의 축전기가 방전하며 0.75 A의 전류를 흘린다. 그림 31-46은 극판 가운데서 한쪽 극판을 정면으로 본 것이다. 점선으로 사각형 경로를 나타냈다. $L = 12$ cm, $W = 4.0$ cm, 그리고 $H = 2.0$ cm라면, $\oint \vec{B}\cdot\vec{s}$를 점선 경로를 따라 셈한 값은 얼마인가?

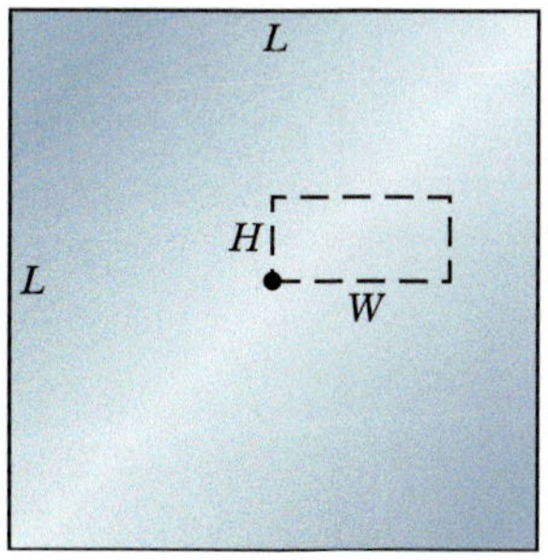

그림 31-46 문제 45

46. 축전기의 충전

그림 31-47의 회로는 스위치 S, 12.0 V 건전지, 20.0 MΩ의 저항과 공기층 축전기로 되어 있다. 축전기 둥근 극판의 반지름은 5.00 cm이고 극판 간격은 3.00 mm이다. $t = 0$인 순간에 스위치 S를 닫아서 축전기를 충전하기 시작한다. 극판 사이의 전기장은 고르다. $t = 250\ \mu$s에 반지름 3.00 cm인 곳의 자기장의 세기는 얼마인가?

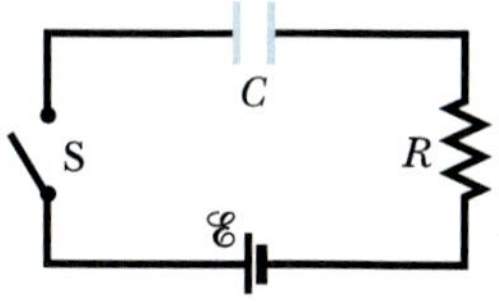

그림 31-47 문제 46

31-9 변위 전류

식 31-32 오른쪽의 두 항을 비교하면 첫 항의 $\varepsilon_0(d\Phi^{전기}/dt)$의 차원이 전류와 같아야 함을 알 수 있다. 전하가 실제로 움직이지는 않으므로 이 항은 가상적인 전류로 보아 **변위 전류(displacement current)** $i^{변위}$라고 불러왔다.

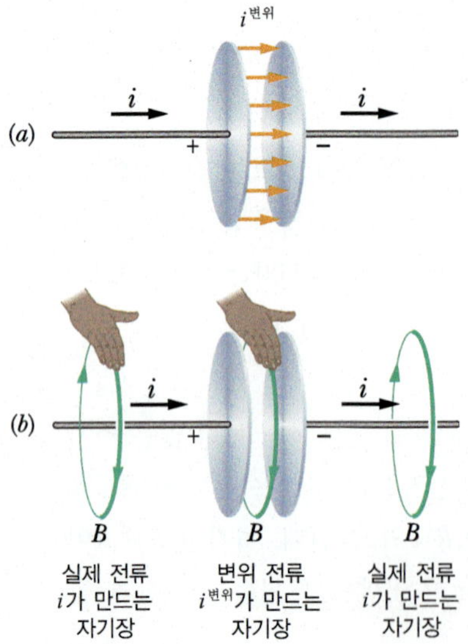

그림 31-48
(a) 실제 전류 i로 충전중인 축전기 극판 사이의 변위 전류 $i^{변위}$. (b) 실제 전류가 만드는 자기장의 방향을 찾을 때 쓰는 오른손 법칙(왼쪽 그림)을 변위 전류 주변의 자기장 방향을 찾는데도 쓸 수 있다(가운데 그림).

$$i^{변위} = \varepsilon_0 \frac{d\Phi^{전기}}{dt} \quad \text{(변위 전류)} \tag{31-37}$$

전하가 실제로 위치를 바꾸지는 않으므로 '변위'란 말은 좋지 않지만, 이미 널리 쓰이고 있다. 그렇기는 해도, 식 31-22를 다음과 같이 고쳐 쓸 수 있다.

$$\oint \vec{B} \cdot d\vec{s} = \mu_0 i^{안}_{변위} + \mu_0 i^{안} \quad \text{(앙페르-맥스웰 법칙)} \tag{31-38}$$

여기서 $i^{안}_{변위}$가 바로 적분 경로 속에 들어 있는 변위 전류이다.

다시 그림 31-48a의 둥근 극판 축전기의 충전 과정을 따져보자. 양 극판을 충전하는 실제 전류 i에 의해 극 판 사이의 전기장 $\vec{E}$가 달라진다. 판 사이의 변위 전류 $i^{변위}$는 전기장 $\vec{E}$의 변화와 관련 있다. 두 전류를 연관시켜 보자.

어느 순간에 낱낱의 극판에 있는 과잉 전하량 $|q|$는 식 28-4에 따라 두 극판 사이의 전기장의 세기 $|\vec{E}| = E$를 결정한다.

$$|q| = \varepsilon_0 AE \tag{31-39}$$

여기서 A는 극판의 넓이다. 실제 전류 i를 구하려면 식 31-39를 시간에 대하여 미분한다.

$$\frac{d|q|}{dt} = |i| = \varepsilon_0 A \frac{dE}{dt} \tag{31-40}$$

변위 전류 $i^{변위}$를 구하려면 식 31-37을 쓴다. 두 극판 사이의 전기장 $\vec{E}$가 고르다고 가정하면(가두리장 효과는 무시함), 이 식에서 전기선속 $\Phi^{전기}$을 EA로 바꿔 쓸 수 있다. 그러면 식 31-37은 다음과 같이 된다.

$$|i^{변위}| = \varepsilon_0 \left| \frac{d\Phi^{전기}}{dt} \right| = \varepsilon_0 \left| \frac{d(EA)}{dt} \right| = \varepsilon_0 A \left| \frac{dE}{dt} \right| \tag{31-41}$$

식 31-40과 31-41을 비교해 보면 축전기를 충전하는 실제 전류 i와 극판 사이의 가상적인 변위 전류 $i^{변위}$의 값이 같음을 알 수 있다.

$$i^{변위} = i \quad \text{(축전기에서의 변위 전류)} \tag{31-42}$$

그렇기 때문에 변위 전류 $i^{변위}$를 실제 전류 i가 극판 한쪽에서 판 사이의 공간을 지나 다음 판으로 이어지는 연속량으로 생각할 수 있다. 전기장이 극판 전체에 고르게 퍼져 있으므로 그림 31-48a에 보인 것처럼 변위 전류 $i^{변위}$도 고르게 퍼져 있다. 극판 사이에서 전하가 실제로 이동하지는 않지만, 변위 전류 $i^{변위}$의 개념을 쓰면 다음과 같이 유도 자기장의 크기와 방향을 빨리 찾을 수 있다.

• 유도 자기장 구하기

30장에서는 그림 30-4의 오른손 법칙을 써서 실제 전류 i가 만드는 자기장의 방향을 구했다. 같은 법칙을 그림 31-48b의 가운데 그림과 같이 축전기의 변위 전류 $i^{변위}$가 만드는 유도 자기장의 방향을 구하는 데에도 쓸 수 있다.

반지름 R인 둥근 극판으로 된 축전기를 충전할 때 생기는 자기장의 세기를 구하는 데에 $i^{변위}$를 쓰려면, 극판 사이의 공간을 전류 $i^{변위}$가 흐르는 반지름 R인 도선이라고 생각하면 된다. 그러면 축전기 중심축에 대해 반지름 r인 곳의 자기장의 세기는 식 30-22로부터 다음과 같다.

$$B = \left(\frac{\mu_0 |i^{\text{변위}}|}{2\pi R^2}\right) r \quad (\text{축전기 속}) \tag{31-43}$$

축전기 바깥의 자기장은 이와 비슷하게, 식 30-19로부터 다음과 같다.

$$B = \frac{\mu_0 |i^{\text{변위}}|}{2\pi r} \quad (\text{축전기 바깥}) \tag{31-44}$$

생각해보기 31-12 $\varepsilon_0 d\Phi^{\text{전기}}/dt$ 항을 전류로 보는 것이 도움이 되는 상황을 설명하라.

따라해보기 31-5 | 변위 전류

따라해보기 31-4의 축전기를 전류 i로 충전하고 있다.

(a) 극판 사이의 공간에서 중심에 대해 $r = R/5$인 곳의 $\oint \vec{B} \cdot d\vec{s}$의 크기를 μ_0와 i로 구하라.

풀이 ■ 따라해보기 31-14a의 첫째 **요점**을 여기에서도 쓴다. 그렇지만 이제는 식 31-32에 있는 항 $\varepsilon_0 d\Phi^{\text{전기}}/dt$를 변위 전류 $i^{\text{변위}}$로 바꿀 수 있다. 그러면 적분항 $\oint \vec{B} \cdot d\vec{s}$는 식 31-38과 같지만, 축전기 극판 사이에는 실제 전류가 없으므로 식은 다음과 같이 된다.

$$\oint \vec{B} \cdot d\vec{s} = \mu_0 i^{\text{안}}_{\text{변위}} \tag{31-45}$$

여기서는 (축전기 속) $r = R/5$인 곳의 $\oint \vec{B} \cdot d\vec{s}$를 구하므로, 적분 경로에는 전체 변위 전류 $i^{\text{변위}}$중 일부분 $i^{\text{안}}_{\text{변위}}$만 들어간다. 둘째 **요점**은 $i^{\text{변위}}$가 극판 전체에 고르게 퍼져 있다고 가정하는 것이다. 그러면 적분 경로에 들어 있는 변위 전류는 고리의 넓이에 비례하게 된다.

$$\frac{\text{고리 속의 변위 전류 } i^{\text{안}}_{\text{변위}}}{\text{전체 변위 전류 } i^{\text{변위}}} = \frac{\text{고리 속의 넓이 } \pi r^2}{\text{극판 전체의 넓이 } \pi R^2}$$

이로부터 얻은 전류의 크기는 아래와 같다.

$$i^{\text{안}}_{\text{변위}} = i_{\text{변위}} \frac{\pi r^2}{\pi R^2}$$

이를 식 31-45에 넣으면 다음 결과를 얻는다.

$$\oint \vec{B} \cdot d\vec{s} = \mu_0 i^{\text{변위}} \frac{\pi r^2}{\pi R^2} \tag{31-46}$$

이제 $i^{\text{변위}} = i$(식 31-42), $r = R/5$를 식 31-46에 넣는다.

$$\oint \vec{B} \cdot d\vec{s} = \mu_0 i \frac{(R/5)^2}{R^2} = \frac{\mu_0 i}{25} \quad (\text{답})$$

(b) 축전기 속 $r = R/5$인 곳의 자기장의 세기를 최대 유도 자기장과 비교하면 얼마인가?

풀이 ■ **요점**은 축전기의 두 전극이 나란하므로 극판 사이의 공간을 가상의 전류 $i^{\text{변위}}$가 흐르는 반지름 R인 가상 도선으로 다룰 수 있다는 것이다. 그러면 식 31-43을 써서 축전기 속 어느 곳에서도 유도 자기장을 구할 수 있다. $r = R/5$인 곳에서는 다음 결과를 얻는다.

$$B = \left(\frac{\mu_0 |i^{\text{변위}}|}{2\pi R^2}\right) r = \frac{\mu_0 |i^{\text{변위}}|(R/5)}{2\pi R^2} = \frac{\mu_0 |i^{\text{변위}}|}{10\pi R} \tag{31-47}$$

최대 자기장은 $r = R$인 곳이다.

$$B^{\text{최대}} = \left(\frac{\mu_0 |i^{\text{변위}}|}{2\pi R^2}\right) R = \frac{\mu_0 |i^{\text{변위}}|}{2\pi R} \tag{31-48}$$

식 31-47을 식 31-48로 나누고 결과를 정리한다.

$$B = \frac{B^{\text{최대}}}{5} \quad (\text{답})$$

생각을 잘 하면 이 결과는 고생을 덜 하고도 구할 수 있다. 식 31-43에 따르면 축전기 속에서 B는 r에 비례하여 커진다. 그러므로 최대 자기장 $B^{\text{최대}}$가 나타나는 반지름 R의 1/5인 곳에서는 자기장 B의 세기가 $\frac{1}{5} B^{\text{최대}}$가 되어야 한다.

연습문제 31-9

47. 변위 증명하기

평행판 축전기에서 변위 전류는 $i^{\text{변위}} = C(d\Delta V/dt)$로 나타낼 수 있음을 증명하라. ΔV는 극판 사이의 전위차이다.

48. 전압의 시간 변화율

축전용량 2.0 μF의 축전기 양 극판 사이에 걸린 전압을 얼마나 빠르게 변화시켜야 1.5 A의 변위 전류를 얻을 수 있는가?

49. 전류 밀도

따라해보기 31-4의 상황에 대하여 변위 전류의 전류 밀도는 $J^{\text{변위}} = \mathscr{E}_0(d\vec{E}/dt)$임을 보여라.

50. 방전 중

반지름 0.1 m인 둥근 극판으로 된 평행판 축전기가 방전되고 있다. 반지름 0.2 m인 둥근 고리가 극판과 동심으로 두 극판 사이에 놓여 있다. 이 고리에 흐르는 변위 전류는 2.0 A이다. 극판 사이의 전기장의 변화율은 얼마인가?

51. 변위 전류

지름 20 cm인 둥근 극판으로 된 평행판 축전기를 충전하는데, 극판 사이 공간에서의 변위 전류 밀도가 고르게 20 A/m^{2}이다. (a) 대칭축으로부터 r = 50 mm인 곳의 자기장의 세기 B를 셈하라. (b) 이 영역에서 dE/dt를 셈하라.

52. 전기장

그림 31-49의 평행 원판 두 장 사이에서 전기장의 세기는 $E = (4.0 \times 10^5\ \text{V}\cdot\text{m}) - (6.0 \times 10^4\ \text{V}\cdot\text{m/s})\,t$인데, 여기서 E의 단위는 V/m, t의 단위는 초이다. t = 0인 순간 전기장 방향은 그림과 같이 위쪽이다. $t \geq 0$에 대하여 (a) 극판 사이에서 변위 전류의 크기와 방향을 구하라. (b) 유도 자기장의 방향은 극판 주변을 따라 시계 방향인가, 반시계 방향인가?

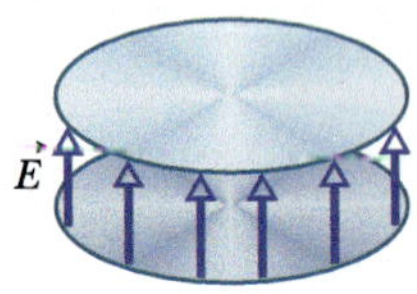

그림 31-49 문제 52

53. 전기장의 세기

고른 전기장의 세기가 처음 6.0×10^5 N/C에서 그림 31-50에 보인 꼴로 15 μs만에 0으로 줄었다. 그림표의 시간 구간 a, b, c 각각에 대하여 전기장에 수직한, 넓이 1.6 m^{2}를 지나는 변위 전류의 양 $|i|$를 구하라. (구간 끝점에서의 특이성은 무시한다.)

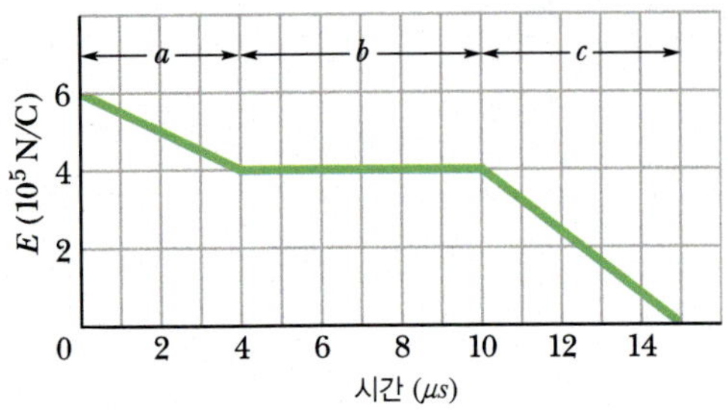

그림 31-50
문제 53

54. 변위 전류 2

둥근 극판의 평행판 축전기를 충전하고 있다. 극판 사이에 있는 동심원꼴의 둥근 고리를 생각해 보자. 고리 반지름은 0.20 m, 극판 반지름은 0.10 m이고 고리를 지나는 변위 전류는 2.0 A이다. 극판 사이의 전기장 세기의 변화율은 얼마인가?

55. 극판

어느 평행판 축전기의 극판이 그림 31-51에서와 같이 한 변의 길이가 1.0 m이다. 이 축전기를 2.0 A의 전류로 충전하면 극판 사이에 극판에 수직한 전기장 $\vec{E}$가 생긴다. (a) 극 판 사이의 변위 전류 $i^{\text{변위}}$는 얼마인가? (b) 그 곳에서 dE/dt는 얼마인가? (c) 극판 사이에서 점선으로 나타낸 정사각형을 지나는 변위 전류는 얼마인가? (d) 점선 사각형 경로에 대한 $\oint \vec{B}\cdot\vec{s}$값은 얼마인가?

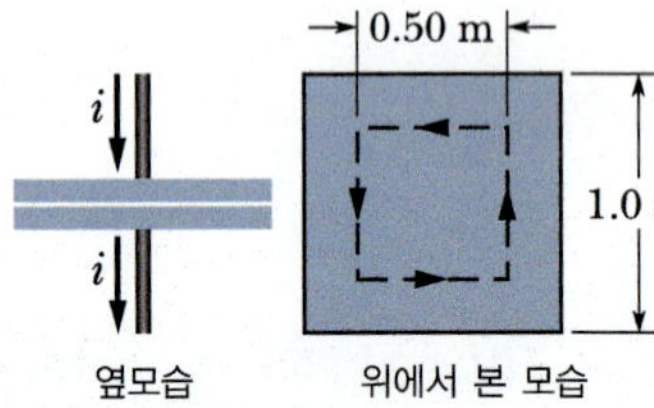

그림 31-51 문제 55

56. 둥근 고리

반지름 R인 극판으로 된 어느 평행판 축전기가 12.0 A의 전류를 흘리면서 방전되고 있다. 극판 사이에 극판과 동심으로 놓인 반지름 R/3인 고리를 생각하자. (a) 고리를 지나는 변위 전류는 얼마인가? 유도 자기장의 최대값은 12.0 mT이다. (b) 자기장의 세기가 3.0 mT인 곳에서 극판의 중심선까지는 거리가 얼마인가?

57. 고른 변위 전류 밀도

그림 31-45는 변위 전류가 종이면 앞으로 나오고 있는 반지름 R = 3.00 cm인 원을 나타낸다. 변위 전류 밀도는 고르고 값은 $J^{\text{변위}}$ = 6.00 A/m^{2}이다. 변위 전류가 만드는 가기장의 세기는 반지름 (a) 2.00 cm, (b) 5.00 cm인 곳에서 얼마인가?

58. 실제 전류와 변위 전류

그림 31-52a에 나타낸 방향으로 있는 비저항 $1.62 \times 10^{-8}\,\Omega$인 도선에 전류 i가 흐른다. 시간에 따른 전류의 변화는 그림 31-52b와 같다. 점 P는 도선의 중심에서 9.00 mm 떨어져 있다. 다음 낱낱의 시각에 P의 자기장 세기를 구하라. (a) t_1 = 20 ms, (b) t_2 = 40. ms, (c) t_3 = 60 ms, (d) t_4 = 70 ms. 그러고 나서 이 전류를 흐르

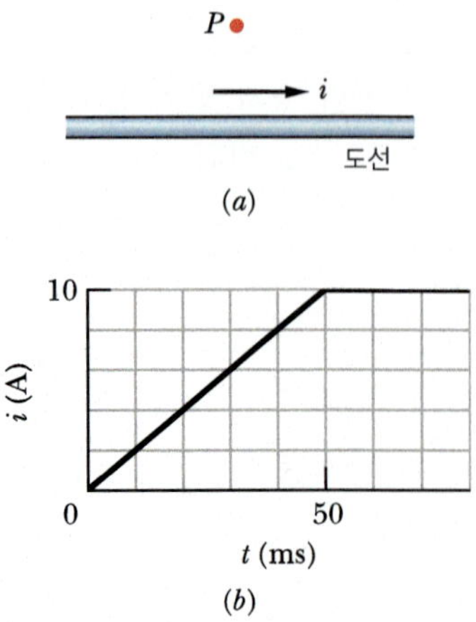

그림 31-52 문제 58

게 하는 전기장이 도선 속에만 있다고 가정하자. 그리고 다음 낱낱의 순간에 도선 속의 변위 전류 $i^{변위}$가 만드는 자기장의 P에서의 세기를 구하라. (e) $t_1 = 20$ ms, (f) $t_2 = 40$ ms, (g) $t_3 = 60$ ms, (h) $t_4 = 70$ ms. (i) P에 두 자기장이 공존할 때 그림 31–54a에서 방향은 어느 쪽인가?

59. 고르지 않은 변위 전류 밀도

그림 31–45는 변위 전류가 종이면 앞으로 나오고 있는 반지름 $R = 3.00$ cm인 원을 나타낸다. 변위 전류 밀도는 $J^{변위} = (4.00\ \text{A/m}^2)(1 - r/R)$인데, 여기서 지름 방향의 거리 $r \le R$이다. 변위 전류가 만드는 자기장의 세기는 반지름 (a) 2.00 cm, (b) 5.00 cm인 곳에서 각각 얼마인가?

60. 고른 변위 전류 밀도

그림 31–45는 고른 $i^{변위} = 0.500$ A인 변위 전류가 종이면 앞으로 나오고 있는 반지름 $R = 3.00$ cm인 원을 나타낸다. 변위 전류가 만드는 자기장의 세기는 반지름 (a) 2.00 cm, (b) 5.00 cm인 곳에서 각각 얼마인가?

31-10 자기장에 대한 가우스 법칙

이 장과 앞의 두 장에서 전기와 자기의 여러 근본적인 면을 살펴보았다. 또한 자기와 전기가 여러 가지로 서로 연관되어 있음을 알았다. 이들을 한 무리의 법칙으로 묶으면, 힘과 운동에 대한 뉴턴 법칙처럼 이 세상을 가득 채우고 있는 모든 전자기 현상을 이해할 수 있는 기본 틀을 얻을 수 있다.

그러나 전자기에 대한 관점을 완성하기 전에 논의해야 할 개념이 하나 있는데, 그것은 자기장에 대한 가우스 법칙이다. 자기장에 대한 가우스 법칙이란 자기 홀극은 없다는 말의 형식적 표현이다. 이 법칙은 어떤 닫힌 가우스 면에 대해서도 알짜 자기선속 $\Phi^{자기}$는 0이라고 주장한다.

$$\Phi^{자기} = \oint \vec{B} \cdot d\vec{A} = 0 \quad (\text{자기장에 대한 가우스 법칙}) \tag{31–49}$$

이 법칙을 전기장의 가우스 법칙과 비교해 보라.

$$\Phi^{전기} = \oint \vec{E} \cdot d\vec{A} = \frac{q^{안}}{\varepsilon_0} \quad (\text{전기장에 대한 가우스 법칙})$$

두 식에서 적분은 닫힌 가우스 면 전체에 대해 한다. 전기장에 대한 가우스 법칙에 따르면 (닫힌 곡면에서의 알짜 전기선속인) 적분 결과는 곡면 속에 든 알짜 전하 $q^{안}$에 비례한다. 자기장에 대한 가우스 법칙은 닫힌 곡면 속에 든 알짜 '자하' (자기 홀극)는 없으므로 표면에서 알짜 자기선속이 없다고 말한다. 닫힌 곡면 속에 들어갈 수 있는 가장 간단한 자기 구조물은 자기 쌍극자인데, 자기 쌍극자는 자기장의 샘(source)과 구멍(sink)이 붙어 있다. 따라서 닫힌 곡면에서 나오는 선속과 들어가는 선속이 같아서 알짜 선속은 늘 0이다.

자기장에 대한 가우스 법칙은 자기 쌍극자보다 더 복잡한 구조에 대해서도 성립하며, 심지어는 가우스 면이 물체의 일부만 덮을 때도 성립한다. 그림 31–53의 막대 자석 근처의 가우스 면 II는 품고 있는 자극이 없지만 그 면의 알짜 자기선속이 0임은 쉽게 알 수 있다. 가우스 면 I은 더 복잡하다. 이 면이 글자 N만 품고 S는 품고 있지 않으므로 자석의 북극만 품는 것처럼 보일 수 있다. 그러나 곡면의 아래쪽이 남극과 관련이 있는데, 그 까닭은 그곳에서 자기장선이 면으로 들어가기 때문이다. (곡면이 품은 부분은 그림 31–54에 보인 것과 같은 잘린 원기둥꼴 자석이다.) 따라서 가우스 면 I도 자기 쌍극자를 품고 있어서 표면에서의 알짜 선속은 0이다.

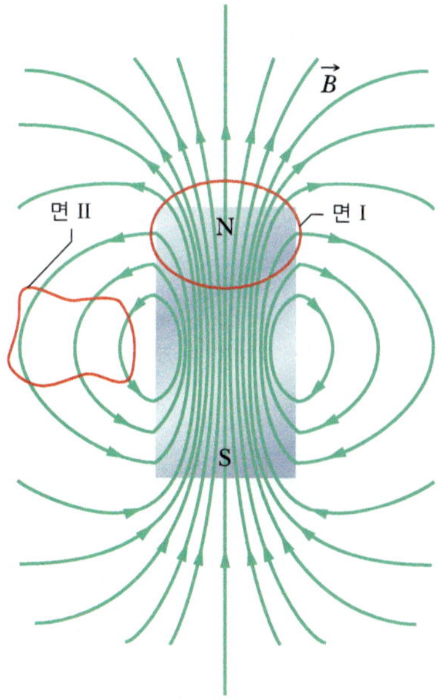

그림 31–53
짧은 막대자석의 자기장 $\vec{B}$에 대한 자기장선. 붉은 선은 3차원 가우스 곡면의 단면을 나타낸다.

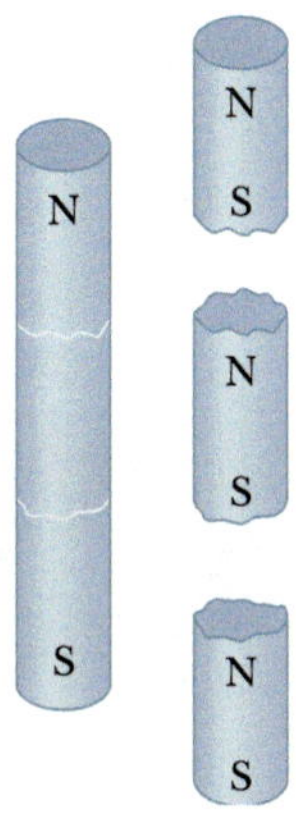

그림 31–54
자석을 자르면 잘린 조각마다 북극과 남극이 있는 자석이 된다.

생각해보기 31-13 아래 그림은 위아랫면이 평평하고 옆면은 곡면인 네 개의 닫힌 면을 나타낸다. 표에는 위아랫면의 넓이 A와 그 면에 수직한 자기장 B의 세기가 정리되어 있는데, A와 B의 단위는 임의이지만 (표안에서는) 일정하게 유지된다. (a) 옆면에서의 선속이 큰 것부터 순서를 매겨라. (b) 그렇게 생각한 까닭을 설명하라.

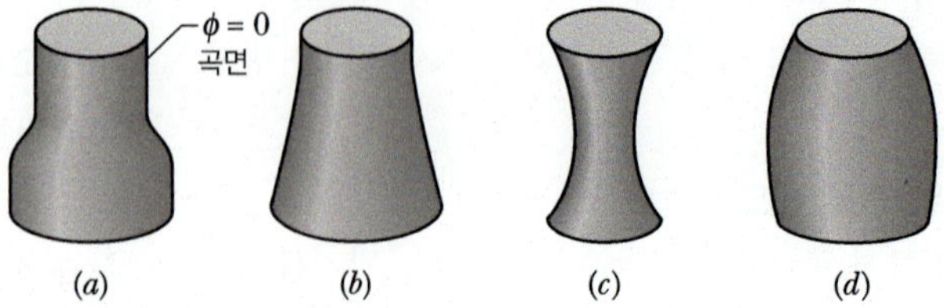

표면	$A_{위}$	$B_{위}$, 방향	$A_{아래}$	$A_{아래}$, 방향
a	2	6, 바깥쪽	4	3, 안쪽
b	2	1, 안쪽	4	2, 안쪽
c	2	6, 안쪽	2	8, 바깥쪽
d	2	3, 바깥쪽	3	2, 바깥쪽

연습문제 31-10

61. 종잇장 말기

종이 한 장을 원통 모양으로 말아서 그림 31-55와 같이 막대자석을 그 끝 근처에 둔다고 생각하자. (a) 원통 표면을 지나는 자기장선을 그려라. (b) 표면위의 조각 $d\vec{A}$에 대한 $\vec{B}\cdot d\vec{A}$은 어떤 특징이 있는가? (c) 이 결과와 자기장에 대한 가우스 법칙은 서로 어긋나지 않는가? 설명하라.

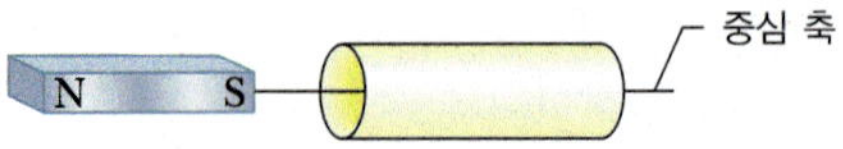

그림 31-55 문제 61

62. 주사위 면

주사위 다섯 면의 자기선속이 $\Phi^{자기} = \pm N$ Wb라고 하자. 여기서 N은 1에서 5 사이의 수자로 각 면의 점의 개수를 나타낸다. N이 짝수이면 선속이 양(바깥쪽)이고, 홀수이면 음(안쪽)이다. 여섯 번째 면의 선속은 얼마인가? 선속의 방향은?

63. 원통

어느 끝이 막힌 원통 모양의 가우스면의 반지름이 12.0 cm이고 길이는 80.0 cm이다. 한쪽 끝에서는 안쪽으로 25.0 μWb의 자기선속이 있다. 다른 끝에는 1.60 mT의 고른 자기장이 표면에 수직하게 바깥쪽을 향한다. 곡면 부분의 알짜 선속은 얼마인가?

64. 어떤 모양

그림 31-56과 같은 닫힌곡면이 있다. 반지름이 2.0 cm인 평평한 윗면에서는 세기 0.50 T인 자기장이 바깥쪽을 향한다. 평평한 바닥 면에서도 바깥쪽으로 0.70 mWb의 선속이 있다. 표면의 곡면 부위에서 알짜 자기선속의 (a) 크기와 (b) 방향을 구하라.

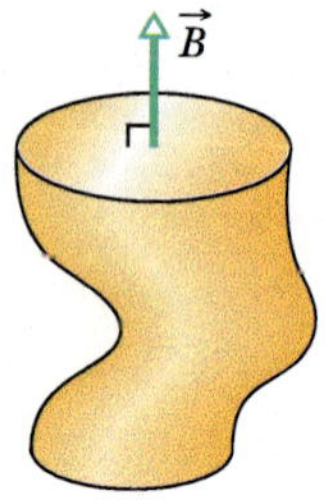

그림 31-56
문제 64

31-11 진공에서의 맥스웰 방정식

전기와 자기의 이해에는 프랭클린, 쿨롱, 가우스, 외르스테르, 비오, 사바르, 로렌츠, 앙페르, 패러데이와 맥스웰을 포함한 여러 과학자들이 공헌을 했다. 그러나 지금까지 소개한 전기와 자기 효과들을 설명하는 여러 가지 기본적인 관계식을 재구성하여 정리한 것은 맥스웰이었다. 표 31-1은 유전체나 자성체가 없는 특수 상황에서의 맥스웰 방정식을 나타낸 것이다.

간단한 네 개의 방정식만으로 19세기 말까지 인류가 알고 있었던 모든 전자기 상호작용에 대한 완전한 서술을 끌어낼 수 있었다는 점은 참으로 놀랍다. 이들을 함께 쓰면 자석이 어떻게 북극을 가리키는가 하는 문제부터 자동차의 시동 열쇠를 돌리면 발동이 걸리는 까닭에 이르는 등 다양한 현상을 설명할 수 있다. 이 법칙을 써서 전동기, 사이클로트론, 텔레비전 송수신기, 전화기, 팩스 및 전자조리기 등을 설계했다.

게다가 22장부터 보아온 여러 방정식도 맥스웰 방정식에서 끌어낼 수 있다. 아마도 맥스웰 방정식에서 얻은 결과 중에서 지적으로 가장 놀라운 사건은 전자기파의 예측과 앞으로 34장에서 소개할 파동이 퍼져가는 특성에 대한 궁극적인 이해일 것이다. 과학자들은 파동은 모두 탄성 매질을 통해서만 퍼져간다는 생각을 버리고 20세기 초반에 정립된 아인슈타인의 특수상대성이론을 받아들인 뒤에야 비로소 전자기 파동의 진행에 대한 맥스웰의 그림을 제대로 이해할 수 있었다.

이제는 가시광도 전자기 파동임을 알고 있으므로, 이 방정식은 광학 및 망원경, 안경 등의 광학소자를 다루는 34~37장에서 나타나는 여러 관계식의 바탕이 된다.

맥스웰 방정식의 중요성을 가볍게 보면 안 된다. 20세기의 저명한 물리학자인 파인만은 아래와 같은 말로 중요성을 인정했다.

> 이제 우리는 화학반응과 궁극적으로는 생명 자체의 현상들을 전자기학을 바탕으로 이해해야 함을 깨 달았다…. 전기력은 엄청나게 세기는 하지만 아주 약할 수도 있어 우리는 그 힘을 조절할 수 있고 여러 가지로 쓸 수 있다…. 인류 역사를 오랜 시점 — 지금부터 만 년 전부터 — 에 걸쳐보면 19세기의 가장 중대한 사건이 맥스웰의 전기역학의 발견이라는 판정에 의심의 여지가 없다.

표 31-1
진공에서의 맥스웰 방정식[a]

이름	방정식	내용
전기장에 대한 가우스 법칙 (식 24-7)	$\oint \vec{E} \cdot d\vec{A} = q/\varepsilon_0$	알짜 전기선속과 품고 있는 알짜 전하를 연결 지음
자기장에 대한 가우스 법칙 (식 31-49)	$\oint \vec{B} \cdot d\vec{A} = 0$	알짜 자기선속과 품고 있는 알짜 자하를 연결 지음 (알짜 자기선속은 늘 0이므로 자기 홀극이 없음)
패러데이 법칙 (식 31-7)	$\oint \vec{E} \cdot d\vec{s} = -\frac{d\Phi_{자기}}{dt}$	유도 전기장과 변화하는 자기선속을 연결 지음
앙페르-맥스웰 법칙 (식 31-32)	$\oint \vec{B} \cdot d\vec{s} = \mu_0 \varepsilon_0 \frac{d\Phi_{전기}}{dt} + \mu_0 i$	유도 자기장과 변화하는 전기선속을 연결 지음

[a] 유전체와 자성체가 없을 때 성립함

생각해보기 31-14 전기에 대한 가우스 법칙과 자기에 대한 가우스 법칙이 비슷한 점과 다른 점을 여러 관점에서 의논하라.

생각해보기 31-15 패러데이 법칙과 앙페르-맥스웰 법칙이 비슷한 점과 다른 점을 여러 관점에서 의논하라.

추가문제

65. 연결선 발전기

몇 년 전, 우주왕복선 컬럼비아에서는 위성을 끌고 가는 실험을 수행했다. 이 위성은 왕복선에서 쏘아 보내고 그림 31-57과 같이 긴 도선에 묶어 천천히 풀어 주었다 (그림의 축척은 실제와 다름). 이 문제에서는 아래와 같이 가정한다.

왕복선은 일정 속도로 움직인다.
지자기장은 고르다.
연결도선, 이 체계의 속도 및 자기장은 모두 서로 직교한다.

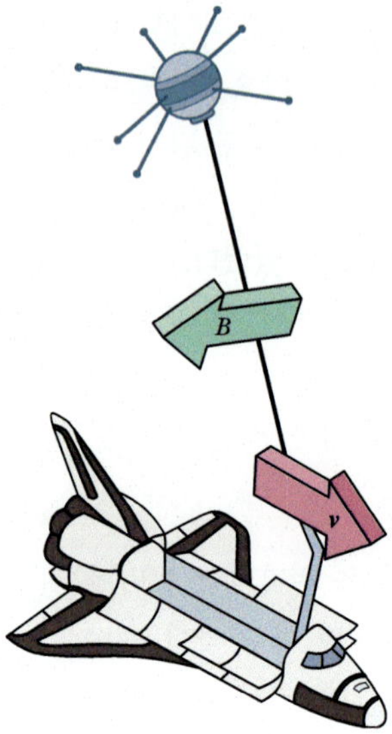

그림 31-57 문제 65

지자기장은 연결도선의 양 끝에 기전력을 발생시킨다. 이 실험의 착상은 우주 공간에서 이러한 장치를 써서 태양전지판보다 더 효율적으로 전력을 만들어내자는 것이다.

(a) 전위차가 생기는 원인을 설명하라.

(b) 지자기장 크기가 $\vec{B}$이고, 왕복선-위성 체계가 속도 $\vec{v}$로 이동하며 연결도선의 길이가 L이라 할 때, 연결 도선 양쪽 끝 사이의 기전력 $\mathscr{E}$의 크기를 셈하라.

(c) 왕복선의 고도에서 지자기장의 세기는 0.3가우스이며 왕복신의 속력은 7.5 km/s이다. 연결도선 길이는 20 km(!)이다. 예상되는 전위차는 몇 V인가?

(d) 왕복선의 고도에서는 희박한 대기가 약하게 전리되어 있으므로 희박한 공기층을 통해서 0.5암페어 정도의 전류가 위성에서 왕복선으로 흐를 수 있다. 전리된 공기층 20 km의 저항은 얼마인가?

66. 발전기 만들기

그림 31-58에 보인 장치를 써서 전동기를 만들 수도 있고, 발전기를 만들 수도 있다. (a) 전동기를 만드는 데 쓰는 장치와 동작 원리를 설명하라. 발전기에 대해서도 설명하라. (b) 발전기를 손으로 돌렸을 때 생겨나는 최대 전압을 어림해보라. (**실마리:** 자석의 세기를 어림하는 비교 잣대로, 지자기장의 세기는 약 0.4가우스이다.)

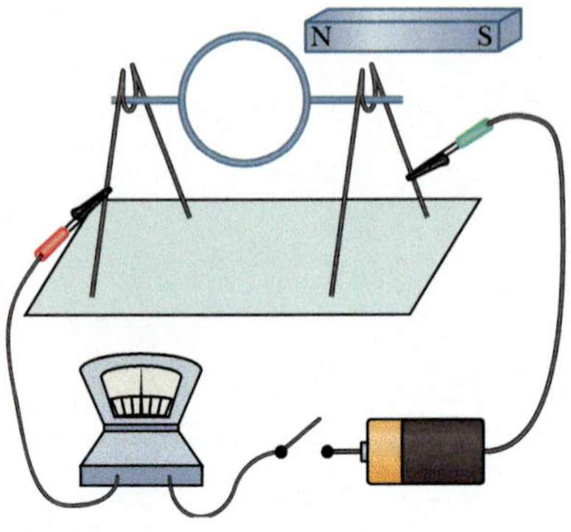

그림 31-58 문제 66

67. 패러데이 법칙

패러데이 법칙은 여러 가지 상황에서 자기장에 의해 생기는 기전력을 설명한다. 패러데이 법칙을 기술하고 논하되, 이 법칙으로 설명할 수 있는 다른 물리적 상황에 대한 논의가 포함되도록 주의하라.

68. 자기장, 힘 그리고 회전력

그림 31-59에 전류가 흐르는 두 도선과 막대자석이 있다. 오른쪽은 여러 방향을 나타내는 기호이다. 아래의 벡터 (a)-(e) 각각에 대하여, 방향을 가장 잘 나타내는 기호를 골라라. 크기가 0이면 0이라고 쓰고, 맞는 방향이 없으면 N이라 써라.

(a) 아래 도선이 위 도선의 가운데에 만드는 자기장
(b) 위 도선이 만든 자기장이 아래 도선에 주는 힘
(c) 위 도선이 받는 알짜 회전력
(d) 두 전류가 자석의 중심부에 만드는 자기장
(e) 막대자석이 아래 도선에 주는 알짜 힘

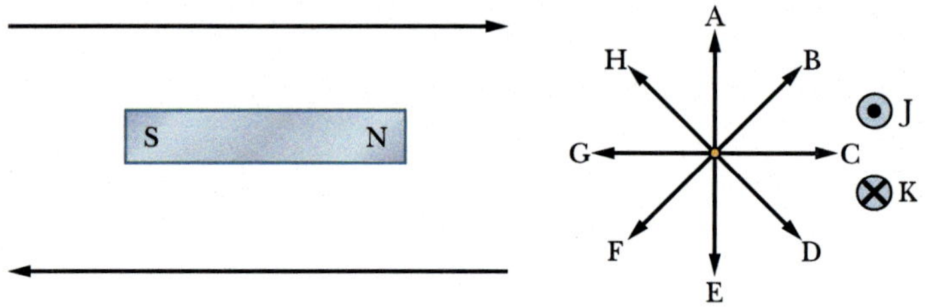

그림 31-59 문제 68

69. 시간에 따라 세지는 B

그림 31-60a에서 고른 자기장 $\vec{B}$가 그림 31-60b과 같이 시간 t에 비례하여 더 세지고 있다. 종이면에 나란한, 넓이 $8.0 \times 10^{-4}\ \mathrm{m}^2$인 둥근 고리가 자기장 안에 놓여 있다. 고리의 점 A를 지나는 전하량 q는 그림 31-60c와 같이 시간 t에 비례한다. 고리의 저항은 얼마인가?

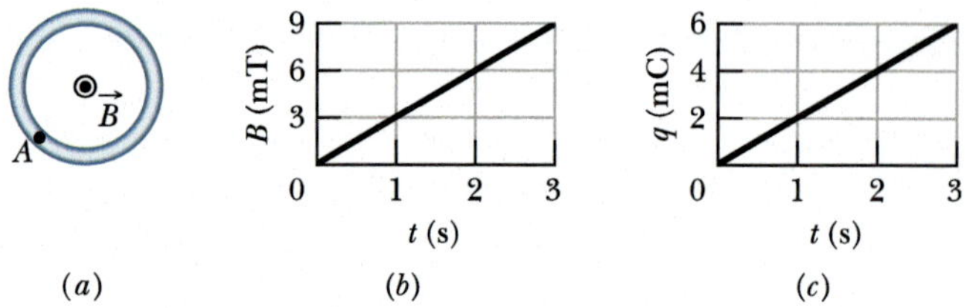

그림 31-60 문제 69

70. 솔레노이드 주위의 둥근 고리

그림 31-61a에서 둥근 도선고리가 솔레노이드와 동심으로 솔레노

이드와 수직한 평면에 있다. 고리 반지름은 6.00 cm이다. 솔레노이드의 반지름은 2.00 cm이며, 1 m당 8000번 감겨 있고, 흐르는 전류 $i_{솔}$은 시간 t에 대해 그림 31-61b과 같이 변한다. 그림 31-61c는 고리에서 열에너지로 바뀌는 에너지 $E^{열}$을 시간 i의 함수로 나타낸 것이다. 고리의 저항은 얼마인가?

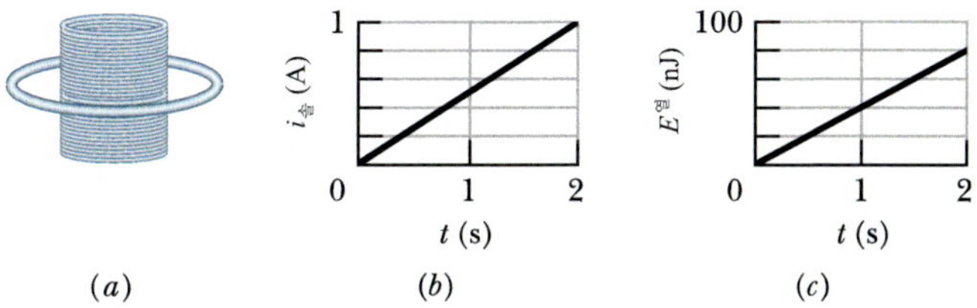

그림 31-61 문제 70

71. 크기와 방향

그림 31-62a는 저항 5.0 mΩ인 네모꼴 도선을 보인 것이다. 네모 속은 넓이가 같은 세 영역으로 나뉘고, 각 영역에서는 서로 다른 자기장 $\vec{B}_1$, $\vec{B}_2$, $\vec{B}_3$가 그림과 같이 종이면 앞이나 뒤쪽을 향한다. 각 구획 안에서 자기장은 고르다. 그림 31-62b는 시간 t에 대하여 세 장의 z성분 B_z가 변하는 것을 나타낸다. 도선에 유도되는 전류의 크기와 방향을 구하라.

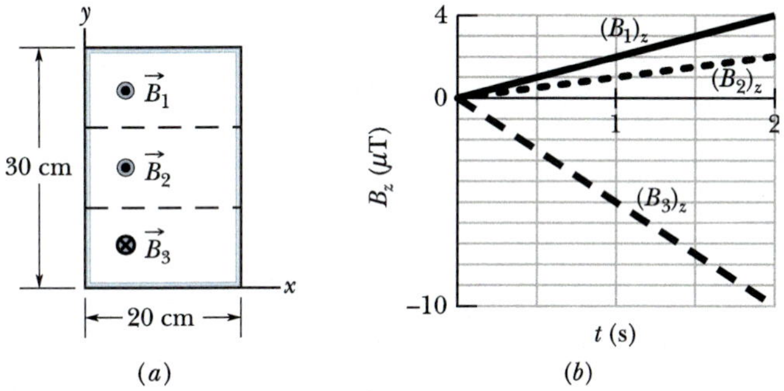

그림 31-62 문제 71

72. 두 동심 영역

그림 31-63a는 두 개의 동심 영역을 그린 것인데, 이 속에서 고른 자기장이 달라질 수 있다. 반지름 $r_1 = 1.0$ cm인 영역 1의 자기장 $\vec{B}_1$은 앞쪽을 향하며 세지고 있다. 반지름 $r_2 = 2.0$ cm인 영역 2의 자기장 $\vec{B}_2$도 앞쪽을 향하며 크기가 일정하지 않을 수 있다. 반지름 R인 도체 고리를 두 영역의 중심에 두고, 고리 주변의 기전력 $\mathscr{E}$를 잰다. 그림 31-63b에 기전력 $\mathscr{E}$를 R^2에 대하여 영역 2의 가장자리까지 나타냈다. 자기장 세기의 변화율 (a) dB_1/dt (b) dB_2/dt를 구하라. (c) $\vec{B}_2$는 더 세 지는가, 약해지는가, 아니면 일정한가?

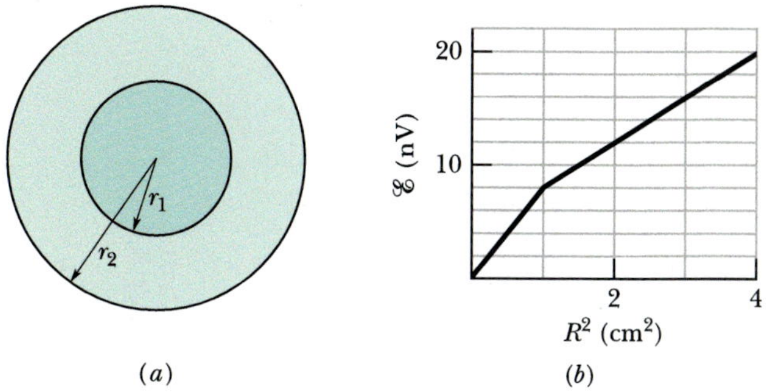

그림 31-63 문제 72

73. 일정 속력으로 당기기

그림 31-64a에서 저항 $R = 0.020\,\Omega$, 높이 $H = 1.5$ cm, 길이 $D = 2.5$ cm인 네모꼴 도체 고리를 일정속력 $v = 40$ cm/s로 당긴다. 그림 31-64b는 고리 오른쪽 변의 위치 x에 대하여 고리에 유도된 전류 i를 나타낸다. 예를 들어, 고리가 영역 1에 들어가면서 3.0 μA의 전류가 시계 방향으로 유도된다. (a) 영역 1, (b) 영역 2 에서 자기장의 세기와 방향을 구하라.

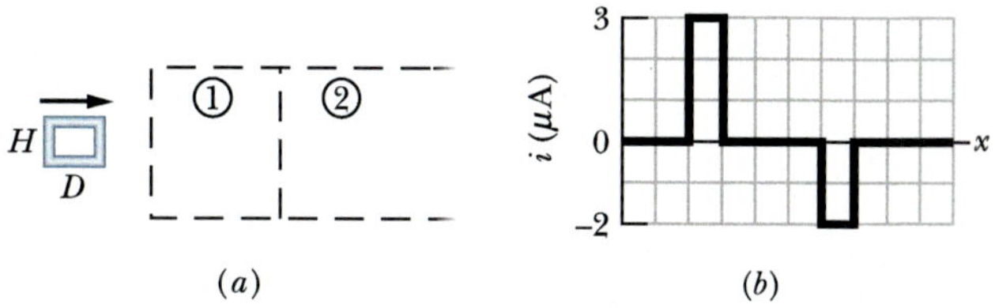

그림 31-64 문제 73

74. 평면 고리

넓이 8.0 cm²인 한 번 감은 평면형 코일이 자기장에 수직하게 놓여 있는데, 자기장은 1.0 s에 0.50 T에서 2.5 T로 세기가 고르게 세진다. 코일의 전체 저항이 2.0 Ω이라면 이때 유도된 전류는 얼마인가?

75. B의 변화율

크기가 5.0 cm × 8.0 cm인 네모꼴 코일 면이 자기장 B에 수직하게 놓여 있다. 코일이 75번 감겨 있고 전체 저항이 8.0 Ω이라 할 때, 코일에 0.10 A의 전류를 유도하려면 B의 변화율은 얼마여야 하는가?

76. 궤도 위의 막대 3

그림 31-65의 장치에서 한쪽 끝이 6.0 Ω의 저항으로 연결된 평행 궤도 위에서 도체 막대가 오른쪽으로 구른다. 2.5 T의 자기장이 종이면 속으로 들어간다. $L = 1.2$ m라 하자. 막대의 질량과 저항은 무시한다. (a) 막대를 오른쪽으로 일정속력 2.0 m/s로 움직이는데 필요한 힘을 구하라. (b) 저항에서 에너지 손실율은 얼마인가?

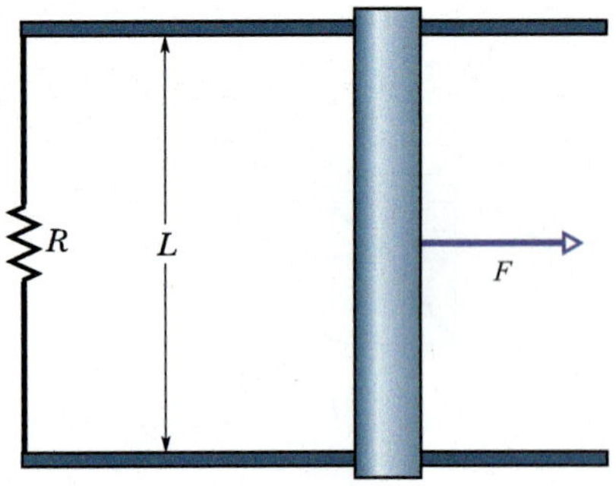

그림 31-65 문제 76

77. 공학자

어느 공학자가 그림 31-66과 같이 큰 자기장 코일 가운데에 감지 코일이 있는 장치를 설계했다. 두 코일 다 도선을 여러 번 감아서 만든다. 자기장 코일은 코일에 흐르는 전류에 비례하는 자기장을 만든다. 감지 코일은 더 작고 여러 번 감은 코일로 자기장 코일 속의 자기장 변화를 '감지' 할 수 있다. 감지 코일에는 자기장의 변화율과 각도 ϕ에 비례하는 기전력이 생긴다. 여기서 ϕ는 자기장 코일의 법선과 감지 코일의 법선이 이루는 각도이다. 여러분은 이 공학자의 작업이 믿을 만한지 자문을 요청받았다. 공식적인 셈이나 측정 등을 하지 않고도 비례논리와 패러데이 법칙을 써서 보고된 결과가 타당한지 점검하기로 한다. 공학자의 실험 기록장에 있는 소묘는 그림 31-66*b*와 같다. (a) 그림 31-66*b*의 두 그림표를 보라. 공학자가 오실로스코프의 증폭율을 조절하여 최대 기전력이 첫 눈금이 되고 최저 기전력이 (−)방향 첫 눈금이 되게 했다면, 감지 코일에 유도되어 측정된 기전력을 그려보라. 각 코일의 법선이 같은 쪽이라고 가정하라. (b) 공학자의 기록에 따르면, 자기장 코일에 똑 같은 꼴의 전류를 공급했지만, 감지 코일을 돌려 자기장 코일면의 법선에 대하여 45°가 되게 했다. 감지 코일에서 관찰되는 기전력의 모양을 주의하여 그려보라. 눈금 수로 쟀을 때 기전력의 최대 최소 진폭은 얼마인가? (c) 공학자가 감지 코일을 돌려 법선이 자기장 코일의 법선과 180°가 되면 어떤 일이 생기는가? 기전력을 그리고 이 상황에서 유도되는 기전력 값에 올바른 부호를 써라. 각 경우에 그린 그림 모양과 진폭에 대해 설명하라.

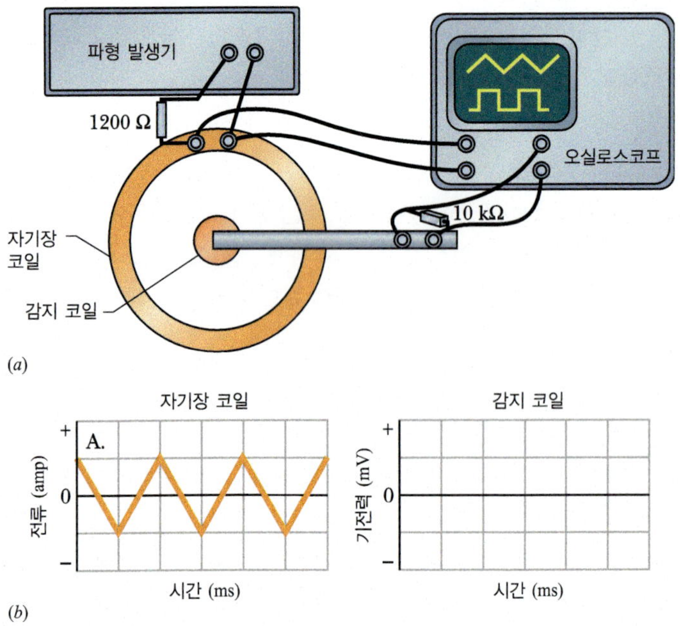

그림 31-66 문제 77

78. 공학자 2

문제 77에서 다룬 공학자의 결과를 계속 점검한다. 그림 31-67의 그림표를 보라. (a) 정직하고 유능한 공학자라면 기전력의 시간변화로 무엇을 보고하겠는가? 여기에서도 감지 코일 법선과 자기장 코일 법선은 나란하다고 가정한다. 조심스럽게 기전력 그림표 외에도, 문제 77에서 했던 것처럼 오실로스코프 이득을 써서 크기도 올바르게 그려라. 그릴 때는 실선을 써라. (b) 공학자가 감지 코일의 감은 수를 반으로 줄이고 다시 쟀다고 하자. 예상되는 감지 코일 기전력의 모양와 올바른 크기를 나타내는 그림표를 다시 점선으로 그려라. 각 경우에 대하여 그린 그림표의 모양과 크기를 설명하라.

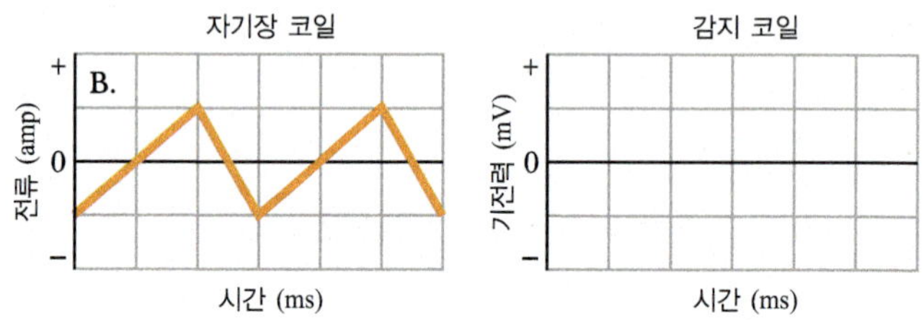

그림 31-67 문제 78

79. 공학자 3

문제 31-77에서 다룬 공학자의 결과를 계속 점검한다. 자기장 코일과 감지 코일 감은 수는 그 문제와 같고, 오실로스코프 설정도 같다. 그림 31-68의 그림표를 보자. (a) 정직하고 유능한 공학자라면 자기장 코일에 공급한 전류의 시간 변화로 무엇을 보고하겠는가? 여기서도 감지 코일 법선과 자기장 코일 법선은 나란하다고 가정한다. 조심스럽게 기전력 그림표 외에도 문제 31-77에서 했던 것처럼 오실로스코프 이득을 써서, 크기도 올바르게 그려라. 그릴

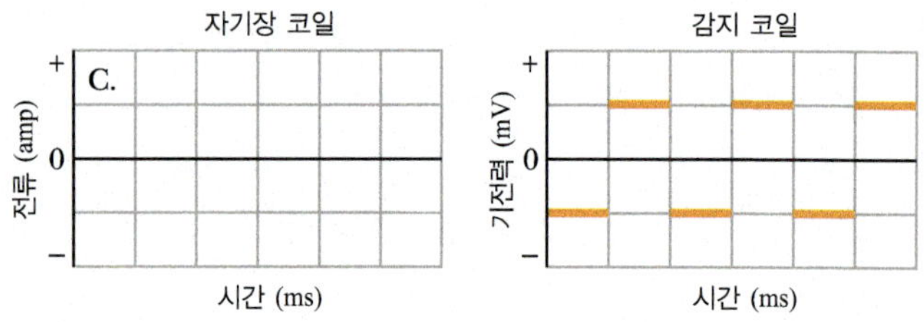

그림 31-68 문제 79

때는 실선을 써라. (b) 이 공학자가 감지 코일의 감은 수를 반으로 줄이고 다시 쟀다고 하자. 예상되는 감지 코일 기전력의 모양과 올바른 크기를 나타내는 그림표를 다시 점선으로 그려라. 각 경우에 대하여 그린 그림표의 모양과 크기를 설명하라.

80. 공학자 4

문제 31-77에서 다룬 공학자의 결과를 계속 점검한다. 자기장 코일과 감지 코일 감은 수는 그 문제와 같다고 하자. 그림 31-69의 그림표를 살펴보자. 정직하고 유능한 공학자라면 오실로스코프의 이득을 조절하여 기전력 최대값은 +2 눈금, 최소값은 −2 눈금으로 맞추었을 때 감지 코일에 유도된 기전력의 모양으로 무엇을 보고 했어야 하는가? 각 경우에 대하여 그린 그림표의 그림표의 모양과 크기를 설명하라.

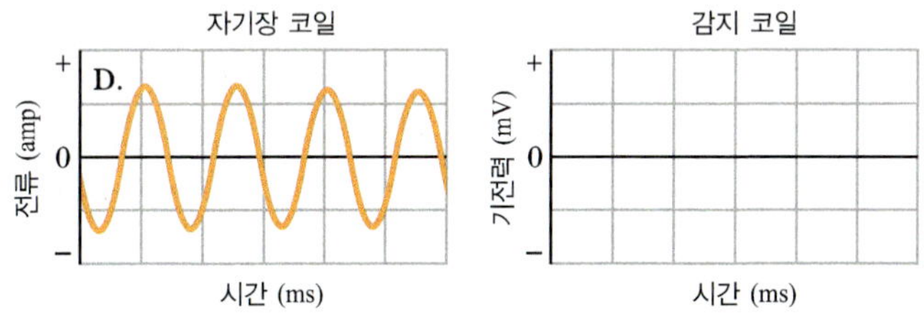

그림 31-69 문제 80

81. 구리로 만든 고리

그림 31-70은 구리로 만든 고리 면에 수직하게 막대 자석을 끼운 모습이다. 아래 어느 상황에서 고리에 전류가 유도되는가? 옳은 답을 모두 골라라.

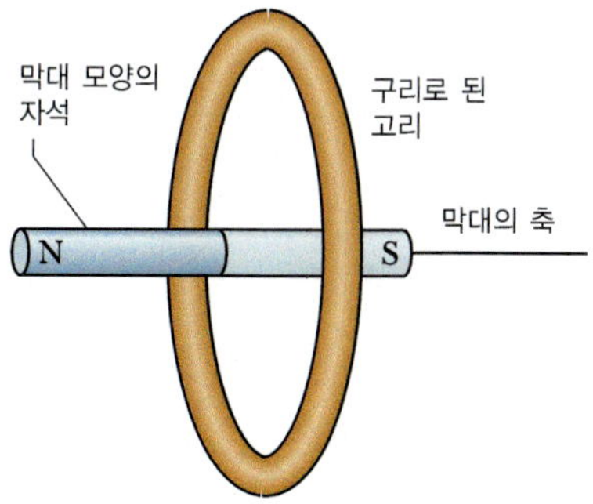

그림 31-70 문제 81

(a) 자석을 수평하게 왼쪽으로 이동시킨다.

(b) 고리를 자석에서 멀리 한다.

(c) 고리를 어떤 지름을 축으로 하여 돌린다.

(d) 자석을 위아래로 움직인다.

(e) 고리를 면에 대한 수직축을 중심으로 돌린다.

32 유도 소자와 자성 물질

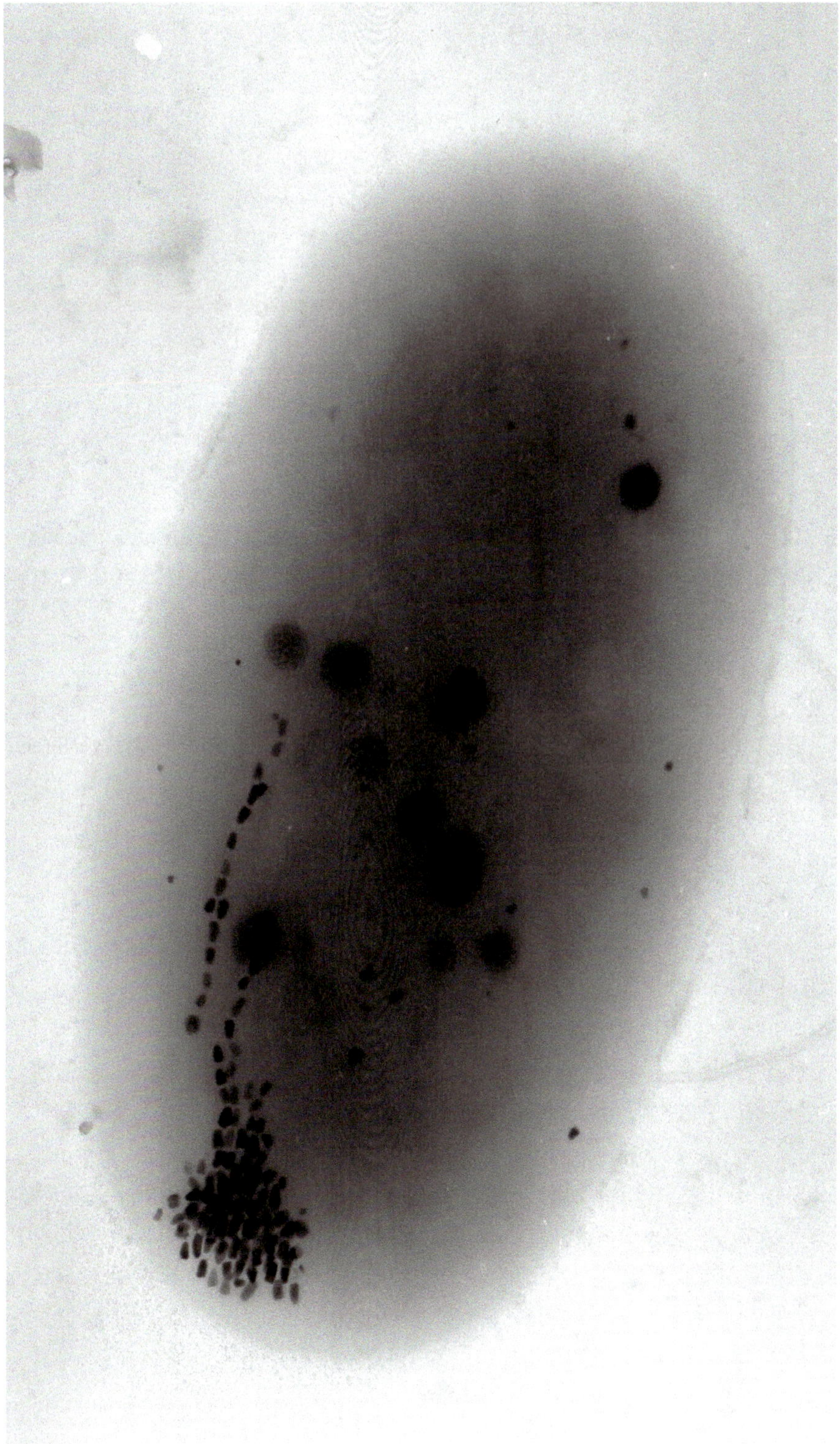

이것은 호주에서 찾아낸 세균의 현미경 사진이다. 이 세균은 주위의 산소를 피해 호수의 진흙 바닥으로 들어가서 필요한 영양분을 찾는다. 그런데 이 세균을 미국의 호수로 옮겨오면 수면으로 올라와서 죽는다.

이 세균은 왜 호주에서는 아래로 헤엄쳐 내려갈 줄 아는 데 미국에서는 모를까?

◈ 답은 이 장에 있다.

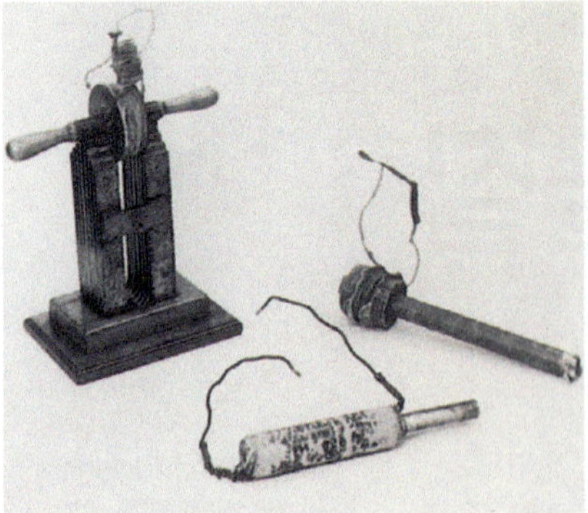

그림 32-1
패러데이가 유도법칙을 발견할 때 쓴 유도소자. 그때는 절연도선 등의 부품은 살 수 없었다. 소문으로는 패러데이는 부인의 속치마 조각으로 도선을 둘러쌌다고 한다.

32-1 서론

앞 장에서 전기자동차나 칫솔을 전기적 접촉 없이 충전하는 방법을 설명하였다. 31-5절에서 설명한 전기 기타의 감지기도 비슷한 방식으로 소리를 증폭한다. 이러한 소자는 유도 용량을 실제로 쓰고 있다. 이 장에서는 유도 현상을 실제로 쓰는 사례로서 흔히 쓰는 전기회로소자인 유도소자(인덕터)와 변압기를 살펴본다. 여러분은 전압이 시간에 따라 변하는 회로에서 이러한 소자의 기본 특성을 살펴보게 된다. 그 다음에는 관련이 없어 보이지만 자성재료의 특성을 살펴본다.

자성재료에 든 가장 단순한 자기 구조는 자기 쌍극자이다. 자기 쌍극자의 근원 및 이와 관련된 재료의 자기적 성질을 원자와 전자 수준까지 추적한다. 그 다음에 유도소자와 변압기를 다시 살펴보고 자성재료를 써서 성능을 올리는 법을 배운다. 그림 32-1은 최초의 유도소자 몇 가지의 사진이다.

끝으로 지구가 거대한 자기 쌍극자처럼 거동하는 것을 설명하는 최근의 이론을 소개하고 지구 자기장의 특성과 변화를 유도현상으로 설명하는 것을 살펴본다.

32-2 자체 유도 용량

전류가 일정하지 않은 전기회로를 설계할 때 앞 장에서 소개한 유도 현상을 어떻게 쓰는지 알아보자. 31-3절에서는 두 코일이 가까이 있을 때, 한쪽 코일의 전류가 바뀌면 패러데이 법칙($\mathscr{E} = -N d\Phi^{자기}/dt$)에 따라 다른 쪽 코일에 기전력이 유도됨을 알았다. 그런데 둘째 코일이 전기 회로의 일부이면 여기에 유도된 전류가 첫째 코일에도 역시 기전력을 유도할 수 있다. 이 현상이 **상호 유도(mutual induction)**이며 전기자동차나 칫솔에 쓰는 비접촉식 유도 충전기와 기타 장치를 설계할 때 쓴다. 여러 번 감은 코일에서는 상호 유도로 생기는 유도 기전력이 감은 횟수에 비례한다. 그래서 상호 유도 현상은 교류 전압을 높이거나 낮추는 **변압기(transformer)**의 설계에 쓰인다.

그 밖에도, 한 번 이상 감은 코일에 흐르는 전류가 달라지면 기전력이 저절로 생긴다. 이 기전력은 코일 자체의 단면적을 지나는 자기선속이 변화하기 때문에 생긴다. 이 과정은 **지체 유도(self induction)**이다. 일반적으로 다음과 같다.

> 코일의 전류가 바뀌면 자체 유도된 기전력 $\mathscr{E}_{자체}$가 생긴다.

렌츠 법칙에 따르면 자체 유도된 기전력은 코일에서 전류의 변화를 방해한다. 그래서 **유도소자(inductor**, '초크[choke]' 라고도 한다)라는 도선 코일은 전류를 안정시켜야 하는 회로에 쓸모가 있다. 회로도에서 유도소자는 도선의 나선형 코일 모양( )으로 나타낸다. 그림 32-2와 32-3을 보라. 그 밖에도 유도소자를 저항 및 축전기와 함께 써서 교류 회로의 특성을 바꿀 수 있다. 이 장에서는 유도소자가 전류를 안정화시키는 구실을 살펴본다. 다음 장에서는 교류 회로에서 유도소자의 특성을 배울 것이다.

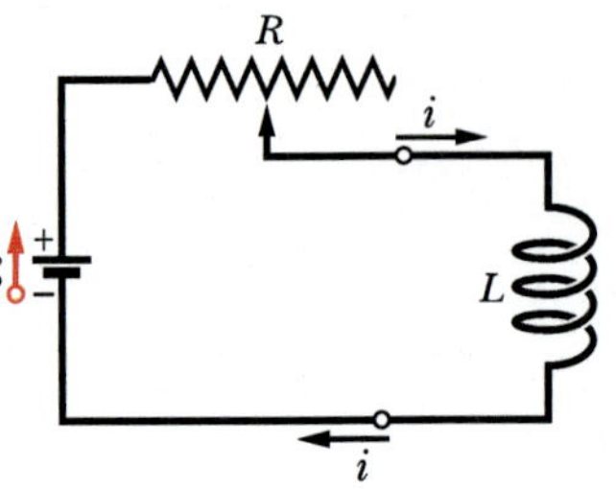

그림 32-2
가변 저항 접점의 위치를 바꾸어 코일의 전류를 변화시키면 그 동안 코일에 자체 유도 기전력 $\mathscr{E}_{자체}$가 생긴다.

전형적인 **유도소자**는 속이 빈 종이나 자성체 막대에 도선을 여러 번 감은 것이다. 유도소자의 모양은 여러 가지로, 가장 흔한 것은 **솔레노이드(solenoid)**인데, 그림 32-1 아래의 패러데이가 직접 감은 것처럼 도선 코일을 나선형으로 촘촘하게 감은 것이다. 솔레노이드 속의 자기장은 아주 고르기 때문에 그것에 흐르는 전류의 변화로 생기는 기전력을 셈하기도 쉽다. 그래서 솔레노이드를 유도소자의 기본 꼴로 다루겠다. 처음에는 유도소자 가운데는 공기가 차 있고, 주위에는 철과 같이 자기장을 변형시키는 자성 재료가 없다고 가정한다.

• 자체 유도 용량의 수학

자체 유도를 수학적으로 다루는 방법을 길이 l인 N번 감은 솔레노이드를 써서 설명하자. 유도소자에 전류가 흐르면 코일 속에 자기장이 생기는데, 그 세기는 전류에 비례한다. 이상적인 솔레노이드에서는 자기장의 세기가 식 30–25과 같다.

$$B = \mu_0 n\,|i| \quad \text{(솔레노이드 속에서)} \qquad \text{(식 30–25)}$$

여기에서 μ_0는 자기상수, n은 단위 길이에 감은 횟수이다.

코일로 둘러싸인, 넓이 A인 면을 지나는 자기선속은 자기장을 써서 셈하면 $|\Phi^{자기}| = BA = n(\mu_0 A\,|i|)$이다.

그림 32–2의 회로에서 저항을 조절하여 전류를 조절하면 코일 중심에서의 자기장, 따라서 자기선속이 달라진다. 패러데이 법칙에 따르면 이렇게 자기선속이 변하면 코일에 식 31–7($\mathscr{E} = -Nd\Phi^{자기}/dt$)과 같은 기전력이 생긴다. 렌츠 법칙에 따르면 이 기전력은 전류의 변화를 방해한다. 따라서 전원을 유도소자에 이어주는 스위치를 닫을 때 생기는 '역' 기전력은 회로에 흐르는 전류가 늘어나는 것을 방해한다. 전류의 변화를 방해하는 기전력을 **역기전력(back emf)**이라 한다. 거꾸로, 이미 회로에 전류가 흐르고 있다면, 스위치를 열 때 생기는 역기전력이 전류의 감소율을 줄여준다(그림 32–3). 패러데이 법칙을 쓰고 총 감은 수 N이 단위 길이에 감은 수 n과 솔레노이드 길이 l을 곱한 값임을 눈여겨보면 다음 결과를 얻는다.

$$\mathscr{E}_{자체} = -N\frac{d\Phi^{자기}}{dt} = -nl\frac{d\Phi^{자기}}{dt} = -\mu_0 An^2 l\frac{di}{dt} \quad \text{(공기 심 솔레노이드)} \qquad (32\text{–}1)$$

이 식에서 $\mathscr{E}_{자체}$는 솔레노이드에 자체 유도된 기전력이다.

솔레노이드의 길이가 반지름보다 훨씬 길면, 식 32–1이 솔레노이드의 유도 효과를 대단히 정확하게 근사한다. 그러나 평행판 축전기의 공식 $C = \varepsilon_0 A/d$에서도 극판 가장자리에서 전기장선이 새어 나가는 효과를 무시한 것처럼, 솔레노이드 양 끝에서 자기장선이 퍼지는 효과는 무시했다.

식 32–1에 따르면 자체 유도되는 역기전력은 코일에 흐르는 전류의 변화율에 비례한다. (−)부호는 $\mathscr{E}_{자체}$이 역기전력임을 뜻한다. 관례상, 상수의 곱(솔레노이드에서는 $\mu_0 An^2 l$)을 묶고, 자체 유도된 기전력과 전류 변화율 사이의 비례관계를 다음과 같이 정리한다.

$$\mathscr{E}_{자체} = -L\frac{di}{dt} \qquad (32\text{–}2)$$

여기에서 L을 코일의 **자체 유도 용량(self-inductance)**이라고 한다. 31장에서 배운 것처럼, 이 식에서 (−)부호는 기전력이 전류 변화를 억제함을 나타낸다. 식 32–2로부터 자체 유도 용량 L이 더 크면 같은 전류 변화율에 대하여 더 큰 기전력이 생김을 알 수 있다.

비례상수 L에 들어가는 (넓이, 길이 등의) 여러 항을 이렇게 묶는 것은 긴 솔레노이드에서만 성립한다. 코일이 납작하거나 유도소자 도선이 철심 주위에 감겨 있으면 항이 달라진다. 게다가 모든 전기 회로는 기본적으로는 고리를 이루므로, 모든 회로는 유도소자가 따로 들어 있지 않아도 어느 정도 자체 유도 용량이 있다. 자체 유도 용량 효과는 대개 무시할 수 있지만, 고압 회로의 스위치를 켜거나 끌 때, 또는 회로 전류의 진동수가 높을 때는 효과가 상당히 클 수도 있다. 모양이 복잡하여 자체 유도 용량을 간단히 셈할 수 없을 때는 기전력과 전류의 변화율을 재고 두 값의 비로부터 자체 유도 용량 L을 구한다. 따라서 유도소자나 회로의 모양이 어떻든 **자체 유도 용량**은 유도 기전력을 전류의 변화율로 나눈 값으로 정의 된다. 즉

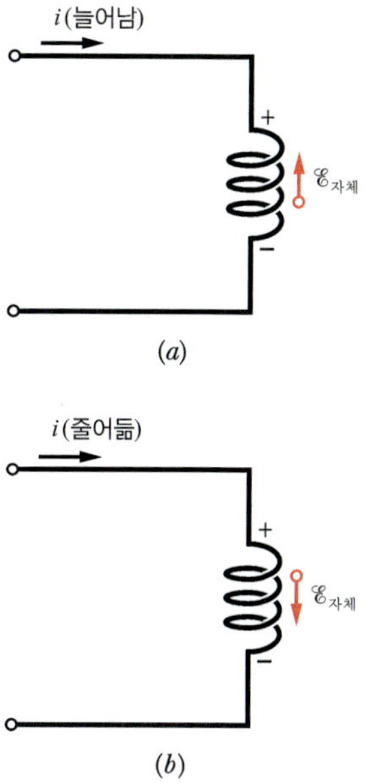

그림 32–3
유도소자 양쪽의 (+)와 (−) 그리고 화살표는 회로의 전류 방향에 대하여 유도소자를 따라 작용하는 기전력 $\mathscr{E}_{자체}$의 방향을 표시한다. (*a*) 전류 i가 늘고 있고 코일의 자체 유도 기전력 $\mathscr{E}_{자체}$는 전류가 늘어나는 것을 방해하는 쪽으로 나타난다. (*b*) 전류 i가 줄고 있고 자체 유도 기전력 $\mathscr{E}_{자체}$는 전류가 줄어드는 것을 방해하는 쪽으로 나타난다.

$$L \equiv -\frac{\mathscr{E}_{자체}}{di/dt} \quad \text{(자체 유도 용량의 정의)} \qquad (32-3)$$

식 32-1과 32-2는 자체 유도 용량이 L인 모든 유도소자에서 $N(d\Phi^{자기}/dt) = Ldi/dt$의 관계가 있음을 말해준다. 따라서, 코일에 도선이 감긴 횟수를 N, 전류를 i라 할 때 $\mathscr{E}_{자체} = -Nd\Phi^{자기}/dt = -Ldi/dt$라는 결론을 얻는다. 유도소자에 감긴 도선은 공유하는 자기선속으로 이어졌다고 하며, $N\Phi^{자기}$는 자기선속 이음량(magnetic flux linkage)이라고 한다. 이로부터 자체 유도 용량의 또 다른 정의식을 얻는다(식 32-3과 같음):

$$L \equiv \frac{N\Phi^{자기}}{i} \quad \text{(자체 유도 용량의 다른 정의)} \qquad (32-4)$$

따라서 자체 유도 용량 L은 유도소자에 단위 전류가 흐를 때 생기는 자기선속 이음량이다.

자기선속의 국제 단위가 '테슬라 제곱미터($T \cdot m^2$)' 이므로 유도계수의 국제 단위는 '암페어당 테슬라 제곱미터($T \cdot m^2/A$)' 가 된다. 이를 패러데이와 동시에 유도 법칙을 발견한 헨리의 이름을 기려 **헨리(henry,** H)라고 부른다. 따라서

$$1\,헨리 = 1\,H = 1\,T \cdot m^2/A \qquad (32-5)$$

(납작한 코일, 솔레노이드 또는 또아리 등) 모든 유도소자에서 전류가 시간에 따라 변하면 자체 유도 기전력이 생긴다. 유도 기전력은 전류의 양과는 무관하고, 전류의 변화율에 비례한다.

자체 유도 기전력의 방향은 렌츠 법칙을 써서 찾을 수 있다. 식 32-2와 32-3에서 (−)부호는, 렌츠 법칙과 그림 32-2에 나타나 있듯이, 자체 유도 기전력 $\mathscr{E}_{자체}$이 전류 i의 변화를 방해함을 나타낸다.

• 이상적인 유도소자

31-7절에서는 자기선속의 변화로 생기는 기전력에 대해서는 전위를 정의할 수 없음을 알았다. 이는 자체 유도 기전력이 생길 때 유도소자 속에서 전위를 정의할 수 없다는 뜻이다. 그러나 유도소자 바깥 — 전기장이 전하 분포에 의해 생기는 곳 — 에서는 전위를 정의할 수 있다.

뿐만 아니라 유도소자 양끝(양 전극 사이, 전극은 자기선속이 변화하는 영역 밖에 있다고 가정함)의 자체 유도 전위차 $\Delta V_{자체}$도 정의할 수 있다. 유도소자가 이상적이어서 도선의 저항을 무시할 수 있다면, 전위의 변화를 잰 값 $\Delta V_{자체}$는 자체 유도 기전력 $\mathscr{E}_{자체}$와 같다.

유도소자 도선의 저항이 $R_{자체}$라면 개념상으로 유도소자를 저항 $R_{자체}$(자기선속 변화 영역 바깥에 있다고 봄)과 자체 유도 기전력 $\mathscr{E}_{자체}$로 나눈다. 그렇게 되면 기전력 $\mathscr{E}$, 내부 저항 R인 전지처럼 유도소자 양끝의 실제의 전위차는 기전력과 다르다. 앞으로 따로 말하지 않으면 유도소자는 이상적인 것으로 가정한다.

생각해보기 32-1 다음의 상황에서 솔레노이드의 자체 유도 용량은 어떻게 되는가? (a) 단위 길이당 감은 수가 2배가 됨 (b) 감은 부분의 단면적이 2배가 됨.

생각해보기 32-2 이 그림은 코일에 유도된 기전력 $\mathscr{E}_{자체}$를 보인 것이다. 다음 중에서 코일에 흐르는 전류를 기술하는 것은 어느 것인가? (a) 일정하고 오른쪽으로 흐름, (b) 일정하고 왼쪽으로 흐름, (c) 늘고 있고 오른쪽으로 흐름, (d) 줄고 있고 왼쪽으로 흐름.

연습문제 32-2

1. 촘촘히 감은 코일

촘촘히 400번 감은 코일의 유도용량이 8.0 mH이다. 코일에 흐르는 전류가 5.0 mA일 때 코일을 지나는 자기선속을 구하라.

2. 둥근 코일과 자기선속

어느 둥근 코일의 반지름이 10.0 cm로 30번 촘촘하게 감겨 있다. 세기 2.80 mT인 외부 자기장이 코일과 직교한다. (a) 코일에 흐르는 전류가 없다면 각각 한 번씩 감은 코일에 걸린 자기선속의 크기는 얼마인가? (b) 코일에 어느 쪽으로 3.80 A의 전류가 흐르자 코일을 지나는 자기선속이 0이 되었다. 코일의 유도용량은 얼마인가?

3. 크기는 같고 방향이 반대인 전류

반지름 a, 중심 사이 거리가 d인 두 가닥의 나란한 도선에 크기가 같은 전류가 반대쪽으로 흐른다. 도선 속의 자기선속을 무시하고 이러한 도선 짝의 길이 l당의 자체 유도 용량이 다음과 같음을 보여라.

$$L = \frac{\mu_0 l}{\pi} \ln\left(\frac{d-a}{a}\right)$$

(**실마리**: 두 도선으로 이루어지는 직사각형을 지나는 자기선속을 셈한다.)

4. 폭이 넓은 구리판

너비 W인 구리판을 그림 32-4와 같이 반지름 R인 원으로 말고 양 끝을 길게 늘였다. 판 전체에 전류 i가 고르게 퍼져 흐른다. 이러한 방식으로 한 번 감은 솔레노이드를 만들었다. (a) 둥근 부분 가운데의 자기장 $\vec{B}$에 대한 식을 구하라. (**실마리**: 한 번 감은 솔레노이드 바깥의 자기장은 무시할 정도로 작다고 가정한다.) (b) 길게 뻗은 두 평면 부분을 무시하고 이 한 번 감은 솔레노이드의 자체 유도 용량을 구하라.

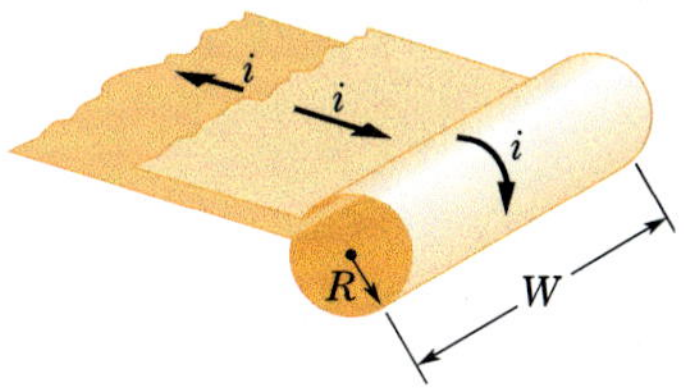

그림 32-4 문제 4

5. 일정한 전류의 유도소자

12 H 유도소자에 2.0 A 전류가 일정하게 흐른다. 어떻게 하면 유도소자에 자체 유도 기전력 60 V가 생기게 할 수 있는가?

6. 어느 순간

어느 순간 유도소자에 흐르는 전류와 기전력의 방향이 그림 32-5와 같다. (a) 전류는 늘고 있는가, 줄고 있는가? (b) 유도 기전력이 17 V이고 전류 증가율이 25 kA/s라면 자체 유도 용량은 얼마인가?

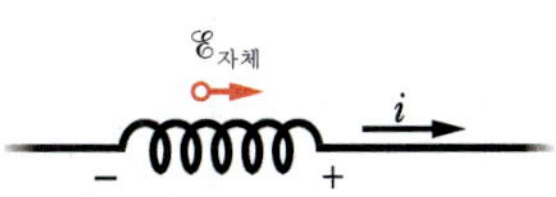

그림 32-5 문제 6

7. 유도소자의 직렬 연결

유도소자 L_1과 L_2가 멀리 떨어져 직렬로 연결되어 있다. (a) 등가 자체 유도 용량이 다음과 같음을 보여라.

$$L_{등가} = L_1 + L_2$$

(**실마리**: 직렬 저항 및 병렬 축전기의 유도 과정을 다시 새길 것. 어느 것이 문제와 비슷한가?) (b) 이 관계가 성립하려면 이들 사이의 거리가 멀어야 하는 까닭은 무엇인가? (c) (a)의 결과를 직렬로 연결된 N개의 유도소자에 대해 일반화 시킨 관계를 구하라.

8. 시간변화 전류

4.6 H의 유도소자를 지나는 전류 i가 그림 32-6의 곡선처럼 시간에 따라 변한다. 유도소자의 저항은 12 Ω이다. 다음의 각 시간에서 유도 기전력 $\mathscr{E}$의 크기를 구하라. (a) $t_1 = 0$에서 $t_2 = 2$ ms (b) $t_1 = 2$ ms에서 $t_2 = 5$ ms (c) $t_1 = 5$ ms에서 $t_2 = 6$ ms (각 구간 끝에서의 거동은 무시한다.)

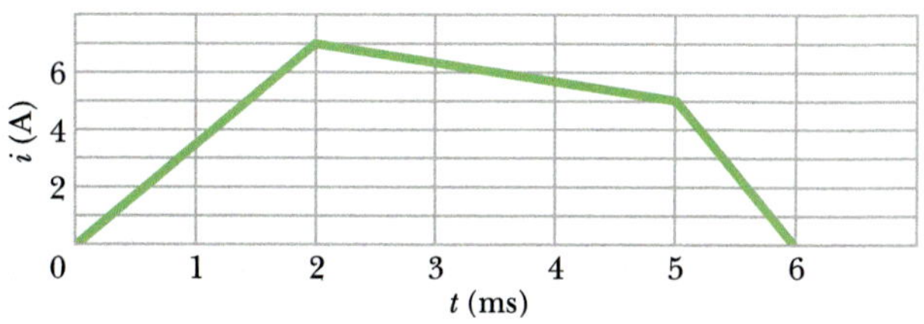

그림 32-6 문제 8

9. 전류 증가율

$L = 50$ mH이고 저항 $R = 180\ \Omega$인 코일의 양끝에 $t = 0$ ms에 45V의 전위차를 갑자기 연결하였다. $t = 1.2$ ms에 코일에 흐르는 전류의 증가율은 얼마인가?

10. 유도소자의 병렬 연결

유도소자 L_1과 L_2가 멀리 떨어져 직렬로 연결되어 있다. (a) 등가 자체 유도 용량이 다음과 같음을 보여라.

$$\frac{1}{L_{등가}} = \frac{1}{L_1} + \frac{1}{L_2}$$

(**실마리**: 직렬 저항 및 병렬 축전기의 유도 과정을 되새길 것. 어느 것이 이 문제와 비슷한가?) (b) 이 관계가 성립하려면 이들 사이의 거리가 멀어야 하는 까닭은 무엇인가? (c) (a)의 결과를 병렬로 연결된 N개의 유도소자에 대하여 일반화 시킨 관계를 구하라.

11. L값 구하기

자체 유도 용량을 알 수 없는 어느 촘촘히 감은 코일에서 전류 변화율이 5.0 A/s일 때 3.0 mV의 기전력이 생겼다. 이 코일에 일정하게 8.0 A를 흘리면 감은 횟수마다 40 μWb의 자기선속이 생긴다. (a) 코일의 자체 유도 용량을 구하라. (b) 코일을 감은 횟수는 얼마인가?

32-3 상호 유도

이 절에서는 앞 절에서 설명을 시작했던 상호작용하는 두 코일로 돌아간다. 이미 두 코일이 그림 32–7 (또는 그림 31–10)와 같이 가까이 있을 때, 한 코일에 정상전류 i가 흐르면 다른 코일에 자기선속 $\Phi^{자기}$가 생긴다 (자기선속이 다른 코일에 걸린다). 첫째 코일의 전류 i를 시간에 따라 변화시키면 둘째 코일에 패러데이 법칙($\mathscr{E} = -N d\Phi^{자기}/dt$)에 따라 기전력 $\mathscr{E}$가 생긴다. 이 과정은 두 코일의 상호작용으로 생기는 것임을 시사하고 코일 하나에서 생기는 자체 유도와 구별하고자 **상호 유도(mutual induction)**라고 한다.

상호 유도를 정량적으로 살펴보자. 자체 유도 용량이 L인 유도소자에 대하여 식 32–3을 다음과 같이 쓸 수 있다.

$$L \equiv -\frac{\mathscr{E}_{자체}}{di/dt}$$

여기서 i는 코일에 흘러 자기선속을 만드는 전류이다. 그림 32–7a에 동축으로 가까이 있는 두 둥근 코일을 나타내었다. 코일 1에는 바깥 회로의 전지가 일정 전류 i_1을 공급한다고 하자. 이 전류는 그림에서 $\vec{B}_1$의 선으로 나타낸 자기장을 만든다. 코일 2에는 전지는 없이 민감한 계측기가 붙어 있다. 자기선속 $\Phi_{1\to2}$ (코일 1의 전류가 만들어 코일 2를 지나는 자기선속)이 코일 2의 N_2번 감긴 도선에 걸린다.

이제 밖에서 조정하여 전류 i_1을 시간에 따라 변화시킨다고 하자. 그러면 자체 유도 용량의 정의 과정과 비슷한 방법으로, 식 32–2와 비슷한 상호 유도 방정식을 정리할 수 있다.

$$\mathscr{E}_2 = -M_{1\to2}\frac{di_1}{dt}$$

이로부터 코일 1에 의한 코일 2의 상호 유도 용량을 다음과 같이 정의할 수 있다.

$$M_{1\to2} \equiv -\frac{\mathscr{E}_2}{di_1/dt} \quad \text{(상호 유도 용량의 정의)} \qquad (32\text{–}6)$$

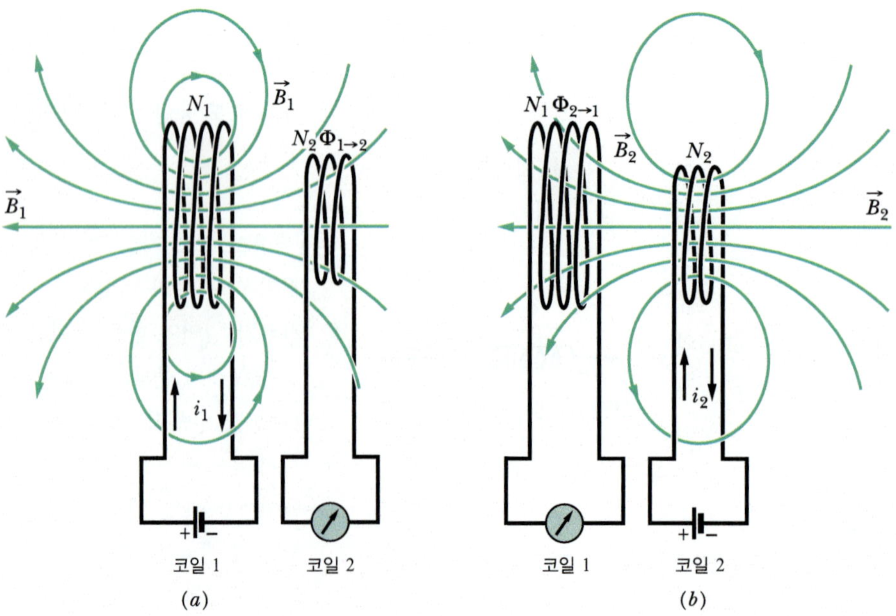

그림 32–7
상호 유도. (a) 코일 1의 전류가 변하면, 코일 2에 기전력이 유도된다. (b) 코일 2의 전류가 변하면, 코일 1에 기전력이 유도된다.

여기에서도 코일 1의 전류와 코일 2의 자기선속 걸림 사이의 관계 $M_{1\to2}i_1 = N_2\Phi_{1\to2}$를 써서 상호 유도 용량에 대한 또 다른 정의를 끌어낼 수 있다. N_2는 코일 2의 감은 수, $\Phi_{1\to2}$는 코일 1이 코일 2에 만드는 자기선속이다. 이 관계를 쓰면 상호 유도 용량을 다음과 같이 정의할 수 있다.

$$M_{1\to2} \equiv \frac{N_2\Phi_{1\to2}}{i_1} \quad \text{(상호 유도 용량의 다른 정의)} \tag{32-7}$$

식 $M_{1\to2}i_1 = N_2\Phi_{1\to2}$의 양쪽을 시간 미분하면 다음과 같이 쓸 수 있다.

$$\mathscr{E}_2 = -M_{1\to2}\frac{di_1}{dt} = -N_2\frac{d\Phi_{1\to2}}{dt} \tag{32-8}$$

패러데이 법칙에 따르면 이 식의 오른쪽은 코일 1에 흐르는 전류가 변할 때 코일 2에 생기는 기전력 $\mathscr{E}_2$의 크기다. 여기서도 (−)부호는 유도 기전력이 전류의 변화를 억누름을 뜻한다.

이제 그림 32-7*b*와 같이 코일 1과 코일 2의 구실을 바꾸어보자. 즉 전지로 코일 2에 전류 i_2를 흘리면 코일 1에 걸리는 자기선속 $\Phi_{2\to1}$이 생겨난다. 전류 i_2를 시간에 따라 변화시키면, 위에서 전개한 논지에 따라 다음 결과를 얻는다.

$$\mathscr{E}_1 = -M_{2\to1}\frac{di_2}{dt} = -N_1\frac{d\Phi_{2\to1}}{dt} \tag{32-9}$$

그러므로 어느 한 코일에 생긴 기전력은 다른 코일에 흐르는 전류의 변화율에 비례함을 알 수 있다. 그 비례상수 $M_{1\to2}$와 $M_{2\to1}$은 서로 다른 것처럼 보인다. 증명은 하지 않지만 둘은 같고, 따라서 아랫글자는 붙일 필요가 없다(이 결론은 참이지만 뻔하지는 않다). 그러므로 다음과 같다.

$$M_{1\to2} = M_{2\to1} = M \tag{32-10}$$

그리고 식 32-9와 32-10은 아래와 같이 쓸 수 있다.

$$\mathscr{E}_2 = -M\frac{di_1}{dt} \tag{32-11}$$

그리고

$$\mathscr{E}_1 = -M\frac{di_2}{dt} \tag{32-12}$$

유도현상은 실제로 상호관계가 있다. M의 국제 단위는 (L과 마찬가지로) 헨리다.

따라해보기 32-1 | 연결된 두 코일

그림 32-8은 촘촘히 감은 두 둥근 코일을 나타낸 것인데, (반지름 R_2로 N_2번 감은) 작은 것이 (반지름 R_1으로 N_1번 감은) 큰 코일과 동심으로 같은 평면에 놓여 있다.

(a) $R_1 \gg R_2$를 가정하여 이 구조에서 상호 유도 용량 M에 대한 식을 끌어내라.

풀이 ■ 요점은 두 코일의 상호 유도 용량은 어느 한 코일에 걸린 자기선속($N\Phi$)과 다른 코일을 지나는 전류 i의 비라는 점인데, 자기선속 걸림은 바로 전류에 의해 생긴다. 그러므로 두 코일에 전류가 흐른다고 가정하고, 이 가운데 하나에서 자기선속 걸림을 셈해야 한다.

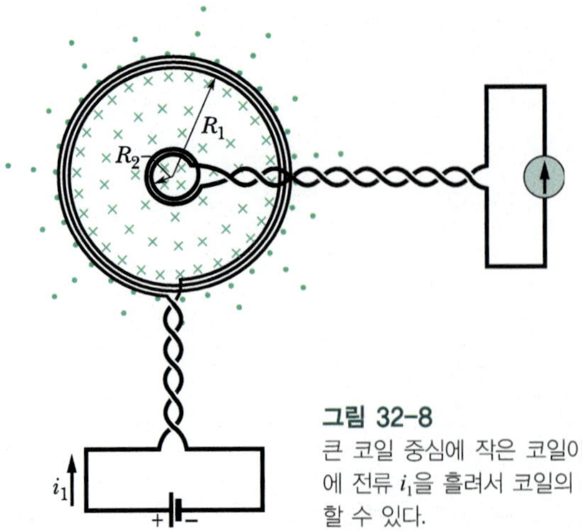

그림 32-8
큰 코일 중심에 작은 코일이 놓여 있다. 큰 코일에 전류 i_1을 흘려서 코일의 상호 유도 용량을 구할 수 있다.

작은 코일이 만든, 큰 코일에 걸리는 자기장은 크기와 방향이 일정하지 않으므로 그에 따르는 자기선속도 고르지 않고 셈하기 어렵다. 그러나 작은 코일은 크기가 작으므로 큰 코일이 만들어 작은 코일에 걸리는 자기장은 대략 고르다고 할 수 있다. 그러므로 M을 구하려면 큰 코일에 전류 i_1이 흐른다고 가정하여 작은 코일에 걸린 자기선속 $N_2\Phi_{1\to 2}$를 셈한다.

$$M_{1\to 2} = -\frac{N_2\Phi_{1\to 2}}{i_1} \qquad (32\text{-}13)$$

둘째 **요점**은 작은 코일의 도선 고리 하나가 만드는 자기선속 $\Phi_{1\to 2}$은 식 31-1로부터 다음과 같다.

$$\Phi_{1\to 2} = B_1 A_2$$

여기서 B_1은 큰 코일이 작은 코일이 있는 곳에 만드는 자기장의 세기며 $A_2(=\pi R_2^2)$는 코일로 둘러싸인 넓이다. 그러므로 (N_2번 감은) 작은 코일에 걸린 자기선속은 다음과 같다.

$$N_2\Phi_{1\to 2} = N_2 B_1 A_2 \qquad (32\text{-}14)$$

셋째 **요점**은 작은 코일 속에서 B_1을 구하려면 식 30-28을 쓰되, 두 코일의 중심이 같으므로 z를 0으로 둘 수 있다는 점이다. 이 식은 큰 코일의 도선고리 하나가 작은 코일 속에 만드는 자기장의 크기는 $\mu_0 i_1/2R_1$임을 말해준다. 그러므로 (N_1번 감긴) 큰 코일은 작은 코일이 있는 곳에 크기가 다음과 같은 자기장을 만든다.

$$B_1 = N_1\frac{\mu_0 i_1}{2R_1} \qquad (32\text{-}15)$$

식 32-14의 B_1에 식 32-15를, 그리고 A_2에 πR_2^2를 각각 넣으면 다음과 같이 된다.

$$N_2\Phi_{1\to 2} = \frac{\pi N_1 N_2 \mu_0 R_1^2 i_1}{2R_1}$$

이 결과를 식 32-7에 넣고 식 32-10을 쓰면 다음 결과를 얻는다.

$$M = M_{1\to 2} = \frac{N_2\Phi_{1\to 2}}{i_1} = \frac{\pi N_1 N_2 \mu_0 R_2^2}{2R_1} \qquad \text{(답)}\ (32\text{-}16)$$

축전기의 용량이 전극의 전하량과 무관하듯이 상호 유도 용량 M도 코일에 흐르는 전류와는 무관하다.

(b) $N_1 = N_2 = 1200$회, $R_2 = 1.1\,\text{cm}$, $R_1 = 15\,\text{cm}$이면 M의 값은 얼마인가?

풀이 ■ 식 32-16으로부터 다음 결과를 얻는다.

$$M = \frac{(\pi)(4\pi\times 10^{-7}\,\text{H/m})(1200)(1200)(0.011\,\text{m})^2}{(2)(0.15\,\text{m})}$$
$$= 2.29\times 10^{-3}\,H \approx 2.3\,\text{mH} \qquad \text{(답)}$$

두 코일의 구실을 뒤바꾼 상황을 생각해보자. 즉 작은 코일에 전류 i_2를 흘리고 식 32-7에서 다음의 꼴로 M을 구하고자 한다고 하자.

$$M_{2\to 1} = \frac{N_2\Phi_{2\to 1}}{i_2}$$

$\Phi_{2\to 1}$(작은 코일이 만든 고르지 않은 자기선속 가운데 큰 코일에 둘러 쌓인 양)을 셈하는 일은 쉽지 않다. 컴퓨터로 이 셈을 한다면 M이 위에서 얻은 것처럼 2.3 mH임을 알게 될 것이다! 이 사례가 바로 식 32-10 ($M_{1\to 2} = M_{2\to 1} = M$)이 옳지 않다는 점을 강조하는 예이다.

연습문제 32-3

12. 코일 1, 코일 2

그림 32-7의 코일 1은 $L_1 = 25\,\text{mH}$, $N_1 = 100$번이다. 코일 2의 유도 용량은 $L_2 = 10\,\text{mH}$, $N_2 = 200$번이다. 두 코일은 각각에 대해 제자리에 고정되어 있으며, 둘 사이이의 상호 유도 용량 M은 3.0 mH이다. 코일 1에 흐르는 6.0 mA 전류가 4.0 A/s의 비율로 달라지고 있다. (a) 코일 2와 연결하는 자기선속 $\Phi_{1\to 2}$는 얼마이며, 그곳에 나

타나는 자체 유도 기전력은 얼마인가? (b) 코일 1과 연결하는 자기 선속 $\Phi_{2\to1}$는 얼마이며 그 곳에 나타나는 자체 유도 기전력은 얼마인가?

13. 고정된 두 코일

두 코일이 두 곳에 고정되어 있다. 코일 1에는 전류가 흐르지 않으나 코일 2에 흐르는 전류의 변화율이 15 A/s일 때 코일 1의 기전력이 25.0 mV이다. (a) 상호 유도 용량은 얼마인가? (b) 코일 2에 전류가 흐르지 않고, 코일 1에 3.60 A가 흐를 때, 코일 2에 걸린 자기 선속은 얼마인가?

14. 두 개의 솔레노이드

자동차의 점화 코일에는 솔레노이드가 두 개 들어 있다. 이 중 하나에 전류가 2.5 ms만에 6.0 A에서 0으로 떨어지면 다른 솔레노이드에 30 kV의 기전력이 생긴다. 두 솔레노이드의 상호 유도 용량 M은 얼마인가?

15. 연결된 두 코일

그림 32–9와 같이 연결된 두 코일의 자체 유도 계수는 L_1과 L_2이다. 이들 사이의 상호 유도 용량은 M이다. (a) 이렇게 연결된 코일의 등가 유도계수는 아래와 같이 바뀌 쓸 수 있음을 보여라.

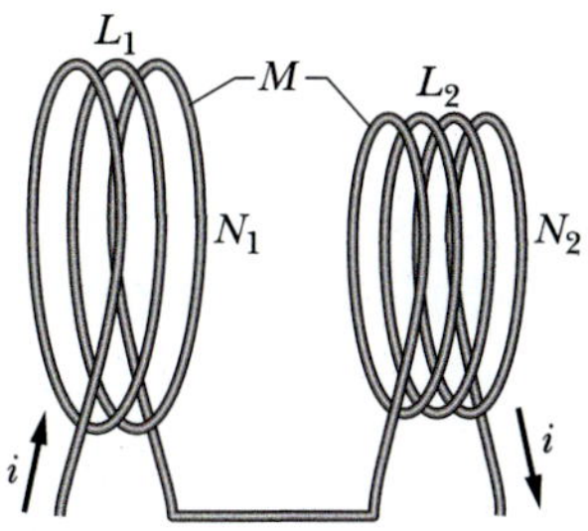

그림 32–9 문제 16

$$L_{\text{등가}} = L_1 + L_2 + 2M$$

(b) 그림 32–9의 코일을 어떻게 연결하면 등가 유도용량이 다음과 같아지겠는가?

$$L_{\text{등가}} = L_1 + L_2 - 2M$$

(이 문제는 문제 7의 연장이지만 두 코일이 멀리 있어야 한다는 조건이 없다.)

16. 솔레노이드 주변에 감은 코일

그림 32–10과 같이, 단위 길이 당 n번 감은 반지름 R인 솔레노이드 S 주변에 N번 감은 코일이 있다. 이 코일과 솔레노이드로 이루어진 구조물의 상호 유도 용량은 $M = \mu_0 \pi R^2 nN$임을 보여라. 왜 M이 코일의 모양, 크기와 무관하고 또는 어쩌면 코일을 촘촘히 감지 않아도 될지 설명하라.

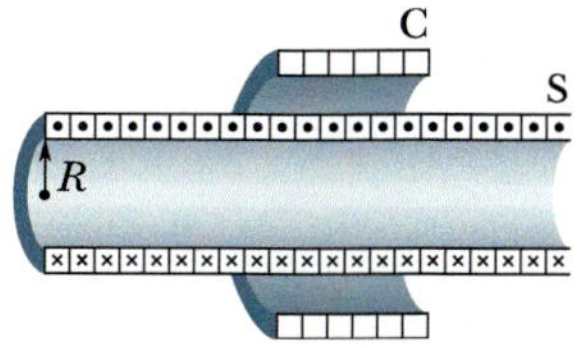

그림 32–10 문제 16

17. 동축 솔레노이드

그림 32–11은 두 개의 동축 솔레노이드의 단면을 보여준다. 솔레노이드–솔레노이드의 길이 l에 대한 상호 유도 용량 M이 $M = \pi R_1^2 l \mu_0 n_1 n_2$임을 보여라. n_1과 n_2는 각각 단위 길이당 감은 수이며 R_1은 안쪽 솔레노이드의 반지름이다. 왜 M이 R_1과는 관계 있으나 R_2와 무관한가?

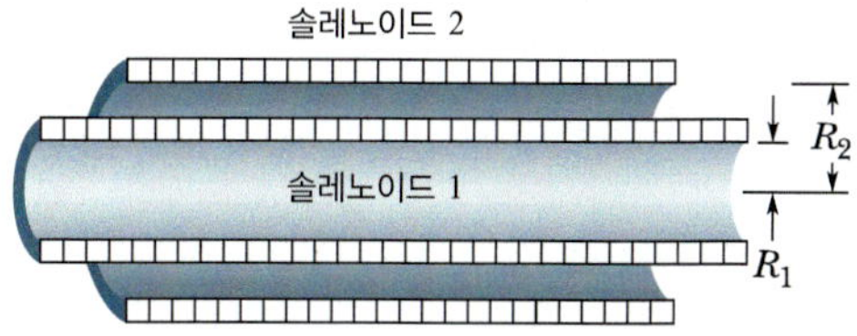

그림 32–11 문제 17

18. 코일 속의 또아리

그림 32–12는 N_1번 감은 또아리의 일부에 코일이 N_2번 감긴 것이다. 원환체의 속 반지름은 a, 바깥 반지름은 b, 높이는 h이다. 또아리–코일 구조의 상호 유도 용량이 다음과 같음을 보여라.

$$M = \frac{\mu_0 N_1 N_2 h}{2\pi} \ln\left(\frac{b}{a}\right)$$

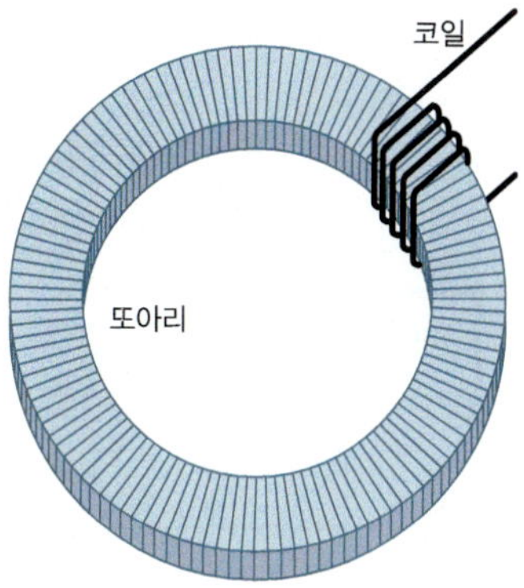

그림 32–12 문제 18

19. 직사각형 고리

그림 32–13과 같이 N번 촘촘히 감은 네모꼴 고리 하나가 직선 도선 가까이 있다. (a) 고리–철사 구조의 상호 유도 용량 M은 얼마인가? (b) $N = 100$, $a = 1.0\,\text{cm}$, $b = 8.0\,\text{cm}$ 및 $l = 30\,\text{cm}$에 대하여 M을 셈하라.

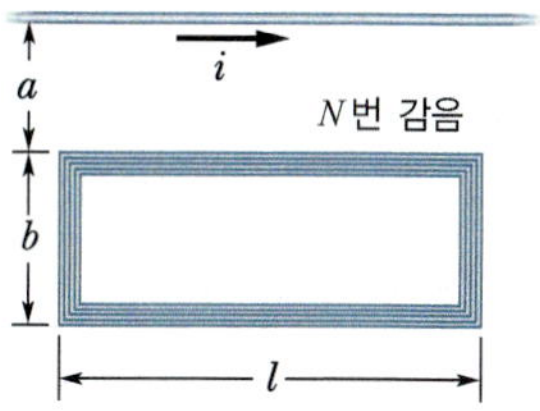

그림 32–13 문제 19

32-4 저항–코일 회로

28–9절에서는 저항과 축전기 C가 들어 있는 직렬 회로에서 기전력 $\mathscr{E}$를 갑자기 켜면 축전기의 전하 q가 그 순간에 바로 최종값 $C\mathscr{E}$로 커지는 것이 아니라 다음과 같은 지수 함수꼴로 그 값에 가까워지는 것을 소개하였다.

$$q = C\mathscr{E}(1 - e^{t/\tau_C}) \tag{32-17}$$

전하가 늘어나는 빠르기는 용량시간상수 τ_C가 결정하는데, 이는 식 28-42에서 정의했다.

$$\tau_C = RC \tag{32-18}$$

이 회로에서 기전력을 갑자기 없애도 전하는 바로 0으로 떨어지지 않고 지수 함수꼴로 줄어든다.

$$q = q_0 e^{-t/\tau_C} \tag{32-19}$$

시간상수 τ_C는 전하가 늘고 주는 빠르기를 나타내고, q_0는 애초에 축전기에 있던 전하량이다.

저항 R과 유도소자 L로 이루어진 회로에도 기전력 $\mathscr{E}$를 걸거나 없애면 이와 비슷하게 전류가 천천히 늘거나 줄어든다. 이상적인 유도소자에는 R보다는 훨씬 작은 저항 R_L이 있다고 가정한다. 예를 들어, 그림 32-14에서 스위치가 a에 연결되면 저항에 흐르는 전류가 늘기 시작한다. 유도소자가 없었다면 전류는 바로 정상 상태 값인 $\mathscr{E}/R$에 이를 것이다. 그러나 유도소자 때문에 자체 유도 기전력 $\mathscr{E}_L$이 회로에 생긴다. 이 기전력은 렌츠 법칙에 따라 전류의 증가를 억누르고, 따라서 전지의 기전력 $\mathscr{E}$와 극성이 반대이다. 그러므로 저항에 흐르는 전류는 전지의 기전력 $\mathscr{E}$과 자체 유도 그러므로 기전력 $\mathscr{E}_L(=-L\,di/dt)$의 차이에 따라 정해진다. $\mathscr{E}_L$이 있는 한 회로의 전류는 $\mathscr{E}/R$ 보다 작다. 시간이 지나면서 전류의 증가율은 점점 작아지고 di/dt에 비례하는 자체 유도 기전력의 크기도 작아진다. 따라서 회로의 전류는 $\mathscr{E}/R$에 가까워진다.

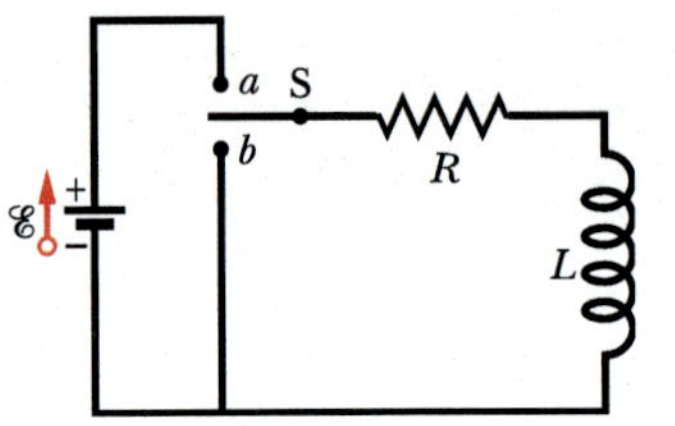

그림 32-14
RL 회로. 스위치 S가 a로 닫히면 전류가 늘면서 끝값 $\mathscr{E}/R$에 가까워진다.

이 결과는 다음과 같이 일반화할 수 있다. 직류회로에서 스위치를 여닫으면 처음에는 유도소자가 자신을 지나는 전류의 변화를 억누른다. 충분한 시간이 지나면 유도소자는 저항 R_L이 있는 보통의 도선과 같아진다.

이제 이 상황을 정량적으로 살펴보자. 그림 32-14에서 스위치 S를 a에 연결하면 이 회로는 그림 32-15의 회로와 같아진다. 이 그림의 점 x에서 출발하여 시계 방향으로 흐르는 전류 i에 대하여 고리법칙을 쓴다.

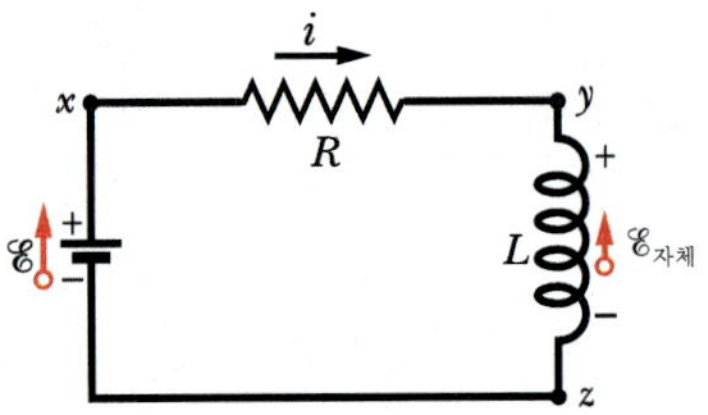

그림 32-15
그림 32-14의 회로에서 스위치가 a에 연결된 모습. 회로에 대한 고리 법칙을 점 x에서부터 시작하여 시계방향으로 적용한다.

1. **저항**: 전류 i의 흐름을 따라 저항을 지나므로 전위가 iR 만큼 준다. 그러므로 유도소자 바깥의 두 점 x에서 y로 갈 때, 전위는 $-iR$만큼 변한다.
2. **유도소자**: 전류 i가 시간에 따라 달라지므로 유도소자에는 자체 유도 기전력 $\mathscr{E}_L$이 생기는데, 크기는 식 32-2에서 Ldi/dt이다. 유도소자에 흐르는 전류 $\mathscr{E}_L$의 방향이 아래쪽이고 늘어나고 있으므로 $\mathscr{E}_L$의 방향은 위쪽이다. 그러므로 점 y에서 점 z로 $\mathscr{E}_L$의 방향과 반대로 가면 전위는 $-Ldi/dt$만큼 변한다.
3. **전지**: 점 z에서 출발점 x로 가면 전지의 기전력에 의해서 전위는 $+\mathscr{E}$만큼 변한다.

그러므로 고리법칙으로부터 다음 결과를 얻는다.

$$-iR - L\frac{di}{dt} + \mathscr{E} = 0$$

이를 다시 쓰면 이렇게 된다.

$$L\frac{di}{dt} + Ri = \mathscr{E} \quad (RL\ \text{회로}) \tag{32-20}$$

식 32-20은 변수 i와 1계 도함수 di/dt가 들어 있는 미분방정식이다. 방정식의 해 $i(t)$는 $i(t)$와 일계 미분을 식 32-20에 넣으면 식이 성립되고 초기 조건 $i(0) = 0\,\text{A}$가 충족되어야 한다.

식 32-20과 초기 조건은 RC 회로에 대한 식 28-38에서 q를 i로, R을 L로 그리고 $1/C$를 R로 바꾼 것과 똑같다. 따라서 식 32-20의 해도 같이 바꾸어 넣으면 똑같아야 한다. 해는 다음과 같다.

$$i = \frac{\mathscr{E}}{R}[1 - e^{-(R/L)t}] \tag{32-21}$$

이를 다시 정리하면 다음과 같다.

$$i = \frac{\mathscr{E}}{R}(1 - e^{-t/\tau_L}) \quad \text{(전류의 증가)} \tag{32-22}$$

여기서 유도시간상수 τ_L은 다음과 같다.

$$\tau_L = \frac{L}{R} \quad \text{(시간상수)} \tag{32-23}$$

스위치를 닫은 순간($t = 0$)부터 그 뒤($t \to \infty$)에 식 32-22로 기술되는 전류는 어떻게 될까? 식 32-22에 $t = 0$를 넣으면 지수 부분은 $e^{-0} = 1$이다. 따라서 식 32-22는 전류가 예상대로 처음에는 $i = 0\,\text{A}$임을 말해준다. 다음에 t가 아주 커지면 지수 부분은 $e^{-\infty} = 0$이 된다. 따라서 식 32-22는 전류가 평형 값인 $\mathscr{E}/R$이 되는 것을 설명해준다.

회로의 전위차 문제도 살펴볼 수 있다. 그림 32-16의 그림은 $\mathscr{E}$, L, R이 정해질 때 저항 양끝의 전위차 $|\Delta V_R| = iR$과 유도소자 양끝의 전위차 $|\Delta V_L| = L\,di/dt$의 시간 변화를 보여준다. 이 그림을 RC 회로(그림 28-23)와 자세히 비교해보라.

$\tau_L (= L/R)$의 차원이 시간임을 보이려면 단위 옴당의 헨리를 다음과 같이 바꾼다.

$$1\frac{\text{H}}{\Omega} = 1\frac{\text{H}}{\Omega}\left(\frac{1\,\text{V}\cdot\text{s}}{1\,\text{H}\cdot\text{A}}\right)\left(\frac{1\,\Omega\cdot\text{A}}{1\,\text{V}}\right) = 1\,\text{s}$$

첫째와 둘째 괄호 속의 양은 식 32-20과 $\Delta V = iR$에 바탕을 둔 바꿈인수이다.

시간상수의 물리적 중요성은 식 32-21에서 볼 수 있다. 이 식에 $t = \tau_L = L/R$을 넣으면 다음과 같이 된다.

$$i = \frac{\mathscr{E}}{R}(1 - e^{-1}) = 0.63\frac{\mathscr{E}}{R} \tag{32-24}$$

따라서 시간상수 τ_L은 회로의 전류가 나중 값 $\mathscr{E}/R$의 63% 수준에 이르는데 걸리는 시간이다. 저항 양끝의 전위차 ΔV_R가 전류 i에 비례하므로 전류의 시간 변화 그림은 그림 32-16a에 보인 ΔV_R와 같

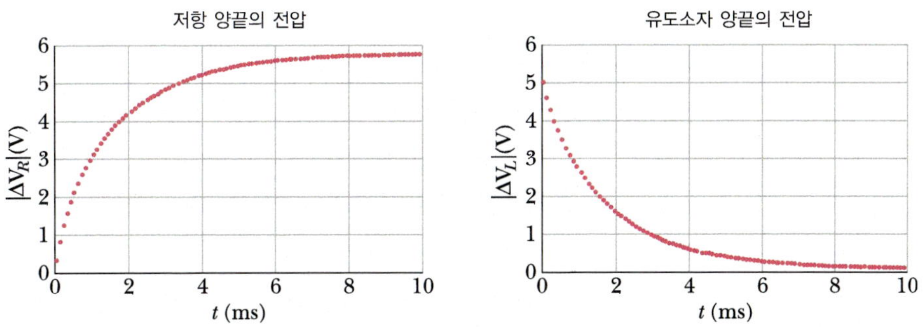

그림 32-16
컴퓨터 제어 측정장치로 전위차의 시간 변화를 잰 결과 (a) 그림 32-7의 저항 양끝의 ΔV_R. (b) 같은 회로 유도소자 양끝의 ΔV_L. 이 자료는 $R = 9830\,\Omega$, $L \approx 20\,\text{H}$ 및 $\mathscr{E} = 5.88\,\text{V}$에 대하여 얻은 것이다. 유도소자의 직류 저항은 $167\,\Omega$이므로 이상적인 유도소자는 아니었다. 이 자료는 식 32-22와 32-23에서 예견한 바와 다소 다른 특성을 나타낸다.

은 꼴이 된다.

그림 32-14의 스위치 S를 a에 닫은 뒤 시간이 충분히 지나 전류가 평형값 $\mathscr{E}/R$에 이른 뒤에 b로 바꾸면, 그 결과는 전지를 회로에서 떼어내는 것이 된다. (b로 바꾸는 것은 실제로는 a가 열리기 바로 전에 해야 한다. 이런 스위치를 '연결 후 끊기[make-before-break]' 스위치라 한다.)

전지가 없으므로 저항을 지나는 전류는 줄 것이다. 그러나 유도소자 때문에 전류는 바로 0이 되지 못하고 시간을 두고 천천히 0에 가까워진다. 전류 감쇠를 기술하는 미분방정식은 RL 회로 전압 고리 방정식(식 32-20)에서 $\mathscr{E}=0$으로 두면 구해진다.

$$L\frac{di}{dt}+Ri=0 \tag{32-25}$$

식 28-44 및 28-45에서와 비슷한 방식을 따라, 초기 조건 $i(0)=i_0=\mathscr{E}/R$을 만족하는 미분 방정식의 해는 다음과 같다.

$$i=\frac{\mathscr{E}}{R}e^{-t/\tau_L}=i_0e^{-t/\tau_L} \quad \text{(전류의 감쇠)} \tag{32-26}$$

RL 회로에서는 전류의 증가(식 32-21)와 감쇠(식 32-26) 모두 똑같은 유도 시간상수 τ_L가 결정함을 알 수 있다.

식 32-26에서는 i_0를 써서 순간 $t=0$의 전류를 나타냈다. 이때는 그 값이 $\mathscr{E}/R$이지만 처음 값은 다른 값이 될 수도 있다.

따라해보기 32-2 | 유도소자 2개와 저항 3개로 이루어진 회로

그림 32-17a는 저항값이 $R=9.0\,\Omega$인 똑같은 저항 3개, 유도 용량 $L=2.0\,\text{mH}$의 유도소자 2개 및 기전력 $\mathscr{E}=18\,\text{V}$의 이상적인 전지로 꾸민 회로다.

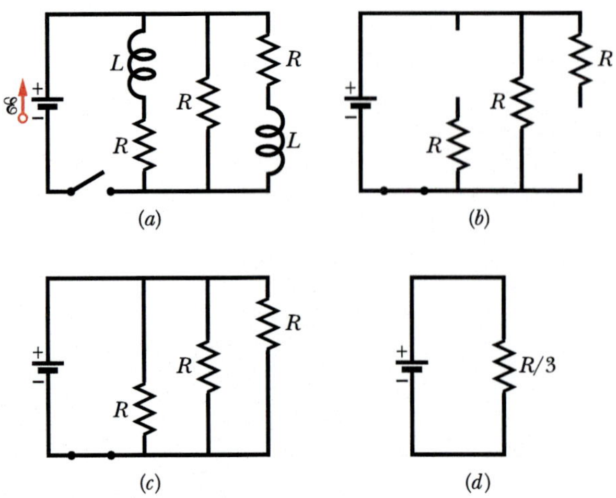

그림 32-17
(a) 스위치가 열려 있는 다중 고리 회로. (b) 스위치가 닫힌 바로 뒤의 등가회로. (c) 시간이 지난 뒤의 등가회로. (d) 회로 (c)와 등가인 단일 고리 회로.

(a) 스위치를 닫은 바로 뒤 전지를 지나는 전류 i는 얼마인가?

풀이 ■ 요점은 스위치를 닫은 바로 뒤 유도소자는 자신을 지나는 전류의 변화를 방해한다는 것이다. 스위치를 닫기 전 낱낱의 유도소자를 지나는 전류는 0이었으므로 닫은 바로 뒤에는 0일 것이다. 그러므로 스위치를 닫은 바로 뒤에는 유도소자는 끊어진 도선과 같으므로 회로는 그림 32-17b와 같다. 이렇게 되면 회로는 고리 하나로 된 회로이며, 여기에 고리법칙을 쓰면 다음 결과를 얻는다.

$$\mathscr{E}-iR=0$$

주어진 값들을 넣으면 전류는 다음과 같이 구해진다.

$$i=\frac{\mathscr{E}}{R}=\frac{18\,\text{V}}{9.0\,\Omega}=2.0\,\text{A} \qquad \text{(답)}$$

(b) 스위치를 닫고 한참 뒤에 전지를 지나 흐르는 전류 i는 얼마인가?

풀이 ■ **요점**은 스위치를 닫은 뒤 시간이 오래 지나면 회로의 전류가 평형값에 이르며 유도소자는 그림 32-17*c*와 같이 그냥 연결선의 기능만 한다는 것이다. 그러면 이 회로는 같은 저항 세 개가 병렬로 연결된 셈이고, 식 27-12로부터 이들의 등가 저항은 $R_{등가} = R/3 = (9.0\,\Omega)/3 = 3.0\,\Omega$이 된다. 그림 32-17*d*에 보인 등가 회로에서 고리 방정식 $\mathscr{E} - iR_{등가} = 0\,\text{V}$을 얻는다. 즉

$$i = \frac{\mathscr{E}}{R_{등가}} = \frac{18\,\text{V}}{3\,\Omega} = 6\,\text{A} \qquad \text{(답)}$$

연습문제 32-4

20. 유도 시간상수

RL 회로의 전류가 5.00 s 만에 정상값의 3분의 1 수준에 이른다. 유도 시간상수를 구하라.

21. 기다리는 시간

RL 회로의 전류가 평형 상태 값에서 0.100% 이내에까지 이르려면 τ_L 단위로 얼마나 기다려야 하는가?

22. 기전력

그림 32-14의 *RL* 회로를 생각하자. 전지의 기전력 $\mathscr{E}$을 단위로 써서, (a) 스위치가 *a*에 닫힌 순간 자체 유도된 기전력 ΔV_2는 얼마인가? (b) $t = 2.0\tau_L$인 때에 ΔV_2는 얼마인가? (c) ΔV_2가 전지 기전력 $\mathscr{E}$의 반이 되는 시각을 τ_L 단위로 구하라.

23. 처음 1초

어느 *RL* 회로에서 전지를 없앤 뒤 처음 1초 동안에 전류가 1.0 A에서 10 mA로 줄었다. *L*이 10 H라 하고 회로의 저항을 구하라.

24. 시간 변화하는 기전력

그림 32-15에 보인 회로에서 기전력이 시간에 따라 변하여 전류가 $i(t) = 3.0\,\text{A} + (5.0\,\text{A/s})t$로 나타난다. *i*의 단위는 암페어, *t*의 단위는 초이다. $R = 4.0\,\Omega$, $L = 6.0\,\text{H}$로 잡고 전지의 기전력을 시간의 함수로 구하라. (**실마리**: 고리 법칙을 쓴다.)

25. 솔레노이드

자체 유도 용량 6.30 μH인 솔레노이드가 1.20 kΩ저항과 직렬로 연결되어 있다. (a) 회로에 14.0 V의 전지를 덧붙이면, 저항에 흐르는 전류가 최종 값의 80%에 이르는데 걸리는 시간은 얼마인가? (b) $t = 1.0\tau_L$일 때 저항을 지나는 전류는 얼마인가?

26. 솔레노이드 나무심

속 반지름 10 cm, 바깥 반지름 12 cm로 만든 솔레노이드 나무 심지가 있다. 이 심지에 도선(지름 1.0 mm, 미터당 저항 0.020 Ω/m)을 한 층 감았다. 이렇게 만든 솔레노이드의 (a) 자체 유도 용량과 (b) 유도 시간상수는 각각 얼마인가? 도선 절연 피복의 두께는 무시한다.

27. 갑자기 걸어준 전압

$L = 50\,\text{mH}$, $R = 180\,\Omega$인 코일에 $t = 0\,\text{ms}$에 갑자기 450 V의 전위차를 걸었다. $t = 1.20\,\text{ms}$인 순간 전류의 증가율을 구하라.

28. 회로에서

그림 32-18의 회로에서 $\mathscr{E} = 10\,V$, $R_1 = 5.0\,\Omega$, $R_2 = 10.0\,\Omega$이며 $L = 5.0\,\text{H}$이다. (I) 스위치 S를 닫고 바로 뒤 및 (II) 한참 지난 뒤의 두 상황에 대하여 다음 값들을 구하라. (a) 저항 R_1에 흐르는 전류 i_1 (b) 저항 R_2에 흐르는 전류 i_2, (c) 스위치를 지나 흐르는 전류 *i*, (d) 저항 R_2 양끝의 전위차, (e) *L* 양끝의 전위차, (f) 변화율 di_2/dt.

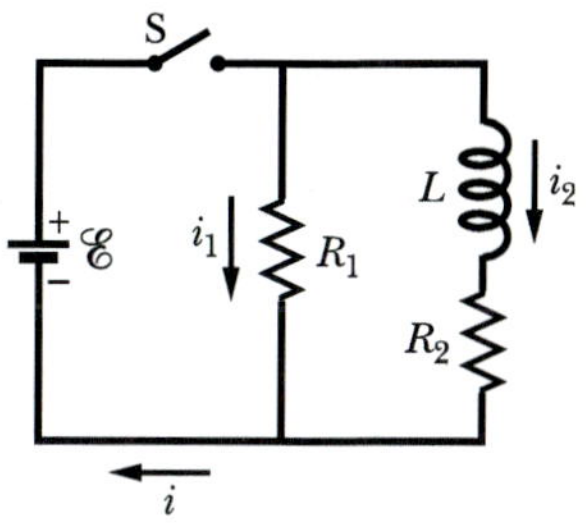

그림 32-18 문제 28

29. 그림에서

그림 32-19에서 $\mathscr{E} = 100\,\text{V}$, $R_1 = 10.0\,\Omega$, $R_2 = 20.0\,\Omega$이며 $L = 2.0\,\text{H}$이다. 다음 각 경우에 대한 i_1과 i_2를 구하라. (a) 스위치 S를 닫고 바로 뒤, (b) 한참 지난 뒤, (c) 스위치 S를 열고 바로 뒤, (d) 지난 뒤.

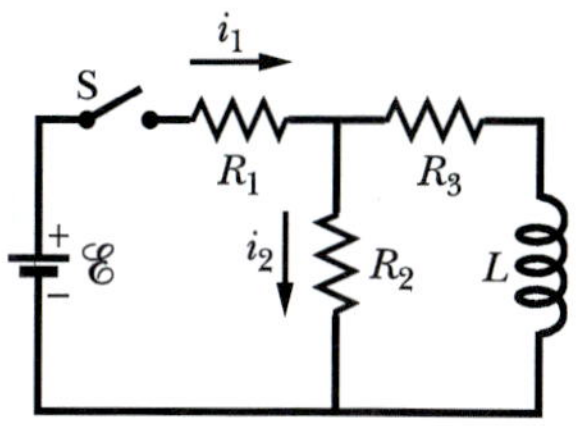

그림 32-19 문제 29

30. 상수 값 구하기

그림 32-20*a*는 기전력 $\mathscr{E} = 6.00\,\mu\text{V}$의 이상적인 전지, 저항 *R*, 그리고 넓이 5.0 cm²인 전선 고리로 이루어진 회로다. $t_1 = 10$에서 $t_2 = 20\,\text{s}$ 동안에 고리를 지나는 밖에서 걸어준 자기장을 걸었다. 이 장은 고르고 그림 32-20*a*의 지면 속으로 들어가는 쪽이며, 크기는 $B = at$인데, 여기서 $B = at$는 테슬라, *a*는 차원이 테슬라/초(Tesla/s)인 상수이며, *t*는 초단위로 잰다. 그림 32-20*b* 밖에서 걸어준 자기장이 걸리기 전, 걸린 중 및 걸린 뒤에 회로의 전류 *i*를 나타낸다. *a* 값을 구하라.

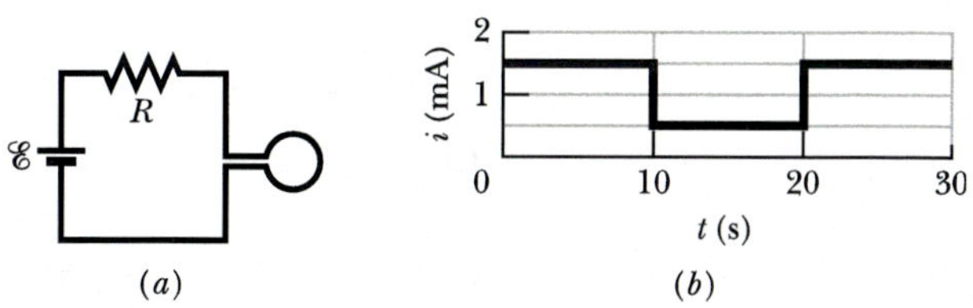

그림 32-20 문제 30

31. 스위치를 닫은 뒤

그림 32-21의 스위치를 닫은 뒤, 어느 정해진 전류 값에 이르는데 걸리는 시간은 R 값에 따라서도 달라진다. 이상 전지의 기전력 $\mathscr{E}$가 12 V, (저항이 없는) 이상적 유도소자의 자체 유도 용량이 18 mH라 하자. R 값이 다음과 같을 때 전류가 2.0 A가 되는데 걸리는 시간을 구하라. (a) 1.00 Ω (b) 5.00 Ω (c) 6.00 Ω. (d) (b)와 (c)의 답 사이에 큰 차이가 나는 까닭은 무엇인가? (e) R값이 얼마일 때 전류가 2.0 A가 되는 시간이 가장 짧은가? (f) 최소 시간을 구하라. (**실마리**: 식 32-21을 다시 생각해볼 것)

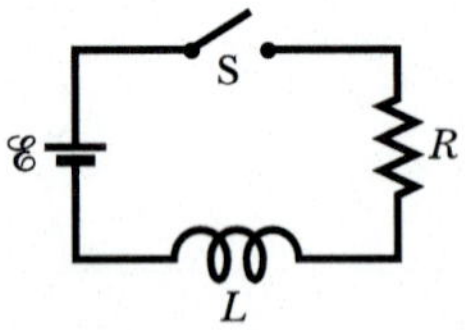

그림 32-21 문제 31, 34, 61

32. 그림의 회로

그림 32-22의 회로에서 $t = 0$에 스위치 S를 닫았다. 그 뒤, 정전류 전원이 기전력을 변화시키면서 위쪽의 단자를 통해 일정한 전류 i를 공급한다. (a) 유도소자에 흐르는 전류를 나타내는 식을 시간에 대하여 구하라. (b) 저항에 흐르는 전류는 $t = (L/R)\ln 2$인 순간 유도소자에 흐르는 전류와 같음을 보여라.

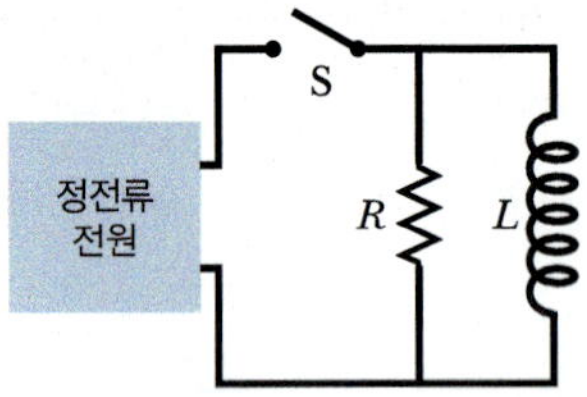

그림 32-22 문제 32

33. 자기선속이 같아지는 순간

그림 32-23a에서 스위치 S를 A로 닫고 시간이 오래 지나 자체 유도 용량 $L_1 = 500$ mH$_1$, $R_1 = 25\,\Omega$에 정상 전류가 흐른다. 이와 비슷하게 그림 32-23b에서는 스위치 S를 A로 닫고 시간이 오래 지나 유도 계수 $L_2 = 3.00$ mH의 유도소자와 저항 $R_2 = 30\,\Omega$에 정상 전류가 흐른다. 유도소자 2와 1의 감긴 부분을 지나는 자기선속의 비 Φ_{02}/Φ_{01}이 1.5이다. $t = 0$인 순간 두 스위치가 모두 B에 연결되었다. 두 유도소자를 지나는 자기선속이 같아지는 때는 언제인가?

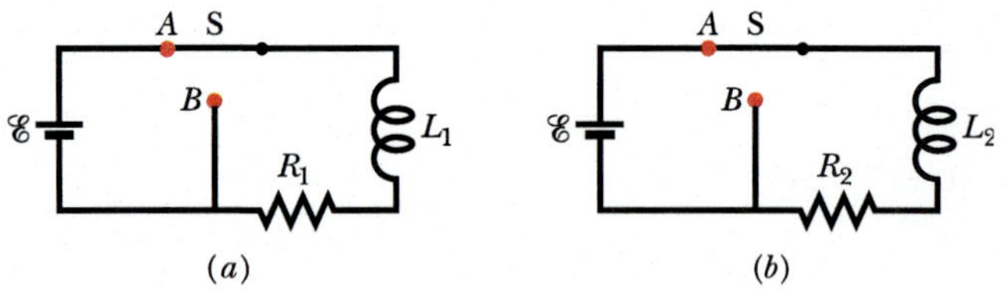

그림 32-23 문제 33

34. 기전력이 같아지는 순간

$t = 0$에 그림 32-21의 스위치 S가 닫히면서 15.0 mH의 유도소자와 20.0 Ω의 저항에 전류가 늘기 시작한다. 유도소자 양끝의 기전력과 저항 양끝의 전위차가 같아지는 때는 언제인가?

32-5 유도소자, 변압기, 전력

대부분의 나라에서 가정과 산업체에서 쓰는 전력의 전류와 전압은 시간에 따라 주기적으로 변하며, 흔히 싸인함수꼴이다. 그러한 전력은 보통 교류 전류 또는 교류 전기라고 한다. 교류 전력은 보통 유도법칙을 써서 만든다. **교류 발전기(ac generator)**는 간단히 유도소자 속에서 도는 자석 혹은 전자석으로 되어 있거나 또는 그림 32-24와 같이 자기장 속에서 도는 유도코일로 되어 있다.

발전기를 돌리는 데는 어떤 에너지든 쓸 수 있다(그림 32-25). 석탄 화력 또는 핵 발전소에서는 고압 수증기가 축에 달린 회전 날개를 밀쳐 발전기의 축이 돌아간다. 수력 발전소에서는 떨어지

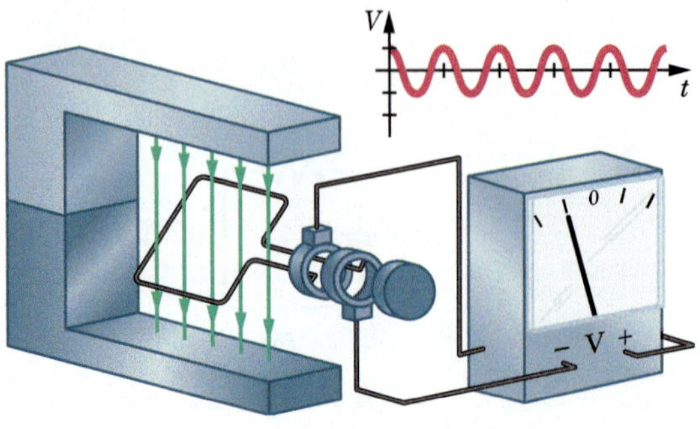

그림 32-24
간단한 교류 발전기. 자기장 속에서 코일을 돌리면 코일을 지나는 자기선속이 주기적으로 변화한다. 대형 발전기는 대개 전자석 바깥에서 코일이 돈다.

는 물이 회전운동 에너지를 공급한다. 발전기 속에서 전위차와 전류가 싸인함수꼴로 변하므로 전압과 전류는 제곱 평균의 제곱근(또는 제평근) 값으로 나타낸다. 제평근 값을 쓰는 까닭은 다음 장에서 교류 회로를 자세히 기술하면서 설명한다.

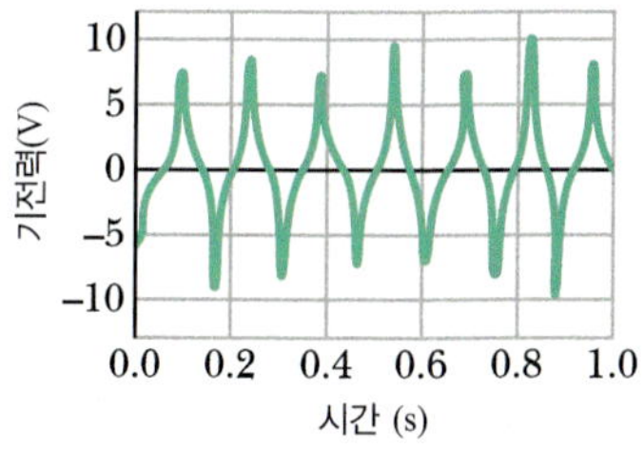

그림 32-25
자기장 속에서 손으로 돌린 코일에 주기적 기전력이 생긴다. 이 발전기는 그림 32-24의 발전기와 비슷하다. 코일이 더 작고 $\vec{B}$가 좀 더 고르면 코일을 일정 속도로 돌릴 때 기전력은 삼각함수 꼴이 된다.

• 변압기의 기능

통상 발전기에서 생기는 전력은 전압이 낮은데, 이 전력을 발전소에서 소비자에게 보낼 때 에너지 손실을 최소로 해야한다. 교류 전력은 전압을 높여 보내면 손실이 최소가 되는데, 그 까닭은 전력 손실량이 전류와 전압의 곱에 비례하기 때문이다. 총 발전 전력은 식 26-10에 따라 $P^{\text{발전}} = i^{\text{발전}}\Delta V^{\text{발전}}$이다. 이 전력을 제평근 전류 $i^{\text{발전}}$으로 멀리 있는 소비자에게 보낸다면, 송전선에서 열로 잃는 전력은 다음과 같다.

$$P^{\text{손실}} = (i^{\text{발전}})^2 R \quad (\text{송전하며 잃는 전력}) \tag{32-27}$$

여기서 R은 송전선 전체의 총 저항이다. 그러면 소비자가 쓸 수 있는 전력은 $P^{\text{발전}} - P^{\text{손실}}$이 된다. 뭐든 거저 얻을 수는 없지만, 식 32-27에서 보면 전력을 고전압 저전류로 바꾸어 보내면 송전 손실을 크게 줄일 수 있음이 분명하다. 바꾸어 말해, 다음의 조건을 실현하려 한다.

$$P^{\text{발전}} = i^{\text{발전}}\Delta V^{\text{발전}} = i^{\text{송전}}\Delta V^{\text{송전}} \tag{32-28}$$

여기서 $\Delta V^{\text{송전}} \gg \Delta V^{\text{발전}}$이 되어 $i^{\text{송전}} \ll i^{\text{발전}}$이 되게 하는 것이다.

예를 들어, 강원도 화천 수력발전소에서 200 km 떨어진 서울까지 전기에너지를 보내는데 쓰는 735 kV 송전선을 생각하자. 전류가 500 A라면 식 32-28에서 평균 에너지 공급률은 다음과 같다.

$$P^{\text{발전}} = i^{\text{발전}}\Delta V^{\text{발전}} = (500\text{ A})(7.35 \times 10^5\text{ V}) = 368\text{ MW}$$

송전선의 저항은 약 0.220 Ω/km이다. 그러므로 200 km 구간 전체의 저항은 약 44 Ω이고, 이 저항에서 열로 사라지는 에너지 손실율은 다음과 같다.

$$P^{\text{손실}} = (i^{\text{발전}})^2 R = (500\text{ A})^2(44\,\Omega) = 11.0\text{ MW}$$

이는 공급량의 거의 3%에 이른다.

전류를 반으로 줄이고 전압을 두 배 높이면 어떻게 되는가 보자. 발전소의 에너지 공급율은 전과 똑같이 368 MW이만, 에너지 손실율은 다음과 같이 훨씬 적어진다.

$$P^{\text{손실}} = (i^{\text{발전}})^2 R = (250\text{ A})^2(44\,\Omega) = 2.8\text{ MW}$$

에너지 손실율은 공급율의 0.8%에 지나지 않는다. 따라서 일반 에너지 송전 원칙은 다음과 같다: 최고 전압과 최저 전류로 보내라. 그러나 쓸 수 있는 전압에는 한계가 있다. 전압을 너무 높이면 송전선의 절연피복과 주변 공기만으로는 전류가 새어나가 땅으로 흘러가는 것을 막을 수 없다.

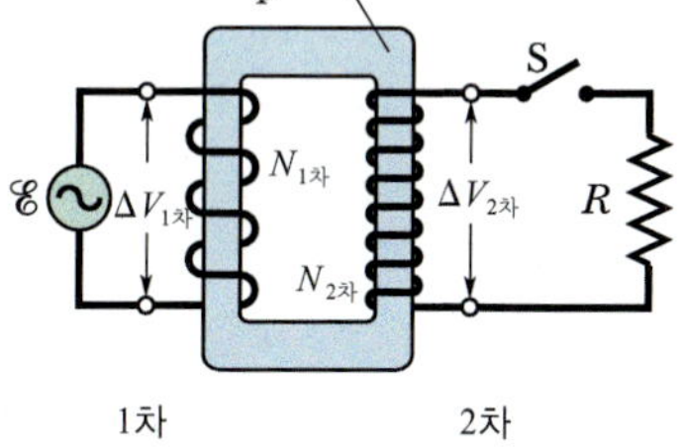

그림 32-26
기본적인 변압기 회로에 들어 있는 이상적인 변압기(철심을 감은 코일 두 개). 교류 발전기가 왼쪽 코일(1차 코일)에 전류를 보낸다. 스위치 S가 닫히면 오른쪽 코일(2차 코일)은 부하 저항 R에 연결된다.

• 이상적인 변압기

그림 32-26의 이상적인 변압기는 1차 및 2차 두 코일로 이루어진다. 둘은 같은 철심에 감겨 있지만 감은 회수가 다르다. 두 코일은 상호유도를 한다. 철심은 자기선속을 모아 두 코일에 똑같이 걸리게

한다. (철심의 기능은 32-7절에서 강자성을 다룰 때 설명한다.) 실제로는, $N_{1차}$번 감긴 **1차 코일(primary coil)**은 교류 발전기에 연결되는데, 그것의 기전력 $\mathscr{E}$는 시간 t의 함수로 아래와 같다.

$$\mathscr{E} = \mathscr{E}^{최대} \sin \omega t \tag{32-29}$$

$N_{2차}$번 감긴 **2차 코일(secondary coil)**은 부하저항 R에 연결되어 있기는 하지만, 스위치 S가 열려 있으면 회로는 열린 회로이다(잠시 이 상태를 가정한다). 그러므로 2차 코일에는 전류가 흐르지 않는다. 더 나아가 이상적 변압기에서는 1차 및 2차 코일의 저항과 철심에서의 에너지 손실은 무시할 수 있다고 가정한다. 잘 설계한 고용량 변압기의 에너지 손실은 1% 이하이므로 이 가정은 맞다.

위의 조건에서 1차 코일은 순수한 유도소자로서 작은 1차 교류 전류 $i_{1차}$가 흐른다. 이 전류는 교류형 자기선속 $\Phi^{자기}$를 철심에 만든다. 2차 코일도 철심에 감겨 있으므로 자기선속이 함께 걸린다. 1차와 2차 코일에 걸린 자기선속은 어느 순간이든 똑같다. 그러므로 패러데이 유도법칙(식 31-7)에 따르면 1차 2차 코일 모두 한 바퀴 감긴 도선에 유도되는 기전력 $\mathscr{E}_{1바퀴}$는 같아야 한다. 또한, 1차 코일 양끝의 전압 $\Delta V_{1차}$는 1차 코일에 유도된 기전력과 같고, 2차 코일 양끝의 전압 $\Delta V_{2차}$는 2차 코일에 유도된 기전력과 같다. 그러므로 다음 관계를 얻을 수 있다.

$$\mathscr{E}_{1바퀴} = \frac{d\Phi^{자기}}{dt} = \frac{\Delta V_{1차}}{N_{1차}} = \frac{\Delta V_{2차}}{N_{2차}}$$

이로부터 다음의 관계를 끌어낼 수 있다.

$$\Delta V_{2차} = \Delta V_{1차} \frac{N_{2차}}{N_{1차}} \quad \text{(전압의 변환)} \tag{32-30}$$

$N_{2차} > N_{1차}$이면 1차 코일의 전압 $\Delta V_{1차}$가 더 높은 전압 $\Delta V_{2차}$로 바뀌므로 이런 변압기를 **오름변압기(step-up transformer)**라고 한다. 반대로 $N_{2차} < N_{1차}$이면, **내림변압기(step-down transformer)**가 된다.

지금까지는 스위치 S가 열려 있었으므로 발전기로부터 회로의 다른 부분으로 에너지가 전해지지 않는다. 이제 스위치 S를 닫아서 2차 코일을 부하저항 R에 연결시킨다. (일반적으로 부하에는 유도성 요소와 용량성 요소가 모두 들어 있지만, 여기서 용량은 무시한다.) 이제는 발전기로부터 에너지가 전해진다. 그 까닭을 밝히기 위해서 스위치 S를 닫으면 어떻게 되는가를 살펴보자.

1. 2차 코일에 교류전류 $i_{2차}$가 생기고 저항성 부하에서 $i_{2차}^2 R = (\Delta V_{2차}^2)/R$의 비율로 에너지를 잃는다. 2차 코일에 생기는 기전력은 1차 코일의 전류의 변화를 억누르는 역기전력이므로 2차 코일의 전류는 1차 코일의 전류와 위상이 반대이다.
2. 이 전류가 철심 속에 스스로 자기선속을 만들고, 이것이 (패러데이 법칙과 렌츠 법칙에 따라) 1차 코일에 역기전력을 만든다.
3. 그러나 1차 코일의 전압 $\Delta V_{1차}$는 역기전력에 의해 달라질 수 없다. 그 까닭은 전압은 발전기에서 오는 기전력 $\mathscr{E}$와 늘 같아야 하기 때문이다. 스위치 S를 닫아도 조건은 바뀌지 않는다.

$i_{2차}$를 $i_{1차}$와 연관시키려면 에너지 보존법칙을 쓴다. 자기 철심에서 손실이 없는 이상적인 변압기에서는 1차 코일에서 얻은 일률과 (교류형 자기장으로 두 코일을 연결시켜) 2차 코일에 전달되는 일률이 같다. 에너지 보존법칙에 따르면 다음 관계가 성립한다.

$$i_{1차}\,\Delta V_{1차} = i_{2차}\,\Delta V_{2차} \qquad (32\text{–}31)$$

식 32–30으로 $\Delta V_{2차}$를 바꾸면 다음 식을 얻는다.

$$i_{2차} = i_{1차}\frac{N_{1차}}{N_{2차}} \quad \text{(전류의 변환)} \qquad (32\text{–}32)$$

이 식은 2차 코일의 전류 $i_{2차}$는 코일의 감은 횟수 비 $N_{1차}/N_{2차}$에 따라 1차 코일의 전류 $i_{1차}$보다 크거나 작거나 또는 같아질 수 있음을 보여준다.

1차 코일에 생기는 전류가 $i_{1차}$인 까닭은 2차 코일의 저항성 부하 R 때문이다. $i_{1차}$를 구하려면 식 32–32에 $i_{2차} = \Delta V_{2차}/R$를 넣고 식 32–30의 $\Delta V_{2차}$를 넣는다.

$$i_{1차} = \frac{1}{R}\left(\frac{N_{2차}}{N_{1차}}\right)^2 \Delta V_{1차} \qquad (32\text{–}33)$$

이 식은 $i_{1차} = \Delta V_{1차}/R_{등가}$의 꼴을 하고 있는데, 여기서 $R_{등가}$는 다음과 같다.

$$R_{등가} = \left(\frac{N_{1차}}{N_{2차}}\right)^2 R \qquad (32\text{–}34)$$

여기서 R은 2차 코일 회로에 있는 실제의 저항이고 $R_{등가}$는 발전기가 '보는' 부하저항값이다. 발전기는 저항 $R_{등가}$에 연결된 것처럼 전류 $i_{1차}$와 전압 $\Delta V_{1차}$를 만들어낸다.

• 임피던스 맞추기

식 32–34는 변압기의 또 다른 기능을 시사한다. 기전력 소자에서 저항성 부하로 에너지를 최대로 전달하려면 기전력 소자의 저항과 부하의 저항이 같아야 한다. (33장에서 다루는) 교류회로에서도 같은 법칙이 적용되는데, 여기서는 발전기의 (단순 저항이 아니라) 임피던스가 저항의 임피던스와 같아야 한다. 이런 조건이 맞지 않을 때도 많다. 예들 들어, 음향기기에서 증폭기의 임피던스는 높지만 확성기의 임피던스는 낮다. 둘 사이에 코일 감긴 비율 $N_{1차}/N_{2차}$이 적당한 변압기를 넣어 둘 사이의 임피던스를 맞출 수 있다.

생각해보기 32-3 교류 기전력 소자의 저항이 저항성 부하의 저항보다 작다. 이 소자에서 부하로 에너지가 잘 전달되도록 둘 사이에 변압기를 넣고자 한다. (a) $N_{2차}$가 $N_{1차}$보다 커야 하는가 작아야 하는가? (b) 이 변압기는 오름변압기인가, 내림변압기인가?

연습문제 32-5

35. 변압기

1차 코일에 500번, 2차 코일에 10번 감긴 변압기가 있다. (a) $\Delta V_{1차}$가 120 V(제평근)라면, 개방 회로일 경우 $\Delta V_{2차}$는 얼마인가? (b) 2차 코일에 부하저항 15 Ω이 연결되면 1차 및 2차 코일에 흐르는 전류는 각각 얼마인가?

36. 발전기

어느 발전기가 50번 감긴 1차 코일에 100 V를 공급한다. 2차 코일이 500번 감겨 있다면 2차 전압은 얼마인가?

37. 음향 증폭기

그림 32–27에서 왼편에 있는 직사각형 상자가 (임피던스가 높은)

음향 증폭기를 나타낸다 하고, $r = 1000\,\Omega$이라 하자. 그리고 $R = 10\,\Omega$이 (임피던스가 낮은) 스피커 코일이라 하자. 에너지를 최대로 전달하려면 부하저항 R의 값이 $R = r$이 되어야 하는데, 여기서는 조건이 충족되지 않는다. 그러나 변압기를 쓰면 저항을 변화시켜서 실제값보다 크거나 작은 것과 같은 특성을 나타내게 할 수 있다. 그림 32-27에서 증폭기와 스피커 사이에 넣어서 임피던스를 같게 할 수 있는 변압기의 1차 및 2차 코일을 그려라. 감은 횟수의 비는 얼마인가?

그림 32-27 문제 37

38. 단권변압기

그림 32-28은 '단권변압기'를 나타낸 것이다. 이 장치는 (철심 주변에 감겨 있는) 코일 하나로 이루어져 있고, 접점(tap) T_N이 세 개 마련되어 있다. 접점 T_1과 T_2 사이에는 200번, 그리고 T_2와 T_3 사이에는 800번 감겨 있다. 둘 중 어느 두 개를 골라서도 '1차 단자'로 쓸 수 있고, 임의 두 개를 골라 '2차 단자'로 쓸 수 있다. 1차 전압이 2차 전압으로 바뀔 수 있는 가능한 모든 비를 구하라.

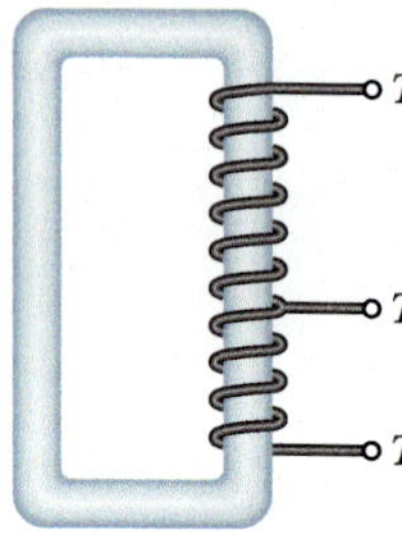

그림 32-28 문제 38

32-6 자성 물질-서론

오늘날 자석과 자성물질은 주위에서 쉽게 볼 수 있다. 천연자석 외에도 자석은 영상 테이프 기록장치, 음성 카세트, 신용카드, 전자 스피커, 헤드폰, 그리고 심지어는 종이돈에도 들어 있다. 실제 어떤 아침식사용 '철분 강화' 시리얼에는 작은 자성 물체가 들어 있다 (시리얼에 물을 부어 만든 죽에서 철가루를 자석으로 건져낼 수 있다.) 이 절의 목적은 수십, 수백억 개의 원자로 이루어진 물질이 자기적 특성을 띠는 원인을 이해하는 것이다.

• 자성 재료의 특성

보통 자성이라면 막대자석, (냉장고에 붙어 있을) 둥근 자석 또는 작은 나침반 바늘 등을 떠올린다. 즉, 강한 영구 자성을 지닌 철루 된 강자성 재료를 떠올린다. 대부분의 물질이 막대자석과 같은 특성을 지니고 있지는 않지만, 거의 모든 물질에 자기적 특성이 어느 정도는 있음이 밝혀졌다. 자성에는 일반적으로 강자성, 상자성 및 반자성의 세 가지가 있다.

1. **강자성(ferromagnetism)** 물체에 자기장을 걸어주면 스스로 강한 자기장을 만들고, 걸어준 자기장을 없앤 뒤에도 스스로 만든 자기장이 일부 남아 있다.
2. **상자성(paramagnetism)** 물체에 자기장을 걸어주면 자기장이 강한 쪽으로 끌리고, 스스로 자기장을 만들지만 걸어준 자기장을 없애면 스스로 만드는 자기장도 사라진다. **상자성 재료**란 보통 상자성을 주로 나타내는 물질들을 가리킨다. 이러한 자성은 액체 산소, 알루미늄 및 천이원소, 희토류 원소와 악티늄 원소에서 나타난다(부록 G 참조).
3. **반자성(diamagnetism)** 물체에 자기장을 걸어주면 자기장이 약한 쪽으로 밀린다. 이는 앞의 두 자성과 반대이다. 모든 일상적인 물질이 반자성을 보이지만 효과가 너무 약해서 물질이 다른 두 자성 가운데 한 가지를 띠면 가려진다. 그러므로 **반자성 물질**은 반자성 특성만을 지닌 물질을 일컫는다. 비스무스, 구리, 금, 은 및 납 외에도 물과 같은 다수의 비금속과 대부분의 유기 화합물이 반자성 물질이다. 우리 몸과 동물은 주로 물과 유기물질로 되어 있어서 역시 반자성 물질이다.

자성의 원인은 무엇일까? 왜 세 가지 자성이 있을까? 이제는 모든 물질을 이루는 원자에 있는 고유의 자기 쌍극자 때문에 자기적 성질이 나타난다고 믿는다. 그래서 자기 재료의 성질을 이해하려면 자기 쌍극자의 특성을 이해해야 한다. 이 절은 자기 쌍극자에 대한 설명으로 마무리 하려는데, 다음 두 절에서 원자의 자기 쌍극자를 써서 세 가지 자성을 이해하는 방법을 살펴본다.

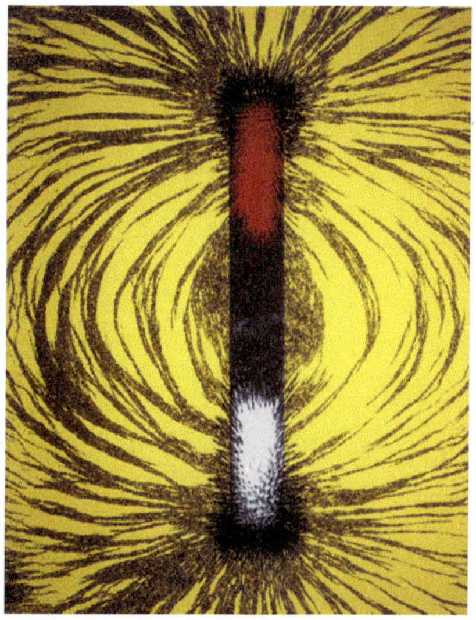

그림 32-29
막대자석은 자기 쌍극자이다. 쇳가루의 방향이 자기력선의 방향을 나타낸다.

• 자기 쌍극자의 특성

보통의 막대자석이나 전류가 흐르는 작은 코일 모두 자기 쌍극자이다. 지금까지 설명한 자기 쌍극자의 특성 일부를 되새겨보자.

- 자기장 분포는 전기 쌍극자가 만드는 전기장과 비슷한 꼴이다. (그림 32-29와 비슷, 또는 23-6절과 30-7절에서 끌어낸 방정식으로 기술한 바와 같음)
- 늘 두 극이 붙어 있고, 각각을 북극(지향)과 남극(지향)이라 하는데, 이는 그림 32-30과 같이 이들이 지구 자기장 속에서 보이는 거동 때문이다. (29-3절 참조)
- 벡터량인 자기 모멘트 $\vec{\mu}$로 기술한다. 이것의 크기는 쌍극자가 만드는 자기장의 세기를, 방향은 자기장의 방향을 결정한다. 방향은 막대자석 남극에서 북극으로 가는 축의 방향 또는 전류가 흐르는 코일을 따라 오른손을 말아쥐면서 세운 엄지손가락 방향이다(오른손 법칙: 29-10절). **주의**: 자기 모멘트는 관례에 따라 $\vec{\mu}$로 나타내는데, 가끔 함께 나타나는 투자율상수 μ_0 또는 μ와 헷갈리지 않게 주의해야 한다.
- 밖에서 걸어준 자기장 $\vec{B}$ 속에서는 회전력 $\vec{\tau}=\vec{\mu}\times\vec{B}$를 받아 $\vec{B}$와 나란히 늘어서려 한다(30-7절).
- 밖에서 걸어준 자기장 $\vec{B}$ 속에서는 위치에너지가 $U=-\vec{\mu}\cdot\vec{B}$이 되므로, $\vec{B}$와 나란할 때 위치에너지가 가장 낮다.

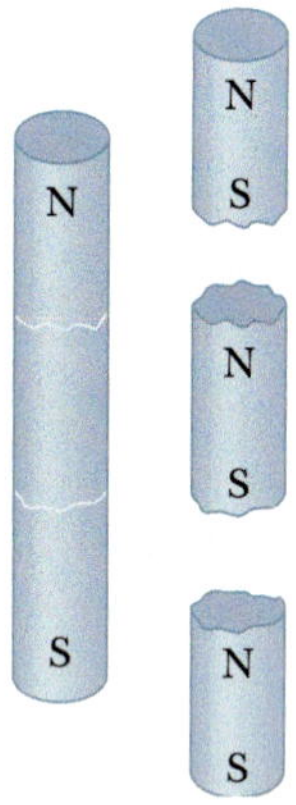

그림 32-30
막대자석을 자르면 낱낱의 조각도 북극과 남극이 있는 자석이 된다. 조각으로 잘라서 남극과 북극을 가를 수는 없다.

• 원자 속의 자성

물질의 자기적 상호작용은 물질을 이루는 원자의 자기 쌍극자의 효과가 모여 나타나는 것으로 본다. 물질마다 고유한 자성이 나타나는 것을 설명하기에 앞서 원자의 자기적 성질에 관해 알려진 바를 설명한다.

이 책의 초점은 고전물리학이다. 그러나 원자 현상을 이해하려면 양자물리학을 어느 정도 알아야 하는데, 이 부분은 이 책의 범위를 넘는다. 그러므로 원자의 자성에 관한 양자물리학의 기초 개념을 실험적 증거를 들지 않은 채 소개하겠다.

지금까지 자성을 고전적으로 다루면서 이미 자기장의 원천 두 가지를 규명했다: (1) 고리를 따라 흐르는 전류, (2) 자화된 철로 만든 막대꼴의 자기 쌍극자. 또한 원자 자성의 일부 효과는 원자 자기 쌍극자를 두 가지 — 궤도와 스핀 — 로 보는 고전 모형으로 설명할 수 있다. 우선, 전자가 핵 주위에서 궤도를 따라 도는 것을 전류 고리로 보면, 궤도 자기 모멘트를 생각할 수 있다. 둘째, 전자 스스로 도는 운동[**스핀(spin)**이라고 한다]을 하며, 이에 따라 고유의 자기 모멘트가 생기는 것으로 본다. 이 모형은 지구가 태양 주위의 궤도를 따라 공전하면서 지축을 중심으로 자전하는 것과 비슷하게 상상하면 쉽게 받아들일 수 있다. 그러나 고전 모형은 여러 물질의 자기적 거동을 설명하는데 한계가 있고 여러 면에서 사실과 완전히 맞지는 않다.

고전 모형에 바탕을 둔 예상이 어긋나는 것은 놀랍지 않다. 원자의 거동을 설명하고자 고안한 양자물리학에는 다음과 같은 내용이 들어 있다: (1) 전자는 명확한 궤도를 따라 움직이지 않는다. 그 대신 어떤 핵 주변을 구름처럼 감싸고 있는 것으로 본다. 그러므로 알 수 있는 것은 핵 주위 어느 곳에서 전자를 볼 확률과 관련된 그 무엇일 뿐이고, 이 확률분포는 원자나 분자의 종류에 따라 다르다. (2) 스핀 자기 모멘트는 전자의 고유 특성일 뿐 전자가 내부 축을 중심으로 돌기 때문에 생기는 것이 아니다. (3) 스핀 및 궤도 자기 모멘트는 양자화되어 있다. 이것은 이들의 값이 연속적으로 변하는 것이 아니라 몇 개의 정해진 값만을 가질 수 있다는 뜻이다.

이제 이 두 가지 원자 자기 쌍극자를 좀 더 자세히 살펴보자.

• 스핀 자기 쌍극자

전자에는 고유의 **스핀 자기 쌍극자 모멘트(spin magnetic dipole moment)** $\vec{\mu}^{스핀}$이 있다. (고유란 말은 $\vec{\mu}^{스핀}$이 질량과 전하처럼 전자의 고유 특성이라는 것이다.)

1. $\vec{\mu}^{스핀}$ 자체는 직접 잴 수 없다. 한 번 잴 때 어느 한 방향의 성분만 잴 수 있고, 그 과정에서 다른 두 방향의 성분은 완전히 흐트러진다.
2. $\vec{\mu}^{스핀}$의 성분을 잰 값은 양자화되어 있다. 어떤 물리량이 '양자화' 되어 있다는 것은 그것을 잰 값이 연속적이 아니라 정해진 몇 개의 값만 나타남을 뜻한다.

어떤 좌표계에 대해 스핀 자기 모멘트 $\vec{\mu}^{스핀}$의 z축 성분 $\mu_z^{스핀}$을 잰 결과값은 아래의 두 가지 뿐이다.

$$\mu_z^{스핀} = +\frac{eh}{4\pi m} \quad \text{또는} \quad \mu_z^{스핀} = -\frac{eh}{4\pi m} \tag{32-35}$$

여기서 $h = 6.63 \times 10^{-34}\,\mathrm{J \cdot s}$로 양자역학에서 흔히 쓰는 유명한 **플랑크 상수(Planck contant)**이다. 상수 e와 m은 각각 전자의 전하와 질량을 나타낸다. 식 32-35에서 (+)와 (−) 부호는 z축 성분 $\mu_z^{스핀}$의 방향을 나타낸다. $\mu_z^{스핀}$이 z축과 나란하면 (+) 부호를 붙이고 '스핀 업' 이라고 하며, z축과 반대쪽이면 (−) 부호를 붙이고 '스핀 다운' 이라고 한다.

식 32-35에 있는 상수의 조합은 **보어 마그네톤(Bohr magneton)** μ_B라고 하는데, 플랑크 상수와 전자의 전하 및 질량으로부터 셈할 수 있다.

$$\mu_B = \frac{eh}{4\pi m} = 9.27 \times 10^{-24}\,\mathrm{J/T} \quad \text{(전자에 대한 보어 마그네톤 값)} \tag{32-36}$$

전자와 기타 소립자의 스핀 자기 모멘트는 $\mu_z^{스핀}$로 나타낼 수 있다. 보어 마그네톤을 써서 식 32-35에 넣으면 $\mu_z^{스핀}$의 두 값을 다음과 같이 쓸 수 있다.

$$\mu_z^{스핀} = +\mu_B \quad \text{또는} \quad \mu_z^{스핀} = -\mu_B \tag{32-37}$$

자기장 속에서 전류 고리의 위치에너지가 자기 모멘트의 방향에 따라 달라지듯이 전자에 자기장 $\vec{B}^{바깥}$을 걸어주면 전자의 위치에너지가 스핀 자기 쌍극자 $\vec{\mu}^{스핀}$의 방향에 따라 달라진다. 식 29-35로부터 전자의 위치에너지 값은 스핀 방향 때문에 아래의 두 가지 뿐이다.

$$U^{스핀} = -\vec{\mu}^{스핀} \cdot \vec{B}^{바깥} = -\mu_z^{스핀} B^{바깥} = \pm \mu_B B^{바깥} \tag{32-38}$$

여기서 z축은 $\vec{B}^{바깥}$와 나란히 잡았다.

여기서 '스핀' 이란 말을 쓰지만, 양자론에 따르면 전자가 고유의 자기 모멘트를 가지고 있다고 해서 팽이처럼 도는 것은 아님을 다시 강조한다.

양성자와 중성자에도 고유의 자기 모멘트가 있다. 사실 핵 자기 모멘트는 중요한 의료 진단 도구인 자기공명영상기법에서 아주 중요하다. 양성자와 중성자의 질량은 전자의 2000배 정도이고 따라서 이 입자들의 자기 모멘트는 전자의 자기 모멘트보다 훨씬 작다. 그래서 원자의 자기장에 핵자기 모멘트가 미치는 영향은 무시할 수 있다.

• 궤도 자기 쌍극자 모멘트

원자를 이루는 전자에는 또 다른 자기 모멘트가 있다. 이것이 **궤도 자기 쌍극자 모멘트(orbital magnetic-dipole moment)** $\vec{\mu}^{궤도}$이다. 여기서도 '궤도' 라는 말을 쓰기는 하지만 전자는 태양 주위를 공전하는 행성처럼 핵 주위 궤도를 도는 것은 아니다. 양자물리학의 '궤도' 란 전자를 볼 확률이 높은 공간 영역을 대충 일컫는다. 이 영역의 방향이 전자의 궤도 각운동량의 방향을 결정한다. 이른바 전자가 여러 개인 원자의 '바깥 전자' 는 핵에서 먼 곳에서 발견되는 경향이 있다. 바깥 전자는 궤도 각운동량이 크고 따라서 자기 모멘트도 크다. 어느 원자에나 궤도 자기 모멘트의 z성분 값이 둘 이상임이 밝혀져 있다. 어떤 z축에 대한 그 값을 보어 마그네톤으로 표현하면 다음과 같다.

$$\mu_z^{궤도} = -m_l^{최대}\mu_B, \cdots -3\mu_B, -2\mu_B, -1\mu_B, 0\mu_B, 1\mu_B, 2\mu_B, 3\mu_B, \cdots m_l^{최대}\mu_B \quad (32\text{–}39)$$

여기서 $m_l^{최대}$는 전자의 궤도 각운동량 성분의 최대값을 나타내며 0 또는 자연수이다.

원자에 자기장 $\vec{B}^{바깥}$을 걸어주면 원자 속에 있는 낱낱의 전자 궤도 자기 쌍극자 모멘트에 해당되는 궤도 위치 에너지 $U^{궤도}$를 생각할 수 있고, 크기는 다음과 같다.

$$U^{궤도} = -\vec{\mu}^{궤도} \cdot \vec{B}^{바깥} = -\mu_z^{궤도} B^{바깥} \quad (32\text{–}40)$$

여기서 z축은 $\vec{B}^{바깥}$과 나란히 잡아서 $\vec{B}^{바깥} = B^{바깥}\hat{\mathrm{k}}$이다.

• 원자의 자기 쌍극자 모멘트

원자에 있는 전자 마다 궤도 자기 모멘트와 스핀 자기 모멘트가 있어 전체 자기 모멘트는 이들을 벡터 덧셈한 값이다. 이와 같이 두 벡터량을 더한 결과를 다시 원자 속의 모든 전자에 대해 벡터 덧셈하고, 각 원자에 대해 얻은 결과를 물질 속의 다른 원자에 대한 결과와 벡터 덧셈한다. 이런 여러 자기 모멘트의 합이 자기장을 만들면 그 물질은 자성을 띤다.

원자의 자기 특성을 바탕으로 물질의 자기적 특성을 설명하려는 준비는 아직도 한 단계가 더 남아 있다. 어떤 (철, 비소 등) 원소의 원자 하나에 들어 있는 모든 전자의 스핀과 궤도 자기 모멘트가 어떻게 결합하여 전체 자기 모멘트가 결정되는지를 따져야 한다.

어떤 원자 속의 모든 전자의 스핀과 궤도 자기 모멘트가 나란히 정렬되고, 고체나 액체 속에서 원자 나란히 늘어선다면 엄청나게 강한 자석이 될 것이다. 대부분 물질의 자성이 강하지 않은 것은 원자 속의 전자 자기 모멘트가 기회만 되면 서로 맞지우는 것이 자연현상이기 때문이다. 원자의 전자는 핵 주위에서 껍질이라는 영역에 있다. 어느 껍질에 있는 전자의 수는 **파울리 배타원리(Pauli exclusion principle)**라는 양자역학의 법칙에 따라 정해진다. 이 원리에 따르면 한 껍질 속에 궤도 자기 모멘트 성분과 스핀 자기 모멘트 성분이 똑같은 전자 두 개가 같이 있을 수 없다. 어느 껍질에 있을 수 있는 모든 궤도 및 스핀 상태에 전자가 들어차면 그 껍질은 가득 차게 된다. 어느 껍질이 가득 차면, 핵을 중심으로 대칭을 이루는 두 곳에 있는 전자의 자기 모멘트는 서로 지워진다. 바깥쪽 껍질에 있는 전자들은 더 큰 궤도 자기 모멘트 성분을 가질 수 있다. 또 바깥쪽 껍질에 있는 전자의 에너지는 안쪽 껍질에 있는 전자보다 높다. 원자가 가장 낮은 에너지 상태에 있다면 전자는 안쪽 껍질부터 차곡차곡 채운다.

여러 전자 원자에서 가득 찬 껍질에 든 전자의 수는 n을 0, 1, 2, 3 등으로 하였을 때 $2 \cdot (2n+1)$이다. 따라서 첫째 껍질에는 2개, 둘째 껍질에는 6개, 셋째는 10개, 넷째에는 14개 등의 전자가 들어갈 수 있다. 일반적으로 물질의 자기적 특성을 결정짓는 것은 원자에서 맨 바깥껍질에 있고 짝이 없는 전자이다. 이 맨 바깥 껍질에 있는 전자의 공유와 상호작용의 결과로 자성은 원자의 결합 양태에 따라 크게 달라진다.

생각해보기 32-4 이 절에서는 물질의 세 가지 자성을 다루었다. 어느 것이 냉장고 자석과 관련이 있는가? 종이 클립은? 은 철사 조각은? 그렇게 추리한 까닭을 설명하라.

생각해보기 32-5 이 그림은 밖에서 걸어준 자기장 $\vec{B}^{바깥}$ 속에 있는 두 입자의 스핀 방향을 보여준다. (a) 입자가 전자라면 어느 것의 에너지가 더 낮은가? (b) 반대로 양성자라면 어느 것의 에너지가 더 낮은가? 그렇게 추리한 까닭을 설명하라.

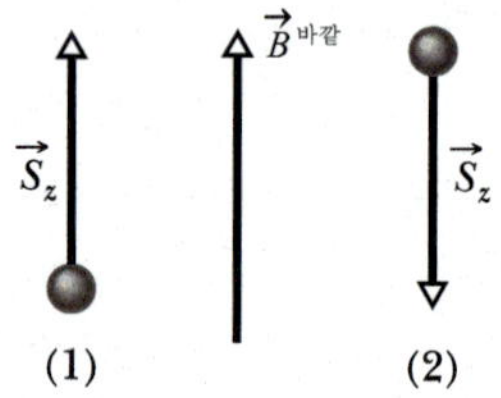

연습문제 32-6

39. 궤도 자기 쌍극자

전자에서 (a) $m_l = 1$과 (b) $m_l = -2$일 때 잰 궤도 자기 쌍극자의 성분은 얼마인가?

40. 에너지 차

밖에서 걸어준 자기장이 z축과 나란하고 0.25 T일 때, 전자의 스핀 자기 모멘트의 z성분이 자기장과 나란할 때와 반대쪽일 때의 에너지 차이는 얼마인가?

41. 원자의 전자

원자의 전자가 $m_l = 0$인 궤도 각운동량을 가지고 있다면, (a) $\mu_z^{궤도}$ 성분은 얼마인가? 이 원자에 세기 35 mT, 방향이 z축 쪽인 자기장을 걸어준다면 궤도 자기 모멘트가 다음과 같이 배향될 때의 위치에너지는 얼마인가? (b) 전자의 궤도 자기 모멘트의 방향, (c) 전자의 스핀 자기 모멘트의 방향, (d) 앞의 (a)~(c)를 $m_l = -3$에 대하여 구하라.

42. 스핀 자기 모멘트

z쪽을 향한 자기장 $\vec{B}$ 속에 전자를 하나 두었다. 이 전자의 스핀 자기 모멘트의 z성분이 $\vec{B}$와 나란할 때와 반대쪽일 때의 에너지 차이가 6.00×10^{-25} J이다. $\vec{B}$의 세기는 얼마인가?

43. 개수

어떤 원자에 든 전자가 가질 수 있는 m_l의 최대 범위가 4라고 하자. (a) 원자의 궤도 자기 쌍극자 모멘트의 z성분 $\mu_z^{궤도}$이 가질 수 있는 값은 몇 가지인가? (b) 이 값 가운데 가장 큰 값은 얼마인가? 다음에 $+z$축 쪽으로 세기 0.250 T인 자기장 속에 원자가 놓였다고 하자. $\mu_z^{궤도}$이 가질 수 있는 값에 대하여 (c) 최대 위치에너지와 (d) 최소 위치에너지를 구하라.

44. NMR과 MRI

핵 자기 공명(Nuclear Magnetic Resonance: NMR)과 자기 공명 영상법(Magnetic Resonance Imaging: MRI)은 (연한 조직등이 든) 영상을 얻고자 전하를 띤 입자와 강한 자기장의 상호작용을 이용한다. 어느 MRI 기계의 자기장 세기가 0.5 T이다. 이 자기장 속에 든 전자로부터 잴 수 있는 에너지 차이 중 가장 큰 값은 얼마인가?

32-7 강자성

철, 코발트, 니켈, 가돌리늄, 디스프로슘 및 이들의 합금은 자기장을 걸어주면 강하게 자화된다. 자기장을 없애도 자성이 남기 때문에 이 물질을 강자성체라고 한다.

• 강자성에서 원자 자기 모멘트

대부분의 무거운 원소는 강자성을 띠지 않지만 강자성체는 모두 전자 구조가 복잡한 비교적 무거운 원소이다. 이들 중 가장 가벼운 것이 철로, 전자가 26개 있다. 지금까지 철의 강자성을 가장 잘 설명한 이론에 전자의 복잡한 거동이 들어 있다. 안쪽 껍질에 있는 20개의 전자는 짝을 지어 스핀과 궤도 자기 모멘트를 서로 지운다. 남은 전자 6개는 대부분의 다른 물질과는 달리 특이하게 거동한다. 6개 중 2개는 셋째 껍질에 빈 곳이 많은데도 거기에 들어가지 않고 넷째 껍질에 들어간다. 이 전자 2개가 바깥 전도전자가 된다. 철이 지닌 강자성의 열쇠는 셋째 껍질이 채워지지 않은 채 있는 것으로, 그 결과 셋째 껍질에 있는 14개 자리의 일부만 채운 전자 4개의 스핀 자기 모멘트가 정렬된다. 그러나 이렇게 정렬된 전자는 다른 원자와의 화학결합에는 관여하지 않는다. 양자 역학적 셈을 자세히 해보면 낱낱의 철 원자는 전자가 이렇게 특이하게 배열된 탓에 알짜 자기 모멘트를 띠면서도 에너지가 낮은 상태에 있게 된다. 이 상황은 코발트나 니켈에서도 비슷하다.

낱낱의 철 원자는 영구 자기 모멘트를 가지지만 상대적인 방향은 마구 흐트러져서 철 전체의 알짜 자기 모멘트는 없다고 하고 싶을 것이다. 그렇지만 사실은 다르다. 강자성체를 이루는 낱낱의 원자가 왜 정렬되는가에 대해 여러 설명이 제시되었지만, 아직도 잘 알지는 못한다. 현재로는 자성의 원인이 되는 셋째 껍질에 있는 스핀 정렬된 전자가 맨 바깥에서 물질 속을 떠돌아다니는 전도 전자에 영향을 주는 것으로 믿고 있다. 파울리의 배타원리 때문에, 전도 전자의 스핀 자기 모멘트는 셋째 껍질에 있는 전자와 반대쪽으로 늘어서는 경향이 있다. 반대쪽으로 늘어선 전자는 이제 이웃 원자의 셋째 껍질에 있는 전자에 영향을 줄 수 있다. 이 상호작용으로 이웃한 두 원자의 셋째 껍질의 스핀 자기 모멘트가 정렬되고 하는 식으로 작용은 되풀이된다. 어느 원자에 들어 있는 전자의 스핀이 전도 전자를 통해 이웃 원자와 상호작용하는 양자 물리학적 효과를 **교환결합(exchange coupling)**이라고 한다. 그 결과 원자의 자기 모멘트는 정렬을 마구 흩어 놓으려는 열 에너지의 효과에도 불구하고 정렬된 상태를 유지한다. 지금은 이러한 결합 때문에 강자성 재료에 영구 자성이 생긴다고 믿고 있다.

• 자기(磁氣) 구역

어떤 원자 속에 든 전자의 스핀이 전도 전자를 통해 이웃 원자 속의 전자 스핀과 상호작용하는 **교환결합(exchange coupling)**은 강자성 물질에서 이웃 원자의 원자 쌍극자를 강하게 정렬시킨다. 그러므로 어느 철 조각의 원자는 밖에서 자기장을 걸어주지 않아도 어느 한쪽으로 정렬될 것을 예상할 수 있다. 그러나 이런 일은 생기지 않는다. 오히려 철, 니켈 또는 코발트 조각은 여러 자기 구역으로 이루어져 있다. 각 구역은 원자 쌍극자가 거의 완벽하게 정렬된 부분이다. 그러나 모든 구역이 같은 쪽으로 정렬되지는 않는다. 시료 전체로 보면, 여러 구역은 밖에서 느끼는 자기 효과를 서로 지우도록 정렬한다.

강자성 재료에 구역이 생기는 까닭은 흔히 두 가지를 든다. 우선, 셈에 따르면 완벽하게 정렬된 (단결정) 원자는 구역이 나뉘어 경계를 만들면 에너지가 더 낮아진다. 둘째, 대부분의 실제 시료에는 불순물이 들어 있어서 구역 사이에 경계면이 더 많이 생긴다.

그림 32-31은 단결정 니켈의 사진이다. 결정 표면에 산화 철가루 현탁액을 뿌렸다. 구역 경계선은 이웃한 두 구역의 기본 쌍극자의 방향이 바뀌므로 아주 세면서도 방향이 고르지 않은 자기장이 몰려 있다. 산화 철가루는 자기장이 더 강한 경계선 쪽으로 끌려가서 하얀 선으로 보인다. 각 구역의 원자 쌍극자는 화살표 쪽으로 완전히 정렬되어 있지만, 결정 전체의 총 자기 모멘트는 대단히 작다.

실제로는 주변에 있는 철 조각은 단결정이 아니라 수많은 작은 결정이 방향이 흐트러진 채 모인 것이다. 이를 다결정 고체라고 한다. 낱낱의 작은 결정 속에는 그림 32-31과 같이 여러 방향으로

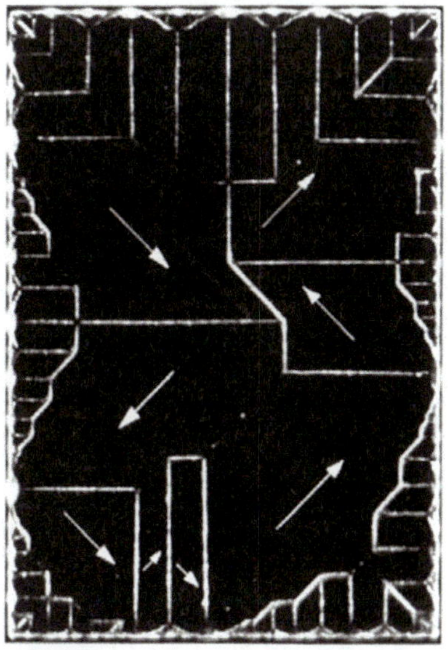

그림 32-31
니켈 단결정 속의 구역 모양을 보여주는 사진. 흰 선은 구역 경계선이다. 사진에 겹쳐 그린 흰 화살표는 그 구역의 알짜 자기 쌍극자의 방향을 나타낸다. (모든 구역 전체에 대한 벡터 합인) 알짜 자기장이 0이면 이 결정 전체로는 자성을 띠지 않는다.

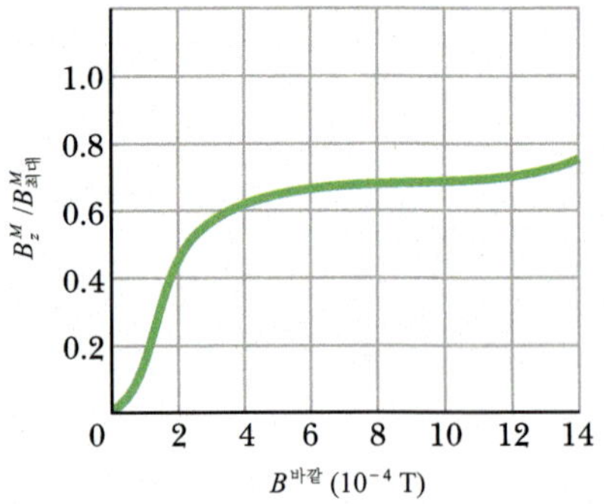

그림 32-32
그림 32-33에 보인 로울랜드 고리의 강자성 철심 재료에 대한 자화도 곡선. 수직축에서 1.0은 재료 속의 원자 쌍극자가 완벽하게 정렬(포화)된 상태에 해당된다.

정렬된 구역이 들어 있다. 이런 시료에 자기장 $B_z^{바깥}$를 걸어 천천히 세게 하면 자화시킬 수 있고, 철의 자화 밀도 B_z^M를 잴 수 있다. (재는 과정은 다음 절의 덩어리 특성에서 설명함.) 그 결과는 보통 자화도 곡선을 그려 나타낸다. 철 조각의 모든 자기 쌍극자가 밖에서 걸어준 자기장과 완벽하게 나란히 정렬되면 그 자화도는 최대이고 이를 $B_{최대}^M$으로 나타낸다. 자화도 곡선은 $B_z^M/B_{최대}^M$를 밖에서 걸어준 자기장의 함수로 나타낸 곡선이다(그림 32-32). $B_z^M/B_{최대}^M$는 늘 1 보다 작으므로 철은 완벽하게 자화되지 않는다.

그림 32-31와 같이 구역의 모양을 사진 찍으면 자화곡선 모양을 설명하는 두 가지 미세 효과를 볼 수 있다. 하나는 자기장에 나란히 정렬되지 않은 구역이 작아지는 대신 나란히 정렬된 구역이 커진다. 둘째는 구역 속 쌍극자의 방향이 전체적으로 돌아 장과 나란하게 된다.

교환결합과 구역회전으로부터 다음 결과를 얻는다.

> 강자성 물질에 자기장 $\vec{B}^{바깥}$를 걸어주면 $\vec{B}^{바깥}$쪽으로 강한 자기 쌍극자가 생긴다. 장이 고르지 않으면 강자성 물질은 장이 약한 곳에서 강한 곳으로 끌린다.

• 강자성 재료의 덩어리 특성

강자성 물질의 온도가 **퀴리 온도(Curie temperature)**라는 한계 값을 넘으면 교환결합이 더 이상 효력을 내지 못한다. 그러한 물질은 대부분이 단순히 상자성 물질이 된다. 즉, 쌍극자는 여전히 밖에서 걸어준 자기장과 나란해지려 하지만 훨씬 더 약하게 정렬되고, 이 정렬마저도 열 운동 때문에 더 쉽게 흐트러진다. 철의 퀴리 온도는 1043 K(= 770℃)이다.

어떤 상자성 물질이 자화된 정도는 자기 쌍극자 모멘트를 부피 V로 나눈 값으로 나타낼 수 있다. 이 단위 부피당의 자기 쌍극자 모멘트 벡터를 시료의 **자화밀도(magnetization)** $\vec{M}$이라 하고, 크기는 다음과 같다.

$$\vec{M} = \frac{\text{자기 모멘트를 잰 값}}{\text{부피}} \tag{32-41}$$

$\vec{M}$의 단위는 세제곱 미터당의 암페어-제곱미터, 즉 미터당 암페어(A/m)이다. 원자 쌍극자가 모두 정렬된 상태, 즉 **포화(saturation)**가 되면 자기화 크기는 최대값인 $M^{최대} = N\mu/V$가 되는데, 여기서 N은 부피 V에 든 원자의 수이다.

철과 같은 강자성 재료의 자기화는 로울랜드 고리(그림 32-33)라는 고리모양의 코일을 써서 연구할 수 있다. 이것은 가운데 쇠 원기둥이 있는 긴 솔레노이드를 구부려 고리로 만든 것이다. 고리의 1차 코일 P에는 단위 길이에 n번씩 감겨 있고 전류 $i_{1차}$가 흐른다고 하자. 철심이 없다면 (코일 속 심지 재료의 자화와 분별되는) 바깥 솔레노이드 코일이 그 속에 만드는 자기장의 세기는 식 30-25와 같을 것이다.

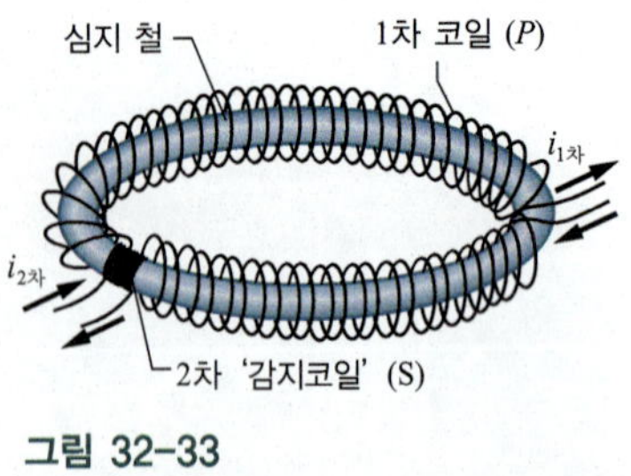

그림 32-33
1차 코일 P에 전류 $i_{1차}$가 흐르는 로울랜드 고리 코일. 이 전류는 코일 속에 있는 강자성 재료의 거동을 연구하는데 쓰인다. 심지 재질이 얼마나 자화되는가에 따라 코일 속 전체 자기장 $\vec{B}$가 결정된다. 자기장 $\vec{B}$는 2차 감지 코일로 잴 수 있다.

$$B^{바깥} = n\mu_0|i_{1차}| \quad (\text{철심이 없을 때}) \tag{32-42}$$

여기서 μ_0는 공기의 자기 상수(또는 투자율)이다(자기 모멘트가 아님).

철심이 있으면 코일 속의 자기장 B의 세기는 $B^{바깥}$에 비례하지만 철심의 자화 때문에 1000~10 000배 세진다. 이것은 철심의 원자 쌍극자 모멘트가 정렬되어 생긴 결과이다. 코일 속의 장 $\vec{B}$는 철심이 없을 때 코일이 만드는 장 $\vec{B}^{바깥}$와 철심의 자화 때문에 생기는 $\vec{B}^{M}$을 벡터 덧셈한 값이다. $\vec{B}^{바깥}$의 크기가 철심의 자화로 생기는 자기장보다 훨씬 작으므로 다음 결과를 얻는다.

$$\vec{B} = \vec{B}^{바깥} + \vec{B}^{M} \approx \vec{B}^{M} \tag{32-43}$$

$\vec{B}^{M}$을 구하려면 2차 코일 S를 써서 $\vec{B}$를 구하고 이로부터 $\vec{B}^{M}$을 구한다. 필요하면 식 32-42를 써서 $\vec{B}^{바깥}$을 셈한다.

그림 32-34는 로울랜드 고리에 쓴 강자성 재료의 자화 곡선으로, 크기의 비 $B^{M}/B^{M}_{최대}$를 $B^{바깥}$에 대해 그렸다 (여기서 $B^{M}_{최대}$는 B^{M}의 최대값, 즉 포화상태의 값이다). 이 곡선은 그림 32-35에 보인 상자성 물질에 대한 자화 곡선과 비슷하다. 두 곡선 모두 걸어준 자기장이 물질의 원자 자기 쌍극자를 정렬시킬 수 있는 정도에 대한 척도이다.

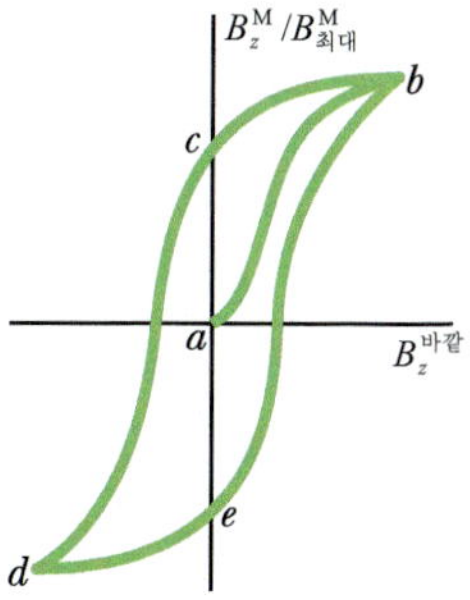

그림 32-34
강자성 시료에 대한 자화 곡선(ab) 및 그와 관련된 이력곡선($bcdeb$)

그림 32-32로 나타낸 강자성 심지에 대해 $B^{바깥} \approx 1 \times 10^{-3}$ T이면 쌍극자 모멘트의 정렬은 70% 정도이다. $\vec{B}^{바깥}$을 1T 정도로 하면 정렬은 거의 완벽해진다 (그러나 $B^{바깥} = 1$T는 거의 완전한 정렬은 이루기 어려움을 뜻한다).

• 이력

강자성 물질에 걸어준 자기장 $\vec{B}^{바깥}$을 더 세게 했다가 약하게 한 다음 다시 방향을 바꾸면 자화 곡선은 궤적을 그대로 되밟아 가지 않는다. 밖에서 걸어준 자기장의 방향을 z축으로 잡자. 그림 32-34는 로울랜드 고리를 가지고 다음 작업을 할 때 외부 자기장의 z성분 $B^{바깥}_{z}$에 대한 자화 장 B^{M}_{z}의 z성분을 그린 것이다: (1) 철심이 자화되지 않은 상태(점 a)에서 시작하여, 점 b에 해당하는 $B^{바깥}_{z} = n\mu_0|i|$가 될 때까지 코일의 전류를 늘린다. (2) 전류를 (따라서 $B^{바깥}$도) 0(점 c)으로 줄인다. (3) 전류의 방향을 바꾸어 $B^{바깥}$이 점 d에 이를 때까지 늘린다. (4) 다시 또 전류를 0(점 e)으로 줄인다. (5) 다시 또 전류의 방향을 바꾸어 $B^{바깥}$이 점 b에 이를 때까지 늘린다.

그림 32-34에 보인 궤적이 제자리를 밟아 돌아가지 않는 것을 **이력(hysteresis)**이라고 하며, 곡선 $bcdeb$를 이력 고리라고 한다. 점 c와 e에서는 코일에 전류가 흐르지 않는데도 철심은 자화되어 있음을 눈여겨보라. 이것이 낯익은 영구 자기 현상이다. 사실 공학자가 영구자석을 만들 때는 이력의 정도가 큰 물질을 찾는다.

이력은 자기 구역의 개념을 통해 이해할 수 있다. 솔레노이드에 감긴 도선에 흐르는 전류가 만드는 코일 속의 자기장 $\vec{B}^{바깥}$가 점점 세졌다가 약해져서 처음 값으로 돌아와도, 자기 구역은 처음의 상태로 온전하게 돌아오지 않고 처음에 자기장이 늘어날 때 정렬된 상태를 조금 '기억' 한다. 카세트 테이프나 컴퓨터 자기 디스크 등에서 정보를 자기적으로 저장하는데는 자성 물질의 기억이 아주 긴요하다.

자기 구역의 정렬상태에 대한 기억은 저절로 생기기도 한다. 벼락이 쳐서 엄청난 전류가 땅을 통해 꼬불꼬불하게 흐를 때, 전류가 만드는 아주 센 자기장이 가까이 있는 바위의 자성 물질을 갑자기 자화시킨다. 이력 때문에 바위의 물질은 벼락이 친 뒤에 (전류가 사라진 다음에도) 자화 밀도의 일부를 유지하여 천연자석이 된다.

• 철심이 든 유도소자와 변압기

유도소자와 변압기에서 철과 철합금을 쓰면 소자의 성능을 글자 그대로 수천 배 이상 높일 수 있음을 위의 로울랜드 고리에 대한 설명을 바탕으로 명확하게 알 수 있다.

커다란 유도소자와 고성능 변압기의 심지 설계에 아주 많은 공학적 노력이 들어간다. 보기를 들어, 이 심지는 영구자석처럼 이력이 크면 안 되고, 이력이 작아서 교류전류가 흐를 때 심지의 자화밀도가 빨리 바뀌어야 한다. 또한 변압기의 심지는 한 덩어리의 쇠가 아니라, 얇은 철편을 붙여 만들어 1차 코일에서 2차 코일로 전력을 전달하는 효율을 줄이는 맴돌이 전류가 생기는 것을 막는다.

생각해보기 32-6 철은 강자성 물질이다. 그렇다면 왜 모든 쇳조각 — 보기를 들어 쇠못 — 이 저절로 강한 자석이 되지 않는가?

생각해보기 32-7 이력이 무엇이며, 왜 생기는가?

연습문제 32-7

45. 포화 자기화

강자성 금속인 니켈의 포화 자화밀도 $M^{최대}$의 크기는 4.70×10^5 A/m 이다. 니켈 원자 하나의 자기 모멘트를 구하라. (니켈의 밀도는 8.9 g/cm^3, 분자량은 58.71 g/mol이다.)

46. 철

쇠막대에 든 철 원자의 자기 모멘트는 2.10×10^{-23} J/T이다. 길이 5 cm, 단면적 1.0 cm^{2}인 이 막대에 든 원자의 자기 모멘트가 정렬되어 있다고 하자. (b) 막대의 자기 모멘트의 크기는 얼마인가? (b) 막대를 세기 1.5 T인 자기장 속에서 수직하게 잡고 있으려면 얼마의 회전력이 필요한가? (철의 밀도는 7.9 g/cm^{3}이다.)

47. 지자기 모멘트

지구의 자기 모멘트의 세기는 8.0×10^{22} J/T이다. (a) 자기장을 지구 중심에 있는 자화된 쇠공이 만든다면 반지름은 얼마이겠는가? (b) 지구에서 공이 차지하는 부피의 비는 얼마인가? 쌍극자가 모두 다 정렬한 것으로 가정한다. 지구 내핵의 밀도는 14 g/cm^{3}이다. (**주의**: 지구 내핵은 사실 액체와 고체꼴로 되어 있으며 일부는 철로 이루어진 것으로 생각하지만 여러 이유로 해서 영구 자석을 지자기의 근원으로 보는 것은 논의 대상에서 뺐다. 그 이유 하나를 들자면, 온도가 확실히 퀴리점보다 높다.)

48. 땅굴

땅 속 깊이 굴을 파서 잰 결과에 따르면 지구 속의 온도는 깊이에 따라 평균 30℃/km씩 오른다. 표면 온도를 10℃라 하면, 철이 상자성을 잃는 깊이는 얼마인가? (철의 퀴리온도는 압력으로는 거의 달라지지 않는다.)

32-8 그 밖의 자성 재료

• 상자성

상자성 물질에서는 원자에 들어 있는 전자의 스핀, 궤도 자기 모멘트가 지워지지 않고 벡터처럼 더해져 원자마다 알짜 (영구) 자기 모멘트 $\vec{\mu}$를 띤다. 밖에서 자기장을 걸어주지 않으면 원자의 자기 모멘트가 제멋대로 온갖 방향을 향하므로 그 물질의 알짜 자기 모멘트는 0이 된다. 그렇지만 그 물질로 된 시료에 자기장 $\vec{B}^{바깥}$를 밖에서 걸어주면 자기 모멘트가 자기장과 나란히 늘어서면서 강자성 시료처럼 자기 모멘트가 생긴다. 그렇지만 상자성 물질에는 영구 자기 구역을 만드는데 필요한 교환 결합이 없다. 상자성은 강자성에 비해 대단히 약한데, 이는 밖에서 걸어준 자기장이 자기 모멘트를 정렬시키는 힘이 열운동이 흩어놓는 힘보다 약하기 때문이다. 또한 상자성 재료는 밖에서 걸어준 자기장을 없애면 자성이 사라진다.

> 밖에서 걸어준 자기장 $\vec{B}^{바깥}$ 속에 있는 상자성 재료는 $\vec{B}^{바깥}$쪽으로 자기 모멘트를 만든다. 장이 고르지 않으면 상자성 재료는 장이 약한 쪽에서 강한 쪽으로 끌린다.

강자성과 같이, 어떤 상자성 시료의 자화도는 (식 32-41에서 정의한) 자화밀도 $\vec{M}$을 재어 나타낼 수 있다. 1895년에 피에르 퀴리가 상자성 재료의 자화밀도 크기는 밖에서 걸어준 자기장의 세기 $\vec{B}^{바깥}$에 비례하며 켈빈 온도에 반비례함을 발견하였다.

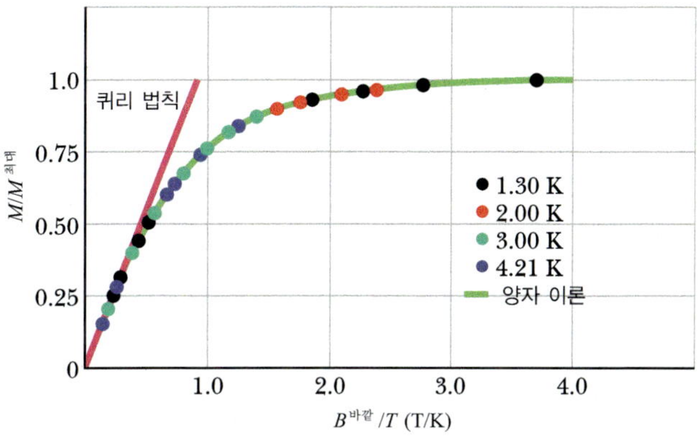

그림 32-35
상자성 염인 황화-칼륨-크로뮴에 대한 자화 곡선. 염의 가능한 최대 자화밀도 $\vec{M}^{최대}$에 대한 염의 자화밀도 $\vec{M}$을 절대온도 T에 대한 밖에서 걸어준 자기장 $B^{바깥}$의 비에 대해 나타냈다. 퀴리 법칙은 왼쪽의 실험값과 맞고, 양자 이론은 모든 실험값과 맞다. (Warren E. Henry, 1909–2001년 연구에 근거)

$$M = C\,\frac{B^{바깥}}{T} \tag{32-44}$$

식 32-44를 **퀴리 법칙(Curie's law)**, C를 **퀴리 상수(Curie constant)**라 한다. 퀴리 법칙은 $\vec{B}^{바깥}$이 세지면 원자쌍극자 모멘트가 더 강하게 정렬되려 하고 따라서 $\vec{M}$이 커지며, 온도가 오르면 열운동 때문에 정렬이 흐트러져 $\vec{M}$이 줄어든다는 점에서 무리가 없다. 그러나 이 법칙은 실제로는 $B^{바깥}/T$가 너무 크지 않을 때만 성립하는 어림셈 법칙이다.

그림 32-35는 황화-칼륨-크로뮴 시료에 대하여 $M/M^{최대}$를 $B^{바깥}/T$에 대하여 그린 것으로, 이 재질에서는 크롬 이온이 상자성 물체이다. 이 그래프를 **자화 곡선(magnetization curve)**이라 한다. 퀴리 법칙의 직선 부분은 왼쪽 구간, $B^{바깥}/T$가 0.5 T/K 이하에서 실험 결과와 맞는다. 오른쪽 포화선 근처의 실험 결과는 재기 어려운데, 이는 그림 32-35에 나타낸 극저온에서조차도 (지구 자기장 세기의 100 000배 이상으로) 아주 강한 자기장이 필요하기 때문이다.

• 반자성

반자성 물질의 원자에는 알짜 자기 모멘트가 없다. 그러나 반자성 물질도 밖에서 자기장을 걸어주면 아주 약하면서 오래가지 않는 정렬을 한다. 이 정렬의 세기는 (강자성 및 상자성과 같이) 여전히 밖에서 걸어준 자기장의 세기에 비례한다. 그러나 반자성 물질의 거동은 온도에 따라 크게 달라지지는 않는다.

반자성 물질의 가장 흥미로운 특성은 고르지 않은 자기장 속에서 낱낱의 원자가 자기장이 약한 쪽으로 끌리는 알짜 힘을 받는다는 점이다. 그러므로 반자성체에서는 밖에서 걸어준 자기장에 의한 원자 자기 모멘트의 정렬은 강자성 혹은 상자성 물질에서와 반대쪽이다. 일반적으로,

> 반자성 물질에 자기장 $\vec{B}^{바깥}$을 걸어주면 $\vec{B}^{바깥}$과 반대쪽으로 자기 모멘트가 생긴다. 장이 고르지 않으면 반자성 물질은 자기장이 강한 쪽에서 약한 쪽으로 밀린다.

그림 32-36에 보인 개구리와 같은 동물은 반자성을 띤다. 개구리는 수직으로 세운, 전류가 흐르는 솔레노이드의 위쪽에 자기장이 퍼지는 곳에 놓여 있다. 따라서 개구리의 낱낱의 원자는 모두 위쪽, 솔레노이드 끝의 자기장이 센 구역에서 멀어지는 쪽으로 밀리는 힘을 받는다. 개구리는 위쪽을 향한 자기력과 아래쪽을 향한 중력이 맞아 떨어질 때까지 자기장이 약한 쪽으로 힘을 받아 위로 점점 밀려 올라가서 공중에 떠 있다. 사람도 반자성체이므로 공중에 떠 있을 수 있다.

그림 32-36
자기장 속에 떠 있는 개구리를 위에서 본 모습. 자기장 $\vec{B}$는 개구리 아래쪽에 있는 수직 솔레노이드가 만든다. 개구리는 위쪽을 향하는 자기력과 아래쪽을 향하는 중력을 받는데, 두 힘이 평형을 이루고 있다. (개구리는 고통을 느끼지 않는데, 물속에 떠 있는 것과 같은 느낌으로 개구리가 싫어하는 것 같지는 않다.)

생각해보기 32-8 이 그림은 두 상자성 공이 막대자석의 남극 근처에 놓인 것을 보여준다. (a) 공이 받는 자기력과 (b) 공의 쌍극

자 모멘트는 막대자석으로부터 멀어지는 쪽인가, 자석 쪽인가? (c) 공 1이 받는 자기력은 공 2가 받는 자기력보다 큰가, 같은가, 아니면 작은가?

생각해보기 32-9 이 그림은 두 반자성 공이 막대자석의 남극 근처에 놓인 것을 보여준다. (a) 공이 받는 자기력과 (b) 공의 자기 모멘트는 막대자석으로부터 멀어지는 쪽인가, 자석 쪽인가? (c) 공 1이 받는 자기력은 공 2가 받는 자기력보다 큰가, 같은가, 아니면 작은가?

연습문제 32-8

49. 전자

질량 m, 전하 e인 전자가 핵 주위를 반지름 r인 원을 그리면서 돈다고 하자. 그리고 이제 궤도면에 수직으로 자기장 $\vec{B}$를 걸어주었다. 궤도 반지름은 달라지지 않으며 $\vec{B}$에 의한 전자 속력의 변화도 작다고 가정하고, 이 장에 의한 전자의 자기 모멘트의 변화를 나타내는 식을 구하라.

50. 고리 모형

그림 32-37은 반자성 물질로 된 고리모형(고리 L)을 나타낸다. (a) 막대 자석에 의한 물질 내부 및 주변의 자기력선을 그려라. (b) 고리의 알짜 자기 모멘트 $\vec{\mu}$의 방향과 고리에 흐르는 관습적인 전류 i의 방향은 어느 쪽인가? (c) 고리가 받는 자기력의 방향은 어느 쪽인가?

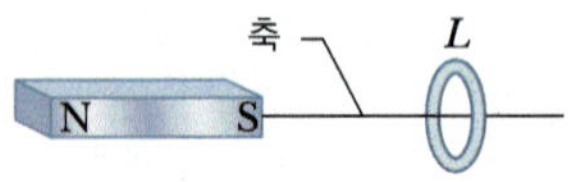

그림 32-37 문제 50및 54

51. 원기둥 자석

어느 원기둥꼴 자석이 길이 5.00 cm, 지름 1.0 cm이다. 이 자석은 고르게 5.30×10^3 A/m로 자화되어 있다. 이 자석의 자기 모멘트의 크기는 얼마인가?

52. 상자성 기체

세기 0.5 T인 자기장을 상자성 기체에 거는데, 이 기체의 원자에는 크기가 1.0×10^{-23} J/T인 고유 자기 모멘트가 있다. 어느 온도가 되면 기체 원자의 평균 병진 운동에너지가 그러한 쌍극자를 180도 돌리는데 드는 에너지와 같아지는가?

53. 상자성 염

그림 32-35의 자기화 곡선을 쓸 수 있는 상자성 염의 시료가 퀴리 법칙을 따르는지 검사해보고자 한다. 시료는 시험 처음부터 끝까지 변하지 않으며 고른 0.5 T 자기장 속에 둔다, 그러고 나서 10에서 300 K의 온도 영역에 걸쳐서 자기화 M을 잰다. 이러한 조건 속에서 퀴리의 법칙이 유효하겠는가?

54. 상자성 재료

문제 50을 고리 L이 상자성 재료일 때에 대해 다시 풀어보라.

55. 전자의 운동에너지

운동에너지 K인 전자가 고른 자기장에 수직한 원 궤도를 따라 움직이는데, 전자의 운동은 자기장에 의한 힘만 받는다. (a) 전자가 궤도 운동 때문에 얻는 전자의 자기 모멘트의 크기는 $\mu = k/|\vec{B}|$이며, $\vec{B}$와 반대쪽임을 보여라. (b) 같은 상황에서 운동에너지가 $K_{이온}$인 양이온의 자기 모멘트는 얼마이겠는가? (c) 어느 이온화된 기체가 1 m^3당 5.3×10^{21}개의 전자와 같은 수의 이온으로 이루어져 있다. 전자의 평균 운동에너지를 6.2×10^{-20} J, 그리고 이온의 평균 운동에너지를 7.6×10^{-20} J로 잡는다. 이 기체가 1.2 T의 자기장 속에 들어 있을 때 기체의 자화밀도를 셈하라.

56. 자화 곡선

그림 32-35의 자기화 곡선을 쓸 수 있는 상자성 염 시료가 상온(300 K)에 있다. 세기가 얼마인 자기장을 걸어야 시료의 자기포화율이 (a) 50%, (b) 90%가 되겠는가? (c) 이런 자기장을 실험실에서 실현할 수 있는가?

32-9 지자기

지구에는 자기 쌍극자와 거동이 비슷한 자기장이 있다. 다른 말로 해서, 지구 자기장은 지구 중심에 지구 회전축과 거의 나란하게 서 있는 막대자석이 만드는 것으로 생각할 수 있다.

그림 32-38은 이상적인 지구의 쌍극자 장을 그린 것인데, 해 또는 기타 요소 때문에 자기력선이 변형되는 것은 무시하였다.

• 지자기장의 특성

그림 32–38에 보인 이상적인 자기장에서, 지구의 자기 쌍극자 모멘트 $\vec{\mu}$의 크기는 8.0×10^{22} J/T이다. 지구의 회전축이 지면을 지나는 곳을 진북극이라 한다. 2001년 캐나다의 지리 측량결과 지구 자기 쌍극자 모멘트의 방향이 지구의 회전축(RR)에서 8.7° 벗어난 것으로 밝혀졌다.* 쌍극자의 축(그림 32–38에서 MM)은 $\vec{\mu}$의 방향이며 지구 표면의 자북극과 자남극을 지난다. 현재 자북극은 캐나다 북쪽의 북극해, 그리고 자남극은 남극해 어느 곳에 있다. 극점이 해마다 약 40 km 정도 이동하므로 결과를 확신할 수는 없으나 자북극이 50년 뒤 알라스카를 지나 시베리아에 도착할 수도 있다.

자기장 $\vec{B}$의 선은 전체적으로는 남반구에서 나와 북반구로 다시 지구 속으로 들어간다. 따라서 북반구에 있으며 '자북극'이라고 알려져 있는 자극은 실제로는 지구 자기 쌍극자의 남극이다. 이는 나침반의 북극이 지구의 지리적 북극으로 당겨짐을 뜻한다.

자기장의 방향은 지구상 곳곳마다 다르다. 지표면 어느 곳에서 (자기)장의 방향은 보통 두 각도로 나타낸다. **자기 편의각(field declination)**은 지리적 북극(위도 90° 방향)과 장의 수평성분 사이의 각도(좌우)이다. **자기 경사각(field inclination)**은 수평면과 자기장 방향 사이의 (상하) 각도이다.

어느 곳의 자기 편의각과 경사각은 **나침반**과 **경사계**를 써서 잴 수 있다. **나침반**은 바늘꼴 자석을 수직축 위에 얹어 쉽게 돌 수 있게 한 것이다. 이것을 수평으로 들고 있으면 바늘의 북극은 보통 (실제로는 자극의 남극인) 자북점을 향한다. 나침반의 바늘과 진북점 사이의 각도가 자기 편의각이다.** 기운 각도를 재는 경사계는 바늘꼴 자석이 수평축을 중심으로 쉽게 돌 수 있게 한 것이다. 경사계의 평면이 편의각을 재는 나침반의 방향과 맞으면 경사계의 바늘이 수평면과 만드는 각도가 경사각이다. 자북점은 북반구에서 경사각이 90°인 곳으로 정의된다.

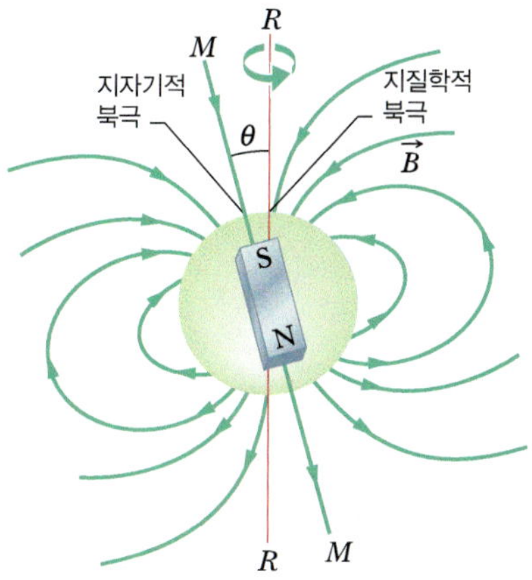

그림 32–38
자기 쌍극자 장으로 본 지구 자기장의 이상적인 모습. 현재 쌍극자의 축 MM은 지구의 자전 축 RR과 8.7°의 각도를 이루고 있다. 쌍극자의 '남극'이 지구의 북반구에 있다.

• 지자기의 원인

지자기가 생기는 원인은 아직도 완벽하게 알지 못한다. 그렇지만 지구 생성과 구조에 대하여 아는 바를 고려한 최신 모형에 대해 설명하겠다.

지구의 구조: 지진파가 퍼지는 것을 재보면 지구의 구조는 초콜릿으로 둘러싼 버찌에서 버찌 씨와 초콜릿 사이에 끈끈한 액체가 차 있는 것으로 비유할 수 있다. 50억년 전에 운석과 혜성들이 충돌로 뭉쳐 지구가 생겼다는 현재의 지구 생성 이론에 비추어 보면 이 구조는 합리적이다. 운석에서 온 철과 그 밖의 무거운 원소는 중력 때문에 지구의 중심으로 끌렸다. 혜성에 들어 있던 가벼운 원소로 이루어진 화합물과 물은 표면으로 이동했다. 지구의 고체 핵과 지표의 지각 사이에는 녹은 용암으로 이루어진 끈끈한 액체가 차 있다(그림 32–39).

용암의 흐름: 많은 과학자는 움직이는 도체의 구실을 하는 용암의 전자기 상호작용으로 지구 자기장이 생겨난다고 믿고 있다. 패러데이 법칙에 따르면, 핵에 약한 자기장만 있어도 자기장 속에서 흐르는 전도성 유체에 전류가 유도된다. 이렇게 유도된 전류가 만드는 자기장은 다시 액체 상태의 핵 속에서 움직이는 다른 부분에 힘을 줄 수 있다. 이렇게 해서 액체 핵 속에서 물질이 계속 흐르는 한 유도와 자기장 생성이 끊임없이 순환될 수 있다. 원리상 이 과정은 그림 32–24에 보인 발전기에 대해 기술한 바와 비슷하다.

액체 핵에서 용암이 흐르는 기구에 대한 이론은 두 가지다. 하나는 뜨거운 고체 내핵과 훨씬 차가운 맨틀의 온도 차이로 생기는 열대류 현상이다. 둘째는 무거운 원소가 내핵에서 응결하여 내핵이

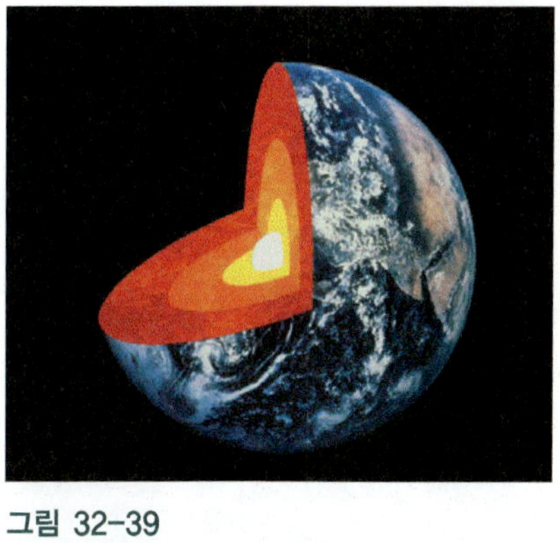

그림 32–39
지진파 자료에 따르면 지구에는 반지름 약 1200 km인 고체 상태 철로 된 **내핵(inner core**; 흰색), 두께 2200 km로 주로 녹은 철로 되어 있는 **외핵(outer core**; 노란색), 두께 2600 km 정도로 고체 상태에 가까운 조금은 가벼운 **맨틀(mantle**; 주황색 및 붉은색, 축척이 고르지 않음) 및 표면에 바위와 흙으로 이루어진 아주 얇은 **지각(crust)**이 약 20 km 두께로 있다.

---

* http://www.geolab.nrcan.gc.ca/geomag/northpole_e.shtml

** 경사각은 자석 바늘이 수평면과 이루는 각이다. 편의각은 자북과 진북 사이의 각도이다.

점점 커지는 현상과 관련된다. 그러면 가볍고 밀도가 낮은 원소가 지구 표면 쪽으로 흐르게 된다. 어느 경우든 물 끓는 냄비와 비슷하게 액체의 대류에 의한 흐름이 생긴다.

지구 자기장이 생기는데는 용암의 연속적인 흐름이 결정적인 역할을 하는데, 그러려면 고체 내핵이 수 십억 년 동안 아주 뜨거운 채로 있어야 한다. 내핵 속의 원자핵 에너지가 무거운 방사성 원소의 붕괴 과정을 통해 열에너지로 바뀐다고 믿는 학자들도 있고, 액체 핵의 물질이 고체 핵에서 응결되면서 커지면 열에너지가 나올 수 있다는 의견을 낸 학자들도 있다.

지자기장의 변천: 화석 기록과 기타 지자기 측정결과로부터 몇 가지 이해하기 힘든 특성들을 발견할 수 있었다. 장의 세기와 자극의 위치가 계속 바뀐다. 예를 들어, 요즈음 자극의 지리적 위치는 매일 100 m 정도 이동하고 있다. 나날의 변화는 비교적 작아 자극에서 멀리 떨어져 살면서 나침반과 경사계를 써서 그곳인 장의 방향을 재는 사람은 쉽게 알 수 없다. 그러나 시간이 길어지면 얘기가 달라진다. 간단한 장비를 쓰면 1년 또는 그 이상의 기간에 대한 변화를 잴 수 있다. 더 긴 시간을 고려하면 변화는 극적이다. 사실, 오래된 바위에 들어 있는 자화 광물의 방향을 살펴보면, 지구 자기장의 방향이 뒤집히는데 1000년 이상이 걸리지만, 지구의 역사 50억 년 동안 여러 번 뒤집힌 것을 알 수 있다.

글라츠마이어/로버츠 모형: 몇 년 전, 두 과학자 글라츠마이어(Gary Glatzmaier)와 로버츠(Paul Roberts)가 지구 속의 전자기 유체역학적 과정에 대한 통합적 수치모형을 개발하였다. 두 사람은 이 모형을 크레이 수퍼컴퓨터에서 수천 시간 돌려 300 000여 년에 걸친 자기장 상태를 시늉낼 수 있었다. 그 결과는 지구 밖에 있는 쌍극자 장, 자기 쌍극자 모멘트와 회전축이 정렬하려 하는 성질, 자기장 세기의 변화, 지표상에서 자극의 이동 등 지질학적 자료로 밝혀낸 주요 특성들을 구현하였다. 자기장 분포의 모습 한 가지를 그림 32-40에 보였다.

지구 자기장의 끊임없는 변화를 가져오는 실제의 기구에 대해서는 연구할 것이 아직도 아주 많지만 과학자들은 앞으로 수십 년 안에 모르는 것을 많은 부분 해소할 수 있을 것으로 기대한다.

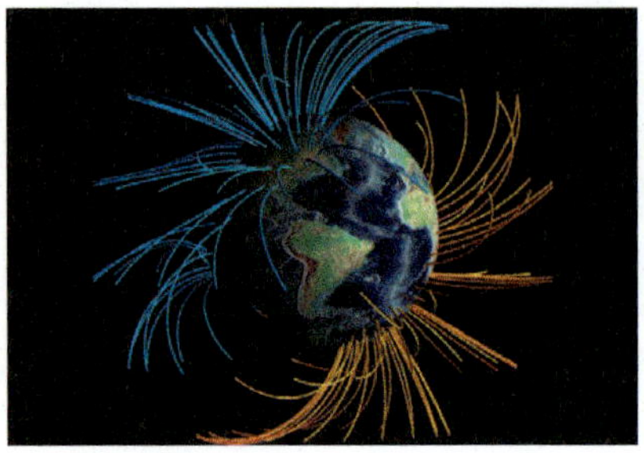

그림 32-40
이 그림은 글라츠마이어/로버츠 모형을 써서 얻은 지자기력선의 한 모습이다.

• 자성 세균

많은 생명체의 생존이 지구 자기장을 감지할 수 있는 능력에 달려 있다. 한 예로, 지구의 쌍극자 장은 철새와 회귀성 어류 및 일부 세균의 방향 감지에 대단히 중요한 것으로 여겨진다.

주자성 세균은 단세포 생물로서 세계 도처의 연못, 늪지 또는 호수의 진흙 바닥이 있는 곳에서 발견된다. 이 세균 여러 종은 혐기성이어서 산소를 멀리하고 영양분을 섭취하고자 진흙 바닥으로 파고든다. 이 단원의 첫 장에 보인 세균 사진의 왼쪽 아랫부분에 길이 100 nm인 작은 입자로 된 줄이 하나 있다. 자성소체라는 이 입자는 세균의 긴 축을 따라 늘어선다. 자성소체 일부를 확대한 것이 그림 32-41이다.

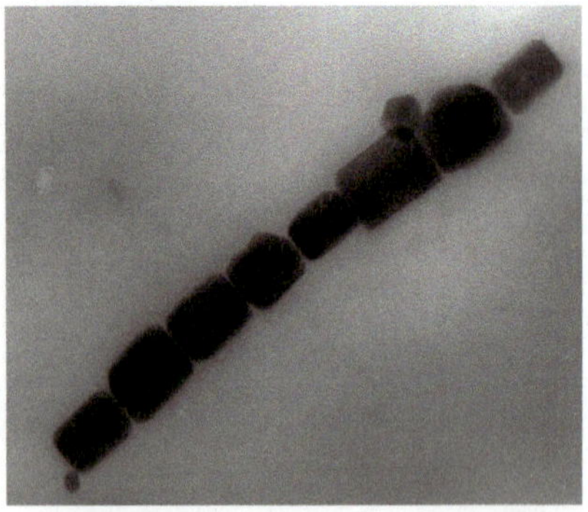

그림 32-41
단원 첫 장에 보인 세균이 주자성인 것은 세균에 길이가 약 100 nm로 무겁고 철분이 풍부한 자성소체 사슬이 들어 있기 때문이다. 투과 주사현미경 사진에 나타난 사슬에는 알짜 자기 모멘트가 있어서 사슬이 지구 자기장과 나란히 되려는 성질이 있다.

주자성 세균은 산화철이나 황화철로 자성 입자를 만든다. 낱낱의 자성소체는 영구 자기 모멘트를 가질 수 있는 정도로 크지만 또한 강자성 구역 하나만 이룰 정도로 작다. 이 자성소체를 초소형 냉장고 자석처럼 한 줄로 늘어놓으면 알짜 자기 모멘트가 생긴다. 따라서 이 세균들은 여기저기 마구 부딪치며 헤매지 않고 지자기장과 나란히 늘어서게 되어, 저절로 자기력선을 따라 헤엄치게 된다.

자성소체의 방향이 세균들로 하여금 자기장을 따라 연못이나 호수 바닥의 진흙층 쪽으로 헤엄치도록 된 것들은 자연 선택과정을 통해 살아남아서 번성할 것이고, 그렇지 못한 것들은 수면으로 올라가서 죽는다. 그림 32-38에 보인 지구 자기장 선의 모양을 살펴보면 남반구에서는 '아래쪽'이 자기력선과 반대쪽이지만 북반구에서는 같은 쪽임을 알 수 있다. 따라서 정상적인 버릇이 바닥으로 내려가도록 진화한 호주의 세균을 북반구로 가져오면 수면 위로 올라온다. 반대로, 북반구에서 잘 진화된 건강한 세균은 진화 과정에서 자성소체가 반대쪽으로 배열되어 있어서 아래쪽으로 헤엄쳐 내려간다.

과학자가 지구 자기장의 과거 변화를 짜맞추는데 화석화된 세균의 자성소체 줄의 방향이 도움이 되었음을 눈여겨보는 것도 흥미롭다.

생각해보기 32-10 지구 자기장이 지구 표면을 따라 어떻게 달라지는가를 설명하라. 지자기장은 시간에 따라서도 바뀌는가?

연습문제 32-9

57. 뉴 햄프셔

1912년 뉴 햄프셔 지방에서 지구 자기장의 평균 수평성분은 16 μT였고 평균 경사각은 73°였다. 이에 해당하는 지구 자기장의 세기는 얼마인가?

58. 지자기장

넓이 $2.95 \times 10^5\ \mathrm{km}^2$인 아리조나 주 전체에 대한 지구 자기장의 수직성분 평균값이 (아래 쪽으로) 43 μT라 하고, (아리조나를 뺀) 지구의 나머지 전체 표면을 지나는 자기선속을 셈하라. 알짜 자기선속은 밖으로 나가는가, 안으로 향하는가?

59. 지자기장 2

문제 60의 결과를 써서 다음 각 지방의 지구 자기장 (크기 및 기울기)을 예측하라. (a) 지자기적 적도 (b) 지자기적 위도 60° (c) 자북극점

60. 지구 자기장

지구 자기장은 쌍극자의 자기장으로 어림할 수 있는데, 지구 중심까지의 거리가 r인 곳의 수평 및 수직 성분은 다음과 같다.

$$B_{수평} = \frac{\mu_0 \mu}{4\pi r^3}\cos\lambda_{자기},\quad B_{수직} = \frac{\mu_0 \mu}{4\pi r^3}\sin\lambda_{자기}$$

여기서 $\lambda_{자기}$는 자기 위도이다 (이러한 위도는 지자기 적도를 기준으로 자북 혹은 자남점 쪽으로 잰다). 지구의 자기 쌍극자 모멘트는 $\mu = 8.00 \times 10^{22}\ \mathrm{A \cdot m^2}$이라 하자. (a) 위도 $\lambda_{자기}$에서 지구 자기장의 세기가 다음과 같음을 보여라.

$$B = \frac{\mu_0 \mu}{4\pi r^3}\sqrt{1 + 3\sin^2\lambda_{자기}}$$

(b) 자기장의 경사각 $\phi_{경사}$는 자기 위도 $\lambda_{자기}$와 다음 관계에 있음을 보여라.

$$\tan\phi_i = 2\tan\lambda_{자기}$$

추가문제

61. 에너지 전달률

그림 32-21에서, 12.0 V의 이상 전지, 20 Ω의 저항과 이상 유도소자가 $t = 0$ s에 스위치에 연결되었다. $t = 1.61\tau_L$인 순간에 전지의 에너지가 유도소자의 자기장으로 전달되는 율은 얼마인가?

62. 나침반의 바늘

나침반을 수평하게 두고 바늘이 평형 상태에 이르게 한 뒤, 나침반을 살짝 흔들어 바늘이 평형점 주위에서 진동하게 하자. 진동 주기는 0.312 Hz이다. 나침반이 있는 곳에서 지구 자기장의 수평 성분은 18.0 μT이다. 바늘의 자기 모멘트는 0.680 mJ/T이다. (수직)회전축에 대한 바늘의 회전관성은 얼마인가?

63. 코일에 유도되는 전류

길고 좁은 코일이 그림 32-42과 같이 짧고 넓은 코일로 둘러싸여 있다. 두 코일 다 저항은 무시할 수 있다. 짧고 넓은 코일은 지름 d_s, 단위 길이당 감긴 횟수는 n_s, 그리고 길이는 S이다. 길고 좁은 코일은 지름 d_L, 단위 길이당 감은 수는 n_L이며 길이는 L이다. 코일의 양끝은 가변 전원에 연결되어 있다.

아래 문장의 빈칸에 더 크다(>), 더 작다(<) 혹은 같다(=) 등을 써서 문장이 바르게 되는가 나타내라. 주어진 내용만으로는 답을 알 수 없다면 '정보 부족'이라고 써라.

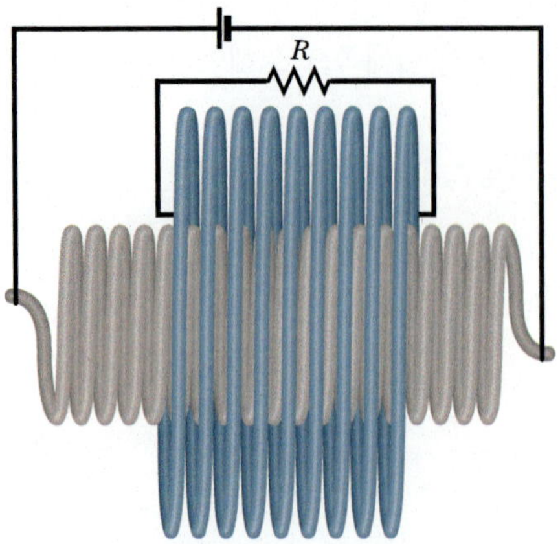

그림 32-42 문제 63

내부 코일에 흐르는 전류는 10초 사이에 아래의 식에 따라 부드럽게 0.0 A로부터 0.1 A로 서서히 늘었다.

$$i_L(t) = (0.01\,\text{A/s})\,t$$

(a) 순간 $t = 1\,\text{s}$에 길고 좁은 코일에 흐르는 전류의 세기는 순간 $t = 5\,\text{s}$에 코일에 흐르는 전류보다 ________.

(b) 순간 $t = 1\,\text{s}$에 짧고 넓은 코일에 흐르는 전류의 세기는 순간 $t = 5\,\text{s}$에 코일에 흐르는 전류보다 ________.

(c) 순간 $t = 1\,\text{s}$에 길고 좁은 코일에 흐르는 전류의 세기는 같은 순간에 짧고 넓은 코일에 흐르는 전류보다 ________.

(d) 전류를 흘리기 전에 길고 좁은 코일을 (지름은 바꾸지 않으면서) 길이의 반으로 압축한다면, 짧고 넓은 코일의 전류는 압축하지 않을 때보다 ____________.

64. 전류 유도하기

그림 32-43은 솔레노이드와 두 고리를 보여준다. 스위치를 닫으면 솔레노이드에 나타낸 쪽으로 전류가 흐른다. 작은 고리 면은 솔레노이드의 감은 면과 나란하다.

고리 1은 단위 길이당의 저항이 λ인 도선을 한 번 감은 것이다. 고리 2는 같은 도선을 N번 감아서 만들었다. 각 고리의 반지름은 r이다.

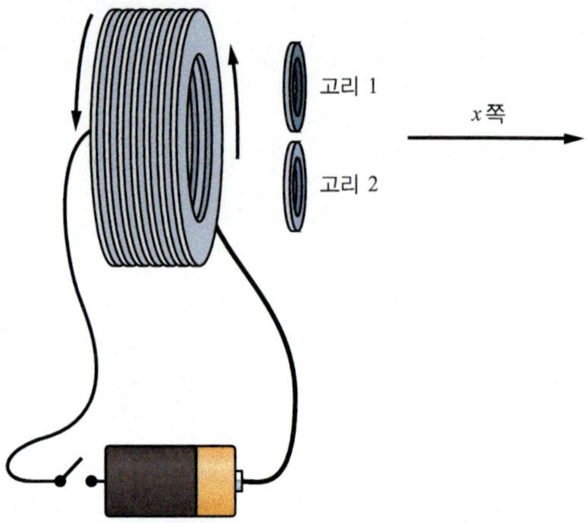

그림 32-43 문제 64

(a) 스위치를 닫은 뒤 2초 동안 그대로 있었다. 그 다음 고리 1을 오른쪽으로 가져간다. 유도되는 전류가 있는가? 전류가 있다면, 전류의 방향을 표시하고 어떻게 알아냈는지를 설명하라.

(b) 고리를 원래 있던 곳에 고정시킨다. 스위치를 열었다. 짧은 시간 동안 고리가 있는 곳의 자기장이 아래와 같이 변한다.

$$B_x(t) = B_x(0) - \gamma t$$

여기서 γ는 단위가 가우스/초인 상수이다. 고리에 전류가 유도되는가? 그렇다면 방향을 표시하라.

(c) 상황 (b)에 대하여 낱낱의 고리에 흐르는 전류를 셈하라.

(d) $B_x(0) = 10$가우스, $\gamma = 2.5$가우스/초이고 전선의 저항계수가 $1\,\mu\Omega$, 그리고 고리의 반지름이 2 cm라 하고 솔레노이드에서 오는 B장이 약해지기 시작할 때 고리 1에 유도되는 전류를 셈하라.

33 전자기 진동과 교류

전력회사가 고압 전력선을 정비할 때 전력을 끊으면 도시 전체가 정전되므로, 전력선에 전압이 걸린 채로 일을 해야 한다. 이 사진에서 헬리콥터 밖의 작업자는 지금 막 500 kV 선의 간격판을 바꾸는 일을 손으로 하는데, 이 일에는 엄청난 전문 기술이 필요하다.

이 사람은 어떻게 작업할 때 감전되어 죽지 않을 수 있었을까?

◈ 답은 이 장에 있다.

그림 33-1
테슬라(Nikola Tesla). 세르비아계 미국인으로 과학자 전기 공학자. 처음으로 성공적인 교류 전력 발전 체계를 발명했다.

그림 33-2
웨스팅하우스(George Westinghouse)는 미국에서 처음으로 교류 전력 배전 체계를 개발했다. 이 체계는 테슬라의 설계를 바탕으로 하였으며, 1896년 나이아가라 폭포에서 송전을 시작하였다. 몇 년 지나지 않아 이 체계가 이미 있던 직류 체계보다 더 뛰어남이 밝혀졌다.

33-1 교류의 장점

지금까지 배운 전기회로는 전류 방향이 시간에 대해 바뀌지 않는 **직류(direct current, dc)** 회로뿐이었다. 실제의 전력체계와 전기 기기는 대개 전류 방향이 계속 바뀌는 **교류(alternating current, ac)** 회로를 쓴다. 왜 교류를 더 많이 쓸까? 1879년에 미국의 유명한 발명가 에디슨(Thomas Edison)이 영국의 데이비(Humphry Davy)가 발명한 전구를 개선하자, 거의 하룻밤 사이에 유럽과 미국에서 전력 생산 및 분배 체계에 대한 커다란 수요가 생겨났다.

에디슨이 실용적인 전구 개발을 추구했던 동기는 아마도 그가 동업자들과 함께 개발하고 있던 직류 전력 체계의 홍보였던 것 같다. 사실, 맨해튼 하부 지역에 있던 그의 직류 발전소는 빠르게 독점 체계를 구축했지만 한 때 뿐이었다. 1888년에 이르자 세르비아 이민자 출신의 테슬라(그림 33-1)가 교류 발전기, 변압기, 전송선 및 유도 전동기 등으로 이루어진 완전한 체계에 대한 특허를 얻었다. 그 뒤 곧 기업가이며 발명가였던 웨스팅하우스가 테슬라의 특허권을 사들였다. 1893년 시카고 만국 박람회에서 웨스팅하우스 회사의 교류 체계가 소개된 뒤 모든 전기 기기의 80% 이상이 교류 전력을 쓰게 되었다.

교류 회로가 직류 회로보다 뛰어난 주요 특징들은 이미 알고 있을 것이다. 32-5절에서 유도에 의해 발전된 전기는 저절로 교류 전류를 만든다는 것을 다루었다. 변압기를 써서 전압을 높여 장거리 송전 효율을 높이는 법도 다루었다.* 웨스팅하우스 체계의 장점은 그 밖에도 더 있었다. 전력을 보낼 때 교류를 쓰면 에디슨의 직류 체계를 쓰는 것보다 구리를 훨씬 아낄 수 있었다. 게다가 테슬라가 발명한 유도전동기는 효율이 아주 높고 만들기도 쉬워서 즉시 물 펌프, 세탁기, 건조기, 전기 드릴, 믹서, 설거지기계 및 음식물 찌꺼기 분쇄기 등 집안일을 돕는 거의 모든 주방기기의 중심이 되었다.

이보다 나중에 발명된 것으로 교류 작동을 당연하게 여기는 것들이 있다. 그 예에는 라디오와 텔레비전의 송신(34장에서 다룸)과 수신, 컴퓨터 화면장치 및 심지어는 고급 음향 기기의 그래픽 이퀄라이저 등이 있다. 따라서 교류 회로를 모르면 현대의 전기 체계와 소자들이 작동하는 원리를 알 수 없다. 그러므로 이 장의 주 초점은 유도현상과 직류 회로에 대해 알고 있는 바를 바탕으로 교류 회로를 이해하는 것을 돕는 것이다. 저항, 축전기 및 유도소자는 직류 및 교류 회로 모두의 기본 구성 요소이다. 낱낱의 소자의 독립적인 기능에 대해서는 이미 배웠다. 그뿐 아니라 28장에서는 직류 저항-축전기(RC) 결합회로, 32장에서는 직류 저항-유도소자(RL) 결합회로를 다루었다.

이 장 첫 부분에서는 유도소자에 전류가 흐를 때 생기는 자기장에 저장된 에너지와 에너지 밀도를 정량적으로 나타내는 식을 끌어낸다. 또 28-5절에서 배운 전하가 축전기 속에 만드는 전기장에 저장된 에너지와 에너지 밀도의 내용도 복습한다. 이 주제는 여러 교류 회로에서 에너지가 유도소자의 자기장과 축전기의 전기장 사이를 오가는 전자기 진동을 배울 때 필요하다.

* 첫 장의 사진에 보인 고압 전선 수리 방법은 옌쩌(Scott H. Yenzer)가 특허를 냈고 펜실베이니아 주 게티스버그 시의 헤이버필드사에 독점권이 있다. 작업자가 전력선에 다가가면 전선 주위의 전기장 때문에 이 사람의 전위가 전선의 전위와 거의 같아진다. 두 전위가 같아지도록 작업자는 전선에 도체 막대를 연결한다. 감전을 피하려면 작업자를 땅에 연결된 모든 것과 전기적으로 절연시켜야 한다. 작업자의 몸이 늘 (작업 중인 전선과) 같은 전위에 있도록 그 사람이 입는 전도성 옷, 후드, 장갑 등 모두를 도체 막대를 통해 전선과 연결시킨다.

33-2 자기장에 저장된 에너지

부호가 다른 전하를 띤 두 입자를 반대쪽으로 잡아당길 때 생기는 위치 에너지는 입자들이 만드는 전기장에 저장된다. 장으로부터 이 에너지를 되찾으려면 잡고 있던 입자들을 다시 놓아주면 된다. 같은 방식으로 자기장에도 에너지가 저장된다고 생각할 수 있다.

저장된 에너지에 대한 정량적 식을 끌어내려면 저항 R과 유도소자 L에 연결된 기전력 $\mathscr{E}$를 나타내는 그림 33-3을 살펴보자. 스위치를 닫은 뒤에 늘어나는 전류에 관한 식은 (식 32-20) 단일 고리 회로에서의 전위차에 대한 고리법칙에서 다음과 같이 얻어진다.

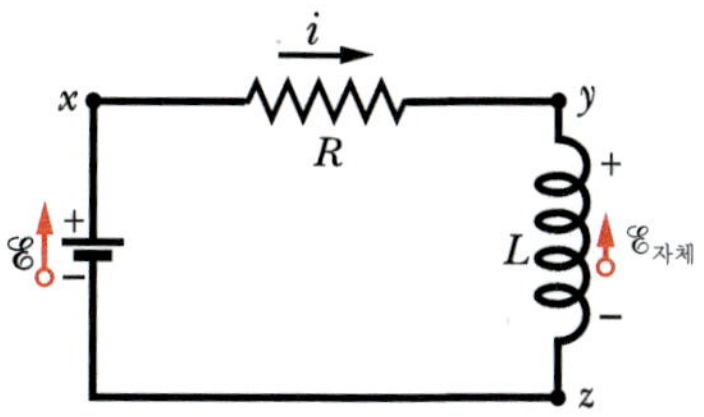

그림 33-3
그림 32-6에서 스위치가 a에 닫힌 회로. 고리법칙을 x에서 출발하여 시계 방향으로 쓴다.

$$\mathscr{E} = L\frac{di}{dt} + iR \tag{33-1}$$

이 식의 양쪽에 전류 i를 곱하면 다음 식을 얻는다.

$$\mathscr{E}i = Li\frac{di}{dt} + i^2 R \tag{33-2}$$

이 식의 물리적 내용은 일과 에너지로 보면 다음과 같다.

1. 그림 33-3에서 전하 dq가 시간 dt에 기전력 $\mathscr{E}$인 전지를 지나면 전지는 전하에게 $\mathscr{E}dq$만큼 일을 해 준다. 전지가 이 일을 하는 일률은 $(\mathscr{E}dq)/dt = \mathscr{E}i$이다. 그러므로 식 33-2의 왼쪽은 기전력 장치가 회로의 나머지 부분에 에너지를 전달하는 일률을 나타낸다.
2. 식 33-2의 오른쪽 끝 항은 저항에서 전기에너지가 열에너지로 바뀌는 일률을 나타낸다.
3. 에너지가 회로에 공급되었으나 저항의 열에너지로 나타나지 않다면 그것은 에너지 보존 가설에 따라 유도소자의 자기장에 저장되어야 한다. 식 33-2가 RL 회로에 대한 에너지 보존 법칙을 나타내므로, 가운데 항은 에너지가 자기장에 저장되는 일률 $dU^{자기}/dt$를 나타내야 한다.

따라서 다음 식이 성립한다.

$$\frac{dU^{자기}}{dt} = Li\frac{di}{dt} \tag{33-3}$$

이 식은 다음과 같이 쓸 수 있다.

$$dU^{자기} = Li\,di$$

이 식을 적분하면 다음 결과를 얻는다.

$$\int_0^{U^{자기}} dU^{자기} = \int_0^i Lidi$$

이를 정리하면 다음과 같다.

$$U^{자기} = \tfrac{1}{2}Li^2 \quad (\text{자기 에너지}) \tag{33-4}$$

이 식은 유도소자 L에 전류 i가 흐를 때 생기는 자기장에 저장된 에너지를 나타낸다. 이 식과 축전기의 전기장에 저장된 에너지를 나타내는 다음 식과 닮았음을 눈여겨보라(식 28-21).

$$U^{전기} = \frac{1}{2}\left(\frac{1}{C}\right)q^2 \qquad (33\text{–}5)$$

(변수 i는 q에, 상수 L은 $1/C$에 대응된다.)

연습문제 33-2

1. 전류가 흐르지 않음

그림 33-4에 보인 회로의 유도 시간상수가 37.0 ms이고 $t=0$에 전류가 0이었다고 하자. 저항의 에너지 소모율(1초 동안 소모되는 에너지)과 유도소자의 에너지 저장률(1초 동안 저장되는 에너지)이 언제 같아지는가?

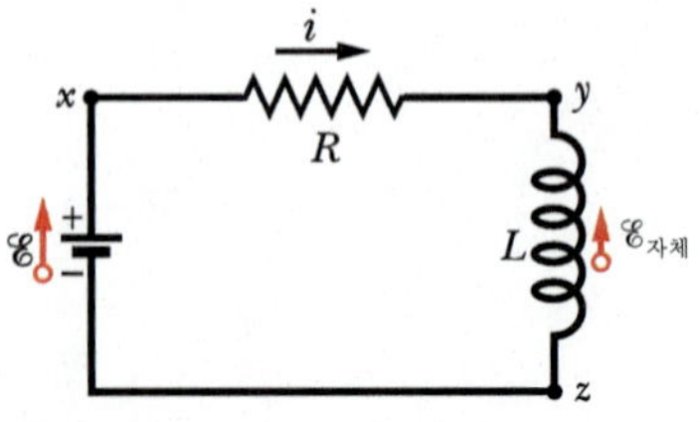

그림 33-4 문제 1, 2 및 6

2. 회로

그림 33-4의 회로에 전지를 연결한 뒤 시간이 얼마나 지나면 유도소자의 자기장에 저장된 에너지가 정상 상태 값의 반이 되는가? 유도 시간상수를 써서 답하라.

3. 병렬로 연결된 코일

10.0 kΩ 저항에 코일이 병렬로 연결되어 있다. 두 소자 양끝에 50.0 V의 전지를 연결하자 5.0 ms 뒤에 전류가 2.00 mA가 되었다. (a) 코일의 유도용량을 구하라. (b) 이 순간 코일에 저장된 에너지는 얼마인가?

4. (시간 변화)율

유도용량 2.0 H인 코일과 10 Ω 저항을 내부저항이 없는 $\mathscr{E} = 100$ V의 전지에 갑자기 연결하였다. 연결하고 10초 뒤에 다음 값을 각각 구하라: (a) 자기장에 에너지가 저장되는 비율, (b) 저항에서 열에너지가 생기는 비율, (c)전지의 에너지 공급 비율.

5. 증명

그림 33-5의 회로에서 스위치 S가 a에서 b로 연결된 뒤 유도소자의 에너지가 결국 모두 저항에서 열로 소모된다는 것을 증명하라.

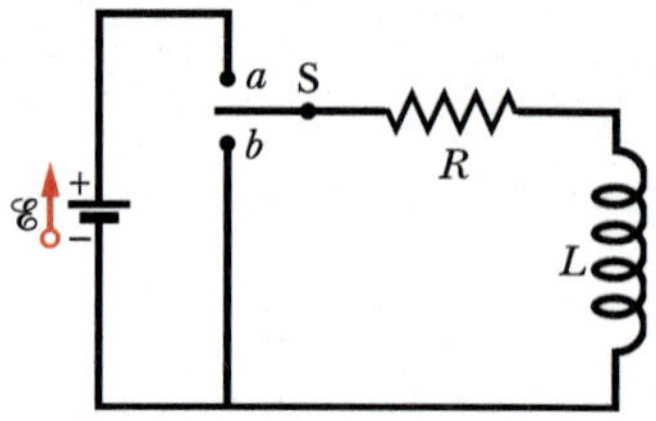

그림 33-5 문제 5

6. 공급된 에너지

그림 33-4의 회로에 대해, $\mathscr{E} = 10.0$ V, $R = 6.70\ \Omega$, $L = 5.50$ H라 하자. 전지는 $t=0$에 연결하였다. (a) 처음 2초 동안 전지가 공급하는 에너지는 얼마인가? (b) 에너지 중 얼마가 유도소자의 자기장에 저장되는가? (c) 에너지 중 얼마가 저항에서 열로 흩어지는가?

33-3 자기장의 에너지 밀도

전형적인 유도소자는 솔레노이드나 또아리(솔레노이드를 구부려 만든 고리)꼴이므로 이러한 유도소자의 단위 부피에 든 자기 에너지를 알면 쓸모가 많다. 단면적 A, 길이 l인 긴 솔레노이드에 전류 i가 흐를 때, 가운데 근처를 생각해 보자. 이 길이에 해당하는 부피는 Al이다. 솔레노이드 길이 l 속에 저장되는 에너지 $U^{자기}$는 모두 솔레노이드 속에만 있는데, 그 까닭은 솔레노이드 바깥에서는 자기장의 세기가 거의 0이기 때문이다. 게다가 솔레노이드 속의 자기장은 사실상 고르기 때문에 저장된 에너지도 고르게 퍼져 있다.

그러므로 단위 부피의 공간에 자기장으로 저장된 에너지 $u^{자기}$는 다음과 같다.

$$u^{자기} = \frac{U^{자기}}{Al}$$

그런데

$$U^{자기} = \frac{1}{2}Li^2$$

이므로 다음 결과를 얻는다.

$$u^{자기} = \frac{Li^2}{2Al} = \left(\frac{L}{l}\right)\frac{i^2}{2A}$$

이 식에서 L/l은 솔레노이드 단위 길이당의 유도용량이다. 공기로 채워진 솔레노이드의 자체 유도 기전력은 $\mathscr{E}_L = -L\,di/dt$(식 32-2)이고 $\mathscr{E}_L = -\mu_0 An^2 l\,di/dt$(식 32-1)이므로, 위 식에서 L/l을 바꾸어 써서 다음의 결과를 얻는다.

$$u^{자기} = \tfrac{1}{2}\mu_0 n^2 i^2 \tag{33-6}$$

이 식에서 n은 단위 길이당 감은 수이다. 솔레노이드 속에 생기는 자기장의 세기 $B = n\mu_0|i|$(식 30-25)를 쓰면 에너지 밀도를 다음과 같이 쓸 수 있다.

$$u^{자기} = \frac{1}{2}\frac{B^2}{\mu_0} \quad \text{(자기 에너지 밀도)} \tag{33-7}$$

자기 에너지 밀도(magnetic energy density) $u^{자기}$는 자기장이 $\vec{B}$인 곳에 저장된 에너지 밀도이다. 이 식은 특별한 경우인 솔레노이드에 대해 끌어냈지만 모든 자기장에 대해 성립한다. 식 33-7은 (진공에서) 전기장이 있는 곳의 에너지 밀도를 기술하는 아래의 식 (식 28-23)과 비교할 수 있다.

$$u^{전기} = \tfrac{1}{2}\varepsilon_0 E^2 \tag{33-8}$$

$u^{자기}$와 $u^{전기}$ 둘 다 각각 해당하는 장, $\vec{B}$ 또는 $\vec{E}$의 제곱에 비례한다는 점을 눈여겨보자.

생각해보기 33-1 아래 표는 세 솔레노이드에 대해 각각 단위 길이당 감은 수, 전류 및 단면적을 정리한 것이다. 이들 솔레노이드를 자기 에너지 밀도가 큰 것부터 차례로 나열하라.

솔레노이드	단위 길이당 감은 횟수	전류	넓이
a	$2n_1$	i_1	$2A_1$
b	n_1	$2i_1$	A_1
c	n_1	i_1	$6A_1$

연습문제 33-3

7. 에너지 밀도

길이 85.0 cm인 솔레노이드의 단면적이 17.0 cm²이다. 솔레노이드에는 도선이 950번 감겨 있고 전류 6.60 A가 흐른다. (a) 솔레노이드 속의 에너지 밀도를 구하라. (b) (끝 부분의 효과를 무시하고) 속의 자기장에 저장된 에너지를 구하라.

8. 고리 모양 유도소자

유도용량 90.0 mH인 고리 모양의 유도소자의 부피가 $0.0200\ \text{m}^3$이다. 고리 속의 평균 에너지 밀도가 $70.0\ \text{J/m}^3$라면 유도소자의 전류는 얼마인가?

9. 전기장의 세기

고른 전기장의 에너지 밀도가 0.50 T의 자기장의 에너지 밀도가 같다면 전기장의 세기는 얼마인가?

10. 성간 우주

은하의 성간 공간에서 자기장의 세기는 10^{-10} T정도이다. 한 변이 10광년인 정육면체 공간에 저장된 에너지는 얼마인가? (지구에 가장 가까운 별은 4.3광년 거리에 있고, 우리 은하의 지름은 8×10^4 광년이다.)

11. 구리 도선의 길이
긴 구리 도선의 단면에 10 A의 전류가 고르게 퍼져 흐른다. 도선 표면에서의 (a) 자기장과 (b) 전기장의 에너지 밀도를 각각 구하라. 도선의 지름은 2.5 mm이며, 저항은 단위 길이당 3.3 kΩ/km이다.

12. 둥근 고리
반지름이 50 mm인 둥근 고리 도선에 전류가 100 A 흐른다. 고리 중심에서 (a) 자기장의 세기와 (b) 에너지 밀도를 각각 구하라.

33-4 유도소자–축전기 진동: 정성적 분석

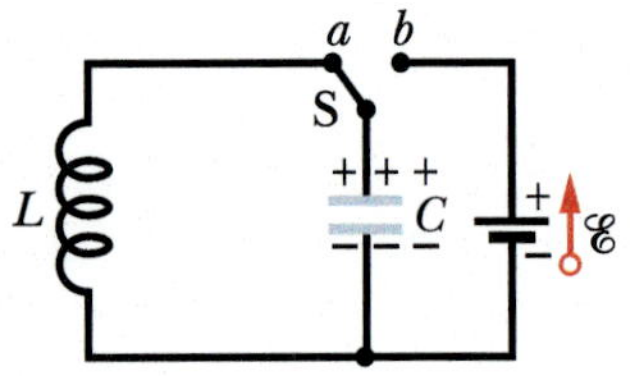

그림 33-6
직렬 LC회로. 위치를 b에서 a로 바꾸어 이상적인 유도소자와 대전된 축전기가 직렬로 연결되어 있다.

이제 어떻게 해서 여러 회로에서 전자기 진동이 생길 수 있는가 살펴보자. 직류회로부터 시작한다. 저항 R, 축전기 C, 유도소자 L의 세 회로 소자 중에서 지금까지는 RC 직렬 회로(28–9절)와 RL 직렬 회로(32–4절)만 설명하였다. 두 회로에서 어떤 상황에서는 전하, 전류 및 회로 소자 양끝의 전위차가 지수적으로 커지거나 작아질 수 있음을 알았다. 이러한 지수적 특성은 저항에서 에너지가 소모된 결과로 나타난다. 지수적 증가 혹은 감소의 시간상수는 τ로 나타내는데, 관련된 회로 소자에 따라 **용량(형)[capacitive]** 시간상수 또는 **유도(형)[inductive]** 시간상수라 한다.

회로에 에너지를 소모하는 저항이 거의 없으면 어떻게 될까? 이제 LC 두 소자로 된 직렬 회로를 정성적으로 살펴보자. 그 다음, 33–6절에서 이 회로의 거동을 기술하는 식을 끌어낼 것이다.

그림 33–6의 LC 회로의 저항은 무시할 수 있다고 가정한다. 이때 회로 요소 양끝의 전위차는 유도소자와 축전기에 번갈아 가며 나타나는 것을 알게 될 것이다. 왜 그럴까? 일어나는 일련의 사건들은 다음과 같다.

- 그림 33–7a에 보인 시각 $t = 0$에서의 회로의 처음 상태. 함께 그린 에너지 막대 그림표는 이때 유도소자에는 전류가 흐르지 않아서 자기장 에너지 $U^{\text{자기}}$는 0이고 축전기에는 최대의 전하가 쌓여 있어서 전기장 에너지 $U^{\text{전기}}$는 최대임을 나타낸다.
- 스위치를 b에서 a로 옮기면 바로 축전기 양쪽 극판의 전위차에 의해서 전하가 한쪽 극판에서 유도소자를 지나 다른 쪽 극판으로 흐른다. 유도소자에 생기는 역기전력 때문에 축전기의 방전이 지연된다. 그림 33–7b와 같이 축전기의 전기장에 저장된 에너지는 줄고, 유도소자에 흐르는 전류가 자기장 에너지를 늘리기 시작한다. 나중에 축전기가 완전히 방전되면 전기장에 있던 에너지가 모두 자기장에 저장된다. 이때는 그림 33–7c와 같이 축전기 양쪽 극판에 전위차가 없다.
- 전위차가 없으므로 유도소자를 지나는 전류가 줄기 시작한다. 그러나 이 전류의 변화에 따라 유도소자에 자체 유도 전류가 생기는데, 이 전류는 원래의 전류와 같은 쪽이다. 그러므로 그림 33–7d와 같이 축전기의 아래쪽 극판에는 과잉 양전하, 위쪽 극판에는 과잉 음전하가 쌓이기 시작한다. 이 과정은 유도소자에 전류가 사라지고 축전기에 쌓이는 전하의 양이 스위치를 닫은 바로 뒤와 같아질 때까지 진행되며, 전하의 부호는 그때와 반대이다. 이때는 그림 33–7e와 같이 회로의 에너지가 모두 축전기의 전기장에 다시 들어 있다.
- 위의 사건이 되풀이되지만 이번에는 그림 33–7f, g, h, a에 보인 것처럼 축전기가 처음 상태($t = 0$)로 되돌아갈 때까지 전류가 반대쪽으로 흐른다. 회로 안에 에너지를 소모하는 저항이 없어서 유도소자에 흐르는 최대 전류와 축전기 극판에 쌓이는 최대 전하량은 시간이 가도 줄지 않는다. 이론상으로 완전한 이상적인 유도소자에 대해서는 이런 진동이 영원히 지속된다.*

* 축전기와 유도소자가 이상적이어도, 전류가 진동하면서 방출되는 전자기파가 에너지를 가져간다(34장 참조). 이것도 일종의 에너지 소모이므로 전류진동은 시간이 지나면서 잦아든다(옮긴이).

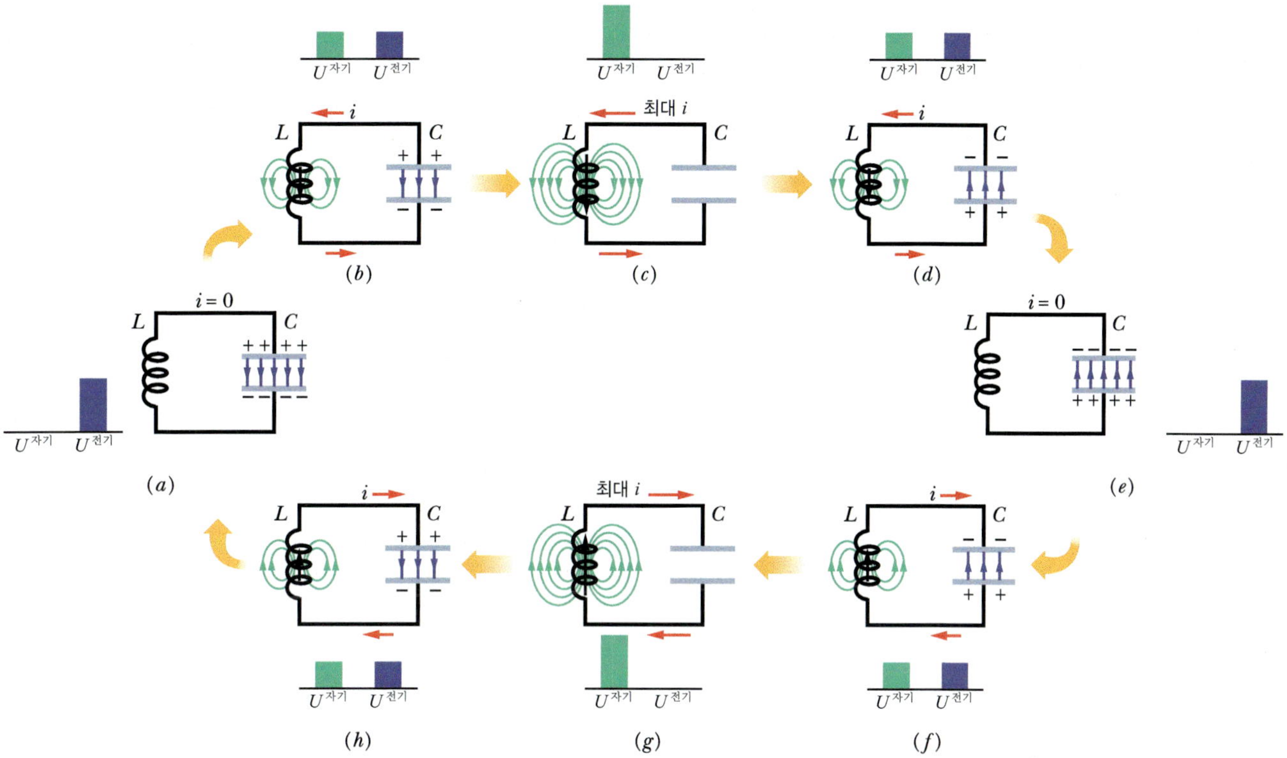

그림 33-7
이상적인 LC 회로의 진동 순환의 여러 단계. 작은 막대 그림표는 저장된 자기 및 전기 에너지를 나타낸다. 유도소자의 자기장선과 축전기의 전기장선을 나타냈다. (a) 축전기에 전하가 최대로 쌓인 상태. 전류는 없다. (b) 충전기가 방전되면서 전류가 늘고 있다. (c) 축전기가 완전 방전되어 있고 전류는 최대가 된다. (d) 축전기가 (a)에서와 반대 극성으로 충전되고 있으며 전류는 줄고 있다. (e) (a)에서와 반대 극성으로 축전기가 최대로 충전되어 있고, 전류는 없다. (f) 충전기가 방전되면서 전류가 (b)에서와 반대쪽으로 늘고 있다. (g) 축전기가 완전 방전되어 있고, 전류는 최대. (h) 축전기가 충전되고 있으며, 전류는 줄고 있다.

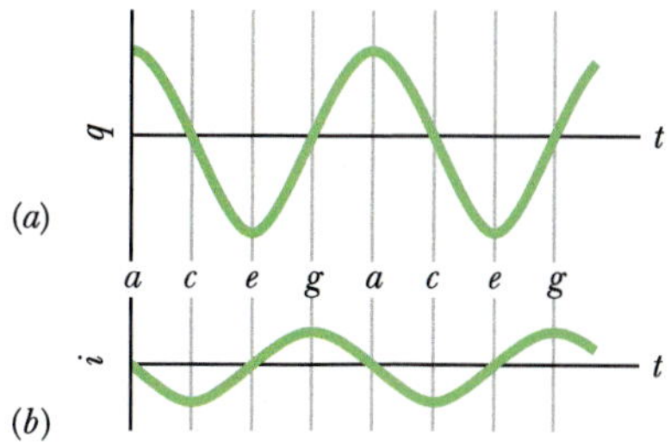

그림 33-8
(a) 이상적인 LC 회로(그림 33-7)에서 시간의 함수로서 본 축전기 위쪽 극판의 전하 q. (b) 그림 33-7의 회로에서 전류 i (q와 i는 ΔV_C와 회로에 붙인 작은 저항 양 끝의 ΔV_R을 재어 환산한다.) 글자는 그림 33-7에서 각각에 해당하는 진동의 단계를 가리킨다.

다음 절에서는 유도소자에 흐르는 전류 i와 축전기의 위쪽 극판에 모인 전하 q가 그림 33-8과 같은 삼각함수꼴이라는 관찰 결과와 다행히도 일치하는 수학적 분석을 한다. 그렇게 생기는 축전기의 전기장과 유도소자의 자기장의 진동을 **전자기 진동(electromagnetic oscillation)**이라 한다.

그림 33-7의 a부터 h까지는 단순 LC 회로에서 이어지는 진동의 단계를 보여준다. 어느 순간 축전기의 전기장에 저장된 에너지는 그 순간의 전하량이 q이면 $U^{전기} = \frac{1}{2}(q^2/C)$이다(식 33-5). 어느 순간 유도소자의 자기장에 저장된 에너지는 그 순간의 전류가 i이면 $U^{자기} = \frac{1}{2}Li^2$이다.

실제의 LC 회로에서는 저항이 있어서 전기장과 자기장으로부터 에너지를 빼내어 열에너지로 소모하므로 (회로의 온도 상승) 이 진동은 끝없이 지속되지 않는다. 일단 시작된 진동은 그림 33-9과 같이 진폭이 지수함수 꼴로 줄어든다. (이 그림은 비슷한 LC 회로에 R이 붙은 회로의 전압을 시간에 대해 보인 것이다.) 이 그림을 물리 진자가 마찰력을 받으면 역학적 진동이 감쇠되는 것을 나타내는 그림 16-39와 비교해보라.

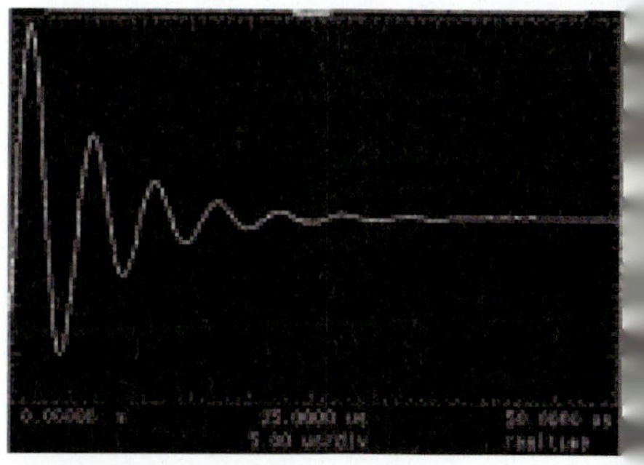

그림 33-9
RLC 회로에서 에너지가 저항에서 열로 흩어지므로 진동이 잦아드는 것을 보여주는 오실로스코프 화면.

생각해보기 33-2 충전된 축전기와 유도소자를 시각 $t = 0$에 직렬로 연결했다. 다음 각각이 최대값에 이르는데 걸리는 시간을 그림 33-8과 같은 삼각함수꼴 진동의 주기 T의 단위로 구하라. (a) 축전기의 전하, (b) 원래 극성대로 축전기 양끝의 전위차, (c) 전기장에 저장된 에너지, (d) 전류.

따라해보기 33-1 | *LC* 진동

1.5 μF의 축전기를 57 V로 충전한 다음, 충전용 전원을 떼어낸 뒤 12 mH의 코일을 축전기와 직렬로 연결시켜 *LC* 진동이 일어나게 했다. 코일에 흐르는 최대 전류는 얼마인가? 회로에는 저항이 없다고 가정한다.

풀이 ■ 요점은 다음과 같다.

1. 회로에 저항이 없으므로, 회로의 전자기 에너지는 축전기의 전기장과 코일(유도소자)의 자기장 사이를 오갈 뿐 사라지지 않는다.
2. 어느 순간 t에 자기장의 에너지 $U^{자기}(t)$는 코일에 흐르는 전류 i와 식 33-4 ($U^{자기} = Li^2/2$)의 관계가 있다. 에너지가 모두 자기에너지로 저장될 때, 전류가 최대값 I이고, 그때 에너지는 $U^{자기}_{최대} = LI^2/2$이다.
3. 어느 순간 t에 전기장의 에너지 $U^{전기}(t)$는 축전기의 전하 q와 식 33-5 ($U^{자기} = q^2/2C$)의 관계가 있다. 에너지가 모두 전기에너지로 저장될 때, 전하가 최대값 Q이고 그때의 에너지는 $U^{전기}_{최대} = Q^2/2C$이다.

이러한 개념을 가지고 에너지 보존 관계를 다음과 같이 쓸 수 있다.

$$U^{자기}_{최대} = U^{전기}_{최대}$$

이를 다시 쓰면 다음과 같다.

$$\frac{LI^2}{2} = \frac{Q^2}{2C}$$

I에 대해서 풀면 다음 결과를 얻는다.

$$I = \sqrt{\frac{Q^2}{LC}}$$

L과 C는 알지만 Q는 모른다. 그러나 식 28-1($|q| = C|\Delta V|$)로부터 Q를 축전기 양쪽 극판의 최대 전위차 ΔV와 연계시킬 수 있는데, 이 값은 최초의 전위차인 57 V이다. 그러므로 $|Q| = C|\Delta V|$를 넣으면 최대 전류값은 다음과 같다.

$$I = \Delta V\sqrt{\frac{C}{L}} = (57\text{ V})\sqrt{\frac{1.5\times10^{-6}\text{ F}}{12\times10^{-3}\text{ H}}} = 0.637\text{ A} \approx 640\text{ mA} \qquad \text{(답)}$$

연습문제 33-4

13. 축전용량

어느 축전기의 용량이 1.60 μC, 전체 에너지가 140 μJ이라면 전하량은 얼마인가?

14. 최대 전하량

어느 *LC* 진동회로에서 $L = 1.10$ mH, $C = 4.00$ μF이다. 축전기에 저장되는 최대 전하량은 3.00 μC이다. 최대 전류를 구하라.

15. 전체 에너지

어느 *LC* 진동회로가 $L = 75.0$ mH인 유도소자와 $C = 3.60$ μF의 축전기로 이루어져 있다. 축전기의 최대 전하량이 2.90 μC일 때 (a) 회로의 전체 에너지와, (b) 최대 전류를 구하라.

16. 전기에너지 → 자기에너지

어느 *LC* 진동회로에서 전체 에너지가 1.50 μs만에 전기에너지에서 자기에너지로 바뀐다. (a) 진동 주기는 얼마인가? (b) 진동수는 얼마인가? (c) 자기 에너지가 최대였다가 다시 최대가 되는데 걸리는 시간은 얼마인가?

17. 최대 양전하

어느 *LC* 회로의 진동수가 200 kHz이다. $t = 0$ s에 축전기의 극판 A에 최대량의 양전하가 모여 있다. 다음 각각의 조건이 충족되는, $t > 0$인 순간을 구하라: (a) 극판 A에 모이는 전하가 다시 최대량이 되는 때, (b) 다른 극판에 양전하가 최대량 모일 때, (c) 유도소자의 자기장이 최대가 될 때.

33-5 전기적-역학적 비슷함

그림 33-7의 이상적인 LC 진동계와 마찰 없이 진동하는 추-용수철 계의 비슷함을 살펴보자. 추-용수철 계에도 두 가지 에너지가 관련되어 있다: 하나는 압축 또는 팽창된 용수철의 위치에너지이고, 다른 하나는 움직이는 추의 운동에너지이다. 두 에너지는 표 33-1의 왼쪽 에너지 줄에 낯익은 꼴로 보였다.

표 33-1

두 진동계에서의 에너지 비교

추-용수철		LC 진동자	
요소	에너지	요소	에너지
용수철	위치, $\frac{1}{2}kx^2$	축전기	전기, $\frac{1}{2}(1/C)q^2$
추	운동, $\frac{1}{2}mv^2$	유도소자	자기, $\frac{1}{2}Li^2$
	추의 속도, $v = dx/dt$		회로의 전류, $i = dq/dt$

이 표에는 오른쪽 칸에 LC 진동에 관련된 두 가지 에너지도 정리되어 있다. 이 표를 옆으로 읽으면 추-용수철 계의 역학적 에너지와 LC 진동자의 전자기 에너지 두 쌍이 비슷함을 볼 수 있다. 표 아래쪽에 있는 속도와 전류의 방정식을 보면 세부적인 면까지 볼 수 있다: 전하 q는 변위 x와, 전류 i는 추의 속도 v와 대응됨을 알 수 있다 (두 식 모두에서 앞의 것을 미분하면 뒤의 것이 얻어진다).

이런 대응 관계를 보면 LC 진동의 에너지 방정식에서 전기 용량의 역수는 수학적으로 추-용수철 계의 탄성계수와 같다. $1/C$이 작으면 축전기에 전하를 보내기가 수월한데, 이는 마치 k가 작은 용수철을 누르기 쉬운 것과 같다. 유도소자는 추와 같다. 유도소자는 회로의 전류 변화에 저항하고, 용수철의 질량은 속도 변화에 저항한다.

정리하면 다음과 같다:

q는 x, $1/C$은 k, i는 v, L은 m에 각각 대응된다.

16-3절에서 (마찰이 없을 때의) 추-용수철 계의 고유 각진동수는 다음과 같았다.

$$\omega = \sqrt{\frac{k}{m}} \quad (\text{추-용수철 계}) \tag{33-9}$$

위의 대응 관계로부터, (저항이 없을 때의) LC 회로의 각진동수를 구하려면, k는 $1/C$로, 그리고 m은 L로 바꾸면 될 것을 예상할 수 있다.

$$\omega = \sqrt{\frac{1}{LC}} \quad (LC\ \text{회로}) \tag{33-10}$$

이 식은 실험 결과와 일치한다. 다음 절에서 이 관계를 좀더 정식으로 끌어내자.

생각해보기 33-3 위 식 33-10에서 각진동수의 기준 단위는 무엇인가? 이 식으로부터 올바른 단위가 얻어짐을 보여라. (**실마리**: 암페어의 단위는 초당 쿨롱으로 쓸 수 있다. 헨리와 패럿의 단위를 기본 단위인 킬로그램, 미터, 초 및 쿨롱으로 어떻게 나타낼 수 있을까?)

연습문제 33-5

18. 단진동 운동

평형 위치에서 2.0 mm를 늘이면 복원력이 8.0 N이 되는 용수철에 0.50 kg의 물체가 매달려 단진동 운동을 한다. (a) 각진동수는 얼마인가? (b) 진동 주기는 얼마인가? (c) 같은 주기로 진동하는 LC 회로에서 L이 5.0 H이면, 축전전용량은 얼마인가?

19. 에너지

$L = 1.25$ H인 유도소자가 들어 있는 어느 LC 진동회로의 에너지가 5.70 μJ이다. 축전기의 최대 전하량은 175 μC이다. 진동 주기와 주기가 같은 역학계의 다음 물리량을 구하라: (a) 질량, (b) 용수철 상수, (c) 최대 변위, (d) 최고 속력.

33-6 유도소자-축전기 진동: 정량적 분석

이 절에서는 LC 진동의 각진동수에 대한 식 33-10이 이론적으로 맞고 진동이 삼각함수꼴이라는 점을 명확히 증명한다. 동시에 LC 진동과 추-용수철 진동의 유사성을 좀더 깊게 검토한다. 우선 역학적인 추-용수철 진동자에 대한 앞에서의 해법을 조금 확장해 보자.

• 추-용수철 계: 복습

16장에서 추-용수철의 진동을 에너지 전달의 입장에서 분석했지만 진동을 좌우하는 근본적인 미분방정식이 그때는 아직 준비가 안 되었기에 끌어내지 않았는데, 이제 해보자.

어느 순간 추와 질량 없는 용수철로 이루어진 진동자의 전체 에너지 U는 다음과 같이 쓸 수 있다.

$$U = U^{추} + U^{용수철} = \tfrac{1}{2} mv^2 + \tfrac{1}{2} kx^2 \tag{33-11}$$

여기서 $U^{추}$와 $U^{용수철}$은 움직이는 추의 운동에너지와 압축 또는 팽창된 용수철의 위치에너지다. 마찰이 없다면 속도 v와 변위 x의 값이 변해도 전체 에너지 U는 시간에 대해 변하지 않는 상수이다. 수학적으로 표현하면 $dU/dt = 0$이다. 이로부터 다음 관계를 얻는다.

$$\frac{dU}{dt} = \frac{d}{dt}\left(\frac{1}{2} mv^2 + \frac{1}{2} kx^2\right) = mv\frac{dv}{dt} + kx\frac{dx}{dt} = 0 \tag{33-12}$$

그런데 정의에 따라 $v \equiv dx/dt$, $dv/dt \equiv d^2x/dt^2$이다. 이들을 넣으면 식 33-12는 아래와 같아진다.

$$m\frac{d^2x}{dt^2} + kx = 0 \quad (\text{추-용수철 계}) \tag{33-13}$$

식 33-13은 마찰이 없을 때의 추-용수철 진동에 대한 기본 미분방정식이다. 여기에는 변위 x의 시간에 대한 2계 도함수가 들어 있다.

식 33-13에 대한 일반 해, 즉 추-용수철 진동을 기술하는 $x(t)$는 (식 16-5에서 본 바와 같이) 아래와 같다.

$$x(t) = X\cos(\omega t + \phi) \quad (\text{변위}) \tag{33-14}$$

이 식에서 X는 단진동 운동을 하는 역학 진동의 진폭(= 최대 변위), ω는 진동의 각진동수 그리고 ϕ는 위상 상수이다.

• LC 진동회로

이제는 저항이 없는 이상적인 LC 회로의 진동을 살펴보자. 추–용수철 계에서 했던 방식과 똑같이 하면 된다. 진동하는 LC 회로에서 어느 순간의 전체 에너지 U는 다음과 같다.

$$U = U^{자기} + U^{전기} = \frac{1}{2}Li^2 + \frac{1}{2}\left(\frac{1}{C}\right)q^2 \tag{33-15}$$

여기서 $U^{자기}$는 유도소자의 자기장에 저장된 에너지, $U^{전기}$는 축전기 전기장에 저장된 에너지다. 회로 저항을 0이라고 가정했으므로 열로 잃는 에너지는 없고 U는 시간에 대해 변하지 않는다. 수학적으로 표현하면 $dU/dt = 0$이어야 한다. 이로부터 다음 관계를 얻는다.

$$\frac{dU}{dt} = \frac{d}{dt}\left(\frac{Li^2}{2} + \frac{q^2}{2C}\right) = Li\frac{di}{dt} + \frac{1}{C}\frac{dq}{dt} = 0 \tag{33-16}$$

그런데 $i = dq/dt$, $di/dt = d^2q/dt^2$이다. 이를 넣으면 식 33–16은 다음과 같아진다.

$$L\frac{d^2q}{dt^2} + \frac{1}{C}q = 0 \quad (LC\ 진동자) \tag{33-17}$$

이 식은 저항이 없는 LC 회로의 진동을 기술하는 기본 미분방정식이다. 자세히 비교해 보면 식 33–17과 33–13이 쓴 상수를 빼고는 수학적으로 똑같은 꼴이다.

• 전하와 전류 진동

미분 방정식들이 똑같은 꼴이므로, 해도 같은 꼴이어야 한다. q가 x에 해당하므로 식 33–17의 일반해는 식 33–14를 참조하여 시간의 함수로서 $q(t)$를 아래와 같이 쓸 수 있다.

$$q(t) = Q\cos(\omega t + \phi) \tag{33-18}$$

여기서 Q는 진폭 또는 전하의 변화 과정에서 축전기 전하의 최대량, ω는 전자기 진동의 각진동수 그리고 ϕ는 위상 상수이다.

식 33–18을 시간에 대해 한 번 미분하면 LC 진동자의 전류 $i(t)$를 얻는다.

$$i(t) = \frac{dq}{dt} = -\omega Q\sin(\omega t + \phi) \quad (전류) \tag{33-19}$$

이 삼각함수꼴 전류의 진폭 I는 다음과 같다.

$$I = \omega Q \tag{33-20}$$

이므로 식 33–19는 다음과 같이 다시 쓸 수 있다.

$$i(t) = -I\sin(\omega t + \phi) \tag{33-21}$$

• 각진동수

식 33–18이 식 33–17의 해인지 확인하려면 이 식과 시간에 대한 2계 도함수를 식 33–17에 넣는다. 식 33–18의 1계 도함수는 식 33–19이다. 이렇게 되면 2계 도함수는 다음과 같다.

$$\frac{d^2q}{dt^2} = -\omega^2 Q\cos(\omega t + \phi)$$

식 33–17에 q와 d^2q/dt^2을 넣으면 다음을 얻는다.

$$-L\omega^2 Q\cos(\omega t + \phi) + \left(\frac{1}{C}\right) Q\cos(\omega t + \phi) = 0$$

$Q\cos(\omega t + \phi)$를 지우고 정리하면 다음과 같다.

$$\omega = \frac{1}{\sqrt{LC}}$$

그러므로 식 33–18은 ω의 값을 $1/\sqrt{LC}$로 두면 실제로 식 33–17의 해가 된다.

식 33–18에 있는 위상 상수 ϕ는 $t = 0$와 같은 어떤 순간의 조건에 따라 정해진다. 이 조건이 $t = 0$에서 $\phi = 0$라면 식 33–18에 따라 $q = 0$ 그리고 $i = 0$이 되는데, 이 값이 그림 33–7에 보인 초기 조건이다.

• 전기 및 자기 에너지 진동

어떤 시각 t에 LC 회로에 저장된 전기 에너지는 식 33–5와 33–18로부터 아래와 같이 구해진다.

$$U^{전기} = \frac{q^2}{2C} = \frac{Q^2}{2C}\cos^2(\omega t + \phi) \tag{33–22}$$

자기에너지는 식 33–4와 33–19로부터 다음과 같다.

$$U^{자기} = \tfrac{1}{2}Li^2 = \tfrac{1}{2}L\omega^2 Q^2 \sin^2(\omega t + \phi)$$

식 33–10에서 ω에 대한 표현을 넣으면 다음과 같아진다.

$$U^{자기} = \frac{Q^2}{2C}\sin^2(\omega t + \phi) \tag{33–23}$$

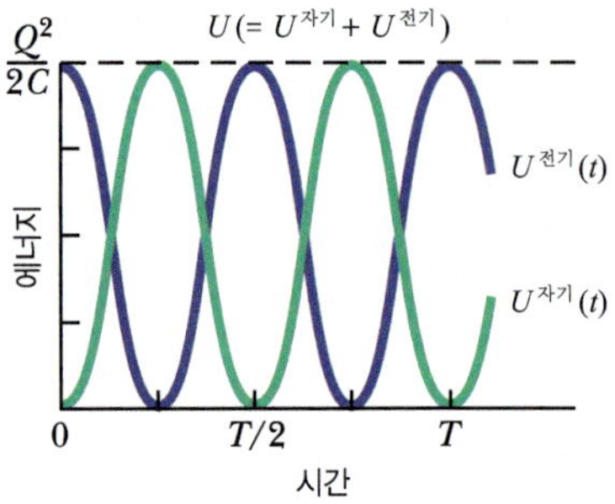

그림 33–10
그림 33–7의 회로에 저장된 자기 에너지와 전기 에너지를 시간에 대해 그린 그림표. 합이 일정함을 눈여겨 보라. T는 진동 주기이다.

그림 33–10은 $\phi = 0$일 때의 $U^{전기}(t)$와 $U^{자기}(t)$의 그림표이다. 아래 사항을 눈여겨보라.

1. $U^{전기}(t)$와 $U^{자기}(t)$의 최대값은 두 경우 모두 $Q^2/2C$이다.
2. 어느 순간 $U^{전기}(t)$와 $U^{자기}(t)$를 더한 값은 상수 $Q^2/2C$이다.
3. $U^{전기}(t)$가 최대이면 $U^{자기}(t)$는 0이고, 반대 경우도 같다.

생각해보기 33–4 LC 진동자에서 축전기의 최대 전위차는 20 V, 최대 에너지는 160 μJ이다. 축전기의 전위차가 5 V이고 에너지가 10 μJ일 때, (a) 유도소자 양 끝의 기전력과 (b) 자기장에 저장된 에너지는 각각 얼마인가?

따라해보기 33–2 | *LC* 진동

따라해보기 33–1에 설명한 상황에서 $t = 0$에 코일(유도소자)을 충전한 축전기에 연결하였다. 그 결과는 그림 33–6에 보인 것과 같은 LC 회로가 된다.

(a) 유도소자 양 끝의 전위차 $\Delta v_L(t)$를 시간의 함수로 구하라.

풀이 ■ 요점 하나는 이 회로의 전류와 전위차가 진동한다는 점이다. 다른 **요점**은 27장에서 진동이 없는 회로에 대해 썼던 고리법칙을 이 진동회로에도 쓸 수 있다는 점이다. 고리법칙과 그림 33-6으로부터 진동 중인 어떤 순간 t에나 아래의 관계가 성립한다.

$$\Delta v_L(t) = \Delta v_C(t) \tag{33-24}$$

즉, 회로를 한 바퀴 돈 전위차가 0이 되려면 유도소자 양 끝의 전위차 $\Delta v_L(t)$은 축전기 양쪽 극판의 전위차 $\Delta v_C(t)$와 늘 같아야 한다. 따라서 $\Delta v_C(t)$를 알면 $\Delta v_L(t)$을 알 수 있는데, $\Delta v_C(t)$는 식 28-1의 $|q| = C|\Delta V|$로부터 구할 수 있다.

전위차 $\Delta v_C(t)$는 진동을 시작하는 순간인 $t = 0$에 최대이고, 그때 축전기의 전하도 최대이다. 따라서 위상 상수 ϕ도 0이어야 하므로 식 33-18은 다음과 같다.

$$q = Q\cos(\omega t) \tag{33-25}$$

[이 코사인 함수는 실제로 $t = 0$일 때 최대값 $q(= Q)$가 됨을 눈여겨보라.] 전위차 $\Delta v_C(t)$를 얻으려면 식 33-25의 양쪽을 C로 나누어 다음 결과를 얻는다.

$$\frac{q}{C} = \frac{Q}{C}\cos(\omega t)$$

그러면 식 28-1을 써서 다음과 같이 쓸 수 있다.

$$\Delta v_C(t) = \Delta V_C\cos(\omega t) \tag{33-26}$$

여기서 ΔV_C는 축전기 양쪽 극판의 전위차 $\Delta v_C(t)$의 진폭이다.

이제, 식 33-24의 $\Delta v_L(t) = \Delta v_C(t)$를 넣는다.

$$\Delta v_L(t) = \Delta V_C\cos(\omega t) \tag{33-27}$$

이 식의 오른쪽 값은 진폭 ΔV_C 축전기 양쪽 극판에 걸린 처음 (최대) 전위차 57 V와 같다는 점을 써서 구할 수 있다. 그러면 따라해보기 33-1에서 얻은 L과 C 값을 써서 식 33-10으로 ω를 구한다.

$$\omega = \frac{1}{\sqrt{LC}} = \frac{1}{[(0.012\ \text{H})(1.5\times10^{-6}\ \text{F})]^{0.5}}$$
$$= 7454\ \text{rad/s} \approx 7500\ \text{rad/s}$$

그러므로 식 33-27은 다음과 같다.

$$\Delta v_L(t) = (57\ \text{V})\cos(7500\ \text{rad/s})\,t \qquad \text{(답)}$$

(b) 이 회로에서 최대 전류 변화율 $(di/dt)^{최대}$는 얼마인가?

풀이 ■ 요점은 축전기의 전하가 식 33-18과 같이 진동할 때 전류는 식 33-19의 꼴이라는 점이다. 그러므로 $\phi = 0$이고, 식은 다음과 같다.

$$i = -\omega Q\sin(\omega t)$$

따라서 다음과 같다.

$$\frac{di}{dt} = \frac{d}{dt}[-\omega Q\sin(\omega t)] = -\omega^2 Q\cos(\omega t)$$

(C와 ΔV_C는 알지만 Q는 모르므로) Q에 $C\Delta V_C$를, 그리고 ω에 식 33-10에 따라 $1/\sqrt{LC}$를 넣으면 이 식을 간단히 할 수 있다.

$$\frac{di}{dt} = -\frac{1}{LC}C\Delta V_C\cos(\omega t) = -\frac{\Delta V_C}{L}\cos(\omega t)$$

이 식은 전류 변화율도 삼각함수꼴이며, 최대값은 다음과 같음을 말해준다.

$$\frac{\Delta V_C}{L} = \frac{57\ \text{V}}{0.012\ \text{H}} = 4750\ \text{A/s} \approx 4800\ \text{A/s} \qquad \text{(답)}$$

연습문제 33-6

20. 스피커

스피커에 연결된 회로에서 LC 진동회로를 써서 전자 음악의 어떤 소리를 냈다. 가청 진동수 대역의 중간 정도인 10 KHz의 음을 내려면 축전용량이 6.7 μF일 때 어떤 유도용량이 필요하겠는가?

21. 첫 순간의 최대 전류

$L = 50$ mH, $C = 4.0\ \mu$F로 구성된 LC 진동회로에서 $t = 0$에 최대 전류가 흘렀다. 축전기가 처음으로 가득 충전될 때까지 시간이 얼마나 걸리는가?

22. 단일고리 회로

유도소자 (L_1, L_2, …), 축전기 (C_1, C_2, …) 및 저항 (R_1, R_2, …)이 직렬로 연결된 단일 고리회로가 있다(그림 33-11a). 고리에서 이들 각각의 순서와 관계없이 회로의 특성은 그림 33-11b에 나타

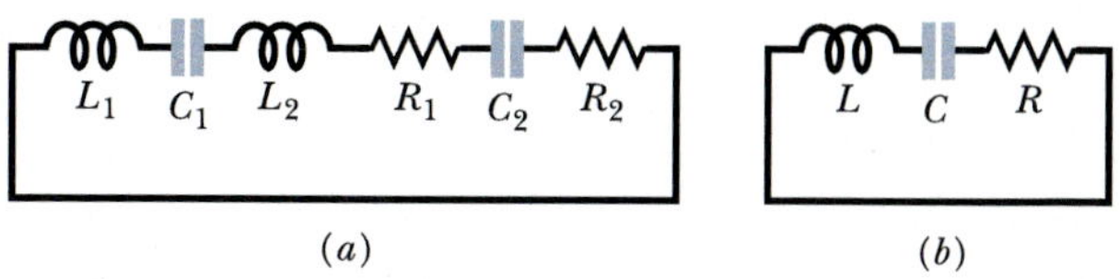

그림 33-11 문제 22

낸 단순 LC 회로와 같음을 보여라. (**실마리**: 고리 법칙을 고려하고 32장의 문제 7번을 보라.)

23. 최대 전압

1.0 nF 축전기와 3.0 mH 코일로 이루어진 어떤 LC 진동회로의 최대 전압이 3.0 V이다. (a) 축전기의 최대 전하량은 얼마인가? (b) 회로에 흐르는 최대 전류는 얼마인가? (c) 코일의 자기장에 저장된 최대 에너지는 얼마인가?

24. 최대 전위차

축전용량 $C = 400\ \mu\text{F}$인 LC 진동회로에서 진동 과정에서 축전기 양끝의 최대 전압은 1.50 V이며 유도소자에 흐르는 최대 전류는 50.0 mA이다. (a) 유도용량 L은 얼마인가? (b) 진동의 진동수는 얼마인가? (c) 축전기의 전하량이 0에서 최대값에 이르는데 걸리는 시간은 얼마인가?

25. 스위치를 닫고

그림 33-12의 회로에서 스위치를 a에 한참 두었다가 b로 닫는다. (a) 이후 생기는 진동의 진동수를 구하라. (b) 전류 진동의 진폭을 구하라.

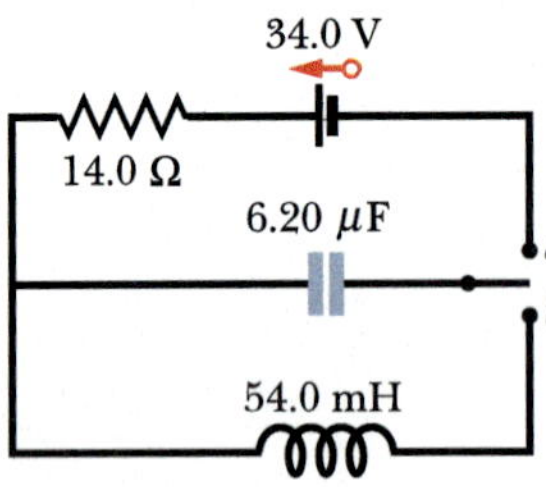

그림 33-12 문제 25

26. 유도소자 하나, 축전기 둘

10 mH 유도소자와 용량 5.0 μF와 2.0 μF인 두 축전기가 있다. 이 소자를 연결하여 얻을 수 있는 진동수들을 모두 구하라.

27. 가변 축전기

가변 범위 10~365 pF인 가변 축전기와 코일을 써서 라디오 신호를 공진하여 받을 수 있는 가변 LC 회로를 구성하려 한다. (a) 이 축전기로 얻을 수 있는 주파의 최대값과 최소값의 비는 얼마인가? (b) 이 회로로 0.54 MHz에서 1.60 MHz 영역의 진동수를 얻으려면 (a)에서 얻은 비는 너무 크다. 가변 축전기에 다른 축전기를 병렬로 연결하면 이 영역을 조절할 수 있다. 진동수 대역의 진동수를 얻으려면 덧붙여야 하는 축전기의 용량과 유도용량 값은 각각 얼마인가?

28. 자기장에 저장된 에너지

어느 LC 진동 회로에서 어느 순간 전체 에너지의 75%가 유도소자의 자기장에 저장되어 있다. (a) 그 순간 축전기에 저장된 전하를 그것에 저장되는 최대 전하량의 단위로 나타내라. (b) 그 순간 유도소자에 흐르는 전류를 그것에 흐르는 최대 전류의 단위로 나타내라.

29. 충전중인 축전기

어느 진동 LC 회로에서 $L = 25.0$ mH, $C = 7.80\ \mu$F이다. $t = 0$ s에 전류는 9.20 mA, 축전기의 전하량은 3.80 μC이며, 충전이 진행된다. (a) 이 회로의 총 에너지는 얼마인가? (b) 축전기의 최대 전하량은 얼마인가? (c) 최대 전류는 얼마인가? (d) 축전기의 전하량을 $q = |Q|\cos(\omega t + \phi)$로 표시한다면 위상값 ϕ는 얼마인가? (e) 모든 값은 같지만 $t = 0$ s에 축전기가 방전된다면 ϕ는 얼마이겠는가?

30. 가변 축전기

손잡이로 용량을 조절할 수 있는 축전기 양단에 어떤 유도소자가 연결되어 있다. 손잡이는 180°까지 돌릴 수 있는데, 돌리는 각도에 비례하여 진동수를 2×10^5에서 4×10^5 Hz까지 변화시키려 한다. $L = 1.0$ mH일 때, 필요한 용량 C를 손잡이를 돌리는 각도의 함수로 그려라.

31. 진동 LC 회로

어느 진동 LC회로에서 $L = 3.00$ mH, $C = 2.70$ mH이다. $t = 0$ s에 축전기의 전하량은 0, 전류는 2.00 A이다. (a) 축전기의 최대 전하량은 얼마겠는가? (b) $t = 0$부터 축전기의 충전율이 최대인 순간까지의 시간을 진동의 주기 T로 구하라. (c) 축전기에 대한 최대 에너지 전달률은 얼마인가?

32. 각진동수

유도용량 L_1, 축전용량 C_1인 직렬회로가 각진동수 ω로 진동하고 있다. 유도용량 L_2, 축전용량 C_2인 또 다른 직렬회로도 같은 각진동수로 진동하고 있다. 소자 네 개가 모두 직렬로 들어 있는 회로의 각진동수를 ω로 나타내라. 저항은 무시한다. (**실마리**: 등가 용량 공식과 등가 유도용량 공식을 쓴다. 28-4절과 32장의 문제 7을 보라.)

33. 전류 함수

$C = 64.0\ \mu$F의 진동 LC 회로에서 전류가 시간에 대해서 $i = (1.60\ \text{A})\sin[(2500\ \text{rad/s})t + 0.680\ \text{rad}]$이다. 여기서 t의 단위는 초이다. (a) $t = 0$ s 이후 언제 전류가 최대값에 이르는가? (b) 유도용량 L과, (c) 전체 에너지는 각각 얼마인가?

34. 같은 유도소자 세 개

같은 유도소자 세 개와 용량이 같은 축전기 두 개가 그림 33-13과 같이 두 고리 회로를 이루고 있다. (a) 전류의 방향이 그림 33-13a와 같다고 하자. 가운데 유도소자에 흐르는 전류는 얼마인가? 고리 방정식을 적고, 전류의 진동 진동수가 $\omega = 1/\sqrt{LC}$이면 이 방정식이 만족됨을 보여라. (b) 이제 전류가 그림 33-13b와 같다고 하자. 가운데 유도소자의 전류는 얼마인가?

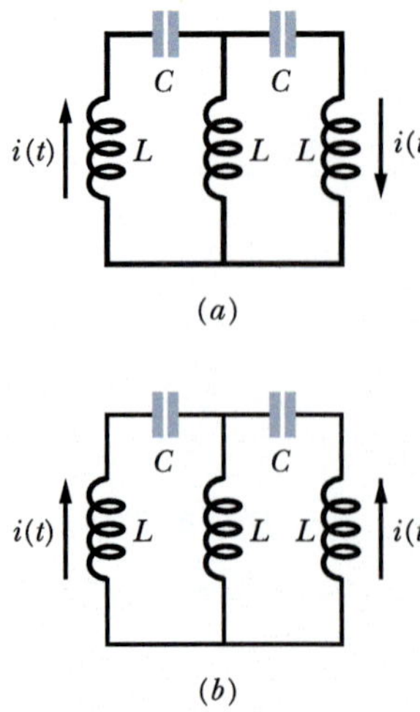

그림 33-13 문제 34

고리 방정식을 적고, 전류의 진동 진동수가 $\omega = 1/\sqrt{3LC}$이면 이 방정식이 만족됨을 보여라. 이 회로는 두 진동수로 진동할 수 있기 때문에 이를 대체할 수 있는 등가 단일 고리 회로를 구할 수가 없다.

35. 축전기 1, 축전기 2

그림 33-14에서 $C_1 = 900\ \mu\text{F}$인 축전기 1은 처음에 100 V로 충전되어 있고 $C_2 = 100\ \mu\text{F}$인 축전기 2는 비어 있다. 유도소자의 유도용량은 10.0 H이다. 스위치 S_1과 S_2를 조작하여 축전기 2를 300 V로 충전하는 방법을 자세히 설명하라.

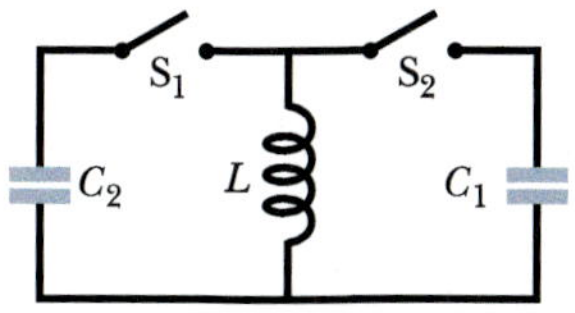

그림 33-14 문제 35

33-7 *RLC* 회로에서의 감쇠 진동

저항, 유도소자 및 축전기가 들어 있는 회로를 *RLC 회로*라고 한다. 여기서는 그림 33-15와 같은 직렬 *RLC* 회로만을 생각하자. 저항 R이 있으면 회로의 (전기 에너지와 자기 에너지의 합인) 전자기 에너지 U가 상수가 아니고 저항에서 열로 흩어지므로 시간에 따라 줄어든다. 이 에너지 손실 때문에 전하, 전류 및 전위차의 진폭이 계속 주는데, 이런 진동을 감쇠되었다고 한다. 알게 되겠지만 이 진동은 16-8절의 추-용수철 진동과 같은 꼴로 감쇠된다.

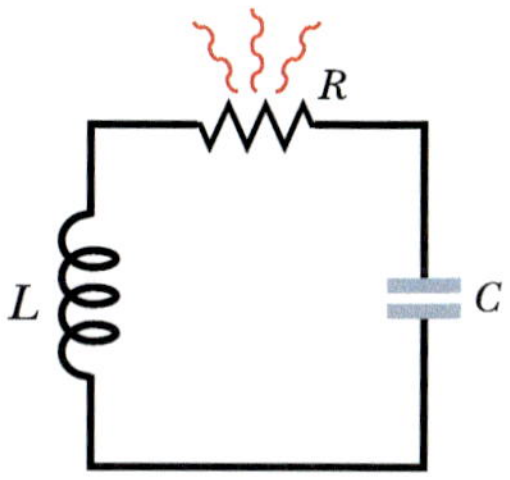

그림 33-15
직렬 *RLC* 회로. 이 회로에 들어 있는 전하가 진동하면서 저항을 오가면 전자기 에너지가 열에너지로 흩어지면서 (진폭이 줄면서) 진동이 잦아든다.

RLC 회로의 진동을 살펴보려면 어느 순간 회로에 들어 있는 전체 전자기 에너지 U에 관한 식을 정리하자. 저항에는 전자기 에너지가 저장되지 않으므로, 식 33-15를 쓸 수 있다.

$$U = U^{자기} + U^{전기} = \frac{1}{2}Li^2 + \frac{1}{2}\left(\frac{1}{C}\right)q^2 \tag{33-28}$$

그런데 이제는 에너지가 열에너지로 바뀌면서 전체 에너지가 준다. 에너지 변환율은 식 26-11로부터 다음과 같다.

$$\frac{dU}{dt} = -i^2 R \tag{33-29}$$

여기서 음의 부호는 U가 줄어드는 것을 뜻한다. 식 33-28을 시간에 대해 미분하고, 그 결과를 33-29에 넣으면 다음 결과를 얻는다.

$$\frac{dU}{dt} = Li\frac{di}{dt} + \frac{q}{C}\frac{dq}{dt} = -i^2 R$$

i 대신 dq/dt, 그리고 di/dt 대신에 d^2q/dt^2를 넣는다.

$$L\frac{d^2q}{dt^2} + R\frac{dq}{dt} + \frac{1}{C}q = 0 \quad (RLC\ 회로) \tag{33-30}$$

이 식은 *RLC* 회로에서의 감쇠 진동을 기술하는 미분 방정식이다. 식 33-30의 해는

$$q = Qe^{Rt/2L}\cos(\omega' t + \phi) \tag{33-31}$$

가 되는데, 여기서

$$\omega' = \sqrt{\omega^2 - (R/2L)^2} \tag{33-32}$$

로서, $\omega = 1/\sqrt{LC}$는 감쇠 없는 진동회로의 각진동수이다. 식 33-31은 감쇠 *RLC* 회로에서 축전기의

전하가 어떻게 진동하는가를 말해준다. 이 식은 감쇠 추-용수철 진동자의 변위를 기술하는 식 16-37에 대응되는 전자기 식이다.

식 33-31은 그림 33-9와 같이 삼각함수(코사인 함수)꼴의 진동에서 진폭이 지수함수꼴로 줄어드는 $Qe^{-Rt/2L}$를 기술한다. 감쇠 진동의 각진동수 ω'는 감쇠가 없는 진동의 ω보다 늘 작지만 여기서는 저항이 작아서 ω'을 ω로 어림할 수 있는 상황만을 생각한다.

다음에는 축전기 속의 전기장에 저장된 에너지를 나타내는 식 33-5($U^{전기} = q^2/2C$)을 찾자. 식 33-31을 식 33-5에 넣으면 다음 결과를 얻는다.

$$U^{전기} = \frac{q^2}{2C} = \frac{[Qe^{-Rt/2L}\cos^2(\omega' t + \phi)]^2}{2C} = \frac{Q^2}{2C}e^{-Rt/L}\cos^2(\omega' t + \phi) \qquad (33\text{-}33)$$

따라서 전기장 에너지는 코사인 제곱 함수꼴로 진동하고, 진폭은 시간에 따라 지수적으로 줄어든다.

유도소자 속의 자기장 에너지에 관한 식도 비슷한 과정을 따라 끌어내면, 이것도 진동을 하되 진폭이 지수적으로 줄어드는 것이 드러난다. 에너지가 축전기와 유도소자 사이를 오가기 때문에 (전기 및 자기 에너지의 합인) 전체 전자기 에너지는 그렇게 진동하지 않고, 회로의 저항에 의해 열에너지로 바뀌어 흩어지므로 지수적으로 줄어든다.

따라해보기 33-3 | 감쇠 진동

유도용량 $L = 12\,\mathrm{mH}$, 정전용량 $C = 1.6\,\mu\mathrm{F}$, 저항 $R = 1.5\,\Omega$로 이루어진 직렬 RLC 회로가 있다.

(a) 이 회로에서 전하 진동의 진폭이 처음 값의 50%가 되는 시각 t는 언제인가?

풀이 ■ 요점은 진동의 진폭이 시간에 대해 지수적으로 준다는 섬이다. 식 33-31에 따르면 어떤 시각 t에 전하 진폭은 $Qe^{-Rt/2L}$인데, 여기서 Q는 $t = 0$인 순간의 진폭이다. 여기서 찾는 것은 전하 진폭이 $0.50\,Q$가 되는 때, 즉

$$Qe^{-Rt/2L} = 0.5Q$$

인 시각이다. 양쪽에서 Q를 지우고 자연 대수를 취하면 다음을 얻는다.

$$-Rt/2L = \ln 0.50$$

t에 대해서 풀고 주어진 값을 넣는다.

$$t = -\frac{2L}{R}\ln 0.50 = -\frac{(2)(12\times10^{-3}\,\mathrm{H})(\ln 0.50)}{1.5\,\Omega}$$
$$= 0.0111\,\mathrm{s} \approx 11\,\mathrm{ms} \qquad \text{(답)}$$

(b) 그 시각까지 몇 번 진동하는가?

풀이 ■ 요점은 1번 진동하는데 걸리는 시간은 주기인 $T' = 2\pi/\omega'$이라는 점으로, 감쇠하는 LC 진동의 각진동수는 식 33-32 ($\omega' = \sqrt{\omega^2 - (R/2L)^2}$)에 있고 이 식에서

$$\omega^2 = 1/(LC) = 1/[(0.012\,\mathrm{H})(1.6\times10^{-6}\,\mathrm{F})] = 52.1\times10^6\,(\mathrm{rad/s})^2$$

이고

$$(R/2L)^2 = [(1.5\,\Omega)/(2.0)(0.012\,\mathrm{H})]^2 = 3.91\times10^3\,(\mathrm{rad/s})^2$$

이다. $(R/2L)^2 \ll \omega^2$ 이므로 ω^2에 비해서 $(R/2L)^2$은 무시할 수 있어서 $\omega' \cong \omega = \sqrt{(52.1\times10^6)(\mathrm{rad/s^2})} = 7.22\times10^3\,(\mathrm{rad/s})$이다.

그러면 감쇠진동의 한 주기는 다음과 같다.

$$T' = \frac{2\pi}{\omega'} \cong \frac{2\pi}{\omega} = 2\pi/(7.22\times10^3\,\mathrm{rad/s}) = 0.871\times10^{-3}\,\mathrm{s}$$

따라서, $\Delta t = 0.0111\,\mathrm{s}$의 시간에는

$$\frac{\Delta t}{T'} = \frac{0.0111\,\mathrm{s}}{0.871\times10^{-3}\,\mathrm{s}} \cong 13 \qquad \text{(답)}$$

그러므로 진폭이 50% 주는 동안 13번 진동한다.

연습문제 33-7

36. 감쇠 LC

감쇠 LC 회로 한 가지를 생각해보자. (a) 감쇠항 $e^{-Rt/2L}$(L은 있으나 C가 없다)을 $e^{-\pi R(\sqrt{C/L})t/T}$($L$과 C 모두 있다)과 같이 더 대칭적인 꼴로 쓸 수 있음을 보여라. 여기서 T는 (저항을 무시한) 진동의 주기다. (b) (a)의 결과를 써서 $\sqrt{L/C}$의 국제 단위가 옴임을 보여라. (c) (a)의 결과를 써서 한 주기당의 손실률이 작을 조건은 $R \ll \sqrt{L/C}$임을 보여라.

37. 저항

유도소자 $L = 220\,\text{mH}$와 축전기 $C = 12.0\,\mu\text{F}$를 직렬로 연결했을 때 진동이 5번 일어나는 동안 축전기의 최대 전하량을 99.0%로 감쇠시키는 저항값은 얼마인가? ($\omega' \approx \omega$로 가정한다.)

38. 단일 고리 회로

어느 단일 고리 회로가 $7.20\,\Omega$ 저항, $12.0\,\text{H}$ 유도소자 및 $3.20\,\mu\text{F}$ 축전기로 이루어져 있다. 처음에 축전기에는 $6.20\,\mu\text{C}$의 전하가 있고 전류는 0이다. 진동이 $N = 5, 10, 100$회 진행된 뒤 축전기의 전하량을 구하라.

39. 진동하는 직렬 RLC

진동하는 직렬 RLC 회로에서 축전기에 저장된 최대 에너지가 처음값의 반으로 감쇠되는데 걸리는 시간을 구하라. $t = 0$에 $q = Q$라고 가정한다.

40. 빈 축전기

어느 RLC 회로에서 $t = 0$일 때 축전기의 전하는 0이나 유도소자에는 전류 I가 흐른다. (a) 이 회로에 대해 식 33-31의 위상 상수 ϕ를 구하라. (b) 축전기의 전하량 q를 이 진동의 전류 진폭과 각진동수 ω를 써서 시간의 함수로 구하라.

41. 손실 에너지 비율

진동하는 어느 직렬 RLC 회로에서 1번 진동할 때 잃는 에너지 비율, $\Delta U/U$가 $2\pi R/\omega L$임을 어림셈으로 보여라. $\omega L/R$ 항은 회로의 Q라 한다. Q가 큰 회로는 저항이 적어 주기당 손실률($= 2\pi/Q$)이 작다.

33-8 교류 전류 보충

RLC 회로의 진동에서, 저항에서 열로 잃는 에너지를 전원이 채워주면 진동이 감쇠되지 않는다. 이 장의 첫 머리에서 다룬 바와 같이, 대부분의 나라에서는 교류 전원을 쓴다. 교류의 기전력과 전류는 시간에 따라 삼각함수꼴로 달라져서 1초에 120번 방향을 바꾸므로 진동수는 $f = 60\,\text{Hz}$이다.

언뜻 보면 이게 좀 이상하게 보일 것이다. 가정용 전선에서 전자의 이동 속력이 대략 $4 \times 10^{-5}\,\text{m/s}$ 정도임을 이미 알고 있다. 전자들의 방향을 1초에 120번씩 바꾸면 전자가 반주기 동안에 갈 수 있는 거리는 겨우 $3 \times 10^{-7}\,\text{m}$로, 원자 10개 정도도 되지 않는다. 그렇다면 전자가 어떻게 어디든 갈 수 있겠는가 궁금할 것이다.

이 문제가 난감할지는 모르나 걱정할 필요는 없다. 전도 전자가 꼭 '어디로 가야' 하는 것은 아니다. 이는 용수철 파동에서 용수철을 이루는 분자들이 파동을 따라 멀리 가지 않아도 에너지가 파동을 타고 멀리 전달되는 것과 비슷하다. 여기서 전자가 멀리 가지 않아도 전력은 멀리 전달된다. 도선에 1암페어의 전류가 흐른다면, 이는 1초에 도선의 단면을 지나 흐르는 전하량이 1쿨롱이라는 것이다. 전하 운반체가 이 단면을 지나는 속력과는 직접적인 관계가 없다. 1암페어의 전류는 전하 운반체가 많은 수가 느리게 움직이거나, 적은 수가 빨리 움직여서 만들 수 있다.

더 나아가서, 전자에게 방향을 바꾸라고 하는 신호 — 전력 회사 발전기의 교류 기전력에서 생김 — 는 도선을 따라 빛의 속력에 가까운 속력으로 전달된다. 전자는 도선의 어디에 있든 거의 동시에 그 신호를 받는다. 마지막으로, 전구나 빵 구이틀 등 여러 기기에서, 전자가 기기 속의 원자와 부딪쳐 에너지를 전달하는 방식이면 운동의 방향은 중요하지 않다.

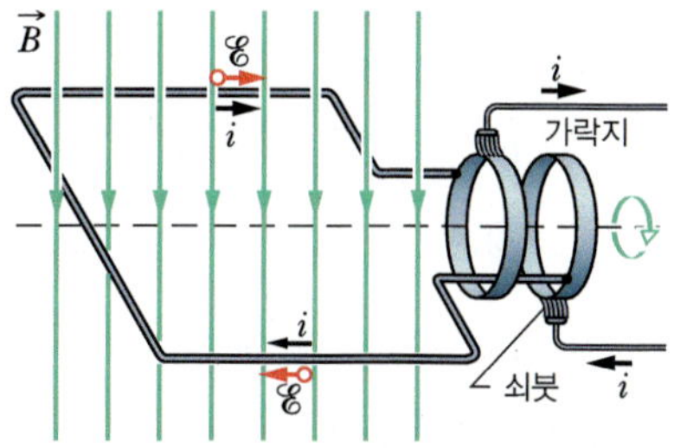

그림 33-16
교류 발전기의 기본 얼개는 바깥 자기장 속에서 도는 도체 고리다. 실제의 고리는 도선을 여러 겹 감은 코일이며, 이것에 유도된 교류 기전력은 코일의 양쪽 끝에 연결된 두 개의 '미끄럼 가락지' 전극을 통해 밖으로 꺼낸다. 가락지가 돌면서 가볍게 닿는 '쇠 붓'을 통해서 나머지 발전기 회로와 연결된다.

• 발전기 방정식

그림 33-16은 그림 32-18과 같은 교류 발전기를 단순하게 만든 모형이다. 도선 고리가 바깥 자기장

$\vec{B}$ 속에서 바깥 힘을 받아 돌면 고리에 삼각함수 모양의 기전력이 유도된다.

$$\mathscr{E} = \mathscr{E}^{최대} \sin \omega^{구동} t \tag{33-34}$$

기전력의 각진동수 $\omega^{구동}$은 고리가 자기장 속에서 도는 회전 속력과 같고, 위상은 $\omega^{구동}t$, 그리고 진폭은 $\mathscr{E}^{최대}$이다. 회전 고리가 닫힌 전도경로의 일부가 되면, 기전력이 전도 경로를 따라 $\omega^{구동}$과 같은 진동수로 삼각함수꼴의 (교류) 전류를 만드는데 (구동), 이 진동수를 **구동 각진동수(driving angular frequency)**라 한다. 그 전류는 식 33-21에 따라 아래와 같이 쓸 수 있다.

$$i = -I \sin(\omega^{구동} t + \phi) = I \sin(\omega^{구동} t - \phi') \tag{33-35}$$

여기서 I는 구동 전류의 진폭 또는 최대값이다. (전류의 위상에 $\omega^{구동}t+\phi$ 대신 음의 부호를 붙인 $\omega^{구동}t-\phi'$을 쓰는 까닭은 관례를 따른 것이다.) 식 33-25에서 전류 i가 기전력 $\mathscr{E}$과 위상이 다를 수 있음을 강조하고자 위상 상수 ϕ'를 넣는다. (앞으로 알게 되겠지만, 위상 상수는 발전기가 연결된 회로에 따라 달라진다.) 전류 i는 식 33-35에서 $\omega^{구동}$자리에 $2\pi f^{구동}$를 넣어 **구동 진동수(driving frequency)** $f^{구동}$에 대한 식으로 나타낼 수도 있다.

33-9 강제 진동

앞에서 진동이 일단 시작되면 비 감쇠 및 감쇠 진동 모두에서 (저항 R이 충분히 작다면) 전하, 전위차 및 전류가 각진동수 $\omega = 1/\sqrt{LC}$로 진동함을 보았다. 그런 진동을 (바깥 기전력이 없을 때의) 자유진동이라 하고, ω는 회로의 **고유 각진동수(natural angular frequency)**라 한다.

식 33-34의 바깥 교류 기전력이 RLC 회로에 연결되었을 때의 전하, 전위차 및 전류의 진동을 구동 진동 혹은 강제 진동이라 한다. 이때는 늘 구동 각진동수 $\omega^{구동}$으로 진동한다.

> 강제 진동하는 회로의 전하, 전류 및 전위차의 진동수는 구동 각진동수 $\omega^{구동}$이며, 회로의 고유 각진동수 ω와 상관없다.

그러나 33-11절에서 알게 되듯이, 진폭은 $\omega^{구동}$이 ω에 얼마나 가까운가에 따라 달라진다. 두 각진동수가 같을 때 — 공진이라 함 — 회로의 전류 I의 진폭이 최대가 된다.

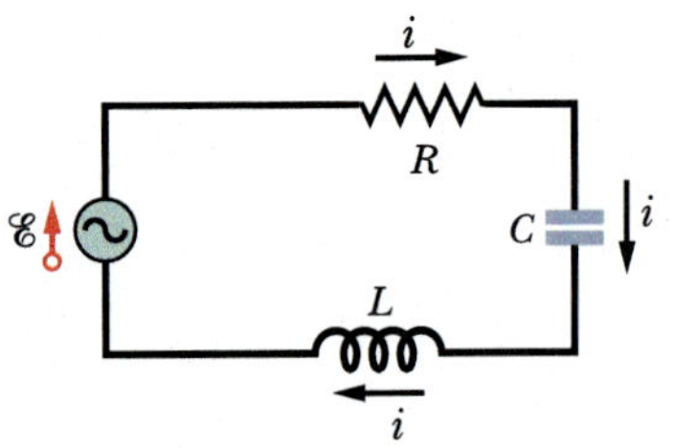

그림 33-17
저항, 축전기 및 유도소자로 이루어진 회로. 물결이 든 동그라미로 나타낸 발전기가 교류 기전력을 만들어 교류 전류가 흐르게 하는데, 이 그림에 보인 기전력과 전류의 방향은 어느 한 순간의 모습이다.

33-10 진동의 위상자로 표현: 세 가지 간단한 회로

이 장의 뒷부분에서는 바깥 교류 기전력 장치를 그림 33-17과 같은 RLC 회로에 연결한다. 그러고는 삼각함수 꼴로 진동하는 전류를 진폭 $\mathscr{E}^{최대}$와 바깥 기전력의 각진동수 $\omega^{구동}$으로 기술한다. 그러나 우선 기전력과 R, L, C 중 하나만 있는 세 가지 간단한 회로를 살펴보자. 먼저 저항 요소(순수한 저항성 부하)부터 시작하자. 여기에서도 관례에 따라 Q, I, V 등의 대문자는 상수, 그리고 q, i, v 등의 소문자는 변수를 나타낸다.

• 저항성 부하

그림 33-18a는 저항기 R과 식 33-24의 교류 기전력을 만드는 발전기로 이루어진 회로이다. 고리 법칙을 쓰면 다음 관계를 얻는다.

$$\mathscr{E} - \Delta v_R = 0$$

Δv_R은 저항기 양끝의 전위차를 나타낸다. 식 33-34를 쓰면 이 관계는 다음과 같이 된다.

$$\Delta v_R = \mathscr{E}^{최대} \sin(\omega^{구동} t)$$

저항기 양끝의 교류 전위차(전압)의 진폭 ΔV_R이 교류 기전력의 진폭 $\mathscr{E}^{최대}$와 같으므로 이를 아래와 같이 쓸 수 있다.

$$\mathscr{E} = \Delta v_R = \Delta V_R \sin(\omega^{구동} t) \tag{33-36}$$

저항의 정의($R = \Delta v_R / t$)로부터 저항의 전류 i_R를 아래와 같이 쓸 수 있다.

$$i_R = \frac{\Delta v_R}{R} = \frac{\Delta V_R}{R} \sin(\omega^{구동} t) \tag{33-37}$$

식 33-35로부터 이 전류를 다음과 같이 쓸 수도 있다.

$$i_R = I_R \sin(\omega^{구동} t - \phi) \tag{33-38}$$

여기서 I_R은 저항기의 전류 i_R의 진폭이다. 식 33-37과 33-38을 비교해보면, 순수한 저항성 부하에 대해서는 위상 상수가 $\phi = 0°$임을 알 수 있다. 또한 전압의 진폭과 전류 진폭 사이의 관계가 다음과 같다는 것도 알 수 있다.

$$\Delta V_R = I_R R \quad (저항) \tag{33-39}$$

이 관계는 그림 33-18a의 회로에 대해서 구한 것이지만 모든 교류 회로의 모든 저항에 대해 성립한다.

식 33-36과 33-37을 비교하면 시변량인 Δv_R과 i_R은 둘 다 $\phi = 0°$인 $\sin(\omega^{구동} t)$에 비례한다. 따라서 두 양은 위상이 같고, 각각의 최대점(과 최소점)이 같은 순간에 나타난다. $\Delta v_R(t)$와 $i_R(t)$를 나타낸 그림 33-18b가 이 사실을 보여준다.

여기서는 Δv_R과 i_R이 시간이 가도 감쇠하지 않는데, 이는 발전기가 저항기 R에서 잃은 에너지를 채워주기 때문이다.

이 회로는 $\sin(\omega t)$ 꼴의 전압으로 구동하므로, 그리고 등속 원운동의 x성분, y성분이 삼각함수 꼴로 변하므로, 이 진동을 나타내는데는 회전하는 벡터의 성분을 쓰면 편리하다. 이와 같은 회전벡터 표기법을 '위상자' 라고 한다. 17-12절에서 위상자란 원점을 중심으로 도는 벡터라고 했음을 상기하자. 그림 33-18a에 보인 저항기 양끝의 전압과 전류를 나타내는 위상자의 어떤 시각 t의 모습을 그림 33-18c에 보였다. 그러한 위상자의 특징은 아래와 같다.

각속력: 두 위상자 모두 원점을 중심으로 반시계 방향으로 돌며, 각속력은 $\omega^{구동}$이다.

길이: 두 위상자의 길이는 교류값의 진폭을 나타낸다: 전압은 ΔV_R, 전류는 I_R이다.

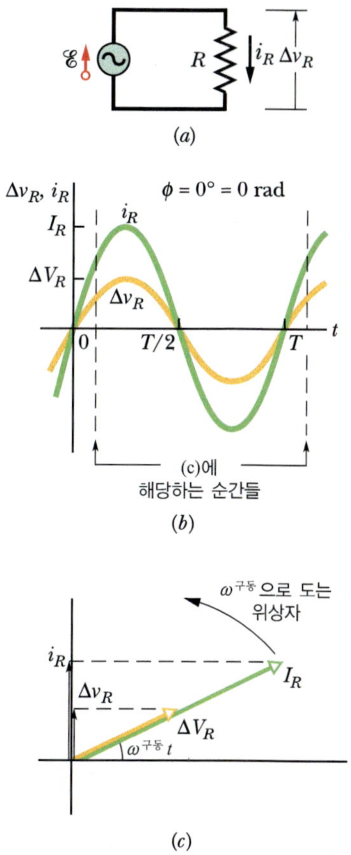

그림 33-18
(*a*) 교류 발전기에 저항을 단 회로. (*b*) 전류 i_R과 저항 양끝의 전위차 Δv_R의 시간에 대한 변화를 한 그림표에 나타냈다. 둘 다 위상이 같고 순환 주기 T가 같다. (*c*) (*b*)와 같은 내용을 보여주는 위상자.

투영값: 두 위상자를 수직축에 투영한 값은 시각 t의 교류값이다: 전압은 Δv_R, 전류는 i_R이다.

회전각: 두 위상자의 회전각은 시각 t의 교류값의 위상과 같다. 그림 33–12c에서 전압과 전류는 위상이 같아서 두 위상자의 위상은 늘 똑같이 $\omega^{\text{구동}}t$이고, 회전각도 같아서 같이 돈다.

마음속으로 이 회전을 따라가보자. 위상자들이 돌아 $\omega^{\text{구동}}t = 90°$ (수직 방향)가 되면 $\Delta v_R = \Delta V_R$인가? 식 33–36과 33–38에서도 같은 결과를 얻는다. 이때는 전압과 전류가 같이 진동한다. 따라서 위상자 표현법으로 크게 얻는 것은 없다. 그러나 이 방법의 가치는 다음에 설명하는 축전기와 유도소자 같이 좀더 복잡한 상황에서 더 잘 드러난다.

• 용량형 부하

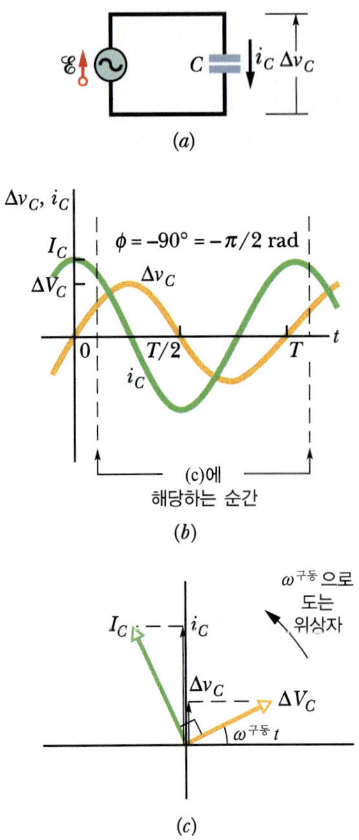

그림 33–19
(a) 교류 발전기에 축전기를 붙인 회로. (b) 축전기의 전류가 발전기의 전압보다 90° (= π/2 rad) 앞선다. (c) 위상자 그림표도 (b)와 같은 결과를 보인다.

그림 33–19a는 식 33–24의 교류 기전력을 만드는 발전기에 축전기를 붙인 회로이다. 고리법칙을 쓰고 식 33–26을 끌어낸 것과 같은 과정을 되풀이하면 축전기 양쪽 극판의 전위차를 다음과 같이 얻는다.

$$\Delta v_C = \Delta V_C \sin(\omega^{\text{구동}}t) \tag{33–40}$$

여기서 ΔV_C는 축전기 양 끝에 걸리는 교류 전압의 진폭이다. 축전기의 정의로부터 다음과 같이 쓸 수 있다.

$$q_C = C\Delta v_C = C\Delta V_C \sin(\omega^{\text{구동}}t) \tag{33–41}$$

교류회로에서 중요한 양은 전하가 아니라 전류이므로 식 33–41을 미분한다.

$$i_C = \frac{dq_C}{dt} = \omega^{\text{구동}} C\Delta V_C \cos(\omega^{\text{구동}}t) \tag{33–42}$$

이제 식 33–42를 두 가지 방식으로 바꾸자. 우선 기호의 대칭성을 위해 용량 반응저항 X_C를 도입한다.

$$X_C = \frac{1}{\omega^{\text{구동}} C} \quad \text{(용량 반응저항)} \tag{33–43}$$

이 값은 축전 용량뿐 아니라 구동 각진동수 $\omega^{\text{구동}}$에 따라서도 달라진다. 용량 시간상수($\tau = RC$)의 정의로부터 C의 국제 단위를 '초/옴'으로 쓸 수 있음은 알고 있다. 이를 식 33–43에 쓰면 X_C의 국제 단위가 저항과 같은 옴임을 알 수 있다.

둘째, $\cos(\omega^{\text{구동}}t)$를 위상이 이동한 사인 함수로 바꾼다.

$$\cos(\omega^{\text{구동}}t) = \sin[\omega^{\text{구동}}t - (-90°)]$$

이 식은 사인 함수를 왼쪽으로 90°만큼 옮겨보면 확인할 수 있다.

두 가지 변형을 쓰면 식 33–42는 다음과 같이 바뀐다.

$$i_C = \frac{\Delta V_C}{X_C} = \omega^{\text{구동}} \sin(\omega^{\text{구동}}t + 90°) \tag{33–44}$$

식 33–35로부터 C의 전류 i_C를

$$i_C = I_C \sin(\omega^{\text{구동}}t + \phi) \tag{33–45}$$

로 쓸 수 있는데 이 식에서 I_C는 i_C의 진폭이다. 식 33-34와 33-45를 비교하면 순수 용량형 부하에서는 전류의 위상 상수 ϕ가 $-90°$이고, 전압 진폭과 전류 진폭 사이의 관계가 다음과 같음을 알 수 있다.

$$\Delta V_C = I_C X_C \quad (\text{축전기}) \tag{33-46}$$

이 관계는 그림 33-13a의 회로에 대해 끌어냈지만 모든 교류 회로에 든 모든 축전기에 쓸 수 있다. 위상자를 쓰면 축전기에 관한 식을 저항에 대한 옴 법칙과 같은 꼴로 쓸 수 있음을 눈여겨보자. 이 식은 위상자의 진폭에 대해서는 성립하지만 위상차 때문에 전압과 전류 사이의 관계는 옴 법칙과는 다르다. 다음 절에서는 유도소자에 대해서도 비슷한 관계가 있음을 알게 된다.

식 33-40과 33-44를 비교하거나 그림 33-19b를 검토해보면 Δv_C와 i_C가 90°, 즉 $\frac{1}{4}$주기만큼 어긋나 있다. 또한 i_C가 Δv_C에 앞서 있는데, 이는 그림 33-19a의 회로에서 전류 i_C와 전위차 Δv_C를 계속 살펴보면 i_C가 Δv_C보다 4분의 1주기만큼 먼저 최대값에 이름을 뜻한다.

i_C와 Δv_C의 이러한 관계는 그림 33-19c의 위상자로 나타낼 수 있다. 두 양을 나타내는 위상자가 반시계 방향으로 같이 돌면 I_C로 나타낸 위상자가 V_C로 나타낸 것보다 90° 앞선다. 즉, 위상자 I_C는 위상자 V_C보다 90° 먼저 수직축을 지난다. 그림 33-19c의 위상도와 식 33-40 및 33-44가 같은 현상을 나타냄을 확인하라.

• 유도 부하

그림 33-20a는 식 33-34의 교류 기전력을 만드는 발전기에 유도소자 하나를 붙인 회로이다. 고리 법칙을 쓰고 식 33-36을 얻은 과정을 따르면 유도소자 양끝의 전위차는 다음과 같다.

$$\Delta v_L = \Delta V_L \sin \omega^{\text{구동}} t \tag{33-47}$$

여기서 ΔV_L은 Δv_L의 진폭이다. 식 32-2로부터 전류의 변화율이 di_L/dt일 때 유도소자 L 양끝의 전위차는 다음과 같이 쓸 수 있다.

$$\Delta v_L = L \frac{di_L}{dt} \tag{33-48}$$

식 33-47과 33-48을 묶으면 다음 결과를 얻는다.

$$\frac{di_L}{dt} = \frac{\Delta V_L}{L} \sin \omega^{\text{구동}} t \tag{33-49}$$

교류회로에서 중요한 양은 전류이므로 식 33-49를 적분하여 다음과 같이 전류를 얻는다.

$$i_L = \int di_L = \frac{\Delta V_L}{L} \int \sin(\omega^{\text{구동}} t)\, dt = -\left(\frac{\Delta V_L}{\omega^{\text{구동}} L}\right) \cos(\omega^{\text{구동}} t) \tag{33-50}$$

이제 이 식을 두 가지 방법으로 바꾸자. 우선, 기호의 대칭성을 위해 **유도 반응저항(inductive reactance)** X_L을 도입한다.

$$X_L = \omega^{\text{구동}} L \quad (\text{유도 반응저항}) \tag{33-51}$$

X_L의 값은 구동 각진동수 $\omega^{\text{구동}}$에 따라 달라진다. 유도 시간상수 L의 단위를 보면 X_L의 국제 단위

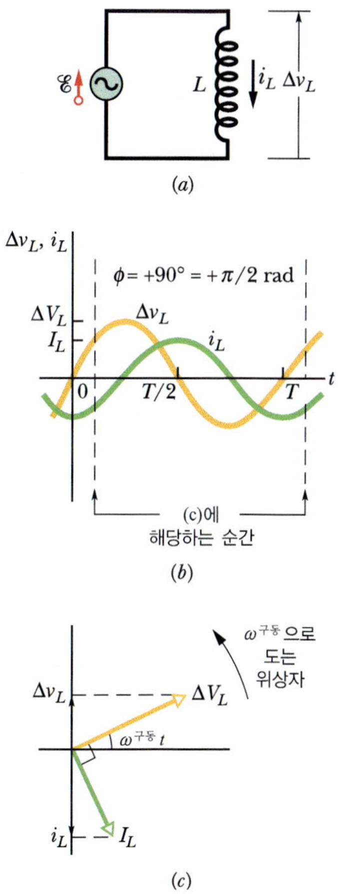

그림 33-20
(a) 교류 발전기에 유도소자를 붙인 회로. (b) 유도소자의 전류가 전압에 비해 90° (= π/2 rad) 만큼 뒤진다. (c) 위상자 그림에서도 같은 결과를 볼 수 있다.

도 X_C와 R과 같이 옴임을 알 수 있다.

둘째, 식 33-50에서 함수 $-\cos(\omega^{구동}t)$를 위상 이동시킨 사인 함수로 바꾼다.

$$-\cos(\omega^{구동}t) = \sin[\omega^{구동}t - (+90°)]$$

이 식은 사인 곡선을 오른쪽 90° 옮겨보면 확인할 수 있다.

두 가지 변형을 쓰면 식 33-50은 다음과 같이 바뀐다.

$$i_L = \left(\frac{\Delta V_L}{X_L}\right)\sin(\omega^{구동}t) \tag{33-52}$$

식 33-35로부터 유도소자의 전류를 다음과 같이 쓸 수 있다.

$$i_L = I_L \sin(\omega^{구동}t - \phi) \tag{33-53}$$

여기서 I_L은 전류 i_L의 진폭이다. 식 33-52와 33-53을 비교해보면 순수 유도 부하에서는 전류의 위상이 +90°임을 알 수 있다. 또 전압 진폭과 전류 진폭이 다음 관계에 있음을 알 수 있다.

$$\Delta V_L = LX_L \quad (유도소자) \tag{33-54}$$

이 식은 그림 33-20a의 회로에 대해서 구했지만 모든 교류 회로에 쓸 수 있다.

식 33-47과 33-52를 비교하거나 그림 33-20b를 자세히 보면 i_L과 Δv_L이 90°의 위상차가 있는데, 이제는 i_L이 Δv_L보다 뒤쳐져 있다. 즉 그림 33-20a의 회로에서 전류 i_L과 전위차 Δv_L을 계속 살펴 보면 Δv_L이 최대값이 된 뒤 $\frac{1}{4}$주기가 지나 i_L이 최대값이 된다.

그림 33-20c의 위상자 그림에도 이러한 정보가 담겨 있다. 그림에서 위상사가 반시계 방향으로 돌 때, I_L로 표시한 위상자가 실제로 X_L로 나타낸 것보다 90° 뒤에서 따라간다. 그림 33-19c가 식 33-47과 33-52를 나타낸다는 점을 확인하라.

생각해보기 33-5 그림에서 S는 사인곡선 $S(t) = \sin(\omega^{구동}t - \phi)$를 나타내고, 다른 세 사인 곡선 $A(t)$, $B(t)$, $C(t)$ 모두 $\sin(\omega^{구동}t - \phi)$ 꼴을 하고 있다. (a) 세 곡선을 ϕ값이 가장 큰 것부터 차례로 나열하라. (b) 그림 (b)의 위상자를 맞는 곡선과 짝지워라. (c) 어느 곡선이 다른 것에 앞서 가는가?

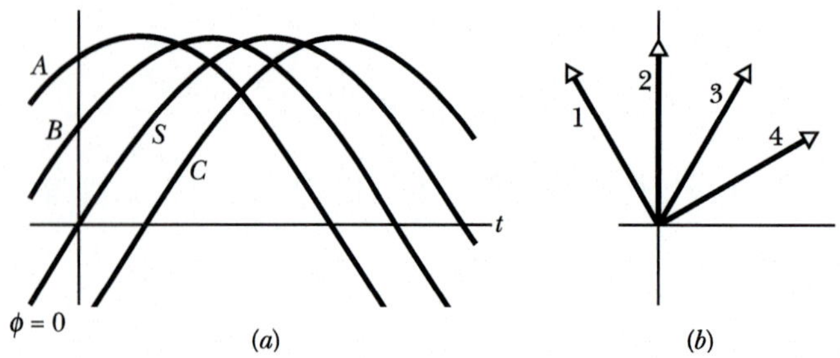

(a) (b)

연습문제 33-10

42. 진폭

1.50 μF 축전기가 그림 33-19a와 같이 $|\mathscr{E}^{최대}| = 30.0$ V인 교류 발전기에 연결되어 있다. 기전력의 진동수가 (a) 1.00 kHz, (b) 8.00 kHz일 때 전류의 진폭은 각각 얼마인가?

43. 교류 발전기

50.0 mH 유도소자가 그림 33-20a와 같이 $|\mathscr{E}^{최대}| = 30.0$ V의 교류 발전기에 연결되어 있다. 기전력의 진동수가 (a) 1.00 kHz, (b) 8.00 kHz일 때 전류의 진폭은 각각 얼마인가?

44. 기전력의 진동수

50 Ω 저항이 그림 33-18a와 같이 $|\mathscr{E}^{최대}| = 30.0$ V의 교류 발전기에 연결되어 있다. 기전력의 진동수가 (a) 1.00 kHz, (b) 8.00 kHz일 때 전류의 진폭은 각각 얼마인가?

45. 진동수

(a) 6.0 mH 유도소자와 10 μF 축전기의 임피던스가 같아지는 진동수는 얼마인가? (b) 반응저항은 얼마이겠는가? (c) 진동수가 같은 유도소자와 축전기로 이루어진 진동 회로의 고유 진동수임을 보여라.

46. 전류 최대 점

어느 교류 발전기의 기전력이 $\mathscr{E} = \mathscr{E}^{최대}\sin(\omega^{구동}t)$인데, $\mathscr{E}^{최대} = 30.0$ V, $\omega^{구동} = 377$ rad/s이다. 이 발전기를 12.7 H 유도소자에 연결하였다. (a) 전류의 최대값은 얼마인가? (b) 전류가 최대일 때 발전기의 기전력은 얼마인가? (c) 발전기의 순간 기전력이 −12.5 V이며, 크기가 점점 커지고 있을 때 전류는 얼마인가?

47. 최대가 될 때

어느 교류 발전기의 기전력이 $\mathscr{E} = \mathscr{E}^{최대}\sin(\omega^{구동}t - \pi/4)$이며, $\mathscr{E}^{최대} = 30.0$ V, $\omega^{구동} = 350$ rad/s이다. 이것에 연결된 회로의 전류는 $i(t) = I\sin(\omega^{구동}t - 3\pi/4)$이며, $I = 620$ mA이다. (a) $t = 0$ 이후 발전기의 기전력이 처음으로 최대가 될 때는 언제인가? (b) $t = 0$ 이후 전류가 처음으로 최대가 될 때는 언제인가? (c) 이 회로에는 발전기 이외에 다른 하나의 소자가 들어 있다. 이 소자는 축전기인가 아니면 유도소자 또는 저항인가? 답을 고른 이유를 설명하라. (d) 그렇게 고른 소자의 축전용량 혹은 유도용량 또는 저항값을 얼마인가?

48. 발전기

문제 46의 발전기를 4.15 μF 축전기에 연결하였다. (a) 전류의 최대값은 얼마인가? (b) 전류가 최대가 될 때 발전기의 기전력은 얼마인가? (c) 발전기의 순간 기전력이 −12.5 V이며, 크기가 점점 커지고 있을 때 전류는 얼마인가?

33-11 직렬 *RLC* 회로

이제 그림 33-17의 온전한 *RLC* 회로에 식 33-34로 나타낸 기전력

$$\mathscr{E} = \mathscr{E}^{최대}\sin\omega^{구동}t \quad (\text{구동 기전력}) \tag{33-55}$$

을 걸 채비가 되었다. R, L, C가 직렬연결 되어있으므로 아래의 전류가 셋 모두에 똑같이 흐른다.

$$i = I\sin(\omega^{구동}t - \phi) \tag{33-56}$$

전류 진폭 I와 위상 상수 ϕ를 구해보자. 위상자 그림을 쓰면 해를 간단히 구할 수 있다.

지금까지 살펴본 세 회로 요소에 대한 전류 i와 전압 V 사이의 관계를 표 33-2에 정리해 두었

표 33-2
교류 전류와 전압에 대한 위상과 진폭 관계

회로요소	기호	저항 또는 반응저항	전류의 위상	위상상수(각도 ϕ)	진폭 관계
저항기	R	R	v_R과 위상이 같음	0°(= 0 rad)	$\Delta V_R = I_R R$
축전기	C	$X_C = 1/\omega^{구동}C$	Δv_C보다 90°(= − π/2 rad) 앞섬.	−90°(= π/2 rad)	$\Delta V_C = I_C X_C$
유도기	L	$X_L = \omega^{구동}L$	Δv_L보다 90°(= + π/2 rad) 뒤짐.	+90°(= π/2 rad)	$\Delta V_L = I_L X_L$

다. 이들에 교류 기전력을 걸어 교류 전류가 흐르게 하면, 전류의 위상은 저항기의 전압과 같고, 축전기 전압에는 앞서며, 유도기 전압에는 뒤쳐진다.

• 전류 진폭

그림 33–21a로 시작하자. 이 그림은 어떤 순간 식 33–56의 전류를 나타내는 위상자를 보인 것이다. 위상자의 길이는 전류 진폭 I, 수직 축에 투영한 값이 시각 t의 전류 i, 그리고 위상자의 회전각이 시각 t의 위상 $(\omega^{구동}t - \phi)$이다.

그림 33–21b는 같은 시각 t에 R, L, C에 걸리는 전압을 나타낸다. 각각의 위상자는 표 33–2의 내용에 따라 그림 33–21a의 전류의 회전각을 기준으로 방향을 나타냈다.

저항기: 전류의 위상이 전압과 같으므로 전압 위상자 ΔV_R의 회전각이 I의 위상자와 같다.

축전기: 전류가 전압에 90° 앞서므로 전압 위상자 ΔV_C의 회전각이 I의 위상자보다 90° 작다.

유도기: 전류가 전압에 90° 뒤지므로 전압 위상자 ΔV_L의 회전각이 I의 위상자보다 90° 크다.

그림 33–21b는 시각 t에 R, C, L에 걸리는 전압 Δv_R, Δv_C, Δv_L을 보여준다. 이들 전압은 해당 위상자를 그림의 수직축에 투영한 값이다.

그림 33–21c는 식 33–55의 구동 기전력을 보여준다. 위상자의 길이는 기전력 진폭인 $\mathscr{E}^{최대}$이고, 위상자를 수직축에 투영한 것이 시각 t의 기전력 $\mathscr{E}$, 그리고 위상자의 회전각도가 시각 t의 위상 $\omega^{구동}t$이다.

어느 순간이나 전압 Δv_R, Δv_C, Δv_L의 합은 걸어준 기전력 $\mathscr{E}$와 같다는 것은 고리법칙으로부터 알고 있다.

$$\mathscr{E} = \Delta v_R + \Delta v_C + \Delta v_L \tag{33–57}$$

따라서 시각 t에 그림 33–21c의 투영값 $\mathscr{E}$은 그림 33–21b에서 Δv_R, Δv_C, Δv_L의 투영값을 대수 덧셈한 것과 같다. 사실, 위상자가 같이 돌기 때문에 이 등식은 늘 성립한다. 이는 그림 33–21c의 위상자 $\mathscr{E}^{최대}$가 그림 33–21b의 세 전압 위상자 ΔV_R, ΔV_C, ΔV_L의 벡터 합과 같아야 함을 뜻한다.

그 조건이 그림 33–21d에 나타나 있는데, 여기서는 위상자 $\mathscr{E}^{최대}$를 세 위상자 ΔV_R, ΔV_C, ΔV_L의 합으로 그렸다. 그림에서 ΔV_C, ΔV_L은 부호가 반대이므로 ΔV_C와 ΔV_L을 묶어 하나의 위상자 $\Delta V_C - \Delta V_L$로 나타내어 벡터 합을 간단히 하였다. 그 다음에 이 위상자와 ΔV_R을 더해 알짜 위상자를 셈한다. 이 알짜 위상자는 그림에 보인 것처럼 위상자 $\mathscr{E}^{최대}$와 같아야 한다.

그림 33–21d의 두 삼각형은 모두 직각 삼각형이다. 어느 하나에 피타고라스 정리를 쓰자.

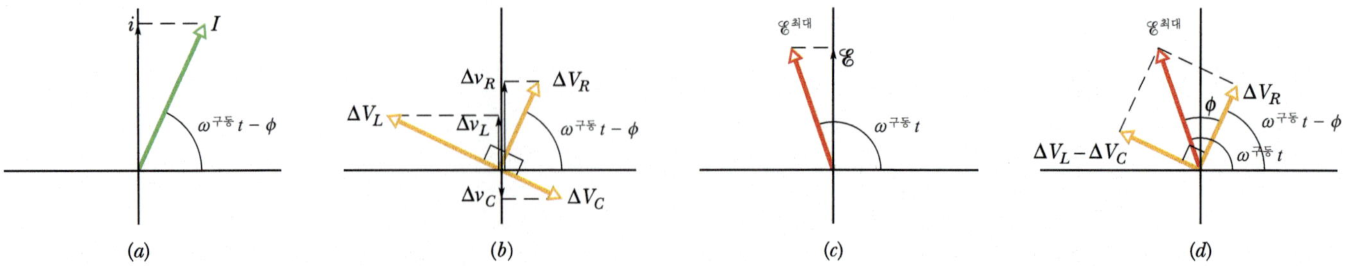

그림 33–21

(a) 그림 33–17의 구동 RLC 회로에서 어떤 시각 t의 교류 전류를 나타내는 위상자. 진폭 I, 순간 값 i 및 위상 $(\omega^{구동}t - \phi)$가 나타나 있다. (b) 유도소자, 저항 및 축전기 양끝에 걸린 전압을 나타내는 위상자. 방향은 (a)의 전류 위상자를 기준으로 정했다. (c) (a)의 전류를 구동하는 교류 기전력을 나타내는 위상자. (d) 기전력 위상자는 (b)에 보인 세 전압 위상자의 벡터 합과 같다. 여기에서는 진압 위상자 ΔV_L과 ΔV_C를 디하여 알찌 위상지 $(\Delta V_L - \Delta V_C)$를 만들어 썼다.

$$(\mathscr{E}^{최대})^2 = (\Delta V_R)^2 + (\Delta V_L - \Delta V_C)^2 \tag{33-58}$$

표 33-2의 진폭 관련 자료로부터 이를 아래와 같이 고쳐 쓸 수 있다.

$$(\mathscr{E}^{최대})^2 = (IR)^2 + (IX_L - IX_C)^2 \tag{33-59}$$

이를 정리하면 다음 결과를 얻는다.

$$I = \frac{\mathscr{E}^{최대}}{R^2 + (X_L - X_C)^2} \tag{33-60}$$

식 33-60의 분모를 구동 진동수 $\omega^{구동}$에 대한 회로의 **임피던스(온저항)(impedance)**라 한다.

$$Z = \sqrt{R^2 + (X_L - X_C)^2} \quad \text{(임피던스의 정의)} \tag{33-61}$$

식 33-60은 다음과 같이 쓸 수 있다.

$$I = \frac{\mathscr{E}^{최대}}{Z} \tag{33-62}$$

식 33-43과 33-51에서 X_C와 X_L을 바꿔 넣으면 식 33-60을 더 명확히 다음과 같이 정리할 수 있다.

$$I = \frac{\mathscr{E}^{최대}}{R^2 + (\omega^{구동} L - 1/\omega^{구동} C)^2} \quad \text{(전류 진폭)} \tag{33-63}$$

이제 목표의 반은 이루었다. 직렬 *RLC* 회로의 전류 진폭 I에 대한 식을 삼각함수꼴의 구동 기전력과 회로 요소의 특성으로 나타냈다.

I 값은 식 33-63에서 $\omega^{구동} L$과 $1/\omega^{구동} C$의 차, 다른 말로 해서 식 33-60에서 X_L과 X_C의 차에 따라 달라진다. 늘 두 값의 차의 제곱을 셈하므로 어느 값이 더 큰가 따질 필요가 없다.

이 절에서 설명한 전류는 '정상전류' 인데, 이것은 교류 기전력을 걸어준 뒤 얼마 지나서 나타난다. 회로에 기전력이 걸어주면 (정상 전류로 안정될 때까지) 처음에는 잠깐 '과도 전류' 가 나타난다. 그 시간은 축전 및 유도 소자가 '켜지는' 데 걸리는 시간을 나타내는 시간상수 $\tau_L = L/R$ 및 $\tau_C = RC$에 따라 정해진다. 이 과도 전류는 값이 클 수도 있어서, 예를 들어 전동기 회로를 설계할 때 제대로 안전 조처를 마련해 두지 않으면 전동기를 켤 때 망가질 수도 있다.

• 위상 상수

순간전류에 대한 순간전압의 위상차는 그림 33-21*d*의 오른손 위상자 삼각형과 표 33-2로부터 다음과 같이 쓸 수 있다.

$$\tan\phi = \frac{\Delta V_L - \Delta V_C}{\Delta V_R} = \frac{IX_L - IX_C}{IR} \tag{33-64}$$

이로부터 다음의 식을 얻는다.

$$\tan\phi = \frac{X_L - X_C}{R} \tag{33-65}$$

이 식이 목표의 나머지 반이다: 사인함수꼴 기전력으로 구동한 직렬 RLC 회로의 위상상수 ϕ에 관한 식이다. 핵심은 위상상수는 X_L과 X_C의 상대적 크기에 따라 세 가지 다른 결과가 나온다.

$\boldsymbol{X_L > X_C}$: 회로의 *유도성이 용량성보다 크다.* 식 33-65에 따르면 이때 ϕ가 양수인데, 이는 I 위상자가 $\mathscr{E}^{최대}$위상자 뒤를 따라 돌고 있음을 뜻한다(그림 33-22*a*). $\mathscr{E}$와 i를 시간에 대해 그리면 그림 33-22*b*와 같다. (그림 33-22*c*, *d*의 위상자는 $X_L > X_C$로 가정하고 그렸다.)

$\boldsymbol{X_C > X_L}$: 회로의 *용량성이 유도성보다 크다.* 식 33-65에 따르면 이때 ϕ가 음수인데, 이는 I 위상자가 $\mathscr{E}^{최대}$위상자에 앞서 돌고 있음을 뜻한다 (그림 33-22*c*). $\mathscr{E}$와 i를 시간에 대해 그리면 그림 33-22*e*와 같다.

$\boldsymbol{X_L = X_C}$: 회로가 *공진*한다. 이는 아래에서 설명한다. 식 33-65에 따르면 이때 $\phi = 0°$인데, 이는 I 위상자가 $\mathscr{E}^{최대}$위상자가 같이 돌고 있음을 뜻다(그림 33-22*e*). $\mathscr{E}$와 i를 시간에 대해 그리면 그림 33-22*f*와 같다.

두 가지 극단적인 사례를 들어 설명하자. 그림 33-20*a*의 순수 유도성 회로에서는 X_L은 0이 아닌데 $X_C = R = 0$이다. 식 33-65에 따르면 $\phi = +90°$(ϕ의 최대값)인데, 이는 그림 33-20*c*와 맞다. 그림 33-19*a*의 순수 용량성 회로에서는 X_C는 0이 아니지만 $X_L = R = 0$이다. 식 33-65에 따르면 $\phi = -90°$(ϕ의 최소값)인데, 이는 그림 33-19c와 맞는다.

• 공진

식 33-63은 RLC 회로의 전류 진폭을 바깥 기전력의 구동 각진동수 $\omega^{구동}$의 함수로써 나타낸 것이다. 저항값이 R일 때 진폭이 최대가 될 때는 분모의 $\omega^{구동}L - 1/\omega^{구동}C$가 0, 즉 아래 조건이 성립할 때이다.

$$\omega^{구동}L = \frac{1}{\omega^{구동}C}$$

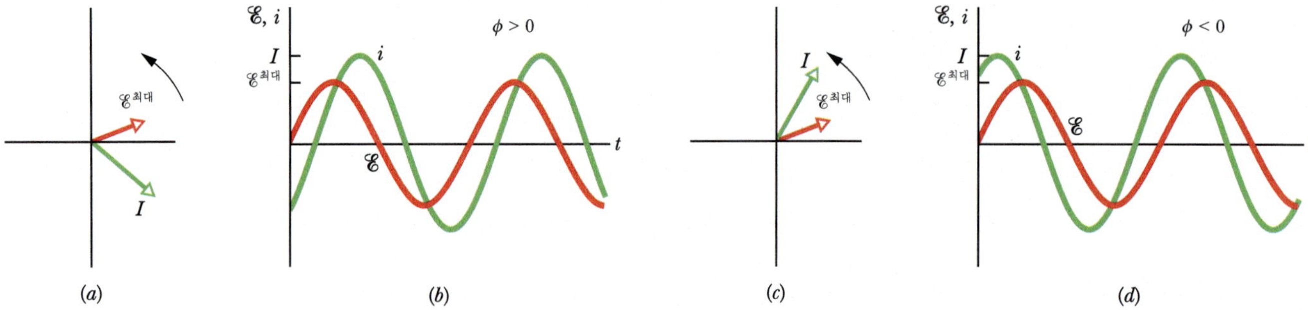

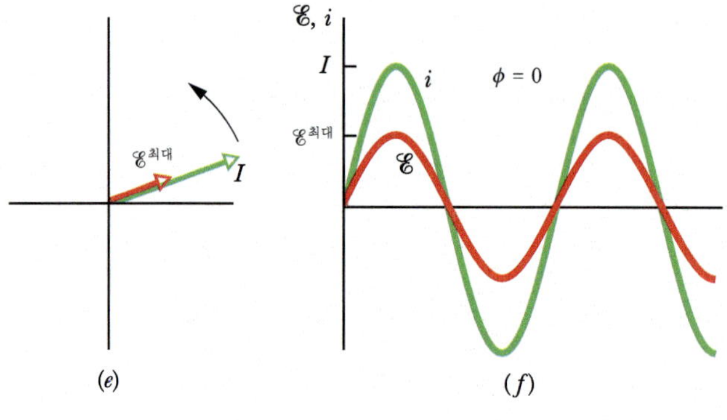

그림 33-22
그림 33-17의 구동 RLC 회로에 대한 교류 기전력과 전류의 위상자 그림. (*a*)와 (*b*)의 위상자 그림에서 전류 i가 구동 기전력 $\mathscr{E}$보다 뒤쳐져 있으며 전류의 위상 상수 ϕ는 0보다 크다. (*c*)와 (*d*)에서는 전류 i가 구동 기전력 $\mathscr{E}$보다 앞서 있으며 전류의 위상 상수 ϕ는 0보다 작다. (*e*)와 (*f*)에서는 전류 i가 구동 기전력과 위상이 같으며 위상 상수 ϕ는 0이다.

또는

$$\omega^{구동} = \frac{1}{\sqrt{LC}} \tag{33-66}$$

RLC 회로의 고유 각진동수 ω도 $1/\sqrt{LC}$이므로, I가 최대값이 되는 것은 구동 각진동수가 고유 진동수와 같을 때, 즉 공진할 때이다. 따라서 *RLC* 회로에서 공진과 최대 진폭 I가 나타나는 것은 다음 조건이 성립할 때이다.

$$\omega^{구동} = \omega = \frac{1}{\sqrt{LC}} \quad (공진) \tag{33-67}$$

그림 33-23은 R값만 다른 세 *RLC* 회로를 사인함수꼴로 구동시켜 생긴 전류 진동의 세 공진 곡선을 보여준다. 낱낱의 곡선은 $\omega^{구동}/\omega = 1.0$일 때 전류 진폭이 최대값 I가 되지만 저항이 커지면 최대값 I는 작아진다. (최대값 I는 어느 경우든 $\mathscr{E}^{최대}/R$인데, 왜 그런가를 보려면, 식 33-61과 33-62를 묶어 보라.) 그 밖에도 저항이 커지면 (그림 33-23에서 최대 I의 반인 곳에서 잰) 곡선의 너비가 커진다.

그림 33-23을 물리적으로 이해하려면, 구동 각진동수 $\omega^{구동}$을 고유 각진동수 ω보다 아주 작은 값부터 시작해서 점차 키워가면 반응저항 X_L과 X_C가 어떻게 되는가 살펴보자. $\omega^{구동}$이 작으면 $X_L (= \omega^{구동} L)$는 작고 $X_C (= 1/\omega^{구동} C)$는 크다. 따라서 이 회로는 용량형 회로이고 임피던스는 주로 큰 X_C가 결정하여 전류가 작아진다.

$\omega^{구동}$을 키우면 X_C가 계속 임피던스를 결정하기는 하지만 작아지고 X_L이 커진다. X_C가 작아지면 임피던스도 줄어, 그림 33-23의 공진 곡선 왼쪽에서 보는 것처럼, 전류가 커진다. X_L은 커지고 X_C가 작아지면서 둘이 같아지면 전류는 최대가 되고, 회로는 $\omega^{구동} = \omega$가 되어 공진한다.

$\omega^{구동}$을 계속 키우면 작아지는 X_C 대신 X_L이 임피던스를 결정한다. X_L이 커지고 전류는 줄기 때문에 그림 33-23의 공진 곡선 오른쪽에서 보는 것처럼, 임피던스는 커진다. 결론적으로 임피던스를 주로 결정하는 것은 공진 곡선의 각진동수가 작은 대역에서는 용량형 반응저항, 큰 대역에서는 유도형 반응저항이며, 공진은 두 대역 사이에서 일어난다.

생각해보기 33-6 사인함수꼴 기전력으로 구동되는 어떤 직렬 *RLC* 회로의 용량 및 유도 반응저항 값이 다음과 같다. (1) 50 V, 100 V,(2) 100 V, 50 V (3) 50 V, 50 V. (a) 각각에 대해 전류가 구동 기전력에 앞서 가는가, 뒤쳐지는가, 아니면 둘이 같은 위상인가? (b) 어느 것이 공진하는가?

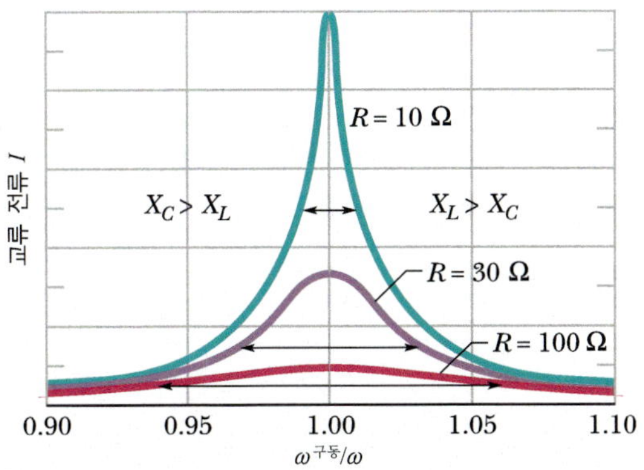

그림 33-23
그림 33-17의 *RLC* 회로에서 $L = 100\ \mu H$, $C = 100$ pF로 하고, 저항을 세 가지로 바꾸어 본 공진 곡선. 교류 전류의 진폭 I는 구동 각진동수 $\omega^{구동}$이 고유 각진동수 ω와 얼마가 비슷한가에 따라 다르다. 각 곡선에서 수평 방향의 화살표는 곡선이 얼마나 뾰족한가를 나타내는 지수로 최대값의 반에서 곡선의 너비를 나타낸다. $\omega^{구동}/\omega = 1$인 점 왼쪽에서는 회로가 주로 용량형이고 $X_C > X_L$이며, 오른쪽에서는 주로 유도형이고 $X_L > X_C$이다.

따라해보기 33-4 | 직렬 *RLC* 회로

그림 33-17에서 $R = 200\,\Omega$, $C = 15.0\,\mu F$, $L = 230\,mH$, $f^{구동} = 60.0\,Hz$, $\mathscr{E}^{최대} = 36.0\,V$로 둔다.

(a) 전류 진폭 I는 얼마인가?

풀이 ■ 요점은 전류 진폭 I가 구동 기전력원의 진폭 $\mathscr{E}^{최대}$와 회로의 임피던스에 식 33-62($I = \mathscr{E}^{최대}/Z$) 형식으로 연관된다는 점이다. 따라서, Z를 구해야 하는데, 이 값은 회로 저항 R, 용량 반응저항 X_C, 그리고 유도 반응저항 X_L에 따라 결정된다.

회로의 저항은 주어진 저항 R뿐이다. 용량 반응저항은 축전기에서 온다. 표 33-2에서 ($X_C = 1/\omega^{구동} C$)이며 $\omega^{구동} = 2\pi f^{구동}$이므로

$$X_C = \frac{1}{2\pi f^{구동} C} = \frac{1}{(2\pi)(60.0\,Hz)(15.0\times10^{-6}\,F)} = 177\,\Omega$$

표 33-2에서 ($X_L = \omega^{구동} L$)이며 $\omega^{구동} = 2\pi f^{구동}$이므로

$$X_L = 2\pi f^{구동} L = (2\pi)(60.0\,Hz)(230\times10^{-3}\,H) = 86.7\,\Omega$$

그러므로 회로의 임피던스는 다음과 같다.

$$Z = \sqrt{R^2 + (X_L - X_C)^2} = \sqrt{(200\,\Omega)^2 + (86.7\,\Omega - 177\,\Omega)^2} = 219\,\Omega$$

이로부터 다음

$$|I| = \frac{|\mathscr{E}^{최대}|}{Z} = \frac{36.0\,V}{219\,\Omega} = 0.164\,A \qquad \text{(답)}$$

(b) 구동 기전력에 대한 전류의 위상 상수 ϕ 값은 얼마인가?

풀이 ■ 요점은 위상 상수가 회로의 유도 반응저항, 용량 반응저항 및 위상에 따라 식 33-65와 같이 결정된다는 것이다. 그 식을 ϕ에 대해서 푼다.

$$\phi = \tan^{-1}\frac{X_L - X_C}{R} = \tan^{-1}\frac{86.7\,\Omega - 177\,\Omega}{200\,\Omega} = -24.3^\circ = -0.424\,rad \qquad \text{(답)}$$

위상 상수가 음수라는 것은 부하가 주로 용량성, 즉 $X_C > X_L$이라는 사실과 맞다.

연습문제 33-11

49. Z, ϕ, I 구하기

(a) 따라해보기 33-4의 상황에서 축전기는 떼고 나머지는 그대로 두었을 때 Z, ϕ 및 I를 구하라. (b) 이 새 상황에 대해 그림 33-21*d*와 같은 위상자 그림을 축척대로 그려라.

50. Z, ϕ, I 구하기 2

(a) 따라해보기 33-4의 상황에서 유도소자는 떼고 나머지는 그대로 두었을 때 Z, ϕ 및 I를 구하라. (b) 새 상황에 대해 그림 33-21*d*와 같은 위상자 그림을 축척대로 그려라.

51. Z, ϕ, I 구하기 3

(a) 따라해보기 33-4의 상황에서 $C = 70.0\,\mu F$로 두고 나머지는 그대로 두었을 때 Z, ϕ 및 I를 구하라. (b) 새 상황에 대해 그림 33-21*d*와 같은 위상자 그림을 축척대로 그리고 두 그림을 자세히 비교하라.

52. 가변 진동수

그림 33-24에서 진동수를 바꿀 수 있는 발전기가 가변저항 R, $C = 5.50\,\mu F$ 축전기 및 유도용량 L인 유도소자에 연결되어 있다. 이 회로에 발전기가 공급하는 전류는 진동수가 1.30 혹은 1/50 kHz일 때 최대값의 50%이다. (a) L은 얼마인가? (b) R이 커지면 전류 진폭이 절반이 되는 진동수는 어떻게 되는가?

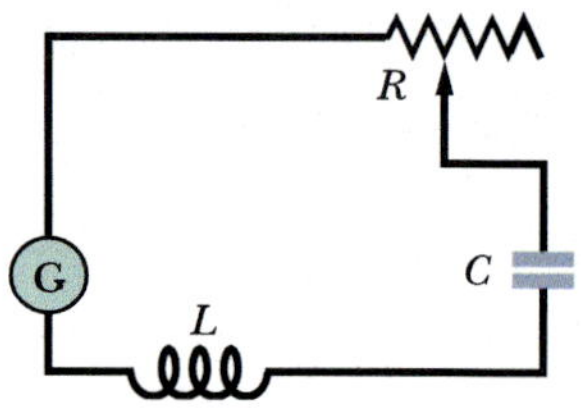

그림 33-24 문제 52

53. 공진

어느 *RLC* 회로에서 유도소자 양끝의 전압이 발전기 기전력의 진폭보다 클 수 있는가? $\mathscr{E}^{최대} = 10\,V$, $R = 10\,\Omega$, $L = 1.0\,H$ 및 $C = 1.0\,\mu F$인 *RLC* 회로를 고려하라. 공명 상태에서 유도소자 양끝의 전압 진폭을 구하라.

54. 최대 기전력

따라해보기 33-4에서 발전기의 기전력이 최대일 때 (a) 발전기 (b) 저항 (c) 축전기 (d) 유도소자 양끝의 전압을 구하라. (e) 이 값들을 부호를 고려하여 모두 더해서 고리법칙이 성립함을 보여라.

55. 미지의 저항

88 mH 유도소자와 미지의 저항, 그리고 0.94 μF 축전기가 930 Hz의 교류 기전력과 지렬로 연결되어 있다. 걸어준 전압과 전류 사이

의 위상 상수가 75°이라면 코일의 저항은 얼마인가?

56. 용량 반응저항

$\mathscr{E}^{최대}$ = 220 V, 400 Hz로 작동하는 교류발전기가 R = 220 Ω, L = 150 mH 및 C = 24.0 μF가 직렬로 연결된 회로를 진동시키고 있다. (a) 용량 반응저항 X_C, (b) 임피던스 Z, (c) 전류진폭 I를 각각 구하라. 용량이 같은 제2의 축전기를 다른 소자들과 같이 직렬로 연결하였다. 앞에서 구한 (d) X_C, (e) Z, (f) I 값들이 증가, 감소 혹은 그대로 있을지 답하라.

57. 반값–폭

그림 33–17과 같은 어느 RLC 회로에서 R = 5.00 Ω, C = 20.0 μF, L = 1.00 H 및 $\mathscr{E}^{최대}$ = 30.0 V이다. (a) 전류 진폭이 그림 33–23의 공진 곡선과 같이 최대가 되는 것은 구동 각진동수 $\omega^{구동}$의 값이 얼마일 때인가? (b) 최대값은 얼마인가? (c) 전류 진폭이 최대값의 반이 되는 각진동수 둘($\omega_1^{구동}$, $\omega_2^{구동}$)을 구하라. (d) 이 회로의 반값–폭 비율[$=(\omega_1^{구동}-\omega_2^{구동})/\omega$]은 얼마인가?

58. 직렬 발전기

어느 교류 전기를 L = 2.00 mH 유도소자와 축전기 C에 직렬로 연결하고자 한다. 두 축전기 C_1 = 4.00 μF와 C_2 = 6.00 μF를 단독 혹은 같이 써서 C 값을 얻어야 한다. C_1과 C_2를 써서 얻을 수 있는 공진 진동수를 구하라.

59. 반값–폭 비율

공진 곡선의 반값–폭 비율(문제 57 참조)이 다음과 같음을 보여라.

$$\frac{\Delta\omega^{구동}}{\omega}=\sqrt{\frac{3C}{L}}\,R$$

여기서 ω는 공진 상태에서의 각진동수, $\Delta\omega^{구동}$은 공진 곡선에서 1/2진폭의 폭이다. $\Delta\omega^{구동}/\omega^{구동}$은 그림 33–23과 같이 저항에 따라 커진다. 이 식을 써서 문제 57d의 답을 점검하라.

60. 가변 진동수 2

그림 33–25에 진동수를 바꿀 수 있는 발전기가 R = 100 Ω 저항, L_1 = 1.70 mH, L_2 = 2.30 mH 유도소자, C_1 = 4.00 μF, C_2 = 2.50 μF, C_3 = 3.50 μF 축전기에 연결되어 있다. (a) 회로의 공진 진동수는 얼마인가? (**실마리**: 32장 문제 7 참조) 다음 각 경우에 공진 진동수는 어떻게 되는가? (b) R 값이 커짐, (c) L_1 값이 커짐, (d) 축전기 C_2를 회로에서 떼냄

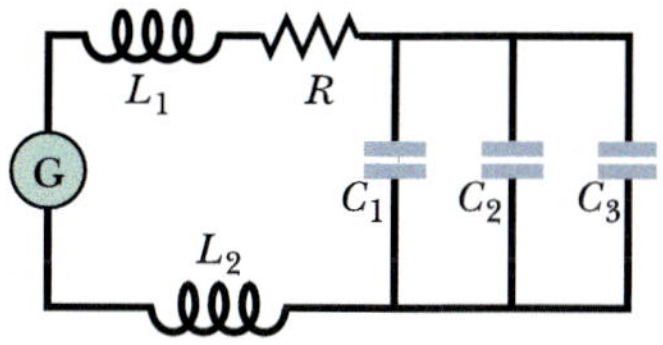

그림 33–25 문제 60

33-12 교류회로에서의 전력

그림 33–17의 RLC 회로에서 에너지는 교류 발전기에서 온다. 발전기가 공급한 에너지의 일부는 축전기의 전기장, 유도소자의 자기장에 저장되고 나머지는 저항에서 열에너지로 흩어진다. 여기에서는 정상 상태의 작동을 가정하는데, 이 상태에서는 축전기와 유도소자에 저장되는 에너지의 평균값이 일정하다. 따라서 에너지의 알짜 전달은 발전기에서 저항으로 가며, 전자기 에너지가 거기서 열로 흩어진다.

저항에서 에너지가 흩어지는 순간 비율은 식 27–26과 33–35를 써서 다음과 같이 쓸 수 있다.

$$P=i^2R=[I\sin(\omega^{구동}t-\phi)]^2R=I^2R\sin^2(\omega^{구동}t-\phi) \tag{33–68}$$

I는 전류의 최대값이다.

그런데 저항에서 에너지를 흩뜨리는 비(시간)율의 평균값은 식 33–68을 시간에 대해 평균한 것이다. 어떤 변수 θ에 대한 $\sin\theta$의 한 주기 시간평균은 0이지만(그림 33–26a), $\sin^2\theta$의 평균값은 1/2이다(그림 33–26b). (그림 33–26b에서 곡선 아래 부분에서 +1/2라고 표시한 수평선 위의 넓이가 선 아래 부분을 정확하게 메울 수 있음을 눈여겨보자.) 따라서 식 33–68로부터 다음 결과를 얻을 수 있다.

$$\langle P\rangle=\frac{I_2R}{2}=\left(\frac{I}{\sqrt{2}}\right)^2R \tag{33–69}$$

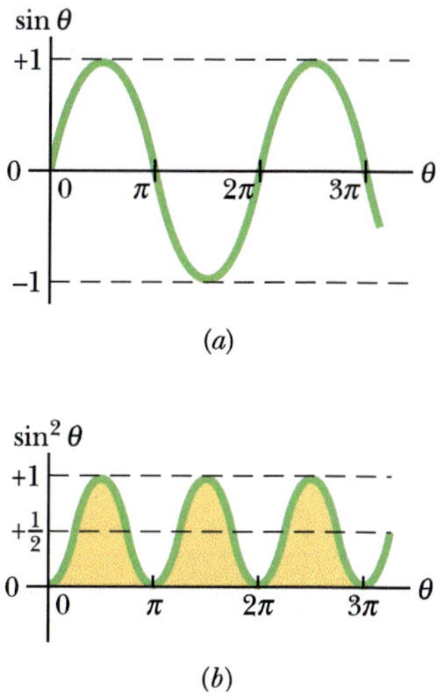

그림 33–26
(a) $\sin\theta$를 θ에 대해 그린 그림표. 한 주기에 대한 평균값은 0이다. (b) $\sin^2\theta$를 θ에 대해 그린 그림표. 한 주기에 대한 평균값은 1/2이다.

$I/\sqrt{2}$는 전류 i의 한 주기 **제곱 평균 제곱근(root mean square)** 혹은 **제평근(rms)**이라고 정의한다. 제평근 전류의 제곱은 순간 전류의 제곱을 한 주기 동안 평균한 값과 같다. 또한 최대 전류가 I인 교류 전류가 내는 열과 똑같은 열 효과를 낼 수 있는 직류 전류를 나타낸다.

$$I^{\text{제평근}} \equiv \frac{I}{\sqrt{2}} \quad \text{(제평근 전류의 정의)} \tag{33-70}$$

이제 식 33-69를 다음과 같이 다시 쓸 수 있다.

$$\langle P \rangle = (I^{\text{제평근}})^2 R \quad \text{(평균 전력, 일률)} \tag{33-71}$$

식 33-71은 직류에 대한 식 26-11($P = i^2 R$)과 비슷한 꼴이다. 제평근 전류를 정의하는 목적은 교류의 평균 에너지 소산 율을 셈할 때 직류 전류에서 쓰던 식을 그대로 쓰려는 것이다.

교류 전류 회로의 전압과 기전력에 대해서도 한 주기 안에서 각각의 최대값을 써서 제평근 값을 정의할 수 있다.

$$\Delta V^{\text{제평근}} = \frac{\Delta V}{\sqrt{2}} \quad \text{(제평근 전압)}, \qquad \mathscr{E}^{\text{제평근}} = \frac{\mathscr{E}^{\text{최대}}}{\sqrt{2}} \quad \text{(제평근 기전력)} \tag{33-72}$$

전류계나 전압계 등의 교류 기기는 보통 $I^{\text{제평근}}$, $\Delta V^{\text{제평근}}$, $\mathscr{E}^{\text{제평근}}$ 등을 재도록 보정한다. 그러므로 교류 전압계로 가정용 전원 단자의 전압을 재보면 220 V가 나오지만 이것은 제평근 값이다. 단자의 전위차 최대값은 $\sqrt{2} \times (220\ \text{V})$, 또는 311 V이다.

식 33-70과 33-72의 비례상수 1/ 2는 세 변수에 모두 똑같으므로 식 33-62와 33-60을 다음과 같이 쓸 수 있다.

$$I^{\text{제평근}} = \frac{\mathscr{E}^{\text{제평근}}}{Z} = \frac{\mathscr{E}^{\text{제평근}}}{\sqrt{R^2 + (X_L - X_C)^2}} \tag{33-73}$$

사실 거의 언제나 이 식을 쓴다.

관계식 $I^{\text{제평근}} = \mathscr{E}^{\text{제평근}}/Z$를 쓰면 식 33-71을 더 쓸모 있는 꼴로 고칠 수 있다.

$$\langle P \rangle = \frac{\mathscr{E}^{\text{제평근}}}{Z} I^{\text{제평근}} R = \mathscr{E}^{\text{제평근}} I^{\text{제평근}} \frac{R}{Z} \tag{33-74}$$

그림 33-21d, 표 33-2 및 식 33-62로부터 R/Z가 위상 상수 ϕ의 코사인임을 알 수 있다.

$$\cos\phi = \frac{\Delta V_R}{\mathscr{E}^{\text{제평근}}} = \frac{IR}{IZ} = \frac{R}{Z} \tag{33-75}$$

그러면 식 33-74는 다음과 같이 된다.

$$\langle P \rangle = \mathscr{E}^{\text{제평근}} I^{\text{제평근}} \cos\phi \quad \text{(평균 전력)} \tag{33-76}$$

이 식에서 $\cos\phi$항을 **역률(power factor)**이라 한다. $\cos\phi = \cos(-\phi)$이므로 식 33-76은 위상 상수 ϕ의 부호와는 상관없다.

RLC 회로에서 저항 부하에 공급되는 전력을 최대로 높이려면 역률 $\cos\phi$를 1에 가깝게 유지

해야 하는데, 이것은 식 33-35에서 위상 상수 ϕ를 0에 최대한 가깝게 유지하는 것과 같다. 회로가 유도성이 크면 축전기를 직렬로 덧붙여 용량 반응저항을 더 크게 하면 회로에 있는 너무 큰 유도 반응저항을 지울 수 있다. 이렇게 되면 Z값이 R에 더 가까워지고 위상 상수가 줄며 식 33-76의 역률이 커진다. 전력회사는 전력선 전체에 이런 직렬 축전기를 갖추어 이러한 결과를 얻는다.

생각해보기 33-7 (a) 사인함수꼴 기전력으로 구동되는 직렬 RLC 회로에서 전류가 기전력에 앞서 갈 경우, 저항에 공급되는 에너지를 늘리면 축전용량을 키워야 하는가, 줄여야 하는가? (b) 이렇게 하면 회로의 공명 각진동수가 기전력의 각진동수에 가까워지는가, 아니면 멀어지는가?

따라해보기 33-5 | 역률

$\mathscr{E}^{제평근} = 120\,\text{V}$, $f^{구동} = 60.0\,\text{Hz}$가 걸린 어느 직렬 RLC 회로의 저항이 $R = 200\,\Omega$, 유도 반응저항이 $X_L = 80.0\,\Omega$, 그리고 용량 반응저항 $X_C = 150\,\Omega$이다.

(a) 이 회로의 역률 $\cos\phi$와 위상 상수 ϕ는 얼마인가?

풀이 ■ 요점은 역률 $\cos\phi$는 식 33-75($\cos\phi = R/Z$)에서 R과 Z가 결정한다는 점이다. Z를 셈하려면 식 33-61을 쓴다.

$$Z = \sqrt{R^2 + (X_L - X_C)^2} = \sqrt{(200\,\Omega)^2 + (80.0\,\Omega - 150\,\Omega)^2}$$
$$= 211.90\,\Omega$$

이제 식 33-75를 쓴다.

$$\cos\phi = \frac{R}{Z} = \frac{200\,\Omega}{211.90\,\Omega} = 0.9438 \approx 0.944 \qquad \text{(답)}$$

이 코사인 함수의 역함수를 셈하여 ϕ를 구한다.

$$\phi = \cos^{-1} 0.944 = \pm\, 19.3°$$

$+19.3°$과 $-19.3°$ 모두 코사인 값이 0.944이다. 맞는 부호를 찾으려면 전류의 위상이 걸어준 기전력에 앞서는지 뒤처지는지 알아야 한다. $X_C > X_L$이므로 이 회로는 용량형이며 전류가 기전력을 앞서 간다. 따라서 ϕ는 음수이다.

$$\phi = -\,19.3° \qquad \text{(답)}$$

식 33-65에서 ϕ를 구할 수도 있었다. 그리고 계산기를 썼다면 부호까지 정확하게 맞는 답을 얻었을 것이다.

(b) 저항에서 소모되는 평균 전력 $\langle P \rangle$는 얼마인가?

풀이 ■ 요점 하나는 회로가 정상 상태에 있다고 가정하므로 저항에서 흩어지는 전력은 회로에 공급되는 전력(식 33-76, $\langle P \rangle = \mathscr{E}^{제평근} I^{제평근} \cos\phi$)과 같다는 것이다.

걸어주는 평균 기전력 $\mathscr{E}^{제평근}$은 알고 있고 $\cos\phi$는 문항 (a)에서 구했다. $I^{제평근}$을 구하려면 제평근 전류는 걸어준 기전력의 제평근 값과 회로의 임피던스 Z(이미 알고 있는 양)로부터 식 33-73을 써서 얻는다는 **요점**을 쓴다.

$$I^{제평근} = \mathscr{E}^{제평근}/Z$$

이 식을 식 33-76에 넣으면 다음 결과를 얻는다.

$$\langle P \rangle = \mathscr{E}^{제평근} I^{제평근} \cos\phi = \frac{(\mathscr{E}^{제평근})^2}{Z} \cos\phi$$
$$= \frac{(120\,\text{V})^2}{211.90\,\Omega}(0.9438) = 64.1\,\text{W} \qquad \text{(답)}$$

이 문제의 답을 구하는 둘째 방법은 저항 R에서 에너지가 흩어지는 율은 식 33-69에 따라 저항에 흐르는 제평근 전류 $I^{제평근}$의 제곱에 비례한다는 요점을 쓰는 것이다.

$$\langle P \rangle = (I^{제평근})^2 R = \frac{(\mathscr{E}^{제평근})^2}{Z^2} R = \frac{(120\,\text{V})^2}{(211.90\,\Omega)}(200\,\Omega)$$
$$= 64.1\,\text{W} \qquad \text{(답)}$$

(c) 회로의 다른 요소는 바꾸지 않는다면 $\langle P \rangle$를 최대로 만드는데 필요한 새 용량 $C^{새}$ 값은 얼마인가?

풀이 ■ 여기에서의 첫째 **요점**은 에너지가 공급되고 흩어지는 평균율 $\langle P \rangle$가 최대가 되려면 회로가 걸어준 기전력과 공진해야 한다는 것, 둘째 **요점**은 공진은 $X_C = X_L$일 때 일어난다는 것이다. 식 33-43($X_C = 1/\omega^{구동} C$)에서, C를 $C^{새}$로 키워야 공진이 일어남을 알 수 있다.

식 33-43을 쓰면 $X_C = X_L$이라는 조건을 다음과 같이 쓸 수 있다.

$$\frac{1}{\omega^{구동} C^{새}} = X_L$$

($\omega^{구동}$이 아니라 $f^{구동}$을 알고 있으므로) $\omega^{구동}$에 $2\pi f^{구동}$을 넣고 $C^{새}$에 대해서 푼다.

$$C^{새} = \frac{1}{2\pi f^{구동} X_L} = \frac{1}{(2\pi)(60\text{ Hz})(80.0\,\Omega)}$$
$$= 3.32 \times 10^{-5}\text{ F} = 33.2\,\mu\text{F} \qquad \text{(답)}$$

문항 (b)의 과정을 따라가면 $C^{새}$일 때 $\langle P \rangle$가 최대값 72.0 W가 됨을 보일 수 있다.

연습문제 33-12

61. 열에너지

어떤 저항에서 최대값 2.60 A인 교류 전류가 내는 열과 같은 열을 내는 직류 전류는 얼마인가?

62. 교류 전압계

교류 기전력 100 V(제평근)에 직렬 연결된 유도소자, 축전기 및 저항 양끝에 임피던스가 큰 교류 전압계를 차례로 연결하여 전압을 재니 모두 같은 값이 나왔다. 이 값은 얼마인가?

63. 교류 전압

제평근 값이 100 V인 교류 전압의 최대값은 얼마인가?

64. 에너지 결산

(a) 문제 46c의 상황에서 발전기는 회로의 나머지 부분에 에너지를 공급하는가, 아니면 받아들이는가? (b) 문제 48c의 상황에 대해서도 답하라.

65. 평균 소비 전력

문세 43, 44, 49, 50에서 평균 소비 전력을 구하라.

66. 에너지 공급

그림 33-17의 회로에 공급되는 평균 전력은 $\langle P \rangle = (\mathscr{E}^{제평근})^2 R/Z^2$으로 쓸 수 있음을 보여라. 이 관계식으로부터 순수한 저항 회로, 공진 상태의 RLC 회로, 순수 용량 회로 및 순수 유도 회로에 대해서는 비교적 정확한 답을 얻을 수 있음을 보여라.

67. 공기조화기

120 V 교류 전원에 연결된 어느 공조기가 12.0 Ω 저항 및 1.30 Ω 유도 용량이 직렬 연결된 회로와 등가라고 하자. (a) 공조기의 임피던스를 구하라. (b) 이 기기에 공급되는 평균 전력을 구하라.

68. 진동 *RLC*

어느 직렬 RLC 진동 회로에서 $R = 16.0\,\Omega$, $C = 31.2\,\mu\text{F}$, $L = 9.20\text{ mH}$, 그리고 $\mathscr{E} = |\mathscr{E}^{최대}| \sin(\omega^{구동} t)$인데, $|\mathscr{E}^{최대}| = 45.0\text{ V}$이고 $\omega^{구동} = 3000\text{ rad/s}$이다. $t = 0.442\text{ ms}$에 (a) 발전기가 공급하는 전력, (b) 축전기의 에너지가 변하는 율, (c) 유도소자의 에너지가 변하는 율, (d) 저항에서 에너지가 흩어지는 율을 구하라. (e) 앞의 (a), (b), (c)에서 음의 부호는 무엇을 뜻하는가? (f) 앞의 (b), (c), (d)의 결과를 더하면 (a)와 같아짐을 보여라.

69. 미지의 상자

그림 33-27은 발전기가 두 개의 꼭지를 통해 '미지의 상자'에 연결된 것을 나타낸 것이다. 이 상자에는 RLC 회로가 들어 있는데, 어쩌면 다중 고리 회로일 수도 있고, 어떤 소자나 회로를 썼는지 모른다. 상자 밖에서 재 본 결과 다음 관계를 얻었다.

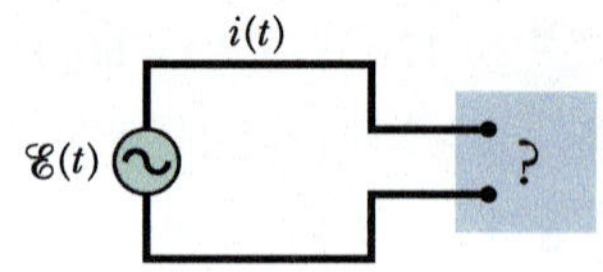

그림 33-27 문제 69

$$\mathscr{E}(t) = (75.0\text{ V}) \sin(\omega^{구동} t)$$
$$i(t) = (1.20\text{ A}) \sin(\omega^{구동} t - 42.0^\circ)$$

(a) 역률은 얼마인가? (b) 전류와 기전력 중 어느 것이 앞서 가는가? (c) 상자 속의 회로는 전체적으로 보아 용량성인가, 유도성인가? (d) 상자 속의 회로는 공진 상태에 있는가? (e) 상자 속에 분명 축전기가 들어 있는가? 유도소자는? 저항은? (f) 발전기가 이 상자에 공급하는 평균 전력은 얼마인가? (g) 이 문제의 답을 구하는데 왜 각진동수 $\omega^{구동}$이 필요하지 않은가?

70. 평균 전력

그림 33-28에서 저항 R에서 흩어지는 전력은 R이 교류 발전기의 내부 저항 r과 같을 때 최대가 됨을 보여라. (본문에서는 따로 설명하지 않고 $r = 0$이라고 가정했다.)

그림 33-28 문제 70

71. 에너지 흩어짐

그림 33-17과 같은 RLC 회로에서 $R = 5.00\,\Omega$, $L = 60.0\text{ mH}$, $f^{구동} = 60.0\text{ Hz}$이고 $|\mathscr{E}^{최대}| = 30.0\text{ V}$이다. 축전기의 용량이 얼마일 때 저항에서 흩어지는 전력이 (a) 최대, (b) 최소가 되는가? (c) 최대 최소 전력은 각각 얼마인가? 이때의 (d) 위상 각과 (e) 역률은 얼마인가?

72. 조명 조절기

무대의 밝기를 조절하는 일반적인 '조명 조절기'는 그림 33-29과 같이 전구 B에 (유도용량을 0에서 $L^{최대}$까지 조절할 수 있는) 가변 유도소자를 직렬로 연결한 구조이다. 전원은 60.0 Hz, 120 V이고 전구의 규격은 '120 V, 1000 W'이다. (a) 전구의 에너지 소산율을 최대 1000 W에서 이 값의 1/5까지 조절하려면 $L^{최대}$가 얼마여야 하는가? 전구의 저항은 온도에 상관 없다고 가정하라. (b) 유도소자 대신 (0부터 $R^{최대}$까지 조절할 수 있는) 가변 저항을 써도 되는가? 가능하다면, 필요한 $R^{최대}$는 얼마인가? 왜 이 방법을 쓰지 않을까?

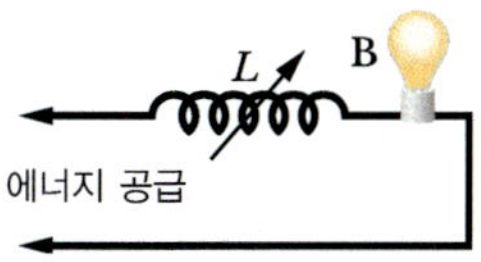

그림 33-29 문제 72

73. 사인파 전압

그림 33-30에서 $R = 15.0\ \Omega$, $C = 4.70\ \mu F$, 그리고 $L = 25.0$ mH이다. 발전기는 $f =$ 550 Hz로 (제평근) 75 V를 공급한다.

(a) 제평근 전류를 셈하라.

(b) 제평근 전압 ΔV_{ab}, ΔV_{bc}, ΔV_{cd}, ΔV_{bd}, ΔV_{ad}를 구하라.

(c) 세 소자의 평균 에너지 소산율은 각각 얼마인가?

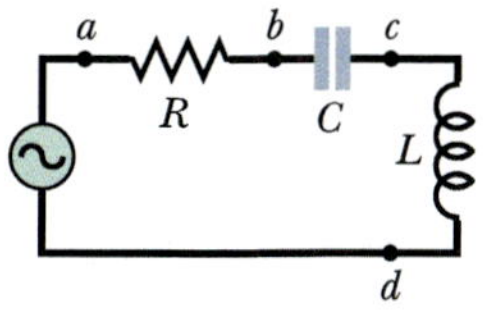

그림 33-30 문제 73

34 전자기파

살별(혜성: comet)은 흔히 지저분한 눈덩이라고 한다. 살별이 해 주위를 돌 때, 그 표면의 얼음이 증발하여 갇혀 있던 먼지와 전하를 띤 입자를 풀어놓는다. '태양풍'은 대부분 해에서 쏟아져 나오는 양성자로 이루어지는데, 살별에서 풀려난 입자를 쳐서 밀어내어 해에서 반지름을 따라 멀어지는 쪽으로 뻗치는 곧은 '꼬리'를 만든다. 먼지는 계속하여 살별의 궤도를 따라 여행한다.

왜 살별에서 풀려난 먼지는 사진에서 오른쪽의 먼지 꼬리에 남아 있을까?

◈ 답은 이 장에 있다.

그림 34-1
제임스 클러크 맥스웰(James Clerk Maxwell, 1831~1879).

34-1 서론

31장 끝에서 맥스웰(그림 34-1)이 전기와 자기에 관한 50년 연구를 모아 만든 네 방정식을 보였다. 맥스웰 방정식은 전기 및 자기 현상의 고유한 대칭성을 간결하고 우아하게 잘 보여준다. 그러나 이들의 중요성은 맥스웰을 비롯한 여러 사람들이 이로부터 광범위한 새 현상을 예견했던 사실로부터 나온다. 라디오와 텔레비전 방송, 이동전화, 그리고 인터넷을 지원하는 통신체계의 설계는 모두 맥스웰 방정식에서 나온다. 빛의 본성에 관해 우리가 아는 것도 마찬가지다. 그래서 맥스웰 방정식은 19세기 이론물리학의 최고의 성취로 평가된다.

맥스웰의 업적에서 가장 놀라운 결과는 1864년 전자기파(전파)의 존재를 예견한 것인데, 그것은 연구자들이 전자기파를 만들고 검지하기 훨씬 전이었다. 사실 맥스웰의 가설은 거의 25년 뒤에 헤르츠(Heinrich Hertz)가 전자기파를 만들고 검지할 때까지는 진지하게 받아들이지 않았다. 이 장은 맥스웰이 그때까지 잘 알지 못하던 파동이 있다고 가정하게 된 놀라운 추론의 사슬을 되새기는 것에서 시작한다. 또한 헤르츠가 왜 1887년에야 맥스웰의 예견을 확인할 수 있었는가도 살펴본다. 그 다음에는 라디오 방송에 쓰이는 전자기파 펄스와 연속 파동을 만들어내는 방법을 설명한다. 또한 라디오 및 텔레비전 안테나의 방향과 전자기파의 '편광'이라는 개념이 왜 그리고 어떻게 관련되는가를 살펴본다.

맥스웰은 전자기파의 속력이 공기 속에서 빛의 속력을 잰 값과 아주 비슷할 것이라고 예측했다. 그래서 그는 처음부터 빛(가시광)이 전자기파라고 정확하게 주장했다. 이 장에서 배우는 전자기파에 관한 것은 35장에서 배우는 광학 — 빛이 렌즈와 거울과 어떻게 상호작용하여 상을 만드는가 — 의 바탕이 된다.

34-2 맥스웰의 전자기파 예측

맥스웰의 전자기파 예측은 실험 끝에 얻은 패러데이 법칙과 앙페르 법칙에 대한 수식을 고쳐 쓰고 다시 해석한 결과에서 나왔다. 이제 두 법칙을 되새겨 보자.

• 도체 없이 전자기장 만들기

패러데이 법칙

$$\mathscr{E} = -\frac{d\Phi^{\text{자기}}}{dt} \qquad \text{(식 31–6)}$$

은 애초에 그가 금속고리에 둘러싸인 자기력선의 수가 변화할 때 고리에 유도되는 전류를 잰 것을 바탕으로 끌어낸 것이다. 맥스웰은 도체에 전류가 흐르게 하려면 전기장이 필요하다는 사실로부터 과감한 추론을 하여, 자기력선 다발이 변화하는 곳에서는 거기에 도체 고리가 있든 없든 전기장이 늘 생길 것이라고 예측했다. 따라서 아래와 같이 더 일반적인 꼴로 나타낸 패러데이 법칙은 어쩌면 패러데이–맥스웰 법칙이라고 해야 할 것이다.

$$\mathscr{E} = \oint \vec{E} \cdot d\vec{s} = -\frac{d\Phi^{\text{자기}}}{dt} \quad \text{(패러데이 법칙)} \qquad \text{(식 31–21)}$$

패러데이와 맥스웰 덕분에 '**자기장이 변화하면 전기장이 생긴다**'는 것이 발견되었다. 이에 대칭되는 예측은 '**전기장이 변화하면 자기장이 생긴다**'는 것인데, 이것은 오직 맥스웰 덕분이다. 맥스웰이

이러한 예측을 한 것은 도체에 흐르는 전류가 만드는 자기장의 성질을 기술하는 앙페르 법칙

$$\oint \vec{B} \cdot d\vec{s} = \mu_0 i^{\text{안}} \quad \text{(앙페르 법칙)} \qquad \text{(식 30–16)}$$

과 일반화한 패러데이 법칙

$$\mathscr{E} = \oint \vec{E} \cdot d\vec{s} = -\frac{d\Phi^{\text{자기}}}{dt} \quad \text{(패러데이 법칙)} \qquad \text{(식 31–21)}$$

이 수학적으로 비슷함을 눈여겨보았기 때문이다. 이 부분에서 맥스웰은 닫힌 고리를 따라 생기는 자기장(앙페르 법칙)은 좀 더 일반적으로 고리에 둘러싸인 전기력선 다발의 변화율의 함수일 것이라고 추론했다. 그는 전기력선 다발이 변화하는 곳에는 — 도체가 있건 없건 — 자기장이 생길 것이라고 예측했다. 이 생각에 자극받은 맥스웰은 1861년 변위 전류라는 개념을 생각해낸다(이것은 31–9절에서 설명하였다). 이 가상의 전류를 고안한 까닭은 있음직 하지만 그때는 아직 발견되지 않은, 변화하는 전기력선 다발에 의한 자기적 효과를 기술하려는 것이었다. 맥스웰은 자기가 고안한 변위 전류의 개념을 써서 31–8절에서 설명한 앙페르 법칙을 재구성했다.

$$\oint \vec{B} \cdot d\vec{s} = \mu_0 \varepsilon_0 \frac{d\Phi^{\text{전기}}}{dt} + \mu_0 i^{\text{안}} \quad \text{(앙페르–맥스웰 법칙)} \qquad \text{(식 31–32)}$$

전류가 없어도 전기력선 다발이 변화하면 자기장이 생긴다는 것에 대한 실험적 증거가 그때까지는 없었으므로, 맥스웰이 제안한 앙페르–맥스웰 법칙은 그의 여러 예측 가운데서도 가장 놀라운 것이었다.

도체가 없는 진공에서는 위 식(식 31–32)에서 $\mu_0 i$ 항이 사라지므로 패러데이 법칙(식 31–31)과 대칭꼴이 된다. 헤르츠가 전자기파를 만들어내고 검지하는 것보다 거의 25년 앞서 맥스웰은 그것이 있음을 믿었던 근거는 두 식의 대칭성이다. 왜 그런가를 알고 싶으면 계속 나가자.

• 전자기파의 전파

맥스웰은 패러데이 법칙과 앙페르–맥스웰 법칙의 대칭성을 써서 언뜻 보기에 아주 이상한 현상을 예견했다. 그는 변화하는 자기장이 변화하는 전기장을 만들어낸다면, 변화하는 전기장도 또 다른 변화하는 자기장을 만들어낼 수 있을 것이라는 점에 유의했다. 이렇게 변화하는 전자기장은 계속하여 서로 다른 장을 만들어내고 퍼져가면서 '전자기' 에너지를 싣고 갈 수 있다.

맥스웰은 1861년 논문에서 (여기에서 변위 전류의 개념도 도입했다) 패러데이 법칙과 앙페르–맥스웰 법칙을 미분방정식으로 고쳐 쓰고 이것을 풀어 $\vec{E}$와 $\vec{B}$를 따로따로 시간의 함수로 기술했다. 이 과정에서 얻은 미분방정식은 공기 속에서 압력의 진동(음파), 연못의 물결(수면파), 팽팽한 줄의 진동 등이 퍼져가는 것을 기술하는 식과 같은 꼴이었다. 따라서 '전자기파' 의 개념이 생겨났다.

전자기파에 대한 맥스웰의 수학적 기술을 엄밀하게 다루려면 미분방정식을 풀고 결과를 해석해야 하는데, 이 방법은 이 책의 범위를 벗어난다. 대신 우리는 맥스웰 방정식에서 생겨나는 새로운 결과 몇 가지를 제시하고 그것이 실험 결과와 맞음을 보이겠다. 그렇게 하면 전자기파의 발생과 성질에 대한 통찰을 얻을 수 있다. 보기를 들어, 맥스웰 파동 방정식을 풀면서 얻는 성과의 하나는 전자기파가 진공에서 퍼져가는 속력은 다음과 같다는 것이다.

$$c = \frac{1}{\sqrt{\mu_0 \varepsilon_0}} \qquad (34\text{–}1)$$

맥스웰은 파동 속력이 정전기 및 정자기 실험에서 잰, 잘 알려진 전기 상수 ε_0와 자기 상수 μ_0에 따라 결정된다는 것을 발견하고 매우 놀랐다. 그는 또한 진공에서의 속도를 셈한 값이 그때 알려진 빛의 속도와 거의 같다는 것에도 매우 놀랐다. 이로부터 맥스웰은 다소 용감한 가설을 하나 더 세웠는데, 그것은 빛이 전자기파라는 것이었다.

34-3 전자기파 발생

이 절에서는 전자기파가 어떻게 생기는가를 더 자세히 설명한다. 맥스웰 방정식에서 요약한 관찰은 전하가 가속되면 전자기파가 생겨야 한다는 것이다. 라디오 및 텔레비전 방송에 쓰이는 라디오파 발생부터 생각하자. 이 파동(파장 $\lambda \approx 1\,\mathrm{m}$)의 원천은 거시적이고 우리가 다룰 수 있는 크기여서 고전 물리학의 법칙을 따른다. 엑스선, 감마선, 그리고 가시광 같은 전자기파는 핵이나 원자에서 나오는데, 그것은 양자역학의 법칙을 따른다.

여기에서 여러분은 17장에서 설명한 역학적 파동을 재빨리 다시 읽어보면 도움이 될 것이다. 그곳에서 파장, 진동수 등 파동과 관련된 중요한 개념을 처음 도입했다. 이 절은 전자기 '파동 펄스'의 발생과 진행을 팽팽한 줄(17-3절) 또는 연못의 수면(18-1절)을 따라 가는 펄스의 비슷함을 따져 보는 것으로 시작한다. 이 절의 끝은 사인 함수꼴 라디오파를 만들어내는 방법에 관한 설명으로 마무리한다.

• 전자기 파동 펄스

펄스가 어떻게 퍼져가는가? 연못에 조약돌을 하나 던지는 것을 생각하자. 조약돌이 떨어진 곳의 물은 오르내리는 것을 되풀이하며 빠르게 진동한다. 그렇지만 그 물이 진동하면 그것을 둘러싼 주변의 물도 따라서 진동하기 시작한다. 이러한 진동은 또 다시 바깥을 둘러싼 물을 진동시킨다, 등등. 따라서 그림 18-3과 같은 2차원 파동 마루가 연못의 수면을 따라 일정한 속력으로 퍼져가는 것을 본다.

1842년 맥스웰이 전자기파가 있음을 예측하기 전에 헨리(Joseph Henry)는 축전기가 방전하여 불꽃이 튈 때 전기적 진동이 생기는 것을 관찰했다. 그때는 아직 전기적 진동을 설명할 수 있는 이론적 바탕이 개발되지 않았으므로, 진동의 중요성을 제대로 알지 못한 채 넘어갔다. 헤르츠는 1888년에 다시 유도 코일을 써서 방전 불꽃을 만들어냈다.

전자기파와 전기적 진동 그리고 헨리와 헤르츠가 실험한 불꽃방전 사이의 연관성을 더 잘 이해하려면 다른 장에서 설명한 개념들을 끌어 모아야 한다. 먼저 23-10절에서 전기장 화살은 전기장의 방향을 나타낸다는 것을 알았다. 둘째로 뒤에 38-3절에서 설명하겠지만, 아인슈타인의 상대성 원리는 빛의 속력보다 빠른 것은 없다는 것을 확립시켰다. 여기에는 전하의 위치에 관한 정보도 들어간다. 이것을 생각하여 헨리와 헤르츠가 실험한 불꽃방전과 같이 전하가 갑자기 그리고 짧은 시간 가속될 때 전하에서 나가는 전기장선의 모양을 그림으로 그려볼 수 있다. 구체적으로 어느 순간 $t_1 = 0\,\mathrm{s}$에 애초에 서 있던 점전하가 갑자기 곧바로 아래쪽으로 가속된 뒤 멈추었는데, 이 모든 것이 아주 짧은 시간 Δt에 벌어졌다고 하자. 이것을 그림 34-2에 보였다. 전하의 처음 위치는 그림 34-2*b*와 *c*에 "X"로 나타냈다.

어떤 일이 벌어졌는가? 아래의 설명처럼 가속되는 전하는 3차원 전자기파 마루를 만들어낸다는 것을 맥스웰 방정식으로부터 예측할 수 있다. 더구나 팽팽한 줄의 한쪽 끝에 달린 추를 아래쪽으로 갑자기 당겨, 순간적으로 가속시키는 상황을 생각하면, 펄스의 발생을 직관적으로 알 수 있다. 이

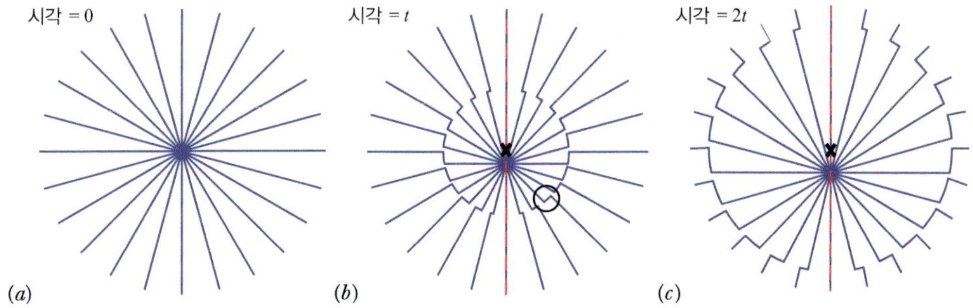

그림 34-2
(a) 서 있던 전하가 가속되기 직전의 전기력선. (b) 전하가 순간적으로 가속되었다가 멈춘 다음 시간 t가 지난 뒤 옛 전기장선과 새것을 잇는 꺾인 선은 거리 ct를 간다. 전하의 애초의 위치는 X로, 운동방향은 수직방향의 붉은 선으로 나타냈다. 작은 동그라미 속의 영역은 그림 34–3에 키워 보였다. (c) 시간 $2t$가 지난 뒤, 꺾인 선은 거리 $2ct$를 간다. (그림은 다음 책에서 따서 고침: *Electric & Magnetic Interactions: The Movies*, © 1996 Ruth Chabay and Bruce Sherwood, Carnegie Mellon University.)

상황을 더 자세히 살펴보자.

가속되기 전에 전하가 만드는 전기장선의 모양은 그림 34–2a와 같을 것이다. 전자기 정보는 빛의 속력으로 퍼져가므로, 시간 $\Delta t = t$ 뒤에는 전기장선은 가속이 끝난 전하의 새 위치에서 뻗어나갈 것이다. 다만 그 영향은 거리 ct까지만 미친다. 바깥에서는 전기장선이 전하의 옛 위치에서 뻗어나가는데, 그 까닭은 전자의 위치가 바뀌었다는 '소식' 은 아직 그곳까지 전해지지 않았기 때문이다.

거리 ct에서는 전기장선이 새것과 옛것을 이어주느라 꺾인다. 이 꺾인 선은 가속전하에서 멀어질수록 파면의 운동 방향에 대해 점점 더 직각방향에 가까워진다. 전기장선이 연속이고, 전기장 벡터는 그곳의 전기장선에 대한 접선방향이라고 가정하면, 꺾인 선에서의 $\vec{E}$ 벡터도 운동 방향에 대해 점점 더 직각방향에 가까워진다. 꺾인 선은 빛의 속력으로 바깥쪽으로 퍼져가므로 시간 $\Delta t = 2t$ 뒤에는 $2ct$의 거리를 간다. 이 펄스는 전하의 애초 위치에서 빛의 속력 c로 계속 퍼져간다. 그림 34–3은 그림 34–2b에서 동그라미 친 부분을 키워 보이면서 전기장선을 더 그려 넣었다.

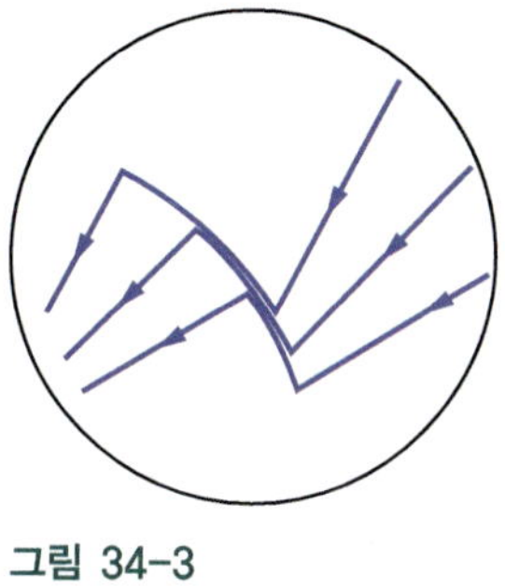

그림 34-3
그림 34–2b에서 동그라미 친 부분을 키워 보이고, 전기장선을 더 그려 넣었다. 순간 t의 파동 펄스의 마루에서 전기장선의 밀도가 전하가 서 있을 때보다 더 높아짐을 보여준다. 꺾인 선에서 $\vec{E}$의 방향은 전자기파 펄스가 가는 방향과 직각방향임을 눈여겨보라.

전하가 가속되는 짧은 시간 동안 생겨나는 '전류' 는 점점 더 커진다($di/dt = d^2q/dt^2 > 0$). 점점 더 커지는 '전류' 가 만드는 점점 더 세지는 자기장의 방향은 앙페르 법칙을 써서 결정할 수 있다. 전하의 운동방향(그림 34–2b에서 붉은 선으로 그린 수직방향)을 '전류' 방향으로 잡고, 앙페르 법칙을 쓰면, 자기장의 방향은 운동궤적의 왼쪽에서는 종이 면으로 들어가고 오른쪽에서는 종이 면에서 나옴을 알 수 있다. $\vec{B}$ 벡터의 방향(종이 면으로 들어가거나, 나오는 방향)은 늘 $\vec{E}$ 벡터의 방향과 직교한다. 그래서 꺾인 전기장선과 연관된 $\vec{B}$ 벡터의 방향은 꺾인 선의 진행방향과 직교한다고 요약할 수 있다. 퍼져가는 $\vec{E}$ 벡터와 $\vec{B}$ 벡터 가운데 전하의 운동방향과 나란한 성분은 없다. 전자기파 펄스를 이루는 전기장 벡터 $\vec{E}$와 자기장 벡터 $\vec{B}$는 펄스의 진행 방향과 직교한다. 따라서 전자기파 펄스는 수직파이다. (수직파를 잘 모르겠거든 파동의 성질에 관해 설명한 17장을 다시 익혀라.)

전하가 갑자기 가속될 때 생기는 전자기파 펄스에 관한 지금까지의 설명은 엄밀하거나 완전하지는 않지만, 그것이 어떻게 생겨나는가를 정성적으로 이해하는데 도움이 된다.

• 연속적인 전자기파 발생

연속적인 전자기파는 어떻게 만들까? 그림 17–6에 보인 팽팽한 줄에 사인 함수꼴 진동을 만드는 방법에 대응되는 것은 무엇일까? 전하가 직선을 따라 왔다 갔다 하며 사인 함수꼴 또는 단순 조화 운동을 하게 했다고 하자. 16–4절에서 전하의 가속도도 사인 함수꼴이며, 위의 설명으로부터 이것은 연속적인 전자기파를 만들 것을 안다.

그림 34–4는 라디오파를 만드는데 쓸 수 있는 장치의 개략도이다. 이것은 33–6절에서 설명한 것과 같은 LC 발진기이지만, 송신 안테나가 더 붙어 있다. 발진기는 앞서 설명한 것처럼 사인 함수꼴 전류를 만들어내는데, 각진동수는 $\omega = 1/\sqrt{LC}$이다. 교류 발전기는 발진회로에서 열손실과 방사되는 전자기파에 실려 사라지는 에너지를 보충해준다.

LC 발진기는 변압기와 전송선을 통해 안테나와 결합되어 있는데, 안테나는 본질적으로 두 개

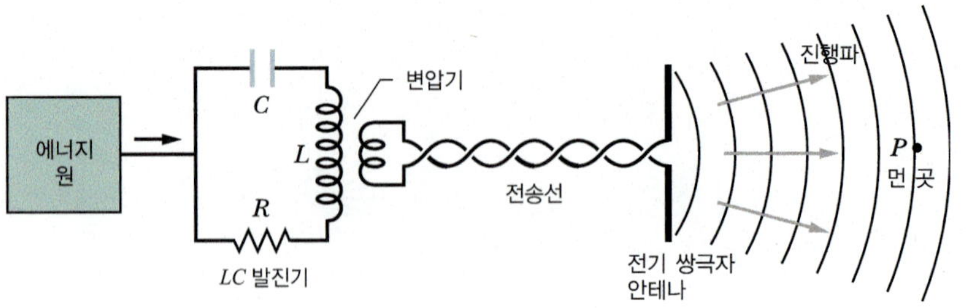

그림 34-4
'단파' 라디오 진동수의 전자기파를 만들어내는 장치. LC 발진기는 안테나에 사인 함수꼴 전류를 만들어낸다. 이 전류는 진동하는 자기장을 만들어내고, 따라서 전자기파가 생긴다. 안테나에서 멀리 떨어진 P에 검지기(수신 쌍극자 안테나로 되어 있다)를 두어 그곳을 지나가는 전자기파를 감지할 수 있다.

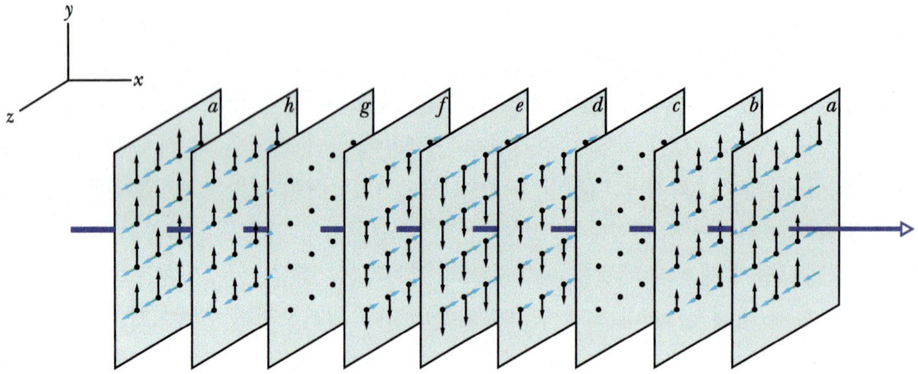

그림 34-5
$+x$쪽으로 가는 사인 함수꼴 전자기파를 간격이 일정한 평면에서 잡은 '순간사진'. 수직방향의 검은 화살표로 나타낸 $\vec{E}$ 벡터는 늘 y축과 나란하다. 수평방향의 파란 화살표로 나타낸 $\vec{B}$ 벡터는 늘 z축과 나란하다. a에서 h까지 이름을 붙인 평면들은 그림 34-6에 보인 $\vec{E}$ 벡터 및 $\vec{B}$ 벡터의 배향에 대응된다.

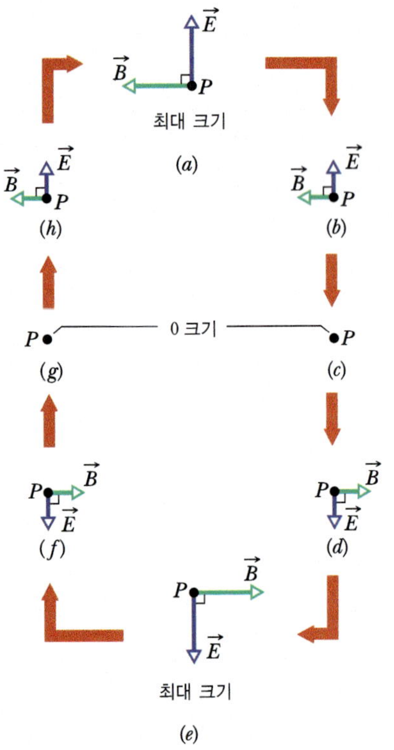

그림 34-6
(a–h) 그림 34-5에 보인 전자기파가 그림 34-4에 보인 안테나에서 멀리 있는 어느 곳 P를 지나 한 파장만큼 나아갈 때 그곳의 전기장 $\vec{E}$와 자기장 $\vec{B}$의 변이. 이 그림에서 전자기파는 종이면에서 솟아 나온다. 전기장과 자기장은 크기와 방향이 사인 함수꼴로 변화한다. 이 그림에서 (a–h)로 나타낸 곳에 대응되는 각각의 평면은 그림 34-5에도 보였다.

의 가느다란 도선 막대이다. 이 결합을 통해 발진기의 사인 함수꼴 전류가 안테나 막대를 따라 흘러 전하가 사인 함수꼴로 진동한다. 안테나는 25–8절에서 설명한 전기 쌍극자와 같은 거동을 하는데, 다만 안테나 방향의 전기 쌍극자 모멘트의 크기와 방향이 시간에 대해 사인 함수꼴로 변화한다. 전하가 진동하므로 계속 가속운동을 하고, 따라서 전자기파를 방사한다.

안테나에서 쌍극자 모멘트의 크기와 방향이 시간에 따라 변화하므로, 이것이 만드는 전기장과 자기장도 크기와 방향이 시간에 따라 변화하지만, 변화가 모든 곳에서 순간적으로 똑같지는 않다. 그 변화는 안테나에서 사방으로 빛의 속력 c로 퍼져간다. 사방으로 퍼져가는 변화하는 전기장과 자기장이 바로 전자기파이다. 이 파동의 각 진동수 ω는 LC 발진기의 각진동수와 같나.

이 파동은 전하의 운동방향을 뺀 모든 방향으로 퍼져간다. 안테나에 대해 직각방향에서는 파면이 거의 공 모양이 된다. 전하에서 아주 멀리가면 공 모양의 파면은 거의 평평하게 보인다(마치 땅이 평평해 보이는 까닭은 우리가 지구의 중심에서 아주 멀리 있기 때문인 것과 같다). 파면의 아주 작은 부분만 남기고 모두 가리면, 일련의 평면들이 빛의 속력으로 가는 것처럼 보이는 파면을 얻을 것이다. 따라서 흔히 전자기파를 '평면파' 라고 부른다. 비록 평면파 근사는 실제 상황을 단순하게 만든 것이지만, 파동의 원천 — 이 경우에는 안테나 — 까지의 거리가 전자기파의 파장에 비해 아주 멀 때는 이것이 파동의 성질을 아주 잘 기술한다. 전자기파를 **'평면파(plane wave)'** 로 보는 까닭은 그것이 구면파보다 수학적으로 다루기 쉽기 때문이다.

진행하는 사인 함수꼴 평면 전자기파를 그리는 방법은 여러 가지다. 그 가운데 하나를 그림 34-5에 보였다. 여기에서는 $+x$쪽으로 가는 사인 함수꼴 전자기파를 간격이 일정한 평면에서 잡은 '순간사진' 을 보여준다. 이 파동에서는 수직방향의 검은 화살표로 나타낸 $\vec{E}$ 벡터는 늘 y축과 나란하다. 수평방향의 파란 화살표로 나타낸 $\vec{B}$ 벡터는 늘 z축과 나란하다. 이 그림은 어느 순간 어떤 yz 평면의 모든 곳에서 전자기장 벡터가 똑같음을 강조한다. 또한 파동이 공간의 어느 한 곳을 지나가면 전자기장 벡터의 크기가 사인 함수꼴로 최대에서 최소가 되었다가 다시 최대가 되는 것을 보여준다. 이것은 각 평면의 바닥에 $\vec{E}$ 벡터와 $\vec{B}$ 벡터를 나타내는 화살표의 끝을 지나는 점선으로 보였다. 평면은 그림 34-6에 보인 $\vec{E}$ 벡터와 $\vec{B}$ 벡터에 대응되는 평면을 표시하고자 a에서 h까지 이름을 붙였다.

그림 34-6은 그림 34-4에 보인 안테나에서 멀리 있는 어느 곳 P를 지나가는 전자기파가 한 파장만큼 나아갈 때 그곳의 전기장 $\vec{E}$와 자기장 $\vec{B}$가 시간에 대해 어떻게 변화하는가를 보여준다. 그림 34-5의 각 부분은 파동이 x축을 따라 곧바로 가다. 그림 34-5와 34-6에 보인 사인 함수꼴 평면 전자기파의 공통적인 핵심 특징은 다음과 같다.

1. 전기장 $\vec{E}$와 자기장 $\vec{B}$는 늘 파동의 진행방향과 직교한다. 따라서 이 파동은 17장에서 설명한 바에 따라 수직파이다.
2. 전기장은 늘 자기장과 직교한다.
3. 전기장 벡터 $\vec{E}$와 자기장 벡터 $\vec{B}$의 가위곱 $\vec{E}\times\vec{B}$는 파동의 진행방향을 향한다.
4. 간단한 평면파에서는 전기장과 자기장이 늘 시간에 대한 사인 함수이며, 진동수가 같고, 위상도 같다. 더 복잡한 전자기장은 수학적으로는 평면파가 겹친 것으로 나타낼 수 있다.

연습문제 34-3

1. 유도용량
전기용량 17 pF인 축전기로 발진회로를 만들 때 유도용량 얼마인 코일을 이어야 파장 550 nm인 전자기파(곧 가시광)를 만들어낼 수 있는가? 답에 대한 여러분의 의견을 말해라.

2. 파장
그림 34-4의 발진기-안테나 회로에서 $L = 0.253\ \mu\text{H}$이고 $C = 25.0$ pF이면 나오는 전자기파의 파장은 얼마인가?

34-4 전자기파의 성질을 수학적으로 기술하기

그림 34-5와 같이 전기장은 y축과, 자기장은 z축과 나란히 진동하는 전자기파가 P를 향해 간다고 하자. 그러면 수학적으로는 전기장과 자기장을 (파동이 가는 길을 따라) 위치 x와 시각 t의 사인 함수로 나타낼 수 있다.

$$\vec{E} = \vec{E}^{\text{최대}} \sin(kx - \omega t) \tag{34-2}$$

$$\vec{B} = \vec{B}^{\text{최대}} \sin(kx - \omega t) \tag{34-3}$$

여기에서 $\vec{E}^{\text{최대}}$와 $\vec{B}^{\text{최대}}$는 전기장과 자기장의 진폭을 나타내고, 17장에서와 같이 ω와 k는 각각 각진동수와 파수를 나타낸다. 이 식에서 전기장과 자기장은 스스로가 파동을 이룸을 알 수 있다. 식 34-2는 전자기파의 전기장 파동 성분, 그리고 식 34-3은 자기장 파동 성분이다. 맥스웰 방정식을 정리하는 과정을 살펴볼 때 깨달았듯이 두 파동 성분이 따로 있을 수 없다. 전자기파가 퍼져가는 까닭은 변화하는 전기장이 변화하는 자기장을 만들어내고, 그것은 또 다시 다른 변화하는 전기장을 만들어 내는 등등을 계속하기 때문이다.

이제 평면 전자기파에 대한 둘째 '순간사진' 을 고안해 내는 것이 좋겠다. 이것은 그림 34-7b에 보였다. 그림 34-5에서는 파면이 평면임을 강조해 보였지만, 여기에서는 각각의 파면을 나타내는 평면에 전기장과 자기장 벡터 가운데 하나만 골라 크기와 방향을 화살표로 보였다. 화살표의 끝

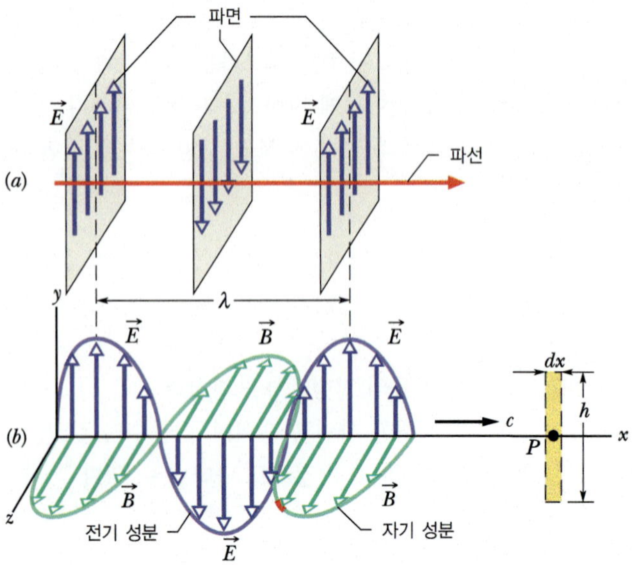

그림 34-7
(*a*) 전자기파를 진행방향으로 반파장($\lambda/2$)씩 떨어진 세 파면과 파선으로 나타낸 것. (*b*) 같은 파동을 진행방향과 나란한 x축 위의 각 점에서의 전기장 벡터 $\vec{E}$와 자기장 벡터 $\vec{B}$의 '순간사진'으로 나타낸 것. 이 파동이 P를 지날 때, 전자기장은 그림 34-5와 같이 변화한다. P에 점선으로 그린 긴 네모꼴은 그림 34-8에서 쓴다.

을 지나는 곡선은 식 34-2와 34-3의 $\vec{E} = \vec{E}^{최대}\sin(kx - \omega t)$와 $\vec{B} = \vec{B}^{최대}\sin(kx - \omega t)$가 기술하는 진동의 사인 함수꼴 특성을 보여준다. 파동 성분 $\vec{E}$와 $\vec{B}$는 위상이 같고, 서로 직교하며, 파동의 진행방향과 직교한다.

그림 34-7*a*는 새 표현과 옛 표현의 관계를 보여준다. 진행방향으로 반파장 $\lambda/2\,(=\pi/k)$씩 떨어진 세 파면의 $\vec{E}$ 벡터를 보였다.

어떤 때는 레이저 빛다발이나 라디오파 다발처럼 파동이 거의 같은 쪽으로 진행하여 파동다발을 이룬다. 파동다발은 '파선(빛살, 광선)'으로 나타낼 수 있는데, 이것은 파동다발이 가는 방향을 보여주는 선이다. 이것도 그림 34-7*a*에 보였다. '빛살'은 35장과 36장에서 상이 생기는 것을 설명할 때 점점 더 자주 쓰인다.

그림 34-7*b*를 해석할 때 주의해야 한다. 17장에서 팽팽한 줄을 타고 가는 수직파를 나타낼 때 쓴 비슷한 그림에서는 파동이 지나갈 때 줄의 각 부분의 위아래쪽 변위를 나타냈다(줄이 실제로 움직인다). 그런데 그림 34-7*b*은 더 추상적이다. 그림에 보인 그 순간 전기장과 자기장 벡터 각각은 x축 위의 각 점 마다 방향과 크기가 저마다 있다(그렇지만 늘 x축과는 직교한다). 각 점에서의 벡터량을 한 짝의 화살표로 나타냈으므로, 그 길이는 각 점마다 다르고, 방향은 마치 장미 줄기에서 가시가 돋아난 것처럼 x축과 직교하는 것으로 나타냈다. x축과 나란한 각각의 파선마다 비슷한 그림을 그릴 수 있다. 이와 같은 그림을 볼 때, 화살표의 길이는 x축으로 잡은 파선 위의 각 점에서의 전자기장 벡터의 크기를 나타낼 뿐임을 기억해야 한다. 화살표나 사인 함수꼴 곡선은 무엇인가가 실제로 그렇게 움직인 것을 나타낸 것이 아니다.

• 신기한 파동

17장과 18장의 파동에 관한 설명에서 파동 속력은 ω/k임을 알았다(식 17-12). 그렇지만, 진공(또는 공기)에서의 전자기파 속력은 보통 v가 아니라 c로 나타낸다:

> 가시광을 포함한 모든 전자기파는 진공에서의 속력이 똑같이 c이다. 따라서 c를 '빛의 속력'이라고 한다.*

* c는 빠르다는 뜻의 라틴어 *celar*의 앞글자를 딴 것이다.

17장과 18장에서 설명한 역학적 파동이 퍼져가려면 **매질**(어떤 물질)이 필요하다. 파동은 줄을 타고 가거나, 지구를 지나거나, 공기를 지나갔다. 19세기의 맥스웰과 다른 연구자들은 전자기파가 퍼져가는 데도 매질이 필요하다고 생각했다. 그렇지만, 이제는 전자기파는 신기하게도 다른 파동과는 전혀 달리 퍼져 가는데 아무런 매질도 필요하지 않다고 믿는다. 이것은 실제로 공기나 유리 등의 매질도 지나갈 수 있지만, 멀리 있는 별과 지구 사이의 텅 빈 우주공간도 지나올 수 있다.

아인슈타인(Albert Einstein)이 1905년 상대성에 관한 특수이론을 제안하자, 과학자들은 가시광을 비롯한 전자기파는 특별한 양임을 깨닫게 되었다. 그 까닭은 빛은 모든 관성계에서 속력이 같기 때문이다. 어느 쪽으로 빛을 보내면서, 여러 관찰자가 그쪽으로 또는 반대쪽으로 저마다 다른 속력으로 움직이면서 속력을 재면, 모두가 똑같은 값을 얻는다. 이 결과는 놀라운 것이고 역학적 파동의 속력을 잰 결과와 전혀 다르다. 역학적 파동에서는 파동에 대한 관찰자의 상대속력에 따라 측정 결과가 달라진다. 이것에 들어있는 놀랍고도 겉보기에 이상한 효과는, 38장 특수 상대성에서 배울 것이다.

1장에서 보았듯이 진공 속에서의 빛(모든 전자기파)의 속력은 정확히 다음과 같다:

$$c = 299\,792\,458\ \text{m/s}^{\dagger}$$

• $\vec{E}$와 $\vec{B}$의 비와 유도 전기장

전자기파의 전기장과 자기장의 비는 패러데이 법칙을 써서 구할 수 있다.

$$\mathscr{E} = \oint \vec{E}\cdot d\vec{s} = -\frac{d\Phi^{자기}}{dt}$$

x축 위의 점 P에 고정된 점선 네모꼴(그림 34-7b의 가로 dx이고 높이 h인 것)을 생각하자. 전자기파가 오른쪽으로 가면서 네모꼴을 지나가면, 네모꼴 속의 자기력선 수 $\Phi^{자기}$가 변화하며 — 패러데이 유도법칙에 따르면 — 유도된 전기장이 네모꼴 영역 전체에 나타난다. 네모꼴의 양쪽 긴 변에서의 전기장을 $\vec{E}$와 $\vec{E}+d\vec{E}$라 하자. 유도된 전기장은 사실 그곳에서의 전자기파 전기장 성분이다.

네모꼴을 지나는 전자기파의 자기장 성분이 그림 34-7b에서 '자기장 성분'이라고 표시한 선에 붉게 표시한 부분과 같아지는 순간의 전기장과 자기장을 생각하자. 바로 그 순간 네모꼴을 지나는 자기장은 $+z$쪽을 향하며, 크기가 작아진다(붉은 부분에 이르기 직전에 크기가 최대였다). 자기장의 방향은 종이면에서 솟아 나오고 크기가 작아지므로, 네모꼴 속의 자기력선의 수 $\Phi^{자기}$도 줄어든다. 패러데이 법칙에 따르면 자기력선 수의 변화는 유도되는 전기장이 완화시킨다. 따라서 네모꼴이(실제로는 그렇지 않지만) 도체로 되어 있다면 그것을 따라 유도 전류가 반시계 방향으로 흐른다. 이것은 다시 유도 전기장이 네모꼴을 반시계 방향으로 돌며 생긴다는 것을 뜻한다. 따라서 유도된 전기장 벡터 $\vec{E}$와 $\vec{E}+d\vec{E}$는 그림 34-8a에 보인 것과 같은 방향이며, $\vec{E}+d\vec{E}$의 크기가 $\vec{E}$ 보다 크다. 그렇지 않으면 알짜 유도 전기장이 네모꼴을 따라 반시계 방향으로 작용하지 못할 것이다.

이제 패러데이 법칙

$$\mathscr{E} = \oint \vec{E}\cdot d\vec{s} = -\frac{d\Phi^{자기}}{dt} \qquad (34\text{-}4)$$

을 그림 34-8a의 네모꼴을 반시계 방향으로 따라 가며 적용하자. 네모꼴의 위아랫변에서는 $\vec{E}$와 $d\vec{s}$가 직교하므로 적분값이 없다. 따라서 적분값은 다음과 같다.

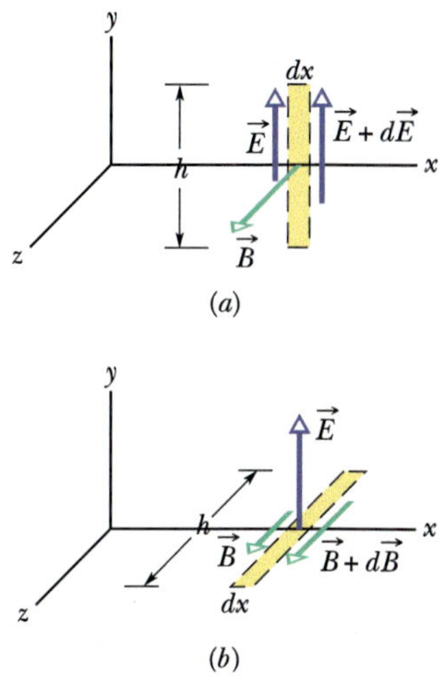

그림 34-8
(a) 그림 34-7의 전자기파가 오른쪽으로 가면서 점 P를 지나면, 점 P를 중심에 둔 네모꼴을 지나는 자기장 $\vec{B}$의 사인 함수꼴 변화는 네모꼴을 따라 전기장을 유도한다. 그림에 보인 순간에는 $\vec{B}$의 크기는 작아지므로 유도 전기장은 네모꼴의 오른쪽 변이 왼쪽 변보다 크다. (b) 그림 34-8a의 점 P에 있는 네모꼴(표시하지 않음)을 지나는 전기장의 사인 함수꼴 변화는 네모꼴을 따라 자기장을 유도한다. 그림에 보인 순간은 그림 34-8a와 같다: $\vec{E}$의 크기는 작아지므로 유도 자기장은 네모꼴의 오른쪽 변이 왼쪽 변보다 크다.

† 이 값은 '정확'하므로 미터는 정해진 시간에 빛이 가는 거리로 정의할 수 있다(자세한 내용은 1-6절을 보라).

$$\oint \vec{E}\cdot d\vec{s} = (|\vec{E}| + d|\vec{E}|)h - |\vec{E}|h = h\,d|\vec{E}| \tag{34–5}$$

네모꼴을 지나는 자기력선의 수 $\Phi^{자기}$는 다음과 같다.

$$\Phi^{자기} = |\vec{B}|\,h\,dx \tag{34–6}$$

여기에서 $|\vec{B}|$는 네모꼴 속에서의 $\vec{B}$ 크기의 평균값이고 $h\,dx$는 네모꼴의 넓이다. 이것(식 34–6)을 시간 t에 대해 미분하면 다음과 같다.

$$\frac{d\Phi^{자기}}{dt} = h\,dx\,\frac{d|\vec{B}|}{dt} \tag{34–7}$$

이 결과(식 34–7)와 $\oint \vec{E}\cdot d\vec{s} = h\,d|\vec{E}|$(식 34–5)를 패러데이 법칙 $\oint \vec{E}\cdot d\vec{s} = -d\Phi^{자기}/dt$(식 34-4)에 넣으면 다음 결과를 얻는다.

$$h\,d|\vec{E}| = -h\,dx\,\frac{d|\vec{B}|}{dt}$$

또는

$$\frac{d|\vec{E}|}{dx} = -\frac{d|\vec{B}|}{dt} \tag{34–8}$$

전자기파에 관한 식 $\vec{E} = \vec{E}^{최대}\sin(kx - \omega t)$와 $\vec{B} = \vec{B}^{최대}\sin(kx - \omega t)$ (식 34–2와 34–3)으로부터 $|\vec{E}|$와 $|\vec{B}|$는 두 변수 x와 t의 함수임을 안다. 그렇지만 $d|\vec{E}|/dx$의 값을 셈할 때, "순간 사진" 만 생각하므로 t는 상수로 볼 수 있다. 또한 $d|\vec{B}|/dt$의 값을 셈할 때도 그림 34–7b의 한 곳 P에서의 $|\vec{B}|$의 시간 변화율을 다루므로 x를 상수로 볼 수 있다. 이러한 상황에서의 도함수는 편도함수이고, 식 34–8은 다음과 같이 써야 한다.

$$\frac{\partial|\vec{E}|}{\partial x} = -\frac{\partial|\vec{B}|}{\partial t} \tag{34–9}$$

이 식에서 (−)부호는 타당하고 또 필요하다. 왜냐하면 그림 34–8의 네모꼴이 있는 곳에서 $|\vec{E}|$는 x에 대해 늘지만, $|\vec{B}|$는 t에 대해 줄기 때문이다.

$\vec{E} = \vec{E}^{최대}\sin(kx - \omega t)$ (식 34–2)로부터 다음 결과를 얻는다.

$$\frac{\partial\vec{E}}{\partial x} = k\vec{E}^{최대}\cos(kx - \omega t)$$

그리고 $\vec{B} = \vec{B}^{최대}\sin(kx - \omega t)$ (식 34–3)로부터 다음 결과를 얻는다.

$$\frac{\partial\vec{B}}{\partial t} = -\omega\vec{B}^{최대}\cos(kx - \omega t)$$

따라서 $\partial|\vec{E}|/\partial x = -\partial|\vec{B}|/\partial t$ (식 34–9)은 다음과 같아진다.

$$k|\vec{E}^{최대}|\cos(kx - \omega t) = \omega|\vec{B}^{최대}|\cos(kx - \omega t) \tag{34–10}$$

진행파에서 ω/k는 진행속력이고, 전자기파에서는 그것을 c로 나타낸다. 따라서 전기장과 자기장의 비는 다음과 같음을 알 수 있다.

$$\frac{|\vec{E}^{최대}|}{|\vec{B}^{최대}|} = c \quad (\text{진폭 비}) \tag{34–11}$$

$\vec{E} = \vec{E}^{최대}\sin(kx - \omega t)$를 $\vec{B} = \vec{B}^{최대}\sin(kx - \omega t)$ (식 34-2와 34-3)로 나누고 식 34-10에 넣으면 모든 순간의 전기장과 자기장의 크기의 비가 다음과 같이 얻어진다.

$$\frac{|\vec{E}|}{|\vec{B}|} = c \quad \text{(크기 비)} \tag{34-12}$$

• 유도된 자기장과 파동 속력에 관한 식

앙페르-맥스웰 법칙

$$\oint \vec{B} \cdot d\vec{s} = \mu_0 \varepsilon_0 \frac{d\Phi^{전기}}{dt} + \mu_0 i^{안}$$

을 쓰면 실제의 전류가 없을 때($i^{안} = 0\,\text{A}$)의 파동 속력에 관한 다른 식을 얻을 수 있다. 그림 34-8b에서 시작하는데, 이것은 그림 34-7의 점 P에 있는 또 다른 점선 네모꼴을 보여준다. 이것은 xz평면에 있다. 전자기파가 오른쪽으로 가면서 이 새 네모꼴을 지나가면, 이 네모꼴을 지나는 전기력선의 수 $\Phi^{전기}$가 변화하고 따라서 — 앙페르-맥스웰 유도 법칙에 따르면 — 네모꼴 영역 전체에 걸쳐 자기장이 유도된다. 이 유도된 자기장은 사실 전자기파의 자기장 성분이다.

그림 34-7에서 자기장이 그림 34-8에 보인 것과 같은 순간에 그림 34-8b의 네모꼴을 지나는 전기장은 그림과 같이 아래쪽을 향한다. 그 순간 그림 34-8a의 자기장은 줄어든다는 것을 상기하자. 전기장과 자기장의 위상이 같으므로, 그림 34-8b의 전기장도 줄어들어야하며, 따라서 그 네모꼴을 지나는 전기력선의 수 $\Phi^{전기}$도 마찬가지이다. 그림 34-8a에 적용한 것과 같은 추론과정을 따르면, $\Phi^{전기}$의 변화는 자기장을 유도하고, 그 벡터 $\vec{B}$와 $\vec{B} + d\vec{B}$의 방향은 그림 34-8b에 보인 것과 같고, $\vec{B} + d\vec{B}$의 크기가 $\vec{B}$ 보다 커야 한다.

실제 전류가 없을 때의 앙페르-맥스웰 법칙

$$\oint \vec{B} \cdot d\vec{s} = \mu_0 \varepsilon_0 \frac{d\Phi^{전기}}{dt} \tag{34-13}$$

을 그림 34-8b의 점선 네모꼴에 반시계방향으로 적용하자. 네모꼴의 긴 변에서만 적분값이 나오고, 그 값은 다음과 같다.

$$\oint \vec{B} \cdot d\vec{s} = -(|\vec{B}| + d|\vec{B}|)h + |\vec{B}|h = -h\,d|\vec{B}| \tag{34-14}$$

네모꼴을 지나는 전기력선의 수 $\Phi^{전기}$는 다음과 같다.

$$\Phi^{전기} = (|\vec{E}|)(h\,dx) \tag{34-15}$$

여기에서 $|\vec{E}|$는 네모꼴 속에서 $\vec{E}$ 크기의 평균값이다. 이 식을 t에 대해 미분하면 다음 결과를 얻는다.

$$\frac{d\Phi^{전기}}{dt} = h\,dx\frac{d|\vec{E}|}{dt}$$

이 식과 $\oint \vec{B} \cdot d\vec{s} = -h\,d|\vec{B}|$ (식 34-14)를 앙페르-맥스웰 유도법칙에 넣으면 다음 결과를 얻는다.

$$-h\,d|\vec{B}| = \mu_0 \varepsilon_0 \left(h\,dx\frac{d|\vec{E}|}{dt} \right)$$

앞에서 (식 34-9)와 같이 편미분 기호로 바꾸면 위 식은 다음과 같이 바뀐다.

$$-\frac{\partial|\vec{B}|}{\partial x}=\mu_0\varepsilon_0\frac{\partial|\vec{E}|}{\partial t} \tag{34-16}$$

여기에서도 (−)부호는 사리에 맞다. 왜냐하면 그림 34−8*b*의 네모꼴 속의 점 *P*에서 $\vec{B}$는 *x*와 함께 커지지만, $\vec{E}$는 *t*가 커지면 작아지기 때문이다.

이 식에 $\vec{E}=\vec{E}^{최대}\sin(kx-\omega t)$와 $\vec{B}=\vec{B}^{최대}\sin(kx-\omega t)$ (식 34−2와 34−3)을 넣어 셈하면 다음 결과를 얻는다.

$$-k|\vec{B}^{최대}|\cos(kx-\omega t)=-\mu_0\varepsilon_0\omega|\vec{E}^{최대}|\cos(kx-\omega t)$$

이것은 다음과 같이 고쳐 쓸 수 있다.

$$\frac{|\vec{E}^{최대}|}{|\vec{B}^{최대}|}=\frac{1}{\mu_0\varepsilon_0(\omega/k)}=\frac{1}{\mu_0\varepsilon_0 c}$$

$|\vec{E}^{최대}|/|\vec{B}^{최대}|=c$ (식 34−11)와 묶으면 바로 다음 결과를 얻는다.

$$c=\frac{1}{\sqrt{\mu_0\varepsilon_0}}\quad(\text{전자기파 속력}) \tag{34-17}$$

이것은 정확히 식 34−1이다.

생각해보기 34-1 아래 그림은 그림 34−8*a*의 네모꼴을 지나는 자기장 벡터 $\vec{B}$을 다른 순간에 보인 것이다. $\vec{B}$는 *xz*평면에 있고 *z*축과 나란하며, 크기가 증가한다. (a) 그림 (1)에 유도된 전기장의 방향과 상대적 크기를 그려 넣어 완성시켜라(그림 34−8*a*처럼). (b) 같은 순간에 전자기파의 전기장 성분을 그림 (2)에 그려 넣어 완성시켜라. 또한 유도된 자기장의 방향과 상대적 크기를 그려 넣어라(그림 34−8*b*처럼).

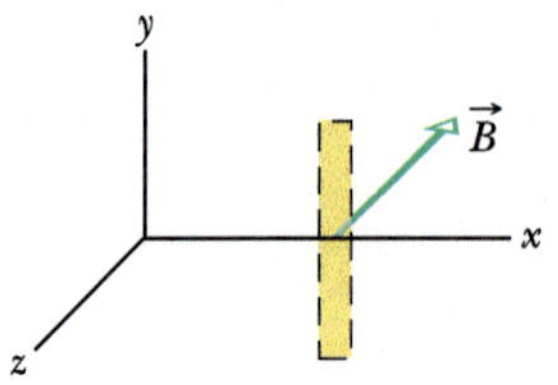

(1)

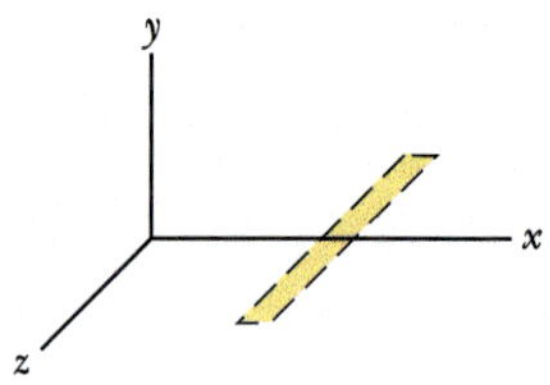

(2)

연습문제 34-4

3. 전기장

어떤 전자기파의 전기장이 다음과 같다: $E_x=0, E_y=0, E_z=(2.0\ \text{V/m})\cos[(\pi\times10^{15}\ \text{s}^{-1})(t-x/c)]$, $c=3.0\times10^8\ \text{m/s}$. 이 파동은 $+x$쪽으로 전파한다. 이 파동의 자기장 성분에 관한 식을 써라.

4. 평면파

평면 전자기파의 전기장의 최대값이 3.20×10^{-4} V/m이다. 자기장의 최대값을 구하라.

34-5 전자기파로 에너지를 보내기

축전기에 관해 배우면서 전기장 속에 에너지가 저장됨을 알았고, 코일에 관해 배우면서 자기장 속에 에너지가 저장됨을 알았다. 따라서 전자기파가 공간을 진행할 때 에너지가 실려간다는 것도 사리에 맞다. 살갗을 그을리는 사람들은 이 같은 예감을 확인할 것이다. 전자기파는 에너지를 실어 날라 몸에 전해준다. 이 절에서는 전자기파에 실린 에너지가 단위 넓이에 단위 시간 동안 들어오는 값을 셈하는 식을 얻는다. 이 양은 전자기파의 세기의 척도이다.

축전기에 관한 28장에서 전기장의 에너지 밀도(단위 부피의 공간 속의 전기장 에너지)가 다음과 같음을 알았다.

$$u^{전기} = \frac{1}{2}\varepsilon_0 E^2$$

여러분은 또한 (이 장에서) $\vec{E} = c\vec{B}$임을 아는데, c값이 아주 크므로 전자기파에서 전기장에 들어 있는 에너지가 자기장에 든 것보다 훨씬 크다고 지레 짐작할지도 모르겠다. 그 짐작은 맞지 않다. 두 에너지는 똑같다. 이것을 보이려면 $\vec{E}$에 $c\vec{B}$를 넣는다. 그러면 다음과 같이 쓸 수 있다.

$$u^{전기} = \frac{1}{2}\varepsilon_0 E^2 = \frac{1}{2}\varepsilon_0 c^2 B^2$$

이제 c에 대해 다음 식을 넣으면(식 34-1)

$$c = \frac{1}{\sqrt{\varepsilon_0 \mu_0}}$$

이다. 그리고 다음 결과를 얻는다.

$$u^{전기} = \frac{1}{2}\varepsilon_0 \frac{1}{\mu_0 \varepsilon_0} B^2 = \frac{1}{2}\frac{B^2}{\mu_0}$$

33-3절에서 $B^2/2\mu_0$는 자기장 $\vec{B}$의 에너지 밀도 $u^{자기}$임을 알았다. 그러므로 전자기파는 어디에서나 $u^{전기} = u^{자기}$임을 알 수 있다.

> 전자기파에서는 언제, 어디에서나 전기장의 에너지 밀도와 자기장의 에너지 밀도가 같다.

전자기파의 전체 에너지 밀도는 전기장과 자기장의 에너지 밀도를 더한 값이다:

$$u^{전체} = u^{전기} + u^{자기} = \frac{1}{2}\varepsilon_0 E^2 + \frac{1}{2\mu_0} B^2$$

그렇지만 두 값이 같으므로 전체 에너지 밀도를 둘 가운데 어느 하나의 2배로 놓아도 된다:

$$u^{전체} = 2u^{전기} = \varepsilon_0 E^2$$

또는

$$u^{전체} = 2u^{자기} = \frac{1}{\mu_0} B^2$$

이 결과는 전자기파가 가는 방향에 직교하는 단위 넓이의 면에 단위 시간 동안 에너지가 들어오는 비율(일률)에 관한 식을 끌어내는데 아주 쓸모가 있다. 어느 때든, **단위 넓이의 면에 대한 에너지 수송률(rate of energy transport per unit area)**은 다음과 같다.

$$S = \left(\frac{\text{에너지/시간}}{\text{넓이}}\right)^{순간} = \left(\frac{\text{일률}}{\text{넓이}}\right)^{순간} \quad \text{(순간 에너지 수송률 밀도)} \qquad (34\text{-}18)$$

이로부터 S의 국제단위는 제곱미터당 와트(W/m²)임을 알 수 있다. 전자기파는 속력 c로 가므로 시간 Δt 동안 거리 $c\Delta t$를 나아간다. 이렇게 가는 동안 넓이 A인 어떤 면을 지나가면, 파동이 쓸고가는 공간의 부피는 $c\Delta t\,A$이다. 파동에 실려 전달되는 에너지의 총량은 전체 에너지 밀도에 이 부피를 곱한 값이다. 다시 말해 파동이 넓이 A인 어떤 면에 시간 Δt 동안 전달한 전체 에너지(U)는 다음과 같다.

$$U = u^{\text{전체}} c\Delta t\,A$$

여기에서

$$u^{\text{전체}} = \varepsilon_0 E^2$$

이다. 따라서 다음과 같이 쓸 수 있다.

$$U = \varepsilon_0 E^2 c\Delta t\,A$$

위에서 식 34–18로 쓴 것처럼 에너지 전달률은 전체 에너지를 파동이 지나가는 면의 넓이와 진행한 시간으로 나눈 값이다.

$$S = \frac{\varepsilon_0 E^2 c\Delta t\,A}{\Delta t\,A} = c\varepsilon_0 E^2$$

그런데 $c^2 = 1/\varepsilon_0 \mu_0$이므로 이 식의 오른쪽을 고쳐 다음과 같이 쓸 수 있다.

$$S = \frac{1}{c\mu_0} E^2 = c\varepsilon_0 E^2 \quad (\text{순간 에너지 흐름률}) \tag{34–19}$$

식 34–19에 $\vec{E} = \vec{E}^{\text{최대}} \sin(kx - \omega t)$를 넣으면, 에너지 전달률을 시간의 함수로 나타낸 식을 얻는다. 그렇지만, 실제로 더 쓸모 있는 식은 에너지 전달률을 시간에 대해 평균한 값이다. 그 식을 얻으려면 S의 시간 평균값 $\langle S \rangle$를 셈해야 한다. 이 양을 파동의 **세기(intensity)** I라고 하며, 다음과 같다.

$$I = \langle S \rangle = \left\langle \frac{\text{에너지/시간}}{\text{넓이}} \right\rangle = \left\langle \frac{\text{일률}}{\text{넓이}} \right\rangle \tag{34–20}$$

$S = c\varepsilon_0 E^2$(식 34–19)를 쓰면 다음 결과를 얻는다.

$$I = \langle S \rangle = c\varepsilon_0 \langle E^2 \rangle = c\varepsilon_0 \langle (\vec{E}^{\text{최대}})^2 \sin^2(kx - \omega t) \rangle \tag{34–21}$$

$\sin^2\theta$를 한 순환주기 동안 평균한 값은 변수 θ가 무엇이든 $\frac{1}{2}$이다. 또한 전기장의 크기의 제곱–평균–제곱근(제평근) 값을 $E^{\text{제평근}}$이라는 새로운 양으로 나타낸다.

$$E^{\text{제평근}} = \frac{E^{\text{최대}}}{\sqrt{2}} \tag{34–22}$$

그러면 식 34–21을 다음과 같이 고쳐 쓸 수 있다.

$$I = c\varepsilon_0 (E^{\text{제평근}})^2 \tag{34–23}$$

위에서 끌어낸 단위 넓이의 면에 대한 전자기파의 에너지 전달률에 관한 개념과 파동이 가는 방향에 대한 지식을 묶으면 에너지 전달률 S와 전달방향을 모두 기술하는 벡터 $\vec{S}$를 정의할 수 있다. 이 벡터는 중요한 양으로 **포인팅 벡터(Poynting vector)**라고 하며, 이 양의 성질을 처음 논의한 포인팅(John Henry Poynting, 1852~1914)의 이름을 땄다.

> 어느 곳의 전자기파의 포인팅 벡터 $\vec{S}$의 방향은 파동이 가는 쪽이고, 따라서 그곳에서의 에너지 전달 방향이다.

이 절에서 끌어낸 모든 것을 묶어 포인팅 벡터 $\vec{S}$를 정의하는 식에 다음과 같이 넣을 수 있다.

$$\vec{S} = \frac{1}{\mu_0}\vec{E}\times\vec{B} \quad \text{(순간 포인팅 벡터)} \tag{34-24}$$

여기에서 포인팅 벡터의 크기 $|\vec{S}|$는 전자기파의 순간 세기다. 전자기파에서 $\vec{E}$와 $\vec{B}$는 서로 직교한다. 따라서 $\vec{E}\times\vec{B}$의 크기는 $|\vec{E}||\vec{B}|$이다. $|\vec{E}| = c|\vec{B}|$이므로 이것은 위에서 끌어낸 에너지 전달률의 크기에 관한 식과 맞는다.

$$S = |\vec{S}| = c\varepsilon_0 E^2$$

여러분 스스로 벡터 가위곱을 하여 얻는 방향이 정확히 파동이 가는 방향이며 따라서 에너지 전달 방향임을 확인할 수 있다.

• 세기(밝기)의 거리에 대한 변화

전자기파가 퍼져가면 세기는 복잡하게 변화한다. 특히 (영화 개봉 첫날의 탐조등과 같이) 빛을 광원에서 한 쪽으로 모아 보낼 때는 더 그렇다. 파면이 더 넓게 퍼져 가면 당연히 에너지 밀도도 줄어들지만, 문제는 어떻게 줄어드는가이다. 가장 단순한 상황을 생각하자. *점광원*이 빛을 **사방으로 고르게 (isotropically)** — 다시 말해 모든 방향에 같은 세기로 — 내보낸다고 하자. 그러한 등방성 점광원 S에서 퍼져나가는 공 모양 파면의 단면을 그림 34-9에 보였다.

진공에서는 전자기파가 흡수되지 않으므로 에너지가 보존된다. 그림 34-9와 같이 광원에 중심을 둔, 반지름 r인 공을 상상하자. 광원에서 내보낸 에너지는 모두 공을 지난다. 따라서 빛 에너지의 공 표면 전달률은 광원의 빛 에너지 방출률 — 다시 말해 광원의 일률 $P_{광원}$ — 과 같아야 한다. 따라서 공 표면에서의 세기 I(=일률/넓이)는 다음과 같아야 한다.

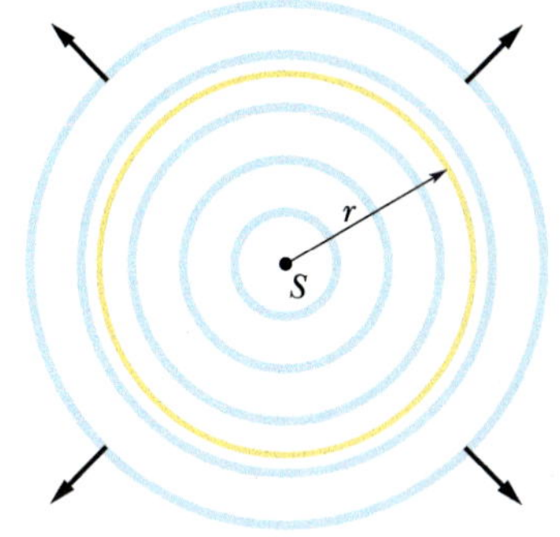

그림 34-9
점광원 S는 전자기파를 모든 방향으로 고르게 내보낸다. 공 모양 파면은 S에 중심을 둔, 반지름 r인 가상적인 공 표면을 지난다.

$$I = \frac{P_{광원}}{4\pi r^2} \tag{34-25}$$

여기에서 $4\pi r^2$은 공 표면의 넓이다. 이 식은 등방성 점광원에서 나온 전자기파의 세기는 광원까지의 거리 제곱에 반비례하여 줄어든다는 것을 말해준다.

식 34-23으로부터 다음도 알 수 있다.

$$I = c\varepsilon_0 (E^{제평근})^2$$

두 식을 모으면 다음 식을 얻는다.

$$\frac{P_{광원}}{4\pi r^2} = c\varepsilon_0 (E^{제평근})^2$$

또는

$$(E^{제평근})^2 = \frac{1}{c\varepsilon_0}\frac{P_{광원}}{4\pi r^2}$$

이 식을 줄이면 전하가 내는 전자기파의 평균 전기장 $E^{제평근}$, 광원의 일률 $P_{광원}$, 그리고 광원가지의 거리 r 사이의 관계가 나온다.

$$E^{제평근} = \sqrt{\frac{P_{광원}}{c\varepsilon_0 4\pi}}\frac{1}{r} \tag{34-26}$$

이 식은 등방성 점광원이 내는 전자기파의 전기장은 거리가 멀어짐에 따라 $1/r$에 비례하여 줄어드는 것을 말해 준다. 이것은 점전하의 정전기장이 $1/r^2$에 비례하여 줄어드는 것과 대조가 된다.

생각해보기 34-2 이 그림은 어느 곳, 어느 순간의 전자기파의 전기장이다. 파동은 $-z$ 쪽으로 에너지를 전달한다. 이 파동의 자기장의 방향은 어느 쪽인가?

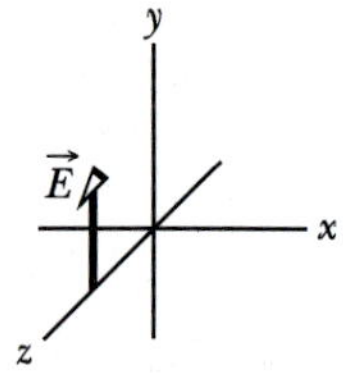

따라해보기 34-1 | 등방성 광원

머리글에서 말한 것처럼 빛은 전자기파임을 이제 알고 있다. 일률 $P_{광원} = 250\,\text{W}$인 점광원에서 거리 $1.8\,\text{m}$인 곳에 사람이 있다. 이 사람이 받는 빛의 전기장과 자기장의 제평근 값을 셈하라.

풀이 ■ 처음 두 **요점**은 다음과 같다:

1. 빛의 전기장의 제평근 값 $E^{제평근}$은 빛의 세기 I와 다음 관계가 있다: $I = c\varepsilon_0(E^{제평근})^2$.
2. 광원은 모든 방향으로 빛을 고르게 내보내는 점광원이므로, 거리 r 떨어진 곳의 세기 I는 광원의 일률 $P_{광원}$과 식 34-25 ($I = P_{광원}/4\pi r^2$)의 관계가 있다.

두 개념을 한데 묶으면 다음과 같다:

$$I = \frac{P_{광원}}{4\pi r^2} = c\varepsilon_0(E^{제평근})^2$$

이로부터 다음 결과를 얻는다.

$$\begin{aligned} E^{제평근} &= \sqrt{\frac{P_{광원}c\mu_0}{c\varepsilon_0 4\pi}}\cdot\frac{1}{r} \\ &= \sqrt{\frac{(250\,\text{W})}{(3.00\times10^8\,\text{m/s})(8.85\times10^{-12}\,\text{C}^2/\text{N}\cdot\text{m}^2)(4\pi)}}\cdot\frac{1}{(1.8\,\text{m})} \\ &= 48.1\,\text{V/m} \approx 48\,\text{V/m} \qquad (\text{답}) \end{aligned}$$

셋째 **요점**은 어느 때 어느 곳의 전자기파 전기장과 자기장의 크기는 식 34-12에 따라 빛의 속력 c와 연결된다($|\vec{E}|/|\vec{B}| = c$). 따라서 두 장의 제평근 값도 식 34-12에 의해 연결되므로 다음과 같이 쓸 수 있다.

$$B^{제평근} = \frac{E^{제평근}}{c} = \frac{48.1\,\text{V/m}}{3.00\times10^8\,\text{m/s}} = 1.6\times10^{-7}\,\text{T} \qquad (\text{답})$$

눈여겨볼 것은 $E^{제평근}(= 48\,\text{V/m})$은 보통 실험실 표준으로 볼 때 상당히 크지만, $B^{제평근}(= 1.6\times10^{-7}\,\text{T})$은 아주 작다는 것이다. 이 차이는 전자기파를 검지하고 재는 기기가 대부분 전자기파의 전기장 성분에 반응하도록 설계된 까닭을 설명해준다. 그렇지만, 전자기파의 전기장 성분이 자기장 성분보다 '더 세다'고 말하는 것은 옳지 않다. 단위가 다른 양은 비교할 수 없다. 앞에서 본 것처럼 두 성분의 평균 에너지는 단위가 같고, 크기가 똑같으므로 전자기파의 진행에 관한 한 전기장과 자기장 성분 모두가 중요하다.

연습문제 34-5

5. 네오디뮴-유리 레이저

어떤 네오디뮴-유리 레이저가 지속시간 1.0 ns, 일률 100 TW, 파장 0.26 μm인 펄스를 낸다. 펄스 하나에 실린 에너지는 얼마인가?

6. 포인팅 벡터

포인팅 벡터 $\vec{S}$의 방향을 찾아내어, 그림 34-6에서 34-8까지 모든 점의 전기장과 자기장의 방향이 전자기파의 진행 방향과 어긋나지 않음을 보여라.

7. 방사한 전자기파

레이저에서 나온 빛다발이 단면이 원인 좁은 원뿔꼴로 퍼져간다. 원뿔의 꼭지각 θ를 '빛다발 발산각' 이라고 한다(그림 34-10). 달까지의 거리를 재는 실험에서 아르곤 이온 레이저에서 나온 파장 514.5 nm인 빛다발을 달에 보낸다. 이 빛다발의 발산각이 0.880 μrad이면 달에서 레이저가 비추는 곳의 넓이는 얼마인가?

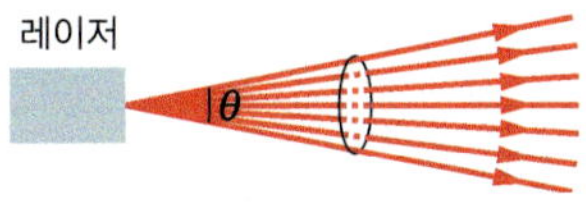

그림 34-10 문제 7

8. 가장 가까운 별

지구에서 가장 가까운 별인 켄타우루스 자리의 프록시마 별(Proxima Centauri)까지의 거리는 4.3광년이다. 지구에서 보낸 텔레비전 프로그램이 이 별에 이르러서 그 별의 어떤 혹성에 사는 어떤 생물이 볼 수도 있다. 지구에서 보내는 방송파의 일률이 1.0 MW라면, 프록시마 별에서 받는 신호의 세기는 얼마인가?

9. 평면 방송파

평면 방송파에서 전기장 성분의 최대값은 5.00 V/m이다. 다음을 셈하라: (a) 자기장 성분의 최대값, (b) 파동의 세기.

10. 밝기

평면 전자기파의 $|\vec{B}_{최대}|$가 1.0×10^{-4} T이면 세기는 얼마인가?

11. 최대 전기장

비등방성 점광원에서 10 m 떨어진 곳의 전기장의 최대값이 2.0 V/m이다. 그곳에서 다음 양의 값은 얼마인가? (a) 자기장 성분의 최대값, (b) 평균 세기, (c) 광원의 일률은 얼마인가?

12. 햇빛

지구 대기권 바로 바깥의 햇빛 세기는 1.40 kW/m^{2}이다. 그곳에서 햇빛이 평면파라고 가정하고 $|\vec{E}_{최대}|$와 $|\vec{B}_{최대}|$를 셈하라.

13. 비행기

방송국 송신기에서 10 km인 곳을 날아가는 비행기가 받은 신호의 세기가 10 μW/m^{2}이다. 다음 양을 셈하라: (a) 비행기가 받은 신호의 전기장 진폭, (b) 자기장의 진폭, (c) 송신기가 모든 방향으로 고르게 신호를 보낸다고 할 때 송신기의 전체 일률.

14. 아레시보의 감도

외계지성탐색 사업의 연구관 드레이크[Frank D. Drake]가 한때 푸에르토 리코에 있는 커다란 전파 망원경인 아레시보(Arecibo)는 "지표면 전체에서 받은 신호가 겨우 1피코와트인 신호까지도 검지할 수 있다"고 말했다. (a) 그러한 신호가 올 때 아레시보 안테나가 받는 일률은 얼마인가? 안테나 지름은 300 m이다. (b) 그러한 신호가 우리 은하계의 중심에서 나온다면, 신호원의 일률은 얼마일까? 은하계 중심은 지구에서 2.2×10^4광년 떨어져 있다. 신호원에서 모든 방향으로 고르게 신호를 보낸다고 하자.

15. 등방성 점광원

등방성 점광원이 파장 500 nm인 빛을 200 W의 일률로 내보낸다. 광원에서 400 m인 곳에 빛 검지기를 둔다. 검지기가 있는 곳에서 빛의 자기장 성분의 변화율 $\partial B/\partial t$의 최대값은 얼마인가?

16. 자기장 성분

진공에서의 전자기파의 자기장 성분의 진폭이 85.8 nT이고 각파수가 44.00 m^{-1}이다. 다음 양의 값을 셈하라: (a) 진동수, (b) 전기장 성분의 제평근 값, (c) 빛의 세기.

17. 자기장 성분 2

편광된 빛의 자기장 성분이 다음과 같다.

$$B_x = (4.0 \times 10^{-6}\,\text{T}) \sin[(1.57 \times 10^7\,\text{m}^{-1})y + \omega t]$$

빛의 다음 양을 셈하라: (a) 편광 방향, (b) 진동수, (c) 세기.

18. 전기장 성분의 제평근 값

파장 450 nm이고 전기장이 x축과 나란한 전자기파가 진공 속에서 $-y$쪽으로 간다. 전기장 성분의 제평근 값은 5.31×10^{-6} V/m이다. 자기장 성분의 식을 식 34-3과 같은 꼴로 쓰되, 값을 채워 넣어라.

19. 곧바로 오는 햇빛

어떤 여름날 대기에서 흡수되지 않고 곧바로 오는 햇빛의 세기가 100 W/m^{2}이다. 1.0 kW 전기난로에 얼마나 가까이 있으면 같은 세기를 느낄 수 있는가? 난로는 모든 방향으로 빛을 내보낸다.

20. 등방성 점광원 2

등방성 점광원에서 나오는 빛의 세기를 광원까지의 거리 r의 함수로 결정했다. 그림 34-11은 세기 I를 거리의 제곱의 역수 r^{-2}의 함수로 보여준다. 이 광원의 일률은 얼마인가?

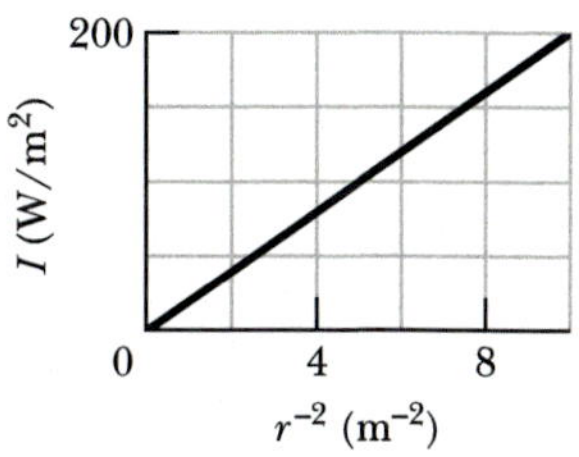

그림 34-11 문제 20

21. 일률

작동 진동수 12 GHz, 일률 180 kW인 북대서양조약기구 정찰 레이더 계통이 침입해 오는 스텔스 비행기를 90 km 거리에서 검지할 수 있는지 시험한다. 레이더 계통은 전자기파를 반구의 모든 방향으로 고르게 보낸다. (a) 비행기가 있는 곳에서 받는 전자기파의 세기는 얼마인가? 비행기는 단면의 넓이가 겨우 $0.22\ \text{m}^2$밖에 안 되는 것처럼 레이더 파동을 반사한다. (b) 비행기에서 반사되는 신호의 일률은 얼마인가? 반사된 신호가 반구의 모든 방향으로 고르게 퍼진다. 레이더가 있는 곳으로 되돌아온 신호에 대해 다음 양을 구하라: (c) 세기, (d) 전기장 벡터의 최대값, (e) 자기장 벡터의 제평근 값.

22. 평균 에너지 수송률

진행하는 평면 전자기파의 세기 — 다시 말해 단위 넓이를 통해 단위 시간 동안 에너지가 전달되는 양 — 는 다음과 같음을 보여라.

$$\langle S\rangle = \frac{1}{2}c\varepsilon_0(E^{\text{최대}})^2 = \frac{1}{2}c\frac{(B^{\text{최대}})^2}{\mu_0}$$

34-6 방사 압력

전자기파에는 에너지는 물론 운동량도 실려 있다. 따라서 물체에 빛을 비추어 압력 — **방사 압력(radiation pressure)** — 을 줄 수 있다. 그렇지만 이 압력은 아주 미약할 것이다. 왜냐하면, 예를 들어 사진을 찍을 때 섬광이 터져도 그 빛이 우리를 미는 것을 느끼지 못하기 때문이다.

맥스웰이 방사압력을 빛의 세기와 어떻게 연관시켰는가를 알아보자: 전자기파 다발 — 예를 들어 빛 — 을 어떤 물체에 시간 Δt 동안 비추자. 그 물체는 자유로이 움직일 수 있고, 받는 빛을 모두 **흡수(absorb)**한다고 하자. 그러면 물체는 시간 Δt 동안 빛을 흡수하여 에너지 ΔU를 얻는다. 맥스웰은 이 물체가 선운동량도 얻음을 보였다. 여느 때처럼 운동량은 소문자 p로, 물체의 운동량 변화는 $\Delta\vec{p} = \vec{p}_2 - \vec{p}_1$로 나타낼 수 있다. 물체의 운동량 변화의 크기 $|\Delta\vec{p}|$는 에너지 변화 ΔU와 다음 관계가 있다.

$$|\Delta\vec{p}| = \frac{\Delta U}{c} \quad \text{(완전 흡수)} \tag{34-27}$$

여기에서 c는 빛의 속력이다. 물체의 운동량 변화의 방향은 물체가 흡수하는 빛이 들어오는 방향이다.

빛이 물체에 흡수되지 않고 반사될 수도 있다. 다시 말해 물체는 빛을 튕겨내 다른 쪽으로 보낼 수도 있다. 빛이 모두 반사되어 오던 길로 되돌아간다면, 물체의 운동량 변화의 크기는 위에서 얻은 값의 두 배가 된다.

$$|\Delta\vec{p}| = \frac{2\Delta U}{c} \quad \text{(완전 반사)} \tag{34-28}$$

마찬가지로, 물체가 완벽한 탄성 테니스 공을 되튀겨 냈을 때의 운동량 변화는 질량과 속도가 같은 완벽한 비탄성 공 (말하자면 끈적한 진흙 덩이)에 맞았을 때의 운동량 변화의 두 배가 된다. 물체가 빛을 일부만 흡수하고 나머지는 반사하면, 그 물체의 운동량 변화는 $\Delta U/c$와 $2\Delta U/c$ 사이의 값이 된다.

뉴턴 제2법칙에서 운동량 변화는 힘과 다음 관계가 있음을 안다.

$$\vec{F} = \frac{\Delta\vec{p}}{\Delta t} \tag{34-29}$$

빛이 주는 힘을 밝기 I로 나타내는 식을 얻으려면, 빛의 진행방향에 직교하는, 넓이 A인 평면이 빛을 받는다고 하자. 시간 Δt 동안 넓이 A인 평면이 받는 에너지는 다음과 같다.

$$\Delta U = IA\Delta t \tag{34-30}$$

면이 에너지를 모두 흡수한다면, 식 34-27로부터 $|\Delta \vec{p}| = IA\Delta t/c$이다. 그러면 $\vec{F} = \Delta \vec{p}/\Delta t$(식 34-29)이므로 이 면이 받는 힘의 크기는 다음과 같다.

$$|\vec{F}| = \frac{IA}{c} \quad \text{(완전 흡수)} \tag{34-31}$$

마찬가지로, 면이 빛을 모두 반사하여 오던 길로 되돌려보내면, 식 34-28로부터 $|\Delta \vec{p}| = 2IA\Delta t/c$이므로, 식 34-29로부터 다음 결과를 얻는다.

$$|\vec{F}| = \frac{2IA}{c} \quad \text{(완전 반사하여 오던 길로 되돌려보낼 때)} \tag{34-32}$$

면이 빛의 일부만 흡수하고 나머지는 반사하면, 그 면이 받는 힘의 크기는 IA/c와 $2IA/c$ 사이의 값이 된다.

방사압력 P는 빛이 물체의 단위 넓이의 면에 주는 힘이다. (압력은 대문자 P로로 나타냄을 눈여겨보라.) 물체가 빛을 완전 흡수 또는 완전 반사할 때 받는 방사압력은 각각의 상황에서 받는 힘에 관한 식 (34-31과 34-32)의 양쪽을 넓이 A로 나누어 다음과 같이 얻는다.

$$P^{\text{흡수}} = \frac{I}{c} \quad \text{(방사 압력: 빛을 완전 흡수할 때)} \tag{34-33}$$

그리고 다음과 같다.

$$P^{\text{반사}} = \frac{2I}{c} \quad \text{(방사 압력: 빛을 완전 반사하여 오던 길로 되돌려보낼 때)} \tag{34-34}$$

15장의 유체 압력과 같이 방사 압력의 국제단위는 '파스칼(Pa)' 로서 '제곱 미터 당 뉴턴 (N/m^2)' 이다.

레이저 기술의 발전으로 사진기 섬광등 같은 것이 주는 방사 압력보다는 훨씬 센 방사 압력을 줄 수 있게 되었다. 그렇게 된 까닭은 레이저 빛다발은 — 작은 필라멘트 전구에서 나오는 빛과 달리 — 지름이 몇 파장 정도인 아주 작은 점에 모을 수 있기 때문이다. 그러면 그 점에 있는 작은 물체가 받는 에너지 밀도와 운동량 밀도는 매우 큰 값이 된다.

생각해보기 34-3 세기가 고른 빛이 어떤 완전 흡수면 전체를 수직하게 비춘다. 면의 넓이를 줄이면 그 면이 받는 (a) 방사 압력과 (b) 방사 힘이 커지는가, 작아지는가, 아니면 똑같은가?

따라해보기 34-2 | 살별 먼지

살별에서 떨어져 나온 먼지는 살별의 궤도를 따라 가지 않는데, 그 까닭은 햇빛의 방사 압력이 해를 중심으로 한 반지름 방향 바깥쪽으로 밀어내기 때문이다. 먼지입자가 공모양으로 반지름 R, 밀도 $\rho = 3.5 \times 10^3\ kg/m^3$이고 받는 햇빛을 모두 흡수한다고 하자. 먼지의 반지름 R이 얼마일 때 해로부터 받는 중력 $\vec{F}^{\text{중력}}$과 햇빛의 방사 힘 $\vec{F}^{\text{방사}}$가 같아지는가?

풀이 ■ 해는 먼지에서 아주 멀리 있어 등방성 점광원으로 볼 수 있다. 그러면 햇빛의 방사 압력 때문에 먼지가 해를 중심으로 반지름 바깥쪽으로 밀린다고 했으므로, 입자가 받는 방사 힘 $\vec{F}^{방사}$는 해에서 반지름 바깥쪽을 향하고, 중력 $\vec{F}^{중력}$는 안쪽을 향한다. 따라서 두 힘의 균형을 다음과 같이 쓸 수 있다.

$$|\vec{F}^{방사}| = |\vec{F}^{중력}| \tag{34-35}$$

이제 이 힘을 따로 살펴보자.

방사 힘: 식 34-25의 왼쪽의 값을 셈하려면, 다음 세 **요점**을 쓴다.

1. 입자가 빛을 모두 흡수하므로, 힘의 크기 $|\vec{F}^{방사}|$는 입자가 받는 햇빛의 세기 I와 입자의 단면적 A으로부터 식 34-31을 통해 셈할 수 있다 ($|\vec{F}^{방사}| = IA/c$).
2. 해를 등방성 점광원으로 볼 수 있다고 했으므로, 해의 일률 $P_{해}$와 해에서 거리 r인 곳에 있는 입자가 받는 햇빛의 세기 I를 식 34-25 ($I = P_{해}/4\pi r^2$)를 써서 연결시킬 수 있다.
3. 입자가 공 모양이므로, 단면적 A는 πR^2이다 (공의 표면 넓이의 반이 아니다).

세 개념을 한데 묶으면 다음 결과를 얻는다.

$$|\vec{F}^{방사}| = \frac{IA}{c} = \frac{P_{해}\pi R^2}{4\pi r^2 c} = \frac{P_{해} R^2}{4r^2 c} \tag{34-36}$$

중력: **요점**은 뉴턴 중력 법칙(식 14-2)으로, 입자가 받는 중력 크기는 다음과 같다.

$$|\vec{F}^{중력}| = G\frac{M_{해} m}{r^2} \tag{34-37}$$

여기에서 $M_{해}$는 해의 질량, m은 입자의 질량이다. 그리고 입자의 질량은 밀도 ρ와 부피 $V(=\frac{4}{3}\pi R^3$, 공)과 다음 관계가 있다.

$$\rho = \frac{m}{V} = \frac{m}{\frac{3}{4}\pi R^3}$$

이것을 m에 대해 풀어 그 결과를 식 34-37에 넣으면 다음 결과를 얻는다.

$$|\vec{F}^{중력}| = \frac{GM_{해}\rho\left(\frac{4}{3}\pi R^3\right)}{r^2} \tag{34-38}$$

식 34-36과 34-38을 식 34-35에 넣고 R에 관해 풀면 다음 결과를 얻는다.

$$R = \frac{3P_{해}}{16\pi c\rho GM_{해}}$$

문제에서 준 ρ의 값과 알려진 G의 값(부록 B) 그리고 $M_{해}$의 값(부록 C)을 쓰면 분모의 값을 셈할 수 있다:

$$\begin{aligned}&(16\pi)(3\times10^8\,\text{m/s})(3.5\times10^3\,\text{kg/m}^3)\\&\times(6.67\times10^{-11}\,\text{N}\cdot\text{m}^2/\text{kg}^2)(1.99\times10^{30}\,\text{kg})\\&=7.0\times10^{33}\,\text{N/s}\end{aligned}$$

부록 C의 $P_{해}$를 쓰면 다음 결과를 얻는다.

$$R = \frac{(3)(3.9\times10^{26}\,\text{W})}{7.0\times10^{33}\,\text{N/s}} = 1.7\times10^{-7}\,\text{m} \quad \text{(답)}$$

이 결과는 입자에서 해까지의 거리 r과는 무관함을 눈여겨 보라.

반지름 $R \approx 1.7\times10^{-7}\,\text{m}$인 먼지 입자는 그림 34-12의 경로 b와 같이 거의 직선 경로를 따라간다. R이 더 크면, 식 34-36과 34-38을 비교하면, $\vec{F}^{중력}$은 R^3에 비례하고 $\vec{F}^{방사}$는 R^2에 비례하므로, 중력 $\vec{F}^{중력}$이 방사 힘 $\vec{F}^{방사}$보다 더 세다. 따라서 그러한 입자는 그림 34-12의 경로 c와 같이 해를 향해 굽은 경로를 따라간다. 마찬가지로 R이 더 작으면, 방사 힘이 더 세므로 먼지는 경로 a와 같이 해에서 멀어지는 굽은 경로를 따라간다. 살별의 먼지 꼬리는 이러한 먼지입자들의 복합체가 만든다.

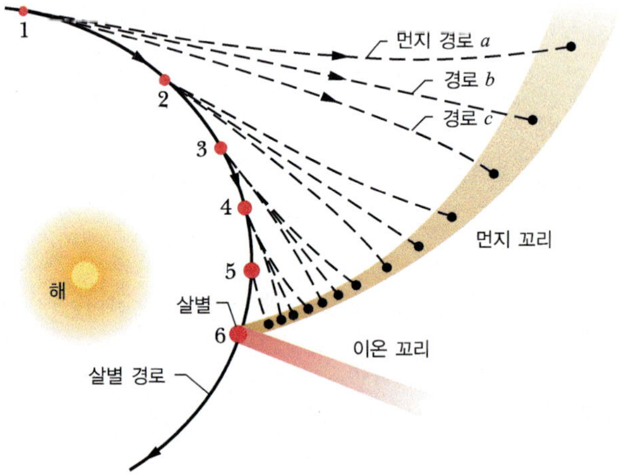

그림 34-12
살별은 위치 6에 있다. 이것이 위치 5에 있을 때 떨어져 나간 먼지들이 햇빛의 방사 힘을 받아 바깥쪽으로 밀려 점선으로 나타낸 경로를 따라가서 살별의 굽은 먼지 꼬리를 이룬다. 이것의 이온 꼬리는 해에서 곧바로 멀어지는 쪽을 향한다.

연습문제 34-6

23. 일률이 높은 레이저

일률이 높은 레이저는 방사압력으로 플라스마(전하를 띤 입자로 된 기체)를 압축하는데 쓰인다. 레이저에서 나오는 봉우리 일률 1.5 GW인 펄스를 모아 전자밀도가 높은 플라스마 1.0 mm^{2}에 비추었다. 이 플라스마가 빛펄스를 오던 쪽으로 반사한다면 얼마나 높은 방사압력을 받는가?

24. 검은 종이

넓이 $A = 2.0\,\text{cm}^2$인, 빛을 완전히 흡수하는 검은 종이쪽이 세기 10 W/m^{2}인 사진기 섬광을 받는다. 이 종이쪽이 받는 방사압력은 얼마인가?

25. 방사압력

500 W 전구에서 1.5 m 떨어진 곳의 방사압력은 얼마인가? 압력을 받는 면은 전구를 향하고 빛을 완전히 흡수하며, 전구는 빛을 모든 방향으로 고르게 퍼뜨린다.

26. 해가 방사하는 전자기파

해에서 나와 지구(대기 바로 바깥)에 온 빛의 세기는 1.4 W/m^{2}이다. (a) 지구(와 대기)가 햇빛에 수직인 평평한 원반 같고 햇빛이 모두 흡수된다고 가정하고 지구가 받는 방사압력을 구하라. (b) 이것을 해의 중력과 비교하라.

27. 전자기파

파장이 3.0 m이고, 전기장 $\vec{E}$의 진폭이 300 V/m이고 y축과 나란한 평면 전자기파가 $+x$쪽으로 간다. (a) 진동수는 얼마인가? (b) 이것의 자기장의 방향은 어느쪽이고 진폭은 얼마인가? (c) $\vec{E} = \vec{E}^{\text{최대}}\sin(kx - \omega t)$이면 k와 ω의 값은 얼마인가? 이 파동에 실려 1초에 1 m^{2}를 지나가는 에너지의 시간평균값은 W 단위로 얼마인가? (d) 이 파동이 넓이 2.0 m^{2}인 완벽한 흡수체에 들어가면 물체가 받는 운동량과 방사압력은 얼마인가?

28. 헬륨-네온 레이저

물리 실험에서 흔히 쓰는, 파장 633 nm, 일률 5.00 mW인 헬륨-네온 레이저가 있다. 렌즈를 써서 빛다발을 유효지름이 2.00파장인 둥근 초점에 모았다. 다음을 셈하라: (a) 집속된 빛다발의 세기, (b) 지름이 초점과 같은, 빛을 완벽하게 흡수하는 공이 초점에 있을 때 받는 방사압력, (c) 그 공이 받는 힘, (d) 그 공의 가속도. 공의 밀도는 $5.00 \times 10^3\,\text{kg/m}^3$이다.

29. 수직 입사

평면 전자기파가 평면에 수직하게 들어오면, 면이 받는 방사압력은 들어오는 빛다발의 에너지 밀도가 같음을 증명하라. (압력과 에너지 밀도 사이의 관계는 빛의 반사율과 무관하다.)

30. 레이저 빛다발

그림 34-13에서 일률 4.60 W 지름 2.60 mm인 레이저 빛다발이 완벽하게 반사하는 원통의 둥근 면(지름 $d <$ 2.60 mm)을 향해 위쪽으로 진행하여, 빛다발의 방사압력으로 원통이 '떠' 다닌다. 원통의 밀도가 1.20 g/cm^{2}이다. 원통의 높이 H는 얼마인가?

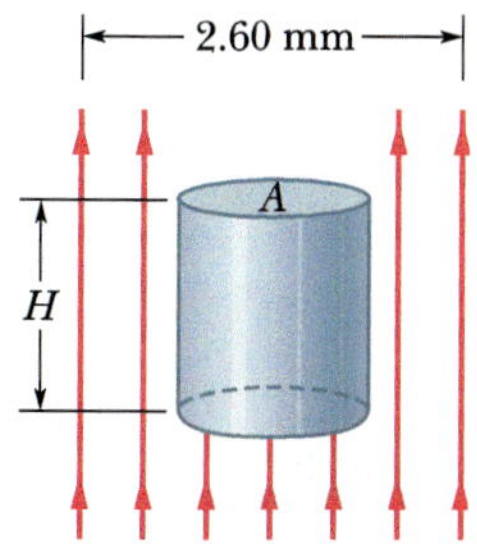

그림 34-13 문제 30

31. 작은 우주선

(우주인을 포함한) 질량이 1.5×10^3 kg인 작은 우주선이 태양계 바깥의 우주에서 중력을 거의 받지 않고 떠다닌다. 우주인이 10 kW 레이저 빛다발을 켜면 빛에 실려가는 운동량 때문에 하루 뒤에는 우주선의 속력이 얼마가 될까?

32. 평균 압력

빗발치는 총알이 방향에 수직인 면을 두들길 때 그 면이 받는 평균 압력은 총알 흐름의 운동에너지 밀도의 두 배임을 증명하라. 총알은 면에 완전히 박힌다고 가정하라. 이 문제를 29번 문제와 대비해 보라.

33. 태양계 속의 입자

태양계 속의 입자가 해의 중력과 햇빛의 방사압력을 함께 받는다. 입자가 공 모양이고 밀도가 $1.0 \times 10^3\,\text{kg/m}^3$이며, 들어오는 빛이 모두 흡수된다고 가정한다. (a) 공의 반지름이 어떤 임계값 R보다 작으면, 입자는 태양계 바깥으로 밀려남을 보여라. (b) 임계 반지름을 셈하라.

34. 빛으로 추진하기

아주 얇은 금속막으로 된 커다란 돛을 우주선에 달아 태양계 안에서 방사압력을 써서 우주선을 추진시키는 방법이 제안되었다. 방사압력의 크기가 해의 중력과 같아지려면 돛이 얼마나 커야 하는가? 우주선과 돛의 질량을 더한 값이 1500 kg이라고 하고, 돛은 빛을 완벽하게 반사하며 햇살에 수직으로 펼쳐져 있다고 가정하라. 필요한 자료값은 부록 C를 보라. (돛이 더 크면, 우주선은 계속 밀려 해에서 멀어진다.)

35. 완전 흡수

어떤 사람은 등방성 점광원 위 0.500 m인 곳에 빛을 완전히 흡수하는 작은 공을 두어 위쪽을 향한 방사압력이 아래쪽을 향한 중력을 비기게 하여 띄워 놓으려 계획한다. 공의 밀도는 19.0 g/cm^3, 반지름은 2.00 mm이다. (a) 광원의 일률은 얼마나 되어야 하는가? (b) 그러한 광원을 만들어도, 공의 부양력은 불안정한 까닭이 무엇인가?

36. 비율
세기 I인 빛이 어떤 물체에 수직으로 들어와 비율 f만큼 흡수되고, 나머지는 오던 곳으로 반사된다. 물체가 받는 방사압력은 얼마인가?

34-7 편광

이 장의 첫머리에서 직선을 따라 진동하는 전하에 관해 이야기했다. 전하의 진동은 전기력선에 꺾인 선을 만드는데, 이것을 파면으로 해석했다. 꺾인 선에서의 전기장은 꺾인 선의 진행방향과 직교하며, 전하가 진동하는 직선방향과 나란함을 눈여겨보았다. 따라서 바깥으로 퍼져가는 파동의 전기장은 어느 한 방향으로 진동한다는 것을 알 수 있다. 이와는 달리 많은 전하가 제멋대로 여러 방향으로 흔들릴 때 생기는 전자기파는 진동방향이 순간마다 바뀐다. 전기장의 진동방향이 일정하게 유지되는 전자기파는 **편광되었다(polarized)**고 한다. 이것은 중요한 개념인데, 그 까닭은 많은 전자기파 샘 — 안테나와 같은 — 에서 나오는 전자기파가 이러한 성질을 지니고 있기 때문이다.

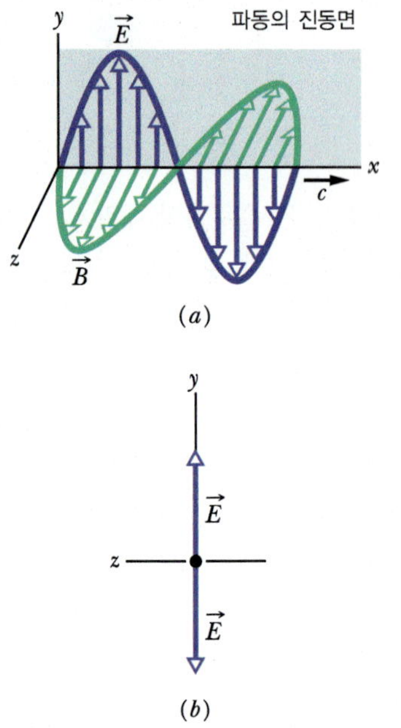

그림 34-14
(*a*) 편광된 전자기파의 진동면. (*b*) 편광을 나타내려면, 빛이 오는 것을 마주 보아 진동하는 전기장의 방향을 두 개의 화살표 — '겹화살표' 라고 한다 — 로 나타낸다.

그림 34-14*a*는 전기장이 y축을 따라 수직방향으로 진동하는 전자기파를 보여준다. $\vec{E}$ 벡터를 품는 평면을 파동의 *진동면*이라고 한다 (따라서 파동은 y축에 나란히 **평면-편광되었다[plane-polarized]** 또는 **선-편광되었다[plane-polarized]**고 한다). 파동의 편광(편광 상태)를 나타내려면, 그림 34-14*b*처럼 오는 빛을 '마주' 볼 때의 전기장의 진동 방향을 보여준다. 이 그림에서 두 수직방향의 화살표는 파동이 우리를 지날 때, 전기장이 y축을 따라 진동하면서 그 방향이 계속 위아래로 바뀌는 것을 나타낸다. 텔레비전 방송 신호를 받는 초고주파 안테나를 설치할 때 우리나라에서는 (미국도) 수평하게 눕히지만 영국에서는 수직하게 세운다. 그 차이는 방송 신호가 실린 전자기파의 진동 방향 때문이다. 우리나라에서는 전송장비가 수평방향으로 편광된 파동을 만들어내게 되어 있다; 다시 말해 전기장이 수평방향으로 진동한다. 따라서 들어오는 텔레비전 파동의 전기장이 안테나를 따라 전류를 구동하려면 (그리하여 텔레비전 수상기에 신호를 보내려면), 안테나는 수평하게 뉘여야 한다. 영국에서는 수직하게 세워야 한다.

• 편광된 빛

텔레비전 송신소에서 내보내는 전자기파는 모두 편광 상태가 같다. 왜냐하면 이들은 전송 안테나를 따라 왼쪽 오른쪽으로 (또는 위아래로) 움직이는 전자가 만들어내기 때문이다. 이와는 달리 보통의 광원(해나 전구 같은 것)에서 나오는 전자기파는 광원을 이루는 낱낱의 원자나 분자에서 나온다. 물체 속의 낱낱의 원자나 분자가 빛을 내놓는다는 사실이 뜻하는 바는 이러한 광원에서 나오는 빛은 진행 방향을 특별히 정할 수는 있지만, 빛을 이루는 전자기파의 편광 방향은 어느 특별한 방향이 정해지지 않는다는 것이다.

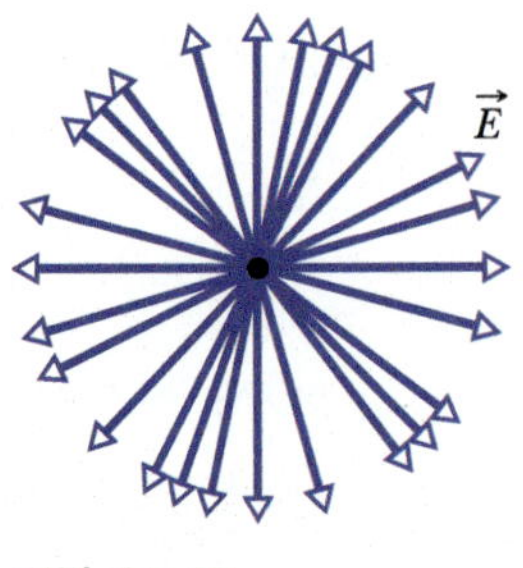

그림 34-15
마구 편광된 빛은 전기장의 방향이 마구 변화하는 빛이다. 여기에서 파동은 모두 같은 축을 따라, 종이에서 솟아나오는 쪽으로 진행하며, 진폭은 모두 같다.

(해의 원자와 분자가 내는 빛과 같이) 편광 방향이 마구 변하는 전자기파를 **마구 편광된(randomly polarized)** 또는 **편광되지 않은(unpolarized)** 빛이라고 한다. 이렇게 부르는 까닭은 이 빛이 지나가는 어느 곳의 전기장의 방향은 아주 빨리 마구 변하기 때문이다. 그렇지만 어느 순간이나 파동의 진행 방향 및 자기장 벡터와는 직교하고, 다만 그 방향이 공간적으로 계속 변할 뿐이다. 그림 34-15는 종이면을 뚫고 들어가거나 나오는 편광되지 않은 전자기파를 보여준다. 어느 시간 동안 오는 빛을 마주 보며 전기장의 진동 방향을 겹화살표로 그린다면 그림 34-14*b*의 단순한 겹화살표가 아니라 그림 34-15에 보인 여러 방향의 겹화살표가 겹쳐 있는 복잡한 모양이 될 것이다.

마구 편광된(또는 편광되지 않은) 빛을 그림 34-16과 같이 편광판을 지나게 하여 편광된 빛으로 바꿀 수 있다. 그러한 편광판은 폴라로이드 또는 폴라로이드 필터라는 상품명으로 알려져 있는데, 랜드(Edwin Land)가 1932년 대학생 때 발명했다. 편광판은 기다란 분자가 플라스틱 막 속에 박혀 있는 것이다. 편광판을 만들 때, 막을 한쪽으로 잡아늘여 기다란 분자를 마치 잘 빗은 머리카락처럼 나란히 정렬시킨다. 이 막에 빛을 보내면 전기장 성분이 기다란 분자와 직교하는 빛은 그냥 지나가고, 나란한 빛은 분자에 흡수되어 사라진다.

그것은 놀랍지 않다. 기다란 분자를 둘러싼 전자들은 분자의 축을 따라 위아래로 자유롭게 움직일 수 있고 따라서 빛을 흡수한다. 긴 축에 직교하는 방향으로는 그렇게 자유롭게 움직일 수 없다. 편광판의 *편광*축은 분자의 배향 방향이 아니라 흡수되지 않고 지나오는 전자기파의 전기장 성분의 방향으로 정의한다:

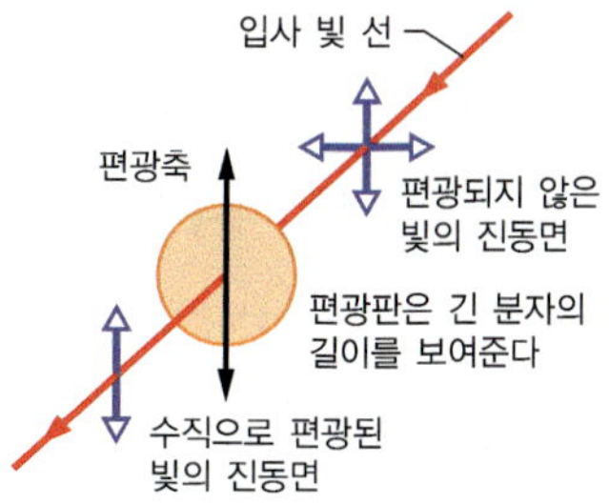

그림 34-16
마구 편광된 빛을 편광판을 지나게 하면 편광된다. 투과된 빛의 편광 방향은 편광판의 편광축과 나란하다.

> 편광판에 들어오는 빛 가운데 전기장이 편광축과 나란한 성분은 지나간다 (투과한다); 수직한 성분은 흡수된다.

따라서 편광판을 지나오는 빛의 전기장은 편광축과 나란한 성분만 있고, 빛은 그 방향으로 편광된다. 그림 34-16에서 전기장의 수직성분은 편광판을 지나간다. 수평성분은 흡수된다. 그래서 투과된 빛은 수직 방향으로 편광된다.

어떤 상황에서는 빛이 부분편광된다(전기장의 진동이 그림 34-15처럼 아주 마구잡이도 아니고, 그림 34-14*b*처럼 어느 한 축과 나란하지도 않다). 부분편광된 빛은 평면편광된 빛과 마구 편광된 빛이 섞인 것으로 볼 수 있다.

• 투과된 빛의 세기(밝기)

이제 편광판을 지나온 빛의 밝기를 생각하자. 먼저 마구 편광된 빛에서 시작하는데, 이 빛의 전기장의 진동은 그림 34-15*a*에 나타낸 것처럼 y 및 z성분으로 나눌 수 있다. 또한 y축을 편광판의 편광축과 나란히 잡는다. 그러면 편광판을 지난 빛의 전기장은 오직 y성분만 남는다. z성분은 흡수된다. 그림 34-15*b*에 시사한 것처럼 마구 편광된 빛이 편광판에 들어왔다면, y성분을 더한 값과 z성분을 더한 값이 같다. z성분이 흡수되면, 애초에 들어온 빛의 밝기 I_0의 반은 사라진다. 따라서 편광판을 지나온 빛의 밝기 I는 다음과 같다.

$$I = \tfrac{1}{2} I_0 \tag{34-39}$$

이것을 '반값 규칙'이라고 하자. 이것은 마구 편광된 빛이 편광판에 들어올 때만 쓴다.

이제 이미 편광된 빛이 편광판에 들어온다고 하자. 그림 34-17은 편광판이 종이면에 나란히 놓이고, 전기장 $\vec{E}$가 그림과 같은 빛이 편광판을 향해 간다. $\vec{E}$는 편광판의 편광축에 대해 나란한 성분과 직교하는 성분으로 나눌 수 있다: 나란한 성분 E_y는 편광판을 지나가고, 직교하는 성분 E_z는 흡수된다. θ는 $\vec{E}$와 편광축 사이의 각도이므로, 투과된 나란한 성분의 전기장의 크기는 다음과 같다.

$$E_y = |\vec{E}| \cos\theta \tag{34-40}$$

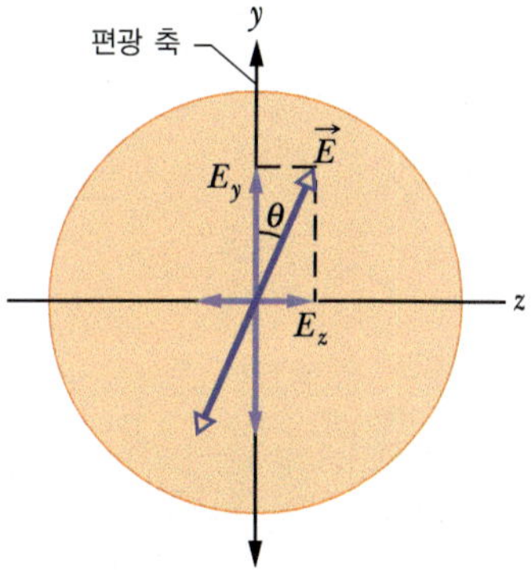

그림 34-17
편광판에 들어오는 편광된 빛. 빛의 전기장 $\vec{E}$는 성분 E_y(편광축과 나란한 성분)과 성분 E_z(편광축과 직교하는 성분)으로 나눌 수 있다. 성분 E_y는 편광판을 지나오고 성분 E_z는 흡수된다. 주의: 기다란 분자의 배향은 편광축과 직교한다.

전자기파의 밝기는 전기장의 크기의 제곱에 비례함을 상기하자: $I = c\epsilon_0 (E^{최대})^2$ (식 34-23). 이때 편광판을 지나온 빛의 밝기 I는 E_y^2에 비례하고, 애초에 편광판에 들어오는 빛의 밝기 I_0는 $\vec{E}^2$에 비례한다. 따라서 $E_y = |\vec{E}| \cos\theta$ (식 34-40)으로부터 $I/I_0 = \cos^2\theta$ 또는 다음과 같이 쓸 수 있다.

$$I = I_0 \cos^2\theta \quad (\text{말루스 법칙}) \tag{34-41}$$

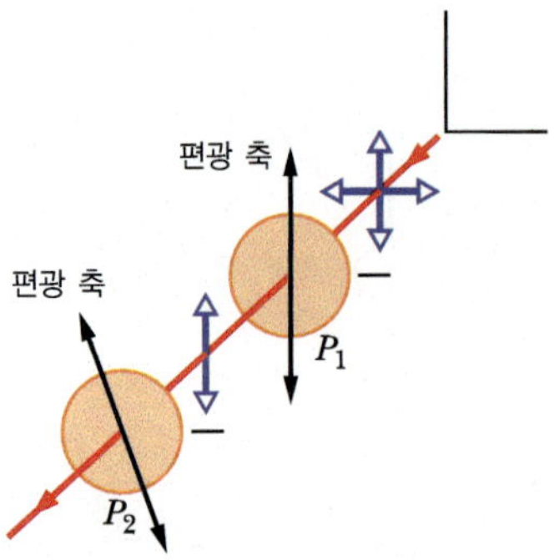

그림 34-18
편광판 P_1을 지나온 빛은 겹화살표로 나타낸 것처럼 수직방향으로 편광되어 있다. 편광판 P_2를 지나온 빛의 밝기는 P_1과 P_2의 편광축이 이루는 각도에 따라 결정된다.

이 식은 19세기에 편광을 연구한 프랑스 수학자 말루스(Etienne Malus)가 처음 도입했다. 따라서 식 34-41을 말루스 법칙 또는 *코사인 제곱 규칙*이라고 한다. 이 법칙은 편광된 빛이 편광판에 들어올 때만 쓸 수 있다. 그때는 들어오는 빛의 편광 방향이 편광판의 편광축과 나란하면(식 34-41에서 θ가 0° 또는 180°이면) 투과된 빛의 밝기 I가 들어오는 빛의 밝기 I_0와 같아 최대가 된다. 들어오는 빛의 편광 방향이 편광판의 편광축과 직교하면(θ가 90°이면) I가 0이 된다.

그림 34-18는 애초에 마구 편광된 빛이 두 장의 편광판 P_1과 P_2를 차례로 지나게 한 배열을 보여준다. (흔히 첫째 편광판을 편광자, 둘째 편광판을 검광자라고 한다.) P_1의 편광축이 수직방향이므로, P_1을 지나 P_2에 들어오는 빛은 수직 방향으로 편광된 빛이다. P_2의 편광축이 수직 방향이면, P_1을 지나온 빛은 P_2도 그대로 지나간다. 이러한 결론은 두 편광판의 상대적 방향만 따져도 얻는다: 두 편광판의 편광축이 나란하면, 첫째 편광판을 지나온 빛은 둘째 편광판을 그대로 지나간다. 두 편광축이 직교하면, 첫 편광판을 지나온 빛은 둘째 편광판에서 완전히 흡수되어 버린다. 두 가지 극단적인 상황을 그림 34-19에 두 개의 편광 선글라스를 써서 보였다.

끝으로 그림 34-18의 두 편광판의 투과축이 0°와 90° 사이의 각을 이루면 P_1을 지나온 빛의 일부가 P_2를 지나온다. 이 빛의 밝기는 $I/I_0 = \cos^2\theta$(식 34-41)에 따라 결정된다.

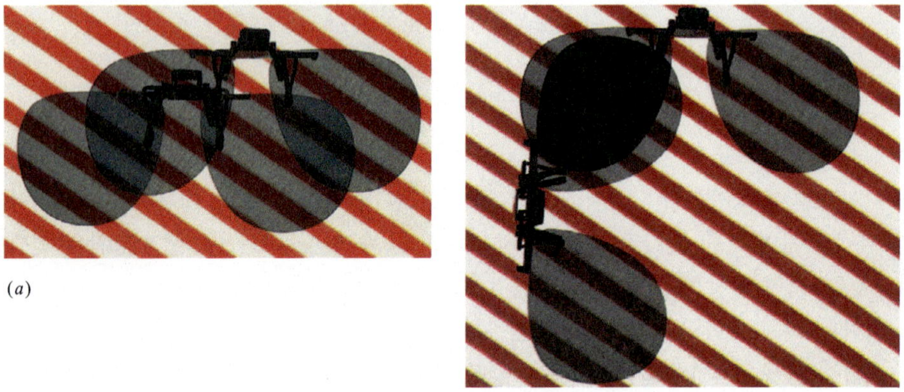

(*a*) (*b*)

그림 34-19
편광 선글라스는 두 장의 편광판으로 되어 있는데, 그것을 썼을 때 편광축이 수직 방향과 나란하게 되어 있다. (*a*) 편광 선글라스 두 개를 겹치면 두 편광축이 나란하므로 빛이 제법 잘 투과된다. 그러나 (*b*) 두 개를 직교시키면, 거의 대부분의 빛이 가로막힌다.

편광판을 쓰지 않고 편광된 빛을 만드는 방법으로는 반사(34-10절에서 설명했다) 및 원자나 분자가 빛을 산란하게 하는 것이다. 산란에서는 빛이 분자와 같은 물체에 잡혔다가 여러 방향으로 — 아마도 마구 — 흩어져 가는 것이다. 보기를 들면 대기중의 분자들이 햇빛을 산란시키는 것을 들 수 있는데, 이 때문에 하늘이 파랗게 보인다.

비록 해에서 곧바로 오는 빛은 편광되지 않았지만, 하늘에서 오는 빛은 많은 부분이 산란 과정 때문에 적어도 부분편광되어 있다. 꿀벌은 하늘에서 오는 빛의 편광 상태를 집과 밀원 사이를 오가는 길잡이로 쓴다. 마찬가지로 바이킹은 해가 수평선 아래로 떨어졌을 때 북해를 건넜다 (북해의 위도가 높으므로 그렇게 할 수 있다). 옛날 항해사들은 어떤 결정(근청석[cordierite: 菫靑石])을 편광 속에서 돌리면 색깔이 바뀌는 것을 알았다. 그 결정을 통해 하늘을 보면서 시선 방향을 축으로 삼아 결정을 돌리면 그들은 해가 어느 쪽에 있는가를 알 수 있었고, 따라서 남쪽을 찾아낼 알 수 있었다.

따라해보기 34-3 | 편광판

그림 34-20은 애초에 마구 편광된 빛이 나아가는 길에 편광판 세 장을 둔 것을 보여준다. 첫째 편광판의 편광축 방향은 y축과 나란하고, 둘째 편광판은 y축에 대해 반시계 방향으로 60° 돌아간 방향이고, 셋째 편광판은 x축과 나란하다. 들어오는 빛의 애초의 밝기 I_0에 대한 투과된 빛의 밝기의 비는 얼마이며, 편광 상태는 어떠한가?

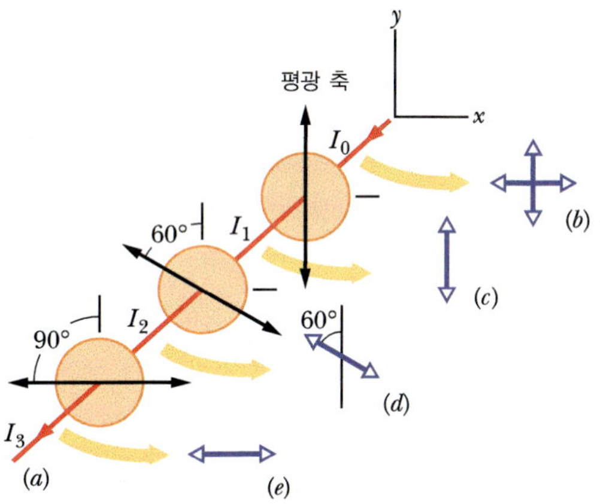

그림 34-20
(*a*) 세 장의 편광판으로 이루어진 광학계에 밝기 I_0인 마구 편광된 빛이 들어간다. 각각의 편광판을 지나온 바로 뒤의 밝기를 I_1, I_2, I_3로 번호를 붙였다. 빛을 마주 볼 때의 편광 방향을 나타내는 겹화살표를 써서 편광 상태를 나타냈다: (*b*) 애초의 빛, (*c*) 첫째 편광판을 지난 빛, (*d*) 둘째 편광판을 지난 빛, (*e*) 셋째 편광판을 지난 빛.

풀이 ■ 요점은 다음과 같다:

1. 들어가는 빛이 편광판을 첫째부터 끝까지 하나씩 지날 때마다 편광 상태와 밝기의 변화를 살펴본다.
2. 어떤 편광판을 지난 빛의 밝기를 구하려면, 편광판으로 들어가는 빛이 편광되지 않았는가 아니면 편광되었는가에 따라 반절 규칙 또는 코사인-제곱 규칙을 쓴다.
3. 어떤 편광판을 지나온 빛의 편광 상태는 늘 편광축과 나란히 편광되어 있다.

첫째 편광판: 애초에 편광판에 들어가는 빛은 그림 34-14*b*의 오는 빛을 마주 보는 조건에서 겹화살표 그림을 써서 그림 34-20*b*에 보였다. 애초에 마구 편광된 빛이 들어왔으므로, 첫째 편광판을 지난 빛의 밝기 I_1은 반절 규칙(식 34-39)에 따라 정해진다:

$$I_1 = \tfrac{1}{2} I_0$$

첫째 편광판의 편광축은 y축과 나란하므로, 투과된 빛의 편광 상태도 그림 34-20*c*에 보인 것과 같이 y축과 나란한 편광이다.

둘째 편광판: 둘째 편광판에는 편광된 빛이 들어가므로, 이것을 지나온 빛의 밝기 I_2는 코사인-제곱 규칙(식 34-41)에 따라 정해진다. 규칙에서 각도 θ는 들어가는 빛의 편광축(여기에서는 y축과 나란하다)과 둘째 편광판의 편광축(y축을 기준으로 반시계 방향으로 60°)이 이루는 각도이므로 그 값은 60°이다. 따라서 다음과 같다.

$$I_2 = I_1 \cos^2 60°$$

투과된 빛의 편광 방향은 그것이 지나온 편광판의 편광축과 나란하다. 곧 그림 34-20*d*에 보인 것과 같이 y축을 기준으로 반시계 방향으로 60°이다.

셋째 편광판: 셋째 편광판에도 편광된 빛이 들어가므로, 이것을 지나온 빛의 밝기 I_3는 코사인-제곱 규칙에 따라 정해진다. 각도 θ는 들어가는 빛의 편광축(그림 34-20*d*)과 셋째 편광판의 편광축(x축)이 이루는 각도이므로 값은 $\theta = 30°$이다. 따라서 다음과 같다.

$$I_3 = I_2 \cos^2 30°$$

맨 나중에 투과된 빛의 편광 방향은 x축과 나란하다(그림 34-20*e*). 이것의 밝기는 위의 식에서 먼저 I_2의 값을 넣고, 그 다음에 I_1의 값을 넣어 셈한다:

$$I_3 = I_2 \cos^2 30° = (I_1 \cos^2 60°) \cos^2 30° = \left(\tfrac{1}{2} I_0\right) \cos^2 60° \cos^2 30° = 0.094\, I_0$$

따라서 다음과 같다.

$$\frac{I_3}{I_0} = 0.094 \qquad \text{(답)}$$

다시 말해 세 편광판으로 이루어진 광학계를 빠져 나오는 빛의 밝기는 처음 밝기의 9.4%이다.

이제 둘째 편광판을 뺀다면, 광학계를 빠져 나오는 빛의 밝기의 비율은 얼마일까?

연습문제 34-7

37. 마구 편광된 빛

밝기 10 mW/m^{2}인 마구 편광된 빛다발이 그림 34-16처럼 편광판을 지나온다. (a) 투과된 빛다발의 전기장의 최대값을 구하라. (b) 편광판이 받는 방사압력은 얼마인가?

38. 자기장 방정식

진공에서의 전자기파의 자기장에 관한 식이 $B_x = B\sin(kx+\omega t)$, $B_y = B_z = 0$이다. (a) 진행방향은 어느쪽인가? (b) 전기장에 관한 식을 써라. (c) 이 빛은 편광되어 있는가? 그렇다면 어느 방향인가?

39. 편광판 세 장

그림 34-21에서 애초에 마구 편광된 빛다발을 세 장의 편광판을 지나게 하는데, 편광축이 y축과 이루는 각도가 각각 $\theta_1 = 40°$, $\theta_2 = 20°$, $\theta_3 = 40°$이다. 애초의 빛의 밝기의 몇 %가 투과되는가? (**실마리**: 각도를 잘 살펴보아라.)

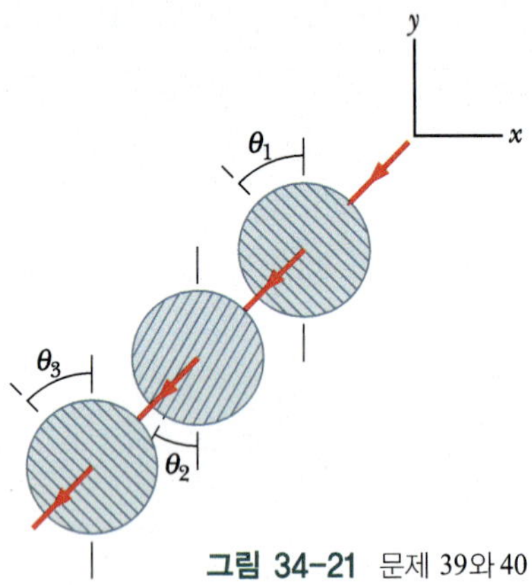

그림 34-21 문제 39와 40

40. 애초에 마구 편광된 빛

그림 34-21에서 애초에 마구 편광된 빛다발을 세 장의 편광판을 지나게 하는데, 편광축이 y축과 이루는 각도가 각각 $\theta_1 = \theta_2 = \theta_3 = 50°$이다. 애초의 빛의 밝기의 몇 %가 투과되는가? (**실마리**: 각도를 잘 살펴보아라.)

41. 수직 편광된 빛

밝기가 43 mW/m^{2}인 수직 편광된 빛이 수평하게 두 편광판을 지나간다. 첫 편광판의 편광축은 수직선과 70°를 이루고, 둘째는 수평 방향이다. 두 장의 편광판을 지나온 빛의 밝기는 얼마인가?

42. 편광판 두 장

편광된 빛다발을 세 장의 편광판을 지나게 한다. 편광판의 편광축은 애초에 들어온 빛의 편광 방향에 대해 첫째는 θ, 둘째는 90°를 이룬다. 빛다발의 밝기는 투과된 것이 들어온 것의 0.10이면, θ의 값은 얼마인가?

43. 부분 편광

부분 편광된 빛다발은 편광된 빛과 마구 편광된 빛이 섞인 것으로 볼 수 있다. 빛다발을 편광필터를 지나게 하고, 편광필터를 한 바퀴 돌린다. 그 동안에 투과된 빛다발의 밝기의 최소값에 대한 최대값의 비가 5.0이라면 애초의 빛다발에 얼마의 비율로 편광된 빛이 들어 있었을까?

44. 밝기는 무엇인가?

문제 41의 애초의 빛다발이 마구 편광된 빛이라면, 투과된 빛의 밝기는 얼마인가?

45. 편광면 돌리기

어떤 편광된 빛다발을 하나 이상의 편광판을 지나게 하여 투과되는 빛다발의 편광 방향을 90° 돌리려고 한다. (a) 필요한 편광판은 최소 몇 개인가? (b) 투과되는 빛다발의 밝기가 애초의 밝기의 60%를 넘게 하려면 필요한 편광판은 최소 몇 개인가?

46. 바닷가에서

바닷가에서는 빛이 모래와 물결에서 반사되기 때문에 보통 부분편광이다. 어떤 바닷가에서 어느 날 해질녘에 전기장 벡터의 수평성분이 수직성분의 2.3배가 되었다. 서서 일광욕을 하는 사람이 편광 선글라스를 썼다. 이 안경은 수평성분을 제거한다. (a) 눈에 들어오는 빛의 밝기는 안경을 쓰기 전과 비교하여 얼마의 비율로 줄었는가? (b) 그 사람이 안경을 쓴 채 옆으로 누웠다. 눈에 들어오는 빛의 밝기는 안경을 쓰기 전과 비교하여 얼마의 비율로 줄겠는가?

47. 편광판 네 장

애초에 마구 편광된 빛다발을 네 장의 편광판을 지나게 하는데, 편광축이 앞에 있는 것에 대해 30°씩 돌아가 있다. 애초의 밝기에 대한 마지막 편광판을 지나온 빛의 밝기의 비율은 얼마인가?

48. 편광판 네 장 2

그림 34-22에 밝기 25 mW/m^{2}인 마구 편광된 빛을 네 장의 편광판을 지나게 한다. 투과된 빛의 밝기는 얼마인가?

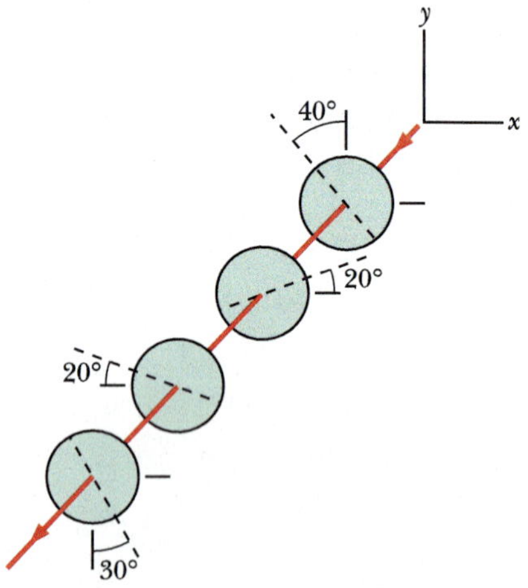

그림 34-22 문제 48

49. 편광판 두 장 2

애초에 마구 편광된 빛다발을 네 장의 편광판을 지나게 한다. 투과된 빛다발의 밝기가 들어오는 빛다발의 밝기의 $\frac{1}{3}$이라면 두 편광판의 편광축 사이의 각도는 얼마인가?

50. 편광판 두 장 3

그림 34-23a에서 애초에 마구 편광된 빛다발을 네 장의 편광판을 지나게 한다. 두 편광판의 편광축의 방위각 θ_1과 θ_2는 $+y$축을 기준으로 반시계 방향으로 잰 값이다. (그림에서 좌표축의 눈금이 같지

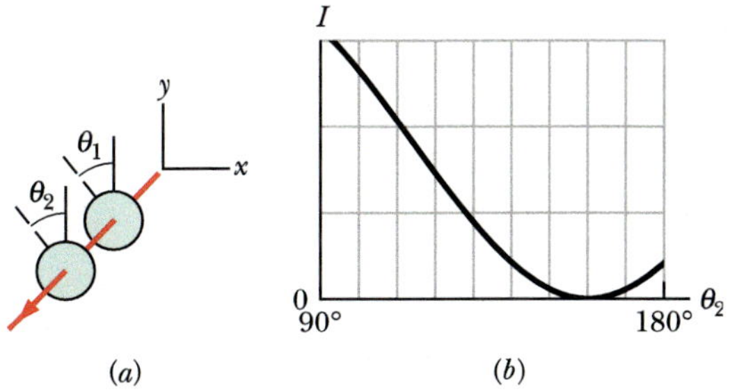

그림 34-23 문제 50

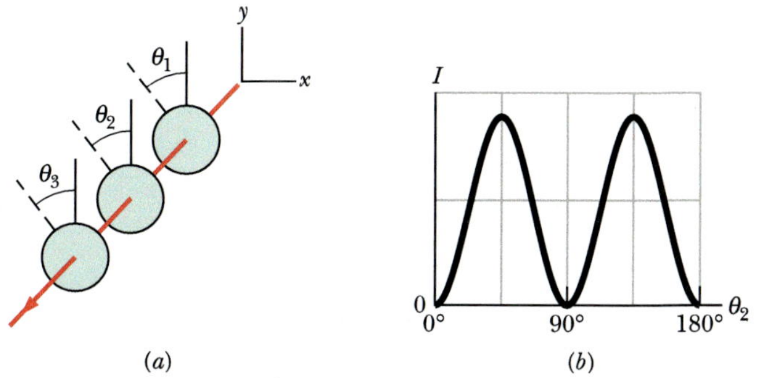

그림 34-25 문제 52와 54

않다.) θ_1은 고정시켰고 θ_2는 조절할 수 있다. 그림 34-23*b*는 편광판 2를 지나온 빛의 밝기를 θ_2의 함수로 보여준다. (밝기를 나타내는 축에는 눈금을 매기지 않았다.) $\theta_2 = 90°$이면 들어온 빛의 밝기의 몇 %가 투과되는가?

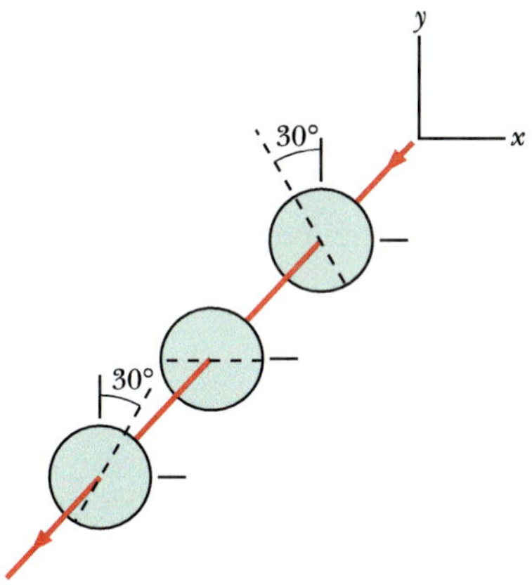

그림 34-24 문제 51

51. 편광판 세 장 2

그림 34-24에서 애초에 마구 편광된 빛다발을 세 장의 편광판을 지나게 한다. 들어온 빛의 밝기의 몇 %가 투과되는가?

52. 편광판 세 장 3

그림 34-25*a*에서 애초에 마구 편광된 빛다발을 세 장의 편광판을 지나게 한다. 세 편광판의 편광축의 방위각 θ_1, θ_2, θ_3는 $+y$축에 대해 반시계 방향으로 잰 각도이다(그림은 축척을 따르지 않았다). θ_1, θ_2는 고정시켰고, θ_3는 조절한다. 그림 34-26은 편광판 3을 지나온 빛의 밝기를 θ_2의 함수로 보여준다. (밝기의 눈금을 매기지 않았다.) $\theta_2 = 90°$일 때 편광판 세 장을 지나온 빛의 밝기는 들어온 빛의 밝기의 몇 %인가?

53. 편광판 세 장 4

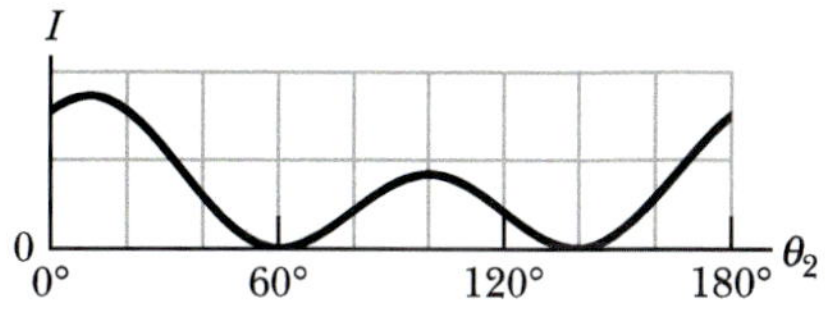

그림 34-26 문제 52

그림 34-27과 같은 편광판 세 장에 마구 편광된 빛다발이 들어오면, 투과된 빛의 밝기가 들어온 빛의 밝기의 5.0%이다. θ의 값은 얼마인가?

54. 편광판 세 장 5

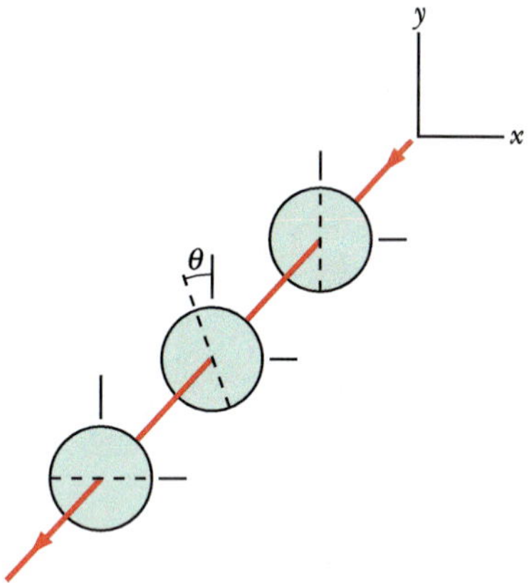

그림 34-27 문제 53

그림 34-25*a*에서 애초에 마구 편광된 빛다발을 세 장의 편광판을 지나게 한다. 세 편광판의 편광축의 방위각 θ_1, θ_2, θ_3는 $+y$축에 대해 반시계방향으로 잰 각도이다(그림은 축척을 따르지 않았다). θ_1, θ_2는 고정시켰고, θ_3는 조절한다. 그림 34-26은 편광판 3을 지나온 빛의 밝기를 θ_2의 함수로 보여준다. (밝기의 눈금을 매기지 않았다.) $\theta_2 = 30°$일 때 이 편광판 세 장을 지나온 빛의 밝기는 들어온 빛의 밝기의 몇 %인가?

34-8 맥스웰 무지개

맥스웰이 살던 때(1800년대 중반)에는 가시광, 적외선, 자외선만 알려져 있었다. 그렇지만 맥스웰의 연구 결과에 자극을 받아 헤르츠는 우리가 지금은 라디오파라고 부르는 것을 발견하고, 이것이 실험실 안에서 빛과 같은 속력으로 가는 것을 확인했다.

그림 34-28이 보여주듯이, 지금은 전자기파의 넓은 스펙트럼(spectrum)을 알고 있다. 상상력이 넘치는 작가는 이것을 '맥스웰 무지개' 라고 불렀으나, 일반적으로 '빛' 이라고 하고 물리학자는 '전자기파' 라고 부른다.

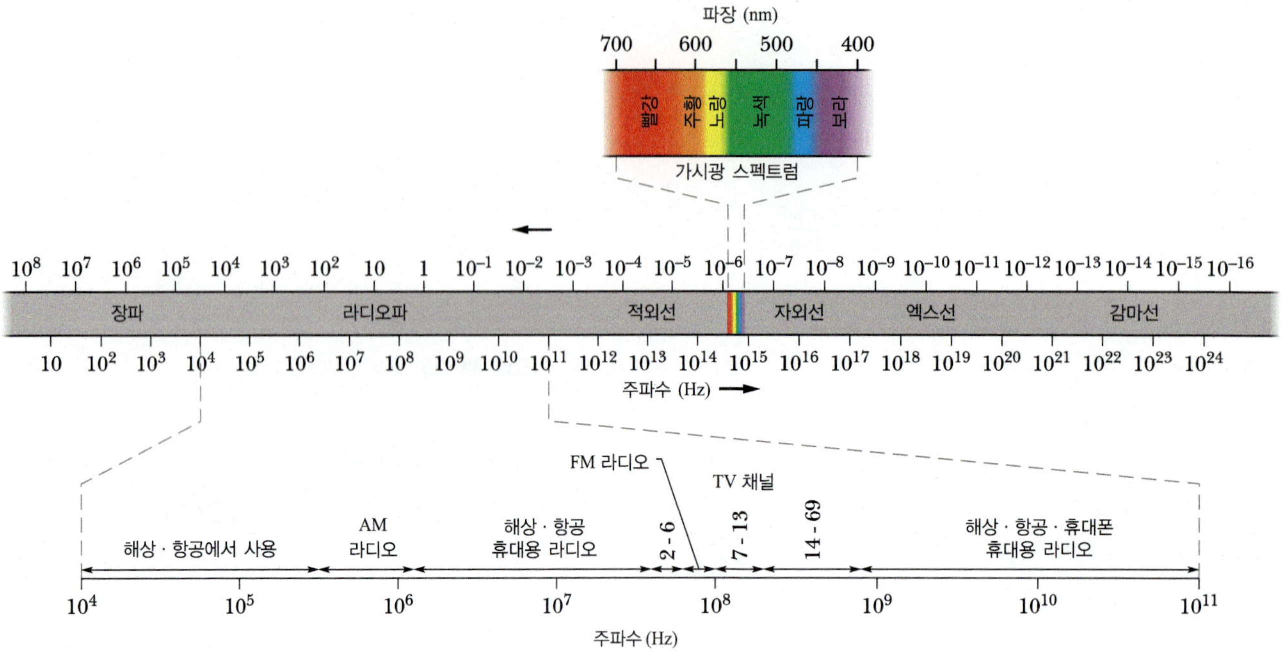

그림 34-28
전자기파 스펙트럼

우리가 전자기파 전체에 얼마나 잠겨 있는가 생각해보자. 해는 가장 센 광원이며, 햇빛은 우리가 생물 종으로서 진화하고 적응해온 환경을 정의한다. 우리 주위에는 또한 라디오 방송파, 텔레비전 방송파 및 휴대전화 신호가 이리저리 오가고 있다. 우리는 레이더 계통과 전화 중계 계통에서 나오는 극초단파도 받고 있다. 전구, 달리는 자동차의 뜨거운 엔진 몸체, 엑스선 장치, 번개 불빛, 그리고 땅속에 묻힌 방사능 물질 등에서 나오는 전자기파도 있다. 이 밖에도 우리 은하계와 다른 은하계의 별에서 오는 빛을 받기도 한다. 전자기파는 또한 다른 방향으로 가기도 한다. 약 1950년부터 텔레비전 신호는 (그때의 텔레비전 방송극과 함께) 우리 인류에 관한 소식을 실어 지구 바깥으로 내보내고 있는데, 지구에 가장 가까이 있는 400개 남짓한 별의 주위를 도는 혹성에 있을지도 모르는 기술적으로 발달한 생물체가 받기를 기대하고 있다.

그림 34-28에 보인 파장 (그리고 마찬가지로 이에 대응되는 진동수) 척도에서 각 눈금은 파장이 (대응되는 진동수가) 10배씩 달라진다. 이 눈금은 양쪽 끝 모두 열려 있다. 전자기파의 파장은 본질적으로 위아래 끝이 없다.

그림 34-28의 전자기파 스펙트럼에는 많은 영역이 있고, 다음과 같은 것이 들어있다: 라디오파, 전하입자의 열운동으로 생기는 적외선, 에너지가 높은 원자가 내는 가시광과 자외선, 전하를 띤 입자가 고체 물질과 부딪칠 때 생기는 엑스선, 그리고 원자핵 속에서 생겨나는 감마선. 각 영역은 대충 정한 파장 범위를 나타내는데, 그곳에는 흔히 쓰는 전자기파의 원천과 검지기가 있다. 그림 34-28에서 텔레비전이나 AM 라디오로 나타낸 다른 영역은 어떤 상업적 또는 다른 목적을 위해 법으로 정한 구체적인 파장 대역을 나타낸다. 전자기파 스펙트럼에는 빈 곳이 없다. 그리고 모든 전자기파는 진공 속에서 똑같은 속력 c로 간다.

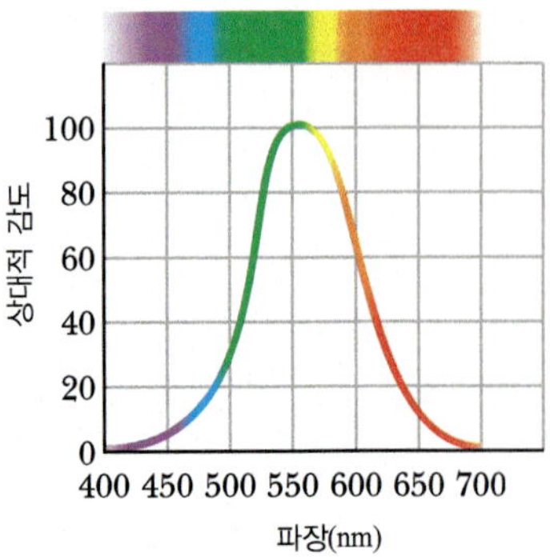

그림 34-29
여러 파장의 빛에 대한 우리 눈의 상대적 감도. 우리 눈이 민감하게 반응하는 전자기파를 가시광이라고 한다.

물론 우리에게는 가시광 영역의 빛이 가장 흥미있다. 그림 34-29는 여러 파장의 빛에 대한 우리 눈의 상대적 감도를 보여준다. 가시광 영역의 중심은 약 555 nm인데, 이 빛을 우리는 녹색으로 느낀다.

가시광 영역의 한계는 명확히 정의되지 않다. 그 까닭은 파장이 짧은 쪽과 긴 쪽 모두에서 우리 눈의 감도 곡선이 차차 0에 가까워지기 때문이다. 한계를 얼추 눈의 감도가 최대값의 1%인 파장으로 잡으면, 그 범위는 약 430 nm와 690 nm가 된다. 그렇지만, 이 범위 바깥의 빛도 충분히 세면 우리 눈에 보인다.

연습문제 34-8

55. 얼마나 오래 걸리는가?

(a) 라디오 신호가 송신기에서 150 km 떨어진 수신기로 가는데 걸리는 시간이 얼마인가? (b) 보름달은 햇빛이 반사된 것이다. 우리가 보는 달빛은 해를 떠난 지 얼마만에 오는가? 지구–달 및 지구–해의 거리는 각각 3.8×10^5 km와 1.5×10^8 km이다. (c) 지구에서 1.3×10^9 km 떨어져 토성 주위를 도는 우주선까지 신호가 오가는데 걸리는 시간은 얼마인가? (d) 지구에서 6500광년 떨어진 게자리 성운(Crab nebula)은 중국 천문학자들이 1054년 기록한 초신성 폭발로 생긴 것으로 생각된다. 실제의 폭발이 일어난 해는 얼추 언제인가?

56. 바다 여행 사업

바다 여행 사업은 땅 밑에 넓이 약 10 000 km^{2}인 엄청나게 큰 안테나를 묻는 것이다. 이것의 목적은 바다 속 깊이 들어간 잠수함에 신호를 보내려는 것이다. 유효 파장이 지구 반지름의 1.0×10^4배이면 방사하는 전자기파의 (a) 진동수와 (b) 주기는 얼마인가? 보통 전자기파는 바닷물과 같은 도체 속으로는 깊이 들어가지 못한다.

57. 파장은 얼마인가?

(a) 어떤 파장의 빛에 대해 사람의 눈이 최대감도의 반이 되는가? (b) 눈이 가장 잘 보는 빛의 파장, 진동수, 주기는 얼마인가?

58. 헬륨–네온 레이저 2

어떤 헬륨–네온 레이저는 파장 632.8 nm을 중심으로 '파장 폭' 이 (그림 34–28과 같은 척도에서) 0.0100 nm으로 아주 좁은 붉은 빛을 낸다. 이 빛의 '진동수 폭' 은 얼마인가?

59. 빛의 속력

1676년 뢰머(Roemer)의 관측을 바탕으로 한 빛의 속력을 재는 방법으로 목성의 달의 겉보기 공전주기를 살펴보는 것이 있다. 참된 공전주기는 42.5시간이다. (a) 빛의 속력이 유한한 것을 넣어서 지구가 그림 34–30의 공전궤도를 따라 x에서 y로 가는 동안 겉보기 공전주기는 얼마로 나타날 것으로 기대하는가? (b) 빛의 속력을 재려면 어떻게 관측해야 하는가? 이 과정에서 목성의 공전운동은 무시하라. 그림 34–30은 눈금은 고르지 않다.

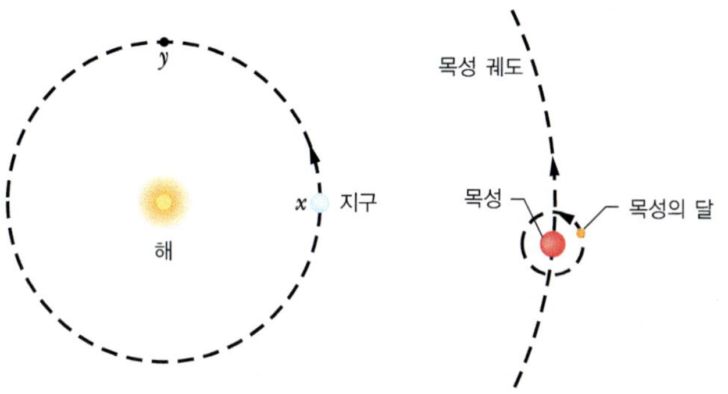

그림 34–30 문제 59

추가문제

60. 파동의 진동수

진동수 400 THz인 전자기파가 진공 속에서 $+x$쪽으로 간다. 이것의 전기장은 y축과 나란하고, 진폭은 $E^{최대}$이다. x축 위의 점 P에서의 $t = 0$인 순간의 전기장의 값이 $+E^{최대}/4$이고 시간이 지나면서 작아진다. $E = 0$인 곳을 x축 위에서 찾는다면 P까지의 거리가 (a) $-x$쪽과 (b) $+x$쪽으로 얼마인가?

61. 지표면

빛을 완전히 흡수하는 공을 지표면에서 빛으로 띄우려면 빛이 얼마나 세야 하는가? 공의 질량은 2.0×10^{-13} kg, 반지름은 2.0 μm이다.

62. 상자 속에서 평면파 추적하기

안테나의 진동 전류가 전자기파를 만든다. 그림 34–31에 보인 점선 상자에 싸인 영역은 안테나에서 멀리 있다(그림의 눈금은 고르지 않다). 그 속에서는 전자기파를 $+z$쪽으로 가는 평면파로 근사할 수 있고 전기장은 x축과 나란하다고 어림할 수 있다(좌표계는 그림에 보인 것을 쓴다).

(a) 좌표계의 원점에서 전기장을 재니 방향은 y축과 나란하고 크기는 다음과 같은 함수로 나타낼 수 있음을 알았다.

$$E(t) = E_0 \cos(\omega t)$$

실험을 한 곳이 원점이 아니라 좌표가 $(0, 0, z)$인 곳이라면 어떤 결과를 얻었겠는가? 그 결과를 어떻게 알았는가 설명하라.

(b) 측정을 좌표가 $(2, 3, z)$인 곳에서 한다면 어떤 결과를 얻겠는가? (그곳도 점선 친 영역 속에 있다.)

(c) z 값이 어떤 곳에서 재면 원점에서와 똑같은 결과를 얻겠는가?

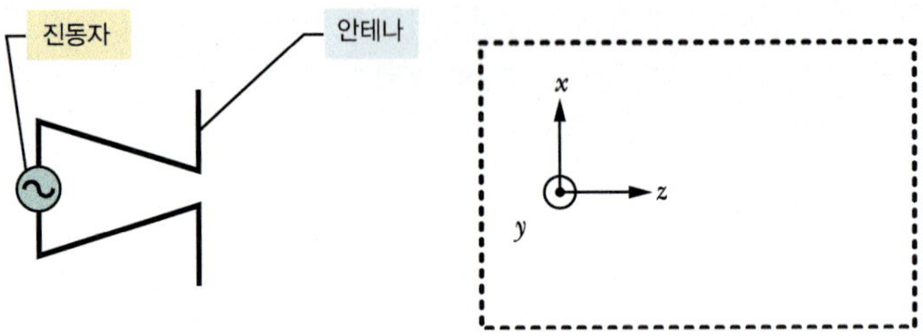

그림 34-31 문제 62

63. 전자기파인 빛

맥스웰은 전자기에 관한 방정식을 완성한 뒤에, 빛이 실제로는 전자기파라고 제안했다. 그 제안이 그럴듯한지 아닌지 그리고 그의 가설에 대한 증거가 무엇인가 논의하라.

64. 전기장과 줄 펄스

그림 34-32에 보인 줄을 타고 가는 펄스와 전지기 펄스를 비교하고 차이점을 대조하라. 특히 다음의 비슷한 점과 다른 점을 설명하라:

(a) 펄스가 어떻게 한 곳에서 가는 방향을 '아는' 가?

(b) 그 파동을 실틈을 지나게 하면 어떻게 되는가 (그림을 보라)?

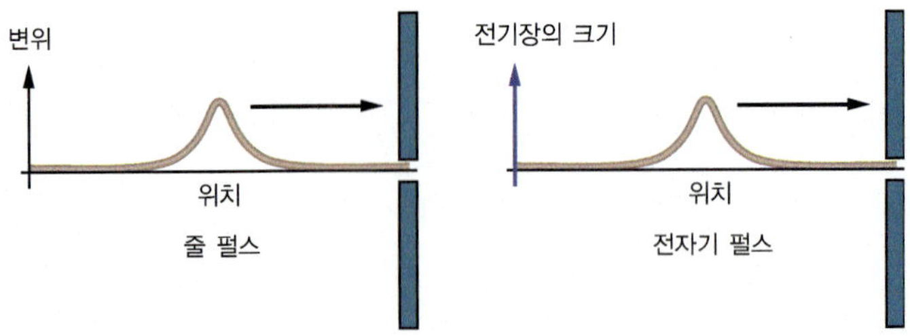

그림 34-32 문제 64

65. 갈릴레오의 빛의 속력 재기

갈릴레오는 5 km 떨어진 두 언덕 위에 사람을 세워 빛의 속력을 재고자 했다. 두 사람 모두 등불을 들고, 다른 사람에게 보이지 않게 가린다. 이제 앞사람이 등불 가리개를 치우고, 뒷사람은 불빛을 보자마자 자기도 등불 가리개를 치운다. 그러면 불빛을 본 앞사람이 자기가 가리개를 치운 순간부터 되돌아오는 불빛을 보는 순간까지의 시간을 잰다.

(a) 두 언덕 사이를 빛이 오가는데 걸리는 시간은 얼마인가?

(b) 이것이 좋은 방법인가? 판단의 근거를 측정 오차에 대한 간단한 정량적 분석과 함께 설명하라.

66. 집의 태양 일률

지면이 받는 햇빛의 일률은 약 $1\,\mathrm{kW/m^2}$ 수준이다. '햇빛 수집기'로 집에서 쓰는 모든 전기를 공급하려면 수집기의 넓이가 얼마여야 하는가? 이 정보를 써서 어림하라.

67. 극초단파로 물끓이기

전자렌지로 물을 끓여보았을 것이다. [경험이 없다면 (a)의 시간을 어림하는 것은 친구의 도움을 받아라.] 파이렉스 유리 계량컵에 약 230 ml가 들어간다.

(a) 실온의 물 한 컵을 전자렌지로 끓이는데 걸리는 시간으로부터 전자렌지가 물에 전달하는 일률을 와트 단위로 어림하라.

(b) 극초단파가 컵으로 모든 방향에서 흘러들어간다면, 에너지 흐름률 S를 $\mathrm{W/m^2}$ 단위로 어림하라.

(c) (b)에서 셈한 값으로부터 전자렌지 속의 전자기장의 세기를 어림하라.

68. 빛의 속력과 지구 위치 확인 체계(GPS)

빛이 한없이 빠른 것 같지만, 공학적으로는 빛이 어떤 거리를 갈 때 생기는 시간지연이 아주 중요하다. '지구 위치 확인 체계[Global Positioning System: GPS]' 는 지표면 위 20 000 km에 떠 있는 4개의 인공위성에서 오는 방송파 신호 사이의 시간 지연을 비교하여 위치를 결정한다. (실제로는 위성이 24개인데, GPS는 우리가 현재 있는 곳에서 가장 가까이 있는 4개의 위성을 고른다.) 이 장치를 써서 위치를 결정하는데 빛의 속력이 얼마나 중요한가를 느끼려면 몇 가지 간단한 가정을 한다. 위성이 곧바로 우리 머리 위에 있다고 하고, 그 위성에서 우리의 GPS 수신기까지 빛이 오는데 걸리는 시간에 위성이 얼마나 이동하는가를 알아보자. 이 값은 빛의 속력을 셈에 넣지 않으면 위치 확인 결과가 얼마나 참값에서 벗어나는가를 짐작하게 해준다.

(a) 위성이 원궤도를 돌려면 공전 속력이 얼마이어야 하는가?

(b) 빛이 위성에서 GPS 수신기까지 오는데 걸리는 시간은 얼마인가?

(c) 그 동안 위성은 얼마나 움직이는가? 이 값은 빛의 진행 시간을 무시하면, 위성의 위치에 (따라서 우리의 위치에) 얼마의 오차가 생기는가를 일러준다.

69. 레이저 눈 수술

레이저 눈 수술은 빛을 써서 아주 많은 에너지를 짧은 시간에 전해주면서 실행한다. 그 수술에 쓰는 전형적인 레이저의 파장은 190 nm (자외선)이고 빛 펄스의 지속시간은 1 ms이다. 레이저 펄스는 각막에 지름 1 mm인 둥근 점에 에너지를 0.5 mJ 공급한다. (레이저와 각막 사이의 짧은 거리에서도 그 빛을 평면파로 어림할 수 있다.)

(a) 각막의 부피 약 1 m^3에 빛펄스 에너지가 아주 빨리 전달되어 에너지가 다른 곳으로 흘러나가지 않는다면, 그곳의 온도를 20℃에서 100℃로 올리려면 빛 펄스가 몇 개 필요한가? (각막의 열용량은 물과 비슷하다고 하자.)

(b) 이러한 펄스의 전기장의 밝기의 최대값을 어림하라.

70. 지구의 일조량

해가 사방으로 퍼뜨리는 일률은 3.9×10^{26} W이다. 지구는 해 주위를 반지름 1.5×10^{11} m인 원궤도를 돈다. 지구의 자전축은 궤도면에 대해 약 23.5° 기울어 있으므로 (그림 34-33을 보라) 햇빛은 적도선을 수직하게 비추지 않는다.

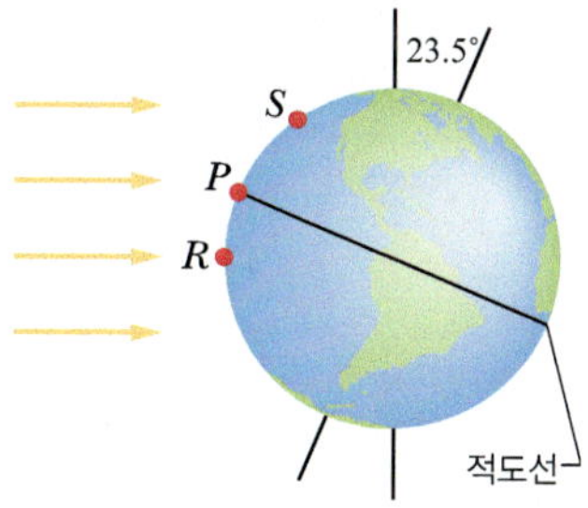

그림 34-33 문제 70

(a) 그림 34-33에 보인 때에 적도선 위의 한 곳 P에 있는 넓이 1 m^2인 수평한 땅이 받는 햇빛의 일률은 얼마인가?

(b) R 또는 S에 있는 넓이가 같은 수평한 땅이 더 많은 햇빛을 받는가?

(c) R 또는 S의 어느 곳이 여름철인지 겨울철인지를 알 수 있는 까닭을 (b)의 답을 바탕으로 설명하라.

35 영상

마네(Edouard Manet)의 1882년 그림 '폴리-베르제르의 술집(A Bar at the Folies-Bergère)'에 매혹된 사람이 많다. 이 그림이 마음을 끄는 까닭의 일부는 여흥을 즐기려는 청중과 눈에 피곤함이 묻어나는 여자 도우미의 대조에 있다. 또 한 가지는 마네가 그림에 숨겨놓은 현실의 미묘한 왜곡 때문인데, 우리는 이 그림에서 무엇이 '잘못' 되었는가를 알기도 전에 이상하다고 느낀다.

현실의 미묘한 왜곡을 찾아내 보라.

◈ 답은 이 장에 있다.

35-1 서론

34장에서는 전자기파에 관해 배웠다. 이 장에서는 전자기파의 결상을 집중적으로 배운다. 렌즈와 거울이 만든 가시광의 상은 많이 보지만 전자기파 스펙트럼의 다른 영역인 엑스선, 자외선, 적외선, 극초단파, 그리고 라디오파 등에서도 상을 만들 수 있다. 이 장에서는 가시광의 상에 집중한다.

전자기파 가운데 눈에 보이는 것(파장 범위: 400~700 nm)을 보통 **빛(light)**이라고 한다. 빛 그리고 빛과 우리 주변의 물질의 상호작용은 말할 것도 없이 중요하다. 많은 생물 종에서 **볼(see)** 수 있는 능력(빛을 감지하여 이것을 바탕으로 마음속에 상을 만들 수 있는 시각 체계)은 흔히 생존의 필요조건이 된다. 안경, 현미경, 거울 등 빛에 바탕을 둔 **광학(optical)** 기기는 일상생활에 중요하다. 우리 눈을 포함한 광학기기는 책을 읽는데, 세균 감염 진단에, 또는 주차장에서 차를 뒤로 몰 때 뒤에 있는 차를 감지하는데 등등, 오늘날 우리가 살아가는데 많은 도움을 준다.

34장에서는 전자기파의 파동성에 초점을 맞추었다. 이 장에서는 간단한 파동 모형인 빛의 *빛살 모형*을 쓰겠다. 빛이 광원에서 나오면 퍼지기는 하지만, 그 진행은 보통 직선으로 어림할 수 있다. 예를 들어, 34장의 그림 34-7*a*에서 빛파동에 대해 그렇게 했다. 이 직선 근사는 빛살 모형의 바탕이 되는데, 빛파동을 **빛살(광선)[ray]** 또는 **빛(살)다발[beam]**이라는 선으로 나타낸다. 이렇게 어림하여 빛의 성질을 살펴보는 것을 기하광학이라고 한다. 이것은 광학기기가 어떻게 작동하는가를 이해하는데 아주 간단하고 좋은 방법이다. 이 장에서는 이 방법을 많이 쓸 것이다.

우리 생활에 중요한 광학기기가 어떻게 작동하는가를 알려면, 먼저 빛이 물체와 상호작용하는 방식과 관계된 기본 개념 몇 가지를 알아야 한다. 예를 들어,

1. 대부분의 물체는 들어오는 빛살을 표면에서 여러 방향으로 흩뜨려 보낸다. 그래서 빛을 받는 물체의 표면에 시선이 닿는 사람은 누구나 그것을 볼 수 있다.
2. 표면이 매끈한 물체는 들어오는 빛살을 흩뜨려 보내지 않고 거울처럼 한 방향으로 반사한다.
3. 유리, 플라스틱, 공기, 그리고 물과 같이 고르고 투명한 물질에서는 빛이 곧게 나아간다. 그렇지만, 서로 다른 두 투명한 물질의 경계면을 지나는 빛살은 경계면에서 방향이 바뀐다.
4. 조금 옆으로 퍼지는 빛살이 우리 눈에 들어오면, 우리 두뇌는 그 빛살들이 한 점에서 나오는 것으로 본다. 이것이 우리 두뇌가 우리 주변에 대한 가시적 모형을 꾸미는 방식이다.

이 장의 처음 몇 절에서는 '반사'와 '굴절'을 설명한다. 이것은 거울이나 잘 간 유리와 같이 표면이 매끈한 물체에 빛이 들어올 때 벌어지는 두 가지 기본적인 산란 과정이다. 이 설명은 35-6절에서 35-10절까지 다루는 단순한 거울과 렌즈가 상을 만드는 것을 이해하는데 필요한 바탕을 마련해 준다. 끝으로 거울과 렌즈에 대한 이해를 바탕으로 현미경과 망원경과 같이 더욱 복잡한 광학장치를 살펴본다. 파동 모형과 빛살 모형 모두 36장과 37장에서 계속 쓸 것이다.

35-2 반사와 굴절

그림 35-1*a*의 흑백사진은 빛이 거의 직선을 따라 가는 것을 보여준다. 가느다란 빛다발이 왼쪽에서 아래쪽으로 들어와(**입사 빛다발[incident beam]**), 공기를 지나, 평편한 유리 표면을 만난다. 빛살의 일부는 매끈한 유리 표면에서 반사되어 오른쪽 위로 향하는 **반사 빛다발(reflected beam)**을 이룬다. 나머지 빛은 표면을 지나 유리 속으로 들어가, **굴절 빛다발(reflected beam)**을 이룬다. 유리 표면이 매끈하고 유리는 고르므로, 굴절된 빛은 여러 방향으로 흩어지지 않고 가느다란 빛다발을 유지한다.

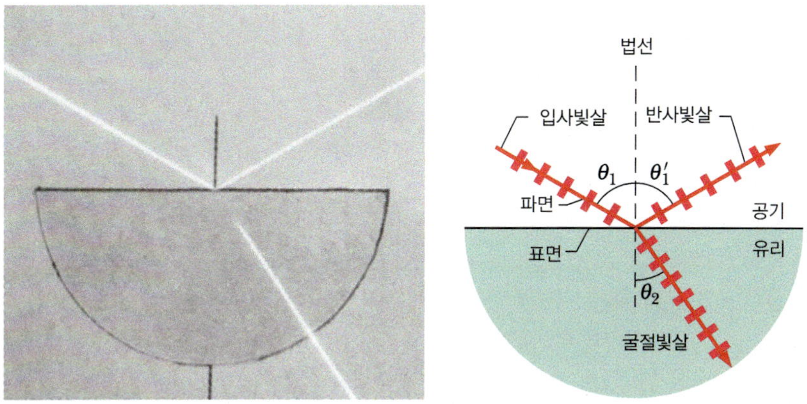

(*a*) (*b*)

그림 35-1
(*a*) 수평한 유리면에 들어오는 빛다발의 반사 및 굴절을 보여주는 흑백사진. 아래쪽 표면은 곡면인데, 빛다발이 면에 수직하게 들어오므로 그곳에서는 빛다발이 굴절되어도 꺾이지 않는다. (유의: 빛다발이 공기나 렌즈를 지나갈 때 옆에서 볼 수 없다. 빛다발의 경로가 보이는 까닭은 렌즈 밑에 깔아둔 종이를 빛다발이 스쳐가면서 빛의 일부가 산란되기 때문이다.) (*b*) 빛살을 써서 (*a*)를 나타낸 것. 입사각 (θ_1), 반사각 (θ'_1), 그리고 굴절각 (θ_2)를 표시했다.

빛은 이처럼 유리 속을 진행할 수 있으므로, 유리는 **투명하다** — 곧 그것을 통해 볼 수 있다 — 고 한다. (이 장에서는 투명하고 표면이 매끈한 물질만을 생각한다.)

빛살이 균일한 두 물질 사이의 매끈한 경계면을 가로질러 가는 것(예를 들어 공기에서 유리로)을 **굴절(refraction)**이라고 하며, 빛살은 굴절되었다고 한다. 들어오는 빛다발이 표면에 수직하지 않다면, 표면 (또는 경계면)에서의 굴절로 빛살의 진행방향이 바뀐다. 그래서 빛다발은 굴절로 '꺾인다' 고 한다. 그림 35-1*a*에서 볼 수 있듯이 꺾임은 표면에서만 일어남을 눈여겨보라.

그림 35-1*b*에서는 사진의 빛다발을 입사 빛살, 반사 빛살, 그리고 굴절 빛살로 (그리고 이들의 파면으로) 나타냈다. 낱낱의 빛살은 반사와 굴절이 일어나는 곳에서 표면에 직교하는 선 — 법선이라고 한다 — 에 대해 기울어져 있다. 그림 35-1*b*에서 **입사각(angle of incidence)**은 θ_1, **반사각(angle of reflection)**은 θ'_1, **굴절각(angle of refraction)**은 θ_2이다. 이들은 모두 표면에 수직인 법선에 대해 각도를 잰다. 들어오는 빛살과 법선을 품는 평면을 입사면이라고 하며, 이것은 그림 35-1*b*의 종이면이다.

실험은 매끈하고 투명한 표면에서의 반사와 굴절이 다음 두 법칙을 따름을 보여준다:

반사 법칙(Law of reflection): 반사된 빛살은 입사면에 있고 반사각은 입사각과 같다. 그림 35-1*b*에서 이것은 다음을 뜻한다.

$$\theta'_1 = \theta_1 \quad \text{(매끈한 표면에서의 반사)} \qquad (35\text{–}1)$$

(보통 반사각에서 붓점을 떼내고 쓴다.) 다음 절에서 보게 되듯이, 반사 법칙은 거울이 만드는 상을 이해하는 바탕이 된다. 따라서 간단하게 기술하는 것이 아주 중요하다.

굴절 법칙(Law of refraction, 또는 스넬 법칙[Snell's law]): 굴절된 빛살은 입사면에 있고 굴절각 θ_2는 입사각 θ_1과 다음 관계가 있다.

$$n_2 \sin\theta_2 = n_1 \sin\theta_1 \quad \text{(투명한 매질에서의 굴절)} \qquad (35\text{–}2)$$

여기에서 기호 n_1과 n_2는 차원이 없는 상수로 굴절률이라고 하며, 굴절되는 매질의 성질이다. 이 식을 스넬 법칙이라고 하는데, 36장에서 끌어낸다. 그곳에서 설명하겠지만, 어떤 매질에서의 빛의 속

표 35-1

물질의 굴절률[a]

매질	굴절률	매질	굴절률
진공	정확히 1	전형적인 크라운 유리	1.52
공기(표준온도압력)[b]	1.00029	소금	1.54
물(20°C)	1.33	폴리스타이렌	1.55
아세톤	1.36	이황화탄소	1.63
에틸 알코올	1.36	무거운 플린트 유리	1.65
설탕 용액 (30%)	1.38	사파이어	1.77
용융 석영	1.46	아주 무거운 플린트 유리	1.89
설탕 용액 (80%)	1.49	금강석	2.42

[a] 파장 589 nm인 빛(나트륨의 노란 빛)에 대한 값
[b] 표준온도압력이란 0°C 1기압

력을 v라고 하고, 진공에서의 빛의 속력을 c라고 하면 매질의 굴절률 n은 c/v이다.

표 35-1은 진공과 몇 가지 흔히 쓰는 물질의 굴절률을 보여준다. 진공에서는 n이 정확히 1로 정의된다. 공기에서는 n이 거의 1.0에 가깝다(보통 이렇게 어림한다). 광학소자에 쓰는 어떤 물질도 굴절률이 1보다 작은 것은 없다.*

식 35-2는 굴절각 θ_2과 입사각 θ_1을 비교할 수 있도록 다음과 같이 고쳐 쓸 수 있다.

$$\sin\theta_2 = \frac{n_1}{n_2}\sin\theta_1$$

이 식에서 θ_2의 값은 n_2와 n_1의 값의 비에 따라 결정된다. 사실 다음 세 가지 기본적 상황이 있다:

1. n_2이 n_1과 같으면, θ_2는 θ_1과 같다. 이때는 굴절되는 빛다발이 꺾이지 않고 그림 35-2*a*와 같이 그대로 나아간다.
2. n_2이 n_1보다 크면, θ_2는 θ_1보다 작다. 이때는 굴절되는 빛다발이 애초의 방향을 벗어나 그림 35-2*b*와 같이 법선 쪽으로 꺾인다.
3. n_2이 n_1보다 작으면, θ_2는 θ_1보다 크다. 이때는 굴절되는 빛다발이 애초의 방향을 벗어나 그림 35-2*c*와 같이 법선에서 멀어지는 쪽으로 꺾인다.

굴절로 빛다발이 꺾여도 법선을 중심으로 들어오는 빛살과 같은 쪽으로까지 꺾이지는 않는다.**

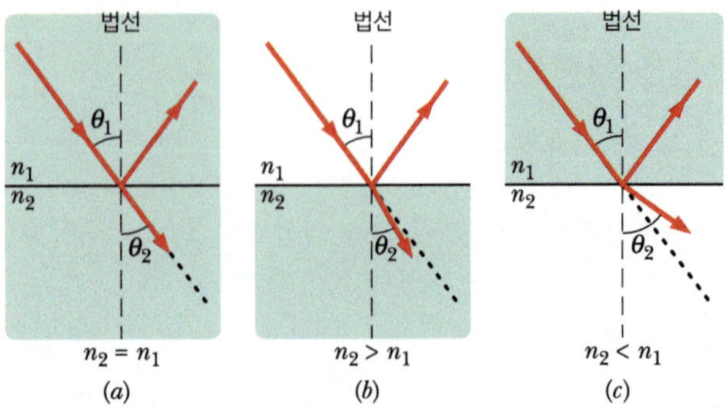

그림 35-2 빛이 굴절률 n_1인 매질에서 n_2인 매질로 굴절되는 것을 보여준다. (*a*) $n_2 = n_1$이면 빛다발이 꺾이지 않는다. 굴절된 빛다발은 들어오는 빛다발과 같은 방향(점선 방향)으로 진행한다. (*b*) $n_2 > n_1$이면 법선 쪽으로 꺾인다. (*c*) $n_2 < n_1$이면 법선에서 멀어지는 쪽으로 꺾인다.

* 최근에는 굴절률이 음수($n < 0$)인 물질을 만들어냈으며, 이러한 물질은 **음성 굴절률 물질(materials of negative refraction)** 또는 메타물질(metamaterial)이라고 한다. (옮긴이)

** 굴절률이 음수인 물질에 들어갈 때는 법선을 중심으로 들어오는 빛살과 같은 쪽으로 꺾인다. 이것을 **음성굴절(negative refraction)**이라고 한다. (옮긴이)

• 색 분산

진공이 아닌 모든 매질에서 빛의 굴절률 n은 빛의 파장에 따라 다르다. 이것은 여러 파장의 빛살이 빛다발을 이룬다면, 각 파장의 빛살은 표면에서 저마다 다른 각도로 굴절됨을 뜻한다; 다시 말해 굴절되면서 빛살이 파장(색깔)에 따라 퍼진다. 이렇게 빛이 퍼지는 것을 색분산이라고 한다. 여기에서 '색' 은 파장마다 색이 다름을, '분산' 은 빛이 파장에 따라 퍼지는 것을 뜻한다. 그림 35-1과 35-2의 굴절은 색분산을 보여주지 않는데, 그 까닭은 빛다발이 **단색** — 파장(색깔)이 단 하나 — 이기 때문이다.

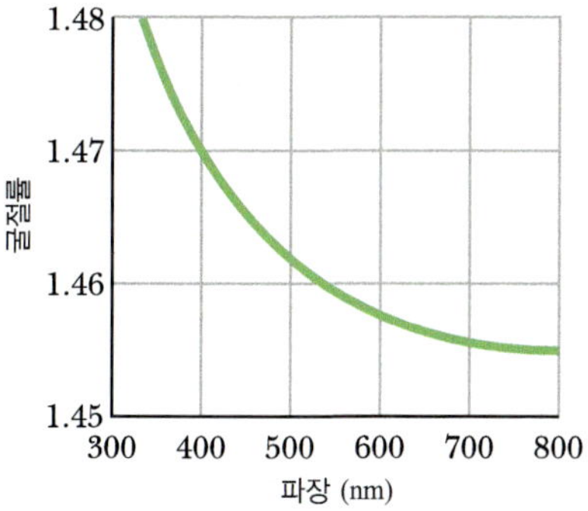

그림 35-3
석영유리의 굴절률을 파장의 함수로 보인 것. 이 곡선은 빛의 파장이 짧을수록 굴절률이 더 크므로 빛살이 더 많이 꺾임을 뜻한다.

일반적으로 어떤 매질의 굴절률은 파장이 긴 빛(예: 붉은 빛)보다는 짧은 빛(예: 파란 빛)에 대한 것이 더 크다. 예를 들어 그림 35-3은 석영유리의 굴절률이 파장에 따라 달라지는 것을 보여준다. 따라서 파란 빛과 붉은 빛이 함께 들어 있는 빛다발이 공기에서 석영유리로 또는 그 반대로 들어오면서 굴절되면, 파란 빛살이 붉은 빛살보다 더 많이 꺾인다.

흰 빛다발에는 모든 (또는 거의 모든) 색깔의 빛이 거의 고른 밝기로 들어 있다. 그러한 빛다발을 보면 낱낱의 색깔을 느끼기보다는 희게 느낀다. 그림 35-4*a*에는 공기 속에서 흰 빛다발이 유리 표면에 들어온다. (이 책의 종이면이 희므로, 흰 빛다발을 회색 빛살로 나타냈다. 또한 단색 빛다발은 일반적으로 붉은 빛살로 나타냈다.) 그림 35-4*a*에서는 굴절된 빛살 가운데 붉은 빛살과 파란 빛살만 보였다. 파란 빛살이 붉은 빛살보다 더 많이 꺾이므로, 파란 빛살의 굴절각 $\theta_{2파란}$이 붉은 빛살의 굴절각 $\theta_{2붉은}$보다 더 작다. (각도는 법선에 대해 잰다는 것을 기억하라.) 그림 35-4*b*에는 유리 속에서 흰 빛다발이 유리-공기 경계면에 들어온다. 여기에서도 파란 빛살이 붉은 빛살보다 더 많이 꺾이지만, 이번에는 파란 빛살의 굴절각 $\theta_{2파란}$이 붉은 빛살의 굴절각 $\theta_{2붉은}$보다 더 크다.

색깔의 분리도를 더 키우려면 그림 35-5*a*와 같이 단면이 세모꼴인 유리 프리즘을 쓸 수 있다. 첫째 면에서의 분산(그림 35-5*a*,*b*)이 둘째 면에서 더 강화된다.

색분산의 가장 멋진 보기가 무지개이다. 그림 35-6에 보였듯이, 흰 햇빛이 빗방울을 지나면, 빛의 일부는 빗방울 속으로 들어가 안쪽 표면에서 내부 전반사(다음 절에서 설명한다)된다. 마지막으로 이것은 굴절되어 빗방울 바깥으로 나온다(그림 35-6). 프리즘에서와 같이 첫째 굴절은 햇빛을 여러 색깔의 빛으로 나누고, 둘째 굴절은 그 분리도를 더 키운다.

우리가 보는 무지개는 수많은 빗방울에서 나온 빛이다. 붉은 빛은 하늘에 좀 높은 쪽에 있는 빗방울에서 오고, 파란 빛은 그보다 좀더 낮은 쪽에 있는 빗방울에서 오며, 중간색은 중간에 있는 빗방울에서 온다. 우리에게 각 색깔의 빛을 보내는 빗방울들은 해의 반대쪽으로 수평선에 대해 42° 방향 근처에 있다. 넓은 곳에 비가 내리는 상태에서 햇빛이 밝게 비치면, 둥근 활꼴의 색띠가 보이는데,

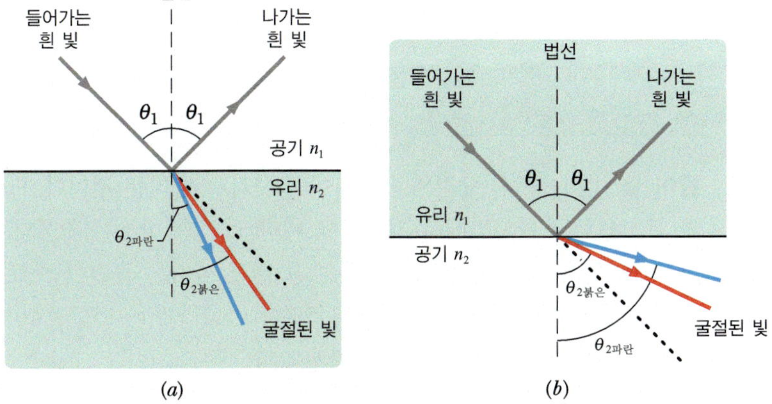

그림 35-4
흰 빛의 색분산. 파란 빛이 붉은 빛보다 더 많이 꺾인다. (*a*) 공기에서 유리로 들어갈 때는 파란 빛의 굴절각이 더 작다. (*b*) 유리에서 공기로 들어갈 때는, 파란 빛의 굴절각이 더 크다.

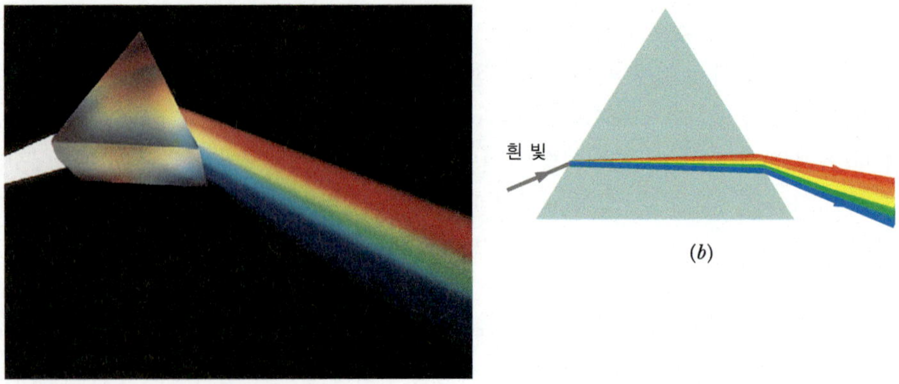

(*a*) (*b*)

그림 35-5
(*a*) 세모꼴 프리즘은 흰빛을 여러 색깔의 빛으로 나눈다. (*b*) 첫째 면에서 색분산이 일어나고 둘째 면에서 더 커진다.

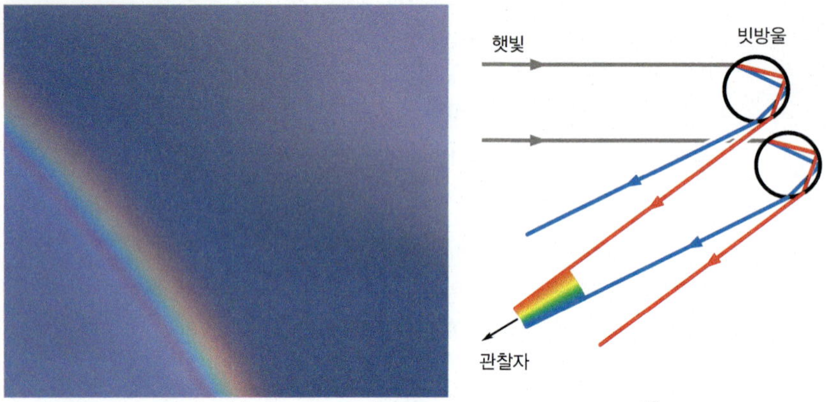

(*a*) (*b*)

그림 35-6
(*a*) 무지개는 늘 활꼴이며, 그 중심은 우리가 보는 해의 반대쪽이다. 정상적인 조건에서는 긴 활꼴을 보면 운이 좋은 것이지만, 높은 곳에서 내려다본다면 실제로 완전한 동그라미를 볼 수도 있다. (*b*) 떨어지는 빗방울에 햇살이 굴절되어 들어갔다가 나올 때 색깔이 분리되어 나오면서 무지개가 보인다. 이 그림은 해가 수평선에 있는 상황을 보여준다(그러면 햇살은 수평 방향이 된다). 두 빗방울에서 붉은 빛살과 파란 빛살의 경로를 보였다. 많은 다른 빗방울에서도 붉은 빛살과 파란 빛살은 물론 가시광 스펙트럼의 중간 색깔의 빛살이 나온다.

붉은색이 맨 위에 있고 파란색이 맨 아래에 있다. 우리가 보는 무지개는 보는 사람마다 다르다. 왜냐하면 사람마다 다른 빗방울에서 오는 빛을 보기 때문이다.

생각해보기 35-1 다음 세 그림에서 물리적으로 생길 수 있는 굴절을 보여주는가?

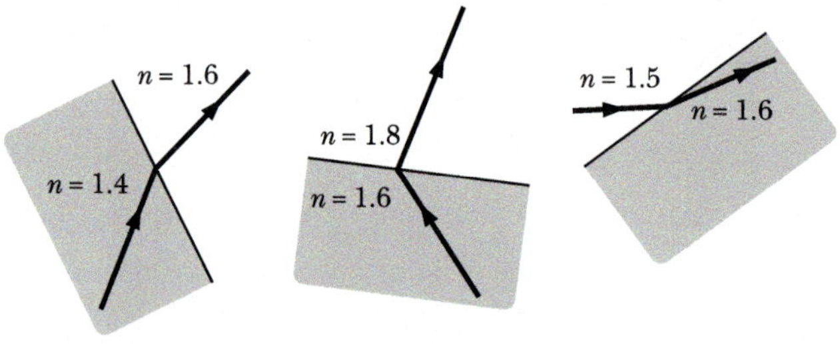

(*a*) (*b*) (*c*)

따라해보기 35-1 | 반사와 굴절

(a) 그림 35-7*a*에서 단색 빛다발이 굴절률 $n_1 = 1.33$인 물질 1과 굴절률 $n_2 = 1.77$인 물질 2의 경계면 위의 점 *A*에서 반사되고 굴절된다. 들어오는 빛다발은 경계면과 50°를 이룬다. 점 *A*에서의 반사각은 얼마이며, 굴절각은 얼마인가?

풀이 ■ 반사에서의 **요점**은 반사각이 입사각과 같다는 것이다. 또한 두 각 모두 반사점에서 경계면에 대한 법선과 이루는 각이다. 그림 35-7*a*에서 점 *A*에서의 법선은 그 점을 지나는 끊긴 선으로 그렸다. 눈여겨볼 것은 입사각 θ_1은 50°가 아니라 $90° - 50° = 40°$라는 것이다. 따라서 반사각은 다음과 같다.

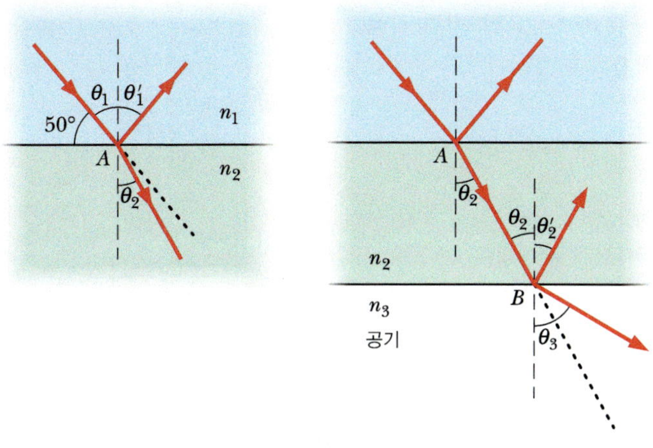

그림 35-7
(*a*) 물질 1과 물질 2 사이의 경계면 위의 점 *A*에서 빛이 반사되고 굴절된다. (*b*) 물질 2를 지난 빛은 물질 2와 물질 3(공기) 사이의 경계면 위의 점 *B*에서 빛이 반사되고 굴절된다.

$$\theta'_1 = \theta_1 = 40° \qquad \text{(답)}$$

물질 1에서 물질 2로 들어가는 빛은 두 물질의 경계면 위의 점 A에서 굴절된다. 굴절에서의 **요점**은 입사각, 굴절각, 그리고 두 물질의 굴절률 사이에 다음의 관계가 성립한다는 것이다(식 35–2):

$$n_2 \sin\theta_2 = n_1 \sin\theta_1 \qquad (35\text{–}4)$$

각도는 굴절점에서 빛살과 법선 사이의 각도를 잰 것이다. 따라서 그림 35–7*a*에서 굴절각은 θ_2로 나타낸 각이다. 식 35–4를 θ_2에 대해 풀면 다음과 같다.

$$\theta_2 = \sin^{-1}\left(\frac{n_1}{n_2}\sin\theta_1\right) = \sin^{-1}\left(\frac{1.33}{1.77}\sin 40°\right)$$
$$= 28.88° \approx 29° \qquad \text{(답)}$$

이 결과는 굴절된 빛다발은 법선 쪽으로 꺾인다는 것을 뜻한다(들어오는 빛살은 법선에 대해 40°였는데, 굴절된 빛살은 29°이다). 그 까닭은 빛이 경계면을 지나 들어오는 물질 2의 굴절률이 더 높기 때문이다.

(b) 그림 35–7*b*과 같이 점 A에서 물질 2로 들어오는 빛이 물질 2와 물질 3(공기)의 경계면 위의 점 B에 이른다. B를 지나는 경계면은 A를 지나는 경계면과 나란하다. B에서 빛의 일부는 반사되고 나머지는 굴절되어 공기로 들어간다. 반사각은 얼마이고, 공기로 굴절되는 각은 얼마인가?

풀이 ■ 먼저 B에서의 각도 하나를 A에서 알고 있는 각도와 연결시켜야 한다. 그림 35–7*b*과 같이 점 B를 지나는 경계면은 점 A를 지나는 경계면과 나란하므로, B에서의 입사각은 굴절각 θ_2와 같아야 한다. 그러면 반사의 경우 (a)에서와 같은 **요점**을 쓴다: 반사법칙. 따라서 B에서의 반사각은 다음과 같다.

$$\theta'_2 = \theta_2 = 28.88° \approx 29° \qquad \text{(답)}$$

그 다음 물질 2에서 공기로 오는 빛은 점 B에서 굴절되며, 굴절각은 θ_3이다. 따라서 여기에서의 **요점**도 굴절 법칙을 쓰는 것인데, 이번에는 식 35–4를 다음과 같이 써야 한다.

$$n_3 \sin\theta_3 = n_2 \sin\theta_2 \qquad (35\text{–}5)$$

이제 θ_3에 관해 풀면 다음 결과를 얻는다.

$$\theta_3 = \sin^{-1}\left(\frac{n_2}{n_3}\sin\theta_2\right) = \sin^{-1}\left(\frac{1.77}{1.00}\sin 28.88°\right)$$
$$= 58.74° \approx 59° \qquad \text{(답)}$$

이 결과는 빛다발이 법선에서 멀어지는 쪽으로 꺾인다는 것을 뜻한다(들어오는 빛은 법선과 29°를 이루었으나, 이제는 59°를 이룬다). 그 까닭은 빛이 경계면을 지나 들어오는 물질 3 (공기)의 굴절률이 더 작기 때문이다.

연습문제 35-2

1. 진공에서의 빛

빛이 진공에서 유리판에 들어오는데, 표면에 대한 법선과 이루는 각도가 진공에서는 32.0°, 유리 속에서는 21.0°이다. 유리의 굴절률은 얼마인가?

2. 직교하는 두 면

그림 35–8은 직교하는 두 면 A와 B에서 반사되는 빛을 보여준다. 들어오는 빛살 i와 반사되어 나가는 빛살 r' 사이의 각을 구하라.

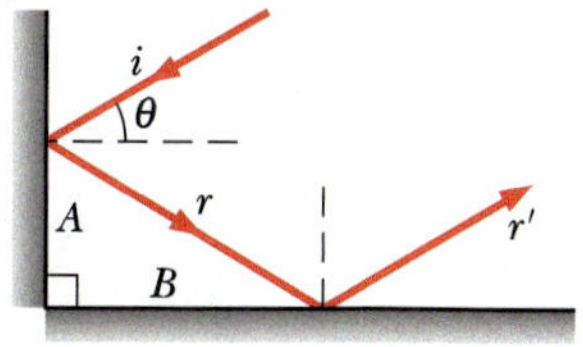

그림 35–8 문제 2

3. 네모꼴 쇠통

그림 35–9의 네모꼴 쇠통에 어떤 액체를 가득 채운 뒤, 통의 가장자리에 눈을 대고 아래 모서리 E를

들여다본다. 그림에는 빛살이 그곳에서 나와 가장자리에 댄 눈으로 들어오는 것을 보였다. 이 액체의 굴절률을 구하라.

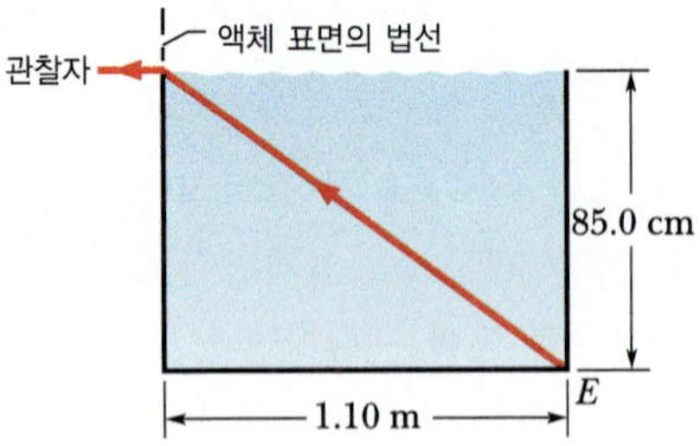

그림 35-9 문제 3

4. 클로디어스 톨레미

서기 150년쯤 톨레미는 공기에서 물로 들어가는 빛다발의 입사각 θ_1과 굴절각 θ_2를 재어 아래의 결과를 얻었다:

θ_1	θ_2	θ_1	θ_2
10°	8°00′	50°	35°00′
20°	15°30′	60°	45°30′
30°	22°30′	70°	45°30′
40°	29°00′	80°	50°00′

(a) 이 자료가 굴절 법칙과 맞는가? (b) 그렇다면 굴절률은 얼마인가? 이것은 아마도 가장 오래된 물리적 측정기록으로서 흥미있는 자료이다.

5. 수직 막대

그림 35-10에서 길이 2.00 m인 막대가 수영장 바닥에 수직으로 세워져 물 위 50 cm까지 나와 있다. 햇빛이 수평면과 55.0°를 이루며 비친다. 막내의 그림자가 수영장 바닥에 드리운 길이는 얼마인가?

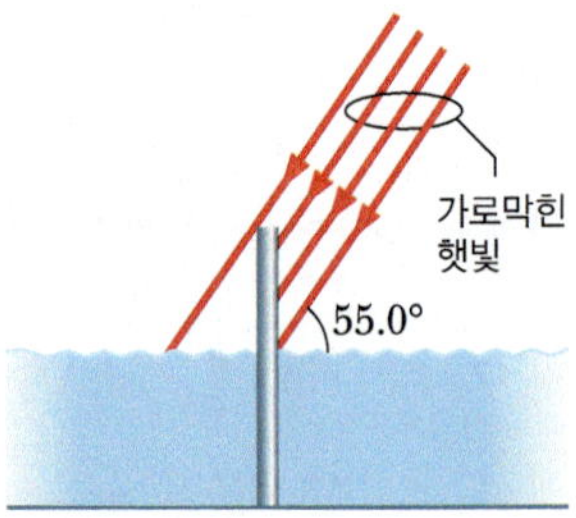

그림 35-10 문제 5

6. 투명한 물질 네 개

그림 35-11에 투명한 두 물질의 경계면에 빛이 $\theta_1 = 40.1°$로 비친다. 빛의 일부는 투과되어 다음 세 층의 투명물질을 지나가고, 일부는 위로 반사되어 공기로 빠져나간다. (a) θ_5와 (b) θ_4의 값은 얼마인가?

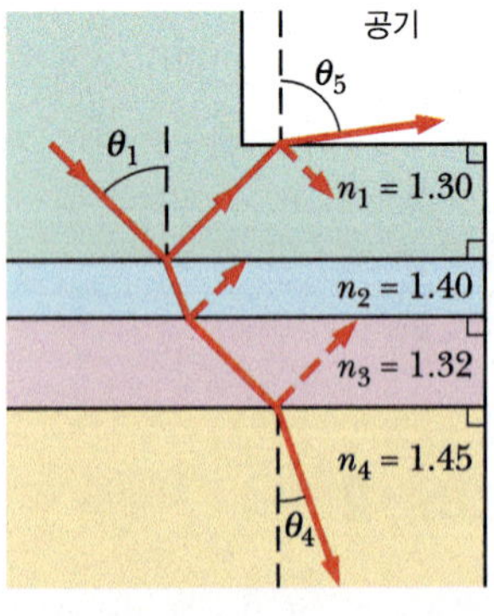

그림 35-11 문제 6

7. 옆으로 벗어난 양

두께 t인 유리판에 들어온 빛살이 유리판을 지나 빠져나갈 때는 그림 35-12와 같이 애초의 방향과 나란하되, 옆으로 조금 비껴 나간다. 입사각 θ가 작으면, 비낀 거리는 다음과 같음을 보여라.

$$x = t\theta \frac{n-1}{n}$$

여기에서 n은 유리의 굴절률, θ는 rad 단위로 잰 값이다.

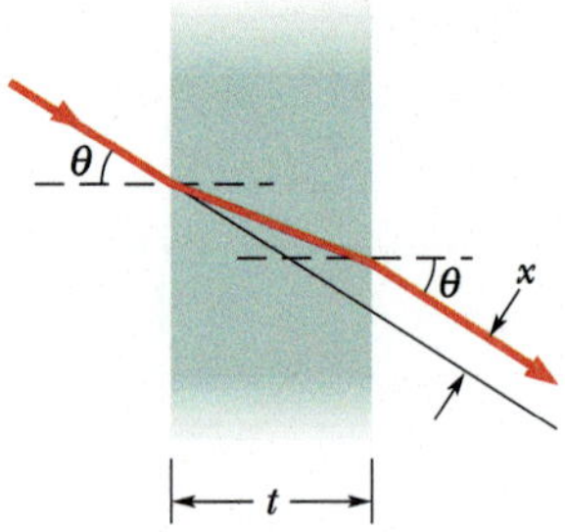

그림 35-12 문제 7

8. 흰 빛

용융 수정으로 만든 프리즘의 한 면에 흰 빛이 입사각 35°로 들어온다. 프리즘을 자른면은 이등변삼각형이다. 다음 색깔의 빛살이 프리즘을 지나는 길을 그려라: (a) 파란빛, (b) 노랑-녹색 빛, (c) 붉은빛.

9. 세모꼴 프리즘

그림 35-13은 어떤 빛살이 공기 속에 놓인 유리 프리즘의 한 면에 들어오는 것을 보여준다. 입사각 θ는 다른쪽 면에서 빛살이 빠져나갈 때 그 면의 법선과 이루는 각도가 들어올 때와 같게 했다. 유리 프리즘의 굴절률이 다음과 같음을 보여라.

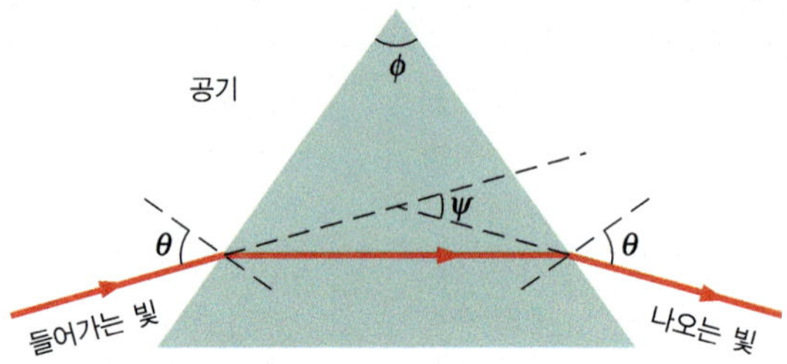

그림 35-13 문제 9와 18

$$n = \frac{\sin \frac{1}{2}(\psi + \phi)}{\sin \frac{1}{2}\phi}$$

여기에서 ϕ는 프리즘의 정각, ψ는 '편향각'으로서, 들어온 빛살이 프리즘을 지나면서 꺾인 전체 각도이다 (이러한 조건에서는 편향각 ψ가 최소가 되며, 이것을 '최소 편향각'이라고 한다.

10. 직교하는 거울

그림 35-14 직교하는 두 장의 거울로 된 그릇에 물을 채워둔 것을 보여준다. (a) 빛살이 위에서 수면에 수직하게 들어온다. 두 거울에서 반사되어 나가는 빛살이 들어오는 빛살과 나란함을 보여라. (b) 앞의 분석 과정을 비스듬히 들어오는 빛살에 대해 되풀이하라.

그림 35-14 문제 10

35-3 내부 전반사

그림 35-15는 유리 속의 점광원 S에서 나온 단색 빛살이 유리-공기 경계면에 들어오는 것을 보여준다. 빛살 a는 경계면에 대해 수직인데, 빛의 일부는 경계면에서 반사되고, 나머지는 방향의 바뀌지 않은 채 경계면을 지나 나아간다. 빛살 b에서 e까지는 경계면에 대한 입사각이 차례대로 커지는데, 경계면에서 반사와 굴절이 모두 일어난다. 입사각이 커지면 굴절각도 커진다. 빛살 e의 굴절각은 90°인데 이것은 굴절된 빛살이 경계면과 나란히 감을 뜻한다. 이러한 상황이 되는 입사각을 임계각이라고 하고 $\theta_{임계}$로 나타낸다. 빛살 f와 g처럼 입사각이 $\theta_{임계}$보다 크면, 굴절되는 빛살 없이 모든 빛이 반사된다. 이러한 효과를 내부 전반사라고 한다.

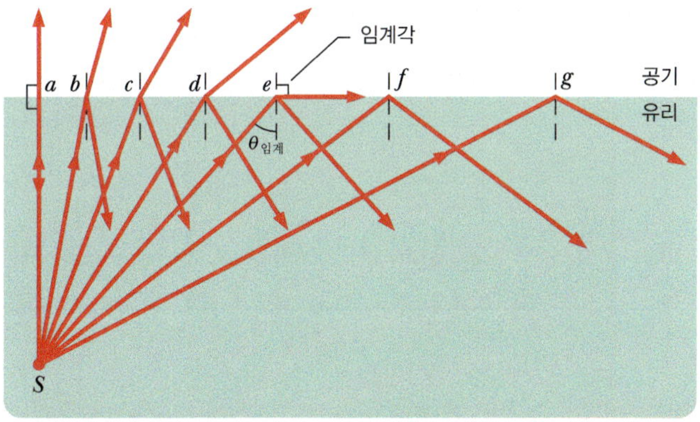

그림 35-15
유리 속의 점광원 S에서 나오는 빛살의 내부 전반사는 들어가는 각도가 임계각 $\theta_{임계}$ 보다 클 때 생긴다. 그림에서는 점 e에 보인 임계각에서는 굴절된 빛살이 공기-유리 경계면을 따라 간다.

$\theta_{임계}$를 구하려면 식 35-2를 쓴다. 유리와 관계된 양에는 아래글자 1을, 공기와 관계된 양에는 아래글자 2를 붙이고, θ_1에는 $\theta_{임계}$를, θ_2에는 90°를 넣으면 다음 식을 얻는다.

$$n_1 \sin\theta_{임계} \approx n_2 \sin 90°$$

이로부터 다음 결과를 얻는다.

$$\theta_{임계} = \sin^{-1}\frac{n_2}{n_1} \quad \text{(임계각)} \qquad (35\text{-}6)$$

어떤 각도에서도 사인 함수값은 1을 넘지 못하므로, 이 식에서 n_2는 n_1을 넘어설 수 없다. 따라서 굴절률이 작은 매질에서 큰 매질로 빛이 들어갈 때는 내부 전반사가 일어날 수 없다. 그림 35-15에서 광원 S가 공기 속에 있다면, 공기-유리 경계면에 들어오는 모든 빛살이 경계면에서 반사도 되고 굴절도 된다.

내부 전반사는 의료 기술에서 많이 쓰인다. 예를 들어, 의사는 가느다란 광섬유 다발(그림 35-16)을 환자의 목을 통해 위에 넣어 헐은 부분을 찾아낼 수 있다. 광섬유 다발의 바깥쪽 끝에서 광섬유 속에 빛을 집어넣으면 광섬유 속에서 내부 전반사를 되풀이하여, 비록 광섬유 다발이 굽어도 대부분의 빛이 광섬유를 따라가 다른 쪽 끝을 빠져 나와 위 속을 비추어준다. 위벽에서 반사된 빛의 일부는 다시 다른 광섬유 다발에 들어와 앞서와 비슷한 과정을 거쳐 다른 쪽 끝으로 빠져 나와 검지되면, 이것을 영상으로 바꾸어 화면에 보여준다.

그림 35-16
광섬유의 한쪽 끝으로 들여보낸 빛은 손실이 거의 없이 광섬유를 지나 반대쪽 끝으로 나온다.

따라해보기 35-2 | 세모꼴 프리즘

그림 35-17은 공기 속에 있는 유리로 된 세모꼴 프리즘을 보여준다. 빛살은 한쪽 면에 수직하게 들어가 다른 유리-공기 경계면에서 전반사된다. θ_1이 45°라면 유리의 굴절률 n은 얼마라고 할 수 있는가?

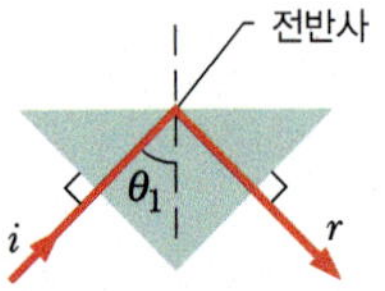

그림 35-17
들어가는 빛살 i는 유리-공기 경계면에서 전반사되어, 반사된 빛살 r이 된다.

풀이 ■ 요점 하나는 빛이 경계면에서 전반사되었으므로, 경계면에서의 임계각 $\theta_{임계}$는 입사각 45°보다 작아야 한다는 것이다. 둘째 **요점**은 식 35-2의 굴절법칙을 써서 유리의 굴절률 n을 임계각 $\theta_{임계}$와 연관지을 수 있다는 것이다. 식 35-2에 $n_2 = 1$(공기)과 $n_1 = n$(유리)을 넣으면 다음 결과를 얻는다.

$$\theta_{임계} = \sin^{-1}\frac{n_2}{n_1} = \sin^{-1}\frac{1}{n}$$

임계각 $\theta_{임계}$는 입사각 45°보다 작아야 하고, 사인함수는 0°와 90° 사이에서 감소함수이므로 다음 부등식이 성립한다.

$$\sin^{-1}\frac{1}{n} < 45°$$

이로부터 다음 결과를 얻는다.

$$\frac{1}{n} < \sin 45°$$

또는

$$n > \frac{1}{\sin 45°} = 1.4 \qquad \text{(답)}$$

연습문제 35-3

11. 유리판

그림 35-18에서 빛살이 유리판의 A에 들어온 다음 B에서 내부 전반사된다. 이 정보로부터 유리의 굴절률의 최소값을 얼마로 짐작할 수 있는가?

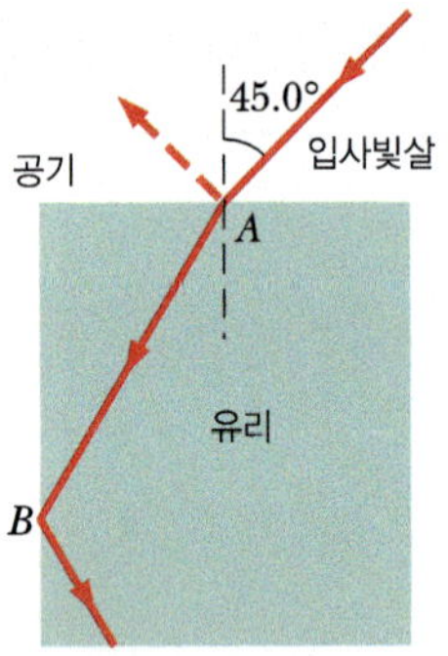

그림 35-18 문제 11

12. 벤젠

벤젠의 굴절률은 1.8이다. 빛살이 벤젠에서 공기 쪽으로 갈 때 임계각은 얼마인가?

13. 수직 입사

그림 35-19에서 유리 프리즘($n = 1.52$)의 면 ab에 수직하게 들어온다. 다음의 두 매질 속에 이 프리즘이 놓인 상황에서 빛살이 면 ac에서 전반사될 때 ϕ의 최대값을 구하라: (a) 공기, (b) 물.

그림 35-19 문제 13

14. 점광원

물 속 80.0 cm 깊이에 있는 점광원에서 나온 빛살이 물 밖으로 빠져 나올 수 있는 수면상의 둥근 영역의 지름을 구하라.

15. 유리 정육면체

각변의 길이가 10 cm, 굴절률이 1.5인 유리 정육면체의 중심에 작은 점이 있다. (a) 각 면의 어느 부분을 가리면 그 속에 있는 점을 바깥에서 볼 수 없게 되는가? (육면체 속에서 한 번 이상 반사된 다음 굴절되어 나오는 빛살은 무시한다.) (b) 면 전체에 대한 가리는 부분의 넓이 비율은 얼마인가?

16. 용융석영

흰 빛이 공기 속에 놓인 석영유리 속을 간다. 모든 색깔 성분이 면에서 내부 전반사된다면, 반사된 빛살은 흰 빛이 될 것이다. 그렇지만, 가시광 대역의 양쪽 가장자리 부분의 색깔 성분(파란 빛 또는 붉은 빛)이 경계면에서 일부 굴절되면, 반사되는 빛살에는 그 성분이 그만큼 줄어든다. 그러면 반사된 빛은 흰빛이 아니고 빠져나간 색깔의 보색을 띤다. (파란 빛의 일부가 굴절되어 나갔다면, 반사된 빛다발은 조금 붉어지고, 붉은 빛의 일부가 굴절되면 조금 파래진다.) 반사된 빛이 (a) 파래질 수 있는가? (b) 붉어질 수 있는가? (c) 그렇게 되려면 애초의 흰 빛의 입사각이 얼마가 되어야 하는가? (그림 35-47을 보라.)

17. 90° 프리즘

그림 35-20에서 빛이 90° 프리즘의 점 P에 입사각 θ로 들어와 일부는 굴절되어 Q에 들어와 굴절각 90°로 굴절된다. (a) 프리즘의 굴절률

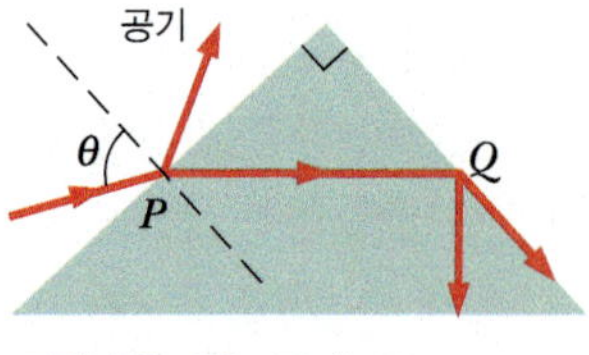

그림 35-20 문제 17

을 θ로 나타내면 어떻게 되는가? (b) 굴절률의 최대값은 얼마인가? 다음 두 경우에 Q에 들어오는 빛이 어떻게 되는가 설명하라: (c) 입사각이 조금 더 클 때, (d) 입사각이 조금 더 작을 때.

18. 정각이 정해졌을 때

그림 35-13의 프리즘의 정각이 $\phi = 60.0°$이고 굴절률이 $n = 1.60$이라고 하자. (a) 빛살이 왼쪽에서 들어와 오른쪽으로 나가려면 입사각 θ가 최소 얼마이어야 하는가? (b) 그림 35-13과 같이 오른쪽으로 나갈 때의 굴절각이 왼쪽으로 들어올 때의 입사각 θ와 같으려면 θ가 얼마이어야 하는가?

35-4 반사에 의한 편광

34장에서 설명한 것처럼 수면에서 반사된 햇빛을 편광판(편광 선글라스 렌즈 같은 것)을 통해 보면서 시선 방향을 축으로 삼아 편광축을 돌리면 수면의 반짝거림이 늘기도 하고 줄기도 한다. 그 까닭은 표면에서 반사된 빛은 온전히 또는 부분적으로 편광되기 때문이다.

그림 35-21은 자연광(편광되지 않은 빛)이 유리 표면에 들어가는 것을 보여준다. 그 빛의 전기장 벡터를 두 직교 성분으로 나누자. 수직 성분은 입사면에 수직이고, 따라서 그림 35-21의 종이면에 대해서도 수직이다. 이 성분은 점으로 나타낸다(우리가 벡터의 꼭지를 보는 것으로 생각하라). 나란한 성분은 입사면과 종이면에 나란하다. 이 성분은 겹화살로 나타낸다. 자연광은 두 성분의 크기가 같다.

일반적으로 반사된 빛에도 두 성분이 모두 들어 있지만, 크기는 다르다. 그러므로 반사된 빛은 부분적으로 편광된다. 전기장이 한쪽으로 진동하는 성분의 진폭이 다른 쪽으로 진동하는 성분보다 더 크다. 그렇지만, 빛이 특별한 입사각 — 브루스터 각 θ_B — 으로 들어오면, 반사된 빛에는 그림 35-21과 같이 수직 성분만 들어 있다. 그러면 반사된 빛은 입사면에 대해 수직 방향으로 온전히 편광된다. 들어오는 빛에 들어 있던 나란한 성분이 사라지는 것은 아니다. 이것과 수직 성분의 일부는 유리 표면에서 굴절되어 들어간다.

유리, 물, 그리고 28-6절에서 설명한 다른 유전체 물질은 반사를 통해 빛을 부분 또는 온전히 편광된 빛으로 만들 수 있다. 그러한 표면에서 반사된 햇빛을 눈에 받으면, 그 빛이 반사된 곳이 눈부신 밝은 점으로 보인다. 표면이 그림 35-21처럼 수평면이면, 반사된 빛은 수평방향으로 부분 또는 온전히 편광된 빛이므로 편광 선글라스에 쓰는 렌즈에서 편광축을 수직 방향으로 두면 눈부심이 줄어든다.

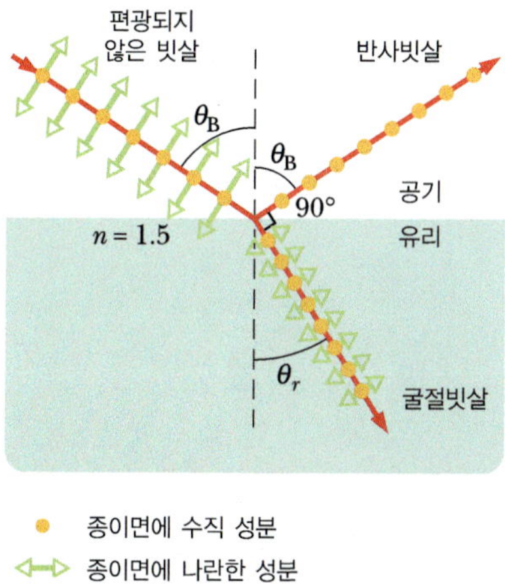

그림 35-21
자연광이 공기에서 유리면으로 브루스터 각 θ_B로 들어온다. 이 빛살의 전기장을 종이면(입사면)에 대한 수직 성분과 나란한 성분으로 나누었다. 반사된 빛은 종이면에 수직 성분으로만 되어 있고, 따라서 그 방향으로 편광되어 있다. 굴절된 빛에는 종이면에 나란한 원래의 성분과 약해진 수직 성분이 같이 들어 있다. 이 빛은 부분 편광되어 있다.

• 브루스터 각

빛이 브루스터 각 θ_B로 들어올 때는 반사 및 굴절된 빛살의 진행방향이 서로 직교함이 실험적으로 확인된다. 그림 35-21에서 반사된 빛살의 반사각은 θ_B이고, 굴절된 빛살의 굴절각은 $\theta_2 = \theta_{굴절}$이므로, 다음 관계가 성립한다.

$$\theta_2 = \theta_{굴절} = 90° \tag{35-7}$$

두 각도는 또한 식 35-2로 연결된다. 식 35-2에서 들어오고 반사된 빛살이 가는 물질에 아래글자 1을 붙이면, 식이 다음과 같아진다.

$$n_1 \sin\theta_B = n_2 \sin\theta_{굴절}$$

위의 두 식을 묶으면 다음 결과를 얻는다.

$$n_1 \sin\theta_B = n_2 \sin(90° - \theta_B) = n_2 \cos\theta_B$$

이로부터 다음 결과를 얻는다.

$$\theta_B = \tan^{-1}\frac{n_2}{n_1} \quad \text{(브루스터 각)} \tag{35-8}$$

(식 35-8에서 아래글자가 어느 쪽 굴절률을 나타내는가 눈여겨보라.) 들어오고 반사된 빛살이 나아가는 매질이 공기이면, n_1의 값은 1로 근사할 수 있고, n_2를 n으로 나타내면 식 35-8은 다음과 같이 고쳐 쓸 수 있다.

$$\theta_B = \tan^{-1} n \quad (n_1 = 1\text{일 때만}) \tag{35-9}$$

식 35-8을 단순하게 고친 이 식도 1812년 위의 두 식을 실험적으로 확인한 '브루스터 경(Sir David Brewster)' 의 이름을 따서 '브루스터 각' 이라고 한다.

연습문제 35-4

19. 물 속의 빛
굴절률 1.33인 물 속에 놓인 굴절률 1.53인 유리판에 빛이 들어온다. 반사되는 빛이 완전 편광되는 입사각은 얼마인가?

20. 완전 편광
(a) 수면에서 반사되는 빛이 완전 편광되는 입사각은 얼마인가? (b) 이 각도가 빛의 파장에 따라 달라지는가?

35-5 두 가지 영상

지금까지 배운 물리학 일반 그리고 특히 광학은 물리 현상의 이해에 초점을 맞추었다. 물리 계통에 대한 정보를 결정하는데 관찰자의 구실에는 특별한 관심을 두지 않았다. (비록 그러한 관찰자가 있음을 늘 가정하지만, 아울러 측정을 아주 조심스럽게 하여 물체를 흩뜨리지 않으므로 관찰자를 무시할 수 있다고 가정한다.) 이제는 그것을 바꾸어야 한다. 상이 생기는 것을 살펴볼 때, 빛이 어떻게 되는가만 따질 수는 없다. 관찰자에게 어떻게 보이는가도 따져야 한다. 그래서 우리 눈과 머리에서 받아들인 신호를 어떻게 해석하는가도 생각해야 한다. 관찰자에 관한 이 새로운 관심거리는 38장에서 상대성을 배우고 그 다음에 양자 물리학을 배울 때까지 계속된다.

우리가 물체를 볼 때, 물체에서 나와 퍼져가는 빛살의 일부를 눈에 받아 눈의 뒤에 있는 망막에 모아준다. 우리의 시각계는 망막에서 시작하여 머리 뒤쪽에 있는 시각중추에서 끝나며, 빛에 실려 들어온 정보는 의식의 밑에서 저절로 처리된다. 이 시각계는 물체의 가장자리, 방향, 질감, 모양, 그리고 색깔 등을 확인하고 **상(image)**(빛에서 끌어내어 재구성한 정보)을 의식에 재빠르게 전해준다. 우리는 그 물체가 빛살이 온 쪽에, 적절한 거리에 있는 것으로 지각하고 인식한다.

우리의 시각계는 빛이 물체에서 곧바로 눈에 들어오지 않고 거울에서 반사되거나 한 짝의 안경렌즈를 통해 눈에 들어올 때도 똑같이 처리하고 인식한다. 그렇지만, 빛이 물체에서 곧바로 오든, 아니면 반사나 굴절을 통해 간접적으로 오든, 시각계는 늘 다음과 같이 상을 만든다:

어떤 물체의 겉보기 위치는 빛살이 (실제로는 굽었어도) 겉보기에 곧게 사방으로 퍼져가는 것처럼 보이는 점이다. 예를 들어, 그림 35-23과 35-24를 보라.

예를 들어, 어떤 물체에서 빛살이 나와 평거울에서 반사되어 우리에게 오면, 그 물체는 거울 뒤에 있는 것처럼 보인다. 왜냐하면 우리가 받는 빛살이 물체가 그쪽에 있을 때 오는 것과 같기 때문이다. 물론 물체는 거울 뒤에 있지 않다. 이러한 상을 **허상(virtual image)**이라고 하며, 우리의 망막에만 실재하지만, 우리가 지각한 곳에 있다고 말한다.

실상(real image)은 이와는 달리 빛살이 실제로 모여 만드는 상이며, 종이를 두면 그 위에 상이 나타나는 것을 볼 수 있다. 우리는 실상을 볼 수 있지만(그렇지 않으면 영화관은 텅 빌 것이다), 우리가 보아서 확인하건 그렇지 않건 그것은 존재한다.

이 장에서는 빛살을 (거울을 써서) 반사시키고 (렌즈를 써서) 굴절시켜 허상과 실상을 만드는 몇 가지 방법을 살펴본다. 또한 두 가지 상의 다른 점을 더 주의 깊게 따져본다. 먼저 자연적인 허상의 보기부터 생각해보자.

• 흔히 보는 신기루

허상의 흔한 보기는 맑은 날 차를 몰고 갈 때 앞쪽으로 얼마 떨어진 곳에 물웅덩이가 나타나는데, 다가가보면 또 멀리 가 있는 것처럼 보이는 것이다. 그 물웅덩이는 신기루(mirage)로서 앞쪽 길바닥 가까운 곳의 대기를 지나는 빛살이 만든 허상이다(그림 35-22*a*). 빛살이 햇빛을 받아 달구어진 길에 가까이 가면, 뜨거운 길로 데워져서 점점 더 따뜻한 공기층을 지나게 된다. 공기의 온도가 높아지면 빛의 진행속도가 조금씩 빨라지며, 따라서 공기가 길에 가까워질수록 굴절률은 더 작아진다. 따라서 빛살이 아래로 내려올수록, 굴절률이 점점 더 작은 공기층을 만나게 되어 조금씩 위쪽으로 굽어 수평방향을 향하게 된다(그림 35-22*b*).

빛살이 일단 길바닥 조금 위에서 진행방향이 수평하게 된 다음에도 계속하여 휜다. 왜냐하면 파면의 아래쪽은 조금 따뜻한 공기층에 있어 위쪽 파면보다 조금 더 빨리 진행한다(그림 35-22*c*). 파면이 이렇게 고르지 않게 진행하므로 빛살은 위쪽으로 휘게 된다. 빛살이 위쪽으로 휜 다음에는 점점 더 굴절률이 높은 공기층을 지나면서 위쪽으로 더 많이 휜다(그림 35-22*d*).

빛살의 일부가 눈에 들어오면, 시각계는 받아들인 그 빛살을 뒤쪽으로 연장하여 빛살의 성질에 맞추어 길바닥에서 온 것으로 가정한다. 그 빛이 하늘에서 온 빛이어서 푸른 색을 띠면, 신기루도 물처럼 푸른색을 띤다. 공기는 길바닥에서 데워져 대류하기 때문에 소용돌이가 생기기 십상이므로, 신기루도 흔들려서 마치 물웅덩이가 있는 것처럼 보인다. 파란 색조와 흔들림 때문에 더 쉽사리 물웅덩이로 착각하지만, 우리가 실제로 보는 것은 하늘 아랫부분의 허상일 뿐이다.

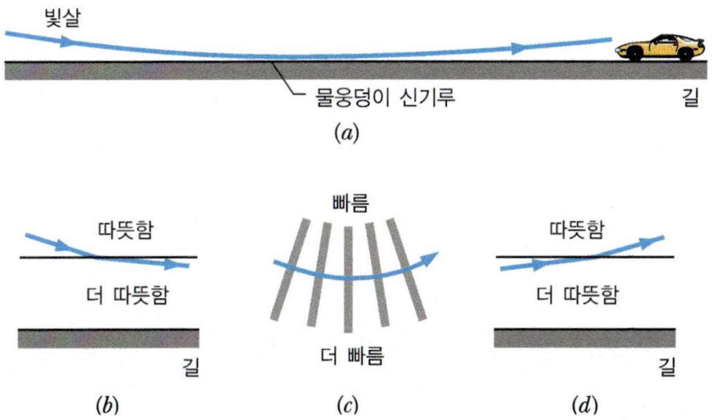

그림 35-22
(*a*) 하늘의 아랫부분에서 온 빛살이 길바닥의 데워진 공기에서 굴절된다(길바닥에 이르지는 않는다). 그 빛살을 받아들이는 관찰자는 길에 있는 물웅덩이에서 나온 것으로 지각한다. (*b*) 따뜻한 공기에서 더 따뜻한 공기로 가상적인 경계면을 지나 내려오는 빛살이 휘는 모양(부풀려 그렸음). (*c*) 파면의 이동과 이에 따른 빛살의 휨. 이렇게 되는 까닭은 파면의 아래쪽이 더 따뜻한 공기 속에 있어 더 빨리 가기 때문이다. (*d*) 더 따뜻한 공기에서 따뜻한 공기로 가상적인 경계면을 지나 올라가는 빛살이 휘는 모양.

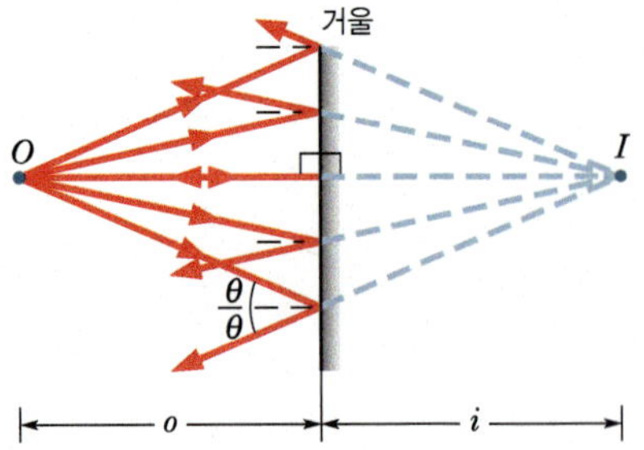

그림 35-23
점광원 O — 물체라고 한다 — 가 평거울에서 수직거리 o인 곳에 있다. O에서 나와 거울에 이른 빛살은 거울에서 반사된다. 반사된 빛살의 일부가 눈에 들어오면 우리는 거울 뒤에, 수직거리 i인 곳에 점광원 I가 있는 것으로 지각한다. 지각한 점광원 I는 물체 O의 허상이다.

35-6 평거울

거울(mirror)은 빛다발(또는 다른 전자기 방사)을 여러 방향으로 넓게 흩뜨리거나 흡수하지 않고 한 쪽으로 반사시킬 수 있는 아주 매끈한 면이다. 반짝이는 금속 표면은 거울 구실을 한다. 콘크리트 벽은 그렇지 않다. 이 절에서는 **평거울(plane mirror)**(평평한 반사면)이 만들 수 있는 상을 살펴본다.

그림 35-23은 평거울 앞에 수직거리 o인 곳에 점광원 O가 있는 것을 보여주는데, 이것을 물체라고 부르자. 거울에 들어오는 빛은 O에서 퍼져가는 빛살을 써서 나타낸다.

> 주의: O는 점이고 o는 거리이므로, 둘을 구별하고, 또 0과 헷갈리지 않으려면, 글씨체를 달리 해야 한다.

반사된 빛은 거울에서 퍼져가는 반사된 빛살로 나타낸다. 반사된 빛살을 뒤로 (거울 뒤쪽으로) 연장하면, 연장선은 거울 뒤로 수직거리가 i인 한 점에서 만난다.

그림 35-23의 거울을 들여다보면, 우리 눈에 반사된 빛살의 일부가 들어온다. 우리가 본 것을 헤아릴 때, 빛살의 연장선이 만난 곳에 점광원이 하나 있는 것으로 지각한다. 이 점광원이 바로 물체 O의 상 I이다. 이것은 점이므로, 점 상이라고 하고, 빛살이 실제로는 그 점에서 만나지 않으므로 허상이다. (앞으로 알게 되겠지만 실상에서는 빛살이 실제로 그 점을 지난다.) 우리 눈은 (그리고 머리도) 빛살을 뒤로 추적하여 만나는 점을 찾은 다음, 바보처럼 그곳에 물체가 있는 것으로 생각한다.

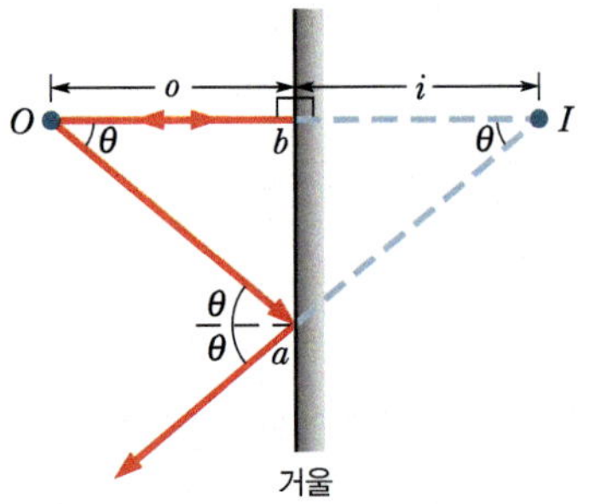

그림 35-24
그림 35-23의 두 빛살. 빛살 Oa는 거울면에 대한 법선과 각도 θ를 이룬다. 빛살 Ob는 거울면과 직교한다.

그림 35-24는 그림 35-23의 여러 빛살 가운데 골라낸 두 빛살을 보여준다. 하나는 점 b에 수직으로, 다른 하나는 어느 한 점 a에 입사각 θ로 들어온다. 두 반사된 빛살을 뒤로 연장한 선도 보였다. 직각삼각형 $aOba$와 $aIba$는 한 변을 공유하고 세 각이 같으므로 합동이며, 따라서 다음 관계가 성립한다.

$$Ib = Ob \qquad (35\text{-}10)$$

여기에서 Ib와 Ob는 각각 거울에서 상과 물체까지의 거리다. 식 35-10은 상에서 거울까지의 거리가 물체에서 거울까지의 거리와 같음을 말해준다. *물 거리* o는 양수로, (이것과 같은) 허상에 대한 *상 거리* i는 음수로 잡도록 규약을 정한다(그래야 앞으로 나오는 식들이 정확히 맞는다). 따라서 식 35-10은 $|i| = o$ 또는 다음과 같이 쓸 수 있다.

$$i = -o \quad \text{(평거울의 결상 방정식)} \qquad (35\text{-}11)$$

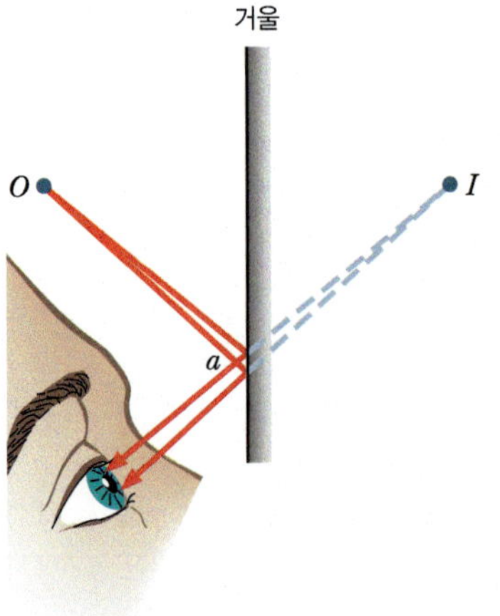

그림 35-25
O에서 나온 빛살 한 '가닥'이 거울에서 반사된 뒤 눈에 들어온다. 거울은 점 a 근처의 아주 작은 영역만 반사에 관여한다. 빛은 거울 뒤에 있는 점 I에서 나오는 것처럼 보인다.

아주 가까이 있는 빛살들만 거울에서 반사된 뒤에 우리 눈으로 함께 들어올 수 있다. 그림 35-25와 같이 눈이 있다면 점 a 근처의 아주 작은 영역(눈의 동공보다 더 작은 영역)의 거울만 상을 만드는데 쓸모가 있다. 이 영역을 찾으려면 한 눈을 감고 연필 끝과 같은 작은 물체의 거울상을 들여다보라. 그 다음 손가락 끝을 거울면을 따라 움직여 상을 볼 수 없을 때 멈추어라. 거울에서 손가락 끝 아래에 있는 작은 영역에서 오는 빛만이 눈으로 들어와 상을 만든다.

• 큰 물체

그림 35-26에 바로 선 화살표로 나타낸 큰 물체 O가 평거울 앞 수직거리 o인 곳에 있다. 물체에서 거울 쪽을 보는 작은 부분들은 저마다 그림 35-23와 그림 35-24의 점광원 O와 같은 구실을 한다. 거울에서 반사된 빛이 우리 눈에 들어오면, 우리는 물체의 모든 부분의 가짜 점상으로 이루어진 허

상 I가 거울 뒤 거리 i에 있는 것으로 지각한다. 거리 i와 o 사이에는 식 35-11의 관계가 있다.

큰 물체의 상의 위치를 결정하는 방법은 그림 35-23에서 점 물체에 대해 했던 것과 같다: 물체의 꼭지에서 나와 거울에 이르는 빛살을 몇 개 그리고, 이것이 반사된 빛살을 그린 다음, 거울 뒤로 연장하여 만나는 점을 찾으면 그것이 물체의 꼭지의 상이다. 똑같은 일을 물체의 바닥에 대해서도 한다. 그림 35-26과 같이 허상 I는 물체 O와 방향과 높이(거울면과 나란히 잰 값)가 같다.

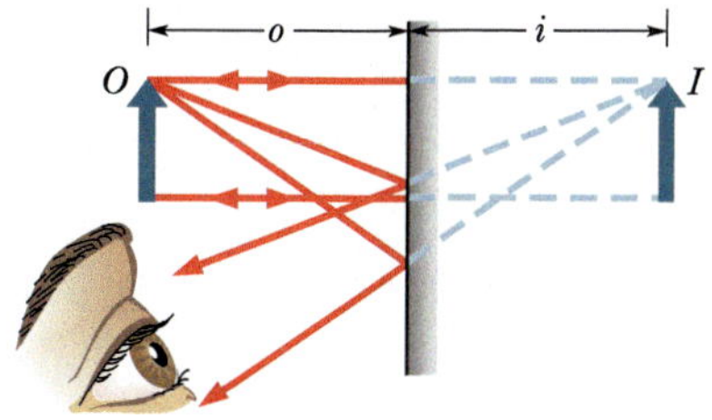

그림 35-26
큰 물체 O와 평거울이 만드는 허상 I.

• 마네의 그림 '폴리-베르제르의 술집'

마네의 그림 '폴리-베르제르의 술집'에서 여자 도우미 뒤의 벽에 걸린 큰 거울에서 반사된 실내모습을 볼 수 있는데, 그 모습에는 세 가지 미묘한 잘못이 있다. 첫째 왼쪽에 있는 병을 눈여겨보라. 마네는 그것이 거울에 반사된 모양을 그렸는데, 위치가 맞지 않다.

이제 여자의 거울상을 눈여겨보라. 우리가 여자 바로 앞에서 보고 있으므로 거울상은 여자 바로 뒤에 있어야 하고, 따라서 우리 눈에는 (보인다고 해도) 아주 조금만 보여야 한다. 그런데 마네는 반사된 거울상을 오른쪽으로 비껴 그렸다. 끝으로 그녀와 마주 보는 남자의 거울상을 눈여겨보라. 그는 바로 우리다. 왜냐하면 거울상은 그가 여자 바로 앞에 마주 보고 있음을 보여주기 때문이다. 따라서 그는 그림을 보는 사람이다. 우리는 마네의 그림을 들여다보고 있으며 따라서 우리의 거울상이 오른쪽으로 비껴 있는 것을 보는 셈이다. 그림을 보고 있으면 이상한 느낌이 드는 까닭은 이러한 모양은 그림에서든 거울에서든 예상할 수 없는 것이기 때문이다.

생각해보기 35-2 그림에서는 우리가 거울 두 장 A와 B를 거리 d만큼 떼어 수직으로 나란히 세운 다음 들여다본다. 거울 A에서 거리 $0.2d$인 점 O에 괴물 하나가 있다. 각각의 거울은 괴물의 첫째 상을 만든다. 그 다음에 각각의 거울은 다른 거울이 만든 첫째 상의 물체로 하여 둘째 상을 만든다. 그 다음 각각의 거울은 다른 거울이 만든 둘째 상의 물체로 하여 셋째 상을 만든다. 이렇게 되어 우리는 수백 개의 괴물상을 보게 될 것이다. 거울 A 속에 생기는 첫째, 둘째, 셋째 상은 얼마인 거리에 있을까?

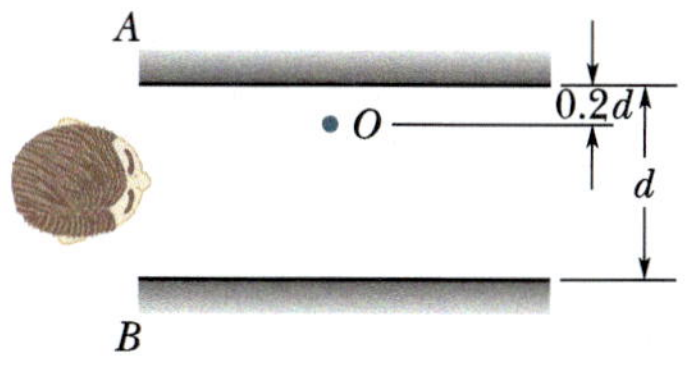

생각해보기 35-3 거울 속의 물체는 왼쪽과 오른쪽이 뒤바뀌는가? 어떻게 그런 일이 생기는가? 왜 위아래는 바뀌지 않는가? 평거울을 통해 우리 스스로의 상을 보면 왼손과 오른손은 뒤바뀌지만 머리와 발은 뒤바뀌지 않는다. 그 까닭을 설명할 수 있는가?

연습문제 35-6

21. 나방
나방 한 마리가 눈높이에서 평거울 앞 10 cm인 곳에 있고, 여러분은 거울에서 30 cm 떨어져 있다. 여러분의 눈과 나방의 거울 속 상과의 거리는 얼마인가?

22. 벌새
여러분이 벌새의 거울상을 사진기를 통해서 본다. 사진기는 거울 앞 4.3 m인 곳에 있고, 벌새는 사진기 정도의 높이에, 여러분 오른쪽으로 5.00 m, 거울 앞 3.30 m 떨어진 곳에 있다. 사진기와 벌새의 거울 속 상과의 거리는 얼마인가?

23. 수직하게 선 거울 두 장
그림 35-27a는 거울 두 장을 세우고, 사이에 물체 O를 둔 것을 위에서 본 모습이다. 거울을 들여다보면, O의 상을 여러 개 볼 수 있다. 그 상을 모두 찾아내려면 그림 35-

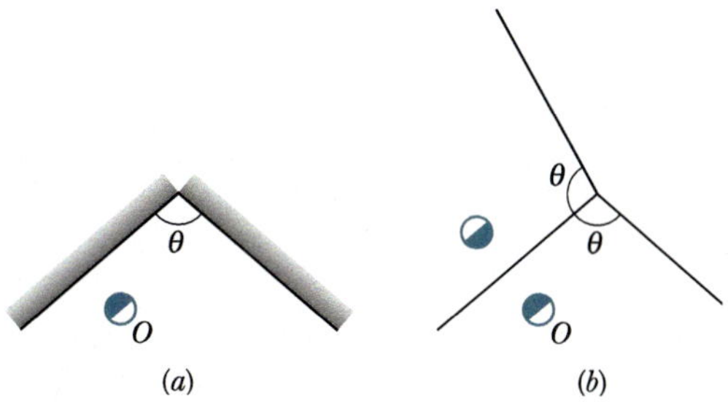

그림 35-27 문제 23 및 24

27*b*에서 왼쪽 거울에 대해 한 것처럼 두 거울 사이의 영역이 각각의 거울에서 비친 모습을 그린다. 그 다음에는 그 모습이 다른 쪽 거울에서 비친 것을 또 그린다. 이러한 과정을 두 거울에 대해 번갈아 되풀이하여 비친 모습이 겹칠 때까지 한다. 그 다음에는 O의 상의 수를 센다. (a) $\theta = 90°$이면 O의 상의 수는 몇 개인가? (b) 상의 위치와 방향을 그려라(그림 35-27*b*와 같이 하라).

24. 되풀이

거울 사이의 각도 θ가 다음과 같은 조건에서 문제 23을 되풀이하라: (a) 45°, (b) 60°, (c) 120°, (d) (c)에서 답이 여러 가지인 까닭을 설명하라.

25. 증명

평거울을 각도 α만큼 돌리면, 반사되는 빛다발은 각도 2α만큼 돌아감을 증명하라. $\alpha = 45°$일 때 이 결과가 타당함을 보여라.

26. 복도

그림 35-28은 복도 한쪽 끝에 평거울 M이 설치된 것을 위에서 본 모습이다. 강도 B가 복도를 따라 거울의 중앙을 향해 곧바로 들어온다. $d = 3.0$ m이면, 경비원 S가 강도를 발견하는 순간 강도는 거울에서 얼마 떨어진 곳에 있는가?

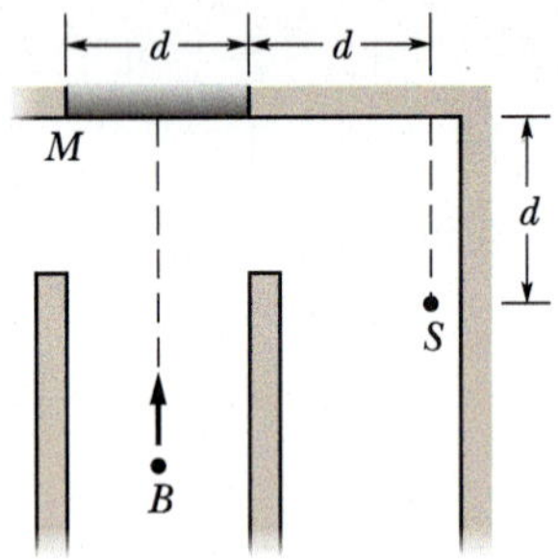

그림 35-28 문제 26

27. S와 d

점광원 S를 화면 앞 거리 d인 곳에 둔다. 그림 35-29처럼 광원 뒤 거리 d인 곳에 완전한 거울 M을 둔다면 화면의 가운데에서의 빛의 세기는 어떻게 되는가? (**실마리**: 식 34-25를 써라.)

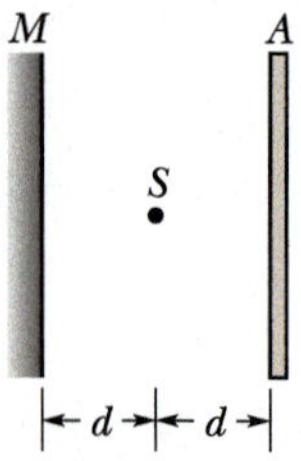

그림 35-29 문제 27

28. 작은 전구

그림 35-30은 수영장에서 수면 위에 작은 전구를 달아 놓은 것을 보여준다. 수영장 바닥에 큰 거울이 있다. 수면에서 전구 상까지의 거리는 얼마인가? (**실마리**: 그림 35-24처럼 두 빛살을 그리되, 수면에서 굴절되는 것을 생각하라. 두 빛살은 전구를 지나는 수직선에 가깝다고 가정하여, 작은 각도 어림식 $\sin\theta \approx \tan\theta$를 써라.)

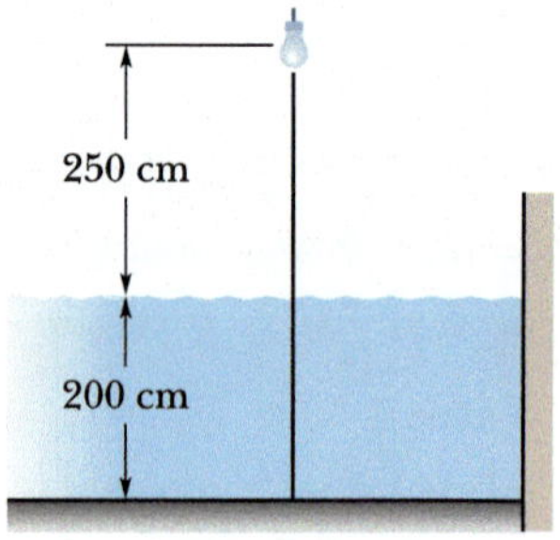

그림 35-30 문제 28

35-7 구면 거울

이제 굽은 거울이 만드는 상으로 가자. 특히 구면 거울을 살펴보는데, 이것은 표면 모양이 공 표면의 일부분과 같다. 평거울은 사실 곡률 반지름이 한없이 큰 구면 거울이다. 이것은 땅을 평평하다고 생각하는 것과 같다. 지구의 반지름이 아주 커서 우리는 땅의 곡률을 알아차리지 못한다.

평거울은 물체에서 나오는 빛살을 꺾어 곧바로 우리 눈에 보내어 시각계통을 속임으로써 물체가 실제로 있는 곳이 아닌 다른 곳에 있는 것처럼 생각하게 만든다. 굽은 거울은 빛살을 다른 방식으로 꺾어 더 재미있는 일을 한다.

• 구면 거울 만들기

그림 35-31*a*의 평거울에서 출발하자. 이것은 물체 O와 관찰자가 있는 왼쪽을 향한다. 거울의 표면을 그림 35-31*b*처럼 오목하게 구부려 오목 거울을 만든다. 표면을 이렇게 구부리면 거울과 이것이 만드는 물체의 상의 몇 가지 특성이 달라진다:

1. **곡률중심** C가 평거울에서는 거울로부터 한없이 먼 곳에 있었다. 이제는 가까워져서 오목 거울 앞에 온다.
2. **시야** — 빛살이 거울에 반사되어 우리 눈에 들어오는 풍경의 범위 — 는 평거울에서 넓었다. 이제는 더 좁다.
3. 상의 위치는 거울 뒤로, 평거울에서는 물체에서 거울까지의 거리만큼이다. 오목 거울에서는

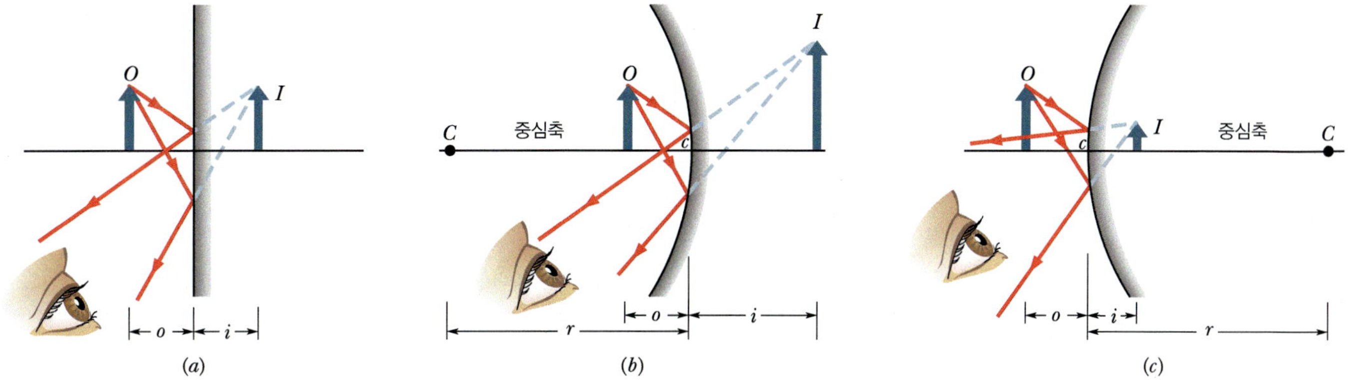

그림 35-31
(*a*) 평거울에서 물체 *O*가 허상 *I*를 만든다. (*b*) 거울을 구부려 오목하게 만들면, 상은 더 멀어지고 더 커진다. (*c*) 거울을 구부려 볼록하게 만들면 상은 더 가까워지고 더 작아진다.

더 멀어진다. 다시 말해 $|i|$가 더 크다.

4. 상의 높이 또는 크기는 평거울에서는 물체와 같았다. 이제는 더 크다. 따라서 화장이나 면도할 때 얼굴이 더 커져 보이기 때문에 오목 거울을 쓴다.

평거울의 표면을 그림 35-31*c*처럼 볼록하게 구부려 볼록 거울을 만들 수 있다. 표면을 이렇게 구부리면 다음과 같이 달라진다:

1. 곡률중심 *C*가 볼록 거울 뒤로 간다.
2. 시야가 넓어진다. 평거울의 시야보다 더 넓다.
3. 물체의 상이 평거울에 비해 거울에 더 가깝다.
4. 상의 크기가 더 작아진다. 물체의 실제 크기보다 더 작다.

자동차의 옆거울과 가게의 감시거울로 보통 볼록 거울을 쓰는 까닭은 시야가 넓은 장점 때문이다. 따라서 거울 하나로 더 넓은 곳을 살펴볼 수 있다.

그림 35-31*b*와 *c*를 볼 때 굽은 거울의 양쪽 면이 모두 반사면이면 볼록 거울인가 오목 거울인가는 관찰자가 어느 쪽에 있는가에 따라 정해진다.

• 구면 거울의 초점

구면 거울에서 빛살이 어떻게 반사되는가를 헤아리려면, 빛살이 와서 닿는 거울면에 주변의 아주 작은 영역을 살펴보자. 그 영역이 아주 작으면, 거울면은 평평한 것처럼 보인다(마치 지구는 둥글지만 땅은 평평한 것처럼). 그러면 위에서 배운, 입사각은 반사각과 같다는 평거울의 빛살반사 특성을 쓸 수 있다(식 35-1). 그러려면 먼저 거울면에 빛살이 닿는 곳에 법선을 그린다. 그 다음,

> 구면 거울에서는 반사된 빛살은 들어오는 빛살과 거울면에 대한 법선이 이루는 면에 들어 있다. 법선과 반사된 빛살이 이루는 각도는 법선과 들어오는 빛살이 이루는 각도와 같다.

평거울에서 상거리 *i*의 크기는 늘 물거리 *o*와 같다. 구면 거울에서 두 거리 사이의 관계를 결정하기에 앞서, 물체 *O*가 구면 거울의 중심축 위, 실질적으로 한없이 먼 곳에 있을 때 그것에서 나오는 빛살이 거울면에서 어떻게 반사되는가를 생각하자. 그 축을 연장하면 곡률중심 *C*과 거울의 중심 *c*를 지난다. 물체가 거울에서 아주 멀리 있으므로, 물체에서 나와 중심축을 따라와 거울에 이르는

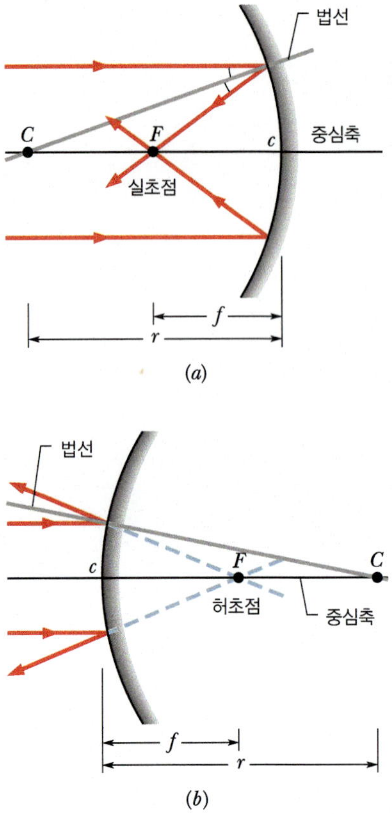

그림 35-32
(a) 오목 거울에서는 나란한 빛살이 들어와 반사된 다음 거울 앞쪽에서 실초점 F에 모인다. (b) 볼록 거울에서는 나란한 빛살이 들어와 반사된 다음 퍼져가는데, 반사된 빛살을 거꾸로 연장하면 거울 뒤쪽에서 있는 허초점 F에서 나오는 것처럼 보인다.

빛은 거의 평면파가 된다. 따라서 빛 파동을 나타내는 빛살이 거울에 이를 때는 모두 중심축과 나란하다.

나란한 빛살이 그림 35-32*a*와 같이 오목 거울에 이르면, 중심축에 가까운 것은 반사된 뒤 모두 F를 지난다. 반사된 빛살 가운데 두 개를 그림에 보였다. F에 (작은) 종이쪽을 두면 한없이 멀리 있는 물체 O의 상점이 종이 위에 나타날 것이다. 왜냐하면 빛살들이 실제로 그 점에 모이기 때문이다. (이것은 한없이 멀리 있는 어떤 물체에 대해서도 마찬가지다.) 점 F를 거울의 **초점(focal point** 또는 **focus)**이라고 하며, 거울의 중심에서 이 점까지의 거리를 거울의 **초점거리(focal length)** f라고 한다.

오목 거울을 볼록 거울로 바꾸면, 나란한 빛살은 반사된 다음 더 이상 점 하나에 모이지 않고, 그림 35-32*b*과 같이 퍼져간다. 그렇지만 반사된 빛살의 일부가 우리 눈이나 사진기에 들어오면, 그 빛이 거울 뒤에 있는 점광원에서 나오는 것처럼 지각한다. 비록 실제의 빛살들이 거울 뒤로 가서 한 점에 모이지는 않지만, 우리는 반사된 빛살의 연장선이 한데 모이는 점(그림 35-32*b*의 F)에 광원이 있는 것으로 지각한다. 그 점이 볼록 거울의 초점 F이며, 거울에서 그 점까지의 거리가 거울의 초점거리 f이다. 이 초점에 작은 종이조각을 두어도, 물체 O의 상점은 종이 위에 나타나지 않으며, 따라서 이 초점은 오목 거울의 초점과는 달리 허초점이다.

오목 거울의 실제 초점과 볼록 거울의 지각된 초점을 구별하고자, 전자는 실초점, 후자는 허초점이라고 한다. 또한 오목 거울의 초점거리 f는 값이 양수인데, 볼록 거울의 초점거리는 값이 음수이다. 두 거울 모두 초점거리 f는 거울의 곡률 반지름 r과 다음 관계가 있다.

$$f = \frac{1}{2} r \quad \text{(구면 거울)} \tag{35-12}$$

여기에서 초점거리의 부호에 관한 규약과 일관성이 유지되게 r은 오목 거울에서는 양수, 볼록 거울에서는 음수이다.

35-8 구면 거울이 만드는 상

구면 거울의 초점이 정의되었으므로, 오목 거울과 볼록 거울의 상거리 i와 물거리 o 사이의 관계를 구할 수 있다. 거울 표면에서 빛살이 반사되면서 방향이 바뀌는 것을 이해하는 데는(반사각이 입사각과 같다는 반사 법칙 하나로 충분하다. 우리가 지각하는 상의 위치를 결정하는 것은 결국 반사된 빛살의 방향이다.

물체 O를 오목 거울의 초점 안쪽 — 다시 말해 거울과 초점 F 사이 — 에 두는 것으로 시작하자(그림 35-33*a*). 그러면 관찰자에게는 O의 허상이 거울 속에 보인다: 상은 거울 뒤에 있는 것처럼 보이며, 방향은 물체와 같다.

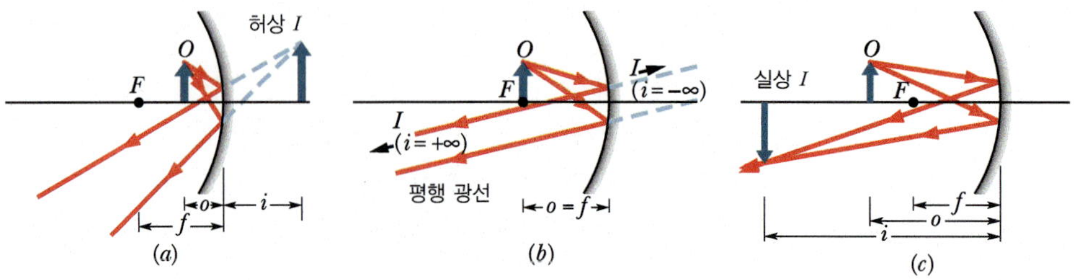

그림 35-33
(a) 오목 거울의 초점 안쪽에 있는 물체 O와 그것의 허상 I. (b) 물체가 초점 F에 있을 때. (c) 초점 바깥에 있는 물체 O와 그것의 허상 I.

물체가 초점에 이를 때까지 거울에서 점점 멀리 움직이면, 상은 거울 뒤로 점점 더 멀어져 결국 한없이 먼 곳으로 간다(그림 35-33*b*). 그때는 상을 볼 수 없는데, 거울에서 반사된 빛살도, 그것을 연장한 선도 어느 곳에서 만나 O의 상을 만들지 않기 때문이다.

이제 물체 O를 오목 거울의 초점 바깥쪽 — 다시 말해 거울에서 초점보다 더 먼 곳 — 에 두면 거울에서 반사된 빛살은 한 점에서 만나 물체 O의 뒤집힌 상을 거울 앞에 만든다(그림 35-33*c*). 물체를 초점 F 바깥에서 점점 더 멀리 움직이면 상은 한없이 먼 곳에서 점점 더 가까워진다. 상이 생기는 곳에 작은 종이쪽을 두면 그 점에 보이는 빛살이 사방으로 퍼진다. 그 퍼진 빛살이 우리 눈에 들어오면, 우리의 머리는 그 빛살이 종이쪽을 둔 곳에서 오는 것으로 보며, 따라서 물체의 상이 종이쪽에 있는 것처럼 나타난다. 이때, 거울이 빛살을 모아 종이쪽에 상을 만들었다고 한다. 이 상은 종이쪽에 실제로 생기게 할 수 있으므로 실상이다. 관찰자가 있든 없든 빛살이 모여 실제로 상을 만든다. 실상의 상거리 i는 양수로서 허상의 상거리가 음수인 것과 대조된다. 또한 다음을 알 수 있다.

> 실상은 거울에서 볼 때 물체가 있는 쪽에 생기며, 허상은 반대쪽에 생긴다.

뒤(35-8절)에 증명하겠지만, 물체에서 나온 빛살이 구면 거울의 중심 축과 이루는 각도가 작고 부호규약을 제대로 따르면, 물거리 o, 상거리 i, 그리고 초점거리 f 사이에는 다음과 같은 간단한 관계가 있다.

$$\frac{1}{o}+\frac{1}{i}=\frac{1}{f} \quad \text{(구면 거울의 결상 방정식)} \tag{35-13}$$

그림 35-33 등에서 그렇게 작은 각도를 가정하지만, 모양을 명확히 드러내고자 그림에서는 각도를 부풀렸다. 이렇게 가정하면, 식 35-13은 오목, 볼록, 그리고 평거울 어느 것에나 쓸 수 있다. 오목이나 평거울에서는 물체가 중심 축의 어디에 있든 허상만 생길 수 있다. 그림 35-31*c*의 오목 거울의 보기와 같이, 상은 늘 거울을 중심으로 물체와는 반대쪽에 있고 방향은 물체와 같다.

물체 또는 상의 크기는, 거울의 중심축에 대해 *수직 방향*으로 재는데, 물체 또는 상의 *높이*라고 한다. 물체와 상의 높이를 각각 h와 h'라고 하자. 그러면 비율 h'/h를 거울에 의한 **수직 배율(lateral magnification)** m이라고 한다. 그렇지만, 배율의 부호를 상이 물체와 같은 방향이면 (+), 반대 방향이면 (다시 말해 위아래가 뒤집히면) (−)로 정한다. 그래서 m에 관한 공식을 다음과 같이 쓴다.

$$|m|=\frac{h'}{h} \quad \text{(수직 배율)} \tag{35-14}$$

곧 수직 배율은 다음과 같이 쓸 수도 있음을 증명할 것이다.

$$m=-\frac{i}{o} \quad \text{(수직 배율)} \tag{35-15}$$

평거울에서는 $i=-o$이므로, $m=+1$이다. 배율이 1이라는 것은 상의 크기가 물체와 같다는 것을 뜻하고, (+) 부호는 상과 물체의 방향이 같다는 것이다. 그림 35-33*c*의 오목 거울에서는 $m \approx -1.5$이다.

식 35-12에서 35-15까지는 모든 평거울, 오목 구면 거울, 볼록 구면 거울에 대해 성립한다. 여러분은 이 거울에 관해서는 이 식 말고도 여러 가지 정보를 흡수해야 하므로 표 35-2를 스스로 채워 넣어야 한다. 상의 위치에서는 거울을 중심으로 상이 물체와 같은 쪽에 있는가, 아니면 반대쪽에

표 35-2
거울의 결상 특성 표

거울의 종류	물체의 위치	상			부호			
		위치	종류	방향	f	r	i	m
평거울	어디나							
오목 거울	F 안쪽							
	F 바깥쪽							
볼록 거울	어디나							

있는가를 눈여겨보라. 상의 종류에서는 상이 실상인가, 허상인가를 눈여겨보라. 상의 방향에서는 상이 물체와 같은 방향인가, 아니면 뒤집혔는가를 눈여겨보라. 부호에서는 셈한 양의 부호를 적어 넣되, 부호가 확실하지 않으면 ±를 써넣어라. 과제를 풀려면 이 표가 필요할 것이다.

• 빛살을 그려 상의 위치를 찾는 방법

그림 35-34*a*와 *b*는 오목 거울 앞에 물체 O가 있는 것을 보여준다. 일반적으로 물점은 모든 방향으로 빛살을 내보낸다. 이 빛살들이 거울(이 장의 뒷부분에서는 렌즈) 면의 어디에 이르는가를 알려면 각도기가 필요하지만, 네 개의 특별한 빛살은 초점과 대칭성만 따져도 그곳을 알 수 있다. 축에서 벗어난 물점의 상의 위치를 정하려면 네 개의 특별한 빛살 가운데 두 개만 그려 두 빛살이 만나는 곳을 찾으면 된다.

1. 중심축과 나란한 빛살은 반사된 뒤에 초점 F를 지난다(그림 35-34*a*에서 빛살 1).
2. 초점을 지난 뒤 거울면에서 반사된 빛살은 중심축과 나란히 나아간다(그림 35-34*a*에서 빛살 2).
3. 곡률중심을 지난 다음 거울면에서 반사된 빛살은 가던 길을 되돌아온다(그림 35-34*a*에서 빛살 3).
4. 기울면과 중심축이 만나는 점 c에서 반사된 빛살은 광축에 대해 대칭인 방향으로 간다(그림 35-34*a*에서 빛살 4).

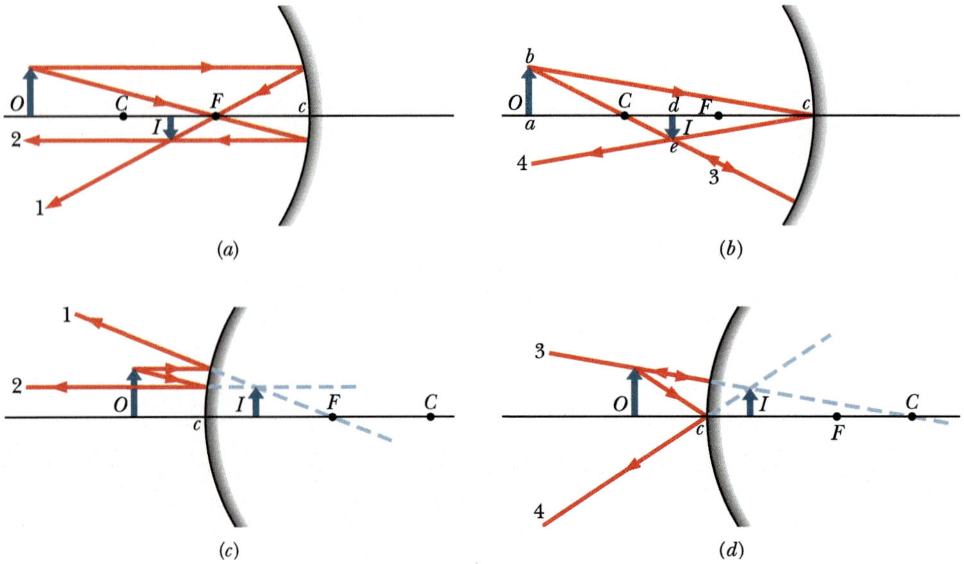

그림 35-34
(*a*, *b*) 오목 거울에서 물체의 상을 찾을 때 쉽게 그릴 수 있는 네 빛살. 그림에 보인 곳에 물체가 있으면 그 상은 실상이고, 뒤집혀 있으며 물체보다 작다. (*c*, *d*) 볼록 거울에서 물체의 상을 찾을 때 쉽게 그릴 수 있는 네 빛살. 볼록 거울에서는 상이 늘 허상이고, 물체와 같은 방향이며, 물체보다 작다. [(*c*)에서 빛살 2는 처음에 초점 F를 향한다. (*d*)에서 빛살 3은 처음에 곡률중심 C를 향한다.

물체의 상은 축에서 벗어난 물점을 두 개 이상 골라 상을 찾으면 구할 수 있다. 볼록 거울에 대해서 위의 방법을 쓰려면 그림 35-34c와 d와 같이, 빛살에 대한 위의 설명을 조금 고치면 된다. 그림 35-34c와 d에서 빛살 1, 2, 3, 4가 볼록 거울에서 반사된 뒤에 어떻게 되는가는 쉽게 기술할 수 있다.

• 식 35-15의 증명

이제 거울에서 반사된 물체의 상의 수직 배율에 관한 식 35-15($m = -i/o$)를 끌어낼 수 있게 되었다. 그림 35-34b의 빛살 4를 생각하자. 이것은 점 c에서 반사되므로 들어오고 반사되는 빛살이 거울의 축과 이루는 각은 같다.

그림에서 두 직각삼각형 bac와 cde는 닮은 꼴이므로 다음과 같이 쓸 수 있다.

$$\frac{de}{ab} = \frac{dc}{ca}$$

왼쪽은 (부호를 빼고는) 거울이 만든 상의 수직 배율이다. 뒤집힌 상의 배율은 값이 음수이므로, 이것을 $-m$으로 나타낸다. 또한 $cd = i$이고 $ca = o$이므로 곧바로 다음 결과를 얻는다.

$$m = -\frac{i}{o} \quad \text{(배율)} \tag{35-16}$$

이것이 증명하려던 관계식이다.

생각해보기 35-4 그림 35-34c와 d를 써서 빛살 1, 2, 3, 4가 볼록 거울에 들어갈 때 어떻게 되는가를 설명하라.

생각해보기 35-5 구면 거울의 중심축 위에서 졸고 있는 중앙 아메리카 흡혈 박쥐 한 마리를 배율 $m = -4$로 확대한 상을 만들었다. 그 상이 (a) 실상인가, 아니면 허상인가, (b) 뒤집혀 있는가, 아니면 박쥐와 같은 방향인가, (c) 거울을 중심으로 박쥐와 같은 쪽인가, 아니면 반대쪽인가?

따라해보기 35-3 | 독거미

높이 h인 독거미가 초점거리의 절대값 $|f| = 40\,\text{cm}$인 구면 거울 앞에 조심스럽게 앉아 있다. 거울이 만든 독거미의 상은 방향이 같고, 높이 $h' = 0.20\,h$이다.

(a) 그 상은 실상인가, 허상인가? 그리고 거울을 기준으로 독거미와 같은 쪽에 있는가, 아니면 반대쪽에 있는가?

풀이 ■ 요점은 상이 독거미(물체)와 방향이 같으므로 허상이어야 하고, 거울을 기준으로 독거미의 반대쪽에 있어야 한다. (표 35-2를 채웠다면 결과를 쉽게 알 수 있다.)

(b) 거울이 오목인가, 아니면 볼록인가? 그리고 초점거리 f의 부호는 무엇인가?

풀이 ■ 상의 종류로부터 거울의 종류를 알아낼 수는 없다. 왜냐하면 두 가지 거울 모두 허상을 만들어낼 수 있기 때문이다. 식 35-12나 35-13으로부터 초점거리를 구하고, 그 부호로부터 거울의 종류를 알아낼 수는 있으나, 이 문제에서는 식을 쓰는데 필요한 정보가 충분하지 않으므로 이 방법은 쓸 수 없다. 그렇지만 — 이것이 **요점**인데 — 배율에 관한 정보를 쓸 수 있다. 물체의 높이 h에 대한 상의 높이 h'는 0.20임을 안다. 따라서 식 35-14로부터 다음 결과를 얻는다.

$$|m| = \frac{h'}{h} = 0.20$$

물체와 상의 방향이 같으므로, m은 양수이다: $m = +0.20$. 이것을 식 35-15에 넣고 예를 들어 i에 관해 풀면 다음 결과를 얻는다.

$$i = -0.20o$$

이것은 f를 구하는데는 도움이 되지 않는 것 같다. 그렇지만, 이것을 식 35-13에 넣으면 도움이 된다.

$$\frac{1}{f} = \frac{1}{i} + \frac{1}{o} = \frac{1}{-0.20o} + \frac{1}{o} = \frac{1}{o}(-5+1)$$

이로부터 다음 결과를 얻는다.

$$f = -o/4$$

이제 필요한 것을 얻었다: o는 양수이므로, f는 음수이어야 하고, 따라서 거울은 볼록하며 초점거리는 다음과 같다.

$$f = -40\text{ cm} \qquad \text{(답)}$$

연습문제 35-8

29. 화장용 오목 거울

화장용 오목 거울의 곡률 반지름이 35.0 cm이다. 이것을 들여다보면 2.5배 큰 (바로 선) 얼굴의 상이 보인다. 거울은 얼굴에서 얼마나 떨어져 있는가?

30. 표 채우기

표 35-3을 채워라. 각 줄은 물체와 평거울, 볼록 거울, 또는 오목 거울을 묶은 것이다. 거리의 단위는 cm이다. 숫자에 부호가 없으면 부호를 구하라. 낱낱의 묶음에 대해 빛살을 필요한 만큼 그려 물체와 상의 위치를 결정하라.

표 35-3
문제 30: 거울

종류	f	r	i	o	m	실상?	도립상?
(a) 오목	20			+10			
(b)				+10	+1.0	아님	
(c)	+20			+30			
(d)				+60	−0.50		
(e)		−40	−10				
(f)	20				+0.10		
(g) 볼록		40	4.0				
(h)				+24	0.50		예

31. 짧고 곧은 물체

초점거리 f인 구면 거울의 중심축 위, 거울에서 거리 o인 곳에 길이 L인 짧고 곧은 물체가 있다. (a) 거울 속의 상 길이 L'이 다음과 같음을 보여라.

$$L' = L\left(\frac{f}{o-f}\right)^2$$

(**실마리**: 물체의 양끝의 위치를 찾아라.) (b) '평행 배율' $m'(=L'/L)$은 m^2과 같음을 보여라. 여기에서 m은 수직 배율이다.

32. 빛을 내는 점

(a) 곡률 반지름 r인 거울의 중심축을 따라 발광점이 속력 $v_{물}$로 움직인다. 이 점의 상이 움직이는 속력은 다음과 같음을 보여라.

$$v_{상} = -\left(\frac{r}{2o-r}\right)^2 v_{물}$$

여기에서 o는 거울에서 발광점까지의 순간 거리이다. (**실마리**: 식 35-13에서 시작하라.) 이제 거울이 오목 거울이고, $r = 15\text{ cm}$, $v_{물} = 5.0\text{ cm/s}$라고 하자. 다음 상황에서 상의 속력을 구하라: (b) $o = 30\text{ cm}$ (초점보다 훨씬 먼 곳), (c) $o = 8.0\text{ cm}$ (초점 바로 바깥), (d) $o = 10\text{ mm}$ (거울에 아주 가깝다).

이 곤충은 약 2,500만년 전에 호박 속에 묻혔다. 이것은 굴절곡면을 통해서 보이기 때문에 그 모습이 실제와는 다르다.

35-9 굴절 구면

앞에서 굽은 거울은 빛살의 방향을 바꾸어 우리 눈에 물체를 새롭고 다르게 — 다른 곳에, 다른 크기로, 그리고 아마도 뒤집어서 — 보여주는 것을 알았다. 이제 빛살이 유리처럼 투명한 물질의 매끈한 표면에서 굴절되어 만드는 상을 살펴보자. 빛살이 굽는 것이 가장 위력적으로 쓰이는 것은 투명한 물질을 지나는 빛살의 굴절 효과를 살펴볼 때 나온다. 그러면 우리 눈의 작동원리를 알게 되고, 광학기기를 만들어 써서 물체를 더 선명하게 보거나(안경), 더 큰 상을 보거나(현미경과 망원경), 상을 기록할 수 있다(사진기). 곡률반지름이 r이고 곡률중심이 C인 구면만 살펴본다. 빛은 굴절률 n_1인 매질 속에 있는 점 물체 o에서 나온다; 이 빛살은 구면에서 굴절되어 굴절률 n_2인 매질로 들어간다.

상이 어디에 생기는가(다시 말해 상이 실상인가, 허상인가)를 결정하려면, 굴절면에 들어오는 빛살의 방향 변화를 살펴보아야 한다. 거울이 만드는 상에서는 반사된 빛살을 살펴보았지만, 여기에서는 굴절 물질로 들어가면서 굽는(굴절되는) 빛살을 살펴보아야 한다. 생기는 상이 허상인지(빛살을 받는 관찰자가 있다고 가정해야 한다) 아니면 실상인지(관찰자가 없어도 된다)에 대한 궁극적인 답은 n_1과 n_2의 상대적인 값과 빛이 굴절되는 상황의 기하학적 조건이 결정한다. 구체적으로 구면 굴절면에 의한 결상을 이해하려면 표면에 법선을 그려야 한다. 그 다음에는

> 굴절된 빛살은 들어오는 빛살과 법선이 이루는 입사면에 놓인다. 입사각과 굴절각 사이의 관계는 굴절법칙(또는 스넬 법칙)으로 표현된다: $n_1 \sin\theta_1 = n_2 \sin\theta_2$ (식 35-2).

그림 35-35에 있을 법한 결과 여섯 가지를 보였다. 그림의 각 부분에서, 굴절률이 더 높은 매질은 진하게 그렸고, 물체 O는 중심축 위에 그렸는데, 이 축은 굴절면의 곡률중심을 지난다. O는 늘 굴절면의 왼쪽에 있는 굴절률이 n_1인 매질 속에 있다. 각 부분에서 대표적인 빛살이 표면에서 굴절되는 것을 보였다. 광축을 따라가는 또 다른 빛살은 $\theta_1 = 0$인데, 그러면 $\theta_2 = 0$이 되므로 꺾이지 않는다. 중심축을 따라가는 꺾이지 않는 빛살과 표면 위의 광축에서 벗어난 점에서 꺾이는 빛살이 만나는 점이 상점이다.

각 빛살이 꺾이는 점에서, 그 굴절면에 대한 법선은 곡률중심 C를 지나는 동경선이다. 굴절법칙에 따르면 빛살이 굴절률이 더 높은 매질로 들어갈 때는 법선쪽으로 꺾이고, 더 낮은 매질로 들어갈 때는 법선에서 멀어지는 쪽으로 꺾인다. 꺾인 빛살이 중심축을 향하면, 그것과 다른 빛살이 광축에서 만나 실상을 만든다. 꺾인 빛살이 중심축에서 멀어지면, 그것은 실상을 만들지 못한다. 그렇지만, 그 빛살과 다른 빛살을 거꾸로 되밟아 연장하면 허상을 만들며, (거울에서와 같이) 꺾인 빛살이 우리 눈에 들어오면 허상이 보인다.

실상 I는 그림 35-35의 a와 b(상거리 i인 곳)에 생기는데, 여기에서는 꺾인 빛살이 아래쪽으로 광축을 향한다. 허상은 그림 35-35의 c와 d에 생기는데, 여기에서는 꺾인 빛살이 위쪽을 향하므로 점점 더 광축에서 멀어진다. 눈여겨볼 것은, 네 부분에서 물체가 굴절면에서 비교적 멀리 있으면 실상이 생긴다는 것이다. 마지막 상황(그림 35-35의 e와 f)에서는, 꺾인 빛살이 늘 광축에서 멀어지므로 물체가 어디에 있든 늘 허상이 생긴다.

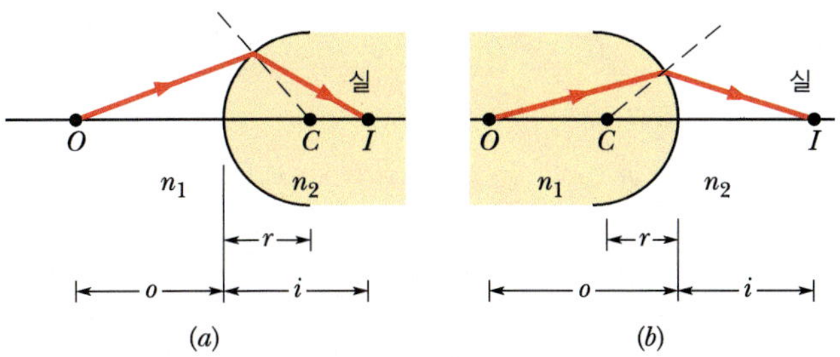

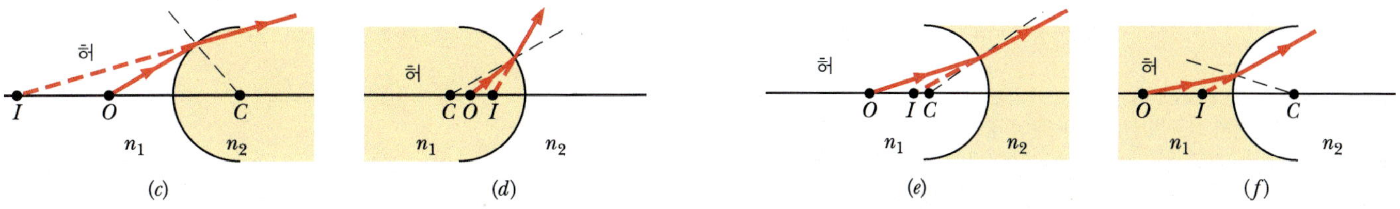

그림 35-35
반지름이 r, 곡률 중심이 C인 구면 굴절면이 상을 만드는 여섯 가지 방식. 표면은 굴절률이 각각 n_1과 n_2인 매질의 경계가 된다. 물점은 늘 굴절면의 왼쪽에, 굴절률이 n_1인 매질 속에 있다. 굴절률이 더 높은 매질을 진하게 나타냈다(공기와 유리를 생각하라). (a)와 (b)에서는 실상이 생긴다. 나머지 네 가지 상황에서는 허상이 생긴다.

반사된 빛살이 상을 만드는 것과는 다음과 같은 주요 차이점이 있음을 유의하자:

> 굴절구면에 대해, 실상은 굴절면을 중심으로 물체와 반대쪽, 허상은 같은 쪽 매질 속에 생긴다.

35–12절에서 (중심축과 이루는 각이 작은 빛살에 대해) 다음 결상 방정식을 보일 것이다.

$$\frac{n_1}{o} + \frac{n_2}{i} = \frac{n_2 - n_1}{r} \tag{35–17}$$

거울에서와 마찬가지로 물거리 o는 양수이고, 상거리 i는 실상이면 양수, 허상이면 음수이다. 그렇지만, 식 35–17에서 모든 부호를 정확하게 지키려면, 다음 규칙에 따라 곡률 반지름 r의 부호를 정해야 한다:

> 곡률 반지름 r은 굴절면이 물체 쪽으로 볼록하면 양수, 오목하면 음수이다.

주의: 이 규칙은 거울에서 정한 부호 규약과는 반대이다. 그림 35–34*a*는 거울이 상을 만드는 것을 보여주는데 o, i, r, f가 모두 양수이다. 그림 35–35*a*는 렌즈가 상을 만드는 것을 보여주는데 이 양들의 값이 모두 양수이다. 또한 물점을 나타내는 O와 물거리를 나타내는 o, 그리고 0을 헷갈리지 않도록 주의하라.

생각해보기 35–6 꿀벌이 유리 조각품의 오목 굴절면 앞에서 붕붕거리며 날고 있다. (a) 이 상황은 그림 35–35의 일반적 상황 가운데 어느 것에 해당하는가? (b) 굴절면이 만드는 상은 실상인가, 아니면 허상인가? 그리고 그것이 굴절면을 중심으로 꿀벌과 같은 쪽인가, 반대쪽인가?

따라해보기 35–4 | 쥬라기 모기

굴절률이 1.6인 호박(琥珀) 덩어리 속에 든 쥬라기 모기가 발견되었다. 호박의 한면은 볼록 구면으로 곡률 반지름이 3.0 mm이다(그림 35–36). 모기 머리가 곡면의 중심축에 있어서 광축 쪽에서 보면 호박 속에 깊이 5.0 mm인 곳에 묻혀 있는 것처럼 보인다. 실제 깊이는 얼마인가?

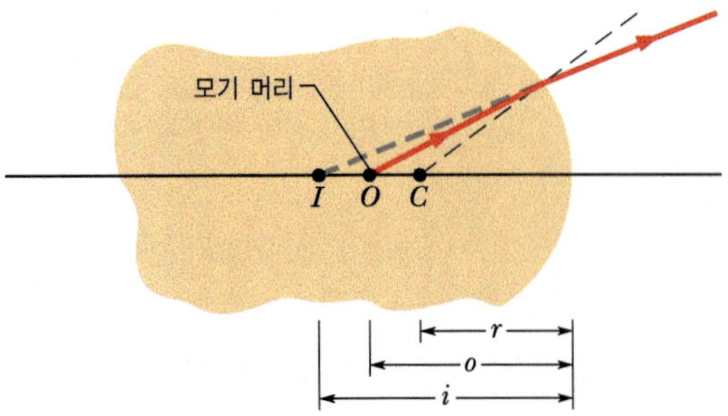

그림 35–36
쥬라기 모기가 들어 있는 호박 덩어리. 모기의 머리가 O에 있다. 오른쪽 구면 굴절면은 곡률 중심이 C인데, O에서 나온 빛살이 우리 눈에 들어오면 상점 I에 모기가 있는 것처럼 보인다.

풀이 ■ **요점**은 모기 머리에서 나오는 빛살이 호박의 볼록한 굴절면을 지나올 때 꺾이므로 겉보기에는 호박 속으로 깊이 5.0 mm인 곳에 있는 것처럼 보인다는 것이다. 식 35–17에 따르면 상거리 i는 실제의 물거리 o와 다르다. 실제의 물거리를 얻고자 식을 쓸 때 다음 사항을 눈여겨보아야 한다:

1. 물체(모기 머리)와 상이 굴절면을 기준으로 같은 쪽에 있으므로, 상은 허상이고 따라서 $i = -5.0$ mm이다.
2. 물체는 늘 굴절률 n_1인 매질 속에 있다고 보므로, $n_1 = 1.6$이고 $n_2 = 1.0$이다.
3. 물체가 보기에 굴절면이 오목하므로 곡률 반지름 r은 음수이고, 따라서 $r = -3.0$ mm이다.

이 값을 식 35–17

$$\frac{n_1}{o} + \frac{n_2}{i} = \frac{n_2 - n_1}{r}$$

에 넣으면 다음 결과를 얻는다.

$$\frac{1.6}{o} + \frac{1.0}{-5.0\,\text{mm}} = \frac{1.0-1.6}{-3.0\,\text{mm}}$$

따라서 다음과 같다.

$$o = 4.0\,\text{mm} \qquad \text{(답)}$$

연습문제 35-9

33. 나란한 빛살

레이저에서 나온 나란한 빛다발이 굴절률 n인 투명한 물질로 된 공에 들어온다(그림 35-37). (a) 상점이 공의 뒷면에 생긴다면 공의 굴절률은 얼마인가? (b) 공의 굴절률이 얼마이면 상점이 공의 중심에 생기는가?

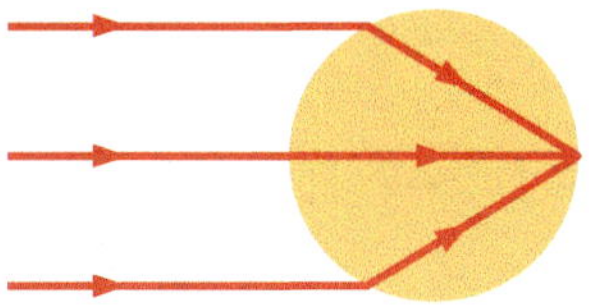

그림 35-37 문제 33

34. 표 채우기 2

표 35-4를 채워라. 각 줄은 점물체와 굴절률이 다른 두 매질을 가르는 굴절구면을 묶은 것이다. 거리의 단위는 cm이다. 숫자에 부호가 없으면 부호를 구하라. 낱낱의 묶음에 대해 빛살을 필요한 만큼 그려 물체와 상의 위치를 결정하라.

표 35-4
문제 34: 굴절 구면

종류	n_1	n_2	o	i	r	도립상?
(a)	1.0	1.5	+10		+30	
(b)	1.0	1.5	+10	−13		
(c)	1.0	1.5		+600	+30	
(d)	1.0		+20	−20	−20	
(e)	1.5	1.0	+10	−6.0		
(f)	1.5	1.0		−7.5	−30	
(g)	1.5	1.0	+70		+30	
(h)	1.5		+100	+600	−30	

35. 물 속의 동전

굴절률 n인 액체가 고인 깊이 d인 웅덩이 바닥에 있는 동전을 내려다본다(그림 35-38). 여러분은 두 눈으로 보는데, 동전에서 나와 두 눈에 들어오는 빛살이 다르므로, 동전은 두 눈에 들어오는 빛살의 연장선이 만나는 점에 있는 것처럼 보이며, 그 점의 깊이 $d_{겉보기}$는 참된 깊이 d와 다르다. 그림 35-38에 보인 눈으로 들어온 빛살이 동전을 지나는 수직선에 가깝다고 가정하고, $d_{겉보기} = d/n$임을 보여라. (**실마리**: 작은 각도 근사 $\sin\theta \approx \tan\theta$를 써라.)

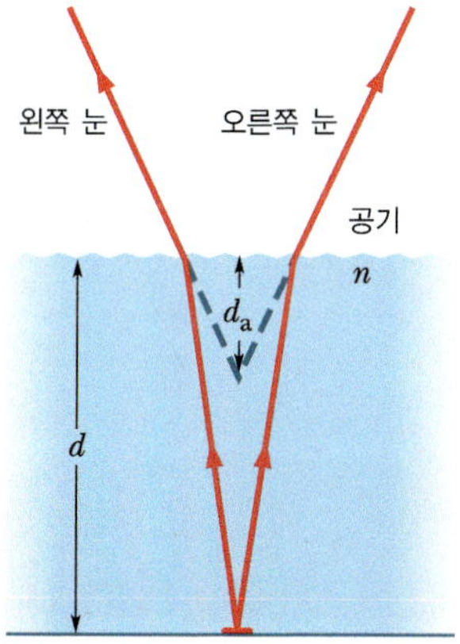

그림 35-38 문제 35

36. 사염화탄소

통 속에 든 깊이 40 mm인 사염화탄소($n = 1.46$) 위에 두께 20 mm의 물($n = 1.33$)이 있다. 통 바닥에 동전이 하나 있다. 동전의 겉보기 위치는 수면에서 얼마의 깊이에 있는가? (**실마리**: 문제 35의 결과와 가정을 쓰고, 빛살 그림을 그려 그 상황을 생각해 보라.)

35-10 얇은 렌즈

렌즈는 중심축이 같은 두 굴절면으로 둘러싸인 투명한 물체이며, 그 중심축이 렌즈의 중심축이 된다. 렌즈가 공기 속에 있으면, 빛살이 공기에서 렌즈의 한쪽 면에서 꺾여 들어가, 렌즈 몸체를 지나 다시 다른 쪽 면에서 꺾여 공기로 나온다. 빛살은 꺾일 때마다 진행 방향이 바뀐다.

애초에 중심축과 나란한 빛살들을 한 점에 모으는 렌즈를 (사리에 맞게) **수렴(볼록) 렌즈(converging lens)**라고 한다. 그렇지 않고 퍼지게 하는 렌즈는 **발산(오목) 렌즈(diverging lens)**라고 한다. 어떤 렌즈든 앞에 물체를 두면, 물체에서 나온 빛살이 렌즈를 지나면서 꺾여 물체의 상을 만든다.

우리는 특수한 경우인 **얇은 렌즈(thin lens)**만 살펴보겠다. 얇은 렌즈란 가장 두꺼운 부분이 물거리 o, 상거리 i, 그리고 렌즈의 두 굴절면의 곡률 반지름 r_1과 r_2에 비하면 아주 작은 것을 말한다. 또한 빛살은 중심축과 이루는 각도가 작은 것만 살펴본다(그림에서는 각도를 부풀려 그린다). o와 i는 다음 식 관계가 있다.

$$\frac{1}{f} = \frac{1}{o} + \frac{1}{i} \quad \text{(얇은 렌즈의 결상 방정식)} \tag{35-18}$$

이것은 거울에서 얻은 식과 모양이 같다. 35-12절에서 굴절률 n인 물질로 만든 얇은 렌즈가 공기 속에 있으면, 이것의 초점거리 f는 다음과 같음을 증명할 것이다.

$$\frac{1}{f} = (n-1)\left(\frac{1}{r_1} - \frac{1}{r_2}\right) \quad \text{(공기 속의 얇은 렌즈)} \tag{35-19}$$

이것은 흔히 *렌즈공의 공식*이라고 한다. 여기에서 r_1은 물체에서 보아 렌즈 앞쪽 표면의 곡률 반지름, r_2는 뒤쪽 표면의 곡률 반지름이다. 이 반지름의 부호는 35-9절에서 설명한 구면 굴절면의 곡률 반지름의 부호에 관한 규칙을 따라 정하면 된다. 렌즈가 공기 속이 아닌 굴절률이 $n_{매질}$인 다른 매질(예: 옥수수 기름) 속에 있다면, 식 35-19의 굴절률 n을 $n/n_{매질}$으로 바꾸면 된다. 식 35-18과 35-19가 나온 바탕을 잘 기억하라.

렌즈는 빛살을 꺾어야 어떤 물체의 상을 만들 수 있지만, 빛살을 꺾을 수 있으려면 굴절률이 주위 매질의 굴절률과 달라야 한다.

그림 35-39*a*는 두 면이 볼록한 얇은 렌즈를 보여준다. 여기에서도 빛살이 어떻게 꺾이는가를 보여주고자 렌즈에서 빛살이 지나가는 부분을 부풀려 그리고 그 부분의 표면이 평평한 것처럼 다루었다. 그러면 굴절 법칙(스넬 법칙, 식 35-2) $n_1 \sin\theta_1 = n_2 \sin\theta_2$를 쓰면 빛살이 어떻게 꺾이는가를 안다.

렌즈의 중심축과 나란한 빛살들이 렌즈에 들어오면, 그림 35-39*b*와 같이 두 번 꺾인다. 빛살들은 이렇게 두 번 꺾인 다음 렌즈의 중심에서 거리 f인 곳에 있는 점 F_2를 모두 지난다. 따라서 이 렌즈는 수렴렌즈이다. 더구나 실초점이 F_2에 있고(빛살들이 이 점을 실제로 지난다), 초점거리는 f이다. 중심축과 나란한 빛살들을 반대쪽에서 렌즈에 보내면, 반대쪽에서도 또 다른 F_1을 구할 수 있다. 얇은 렌즈에서는 두 초점에서 렌즈까지의 거리가 같다.

수렴렌즈의 초점은 실초점이므로, 그와 관련된 초점거리 f도 양수로 잡는데, 이것은 오목 거울의 실초점에서 한 것과 마찬가지다. 그렇지만, 광학에서는 부호가 까다로우므로, 식 35-19에서 이것을 점검하는 것이 좋다. 이 식의 왼쪽은 f가 양수일 때 양수이다. 오른쪽은 어떤가? 이것을 항마다 따로 살펴야 한다. 유리를 비롯한 모든 매질의 굴절률 n은 1보다 크므로, $(n-1)$은 양수이다. 광원(물점)이 렌즈의 왼쪽에 있고, 렌즈의 왼쪽 면은 물체를 향해 볼록하므로 굴절면의 곡률 반지름의 부호 규칙에 따라 r_1은 양수이다. 비슷하게, 렌즈의 오른쪽 면은 물체를 향해 오목하므로 그 면의 곡률 반지름 r_2는 음수이다. 따라서 $(1/r_1 - 1/r_2)$는 양수이고, 식 35-19 전체가 양수로서 모든 부호가 맞는다.

그림 35-39*c*는 굴절면이 오목한 얇은 렌즈를 보여준다. 이 렌즈에 중심축과 나란한 빛살들이 들어오면, 그림 35-39*d*에 부풀려 보인 것처럼 두 굴절면에서 꺾인다. 렌즈를 빠져 나온 빛살은 퍼져 가므로 결코 어느 한 점에서 만나지 않으며, 따라서 이것은 발산렌즈이다. 그렇지만, 빛살을 뒤로 연

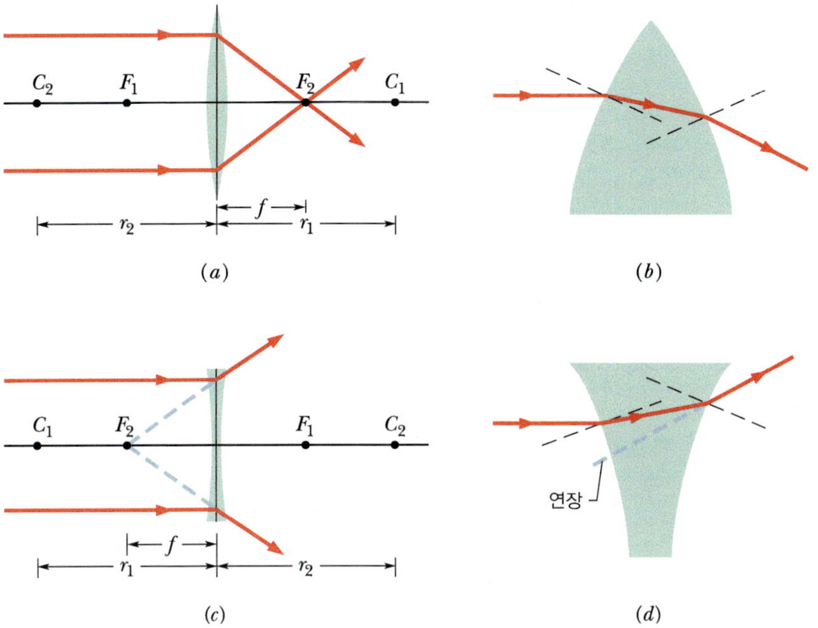

그림 35-39
(a) 수렴렌즈는 중심축과 나란한 빛살들이 들어오면, 이들을 꺾어 실초점 F_2에 모은다. 렌즈는 그림에 보인 것보다 더 얇아서 실제로는 그것을 지나는 수직선처럼 보이며, 그 표면에서 빛살이 굴절된다. (b) (a)에 보인 렌즈의 윗부분을 부풀렸다. 점선은 표면에 대한 법선이다. 빛살은 두 표면에서 꺾여서 아래쪽으로 중심축을 향한다. (c) 발산렌즈는 중심축과 나란한 빛살들이 들어오면, 이들을 꺾어 퍼뜨린다. 퍼져가는 빛살을 거꾸로 연장하면 허초점 F_2에서 모인다. (d) (c)에 보인 렌즈의 윗부분을 부풀렸다. 빛살은 두 표면에서 꺾여서 위쪽을 향하므로 중심축에서 점점 더 멀어진다.

장하면 모든 빛살이 한 점 F_2에서 만나는데, 이 점은 렌즈의 중심까지의 거리가 f이다. 따라서 이 렌즈는 F_2에 허초점이 있다. (퍼져가는 빛살이 우리 눈에 들어오면, 마치 F_2가 점광원인 것처럼 밝은 점이 있는 것으로 지각한다.) 또 다른 허초점이 렌즈의 반대쪽 F_1에도 있는데, 렌즈가 얇으면 두 초점의 위치가 렌즈에 대해 대칭이다. 발산렌즈의 초점은 허초점이므로, 초점거리 f는 음수로 잡는다. **주의**: 얇은 렌즈에 대해서는 렌즈가 대칭꼴 — 곧, 두 면의 곡률이 크기가 같고 부호가 반대인 것 — 이 아니어도 두 초점은 렌즈를 기준으로 같은 거리에 있다.

맑은 얼음으로 만든 수렴렌즈를 써서 햇빛을 모아 신문지에 비추어 불을 붙이고 있다. 렌즈는 (바닥이 곡면인) 얕은 그릇에 물을 담아 얼려 만들었다.

• 얇은 렌즈가 만드는 상

이제 수렴렌즈와 발산렌즈가 만드는 상의 유형을 살펴보자. 렌즈가 물체의 상을 만드는 것을 살펴볼 때, 물체는 들어온 빛살을 모든 방향으로 퍼뜨린다는 것을 기억하는 것이 중요하다. 그렇지만, 렌즈에 들어오는 빛살만이 꺾여서 방향이 바뀐다. 따라서 렌즈에 들어오는 모든 빛살이 상을 만드는데 참여한다.*

그림 35-40a는 수렴렌즈의 초점 F_1 바깥쪽에 물체 O가 있는 것을 보여준다. 그림에 그린 두 빛살은 렌즈가 만드는 물체의 상 I가 실상이고, 뒤집혀 있으며, 렌즈를 기준으로 물체의 반대쪽에 있음을 보여준다.

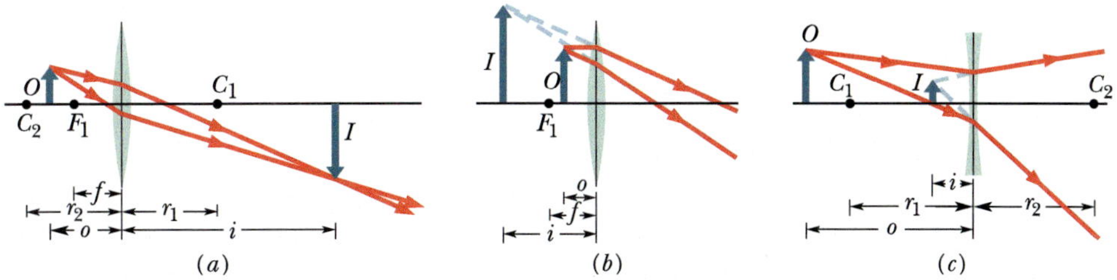

그림 35-40
(a) 수렴렌즈의 초점 F_1 바깥쪽에 있는 물체 O의 상 I (뒤집힌 실상이다). (b) O가 초점 안쪽에 있으면 상 I는 바로 선 허상이다. (c) 발산렌즈는 물체 O가 어디에 있든 — 초점 안쪽이든 바깥쪽이든 — 바로 선 허상 I를 만든다.

* 35-8절에서 식 35-12를 써서 구면 거울이 만드는 상에 관한 그림(그림 35-33과 35-34)을 그릴 때 거울의 곡률중심 대신 초점으로 그려 넣었다. 얇은 렌즈에 대해서도 식 35-19를 써서 비슷한 그림을 그려 f의 값을 바탕으로 F의 위치를 결정할 수 있다.

그림 35-40*b*와 같이 물체가 초점 F_1 안쪽에 있으면, 렌즈가 만드는 상은 렌즈를 기준으로 물체와 같은 쪽에 바로 선, 확대된 허상이다. 이 상황에서는 렌즈가 확대경 구실을 한다. 따라서 수렴렌즈에서는 물체가 있는 곳이 초점 바깥쪽인가 안쪽인가에 따라 각각 실상 또는 허상이 생긴다.

그림 35-40*c*는 발산렌즈 앞에 놓인 물체를 보여준다. 물거리가 얼마이든(물체 *O*가 초점 안쪽에 있든 바깥쪽에 있든), 렌즈를 기준으로 물체와 같은 쪽에 바로 선 허상이 생긴다.

거울에서와 마찬가지로, 상거리 *i*는 실상이면 양수, 허상이면 음수이다. 그렇지만 렌즈를 기준으로 한 실상과 허상의 위치는 거울의 경우와는 반대이다.

> 렌즈가 만드는 상의 위치는 렌즈를 기준으로 실상은 물체와 반대쪽, 허상은 같은 쪽이다.

수렴렌즈와 발산렌즈가 만드는 상의 배율 *m*은 식 35-14와 35-15이며, 거울과 같다.

이 절에서 배운 정보량이 많으므로, 표 35-5를 스스로 채워 정리해야 한다. 상의 위치에는 렌즈를 기준으로 그 상이 물체와 같은 쪽인가 반대쪽인가를, 종류에는 실상인가 허상인가를, 방향에는 상의 방향이 물체와 같은 쪽인가 반대쪽인가를 써 넣어라.

표 35-5
렌즈의 결상 특성 표

렌즈의 종류	물체의 위치	상			부호			
		위치	종류	방향	*f*	*r*	*i*	*m*
수렴렌즈	*F* 안쪽							
	F 바깥쪽							
발산렌즈	어디나							

• 큰 물체의 상의 위치를 주요 빛살을 써서 찾기

볼록렌즈: 물체가 F_1 밖에 있을 때

그림 35-41*a*는 수렴렌즈의 초점 F_1 밖에 물체 *O*가 있는 것을 보여준다. 그 물체 위의 광축에서 벗어난 곳에 있는 한 점(그림 35-41*a*에서 화살표로 나타낸 것)의 상을 그림을 그려 찾을 수 있다. 방법은 상점을 지나는 빛살에는 아래와 같이 가장 그리기 쉬운 세 개의 주요 빛살이 있는데, 이 가운데 가장 편리한 것을 두 개를 골라 그리면 된다.

1. 애초에 수렴렌즈의 중심축과 나란한 (초점 바깥에서 들어오는) 빛살은 초점 F_2를 지난다(그림 35-41*a*에서 빛살 1).
2. 애초에 초점 F_1을 지나는 빛살은 수렴렌즈를 지난 다음 중심축과 나란히 나아간다(그림 35-41*a*에서 빛살 2).
3. 애초에 수렴렌즈의 중심으로 들어오는 빛살은 렌즈를 지난 뒤에도 방향이 바뀌지 않는다(그림 35-41*a*에서 빛살 3). 그 까닭은 렌즈의 두 면에서 그 빛살이 지나는 부분은 거의 나란하기 때문이다.

물점에 대한 상점의 위치는 수렴렌즈에서 멀어지는 빛살이 만나는 곳이다. 물체에 대한 상을 구하려면 물체 위 두 개 이상의 점에 대한 상점을 구하면 된다.

다른 상황에서의 규칙

그림 35-41*b*는 수렴렌즈의 초점 F_1 안쪽에 물체 *O*가 있을 때, 세 개의 특별한 빛살을 연장하여 상의

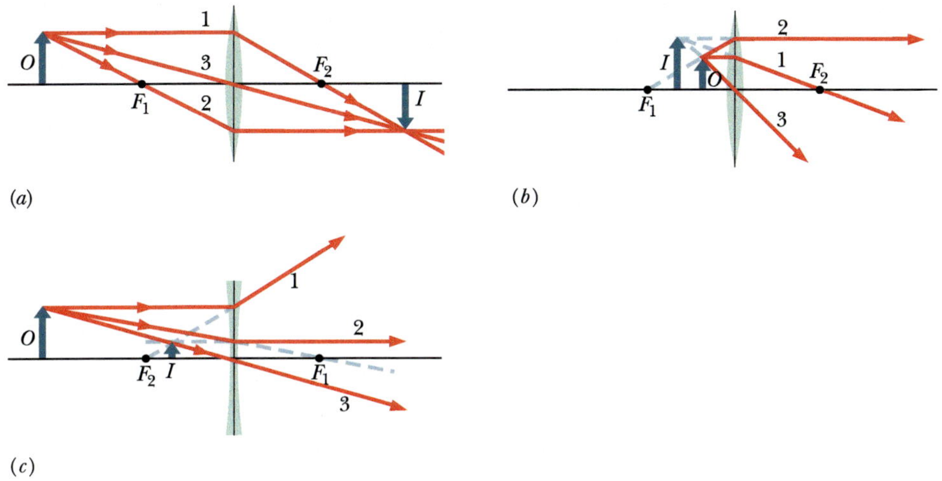

그림 35-41
세 개의 특별한 빛살을 쓰면 얇은 렌즈가 만드는 상의 위치를 찾을 수 있다. (*a*)와 (*b*)는 각각 물체가 수렴렌즈의 초점 바깥쪽에 있을 때와 안쪽에 있을 때이다. (*c*)는 물체가 발산렌즈의 앞에 있을 때.

위치를 결정할 수 있음을 보여준다. 빛살 2는 초점을 써서 결정했지만, 그것이 실제로 초점을 지나오지는 않았음을 눈여겨보라. 이것은 그림 35-41*a*의 빛살 1을 렌즈에 대해 뒤집어 놓은 것이다. 빛살 1이 렌즈의 반대쪽에서 들어왔다면 빛살 2의 길을 따랐을 것이다. 그림 35-41*a*와 그림 35-41*b*에 대해서 세 빛살과 같은 규칙을 여러분 스스로 개발해 보라.

발산렌즈의 앞쪽에 생기는 상의 위치를 정하는데 빛살 1과 2를 쓰려면, 이들에 대한 설명을 고쳐야 한다. 예를 들어 그림 35-41*c*에서는 빛살 3과 빛살 1 및 2를 거꾸로 연장한 것이 만나는 점을 찾는다.

• 두 렌즈 계

중심축이 같은 두 렌즈로 이루어진 광학계 앞에 물체 O가 있으면, 마지막 상(물체에서 더 멀리 있는 렌즈가 만드는 상)을 찾으려면 빛살을 차근차근 따라가면 된다. 두 렌즈 가운데 물체에 더 가까이 있는 것을 렌즈 1, 더 멀리 있는 것을 렌즈 2라 하자.

1단계: 렌즈 1에서 물체 O까지의 거리를 o_1이라 하자. 그러면 식 35-18을 써서 렌즈 1이 만든 상까지의 거리 i_1을 구한다. 그 상은 실상이나 허상 가운데 어느 하나이다.

2단계: 이제 렌즈 1은 무시하고, 1단계에서 구한 상을 렌즈 2의 물체로 본다. 새 물체가 렌즈 2의 뒤에 있으면 렌즈 2에 대한 물거리 o_2는 음수가 된다. (이것은 물거리가 양수라는 규칙에 비추어 보면 예외이다. 이러한 예외가 생긴 까닭은 여기에서는 물체가 광원이 있어야 할 곳과 반대쪽에 있기 때문이다.) 그렇지 않으면 o_2는 여느 때와 같이 양수가 된다.
그 다음에 렌즈 2가 만드는 (마지막) 상까지의 거리 i_2를 식 35-18을 써서 구한다.

렌즈가 여러 개 있거나 렌즈 대신 거울이 있을 때의 상의 위치도 이와 비슷하게 차근차근 구하면 된다.

렌즈 두 개로 이루어진 광학계의 총 배율 M은 각각의 렌즈의 배율 m_1과 m_2를 곱한 값이다.

$$M = m_1 m_2 \tag{35-20}$$

따라해보기 35-5 | 버마재비

얇은 대칭 렌즈의 중심축을 따라 렌즈에서 20 cm인 곳에 버마재비가 먹이를 먹고 있다. 렌즈의 수직 배율은 $m = -0.25$, 렌즈 재료의 굴절률은 1.65이다.

(a) 렌즈가 만드는 상의 종류, 렌즈의 종류, 버마재비가 렌즈의 초점 안에 있는가 바깥에 있는가, 상이 렌즈를 기준으로 어느 쪽에 생기는가, 그리고 상이 바로 서 있는가 뒤집혔는가를 결정하라.

풀이 ■ 요점은 문제에서 정해준 m의 값에서 렌즈에 관해 많은 것을 알 수 있다는 것이다. m의 값과 식 35-16($m = -i/o$)에서 다음을 알 수 있다.

$$i = -(m)(o) = 0.25\,o$$

이 셈을 마치지 않고서도, 물음에 대한 답을 할 수 있다. o가 양수이므로, i도 양수이어야 한다. 이것은 상이 실상임을 뜻하며, 따라서 수렴렌즈이다(실상을 만들 수 있는 것은 이것뿐이다). 물체는 초점 바깥에 있다(실상이 생기려면 그래야 한다). 또한 그 상은 렌즈를 기준으로 물체와 반대쪽에 있고, 뒤집힌 상이다(수렴렌즈가 상을 만드는 방식이다).

(b) 렌즈의 두 곡률 반지름은 얼마인가?

풀이 ■ 요점은 나음과 같다.

1. 렌즈가 대칭꼴이므로 r_1(물체에 더 가까이 있는 면)과 r_2의 크기 r은 같다.
2. 렌즈가 수렴렌즈이므로, 물체 쪽 면이 볼록하므로 $r_1 = +r$이다. 마찬가지로 다른 면은 오목하므로 $r_2 = -r$이다.
3. 이 곡률 반지름을 식 35-19의 렌즈 장인의 공식(렌즈의 곡률 반지름이 들어가는 유일한 식)을 통해 초점거리 f와 연결시킬 수 있다.
4. 식 35-18을 통해 f를 물거리 o와 상거리 i와 연결시킬 수 있다.

o는 알지만 i는 모른다. 따라서 (a)에서 i의 셈을 끝내야 하며, 그 결과는 다음과 같다.

$$i = (0.25)(20\text{ cm}) = 5.0\text{ cm}$$

이제 식 35-18을 쓰면 다음 결과를 얻는다.

$$\frac{1}{f} = \frac{1}{o} + \frac{1}{i} = \frac{1}{20\text{ cm}} + \frac{1}{5.0\text{ cm}}$$

이로부터 $f = 4.0$ cm이다.

식 35-19는 다음과 같이 쓸 수 있다.

$$\frac{1}{f} = (n-1)\left(\frac{1}{r_1} - \frac{1}{r_2}\right) = (n-1)\left(\frac{1}{+r} - \frac{1}{-r}\right)$$

여기에 앞에서 얻은 값을 넣으면 다음 결과를 얻는다.

$$\frac{1}{4.0\text{ cm}} = (1.65-1)\frac{2}{r}$$

이로부터 다음 결과를 얻는다.

$$r = (0.65)(2)(4.0\text{ cm}) = 5.2\text{ cm} \qquad \text{(답)}$$

따라해보기 35-6 | 볍씨

그림 35-42a는 중심축이 같은 두 개의 얇은 대칭렌즈 1과 2 앞에 볍씨가 놓여 있는 것을 보여준다. 두 렌즈의 초점거리는 각각 $f_1 = +24$ cm와 $f_2 = +9.0$ cm이고, 거리 $L = 10$ cm 떨어져 있다. 씨앗은 렌즈에서 6.0 cm인 곳에 있다. 이 광학계는 상을 어디에 만드는가?

풀이 ■ 이 광학계가 만드는 상의 위치는 볍씨에서 나오는 빛살이 렌즈를 지나는 것을 따라가서 결정할 수 있다. 그렇지만 **요점**은, 대신에 낱낱의 렌즈에 대해 차근차근 상의 위치를 셈하여 구할 수 있다는 것이다. 볍씨에 가까이 있는 렌즈에서 시작한다. 그렇지만, 우리가 찾는 것은 마지막 상, 즉 렌즈 2가 만드는 상 I_2이다.

렌즈 1. 렌즈 2를 무시하고, 식 35-18을 써서 렌즈 1이 만드는 상 I_1의 위치를 찾는다:

$$\frac{1}{o_1} + \frac{1}{i_1} = \frac{1}{f_1}$$

렌즈 1에 대한 물체 O_1은 씨앗이고, 렌즈에서 6.0 cm인 곳에 있다. 따라서 $o_1 = +6.0$ cm과 f_1으로 준 값을 넣으면 다음 식을 얻는다.

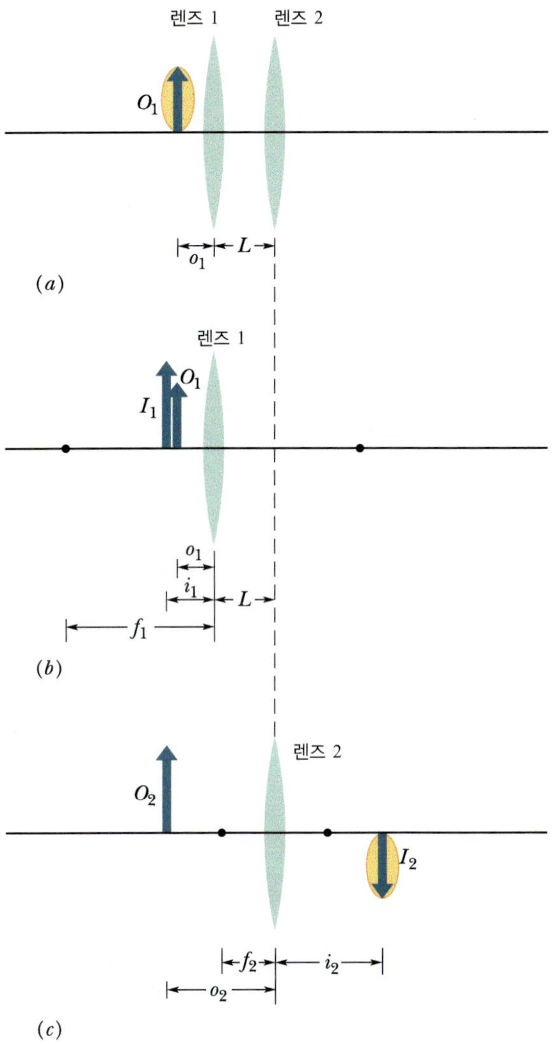

그림 35-42
(a) 두 렌즈가 거리 L 떨어져 있는 두 렌즈 광학계에서 거리 o_1인 곳에 볍씨 O_1이 있다. (b) 렌즈 1이 만든 상 I_1. (c) 상 I_1은 렌즈 2에 대해 물체 O_2의 구실을 하여 마지막 상 I_2를 만든다.

$$\frac{1}{+6.0\,\text{cm}}+\frac{1}{i_1}=\frac{1}{+24\,\text{cm}}$$

이로부터 $i_1=-8.0\,\text{cm}$를 얻는다.

이 결과는 상 I_1은 렌즈 1의 왼쪽으로 8.0 cm인 곳에 있고, 허상임을 말해준다. (이것이 허상임은 씨앗이 렌즈 1의 초점 안쪽에 있다는 조건에서 짐작할 수 있었다.) I_1이 허상이므로, 이것은 그림 35-42b와 같이 렌즈 1을 기준으로 물체 O_1과 같은 쪽에 있고, 씨앗처럼 바로 서 있다.

렌즈 2. 풀이 과정의 둘째 단계에서는 **요점**이 상 I_1을 렌즈 2의 물체 O_2로 볼 수 있으며, 이제 렌즈 1은 무시할 수 있다는 것이다. 먼저 이 물체 O_2는 렌즈 2의 초점 바깥에 있음을 눈여겨 보자. 따라서 렌즈 2가 만드는 상 I_2는 실상이고, 뒤집어져 있으며, 렌즈 2를 기준으로 반대쪽에 있다. 그것을 확인하자.

물체 O_2와 렌즈 2 사이의 거리 o_2는, 그림 35-42c로부터 다음과 같다.

$$o_2=L+|i_1|=10\,\text{cm}+8.0\,\text{cm}=18\,\text{cm}$$

그러면 식 35-18을 렌즈 2에 대해 쓰면 다음과 같다.

$$\frac{1}{+18\,\text{cm}}+\frac{1}{i_2}=\frac{1}{+9.0\,\text{cm}}$$

따라서

$$i_2=+18\,\text{cm} \qquad \text{(답)}$$

(+) 부호는 우리의 짐작이 맞았음을 보여준다: 그림 35-42c와 같이 렌즈 2가 만드는 상 I_2는 실상이고, 뒤집어져 있으며, 렌즈 2를 기준으로 물체 O_2와 반대쪽에 있다.

연습문제 35-10

37. 얇은 오목렌즈
초점거리 30 cm인 얇은 오목렌즈의 왼쪽으로 20 cm인 곳에 어떤 물체가 있다. 상거리 i는 얼마인가? 빛살을 그려 상의 위치를 구하라.

38. 해의 상
초점거리 20.0 cm인 얇은 렌즈를 써서 해의 상을 화면에 만든다. 상의 지름은 얼마인가? (해에 관한 자료는 부록 C를 보라.)

39. 양볼록
굴절률 1.5인 유리로 양볼록 렌즈를 만들려 한다. 한쪽 면의 곡률반지름은 다른 쪽 면의 두 배이고 초점거리는 60 mm가 되게 한다. 양쪽 면의 반지름은 얼마씩인가?

40. 평볼록
굴절률 1.5인 유리로 양볼록 렌즈를 만들려 한다. 한쪽 면은 평면이고 다른 쪽 면은 곡률반지름이 20 cm이다. (a) 렌즈의 초점거리는 얼마인가? (b) 렌즈 앞 40 cm인 곳에 물체를 두면 상은 어디에 생기는가?

41. 뉴턴꼴 결상방정식
아래의 결상 방정식은 가우스꼴 얇은 렌즈 공식이라고 한다.

$$\frac{1}{o}+\frac{1}{i}=\frac{1}{f}$$

이 공식의 또 다른 꼴인 뉴턴꼴은 물거리와 상거리의 기준을 각각 렌즈의 제1초점과 제2초점에 둔 것이다. 뉴턴꼴 결상 방정식은 다음과 같음을 보여라.

$$xx'=f^2$$

42. 촬영기

초점거리 75 mm인 (홑)렌즈가 달린 촬영기로 27 m 떨어진 곳에 서 있는 키 180 cm인 사람을 찍는다. 필름에 담기는 사람의 상의 높이는 얼마인가?

43. 슬라이드에 빛 비추기

화면에서 44 cm 떨어진 곳에 슬라이드를 두고, 빛을 비춘다. 슬라이드에 감긴 상을 화면에 비추려면 초점거리 11 cm인 렌즈를 어디에 두어야 하는가?

44. 표 채우기 3

표 35-6에서 가로줄 마다 물체의 위치와 렌즈의 초점 거리가 다른 상황을 나타낸다. 거리의 단위는 cm이고, 렌즈 유형은 C는 수렴렌즈 D는 발산렌즈를 나타낸다. 채울 수 있는 빈 곳을 채우고, 부호도 필요하면 써 넣어라. 낱낱의 가로줄에 해당하는 그림과 빛살을 그려 물체와 상의 위치를 보여라.

표 35-6
문제 44: 얇은 렌즈

	유형	f	r_1	r_2	i	o	n	m	실상?	도립상?
(a)	C	10				+20				
(b)		+10				+5.0				
(c)		10				+5.0		> 1.0		
(d)		10				+5.0		< 1.0		
(e)			+30	−30		+10	1.5			
(f)			−30	+30		+10	1.5			
(g)			−30	−60		+10	1.5			
(h)						+10		0.50		아님
(i)						+10		−0.50		

45. 렌즈와 초점

어떤 물체와 얇은 볼록 렌즈가 만든 상 사이의 거리는 늘 렌즈의 초점거리의 네 배 보다 더 크다는 것을 보여라.

46. 볼록과 오목

초점거리 −15 cm인 오목렌즈와 초점거리 12 cm인 볼록렌즈가 중심축을 공유하고, 12 cm 떨어져 있다. 높이 1.0 cm인 물체가 중심축 위, 오목렌즈 앞 10 cm인 곳에 있다. (a) 이 렌즈 조합이 만드는 물체의 상(둘째 렌즈인 볼록렌즈가 만드는 상)은 어디에 있는가? (b) 상의 높이는 얼마인가? (c) 상은 실상인가 허상인가? (d) 상은 바로 섰는가, 거꾸로 섰는가?

47. 마지막 상

초점거리 +20 cm인 볼록렌즈가 초점거리 −15 cm인 오목렌즈의 왼쪽에 있다. 볼록렌즈의 왼쪽 40 cm인 곳에 물체를 두면, 오목렌즈가 만드는 마지막 상의 위치와 특성을 완전히 설명하라.

48. 위치와 크기

초점거리 +10 cm인 렌즈의 왼쪽 20 cm인 곳에 물체가 있다. 초점거리 +12.5 cm인 둘째 렌즈가 첫째 렌즈의 오른쪽으로 30 cm인 곳에 있다. (a) 마지막 상의 위치와 상대적 크기를 구하라. (b) 눈금을 맞추어 렌즈와 빛살 그림을 그려 결론을 확인하라. (c) 마지막 상은 실상인가, 허상인가? (d) 상은 거꾸로 섰는가?

49. 얇은 렌즈 두 개

초점거리 f_1과 f_2은 얇은 렌즈 두 개가 붙어 있다. 이들 전체는 초점거리가 다음과 같은 홑렌즈와 등가임을 보여라.

$$f=\frac{f_1 f_2}{f_1+f_2}$$

50. 거꾸로 선 실상

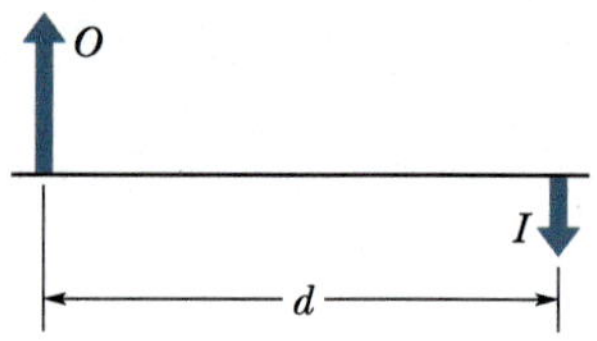

그림 35-43 문제 50

그림 35-43은 어떤 렌즈(그림에는 보이지 않음)가 물체 O의 거꾸로 선 실상 I를 만든 것을 보여준다: 렌즈의 중심축을 따라 잰 물체-상 거리는 $d=40.0$ cm이다. 상의 크기는 물체의 반이다. (a) 이 상을 만들려면 어떤 렌즈를 써야 하는가? (b) 렌즈에서 물체까지의 거리는 얼마이어야 하는가? (c) 렌즈의 초점거리는 얼마인가?

51. 물체-화면 거리

빛을 내는 물체와 화면 사이의 거리 D가 고정되어 있다. (a) 초점거리 f인 볼록렌즈 하나를 물체와 화면 사이에 두어 화면에 실상이 생기게 할 수 있는 곳은 둘인데, 그 사이의 거리는 다음과 같음을 보여라.

$$d=\sqrt{D(D-4f)}$$

(b) 두 곳에 렌즈를 두었을 때의 상 크기의 비는 다음과 같음을 보여라.

$$\left(\frac{D-d}{D+d}\right)^2$$

35-11 광학기기

우리 눈은 굉장히 효과적인 기관이지만, 안경, 확대경, 영사기, 사진기(TV 사진기 포함), 현미경, 망원경 등의 광학기기를 써서 여러 가지로 영역을 넓힐 수 있다. 그러한 장치는 시각의 범위를 가시광 너머로 넓혀준다. 위성에 실은 적외선 사진기, 엑스선 현미경, 라디오파 망원경 등이 보기이다. 더구나 전자 현미경과 입자 가속기의 자석은 전자선과 양성자선 다발을 모을 수 있다.

대부분의 정교한 광학기기에서 거울과 얇은 렌즈 공식은 어림셈에만 쓴다. 전형적인 실험실용 현미경은 결코 '얇지' 않다. 대부분의 광학기기에서 렌즈는 복합렌즈이다. 다시 말해 이들은 여러 소자로 이루어지며, 접촉면이 정확히 구면인 경우가 드물다. 그러한 광학계는 더 복잡하게 다루어야 한다. 이제 얇은 렌즈 공식을 쓸 수 있다고 가정하고, 세 가지 광학기기를 설명하자.

• 간단한 확대경

정상적인 우리 눈은 물체가 한없이 먼 곳과 '근점' $P_{근점}$ 사이의 어느 곳에 있으면 망막에 뚜렷한 상을 만들 수 있다. 물체를 근점보다 눈에 더 가까이 가져오면 망막에 생기는 상이 흐려진다. 근점의 위치는 나이에 따라 변한다. 안경이 필요 없다면서도 팔을 길게 뻗쳐 신문을 들고 읽는 사람들이 많다: 이들은 근점이 멀어지고 있는 것이다. 자신의 근점을 찾으려면, 안경이나 콘택트 렌즈를 벗고 한 눈을 가린 다음 가리지 않은 눈으로 이 글에 다가오면서 글씨가 흐려질 때 멈추어라. 앞으로는 눈에서 25 cm를 근점으로 잡는데, 이 값은 20대 청년의 근점보다는 조금 멀다.

그림 35-44*a*는 눈의 근점 $P_{근점}$에 놓인 물체 O를 보여준다. 망막에 맺히는 상의 크기는 눈의 시야에서 물체가 덮는 각도인 각 크기 θ에 비례한다. 그림 35-44*b*와 같이 물체를 눈에 가까이할수록 그 각도가 커지며, 따라서 물체를 더 자세히 볼 수 있다. 그렇지만, 물체가 근점보다 더 가까워지면, 빛을 망막에 제대로 모을 수 없기 때문에 상은 더 이상 선명하지 않게 된다.

수렴렌즈에서 초점거리 f인 곳에 있는 초점 F_1 바로 안에 O를 두고(그림 35-44*c*), 렌즈를 통해 O를 보면 상의 선명함을 회복할 수 있다. 우리가 실제로 보는 것은 렌즈가 만드는 O의 허상이다. 그 상은 근점보다 더 멀리 있다. 따라서 선명하게 볼 수 있는 것이다.

더구나 허상이 덮는 각도 θ'는 물체를 근점에 두고 눈으로 곧바로 보아 선명하게 볼 때 얻을 수 있는 최대 각도 θ 보다 크다. 보이는 것의 각배율 m_θ(수직 배율 m과 헷갈리지 말아라)는 다음과 같다.

$$m_\theta = \theta'/\theta$$

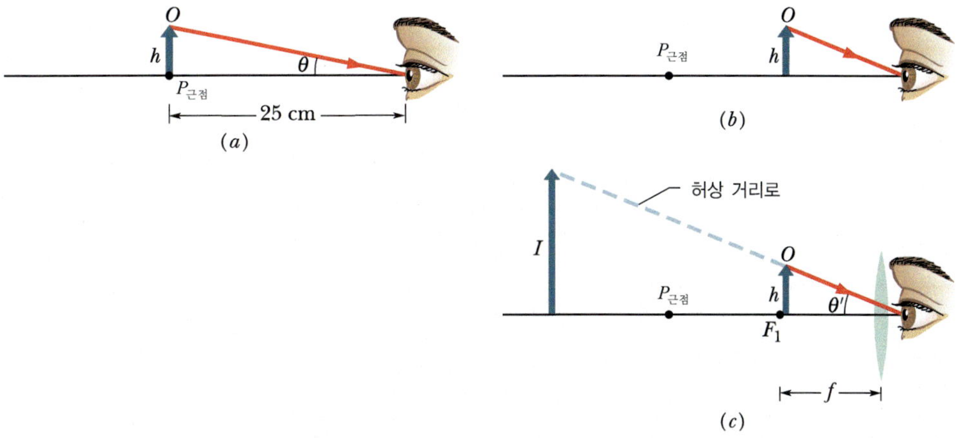

그림 35-44
(*a*) 높이 h인 물체 O가 눈의 근점에 있으면, 시야를 덮는 각도인 각 크기는 θ이다. (*b*) 물체를 눈에 더 가까이 하면 각 크기가 커지지만, 이제는 상이 망막에 뚜렷이 맺히지 않는다. (*c*) 수렴렌즈를 물체와 눈 사이에 두어 물체가 렌즈의 초점 F_1 바로 안에 오게 했다. 그러면 렌즈가 만드는 상은 눈에서 충분히 멀리 있어 선명하게 보이고, 또 시야에서 상이 덮는 각도인 상의 각 크기 θ'는 (*a*)에서의 물체의 각 크기 θ보다 크다.

설명하자면, 단순한 확대경의 각배율은 물체를 근점에 놓고 볼 때 물체의 각 크기에 대한 확대경이 만든 상의 각 크기 비율이다.

그림 35–44로부터 O가 렌즈의 초점에 있다고 가정하고, $\tan\theta$와 $\tan\theta'$를 θ와 θ'로 작은 각도에 대해 어림하면 다음 결과를 얻는다.

$$\theta \approx h/25\,\text{cm} \quad \text{그리고} \quad \theta' \approx h/f$$

그러므로 다음 결과를 얻는다.

$$m_\theta \approx \frac{25\,\text{cm}}{f} \tag{35–21}$$

이 식은 근점이 25 cm 인 사람에 대한 것이다. 이것은 광학에서 배우는 것이 사람에 따라 달라지는 것을 보여주는 보기다. 다시 말해, 배율은 렌즈만이 아니라 쓰는 사람에 따라서도 달라진다.

• 복합 현미경

그림 35–45를 얇은 렌즈로 꾸민 복합 현미경이다. 이 기기는 앞쪽에 있는 초점거리 $f_{대물}$인 대물렌즈와 뒤쪽에 있는 초점거리 $f_{접안}$인 접안렌즈로 이루어진다. 이것은 작은 물체를 대물렌즈에 아주 가깝게 놓고 크게 키울 때 쓰인다.

키우려는 물체 O는 대물렌즈의 첫째 초점 $F_{대물}$ 바로 바깥에 두어, 렌즈까지의 거리 o를 $f_{대물}$로 둘 수 있게 한다. 이 조건을 얇은 렌즈 방정식

$$\frac{1}{f} = \frac{1}{o} + \frac{1}{i} \quad \text{(얇은 렌즈)} \tag{식 35–18}$$

에 넣으면 물거리 o는 대물렌즈의 초점거리 $f_{대물}$에 가까우므로 $1/f_{대물} - 1/o$의 값은 거의 0에 가깝다. 그 결과 상거리 i는 물체가 초점에 *얼마나 가까운가*에 따라 아주 민감하게 달라진다.

그 다음에 렌즈 사이의 거리를 조절하여 대물렌즈가 만든 확대된, 뒤집힌 실상 I가 접안렌즈의 첫 초점 F'_1 바로 안쪽에 오게 한다. 그림 35–45에 보인 경통 길이 s는 실제로 $f_{대물}$과 비교하면 크고, 따라서 물체와 상 I 사이의 거리 i를 s로 근사할 수 있다.

식 35–15와 o 및 i에 대한 근사를 쓰면, 대물렌즈가 만든 상의 수직 배율은 다음과 같이 쓸 수 있다.

$$m_{대물} = -\frac{i}{o} = -\frac{s}{f_{대물}} \tag{35–22}$$

실상 I가 접안렌즈의 초점 F'_1 바로 안쪽에 있으므로, 접안렌즈는 단순한 확대경 구실을 하며, 관찰자는 그것을 통해 마지막 상 I'을 본다. 기기의 총 배율은 대물렌즈가 만든 상의 수직 배율 $m_{대물}$(식 35–22)과 접안렌즈의 각배율 $m_{접안} = m_\theta$(식 35–21)의 곱이므로 다음과 같이 쓸 수 있다.

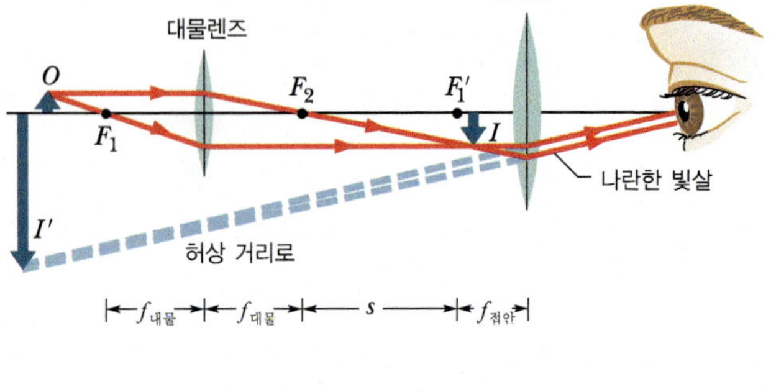

그림 35–45
복합 현미경의 얇은 렌즈 모형(축척이 고르지 않음). 대물렌즈는 물체 O의 실상 I를 접안렌즈의 첫 초점 F'_1 바로 안쪽에 만든다. 그러면 접안렌즈는 상 I를 물체로 삼아 이것의 허상인 마지막 상 I'을 만들어 관찰자가 보게 한다. 대물렌즈의 초점거리는 $f_{대물}$, 접안렌즈의 초점거리는 $f_{접안}$, 그리고 경통 길이는 s이다.

$$M = m_{대물} m_{접안} = -\frac{o}{f_{대물}} \frac{25\,\text{cm}}{f_{접안}} \qquad (35\text{–}23)$$

현미경 설계자는 실제 렌즈와 우리가 설명한 이상적인 얇은 렌즈의 차이도 생각해야 한다. 굴절면이 구면인 실제 렌즈는 **구면 수차(spherical aberration)**라는 결함 때문에 선명한 상을 만들지 못한다. 또한 실제 렌즈에서는 두 표면에서의 굴절이 파장에 따라 달라지므로, 파장이 다른 빛을 같은 점에 모으지 못하는 **색 수차(chromatic aberration)**가 있다.

• 굴절 망원경

망원경은 여러 가지 모양이 있다. 여기에서 설명하는 모양은 단순한 굴절 망원경으로서 대물렌즈와 접안렌즈로 되어 있다. 둘 다 그림 35–46에 단순한 렌즈로 나타냈다. 실제로는 대부분 상의 왜곡을 줄이고자 복합 렌즈계를 쓴다.

렌즈 배열은 망원경과 현미경이 비슷하지만, 망원경은 아주 멀리 있는 아주 큰 물체인 은하, 별, 혹성과 같은 것을 보려는 것이고, 현미경은 바로 그 반대이다. 이 차이 때문에 그림 35–46의 망원경에서는 대물렌즈의 둘째 초점 F_2가 접안렌즈의 첫 초점 F'_1와 일치하지만, 그림 35–45의 현미경에서는 두 점이 경통 길이 s만큼 떨어져 있다.

그림 35–46*a*에서 멀리 있는 물체에서 나오는 나란한 빛살이 망원경의 축과 각도 $\theta_{대물}$을 이루면서 대물렌즈에 들어와 공통 초점 F_2, F'_1에 뒤집힌 실상을 만든다. 이 상 I는 접안렌즈에 대해서는 물체 구실을 하므로, 접안렌즈를 통해 보는 관찰자는 멀리 있는 (뒤집힌) 허상 I'를 보게 된다. 이 상을 이루는 빛살은 망원경 축과 $\theta_{접안}$을 이룬다.

망원경의 각배율은 $\theta_{접안}/\theta_{대물}$이다. 그림 35–46*b*로부터, 중심축에 가까운 빛살에 대해서는 $\theta_{대물} = h'/f_{대물}$와 $\theta_{접안} \approx h'/f_{접안}$으로 쓸 수 있고, 이로부터 다음 결과를 얻는다.

$$m_\theta = -\frac{f_{대물}}{f_{접안}} \quad (\text{망원경}) \qquad (35\text{–}24)$$

여기에서 (−) 부호는 I'가 뒤집혔음을 나타낸다. 말로 하자면, 망원경의 각배율은 눈으로 본 멀리 있는 물체가 덮는 시야각에 대한, 망원경을 통해 본 상이 덮는 시야각의 비율이다.

배율은 천체 망원경의 설계 요소의 하나일 뿐이고, 실제로 쉽게 얻을 수 있다. 좋은 망원경은 빛을 모으는 능력이 요구되는데, 이것은 상이 얼마나 밝은가를 결정한다. 이것은 멀리 있는 은하계와 같이 희미한 물체를 보는데 중요하며, 대물렌즈의 지름을 될 수 있는 대로 크게 만들면 성취된다. 망원경은 또한 분해능이 요구되는데, 이것은 각 분리도가 작은 아주 멀리 있는 두 물체(말하자면 별들)를 구별하는 능력이다. 시야도 또한 중요한 설계 변수이다. 은하를 보고자 설계한 (시야가 아주 좁은) 망원경은 (넓은 시야를 가로 지르는) 유성을 추적하고자 설계한 것과 크게 다르다.

망원경 설계자는 또한 실제 렌즈와 여기에서 배운 이상적인 얇은 렌즈의 차이도 생각해야 한다. 설계자는 구면 및 색수차를 최소로 줄이고자 복합렌즈계를 쓴다.

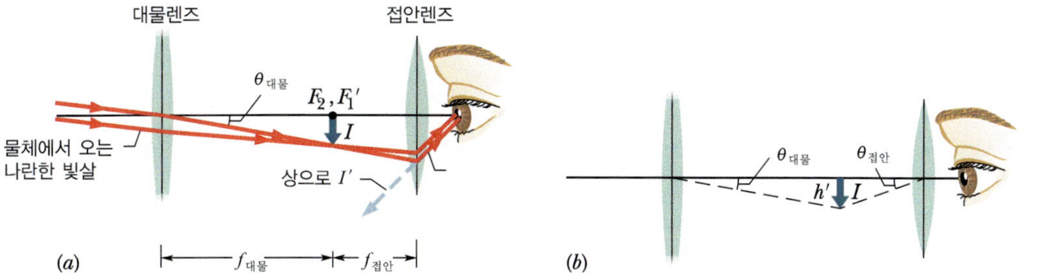

그림 35–46
(*a*) 굴절 망원경을 얇은 렌즈로 나타낸 것. 대물렌즈는 거의 나란히 들어오는 빛살을 모아 멀리 있는 광원(물체)의 실상 I를 만든다. (물체의 한쪽 끝은 중심축에 있다고 가정한다.) 공통 초점 F_2, F'_1에 생긴 상 I는 접안렌즈에 대해서 물체 구실을 하며, 접안렌즈는 이것의 마지막 허상 I'을 관찰자로부터 아주 먼 곳에 만든다. 대물렌즈와 접안렌즈의 초점거리는 각각 $f_{대물}$과 $f_{접안}$이다. (*b*) 상 I의 높이는 h'이고 대물렌즈에서 잰 각은 $\theta_{대물}$이고 접안렌즈에서 잰 각은 $\theta_{접안}$이다.

천체 망원경의 설계 변수는 이밖에도 많다. 성능이 뛰어난 다른 모든 광학기기도 마찬가지다.

연습문제 35-11

52. 천체망원경

천체망원경의 각배율이 36이고 대물렌즈의 지름이 75 mm이면, 멀리 있는 별에서 나와 대물렌즈로 들어오는 빛을 모두 접안렌즈로 모으려면 렌즈 지름이 얼마는 되어야 하는가?

53. 현미경

그림 35–46에 보인 현미경에서 대물렌즈와 대물렌즈의 초점거리는 각각 4.00 cm, 8.00 cm이다. 렌즈 사이의 거리는 25.0 cm이다. (a) 경통의 길이 s는 얼마인가? (b) 그림 35–46의 상 I가 초점 F' 바로 안에 생기게 하려면, 물체와 대물렌즈 사이의 거리는 얼마가 되어야 하는가? 그렇다면 다음 배율은 얼마인가? (c) 대물렌즈의 수직 배율 m, (d) 접안렌즈의 각배율 m_θ, (e) 현미경의 전체 배율 M.

54. 확대경

눈에서 근점 $P_{근점}$ 까지의 거리가 25 cm인 사람이 초점거리 f인 단순 확대경을 눈 가까이 두었다. 물체는 확대경을 통한 상이 $P_{근점}$에 생기게 두었다. (a) 렌즈의 각배율은 얼마인가? (b) 물체를 옮겨 상이 아주 먼 곳에 생기게 하면 각배율은 어떻게 되는가? (c) f = 10 cm일 때 (a)와 (b)에서의 각배율을 구하라. ($P_{근점}$에 있는 상을 보려면 눈의 근육을 조여야 하지만 아주 먼 곳에 있는 것을 보려면 대부분의 사람들은 그렇게 하지 않아도 된다.)

55. 사람 눈

그림 35–47a는 사람 눈의 기본 구조를 보여준다. 눈으로 들어온 빛은 각막을 지나면서 굴절된 다음 수정체를 지나면서 더 굴절되는데, 수정체의 모양(따라서 빛을 모으는 힘)은 근육이 조절한다. 각막과 수정체를 등가 렌즈 하나로 바꾸어 생각할 수 있다(그림 35–47b). 정상 눈은 아주 멀리 있는 물체 O에서 오는 나란한 빛살을 망막의 한 점에 모을 수 있고, 그곳에서 시각정보 처리가 시작된다. 그렇지만, 물체가 눈에 가까워지면 근육이 수정체의 모양을 바꾸어야 거꾸로 선 실상이 망막에 생긴다(그림 35–47c). (a) 그림 35–47a와 b의 나란한 빛살에 대해 눈에 대한 등가 렌즈의 초점거리 f가 2.50 cm라고 하자. 거리 o = 40.0 cm인 물체를 뚜렷이 보려면 등가 렌즈의 초점거리 f'는 얼마가 되어야 하는가? (b) 그 초점거리 f'를 얻으려면 근육은 수정체의 곡률반지름을 더 크게 해야 하는가 더 작게 해야 하는가?

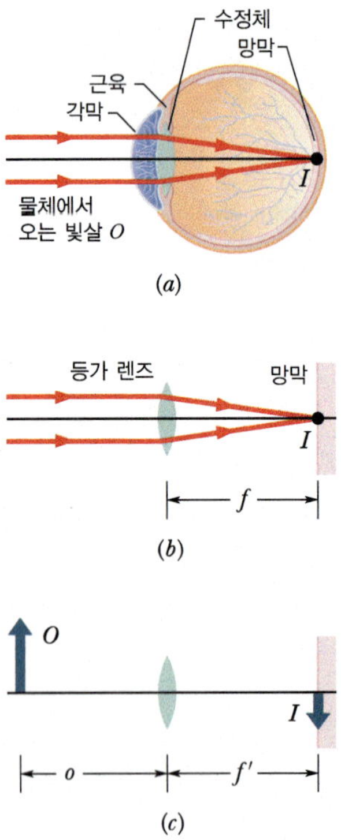

그림 35–47 문제 55

56. 복합 현미경

어떤 물체가 복합 현미경의 대물렌즈의 10.0 mm 앞에 있다. 현미경의 두 렌즈는 300 mm 떨어져 있고 중간상은 접안렌즈에서 50.0 mm인 곳에 있다. 이 기기가 만드는 상의 전체 배율은 얼마인가?

57. 사진기

그림 35–48a는 사진기의 기본 구조를 보여준다. 렌즈는 앞뒤로 움직여 상이 사진기의 뒤에 있는 필름에 잘 생기게 한다. 어떤 사진기에서 f = 5.0 cm에서 렌즈와 필름의 거리 i가 정해져 그림과 같이 아주 머리 있는 물체 O에서 나오는 나란한 빛살이 필름 위의 상점에 모인다. 이제 그 물체를 더 가까이 옮겨 거리 o = 100 cm인 곳으로 가져오고, 렌즈–필름 거리를 조절하여 필름 위에 거꾸로 선 실상이 생기게 한다(그림 35–48b). (a) 이제는 렌즈–필름 거리가 얼마인가? (b) i는 얼마나 변했는가?

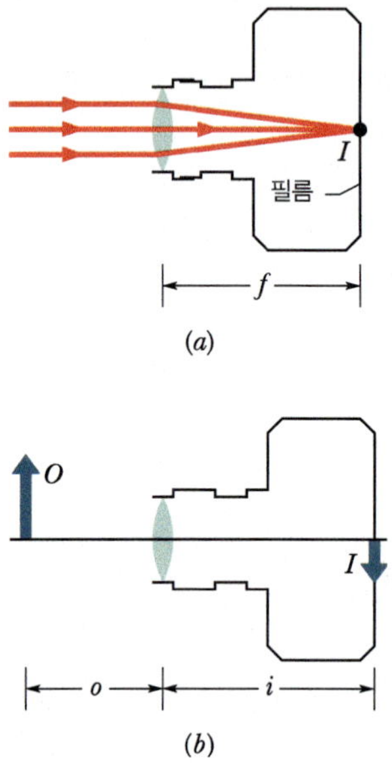

그림 35–48 문제 57

35-12 세 증명

• 구면 거울 공식 (식 35-13)

$1/i + 1/o = 1/f$(식 35-13)가 구면 거울에 대해 참임을 증명하자. 그림 35-49는 오목 거울의 중심축 위, 곡률 중심 C 바깥에 있는 점 물체 O를 보여준다. 여기에서 거울 면에서 빛살이 닿는 부분을 평면으로 어림하여 반사법칙을 쓴다. O에서 나오는, 축과 각도 α를 이루는 빛살이 거울면 a에서 반사된 뒤 축과 I에서 만난다. O에서 나와 축을 따라 가는 빛살은 거울면 c에서 반사된 뒤 다시 축을 따라와 I를 지난다. 따라서 I는 O의 상이다. 이것은 빛살이 실제로 지나가므로 실상이다. 상거리 i를 셈하자.

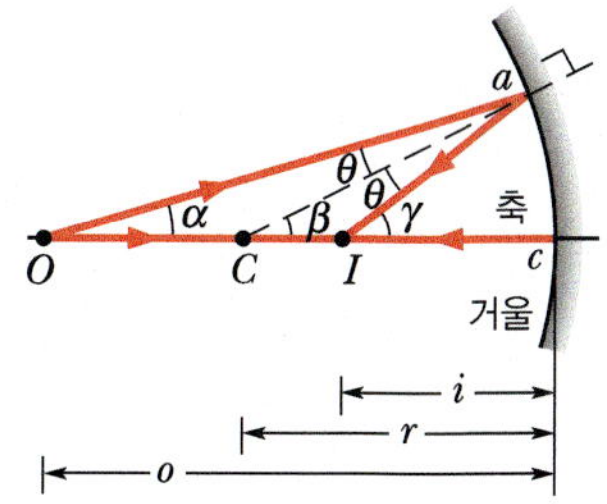

그림 35-49
오목 거울이 점 물체 O에서 나온 빛살들을 반사하여 점 실상 I를 만든다.

여기에서 삼각형의 외각이 대내각의 합과 같다는 정리를 쓴다. 이것을 그림 35-49의 삼각형 OaC와 OaI에 쓰면 다음 결과를 얻는다.

$$\beta = \alpha + \theta \quad \text{그리고} \quad \gamma = \alpha + 2\theta$$

두 식에서 θ를 지우면 다음 식을 얻는다.

$$\alpha + \gamma = 2\beta \tag{35-25}$$

각도 α, β, γ를 라디안 단위로 다음과 같이 쓸 수 있다.

$$\alpha \approx \frac{\widehat{ac}}{cO} = \frac{\widehat{ac}}{o}, \quad \beta = \frac{\widehat{ac}}{cC} = \frac{\widehat{ac}}{r}, \quad \gamma \approx \frac{\widehat{ac}}{cI} = \frac{\widehat{ac}}{i} \tag{35-26}$$

여기에서 β에 관한 식만이 정확하다. 그 까닭은 활꼴 ac의 곡률 중심이 C이기 때문이다. 여기에서 $\widehat{ac}$는 거울면 위 빛살이 반사되는 점에서 중심축까지의 활꼴이다. 그렇지만, α와 γ는 각도가 작을 수록 (빛살이 중심축에 가까울 수록) 더 잘맞는 어림식이다. 식 35-26을 식 35-25에 넣고, 식 35-12를 써서 r을 $2f$로 바꾸고, $\widehat{ac}$를 지우면 증명하려던 식 35-13이 나온다.

• 굴절 구면 공식 (식 35-17)

그 다음으로 물체에서 나온 빛이 굴절률 n_1인 매질에서 매끈한 구면을 지나 굴절률 n_2인 매질로 들어가면, 물거리와 상거리 사이에 식 35-17의 관계가 있음을 증명하자.

$$\frac{n_1}{o} + \frac{n_2}{i} = \frac{n_2 - n_1}{r} \tag{35-17}$$

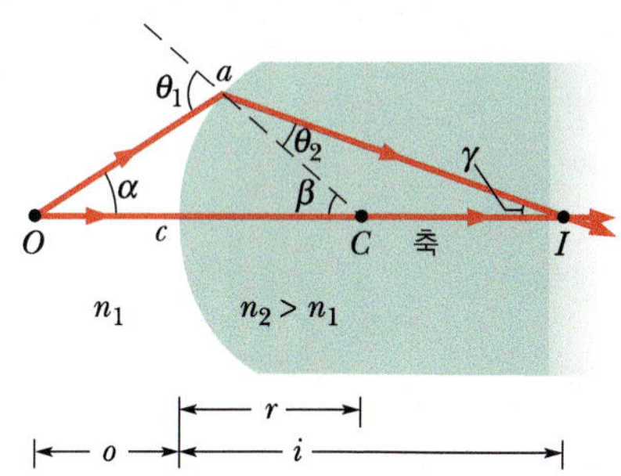

그림 35-50
두 매질 사이의 볼록 구면에서 빛살이 굴절되어 점 물체 O의 점 실상 I를 만든다.

그림 35-50의 점 물체 O에서 나오는 빛살이 굴절되는 것부터 생각하자. 식 35-2에 따르면 $n_2 \sin\theta_2 = n_1 \sin\theta_1$이다.

α가 작으면 θ_1과 θ_2도 작고, 이 각도의 사인함수도 그 각도로 바꿀 수 있다. 따라서 위의 식은 다음과 같이 쓸 수 있다.

$$n_1\theta_1 \approx n_2\theta_2 \tag{35-27}$$

다시 또 삼각형의 외각이 대내각의 합과 같다는 정리를 쓴다. 이것을 삼각형 COa와 ICa에 쓰면 다음 식을 얻는다.

$$\theta_1 = \alpha + \beta \quad \text{그리고} \quad \beta = \theta_2 + \gamma \tag{35-28}$$

식 35–28을 써서 식 35–27에서 θ_1과 θ_2을 지우면 다음 결과를 얻는다.

$$n_1\alpha + n_2\gamma = (n_2 - n_1)\beta \tag{35–29}$$

α, β, γ를 라디안 단위로 나타내면 다음과 같다.

$$\alpha \approx \frac{\widehat{ac}}{o}, \quad \beta = \frac{\widehat{ac}}{r}, \quad \gamma \approx \frac{\widehat{ac}}{i} \tag{35–30}$$

이 식에서 둘째 식만 정확하고, 다른 두 식은 어림식이다. 그 까닭은 I와 O가 활꼴 ac를 품는 동그라미의 중심이 아니기 때문이다. 그렇지만, α가 충분히 작으면 (빛살이 중심축에 가까우면), 식 35–30의 오차는 아주 작다. 식 35–30을 식 35–29에 넣으면 곧바로 우리가 증명하려던 식 35–17이 나온다.

• 얇은 렌즈 공식 (식 35–19)

끝으로 얇은 렌즈에서 물거리와 상거리는 렌즈의 초점 거리와 $1/f = 1/o + 1/i$(식 35–18)의 관계가 있음을 보이자. 우리의 계획은 렌즈의 두 면을 독립적인 굴절면으로 보고, 첫째 면이 만든 상을 둘째 면의 물체로 쓰는 것이다.

그림 35–51a의 두께 L인 유리 '렌즈' 에서 시작하자. 이 렌즈의 왼쪽과 오른쪽 굴절면은 반지름 r'와 r''인 구면이다. 점물체 O'가 그림과 같이 왼쪽 면 가까운 곳에 있다. O'에서 나와 중심축을 따라 가는 빛살은 렌즈에 들어가고 나올 때 꺾이지 않는다.

둘째 빛살은 O'에서 중심축과 각도 α를 이루며 나와 왼쪽 면의 점 a'에 꺾여 들어가, 곧바로 가다가 오른쪽(둘째) 면의 점 a''에서 꺾여 나와, 중심축과 I''에서 만난다. 이 점이 O'에서 나오는 두 빛살이 두 면에서 꺾인 다음 만나는 점이므로 점물체 O'의 상점이다.

그림 35–51b는 첫째 (왼쪽) 면도 O'의 허상을 I'에 만드는 것을 보여준다. I'의 위치를 결정하려면, 식 35–17을 쓴다.

$$\frac{n_1}{o'} + \frac{n_2}{i'} = \frac{n_2 - n_1}{r'}$$

공기에 대해 $n_1 = 1$, 렌즈 유리에 대해 $n_2 = n$으로 놓고, 상거리가 음수임을 생각하면(곧 그림 35–51b에서 $i = -i'$), 다음 식을 얻는다.

$$\frac{1}{o'} - \frac{n}{|i'|} = \frac{n-1}{r'} \tag{35–31}$$

그림 35–51c는 둘째 면을 다시 보여준다. 점 a''에 있는 관찰자가 첫째 면이 있다는 것을 알지 못한다면, 그는 들어오는 빛살이 35–51b의 I'에서 오며, 표면의 왼쪽 영역은 그림과 같이 온통 유리로 채워졌다고 생각할 것이다. 둘째 면에 대한 이 물체의 거리는 다음과 같다.

$$o'' = |i'| + L \tag{35–32}$$

식 35–17을 둘째 면에 쓰려면, 이제는 물체가 실질적으로 유리 속에 있으므로 $n_1 = n$, $n_2 = 1$로 두어야 한다. 식 35–31을 넣으면 식 35–17은 다음과 같아진다.

$$\frac{n}{|i'| + L} + \frac{1}{i''} = \frac{1-n}{r''} \tag{35–33}$$

이제 그림 35–51a의 '렌즈' 의 두께 L이 아주 작아서 지금까지의 다른 비례하는 양(o', i', o'', i'', r', r'' 등)에 비해 무시할 수 있다고 하자. 이 뒤의 모든 식에서는 얇은–렌즈 어림을 한다. 식 35–

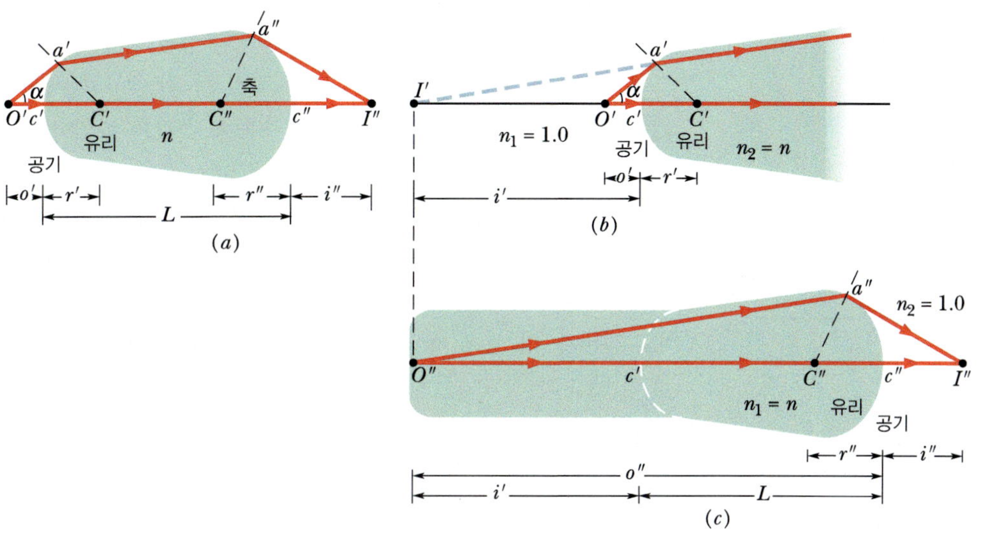

그림 35-51
(*a*) 점 물체 O'에서 나온 두 빛살이 '렌즈'의 두 구면을 지나면서 꺾인 다음 실상 I''를 만든다. 물체에서 볼 때 렌즈의 왼쪽 면은 볼록하고, 오른쪽 면은 오목하다. 점 a'와 a''를 지나는 빛살은 실제로는 렌즈를 지나는 중심축에 아주 가깝다. (*a*)에 보인 '렌즈'의 왼쪽 (*b*)과 오른쪽 (*c*)을 따로 보였다.

33에 $L = 0$을 넣고 오른쪽을 정리하면 다음 식을 얻는다.

$$\frac{n}{i'} + \frac{1}{i''} = -\frac{n-1}{r''} \tag{35-34}$$

식 35-31과 35-34를 더하면 다음 결과를 얻는다.

$$\frac{1}{o'} + \frac{1}{i''} = (n-1)\left(\frac{1}{r'} - \frac{1}{r''}\right)$$

끝으로, 애초의 물거리와 마지막 상거리를 각각 간단히 o와 i로 놓으면 위 식은 다음과 같아진다.

$$\frac{1}{o} + \frac{1}{i} = (n-1)\left(\frac{1}{r'} - \frac{1}{r''}\right) \tag{35-35}$$

이것은 $r' \equiv r_1$, $r'' \equiv r_2$로 두면 식 35-18과 35-19로 우리가 증명하려던 식이 된다.

추가문제

58. 놀라운 빛의 효과

사진기를 든 사람들이 이상한 짓을 하는 것을 본 적이 있을 것이다:

(a) 대전에서 열린 학회에서 어떤 물리학과 대학원생이 투영기로 하얀 화면에 비춘 그림을 사진으로 찍으려고 했다. 방안이 어두워서 섬광을 터뜨렸다. 이것이 왜 멍청한 생각인지 그리고 그가 찍은 사진은 어떤 모습일까를 설명하라.

(b) 어떤 사람이 그 학생에게 아마도 섬광을 터뜨리면 안 될 것이라고 말했고, 따라서 그는 섬광을 껐다. 그 뒤 어두운 방에서 발표자가 보여주는 그림의 사진을 찍으려고 했다! 이것이 왜 멍청한 생각인지 그리고 그가 찍은 사진은 어떤 모습일까를 설명하라.

(c) 어떤 숙녀가 밤에 사진기를 들고 비행기에 탔는데, 서울 하늘을 날고 있을 때 어둠 속의 시내 야경 불빛에 감명을 받았다. 그는 사진기를 들고 통로에 서서 창문을 통해 보이는 모습의 사진을 섬광을 터뜨리며 찍었다. 이것이 왜 멍청한 생각인지 그리고 그가 찍은 사진은 어떤 모습일까를 설명하라.

59. 보기보다 가깝다

쥬라기 공원에서 폭군공룡(티라노 사우루스 렉스) 한 마리가 지프차를 쫓아갈 때, 옆보기 거울에서 반사된 (아주 큰) 폭군공룡의 상을 보는데, 거울에는 (음침한 농담으로) 경고가 적혀 있다: '물체는 보기보다 가깝다.' 그 거울은 평평한가, 볼록한가, 오목한가? 왜 그렇게 생각하는가?

60. 어디에서 전구를 볼 수 있는가?

그림 35-52에서 M은 평거울이다. B는 아주 작고 밝은 전구로서

점광원으로 보아도 된다. H는 불투명한 싸개로 빛을 통과시키지 않는다. 사람은 직선 O를 따라서 어디에 건 서서 거울을 통해 전구의 상을 보려할 수 있다. 적절한 빛살을 그려 그 사람이 B의 상을 볼 수 있는 곳을 결정하여, 직선 O에 나타내고, 빛살을 그릴 때 쓴 추론의 근거를 설명하라. (Aron Arnold, *A Guide to Introductory Physics Teaching*, John Wiley & Sons, New York, 1990).

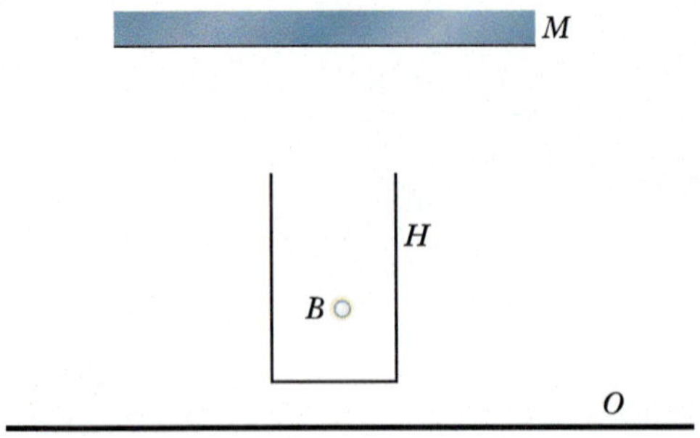

그림 35-52 문제 60

61. 누가 무엇을 보는가?

그림 35-53은 곡면 거울 앞의 작은 물체(화살표로 나타냄)를 보여준다. 화살 끝에 붉은 점이 있다. 거울은 공의 한 조각이다. 공의 중심은 그림에서 가위표로 나타냈다. 세 사람이 있는 곳을 눈으로 그려 보였다. 다음의 각 물음에 대해 그 답을 어떻게 얻었는가를 빛살그림을 곁들여 설명하라.

(a) A에 있는 사람은 붉은 점을 몇 개나 보는가? 점은 어디에 있는 것으로 보이는가? 점이 거울에서 광축을 따라 얼마나 멀리 있고, 광축에서 얼마나 벗어나 있는가 구체적인 값을 구하라.

(b) B에 있는 사람은 붉은 점을 몇 개나 보는가? 답을 어떻게 얻었는가 설명하라.

(c) C에 있는 사람은 붉은 점을 몇 개나 보는가? 답을 어떻게 얻었는가 설명하라.

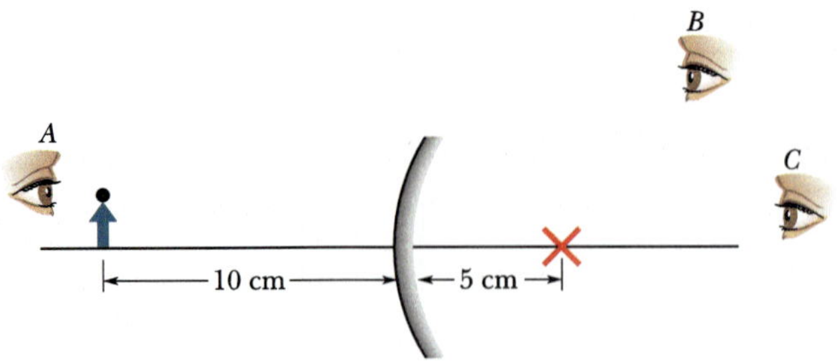

그림 35-53 문제 61

62. 사진기와 슬라이드 투영기

낱낱이 문제에 대한 답을 두 가지 방식으로 설명하라: (1) 적절한 그림을 그리고 해석하라. (2) 렌즈 방정식과 수직 배율에 관한 공식을 쓰고, 그 결과를 수학적으로 보여라. 두 결과가 서로 어긋나면 어떤 것이 옳은가 그리고 다른 것이 왜 그른가를 설명하라.

(a) 여러분이 사진기를 쓰는데, 멀리 있는 물체의 상을 지금보다 더 크게 얻고 싶다. 사진기 렌즈를 초점거리가 더 긴 것으로 바꾸겠는가, 더 짧은 것으로 바꾸겠는가? 추론의 근거를 설명하라. (**실마리**: 물거리는 실질적으로 고정되어 있다.)

(b) 슬라이드 투영기를 쓰는데, 화면에 비치는 상을 더 크게 만들고 싶다. 이미 방 전체의 길이를 쓰고 있으므로 화면을 투명기에서 더 멀리 둘 수는 없다. 투영기 렌즈를 초점거리가 더 긴 것으로 바꾸겠는가, 더 짧은 것으로 바꾸겠는가? 추론의 근거를 설명하라. (**실마리**: 상거리는 실질적으로 고정되어 있다.)

63. 거울과 렌즈

이 문제의 각 부분에는 물체와 광학소자(렌즈나 거울)에 관한 설명이 있다. 그림 35-54는 대략적인 모양을 보여준다. 낱낱의 물음에 대해

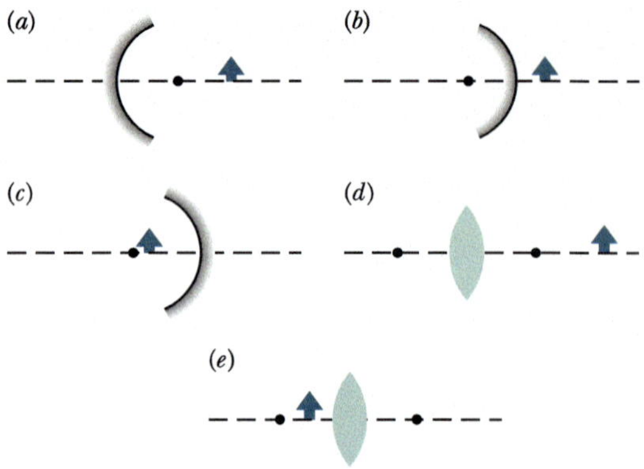

그림 35-54 문제 63

다음 내용을 구체적으로 설명하라:

- 상이 실상(실)인지, 허상(허)인지, 아니면 상이 생기지 않는지(없음).
- 상이 광학소자를 기준으로 물체와 같은 쪽인지(같) 반대 쪽인지(반)? 상이 생기지 않는지(ϕ)?
- 상이 생긴다면, 그것을 보려는 사람은 광학소자의 어느 쪽에 서야 하는가? 왼쪽(−), 아니면 오른쪽(+)?

그러므로 낱낱의 문제에 대해 세 가지 답을 내야한다(예: 실, 반, +). 거울이라면 중심을, 렌즈라면 초점을 보였다. 거울의 곡률반지름은 R, 렌즈의 초점거리는 f이다.

(a) 물체가 구면 거울의 오른쪽에, 거울로부터의 거리 s는 $s < R$. 거울은 물체를 향해 오목하다.

(b) 물체가 구면 거울의 오른쪽에, 거울로부터의 거리 s는 $R > s > R/2$. 거울은 물체를 향해 볼록하다.

(c) 물체가 구면 거울의 왼쪽에, 거울로부터의 거리 s는 $s < R/2$. 거울은 물체를 향해 오목하다.

(d) 물체가 볼록렌즈의 오른쪽에, 렌즈까지의 거리 s는 $s > f$.

(e) 물체가 볼록렌즈의 왼쪽에, 렌즈까지의 거리 s는 $s < f$.

64. 오목렌즈

그림 35-55에서 A(동그라미로 나타냄)는 작은 물체(화살표로 나타냄)의 꼭대기에 있다. 가까이에 그림과 같이 오목렌즈가 있다. 렌즈의 초점거리는 검은 점으로 나타냈다.

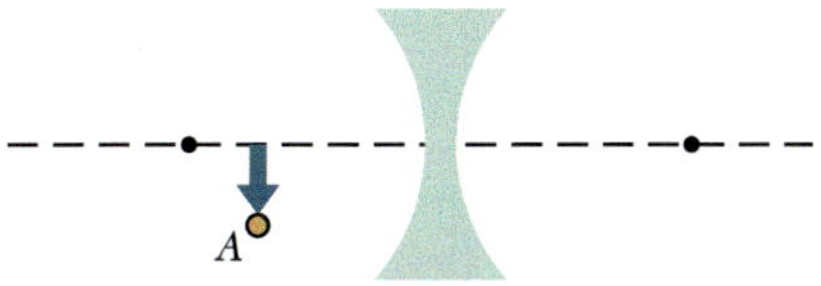

그림 35-55 문제 64

(a) 빛살 그림을 써서 점 A 상이 어디에 생길지를 보여라.
(b) 렌즈의 초점거리가 8 cm이고 물체가 렌즈에서 6 cm인 곳에 있으면 상은 어디에 생기는가?
(c) 물체의 크기가 1 cm이면, 상의 크기는 얼마인가?
(d) 렌즈가 만드는 상은 실상인가, 허상인가?
(e) 상은 어느 쪽에서 보아야 하는가?

65. 반쪽 렌즈

투영기의 렌즈 배열이 그림 35-56과 같다. 전구에서 나온 빛이 물체(슬라이드)와 렌즈를 차례로 지나 멀리 있는 화면에 상을 만든다. 두꺼운 종이를 마련하여 렌즈의 반을 가리면 화면에 보이는 상이 어떻게 달라지는가?
(a) 상의 위쪽 반이 사라진다.
(b) 상의 아래쪽 반이 사라진다.
(c) 상은 그대로이지만 어두워진다.
(d) 상은 그대로이다.
(e) 상의 아래쪽 반이 어두워지고, 위쪽 반은 그대로이다.
(f) 상의 위쪽 반이 어두워지고, 아래쪽 반은 그대로이다.
(g) 다른 변화가 있다. (그것을 설명하라.)
추론의 근거를 설명하고, 요점을 밝히는데 필요하면 빛살 그림을 그려라.

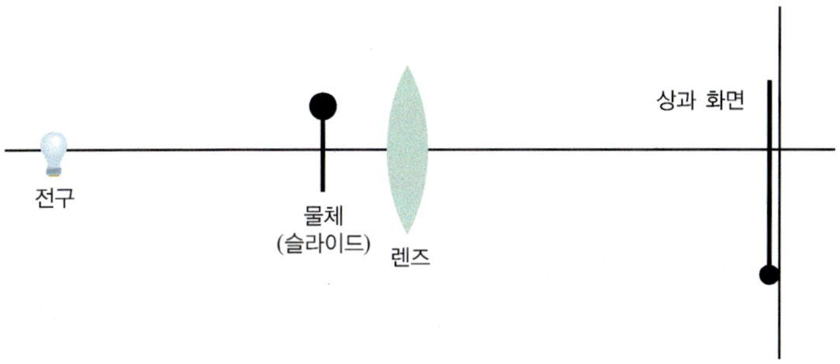

그림 35-56 문제 65

66. 복순이와 거울

복순이가 서서 거울을 보는데, 그림 35-57과 같이 눈높이가 거울의 맨 윗부분과 같다. 지금 서 있는 곳에서 보는 상에서는 허리띠까지만 보인다. 그녀가 뒷걸음질하여 충분히 멀리 가면,
(a) 거울을 통해 온몸을 한꺼번에 볼 수 있다.
(b) 거울을 통해 보이는 부분은 달라지지 않는다.
(c) 거울을 통해 보이는 부분이 좁아진다.
(d) 다른 변화가 있다. (그것을 설명하라.)
위에서 적당한 것을 골라 옳은 문장을 만들고, 왜 그렇게 생각하는가를 빛살 그림을 곁들여 간단히 설명하라.

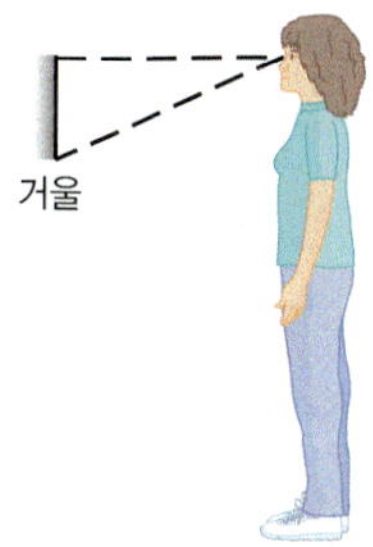

그림 35-57 문제 66

67. 더 큰 렌즈

그림 35-58의 점 O는 광원이다. O에서 나온 두 빛살이 얇은 볼록렌즈를 지나 C로 나타낸 점에서 만나는 것을 보였다.

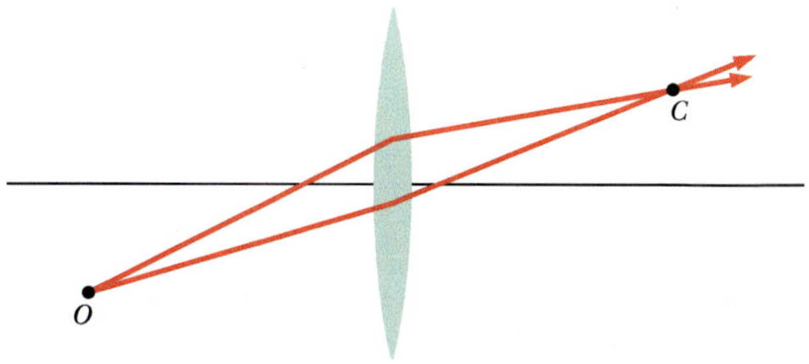

그림 35-58 문제 67

(a) 답지에 그림을 하나 베끼고, 그 위에 적절한 빛살을 그려 렌즈의 두 초점을 찾아내라. 두 초점을 F1과 F2로 나타내라. 추론의 근거를 설명하라.
(b) 초점거리는 같지만, 지름이 두 배인 렌즈로 바꾸었다고 하자. 다음 문장의 빈칸에 더 크다(>), 더 작다(<), 같다(=)를 넣어 옳은 문장으로 완성하라.
• 주축에서 상까지의 거리는 더 작은 렌즈가 있을 때와(보다) ________.
• 상의 밝기는 더 큰 렌즈가 있을 때가 더 작은 렌즈가 있을 때와(보다) ________.

68. 상이 어디에 있는가?

그림 35-59는 얇은 렌즈(회색 네모꼴)와 좌표계를 보여준다. x축은 렌즈의 중심을 지나 대칭축을 이루며 $+x$쪽은 화살표로 나타냈다. 렌즈의 두께는 무시할 수 있고 초점거리는 f이다. 두 점 $(x, y) = (f, 0)$과 $(-f, 0)$은 검은 점으로 나타냈다. 작은 물체를 $(x, 0)$에 둔다. 아래의 네 경우 (i)-(iv)에 대해 상이 생기는 곳이 $+x$쪽인지 아니면 $-x$쪽인지, 렌즈에 대해 초점 보다 가까운 곳에 있는지 더

멀리 있는지를 나타내라.

i. $-f < x < 0$

ii. $x < f < 0$

iii. $f < x < 0$

iv. $0 < f < x$

[**실마리**: 답은 $+x$축 위, 초점보다 더 멀리 있는 것을 나타내려면 $(x' > f > 0)$과 같을 것이고, $-x$축 위, 렌즈와 초점 사이에 있는 것을 나타내려면 $(0 > x' > f)$와 같을 것이다.]

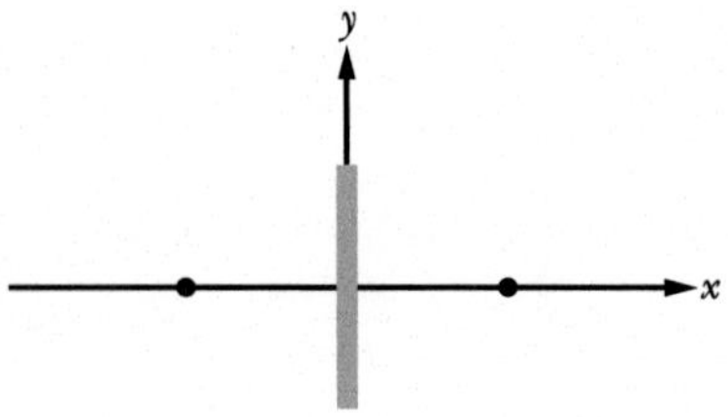

그림 35-59 문제 68

36 간섭

모포(Morpho) 나비의 날개 윗면은 언뜻 보기에는 아름다운 파랑-녹색일 뿐이다. 그렇지만 색깔이 좀 이상하다. 왜냐하면 보통 물체의 색깔과는 달리 이것은 거의 반짝이다시피 하고, 보는 방향을 바꾸거나 날개가 움직이면 색조가 달라진다. 그래서 나비 날개의 색은 '진주빛' 이라고 하는데, 우리가 보는 파랑-녹색 밑에는 '참된' 흐린 갈색이 감춰져 있다.

색깔이 멋진 나비 날개의 윗면은 무엇이 다른가?

◈ 답은 이 장에 있다.

36-1 간섭

가시광의 여러 색깔 성분이 무지개에서 드러나는 까닭은 햇빛이 빗방울에 굴절되어 들어갔다 나올 때 파장에 따라 다른 각도로 꺾이기 때문이다. 비눗방울과 기름띠도 선명한 색채를 보여주는데, 이것은 굴절 때문이 아니라 빛 파동의 보강 및 소멸 **간섭(interference)** 때문이다. 비누막과 기름막의 앞뒤 면에서 반사된 빛이 겹쳐서 간섭하여 햇빛에 들어 있는 어떤 색깔을 강화시키거나 억제한다. 따라서 빛의 간섭은 중첩 현상이다. 그러므로 이 장은 바로 앞 34장과 35장에서 전자기파 전반과 빛에 관해 배운 것 그리고 17장과 18장에서 줄 파동과 소리의 간섭에 대해서 배운 것과도 연관된다.

간섭은 파장 성분에 따라 강화 또는 억제가 일어나는 현상으로서 쓰임새가 아주 많다. 예를 들어 빛이 보통 유리면에 들어오면 약 4%가 반사되므로 투과되는 빛은 그만큼 줄어든다. 많은 부품으로 이루어진 광학계에서는 이러한 빛의 손실이 심각해질 수 있다. 유리 표면에 얇고, 투명한 간섭 박막을 입히면 소멸간섭을 통해 반사되는 빛을 줄일 수 있다(그래서 투과되는 빛을 늘릴 수 있다). 사진기 렌즈면에 나타나는 푸르스름한 색은 그러한 박막을 입힌 것을 보여준다. 간섭 박막은 표면이 빛을 반사하는 능력을 높이는데도 — 줄이는 것이 아니라 — 쓸 수 있다.

간섭을 이해하려면 기하 광학의 제약을 넘어, 파동 광학의 위력을 빌려야 한다. 사실 간섭 현상은 빛이 파동임을 뒷받침하는 가장 설득력 있는 증거이다. 왜냐하면 간섭은 파동으로만 설명할 수 있기 때문이다.

36-2 파동으로서의 빛

빛에 대한 믿음직한 파동이론은 네덜란드 물리학자 호이겐스(Christian Huygens)가 1678년 처음 내놓았다. 비록 맥스웰이 나중에 내놓은 전자기 이론이 훨씬 더 포괄적이지만, 호이겐스 이론은 수학적으로 더 단순하고 오늘날까지도 쓸모가 있다. 그 이론의 큰 장점은 굴절 및 반사 법칙도 파동으로 설명하고 굴절률의 물리적인 내용을 제공하는 짐이다.

호이겐스 파동 이론은 어떤 파면이 현재 있는 곳을 알면 앞으로 얼마의 시간이 지난 뒤 어디에 있을까를 셈할 수 있는 기하학적 구성법에 바탕을 두었다. 이러한 구성법은 다음과 같은 **호이겐스 원리(Huygens' principle)**에 바탕을 둔다:

> 파면의 모든 점은 2차 작은 구면파를 만든다. 시간 Δt가 지난 뒤, 파면의 새 위치는 이들 2차 작은 구면파에 대한 접촉면이다.*

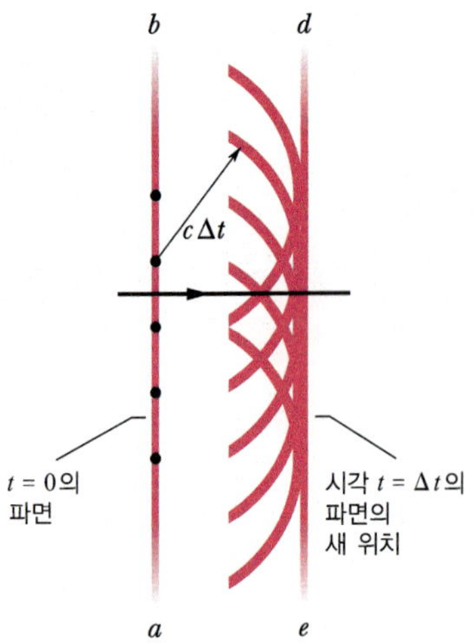

그림 36-1
호이겐스 원리를 써서 진공에서의 평면파 진행을 그린 것

여기에 간단한 보기가 있다. 그림 36-1의 왼쪽에는 진공 속에서 오른쪽으로 가는 평면파 파면의 현재 위치를 종이면과 직교하는 평면 ab로 나타냈다. 시간 Δt가 지난 뒤, 이 파면은 어디에 있을까? 평면 ab 위의 몇 개의 점에서 $t = 0$에 2차 작은 구면파를 내게 하자. 시각 Δt에 모든 작은 구면파의 반지름은 $c\Delta t$로 커진다. 여기에서 c는 진공에서의 빛의 속력이다. 시각 Δt의 작은 구면파들에 대한 접촉면 de를 그린다. 이 면이 시각 Δt의 평면파의 파면이며, 이것은 평면 ab와 나란하고, 수직거리가 $c\Delta t$이다.

---

* 호이겐스 원리를 써서 셈할 때, 파동의 진폭이 파면이 애초에 나아가는 쪽으로 더 커지게 하는 곱수가 있다. 이것 때문에 작은 구면파가 결합해도 뒤쪽으로 퍼져가는 파면은 만들지 못한다.

• 굴절 법칙

이제 호이겐스 원리를 써서 굴절 법칙 또는 스넬 법칙 $n_2 \sin\theta_2 = n_1 \sin\theta_1$(식 35-2)를 끌어내자. n_1은 빛이 들어오는 쪽 매질의 굴절률, n_2는 빛이 굴절되는 쪽 매질의 굴절률임을 기억하자. θ_1과 θ_2는 각각 입사각과 굴절각이다. 끌어내는 과정에는 두 가지 요점이 있다:

1. 재료의 표면에 들어오는 전자기파(진동하는 E − 장 및 B − 장)는 표면에 있는 전자를 흔들어 전자기파를 다시 내게 한다. 그 결과 전자가 내는 전자기파의 진동수는 들어오는 것과 같다.
2. 파장은 표면의 전자가 진동하면서 한 주기 동안 낸 전자기파가 매질 속으로 얼마나 멀리 갔는가로 결정된다. 파장 λ와 주기 T 그리고 파동 속력 v 사이에는 $v = \lambda/T$의 관계가 있고, 밀도가 더 높은 매질에서는 파동 속력이 더 느리므로, 파장이 더 짧다.

그림 36-2는 공기(매질 1)와 유리(매질 2) 사이의 평면 경계면에서 파면이 굴절되는 것을 세 단계에 걸쳐 보여준다. 들어가는 빛다발의 파면이 매질 1에서의 파장 λ_1씩 떨어져 있게 하고, 빛의 속력은 공기에서 v_1, 유리에서 v_2로 하자. $v_2 < v_1$이라고 가정하는데, 실제로 그러하다. (이 장에서는 벡터 성분을 쓰지 않으므로 속도 벡터와 그 크기를 나타내는 기호를 헷갈릴 위험이 없다. 그러므로 속력을 나타내는 기호로 $|\vec{v}|$ 대신 간단한 v를 쓰겠다.)

그림 36-2*a*에서 각도 θ_1은 파면과 경계면 사이의 각도이다. 이것은 파면에 대한 법선(다시 말해 들어오는 빛살)과 경계면에 대한 *법선* 사이의 각도와 같다. 따라서 θ_1은 입사각이기도 하다.

들어오는 빛 파동이 유리로 들어감에 따라, e에서의 파면은 거리 λ_1만큼 가서 c에 이른다. 파동이 이 만큼 가는데 걸리는 시간은 거리를 파동의 속력으로 나눈 값, 곧 λ_1/v_1이다. 그 동안 점 h에서 생겨난 호이겐스 작은 파동(매질 속의 전자가 흔들리면서 낸 새로운 파동)은 줄어든 속력 v_2로 λ_2만큼 가서 점 g에 이른다. 따라서 그 시간은 λ_2/v_2이다. 두 시간은 같아야 하므로, 다음 관계식을 얻는다.

$$\frac{\lambda_1}{\lambda_2} = \frac{v_1}{v_2} \tag{36-1}$$

이것은 두 매질에서의 빛 파장은 각 매질에서 속력에 비례함을 보여준다.

호이겐스 원리에 따라 꺾인 파면은 h에 중심을 둔 반지름 λ_2인 활꼴, 말하자면 점 g에서 접해야 한다. 꺾인 파면은 또한 e에 중심을 둔 반지름 λ_2인 활꼴, 말하자면 점 c에서도 접해야 한다. 그러면 꺾인 파면의 방향은 그림과 같아야 한다. 꺾인 파면과 경계면 사이의 각도 θ_2가 실제로 굴절각임을 눈여겨보라.

그림 36-2*b*의 직각 삼각형 *hce*와 *hcg*에 대해 다음과 같이 쓸 수 있다.

$$\sin\theta_1 = \frac{\lambda_1}{hc} \quad (\text{직각 삼각형 } hce)$$

$$\sin\theta_2 = \frac{\lambda_2}{hc} \quad (\text{직각 삼각형 } hcg)$$

두 식을 서로 나누고 식 36-1을 쓰면 다음 결과를 얻는다.

$$\frac{\sin\theta_1}{\sin\theta_2} = \frac{\lambda_1}{\lambda_2} = \frac{v_1}{v_2} \tag{36-2}$$

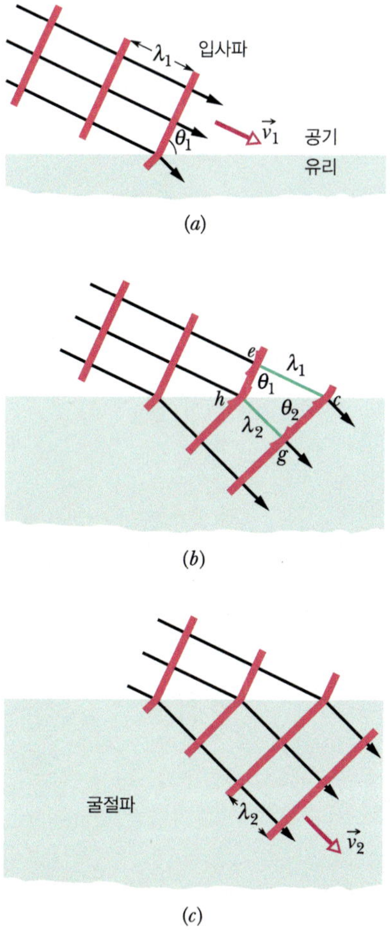

그림 36-2
호이겐스 원리에 따라 그린 공기-유리 경계면에서의 평면파의 굴절. 유리에서의 파장은 공기에서 더 짧다. 반사된 파동은 그리지 않았다. (*a*)에서 (*c*)까지는 세 단계에 걸친 굴절 과정을 차례대로 보여준다.

각 매질의 **굴절률(index of refraction)** n은 매질에서의 속력 v에 대한 진공에서의 빛이 속력의 비로 정의할 수 있다. 따라서 다음과 같다.

$$n \equiv \frac{c}{v} \quad (\text{굴절률의 정의}) \tag{36-3}$$

특히 두 매질에서는 다음과 같다.

$$n_1 = \frac{c}{v_1} \quad \text{그리고} \quad n_2 = \frac{c}{v_2} \tag{36-4}$$

식 36–2와 36–4를 묶으면 다음 결과를 얻는다.

$$\frac{\sin\theta_1}{\sin\theta_2} = \frac{c/n_1}{c/n_2} = \frac{n_2}{n_1} \tag{36-5}$$

또는

$$n_1 \sin\theta_1 = n_2 \sin\theta_2 \quad (\text{굴절 법칙}) \tag{36-6}$$

이것은 34장에서 소개한 것과 같다. 이 결과는 호이겐스 원리로 굴절 법칙을 설명할 수 있음을 보여준다.

• 파장과 굴절률

이제 빛이 한 매질에서 경계면을 지나 다른 매질로 들어갈 때 속력이 달라지면 빛의 파장이 달라짐을 알았다. 또한 식 36–3에 따르면 어느 매질에서의 빛의 속력은 그 매질의 굴절률에 따라 달라진다. 따라서 빛의 파장은 매질의 굴절률에 따라 달라진다. 어떤 단색 빛이 진공에서 파장이 λ이고 속력이 c인데, 굴절률 n인 매질에서는 파장이 λ_n이고 속력이 v라 하자. 이제 식 36–1은 다음과 같이 쓸 수 있다.

$$\lambda_n = \lambda \frac{v}{c} \tag{36-7}$$

식 36–3을 써서 v/c를 $1/n$으로 바꾸어 넣으면 다음 결과를 얻는다.

$$\lambda_n = \frac{\lambda}{n} \tag{36-8}$$

이 식은 어떤 매질에서의 빛의 파장을 진공에서의 파장과 연결시켜 준다. 이것은 매질의 굴절률이 클수록 그 매질에서의 빛의 파장은 더 짧아짐을 말해준다.

빛의 진동수는 어떻게 되나? 굴절률 n인 매질에서의 빛의 진동수를 f_n이라 하자. 그러면 식 17–12의 일반 관계식 $(v = \lambda f)$로부터 다음과 같이 쓸 수 있다.

$$f_n = \frac{v}{\lambda_n}$$

식 36–3과 36–8을 넣으면 다음 결과를 얻는다.

$$f_n = \frac{c/n}{\lambda/n} = \frac{c}{\lambda} = f$$

여기에서 f는 진공에서의 빛의 진동수이다. 따라서 빛의 속력과 파장은 매질마다 다르지만, 진동수는 진공에서와 같다. 설명을 처음 시작할 때 파동의 주기는 같다고 가정했으므로, 이 결과는 지금까지의 식에 모순이 없음을 나타낸다.

빛의 파장이 굴절률에 따라 식 36-8과 같이 달라진다는 사실은 빛 파동의 간섭에서 중요하다. 예를 들어, 그림 36-3에서 빛살 파동(곧, 빛살과 연관된 파동)의 파장이 처음에는 똑같이 λ이고 공기($n \approx 1$) 속에서는 위상이 같다. 파동의 일부는 굴절률이 n_1이고 길이가 L인 매질 1을 지나고, 나머지는 굴절률이 n_2이고 길이가 똑같이 L인 매질 2를 지난다. 그 매질을 지날 때 각 빛살은 파장이 달라진다. 파동이 두 매질을 나오면, 파장이 다시 공기 속에서의 파장 λ로 같아진다. 그렇지만, 두 매질 속에서 파장이 달랐으므로 두 파동의 위상은 더 이상 같지 않다.

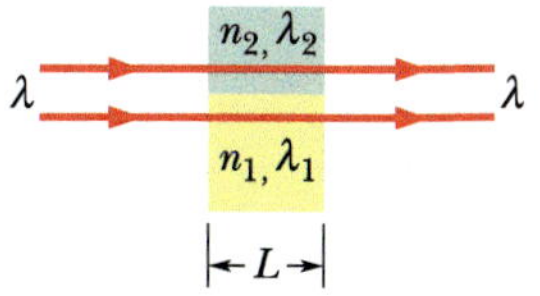

그림 36-3
애초에 공기 속에서 파장이 λ로 같았던 두 빛살이 굴절률이 다른 두 매질을 지나온다. 두 매질 속에서는 $\lambda_1 \neq \lambda_2$이다.

> 두 빛살의 위상차는 굴절률이 다른 두 매질을 지나면 달라질 수 있다.

위상차의 변화는, 곧 설명하겠지만, 빛살이 같은 곳에 이를 때 간섭하는 방식을 바꿀 수 있다.

두 빛살의 위상차를 파장을 써서 나타내려면, 먼저 매질 1의 길이 L 속에 들어 있는 파장의 수 N_1을 세야 한다. 식 36-8에서 매질 1 속에서의 파장은 $\lambda_{n1} = \lambda/n_1$이므로 다음과 같다.

$$N_1 = \frac{L}{\lambda_{n1}} = \frac{Ln_1}{\lambda} \tag{36-9}$$

일반적으로 Ln은 광로차라고 한다. 마찬가지로, 매질 2의 길이 L 속에 들어 있는 파장의 수 N_2를 센다. 이 매질에서의 파장은 $\lambda_{n2} = \lambda/n_2$이므로 다음과 같다.

$$N_2 = \frac{L}{\lambda_{n2}} = \frac{Ln_2}{\lambda} \tag{36-10}$$

두 빛살의 새 위상차를 셈하려면, N_1과 N_2 가운데서 더 큰 것에서 작은 것을 뺀다. $n_2 > n_1$이라면, 다음 결과를 얻는다.

$$N_2 - N_1 = \frac{Ln_2}{\lambda} - \frac{Ln_1}{\lambda} = \frac{L(n_2 - n_1)}{\lambda} \tag{36-11}$$

따라서 위상차는 간단히 광로차를 진공에서의 빛의 파장으로 나눈 값이다.

두 빛살의 위상차를 식 36-11로 셈한 결과가 이제 45.6 파장이라고 하자. 이것은 애초에 위상이 같은 빛살을 받아 하나의 위상을 45.6 파장만큼 이동시킨 것과 같다. 그렇지만, 빛살을 파장의 정수배 (45와 같은 값) 이동시키면 위상이 다시 같아지므로, 중요한 것은 소수점 아래의 값 (여기에서는 0.6)이다. 45.6 파장의 유효 위상차는 0.6 파장이다.

두 빛살의 유효 위상차가 0.5 파장이면, 위상이 정확히 어긋난다. 두 빛살의 진폭이 같고, 어느 곳에 동시에 들어오면, 이들은 온전히 소멸 간섭을 하여 그곳에서 완전히 어두워진다. 유효 위상차가 0.0 파장이면, 이들은 온전히 보강 간섭을 하여 그곳에서 완전히 밝아진다. 앞에서의 유효 위상차 0.6 파장은 어정쩡한 상황이지만, 소멸 간섭에 더 가깝고, 따라서 빛살은 그곳에서 희미할 것이다.

위상차의 단위로는 앞에서 이미 한 것처럼 '라디안' 과 '도' 를 쓸 수도 있다.

> 위상차 한 파장은 2π 또는 360°의 위상차와 같다.

생각해보기 36-1 이 그림은 나란히 있는 경계면을 단색 빛살이 지나가는 것을 보여준다. 매질을 지나오는 차례는 처음 a에서 b와 c를 지나 다시 a이다. 각 매질 속에서의 빛의 속력을 비교하여 가장 빠른 것부터 순위를 매겨라.

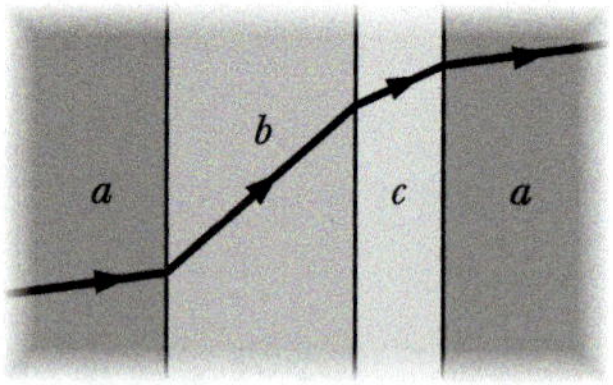

따라해보기 36-1 | 위상차와 간섭

그림 36-3에서 두 빛살이 매질 1과 2에 들어가기 전의 파장은 550.0 nm이다. 이들의 진폭과 위상도 같다. 매질 1은 공기이고, 매질 2는 굴절률이 1.600이고 두께 2.600 μm인 투명한 플라스틱이다.

(a) 매질을 지나온 두 빛살의 위상차는 파장, 라디안, 도 단위로 나타내면 얼마인가? 유효 위상차를 파장 단위로 나타내면 얼마인가?

풀이 ■ 요점은 두 빛살이 지나오는 매질의 굴절률이 다르면 위상차가 달라질 수 있다는 것이다. 그 까닭은 다른 매질 속에서는 빛의 파장이 다르기 때문이다. 위상차를 셈하려면 각 매질 속에 들어가는 파장의 수를 세어, 차이를 내면 된다. 두 매질의 경로 길이가 같으면, 식 36-11을 써서 셈할 수 있다. 여기에서는 $n_1 = 1.000$ (공기), $n_2 = 1.600$, $L = 2.600\ \mu\text{m}$, $\lambda = 550.0\ \mu\text{m}$이다. 따라서 식 36-11로부터 다음 결과를 얻는다.

$$N_2 - N_1 = \frac{L}{\lambda}(n_2 - n_1) = \frac{2.600\times10^{-6}\,\text{m}}{5.500\times10^{-7}\,\text{m}}(1.600 - 1.000) = 2.84 \qquad \text{(답)}$$

따라서 나오는 빛살의 위상차는 2.84 파장이다. 1.0 파장은 2π 또는 360°와 같으므로 이 위상차는 다음과 같음을 보일 수 있다.

$$\text{위상차} = 17.8\ \text{rad} \approx 1020° \qquad \text{(답)}$$

둘째 **요점**은 유효 위상차는 실제의 위상차를 파장 단위로 나타낼 때 소수점 아랫수라는 것이다. 따라서

$$\text{유효 위상차} = 0.84\ \text{파장} \qquad \text{(답)}$$

이다. 이것은 5.3라디안 또는 약 300°와 같다. **주의**: 실제의 위상차를 라디안과 도를 단위로 써서 나타낸 값에서는 소수점 아랫부분이 유효 위상차가 되지 않는다. 예를 들어 실제의 위상차가 17.8 라디안이라고 해서 유효 위상차가 0.8라디안은 아니다.

(b) 두 빛살이 조금 기울어 아주 멀리 있는 화면의 한 곳에서 만난다면, 그곳에서 어떤 간섭이 일어나는가?

풀이 ■ 요점은 두 파동의 유효 위상차를 비교하여 간섭의 종류를 결정하는 것이다. 유효 위상차 0.84 파장은 0.5 파장 (온전한 소멸 간섭 또는 아주 어두운 간섭)과 1.0 파장(온전한 보강 간섭 또는 아주 밝은 간섭)의 가운데이지만, 1.0 파장에 더 가깝다. 따라서 두 파장은 온전한 보강 간섭에 가까운 중간 정도의 간섭을 할 것이다. 따라서 비교적 밝은 점을 만들 것이다.

연습문제 36-2

1. 나트륨 원자가 내는 노란 빛

나트륨 원자가 내는 노란 빛의 파장은 공기 속에서 589 nm이다. (a) 이 빛의 진동수는 얼마인가? (b) 굴절률이 1.52인 유리 속에서는 파장이 얼마인가? (c) (a)와 (b)의 결과로부터 유리 속에서의 속력을 구하라.

2. 금강석 대 사파이어

빛의 속력이 금강석보다 사파이어 속에서 얼마나 더 빠른가를 m/s 단위로 구하라. 표 35-1을 보라.

3. 노란 빛

(나트륨 등에서 나오는) 노란 빛의 속력을 어떤 액체에서 재니 1.92×10^8 m/s였다. 이 액체의 굴절률은 얼마인가?

4. 석영유리

파장 550 nm인 빛의 석영유리 속에서의 속력은 얼마인가?

5. 바다파동

그림 36-4와 같이 파도가 바닷가와 30°를 이루며 속력 4.0 m/s로 다가온다. 바닷가에서 조금 떨어진 곳에서 바다의 깊이가 갑자기

변하여 그곳에서 파도의 속력이 3.0 m/s로 떨어진다고 하자. 바닷가 가까운 곳에서는 파도의 진행 방향과 바닷가에 대한 법선이 이루는 각도 θ가 얼마인가? (굴절 법칙은 빛과 똑같다고 하자.) 바닷가에서 먼 바다에서는 파도가 온갖 방향에서 다가오지만, 바닷가에 가까워지면 대부분이 바닷가에 대해 법선방향으로 다가오는 까닭을 설명하라.

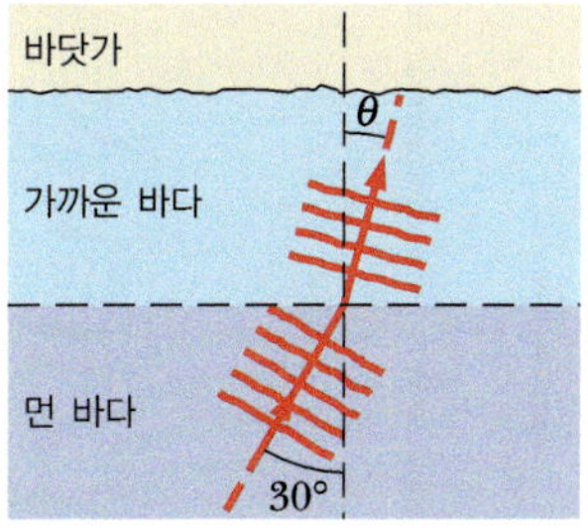

그림 36-4 문제 5

6. 두 펄스

그림 36-5에 보인 것처럼 두께가 L 또는 $2L$이고 굴절률이 각기 다른 여러 켜의 플라스틱에 빛 두 펄스를 보낸다. (a) 어떤 펄스가 플라스틱을 더 빨리 지나가는가? (b) 두 펄스가 빠져나오는 시차를 L/c 단위로 나타내라.

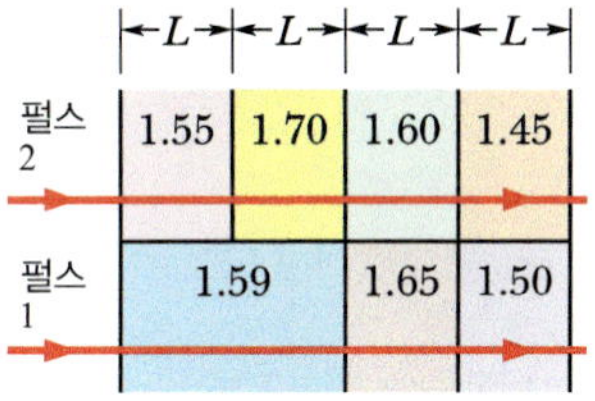

그림 36-5 문제 6

7. 두 파동

그림 36-3에서 공기 속을 가는 파장 400 nm인 두 빛의 위상이 처음에는 같았다. 하나는 굴절률이 $n_1 = 1.60$이고 두께 L인 유리판을, 다른 하나는 두께는 같고 굴절률이 $n_2 = 1.50$인 플라스틱을 지난다. (a) 두 빛의 위상차가 5.65 rad 되는 L값 가운데 가장 작은 것을 얼마인가? (b) 두 빛이 빠져나와 한 점에 모이면 어떻게 간섭하는가?

8. 두 매질

그림 36-3에서 두 빛의 파장이 공기 속에서 500 nm라고 하자. 두 빛이 매질 1과 2를 지나온 뒤의 위상차를 다음 각각의 상황에서 파장 단위로 구하라: (a) $n_1 = 1.50$, $n_2 = 1.60$, $L = 8.50\ \mu$m; (b) $n_1 = 1.62$, $n_2 = 1.72$, $L = 8.50\ \mu$m; (c) $n_1 = 1.59$, $n_2 = 1.79$, $L = 3.25\ \mu$m. (d) 세 상황에서 두 매질을 빠져 나온 빛이 한 점에 모인다고 하자. 그곳에서의 밝기 순서를 매겨라.

9. 처음에 위상이 같음

공기 속에서의 파장이 600 nm인 두 빛이 처음에는 위상이 같았다. 이들이 그림 36-6에 보인 플라스틱 막을 지나는데, $L_1 = 4.00\ \mu$m, $L_2 = 3.50\ \mu$m, $n_1 = 1.40$, $n_2 = 1.60$이다. (a) 두 빛이 막을 지나온 뒤의 위상차를 파장 단위로 구하라. (b) 두 빛이 한 점에 모인다면 어떻게 간섭하는가?

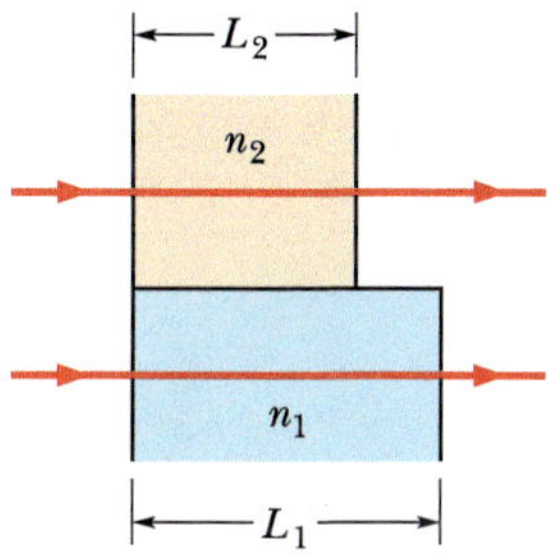

그림 36-6 문제 9

10. 두 빛 파동

그림 36-3에서 공기 속에서의 파장이 620 nm인 두 빛이 처음에는 위상이 π만큼 달랐다고 하자. 매질의 굴절률은 $n_1 = 1.45$, $n_2 = 1.65$이다. (a) 두 매질을 지난 뒤에 두 빛의 위상이 같아지는 L값 가운데 가장 작은 것을 얼마인가? (b) 다음으로 큰 L값은 얼마인가?

36-3 에돌이(회절)

다음 절에서는 빛이 파동임을 처음으로 증명한 실험을 설명할 것이다. 그 설명에 대한 준비로 파동의 에돌이라는 개념을 들여와야 하며, 이 현상은 37장에서 훨씬 더 자세히 설명한다. 핵심은 이것이다: 파동이 가다가 장벽을 만났는데, 그 장벽에 파장 정도의 구멍이 있으면, 구멍을 빠져나간 파동은 옆으로 퍼져 나간다(에돌이 한다)는 것이다. 그러한 퍼져나감은 그림 36-1의 호이겐스 구성에서 작은 파동의 퍼짐과 아귀가 맞는다. 에돌이는 빛만이 아니라 모든 파동에서 일어난다. 그림 36-7은 얕은 물통의 수면을 따라가는 물결의 에돌이를 보여준다.

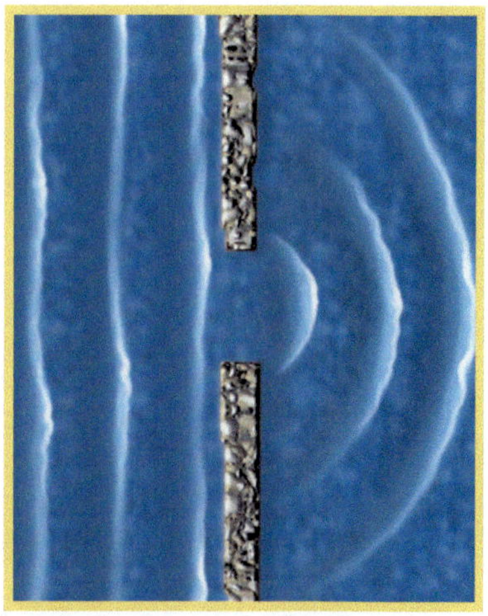
그림 36-7
물통 속 물결의 에돌이. 물결은 왼쪽에서 막대(사진에는 보이지 않음)를 흔들어 만든다. 물결이 왼쪽에서 오른쪽으로 가다가 장벽에 난 구멍을 빠져나가면서 너울거리며 옆으로 퍼진다.

그림 36-8*a*는 파장 λ인 평면파가 폭이 $a = 6.0\lambda$인, 가느다란 실틈에 들어오는 것을 보여준다. 실틈은 종이면에 수직 방향으로 연장된다. 파동은 실틈을 빠져나와 멀어지면서 옆으로 퍼진다. 그림 36-8*b* ($a = 300\lambda$)와 그림 36-8*c* ($a = 1.5\lambda$)는 에돌이의 주요 특징을 보여준다: 실틈이 좁을수록 옆으로 더 퍼진다.

에돌이는 전자기파를 빛살로 나타내는 기하광학을 제한한다. 가느다란 빛살을 만들고자 빛이 아주 좁은 실틈을 지나게 하면, 에돌이 때문에 빛이 옆으로 퍼져 어느 한도 이하로 가늘어지지 않는다. 실제로 (더 가는 빛다발을 만들고자) 실틈을 좁힐수록 오히려 더 큰 각도로 퍼진다. 따라서 기

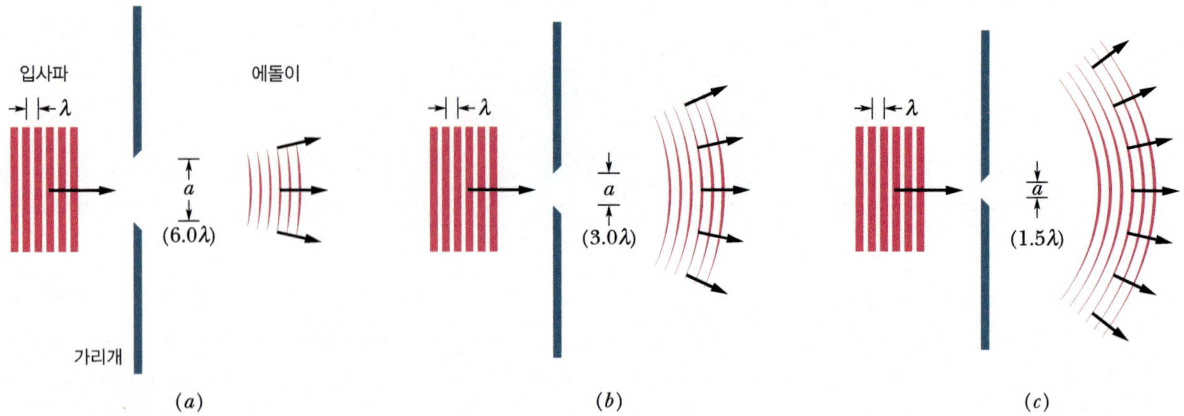

그림 36-8
에돌이를 그림으로 나타낸 것. 파장 λ가 정해지면, 실틈의 폭 a가 작을수록 에돌이가 더 뚜렷이 드러난다. 이 그림은 실틈의 폭이 (*a*) $a = 6.0\,\lambda$일 때, (*b*) $a = 3.0\,\lambda$일 때, (*c*) $a = 1.5\,\lambda$일 때이다. 세 가지 모두 가리개와 실틈은 종이면에 수직 방향으로 연장된다.

하광학은 빛이 지나가는 길목에 있는 실틈이나 다른 구멍의 크기가 빛의 파장보다 훨씬 클 때만 적용된다.

36-4 영의 간섭 실험

1801년 영(Thomas Young)은 그 때 대다수의 과학자들이 생각했던 것과는 달리 빛이 파동임을 실험으로 보였다. 그는 빛이 물결이나 다른 모든 파동처럼 간섭한다는 것을 보였고, 햇빛의 평균 파장을 잴 수 있었다: 그가 잰 값은 570 nm인데, 우리가 지금 받아들이는 값 555 nm와 놀라울 정도로 가깝다. 여기에서 빛의 간섭의 보기로서 영의 역사적 실험을 살펴보겠다.

그림 36-9는 영의 실험장치의 기본 배치를 보여준다. 멀리 있는 단색 광원에서 나온 빛이 가리개 A의 실틈 S_0를 비춘다. 실틈을 지나온 빛은 에돌이하여 퍼져 가리개 B에 있는 두 실틈 S_1과 S_2를

그림 36-9
영의 간섭 실험에서 실틈 S_0로 들어와 에돌이한 단색 빛은, 반원꼴로 퍼져가는 점광원 구실을 한다. 이 빛이 가리개 B에 이르면 실틈 S_1과 S_2에서 에돌이하여, 또 다시 두 개의 점광원 구실을 한다. S_1과 S_2에서 나와 에돌이한 빛은 겹쳐지면서 간섭하여 화면 C에 밝고 어두운 간섭무늬를 만든다. 이 그림은 실험 장치의 단면이다: 가리개와 실틈 그리고 간섭무늬는 종이면에 대해 수직 방향으로 연장된다. B와 C 사이에 S_1를 중심으로 한 반원꼴 파면은 S_2만 열려 있을 때 나올 파동을 그린 것이다. 마찬가지로 S_1를 중심으로 한 반원꼴 파면은 S_1만 열려 있을 때 나올 파동을 그린 것이다.

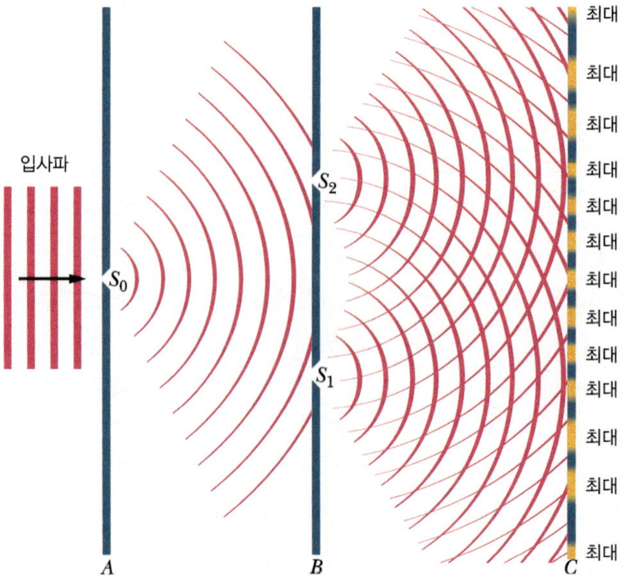

비춘다. 두 실틈에서 에돌이한 빛은 겹쳐지면서 간섭한다.

그림 36-9의 '순간 사진'은 아주 작은 실틈을 지나와 겹쳐진 파동의 간섭을 보여준다. 그렇지만, 화면 C에서 빛을 받아 간섭무늬를 보기 전에는 간섭에 대한 증거를 볼 수 없다. C에서는 온전한 보강 간섭이 일어나는 곳에서는 밝은 띠 또는 (대충 말해서) **최대**가 화면을 가로지르며 나타난다(그림 36-9의 종이면에 수직 방향으로 연장된다). 어두운 띠 또는 (대충 말해서) **최소**는 온전한 소멸 간섭이 일어나는 곳이며, 밝은 띠 사이에서 볼 수 있다. 화면에 밝고 어두운 띠가 번갈아 나타나는 것을 **간섭무늬(interference pattern)**라고 한다. 그림 36-10은 그림 36-9의 왼쪽에서 본 간섭무늬의 일부분 사진이다. 평평한 화면에 나타나는 무늬는 화면 가운데에서 위아래로 멀어질수록 점점 더 어두워진다.

주의: 실틈은 아주 좁아서 낱낱의 실틈을 지나는 빛은 에돌이하여 퍼진다고 가정했다. 그래서 두 실틈을 지나온 빛이 먼 곳에서는 겹쳐진다. 그렇지만, 당분간은 에돌이한 빛은 실틈에 들어오는 파면의 진행 방향으로 가장 세게 나간다는 사실을 무시하자. 37장에서 에돌이를 수학적으로 분석하면, 그림 36-7에 보인 간섭무늬가 가운데에서 위아래로 멀어질수록 어두워지는 것을 설명할 수 있다.

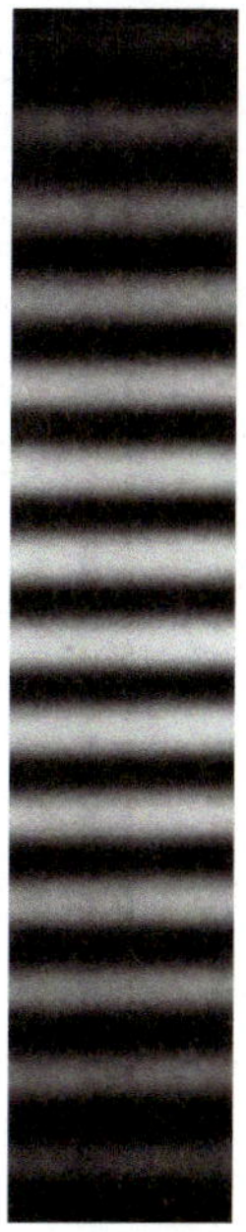

그림 36-10
그림 36-9에 보인 장치로 얻은 간섭무늬 사진. (이 사진은 화면 C를 앞에서 보고 찍은 것이다.) 밝고 어두운 부분이 번갈아 있는 것을 간섭 띠라고 한다.

• 줄무늬의 위치 정하기

영의 두 실틈 간섭 실험에서 밝고 어두운 띠의 위치는 무엇이 결정하는가? 이에 대한 답을 얻고자, 그림 36-10a의 배열을 쓰겠다. 여기에서는 단색 평면파가 가리개 B의 두 실틈 S_1과 S_2에 들어온다. 빛은 두 실틈에서 에돌이하여 화면 C에 간섭무늬를 만든다. 두 실틈의 한가운데 점에서 화면 C로 중심축을 그려 기준선으로 삼는다. 그 다음에 화면 위의 어느 한 점 P를 잡아, 그 점이 중심축과 이루는 각도를 θ라 하자. 이 점은 아래 쪽 실틈에서 오는 빛살 r_1과 위쪽 실틈에서 오는 빛살 r_2를 받는다.

이 빛이 두 실틈을 지날 때는 위상이 같다. 왜냐하면 그곳에서는 똑같이 들어오는 빛의 일부이기 때문이다. 그렇지만, 일단 실틈을 지나 P까지 오는 거리는 다르다. 이미 18-4절에서 소리 파동을 다룰 때 비슷한 상황을 보았고, 다음과 같은 결론을 내렸다.

> 두 파동이 지나오는 경로의 길이가 다르면 위상차가 달라질 수 있다.

위상차의 변화는 두 빛의 경로 길이 차(줄여서 '경로차') ΔL 때문에 생긴다. 애초에 위상이 똑같았던 두 빛이 경로차 ΔL인 두 경로를 따라와, 한 점 P에 모이는 것을 생각하자. ΔL이 0이거나 파장의 정수배이면, 그 점에 온 두 빛은 위상이 정확히 맞고 온전한 보강 간섭을 한다. 그림 36-10의 빛살 r_1과 r_2에 대해 그렇다면, 점 P는 밝은 띠 속에 있을 것이다. 그 대신 ΔL이 파장의 정수배 더하기 반파장이면, 점 P에 오는 두 빛의 위상은 정확히 어긋날 것이고, 완전한 소멸 간섭을 할 것이다. 빛살 r_1과 r_2의 파동에 대해 그렇다면, 점 P는 어두운 띠 속에 있을 것이다. (그리고 어중간한 상황에도 있을 수 있고, 그렇다면 점 P는 어중간히 밝은 띠 속에 있을 것이다.) 따라서

> 영의 두 실틈 간섭 실험에서 간섭무늬가 생기는 화면 위 낱낱의 점의 밝기는 그곳에 오는 두 빛살의 경로차 ΔL에 따라서 결정된다.

화면에서 밝고 어두운 띠의 위치는 중심축에 대한 띠의 각도 θ를 써서 명시할 수 있다. θ를 구하려면 ΔL과 연관시켜야 한다. 그림 36-11a에서 빛살 r_1 위의 점 b를 구하는데, 그 점에서 P까지의

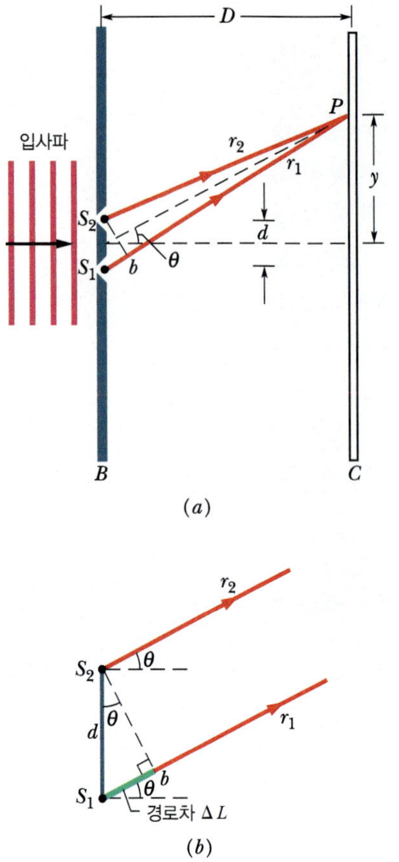

그림 36-11
(*a*) 간격이 d인 실틈 S_1과 S_2를 지나온 빛이 화면 C에서 겹쳐진다. 화면 위의 점 P는 중심축에서 거리 y이다. P의 위치를 나타내는데 θ를 쓰면 편리하다. (*b*) 실틈–화면 사이의 거리가 $D \gg d$이면, 두 빛살 r_1과 r_2가 거의 나란하고 중심축에 대한 각도가 θ라고 어림할 수 있다. 주의: 이 효과를 보여주는 전형적인 실험에서 d는 내략 1 mm 또는 그 이하, D는 1~2 m 또는 그 이상이다.

거리가 S_2에서 P까지의 거리와 같아야 한다. 그러면 두 빛살의 경로차 ΔL가 S_1에서 b까지의 거리가 된다.

S_1에서 b까지의 거리와 θ 사이의 관계는 복잡하지만, 실틈에서 화면까지의 거리 D가 두 실틈 사이의 거리 d보다 훨씬 크도록 장치를 꾸미면 훨씬 단순해진다. 그러면 빛살 r_1과 r_2는 거의 나란하고 중심축에 대한 각도가 θ라고 어림할 수 있다(그림 36–11*b*). 또한 S_1과 S_2 그리고 b가 만드는 삼각형은 직각삼각형이라고 어림하고, S_2에서의 내각을 θ로 어림한다. 그러면 이 삼각형에서 $\sin\theta = \Delta L/d$가 되어 다음 관계가 성립한다.

$$\Delta L = d\sin\theta \quad (\text{경로차}) \tag{36–12}$$

밝은 띠가 되려면 ΔL은 0이나 파장의 정수배가 되어야 함을 알았다. 식 36–12를 쓰면 이 조건을 다음과 같이 쓸 수 있다.

$$\Delta L = d\sin\theta = (\text{정수})(\lambda) \tag{36–13}$$

또는

$$d\sin\theta = m\lambda, \quad m = 0, 1, 2, \cdots \ (\text{최대 – 밝은 띠}) \tag{36–14}$$

어두운 띠가 되려면 ΔL은 파장의 정수배 더하기 반파장이 되어야 함을 알았다. 다시 식 36–12를 쓰면 이 조건을 다음과 같이 쓸 수 있다.

$$\Delta L = d\sin\theta = \left(\text{정수} + \tfrac{1}{2}\right)(\lambda) \tag{36–15}$$

또는

$$d\sin\theta = \left(m + \tfrac{1}{2}\right)\lambda, \quad m = 0, 1, 2, \cdots \ (\text{최소 – 어두운 띠}) \tag{36–16}$$

식 36–14와 36–16을 써서 어떤 띠든 θ를 찾아 위치를 정할 수 있다. 더구나 m값을 써서 띠에 이름을 붙일 수 있다. $m = 0$이면 식 36–14에서 $\theta = 0$ — 중심축 — 에 밝은 띠가 생김을 알 수 있다. 이 가운데 최대는 두 실틈에서 에돌이한 빛살의 경로차 $\Delta L = 0$인 점이며, 따라서 위상차가 0인 곳이다.

말하자면 $m = 2$인 밝은 띠는 식 36–14에서 중심축의 위아래 다음 각도에 나타난다.

$$\theta = \sin^{-1}\left(\frac{2\lambda}{d}\right)$$

두 실틈에서 에돌이한 빛이 띠에 이를 때는 $\Delta L = 2\lambda$이므로 두 파장만큼의 위상차가 있다. 이 무늬를 2차 띠 (2차는 $m = 2$라는 뜻이다) 또는 가운데 최대에서 둘째 띠라고 한다.

$m = 1$인 어두운 띠는 식 36–16에서 중심축의 위아래 다음 각도에 나타난다.

$$\theta = \sin^{-1}\left(\frac{1.5\lambda}{d}\right)$$

두 실틈에서 에돌이한 빛이 두 줄무늬에 이를 때는 $\Delta L = 1.5\lambda$이므로 위상차가 1.5 파장이다. 이 무늬를 둘째 어두운 띠 또는 둘째 최소라고 하는데, 그 까닭은 이들은 가운데 최대에서 둘째로 나타나는 어두운 띠이기 때문이다(첫째 어두운 띠, 또는 첫째 최소는 식 36–16에서 $m = 0$인 곳에 나타난다).

식 36–14와 36–16은 $D \gg d$인 상황에 대해 끌어냈다. 그렇지만, 실틈과 화면 사이에 수렴 렌즈를 두고, 화면을 실틈에 더 가까이 끌어와 렌즈의 초평면에 두어도 이 식을 그대로 쓸 수 있다. 수렴 렌즈의 한 가지 성질은 나란히 들어오는 빛살을 초평면의 한 점에 모으는 것이다. 따라서 화면(렌즈의 초평면)의 어느 한 점에 모이는 빛살은 두 실틈을 지나올 때 정확히 나란해야 한다. 이들은 그림 35–39a에서 애초에 나란히 들어와 렌즈에 의해 한 점(초점)에 모이는 빛살과 비슷하다.

생각해보기 36-2 그림 36–11에서 점 P가 (a) 셋째 밝은 띠, (b) 셋째 어두운 띠이면, ΔL(파장단위)와 위상차(파장단위)는 얼마인가?

따라해보기 36-2 | 이웃한 두 밝은 띠 사이의 거리

그림 36–11a의 화면 C에서 간섭무늬의 중앙 가까이에 있는 이웃한 두 밝은 띠 사이의 거리는 얼마인가? 빛의 파장 λ는 546 nm, 실틈 간격 d는 0.12 mm, 실틈–화면간 거리 D는 55 cm이다. 그림 36–8의 θ는 충분히 작아서 $\sin\theta \approx \tan\theta \approx \theta$로 어림할 수 있다. 이 어림식에서 θ의 단위는 라디안이다.

풀이 ■ 먼저 m값이 작아 간섭무늬 가운데에 가까운 밝은 점을 고른다. **요점**의 하나는 그림 36–11a에서 무늬의 중심에서 밝은 점까지의 수직거리 y_m은 중심축에 대한 각도 θ와 다음 관계가 있다는 것이다.

$$\tan\theta \approx \theta = \frac{y_m}{D}$$

둘째 **요점**은 식 36–14에서 m차 밝은 띠의 각도 θ는 다음과 같다는 것이다.

$$\sin\theta \approx \theta = \frac{m\lambda}{d}$$

θ에 관한 두 식을 묶어 y_m에 대해 풀면 다음 결과를 얻는다.

$$y_m = \frac{m\lambda D}{d} \tag{36–17}$$

다음 번 밝은 띠는 다음과 같다

$$y_{m+1} = \frac{(m+1)\lambda D}{d} \tag{36–18}$$

이웃한 두 밝은 띠 사이의 거리는 식 36–18에서 36–17을 빼면 얻는다.

$$\Delta y = y_{m+1} - y_m = \frac{(546\times10^{-9}\,\text{m})(55\times10^{-2}\,\text{m})}{0.12\times10^{-3}\,\text{m}}$$
$$= 2.50\times10^{-3}\,\text{m} \approx 2.5\,\text{mm} \qquad \text{(답)}$$

그림 36–11a에서 d와 θ가 작은 간섭 줄무늬의 간격은 m과 무관하다. 곧 줄무늬 간격이 고르다.

연습문제 36-4

11. 녹색 빛
파장 550 nm인 녹색 단색빛으로 7.70 μm 떨어진, 나란한 좁은 두 실틈을 비춘다. 3차($m = 3$) 밝은 간섭무늬의 편향각(그림 36–8에서 θ)을 (a) rad 단위와 (b) 각도 단위로 셈하라.

12. 위상차
영의 두 실틈 실험에서 두 실틈을 지나 m차 어두운 띠 오는 두 빛의 위상차는 얼마인가?

13. 파란-녹색 빛

파장 500 nm인 청녹색 빛을 써서 영의 두 실틈 실험을 한다고 하자. 두 실틈은 1.20 mm 떨어져 있고, 화면은 실틈에서 5.40 m 떨어져 있다. 밝은 띠 사이의 거리는 얼마인가?

14. 각 분리도

두 실틈 실험에서 실틈 사이의 거리가 비추는 빛의 파장의 100배이다. (a) 가운데 밝은 띠와 옆의 밝은 띠의 각분리도는 라디안 단위로 얼마인가? (b) 실틈에서 50.0 cm 떨어진 화면에 생기는 밝은 띠 사이의 거리는 얼마인가?

15. 간섭무늬

나트륨 등($\lambda = 589$ nm)을 쓴 두 실틈 실험에서 간섭무늬의 각분리도가 3.50×10^{-3} rad이다. 어떤 파장의 빛을 쓰면 각분리도가 10% 더 커질까?

16. 물 속에 잠긴

나트륨 등($\lambda = 589$ nm)을 쓴 두 실틈 실험에서 간섭무늬의 각분리도가 0.20°이다. 실험장치를 몽땅 물($n = 1.33$) 속에 넣으면 간섭무늬의 각분리도가 얼마가 될까?

17. 라디오파 원

라디오파를 내는 두 점이 2.0 m 떨어져 파장 $\lambda = 0.50$ m인 라디오파를 똑같은 위상으로 낸다. 검지기가 이들을 품는 평면에서 원 궤도를 따라 주위를 돈다. 검지기가 원을 한 바퀴 도는 동안 신호가 최대인 때가 몇 차례인가를 자세한 셈을 하지 말고 구하라.

18. 장거리 라디오파

A와 B가 파장 400 m인 라디오파를 내는데, A가 B보다 위상이 90° 빠른 파동을 낸다. 검지기에서 A까지의 거리 r_A가 B까지의 거리 r_B보다 100 m 멀다. 검지기에서 받는 신호의 위상차는 얼마인가?

19. 두 간섭무늬

두 실틈 실험에서 실틈 사이의 거리가 5.0 nm이고 화면은 실틈에서 1.0 m 떨어져 있다. 화면에 간섭무늬가 두 개 나타난다. 하나는 파장 480 nm인 빛이, 다른 하나는 파장 600 nm인 빛이 만든 것이다. 화면에 생긴 두 간섭무늬에서 3차($m = 3$) 밝은 띠 사이의 거리는 얼마인가?

20. 똑같은 광원

그림 36-12에서 S_1과 S_2는 파장이 λ이고 위상도 똑같은 파동을 내는 광원이다. 둘 사이의 거리는 $d = 3.00\,\lambda$이다. x축 위에서 완전한 소멸간섭이 일어나는 곳 가운데 가장 먼 곳과 S_1 사이의 거리를 구하라. 이 거리를 파장 단위로 나타내라.

그림 36-12 문제 20과 27

21. 운모 조각

얇은 운모($n = 1.58$) 조각으로 두 실틈 실험장치의 한쪽 실틈을 덮었다. 운모를 붙이기 전에는 7차 밝은 띠($m = 7$)였던 것이 이제는 화면의 가운데로 왔다. $\lambda = 550$ nm라면 운모 조각의 두께는 얼마인가? (**실마리**: 운모 속에서의 빛의 파장을 생각하라.)

22. 레이저 빛

파장 632.8 nm인 레이저 빛이 강의실 앞에 있는 두 실틈 실험장치를 지나가서 뒤쪽 벽에 있는 20.0 m 떨어진 거울에 반사되어 앞에 있는 화면에 간섭무늬를 만든다. 밝은 띠 사이의 거리는 10.0 cm이다. (a) 실틈 간격은 얼마인가? (b) 교수가 얇은 셀로판지를 한쪽 실틈에 붙여 그곳을 지나는 빛의 경로를 2.50파장 늘려주면 간섭무늬가 어떻게 되는가?

36-5 결맞음

그림 36-9에서 화면 C에 간섭무늬가 생기려면 화면 위의 어느 점 P에 오는 빛의 위상차가 시간에 대해 일정해야 한다. 그림 36-9는 바로 그러한 경우인데, 그 까닭은 실틈 S_1과 S_2에 오는 빛은 하나의 점광원에서 나왔기 때문이다. 그 위상차가 시간에 대해 일정하므로, 실틈 S_1과 S_2에서 나오는 빛은 완전히 **결맞다(coherent)**고 한다.

곧바로 오는 햇빛은 조금 결맞다. 다시 말해 두 점에서 받는 햇빛은 두 점이 아주 가까울 때만 위상차가 일정하다. 밝은 햇빛 속에서 손톱을 가까이 들여다보면 손톱이 희미한 반점으로 뒤덮인 것처럼 보인다. 그렇게 보이는 까닭은 손톱의 아주 가까운 점들에서 산란된 빛 파동은 결이 잘 맞아서 우리 눈 속에 들어와 서로 간섭하기 때문이다. 그렇지만, 두 실틈 실험에서 실틈들은 아주 가깝지 않으므로, 햇빛을 곧바로 비추면 두 실틈이 받는 햇빛은 전혀 결맞지 않다. 결맞는 빛을 얻으려면 햇빛을 먼저 그림 36-9와 같이 하나의 좁은 실틈에 비춘다. 실틈이 좁으므로 그것을 지나는 빛은 결맞게 된다. 또한 실틈이 좁으면 빛이 지나면서 에돌이하여 옆으로 퍼지므로 두 실틈 모두 빛을 받을 수 있게 된다.

두 실틈을 가느다란 두 백열선 같은 단색 광원으로 바꾸면, 광원에서 나오는 빛 파동의 위상차는 아주 빨리 그리고 마구 바뀐다. (그 까닭은 백열선에 들어 있는 아주 많은 원자들이 저마다 제멋대로 아주 짧은 시간 동안 — 대략 십억분의 수초 정도 — 빛을 내기 때문이다.) 그 결과 화면의 어디에서나 두 광원에서 오는 빛의 간섭은 온전한 보강 및 소멸 간섭 사이에서 아주 빠르게 그리고 마구 바뀐다. 우리 눈(그리고 대부분의 빛 검지기)은 그러한 빠른 변화를 따라가지 못하므로 간섭무늬를 볼 수 없어서 화면은 고르게 밝은 것처럼 보인다.

레이저가 보통의 광원과 다른 점은 원자가 똑같이 빛을 내어, 빛이 결맞게 되는 것이다. 더구나 빛이 거의 단색이고, 아주 가느다란 빛다발로 나와 거의 퍼지지 않으므로 빛의 파장 정도로 아주 작은 점에 모을 수 있다.

36-6 두 실틈 간섭무늬의 밝기분포

식 36-14와 36-16은 그림 36-11의 화면 C에 생기는 두 실틈 간섭무늬의 밝고 어두운 띠의 위치를 그림의 θ의 함수로 결정하는 방법을 일러준다. 여기에서 무늬의 밝기 I를 θ의 함수로 나타내는 식을 끌어내고자 한다.

두 실틈에서 나오는 빛은 위상이 같다. 그렇지만, 두 실틈에서 나오는 빛이 점 P에 이를 때 위상이 같지 않다고 하자. 대신 그 빛의 전기장 성분이 시간에 따라 다음과 같이 변한다고 하자.

$$E_1 = E_0 \sin \omega t \tag{36-19}$$

그리고

$$E_2 = E_0 \sin(\omega t + \phi) \tag{36-20}$$

여기에서 ω는 빛의 각진동수이고 ϕ는 빛 E_2의 위상상수이다. θ가 작으면 두 빛은 거의 진폭 E_0가 같고 위상차는 ϕ가 된다. 이 위상차는 시간에 대해 변하지 않으므로, 두 빛은 결맞다. 이제 이 두 빛이 P에서 겹쳐지면 밝기 I가 다음과 같음을 보이겠다.

$$I = 4I_0 \cos^2 \beta \tag{36-21}$$

여기에서

$$\beta = \tfrac{1}{2}\phi = \frac{\pi d}{\lambda} \sin\theta \tag{36-22}$$

이다. 식 36-21에서 I_0는 두 실틈 가운데 어느 하나가 막혀, 열린 실틈 하나에서 나온 빛이 화면을 비출 때의 밝기다. 실틈이 빛의 파장에 비해 아주 좁아서 화면에서의 밝기분포는 우리가 간섭무늬를 살펴보려는 가운데 영역에서는 거의 고르다고 하자.

식 36-21과 36-22는 그림 36-11에서 θ에 따라 띠 모양이 어떻게 변하는가를 일러주는데, 밝고 어두운 띠의 위치에 대한 정보가 당연히 들어 있다. 이제 그 정보를 뽑아내자.

식 36-21을 살펴보면 다음 조건이 맞을 때 가장 밝아짐을 알 수 있다.

$$\beta = m\pi, \quad m = 0, 1, 2, \cdots \tag{36-23}$$

이 결과를 식 36-22에 넣으면, 다음 결과를 얻는다.

$$2m\pi = \frac{2\pi d}{\lambda}\sin\theta, \quad m = 0, 1, 2, \cdots$$

또는 다음과 같다.

$$\Delta L = d\sin\theta = m\lambda, \quad m = 0, 1, 2, \cdots \text{ (최대)} \tag{36-24}$$

이것은 밝은 띠의 위치에 대해 앞에서 끌어낸 식 36-14와 똑같다.

가장 어두운 곳은 다음 조건이 맞을 때이다.

$$\beta = \left(m + \tfrac{1}{2}\right)\pi, \quad m = 0, 1, 2, \cdots$$

이 관계식을 식 36-22와 묶으면 곧바로 다음 조건을 얻는다.

$$d\sin\theta = \left(m + \tfrac{1}{2}\right)\lambda, \quad m = 0, 1, 2, \cdots \text{ (최소)} \tag{36-25}$$

이것은 어두운 띠의 위치에 대해 앞에서 끌어낸 식 36-16과 똑같다.

그림 36-13은 식 36-21을 그림표로 나타낸 것인데, 가운데 최대 가까이에 있는 두 실틈 간섭무늬의 밝기분포를 화면에 오는 두 빛의 위상차 ϕ의 함수로서 보여준다. 검은 실선으로 그린 수평선은 I_0로, 실틈이 하나만 열려 있을 때의 화면의 (고른) 밝기분포이다. 식 36-21과 그림표에서 밝기 I(늘 양수이다)는 무늬의 가장 어두운 곳에서는 0, 가장 밝은 곳에서 $4I_0$임을 눈여겨 보라.

두 광원(실틈)에서 나오는 빛이 *결맞지 않아서*, 두 빛의 위상차가 시간에 따라 변하면, 줄무늬 모양은 사라질 것이고 화면의 모든 곳에서 밝기가 고르게 $2I_0$일 것이다. 그림 36-13의 검은 점선으로 그린 수평선은 이것을 보여준다.

간섭으로 빛 에너지가 생기거나 사라지는 것은 아니고, 화면 위에 재분배될 뿐이다. 따라서 광원에서 나오는 빛이 결이 맞든 맞지 않든, 화면에서의 평균 밝기는 똑같이 $2I_0$이다. 이것은 식 36-21에서 곧바로 나온다. 코사인 함수의 제곱의 평균값인 $\frac{1}{2}$를 넣으면 이 식은 I $= 2I_0$가 된다.

• 식 36-21과 36-22의 증명

식 36-19와 36-20의 전기장 성분 E_1과 E_2를 17-12절에서 설명한 위상자 방법을 써서 더하겠다. 그림 36-14a에서 성분이 E_1과 E_2인 빛 파동을 진폭이 E_0이고 원점을 중심으로 각속력 ω로 도는 위상

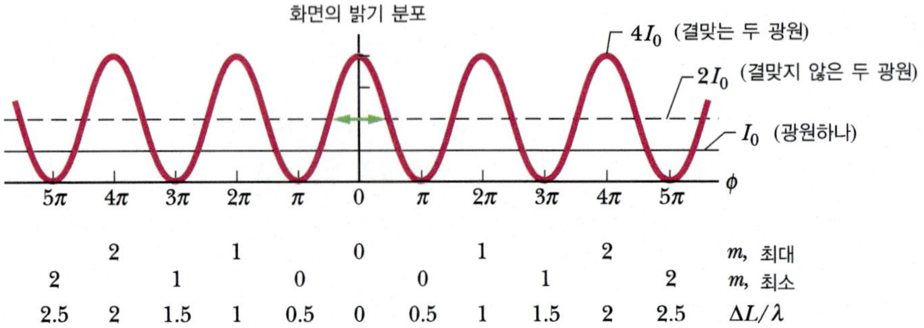

그림 36-13
식 36-21을 그림표로 나타낸 것으로 두 실틈 간섭무늬의 밝기분포를 두 실틈에서 오는 두 빛이 화면에 이를 때의 위상차 ϕ의 함수로서 보여준다. I_0는 실틈이 하나만 열려 있을 때의 화면의 (고른) 밝기분포이다. 줄무늬의 평균 밝기는 $2I_0$이고, (빛이 결맞을 때의) 최대 밝기는 $4I_0$이다.

자로 나타냈다. 어느 순간의 E_1과 E_2의 값은 해당 위상자를 수직축에 투영한 것이다. 그림 36-14a는 어느 시각 t의 위상자와 투영성분을 보여준다. 식 36-19와 36-20에 맞게 E_1의 위상자의 회전각은 ωt이고 E_2의 위상자의 회전각은 $\omega t+\phi$이다.

그림 36-11의 어느 한 점 P에서 전기장 성분 E_1과 E_2를 더하려면, 그림 36-14b와 같이 이들의 위상자를 마치 벡터처럼 더한다(이들은 벡터가 아니다). 위상자를 더한 것의 크기는 점 P에서의 합성 파동의 진폭 E이고, 파동에는 위상 상수 β가 있다. 그림 36-14b에서 진폭 E를 셈할 때, β로 표시한 두 각도가 같은데, 그 까닭은 이들이 이등변 삼각형의 밑변의 두 꼭지각이기 때문이다. 외각(ϕ)은 대내각의 합($\beta+\beta$)과 같다는 (삼각형의) 정리를 쓰면 $\beta=\frac{1}{2}\phi$임을 알 수 있다. 따라서 다음과 같다.

$$E=2(E_0\cos\beta) \tag{36-26}$$

이 식의 양쪽을 제곱하면 다음 결과를 얻는다.

$$E^2=4E_0^2\cos^2\beta \tag{36-27}$$

빛의 밝기는 진폭의 제곱에 비례하므로(식 34-24), 그림 36-14b에서 결합되는 두 빛의 진폭이 똑같이 E_0이면, 각각의 밝기 I_0는 E_0^2에 비례한다. 진폭 E인 전체 빛의 밝기 I는 E^2에 비례한다. 따라서 다음 식이 성립한다.

$$\frac{I}{I_0}=\frac{E^2}{E_0^2}$$

식 36-27을 이 식에 넣고 정리하면 다음 결과를 얻는다.

$$I=4I_0\cos^2\beta$$

이것이 증명하려던 식 36-21이다.

식 36-22를 증명하는 일이 남았는데, 이것은 그림 36-11의 화면의 어느 한 곳 P에 오는 두 파동의 위상차 ϕ를 그곳의 위치를 나타내는 매개변수 θ와 연결시킨다.

식 36-20의 위상차 ϕ는 그림 36-11b의 경로차 $\Delta L=S_1b$와 연관된다. ΔL이 $\frac{1}{2}\lambda$이면, ϕ는 π이다. ΔL이 λ이면, ϕ는 2π이다, 등등. 이로부터 다음 관계를 짐작할 수 있다.

$$(\text{위상차})=\frac{2\pi}{\lambda}(\text{경로차}) \tag{36-28}$$

그림 36-11b의 경로차 ΔL은 $d\sin\theta$이므로, 식 36-28은 다음과 같아진다.

$$\phi=2\pi\frac{d\sin\theta}{\lambda}$$

이것이 우리가 증명하려던 식 36-22이다.

• 둘 이상의 파동을 더하기

어느 곳에 사인함수꼴로 변화하는 파동이 둘 이상 들어오는 더 일반적인 상황에서, 합성 파동을 셈하는 방법은 다음과 같다:

1. 더할 파동을 나타내는 위상자를 차례로 그린다. 이들을 이웃 위상자에 대한 위상관계를 제대로 지키면서 시작점에서 끝점까지 그린다.

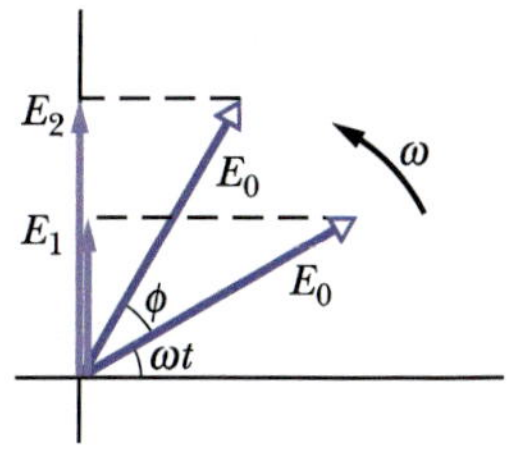

(a)

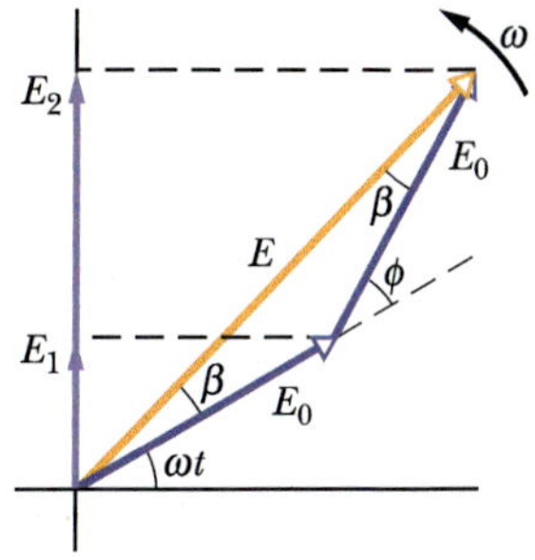

(b)

그림 36-13
(a) 시각 t에 식 36-19와 36-20의 전기장 성분 E_1과 E_2를 나타내는 위상자. 두 위상자의 크기는 E_0이고 각속력 ω로 돈다. 이들의 위상차는 ϕ이다. (b) 두 위상자를 더하면 진폭 E이고 위상상수가 β인 합성 파동을 나타내는 위상자 된다.

2. 위상자들을 벡터처럼 더하여 합성 위상자를 그린다. 합성 위상자의 길이가 전체 빛의 진폭이다. 첫째 위상자에 대한 합성 위상자의 각도가 합성 파동의 위상 상수이다. 합성 위상자를 수직축에 투영한 길이가 전체 빛의 진폭의 시간변화를 보여준다.

따라해보기 36-3 | 빛 세 가닥

전기장 성분이 다음과 같은 세 가닥의 빛이 어느 한 곳에서 겹쳐진다.

$$E_1 = E_0 \sin \omega t$$
$$E_2 = E_0 \sin(\omega t + 60°)$$
$$E_3 = E_0 \sin(\omega t - 30°)$$

그곳에서의 전체 빛의 전기장 성분 $E(t)$를 구하라.

풀이 ■ 전체 빛은 다음과 같다.

$$E_{합성}(t) = E_1(t) + E_2(t) + E_3(t)$$

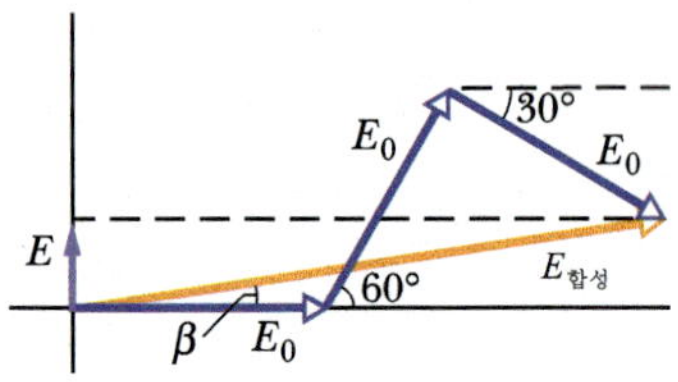

그림 36-15
진폭이 E_0로 같고, 위상상수는 0°, 60°, −30°인 세 빛을 나타내는 세 위상자를 시각 $t = 0$에 보였다. 세 위상자를 결합한 합성 위상자의 진폭은 $E_{합성}$이고 위상각은 β이다.

요점은 두 가지이다: 위상자를 써서 전체 빛의 진폭을 구할 수 있는데, 위상자의 값은 어느 순간 t에나 마음대로 셈할 수 있다. 간단히 $t = 0$으로 잡으면, 세 빛을 나타내는 위상자는 그림 36-15와 같다. 세 위상자를 곧바로 더할 수도 있고, 벡터 성분으로 나누어서 더할 수도 있다. 성분으로 나누어서 더한다면, 먼저 수평성분을 더하면 다음과 같다.

$$\sum E_{수평} = E_0 \cos 0 + E_0 \cos 60° + E_0 \cos(-30°) = 2.37E_0$$

수직성분을 더하면 다음과 같다.

$$\sum E_{수직} = E_0 \sin 0 + E_0 \sin 60° + E_0 \sin(-30°) = 0.366E_0$$

따라서 전체 빛의 전기장의 진폭 $E_{합성}$은 다음과 같다.

$$E_{합성} = \sqrt{(2.37E_0)^2 + (0.366E_0)^2} = 2.4E_0$$

그리고 E_1을 나타내는 위상자에 대한 위상각 β는 다음과 같다.

$$\beta = \tan^{-1}\left(\frac{0.366E_0}{2.37E_0}\right) = 8.8°$$

이제 전체 빛의 전기장 $E(t)$를 다음과 같이 쓸 수 있다.

$$E(t) = E_{합성} \sin(\omega t + \beta) = 2.4E_0 \sin(\omega t + 8.8°) \qquad \text{(답)}$$

그림 36-15에서 위상각 β를 정확하게 해석하려면 주의해야 한다: 이 각은 네 위상자가 한 묶음으로 원점을 중심으로 돌아갈 때, $E_{합성}$과 E_1을 나타내는 두 위상자 사이의 각이다. 위상자들은 계속 돌아가므로 그림 36-15에서 $E_{합성}$과 수평축 사이의 각은 β로 일정하게 유지되지 않는다.

연습문제 36-6

23. 같은 진동수
진동수가 같은 두 파동의 진폭이 1.00과 2.00이다. 이들의 위상차가 60.0°일 때 한 점에서 만나 간섭한다. 두 파동의 합성파의 진폭은 얼마인가?

24. 합
다음 두 양의 합 y를 구하라:

$$y_1 = 0 \sin \omega t, \quad y_2 = 8.0 \sin(\omega t + 30°)$$

25. 위상자 쓰기
위상자를 써서 다음 세 양을 더하라:

$$y_1 = 10 \sin \omega t$$
$$y_2 = 15 \sin(\omega t + 30°)$$
$$y_3 = 5.0 \sin(\omega t - 45°)$$

26. 밝기 어림하기
0.60 mm 떨어진 나란한 두 실틈에 파장 600 nm인 빛을 수직하게

비춘다. 멀리 있는 화면에서 볼 수 있는 간섭무늬의 밝기분포를 두 실틈과 화면 중심을 지나는 선을 기준으로 한 각도 θ의 함수로 범위 $0 \leqq \theta \leqq 0.0040$ rad에서 구하라.

27. 전자기파

그림 36–12에서 S_1과 S_2는 파장이 1.00 m인 전자기파를 내는 점이다. 이들이 내는 파동의 위상과 일률은 같고, 거리는 $d = 4.00$ m이다. (a) 검지기를 S_1으로부터 오른쪽으로 x축을 따라 움직이면 얼마의 거리에서 셋째 최대신호를 얻는가? (b) 가장 가까운 곳에서 얻는 최소 신호는 정확이 0인가? (**실마리**: 두 점에서 나오는 신호의 세기는 거리가 멀어져도 일정하게 유지되는가?)

28. 수평 화살

그림 36–12의 양쪽을 향하는 수평 화살은 밝기 곡선의 가운데 무늬에서 밝기가 봉우리의 최대값의 반이 되는 곳을 나타낸다. 화면 위 두 점의 각분리도 $\Delta\theta$는, 그림 36–8의 θ가 충분히 작아서 $\sin\theta \approx \theta$이면 다음과 같음을 보여라.

$$\Delta\theta = \frac{\lambda}{2d}$$

29. 더 넓은 실틈

두 실틈 간섭 실험에서 실틈 하나가 다른 것보다 더 넓어서, 화면으로 보내는 빛의 진폭이 다른 것 이 보내는 것의 두 배라고 하자. 식 36–21과 36–22에 해당하는 화면에서의 빛의 밝기 I를 θ의 함수로 구하라.

36-7 얇은 막 간섭

햇빛이 비눗방울이나 기름막을 비출 때 보이는 색깔은 얇고 투명한 막의 앞뒷면에서 반사된 빛이 간섭하여 생긴다. 비누막이나 기름막의 두께는 보통 가시광의 파장 정도이다. (더 두꺼운 막은 생각하지 않는데, 그 까닭은 간섭으로 색깔이 나타나는데 필요한 결맞음이 깨지기 때문이다. 두꺼운 막에 관한 설명은 곧 할 것이다.)

그림 36–16은 멀리 있는 점광원에서 나온 파장 λ인 밝은 빛이 두께가 고르게 L이고, 굴절률이 n_2인 얇고 투명한 막을 비추는 것을 보여준다. 막은 공기 속에 있어서 그림 36–16에서 막의 양쪽은 $n_1 = n_3$라고 하자. 간단히 빛살은 모두 막에 거의 직교한다고 하자($\theta \approx 0$). 궁금한 것은 막을 거의 수직 방향에서 볼 때 밝은가 어두운가이다. (밝은 빛이 막을 비추는데, 어떻게 해서 어둡게 보이냐고? 곧 알게 된다.)

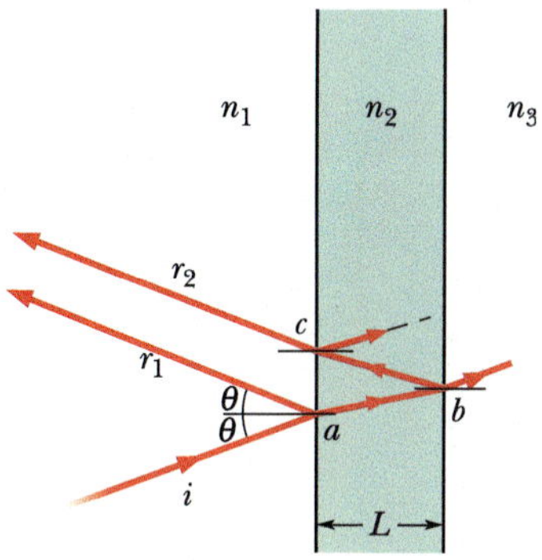

그림 36–16
빛살 i가 두께 L, 굴절률 n_2인 얇은 막에 들어온다. 빛살 r_1과 r_2는 각각 막의 앞쪽과 뒤쪽 면에서 반사된 것을 나타낸다. (세 빛살 모두 실제로는 막과 거의 직교한다.) r_1과 r_2이 간섭한 결과는 위상차에 따라 달라진다. 막의 왼쪽에 있는 매질의 굴절률 n_1은 오른쪽에 있는 매질의 굴절률 n_3과 다를 수 있지만, 지금은 두 매질 모두 공기로서 $n_1 = n_3 = 1.0$이라고 가정하며, 이것은 n_2보다 작다.

빛살 i로 나타낸 들어오는 빛은 막의 앞쪽(왼쪽)면 a에서 반사 및 굴절된다. 반사된 빛살 r_1은 우리 눈으로 들어온다. 굴절된 빛은 막을 가로질러 뒤쪽 면 b에서 반사 및 굴절된다. b에서 반사된 빛살은 막을 다시 가로질러 c에서 다시 반사 및 굴절된다. c에서 굴절된 r_2도 우리 눈으로 들어온다.

빛살 r_1과 r_2가 눈에서 위상이 정확히 맞으면, 간섭하여 최대로 밝게 되므로 막의 ac 영역은 아주 밝아 보인다. 위상이 정확히 어긋나면, 간섭하여 가장 어둡게 되므로 빛을 비추는데도 ac 영역은 어두워 보인다. 위상차가 중간 값이면, 어중간하게 간섭하여 밝기도 어중간하게 보인다.

따라서 눈에 보이는 밝기를 결정하는 핵심 요소는 빛살 r_1과 r_2의 위상차이다. 두 빛살 모두 같은 빛살 i에서 나왔지만, r_2는 눈으로 오는 동안 막을 두 번(a에서 b로, 그리고 b에서 c로) 지나지만, r_1은 막을 전혀 지나지 않는다. θ가 거의 0에 가까우므로, 빛살 r_1과 r_2의 경로차는 $2L$로 어림할 수 있다. 그렇지만, 두 파동의 위상차를 셈하려면, 경로차는 $2L$에 해당하는 파장 λ의 배수를 셈하는 것만으로는 부족하다. 그 까닭은 두 가지다: (1) 경로차는 공기가 아닌 다른 매질에서 생기고, (2) 반사될 때 위상이 변한다.

두 파동의 위상차는 둘 다 또는 어느 하나가 반사되면 변할 수 있다.

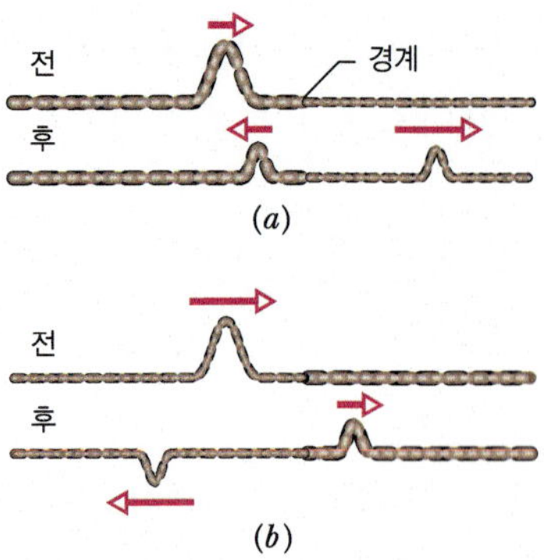

그림 36-17
선밀도가 다른 두 팽팽한 줄의 경계에서 펄스가 반사될 때 위상이 변한다. 파동 속력은 가벼운 줄에서 더 빠르다. (*a*) 펄스가 더 무거운 줄 쪽에서 들어간다. (*b*) 펄스가 더 가벼운 줄 쪽에서 들어간다. 이때만 두 줄의 경계에서 반사된 펄스의 위상이 변한다.

얇은 막에서 생기는 간섭에 관한 설명을 계속하기에 앞서, 파동이 반사될 때 생기는 위상 변화를 설명해야 한다.

• 반사할 때의 위상 이동

경계에서 굴절될 때는 결코 위상이 변하지 않는다. 그러나 반사될 때는 경계면의 양쪽 매질의 굴절률에 따라 위상이 변할 수 있다. 그림 36-17은 역학적 파동 펄스가 더 무거운 줄(펄스의 진행 속력이 상대적으로 더 느리다)과 더 가벼운 줄(펄스의 진행 속력이 상대적으로 더 빠르다)의 경계에서 반사될 때 위상이 변하는 것을 보여주어, 빛 파동이 반사될 때 위상이 변하는 것을 설명한다. 이 효과는 17-10절에서 설명한 것과 똑같다. 줄을 따라가는 펄스는 줄 끝이 기둥에 묶여 있을 때(묶인 끝)와 기둥을 따라 미끄러질 수 있을 때(풀린 끝) 달리 반사된다는 것을 상기하라(그림 17-28 참조). 무거운 줄과 마주쳐 반사되는 것은 묶인 끝에서 반사되는 것과 비슷하고, 가벼운 줄과 마주쳐 반사되는 것은 풀린 끝에서 반사되는 것과 비슷하다.

그림 36-17*a*에서 펄스가 더 무거운 줄을 따라 상대적으로 더 느리게 가다가 가벼운 줄과의 경계에 이르면, 펄스의 일부는 투과되고 일부는 반사되는데 펄스의 방향은 바뀌지 않는다. 빛에서는 이러한 상황은 굴절률 n이 더 큰 매질 (n이 더 크면 빛의 속력이 더 느리다는 것을 상기하라) 쪽에서 빛이 들어가는 것에 해당한다. 이 경우 경계에서 반사되는 빛은 위상이 변하지 않는다. 곧 반사 위상 이동은 0이다.

그림 36-17*b*에서 펄스가 더 가벼운 줄을 따라 더 빨리 가다가 무거운 줄과의 경계에 이르러도, 펄스의 일부는 투과되고 일부는 반사된다. 투과된 펄스의 방향은 들어온 펄스와 같지만, 이번에는 반사된 펄스가 뒤집힌다. 사인함수꼴 파동에서는 그렇게 뒤집히면 위상변화가 π 라디안 또는 반파장만큼 생긴다. 빛에서는 이러한 상황은 굴절률이 더 작은 (빛의 속력이 더 빠른) 매질 쪽에서 빛이 들어가는 것에 해당한다. 이 경우 경계에서 반사되는 빛은 위상이 π 라디안 또는 반파장만큼 변한다.

빛에 대한 결과를 빛을 반사시키는 매질의 굴절률을 써서 요약할 수 있다:

반사시키는 매질	반사 위상 이동	위상 변화 (라디안)
굴절률이 더 작은 매질	0.0λ	0
굴절률이 더 큰 매질	0.5λ	π

이것을 기억하려면 다음을 외워라: '굴절률이 더 큰 매질에서 반사되면 위상변화 180°.'

• 얇은 막 간섭 방정식

이 장에서는 두 빛 파동의 위상차가 변하는 방법이 세 가지임을 알았다:

1. 반사
2. 파동이 가는 경로의 길이가 다를 때
3. 파동이 가는 매질의 굴절률이 다를 때

얇은 막에서 빛이 반사되어 그림 36-16의 빛살 r_1과 r_2가 생길 때, 위의 세 가지 방법 모두가 들어간다. 이제 이들을 하나씩 따져보자.

먼저 그림 36-16의 두 반사를 살펴보자. 앞쪽 경계면의 a에서 (공기쪽에서) 들어오는 파동은 굴절률이 더 높은 매질에서 반사되므로, 반사된 빛살 r_1은 0.5 파장만큼 위상이 변한다. 뒤쪽 경계면의 b에서, (유리쪽에서) 들어오는 파동은 굴절률이 더 낮은 매질(공기)에서 반사되므로, 반사된 빛살은 위

표 36-1
공기 속의 얇은 막 간섭에 대한 표[a]

반사 위상 이동	r_1	r_2
	0.5 파장	0
경로차	$2L$	
경로차가 생기는 매질의 굴절률	n_2	

[a] $n_2 > n_1$이고 $n_2 > n_3$일 때 성립.

상이 변하지 않고, 따라서 일부가 막을 빠져 빛살 r_2도 위상이 변하지 않는다. 이 정보는 표 36-1의 첫줄과 같이 정리할 수 있다. 이것은 지금까지는, 반사 위상 이동의 결과 빛살 r_1과 r_2는 위상차 0.5 파장이 있고, 따라서 정확히 위상이 어긋나 있다.

표 36-1에 정리한 정보를 바탕으로 보강 간섭(위상이 맞음)과 소멸 간섭(위상이 어긋남)을 예측하는데 다음과 같은 규칙을 쓸 수 있다:

> 파장 λ인 두 파동이 두께 L, 굴절률 n_2인 막을 지나오면
>
> 다음 조건이 맞으면 보강 간섭을 한다: $2L = \left(\text{정수} + \frac{1}{2}\right) \times \frac{\lambda}{n_2}$
>
> 다음 조건이 맞으면 소멸 간섭을 한다: $2L = \text{정수} \times \frac{\lambda}{n_2}$
>
> 이 식은 $n_2 > n_1$이고 $n_2 > n_3$일 때 성립한다.

이제 빛살 r_2가 막을 두 번 가로지르기 때문에 생기는 경로차 $2L$을 생각해야 한다. (이 차이 $2L$은 위의 식에 보였다. 두 빛살 r_1과 r_2의 위상이 정확히 맞아 온전한 보강 간섭을 하려면, 경로차 $2L$은 0.5, 1.5, 2.5, ⋯ 파장의 위상차를 주어야 한다. 오직 그때만 알짜 위상차가 파장의 정수배가 된다. 따라서 막이 밝게 보이려면 다음 조건이 충족되어야 한다.

$$2L = \left(\text{정수} + \tfrac{1}{2}\right) \times \text{파장} \quad \text{(위상이 맞는 파동)} \tag{36-29}$$

여기에서 파장은 경로의 길이 $2L$가 들어있는 매질, 곧 굴절률이 n_2인 매질 속에서의 파장 λ_{n2}이다. 따라서 식 36-29를 다음과 같이 고쳐 쓸 수 있다.

$$2L = \left(\text{정수} + \tfrac{1}{2}\right) \times \lambda_{n_2} \quad \text{(위상이 맞는 파동)} \tag{36-30}$$

그렇지 않고, 두 파동의 위상이 정확히 어긋나 온전한 소멸 간섭을 하려면, 경로의 길이 $2L$은 위상차를 더 주지 않거나 1, 2, 3, ⋯ 파장의 위상차를 주어야 한다. 오직 그때만 알짜 위상 차가 반파장의 홀수배가 된다. 따라서 막이 어둡게 보이려면 다음 조건이 충족되어야 한다.

$$2L = \text{정수} \times \text{파장} \quad \text{(위상이 어긋난 파동)} \tag{36-31}$$

여기에서도 파장은 경로의 길이 $2L$이 들어 있는 매질 속에서의 파장 λ_{n2}이다. 따라서 위 식을 다음과 같이 고쳐 쓸 수 있다.

$$2L = \text{정수} \times \lambda_{n_2} \quad \text{(위상이 어긋난 파동)} \tag{36-32}$$

이제 식 36-8 ($\lambda_n = \lambda/n$)을 써서 막 속에서의 빛살 r_2의 파장을 다음과 같이 쓸 수 있다.

$$\lambda_{n_2} = \frac{\lambda}{n_2} \tag{36-33}$$

여기에서 λ는 들어오는 빛의 진공에서의(어림하여 공기에서의) 파장이다. 식 36-33을 식 36-30에 넣고 '(정수 + $\frac{1}{2}$)' 를 $(m + \frac{1}{2})$로 바꾸면 다음 결과를 얻는다.

$$2L = \left(m + \tfrac{1}{2}\right)\frac{\lambda}{n_2}, \quad m = 0, 1, 2, \cdots \text{ (최대 — 공기 속에서 밝은 막)} \tag{36-34}$$

마찬가지로, 식 36-32에서 '정수' 를 m으로 바꾸면 다음 결과를 얻는다.

$$2L = m\frac{\lambda}{n_2}, \quad m = 0, 1, 2, \cdots \text{ (최소 — 공기 속에서 어두운 막)} \tag{36-35}$$

막의 두께 L이 정해지면, 식 36-34와 36-35로부터 각각 밝고 어둡게 보이는 빛의 파장을 낱낱의 차수 m을 정할 수 있다. 그 중간 파장의 빛은 밝기도 중간이 된다. 파장 λ가 정해지면, 식 36-34와 36-35로부터 각각 밝고 어둡게 보이는 부분의 막의 두께를 낱낱의 차수 m에 대해 정할 수 있다. 그 중간 두께의 막은 밝기도 중간이 된다.

막이 아주 얇아서 L이 λ보다 훨씬 작은, 말하자면 $L < 0.1\lambda$인 상황은 특별하다. 그러면 경로차 $2L$은 무시할 수 있고, 두 빛살 r_1과 r_2의 위상차는 반사 위상 이동 때문에 생기는 것뿐이다. 그림 36-16의 막에서 반사될 때 0.5 파장의 위상차가 생기는데, 두께가 $L < 0.1\lambda$이면, 두 빛살 r_1과 r_2은 위상이 정확히 어긋나고, 따라서 빛의 파장에 상관없이 그리고 비추는 빛의 밝기에도 상관없이 막은 어둡게 보인다. 이것은 식 36-35에서 $m = 0$인 특수한 상황이다. 막의 두께가 어떤 값이든 $L < 0.1\lambda$이면 식 36-35에서 명시하는 최소 두께로서 그림 36-16의 막이 어둡게 보이는 것으로 간주한다. (그러한 두께의 막은 모두 $m = 0$에 해당한다.) 막이 다시 또 어둡게 보이는 다음 번 두께는 $m = 1$에 해당한다.

그림 36-18은 비누막을 세워 비눗물이 흘러내려 두께가 위에서 아래로 갈수록 두꺼워지게 한 것이다. 그렇지만, 맨 윗부분은 아주 얇아서 어둡게 보인다. (더 두꺼운) 중간 부분에서는 여러 가지 색깔의 띠가 보이는데, 이것은 주로 그 색깔에 해당하는 파장의 빛이 반사되어 그 부분에서 두께에 따라 온전한 보강 간섭을 하기 때문이다. 막의 (가장 두꺼운) 맨 아래쪽으로 가면서 띠의 폭이 점점 더 좁아지고, 색깔이 겹치면서 희미해진다.

그림 36-18
수직으로 세운 고리에 걸려 있는 비누막에서 반사된 빛. 맨 윗부분은 아주 얇아서 반사된 빛은 소멸간섭을 하여 어둡게 보인다. 중간 부분에서는 여러 가지 색깔의 띠가 보이는데, 막 속에서 비눗물이 중력에 끌려 계속 아래쪽으로 흐르기 때문에 색깔이 조금 흐리다.

• 모포 나비 날개의 진줏빛

얇은 막 간섭으로 색깔을 보여주는 표면을 **진줏빛**이 난다고 하는데, 그 까닭은 보는 방향에 따라서 표면 색깔이 다르게 보이기 때문이다. 모포 나비 날개 겉면의 무지개 색도 날개에 붙어 있는 투명한 표피 물질이 얇게 계단처럼 배열되어 있어 그곳에서 반사되는 빛이 얇은 막 간섭을 일으키기 때문이다. 이러한 계단은 날개에 대해 수직 방향으로 나뭇가지 같은 구조에 넓고 평평한 가지처럼 배열되어 있다.

날개에 흰빛을 곧바로 비추면서 이 계단을 곧바로 내려다보면, 계단에서 반사되어 눈에 들어오는 빛은 가시광의 파랑-녹색 영역에서 온전한 보강 간섭을 한다. 가시광 스펙트럼의 반대쪽에 있는 노랑-빨강 빛은 중간 간섭을 하기 때문에 약하게 보인다. 따라서 날개의 겉 표면은 파랑-녹색으로 보인다.

날개에서 반사된 빛을 다른 방향에서 보면, 빛은 계단을 비스듬히 지나기 때문에 온전한 보강 간섭을 하는 파장은 곧바로 위에서 볼 때와 달라진다. 따라서 날개를 눈앞에서 돌려 보는 방향을 바꾸면, 날개에서 가장 밝게 보이는 색깔이 변하여 밝은 무지개 같은 색깔로 보인다.

따라해보기 36-4 | 가장 밝게 반사되는 빛의 색깔

굴절률 $n_2 = 1.33$이고 두께 $L = 320\,\mu\text{m}$인, 공기중에 걸려 있는 물막에 가시광 파장 범위인 400~690 nm에서 밝기가 고른 흰빛이 수직하게 들어온다. 반사된 빛이 밝게 보이는 파장 λ는 얼마인가?

풀이 ■ 요점은 막에서 반사된 빛이 가장 밝게 보이는 파장 λ는 반사된 빛살의 위상이 맞는 조건에 따라 정해진다는 것이다. 파장 λ를 막의 굴절률 n_2와 두께 L과 이어주는 식은 반사 위상 이동이 있는가 없는가에 따라 식 36-34 또는 식 36-35이 된다.

어떤 식을 쓸까를 판단하려면, 표 36-1과 같은 표를 꾸며야 한다. 그렇지만, 물막 양쪽에 공기가 있으므로, 이 상황은 그림 36-12와 똑같고, 따라서 표는 표 36-1과 똑같다. 그러면 표 36-1에서 다음 조건이 충족될 때 반사된 빛살의 위상이 맞게 됨을 (따라서 막이 가장 밝게 보임을) 알 수 있다.

$$2L = \left(\text{정수} + \tfrac{1}{2}\right)\frac{\lambda}{n_2}$$

이로부터 식 36-34가 나온다:

$$2L = \left(m + \tfrac{1}{2}\right)\frac{\lambda}{n_2}$$

λ에 대해 풀고 n_2과 L의 값을 넣으면 다음 결과를 얻는다.

$$\lambda = \frac{2n_2 L}{m+\frac{1}{2}} = \frac{(2)(1.33)(320\text{ nm})}{m+\frac{1}{2}} = \frac{851\text{ nm}}{m+\frac{1}{2}}$$

$m = 0$이면, 이로부터 $\lambda = 1700$ nm를 얻는데, 이것은 적외선 영역에 있다. $m = 1$이면, $\lambda = 567$ nm인데, 이것은 노랑-녹색 빛으로 가시광 스펙트럼의 가운데에 가깝다. $m = 2$이면, $\lambda = 340$ nm인데, 이것은 자외선 영역에 있다. 따라서 밝게 보이는 파장은 다음과 같다.

$$\lambda = 567\text{ nm} \qquad \text{(답)}$$

따라해보기 36-5 | 불화 마그네슘 박막

그림 36-19는 유리 렌즈의 면에서 빛이 반사되는 것을 줄이고자 한쪽 면에 불화 마그네슘(MgF_2)을 입힌 것이다. MgF_2의 굴절률은 1.38, 유리의 굴절률은 1.50이다. 가시광 스펙트럼의 가운데($\lambda = 550$ nm)에서 반사가 되지 않는 막으로서 가장 얇은 것은 두께가 얼마인가? 빛은 렌즈 면에 거의 수직하게 들어온다고 하자.

풀이 ■ 요점은 반사를 없애려면 막의 두 경계면에서 반사된 빛의 위상이 정확히 어긋나게 두께 L을 정해주어야 한다는 것이다. 얇은 막의 두께 L을 막의 굴절률 n_2와 들어오는 빛의 파장 λ와 이어주는 식은 반사 위상 이동이 있는가 없는가에 따라 식 36-34 또는 식 36-35이 된다.

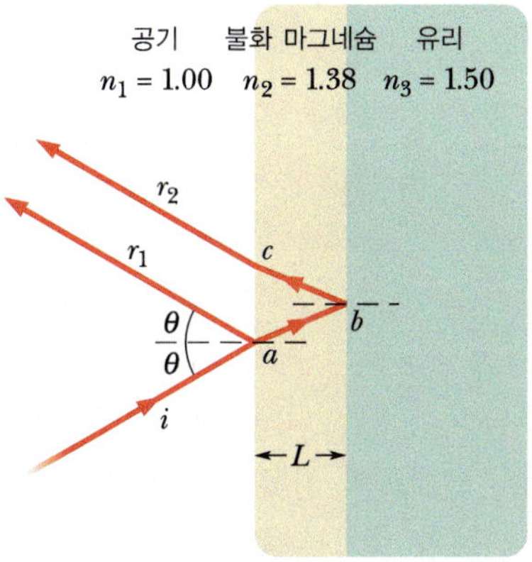

그림 36-19
유리 표면에 얇고 투명한 불화 마그네슘 막을 (정해진 빛의 파장에 맞추어) 적당한 두께로 입히면 유리면에서 반사되는 빛을 줄일 수 있다.

어떤 식을 쓸까 판단하려면 표 36-1을 만든다. 첫째 경계면에서는 빛이 들어오는 쪽은 공기인데, 굴절률이 MgF_2(얇은 막)보다 작다. 따라서 표의 r_1 아래에 0.5 파장을 채워 넣는다 (이것은 빛살 r_1이 첫째 경계면에서 반사될 때 위상이 0.5λ만큼 변함을 뜻한다). 둘째 경계면에서는 빛이 들어오는 쪽이 MgF_2인데, 굴절률이 다음 매질인 유리보다 작다. 따라서 표의 r_2 아래에 0.5 파장을 채워 넣는다.

두 반사 모두 위상 이동을 똑같이 일으키므로, 두 빛살 r_1과 r_2의 위상차는 반사를 통해서는 변하지 않는다. 반사를 줄이려면 두 빛살의 위상이 어긋나게 해야 하므로, 이들의 경로차 $2L$이 반파장의 홀수배가 되게 해야 한다:

$$2L = \left(\text{정수} + \tfrac{1}{2}\right)\frac{\lambda}{n_2}$$

이것에서 식 36-34가 나온다. 이 식을 L에 대해 풀면 렌즈에서 반사되는 빛을 줄이는데 필요한 막의 두께가 나온다:

$$L = \frac{1}{2}\left(m + \frac{1}{2}\right)\frac{\lambda}{n_2}, \quad m = 0, 1, 2, \cdots \qquad (36\text{–}36)$$

막은 얇아야 입히기 쉬우므로 L값이 가장 작은 것이 좋다. 따라서 m의 최소값인 $m = 0$을 고른다. 이 값과 다른 조건을 식 36–36에 넣고 셈하면 다음 결과를 얻는다.

$$L = \frac{\lambda}{4n_2} = \frac{550\text{ nm}}{(4)(1.38)} = 99.6\text{ nm} \qquad \text{(답)}$$

따라해보기 36-6 | 붉은 빛

그림 36–20a는 투명한 플라스틱 조각인데, 오른쪽에 얇은 쐐기꼴 틈이 있어 공기가 차 있다. (그림에서 쐐기꼴 틈은 부풀려 그렸다.) 조각 위쪽에서 파장 632.8 nm인 붉은 빛다발을 아래로 비춘다(입사각은 0°이다). 쐐기꼴의 위쪽과 아래쪽 면에서 빛의 일부가 반사되어, 쐐기꼴 틈은 (공기로 된) 얇은 막과 같은 구실을 하는데, 두께가 왼쪽의 $L_{왼쪽}$에서 오른쪽의 $L_{오른쪽}$까지 고르게, 차근차근 변한다. (쐐기꼴의 위아래 플라스틱 층은 너무 두꺼워 얇은 막으로 볼 수 없다.) 덩어리를 내려다보면 쐐기꼴 속에서 여섯 개의 어두운 줄무늬와 다섯 개의 밝은 줄무늬를 볼 수 있다. 쐐기꼴의 왼쪽과 오른쪽 끝에서의 두께의 차이 $\Delta L = L_{오른쪽} - L_{왼쪽}$은 얼마인가?

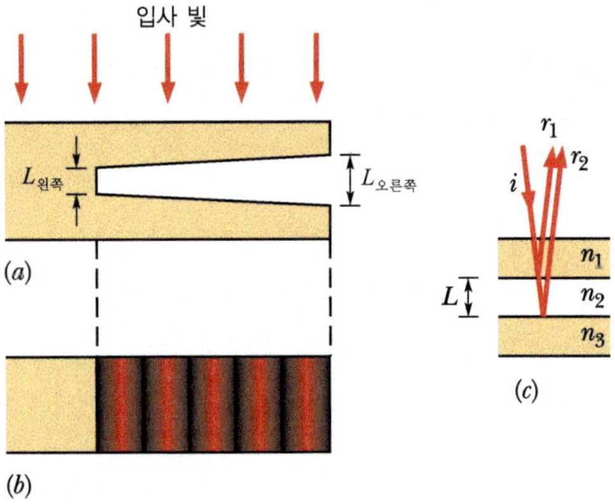

그림 36–20
(a) 투명한 플라스틱 덩어리 속에 있는 얇은, 공기가 찬 쐐기꼴 틈에 붉은 빛을 비춘다. 쐐기꼴 틈의 두께는 왼쪽 끝이 $L_{왼쪽}$, 오른쪽 끝이 $L_{오른쪽}$이다. (b) 덩어리를 위에서 본 모습: 쐐기꼴 전체에 걸쳐 어두운 띠 여섯 개, 밝은 띠 다섯 개인 간섭무늬가 보인다. (c) 들어오는 빛살 i, 반사된 빛살 r_1과 r_2, 그리고 쐐기꼴의 어느 부분에서의 두께 L을 나타냈다.

풀이 ■ 요점 하나는 공기로 채워진 쐐기꼴의 어느 한 곳의 밝기는 쐐기꼴의 위아랫면에서 반사된 빛살의 간섭에 따라 결정된다는 것이다. 또 하나의 **요점**은 쐐기꼴에 밝고 어두운 줄무늬가 번갈아 보이는 까닭은 쐐기를 따라가며 공기층의 두께가 조금씩 달라지기 때문이라는 것이다. 어떤 곳에서는 쐐기의 두께가 적당하여 반사된 두 빛살의 위상이 맞아 밝게 보이고(밝은 붉은 띠), 다른 곳에서는 쐐기의 두께가 달라져 반사된 두 빛살의 위상이 어긋나 어둡게 보인다(어두운 붉은 띠).

어두운 띠가 밝은 띠보다 더 많이 보이므로, 쐐기꼴의 왼쪽과 오른쪽 양끝에 어두운 띠가 생기는 것으로 가정할 수 있다. 따라서 간섭무늬는 그림 36–20b과 같고, 이것을 써서 쐐기꼴의 두께 차이 ΔL을 결정한다.

또 다른 **요점**은 쐐기꼴의 어느 한 곳의 위아래쪽 면에서의 빛의 반사를 그림 36–20c로 나타낼 수 있다는 것이다. 여기에서 L은 쐐기꼴의 두께이다. 이 그림을 쐐기꼴의 왼쪽 끝, 어두운 띠가 생기는 곳에 적용하자.

어두운 띠가 생기면 그림 36–20c의 두 빛살 r_1과 r_2의 위상이 어긋난다는 것을 알고 있다. 우리는 또한 막의 두께 L을 막의 굴절률 n_2와 들어오는 빛의 파장 λ와 이어주는 식은 반사 위상 이동이 있는가 없는가에 따라 식 36–34 또는 식 36–35이 된다는 것도 알고 있다. 쐐기꼴의 왼쪽 끝에 어두운 띠가 생기는 것에 맞는 식을 결정하려면 표 36–1을 채워야 한다.

쐐기꼴의 위쪽 면에서 빛이 들어오는 쪽은 플라스틱으로 굴절률이 경계면의 아래에 있는 공기보다 크다. 따라서 표의 r_1 아래에 0을 채운다. 아래쪽 면에서 빛이 들어오는 쪽은 공기로 굴절률이 경계면의 아래에 있는 플라스틱보다 작다. 따라서 표의 r_2 아래에 0.5 파장을 채운다. 그러므로 두 경계면에서의 반사만으로도 두 빛살 r_1과 r_2의 위상이 어긋나게 된다.

사실 쐐기꼴의 왼쪽 끝에서 이미 반사된 두 빛살 r_1과 r_2의 위상이 어긋나 있으므로, 그곳에서의 경로차 $2L$는 다음과 같아야 한다.

$$2L = \text{정수} \times \frac{\lambda}{n_2}$$

이것은 식 36–35와 같다:

$$2L = m\frac{\lambda}{n_2}, \quad m = 0, 1, 2, \cdots \qquad (36\text{–}37)$$

요점이 하나 더 있다: 식 36–37은 쐐기꼴의 왼쪽 끝은 물론 오른쪽 끝을 포함하여 어디든 어두운 띠가 생기는 곳에 적용되며, 다만 낱낱의 띠마다 차수 m이 다르다. m 값이 가장 작은 곳은 쐐기꼴의 두께가 가장 얇은 곳이다. 왼쪽 끝에서의 값을 $m_{왼쪽}$이라 하면, 오른쪽 끝에서의 값 $m_{오른쪽}$은 $m_{왼쪽+5}$가 되어야 하는데, 그 까닭은 그림 36-20*b*에서 오른쪽 끝의 어두운 띠는 왼쪽 끝에서 다섯 번째이기 때문이다.

결정하려는 것은 쐐기꼴의 왼쪽 끝과 오른쪽 끝의 두께 차이 ΔL이다. 이것을 구하려면 먼저 식 36-37을 두 번 — 한 번은 왼쪽 끝의 $L_{왼쪽}$을, 다른 한 번은 오른쪽 끝의 $L_{오른쪽}$을 — 푼다:

$$L_{왼쪽} = (m_{왼쪽})\frac{\lambda}{2n_2}, \quad L_{오른쪽} = (m_{왼쪽} + 5)\frac{\lambda}{2n_2} \tag{36-38}$$

두께 차이 ΔL를 구하려면 $L_{오른쪽}$에서 $L_{왼쪽}$을 빼고, 쐐기 속의 공기의 굴절률 $n_2 = 1.00$을 포함한 자료를 넣어 셈한다:

$$\Delta L = L_{오른쪽} - L_{왼쪽} = (m_{왼쪽} + 5)\frac{\lambda}{2n_2} - (m_{왼쪽})\frac{\lambda}{2n_2} = \frac{5}{2}\frac{\lambda}{n_2}$$

$$= \frac{5}{2}\frac{632.8 \times 10^{-9}\,\text{m}}{1.00} = 1.58 \times 10^{-6}\,\text{nm} \qquad \text{(답)}$$

연습문제 36-7

30. 반사

그림 36-21에서 빛살 W_1은 반사면에서 한 번 반사되고; W_2는 반사면에서 두 번, 거리 L인 곳에 있는 은거울에서 한 번 반사된다. 두 빛은 처음에는 위상이 같았고, 파장은 620 nm이다. 빛살이 조금 기울어진 것은 무시한다. (a) 두 빛의 위상이 정확히 어긋나는 가장 작은 L값은 얼마인가? (b) 은거울을 얼마 움직이면 두 빛의 위상이 또 다시 정확히 어긋나는가?

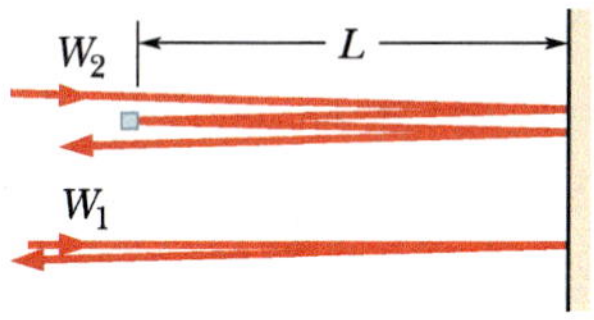

그림 36-21 문제 30과 32

31. 밝은 빛

파장 585 nm인 밝은 빛이 공중에 걸린 두께 1.21 μm인 비누막($n = 1.33$)을 수직으로 비춘다. 이 막의 양쪽 면에서 반사되는 빛이 간섭할 때 거의 소멸되는가 아니면 보강되는가?

32. 정확히 위상이 어긋남

문제 30의 빛 파동의 위상이 처음에 정확히 어긋났다고 하자. 반사된 빛의 위상이 정확히 맞게 되는 L값에 대한 식을 (파장 λ단위로) 구하라.

33. 비누막

파장 624 nm인 밝은 빛이 공중에 걸린, 두께가 고른 비누막($n = 1.33$)을 수직으로 비춘다. 이 막의 양쪽 면에서 반사되는 빛이 완전히 보강 간섭을 하는 비누막의 최소 두께는 얼마인가?

34. 사진기 렌즈

굴절률이 1.30보다 큰 사진기 렌즈에 굴절률이 1.25인 얇은 투명막을 입혀 간섭에 의해 렌즈에 수직입사하는 파장 λ인 빛의 반사를 없애려 한다. 막의 최소 두께를 λ단위로 구하라.

35. 인조 금강석

옷에 다는 보석인 인조 금강석은 굴절률 1.50인 유리로 되어 있다. 이것이 빛을 더 잘 반사하도록 굴절률이 2.0인 일산화은 막을 입힌다. 파장 560 nm인 빛이 수직입사하여 막의 양면에서 반사될 때 온전히 보강 간섭하게 만드는 막의 최소 두께는 얼마인가?

36. 다섯 절

그림 36-22에서 허공에 매달린 다섯 조각의 투명한 물체에 파장 600 nm인 빛이 수직입사한다. 이 물체의 굴절률은 1.50이다. 각 조각의 두께는 $L = 4.00\,\mu$m 단위로 나타냈다. 윗면과 아랫면에서 반사된 빛이 온전히 보강 간섭하는 곳은 어느 부분인가?

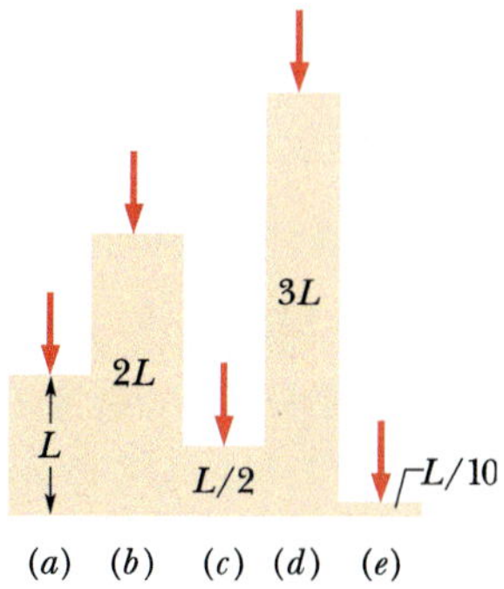

그림 36-22 문제 36

37. 유리에 막 입히기

평유리($n = 1.50$)에 투명한 재료($n = 1.25$)를 입혀 파장 600 nm인 빛의 반사가 간섭에 의해 사라지게 만들고 싶다. 막의 최소두께는 얼마이어야 하는가?

38. 얇은 막 네 개

그림 36-23에서 두께 L인 얇은 막 네 개에 수직입사한다. 막과 위아래 부분의 굴절률은 그림에 보였다. 빛의 공기 속에서의 파장을 λ, 각 층의 굴절률을 n_2라 하자. 그림 36-23*a*에 보인 것처럼 곧바로 투과되는 빛살과 막의 위아랫면에서 한 번씩 두 번 반사되는 빛

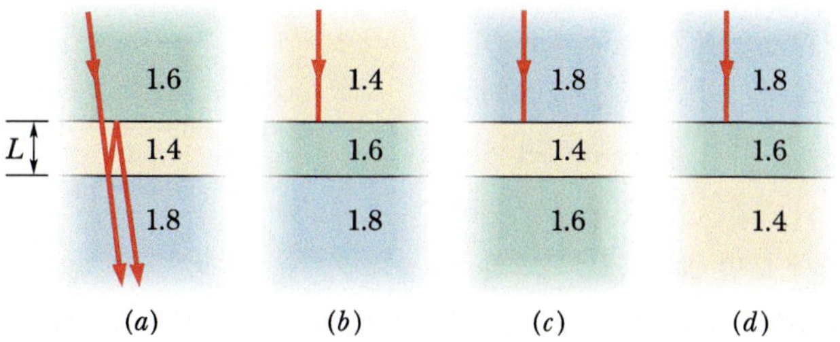

그림 36-23 문제 38과 39

살만 생각한다. 투과된 두 빛살이 온전히 보강 간섭을 하는 조건이 아래의 식이 되는 상황은 어느 것인가?

$$\lambda = \frac{2Ln_2}{m} \quad m = 1, 2, 3, \cdots$$

39. 새는 유조선

좌초된 유조선에서 휘발유($n = 1.20$)가 태안 앞바다로 새어나가 바닷물($n = 1.30$)에 기름막이 넓게 덮여 있다. (a) 해가 머리 위에 있고 기름막의 두께가 460 nm일 때 비행기에서 곧바로 아래를 내려다보면 가시광의 어떤 파장에서 반사되는 빛이 보강 간섭으로 가장 밝게 보이겠는가? (b) 같은 조건에서 바닷속으로 뛰어 들어간다면 투과되는 빛이 어떤 파장에서 가장 밝게 보이겠는가? (**실마리**: 그림 36–22*a*와 적절한 굴절률을 써라.)

40. 단색 빛 1

공기 속에 놓인 유리판에 고르게 덮인 얇은 기름막에 단색 빛살이 수직하게 들어온다. 빛살의 파장은 연속적으로 조절할 수 있다. 파장이 500 nm와 700 nm일 때 반사되는 빛살이 완전히 소멸간섭을 일으켰고, 그 사이의 파장에서는 그런 일이 없었다. 굴절률은 기름이 1.30, 유리는 1.50이라면 기름막의 두께는 얼마인가?

41. 단색 빛 2

공기 속에 놓인 유리판에 고르게 덮인 얇은 기름막에 단색 빛살이 수직하게 들어온다. 빛살의 파장은 연속적으로 조절할 수 있다. 파장이 500 nm와 700 nm일 때 반사되는 빛이 완전히 소멸간섭을 일으켰고, 그 사이의 파장에서는 그런 일이 없었다. 유리의 굴절률이 1.50이라면 기름막의 굴절률은 1.50보다 직아야 힘을 보여라.

42. 비누막 2

공중에 걸린 두께가 고른 비누막에 흰빛을 수직하게 비추면 반사되는 빛은 파장 600 nm에서 가장 밝고 450 nm에서 가장 어두우며, 사이 파장에서는 더 어둡지 않다. 비누막의 굴절률이 1.33이라면 두께는 얼마인가?

43. 유리판

그림 36–24와 같이 파장 683 nm인 빛을 폭넓게 아래쪽에 있는 유리판 두 장에 비춘다. 두 유리판의 길이는 120 mm이고, 왼쪽 끝이 붙어 있으며, 오른쪽 끝에는 지름 0.048 mm인 철사가 끼어 있다. 유리판 사이의 공기는 얇은 막의 구실을 한다. 위쪽에서 보면 밝은 간섭무늬가 몇 개 보이겠는가?

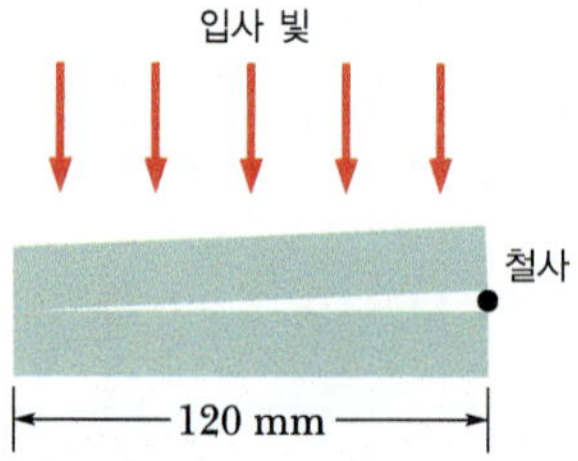

그림 36–24 문제 43과 44

44. 곧 바로 아래쪽

그림 36–24에서 흰빛을 아래쪽에 있는 유리판 두 장에 비춘다. 두 유리판의 왼쪽 끝이 붙어 있고 오른쪽 끝에는 지름 0.048 mm인 철사가 끼어 있다. 유리판 사이의 공기는 얇은 막의 구실을 한다. 위쪽에서 보면 이 공기막 때문에 밝고 어두운 간섭무늬가 보인다. (a) 맨 왼쪽에는 보이는 간섭무늬는 밝은가 어두운가? (b) 오른쪽으로는 온전한 소멸간섭이 일어나는 곳이 빛의 파장에 따라 다르다. 붉은 빛과 파란 빛 어느 것이 먼저 소멸간섭을 일으키는가?

45. 쐐기꼴

파장 630 nm인 빛이 굴절률이 1.50인 물질로 된 얇은 쐐기꼴 박막에 수직으로 들어온다. 이 막을 지나온 빛을 보니 막을 따라 밝은 줄무늬가 10개, 어두운 줄무늬가 9개 나타났다. 막의 양끝의 두께 차이는 얼마인가?

46. 아세톤

두꺼운 유리판($n = 1.50$)에 얇은 아세톤 막($n = 1.25$)을 입혔다. 흰빛이 이 막에 수직하게 들어온다. 반사되는 빛은 파장 600 nm에서 온전한 소멸간섭, 700 nm에서 온전한 보강 간섭을 한다. 아세톤 막의 두께를 구하라.

47. 유리판 두 장

유리판 두 장이, 한끝은 붙어 가운데에 쐐기꼴 공기막이 생겼다. 파장 480 nm인 빛을 유리판에 수직하게 폭넓게 비추고 반사되는 빛을 보는데, 공기막 때문에 간섭무늬가 보인다. 유리판이 붙어 있는 곳에서부터 세어 여섯 번째와 열여섯 번째 밝은 줄무늬가 있는 곳의 쐐기꼴의 두께 차는 얼마인가?

48. 폭넓은 빛다발

유리판 두 장을, 한쪽 끝을 붙여 가운데에 쐐기꼴 공기막을 만들었다. 여기에 단색 빛을 폭넓게 비추어 공기막에서 반사된 빛이 만드는 간섭무늬를 보니 맨 끝에 4001번째 어두운 띠가 나타났다. 유리판 사이의 공기를 완전히 빼니 맨 끝에 4000번째 어두운 띠가 나타났다. 이 자료로부터 공기의 굴절률을 셈하라.

49. 곡률 반지름

그림 36–25*a*는 평유리판 위에 곡률 반지름이 R인 렌즈를 놓고 위에서 파장 λ인 빛을 비추는 것을 보여준다. 그림 36–25*b*(위에서 렌즈를 찍은 사진)은 동심원 꼴 간섭무늬(뉴턴 고리라고 부른다)를 보여주는데, 이것은 평 유리와 렌즈면 사이의 공기의 두께가 변하기 때문에 생긴다. $r/R \ll 1$로 가정하고 밝은 간섭무늬가 생기는 반지름 r을 구하라.

50. 뉴턴 고리 1

뉴턴 고리 실험(문제 49를 보라)에서 렌즈의 곡률 반지름 R은 5.0 m이고 렌즈의 지름은 20 mm이다. (a) 밝은 고리가 몇 개 생기

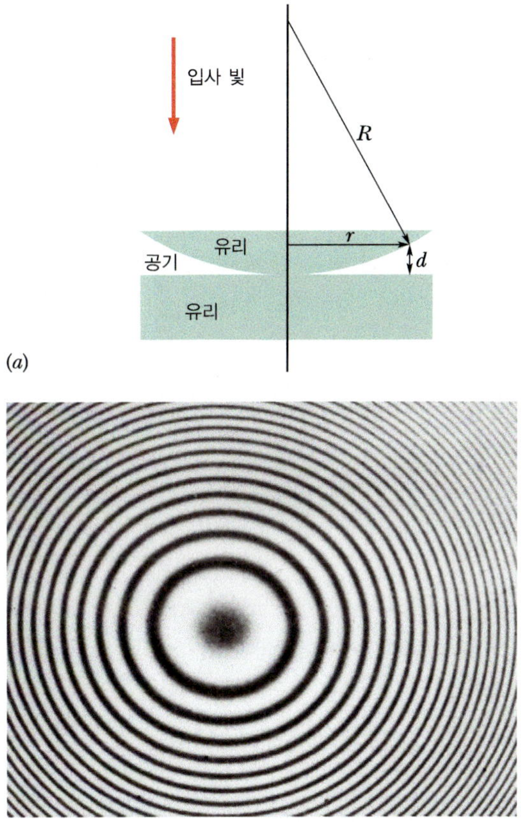

그림 36-25 문제 49~52

는가? $\lambda = 589\,\text{nm}$로 가정하라. (b) 이것을 물($n = 1.33$) 속에 담그면 밝은 고리가 몇 개 생기는가?

51. 뉴턴 고리 2

뉴턴 고리 실험 장치를 써서 어떤 렌즈의 곡률 반지름을 재려 한다(그림 36-25와 문제 49를 보라). 파장 546 nm인 빛을 써서 n번째와 $(n+20)$번째 밝은 고리의 반지름을 재니 각각 0.162 cm와 0.368 cm이다. 렌즈의 아래쪽 면의 곡률 반지름을 셈하라.

52. 뉴턴 고리 3

(a) 뉴턴 고리 실험에서 이웃한 두 밝은 줄무늬의 반지름의 차이는 다음과 같음을 문제 49의 결과를 써서 보여라.

$$\Delta r = r_{m+1} - r_m \approx \tfrac{1}{2}\sqrt{\lambda R/m}$$

여기에서 $m \gg 1$로 가정한다. (b) 이웃한 두 밝은 줄무늬 사이의 넓이는 다음과 같음을 보여라.

$$A = \pi\lambda R$$

여기에서 $m \gg 1$로 가정한다. 이 넓이는 m과 무관하다.

53. 극초단파 송신기

그림 36-26에서 넓은 호수의 기슭에, 수면 위 높이 a인 곳에 있는 극초단파 송신기가 파장 λ인 극초단파를 반대쪽 기슭의 수면 위 높이 x인 곳에 있는 수신기로 보낸다. 수면에서 반사된 극초단파가 송신기에서 곧바로 간 것과 간섭한다. 호수의 폭 D가 a와 x에 비해 아주 크고, $\lambda > a$라면, x가 얼마일 때 수신기의 신호가 가장 세지겠는가? (**실마리**: 극초단파가 반사될 때 위상이 바뀌는가?)

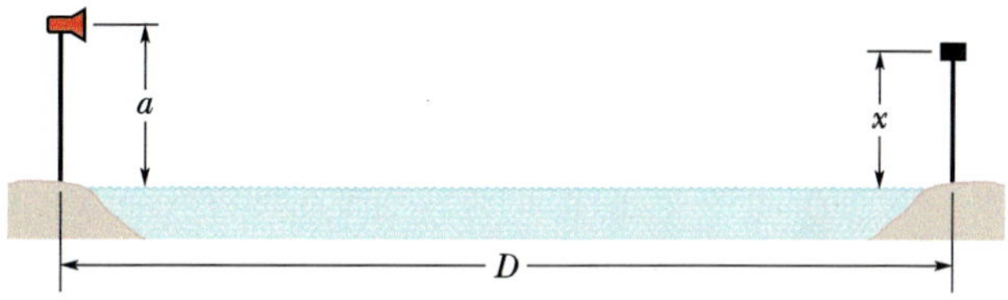

그림 36-26 문제 53

36-8 마이컬슨 간섭계

간섭계(Interferometer)는 빛의 간섭 현상을 써서 길이 또는 길이의 변화를 아주 정확하게 재는데 쓴다. 여기에서는 1881년 마이컬슨(A. A. Michelson)이 창안하고 만든 간섭계를 설명한다.

그림 36-27의 큰 광원에서 빛이 나와 *빛다발 가르개* M에 들어오는 것을 생각하자. 빛다발 가르개는 거울인데, 들어오는 빛의 반은 투과시키고 반은 반사한다. 그림에서는 거울 두께를 편의상 무시했다. 따라서 M에서 빛이 두 가닥으로 갈라진다. 한 가닥은 M을 지나 거울 M_1을 향해간다. 다른 가닥은 M에서 반사되어 거울 M_2를 향해간다. 두 거울에서 빛은 모두 반사되어오던 길을 되밟아 가서, 결국 망원경 T에 들어온다. 망원경을 들여다보면 곡선 또는 거의 직선꼴의 간섭 줄무늬가 보인다. 곡선꼴의 줄무늬는 마치 얼룩말의 띠처럼 보인다.

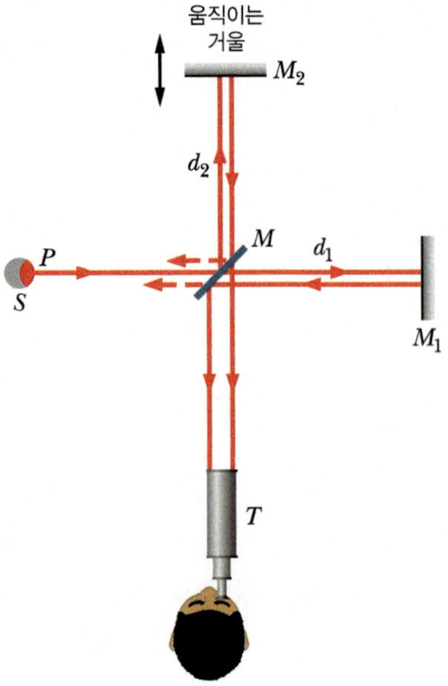

그림 36-27
마이컬슨 간섭계. 큰 광원 S의 한 점 P에서 나온 빛다발의 경로를 보여준다. 빛다발은 거울 M에서 두 가닥으로 나뉘어, 거울 M_1과 M_2에서 반사된 다음 다시 M으로 돌아와 망원경 T로 들어간다. 이 망원경을 통해 보면 줄무늬로 이루어진 간섭무늬가 보인다.

두 가닥의 빛이 망원경에서 다시 모일 때 경로차는 $2d_2 - 2d_1$이고, 이것을 변화시키는 것은 무엇이든 눈으로 들어오는 두 빛의 위상차를 변화시킨다. 예를 들어, 거울 M_2를 거리 $\frac{1}{2}\lambda$만큼 옮기면, 경로차는 λ만큼 변화하고, 무늬는 줄무늬 간격 하나만큼 이동한다(마치 얼룩말의 검은 띠가 바로 옆의 검은 띠가 있던 곳으로 이동한 것과 같다). 마찬가지로 거울 M_2를 거리 $\frac{1}{4}\lambda$만큼 옮기면, 무늬 양식은 줄무늬 간격의 반만큼 이동한다(얼룩말의 검은 띠가 바로 옆의 흰 띠가 있던 곳으로 이동한 것과 같다).

줄무늬 모양의 이동은 어느 한쪽 거울 — 말하자면 M_1 — 이 있는 팔에 얇고 투명한 물질을 끼워 넣어도 생긴다. 물질의 두께가 L이고 굴절률이 n이라면, 빛이 지나갔다 되돌아오는 경로에 들어 있는 파장의 수는, 식 36-9로부터 다음과 같다.

$$N_{물질} = \frac{2L}{\lambda_n} = \frac{2Ln}{\lambda} \tag{36-39}$$

물질을 끼우기 전에 두께가 $2L$로 같은 공기 속에 들어 있는 파장의 수는 다음과 같다.

$$N_{공기} = \frac{2L}{\lambda} \tag{36-40}$$

물질을 끼우면, 거울 M_1에서 반사되어 되돌아온 빛의 위상 변화는 (파장 단위로) 다음과 같다.

$$N_{물질} - N_{공기} = \frac{2Ln}{\lambda} - \frac{2L}{\lambda} = \frac{2L}{\lambda}(n-1) \tag{36-41}$$

위상이 한 파장만큼 달라질 때마다, 줄무늬 모양은 줄무늬 간격 하나만큼 이동한다. 따라서 물질을 끼워 넣을 때 이동하는 줄무늬의 수를 세어, 식 36-41의 $N_{물질} - N_{공기}$에 값을 넣으면 물질의 두께 L을 파장 λ의 단위로 셈할 수 있다.

그러한 기법을 써서 물체의 길이를 빛의 파장의 단위로 나타낼 수 있다. 마이컬슨이 살던 때에는 길이의 표준(미터)은 프랑스 파리 근처의 세브르에 보관된 쇠막대에 새겨진 가는 눈금 사이의 거리로 정하기로 여러 나라가 합의했다. 마이컬슨은 자기가 만든 간섭계를 써서 표준 미터는 카드뮴이 들어 있는 광원에서 나오는 단색 붉은 빛의 파장의 1553163.5 파장과 같음을 보였다. 이 정밀한 측정으로 마이컬슨은 1907년 노벨 물리학상을 받았다. 그의 업적을 바탕으로 길이의 표준으로 쓰던 쇠막대를 결국 버리고(1961년) 빛의 파장을 써서 다시 정의하게 되었다. 이 파장 표준도 과학기술에서 요구하는 정밀도를 따라가지 못하여 1983년에는 1-6절에서 설명한 것처럼 빛의 속력을 바탕으로 정의한 새로운 표준으로 바뀌었다.

연습문제 36-8

54. 얇은 막

굴절률 $n = 1.40$인 얇은 막이 마이컬슨 간섭계의 한쪽 팔에, 빛길에 수직하게 놓여 있다. 이 막 때문에 파장 589 nm인 빛이 만드는 간섭무늬가 7.0개 이동한다면 막의 두께는 얼마인가?

55. 거울 이동

마이컬슨 간섭계의 거울 M_2(그림 36-27)이 0.233 nm 움직이면 간섭무늬가 792개 이동한다. 간섭무늬를 만드는 빛의 파장은 얼마인가?

56. 두 파장에서의 빛

나트륨 원소는 두 파장 $\lambda_1 = 589.10$ nm와 $\lambda_2 = 589.59$ nm의 빛을 낸다. 나트륨 등에서 나오는 빛을 마이컬슨 간섭계에 쓴다(그림 36-27). 거울 M_2를 얼마나 움직이면 두 파장의 빛이 만드는 간섭무늬가 이동하는 숫자가 하나 차이가 나겠는가?

57. 기밀통(공기가 새지 않는 통)

그림 36-28에서는 마이컬슨 간섭계의 한쪽 팔에 유리창을 붙인 길이 5.0 cm인 공기가 새지 않는 통을 둔다. 파장 $\lambda = 500$ nm인 빛

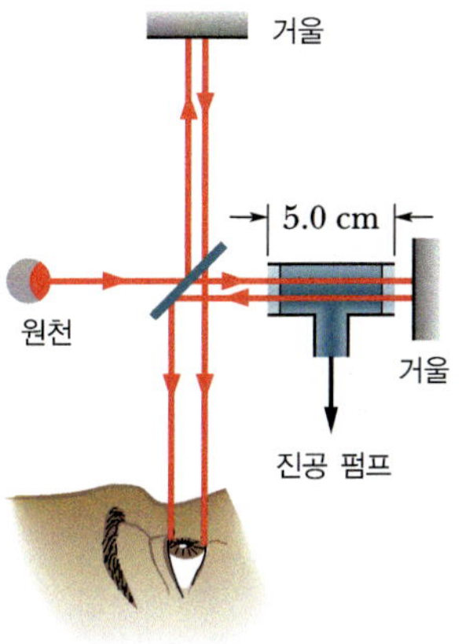

그림 36-28 문제 57

을 쓴다. 통에서 공기를 빼면 간섭무늬가 60개 이동한다. 이 자료로부터 대기압에서의 공기의 굴절률을 구하라.

58. 관찰된 밝기

마이컬슨 간섭계(그림 36-27)에서 관찰되는 간섭무늬의 밝기에 관한 식을 움직일 수 있는 거울의 위치 함수로 나타내라. 거울의 위치 기준은 $d_2 = d_1$으로 잡아라.

추가문제

59. 야외 확성기 배치

그림 36-29와 같이 뒷마당에 입체 음향 확성기를 두 개 벌려 놓았다. 그런데 두 확성기에서 나오는 소리가 간섭하여 어떤 진동수 성분이 잘 안 들리는 곳이 생길지 모른다는 것이 걱정이다. 그림의 가장자리에 그린 눈금은 큰 것이 1 m이다. 셈을 쉽게 할 수 있게 다음과 같이 가정한다.

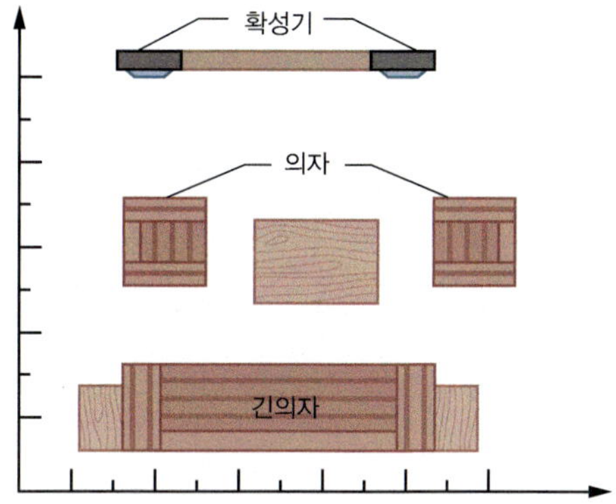

그림 36-29 문제 59

- 물체는 좌표계의 온눈금 또는 반눈금 자리에 둔다.
- 음속은 343 m/s이다.
- 집, 나무 등에서 소리가 반사되는 것은 무시한다.
- 두 확성기에서 나오는 소리는 위상이 같다.

(a) 벤치 가운데 앉으면 어떤 일이 벌어지는가? (b) 왼쪽 긴 의자에 앉으면 소멸 간섭으로 듣지 못하는 진동수 성분 가운데 가장 낮은 것은 무엇인가? (c) 어느 한 확성기에 도입선을 달아 음원의 위상을 뒤집으면 (a)에서 잃은 진동수 성분을 되찾을 수 있는가? (d) 위상을 뒤집으면 벤치 가운데 앉은 사람이 듣는 소리가 어떻게 되는가?

60. 두 실틈이 윙크하면 어떻게 되나?

두 실틈에 레이저 빛다발을 비추어 생기는 간섭무늬를 가까이서 들여다보면 그림 36-30과 같다. 한쪽 실틈을 덮으면 무늬가 어떻게 달라질까? 그 답을 어떻게 알아냈는가도 설명하라.

그림 36-30 문제 60

37 에돌이(회절)

쇠라(Georges Seurat)는 '그랑 자테 섬의 일요일 오후(Sunday Afternoon on the Island of La Grand Jatte)'를 그릴 때 보통의 붓질을 하지 않고 수많은 작은 색점을 찍는 점묘화법을 썼다. 아주 가까이서 그림을 보면 색점이 보이지만, 점점 멀리서 보면 점들이 섞여 구별되지 않는다. 더구나 어떤 곳은 멀어짐에 따라 색깔이 달라진다. 이 때문에 쇠라가 점을 찍어 그렸다.

무엇 때문에 색깔이 달라지는가?

◈ 답은 이 장에 있다.

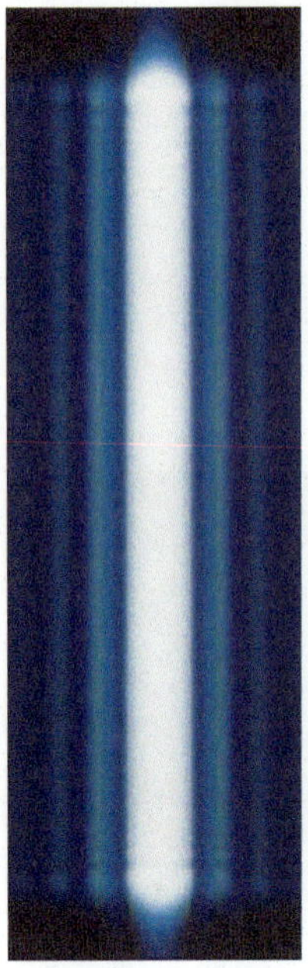

그림 37-1
이 에돌이무늬는 세로로 세운 실틈을 지나온 빛을 화면에 받은 것이다. 에돌이 때문에 빛이 실틈에 수직방향으로 너울거리며 퍼지고, 그 결과 가운데에 넓고 밝은 띠와, 양쪽에 폭이 더 좁은 2차 (옆) 밝은 띠로 이루어진 간섭무늬가 생긴다.

37-1 빛의 에돌이 및 파동 이론

36장에서 에돌이(회절)란 빛이 좁은 실틈을 빠져 나올 때 너울거리는 것이라고 다소 느슨하게 정의했다. 그렇지만, 빛이 너울거리는 것 이상의 일이 벌어진다. 왜냐하면 에돌이무늬라는 간섭무늬를 만들어내기 때문이다. 보기를 들어, 멀리 있는 광원(또는 레이저)에서 나온 단색 빛이 실틈을 지나온 것을 화면에 받으면, 그림 37-1과 같은 에돌이무늬가 나타난다. 이 무늬는 가운데에 넓고 밝은 띠가 있고, 양쪽에 폭이 더 좁고 덜 밝은 띠(2차 또는 옆 띠라고 한다)가 보인다.

그러한 무늬는 기하광학에서는 전혀 예상할 수 없다: 빛이 빛살로 곧바로 나아간다면, 실틈은 빛살의 일부는 지나게 할 것이고, 그 빛살은 화면에 실틈의 모양을 선명하고, 밝게 보여줄 것이다. 36장에서와 마찬가지로 기하광학은 단지 근사일 뿐이라고 결론 내릴 수밖에 없다.

빛의 에돌이는 빛이 (실이나 바늘구멍 같은) 좁은 틈새를 지날 때만 일어나는 것이 아니다. 빛이 물체의 가두리를 지날 때도 일어난다: 면도칼의 가두리를 지날 때 생기는 에돌이무늬를 그림 37-2에 보였다. 밝고 어두운 띠가 면도칼의 안팎 가두리와 거의 나란히 나타남을 눈여겨보라. 말하자면, 빛이 왼쪽 가두리를 지날 때, 이것은 왼쪽과 오른쪽으로 너울거리며 퍼지면서 간섭하여 왼쪽 가두리를 따라 무늬를 만든다. 맨 오른쪽 무늬는 실제로는 기하광학이 지배한다면 면도칼의 그림자가 될 곳에 있다.

맑은 푸른 하늘을 올려다볼 때 눈앞에 머리카락 같은 작은 반점이 둥둥 떠다니는 것을 볼 수 있는데, 이것도 에돌이의 보기다. 이 떠다니는 것들은 눈을 채우고 있는 투명한 유리체 속에 들어 있는 아주 작은 물체들의 가두리를 빛이 지나면서 생긴다. 우리 시야에 보이는 떠다니는 것들은 이러한 침전 물체가 망막에 만드는 에돌이무늬이다. 검은 종이에 뚫린 바늘구멍을 통해 보아 눈으로 들어오는 빛이 근사적으로 평면파가 되게 하면, 에돌이무늬의 밝고 어두운 띠를 낱낱이 구별할 수 있다.

• 프레넬 밝은 점

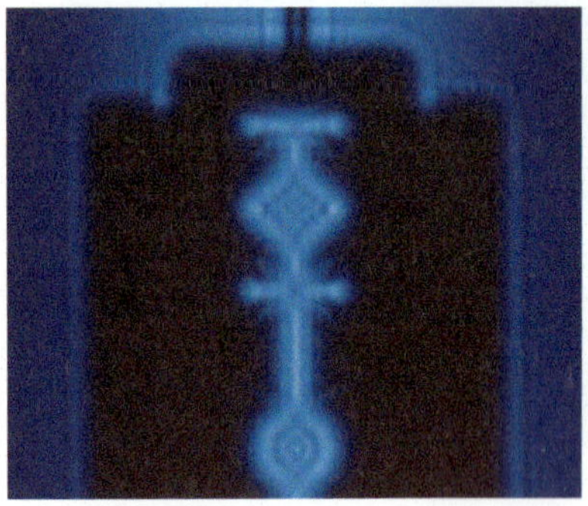

그림 37-2
면도칼에 단색 빛을 비추어 만든 에돌이무늬. 밝고 어두운 띠가 번갈아 나타남을 눈여겨보라.

에돌이는 빛의 파동 이론을 써서 쉽게 설명할 수 있다. 그렇지만, 이 이론은 애초에 1600년대 말에 호이겐스가 제시했고, 123년 뒤에 영이 두 실틈 간섭을 설명하고자 또 세시했지만, 빛이 입자의 흐름이라는 뉴턴 이론 때문에 받아들이는 것이 아주 느렸다.

19세기 초의 프랑스 학계는 뉴턴 이론이 지배하고 있었는데, 그때 젊은 공병이었던 프레넬(Augustin Fresnel)은 빛의 파동 이론을 믿고, 빛으로 한 실험과 그것을 파동 이론으로 설명한 논문을 프랑스 학술원에 냈다.

1819년 프랑스 학술원은 뉴턴 이론 지지자들이 지배하고 있었는데, 파동 이론의 관점에 도전하고자 에돌이를 주제로 한 논문에 상금을 걸었고, 그것을 프레넬이 받았다. 그렇지만, 뉴턴 이론 지지자들은 관점을 바꾸지도, 침묵하지도 않았다. 이들 가운데 푸아송(S. D. Poisson)은 프레넬 이론이 맞다면 빛이 공의 가두리를 지날 때 공의 그림자 영역으로 너울거리며 퍼져 들어가 그림자의 중심에 밝은 점을 만드는 '이상한 결과' 를 만들 것이라고 지적했다. 수상 위원회는 유명한 수학자의 예측을 점검하는 일을 아라고(Dominique Arago)에게 맡겼다. 그는 오늘날 '프레넬 밝은 점' 이라고 부르는 밝은 점이 예측한 대로 나타남을 발견했다(그림 37-3을 보라)!* 예상 밖의, 그리고 직관에 어긋나는 예측이 실험으로 확인되는 것보다 더 이론에 대한 믿음을 주는 것은 없다.

* 푸아송이 그 점을 예측했고 아라고가 발견했으므로, 또 다른 이름은 '푸아송-아라고 밝은 점' 이다.

37-2 홑실틈에 의한 에돌이: 어두운 곳 위치 찾기

이제 그림 37-4a와 같이 검은 가리개 B에 난, 폭이 a인 좁고 긴 실틈 하나에서 에돌이한 파장 λ인 평면파의 에돌이무늬를 살펴보자. (그림에서는 실틈이 종이면에 수직방향으로 길게 뻗어가며, 들어오는 빛의 파면은 판 B와 나란하다.) 에돌이한 빛이 화면 C에 이르면, 실틈 속의 여러 점에서 퍼져나온 빛이 겹쳐지면서 간섭하여 밝고 어두운 띠(간섭의 최대와 최소)로 된 에돌이무늬를 만든다. 띠의 위치를 정하는 방법은 두 실틈 간섭무늬에서 썼던 방법과 비슷하다. 그렇지만, 에돌이는 수학적으로 더 복잡하므로 여기에서는 어두운 띠를 찾는 식만 끌어내겠다.

먼저 그림 37-1과 같이 밝은 띠가 가운데 생기는 까닭을 호이겐스 원리로 설명하자: 호이겐스 원리에 따르면 실틈의 모든 곳에서 2차 파동이 나오는데, 그 2차 파동이 에돌이무늬의 한 가운데까지 오는 거리는 거의 같으므로 그곳에서는 위상이 같게 된다. 다른 밝은 띠에 대해서는 이들이 양쪽에 있는 두 어두운 띠의 거의 가운데에 있다는 정도만 말할 수 있다.

어두운 띠를 찾는데는 꾀를 쓰자: 실틈을 지나오는 모든 빛살을 짝지워, 짝을 이루는 두 빛살이 서로 맞지우는 조건을 찾는다. 그림 37-4a는 이 전략을 써서 점 P_1에 첫째 어두운 띠가 생기는 조건을 찾는 방법을 보여준다. 먼저 실틈을 폭이 똑같이 $a/2$가 되게 반으로 나눈다. 그 다음 위 반쪽의 맨 위에서 나가는 빛살 r_1과 아래 반쪽의 맨 위에서 나가는 빛살 r_2를 P_1까지 그린다. 실틈의 한가운데에서 화면 C까지 중심축을 그리고, P_1의 위치를 그 축에 대한 각도 θ로 나타낸다.

한 짝의 빛살 r_1과 r_2의 2차 파동은 실틈 속에서는 위상이 같다. 왜냐하면 이들은 실틈의 폭을 채우며 지나는 한 파면의 다른 점에서 생겨나기 때문이다. 그렇지만, 첫째 어두운 띠를 만들려면 두 빛살이 P_1 이를 때 위상이 $\lambda/2$만큼 어긋나야 한다. 이 위상차는 두 빛살의 경로차 때문에 생긴다. 빛살 r_2의 2차 파동이 P_1에 이르고자 가는 경로의 길이는 빛살 r_1의 2차 파동보다 더 길다. 이 경로차를 보이려면, 빛살 r_2 위의 한 점 b를 잡아 b에서 P_1까지의 거리가 빛살 r_1의 경로 길이와 같게 한다. 그러면 두 빛살의 경로차는 실틈의 한가운데에서 b까지의 거리가 된다.

그림 37-4a와 같이 화면 C가 판 B에 가까우면, C 위의 에돌이무늬를 수학적으로 기술하기 어렵다. 그렇지만, 실틈과 화면 D 사이의 거리가 실틈의 폭 a보다 훨씬 크게 만들면 수식을 상당히 간단하게 고칠 수 있다. 그러면 빛살 r_1과 r_2가 나란하고, 중심축과 θ를 이룬다고 어림할 수 있다(그림 37-4b). 또한 점 b, 실틈의 맨 위에 있는 점, 그리고 실틈의 한가운데 점이 이루는 삼각형을 직각삼각형으로 어림할 수 있다. 이 삼각형의 내각의 하나를 θ로 나타내자. 그러면 두 빛살 r_1과 r_2의 경로차(틈의 한가운데에서 점 b까지의 거리)는 $(a/2)\sin\theta$와 같다.

이러한 분석을 실틈을 이루는 두 부분의 어느 대응점에서 나와 점 P_1에 오는 한 짝의 빛살에 대해서 되풀이할 수 있다. 그러한 한 짝의 빛살마다 경로차는 똑같이 $(a/2)\sin\theta$이다. 이 공통의 경로차가 $\lambda/2$(첫째 어두운 띠를 만드는 조건)라면 다음 식을 얻는다.

$$\frac{a}{2}\sin\theta = \frac{\lambda}{2}$$

이로부터 다음 결과를 얻는다.

$$a\sin\theta = \lambda \quad (D \gg a\text{일 때 첫째 어두운 띠가 되는 조건}) \qquad (37\text{-}1)$$

실틈의 폭 a와 빛의 파장 λ가 정해지면, 식 37-1은 중심축 위아래에 (대칭적으로) 생기는 첫째 어두운 띠의 각도 θ를 말해준다.

$a > \lambda$에서 시작하여 파장을 일정하게 유지한 채 실틈의 폭을 좁히면, 첫째 어두운 띠가 나타나

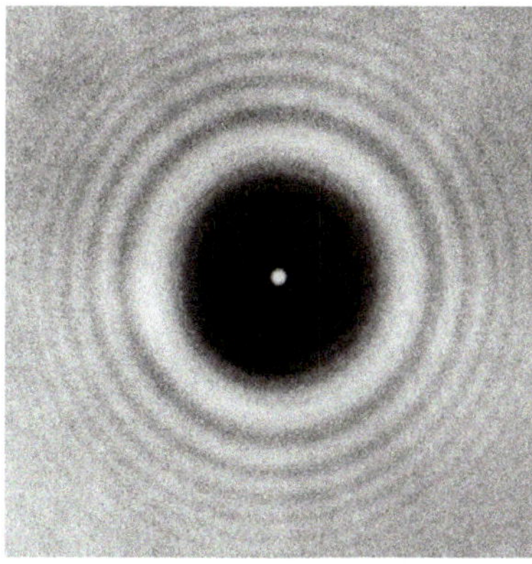

그림 37-3
원반의 에돌이무늬 사진. 에돌이무늬가 동심원꼴로 생기고, 한가운데에 프레넬 밝은 점이 생긴 것을 눈여겨보라. 이 실험은 프레넬 이론을 점검하고자 프랑스 학술원이 한 실험과 본질적으로 같은데, 그 까닭은 그들이 쓴 공과 실험에서 쓴 원반은 단면의 가두리가 똑같이 동그라미이기 때문이다.

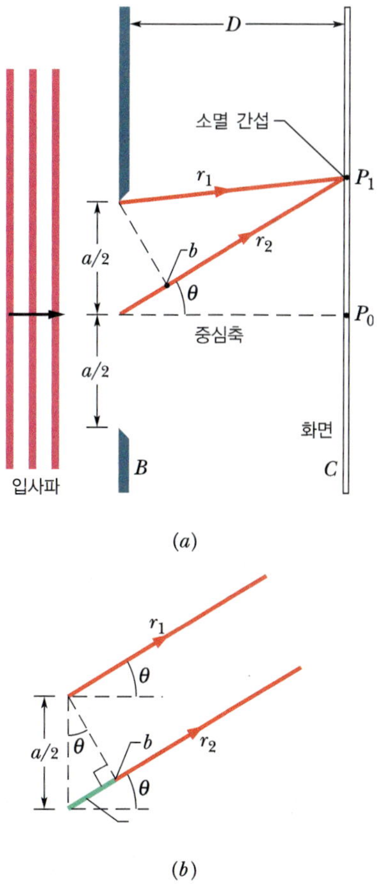

그림 37-4
(a) 폭이 똑같이 $a/2$인 두 부분의 맨 위에서 나오는 빛살이 화면 C 위의 점 P_1에서 온전한 소멸 간섭을 한다. (b) $D \gg a$이면, 빛살 r_1과 r_2가 나란하고, 중심축과 θ를 이룬다고 어림할 수 있다.

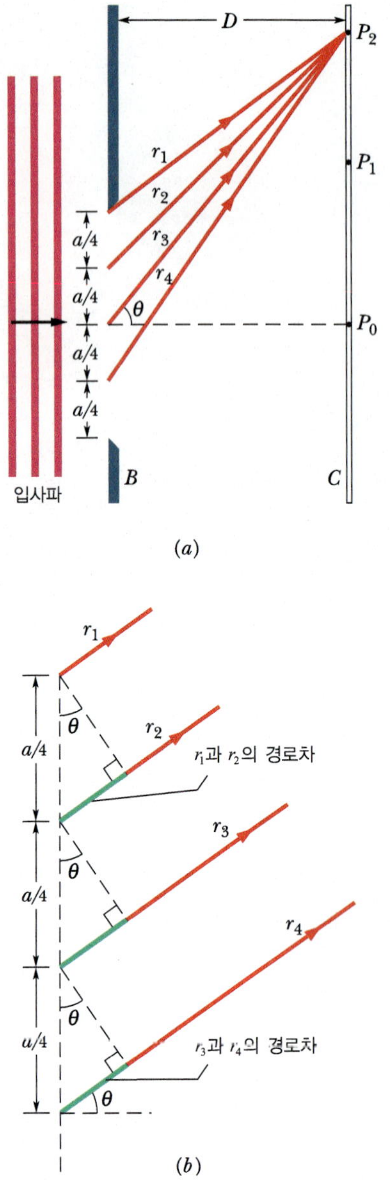

그림 37-5
(a) 폭이 똑같이 $a/4$인 네 부분의 맨 위의 점에서 나오는 파동이 점 P_2에서 온전히 소멸 간섭을 한다. (b) $D \gg a$이면 빛살 r_1, r_2, r_3, r_4가 나란하고, 중심축과 θ의 각을 이룬다고 어림할 수 있다.

는 각도가 커진다; 곧 실틈이 좁아지면 에돌이의 폭(에돌이되는 파동이 너울거리는 범위와 에돌이무늬의 폭)은 더 커진다. 실틈의 폭을 파장만큼 좁히면(곧, $a = \lambda$), 첫째 어두운 띠가 나타나는 각은 90°가 된다. 첫째 어두운 띠는 가운데 밝은 띠의 양쪽 가두리이므로, 이때는 밝은 띠가 화면 전체를 덮게 된다.

첫째 어두운 띠가 생기는 각을 찾아낸 방법을 써서 중심축 위아래에 생기는 둘째 어두운 띠의 각도 찾을 수 있는데, 다만 이번에는 그림 37-5a와 같이 실틈을 폭이 똑같이 $a/4$인 네 부분으로 나눈다. 그 다음에 각 부분의 맨 위의 점에서 둘째 어두운 띠가 나타나는 중심축 위쪽의 점 P_2까지 빛살 r_1, r_2, r_3, r_4를 그린다. 무늬가 생기려면 r_1과 r_2, r_2와 r_3, r_3와 r_4의 빛살 짝의 경로차가 모두 $\lambda/2$이어야 한다.

$D \gg a$이면 네 빛살이 거의 나란하고, 중심축과 이루는 각이 θ라고 어림할 수 있다. 이들의 경로차를 보이려면, 그림 37-5b과 같이 한 빛살의 시작점에서 바로 옆 빛살에 수선을 내려 한 무리의 직각삼각형을 그리면, 그 한 변이 두 빛살의 경로차가 된다. 맨 위의 삼각형에서 r_1과 r_2의 경로차는 $(a/4)\sin\theta$임을 알 수 있다. 마찬가지로 맨 아래의 삼각형에서 r_3와 r_4의 경로차도 $(a/4)\sin\theta$이다. 각각의 경우 경로차가 $\lambda/2$이므로 다음 관계가 성립한다.

$$\frac{a}{4}\sin\theta = \frac{\lambda}{2}$$

이로부터 다음 결과를 얻는다.

$$a\sin\theta = 2\lambda \quad (D \gg a\text{일 때 둘째 어두운 띠가 되는 조건}) \tag{37-2}$$

이 경로차를 보이려면, 빛살 r_2 위의 한 점 b를 잡아 b에서 P_1까지의 거리가 빛살 r_1의 경로 길이와 같게 한다. 그러면 두 빛살의 경로차는 실틈의 한가운데에서 b까지의 거리가 된다.

이제 실틈을 폭이 같은 여러 부분으로 나누어서 에돌이무늬에서 어두운 띠의 위치를 계속 찾을 수 있다. 실틈을 나눌 때는 앞에서 한 것처럼 짝수로 나누어 이웃한 두 부분을 (그리고 그로부터 나오는 파동도) 짝으로 묶어야 한다. 중심축의 위아래 생기는 어두운 띠의 위치는 다음과 같은 일반식을 따름을 알 수 있다:

$$a\sin\theta = m\lambda, \quad m = 1, 2, 3, \cdots \ (\text{실틈 하나가 만드는 어두운 띠}) \tag{37-3}$$

이 결과는 다음과 같이 기억할 수 있다. 그림 37-4b에 있는 것 같이 삼각형을 그리되, 실틈의 폭 a 전체를 잡아 그리되, 실틈의 맨 위와 아래에서 나오는 두 빛살의 경로차는 $a\sin\theta$임에 유의하라. 따라서 식 37-3의 내용은 다음과 같다.

> 홑실틈 에돌이 실험에서, 어두운 띠는 맨 위와 맨 아래에서 나오는 빛살의 경로차 ($a\sin\theta$)가 다음과 같을 때 생긴다: λ, 2λ, 3λ, $\cdots$

두 빛살의 경로차가 파장의 정수배이므로 위상이 정확히 맞고, 따라서 이 내용이 그릇된 것처럼 보일지 모르겠다. 그렇지만, 두 빛살은 또 다른 두 빛살과 짝을 이루어 위상이 정확히 어긋난다. 따라서 낱낱의 빛살은 다른 빛살에 의해 맞지워진다.

생각해보기 37-1 좁고 긴 실틈에 파란 빛을 비추어 화면에 에돌이무늬를 만든다. (a) 빛을 노란 빛으로 바꾸거나 (b) 실틈의 폭을 줄이면 가운데 밝은 띠가 옆으로 더 퍼지는가?

따라해보기 37-1 | 흰 빛, 붉은 빛

폭이 a인 실틈에 흰 빛을 비춘다 (흰 빛에는 가시광 영역의 모든 파장 성분이 들어 있다).

(a) a의 값이 얼마일 때 파장 $\lambda = 650\,\text{nm}$인 빨간 빛의 첫째 어두운 띠가 $\theta = 15°$에서 생기는가?

풀이 ■ 요점은 흰 빛이 실틈을 지날 때 낱낱의 파장 성분이 독립적으로 에돌이하여 각 파장 성분의 어두운 띠의 위치는 식 37-3($a\sin\theta = m\lambda$)으로 정해진다는 것이다. $m = 1$로 놓고 (첫째 밝은 띠) 식 37-3의 θ와 λ 값을 넣으면 다음 결과를 얻는다.

$$a = \frac{m\lambda}{\sin\theta} = \frac{(1)(650\,\text{nm})}{\sin 15°} = 2511\,\text{nm} \approx 2.5\,\mu\text{m} \qquad \text{(답)}$$

들어오는 빛이 그렇게 큰 각도(첫째 최대가 ±15°)로 너울거리려면, 실틈은 아주 좁아야 한다. 셈한 값은 파장의 약 네 배인데, 이것을 가느다란 머리카락의 지름이 약 100 μm인 것과 비교하라.

(b) 빛의 파장 λ'가 얼마일 때 첫째 밝은 띠가 15°에서 생겨 빨간 빛의 첫째 어두운 띠와 겹치는가?

풀이 ■ 요점은 어떤 파장의 빛이든 옆쪽 첫째 밝은 띠는 그 파장의 빛에 대한 첫째와 둘째 어두운 띠의 가운데쯤에 생긴다는 것이다. 첫째와 둘째 어두운 띠 위치는 식 37-3에 $m = 1$과 $m = 2$를 넣어 찾을 수 있다. 따라서 옆쪽 첫째 밝은 띠의 위치는 $m = 1.5$로 두어 대충 정할 수 있다. 그러면 식 37-3은 다음과 같아진다.

$$a\sin\theta = 1.5\lambda'$$

이것을 λ'에 대해 풀고, 주어진 자료를 넣으면 다음 결과를 얻는다.

$$\lambda' = \frac{a\sin\theta}{1.5} = \frac{(2511\,\text{nm})(\sin 15°)}{1.5} = 430\,\text{nm} \qquad \text{(답)}$$

이 파장은 보라색에 해당한다. 파장 430 nm인 빛의 옆쪽 첫째 밝은 띠는 늘 파장 650 nm인 빛의 첫째 어두운 띠와 겹치며, 이것은 실틈의 폭과는 무관하다. 실틈이 비교적 좁으면, 이렇게 겹치는 각도 θ가 비교적 크며, 거꾸로 폭이 넓은 실틈에서는 그 각도가 작다.

연습문제 37-2

1. 좁은 실틈
파장 633 nm인 빛이 좁은 실틈에 들어온다. 에돌이무늬에서 가운데 밝은 띠를 중심으로 양쪽 1차 어두운 띠 사이의 각도가 1.20°이다. 실틈의 폭은 얼마인가?

2. 거리
파장 441 nm인 단색 빛이 좁은 실틈에 들어온다. 2.00 m 떨어진 화면에서 나타난 에돌이무늬에서 가운데 밝은 띠에서 2차 어두운 띠까지의 거리가 1.50 cm이다. (a) 2차 어두운 띠 사이의 에돌이각 θ를 셈하라. (b) 실틈의 폭을 구하라.

3. 홑실틈
홑실틈에 파장 λ_a와 λ_b인 빛을 비추는데, λ_a인 빛이 만드는 에돌이무늬의 1차 어두운 띠가 λ_b인 빛이 만드는 2차 어두운 띠와 겹친다. (a) 두 파장 사이에는 어떤 관계가 있는가? (b) 두 빛이 만드는 에돌이무늬에서 다른 어두운 띠도 겹치는가?

4. 첫째와 다섯째
파장 550 nm인 빛을 홑실틈 하나에 비추고, 40 cm 떨어진 화면에 나타난 에돌이무늬를 보니 1차와 5차 어두운 띠 사이의 거리가 0.35 mm이다. (a) 실틈의 폭을 구하라. (b) 1차 에돌이 어두운 띠의 각도 θ를 셈하라.

5. 평면파
파장 590 nm인 평면파가 폭 $a = 0.40$ mm인 실틈에 들어온다. 초점거리 +70 cm인 얇은 볼록렌즈를 실틈과 화면 사이에 두어 빛을 화면에 모은다. (a) 화면은 렌즈에서 얼마나 떨어져 있는가? (b) 화면에 나타난 에돌이무늬에서 가운데에서 1차 어두운 띠까지의 거리는 얼마인가?

6. 소리 파동
진동수 3000 Hz, 속력 343 m/s인 소리가 확성기 통의 네모꼴 구멍을 통해 에돌이하여 커다란 강당에 퍼진다. 구멍의 폭은 30.0 cm이고 100 m 떨어진 벽을 마주본다 (그림 37-6). 그 벽을 따라 어디에 앉으면 에돌이무늬의 1차 최소 띠에 있어 소리를 듣기 어렵게 되는가?

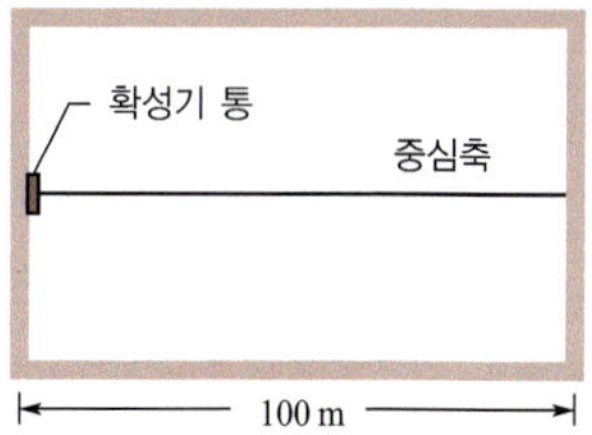

그림 37-6 문제 6

7. 가운데 밝은 띠
폭이 1.00 mm인 실틈에 파장 589 nm인 빛을 비추고, 여기에서 3.00 m 떨어진 곳에 있는 화면에 나타나는 에돌이무늬를 본다. 가운데 밝은 띠의 한쪽에 생기는 처음 두 어두운 띠 사이의 거리는 얼마인가?

37-3 홑실틈 에돌이무늬의 밝기분포-정성적 분석

37-2절에서는 홑실틈 에돌이무늬에서 가장 밝거나 어두운 띠의 위치를 찾는 방법을 보았다. 이제 더 일반적인 문제를 다루자: 밝기 I를 화면 위의 점의 각좌표 θ의 함수로 나타내는 식을 구하자.

이 일을 하려면 그림 37-4a의 실틈을 N개의 조각으로 나누되, 각 조각의 폭을 똑같이 아주 작은 Δx로 하여 호이겐스 작은 파동의 원천으로 보자. 이 작은 파동들은 화면에서 겹쳐진다. 화면 위의 어느 한 점 P의 중심축에 대한 각좌표가 θ라면, 이 점에 오는 작은 파동들이 겹쳐져서 이루는 전체 빛의 전기장 크기 E_θ를 결정해야 한다. P에서의 빛의 밝기는 진폭의 제곱에 비례한다.

E_θ를 셈하려면, 그 점에 오는 작은 파동들의 상대적 위상을 알아야 한다. 이웃 조각에서 오는 작은 파동의 위상차는 다음과 같다.

$$(\text{위상 차}) = \left(\frac{2\pi}{\lambda}\right)(\text{경로 차})$$

각좌표가 θ인 점 P에 이웃 조각에서 오는 작은 파동의 경로차는 $\Delta x \sin\theta$이므로 위상차 $\Delta\phi$는 다음과 같다.

$$\Delta\phi = \left(\frac{2\pi}{\lambda}\right)\Delta x \sin\theta \qquad (37\text{–}4)$$

P에 오는 작은 파동들의 진폭은 모두 똑같이 ΔE라고 하자. P에서의 전체 빛의 진폭 E_θ를 결정하려면, 위상자를 써서 ΔE를 더한다. 이 셈을 하려면 실틈을 이루는 각 조각에서 나오는 작은 파동에 대응되는 N개의 위상자를 그린다.

그림 37-4a에서 $\theta = 0$인 중심축 위의 점 P_0에서는, 식 37-4는 작은 파동들의 위상차 $\Delta\phi$가 0임을 말해준다. 곧 작은 파동들의 위상이 모두 같다. 그림 37-6a는 이에 대응되는 위상자 그림이다. 이웃 위상자는 이웃 조각에서 나오는 작은 파동이고, 머리와 꼬리를 이었다. 작은 파동들 사이에 위상차가 없으므로, 이웃 위상자 사이의 각은 0이다. P에서의 전체 빛의 진폭 E_θ는 이들 위상자를 벡터처럼 더한 것이다. 이렇게 위상자가 배열되면 진폭 E_θ가 가장 커지며, 이 값을 $E^{최대}$라고 하자. 곧 $E^{최대}$는 $\theta = 0$일 때의 E_θ의 값이다.

다음은 중심축과 이루는 각도 θ가 작은 점 P를 생각하자. 식 37-4는 이웃 조각에서 나오는 작은 파동의 위상차 $\Delta\phi$가 더이상 0이 아님을 말해준다. 그림 37-7b는 그에 대응되는 위상자 그림을 보여준다. 앞에서와 같이 위상자의 머리와 꼬리를 이었지만, 이웃 위상자 사이의 각도는 $\Delta\phi$이다. 새 점의 진폭 E_θ도 위상자를 벡터처럼 더하여 얻지만, 진폭이 그림 37-4a보다는 작고, 이것이 뜻하는 바는 점 P에서의 밝기는 P_0보다는 못하다는 것이다.

각도 θ를 계속 키우면, 이웃 위상자 사이의 각도 $\Delta\phi$도 커지며, 결국은 위상자 사슬이 완전히 한 바퀴를 말아 마지막 위상자의 머리가 첫 위상자의 꼬리에 붙게 된다(그림 37-6c). 이제는 진폭 E_θ는 0이 되고, 이것이 뜻하는 바는 빛의 밝기도 0이 된다는 것이다. 우리는 에돌이무늬에서 첫째 어두운 띠에 이르렀다. 처음과 마지막 위상자의 위상차는 2π 라디안이며, 이것은 실틈의 맨 위와 맨 아래를 지나오는 빛살의 경로차가 파장 하나임을 뜻한다. 이것은 에돌이무늬의 첫째 어두운 띠가 될 조건임을 상기하라.

각도 θ를 계속 더 키우면, 이웃 위상자 사이의 각도 $\Delta\phi$도 커지며, 위상자 사슬이 이루는 고리는 여러 바퀴를 그리며 점점 작아진다. 이제 진폭 E_θ는 그림 37-6d와 같이 최대값에 이를 때까지 커진다. 이러한 배열은 에돌이무늬에서 옆쪽 첫째 밝은 띠에 해당한다.

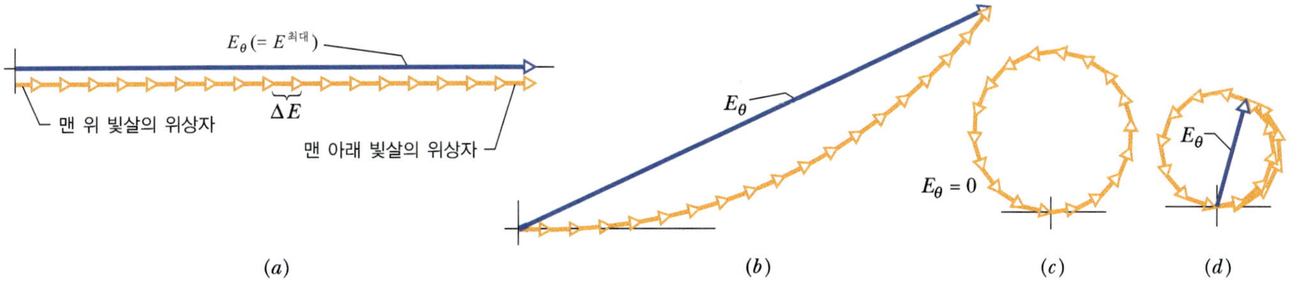

그림 37-7
실틈 하나를 18조각으로 나누어 $N = 18$일 때의 위상자 그림. 다음 경우에 대한 전체 빛의 진폭 E_θ: (a) $\theta = 0$에 있는 가운데 최대, (b) 화면 위의, 중심축과 이루는 각도 θ가 작은 점, (c) 첫째 어두운 띠, (d) 옆쪽 첫째 밝은 띠.

각도 θ를 계속 조금 더 키우면, 위상자 사슬의 고리가 더 작아지면서 E_θ도 작아진다. 이것이 뜻하는 바는 밝기도 더 줄어든다는 것이다. θ가 충분히 커지면, 마지막 위상자의 머리가 다시 첫 위상자의 꼬리와 만난다. 그러면 둘째 어두운띠가 된다.

에돌이무늬에서 밝고 어두운 띠의 위치를 결정하는 이러한 정성적 방법을 계속할 수 있지만, 그 대신 이제는 정량적 방법으로 바꾸자.

생각해보기 37-2 이 그림은 에돌이무늬 속의 어떤 밝은 띠의 반대쪽에 있는 두 점의 위상자를 그림 37-6보다는 더 매끄러운 꼴로 그린 것이다. (a) 몇 번째 밝은 띠인가? (b) 이 밝은 띠의 차수 m(식 37-3)의 어림값은 얼마인가?

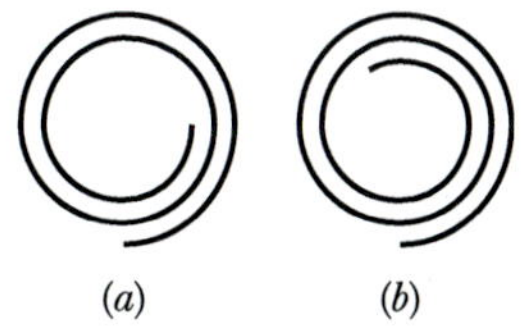

37-4 홑실틈 에돌이무늬의 밝기분포–정량적 분석

식 37-3은 그림 37-7a의 화면 C에 나타나는 홑실틈 에돌이무늬의 어두운 띠의 위치를 각도 θ의 함수로 정하는 방법을 일러준다. 여기에서 우리는 에돌이무늬의 밝기분포 I_θ를 θ의 함수로 얻고자 한다. 밝기분포는 다음과 같다. 증명은 뒤에 하겠다.

$$I_\theta = I^{최대}\left(\frac{\sin\alpha}{\alpha}\right)^2 \tag{37-5}$$

여기에서 α는 다음과 같다.

$$\alpha = \tfrac{1}{2}\Delta\phi = \frac{\pi a}{\lambda}\sin\theta \tag{37-6}$$

α는 화면 위의 점의 위치를 나타내는 각도 θ와 밝기 I_θ를 이어주는 편리한 기호일 뿐이다. $I^{최대}$는 에돌이무늬에서 밝기 I_θ의 최대값으로 가운데($\theta = 0$인 곳)의 밝기며, $\Delta\phi$는 폭이 a인 실틈의 맨 위와 아래를 지나는 빛살의 위상차(라디안 단위)이다.

식 37-5를 살펴보면 가장 어두운 곳에서는 다음 조건이 성립한다.

$$\alpha = m\pi, \quad m = 1, 2, 3, \cdots \tag{37-7}$$

이 결과를 식 37-6에 넣으면 다음 결과를 얻는다.

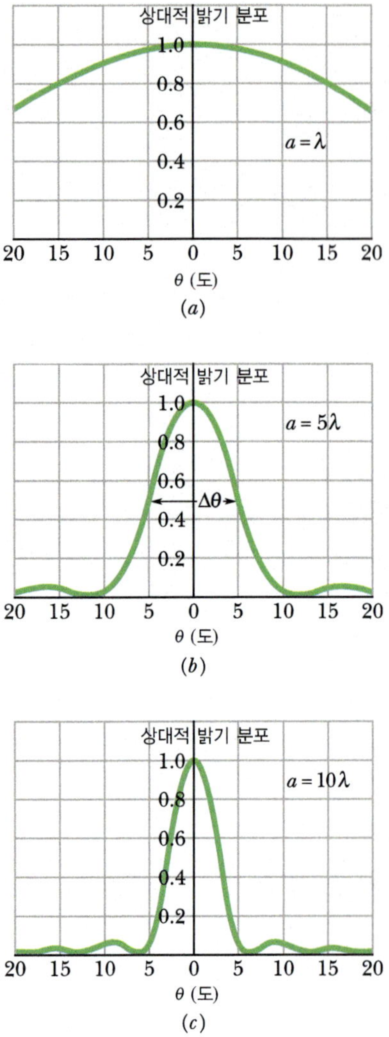

그림 37-8
비율 a/λ의 세 값에 대한 홑실틈 에돌이무늬의 상대적 밝기분포. 실틈이 더 넓어지면, 에돌이무늬에서 가운데 밝은 띠의 폭은 더 좁아진다.

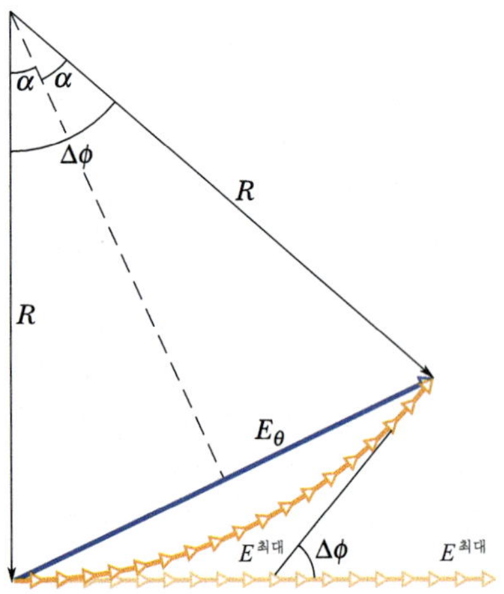

그림 37-9
홑실틈 에돌이무늬의 밝기분포를 셈하는 데 쓴 작도법. 이 상황은 그림 37-7*b*에 해당한다.

$$m\pi = \frac{\pi a}{\lambda}\sin\theta, \quad m = 1, 2, 3, \cdots$$

또는

$$a\sin\theta = m\lambda, \quad m = 1, 2, 3, \cdots \text{ (어두운 띠)} \tag{37-8}$$

이것은 바로 식 37-3으로, 앞에서 끌어낸 어두운 띠의 위치에 관한 식이다.

그림 37-8은 홑실틈 에돌이무늬의 밝기분포를 식 37-5와 37-6을 써서 세 가지 폭에 대해 셈한 결과를 보여준다: $a = \lambda$, $a = 5\lambda$, $a = 10\lambda$. 실틈의 폭이 (파장에 대해) 넓어지면, 가운데 밝은 띠(그림표에서 가운데 봉우리)의 폭은 좁아진다; 곧 실틈을 지나는 빛이 덜 너울거린다. 둘째 밝은 띠의 폭도 좁아진다. 실틈의 폭 a가 파장 λ 보다 훨씬 큰 극한에서는, 둘째 밝은 띠가 사라진다. 더 이상 홑실틈 에돌이무늬가 보이지 않는다(그러나 그림 37-2의 면도칼의 가두리가 에돌이무늬를 만들 듯, 실틈의 가두리 때문에 에돌이는 여전히 일어난다).

• 식 37-5와 37-6의 증명

그림 37-9의 위상자의 활꼴은 그림 37-4의 화면 위에 있는, 중심축에 대한 각좌표가 θ인 어느 한 곳 P에 오는 작은 파동을 나타낸다. P에서의 빛의 진폭 E_θ는 위상자를 벡터처럼 더한 것이다. 그림 37-4의 실틈을 폭이 Δx인 아주 작은 조각으로 나누면, 그림 37-9의 위상자의 활꼴은 원의 활꼴에 가까워진다. 이것을 그림에 나타낸 것처럼 반지름 R이라 하자. 활꼴의 길이는 에돌이무늬 한가운데에서 진폭 $E^{최대}$가 되어야 한다. 왜냐하면 활꼴을 곧게 펴면 그림 37-7*a*의 위상자 배열이 되기 때문이다 (그림 37-8에서는 연한 색으로 보였다).

그림 37-9의 아랫부분의 각도 $\Delta\phi$는 활꼴 $E^{최대}$의 왼쪽과 오른쪽 끝에 있는 아주 작은 위상자 사이의 각도이다. $\Delta\phi$는 또 기하학적으로는 그림 37-9에서 R로 표시한 두 반지름 사이의 각도이다. 그 그림에서 $\Delta\phi$를 이등분하는 점선은 합동인 두 직각삼각형을 만든다. 두 삼각형으로부터 다음 식을 얻는다.

$$\sin\tfrac{1}{2}\Delta\phi = \frac{E_\theta}{2R} \tag{37-9}$$

$\Delta\phi$는 라디안 단위로는 ($E^{최대}$를 활꼴로 보면) 다음과 같다.

$$\Delta\phi = \frac{E^{최대}}{R}$$

이 식을 R에 대해 풀어, 식 37-9에 넣고 정리하면 다음 결과를 얻는다.

$$E_\theta = \frac{E^{최대}}{\frac{1}{2}\Delta\phi}\sin\tfrac{1}{2}\Delta\phi \tag{37-10}$$

34-4절에서 전자기파의 세기는 전기장의 진폭의 제곱에 비례함을 알았다. 따라서 여기에서는 최대 밝기 $I^{최대}$(에돌이무늬 한가운데에서의 밝기)는 $(E^{최대})^2$에 비례하며, 각도 θ인 곳에서의 밝기 I_θ는 $(E_\theta)^2$에 비례하므로 다음과 같이 쓸 수 있다.

$$\frac{I_\theta}{I^{최대}} = \frac{E_\theta^2}{(E^{최대})^2} \tag{37-11}$$

E_θ에 식 37-10을 넣고 $\alpha = \frac{1}{2}\Delta\phi$를 넣으면, 에돌이무늬의 밝기분포를 θ의 함수로 나타내는 다음 식을 얻는다.

$$I_\theta = I^{최대}\left(\frac{\sin\alpha}{\alpha}\right)^2$$

이것이 바로 우리가 증명하려던 두 식 가운데 하나인 식 37-5이다.

우리가 증명하려는 둘째 식은 α와 θ를 이어준다: 실틈의 맨 위와 아래에서 나오는 두 빛살의 위상차 $\Delta\phi$는 경로차와 식 37-4의 관계가 있다. 이 식은 다음과 같다.

$$\Delta\phi = \left(\frac{2\pi}{\lambda}\right)(a\sin\theta)$$

여기에서 a는 아주 작은 조각의 폭 Δx을 모두 더한 값이다. 그런데, $\Delta\phi = 2\alpha$이므로 이 식은 식 37-6으로 환원된다.

생각해보기 37-3 홑실틈 에돌이 실험에서 파장 650과 430 nm인 두 빛을 따로 썼다. 옆의 그림은 두 에돌이무늬의 밝기 I가 θ에 대해 변화하는 것을 보여준다. 두 파장의 빛을 한꺼번에 써서 에돌이무늬를 겹친다면 (a) 각도 A에서, 그리고 (b) 각도 B에서 어떤 색깔이 보일까?

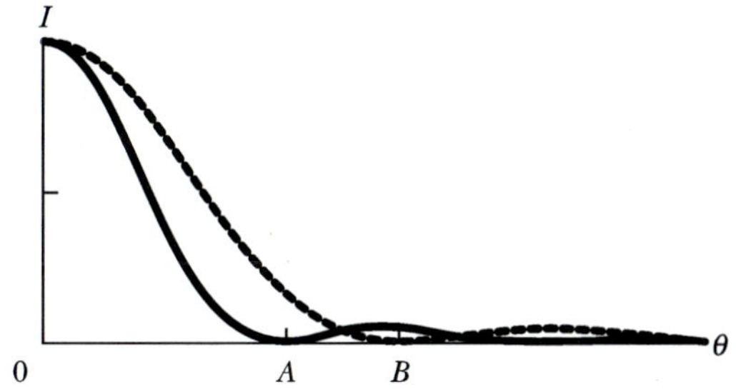

따라해보기 37-2 | 최대 밝기

그림 37-1의 홑실틈 에돌이무늬에서 가운데 최대의 밝기를 기준으로, 처음 세 개의 2차 밝은 띠의 상대적인 밝기를 구하라.

풀이 ■ 요점 하나는 2차 밝은 띠는 이웃한 두 어두운 띠의 가운데쯤에 있다는 것이다. 어두운 띠의 각 좌표는 식 37-7 ($\alpha = m\pi$)로 정해진다. 따라서 2차 밝은 띠의 위치는 (근사적으로) 다음과 같다.

$$\alpha = \left(m + \tfrac{1}{2}\right)\pi, \quad m = 1, 2, 3, \cdots$$

여기에서 α의 단위는 라디안이다.

둘째 **요점**은 에돌이무늬 속의 어느 곳의 밝기 I와 가운데 봉우리의 밝기 $I^{최대}$ 사이에 식 37-5의 관계가 있다는 것이다. 따라서 2차 밝은 띠에 대한 α의 어림값을 식 37-5에 넣으면 그곳에서의 상대적 밝기를 다음과 같이 얻는다.

$$\frac{I_m}{I^{최대}} = \left(\frac{\sin\alpha}{\alpha}\right)^2 = \left[\frac{\sin\left(m + \frac{1}{2}\right)\pi}{\left(m + \frac{1}{2}\right)\pi}\right]^2, \quad m = 1, 2, 3, \cdots$$

첫째 2차 최대는 $m = 1$일 때이며, 상대적 밝기를 다음과 같다.

$$\frac{I_1}{I^{최대}} = \left[\frac{\sin\left(1 + \frac{1}{2}\right)\pi}{\left(1 + \frac{1}{2}\right)\pi}\right]^2 = \left(\frac{\sin 1.5\pi}{1.5\pi}\right)^2 = 4.50\times10^{-2} \approx 4.5\% \quad (답)$$

$m = 2$와 $m = 3$일 때의 상대적 밝기를 다음과 같다.

$$\frac{I_2}{I^{최대}} = 1.6\% \quad 그리고 \quad \frac{I_3}{I^{최대}} = 0.83\% \qquad (답)$$

2차 밝은 띠의 밝기는 에돌이무늬에서 바깥쪽으로 나갈수록 차례대로 재빨리 줄어든다. 그림 37-1은 그것을 드러내고자 사진을 찍을 때 일부러 과다 노출시켰다.

연습문제 37-4

8. 중심 축에서 벗어남

폭이 0.10 mm인 실틈에 파장 589 nm인 빛을 비추어 화면에 생기는 에돌이무늬 위의 점 P를 생각하자. 그 점은 실틈의 중심 축에서 30.0° 벗어나 있다. 실틈의 맨 위와 가운데에서 나가는 호이겐스 작은 파동이 P에 이를 때 위상차는 얼마인가? (**실마리**: 식 37-4를 보라.)

9. 정량적으로 설명하라

홑실틈의 폭을 두 배로 넓히면 실틈을 지나는 빛 에너지는 두 배가 되지만, 에돌이무늬의 가운데 밝은 띠의 밝기는 네 배가 된다. 이것을 정량적으로 설명하라.

10. 단색 빛

파장 538 nm인 단색 빛이 폭 0.025 mm인 실틈에 들어온다. 실틈에서 화면까지의 거리는 3.5 m이다. 화면 위 가운데 밝은 띠에서 1.1 cm 떨어진 곳을 생각하자. (a) 그곳의 θ를 셈하라. (b) α를 셈하라. (c) 가운데 밝은 띠의 밝기에 대한 이곳의 밝기의 비를 셈하라.

11. 반값온폭[full width at half-maximum:FWHM]

에돌이무늬의 가운데 밝은 띠의 '반값온폭'은 밝기가 봉우리 값의 반인 양쪽 두 점 사이의 각도로 정의된다(그림 37-8b를 보라). (a) 다음 조건이 성립할 때 밝기가 봉우리 값의 반이 되는 것을 보여라: $\sin^2\alpha = \alpha^2/2$. (b) (a)의 초월함수 방정식의 해는 $\alpha = 1.39$ rad (약 180°)임을 보여라. (c) 실틈 폭이 a일 때, 반값폭은 $\Delta\theta = 2\sin^{-1}(0.443\lambda/a)$임을 보여라. (d) 실틈 폭이 파장의 1.0, 5.0, 10배일 때의 반값온폭을 셈하라.

12. 바비네 원리[Babinet principle]

나란한 단색 빛살이 지름 $x \gg \lambda$인 "집속" 구멍에 들어온다. 멀리 있는 화면의 그림자 영역에 점 P가 있다(그림 37-10a). 그림 37-29b에 보인 두 에돌이 물체를 차례로 집속 구멍에 둔다. A는 구멍이 하나 뚫린 불투명한 원반이고, B는 투과도가 A와 반대인 음화이다. 중첩의 개념을 써서 두 물체 A와 B 어느 것을 두어도 P에서의 밝기는 같음을 보여라.

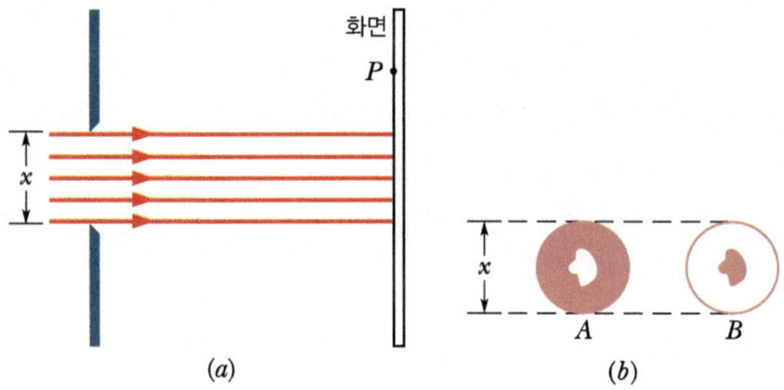

그림 37-10 문제 12

13. α의 값

(a) 홑실틈 에돌이무늬에서 밝은 띠의 봉우리의 α는 식 37-5를 α에 대해 미분한 값이 0이 되는 조건인 $\tan\alpha = \alpha$로 정확히 구할 수 있음을 보여라. (b) 이 관계식을 만족시키는 α를 $y = \tan\alpha$인 곡선과 $y = \alpha$인 직선을 그려 만나는 점을 찾거나, 방정식 풀이 기능이 있는 계산기를 써서 구하라. (c) 홑실틈 에돌이무늬의 다음 번 밝은 띠에 대응하는 (정수가 아닌) m값을 구하라. 2차 최대는 이웃한 어두운 띠의 한가운데에 있지 않음을 눈여겨 보라.

37-5 둥근 구멍에서의 에돌이

그림 37-11
둥근 구멍의 에돌이무늬. 한가운데가 가장 밝고, 동심원꼴의 밝은 고리는 바깥으로 가면서 점점 어두워짐을 눈여겨보라. 이 사진은 가운데 봉우리에 비해 2차 밝은 띠의 밝기가 훨씬 약함을 드러내고자 과다노출시켰다.

여기에서는 둥근 구멍 — 곧 둥근 렌즈처럼 빛이 지나가는 구멍이 둥근 것 — 에서의 에돌이를 살펴보자. 그림 37-11은 멀리 있는 점광원(보기: 별)의 상을 볼록렌즈의 초평면에 만든 것이다. 이 상은 기하광학이 예측하는 점이 아니라 둥근 원반꼴이고, 여러 개의 고리로 둘러싸여 있는데 고리는 바깥으로 갈수록 점점 더 희미해진다. 그림 37-1과 비교하면 이것도 에돌이무늬라는 것을 의심할 필요가 없다. 그렇지만, 여기에서는 구멍의 모양은 네모꼴 실틈이 아니라 지름 d인 원이다.

이 무늬를 분석하는 일은 복잡하다. 그렇지만, 지름 d인 둥근 구멍의 에돌이무늬의 첫째 어두운 띠의 위치는 다음과 같다.

$$\sin\theta = 1.22\frac{\lambda}{d} \quad \text{(첫째 어두운 띠 – 둥근 구멍)} \qquad (37\text{–}12)$$

여기에서 각도 θ는 중심축에서 (둥근) 어두운 띠 위의 어느 한 곳까지의 각도이다. 폭이 a인 기다란 실틈이 만드는 에돌이무늬의 첫째 어두운 띠의 위치에 관한 식 37-1과 비교하라:

$$\sin\theta = \frac{\lambda}{a} \quad \text{(첫째 어두운 띠 – 홑실틈)} \tag{37–13}$$

주된 차이는 앞에 붙는 곱수 1.22인데, 이것은 구멍이 둥글어서 붙는다.

• 분해능

멀리 있는 두 점 물체의 각 분리도가 작을 때, 겉보기에는 아주 가까이 붙어 있는 것처럼 보이는데, 이 둘을 구별하려면 렌즈가 만드는 상이 에돌이무늬라는 사실이 중요해진다. 그림 37–12는 그때, 세 가지 상황에서 눈에 보이는 상과 밝기분포를 보여준다. 그림 37–12*a*에서는 에돌이 때문에 두 물체를 구별할 수 없다. 곧 이들의 에돌이무늬(주로 가운데 최대)가 많이 겹치므로 두 물체인지 한 물체인지 알 수 없다. 그림 37–12*b*에서는 두 물체를 겨우 구별할 수 있고, 그림 37–12*c*에서는 온전히 구별할 수 있다.

그림 37–12*a*에서 두 점광원의 각 분리도는 한 광원의 에돌이무늬의 가운데 밝은 봉우리가 다른 광원의 에돌이무늬의 첫째 어두운 띠와 겹치는 정도인데, 이것이 **레일리 판정 조건(Rayleigh's criterion)**으로 두 점 물체의 상을 구별하는데 필요한 최소한의 각 분리도이다.

판정조건에 따라 겨우 구별할 수 있는 두 점물체의 각 분리도 $\theta_{\text{레일리}}$는 식 37–12에서 다음과 같다.

$$\theta_{\text{레일리}} = \sin^{-1}\left(1.22\frac{\lambda}{d}\right)$$

각도가 매우 작으므로, $\sin\theta_{\text{레일리}}$를 라디안 단위의 $\theta_{\text{레일리}}$로 바꿀 수 있다:

$$\theta_{\text{레일리}} = 1.22\frac{\lambda}{d} \quad \text{(레일리 판정 조건 – 둥근 구멍)} \tag{37–14}$$

레일리 판정 조건은 상을 구별하는데 필요한 조건의 근사값일 뿐이다. 왜냐하면 상을 구별하는 데는 광원의 상대적 휘도와 주변의 밝기, 광원과 관찰자 사이에 있는 공기의 흔들림, 그리고 관찰자의 시각 기능 등 여러 요소가 관여하기 때문이다. 실험 결과에 따르면 사람이 실제로 구별할 수 있는 최소 각 분리도는 식 37–14보다 훨씬 더 크다. 그렇지만, 여기에서는 셈을 위해 식 37–14를 정밀한 판정 조건으로 받아들이자: 두 광원의 각 분리도 θ가 $\theta_{\text{레일리}}$보다 크면, 두 광원을 구별할 수 있고,

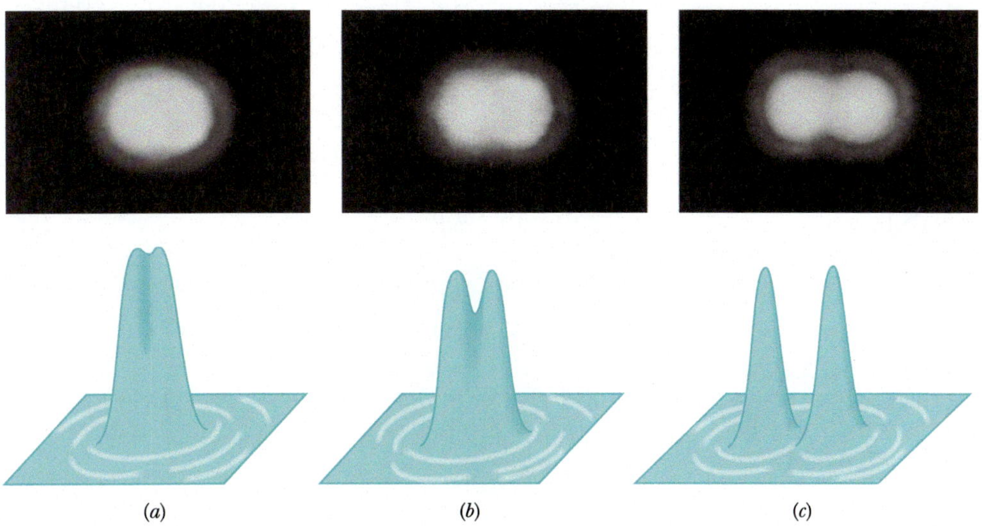

그림 37–12
위쪽 그림은 볼록렌즈를 써서 얻은 두 점광원(별)의 상이다. 아래쪽 그림은 상의 밝기분포이다. (*a*) 두 물체의 각 분리도가 너무 작아서 구별할 수 없다. (*b*) 두 물체를 겨우 구별할 수 있다. (*c*) 두 물체를 온전히 구별할 수 있다. 레일리 판정 조건은 한 물체의 에돌이무늬의 가운데 봉우리가 다른 물체의 에돌이무늬의 첫째 어두운 띠와 겹칠 때 두 물체를 겨우 구별할 수 있다는 것인데, (*b*)에서 겨우 충족된다.

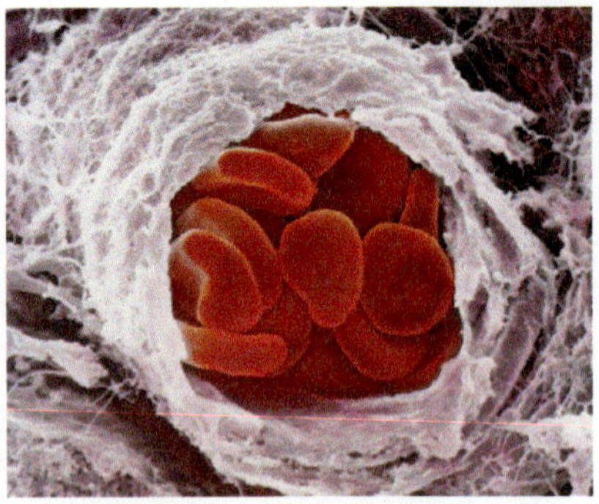

그림 37-13
동맥 혈관을 흘러 지나가는 적혈구의 거짓-색깔 주사형 전자 현미경 사진.

더 작으면 구별할 수 없다.

레일리 판정 조건을 쓰면 쇠라의 그림 '그랑 자테 섬의 일요일 오후'(또는 다른 점묘화)의 색채를 설명할 수 있다. 그림을 아주 가까이 서서 보면, 바로 옆에 있는 두 점의 각 분리도 θ가 $\theta_{레일리}$보다 커서 낱낱의 점을 따로따로 볼 수 있다. 이 점의 색깔은 바로 쇠라가 쓴 안료의 색깔이다. 그렇지만, 아주 멀리서 그림을 보면, θ가 $\theta_{레일리}$보다 작아져서 낱낱의 점이 따로따로 보이지 않는다. 그 결과 이웃한 여러 점의 색깔이 한데 섞여 우리 머리 속에서 색깔 — 그림에는 없는 — 을 '만들어 낸다'. 이렇게 하여 쇠라는 우리의 시각을 써서 자기 작품의 색깔을 창조해 냈다.

각 분리도가 작은 물체의 상을 시각 대신 렌즈를 써서 구별하려면, 에돌이무늬를 될 수 있는 대로 작게 만드는 것이 좋다. 식 37-14에 따르면 지름이 더 큰 렌즈를 쓰거나 파장이 더 짧은 빛을 쓰면 그렇게 된다.

그래서 현미경에서는 흔히 자외선을 쓴다. 이 빛은 파장이 짧으므로, 똑같은 현미경으로도 가시광을 쓸 때보다 더 세밀한 부분을 살펴볼 수 있다. 어떤 조건에서는 전자선 다발도 빛처럼 파동의 성질을 보인다. **전자 현미경**에서 쓰는 전자선 다발의 유효 파장은 가시광 파장의 10^{-5} 정도이다. 광학 현미경으로 보면 에돌이 때문에 흐려졌을 아주 작은 구조도 전자 현미경으로는 그림 37-13과 같이 자세히 들여다 볼수 있다.

생각해보기 37-4 눈의 동공에서의 에돌이 때문에 겨우 구별되는 붉은 점 두 개가 있다고 하자. 주변을 더 밝게 하여 동공의 지름이 줄어들면 두 붉은 점이 더 잘 구별될까 아니면 더 흐려질까? 에돌이 효과만 생각하라. (실제 실험을 해보아, 답을 점검해보라.)

따라해보기 37-3 | 둥근 볼록렌즈

지름 $d = 32$ mm, 초점거리 $f = 24$ cm인 둥근 볼록렌즈가 멀리 있는 점 물체의 상을 초평면에 만든다. 쓰인 빛의 파장은 $\lambda = 550$ mm이다.

(a) 렌즈에 의한 에돌이를 생각할 때, 레일리 판정 조건을 충족시키려면 두 점 물체의 각 분리도는 얼마가 되어야 하는가?

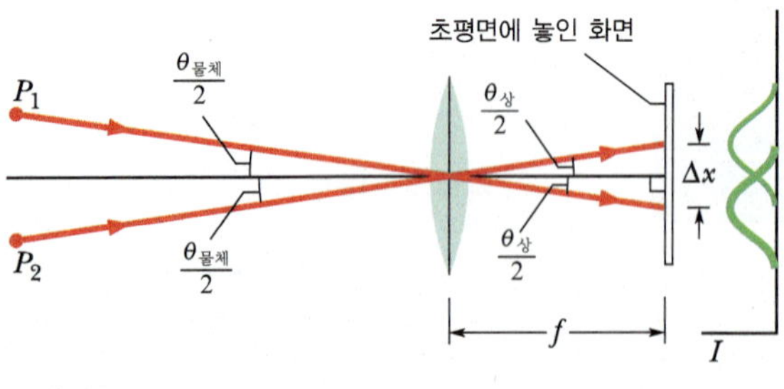

그림 37-14
멀리 있는 두 점 물체 P_1과 P_2에서 나온 빛이 볼록렌즈를 지나 렌즈의 초평면에 놓인 화면에 상을 만든다. 낱낱의 물체에서 나온 대표적인 빛살만 그렸다. 상들은 점이 아니라 에돌이무늬로서, 오른쪽에 밝기분포를 어림하는 그림표를 그렸다. 물체와 상의 각 분리도는 각각 $\theta_{물체}$와 $\theta_{상}$이다. 두 상의 가운데 최대는 Δx만큼 떨어져 있다.

풀이 ■ 그림 37-14는 멀리 있는 두 점 물체 P_1과 P_2, 렌즈, 그리고 렌즈의 초평면에 놓인 화면을 보여주며, 오른쪽은 렌즈가 화면에 만든 상의 밝기분포 I의 그림표이다. 눈여겨볼 것은 물체의 각 분리도 $\theta_{물체}$가 상의 각 분리도 $\theta_{상}$와 같다는 것이다. 따라서 **요점**은 상을 구별할 수 있는 레일리 판정 조건이 충족되면 렌즈 양쪽에서의 각 분리도는 식 37-14와 같다는 것이다(각도는 작다고 가정한다). 문제에서 준 자료를 넣으면 식 37-14로부터 다음 결과를 얻는다.

$$\theta_{물체} = \theta_{상} = \theta_{레일리} = 1.22\frac{\lambda}{d} = \frac{(1.22)(550 \times 10^{-9}\,\text{m})}{32 \times 10^{-3}\,\text{m}}$$
$$= 2.1 \times 10^{-5}\,\text{rad} \qquad \text{(답)}$$

이 각 분리도에서는 그림 37-14의 두 밝기분포 곡선의 가운데 밝은 봉우리가 다른 곡선의 첫째 어두운 띠와 겹친다.

(b) 초평면에 생기는 두 상의 중심 사이의 거리 Δx는 얼마인가? (곧, 두 곡선의 가운데 봉우리 사이의 거리는 얼마인가?)

풀이 ■ 요점은 거리 Δx를 우리가 값을 아는 $\theta_{상}$과 연결시키는 것이다. 그림 37-14에서 렌즈와 화면 사이의 두 삼각형에서 $\tan(\theta_{상}/2) = \Delta x/2f$이다. 이것을 정리하고 $\tan\theta < \theta$로 어림하면 다음 결과를 얻는다.

$$\Delta x = f\theta_{상} \tag{37-15}$$

여기에서 $\theta_{상}$의 단위는 라디안이다. 받은 자료를 넣으면 다음 결과를 얻는다.

$$\Delta x = (0.24\,\text{m})(2.1 \times 10^{-5}\,\text{rad}) = 5.0\,\mu\text{m} \qquad \text{(답)}$$

연습문제 37-5

14. 밝은 빛무리

밤에 가로등을 보면 희미한 빛무리가 둘러싼 것처럼 보인다. 빛무리는 보는 사람의 각막(또는 어쩌면 수정체) 속에 있는 것으로 생각되는 구조가 만드는 에돌이무늬의 옆쪽 첫째 밝은 고리이다. (에돌이무늬의 가운데 봉우리는 등과 겹친다.) (a) 가로등을 파란색에서 붉은색으로 바꾸면 고리가 작아질까, 커질까? (b) 등에서 흰빛을 내면 고리의 바깥쪽 가장자리가 파란색일까, 빨간색일까? (c) 가로등에서 파장 550 nm인 빛이 나온다고 하자. 고리의 각지름이 2.5°라면 고리를 보는 눈 속 구조물의 지름은 얼추 얼마일까?

15. 전조등

다가오는 자동차의 두 전조등 사이의 거리는 1.4 m이다. 우리가 보아 두 등을 구별하려면 (a) 두 등의 각 분리도는 얼마이어야 하는가? (b) 자동차까지의 최대거리는 얼마인가? 동공의 지름은 5.0 mm, 빛의 파장은 550 nm라 하자. 또한 상의 분해능은 에돌이효과만이 제한하므로 레일리 판정조건을 쓸 수 있다고 하자.

16. 우주인

우주왕복선에 탄 우주인이 160 km 아래에 있는 지표면에 겨우 구별할 수 있는 두 점광원이 있다고 주장한다. 이상적인 조건을 가정하여 이들의 (a) 각 분리도와 (b) 거리를 셈하라. 빛의 파장은 540 nm, 우주인의 동공 지름은 5.0 mm라고 하자.

17. 달 표면

대물거울의 지름이 5.1 m인 망원경으로 달을 볼 때, 표면 위에서 구별할 수 있는 두 점의 거리를 구하라. 분해능은 에돌이효과로 제한된다고 하자. 지구에서 달까지는 3.8×10^5 km, 빛의 파장은 550 nm이다.

18. 큰 방

큰 방의 벽을 사방 5.0 mm 간격으로 작은 구멍이 뚫린 음향 타일로 덮었다. 어떤 사람이 이상적인 조건에서 그 벽을 볼 때 낱낱의 구멍을 구별해 볼 수 있으려면 벽에 얼마나 가까이 다가가야 하는가? 동공의 지름은 4.0 mm, 빛의 파장은 550 nm이다.

19. 거리 어림

(a) 맨눈과 (b) 대물거울의 지름이 5.1 m인 망원경으로 화성을 볼 때 표면 위의 두 물체를 구별할 수 있으려면 둘 사이의 거리가 얼마나 되어야 하는가? 지구에서 화성까지는 8.0×10^7 km, 동공의 지름은 5.0 mm, 빛의 파장은 550 nm이다.

20. 레이더(전파 탐지기)

해군 순양함의 레이더에서이 지름 2.3 m인 안테나에서 파장 1.6 cm인 극초단파를 보낸다. 레이더로 거리 6.2 km에 있는 두 대의 쾌속정을 독립된 물체 두 개로 구별하려면 둘 사이의 거리가 최소 얼마나 되어야 할까?

21. 얼룩 풍뎅이

얼룩 풍뎅이의 날개(그림 37-15)는 얇은 표피층이 폭 60 μm인 조각으로 배열되어 있는데, 각 조각에서 빛이 간섭하여 여러 색깔이 나타난다. 눈에 보이는 색깔은 얇은-막 간섭으로 생기는 것이 점묘식으로 섞인 것으로 보는 방향에 따라 달라진다. 레일리 판정조건을 쓴다면 얼마의 거리에서 보아야 색깔이 다른 조각을 구별할 수 있겠는가? 동공의 지름은 3.00 mm, 빛의 파장은 550 nm로 두어라.

그림 37-15 문제 21

22. 우주왕복선

1985년 하와이의 마우이에 있는 미공군 기지에서 354 km 위를 날고 있는 우주왕복선 '디스커버리' 호에 레이저 빛다발을 보내 반사된 것을 받았다. 왕복선에서 받은 빛다발의 지름은 9.1 m, 파장은 500 nm였다. 마우이 광학기지의 레이저 계통의 주둥이의 유효 지름은 얼마이겠는가? (**실마리**: 레이저 빛다발은 에돌이효과로만 퍼진다. 주둥이 모양은 둥글다고 하자.)

23. 밀리미터-파 레이더

밀리미터-파 레이더는 종래의 극초단파 레이더 보다 더 가느다란 빛다발을 만들어내므로 레이더 회피 유도무기에 더 효과적이다. (a) 지름 55.0 cm인 둥근 안테나에서 내보내는 220 GHz 레이더 빛다발이 만드는 에돌이무늬에서 가운데 봉우리의 각폭인 양쪽 1차 최소 사이의 각도를 구하라. (이 진동수는 흡수가 낮은 대기의 '창' 과 일치한다.) (b) 문제 20에서 설명한 순양함의 레이더 계통에 대해 같은 양을 셈하라.

24. 둥근 장애물

둥근 장애물은 모양이 같은 구멍과 똑같은 에돌이무늬를 만든다 (다만 $\theta = 0$ 근처에서는 다르다). 공중에 떠 있는 물방울이 보기다. 옅은 안개가 끼었을 때 달을 보면 여러 물방울이 만드는 에돌이무늬를 받아들이는 셈이다. 가운데 에돌이 봉우리가 겹쳐져서 달을 둘러싼 흰 영역을 이루므로 달 모양이 흐려진다. 그림 37-16은 그렇게 흐려진 달의 사진이다. 달 주위에 색깔이 있는 희미한 고리를 두 개 볼 수 있다. (바깥쪽의 큰 것은 사진에는 너무 희미하게 나와 잘 보이지 않을 수 있다.) 물방울 에돌이무늬에서 가운데 봉우리의 가장자리 바깥에 작은 고리가 있고, 버금 밝은 띠의 가장 작은 것의 가장자리 바깥에 큰 고리가 있다 (그림 37-16을 보라). 색깔이 나타나는 까닭은 고리가 에돌이무늬에서 최소(어두운 고리)의 옆에 있기 때문이다(다른 부분은 너무 밝아서 겹쳐진 색깔을 볼 수 없다). (a) 에돌이 봉우리의 바깥쪽 가장자리에 있는 고리는 어떤 색깔인가? (b) 그림 37-16의 가운데 봉우리를 둘러싼 색고리의 각지름은 달의 각지름 0.50°의 1.35배이다. 물방울의 지름이 모두 같다면 그 값은 얼추 얼마인가?

그림 37-16 문제 24

25. 알레게니 천문대[Allegheny Obserevatory]

(a) 알레게니 천문대의 토(Thaw) 굴절 망원경으로 두 별을 겨우 구별할 수 있다면 이들의 각 분리도는 얼마인가? 렌즈의 지름은 76 cm, 초점거리는 14 m이다. $\lambda = 550$ nm로 잡아라. (b) 두 별 모두 지구에서 10광년 떨어져 있다면 이들 사이의 거리는 얼마인가? (c) 이 망원경으로 잡은 별 하나의 상의 사진에서 에돌이무늬의 첫째 어두운 고리의 지름을 구하라. 사진은 망원경 렌즈의 초점평면에 사진필름을 두어 기록했다. 상의 모양은 온전히 렌즈 구경의 에돌이효과로만 결정되며, 렌즈의 '오차' 와는 무관하다고 하자.

26. 러시아-프랑스 실험

러시아와 프랑스는 빛으로 달 표면을 조사하는 공동실험에서 루비 레이저에서 나오는($\lambda = 0.69\ \mu$m) 펄스를 거울의 반지름이 1.3 m인 반사 망원경을 통해 달로 보냈다. 달에 있는 반사경은 반지름이 10 cm인 둥근 평거울과 같은 구실을 하여 빛을 반사해 지구에 있는 망원경으로 되보냈다. 반사된 빛은 망원경으로 다시 모아 검지했다. 애초에 보낸 빛 에너지에 대한 검지기가 받은 빛 에너지의 비율은 얼마인가? 빛이 오가는 동안 모든 에너지가 에돌이무늬의 가운데 봉우리에 실려 있다고 하자.

37-6 두 실틈에서의 에돌이

36장의 두 실틈 실험에서 빛의 파장에 비해 실틈의 폭이 좁다고 가정했다. 다시 말해 $a \ll \lambda$이다. 실틈이 그렇게 좁으면, 각 실틈의 에돌이무늬의 가운데 봉우리가 화면 전체를 덮는다. 더구나 두 실틈에서 나온 빛이 간섭하여 밝은 띠를 만드는데, 이들의 밝기는 모두가 거의 비슷하다(그림 36-11).

그림 37-17
(a) 두 실틈 간섭 실험에서 실틈이 아주 좁을 때 예상되는 밝기 분포 (여기에서 두 실틈의 간격은 d = 0.25 mm이고 들어오는 빛은 주황색으로 λ = 623 nm이다). (b) 폭이 a = 0.031 mm인 전형적인 실틈(아주 좁지는 않다)에 의한 에돌이무늬의 밝기분포. (c) 폭이 a = 0.031 mm인 실틈이 두 개 있을 때 예상되는 밝기 분포. (b)의 곡선은 싸개가 되어 (a)의 간섭무늬의 밝기분포를 제한한다. (b)의 에돌이무늬의 첫째 밝은 띠가 (c)에서 1.2° 근처에 생겼을 두 실틈 간섭무늬를 지워버렸음을 눈여겨보라.

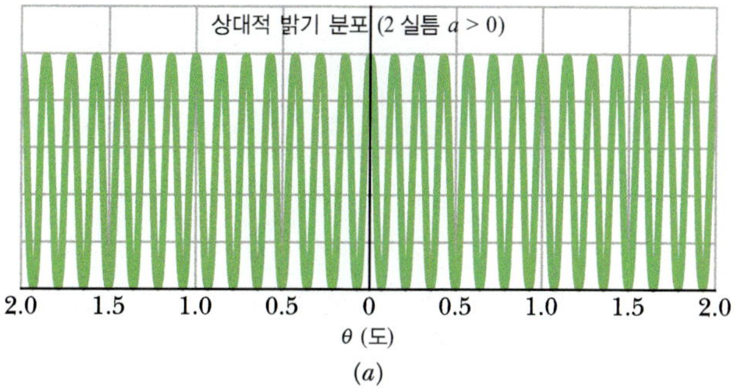

(a)

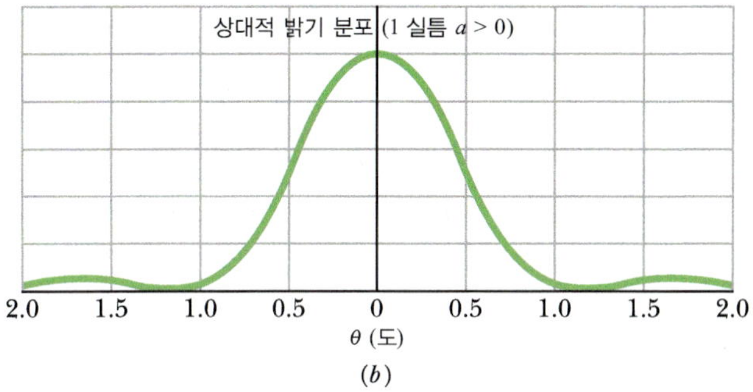

(b)

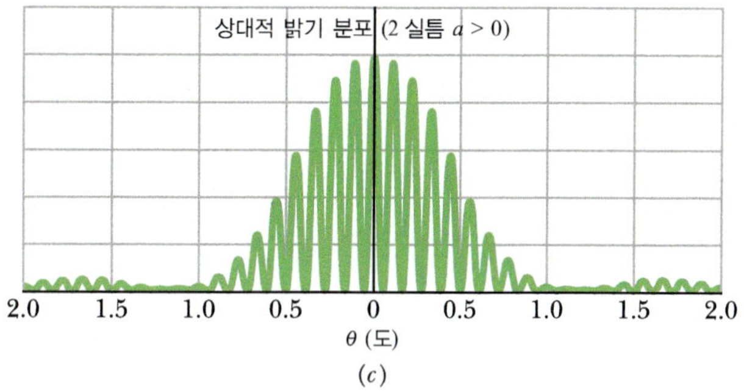

(c)

그렇지만, 실제로 가시광을 쓸 때는 $a \ll \lambda$의 조건은 거의 맞추지 못한다. 실틈이 비교적 넓으면, 두 실틈을 지나온 빛이 간섭하여 만드는 무늬의 봉우리 높이가 고르지 않게 된다. 곧, 두 실틈 간섭에서 생기는 무늬의 밝기는 낱낱의 실틈을 지나는 빛의 에돌이 때문에 달라진다(이 장에서 설명한다).

보기를 들어, 그림 37-17a의 밝기 분포 그림(그림 36-11과 비슷하다)은 실틈이 아주 좁을 때 ($a \ll \lambda$) 두 실틈 간섭무늬이다. 모든 밝은 간섭 띠의 봉우리 높이가 같다. 그림 37-17b의 밝기 분포 그림은 실틈 하나에 의한 실제의 에돌이무늬이다. 에돌이무늬는 폭이 넓은 가운데 봉우리와 ±17°에 그보다 약한 버금 봉우리가 있다. 그림 37-17c의 밝기 분포 그림은 실제의 실틈이 두 개 있을 때의 간섭무늬이다. 이 그림은 그림 37-17a의 밝기 분포 그림에 그림 37-17b를 싸개로 입힌 것이다. 밝은 띠의 봉우리의 위치는 같지만, 높이는 달라졌다.

그림 37-18a는 실제의 무늬의 사진인데, 두 실틈 간섭과 에돌이이 명확히 드러난다. 실틈 하나를 닫으면, 그림 37-17b의 홑실틈 에돌이무늬가 생긴다. 그림 37-18a와 37-17c 그리고 그림 37-18b와 37-17b의 대응관계를 눈여겨보라. 이 그림을 비교할 때는 그림 37-18은 희미한 버금 봉우리도 드러내고자 일부러 과다 노출시켰기 때문에 버금 봉우리가 (하나가 아니라) 두 개 나타남을 기억하라.

에돌이 효과를 생각하면 두 실틈 간섭무늬의 밝기분포는 다음과 같다.

$$I(\theta) = I^{\text{최대}}(\cos^2\beta)\left(\frac{\sin\alpha}{\alpha}\right)^2 \quad \text{(두 실틈)} \qquad (37\text{–}16)$$

여기에서

$$\beta = \frac{\pi d}{\lambda}\sin\theta \qquad (37\text{–}17)$$

이고

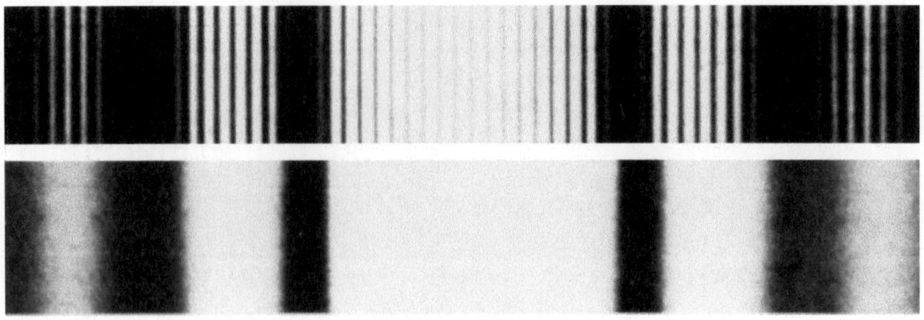

그림 37-18
(*a*) 실제의 두 실틈 간섭무늬; 그림 37-17*c*와 비교하라. (*b*) 홑실틈의 에돌이무늬.

$$\alpha = \frac{\pi a}{\lambda}\sin\theta \tag{37-18}$$

이다. 여기에서 d는 두 실틈의 간격이고, a는 실틈의 폭이다. 식 37-26의 오른쪽은 $I^{최대}$에 두 곱수를 곱한 꼴임을 눈여겨보라: (1) **간섭 곱수** $\cos^2\beta$는 간격이 d인 두 실틈을 지나온 빛의 간섭 때문이다(식 36-21과 36-22). (2) **에돌이 곱수** $[(\sin\alpha)/\alpha]^2$은 폭이 a인 실틈을 지나온 빛의 에돌이 때문이다(식 37-5와 37-6).

이 곱수를 점검하자. 보기를 들어, 식 37-18에서 $a \to 0$이 되게 하면, $\alpha \to 0$이 되어 로피탈 규칙을 쓰면 $(\sin\alpha)/\alpha \to 1$이 된다. 그러면 식 37-16은 폭이 아주 좁고, 간격이 d인 두 실틈의 간섭무늬를 기술하는 식으로 환원되고, 당연히 그래야 한다. 마찬가지로 식 36-21에서 $d = 0$으로 두는 것은 물리적으로 두 실틈을 붙여 폭이 a인 실틈 하나로 만드는 것과 같다. 그러면 식 36-21은 $\beta = 0$이 되고 $\cos^2\beta = 1$이 된다. 이 경우 식 37-16은 폭이 a인 실틈 하나의 에돌이무늬를 기술하는 식으로 환원되고, 당연히 그래야 한다.

식 37-16으로 기술되고 그림 37-18*a*에 보인 두 실틈 간섭무늬는 간섭과 에돌이를 낯익은 방식으로 묶는다. 둘 다 위상이 다른 파동이 한 곳에서 겹칠 때 생기는 중첩효과이다. 겹치는 파동이 몇 개의 결맞는 광원에서 나온 것이면 — $a \ll \lambda$인 두 실틈 실험과 같이 — 그 과정을 간섭이라고 한다. 겹치는 파동이 하나의 파면에서 나온 것이면 — 홑실틈 에돌이 실험과 같이 — 그 과정을 에돌이이라고 한다. 간섭과 에돌이에 관한 이러한 구분(이것은 다소 자의적이고, 늘 지키지는 않는다)은 편리하지만, 둘 다 중첩효과로서 보통 함께 나타난다.

따라해보기 37-4 | 밝은 띠

두 실틈의 간격이 아주 좁은 것을 생각하자. 광원의 파장 λ은 405 nm이고, 실틈의 간격 d는 19.44 μm, 폭 a는 4.050 μm이다. 낱낱의 실틈을 지나온 빛의 에돌이와 두 실틈을 지나온 빛의 간섭을 생각하자.

(a) 에돌이무늬의 싸개의 가운데 봉우리 속에 밝은 간섭 띠가 몇 개 들어 있는가?

풀이 ■ 먼저 이 실험에서 광학 무늬를 만드는 두 기본 과정을 살펴보자:

홑실틈 에돌이: **요점**은 가운데 봉우리의 양 끝은 각 실틈의 에돌이무늬의 첫째 어두운 띠라는 것이다(그림 37-17을 보라). 최소의 각 좌표는 식 37-3($a\sin\theta = m\lambda$)으로 정해진다. 홑실틈 에돌이를 나타내는 아랫글자 1을 붙여 이 식을 $a\sin\theta = m_1\lambda$으로 쓰자. 에돌이무늬의 첫째 최소에 대해서는 $m_1 = 1$을 넣어 다음 식을 얻는다.

$$a\sin\theta = \lambda \tag{37-19}$$

두 실틈 에돌이: **요점**은 두 실틈 간섭무늬에서의 밝은 띠의 각 좌표는 식 36-14로 기술되는데, 다음과 같이 고쳐 쓸 수 있다.

$$d\sin\theta = m_2\lambda, \quad m_2 = 1, 2, 3, \cdots \qquad (37\text{–}20)$$

여기에서 아랫글자 2는 두 실틈 간섭을 나타낸다.

두 실틈 간섭무늬 속에서의 에돌이무늬의 첫째 어두운 띠의 위치는 식 37-20을 식 37-19로 나누고, m_2에 대해 풀어 얻는다. 그렇게 한 다음 받은 자료를 넣으면 다음 결과를 얻는다.

$$m_2 = \frac{d}{a} = \frac{19.44\ \mu\text{m}}{4.050\ \mu\text{m}} = 4.8$$

이 결과는 $m_2 = 4$인 밝은 간섭 띠는 홑실틈 에돌이무늬의 가운데 봉우리 속에 들어가지만, $m_2 = 5$인 띠는 그렇지 않음을 말해준다. 가운데 에돌이 봉우리 속에는 가운데 밝은 띠($m_2 = 0$)와 양쪽으로 네 개의 밝은 띠($m_2 = 4$까지)가 들어 있다. 따라서 모두 아홉 개의 밝은 띠가 에돌이 싸개의 가운데 봉우리 속에 들어 있다. 가운데 밝은 띠의 한쪽에 나타나는 밝은 띠를 그림 37-19에 보였다.

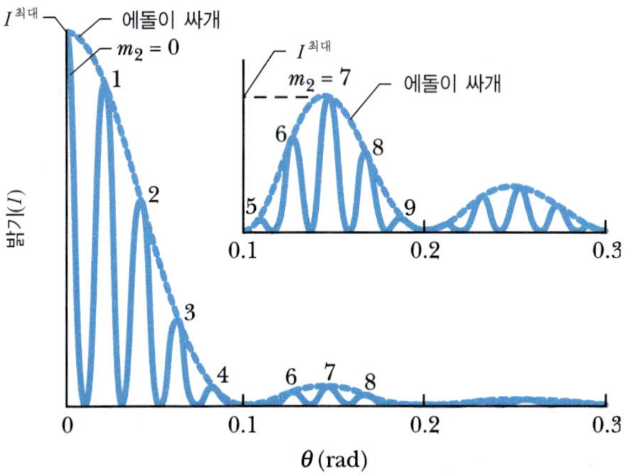

그림 37-19
두 실틈 간섭 실험의 한쪽의 밝기분포, 에돌이 싸개는 점선으로 나타냈다. 끼워 넣은 그림은 에돌이 싸개의 첫째 및 둘째 옆쪽 봉우리 속의 밝기분포를 수직방향으로 부풀려 그린 것이다.

(b) 에돌이 싸개의 옆쪽 첫째 봉우리 하나 속에는 밝은 띠가 몇 개 들어 있는가?

풀이 ■ 요점은 옆쪽 첫째 봉우리의 바깥쪽 끝은 둘째 에돌이 최소로서, 각좌표는 $a\sin\theta = m_1\lambda$에서 $m_1 = 2$에 해당하는 각도 θ이다:

$$a\sin\theta = 2\lambda \qquad (37\text{–}21)$$

식 37-20을 식 37-21로 나누면 다음 결과를 얻는다.

$$m_2 = \frac{2d}{a} = \frac{(2)(19.44\ \mu\text{m})}{4.050\ \mu\text{m}} = 9.6$$

이것은 둘째 에돌이 최소가 식 37-20의 $m_2 = 10$에 해당하는 밝은 띠 바로 앞에 있음을 말해준다. 양쪽에 있는 옆쪽 첫째 에돌이 봉우리 속에는 $m_2 = 5$에서 $m_2 = 9$까지 모두 다섯 개의 밝은 두 실틈 간섭무늬가 들어 있다(그림 37-19에 끼워 넣은 그림에 보였다). 그렇지만 $m_2 = 5$인 밝은 띠가 에돌이 무늬의 첫째 어두운 띠 때문에 거의 지워지므로, 셈에 넣기에는 너무 희미하다고 보면, 겨우 네 개만 들어 있는 셈이다.

연습문제 37-6

27. 밝은 띠
두 실틈 에돌이무늬의 가운데 에돌이 싸개에 밝은 띠가 11개 들어 있고, 1차 에돌이 최소가 (위치가 같아) 밝은 띠를 지운다고 하자. 에돌이 싸개의 일차 및 2차 최소 사이에 밝은 띠가 몇개 들어 있는가?

28. 실틈 간격
두 실틈 실험에서 실틈 간격 d는 실틈 폭 w의 2.00배이다. 가운데 에돌이 봉우리 속에 밝은 간섭 띠가 몇 개 들어 있는가?

29. 밝은 띠 없애기
(a) 두 실틈 실험에서 a에 대한 d의 비율이 얼마이면 넷째 밝은 띠가 사라지는가? (b) 또 사라지는 밝은 띠의 차수는 얼마인가?

30. 두 실틈
폭이 a, 간격 d인 두 실틈에 파장 λ인 결맞는 빛을 비춘다. 실틈에서 거리 D만큼 떨어진 화면에 나타나는 밝은 간섭 띠의 간격은 얼마인가?

31. 몇 개
(a) 두 실틈 간섭무늬에서 $\lambda = 550\ \text{nm}$, $d = 0.150\ \text{mm}$, $a = 30.0\ \mu\text{m}$이면 에돌이싸개의 가운데 봉우리 속에 밝은 간섭 띠가 몇 개 나타나는가? (b) 가운데 봉우리의 밝기에 대한 셋째 밝은 간섭 띠의 밝기 비는 얼마인가?

32. 위치에 대한 밝기

파장 440 nm인 빛이 두 실틈을 지나 그림 37–20에 보인 각위치 θ에 대한 밝기 I의 에돌이무늬를 만든다. (a) 실틈 폭과 (b) 실틈 간격을 셈하라. (c) $m = 1$과 $m = 2$인 간섭무늬의 밝기를 확인하라.

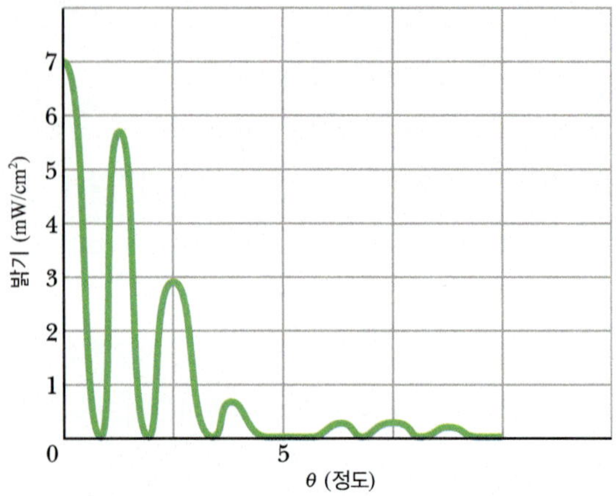

그림 37–30 문제 32

37-7 에돌이발(회절 격자)

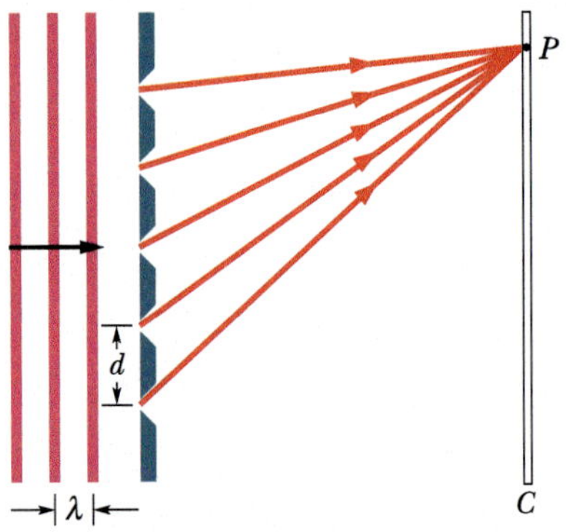

그림 37–21
눈금이 다섯 개인 이상적인 에돌이발이 멀리 있는 화면 C에 간섭무늬를 만든다.

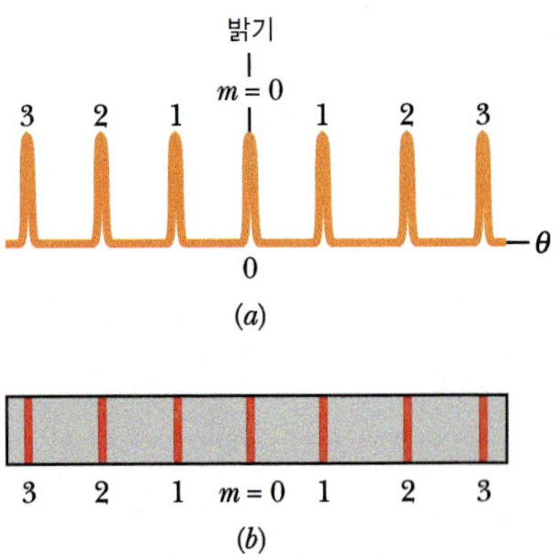

그림 37–22
에돌이발에 파장 성분이 하나인 빛을 비춘다. (*a*) 눈금이 아주 많은 에돌이발이 만든 간섭무늬의 밝기분포는 폭이 좁은 밝은 띠로 이루어지는데, 여기에서는 낱낱의 차수 m을 붙였다. (*b*) 화면에 나타나는 밝은 간섭 띠를 분광선이라 하며, 여기에서도 차수 m을 붙였다. 그림에는 0차, 1차, 2차, 3차 분광선까지 보였다.

에돌이발(diffraction grating)는 빛 자체를 분석할 때 그리고 빛을 내고, 흡수하는 물체에 관해 연구할 때 가장 쓸모 있는 도구이다. 이것은 **간섭** 현상을 써서 빛다발을 파장 성분으로 나누는 소자이다. 에돌이발은 그림 36–9의 두 실틈 배열을 더 정교하게 만든 것이다. 이 소자에는 흔히 **눈금**이라고 하는 실틈이 N개로 훨씬 많이 있는데, 어떤 에돌이발에는 1mm 안에 수천 개까지 들어 있다. 그림 37–21에는 눈금이 다섯 개인 이상적인 에돌이발을 보였다. 단색 빛을 이것에 비추면, 폭이 좁은 간섭무늬가 생기는데, 이것을 분석하면 빛의 파장을 결정할 수 있다. (에돌이발은 불투명한 면에 그림 37–21의 실틈과 같은 꼴로 좁은 고랑을 나란히 판 것일 수도 있다. 그러면 빛이 열린 실틈을 통해 투과되는 대신 고랑에서 반사되면서 산란되어 간섭 띠를 만든다.)

에돌이발에 단색 빛을 비추면서, 실틈의 수를 둘에서 아주 큰 수 N으로 늘리면, 밝기분포는 그림 37–17*c*의 전형적인 두 실틈 간섭무늬에서 훨씬 복잡한 모양이 되다가 결국 그림 37–22*a*와 같은 단순한 무늬가 된다. 헬륨–네온 레이저에서 나오는 단색 붉은 빛을 비추어 화면에서 볼 수 있는 무늬를 그림 37–22*b*에 보였다. 이제는 밝은 띠가 아주 좁아졌다 (그래서 **분광선**이라고 한다); 이들은 상대적으로 넓은 어두운 영역을 사이에 두고 떨어져 있다.

화면에 나타나는 밝은 선의 위치를 결정하는 데는 앞에서 썼던 방법을 쓴다. 먼저 화면이 에돌이발에서 아주 멀리 있어 화면 위의 한 점 P에 이르는 빛살이 에돌이발을 떠날 때는 거의 나란하다고 가정한다(그림 37–23). 그 다음에는 이웃한 눈금을 지난 두 빛살의 경로차를 구한. 눈금 사이의 거리 d를 *발 간격*이라고 한다. (N개의 눈금이 폭 w 속에 있다면 $d = w/N$이다.) 이웃한 두 빛살의 경로차는 또 다시 $d\sin\theta$(식 37–18)이며, 여기에서 θ는 발(과 에돌이무늬)의 중심축에 대한 점 P의 각도이다. 이웃한 두 빛살의 경로차가 파장의 정수배이면 P에 밝은 선이 나타난다. 이 조건은 다음과 같다.

$$d\sin\theta = m\lambda, \quad m = 1, 2, 3, \cdots \text{ (밝은 분광선)} \tag{37–22}$$

여기에서 λ는 빛의 파장이다. 정수값 m마다 다른 분광선이 나타낸다. 따라서 그림 37–17처럼 정수를 낱낱의 분광선에 붙여 이름으로 쓸 수 있다. 이 정수를 **차수(order)**라고 하며, 분광선은 0차 분광선($m = 0$인 가운데 분광선), 1차 분광선, 2차 분광선 등이라고 한다.

식 37-22를 $\theta = \sin^{-1}(m\lambda/d)$로 고쳐 쓰면, 에돌이발의 중심축에서 어떤 분광선(보기: 3차 분광선)까지의 각도는 에돌이발을 비춘 빛의 파장에 따라 달라진다. 따라서 파장을 모르는 빛을 에돌이발에 비추면, 고차 분광선의 각도를 식 37-22에 넣어 빛의 파장을 결정할 수 있다. 빛에 들어 있는 여러 파장 성분을 알지 못할 때도 이 방법을 쓰면 파장 성분을 구별해 내고, 파장 값을 결정할 수 있다. 36-4절의 두 실틈 간섭 실험 장치로는 그 일을 해낼 수 없다. 그 장치에서도 간섭무늬를 기술하는 식은 똑같지만, 파장이 다른 빛이 만드는 밝은 띠가 너무 많이 겹쳐져서 구별하기 어려우므로 파장을 정확히 잴 수 없다.

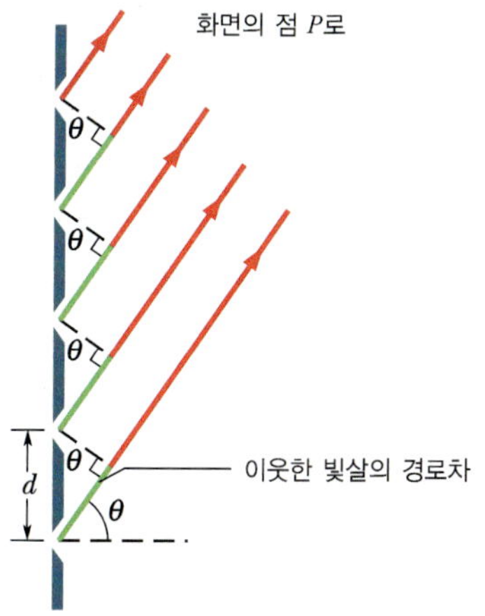

그림 37-23
에돌이발의 낱낱의 눈금에서 나와 멀리 있는 점 P로 가는 빛살은 거의 나란하다. 이웃한 두 빛살의 경로차는 $d\sin\theta$이며, 여기에서 θ는 그림과 같이 중심축을 기준으로 잰다.

• 분광선의 폭

에돌이발을 써서 파장이 비슷한 두 빛을 구별(분리)할 수 있는 능력은 분광선의 폭에 따라 결정된다. 여기에서는 가운데 분광선($m = 0$인 분광선)의 **반폭**에 관한 식을 끌어내고, 그 다음에는 고차 분광선의 반폭에 관한 식을 설명한다. 가운데 분광선의 반폭 $\Delta\theta_{반폭}$은 $\theta = 0$에 있는 분광선의 중심에서 그 분광선이 실질적으로 끝나고 첫째 어두운 띠가 시작되는 점까지의 각도이다(그림 37-24). 그곳에서는 에돌이발의 N개의 실틈에서 나온 N개의 빛살이 서로 맞지운다. (물론 가운데 분광선의 실제 폭은 $2\Delta\theta_{반폭}$이지만, 분광선의 폭은 보통 반폭을 비교한다.)

37-2절에서 실틈 하나의 에돌이를 살펴볼 때 아주 많은 빛살이 맞지우는 것도 생각했다. 우리가 얻은 식 37-3은, 두 상황이 비슷하므로 여기에서 첫째 어두운 띠의 위치를 찾는데 쓸 수 있다. 이 식은 첫째 어두운 띠에서는 맨 위와 아래를 지나온 빛살의 경로차가 λ임을 말해준다. 홑실틈 에돌이에서는, 이 차이가 $a\sin\theta$이다. 눈금 수가 N개이고 간격이 d인 에돌이발에서는 맨 위와 아래 눈금 사이의 거리는 Nd이므로(그림 37-25), 맨 위와 아래를 지나온 빛살의 경로차는 $Nd\sin\Delta\theta_{반폭}$이다. 따라서 첫째 최소는 다음 조건에서 생긴다.

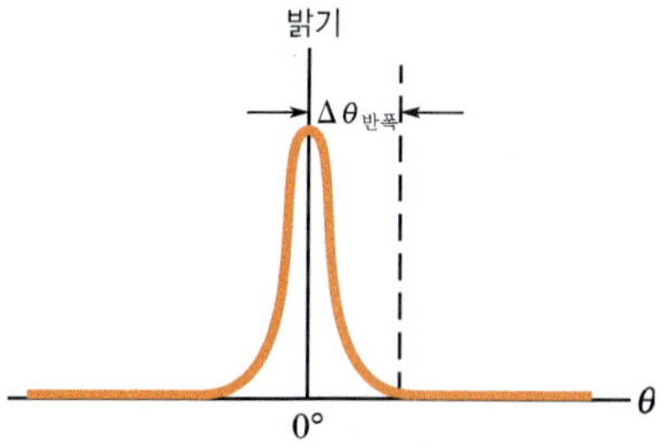

그림 37-24
가운데 분광선의 반폭 $\Delta\theta_{반폭}$은 그림 37-17a와 같은 θ에 대한 I의 변화 곡선에서 분광선의 중심에서 바로 옆에 있는 어두운 띠까지의 각도이다.

$$Nd\sin\Delta\theta_{반폭} = \lambda \qquad (37\text{-}23)$$

$\Delta\theta_{반폭}$이 작으므로 $\sin\Delta\theta_{반폭} \approx \Delta\theta_{반폭}$(라디안 단위)이다. 이것을 식 37-23에 넣으면 가운데 분광선의 반폭은 다음과 같다.

$$\Delta\theta_{반폭} = \frac{\lambda}{Nd} \quad \text{(가운데 분광선의 반폭)} \qquad (37\text{-}24)$$

다른 분광선의 반폭은 중심축에 대한 위치에 따라 달라져 다음과 같은데, 이것을 증명하지는 않겠다.

$$\Delta\theta_{반폭} = \frac{\lambda}{Nd\cos\theta} \quad (\theta\text{에 있는 분광선의 반폭}) \qquad (37\text{-}25)$$

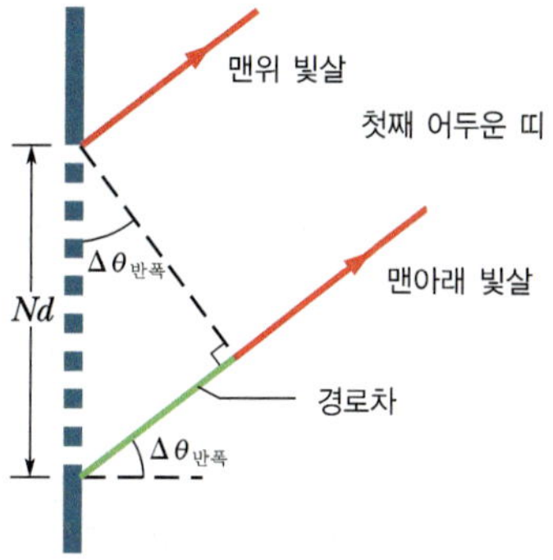

그림 37-25
눈금이 N개인 에돌이발의 맨 위와 맨 아래 눈금 사이의 거리는 Nd이다. 두 눈금을 지나오는 빛살의 경로차는 $Nd\sin\Delta\theta_{반폭}$이다. 여기에서 $\Delta\theta_{반폭}$은 첫째 어두운 띠까지의 각도이다. (이 그림에서는 내용을 잘 보이고자 각도를 많이 부풀렸다.)

빛의 파장 λ와 눈금 간격 d가 정해지면, 눈금 수 N이 커지면 분광선의 폭은 좁아진다는 것을 눈여겨보라. 따라서 눈금 간격 d가 같고 눈금 수 N이 다른 두 에돌이발이 있다면, 눈금 수 N이 더 많은 것이 폭이 더 좁은 분광선을 만들 것이고 따라서 겹치는 정도가 덜할 것이므로, 파장 차이를 더 잘 구별할 수 있다. 단색 빛의 분광선의 폭은 빛을 받는 실틈의 수가 결정한다. 에돌이발 분광기에서 에돌이발의 눈금 N개 모두에 빛을 보내고자 집속 망원경을 쓰기도 한다.

• 에돌이발 분광기

에돌이발은 전등에서 별에 이르는 여러 광원에서 나오는 빛의 파장을 재는데 쓰인다. 그림 37-26은

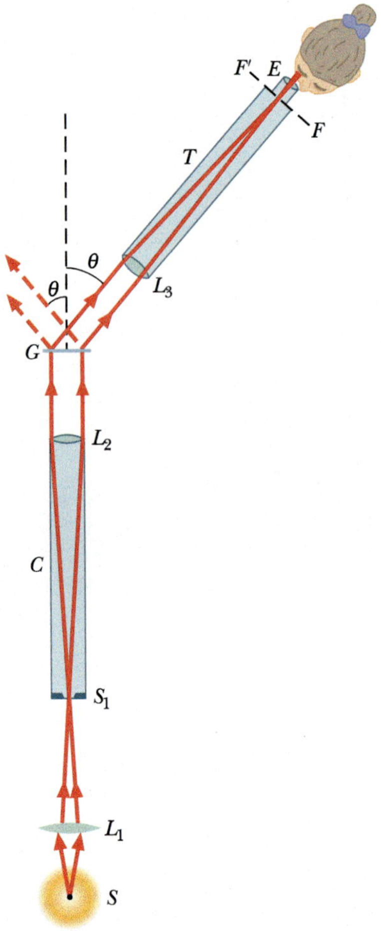

그림 37-26
광원 S에서 나오는 빛의 파장 성분을 살펴보는데 쓰는 간단한 에돌이발 분광기

이러한 목적에 쓰는 간단한 에돌이발 분광기를 보여준다. 광원 S에서 나오는 빛을 렌즈 L_1으로 모아 렌즈 L_2의 초평면에 있는, 세로로 선 실틈에 비춘다. 통 C(집속기라고 함)에서 나오는 빛은 평면파로서 에돌이발 G에 수직하게 들어가서, 에돌이하여 분광선을 만드는데, $m = 0$차는 에돌이발의 중심축을 따라 각도 $\theta = 0$으로 에돌이한다.

어떤 각도 θ쪽에 나타나는 분광선을 보려면 그림 37-26의 망원경 T를 그쪽으로 돌린다. 그러면 망원경의 렌즈 L_3가 각도 θ쪽으로 (그리고 그보다 조금 더 큰 각도와 작은 각도로) 에돌이한 빛을 망원경 속의 초점평면 FF'에 모은다. 접안렌즈 E를 들여다보면, 상이 확대되어 보인다.

망원경의 각도 θ를 바꾸어가며 모든 분광선을 살펴볼 수 있다. $m = 0$이 아닌 다른 차수에서는 분광선이 에돌이되는 방향이 파장에 따라 퍼지므로 식 37-22를 써서 어떤 파장 성분이 들어 있는가 알 수 있다. 광원에서 나오는 빛이 몇 개의 드문드문한 파장 성분으로 되어 있으면, 망원경을 수평면을 따라 돌리면서 차수 m에 대응되는 각도를 지나면 낱낱의 파장 성분이 세로로 선 분광선으로 나타나는 것을 볼 수 있고, 이때 파장이 더 짧은 분광선은 더 긴 것보다 더 작은 각도에서 나타난다.

보기를 들어, 수소 기체가 든 수소 방전등이 내는 빛에는 가시광 영역의 파장 성분이 네 개 들어 있다. 이 빛은 그냥 보면 흰빛이지만, 에돌이발 분광기를 통해 보면, 네 가지 색깔의 분광선을 고차 에돌이무늬에서 볼 수 있다. (그러한 분광선을 **발광선**이라고 한다.) 그림 37-27에는 네 차수를 보였다. 중심 차수($m = 0$)에서는 네 파장 성분의 분광선이 모두 겹치므로 $\theta = 0$에서는 흰 줄 하나로 보인다. 고차 분광선에서는 네 가지 색깔이 분리된다.

그림 37-27에 3차 분광선을 보여주지 않는 까닭은 헷갈리지 않게 하려는 것이다. 실제로는 2차 및 4차 분광선과 겹친다. 붉은색 4차 분광선이 없는 까닭은 이 에돌이발로는 생기지 않기 때문이다. 식 37-22를 풀어 $m = 4$일 때의 붉은 빛에 대해 셈해보면, $\sin\theta$의 값이 1보다 더 커지는데, 그러한 각도는 없다. 그래서 에돌이발에서는 4차 분광선이 불완전하다고 한다. 눈금 간격이 d보다 큰 에돌이발에서는 분광선이 그림 37-27보다 덜 퍼지므로 분광선이 완전해질 수 있다. 그림 37-28은 카드뮴 등에서 나오는 가시광 영역의 발광선의 사진이다.

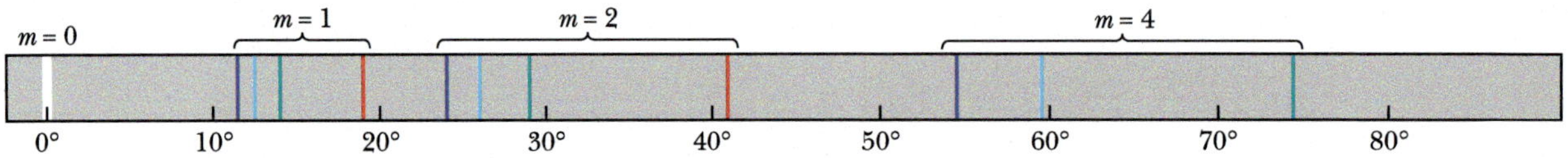

그림 37-27
카드뮴 등에서 나오는 가시광을 에돌이발 분광기를 통해 본 모습

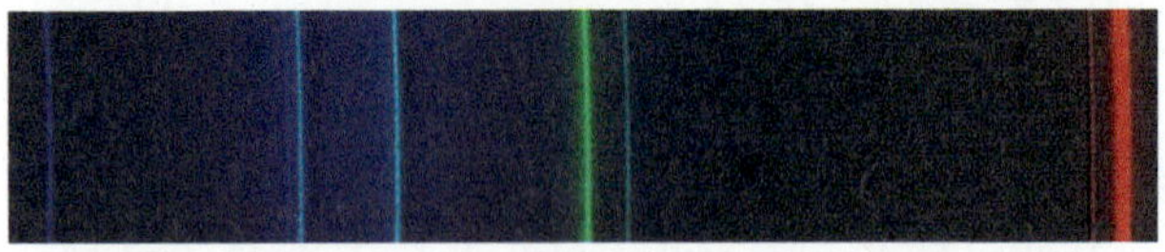

그림 37-28
에돌이발 분광기를 통해 본 카드뮴 등에서 나오는 가시광 영역의 발광선

생각해보기 37-5 이 그림은 붉은 빛을 받은 에돌이발에서 나오는 차수가 다른 빛을 보여준다. (a) 에돌이무늬의 중심은 그림 왼쪽과 오른쪽 어느 쪽에 있는가? (b) 빛을 녹색으로 바꾸면 차수가 같은 분광선의 반폭은 그림에 보인 분광선의 반폭과 비교하여 더 넓은가, 더 좁은가, 아니면 같은가?

연습문제 37-7

33. d 셈하기

폭 2.0 mm인 에돌이발에 눈금이 6000개 그어져 있다. (a) 눈금 간격을 셈하라. (b) 파장 589 nm인 빛이 에돌이발을 비추면 화면에 밝은 띠가 비치는 각도 θ는 얼마인가?

34. 가시광 파장범위

눈금밀도 315눈금/mm인 에돌이발이 있다. 이것을 써서 에돌이 실험을 하여 5차 분광선을 보려면 가시광의 파장이 얼마이어야 하는가?

35. 차수의 수

눈금밀도 400눈금/mm인 에돌이발이 있다. 가시광 전체 파장범위(400~700 nm)를 비추면 에돌이무늬를 $m = 0$인 차수 이외에 몇 차수까지 볼 수 있는가?

36. 포식자 혼란시키기

열대 딱정벌레 자이리니드[gyrinid: 선회운동을 하는 딱정벌레라는 뜻]는 비늘이 정렬되어 에돌이발을 이루므로 빛이 간섭하여 색깔이 나타나는데 아마도 포식자를 혼란시키려는 것 같다. 파장 550 nm인 빛이 에돌이발에 수직으로 들어오면 두 1차 최대(0차 최대의 양쪽에 있음) 사이의 각도가 약 26°이다. 딱정벌레의 에돌이발의 눈금 간격은 얼마인가?

37. 이웃한 두 밝은 띠

파장 600 nm인 빛이 에돌이발에 수직하게 들어온다. 에돌이무늬에서 이웃한 두 밝은 띠가 $\sin\theta = 0.2$와 $\sin\theta = 0.3$에 나타난다. 4차 밝은 띠는 빠졌다. (a) 이웃한 두 실틈의 거리는 얼마인가? (b) 에돌이발의 실틈 폭의 최소값은 얼마인가? (c) (a)와 (b)에서 얻은 답에 맞는 에돌이발이 만드는 밝은 띠의 최대 차수는 얼마인가?

38. 수직입사

눈금 폭 300 nm, 간격 900 nm인 에돌이발에 파장 $\lambda = 600$ nm인 빛을 수직하게 비춘다. (a) 온전한 에돌이무늬에 밝은 띠가 몇 개 들어 있는가? (b) 에돌이발에 눈금이 1000개 들어 있으면 1차 밝은 띠의 폭은 얼마인가?

39. 가시광 파장범위

가시광 파장범위를 마음대로 430~680 nm로 잡자. 에돌이발에 이것을 비추어 1차 밝은 띠를 20°까지 퍼뜨리려면 눈금 밀도가 얼마나 되어야 하는가?

40. 기체 방전관

눈금 간격이 1.73 μm인 에돌이발에 기체 방전관에서 나오는 빛을 수직하게 비추면 녹색 빛의 밝은 띠가 $\theta = \pm 17.6°$, 37.3°, −37.1°, 65.2°, −65.0°에 선명하게 나타난다. 이 자료와 가장 잘 맞는 녹색빛의 파장을 셈하라.

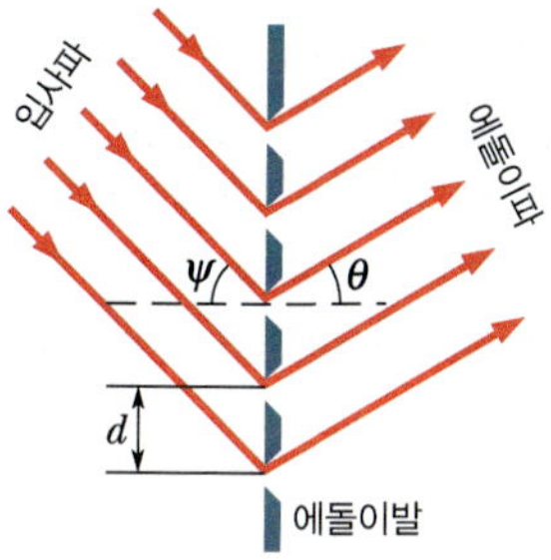

그림 37-29 문제 41

41. 보여라

그림 37-29와 같이 빛이 에돌이발에 ψ의 각도로 들어온다. 밝은 띠는 다음 식을 만족시키는 방향에 나타남을 보여라.

$$d(\sin\psi + \sin\theta) = m\lambda, \quad m = 0, 1, 2, \cdots$$

(이 식을 식 37-22와 비교하라.) 이 장에서는 $\psi = 0$인 특수한 경우만 다루었다.

42. 그림

$d = 1.50$ μm인 에돌이발에 파장 $\lambda = 600$ nm인 빛을 여러 방향에서 비춘다. 빛이 들어오는 방향을 기준으로 1차 밝은 띠의 에돌이각을 입사각(0°~90°)의 함수로 그려라.

43. 유도

에돌이발의 밝은 띠의 반폭에 관한 식 37-25를 끌어내라.

44. 스펙트럼이 만들어짐

눈금 밀도가 350눈금/mm인 에돌이발에 흰빛을 수직하게 비추니, 30 cm 떨어진 화면에 생긴 에돌이무늬가 생겼다. 화면에 한 변의 길이가 10 cm인 구멍을 뚫는데, 한쪽 변이 에돌이무늬의 가운데 밝은 띠에서 50 mm 떨어져 있고, 나란하다. 이 구멍을 지나가는 빛의 파장 범위는 어떠한가?

45. 유도 2

눈금이 세 개인 에돌이발의 에돌이무늬의 밝기 분포에 관한 다음 식을 끌어내라.

$$I_\theta = \tfrac{1}{9} I^{\text{최대}}(1 + 4\cos\phi + 4\cos^2\phi)$$

여기에서 $\phi = (2\pi d \sin\theta)/\lambda$이다. $a \ll \lambda$로 가정하라. 끌어낼 때 두 실틈에 관한 공식(식 36-21)을 끌어내는 과정을 참고하라.

37-8 에돌이발: 분산 및 분해능

씨디 면에 새겨진 폭 0.5 μm인 가는 금은 에돌이발 구실을 한다. 작은 등에서 나오는 흰빛을 씨디 면에 비추면 에돌이한 빛이 아름다운 색깔의 '띠'를 만드는데, 이것은 표면의 가는 금이 만들어낸 에돌이무늬 복합체이다.

에돌이발 분광기를 설계할 때 생각해야 할 중요한 특성은 두 가지이다. 첫째, 빛다발 속의 여러 파장 성분을 잘 퍼뜨려야 한다. 이 특성을 **분산(dispersion)**이라 한다. 둘째, 분광기의 **분해능(resolving power)**이 좋아야 한다. 낱낱의 파장 성분의 분광선은 폭이 좁아야 선명해진다.

• 분산

(에돌이발 분광기를 써서) 파장이 비슷한 두 빛을 구별하려면 그 빛을 파장에 따라 퍼뜨려 멀리 벌려 놓아야 한다. 이러한 퍼뜨림을 **분산**이라고 하며 다음과 같이 정의된다.

$$D \equiv \frac{\Delta\theta}{\Delta\lambda} \quad \text{(분산의 정의)} \tag{37-26}$$

여기에서 $\Delta\theta$는 파장이 $\Delta\lambda$만큼 다른 두 빛의 분리각이다. D가 클수록 파장이 $\Delta\lambda$만큼 다른 두 빛이 더 큰 각도록 벌어진다. 아래에 각도 θ에서의 에돌이발의 분산은 다음과 같음을 보이겠다.

$$D = \frac{m}{d\cos\theta} \quad \text{(에돌이발의 분산)} \tag{37-27}$$

따라서 분산을 더 크게 하려면 발 간격 d가 더 작은 에돌이발을 차수 m이 더 큰 조건에서 써야 한다. 분산은 눈금 수와는 관계가 없다. D의 국제단위는 단위길이당 도(°/m) 또는 단위길이당 라디안(rad/m)이다.

• 식 37-27의 증명

에돌이발이 만든 분광선의 에돌이각에 관한 식 37-22에서 시작하자.

$$d\sin\theta = m\lambda$$

이 식에서 θ와 λ를 변수로 보아 미분하면 다음 결과를 얻는다.

$$d\cos\theta\,(d\theta) = m\,(d\lambda)$$

여기에서 미분 $d\theta$와 $d\lambda$는 괄호 속에 넣어 에돌이발 눈금 사이의 거리 d와 각도 θ 또는 파장 λ와 구별하였다.

각도가 아주 작으면, 이 미분을 작은 차분으로 고쳐 쓸 수 있다.

$$d\cos\theta\,(\Delta\theta) = m\,(\Delta\lambda) \tag{37-30}$$

또는

$$\frac{(\Delta\theta)}{(\Delta\lambda)} = \frac{m}{d\cos\theta}$$

왼쪽의 비는 단순히 D이므로(식 37-26을 보라), 식 37-27을 끌어낸 셈이다.

• 분해능

파장이 아주 비슷한 두 빛을 분해하려면 (곧, 구별하려면), 분광선의 폭이 될 수 있는 대로 좁아야 한다. 바꾸어 말하면, 다음과 같이 정의되는 에돌이발의 **분해능(resolving power)** R이 커야 한다.

$$R \equiv \frac{\langle\lambda\rangle}{\Delta\lambda} \quad (\text{분해능의 정의}) \tag{37-28}$$

여기에서 $\langle\lambda\rangle$는 겨우 구별할 수 있는, 파장이 조금 다른 두 빛의 평균 파장이고, $\Delta\lambda$는 두 빛의 파장 차이다. R이 클수록 구별할 수 있는 두 빛의 파장 차이가 작아진다. 아래에 에돌이발의 분해능은 다음과 같은 단순한 식으로 정해짐을 보이겠다.

$$R = Nm \quad (\text{에돌이발의 분해능}) \tag{37-29}$$

분해능을 높이려면, 빛다발을 더 넓게 퍼뜨려 더 많은 에돌이발 눈금에 비추어주어야 한다.

• 식 37-29의 증명

식 37-30에서 시작하는데, 이것은 에돌이발이 만든 분광선의 위치에 관한 식 37-22에서 끌어낸 것이다. 여기에서 $\Delta\lambda$는 에돌이발에서 에돌이한 두 빛의 파장 차이고, $\Delta\theta$는 두 빛이 에돌이하여 만드는 분광선의 각 분리도이다. $\Delta\theta$가 두 분광선을 겨우 구별할 수 있는 최소 사이각이라면, 이것은 (레일리 판정 조건에 따라) 낱낱의 분광선의 반폭인 식 37-25와 같아야 한다.

$$\Delta\theta_{\text{반폭}} = \frac{\lambda}{Nd\cos\theta}$$

이 식의 $\Delta\theta_{\text{반폭}}$의 값을 식 37-30의 $\Delta\theta$에 넣으면 다음 결과를 얻는다.

$$\frac{\lambda}{N} = m\Delta\lambda$$

이로부터 다음 결과를 바로 얻는다.

$$R = \frac{\lambda}{\Delta\lambda} = Nm$$

이것이 증명하려던 식 37-29이다.

• 분산과 분해능의 비교

에돌이발의 분해능을 분산과 헷갈리면 안 된다. 표 37-1은 파장 $\lambda = 589\,\text{nm}$인 빛을 비추고, 일차 분광선(식 37-22에서 $m = 1$)을 관찰할 때의 세 에돌이발의 특징을 견주어 보여준다. 이 표에 있는 D와 R은 식 37-22와 37-29을 써서 셈할 수 있다. (D를 셈할 때 단위 rad/m를 °/μm로 바꾸어야 한다.)

표 37-1에 명시한 조건에서는 에돌이발 A와 B가 분산이 같고 A와 C가 분해능이 같다.

표 37-1
세 에돌이발[a]

에돌이발	규격		규격		
	N	d (mm)	θ	D (°/μm)	R
A	10 000	2540	13.4°	23.2	10 000
B	20 000	2540	13.4°	23.2	20 000
C	10 000	1370	25.5°	46.3	10 000

[a] λ = 589 nm, m = 1일 때의 자료

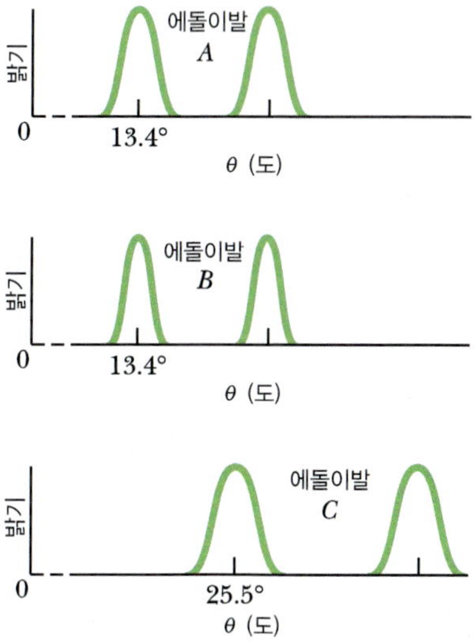

그림 37-30
표 37-1의 에돌이발에 두 파장 성분이 든 빛을 비출 때 생기는 분광선의 밝기 분포. 분해능은 에돌이발 B가 가장 좋고, 분산은 에돌이발 C가 가장 크다.

그림 37-30은 이들 에돌이발에 $\lambda = 589\,\text{nm}$ 근처의 두 파장 λ_1과 λ_2 성분이 든 빛을 비출 때 생기는 분광선의 밝기 분포이다. 분해능이 더 좋은 에돌이발 B는 분광선의 폭이 더 좁아지므로 분광선이 그림보다 훨씬 더 가까이 있어도 구별할 수 있다. 분산이 더 큰 에돌이발 C는 분광선 사이의 각 분리도가 더 크다.

따라해보기 37-5 | 에돌이발

폭 $w = 25.4\,\text{mm}$인 에돌이발 속에 간격이 고른 눈금이 1.26×10^4개 들어 있다(따라서 496눈금/mm이다). 여기에 나트륨 등에서 나오는 노란 빛을 수직하게 비추었다. 이 빛에는 파장이 589.00 nm와 589.59 nm로 아주 비슷한 두 성분이 들어 있다.

(a) 파장 589.00 nm인 성분의 (에돌이무늬의 한가운데에서 양쪽으로) 1차 분광선이 생기는 각도는 얼마인가?

풀이 ■ 요점은 에돌이발이 만들어내는 분광선의 위치는 식 37-22 ($d\sin\theta = m\lambda$)로 찾을 수 있다. 이 에돌이발의 눈금 간격 d는 다음과 같다.

$$d = \frac{w}{N} = \frac{25.4 \times 10^{-3}\,\text{m}}{1.26 \times 10^4} = 2.016 \times 10^{-6}\,\text{m} = 2016\,\text{nm}$$

1차는 $m = 1$에 해당한다. 이 값을 식 37-22의 d와 m에 넣으면 다음 결과를 얻는다.

$$\theta = \sin^{-1}\frac{m\lambda}{d} = \sin^{-1}\frac{(1)(589.00\,\text{nm})}{2016\,\text{nm}} = 16.99° \approx 17.0° \qquad \text{(답)}$$

(b) 에돌이발의 분산을 써서 두 파장 성분의 1차 분광선의 각 분리도를 셈하라.

풀이 ■ 요점 하나는 식 37-26 ($D = \Delta\theta/\Delta\lambda$)에 따르면 두 파장 성분의 1차 분광선의 각 분리도 $\Delta\theta$는 파장 차이 $\Delta\lambda$와 에돌이발의 분산 D가 결정한다는 것이다. 둘째 **요점**은 분산 D는 에돌이각 θ에 따라서 달라진다는 것이다. 1차에서는 두 파장 성분의 분광선이 아주 가까이 있어 (a)에서 셈한 분광선의 각좌표 $\theta = 16.99°$에서 D 값을 셈해도 된다고 가정할 수 있다. 그러면 식 37-27로부터 분산을 다음과 같이 얻는다.

$$D = \frac{m}{d\cos\theta} = \frac{1}{(2016\,\text{nm})(\cos 16.99°)} = 5.187 \times 10^{-4}\,\text{rad/nm}$$

그러면 식 37-26으로부터 다음과 같다.

$$\begin{aligned}\Delta\theta = D\Delta\lambda &= (5.187 \times 10^{-4}\,\text{rad/nm})(589.59\text{nm} - 589.00\,\text{nm}) \\ &= 3.06 \times 10^{-4}\,\text{rad} = 0.0175° \qquad \text{(답)}\end{aligned}$$

이 결과는 에돌이발의 눈금 간격 d에 따라 달라지지만 에돌이발에 든 눈금 수와는 무관함을 보일 수 있다.

(c) 나트륨 등에서 나오는 빛에 들어 있는 두 파장 성분의 일차 분광선을 구별해 내려면 에돌이발에 눈금이 적어도 몇 개 들어 있어야 하는가?

풀이 ■ 요점은 에돌이발의 m차 분광선의 분해능은 식 37-29 ($R = Nm$)에 따르면 물리적으로 에돌이발 속에 들어있는 눈금 수 N이 결정한다. 둘째 **요점**은 식 37-28($R = \langle\lambda\rangle/\Delta\lambda$)에 따르면 분해할 수 있는 최소 파장 차이 $\Delta\lambda$는 빛의 평균 파장과 에돌이발의 분해능 R에 따라 결정된다.

나트륨 등에서 나오는 파장 성분이 둘인 빛을 겨우 구별할 정도라면, $\Delta\lambda$는 두 파장 성분의 차이인 0.59 nm이어야 하고 $\langle\lambda\rangle$은 이들의 평균 파장인 589.30 nm이다.

이러한 개념을 한데 모으면, 나트륨 등에서 나오는 두 파장 성분의 빛을 구별할 수 있는 에돌이발의 최소 눈금수는 다음과 같다.

$$N = \frac{R}{m} = \frac{\langle\lambda\rangle}{m\Delta\lambda} = \frac{589.30\,\text{nm}}{(1)(0.59\,\text{nm})} = 999\text{ 눈금} \qquad \text{(답)}$$

연습문제 37-8

46. D 분광선
나트륨의 D 분광선은 파장이 589.0 nm와 589.6 nm 두 겹이다. 에돌이발의 2차 분광선에서 이 두 겹 분광선을 분해하는데 필요한 최소한의 실틈 수를 셈하라.

47. 수소-중수소 혼합
수소와 중수소가 섞인 광원에서 두 파장의 빛이 나오는데, 두 파장의 평균값은 656.3 nm, 파장차는 0.180 nm이다. 두 겹 분광선을 에돌이발의 1차 분광선에서 구별하려면 실틈 수가 적어도 얼마가 되어야 하는가?

48. 가장 짧은 파장
폭 5.0 mm, 줄밀도 600줄/mm인 에돌이발이 있다. (a) 3차 에돌이 봉우리에서 분해할 수 있는 최소 파장차는 $\lambda = 500$ nm에서 얼마인가? (b) 에돌이 봉우리는 몇 차까지 볼 수 있는가?

49. 분산
에돌이발의 분산은 다음과 같음을 보여라: $D = (\tan\theta)/\lambda$.

50. 나트륨의 두 겹 분광선
어떤 에돌이발을 쓰니 나트륨의 두 겹 분광선(따라해보기 37-5를 보라)이 법선에 대해 10°에 나타나는 3차 밝은 띠에서 겨우 분해할 수 있었다. (a) 에돌이발의 줄 간격과 (b) 전체 폭을 구하라.

51. 분해능
에돌이발의 분해능은 $R = (\lambda/\Delta\lambda) = Nm$이다. (a) 이에 대응되는, 겨우 분해할 수 있는 진동수 범위 Δf는 $\Delta f = c/Nm\lambda$임을 보여라. (b) 그림 37-18에서 그림의 맨 아래와 맨 위 빛살을 따라 오는데 걸리는 시차는 다음과 같음을 보여라: $\Delta t = (Nd/c)\sin\theta$. (c) $(\Delta f)(\Delta t) = 1$임을 보여라. 이 관계식은 여러가지 에돌이발의 매개변수와 무관하다. $N \gg 1$로 가정하라.

52. 곱
(a) 분광선의 반폭과 분해능의 곱을 에돌이발이 만드는 분광선의 위치를 나타내는 각도 θ의 함수로 나타내라. (b) 이 값을 문제 38의 에돌이발의 일차 에돌이 봉우리에 대해 적용해 보라.

37-9 엑스선 에돌이(회절)

엑스선은 파장이 대략 1 Å (= 0.1 nm = 10^{-10} m)이다. 이것을 가시광 스펙트럼의 한가운데 파장 550 nm(5.5×10^{-7} m)과 비교하라. 그림 37-31은 달구어진 필라멘트 F에서 튀어나가는 전자가 전위차 V로 가속되어 금속 표적 T를 때릴 때 엑스선이 생기는 것을 보여준다.

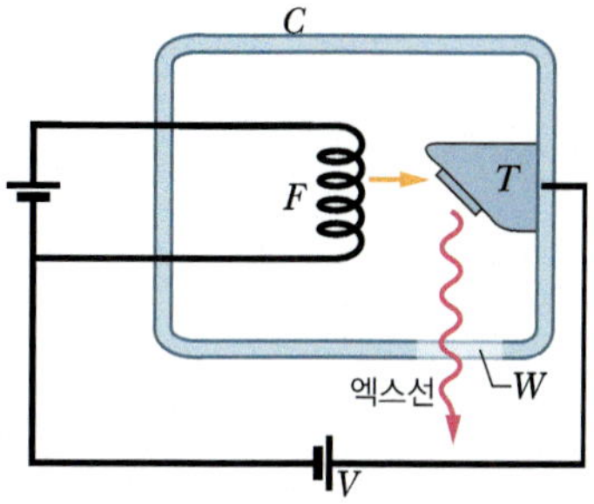

그림 37-31
엑스선은 달구어진 필라멘트 F에서 튀어나온 전자가 전위차 V로 가속되어 금속 표적 T를 때릴 때 생긴다. 진공통 C의 "창" W는 엑스선에 대해 투명하다.

표준적인 광학 에돌이발로는 엑스선의 파장 범위에서 파장이 다른 성분을 구분해 낼 수 없다. 보기를 들어, $\lambda = 1$ Å (= 0.1 nm)이고 $d = 3000$ nm이면, 1차 밝은 띠의 각좌표는 다음과 같다(식 37-22).

$$\theta = \sin^{-1}\frac{m\lambda}{d} = \sin^{-1}\frac{(1)(0.1\text{ nm})}{3000\text{ nm}} \approx 0.0019°$$

이 각도는 가운데 밝은 띠에 너무 가까워서 실제로는 구별할 수 없다. $d \approx \lambda$인 에돌이발이 좋지만, 엑스선 파장은 원자의 지름과 거의 비슷하므로, 에돌이발을 만들 수 없다.

1912년 독일 물리학자 라우에(Max von Laue)는 원자가 규칙적으로 배열된 고체 결정은 엑스선에 대한 천연의 3차원 '에돌이발'이 될 수 있다고 생각했다. 착상은 소금[염화나트륨(NaCl)]과 같은 결정에서는 원자들로 이루어진 기본 단위(단위 세포라고 한다)가 계속 되풀이되어 배열된다는 것이다. 소금 결정 속의 단위 세포에는 나트륨 이온과 염소 이온이 네 개씩 들어 있다. 그림 37-32a는 소금 결정을 지나는 단면과 단위 세포를 보여준다. 단위 세포는 각 변의 길이가 a_0인 육면체이다.

엑스선 다발이 소금과 같은 결정에 들어오면, 엑스선은 결정구조에 의해 모든 방향으로 산란되어 가는 방향이 바뀐다. 산란된 엑스선은 어떤 쪽에서는 소멸 간섭을 하여 세기가 최소가 되고, 다른 쪽에서는 보강 간섭을 하여 세기가 최대가 된다. 산란 및 간섭 과정은 앞에서 빛이 실틈을 지나가거나 물체의 가두리를 지나가는 것이라고 정의한 에돌이와는 다르지만, 그래도 일종의 에돌이이다.

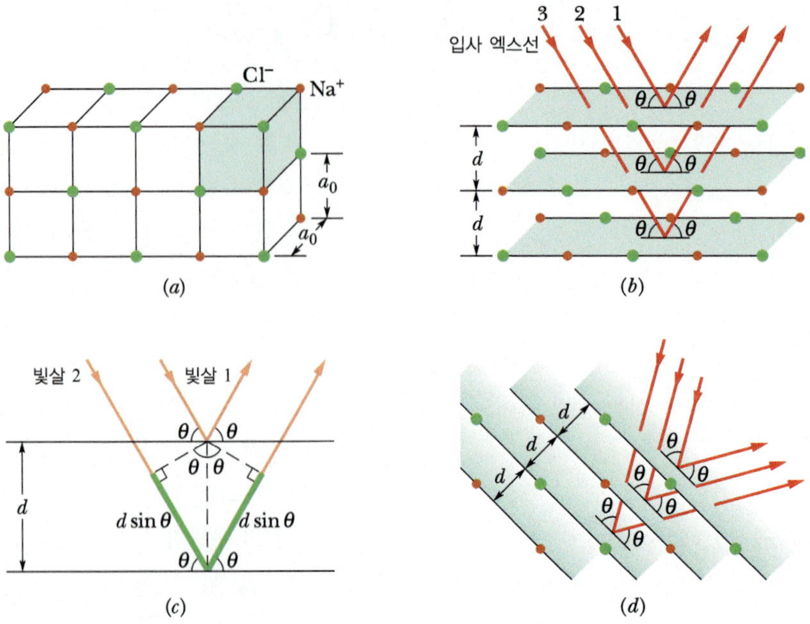

그림 37-32
(a) NaCl의 육면체 구조로서 나트륨 및 염소 이온과 단위 세포(어두운 색으로 칠한 것)를 보여준다. (b) 들어온 엑스선은 (a)의 구조에 의해 에돌이한다. 엑스선은 마치 한 무리의 나란한 평면에서 반사되는 것처럼 에돌이되는데, 반사각은 입사각과 같다. 두 각은 모두 평면에 대한 각도이다(광학에서 쓰는 법선에 대한 각도가 아니다). (c) 간격이 $2d\sin\theta$인 이웃한 두 평면에서 실질적으로 반사된 파동의 경로차. (d) 다른 방향에서 들어오는 엑스선. 이번에는 엑스선을 실질적으로 반사하는 나란한 평면 무리가 다르다.

결정이 엑스선을 에돌이시키는 과정은 복잡하지만, 에돌이한 엑스선이 최대가 되는 방향은 마치 엑스선이 한 무리의 나란한 반사면(또는 결정 면)에서 반사된 것과 같은데, 그 면은 결정 속에서 원자를 지나가는 평면으로서 그 위에서는 원자가 규칙적으로 배열된다. (엑스선은 실제로는 반사되는 것이 아니다. 가상 평면을 쓰는 까닭은 실제의 에돌이 과정을 간단히 분석하려는 것일 뿐이다.)

엑스선이 그림 37-32b의 **평면 간격**이 d인 세 무리의 평면에 들어와 반사된다고 하자. 엑스선 1, 2, 3은 각각 첫째, 둘째, 셋째 평면에서 반사된다. 각각의 반사에서 입사각과 반사각은 θ로 나타냈다. 광학에서와는 달리 이 각들은 반사면의 법선이 아니라 반사면 자체에 대해 정의된다. 그림 37-32b에 보인 상황에서는 평면 간격이 우연히도 단위 세포의 크기 a_0와 같다.

그림 37-32c는 두 이웃 평면에서 반사되는 것을 평면의 가두리 쪽에서 본 것이다. 빛살 1과 2는 위상이 같은 상태로 결정에 들어온다. 반사된 다음에는 다시 또 위상이 맞아야 하는데, 왜냐하면 반사와 반사면은 오직 결정에서 에돌이한 엑스선의 세기가 최대가 되는 조건을 설명하고자 정의했기 때문이다. 가시광의 빛살과 달리 엑스선은 결정에 들어올 때 거의 굴절되지 않으며, 더구나 이 상황에서는 굴절률을 정의하지 않는다. 따라서 빛살 1과 2가 결정을 떠날 때의 상대적 위상은 오직 경로차에 따라서만 결정된다. 두 빛살의 위상이 맞으려면, 경로차가 엑스선의 파장 λ의 정수배가 되어야 한다.

그림 37-32c에서 점선으로 수직선을 그리면, 경로차가 $2d\sin\theta$임을 알 수 있다. 사실 그림 37-32b에 나타낸 평면 무리 속의 어느 두 이웃 평면에 대해서도 이것은 참이다. 따라서 엑스선 에돌이에서 세기가 최대가 될 조건은 다음과 같다.

$$2d\sin\theta = m\lambda, \quad m = 1, 2, 3, \cdots \text{(브래그 법칙)} \tag{37-31}$$

여기에서 m은 세기가 최대일 때의 차수다 식 37-31을 **브래그 법칙(Bragg' s law)**이라고 하는데, 이 식을 처음 끌어낸 영국 물리학자 브래그(W. L. Bragg)의 이름을 땄다. (그는 엑스선을 써서 결정의 구조를 연구한 공적으로 아버지와 함께 1915년 노벨상을 받았다.) 식 37-31의 입사 및 반사각을 브래그 각이라고 한다.

결정에 엑스선이 어떤 각도로 들어오든, 그것을 반사시켜 브래그 법칙을 적용할 수 있는 평면 무리가 반드시 있다. 그림 37-32d의 결정 구조의 방향은 그림 37-32a와 같지만, 엑스선 다발이 들어오는 각도가 그림 37-32b와는 다르다. 이 새 각도에 대해서는 새로운 반사면 무리가 필요하며, 브래그 법칙에 따라 엑스선 에돌이를 설명하려면 이때 평면간격 d와 브래그 각 θ가 달라야 한다.

그림 37-33은 평면 간격 d와 단위 세포의 크기 a_0 사이의 관계를 보여준다. 여기에 보인 평면 무리에서는 피타고라스 정리에 따라 다음 관계가 성립한다.

$$5d = \sqrt{5}\,a_0$$

또는

$$d = \frac{a_0}{\sqrt{5}} \tag{37-32}$$

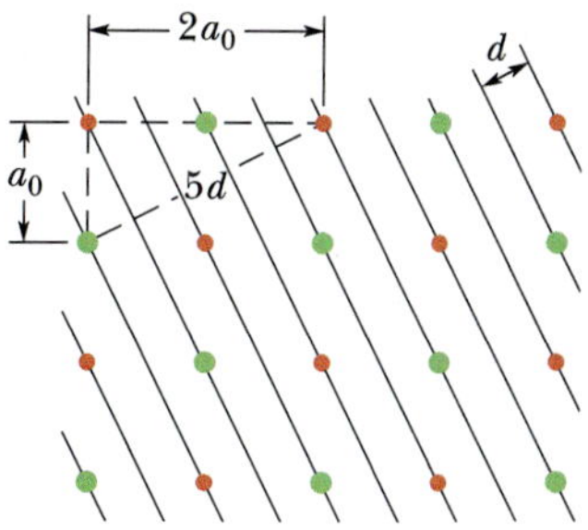

그림 37-33
그림 37-32a의 구조를 지나가는 평면 무리와 단위 세포의 가두리의 길이 a_0를 평면 간격 d와 연관시키는 방법

그림 37-33은 일단 엑스선 에돌이를 통해 평면 간격을 알고 나면 단위 세포의 크기를 결정하는 방법을 시사한다.

엑스선 에돌이는 엑스선 스펙트럼과 결정 속의 원자 배열을 연구하는데 위력적인 도구이다. 스펙트럼을 연구하려면, 평면간격 d를 알고 있는 특정한 결정면을 고른다. 이 평면은 엑스선을 파장에 따라 다른 각도로 에돌이시킨다. 그러면 각도의 작은 변화를 잘 감지해 낼 수 있는 검지기를 써서 엑스선의 파장을 결정할 수 있다. 단색 엑스선 다발이 있으면 여러 결정면의 간격은 물론 단위 세포의 구조 등 결정 자체를 연구할 수 있다.

연습문제 37-9

53. 2차 에돌이

파장 0.12 nm인 엑스선이 불화 리튬 결정에서 브래그 각도 28°에서 2차 에돌이한다. 이 결정의 반사면의 간격은 얼마인가?

54. 결정에 의한 에돌이

그림 37-34는 결정에서 에돌이한 엑스선의 세기를 각도 θ의 함수로 보여준다. 이 빛다발은 두 파장 성분으로 되어 있고, 반사면의 간격은 0.94 nm이다. 두 파장은 얼마인가?

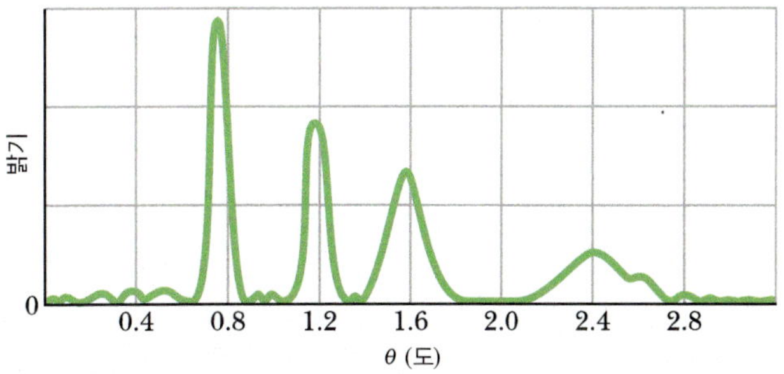

그림 37-34 문제 54

55. 소금 결정

소금 결정에 엑스선 빛다발이 간격 39.8 pm인 반사면에 30.0°로 들어온다. 이 면에서 반사되는 것이 1차 에돌이라면 엑스선의 파장은 얼마인가?

56. 두 빛다발

파장 A인 엑스선 빛다발이 어떤 결정의 결정면에 23°로 들어가면 1차 에돌이하고, 파장 97 pm인 엑스선 빛다발이 결정면에 60°로 들어가면 3차 에돌이한다. 두 빛다발이 같은 결정면에서 에돌이한다고 할 때 (a) 결정면 간격과 (b) 파장 A를 구하라.

57. 불가능

결정에 엑스선을 보내어 여러 차수의 브래그 각도를 재는 것으로는 빛의 파장과 반사면 간격을 함께 결정할 수 없음을 보여라.

58. 반사면

그림 37-35와 같이 파장 0.260 nm인 엑스선 빛다발이 결정의 표면과

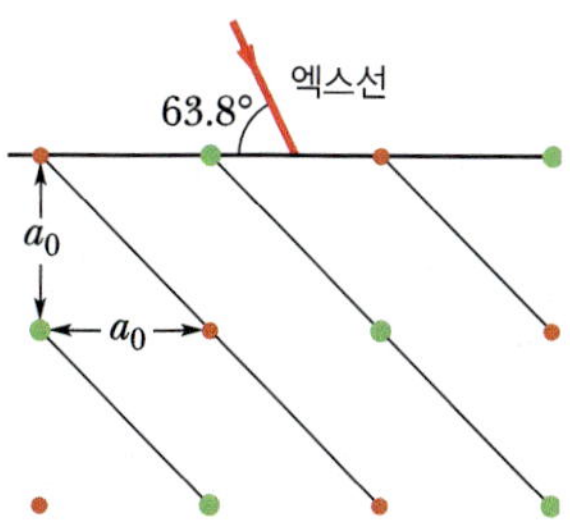

그림 37-35 문제 58

63.8°를 이루며 들어갈 때 그림에 보인 결정면에서 1차 에돌이한다. 단위 세포의 크기 a_0는 얼마인가?

59. 네모꼴 결정

그림 37–26a에 보인 구조의 한쪽 면과 같은 2차원 네모꼴 결정을 생각하자. 반사면의 간격이 단위 세포의 크기 a_0이다. (a) 다음으로 작은 결정면 간격 다섯 개를 셈하고 그려보라. (b) (a)의 결과가 다음의 일반 공식과 맞음을 보여라:

$$d = \frac{a_0}{\sqrt{h^2 + k^2}}$$

여기에서 h와 k는 '서로 소' 인(공약수가 없는) 정수이다.

60. 엑스선 빛다발

그림 37–36에서 파장 범위가 95.0 ~140 pm인 엑스선이 간격 d = 275 pm인 반사면 무리에 45°로 들어온다. 이 평면에서 에돌이하여 세기가 최대가 되는 파장은 얼마인가?

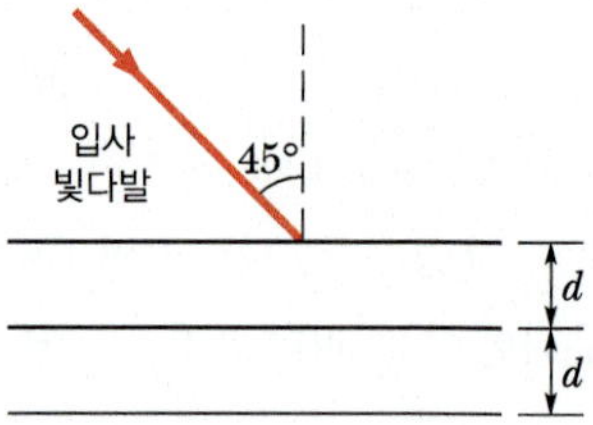

그림 37–36 문제 60과 61

61. 소금

그림 37–36에서 파장 0.125 nm인 엑스선이 소금 결정의 윗면이자 결정면에 45°로 들어온다. 반사면의 간격이 d = 0.252 nm라고 하자. 종이면을 지나는 축에 대해 결정이 몇 도나 돌아야 반사되는 엑스선의 세기가 최대가 되겠는가?

추가문제

62. 간섭의 변화

λ = 500 nm인 녹색 평면파가 똑같이 생긴 두 실틈에 수직하게 들어가는 것을 생각하자(틈의 폭은 λ보다 훨씬 작다). 두 실틈의 간격은 d = 30 μm이다. 실틈에서 거리 L인 곳에 있는 화면에 간섭무늬가 나타나는데, 가운데 밝은 봉우리에서 가장 가까운 어두운 곳(곧, 첫째 어두운 띠)은 가운데 점에서 1.5 cm 떨어져 있다. 화면 위의 그곳을 P_1이라 하자. (a) 화면까지의 거리 L을 구하되, 셈하는 과정을 모두 보여라. (b) 아래의 각 부분에서 위의 문제에서 한 가지씩 바꾼다(명백히 설명하지 않은 매개변수는 위에서 설명한 바와 같다). P_1에서의 밝기가 그대로 0인지 아닌지 간단히 설명하라. 그렇지 않다면 P_1에 최대 보강 간섭무늬가 생기는가? 추론의 근거를 설명하라.

(1) 두 실틈 가운데 하나를 조금 더 좁혀, 그것을 지나는 빛의 양을 다른 실틈보다 적게 줄였다.

(2) 파장을 두 배로 늘려 λ = 1000 nm가 되었다.

(3) 두 실틈을 폭이 정확히 d = 60 μm인 하나의 실틈으로 바꾸었다.

63. 모서리를 돌아 듣고 보기

모서리 너머에서 나오는 소리는 (어느 정도) 들을 수 있지만, 빛은 볼 수 없다. 이것을 문과 그것을 지나는 두 파동을 생각하여 어림할 수 있다: (1) 빨간 빛(λ = 600 nm)과 (2) '라(A)' 음계 (440 Hz)의 소리(그림 37–37을 보라). 두 파동이 평면파로서 폭이 문과 같은 실틈을 지나는 것을 생각해 보라. (a) 첫째 어두운 에돌이무늬를 만드는 각도를 구하라. (b) 이 결과로부터 여러분이 문의 뒤쪽으로 2 m인 곳에 서 있다고 할 때, 문에서 얼마나 벗어나면 파동을 검지할 수 있는가 어림하라. (상황을 명료하게 정리하려면 그림을 보라. x는 가야 하는 거리이다.)

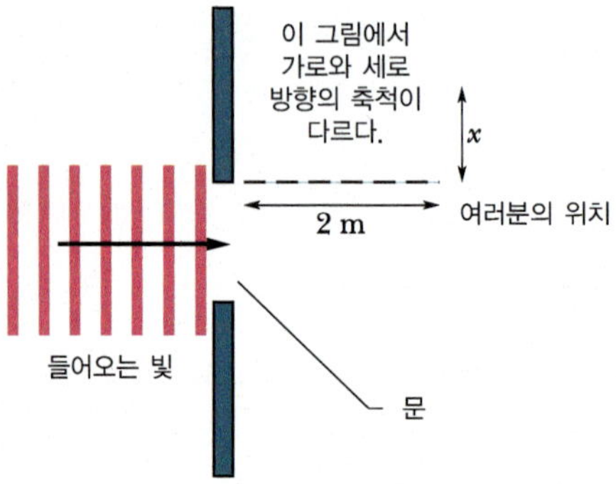

그림 37–37 문제 63

38 특수 상대성

객원 저자: 에드윈 테일러 (매사추세츠 공과대학)

이 사진의 페르미 국립 가속기 연구소에 있는 둘레 6.4 km짜리 초대형 가속기를 짓는데 몇조 원이 들었다. 가속기가 발달할수록 가속되는 입자에 더 많은 에너지와 운동량을 전달한다. 몇십 년에 걸친 실험 결과, 입자의 에너지와 운동량이 아무리 커도, 진공에서의 빛보다 느리다는 것이 입증되었다.

왜 입자의 에너지가 한없이 커져도 그 속력은 빛의 속력을 넘지 못할까?

◈ 답은 이 장에 있다.

38-1 서론

특수 상대성과 일반 상대성 모두 빛의 속력 또는 그에 가까운 속력으로 움직이는 전자기파와 물질의 성질을 다룬다. 그러나 특수 상대성은 중력의 효과를 무시할 수 있을 때만 다룬다. 특수 상대성과 일반 상대성 모두 고전이론이라고 하는데, 그 까닭은 둘 다 원자나 분자 효과를 설명하지 않기 때문이다. 이 효과를 설명하려면 양자론이 필요하다.

불행히도, 특수 상대성은 어렵고 수학적으로 복잡하다고들 한다. 그렇지만 그 이론을 아는데 필요한 수학은 기초 대수와 제곱근이면 충분하다. 특수 상대성이 어려워보이는 까닭은 우리 주위에 빛의 속력에 가깝게 빨리 움직이는 물체가 없기 때문이다. 우리는 일상의 경험에 갇혀 있어서 공간과 시간에 대한 생각이 제한된 채 지낸다. 그래서, 특수 상대성의 예측은 — 실험으로는 충분히 입증되었지만 — 아직도 이상하고 말도 안 되는 것처럼 느껴진다. 그러나 이런 황당한 예측 때문에 특수 상대성은 더 매혹적이고, 우리는 공간과 시간의 본성을 더 깊이 성찰할 수 있게 되었다.

이 장에서는 20세기 초에 아인슈타인이 제안한 간단한 원칙에서 특수 상대성의 황당한 예견이 어떻게 나오는지를 논리적으로 보이겠다.

38-2 특수 상대성의 기원

그림 38-1
신호등을 기다릴 때 속도제한 표시판 같은 고정된 물체를 보지 않고서는 옆의 차가 앞으로 가는지 아니면 내 차가 뒤로 밀리는지 판단하기 어렵다.

신호등의 파란불을 기다리다 보니, 옆 차선의 차가 천천히 앞으로 가는 것처럼 보였다(그림 38-1). 문득 그 차가 앞으로 가는 것이 아니라 당신 차가 뒤로 미끄러지고 있음을 깨닫고는 급제동하여 뒤차와 부딪치는 것을 피했다. 급제동하기 전에 서 있던 차는 어떤 것이고 움직이던 차는 어떤 것이었을까? 도로 표지판과 같은 '서 있는' 것을 보아야만 알 수 있다! 그러한 상대운동을 재는 것이 뜻이 없는 일인가, 아니면 중요한 것일까? 차의 창문을 가리고 안에서 어떤 실험이건 해서 우리가 움직이고 있는지, 서 있는지를 알 수 있을까?

상대성에 관한 특수 이론은 1800년대 후반 및 1900년대 초반에 제기되었던 물체와 파동의 상대운동에 대한 물음에서 나왔다. 이 물음 중에는 배와 파도가 관련된 일상의 현상을 비교해보는 것이 있었다. 물체와 빛의 상대운동에 대한 물음도 나왔다. 예를 들어, 파도가 나아가는 쪽으로 헤엄치는 사람을 물결이 천천히 지나가는 것을 생각해보자. 그런데 바로 그 파도와 반대 쪽으로 헤엄치는 사람에 대해서는 물결이 더 빨리 지나간다. 누군가가 빛을 향해서 갈 때와 빛에서 멀어져 갈 때도 같은 일이 벌어질까? 서로 반대쪽으로 가는 사람은 같은 빛에 대해서 속력을 다르게 재게 되는가? 파도가 물이란 매질 속에서 움직이듯 빛도 어떤 매질 속에서 움직이는 것일까?

그림 38-2
1900년도 초반 스위스 베른 특허청의 아인슈타인. 특수 상대성에 관한 논문을 발표할 때 그는 여기서 근무하고 있었다. 나이가 들어서는 옷을 훨씬 더 수수하게 입었다고 한다.

16세 때부터 아인슈타인(Albert Einstein, 그림 38-2)은 다음과 같은 생각실험에 대하여 궁리하고 있었다. 누가 앞에 거울을 들고 들여다보면서 대단히 빨리 달린다고 하자. 그가 빛의 속력에 가깝게 달리면 어떻게 될까? 이 사람을 스쳐 지나가는 빛의 속력이 점점 느려질까? 현대식으로 말해서, 빛의 파도를 탈 수 있을까?

아인슈타인이 자라는 동안, 다른 사람들은 그 문제에 대한 답을 실험을 통해 찾으려 하고 있었다. 어떤 학자는 빛이 에테르라고 부르던 매질 속을 이동하는 것이라고 가설을 세웠다. 1800년대 후반 들어, 마이컬슨(Albert W. Michelson)과 몰리(Edward W. Morley)는 에테르가 태양이나 기타의 지점(은하의 중심 등)에 대하여 서 있으리라고 가정하고, 에테르 속을 움직이는 지구의 운동을 재고자 빛을 써서 실험을 하였다. 두 사람은 그들이 생각하기에 가장 빠른 물체인 지구를 썼다. 지구는 태양을 중심으로 공전궤도를 따라 1초에 약 30 km 속력으로 움직이는데, 1월과 7월에는 태양을 중심으로 궤도 위의 반대쪽 위치에서 반대쪽으로 움직인다. 마이컬슨과 몰리는 가상의 에테르에 대한 지구의 운동을 검지하지 못했다. 이 부정적인 결과에 많은 사람이 크게 놀랐다.

1905년, 스위스 베른 시의 특허 심사관이었던 26세의 아인슈타인은 과학의 양상을 바꾼 논문을 발표했다.

생각해보기 38-1 10분 전에 선 기차를 타고 있다고 하자. 갑자기 옆 노선의 기차가 앞으로 가고 있는 것을 보았다. 진동이 조금 느껴지는 것으로 보아 타고 있는 기차가 조금씩 밀리고 있음을 알 수 있다. 옆 노선의 기차는 서 있는가, 움직이고 있는가?

연습문제 38-2

1. 빛 따라가기
다음 각각의 속력 v의 v/c 값은 얼마인가? (a) 대륙의 이동 속력, 3 cm/년 (b) 고속도로의 속도제한 100 km/시. (c) 초음속 비행기의 속력 마하 2.5 = 3100 km/시 (d) 지구의 공전 속도 30 km/시 (e) 나날이 보는 현상의 대부분을 묘사하고 분석할 때 특수 상대성이 필요한가 (**주의**: 나날이 보는 현상 가운데 상대성에서 끌어낼 수 있는 것도 있다. 예를 들어, 자기현상은 정전기 현상과 도선 속에서 천천히 움직이는 전하에 특수 상대성을 써서 설명할 수 있다.)

38-3 상대성 원리

아인슈타인의 상대성에 관한 특수 이론은 빛이 매질을 통해서 퍼져간다는 가정을 하지 않는다. 그렇다고 해도 그가 마이컬슨과 몰리가 한 에테르 검지에 실패한 실험을 바탕으로 착상을 한 것 같지는 않다. 반대로, 그는 단순성, 논리, 물리적 영감 그리고 지금은 유명해진 그의 생각실험을 중시했다. 그는 자신이 상대성 원리(Principle of Relativity)라고 부른 명료한 주장을 바탕으로 이론을 폈다. 서 있거나 일정한 속도로 움직이는 자동차나 기차를 생각해보자. 낱낱의 닫힌 공간을 기준틀(reference frame)이라고 정의하자. 그러면 상대성 원리는 다음과 같다.

> 모든 물리 법칙은 어느 관성 기준틀에서나 같다.

바꿔 말해, 방이나 차량에서 장막을 내리고 실험을 필요한 대로 하여 물리 법칙을 만들어내자. 누군가가 다른 차 안에서 같은 실험을 해보아도, 그 차가 첫째 차에 대해 일정한 속도로 움직이기만 하면, 얻는 법칙은 똑같다.

물리법칙에는 전자의 전하량 e, 플랑크 상수 h와 진공에서의 빛의 속력 c 등의 기본 상수도 들어 있다. 상대성 원리에 따르면, 이 상수는 어느 기준틀에서 재도 값이 늘 같아야 한다. 특히, 누가 어느 기준틀에서 재도 진공에서의 빛의 속력은 1장에서 제시한 값 $c = 299\,792\,458$ m/s ($\sim 3 \times 10^8$ m/s)을 얻는다. 빛의 속력은 어느 기준틀에서나 같으므로 빛이 가는데 에테르가 필요하지 않다. 공간, 시간, 질량에 대한 상대성에 관한 특수 이론의 예견은 모두 빛의 속력이 보편적이라는 가정을 포함하는 상대성 원리에서 나온다.

아인슈타인이 고민해왔던 수수께끼인 거울을 앞에 들고 빠르게 달리는 문제가 상대성 원리에 의해 풀렸다. 거울을 들고 달린다 해도 빛의 파동이 느려지는 것은 잴 수 없을 것이다. 왜? 상대성 원리에 따르면, 지면에서 아무리 빨리 달려도 빛이 그 사람을 스쳐 지나가는 속력은 언제나 똑같이 c이다. 빛은 파도타기를 할 수 없다.

'상대성 이론' 이라는 말은 오해하기 쉬워서 아인슈타인은 몇 년간 쓰지 않았다. 상대성 이론은 상대성 원리에 바탕을 두는데, 이는 자연 법칙은 상대적이 아니며 어느 기준틀에서도 같음을 뜻한다. 일반 상대성에서는 특수 상대성에서보다 한 층 더 근본적인 상대성 원리를 쓴다. "자연의 법칙은 관측자의 관점과 무관하다."

생각해보기 38-2 기찻길 옆에서 있는데 어느 덮개짐차가 빛의 속력의 반으로 지나갔다. 짐차의 앞쪽 벽에 서 있는 어느 승객이 (그림 참조) 화차 뒤쪽으로 레이저 빛 펄스를 보낸다. 빛 펄스는 화차의 뒤에서 흡수된다. 우리는 기차 옆에 서서 열린 화차 문을 통해서 빛 펄스의 속력을 잰다. (a) 측정된 빛 펄스의 속력을 승객이 잰 빛의 속력과 비교하면 더 빠른가, 같은가, 아니면 느린가? (b) 두 기준틀에서 잰 빛 펄스의 이동시간 사이의 관계에 대하여 어떤 결론을 내릴 수 있는가?

따라해보기 38-1 | 통신 폭풍

태양의 흑점에서는 엄청나게 많은 입자가 튀어나와 그 일부가 지구 쪽으로 온다. 지상의 천문학자가 태양망원경으로 이것을 보고 경보를 낸다. 입자 펄스가 지구에 오면 방송파의 진행이 크게 방해받기 때문이다. 통신 체계를 공중파에서 땅속 전송망으로 바꾸는데 10분이 걸린다고 하자. 경고를 받은 뒤 입자 펄스의 도착시간에 꼭 맞추어 통신망을 바꿀 수 있다면 태양에서 튀어 나온 입자 펄스의 최대 속력은 얼마인가?

풀이 ■ 비상 경고 빛 신호가 태양에서 천문학자의 지상 망원경까지의 500광초의 거리를 지나오는 데는 500초가 걸린다. 입자의 속력이 빛의 속력의 반이면 지구에 오는데 두 배의 시간이, 입자의 속력이 빛의 속력의 1/4이면 4배의 시간이 걸린다. 이것을 일반화하면, 입자 펄스의 속력이 $v_{펄스}/c$이면 걸리는 시간 $\Delta t_{펄스}$를 다음과 같이 쓸 수 있다.

$$\Delta t_{펄스} = \frac{500\,\mathrm{s}}{v_{펄스}/c}$$

빛 신호가 온 다음 입자 펄스가 올 때까지 지상의 천문학자에게는 경고시간이 얼마나 있는가? 경고시간이란 입자 펄스와 빛의 이동시간의 차이다. 빛이 오는 데는 500초가 걸리므로

$$\Delta t_{경고} = \Delta t_{펄스} - 500\,\mathrm{s}$$

이다. 그런데 최소로 필요한 경고 시간은 10분 = 600초이다. 그러므로

$$600\,\mathrm{s} = \frac{500\,\mathrm{s}}{v_{펄스}/c} - 500\,\mathrm{s}$$

이고, 여기에서 경고 시간을 충분히 얻을 수 있는 $v_{펄스}$의 최대값이 나온다.

$$v_{펄스} = 0.455c \qquad \text{(답)}$$

태양에서 나온 입자 펄스의 속력을 재보면 이 최대값보다 훨씬 느리므로 경고 시간은 여기서 셈한 값보다 훨씬 길다.

연습문제 38-3

2. 고속 컴퓨터

명령어를 한 번에 하나씩 수행하는 직렬 컴퓨터는 자료를 기억장치에서 연산장치로 보내어 셈한 뒤, 그 결과를 다시 기억장치에 저장한다. 명령어를 1초에 10^{12}번 수행하는 '테라플롭(teraflop)' 직렬 컴퓨터의 최대 크기를 어림하라.

3. 상대성 원리의 예

다음 두 열차가 있다: (1) 곧은 철길을 일정 속도로 달리는 장막을 내린 고속 열차, (2) 이 열차가 지나가는 역에 서 있는 밀봉된 화물차. 아래 문제들을 옮겨 적고, 두 열차에서 잰 값이 같은 것에는 '그렇다' 고 써라. 두 열차에서 잰 값이 다를 수도 있는 것에는 '아니다' 고 써라. (a) 진공 속에서 빛이 1 m 가는데 걸리는 시간, (b) 서 있던 전자가 백만 볼트의 전위차로 가속된 뒤의 운동 에너지, (c) 서 있는 방사성 동위원소 입자의 수가 반으로 주는데 걸리는 시간, (d) 양성자의 질량, (e) 아메바의 DNA 구조, (f) 뉴턴의 운동 제2법칙 $F = ma$, (g) 중력에 의한 아래쪽 가속도의 값 g.

4. 켄타우루스 알파 별 여행

별 가운데 태양계에서 가장 가까워 약 4광년 떨어진 켄타우루스 알파 별로 우주선을 타고 간다고 하자. 우주선은 떠난 뒤 얼마 동안은 가속하여 지구에 대한 속력이 빛의 속력의 반 정도가 된 다음 관성으로 날아간다. 이제 우주선에서 재는 결과와 우주선이 떠나기 전에 지면에서 잰 결과를 비교하여 다른 점을 찾아라. 최대한 분명하고 자세하게 기술하라. 우주선 창문을 가리고 잰 결과를 우주선 앞, 옆, 뒤 창문을 열고 내다보면서 잰 결과의 차이를 구분하라.

38-4 똑똑한 관측자가 사건의 위치 결정하기

아인슈타인은 특수 상대성을 고안할 때 과학에서 핵심만 남기고 나머지는 지웠다. 과학의 핵심은 시간과 공간에서 생기는 사건을 설명하는 것으로, 간단히 말하면 한 사건이 다른 사건과 어떻게 연관되는가를 설명한다. 특수 상대성에서 얻은 중요한 결과의 하나는 어떤 기준틀에서 본 사건이 다른 기준틀에서는 어떻게 보일지 예견하는 능력이다. 먼저 사건이란 무엇이며, 이 사건을 슬기롭게 보는 법을 세밀하게 정의하자.

사건이란 고유한 시간과 공간에서 생기는 어떤 일이다.

사건의 예로는 충돌, 폭발, 불꽃의 발광 그리고 지나가며 친구 손 만지기 등이 있다. 어느 때에 '일' 을 사건이라 부를 수 있을까? 그 일이 생긴 곳과 때를 명확히 정할 수 있을 때이다. 사람의 출생도 족보 연구자에게는 시간과 공간상 고유한 사건이다. 그러나 어머니는 출산 과정을 (집에서 시작한) 진통에서 (병원에서의) 분만에 이르는 잇단 사건으로 겪는다. 어머니의 경험은 시간과 공간에 걸쳐 있으므로 (적어도 그 과정에서는) 출산을 사건이라고 부르지 않을 수도 있다.

어떤 사건이 생긴 곳과 때를 정하는 일은, 사건이 생긴 뒤 관측할 때까지의 시간지연 때문에, 언뜻 생각하는 것처럼 그렇게 간단하지 않다. 밤하늘에 번개가 치는 것을 상상해보자. "1초, 2초, 3초…" 하면서 시간을 재다가 천둥소리를 들었다. "어… 벼락이 여기서 1 km 되는 곳에 떨어졌어…" 이렇게 알 수 있는 것은 소리가 공기 중에서는 1 km 가는 데 3초 걸림을 알고 있기 때문이다. 그 셈을 할 때 번개 불빛이 오는데 걸리는 시간은 무시할 만큼 짧다고 가정한다. 이는 번개 불빛을 본 뒤 천둥소리를 들을 때까지의 시간차는 모두 소리가 오는데 걸린 시간임을 뜻한다. 이때는 신호가 소리의 속도로 전달된다.

에너지가 큰 입자 펄스의 속력이 빛의 속력에 가까울 때가 있다. 그때는 그 길을 따라서 생기는 사건의 시간은 어떻게 정하는가? 에너지가 큰 양성자가 입자 가속기에서 나와 우리가 서 있는 곳에 있는 검지기 A를 지난다고 하자. 이 펄스가 계속 가서 30 m 떨어진 검지기 B에 이른다. 펄스가 검지기 B에 이른 시각은 언제일까? 실험하기 전에 미리 검지기 B에 펄스가 이르면 우리 쪽으로 빛을 보내게 해두었다. 그 빛이 검지기 A에 온 시각을 재고 여기에서 빛이 30 m를 가는데 걸리는 시간을 뺀다. 그렇게 뺀 값이 펄스가 검지기 B에 온 시각이다.

빛의 속력에 의한 지연을 설명하려면 공간과 시간상으로 멀리 떨어진 사건의 위치를 시간 지연을 따져서 결정하는 사람을 **똑똑한 관측자(intelligent observer)**라고 정의한다. 위의 예에서, 우리는 검지기 A 옆에 서서 검지기 B에 펄스가 오는 시각을 결정할 때 똑똑한 관측자 노릇을 했다.

생각해보기 38-3 대부분의 피아노 연주자가 쇼팽의 '1분 왈츠' 연주하는데는 1분 이상이 걸린다. 연주회에서 1분 왈츠를 절반쯤 연주했을 때, 연주자에게는 그 연주가 하나의 사건으로 느껴지겠는가? 연주회 안내문을 인쇄한 사람에게는 이 연주가 하나의 사건인가? 10년이 지나서 돌이켜본다면 이 연주는 하나의 사건으로 기억되겠는가?

생각해보기 38-4 양성자 펄스가 (우리 옆에 있는) 검지기 A를 지날 때 시계를 $t = 0\ \mu s$로 하여 시각을 재기 시작한다. 검지기 B에서 온 빛은 $t = 0.225\ \mu s$ 뒤에 검지기 A에 왔다. (a) 검지기 B에 펄스가 온 시각은 언제인가? (b) (a)의 결과를 써서 양성자 펄스의 이동 속력을 빛의 속력의 분수로 구하라.

따라해보기 38-2 | 동시에?

어느 똑똑한 관측자가 신호기 A 옆에 서 있는데, 신호기는 10초마다 불꽃 신호를 낸다. 100 km 떨어진 곳의 둘째 신호기 B가 첫째 관측자에 대해 서 있으면서 역시 10초마다 불꽃 신호를 낸다. 첫째 관측자가 멀리 있는 신호기 B가 내는 낱낱의 신호가 자신의 신호기가 내는 신호와 동시에 나오는지를 확인하려 한다. 신호기 A 옆을 떠나지 않고 이 일을 할 수 있는 방법을 설명하라. 명확하게 설명하고 값을 써라. 빛의 속력은 3×10^8 m/s로 가정한다.

풀이 ■ 똑똑한 관측자란 빛의 속력을 따져 먼 곳에서 생긴 사건의 시각 — 여기에서는 멀리 있는 빛 신호기 B의 불꽃 터짐 시각 — 을 정할 줄 아는 사람이다. 똑똑한 관측자는 자기 신호기 A가 불꽃을 낸 시각과 신호기 B가 낸 신호가 오는 시각의 시간차를 잰다. 이 시간차가 빛이 신호기 B에서 신호기 A까지 오는데 걸린 시간과 같다면, 두 신호기는 동시에 불꽃을 터뜨린다. 신호기의 거리는 $100\ \text{km} = 10^5\ \text{m}$인데, 이것을 L이라 하면 불꽃이 B에서 A에 오는 시간 Δt는

$$t = \frac{L}{c} = \frac{10^5\ \text{m}}{3 \times 10^8\ \text{m}} = 3.33 \times 10^{-4}\ \text{s} \qquad \text{(답)}$$

이다. 즉, 0.333 ms이다. 이 시간이 관측자가 자기 곁의 신호기 A가 불꽃을 낸 시각과 신호기 B에서 온 신호를 받은 시각의 시간차와 같다면 두 신호기는 관측자의 틀에서는 동시에 빛을 낸다고 말할 수 있다.

연습문제 38-4

5. 속력 어림하기

양성자 펄스 하나가 검지기 D에 도착했다. 전에 이 펄스는 그보다 60 m 앞에 있는 검지기 C를 지나왔다. 검지기 C는 펄스가 검지기를 지나는 순간 검지기 D쪽으로 불꽃을 보냈다. 검지기 D는 불꽃 신호와 양성자 펄스를 2 ns 간격으로 검지했다. 이 양성자 펄스의 속력은 얼마인가?

6. 해의 흑점 폭발

해 표면에서 갑작스런 폭발이 관찰되었다. 해에 관한 이론으로부터 폭발할 때 입자들이 튀어나와 빛의 속력의 8분의 1 정도인 속력으로 지구 쪽으로 온다고 예상할 수 있다. 이 입자 펄스가 지구에 와서 방출할 방사선을 피할 수 있는 시간은 얼마나 되는가? 빛이 해에서 지구까지 오는 데 걸리는 시간은 8분이라고 하자.

38-5 실험실과 로켓 그물코배열 시계

똑똑한 관측자가 쓰는 이 방법에는 여러 가지 문제가 있다. 첫째, 사건마다 셈을 따로 하는 것이 번거롭다. 둘째, 더 근본적으로, 재려는 낱낱의 사건이 생긴 곳을 미리 알고 있어야만 먼 곳에서 생긴 사건의 시간 경과를 셈할 수 있다. 사건이 생긴 곳은 쉽게 알 수도 있고 그렇지 않을 수도 있다. 따라서 좀더 일반적이고 개념적으로 간단히 사건이 생긴 때와 곳을 재는 방법이 필요하다.

한 가지 방법으로는 그물코의 간격이 1 m인 3차원 그물로 공간을 온통 채우고 그물코 마다 시계를 둘 수 있다(그림 38–3). 그물구조에서 어느 사건의 위치라 시각도 가장 가까운 곳에 있는 시계의 위치와 그 시계에 기록된 시각으로 정하면, 그 사건을 재는 것은 그 시계의 위치와 시각을 기록하는 것이다. 이제는 그물구조 안에서 일어나는 어떤 사건도 위치와 시간을 기록할 때 시간이 지연되지 않는다.

• 그물코 시계의 시각 맞추기(시공 그물코 시계 동기화)

그물코에 붙인 시계를 써서 실제로 사건을 재기 전에 먼저 모든 시계가 같은 시각이 되게 맞추어야 한다. 어떻게 하면 될까? 한 가지 방법은 시계를 하나 가지고 다니면서 그물코에 있는 낱낱의 시계를 맞추는 것이다. 이 방법은 시간도 많이 걸릴뿐더러 옳지도 않다. 사실, 어느 그물코 시계를 이 이동 시계와 맞추고 나중에 이동 시계를 다시 그 그물코 시계로 가져와 비교해 보면 두 시계의 시각이 어긋나 있게 된다!

또 다른 방법은 빛의 속력을 쓰는 것이다. 우선 그물코 시계 하나를 표준 또는 **기준 시계(reference clock)**로 정한다. 기준 시계와 그물코 위 다른 시계와의 거리는 이미 알고 있다. 자정에

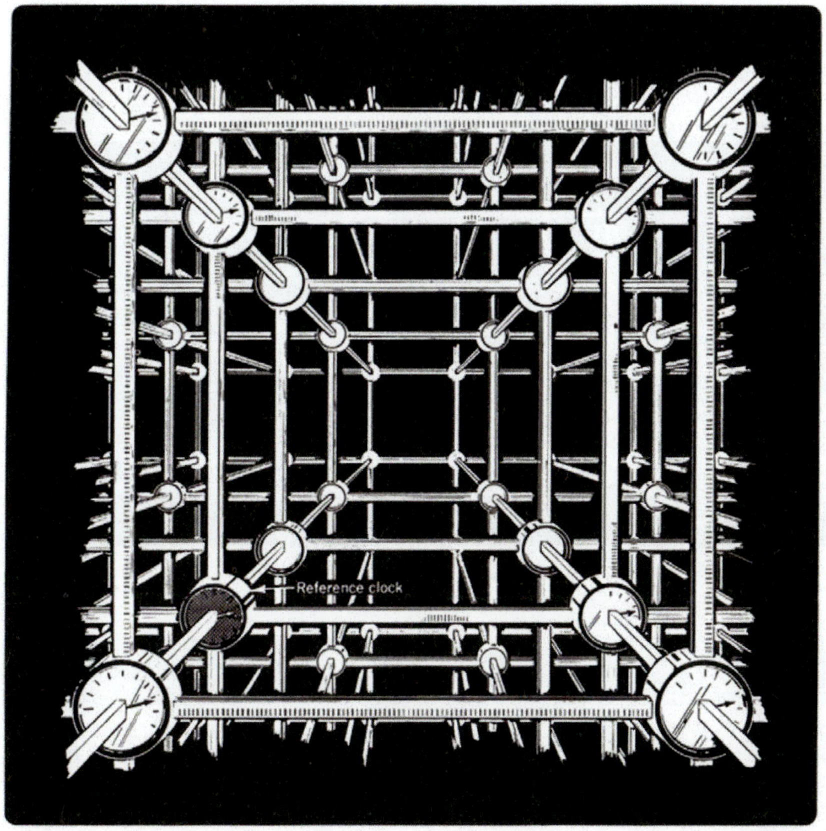

그림 38–3
미터자와 시계로 이루어진 그물구조. 낱낱의 시계 위치는 좌표번호 (n_x, n_y, n_z)로 명확히 정해진다.

기준 시계가 **시각맞춤 불꽃(동기화 불꽃)[synchronizing flash]**을 터뜨린다. 다른 시계의 관측자는 이 신호를 받고 바로 빛이 기준시계에서 자기 시계까지 오는데 걸린 시간을 자정에다 더해 자기 시계의 시각으로 맞춘다. 이렇게 하면 모든 그물코시계가 같은 시각을 나타낸다. 곧 그물코에 대하여 동기화된다.

이제 동기화된 시계 그물를 써서 사건이 생긴 곳과 때를 기록할 수 있게 되었다. 그 결과를 분석하는 것은 시계 그물의 기록에서 사건 자료를 모아 분석하여 사건들의 관계를 짓는 것이다.

• 관성 기준틀로서의 실험실 틀과 로켓 틀

특수 상대성 이론에서는 실험실 틀과 로켓 틀 이야기를 자주 듣는다. 각각의 틀을 각자 막대와 시계의 그물로 이루어진 틀이라고 상상하자(그림 38-4). 로켓은 일정한 속력으로 순항한다. 늘 해온 대로 로켓은 실험실 틀에서 볼 때 $+x$쪽으로 간다고 하자.

> **중요한 여담**: 엄밀히 말해서, 상대론에서 쓰는 기준틀은 “서 있던 자유 입자는 그대로 서 있고, 움직이던 자유 입자는 직선을 따라 일정 속력으로 계속 움직인다(3-2절 참조)”는 뉴턴 운동 제1법칙이 성립하는 관성 기준틀이어야 한다. 당연히 지구 표면은 관성틀이 아니다: 여기에서는 자유 낙하하는 돌멩이가 아래로 가속된다! 그러나 지구에 대하여 빛의 속력에 가까운 속력으로 움직이는 입자에 대해서는, 지구의 중력 가속도의 영향은 보통 무시할 수 있다. 이 장에서는 관성틀과 정지 혹은 지구에 대하여 일정한 속도로 움직이는 틀을 구분하지 않겠다.

로켓과 실험실 그물코 겹쳐 쓰면 한 사건을 검지하고 기록할 수 있다. 우리가 타고 가는 차의 오른쪽 뒷바퀴에 못이 박히면 타이어가 ‘픽’ 소리를 내면서 바람이 빠진다. (로켓 틀에서) 운전을 하는 사람에게는 그 소리가 차의 오른쪽 뒤에서 난다. (실험실 틀인) 길에 서 있는 사람에게는 소리는 그 차가 막 건너온 다리 저쪽 끝에서 들렸다. 운전자나 보행자 누구도 그 사건의 ‘주인’은 아니다. 두 사람 다 그 소리를 재고 기록하는 면에서는 같다. ‘픽’ 소리 사건도 그리고 다른 모든 사건도 기준틀과 무관하게 스스로 존재한다. 사건이란 온갖 과학이 걸려 있는 못이라 할 수 있다.

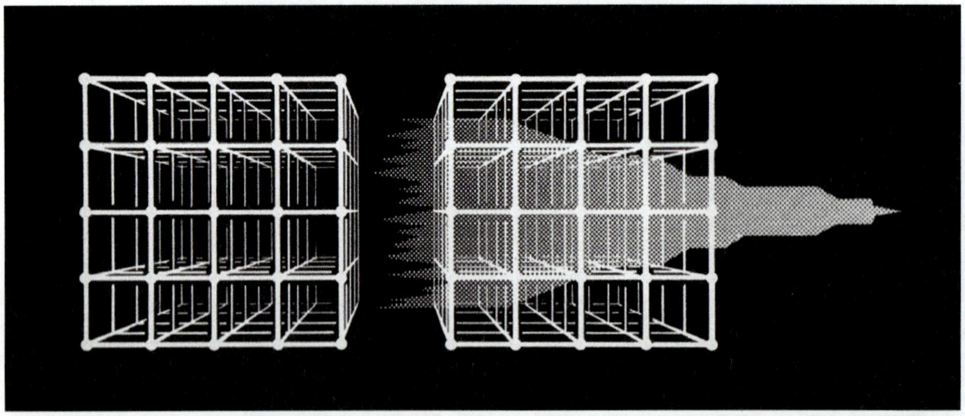

그림 38-4
실험실 틀과 로켓 틀. 한순간 전에 두 그물구조는 완전히 겹쳐 있었다. 관행에 따라 로켓 틀은 실험실 틀의 $+x$쪽으로 움직인다.

따라해보기 38-3 | 시계의 시각 맞추기

좌표계의 원점 $x = y = 0$에 있는 기준 시계가 그 시간으로 정확히 밤 열두 시에 동기 불꽃신호를 냈다. 좌표점 $x = 3\times10^8$ m, $y = 4\times10^8$ m, $z = 0$ m에 있는 그물 시계에 서 있는 사람이 시계의 시각을 기준 시계와 맞추려면, 이 사람이 신호를 받는 순간 시계 바늘을 어느 시각에 맞추어야 하는가?

풀이 ■ 기준시계에서 이 사람까지의 거리 D는 다음과 같다.

$$D = [(3\times10^8\,\mathrm{m})^2 + (4\times10^8\,\mathrm{m})^2 + 0\,\mathrm{m}]^{1/2}$$
$$= [25\,\mathrm{m}]^{1/2}\times10^8 = 5\times10^8\,\mathrm{m}$$

그러므로 기준 불꽃신호가 이 사람에게 오는데 걸리는 시간 Δt는 다음과 같다.

$$\Delta t = \frac{D}{c} = \frac{5\times10^8\,\mathrm{m}}{3\times10^8\,\mathrm{m}} = 1.66\,\mathrm{s} \qquad \text{(답)}$$

그러므로 이 사람은 불빛을 보자마자 자기 시계가 밤 12시 1.66초를 가리키게 해야 한다.

연습문제 38-5

7. 시계의 시각 맞춤

미터 자와 시계로 만든 커다란 그물에서 좌표점 $x = 8$ km, $y = 40$ km, $z = 44$ km인 그물코시계 곁에 학생이 서 있다. 학생이 동기 불꽃을 받는 순간은 언제이며, 시계는 몇 시로 맞추어야 하는가?

8. 지구 표면은 관성틀인가?

특수 상대성의 엄격한 해석에 따르면 지구의 자전과 공전의 효과를 빼고서도 지면에 있는 실험실은 관성틀이 아니다. 지면에서 물체를 공중에 들었다 놓으면 물체가 그대로 서지 않고 아래로 떨어지므로 관성틀이 아니다. 그러나 흔히 특수 상대성이 필요한 실험에서는 사건이 너무 빠르게 생기므로 중력 가속도의 효과는 무시할 수 있다. 예를 들어 수평방향을 속력 $v = 0.992\,c$로 움직이는 양성자가 실험실에 있는 폭 10 m인 검지기를 지난다고 하자. (a) 검지기를 지나가는 시간은 얼마인가? (b) 그 동안 양성자가 떨어지는 거리는 얼마인가? (c) 이 경우에 실험실이 관성틀로서 합당한가에 대해서 어떻게 생각하는가?

38-6 시간팽창

지금도 해마다 상대론을 '부정' 하는 이메일, 편지 및 논문 수백 통이 교과서 저자와 학술지 편집자들에게 날아온다. 이 중에는 대단히 천재적인 내용도 있고, 깊은 통찰력 그리고 때로는 몇 년간의 노력이 들어 있는 것들이 있다. (실제로 새로운 생각을 부정하느라고 애쓰다 보면 그 이론을 더 잘 알게 되어 내것으로 만드는 수가 종종 있다. 이 장의 내용을 읽어가면서, 역설적이라거나 혹은 말도 안 된다고 생각되는 것을 적어두는 것도 좋다. 이 장의 마무리 부분에 이를 즈음에 처음에 상대론에 대해서 품었던 반대의견을 스스로 반박 하거나 계속 옹호할 수 있는가 따져보자.)

특수 상대론 반대론자의 주 공격목표는 상대적으로 운동하는 실험실 틀과 로켓 틀에서 잰 두 사건 사이의 시간이 서로 다를 수 있다는 결론인 **시간팽창(time stretching)**이다. 이 내용을 아주 명확하게 설명하자면 다음과 같다. **두 사건에 대해 서 있는 시계로 잰 시간차는 움직이는 시계로 잰 시간차보다 늘 짧다.** 많은 사람들은 이 내용을 딱 맞지는 않은 "움직이는 시계는 늦게 간다"라는 말로 기억한다. 이 결과를 어떻게 표현하든, 결론이 너무도 뻔히 말도 안 되기에 이를 믿지 못하는 수많은 사람들이 편지를 보내고 논문을 투고하는 것이다.

• 시간팽창의 증명

시간팽창은 현재 여러 실험물리학 연구에서 날마다 입증된다. 예 두 가지를 소개한다.

원자시계로 보는 시간팽창: 1971년 10월, 미국 해군 천문대 소속의 하펠레(J. C. Hafele)와 키팅(R. E. Keating)은 항공사의 정기 여객기에 원자시계(1장 5절에서 설명한 것과 비슷한 모형)를 실어 지구를 한 바퀴 돌게 했다. 시계 하나는 동쪽, 다른 하나는 서쪽으로 보냈다. 두 시계를 다시 한 곳에 모아 비교해 보니 시간이 달랐다. 그리고 두 시계 모두 지구 위의 한 곳에 남아 있던 제3의 시계와도 또 달랐다. 왜 시간이 달라졌을까? 지구 중심은 서 있다고 생각하자. (실제로는 지구 중심은 해 주위로 자유낙하한다.) 지구에 대해서 동쪽으로 간 시계의 속력은 지표면의 자전속력보다 더 빠르고, 서쪽으로 간 시계의 속력은 지표면의 자전속력보다 더 느리다. 그러므로 동쪽으로 간 시계는 더 빠르고, 서쪽으로 간 시계는 더 느리며 실험실에 남아 있던 시계는 두 시계의 중간 속력으로 지표와 같이 움직인다. 결과는? 동쪽으로 움직인 가장 빠른 시계는 실험실 시계보다 느려졌고, 서쪽으로 움직인 가장 느린 시계는 실험실 시계보다 빨라졌다. 하펠레–키팅 실험에서 시간차는 상대론의 예측과 맞았다. 그러나 한 가지 복잡한 일이 있었다. 즉 비행기가 이륙하여 예정된 항로를 따라 난 뒤 착륙하며 고도가 변했던 것이다. 중력의 효과도 넣은 일반 상대성이론에 따르면 상대 속도와 함께 고도의 변화도 시계의 빠르기에 영향을 준다. 하펠레–키팅 실험의 결과는 일반 상대성 이론의 예측값과도 맞았지만, 그 얘기는 뒤로 미룬다.

파이 중간자로 보는 시간팽창: 둘째 사례는 하펠레–키팅 실험보다 훨씬 더 기술적이면서 신뢰도가 높다. 이 사례에서 파이 중간자라고도 하는 **파이 입자(pion)**의 수명을 잰다. 이 수명이 짧은 입자들은 우주선 상호작용이나 입자 가속기에서 가속된 양성자가 표적과 부딪칠 때 생긴다. 평균적으로는 생겨난 파이 입자의 절반이 입자와 함께 움직이는 시계로 쟀을 때 18 ns 안에 다른 입자로 바뀐다. 이 파이 입자 틀에서는 나머지 반이 또 18 ns 안에 붕괴하는 식으로 붕괴가 계속된다. 이 시간을 파이 입자 **반감기[half-life]**($t_{1/2}$)라 한다. 그런데 파이 입자가 빛의 속력에 가까운 속력으로 움직이면 파이 입자의 반이 붕괴할 때까지 파이 입자가 가는 거리는 얼마나 될까? 실험실 시계와 고속의 파이 입자 시계가 같다면, 입자의 최대 진행거리는 대략 다음과 같을 것이다.

$$c \times t_{1/2} = (3 \times 10^8\ \mathrm{m/s}) \times (18 \times 10^{-9}\ \mathrm{s}) = 5.4\ \mathrm{m}$$

그러나 실험 결과에 따르면 빠른 파이 입자는 몇십 미터를 간 뒤에야 절반 정도가 붕괴한다. 이로부터 내릴 수 있는 결론은 실험실 틀에서 파이 입자의 절반이 붕괴하는 시간은 파이 입자가 서 있는 틀에서보다 훨씬 길다는 것이다. 시간팽창 현상이다.

• 시간팽창이 말이 되는 까닭

시간팽창을 부정하는 사람들이 늘 실패한 까닭은 너무도 간단한 생각에서 얻어지는 결과를 공격하기 때문이다. 자연의 모든 법칙은 어느 기준틀에서나 같다(상대성 원리). 특히 빛의 속력은 어느 틀에서도 불변이다(값이 같다). 빛의 속력 불변을 쓰면 두 사건을 실험실 틀과 로켓 틀에서 잰 결과가 다르다는 점에 이르게 된다. 이를 설명하려면 그림 38–5에 보인 '빛 시계'가 째깍거리는 것을 상상해보자.

속이 보이는 일정 속력의 로켓을 타고 가면서 앞쪽으로 3 m에 있는 거울을 향해 불꽃을 비춘다

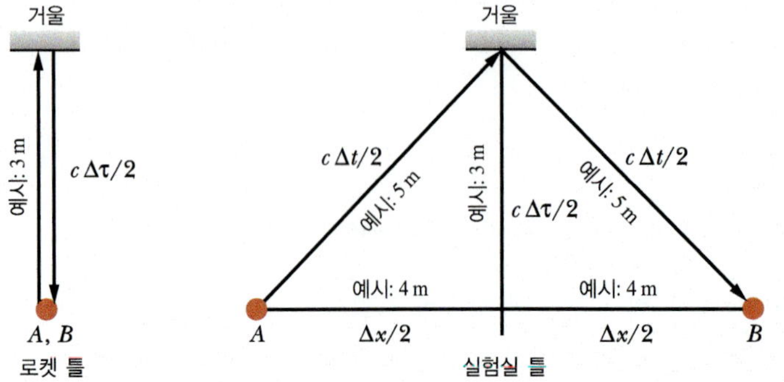

그림 38–5
사건 A에서 나온 빛이 거울에서 반사되어 광원으로 돌아와 사건 B가 된다. 사건 A와 B를 로켓 틀과 실험실 틀 두 곳에서 기록한다. 아인슈타인에 따르면 두 사람이 재는 빛의 속력은 같다. 그러므로 로켓과 실험실에서 빛의 진행 거리가 다르다는 것은 두 틀에서 잰 사건 A, B 사이의 시간도 다르다는 것을 뜻한다. (Δx, $c\Delta t$ 및 $c\Delta\tau$ 등 부호의 뜻은 본문에서 소개한다).

(그림 38-5의 왼쪽 그림). 불꽃은 거울에서 반사되어 돌아온다. 빛이 나가는 것을 사건 A, 그리고 돌아와서 검지되는 것을 사건 B라 하자. 로켓 승무원이 보기에 사건 A와 B는 같은 곳에서 생긴다. 두 사건 사이에 빛은 먼저 똑바로 3 m를 나아갔다가 뒤로 3 m를 되돌아온다. 사건 A와 B 사이의 전체 시간은 빛이 6 m 가는데 걸리는 시간과 같다.

이러한 실험이 진행되는 일정 속력의 로켓은 관측자 앞을 왼쪽에서 오른쪽으로 지나가는데, 관측자는 '실험실' 이라는 팻말이 달린 또 다른 투명한 통 속에 서 있다(그림 38-5의 오른쪽 그림). 관측자도 빛 방출 사건 A와, 거울에 반사되어 검지기에 오는 사건 B를 보고 있다. 그러나 실험실 관측자들이 보면 로켓 승무원과 거울은 같이 오른쪽으로 간다. 따라서 빛은 A에서 첫째 직각 삼각형의 빗변 5 m를 따라 간 뒤 이동하는 거울에 반사되어 오른쪽 직각 삼각형의 빗변 5 m를 따라 간 뒤 사건 B에서 관찰된다. 그러므로 관측자가 보기에 사건 A와 B는 빛이 10 m를 가는 시간만큼 떨어져 있다. 승무원이 재는 시간보다 관측자가 재는 사건 A와 B 사이에 시간이 더 걸린다.

이것이 핵심이다! 빛이 가야 할 길이 길면 빛이 그 길을 '정해진 속력' 으로 가자면 시간이 더 걸리고 따라서 그 기준틀에서 보면 사건 사이의 시간이 길어진다. 이렇게 간단하면서도 강력한 결과를 피해 갈 수 있는 납득할 만한 방법을 찾아낸 사람은 아직 없다. 이 빛 시계가 두 틀 사이에 시간이 더 걸릴 수 있음을 입증한다. 그래서 이 효과를 **시간 늘어남(time stretching)** 또는 **시간팽창(time dilation)**이라고 부른다.

불꽃과 거울로 시계의 일종인 **빛 시계(light clock)**를 만들 수 있다. 상대성 원리에 따르면 어떤 기준틀에서 서 있는 모든 시계는 일단 시각을 맞춘 다음에는 그 틀에 대해 일정 속도로 움직이는 어느 틀에서 보아도 같은 빠르기로 가야 한다.

그렇지 않다면 우리에 대해 서 있는 여러 시계들이 가는 빠르기를 읽고 분석하여 우리가 어떤 기준틀에 있는지 알아 낼 수 있을 것이다.

어떤 틀에서나, 제대로 맞춘 시계라면 어떤 것이든 다른 시계와 같은 빠르기로 간다. 이 시계에는 인체 시계, 즉 노화 과정도 들어간다. 앞에 들고 있던 시계까지의 거리가 너무 멀어 로켓에 탄 사람에게 빛이 되돌아가는데 6년이 걸리고 실험실에서 보는 사람의 시계로는 10년이 걸렸다고 하자. 그러면 로켓에 탄 사람의 '노화 시계' 와 '비행 시계' 가 같이 가므로 이 사람은 두 사건 A와 B 사이에 여섯 살을 먹는다. 이에 비하여 실험실에 남은 관측자는 두 사건 A와 B 사이에 열 살을 먹고, 실험실의 시계로도 10년이 흐를 것이다. 두 사건 A와 B 사이에 로켓에 탄 사람이 실험실에 있는 사람보다 나이를 덜 먹는다.

빛의 속력이 어떤 관성 기준틀에서 재도 똑같다는 사실은 대단히 이상한 일이다. 그러나 실험 결과는 계속 이를 뒷받침한다. 빛의 속력 불변의 결과에는 상대적으로 운동하는 관측자의 시계가 다르게 간다는 점도 들어 있다. 이 사실도 실험으로 계속 입증되고 있다. 1백 년 이상 엄격한 시험을 통하여 빛의 속력은 모든 기준틀에서 같고, 상대적으로 운동하는 틀에서 재면 시계의 빠르기가 다르다는 점이 의심의 여지없이 입증되었다.

생각해보기 38-5 파이 중간자의 속력이 대단히 빨라 실험실 틀에서 볼 때 표적에서 25 m 떨어진 곳에서 정확하게 애초의 반이 붕괴되지 않고 남아 있다고 하자. 실험꾼이 검지기를 표적에서 더 멀리 두려 한다. 검지기에 원래 파이 중간자 수의 1/8만 남으면 된다고 하자. 검지기를 표적에서 얼마나 먼 곳에 두어야 하는가?

생각해보기 38-6 어느 덮개화차 안에 몇 가지 시계를 두었다: 이 중에는 수정 손목시계, 탁상시계, 괘종시계, 세슘 원자시계, 평균 수명 2.3일의 초파리, 원자핵의 방사성 붕괴를 쓰는 시계 그리고 궤도를 굴러가는 구슬을 쓴 시계 등이 들어 있다. 이제 화차를 천천히 가속시켜 속력 300 km/시에 이르게 하고, 이 속력으로 일정하게 움직일 때, 화차 속에서 보아 어느 시계의 시간 흐름이 다른 시계와 다르겠는가?

연습문제 38-6

9. 고속 로켓용 빛 시계

그림 38-5를 다시 셈하되, 수직 거리를 $c\Delta\tau/2 = 7\,\mathrm{m}$, 실험실에서의 수평 거리를 $\Delta x/2 = 24\,\mathrm{m}$로 하라. 사건 A와 B 사이의 시간을 실험실과 로켓에서 잰 시간의 비 $\Delta t/\Delta\tau$를 구하라.

38-7 계량 방정식

시간팽창은 로켓이 실험실 틀에 대해 움직일 때마다 생긴다. 이를 그림 38-5의 기호들을 써서 일반적으로 증명할 수 있다. 실험실 틀에서 두 사건 A와 B 사이의 거리 Δx와 시간(즉, 불꽃이 빛의 속력 c로 빗변을 타고 올라갔다가 다시 다른 빗변을 타고 내려오는데 걸리는 시간) Δt를 잰다. Δt에서 기호 Δ(그리스 글자 델타[Delta]의 큰 글자)는 시간의 경과를, 그리고 글자 t는 경과 시간이라는 것이 실험실 틀에서 보는 두 사건의 시각 차이임을 뜻한다. 빗변의 길이는 다음과 같다.

$$\text{길이} = \text{속도} \times \text{시간} = c\Delta t/2$$

로켓 틀에서 보면 사건 A와 B 사이의 시간에 불꽃이 위쪽 거울로 갔다가 되돌아온다. 로켓 틀에서 시간 경과를 기술할 때는 기호 $\Delta\tau$를 쓴다. 여기서 델타(Δ)는 시간의 경과를, 그리고 τ(그리스 글자 타우[Tau]의 작은 글자)는 경과 시간이라는 것이 등속 운동하는 로켓에서 보는 두 사건 사이의 시간임을 뜻하는데, 이 로켓에서는 두 사건이 같은 곳에서 생긴다. 그러므로 로켓에서 보면 시간 $\Delta\tau/2$ 동안에 간 거리는 $c\Delta\tau/2$이다. 수직 거리는 그림의 오른편에 두 직각 삼각형의 공통부분인 수선 구간과 같다. 그러므로 이제는 두 직각삼각형의 변 전체에 대한 표현식을 쓸 수 있다. 직각 삼각형에 대하여 피타고라스 정리를 쓰면 다음 관계를 얻을 수 있다.

$$(\Delta x)^2 + (c\Delta\tau)^2 = (c\Delta t)^2 \qquad (38\text{–}1)$$

여기서 각 항의 차원은 거리의 제곱이다. 식 38–1에서 실험실 틀을 나타내는 항들을 오른쪽으로 모아 정리하면 시간 같은 간격(time-like interval)의 제곱꼴이 되는데, 이것을 **계량방정식(metric equation)**이라고 한다.

$$(c\Delta\tau)^2 = (c\Delta t)^2 - (\Delta x)^2 \quad (\text{시간 같은 간격의 제곱}) \qquad (38\text{–}2)$$

이제, 어떤 틀에서 서 있는 시계가 잇달아 똑딱거리는 것처럼, 두 사건이 같은 곳($\Delta x = 0$)에서 생기는 상황을 상상하자. 그 틀에서 잰 두 사건의 경과시간 $\Delta\tau$를 **고유시간(proper time)** 또는 **손목시계 시간(wristwatch time)**이라 한다. 이 고유시간의 독일어는 아이겐차이트(Eigenzeit)로, *자신의 시간*이란 뜻이다. 식 38–2 오른쪽의 제곱근의 공식 이름은 **시간 같은 불변 간격(invariant time-like interval)**이다. 불변이라고 하는 까닭은 어떤 관측자가 셈해도 똑같이 값이 나오기 때문이다. 시간 같은이라고 하는 까닭은 시간 부분인 $c\Delta t$가 공간 부분인 Δx보다 더 크기 때문이다(식 38–2의 양쪽은 반드시 0보다 커야 한다).

계량방정식(38–2)는 물리학 전체에서 가장 놀라운 방정식이다. 그 식에 담긴 **엄청난** 뜻을 살펴보자.

- 첫째, 이 식은 두 사건 사이의 시간에 대한 두 가지 다른 측정 결과를 연관시킨다. 두 결과는 다음과 같다. (1) 두 사건이 다른 곳에서 일어나는 기준틀에서 잰 시간, 그리고 (2) 두 사건이

같은 곳에서 일어나는 기준틀에 있는 사람이 찬 손목시계로 잰 시간이다. 두 시간을 연관시키는 능력이야말로 역사상 가장 위대한 과학적 혁신의 하나이다.

- 둘째, 이 식은 그보다도 더 깊은 통찰을 드러내준다. 공간과 시간이 오른쪽의 식 하나에 모여 있다. 더 이상 시간과 공간을 따로 다루지 않고 하나로 묶어 **시공간(space-time)**으로 다룬다.

식 38–2로부터 이 밖에 많은 다른 통찰을 얻을 수 있다. 예를 들면 다음과 같다.

1. 실험실 틀과 로켓 틀이 상대 운동을 하면 두 틀에서 잰 두 사건 A와 B 사이의 시간은 값이 다르다.
2. 로켓 속에서 벌어지는 두 사건 A와 B 사이의 시간을 실험실 사람이 잰 값은 로켓에 탄 사람이 손목시계로 잰 고유시간과 다르지만, 그 값을 정확히 예측할 수 있다. (실험실 사람이 잰 Δt와 Δx를 식 38–2에 넣어 셈한 $\Delta\tau$가 로켓에 탄 사람이 재는 시간이다.)
3. 실험실 틀에 대한 로켓의 상대 속력이 줄면 (그림 38–5에서 수평한 부분의 거리인) $\Delta x/2$와 (빗변의 길이) $c\Delta t/2$도 전보다 작아진다. 그런데 이 항이 줄어도 각각의 제곱항의 차이는 일정하게 유지되는데, 그것은 로켓 관측자와 거울 사이의 수직 거리 $c\Delta\tau/2$를 나타낸다. 그러므로 계량방정식(38–2)는 여전히 유효하다. (시간 같은 불변 간격이라고도 하는) 고유시간 $\Delta\tau$의 값은 로켓이 어떤 속력으로 움직이든 똑같다. 그래서 두 사건의 간격을 **불변(invariant)**이라 하는데, 이는 어느 관성 기준틀에서 재도 이 값은 늘 같음을 뜻한다.

로켓이 실험실 틀 앞을 속력 v로 지나간다면, $\Delta x = v\Delta t$으로 두어 $\Delta\tau$와 Δt를 잇는 방정식을 끌어낼 수 있다. 이 식을 식 38–2에 넣고 c^2으로 나누면 다음 결과를 얻는다.

$$(\Delta\tau)^2 = (\Delta t)^2 - \left(\frac{\Delta x}{c}\right)^2 = (\Delta t)^2 - \left(\frac{v\Delta t}{c}\right)^2 = \left(1 - \frac{v^2}{c^2}\right)(\Delta t)^2$$

양쪽의 제곱근을 셈하면 시간팽창 방정식을 얻는다.

$$\Delta\tau = \sqrt{1 - v^2/c^2}\,\Delta t \quad \text{(시간팽창 방정식)} \qquad (38\text{–}3)$$

시간팽창 방정식(38–3)을 쓰면 어떤 기준틀에서 시간 Δt를 두고 생긴 두 사건에 대한 손목시계 시간 $\Delta\tau$을 셈할 수 있다. 이 식에서 v는 로켓 틀에 있는 관측자가 한 사건에서 다른 사건으로 바로 이동하는데 필요한 속력이다. 이 식은 속력 v가 아주 느린 것부터 아주 빠른 것까지 모든 값에 대해 성립한다.

• 속력이 빠를 때와 느릴 때 무슨 일이 생기는가?

우리가 나날이 보는 속력은 빛의 속력 c보다 대단히 느리므로 v/c값은 1보다 아주 작다. 그러므로 속력이 상대적으로 느릴 때 $(1 - v^2/c^2)$는 거의 1에 가깝다. 시간팽창 방정식 38–3에 따르면 이때 Δt와 $\Delta\tau$는 기본적으로 같다; 두 사건 A와 B 사이의 시간은 지나가는 비행기를 탄 당신과 땅에 서 있는 나 모두에게 같다. 그러므로 상대 속도가 아주 느릴 때는 시간이 보편적 물리량이고, 두 사건 사이의 시간은 누가 재어도 늘 같다는 일상의 가정과 특수 상대성 이론이 어긋나지 않는다. 이 점이 바로 뉴턴 역학에서 쓴 어림 가정이다.

이에 반하여, 상대 속력 v가 빠르면 우리가 나날이 보는 현상과 아주 다른 일이 생긴다. 여러분이 지구를 떠나(사건 A: 지구 출발) 지구에서 약 4광년 떨어진 켄타우르스 자리 알파별(Alpha Centauri)로 간다고 해보자(사건 B: 켄타우르스 알파별에 도착). 두 사건 A(출발)와 B(도착)는 여러분이 앉은 곳에서 생겼다. 식 38–3에 따르면 v/c값을 1에 가깝게 할수록 우주선에 타고 재는 손목시계 시간 $\Delta\tau$는 더 짧아진다. (이 사실은 지구 기준틀에서 잰 시간 Δt가 빛이 지구에서 켄타우르스 알파별까지 가는 시간 4년보다 절대로 짧을 수 없어도 성립한다.) 이 논리를 넓히면, 우리 몸까지는 아니지만 정신은 자유로워지는 결론이 나온다. 로켓이 충분히 빠르기만 하면 살아 있는 동안에 우주 어느 곳이든 갈 수 있다! 이것이 특수 상대성 이론의 예측이다.

• 자연의 최고 속력

시간팽창 방정식 38-3은 빛의 속력 c가 우주의 자연적인 최고 속력임을 입증한다. 실험실 사람이 잰 우주선의 속력 v가 빛의 속력 c보다 빠르다고 하자. 그러면 v/c(그리고 v^2/c^2)의 값이 1보다 클 것이고, 식 38-3의 오른쪽 항에 음수의 제곱근이 들어갈 것이다. 이는 즉 시간 측정값 $\Delta\tau$가 음수의 제곱근에 비례함을 뜻할 것이다. 그러나 이것은 있을 수 없다: 음수의 제곱근에 비례하는 실제의 시간은 없다. 주의 깊은 연구와 실험 결과, 이 식과 맞게 진공에서의 빛의 속력 c보다 빨리 가속될 수 있는 물체는 없다는 결론을 얻었다. 이것은 실험으로도 확인되었다: 여러 나라가 함께 몇조 원을 들여 전자기장을 써서 양성자나 전자를 가속시켜 에너지를 높이는 입자 가속기를 지어 가동시켜 왔다. 에너지가 높아질수록 입자의 속력은 빛의 속력에 가까워졌지만 넘어선 적은 결코 없다.

생각해보기 38-7 로켓시계의 두 시점 사이의 시간 $\Delta\tau$를 실험실 시계로 쟀을 때 $\Delta t = 1.01\Delta\tau$가 되는 로켓의 속력 v를 구하라.

따라해보기 38-4 | 위성 시계가 느리게 간다고?

어떤 위성이 지구 대기권 바로 밖에서 $T = 90$분마다 지구를 한 바퀴 돈다. 궤도는 지구 중심에 대해 반지름 $r = 6500\text{ km}$인 원이다. 위성 시계와 지구 시계를 읽은 값이 $1\mu\text{s}$ 어긋나려면 시간이 얼마나 지나야 하는가? 대략적인 분석을 위해서 지구는 자전하지 않는다고 하고 두 시계의 고도가 달라 생기는 중력효과(일반 상대성으로 설명되는 중력 효과)는 무시한다.

풀이 ■ 먼저 궤도를 도는 위성의 속력을 알아야 한다. 궤도 반지름으로부터 원둘레를 구한 뒤 이 거리를 가는데 걸리는 시간으로 나눈다.

$$v = \frac{2\pi r}{T} = \frac{2\pi \times 6500\text{ km}}{90 \times 60\text{ s}} = 7.56\text{ km/s} \qquad (38\text{–}4)$$

빛의 속력은 거의 정확하게 $c = 3 \times 10^5\text{ km/s}$이므로 빛의 속력에 대한 위성의 속력 비는 다음과 같다.

$$\frac{v}{c} = \frac{7.56\text{ km/s}}{3 \times 10^5\text{ km/s}} = 2.52 \times 10^{-5} \qquad (38\text{–}5)$$

그리고

$$v^2/c^2 = (2.52 \times 10^{-5})^2 = 6.35 \times 10^{-10} \qquad (38\text{–}6)$$

위성시계가 기록한 경과시간 $\Delta\tau$와 지상시계의 경과시간 Δt의 관계는 (지구의 회전과 중력 효과를 무시하고) 식 38-3이다. 이 식의 양변을 제곱하면 다음 결과를 얻는다.

$$(\Delta\tau)^2 = (1 - v^2/c^2)(\Delta t)^2 \qquad (38\text{–}7)$$

우리가 알려는 것은 $\Delta\tau$와 Δt의 차이다. 이 식을 정리하여 제곱의 차를 구한다.

$$v^2/c^2(\Delta t)^2 = (\Delta t)^2 - (\Delta\tau)^2 \equiv (\Delta t - \Delta\tau)(\Delta t + \Delta\tau) \qquad (38\text{–}8)$$

식 38-6에서 얻은 값을 식 38-7에 넣으면 $\Delta\tau$와 Δt의 값이 거의 같음을 알 수 있다. 그러므로

$$\Delta t + \Delta\tau \approx 2\Delta t \qquad (38\text{–}9)$$

로 둘 수 있다. 이를 넣으면 식 38-8은 다음과 같이 된다.

$$v^2/c^2(\Delta t/2) \approx \Delta t - \Delta\tau \qquad (38\text{–}10)$$

식 38-6의 결과를 넣으면

$$\Delta t - \Delta\tau \approx 3.18 \times 10^{-10}\Delta t \qquad (38\text{–}11)$$

우리가 구하려는 것은 위성 시계와 지상 시계의 차이가 $1\mu\text{s}$가 되

는 경과시간 Δt이다. 식 38-11을 다음과 같이 정리한다.

$$\Delta t \approx \frac{\Delta t - \Delta\tau}{3.18\times 10^{-10}} = \frac{10^{-6}\,\mathrm{s}}{3.18\times 10^{-10}} = 3.14\times 10^{3}\,\mathrm{s} \qquad \text{(답)}$$

이 값은 대략 52분으로 한 시간 조금 안 된다. 두 원자 시계에서 1μs 차이는 쉽게 잴 수 있다.

연습문제 38-7

10. 언제 어디서?

실험실의 같은 곳에서 두 불꽃이 12년의 시차로 터진다. (a) 두 사건의 시간차를 13년으로 잰 로켓에서 두 사건의 공간적 거리는 얼마인가? (b) 로켓 틀과 실험실 틀의 상대속도는 얼마인가? 속력을 빛의 속력의 비로 나타낼 것.

11. 베가(vega) 별 여행

어떤 사람이 지구를 떠나 지구에서 26광년 떨어진 베가 별로 가고 있다. 지구와 베가는 상대적으로 서 있고, 이 사람의 속도는 지구–베가 틀에서 잰 값으로 0.99c라 하자. 다음 두 경우, 지구에서 얼마의 시간이 지나갔나? (a) 이 사람이 베가에 도착했을 때. (b) 지구에서 보는 사람이 이 여객이 도착했다는 신호를 받았을 때. (c) 이 사람은 베가로 가는 동안 나이를 얼마 더 먹는가?

12. 시리우스 별 여행

24세기에는 가장 빠른 로켓의 속도는 $v = 0.75c$이다. 이 우주선에 기봉이를 태워 최대 속도로 개자리 별인 시리우스로 보냈다. 이 별은 지구틀에서 볼 때 가장 밝고, 8.7광년 떨어져 있다. 시리우스가 지구에 대해 서 있다고 가정하다. 기봉이는 시리우스 둘레를 천천히 돌면서 자기 시계로 7년 동안 관측하고 자료를 기록하다가 속도 $v = 0.75c$로 지구로 돌아온다. 지구에 머무는 사람이 볼 때 (a) 기봉이가 시리우스에 닿는 때는 언제인가? (b) 기봉이가 시리우스를 떠나는 때는 언제인가? (c) 기봉이가 지구에 돌아오는 때는 언제인가? (d) 기봉이의 시계로 볼 때 (e) 자기가 시리우스에 닿는 때는 언제인가? (f) 지구로 돌아오는 때는 언제인가?

13. 빨리 움직이는 뮤 입자

대기권 상층부의 공기 원자와 우주선이 부딪치면 뮤 입자가 생겨, 일부가 땅으로 내려온다. 이렇게 생긴 고속 뮤 입자의 평균 수명을 잰 값은 16 μs이다. (a) 지구에 대한 뮤 입자의 속력을 구하라. (b) 이 속력이면 반감기 동안 뮤 입자는 얼마의 거리를 가는가? (c) 상대론적 시간팽창이 없다면 반감기 동안 펄스는 얼마의 거리를 가는가? (d) 상대론에 따르면, 10반감기 동안 펄스는 얼마의 거리를 가는가? (e) 땅까지의 거리가 위 (d)에서 구한 만큼 높은 곳에 뮤 입자가 10^8개 생겼다. 살아남아 땅에 오는 뮤 입자는 몇 개인가? 뮤 입자는 곧바로 아래로 내려오며 충돌로 잃는 것은 없다. (대기분자의 99%는 높이 40 km 아래의 대기에 있다.)

14. 고속 입자들의 수명

어느 불안정한 고에너지 입자가 검지기 안에서 생겨 1.05 mm의 흔적을 남기고 붕괴되었다. 검지기에 대한 입자의 속력은 0.992c였다. 입자의 입자의 고유 수명은 얼마였는가?

15. 1년에 1000살 먹기

지구에서 우주선을 타고 곧바로 일정 속력으로 날아 자기 시계로 6개월을 간 뒤 방향을 돌려 같은 속력으로 되돌아 지구에 왔을 때 지구 나이로 1000년이 되게 하고자 한다. (a) 지구에 대한 우주선의 속력은 얼마인가? (b) 우주선 승무원은 그 동안 나이를 얼마나 먹는가? (c) 우주선이 곧바로 날지 않으면 결과가 달라지는가? 예를 들어, 큰 원을 따라 돌아서 지구로 돌아와도 되는가?

16. 생일

관성으로 나는 우주선의 승무원이 18, 19, 20 및 21세 생일을 자축하였다. 18과 21세 생일 잔치 사이에 지구의 5년 시간이 지났다. (a) 지구 틀에서 본 18세과 21세 생일 잔치 사이의 공간적 거리를 구하라. (b) 지구에 대한 우주선의 속력을 구하라.

38-8 원인과 결과

지금까지는 사건이 여러 쌍 생기는 것은 생각하지 않았다. 어느 기준틀에서 두 사건이 생기는 시각은 같지만 생기는 곳이 다르다고 하자. 예를 들어, 두 폭죽이 서울과 평양에서 하나씩 동시에 터지면 어떻게 될까? 두 사건에 대해서 $\Delta t = 0$이므로 시공간 간격에 대해 식 38-2를 쓴다.

$$(c\Delta\tau)^2 = (c\Delta t)^2 - (\Delta x)^2 \rightarrow -(\Delta x)^2 \quad (\Delta t = 0\text{일 때}).$$

이 식이 뜻하는 바는 무엇일까? 왼쪽에는 시간의 제곱이 들어 있으므로 값이 분명히 (+)이다. 그런데 오른쪽의 값은 (−)이다. 경과 시간 $\Delta\tau$를 제곱한 값이 (−)가 되는 시계는 없다! 이것은 앞뒤가 맞지 않고, 이 모순은 어떤 기준틀에서 동시에 생기는 모든 사건 짝에 대해 비슷하게 적용된다.

문제는 물리가 아니라 수학적 표기법에 있다. 그림 38–5에 바탕을 둔 고유시간 방정식(식 38–2)을 끌어낼 때 두 사건이 동시에 생기는 것은 생각하지 않았다. 이처럼 새로 나온 사건 짝은 새로운 방법을 써서 다루어야 한다: 식 38–2 오른쪽에서 제곱항의 순서를 바꾸고 그 결과에 다른 이름을 붙인다. 이미 앞에서 두 사건이 같은 곳에서 생기는 기준틀에 고정된 시계로 잰 두 사건 사이의 시간을 (그리스 문자 타우 τ가 들어 있는) $\Delta\tau$로 나타냈다. 이제 두 사건이 같은 순간에 생기는 기준틀에서 본 두 사건 사이의 거리를 새 기호 $\Delta\sigma$로 나타내면 다음과 같다 (σ는 그리스 글자 시그마 [Sigma]의 작은 글자이다).

$$(\Delta\sigma)^2 = (\Delta x)^2 - (c\Delta t)^2 \quad (\text{공간같은 간격의 제곱꼴}) \tag{38–12}$$

두 사건이 동시($\Delta t = 0$)에 일어나는 기준틀에서 잰 두 사건의 거리 $\Delta\sigma$를 **고유 거리(proper distance)**라 한다. 식 38–12 오른쪽에 있는 두 제곱항의 차의 제곱근의 공식 이름은 **공간 같은 불변 간격 (invariant space-like inverval)**인데, 이는 공간 항 Δx가 시간항 $c\Delta t$보다 더 크기 때문이다.

식 38–12의 오른쪽은 둘째 기준틀에서 잰 두 사건 사이의 공간과 시간의 간격도 기술하는데, 둘째 기준틀은 첫째 기준틀을 지나가며, 그 기준틀에서는 Δx와 Δt 모두 값이 양수이다. 손목시계 시간 $\Delta\tau$와 비슷한 개념의 고유 거리 $\Delta\sigma$는 다음과 같은 뜻에서 불변이다: 상대 운동을 하는 관측자가 두 사건에 대해 잰 Δx와 Δt 모두가 다를 수 있다. 그러나 낱낱의 관측자가 잰 값을 식 38–12에 넣으면 고유거리 $\Delta\sigma$의 값은 늘 같다. 그리고 $\Delta\sigma$ 값은 바로 두 사건이 동시에 생기는 기준틀에서 잰 두 사건의 거리다.

공간 같은 간격으로 떨어져 있는 사건에 대해 식 38–12에서 얻을 수 있는 몇 가지 중요한 결론은 다음과 같다.

- 어떤 틀에서 Δx가 $c\Delta t$보다 크면, 모든 틀에서 Δx는 $c\Delta t$보다 크다. 왜 그럴까? $\Delta\sigma$가 불변이고 따라서 어떤 틀에서 Δx와 $c\Delta t$ 값이 얼마이든 $(\Delta\sigma)^2$은 늘 값이 같기 때문이다. 식 38–12의 양쪽 모두 값이 음수가 될 수 없다. 그런데 $c\Delta t$는 사건 사이의 시간에 빛이 갈 수 있는 거리다. 식 38–12에 따르면 그 틀의 두 사건 사이의 Δx는 $c\Delta t$보다 크다. 두 사건 사이의 시간 Δt에는 불꽃의 빛조차 한 사건에서 다른 사건으로 이동할 수 없다. 그러므로 공간 같은 간격으로 이어진 두 사건은 어떤 틀에서 보아도 한 사건이 다른 사건의 원인이 될 수 없다.
- 정의에 따라 $\Delta\sigma$는 두 사건이 동시에 생기는 기준틀에서 잰 두 사건의 간격이다. 그런데 식 38–12의 오른쪽에는 Δx와 Δt 둘 다 있어서 상대 운동하는 어떤 기준틀에서는 Δt가 0이 아님을 시사한다. 즉, 그 틀에서는 두 사건이 동시에 생기지 않는다. 예를 들면 신의주와 부산에서 동시에 터진 폭죽이, 신의주에서 부산을 향해 날아가는 로켓에서 보면 동시에 터지지 않을 것이다. 이로부터 특수 상대성 이론의 중요 결론 하나가 나온다. 어떤 틀에서 두 사건이 동시에 생겨도, 다른 틀에서 보면 동시에 생기지 않을 수 있다. 이것은 상대성 이론에서 가장 어려운 대목으로, 시간팽창 방정식 38–3으로 설명하는 시간 흐름의 빠르기의 차이보다도 믿기가 어렵다. 38–9절에서는 이 결과를 좀더 자세히 설명하는데, 이를 **동시성의 상대성 (relativity of simultaneity)**이라 한다.

두 사건이 한 사건에서 다른 사건으로 빛이 시간 Δt에 간신히 닿을 수 있을 만큼 공간적으로 Δx, 시간적으로 Δt만큼 떨어져 있다고 하자. 그러면 둘의 간격은 $\Delta x = c\Delta t$이고, 고유거리 $\Delta\sigma$와 고유시간 $\Delta\tau$ 모두 0이다.

$$(c\Delta\tau)^2 = (\Delta\sigma)^2 = 0 \quad \text{(빛같은 간격의 제곱)} \qquad (38\text{–}13)$$

불꽃으로 바로 이어지는 두 사건은 **빛 같은 불변 간격(invariant light-like interval)** 혹은 **간격이 없는(null interval)** 관계에 있다고 하는데, '간격이 없는' 까닭은 공간 부분 Δx가 시간 부분 $c\Delta t$의 크기와 같아서 각 제곱의 차가 없기 때문이다.

식 38–2, 38–12 및 38–13에는 x쪽을 따라 생기는 사건 짝에 대해 특수 상대성 이론이 허용하는 모든 인과관계가 들어 있다. 식 38–2는 간격이 시간 같은 두 사건을 기술한다. 로켓처럼 빛보다 느린 물체는 두 사건 사이의 시간에 두 사건 사이를 바로 여행할 수 있고, 따라서 앞 사건이 뒤 사건에 영향을 줄 수 있다. 앞, 뒤 사건 사이의 인과관계는 어느 기준틀에서나 보존된다(변하지 않는다). 반대로, 식 38–12로 나타낸 공간 같은 간격만큼 떨어진 두 사건은 빛조차도 이동할 수 없으므로 두 사건의 어느 것도 다른 것에 영향을 줄 수 없다. 이와 같이 인과관계가 없는 점도 모든 기준틀에서 보존된다. 식 38–13이 기술하는 것은 앞의 두 상황의 경계, 즉 두 사건이 바로 가는 빛으로 이어진 경우이다. 이때 앞 사건은 바로 가는 불꽃을 통해서만 뒤 사건에 영향을 줄 수 있다. 이 앞, 뒤 사건의 인과관계도 모든 기준틀에서 보존된다.

요약하면, 간격이 시간 같은, 공간 같은 그리고 빛 같은 세 가지 사건 짝의 인과관계는 모든 기준틀에서 유지된다. 특수 상대성은 이상해 보일지 몰라도 적어도, 과학의 핵심 요소를 이루는 명제인, 원인은 결과에 앞선다는 것은 참임을 다시 확인시켜준다.

생각해보기 38-8 지구와 달 표면에서 서로 마주보는 두 곳 사이의 거리는 3.76×10^8 m이다. 빛이 두 곳 사이를 가는데 얼마나 걸리는가? 두 곳에서 불꽃이 1초 간격으로 터진다. 한 곳의 불꽃이 다른 곳의 불꽃의 원인이 될 수 있는가?

연습문제 38-8

17. 사건 사이의 관계

아래 표는 실험실 틀에서 본 세 사건의 t와 r좌표를 나타낸 것이다.

세 사건의 실험실 좌표

	t	x
사건	년	광년
사건 1	2	1
사건 2	7	4
사건 3	5	6

다른 종이 한 장에 이 사건 짝을 모두 한 줄에 하나씩 적는다: (1,2), (1,3), (2,3). (a) 낱낱의 짝 옆에 사건 사이의 관계에 대하여 '시간 같은', '빛 같은', '공간 같은' 등을 적어라. (b) 낱낱의 짝 옆에 한 사건이 다른 사건을 일으킬 수 있으면 '예', 그리고 둘 사이에 인과율이 없으면 '아니오'를 적어라. (이와 비슷한 표를 직접 만들어 연습해볼 것을 권함)

18. 고유 거리와 고유 시간

38장의 방정식을 써서 다음의 일반적인 결과들을 보여라. (a) 두 사건 P와 Q가 공간 같은 거리로 떨어져 있으면 두 사건이 동시에 생기는 기준틀을 찾을 수 있고, 그 틀에서는 두 사건의 거리가 고유거리와 같음을 보여라. (b) 두 사건 P와 Q가 시간 같은 거리로 떨어져 있으면, 두 사건이 같은 곳에서 생기는 기준틀을 찾을 수 있고, 그 틀에서는 두 사건의 시간차가 고유시간과 같음을 보여라. (c) 사건 R과 W가 시간 같은 거리로 떨어져 있으면 그러한 모든 사건에 대하여 R에서 W로 가는 불꽃을 찾을 수 있음을 보여라. 또한 R과 W 사이의 고유시간과 고유거리가 모두 0임을 보여라.

38-9 동시성의 상대성

앞 절에서 공간 같은 꼴의 계량방정식에서 다음 결과를 얻었다.

> 두 사건이 어느 틀에서 동시에 생겨도, 다른 틀에서는 동시에 생기지 않을 수 있다.

그림 38-6에서 땅에 선 사람과 기차를 탄 사람이 같은 두 사건 사이의 시간을 잰 것을 따져보면 결과가 명확해진다. 기차의 양 끝에 벼락이 떨어져 불꽃을 내고 기차와 철길에 자국을 남겼다고 하자(맨 위 그림). 기차의 앞, 뒤에서 오는 불꽃이 땅에 선 사람에게 동시에 온다고 하자(맨 아래 그림). 땅에 선 사람이 철길에 남은 자국까지의 거리를 재보니 두 거리가 같음을 알았다. 그는 자기가 보기에는 두 사건이 동시에 생겼다고 결론짓는다. 반대로, 기차에 탄 사람은 (그림 38-6에서 사람은 기차 앞에서 오는 불꽃을 향해 가지만 뒤에서 오는 불꽃에서는 멀어지고 있으므로) 앞에서 오는 불꽃을 먼저 본다. 그가 기차의 양 끝에 남은 자국까지의 거리를 재보고 두 거리가 같음을 알았다. 상대성 원리에 따라 그는 빛의 속력이 다른 어느 틀에서와 마찬가지로 자기가 탄 기차에 대해서도 같다고 가정한다. 그는 자기가 보기에는 기차 앞에 떨어진 벼락이 먼저라고 결론짓는다. 이 논리는 그림 38-6의 그림 설명에 설명했다.

그림 38-6
동시성의 상대성을 나타내는 아인슈타인의 기차 역설. *맨 위*: 달리는 기차의 앞, 뒤에 벼락이 떨어져서 철길과 기차 모두에 자국을 남긴다. 불꽃은 사방으로 퍼져간다. *가운데*: 기차 가운데에 탄 사람은 두 사건이 같은 때 생기지 않았다고 결론짓는다. 그의 주장은 다음과 같다. "(1) 나를 기준으로 기차의 앞, 뒤에 난 자국까지의 거리는 같다. (2) 내 기준틀에서 빛의 속력은 표준값이며, 앞뒤 쪽으로 같다. (3) 기차 앞에서 온 불꽃을 먼저 보았다. (4) 그러므로 기차 앞에서 온 불꽃이 먼저 생겼음이 분명하다. 벼락은 앞쪽에 먼저, 뒤쪽에 나중에 떨어졌다. 그러므로 두 사건이 동시에 생기지 않았다." *아래*: 철길 생긴 두 흔적의 한가운데에 선 사람은, 벼락의 불꽃을 동시에 보았고, 두 곳까지의 거리가 같으므로, 벼락이 두 곳에 동시에 떨어졌다고 결론짓는다. *결론*: 어느 틀에서 동시에 생기는 두 사건이 일정 속도로 상대운동하는 다른 틀에서도 꼭 동시에 생기는 것은 아니다.

생각해보기 38-9 그림 38-6에서 기차에 탄 사람이 녹음 테이프 재생기를 들고 있다. 기차 앞에서 오는 불꽃을 보고 재생기를 켜자 아주 시끄러운 음악이 나온다. 뒤에서 오는 불꽃을 보고는 재생기를 껐다. 땅에 선 사람이 이 음악을 들을 수 있는가? 나중에 두 사람이 만나서 녹음 테이프 재생기를 점검한다. 둘이 녹음 테이프가 조금 돌아간 것에 대해서 의견이 같겠는가?

따라해보기 38-5 | 상대성 원리의 응용

아래 항목을 두 목록으로 나누어라. 한 목록은 '같음' 이라 쓰고, 모든 기준틀에서 항상 같은 특성과 법칙을 기록하라. 둘째 목록에는 '다를 수 있음' 이라 쓰고 기준틀마다 다를 수 있는 특성을 적어라.

a. 두 사건 사이의 시간
b. 두 사건 사이의 거리
c. 플랑크 상수 h의 값
d. 빛의 속력 c의 값
e. 전자의 전하 e의 값
f. (서 있을 때 잰) 전하의 질량 m
g. 두 사건 사이를 이동하는 사람의 손목시계로 잰 경과 시간
h. 주기율표 원소들의 순서
i. 뉴턴의 운동 제1법칙("처음에 서 있던 입자는 계속 서 있고…")
j. 진공 속의 전자기장을 설명하는 맥스웰의 방정식.
k. 동시에 생긴 두 사건 사이의 거리

풀이 ■ 상대성 원리에 따르면 물리학의 법칙들은 어느 틀에서도 같다. 그러므로 (i)와 (j)는 (h)와 같이 '같음' 항목에 넣어야 한다. 상대성 원리는 근본 상수에도 적용되므로 (c), (d), (e) 와 (f)가 '같음' 항목에 들어간다.

반대로, 이 단원에서 본 것처럼, 한 쌍의 사건 사이의 시간(a 항목)은 틀이 달라지면 달라질 수 있다. 두 사건 사이의 거리(b 항목)도 마찬가지다. 그러므로 이 둘은 '다름' 항목에 넣는다.

이제 남은 것은 (g)와 (k)이다. 두 사건 사이를 이동하는 사람의 손목시계 시간('손목시계 시간')은 불변량, 즉 어느 틀에서 공간과 시간의 간격을 써서 재도 같다(식 38-2). 그러므로 이 항목은 '같음' 목록에 들어간다. 두 사건 사이의 '고유 거리' 인 항목 (k)도 마찬가지다. 이것도 불변량이므로 '같음' 목록에 들어간다.

문제에서 요구한 목록은 다음과 같다. (답)

모든 틀에서 같음	틀에 따라 다를 수 있음
c. h의 값	a. 어떤 두 사건 사이의 시간
d. c의 값	b. 어떤 두 사건 사이의 거리
e. e의 값	
f. 전자의 (정지) 질량	
g. 두 사건 사이의 손목시계 시간	
h. 주기율표 원소의 순서	
i. 뉴턴 제1운동 법칙	
j. 맥스웰 법칙	
k. 동시에 생긴 두 사건 사이의 거리	

연습문제 38-9

19. 동시성의 대칭적 상대성

그림 38-6에 보인 생각실험에서는 어떤 벼락에 의한 불꽃이 땅 위의 사람에게 동시에 오도록 사건을 정하였다. 이 실험의 새로운 변형으로 전혀 다른 벼락 두 개가 기차 양 끝에 떨어지되 불꽃이 기차 가운데 탄 사람에게 동시에 온다. 이 실험을 기차가 서 있는 기준틀에서 관찰해보라. 이 실험의 새 변형에서는 땅 위의 사람이 보기에 어느 벼락이 먼저 떨어졌을까?

38-10 운동량과 에너지

아인슈타인은 특수 상대성 이론에 대한 첫 논문을 발표한 뒤 조금 지나, 역사상 가장 유명한 방정식 $E = mc^2$을 그의 이론에 추가하는 논문을 냈다. 이 방정식에 따르면 우주에서 질량이 있는 입자는 모두 에너지의 저장고이며, 그 질량을 에너지로 바꾸는 길만 찾아낸다면 인류에게 유용할 것이다. 핵무기의 폭발과 불타는 별 등은 질량이 에너지로 바뀌는 극적인 예이지만, 에너지를 내는 모든 반응 — 성냥불 까지도 — 에서 질량이 상당히 많은 에너지로 바뀐다. 예를 들어, 부엌의 성냥개비에는

30 000칼로리 (또는 30큰칼로리)의 에너지가 들어 있다. 바꿈 인수 c^2의 값이 워낙 커서 타고 남은 물질에서 예상되는 질량 변화는 20억분의 1그램도 안된다.

• $E = mc^2$는 어디에서 왔는가?

유명한 방정식 $E = mc^2$이 지금까지 다룬 특수 상대성 이론에서 어떻게 나왔을까? 연관성은 바로 드러나지 않는다. 이 절에서는 이미 이 장과 앞 장에서 소개한 방정식을 써서 $E = mc^2$을 끌어내는 논거를 설명한다. 또 질량과 에너지의 등가성의 결과도 몇 가지 살펴본다. 꼭 참고 논리를 잘 따라오면 보람이 있을 것이다.

움직이는 입자가 자기 시계로 $\Delta\tau$의 시간을 두고 불꽃을 두 번 냈다고 하자. 우리는 두 불꽃을 써서 입자의 움직임을 추적한다. 두 불꽃은 계량방정식(38-2)을 통해 연결된다.

$$(c\Delta\tau)^2 = (c\Delta t)^2 - (\Delta x)^2$$

이 식에서 Δx와 Δt의 값은 실험실 틀에서 잰 값이다. 이 식에서 출발하면 입자의 운동량과 에너지에 대한 중요한 정보를 몇 가지 얻을 수 있다. 우선 이 식의 양쪽에 $m^2c^2/(\Delta\tau)^2$을 곱하는데, 여기서 m은 입자의 질량이다. 결과는 다음과 같다.

$$(mc^2)^2 = \left(mc^2\frac{\Delta t}{\Delta\tau}\right)^2 - \left(mc\frac{\Delta x}{\Delta\tau}\right)^2 \tag{38-14}$$

왼쪽에 나타난 유명한 항 mc^2을 눈여겨보라. 오른쪽 둘째 항에는 분수값 $\Delta x/\Delta\tau$, 즉 실험실 사람이 잰 입자의 이동 거리 Δx를 입자 시계로 잰 시간 $\Delta\tau$로 나눈 값이 들어 있다. 일종의 속도이다. 질량과 속도를 곱하면 운동량이 되는데, 이를 p라 하자. 실험실 사람은 운동량 값을 다음과 같이 셈한다.

$$p \equiv m\frac{\Delta x}{\Delta\tau} \quad \text{(입자의 운동량: 실험실 사람의 정의)} \tag{38-15}$$

그런데 실험실 사람이 왜 식 38-15에서 운동량을 정의하면서 Δt 대신 $\Delta\tau$를 쓸까? 뉴턴 역학에서는 두 사건 사이의 시간 Δt는 보편적이어서 그 값은 어느 틀에서 재나 같다고 가정한다. 그러나 상대론에서는(식 38-3) 입자가 낸 두 불꽃 사이의 시간은 재는 틀마다 값이 서로 다르다. 우리는 (입자가 찬 시계로 잰) 불변시간 $\Delta\tau$를 입자의 운동량을 셈할 때 쓰는 시간으로 정했다. 그러므로 식 38-15는 뉴턴은 하지 않아도 되었던 시간을 제대로 따져서 얻은 결과이다.

경과 시간의 비의 제곱 $(\Delta t/\Delta\tau)^2$이 들어 있는 식 38-14의 오른쪽 첫 항은 무엇을 나타낼까? 식 38-3에 따르면 이 제곱비는 다음과 같이 입자의 속도와 빛의 속력의 비와 관계된다.

$$\left(\frac{\Delta t}{\Delta\tau}\right)^2 = \frac{1}{1 - v^2/c^2} \tag{38-16}$$

식 38-14 왼쪽 $(mc^2)^2$항의 단위는 에너지의 제곱이다. 여기서 그 식의 오른쪽 첫 항이 전체 에너지 E의 제곱이라고 가정하면 몇 가지 중요한 결과가 나온다. 그러면 에너지는 식 38-14와 38-16을 써서 다음과 같이 두 가지 방식으로 쓸 수 있다.

$$E = mc^2\frac{\Delta t}{\Delta\tau} = \frac{mc^2}{(1 - v^2/c^2)^{1/2}} \tag{38-17}$$

식 38-15의 운동량 p와 식 38-17의 E의 정의를 각각 식 38-14에 넣으면 다음 결과를 얻는다.

$$(mc^2)^2 = E^2 - (pc)^2 \tag{38-18}$$

입자가 서 있으면 운동량 $p=0$이므로 이 식은 다음의 유명한 꼴이 된다.

$$E_{정지}=mc^2 \quad (\text{질량 } m\text{인 입자의 정지 에너지}) \tag{38-19}$$

식 38-19는 어떤 틀에서 서 있는 입자에 대해서만 적용됨을 유의하자. 입자가 움직인다면 그 틀에 있는 사람은 식 38-17을 써서 에너지를 셈해야 한다.

위에서 끌어낸 에너지와 운동량의 관계가 실제로 쓸모 있음을 보여주는 실험적 증거가 있을까? 사실 증거는 넘치게 많다. 몇십 년 동안 고속 입자 실험을 분석할 때 에너지와 운동량에 대한 상대론적 식을 써야만 에너지와 운동량 보존 법칙이 성립한다. 고립계에서 고속 입자의 충돌을 분석할 때, 식 38-17을 써서 (서 있는 입자의 정지 에너지를 넣어) 낱낱의 입자의 충돌 전 에너지를 모두 더한다. 이 값은 충돌과정에서 붕괴하거나 생기는 입자의 수에 관계없이 충돌 뒤 입자계 전체의 에너지와 같다. 입자의 총 운동량의 낱낱의 공간좌표성분에 대해서도 x성분에 대해서는 식 38-15를, 그리고 다른 방향에 대해서도 (Δx 대신 $\Delta y, \Delta z$를 넣는) 비슷한 관계식을 쓰면 이와 비슷한 보존 법칙이 성립한다.

• 상대론적 운동 에너지

입자가 어떤 틀에서 서 있지 않다면 그 틀에서 잰 운동량 p는 0이 아니다. 이때는 입자의 전체 에너지 E가 정지값보다 커야만 식 38-18의 오른쪽 값이 왼쪽과 같이 일정값이 된다. 입자의 에너지 가운데 운동 때문에 더 늘어난 양을 운동 에너지라 한다. 특수 상대성 이론에서는 운동 에너지를 전체 에너지와 정지 에너지의 차이로 정의한다.

$$K \equiv E - E_{정지} = \frac{mc^2}{(1-v^2/c^2)^{1/2}} - mc^2 \tag{38-20}$$

식 38-17과 38-20은, 입자의 속력 v가 빛의 속력 c에 가까워지면(즉, v/c가 1에 가까워지면) 전체 에너지는 — 따라서 운동 에너지도 — 한없이 커짐을 보여준다. 실제로 더 강력하고 교묘하게 설계한 입자 가속기가 그러하듯이 운동입자의 운동 에너지를 얼마든지 더 주어 다른 입자와의 충돌 에너지를 늘릴 수 있다. 그렇지만 에너지가 가장 높은 입자라도 그 속력은 어떤 틀에서 보아도 결코 빛의 속력을 넘어서지 못한다(식 38-7). 이 단원의 첫머리에서 제시한 문제에 대한 답이 이 결과에서 나온다: 왜 입자의 에너지가 한없이 커져도 그 속력은 빛의 속력을 넘지 못할까?

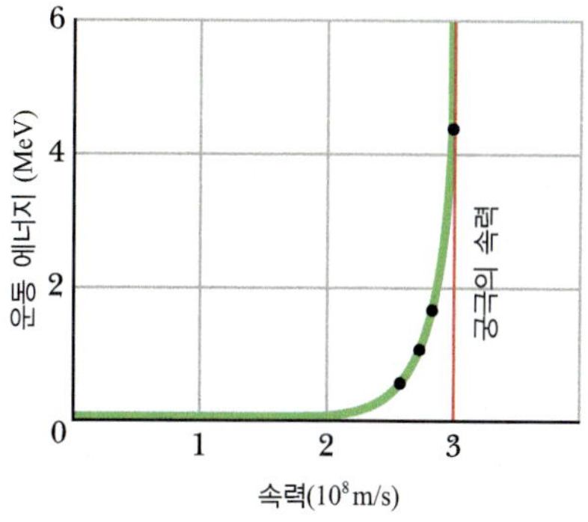

그림 38-7
점은 전자의 운동 에너지를 잰 값을 속도를 잰 값에 대해 나타낸 것이다. 전자(또는 질량이 있는 어떤 입자)에 에너지를 아무리 많이 주어도 궁극의 속력 c와 같거나 넘게 가속할 수는 없다. (점을 지나는 실선은 아인슈타인의 상대성 이론이 예측한 값이다.)

• 일상의 속력에서의 운동 에너지

우리가 접할 수 있는 최고 속력은 아마도 초음속 전투기의 속력인 마하 3(음속의 3배, 약 1000m/s) 정도일 것이다. 그러나 이 속력은 빛의 속력보다 훨씬 느리다. 실제로 $v/c=(1000\text{ m/s})/(3\times10^8\text{ m/s})$ $\sim 3\times10^{-6}$이다.

식 38-20은 복잡하다. 그러나 빛의 속력보다 훨씬 느린 속력($v \ll c$)에서는 이 식이 뉴턴 역학의 운동 에너지에 관한 식이 된다. 이 결과를 보려면 다음 어림식을 쓸 수 있다.

$$(1+d)^n \approx 1+nd \quad (|d| \ll 1\text{과 } |nd| \ll 1\text{일 때}) \tag{38-21}$$

이 어림식을 식 38-20의 오른쪽 첫 항에 쓰면 v^2/c^2이 아주 작을 때는 식 38-20이 다음과 같이 된다.

$$K = mc^2(1-v^2/c^2)^{-1/2} - mc^2 \approx mc^2(1+v^2/2c^2) - mc^2 \approx \tfrac{1}{2}mv^2 \quad (v \ll c) \tag{38-22}$$

요약하면, 물체의 속력이 빛의 속력보다 훨씬 작으면 운동 에너지 식은 뉴턴 역학의 식이 된다. 이 극한적 상황 때문에 식 38-17 및 38-20을 에너지에 관한 상대론적 식이라고 부르는 것이 정당화된다. 그 방정식에서 전체 에너지에는 상대론적 운동 에너지와 정지 에너지가 모두 들어 있다.

• 3차원에서의 고유시간과 고유거리

지금까지는 문제를 간단히 하고자 공간의 한 차원 x만 써왔다. 물론, 공간은 3차원이고, 나머지 두 차원은 흔히 y, z로 나타낸다. 식 38-2와 38-12의 시간 같은, 공간 같은 간격을 좀더 일반적으로 나타내면 다음과 같다.

$$(c\Delta\tau)^2 = (c\Delta t)^2 - [(\Delta x)^2 + (\Delta y)^2 + (\Delta z)^2] \quad \text{(시간 같은 간격의 제곱꼴)} \qquad (38\text{-}23)$$

$$(\Delta\sigma)^2 = [(\Delta x)^2 + (\Delta y)^2 + (\Delta z)^2] - (c\Delta t)^2 \quad \text{(공간 같은 간격의 제곱꼴)} \qquad (38\text{-}24)$$

생각해보기 38-10 입자의 에너지 E가 정지 에너지의 2배가 되는 속력 v를 구하라.

따라해보기 38-6 | 빠른 입자의 에너지

질량 m인 어떤 입자의 속력이 대단히 빨라서 전체 에너지가 정지 에너지의 1.1배가 되었다.

(a) 이 입자의 속력 v는 얼마인가?

풀이 ■ 식 38-19로부터 정지 에너지는 다음과 같다.

$$E_{정지} = mc^2$$

문제는 에너지가 정지 에너지의 1.1배가 되는 속력을 구하는 것이다. 식 38-17로부터 다음 식을 얻는다.

$$E = \frac{mc^2}{(1 - v^2/c^2)^{1/2}} = 1.1E_{정지} = 1.1mc^2$$

이 식의 둘째, 넷째 항에서 mc^2을 지우고 그 결과를 등식으로 놓는다.

$$\frac{1}{(1 - v^2/c^2)^{1/2}} = 1.1$$

양변을 제곱하여 얻는 식을 v^2/c^2에 대하여 푼다.

$$v^2/c^2 = 0.1735$$

이로부터 다음 결과를 얻는다.

$$v = 0.461c \qquad \text{(답)}$$

(b) 이 입자의 운동 에너지는 얼마인가?

풀이 ■ 운동 에너지는 전체 에너지에서 정지 에너지를 뺀 값이므로 식 38-20에서 다음과 같다.

$$K = E - E_{정지} = 11.E_{정지} - E_{정지} = 0.1E_{정지} \qquad \text{(답)}$$

따라해보기 38-7 | K° 중간자의 붕괴

서 있는 K° 중간자가 붕괴하여 π^+ 중간자 하나와 π^- 중간자 하나가 생긴다. 입자물리학에서는 흔히 입자의 에너지를 c^2으로 나눈 값으로 질량을 나타낸다. 두 π 중간자의 질량은 같으므로 이를 m_π라 하면 다음과 같다.

$$m_K = 497.7\,\text{MeV/c}^2$$
$$m_\pi = 139.6\,\text{MeV/c}^2$$

붕괴된 뒤 낱낱의 π 중간자의 속력은 얼마인가?

풀이 ■ 이 계는 고립계로서 상대론적 에너지와 상대론적 운동량

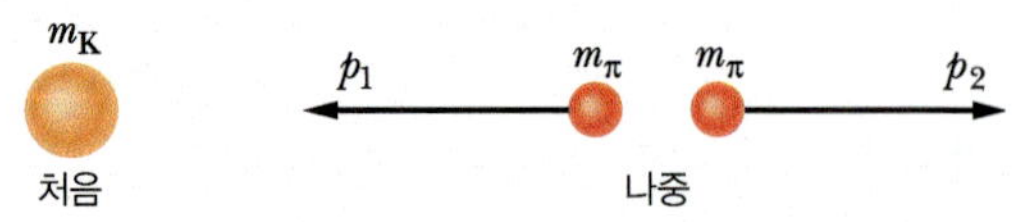

그림 38-8

이 보존된다고 가정한다. 애초에 K° 중간자는 서 있었으므로 전체 운동량은 0이다. 따라서 그림 38-8에 p_1과 p_2로 나타낸 운동량들이 크기가 같고 방향만 반대이다. 그러면 식 38-18에서 얻는 두 입자의 에너지도 같음을 확인할 수 있다. 에너지 보존법칙은 전체 에너지의 값이 늘 같다는 것이고, 전체 에너지에는 정지 에너지도 들어 있다. 처음에는 K° 중간자의 정지 에너지뿐이다. 식 38-17에서

$$m_K c^2 = 2E_\pi = \frac{2m_\pi c^2}{(1 - v^2/c^2)^{1/2}}$$

이다. 이 식의 첫항과 끝항에 앞에서 얻은 질량 값을 넣자. 곱수 c^2을 지우고 MeV 단위도 지우면 다음 식을 얻는다.

$$497.4 = \frac{2 \times 139.6}{(1 - v^2/c^2)^{1/2}}$$

이 식의 양변을 제곱하고 v^2/c^2에 대해서 풀어 제곱근을 셈하면 답은 다음과 같다.

$$v = 0.828c \qquad \text{(답)}$$

π 중간자는 이 속력으로 서로 반대쪽으로 간다.

연습문제 38-10

20. 속력 올리기

전자의 속력을 (a) 0.08 c에서 0.09 c, (b) 0.98 c에서 0.99 c로 올리려면 일을 얼마씩 해야 하는가? 두 경우 속력의 증가분은 같다는 점에 유의하라.

21. 질량을 뿜어내는 전구

100 W의 전구를 1년 동안 켜두면 (열과 빛으로) 뿜어내는 에너지는 질량 얼마에 대응되는가?

22. 은하를 지나는 양성자

(지름 100 000광년인) 우리의 은하를 자기 시계로 1분만에 지나가는 양성자의 에너지를 구하라.

23. 질량을 에너지로 바꾸기

다음의 반응

$$p + {}^{19}F \rightarrow \alpha + {}^{16}O$$

에서 질량 분석계로 잰 질량 값은 다음과 같다.

$$m(p) = 1.007\,825\,u$$
$$m(F) = 18.998\,405u$$
$$m(\alpha) = 4.002\,603u$$
$$m(O) = 15.994\,915u$$

여기서 u는 원자 질량 단위이다(1.7절). 이 반응에서 에너지로 방출되는 질량은 얼마인가? kg과 MeV로 답하라.

24. 아스피린으로 가는 자동차

아스피린 한 알에는 아스피린 5 grain(의약품 단위)이 들어 있는데, 이는 325 mg에 해당한다. 이 질량에 해당하는 에너지로 자동차는 몇 km나 갈 수 있는가? 이 자동차는 3.65×10^7 J/L의 열을 내는 휘발유로 12.75 km/L의 연비를 낸다고 하자.

25. 에너지를 질량으로 바꾸기

질량이 각각 6×10^6 kg(6000톤)인 화물 열차 두 대가 같은 철길 위에서 150 km/hr의 속력으로 마주보며 달려와 정면충돌한 뒤 섰다. (a) 충돌 전 두 차량의 운동 에너지 $(1/2)mv^2$을 셈하여라. (나날의 속력에서는 뉴턴 역학이 문제 없음). (b) 충돌 뒤 기차, 철로의 질량, 방출된 충돌음과 빛의 질량을 모두 더한 것은 몇 mg 늘어나는가?

26. 전자 가속하기

전자의 에너지가 정지 에너지의 101%가 되려면 선 상태로부터 몇 볼트로 가속해야 하는가?

27. 고에너지 양성자

가속기 속에서 양성자의 운동 에너지가 정지 에너지의 N배이다. (a) 속력과 (b) 운동량의 표현식을 구하라.

28. 상대론 화학

수소 1 kg과 산소 8 kg이 화학 결합하여 물이 될 때 약 10^8 J의 에너지가 나온다. 10톤의 수소가 산소와 결합하여 물이 된다. (a) 이렇게 생기는 물의 질량이 원래 수소와 산소의 질량의 합보다 많은가, 적은가? (b) 이 질량 차의 크기는 얼마인가? (c) 소량의 수소와 산소를 반응시켜 물을 만들고 다시 그 질량을 잰다. 정밀 화학 저울로는 질량 변화를 10^8분의 1까지 잴 수 있다. 이 저울로 이 반응에서 생기는 질량 변화를 재려면 정밀도가 충분한가, 아니면 얼마나 부족한가?

29. 질량 구하기

(a) 어느 입자의 운동량 p와 운동 에너지 K를 알 때 질량을 셈하는 식을 구하라. 입자 속력이 비상대론적이면 이 식이 고전적인 결과와 같음을 보여라. (b) 운동 에너지 $K = 55.0$ MeV, 운동량 $p = 121$ MeV/c인 입자의 질량을 구하라. 답은 전자 질량 m_e의 배수로 나타낼 것.

30. 빛이 든 상자

인구 8백만인 도시를 밝히는데 드는 전력을 kW로 구하라. 저녁 한 시간 동안 나온 빛을 모두 잡아서 상자에 넣으면 상자의 질량은 얼마나 느는가?

31. 양성자–반양성자 쌍 만들기

질량 m인 양성자 두 개를 같은 에너지로 마주 보며 부딪치게 하여 양성자–반양성자 짝을 만든다

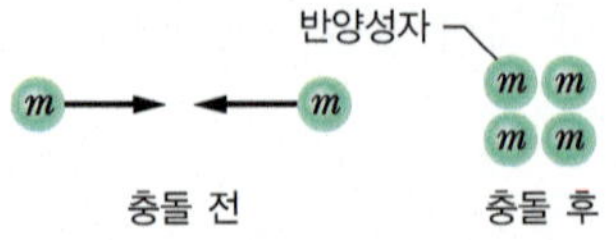

그림 38–9 문제 31

(그림 38–9). 반양성자의 질량은 양성자와 같다. (a) 들어오는 양성자의 에너지가 이러한 생성 반응에 필요한 최저값 E이면 생겨난 네 입자가 정지상태로 남아 있게 됨을 보여라. 이 최소 에너지를 **문턱에너지**라한다. (b) 생성 반응에 필요한 입사 양성자의 최소 운동 에너지 K는 얼마인가? 답은 양성자의 정지 에너지의 비로 표시하라. (c) 양성자의 질량이 약 $1\,\mathrm{GeV}/c^2$이라면 들어오는 양성자 각각의 운동 에너지의 문턱값은 얼마인가? 이 결과가 논리에 맞는 이유를 설명하라.

38-11 로렌츠 변환

상대론을 다루는 책은 모든 사람에 대해 값이 같은 '불변량'을 강조하는 것은 많지 않고 대부분 이른바 **로렌츠 변환(Lorentz transformation)** 식에 초점을 맞춘다. 이 변환식은 어떤 틀에서 잰 두 사건의 시공간 간격을 그 틀에 대해 상대운동하는 다른 틀에서 잰 간격과 연결해준다. 여기서는 로렌츠 변환식을 증명없이 소개한다. (이 식을 끌어내는 것은 쉽다. 상대성 원리와 몇 가지 대칭성만 쓰면 된다.)

로렌츠 변환식을 나타낼 때는 붓점(′) 없는 좌표는 실험실 틀에서, 붓점이 붙은 좌표는 그 실험실에 대해 $+x$쪽으로 상대속력 $v^{상대}$로 움직이는 로켓 틀에서 잰 값들을 나타내는 것이 관습이다. 그러면 실험실에서 본 시공간 간격을 로켓에서 본 시공간 간격과 이어주는 로렌츠 식은 다음과 같다.

$$\Delta x' = \frac{\Delta x - v^{상대}\Delta t}{[1-(v^{상대})^2/c^2]^{1/2}}$$

$$\Delta t' = \frac{\Delta t - v^{상대}\Delta x/c^2}{[1-(v^{상대})^2/c^2]^{1/2}} \quad \text{(로렌츠 변환)} \qquad (38\text{–}25)$$

$$\Delta y' = \Delta y$$

$$\Delta z' = \Delta z$$

움직이는 물체가 기차, 비행기 그리고 자동차 정도인 일상생활에서는 이 식이 어떻게 될까? 이러한 탈것의 속력은 빛의 속력과는 비교도 안 되게 느리다. $v^{상대}$가 c보다 훨씬 작아서 식 38–25에서 $v^{상대}/c \ll 1$이라면 식의 처음 두 개는 다음과 같아진다.

$$\Delta x' = \Delta x - v^{상대}\Delta t \quad (v^{상대}/c \ll 1, \text{ 갈릴레이 변환}) \qquad (38\text{–}26)$$

$$\Delta t' = \Delta t$$

이 식이 **갈릴레이 변환(Galilean transformation)** 식으로, 갈릴레이가 1630년대에 처음으로 기술한 상대운동의 결과를 나타낸다. 둘째 식은 상대 속도가 작을 때 두 사건 사이의 시간은 움직이는 사람과 선 사람 모두에게 같음을 말해준다. 물론 이것이 나날의 경험에 맞다: 우리는 자동차를 타고 와서 시계를 다시 맞추거나 하지 않는다! 첫째 식도 이치에 맞다. 달리기 시합에서 출발 신호에 맞추어 선수들이 출발선을 떠나고, 승자가 결승선을 지나가면 마침 신호가 울린다고 하자. 관중석의 구경꾼에게 두 사건은 거리 Δx와 시간 Δt 떨어져 있다. 우리가 열심히 달렸지만 일등 주자 다음 2등으로 들어왔다고 하자. 우리에게 마침 신호는 우리 앞 저만큼에서 울리는데, 그곳까지의 거리는 트랙 길이

Δx에서 경기의 시작에서 마침 사이의 시간 Δt 동안 우리가 속력 $v^{상대}$로 달린 거리($v^{상대}\Delta t$)를 뺀 값이다. 이것이 바로 갈릴레이 변환식 38-26이 나타내는 바다.

한편, 로렌츠 변환식 38-25으로부터는 어느 사건에 대한 (붓점 없는) 실험실 좌표를 알고 있을 때 로켓 (붓점이 붙은) 좌표를 알 수 있다. 그러나 '실험실' 이란 이름일 뿐, 그냥 동력을 끈 다른 로켓일 수도 있다. 그러면 실험실과 로켓 틀의 차이는 우리가 정한 것일 뿐이다. 로켓은 실험실에 대해 $+x$쪽으로 움직이므로, 실험실은 로켓에 대해서 $-x$쪽으로 움직인다. 그러므로 붓점 붙은 로켓 공간의 시공간 간격으로부터 붓점 없는 실험실 공간의 시공간 간격을 셈하는 역 변환식은 로렌츠 변환식 38-25에서 붓점 있는 좌표와 없는 좌표를 바꾸고 $v^{상대}$의 부호를 바꾸어 분자에 있는 v항을 모두 (+)으로 바꾸면 된다는 결론이 나온다. (분모의 $v^{상대}$은 부호를 바꾸어도 $(v^{상대})^2$의 부호는 바뀌지 않는다.) 이로부터 다음 관계를 얻을 수 있다.

$$\Delta x = \frac{\Delta x' + v^{상대}\Delta t'}{[1-(v^{상대})^2/c^2]^{1/2}}$$

$$\Delta t = \frac{\Delta t' + v^{상대}\Delta x'/c^2}{[1-(v^{상대})^2/c^2]^{1/2}} \quad \text{(역 로렌츠 변환)} \qquad (38\text{–}27)$$

$$\Delta y = \Delta y'$$

$$\Delta z = \Delta z'$$

연습문제 38-11

32. 진정한 동시성?

(a) 두 사건이 실험실 틀에서 동시에 좌표점 ($x_1 = 10\,\text{km}$, $y_1 = 4\,\text{km}$, $z_1 = 6\,\text{km}$)와 ($x_2 = 10\,\text{km}$, $y_2 = 7\,\text{km}$, $z_2 = -10\,\text{km}$)에서 생긴다. 이 두 사건은 실험실 틀에서 $+x$쪽으로 $v^{상대} = 0.8c$로 달리는 로켓에서 보기에도 동시에 생기는가? 답을 설명하라. (b) 세 사건이 실험실 틀에서 동시에 좌표점 (x_0, y_1, z_1), (x_0, y_2, z_2) 및 (x_0, y_3, z_3)에서 생기는데, x_0는 세 사건 모두에서 같은 값이다. 세 사건은 실험실 틀에서 $+x$쪽으로 $v^{상대}$로 달리는 로켓에서도 동시에 생기는가? 답을 설명하라. (c) 앞의 (a)와 (b)에서 얻은 결과를 써서 실험실과 로켓 틀에서 사건의 동시성에 대한 일반적인 결론을 유도하라.

33. y속도 바꾸기

실험실 틀의 x쪽으로 움직이는 로켓 틀에 대하여 y'쪽으로 일정 속력 $v'_y = \Delta y'/\Delta t'$로 움직이는 입자가 있다. 실험실 틀에서 입자 속도의 x성분과 y성분을 구하라.

34. 속도 방향 바꾸기

어떤 입자가 로켓의 $x'y'$평면에서 속력 v'로 x'축에 대하여 ϕ'의 각도로 움직인다. 이 입자의 속도 벡터가 실험실 틀에서 x축과 이루는 각도 ϕ를 구하라. (**실마리**: 속도를 바꾸는 것보다는 공간과 시간을 바꾸는 것이 더 쉽다.)

35. 앞등 효과

로켓 틀의 x'축에 대해 각도 ϕ'로 손전등을 비춘다. (a) 실험실 틀에서 x축과 이 빛의 방향 사이의 각도 ϕ가 다음과 같음을 보여라.

$$\cos\phi = \frac{\cos\phi' + v^{상대}/c}{1+(v^{상대}/c)\cos\phi'}$$

선택 문제: 문제 34의 답도 속도 v'을 c로 하면 이와 같아짐을 보여라. (b) 로켓 틀에 고정된 등에서 빛이 모든 방향으로 고르게 나가고, 따라서 이 빛의 50%는 앞쪽 반구를 향한다. 실험실 틀에서는 이 50%의 빛이 등의 진행 방향에 대해 앞쪽으로 반각 ϕ인 원뿔에 모임을 보여라. 반각 ϕ_0에 대한 다음 관계를 끌어내라.

$$\cos\phi_0 = v^{상대}/c$$

이 결과는 **앞등 효과(headlight effect)**라 한다. (c) 등이 빛 속력의 99%로 달릴 때의 반각 ϕ_0를 구하라.

38-12 로렌츠 수축

로렌츠 변환식은 물리학사에서 중요한 상대론적 효과를 예측하는데, 그 가운데 하나는 우리 앞을 빨리 가로질러 가는 물체의 길이를 재보면 운동 방향으로 짧아진다 — 수축된다 — 는 것이다. (운동 방향에 수직인 쪽으로는 변화가 없다).

로렌츠 변환식은 한 쌍의 사건의 시공간 거리를 기술한다. 움직이는 물체의 길이는 어떻게 잴까? 한 가지 방법은 물체의 양 끝에 불꽃을 달고 우리가 보기에 **동시에**($\Delta t = 0$) 터뜨리는 것이다. 식 38-25의 첫 항에 $\Delta t = 0$로 두고 제곱근 항을 양쪽 곱해주면 다음의 식을 얻는다.

$$\sqrt{1 - v^2/c^2}\,\Delta x' = \Delta x \tag{38–28}$$

이 식은 실험실 틀에서 잰 물체의 길이 Δx — 동시에 터진 불꽃 사이의 거리 — 가 그 물체가 서 있는 로켓 틀에서 잰 양쪽 끝의 거리 $\Delta x'$보다 작다는 점을 말해준다.

로렌츠 수축은 신기하지만 실험 분석에 자주 쓰이지는 않는다. 그러나 이것은 더 깊은 원리인 동시성의 상대성의 결과이다. 이 원리는 38–8절의 식 38–12 뒤 부분과 38–9절에서 설명했다. 우리가 보기에는 두 불꽃이 동시에 터졌지만($\Delta t = 0$), 로켓 틀에서 보면 그렇지 않다($\Delta t \neq 0$). 이것은 식 38–25의 둘째 식에 $\Delta t = 0$를 넣어 보면 알 수 있다. 우리가 보기에 움직이는 막대의 양 끝에서 동시에 터진 불꽃으로부터 우리가 보는 그 물체의 길이에 대한 척도가 나온다. 반대로, 로켓 틀에서는 그 물체가 서 있으므로 두 불꽃이 동시에 터지지 않았어도 측정값 $\Delta x'$가 바뀌지 않는다. 즉 불꽃이 터진 양 끝의 거리는 불꽃이 동시에 터졌든 차례로 터졌든 상관없이 똑같다. 그러나 동시성의 보존되지 않기 때문에 두 틀의 관측자가 잰 물체의 길이가 다른 것을 설명할 수 있다.

생각해보기 38-11 지나가는 로켓의 길이를 재보니 서 있을 때 잰 길이의 반이라면 로켓의 속력 v는 얼마인가?

연습문제 38-12

36. 전자가 단축시킨 거리

실험실에서 잰 진공관의 길이가 3.00 m이다. 전자가 진공관 속에서 x축 방향으로 $v = 0.999\,987\,c$의 속력으로 움직인다. 전자가 서 있는 틀에서 잰 진공관의 길이는 얼마인가?

37. 통과 시간

서 있을 때 길이 100 m인 우주선이 실험실 앞을 실험실 시계로 0.2 μs에 지나갔다. (a) 실험실 틀에서 본 우주선의 속력은 얼마인가? (b) 실험실에서 로렌츠 수축된 우주선의 길이는 얼마인가?

38. 각도 바꾸기

로켓에 탄 사람이 보기에 서 있는, 길이 1 m인 막대가 로켓 틀의 x'축에 대해 ϕ'의 각을 이루고 있다. 로켓이 지나갈 때 실험실 틀에서 막대 자의 x성분과 y성분을 재고, 이로부터 실험실 사람이 보기에 막대가 x축에 대해 이루는 각도 ϕ를 셈한다. (a) 각도 ϕ를 각도 ϕ', 로켓 틀과 실험실 틀 사이의 상대속도 $v^{상대}$로 나타내라. (b) 실험실 사람이 잰 막대 길이는 얼마인가? (c) 추가 문제: (a)에서 구한 식이 문제 34, 35에서 구한 결과와 다른 까닭은 무엇인가?

39. 은하 중심을 향한 여행

(a) 원리적으로 사람이 일생 동안에 지구에서 23 000광년 떨어진 은하의 중심까지 갈 수 있는가? 거리 수축이나 시간팽창 논리를 써서 설명하라. (b) 어떤 사람이 등속운동하여 자기 시간으로 30년에 은하 중심까지 가려면 속력이 얼마여야 하는가?

40. 차고의 리무진

세계에서 가장 긴 리무진의 고유 길이는 $L_{차} = 30.0$ m이다. 그림 38-10의 (*a*)는 이 차가 고유 길이 $L_{차고} = 6.00$ m인 차고 앞에 서 있는 것을 보여주는데, 차고 앞뒤에 문이 있다. 주인은 차고 앞에 세운 차를 보고 차고에 넣을 수 없다고 말한다. 그런데 차고 관리자가 "그렇지 않습니다." 하고 우긴다. "잘만 하면 차고 앞뒤 문을 닫고 리무진을 차고에 넣고도 자리가 남습니다." 관리자는 고속 리무진의 길이가 차고 고유 길이의 3분의 1이 되는 상황을 상상하고 있다. 그림 38-10의 (*b*)는 차고 틀에서 보아 리무진이 들어온 뒤 앞문을 닫은 것을 보여준다. 그림 38-10의 (*c*)는 차고 틀에서 보아 리무진이 뒷문 바로 앞까지 가 있는 것을 보여준다. 이런 생각이 맞으려면 차고에 대한 리무진의 속력이 얼마여야 하는가?

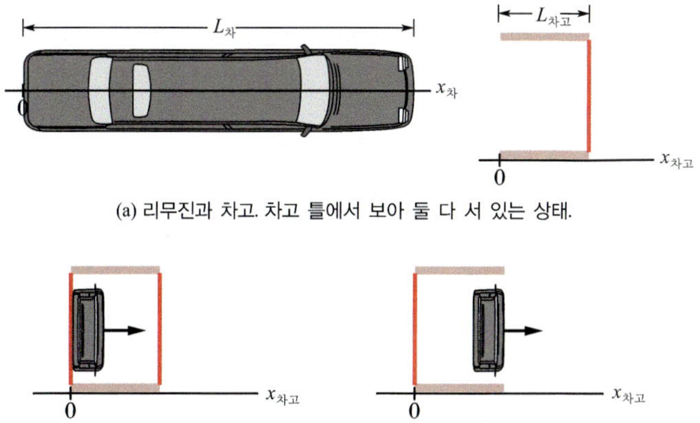

(a) 리무진과 차고. 차고 틀에서 보아 둘 다 서 있는 상태.

(b) 차고 틀에서 보아 달리는 리무진이 앞문을 지난 뒤 문이 닫히는 순간.

(c) 차고 틀에서 보아 달리는 리무진이 뒷문 앞에 이른 순간.

그림 38-10 문제 40

38-13 속도의 상대성

특수 상대성에 따르면 빛의 속력 c는 한계값이다. 어떤 물체도 서 있던 것을 c보다 빠르게 가속시킬 수 없다. 그러나 어떤 사람은 바로 이 명제에서 특수 상대성의 타당성을 의심스럽게 만드는 역설을 찾아낸다. 상대성을 거부하는 어떤 사람이 이렇게 말한다. "내가 실험실 틀에 대해 빛의 속력의 3/4으로 달리는 로켓에 타고, 돌멩이를 로켓 앞쪽으로 던져 로켓에 대한 상대속도가 빛의 속력의 3/4이 되게 한다. 그러면, 실험실 틀에서 볼 때 돌멩이의 속력은 빛의 속력의 3/4+3/4 = 1.5배가 된다. 그런데 상대성에 따르면 어떤 물체도 빛보다 빠를 수는 없다. 따라서 내 생각실험은 특수 상대성이 비논리적임을 보여주며, 따라서 그것은 옳지 않다."

로렌츠 변환식이 사건의 시공간 거리를 다루므로 이를 써서 이 생각실험의 타당성을 따질 수 있다. 로켓에 타고 앞쪽으로 던진 돌에서 불꽃이 두 번 잇달아 터졌다고 하자. 두 불꽃을 로켓 틀에서 본 간격이 $\Delta x'$, $\Delta t'$, 실험실 틀에서 본 간격이 Δx, Δt라 하자. 그러면 미분값의 비 $\Delta x'/\Delta t'$(로켓 틀에서 본 속도)와 $\Delta x/\Delta t$ (실험실 틀에서 본 속도)의 극한값으로부터 두 틀에서 본 속도를 끌어낼 수 있다.

이제, 로렌츠 변환식 38-27의 처음 두 식을 쓸 수 있다.

$$\Delta x = \frac{\Delta x' + v^{상대}\Delta t'}{[1-(v^{상대})^2/c^2]^{1/2}}$$

$$\Delta t = \frac{\Delta t' + v^{상대}\Delta x'/c^2}{[1-(v^{상대})^2/c^2]^{1/2}}$$

이제 두 식의 양변을 각각 나눈다. 분모의 제곱근 항을 지우면 다음 결과가 남는다.

$$\frac{\Delta x}{\Delta t} = \frac{\Delta x' + v^{상대}\Delta t'}{\Delta t' + v^{상대}\Delta x'/c^2} \tag{38-29}$$

이 식의 오른쪽에서 분모 분자를 $\Delta t'$으로 나눈다.

$$\frac{\Delta x}{\Delta t} = \frac{\Delta x'/\Delta t' + v^{상대}}{1 + v^{상대}(\Delta x'/\Delta t')/c^2} \tag{38-30}$$

마지막으로, 차분 극한값을 셈하고, 실험실 틀과 로켓 틀에서 잰 돌멩이의 속력을 각각 u와 u'으로 정의하면 식 38-30은 다음과 같이 된다.

$$u = \frac{u' + v^{상대}}{1 + u'v^{상대}/c^2} \quad \text{(속도 덧셈 법칙)} \tag{38-31}$$

식 38-31을 **속도 덧셈 법칙(law of addition of velocities)**이라 부르지만, 셈이 복잡하므로 좋은 이름은 아니다.

속도 덧셈 법칙은 빛의 속력보다 빠른 물체는 없다는 결론을 어떻게 뒷받침할까? 이 법칙을 써서 실험실 틀에서 본 돌멩이의 속력을 구해보자. 로켓이 빛의 속력의 3/4 ($v^{상대} = 0.75c$)으로 날아가고, 돌멩이는 로켓에 대해 빛의 속력의 3/4 ($u' = 0.75c$)으로 날아가므로 이 값을 식 38-3에 넣으면 다음과 같다.

$$u = \frac{0.75c + 0.75c}{1 + (0.75c)^2/c^2} = \frac{1.5c}{1 + 0.5625} = 0.96c \tag{38-32}$$

이 결과는 실험실에서 본 돌멩이의 속력은 $0.96c$라는 것이다. 그 속력은 빛의 속력을 넘지 않는다. 다시 한 번, 상대성은 반론을 이기고 살아남았다!

생각해보기 38-12 실험실 틀에서 본 어느 로켓의 속력이 $0.9c$이다. 로켓 뒤 끝에서 불꽃이 앞으로 나아간다. 실험실 틀에서 본 불꽃의 속력이 $1.9c$인가? 아니라면 얼마인가? 식 38-31을 써서 답을 확인하라.

따라해보기 38-8 | 빛의 상대 속력

실험실 틀에서 본 로켓의 속력이 $0.9c$이다. 로켓 뒤에서 불꽃이 터져 빛이 뒤쪽으로 간다.

(a) 실험실 틀에서 보면 이 불꽃의 속력은 얼마인가?

풀이 ■ 상대성 원리를 쓰면 셈할 필요 없이 바로 답을 구할 수 있다. 빛의 속력은 어느 기준틀에서나 같다. 즉 불변이다. 그러므로 실험실 틀에서 본 불꽃의 속력은 여전히 c이며 뒤쪽을 향한다. 수식으로도 이를 확인할 수 있다.

식 38-31을 쓴다.

$$u = \frac{u' + v^{상대}}{1 + u'v^{상대}/c^2}$$

이 예제에서는 $v^{상대} = 0.9c$, $u' = -c$인데, 부호 (−)는 불꽃이 로켓 뒤쪽을 향하기 때문이다.

$$u = \frac{-c + 0.9c}{1 - 0.9c^2/c^2} = \frac{-0.1c}{0.1} = -c \quad \text{(답)}$$

그러므로 예제 첫머리에서 예측한 것처럼 불꽃의 속력은 실험실 틀에서 c이고, 당연히 그래야 한다.

(b) 실험실 틀에서 본 불꽃의 진행 방향은?

풀이 ■ 맨 끝 식의 부호 (−)는 실험실 틀에서 보면 불꽃과 로켓이 반대쪽으로 감을 나타낸다.

연습문제 38-13

41. 거꾸로 쏜 총

어느 로켓이 동력을 끈 채 우리 앞을 $+x$쪽으로 속력 $v^{상대} = 0.9c$로 지나간다. 이 로켓에서 뒤쪽으로 총알을 쏘았는데, 재보니 $+x$쪽으로 $0.3c$였다. 로켓에 탄 사람은 로켓에 대하여 얼마의 속력으로 로켓 뒤쪽으로 쏘았을까?

42. 멀어져가는 은하

은하 A가 지구로부터 $0.3\,c$의 속력으로 멀어지고, 그와 꼭 반대쪽에 있는 은하 B도 같은 속력으로 멀어진다. 은하 A의 관측자가 보는 (a) 우리 은하와 (b) 은하 B의 후퇴 속력은 얼마겠는가?

43. K° 중간자의 붕괴

따라해보기 38-7에서는 서 있는 K° 중간자가 두 개의 딸 π중간자로 붕괴하고, 이들은 K°중간자가 서 있는 애초의 틀에서 볼 때 각각 0.8828c의 속력으로 반대쪽으로 움직인다는 결론을 얻었다. 이제 원래의 K°중간자가 실험실 틀에서 볼 때 $v^{상대} = 0.9c$의 속력으로 움직인다고 하자. 실험실 틀에 대한 딸 π 중간자의 최대 최소 속력은 얼마인가?

44. 통과 시간

정지 길이 350 m인 무동력 우주선이 지구에 대해 속력 0.82c로 가고, 우주선의 반대쪽으로 운석이 지구에 대한 속력 0.82c로 지나간다. 우주선에서 볼 때, 운석이 우주선을 지나가는 시간은 얼마인가?

38-14 도플러 이동

자동차가 경적을 울리면서 다가와 지나간다. 자동차가 멀어질 때 경적소리의 높이가 점점 낮아지는데, 이를 **도플러 이동(Doppler shift)** 또는 **도플러 효과(Doppler effect)**라고 한다. 18장에서 도플러 효과는 두 가지 속도, 즉 소리를 전하는 매질인 공기에 대한 음원의 속도와 듣는 사람의 속도에 따라 정해진다는 것을 확인하였다.

빛을 비롯한 전자기파의 도플러 이동은 다른 규칙을 따른다. 그 까닭은 전자기파는 전파매질이 필요하지 않으므로 진공에서도 퍼져갈 수 있기 때문이다. 그래서 빛의 도플러 효과는 하나의 속도, 즉 광원과 검지기의 상대 속도만이 결정한다.

어떤 별이 속력 $v^{상대}$로 멀어지면서 보내오는 빛을 생각하여, 그 별에서 잰 빛의 진동수를 f_0이라 하자. 우리가 받는 빛의 진동수를 잰 값 f는 f_0보다 작은데, 그 까닭은 다음 두 가지다: (1) 빛 파동의 마루는 바로 전에 나온 마루보다 더 멀리서 나오므로 우리에게 오는 두 마루 사이의 거리는 더 멀다(진동수는 파장의 역수이므로 진동수는 더 작아진다). (2) 우리가 보기에 움직이는 시계는 더 느리게 간다(식 38-3). 두 효과가 묶여 우리가 보는 빛의 진동수는 다음과 같이 달라진다.

$$f = f_0\left[\frac{1-(v^{상대}/c)}{1+(v^{상대}/c)}\right]^{1/2} \quad \text{(별이 멀어질 때)} \qquad (38\text{–}33)$$

별이 $v^{상대}$의 속력으로 우리에게 다가올 때는 식 38-33에 있는 $v^{상대}$의 부호만 바꾸면 된다.

실험실에서 전기방전으로 들띄운 수소와 같은 원소가 내는 빛의 진동수를 잴 수 있다. 가까운 은하의 별에서 오는 빛의 진동수 분포를 살펴보면 그 속에서 수소가 내는 빛을 찾을 수 있다. 더 먼 은하에서 오는 빛의 진동수는 실험실에서 잰 값보다 낮은데, 이로부터 은하가 우리에게서 멀어지고 있다는 결론을 내린다. 이 현상은 **적색 이동(red shift)**이라 한다.

식 38-33을 $v^{상대}$에 대해 풀면 은하가 멀어지는 속도를 구할 수 있다. 이 분석이 가까운 은하에 대해서는 거의 맞지만, 아주 먼 은하의 적색 이동은 특수 상대성으로 설명하는 도플러 효과의 결과가 아니다. 우리가 보는 빛의 파장이 길어지는 것은 시간이 지나면서 우주가 부풀어 공간 자체가 늘어나기 때문이다. 그러므로 시간에 따른 공간의 팽창을 기술하려면 일반 상대성 이론이 필요하다.

생각해보기 38-13 그리 멀지 않은 은하가 지구에서 곧바로 멀어지고 있다. 이 은하에서 오는 빛에 수소 기체에서 나오는 진동수 성분이 들어 있다. 그 성분 가운데 하나를 재보니 값이 $f = 0.9f_0$였다. f_0는 실험실에서 있는 수소 기체가 내는 빛의 진동수이다. 이 은하가 지구에서 멀어지는 속력은 얼마인가?

따라해보기 38-9 | 안드로메다 충돌

어떤 예상에 따르면 지금 지구에서 2백만 광년 거리에 있는 안드로메다 은하가 우리 은하 쪽으로 오고 있어서, 30억 년 뒤에는 부딪친다고 한다. 안드로메다 별의 수소 기체가 진동수 f_0인 빛을 내고 있다. 이 빛을 지구에서 받아 잰 진동수를 f는 얼마인가?

풀이 ■ 식 38-33은 별이 우리에게서 멀어질 때를 기술한다. 그러나 이 사례에서는 안드로메다 은하가 우리 쪽으로 오고 있다. 별이 우리 쪽으로 곧바로 올 때는 식 38-33에서 $v^{상대}$의 부호만 바꾸면 된다.

$$f = f_0\left[\frac{1+(v^{상대}/c)}{1-(v^{상대}/c)}\right]^{1/2} \quad \text{(별이 가까이 올 때)}$$

안드로메다는 2백만 광년 떨어져 있고 30억 년 뒤에는 우리 은하에 올 것으로 예언되었다. 따라서 안드로메다의 속력(빛의 속력 대비)은 다음과 같아야 한다.

$$\frac{v^{상대}}{c} = \frac{2\times10^6\text{광년}}{3\times10^9\text{광년}} = 6.667\times10^{-4}$$

이 값은 1보다 훨씬 작으므로, 근사식 38-21을 위 식에 쓸 수 있다.

$$\begin{aligned} f &= f_0\left[\frac{1+(v^{상대}/c)}{1-(v^{상대}/c)}\right]^{1/2} = f_0[1+(v^{상대}/c)]^{1/2}[1-(v^{상대}/c)]^{-1/2} \\ &\approx f_0[1+(v^{상대}/2c)][1+(v^{상대}/2c)] \\ &\approx f_0[1+(v^{상대}/c)+(v^{상대}/2c)^2+\cdots] \end{aligned}$$

이제, 맨끝 괄호 속 둘째 항의 근사값은 10^{-3}정도, 셋째 항은 10^{-7} 정도이다. 그러므로 셋째 항은 무시하고 다음 결과를 얻는다.

$$\begin{aligned} f &\approx f_0[1+(v^{상대}/c)] = f_0[1+6.667\times10^{-4}] \\ &\approx f_0[1+7\times10^{-4}] \end{aligned} \qquad \text{(답)}$$

이 식은 안드로메다에서 오는 빛의 진동수가 지구의 실험실에 서 있는 같은 원자가 내는 빛보다 얼마나 높은가를 말해준다.

연습문제 38-14

45. 우주선 신호의 수신

우주선이 0.900 c의 속력으로 지구에서 멀어지면서 그곳의 주파수 100 MHz로 보고서를 보낸다. 지구에서 이 보고서를 받으려면 수신기 주파수를 얼마에 맞추어야 하는가?

46. 함정 단속

빨간 신호등이 초록색으로 보이려면 얼마의 속력으로 달려야 하는가?

47. 적색이동 인자 z

천체물리학자는 멀어져가는 천체의 적색 이동을 적색이동 인자 z를 써서 다음 관계식으로 기술한다.

$$\lambda_{관측} \equiv (1+z)\lambda_{방출}$$

여기서 $\lambda_{관측}$은 지구에서 잰 빛의 파장, $\lambda_{방출}$은 광원이 내는 빛의 파장을 광원이 서 있는 틀에서 잰 값이다. 빛을 내는 원자를 알면 방출 파장을 알 수 있다. 천체물리학자가 아주 멀리 있는 퀘이서의 z인자를 셈해 보면 대략 $z \approx 6$ 정도가 나온다. 특수 상대성 도플러 이동 식을 써서 퀘이서가 지구에서 얼마나 빠르게 멀어지는가를 셈하여라. **주의**: 그처럼 먼 물체에 대해서는 특수 상대론의 도플러 식 원형 그대로는 맞지 않는다. 대신, 우주가 부풀면서 지구와 광원 사이의 공간도 부푸는 것으로 보고, 빛이 퀘이서에서 우리에게 오면서 우주의 팽창에 따라 빛의 파장도 같이 길어지는 것으로 본다.

48. 멀어지는 은하

그림 38-11은 약 3×10^8광년 거리에 있는 NGC 7319 은하에서 나와 지구에 오는 빛의 파장별 밝기를 보여준다. 가장 밝은 빛은 은하의 산소가 낸 빛다. 실험실에서는 그 빛의 파장이 $\lambda = 513$ nm이지만, NGC 7319에서 오는 빛은 도플러 효과 때문에 523 nm로 바

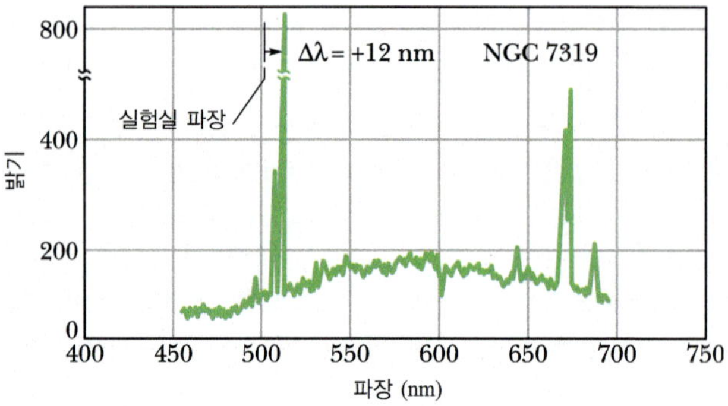

그림 38-11 문제 48

꿔었다. (실제로 그 은하에서 오는 빛은 모두 파장이 더 길어진다.)
(a) 특수 상대성 이론의 도플러 이동에 따르면, NGC 7319가 지구에서 멀어지는 지름 방향의 속력은 얼마인가? (b) 이 상대운동의 방향은 지구에서 멀어지는 쪽인가, 아니면 가까워지는 쪽인가?

• 참고문헌과 감사의 글

이 장에서 대충 소개한 특수 상대성을 더 자세히 알려면 더 충실하게 다룬 다음 책을 보라: *Spacetime Physics*, 2nd Edition, Edwin Taylor, John Archibald Wheeler, W. H. Freeman, New York, 1992, ISBN 0-7167-2327-1. 동시성의 상대성에 대한 설명은 62~63쪽과 128~131쪽에 있다. 로렌츠 변환식을 끌어내는 것을 보려면 99~103쪽을 볼 것. 도플러 방정식을 끌어내는 것은 114, 263쪽. Taylor와 Wheeler 책 연습 문제의 일부는 저자 한 사람의 허가를 얻어 이 장에 실었다. 이 장에는 맥밀란 물리학 대사전(McMillan Encyclopedia of Physics, J. Rigden 편집, Simon & Schuster McMillan 출판사, New York, 1996, ISBN 0-02-864588-X)의 제3권 중에 있는 Edwin Taylor의 "Special Relativity"의 내용도 일부 인용하였다.

특수 상대성에 대한 실험적 바탕에 더 주의를 기울인 내용은 다음 책을 보라: *Special Relativity*, A.P. French, W.W. Norton, New York, 1968 ISBN 0-393-09793-5. 동시성의 상대성은 76~82쪽, 로렌츠 변환식의 유도는 76~82쪽, 도플러 방정식의 유도는 134~146쪽에 있다. French 책의 38장 연습문제 중 일부를 저자의 허가를 얻어 이 단원에 실었다.

아인슈타인의 특수 상대성에 대한 논문 원본은 Annalen der Physik, 17권 891-921쪽 (1905)년에 실린 "Zur Elektrodynamik bewegter Körper(움직이는 물체의 전기동역학에 대하여)"이다. 이 논문은 이 주제에 대한 여러 논문과 함께 다음 책에 영인본으로 실려있다: The principle of Relativity, Albert Einstein, H. A. Lorentz, H. Weyl, H. Minkowski 외, Dover Books, New York, 1962, ISBN 0-486-60081-5.

Arthur I. Miller는 그의 저서 아인슈타인의 특수 상대성 이론; 그 태동(1905)과 초기의 해석(1905~1911), Addison-Wesley 출판, Massachusetts 1981, ISBN 0-201-04680-6)에서 아인슈타인 원전 논문을 현대어로 옮긴 것 외에 여러 역사적 과학적 배경과 직접적인 결론 등을 함께 실었다.

생각해보기 38-9의 녹음기 예제는 Rachel Scherr, Stamantis Vokos, Peter Shaffer와 Andrew Boudreaux가 만들었다.

저자는 쿠니, 로즈 및 부드뢰(Andrew Boudreaux)의 전략적이며 자세한 제안과 조언에 고마움을 전한다. 이들의 도움으로 본문의 물리적 내용과 교육적 효과가 크게 좋아졌지만, 아직도 남아 있음직한 오류는 내 책임이다.

추가문제

49. 지구 대 탈출

10억 년 뒤에는 해가 더 뜨거워져서 지상의 생태계를 파괴할 것이다. 시간이 더 지나면 해가 적색 거성으로 부풀어 지구를 삼켜버리고 태양계에 남아 있던 모든 생명체가 사라질 것이다. 이런 대재앙에 대비하고자 지금부터 백만 년 뒤의 지구 문명계는 생명체를 자료로 바꾸어 무선으로 어린 별 근처의 행성으로 보내는 장치를 개발한다. 지상의 생명체는 이 과정을 통해 분해된 뒤 멀리 있는 별에서 합성되어 새 생명으로 살아난다. 우리 후손은 우리가 0으로 정한 시간에 자료로 분석되어 지구에서 100광년 떨어진 지르콘 행성에 자료가 도착한 뒤 재빨리 되살아난다. 지구와 지르콘은 상대적으로 서 있다고 하자.

(a) 지르콘까지 가는 동안 이 사람은 몇 살을 더 먹는가?

(b) 이 사람이 지르콘에서 되살아날 때 지구와 그 문명은 몇 년이 더 지났는가?

(c) 이 사람은 그 행성에서 생산적이고 행복하게 살다가 150년 뒤에 죽는다. 이 사람의 부고가 지구에 도착하는 것은 이 사람이 지구를 떠난 지 몇 년 뒤인가?

(d) 우리 시대와 그때 사이에 유전학자들이 초인간은 없으며, 건강한 개체집단을 유지하려면 최소한의 종 다양성이 유지되면서 (그때 쓰이는 모든 방법을 써서) 계속 새 생명체가 태어나야 한다는 점을 알게 된다. 이에 따라, 수십 명의 건강한 사람을 지구에서 분해한 뒤 지르콘으로 보내서 그 행성에 인류를 재빨리 정착시키고자 (같은 자료를 되풀이 써서) 신속하게 각각을 수천 명씩 복제한다. 새 집단이 성공적으로 정착했는가를 판단하려면 각 세대의 평균 수명을 200년으로 볼 때 태어나서 죽을 때까지 다섯 세대가 필요하다. 지구 사람들이 이 식민 프로젝트의 성공 여부를 알게 되는 것은 지구에서 최초 몇십 명의 자료를 전송한 뒤 얼마의 시간이 지난 뒤인가?

50. 전자 궤도

뉴턴 역학을 써서 가장 낮은 보어 궤도의 전자 속도를 셈하여라. 이 궤도의 각운동량 양자는 다음과 같다.

$$mvr = \hbar = \frac{h}{2\pi}$$

(a) 수소($Z = 1$)와 (b) 우라늄($Z = 92$)에 대하여 이 셈을 하라. 보어의 원자 모형의 틀 안에서 (c) 수소와 (d) 우라늄에 대하여 옳은 답을 구하려면 상대론이 필요한가?

51. 초강력 우주선

100 km^2에 걸쳐 설치된 일본의 거대 샤워 배열 검지기(Giant Shower Array Detector)는 우주선에 의해 방출된 입자 펄스를 검지한다. 검지된 낱낱의 펄스는 고에너지 우주 양성자가 지구 대기층의 상층부와 충돌할 때 생기는 것으로 가정한다. 측정 자료로부터 산출된 우주선의 최대 에너지는 10^{20} eV이다. 양성자의 시간으로 볼 때 양성자가 우리의 은하(지름 10^5광년)를 지나는 데는 얼마나 걸리는가? (답은 0이 아님!)

52. 이동하는 시계로 동기화하기

막대와 시계로 만든 격자점과 불꽃을 써서 시계를 동기화시키는 것을 싫어하는 사람이 있다.

(a) "내 시계는 내 맘대로 동기화할 수 있어"라고 이 사람이 말한다. 맞는 말인가?

(b) 이 사람이 같은 시계 두 개(큰 것, 작은 것이라 부르자)를 동기화하려는데, 두 시계는 자체 정지 틀에서 백만 km 떨어져서 서로에 대해 서 있다. 이 사람이 두 시계 사이를 일정한 속도로 이동하는 제3의 시계를 쓰는데, 이 시계도 앞의 두 시계와 구조는 같다. 이동 시계가 큰 것을 지나는 순간 큰 것과 시간을 맞춘다. 다시 작은 것을 지날 때 작은 것의 시간을 이동 시계와 같게 맞춘다. "이제 큰 것과 작은 것이 동기화되었어"라고 이 사람이 말하는데, 이 방법이 옳은가?

(c) 이 사람이 이런 식으로 작은 것의 시간을 동기화시킨 다음, 작은 것의 시간과 큰 것(과 작은 것)에 대해 서 있는 근처의 격자점에 있으면서 불꽃을 쓰는 표준 방식대로 동기화시킨 시계의 시간을 비교하면 어떻게 다른가? 이 사람이 큰 것에서 작은 것까지 시속 500 000 km로 이동했다면 작은 것의 시간과 근처 격자점 시계의 시간 차이를 밀리초 단위로 구하라.

(d) 이 사람의 이동 시계 속력이 (c)에서보다 1000배 빠를 때, 이 사람의 방식으로 시간을 맞춘 큰 것의 시간과 근처 격자점 시계의 시간 차이를 구하라.

53. 상대론은 말도 안 돼!

대중 매체에 실리는 과학 기사를 꼼꼼히 읽는 똑똑한 비전문가가 있다. 아래에 이 사람이 상대론에 대하여 제시한 반대 의견을 정리하였다. 각각에 대하여 명확하며 단호하고도 정중하게 대답하라.

(a) "관측자 A는 관측자 B의 시계가 느리다 하고, B는 A의 시계가 느리다고 한다. 이는 논리적 모순이다. 그러므로 상대론은 버려야 한다."

(b) "관측자 A는 B의 미터 자가 둘 사이 상대 운동의 방향으로 줄어들었다고 한다. B는 A의 미터 자가 줄어들었다고 한다. 이는 논리적 모순이다. 그러므로 상대론은 버려야 한다."

(c) "상식이 있는 사람은 누구나 멀어지는 빛펄스를 뒤따라 고속으로 여행하면 그 펄스가 멀어지는 속도가 줄어든다는 것을 알고 있다. 그러므로 빛 대포의 불꽃은 상대 운동을 하는 관측자에게 같은 속력일 수가 없다. 이 상대론의 원칙이 이처럼 그릇됨이 증명되기 때문에 모든 상대성 이론은 무너진다."

(d) "상대성 이론은 어떻게 현상을 관찰하는가에만 집중하고 실제로 일어나는 현상에는 관심이 없다. 과학은 실제를 다루므로 상대성 이론은 과학적 이론이 아니다."

(e) "상대성 이론은 좌표 없이 사건을 설명하거나 어떤 기준틀 없이 좌표를 설명할 수 있는 방법을 제공하지 못한다. 그러나 물리적 사건은 모든 좌표와 기준틀의 선정과 무관하게 존재한다. 그러므로 이 장에서 당신들이 말하는 특수 상대성이론은 사건과 사거들 사이의 관계에 대한 가장 근본적 이론일 수 없다."

54. 질량 없는 광자

광자는 질량이 없는 입자로 볼 수 있다.

(a) 이 정의와 식 38–18을 써서 광자의 에너지와 운동량은 $E = |pc|$

의 관계가 있음을 보여라. 여기서 '절대값' 은 에너지가 양수임을 뜻한다.

(b) π^o 중간자가 빠르게 두 개의 감마선(고에너지 광자)으로 붕괴한다. 원래의 π^o 중간자가 서 있는 틀에서 생겨난 두 광자의 상대적 방향은 어떻게 되는가?

(c) π^o 중간자의 질량이 135 MeV/c^{2}이라면 생기는 감마선 각각의 에너지는 얼마인가?

55. 감마선과 짝생성

에너지 E_p와 운동량의 크기가 같고 방향이 반대인 감마선 둘이 핵에 들어온다. (그림 38-12 참조) 이 충돌로 감마선이 사라지고 전자-양전자 짝이 생긴다. 생성반응에 필요한 광자의 최소 에너지('문턱 에너지')란 생겨난 전자와 양전자가 핵에 대하여 서 있게 되는 에너지를 말한다. (핵은 이 반응에서 산파 역할을 하지만 이 반응으로 바뀌지는 않는다.)

(a) 생성반응에 필요한 광자 각각의 문턱 에너지 에너지 E_p는 얼마인가?

(b) 전체 에너지 E_s와 계의 운동량 p_s가 정해질 때, 식 38-18을 고쳐 입자 계의 질량 M_s를 정의하라.

$$M_s^2 c^4 \equiv E_s^2 - p_s^2 c^2$$

생충돌한 뒤 입자계의 질량 M_s는 얼마인가? 충돌 전에는?

(c) 질량이 없는 질량? 이제 '핵' 의 질량을 점점 줄이자. $m \to 0$인 극한에서, 충돌한 뒤 이 계의 질량은 얼마인가? 충돌 전에는? 충돌 전에는 분명 모두 질량이 없는 입자들로 이루어진 계가 있었다. 이 답에 모순은 없는가?

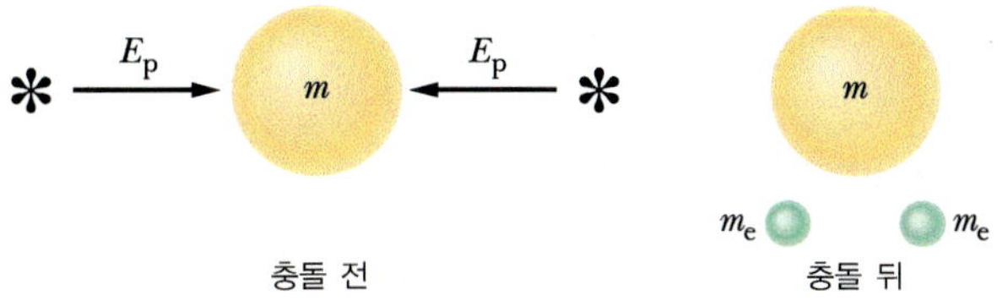

그림 38-12 문제 55

56. 감마선의 공명흡수

서 있는 질량 m인 핵에 감마선(고에너지 광자)이 들어온다. 감마선의 에너지 E_p는 핵의 바닥상태와 첫째 들뜬상태의 에너지 차이와 같아 핵에 흡수된다. 들뜬 핵의 질량 m^*를 구하자. (그림 38-13 참조)

(a) 에너지와 운동량 보존을 나타내는 식은 뻔한 기호를 쓰면 다음과 같음을 보여라.

$$E_p + mc^2 = E_{m^*}$$

$$\frac{E_p}{c} = p_{m^*} = \frac{(E_{m^*}^2 - m^{*2}C^4)^{1/2}}{c}$$

(b) 이 두 식을 합쳐서 m^*를 E_p, m, c의 함수로 구하라.

(c) E_p가 아주 작으면 $m^* = m$이 됨을 보여라. 이 결과가 맞음을 설명하라.

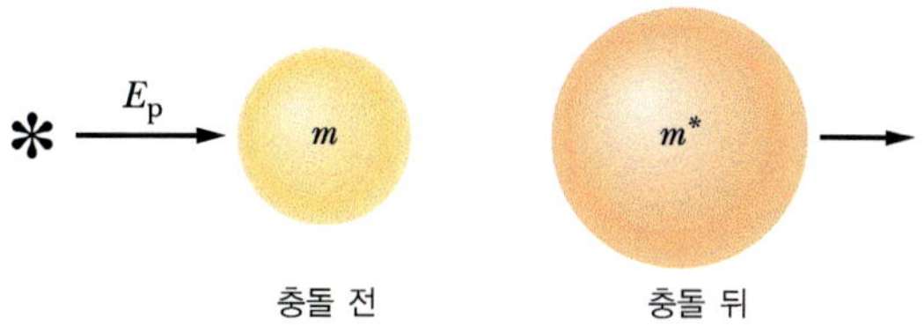

그림 38-13 문제 56

57. 광자 감속하기

처음 질량이 M, 전체 에너지가 E_M인 방사성 핵이 움직이면서 그 쪽으로 감마선을 내고, 질량이 m인 안정된 비방사성 핵이 되어 선다. (그림 38-14 참조.) 최초 핵의 전체 에너지 E_M을 나타내는 식을 구하라. 핵이 내는 감마선의 에너지 E_p는 모르므로 이 식에 들어 있지 말아야 한다.

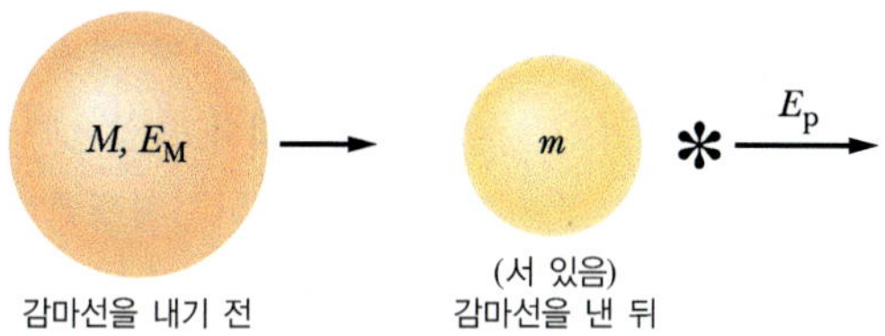

그림 38-14 문제 57

58. 리무진과 차고의 역설

고유 길이 30 m인 리무진이 고유 길이 6 m의 차고에 들어가고도 남는다는 결과를 얻었던 문제 40을 다시보자. 이 결과가 가능한 것은 달리는 리무진을 차고 관리자가 보면 로렌츠 수축된 것으로 보이기 때문이다. 주차 관리자는 (리무진이 제 길이인) 리무진의 정지 틀에서 보면 로렌츠 수축되는 것은 차고라고 주장한다. 그러므로 리무진은 도저히 차고 속에 들어갈 수 없다는 것이다. 이 역설을 풀려면 어떤 바탕에서 논리를 펴야 할까? (**실마리**: 두 사건의 시공간 위치를 생각해 보라. 사건 A 차고 앞문의 닫힘, 사건 B, 차고 뒷문 열림)

59. 쌍둥이의 역설

유명한 쌍둥이 역설은 흔히 다음과 같다: 지구에서 일란성 쌍둥이가 같이 자란다. 둘이 어른이 되었을 때, 한 아이가 먼 별로 여행을 다녀와보니 다른 아이가 자기보다 훨씬 늙어 있다. 여기까지는 역설이랄 것이 없다. 그런데 돌쇠가 쌍둥이 역설을 아래와 같이 달리 해석한다.

"특수 상대성 이론에 따르면 모든 운동은 상대적입니다. 여행하는 쌍둥이 짝에 대해서는 지구의 짝이 멀어져 갔다가 되돌아옵니다. 그러므로 더 젊은 상태에 남는 것은 지구에 있던 짝이지 여행하고 온 짝이 아닙니다. 그런데 둘이 다시 한 곳에서 만나게 됩니다. 쌍둥이의 역설은 상대성이론에 대한 반증입니다."

이 역설은 대개 여행하는 짝이 되돌아온다는 점을 깨달으면 풀린다. 이렇게 방향을 바꾸면 여행하는 짝이 감속하는 우주선의 선체에 부딪치면서 쇄골뼈가 부러지므로 어느 짝이 돌아와야 하는가는 누구나 아는 바다. 부러진 쇄골뼈가 증거하는 이 방향 뒤집기가 이 역설의 성립에 필요한 대칭성을 무너뜨린다. 쌍둥이의 역설이여, 안녕!

그런데도 돌쇠의 아버지 막쇠가 이 역설의 해결법을 의심하고 있다. "당신의 해법은 전혀 만족스럽지 않아요. 이렇게 묻겠습니다. 만약 역분사 로켓이 고장 나서 지구에서 천 광년 떨어진 별에 다가가는데도 감속되지 않는다면 어떻게 될까요? 그러면 그 별에서 방향을 바꾸어 지구로 돌아올 수 없고 설 수도 없단 얘기지요. 나는 원래의 일정 속력으로 지구에서 계속 멀어져 갈 겁니다. 그럼 내가 지구에서 천 광년 떨어진 별을 지나갈 때 지구에 남은 내 짝보다 내가 나이가 적다고 말 할 수도 없다는 겁니다. 그러나 그렇지 않다면 내 100년 평생에 그 먼 별까지 갈 수도 없을 겁니다. 쌍둥이 역설에 대한 당신의 설명은 뭔가 부족하며 만족스럽지 않습니다."

막쇠의 반대의견에 대한 답글을 반 쪽 정도로 정중하고 단호하게 써라.

60. 열차에서 달리는 사람의 역설

어느 기차가 철길을 따라 10 km/h로 달린다. 어느 승객이 기차 뒤쪽으로 기차에 대해 10 km/h로 달린다. 우리의 반사적 표어에 따르면 철길 시계에 대하여 기차 시계가 '느리게 가고', 달리는 승객의 시계는 기차의 시계보다 '느리게 간다'. 그러므로 달리는 승객의 시계는 철길 시계에 비하면 '두 배로 느리게' 가야 한다. 그런데 이 사람은 철길에 대해서는 서 있다. 무슨 일이 벌어지고 있는지 설명하라. (이 예는 '달리는 시계가 느리게 간다' 는 단순한 반사적 표어의 위험성을 보여준다.)

61. 한 여름 저녁의 꿈

당신이 동무와 함께 해질녘 밖에서 지는 해와 같은 쪽에 있는 금성을 보고 있다. 해의 폭발을 보는 순간 외계 우주선이 옆에 내려왔다. 외계인이 말하기를 자기들이 조금 전에 해를 향해 레이저 불꽃을 쏘았는데, 그 때문에 폭발했다고 한다. 외계인은 해가 폭발할 때 나온 엄청난 양의 입자 펄스가 지구의 대기를 날려 버릴 거라고 경고한다. 그들의 말이 맞는지, 외계인이 내린 지 얼마 되지 않아서 갑자기 금성의 색깔이 달라진다. 당신은 외계인에게 인류의 유전자를 남길 수 있게 우주의 다른 곳에 동무와 함께 데려가 달라고 애원한다. 외계인들도 동의한다. 이 탈출 계획이 성공하는 데 필요한 조건들을 기술하라. 설명은 명확히 하고 수치를 써라. 태양은 지구에서 8광분, 금성은 지구에서 2광분 거리에 있다고 가정하라.

부록 A

국제단위계*

1 국제단위계의 기본 단위

국제단위계의 기본 단위

양 (Quantity)	이름	기호	정의
길이 (length)	미터 (meter)	m	"…빛이 진공 속에서 1초의 1/299 792 458에 가는 거리의 길이" (1983)
질량 (mass)	킬로그램 (kilogram)	kg	"…앞으로 원기(백금-이리듐 원통)를 질량의 단위로 간주한다" (1889)
시간 (time)	초 (second)	s	"…세슘 133원자가 바닥 상태에서 두 초미세 준위를 오가며 흡수하고 내놓는 빛의 주기의 9 192 631 770배인 시간" (1967)
전류 (electric current)	암페어 (ampere)	A	"…단면이 둥근 아주 가늘고 한없이 긴 두 도선을 진공에서 1미터 간격으로 나란히 두고 일정한 전류를 흘릴 때 1미터 길이마다 2×10^{-7}뉴턴의 힘을 받도록 하는 값" (1946)
열역학적 온도 (thermodynamic temperature)	켈빈 (kelvin)	K	"…물 삼중점의 열역학적 온도의 1/273.16" (1967)
물질의 양 (amount of substance)	몰 (mole)	mol	"…탄소 12원자 0.012킬로그램 속에 들어 있는 원자의 수와 같은 수의 기본 요소가 들어 있는 물질" (1971)
밝기 (luminous intensity)	칸델라 (candela)	cd	"…어떤 광원이 진동수 540×10^{12}헤르츠의 단색 빛을 어느 쪽의 단위 입체각으로 1/683와트 내보낼 때, 그 방향의 밝기" (1979)

2 국제단위계의 보충 단위

국제단위계의 보충 단위

양 (Quantity)	이름	기호
평면 각 (plane angle)	라디안 (radian)	rad
입체 각 (solid angle)	스테라디안 (steradian)	sr

* 미국 표준국 특별인쇄물 330, 2001년도 판에서 따옴. 위의 정의는 국제기구인 국제도량형 총회에서 표시한 해에 채택되었다. 이 책에서는 칸델라는 쓰지 않는다.

3 국제단위계의 유도 단위 몇 가지

국제단위계의 유도 단위			
물리량	단위 이름	기호	다른 국제단위로 나타낸 꼴
넓이	제곱미터(square meter)	m^2	
부피	세제곱미터(cubic meter)	m^3	
진동수	헤르츠(hertz)	Hz	s^{-1}
(질량)밀도	세제곱미터당 킬로그램(kilogram per cubic meter)	kg/m^3	
속력, 속도	초당 미터(meter per second)	m/s	
회전 속도	초당 라디안(radian per second)	rad/s	
가속도	제곱초당 미터(meter per second per second)	m/s^2	
회전 가속도	제곱초당 라디안(radian per second per second)	rad/s^2	
힘	뉴턴(newton)	N	$kg \cdot m/s^2$
압력	파스칼(pascal)	Pa	N/m^2
일, 에너지, 열	줄(joule)	J	$N \cdot m^2$
일률	와트(watt)	W	J/s
전하량	쿨롱(coulomb)	C	$A \cdot s$
전위차, 기전력	볼트(volt)	V	W/A
전기장 세기	미터당 볼트(volt per meter)	V/m	N/C
전기저항	옴(ohn)	Ω	V/A
축전용량	패럿(farad)	F	$A \cdot s/V$
자기선속	베버(weber)	Wb	$V \cdot s$
유도용량	헨리(henry)	H	$V \cdot s/A$
자속밀도	테슬라(tesla)	T	Wb/m^2
자기장 세기	미터당 암페어(ampere per meter)	A/m	
엔트로피	줄당 켈빈(kelvin per joule)	J/K	
비열	킬로그램 켈빈당 줄(joule per kilogram kelvin)	$J/(kg \cdot K)$	
열전도도	미터 켈빈당 와트(watt per meter kellrin)	$W/(m \cdot K)$	
방사 세기	입체라디안당 와트(watt pcr stcradian)	W/sı	

4 수학 기호

물리를 배울 때 수학 기호를 잘못 고르면 아주 헷갈린다. 예를 들어 수학 기호의 뜻이 애매하면 중요한 식에 담긴 뜻을 이해하기 어렵다. 또한 서로 다른 물리량을 나타내는 기호가 비슷하여 구별되지 않으면 문제 풀기가 어려워진다. 이 책에서는 수학 표기법을 골라 쓸 때 특히 주의하여 인쇄된 것과 손으로 쓴 것 모두에서 중요한 차이를 알아보기 쉽게 했다.

수학 기호를 명확하게 고르는 방법에 대한 아주 좋은 안내서는 미국 국립 표준 및 기술 연구소(U. S. National Institute of Standard and Technology)의 특별 인쇄물 811(SP 811), '국제단위계 사용 안내서(Guide to Use of International System of Units; SI)' 로써 다음의 웹사이트에서 내려받을 수 있다: http://physics.nist.gov/cuu/Units/bibliography.html. 안내서를 따르는 것에 더하여, 인쇄된 기호를 손으로 쓰기도 쉽게 몇 가지 선택을 체계적으로 했다. 예를 들면 다음과 같다.

- 벡터를 나타낼 때 굵은 글자를 쓰는 대신, 위에 화살표를 붙였다. 따라서 인쇄된 식도 손으로 쓴 식과 모양이 같다. 예: 순간 속도를 나타내는 기호로 v 대신 $\vec{v}$를 쓴다.
- 일반적으로 어떤 벡터의 낱낱의 성분에 아래글자를 붙여 그것이 어떤 좌표축 방향의 성분임을 나

타냈다. 예외 하나가 위치벡터 $\vec{r}$인데, 이것의 성분은 그냥 x, y, z로 나타냈다. 예를 들어, $\vec{r} = x\hat{\text{i}} + y\hat{\text{j}} = z\hat{\text{k}}$. 그렇지만 순간속도는 다음과 같다. $\vec{v} = v_x\,\hat{\text{i}} + v_y\,\hat{\text{j}} + v_z\,\hat{\text{k}}$.

- 벡터의 성분과 그 크기가 다름을 강조하고자 벡터 $\vec{F}$의 크기는 $|\vec{F}|$로 나타낸다. 그렇지만 벡터의 크기를 설명하는 것이 명확할 때는 단순한 기호로 벡터의 크기를 나타냈다 (성분을 나타내는 아래글자가 붙지 않은 F).
- 수학적 변수에는 그것과 연관된 물체의 이름을 붙인다. 공의 속도를 나타내는 변수는 $\vec{v}_{\text{공}}$이다.
- 아래글자로 붙인 숫자는 시각, 위치, 속도 등의 차례를 나타낸다. 예를 들어 x_1은 어떤 물체의 시각 t_1의 위치이고, x_2는 그 뒤의 시각 t_2의 위치이다.
- 처음 값을 나타낼 때 "x축 위의 처음 위치" x_0처럼 아래글자로 0을 쓰는 것은 피했는데, 그 까닭은 계의 시간 진화를 생각할 때는 처음 시각을 마음대로 잡을 수 있음을 강조하려는 것이다.
- 숫자로 나타낸 시각의 순서와 헷갈리지 않도록 물체를 나타내는 아래글자로는 대문자를 썼다. 예를 들어, 두 입자를 나타낼 때는 1과 2 대신 A와 B를 썼다. 따라서 두 입자가 충돌하기 전의 병진 운동량은 $\vec{p}_{A1}$과 $\vec{p}_{B1}$이고, 충돌 뒤의 운동량은 $\vec{p}_{A2}$와 $\vec{p}_{B2}$이다.
- 꾸미는 이름은 윗글자로 붙여 아래글자가 너무 길어지지 않게 했다. 따라서 뉴턴 제2법칙은 $\vec{F}^{\text{알짜}} = m\vec{a}$이고, 어떤 물체가 받는 힘의 합은 $\vec{F}^{\text{알짜}} = \vec{F}^{\text{중력}} + \vec{F}^{\text{받는}}$과 같이 쓸 수 있다. 꾸미는 이름은 외글자를 피하여 수학적 지수와 헷갈리지 않게 했다.
- 현재 물리학에서 흔히 쓰는 것에 맞추어 변수 $\vec{v}$의 시간평균값은 $\vec{v}_{\text{평균}}$이 아니라 $\langle\vec{v}\rangle$로 나타냈다.
- e, c, g, G와 같은 물리 상수는 모두 값이 **양수**인 스칼라량이다.

5 숫자값의 유효숫자와 정밀도

셈이나 측정 결과를 일러 줄 때 '유효숫자(significant figure)' 의 수는 결과의 정확도를 나타낸다. 유효숫자가 너무 많으면 정밀도가 부풀려지고, 너무 적으면 정밀도가 깎인다. 그렇다면 유효숫자의 개수는 어떻게 정하는가?

유효숫자 결정하기

결과의 유효숫자가 몇 개인가를 결정하는 방법을 확실하게 알아야 한다. 표준적인 방법은 아주 간단하다.

> **유효숫자를 세는 방법:** 숫자를 왼쪽부터 읽어 0이 아닌 첫 숫자부터 세어 오른쪽의 (0을 포함한) 모든 숫자가 유효숫자이다.

이 규칙에 따르면, 350 mm, 0.000 350 km, 그리고 0.350 m 모두 유효숫자가 셋이다. 사실 이 세 값은 모두 같은 거리를, 다른 단위로 나타냈을 뿐이다. 이 예에서 알 수 있듯이, 소수점 아래 자리 수와 유효숫자는 다르다. 소수점 아래 자리 수는 첫째 값에서는 없고, 둘째 값에서는 6자리이고, 셋째 값에서는 3자리이다. 그렇지만 이 세 값 모두 유효숫자는 셋이다.

이 방법의 한 가지 결과는 특히 눈여겨 볼 가치가 있다. 뒤에 붙은 0은 유효숫자이다. 예를 들어 2700 m/s는 유효숫자가 넷이다. 유효숫자가 셋임을 나타내려면, (단위를 바꾸어) 2.70 km/s로 쓰거나 (지수 기호를 써서) 2.70×10^3 m/s로 써야 한다.

셈한 결과를 낼 때 유효숫자 결정하는 간단한 규칙

이제 유효숫자를 세는 방법을 알았다. 그렇다면 셈의 결과에 들어 있는 유효숫자는 몇 개일까? 대부분의 셈에서 적용되는 간단한 규칙은 다음과 같다.

> **셈한 결과의 유효숫자:** 흔히 쓰는 방법은 셈에 쓴 숫자 가운데 가장 부정확한 숫자의 유효숫자에 맞춘다.

이 간단한 규칙을 쓰면 때로는 결과의 정밀도가 깎이거나 (덜 빈번하게) 부풀려지기도 하지만, 보통은 잘 맞는다. 일반물리학에서는 유효숫자가 둘, 셋, 또는 넷 이상인 자료는 거의 쓰지 않는다. 그럴 때는 이 간단한 규칙에 따라 마지막으로 셈한 결과를 유효숫자 3개로 맞추면 크게 잘못될 일이 없다.

셈할 때 이 간단한 규칙을 쓰면 안 되는 상황이 두 가지 있다.

1. **정확한 자료 쓰기** 셈하는데 쓴 숫자가 정확한 것이 분명한 상황이 몇 가지 있다. 물건의 수를 센 값은 정확하다. 예를 들면, 승강기에 5사람이 탔다면, 정확히 5사람이지, 4.7사람 또는 5.1사람은 아니다. 또 다른 상황은 정의된 값이다. 예를 들어 바꿈 인수 2.54 cm/in은 인치가 정확히 2.540 00 ⋯ cm로 정의되므로 유효숫자가 3이 아니다. 유효숫자의 수가 가장 적은 수를 결정할 때 정확한 값을 쓰는 자료의 유효숫자는 따지지 않는다.

2. **중간 결과의 유효숫자** 반올림은 맨 끝에 셈한 결과에 대해서만 한다. 중간 결과는 결코 반올림하면 안 된다. 스프레드시트 소프트웨어에서 중간 결과는 반올림하지 않고 고스란히 지켜 셈을 계속하며, 계산기로 셈하다가 중간에 얻은 결과를 저장했다가 다시 꺼내 쓸 때도 마찬가지다. 중간 결과를 다시 계산기에 쳐 넣어야 한다면, 맨 끝에 얻을 결과보다 유효숫자를 몇 개 더 많이 남겨야 한다.

간단한 유효숫자 결정 규칙을 이해하기

셈이나 측정 결과에서 유효숫자의 개수는 정밀도를 나타낸다. 위에서 설명한 간단한 규칙이나 그 예외가 되는 규칙을 쓰기 전에 자료의 정밀도의 한계를 알아야 한다.

절대 정밀도(absolute precision) 정밀도에는 두 가지가 있다. 첫째는 절대 정밀도로, 값을 잴 때 쓴 기기의 가장 작은 눈금을 명확히 말해준다. 단위는 측정한 양과 같다. 예를 들어, '탁자의 길이를 센티미터 단위로 쟀다' 는 말은 측정의 절대 정밀도를 말하는 것이다. 절대 정밀도는 측정값의 소수점 아래 자리 수가 몇 개인가를 말해준다. 그것만으로는 유효숫자가 정해지지 않는다. 예: 탁자의 길이가 235 cm이면, 절대 정밀도가 1 cm이므로 유효숫자는 셋이다. 이에 반해 인형의 집에 있는 탁자의 길이가 8 cm이면, 절대 정밀도는 똑같이 1 cm이지만 유효숫자는 하나다.

상대 정밀도(relative precision) 절대 정밀도는 위에서 설명한 문제가 있으므로, 과학자는 흔히 자료의 정밀도를 측정한 양의 크기에 대한 상대적인 값으로 나타낸다. 앞에서 든 예를 쓴다면, 실제 탁자의 상대 정밀도는 235 cm에 대한 1 cm이다. 이것은 그 비율(1/235)이나 백분율(1/235 = 0.004 255 = 0.4%)로 나타낸다. 장난감 탁자의 경우 똑같은 1 cm 절대 정밀도가 상대 정밀도로는 1/8 또는 1/8 = 0.125 = 12.5%가 된다.

유효숫자와 상대 정밀도의 어긋남 상대 정밀도를 나타내는데 쓸 유효숫자의 개수를 정할 때, 모순이 생긴다. 유효숫자의 개수가 똑같아도 상대 정밀도는 전혀 다를 수 있다. 예를 들어, 13 cm와 94 cm는 모두 유효숫자가 둘이다. 그렇지만 첫째 값의 상대 정밀도는 1/13 또는 $1/13 \approx 10\%$인데, 둘째 값의 상대 정밀도는 1/94 또는 $1/94 \approx 1\%$이다. 이처럼 유효숫자의 첫 자리 수가 클수록 상대 정밀도가 더 높아지는 것이 유효숫자의 개수를 써서 셈한 결과의 정밀도를 추적하는 방법의 약점의 하나다. 이 문제의 부분적인 해결책은 셈하여 맨 끝에 얻은 값의 유효숫자가 하나이면 간단한 규칙이 정하는 것보다 유효숫자를 하나 더 넣는 것이다.

곱셈과 나눗셈 수를 곱하거나 나눌 때는 결과의 상대 정밀도는 셈할 때 쓴 숫자의 가장 낮은 정밀도보다 높을 수 없다. 결과의 유효숫자의 개수가 상대 정밀도를 나타내므로, 간단한 규칙을 그대로 쓰면 된다. 예를 들어, 크기가 280 cm와 2.5 cm인 종이 띠의 넓이는 간단한 규칙에 따라 $7.0 \times 10^2\ \text{cm}^2$로 나타내면 정확하다. 유효숫자가 둘인 까닭은 셈할 때 쓴 두 값 가운데 덜 정밀한 측정값 2.5 cm의 유효숫자가 둘이기 때문이다. 이 결과를 $700\ \text{cm}^2$로 나타내는 것은 정확하지 않다. 왜냐하면 유효숫자가 셋이 되어 측정값 2.5 cm의 유효숫자보다 많기 때문이다.

덧셈과 뺄셈 수를 더하거나 뺄 때는 셈하기에 앞서 소수점을 맞춘다. 이것은 더하거나 뺀 결과의 정밀도는 가장 덜 정확한 숫자의 절대 정밀도가 결정한다는 것을 뜻한다. 그래서 간단한 규칙에서 몇 가지 예외가 생긴다. 예를 들어, 957 cm에 878 cm를 더하면 1835 cm가 된다. 이 셈에서 쓴 두 값의 절대 정밀도가 1 cm이므로 이 결과의 절대 정밀도도 약 1 cm이다. 그러나 유효숫자의 개수를 따지면 셈한 결과의 유효숫자는 넷인데, 셈에 쓴 두 숫자의 유효숫자는 셋이다. 다른 한편으로 두 거리의 차이를 내면 79 cm이다. 이 값의 절대 정밀도도 약 1 cm이지만, 상대 정밀도로는 유효숫자 둘에 해당한다. 따라서 덧셈이나 뺄셈을 할 때는 주의해야 한다. 상대 정밀도는 덧셈에서는 실제로 높아질 수 있고, 뺄셈에서는 낮아질 수 있다.

함수 값 셈하기 함수의 값을 셈할 때는 어떻게 될까? 예를 들어, $\sin(88.2^\circ)$의 유효숫자는 몇 개일까? 이 물음에 대한 답은 계산기를 써서 확인할 수 있다. 계산기로 셈해 보면 $\sin(88.2^\circ) = 0.999\,506$이 나온다. 이 함수의 변수의 가장 낮은 자리에 1을 더해 함수 값을 셈해 보면 $\sin(88.3^\circ) = 0.999\,559$가 나온다. 셈을 되풀이했을 때 바뀐 값의 숫자를 왼쪽부터 따져 처음 바뀌는 숫자가 유효숫자의 맨 끝자리 수이다. 이 예에서는 왼쪽부터 따져 처음 바뀌는 숫자는 0이다. 셈을 다시 했을 때 5로 바뀌었다. 따라서 경험적으로 따지면 유효숫자가 다섯이다.

부록

B 물리학의 기본 상수*

상수	기호	셈에 쓰는 값	가장 정확한 값(1998년 현재)	
			값[a]	불확도[b]
진공에서의 빛의 속력	c	3.00×10^{8} m/s	2.997 924 58	exact
기본 전하량	e	1.60×10^{-19} C	1.602 176 462	0.039
중력 상수	G	6.67×10^{-11} m^3/s$^2 \cdot$ kg	6.673	1500
보편 기체 상수	R	8.31 J/mol $\cdot$ K	8.314 472	1.7
아보가드로 상수	N_A	6.02×10^{23} mol^{-1}	6.022 141 99	0.079
볼츠만 상수	k_B	1.38×10^{-23} J/K	1.380 650 3	1.7
스테판-볼츠만 상수	σ	5.67×10^{-8} W/m$^2 \cdot$ K^4	5.670 400	7.0
표준온도압력[d]에서 이상기체 1몰의 부피	V_{m}	2.27×10^{-2} m^3/mol	2.271 098 1	1.7
전기 상수(유전율)	ε_0	8.85×10^{-12} C^2/N $\cdot$ m^2	8.854 187 817 62	exact
쿨롱 상수	$k = 1/4\pi\varepsilon_0$	8.99×10^{9} N $\cdot$ m^2/C^2	8.987 551 787	5×10^{-10}
자기 상수(투자율)	μ_0	1.26×10^{-6} N/A^2	1.256 637 061 43	exact
플랑크 상수	h	6.63×10^{-34} J $\cdot$ s	6.626 068 76	0.078
전자 질량[c]	m_{e}	9.11×10^{-31} kg	9.109 381 88	0.079
		5.49×10^{-4} u	5.485 799 110	0.0021
양성자 질량[c]	m_{p}	1.67×10^{-27} kg	1.672 621 58	0.079
		1.0073u	1.007 276 466 88	1.3×10^{-4}
전자에 대한 양성자의 질량비	$m_{\mathrm{p}}/m_{\mathrm{e}}$	1840	1836.152 667 5	0.0021
전자의 전하대 질량비	e/m_{e}	1.76×10^{11} C/kg	1.758 820 174	0.040
중성자 질량[c]	m_{n}	1.68×10^{-27} kg	1.674 927 16	0.079
		1.0087u	1.008 664 915 78	5.4×10^{-4}
수소원자 질량[c]	$m_{1\mathrm{H}}$	1.0078u	1.007 825 031 6	0.0005
중수소원자 질량[c]	$m_{2\mathrm{H}}$	2.0141u	2.014 101 777 9	0.0005
헬륨원자 질량[c]	$m_{4\mathrm{He}}$	4.0026u	4.002 603 2	0.067
뮤입자 질량	m_μ	1.88×10^{-28} kg	1.883 531 09	0.084
전자 자기 모멘트	μ_{e}	9.28×10^{-24} J/T	9.284 763 62	0.040
양성자 자기 모멘트	μ_{p}	1.41×10^{-26} J/T	1.410 606 663	0.041
보어 마그네톤	μ_{B}	9.27×10^{-24} J/T	9.274 008 99	0.040
핵 마그네톤	μ_{N}	5.05×10^{-27} J/T	5.050 783 17	0.040
보어 빈지름	r_{B}	5.29×10^{-11} m	5.291 772 083	0.0037
리드버그 상수	R	1.10×10^{7} m^{-1}	1.097 373 156 854 8	7.6×10^{-6}
전자의 컴프턴 파장	λ_{C}	2.43×10^{-12} m	2.426 310 215	0.0073

[a] 이 줄에 있는 값은 왼쪽 줄에 있는 값과 단위 및 10의 멱수가 같다.

[b] 백만분의 일

[c] u는 통일된 원자 질량 단위로서, 1 u = $1.660\ 538\ 73 \times 10^{-27}$ kg 이다.

[d] 표준온도압력(STP)[+]은 0°C, 1.0기압(0.1 Mpa)이다.

* 이 표의 값은 1998년 CODATA 추천값에서 뽑았다(www.physics.nist.gov).

+ STP는 Standard Temperature Pressure의 첫글자를 딴 것이다 (옮긴이).

부록 C 천문학 자료

지구와의 거리

달*	3.82×10^{8} m	우리 은하계의 중심	2.2×10^{20} m
해*	1.50×10^{11} m	안드로메다 은하	2.1×10^{22} m
가장 가까운 별(Proxima Centauri)	4.04×10^{16} m	볼 수 있는 우주의 끝	$\sim 10^{26}$ m

* 평균거리

해, 지구, 달

성질	단위	해	지구	달
질량	kg	1.99×10^{30}	5.98×10^{24}	7.36×10^{22}
평균 반지름	m	6.96×10^{8}	6.37×10^{6}	1.74×10^{6}
평균 밀도	kg/m^3	1410	5520	3340
표면에서의 자유낙하 가속도	m/s^2	274	9.81	1.67
탈출속력	km/s	618	11.2	2.38
회전주기[a]	—	37일(극)[b], 26일(적도)[b]	23시간 56분	27.3일
방사일률[c]	W	3.90×10^{26}		

[a] 먼 별에 대한 측정값.

[b] 해는 기체로 된 공이므로 강체처럼 돌지는 않는다.

[c] 지구 대기권 밖에서 햇빛을 수직으로 받으면 1340 W/m^2이다.

행성의 성질

	수성	금성	지구	화성	목성	토성	천왕성	해왕성	명왕성
해까지의 평균 거리, 10^6 km	57.9	108	150	228	778	1430	2870	4500	5900
공전 주기, 년	0.241	0.615	1.00	1.88	11.9	29.5	84.0	165	248
자전 주기[a], 일	58.7	−243[b]	0.997	1.03	0.409	0.426	−0.451[b]	0.658	6.39
궤도 속력, km/s	47.9	35.0	29.8	24.1	13.1	99.64	6.81	5.43	4.74
적도 지름, km	4880	12 100	12 800	6790	143 000	120 000	51 800	49 500	2300
질량 (지구 = 1)	0.0558	0.815	1.000	0.107	318	95.1	14.5	17.2	0.002
표면에서의 g값[c], m/s^2	3.78	8.60	9.78	3.72	22.9	9.05	7.77	11.0	0.5
탈출속력[c], km/s	4.3	10.3	11.2	5.0	59.5	35.6	21.2	23.6	1.1

[a] 먼 별을 기준으로 잰 값.

[b] 금성과 천왕성은 공전 방향과 자전 방향이 반대이다.

[c] 행성의 적도에서 잰 값

부록 D 바꿈 인수

바꿈인수는 아래 표에서 바로 찾을 수 있다. 예를 들어 '1도(°) = 2.778×10^{-3} 바퀴(rev)' 이므로, '16.7° = $16.7 \times 2.778 \times 10^{-3}$ 바퀴' 이다. 국제단위를 나타내는 기호는 대문자로 썼다. 자료는 다음 책에서 에서 따왔다: 쇼틀리(G. Shortley)와 윌리엄즈(D. Williams) 공저, *Elements of Physics*, 1971, Prentice-Hall, Englewood Cliffs, N. J.

입체각

1 공(sphere)
= 4π 입체라디안(steradians)
= 12.57 입체라디안(steradians)

평면각

	°	′	″	RADIAN	rev
1 도(degree) =	1	60	3600	1745×10^{-2}	2.778×10^{-3}
1 분(minute) =	1.667×10^{-2}	1	60	2.909×10^{-4}	4.630×10^{-5}
1 초(second) =	2.778×10^{-4}	1.667×10^{-2}	1	4.848×10^{-6}	7.716×10^{-7}
1 라디안(RADIAN) =	57.30	3438	2.063×10^{5}	1	0.1592
1 바퀴(revolution) =	360	2.16×10^{4}	1.296×10^{6}	6.283	1

길이

	cm	METER	km	in.	ft	mi
1 센티미터(centimeter) =	1	10^{-2}	10^{-5}	0.3937	3.281×10^{-2}	6.214×10^{-6}
1 미터(METER) =	100	1	10^{-3}	39.37	3.281	6.214×10^{-4}
1 킬로미터(kilometer) =	10^{5}	1000	1	3.937×10^{4}	3281	0.6214
1 인치(inch) =	2.540	2.540×10^{-2}	2.540×10^{-5}	1	8.333×10^{-2}	1.578×10^{-5}
1 푸트(foot) =	30.48	0.3048	3.048×10^{-4}	12	1	1.894×10^{-4}
1 마일(mile) =	1.609×10^{5}	1609	1.609	6.336×10^{4}	5280	1

1 보어반지름(Bohr radius) = 5.292×10^{-11} m　1 Å(옹스트롬[Angstrom]) = 10^{-10} m　1 페르미(fermi) = 10^{-15} m
1 파섹(parsec) = 3.084×10^{13} km　1 나노미터(nm) = 10^{-9} m　1 광년(light year) = 9.460×10^{12} km

1 해리(nautical mile) = 1852 m = 1.151 mi = 6076 ft
1 패덤(fathom) = 6 ft　1 야드(yard) = 3 ft　1 밀(mil) = 10^{-3} in.　1 로드(rod) = 16.5 ft

넓이

	METER²	cm²	ft²	in.²
1 제곱미터(SQUARE METER) =	1	10^{4}	10.76	1550
1 제곱센티미터(square centimeter) =	10^{-4}	1	1.076×10^{-3}	0.1550
1 제곱푸트(square foot) =	9.290×10^{-2}	929.0	1	144
1 제곱인치(square inch) =	6.452×10^{-4}	6.452	6.944×10^{-3}	1

참고: 1 에이커(acre) = 43,560 ft²; 1 제곱마일(mi²) = 2.788×10^{7} ft² = 640 acres; 1 헥타르(hectare) = 10^{4} m² = 2.471 acres; 1반(barn) = 10^{-28} m²

부피

	METER³	cm³	L	ft³	in.³
1 세제곱미터(CUBIC METER) =	1	10^{6}	1000	35.31	6.102×10^{4}
1 세제곱센티미터(cubic centimeter) =	10^{-6}	1	1.000×10^{-3}	3.531×10^{-5}	6.102×10^{-2}
1 리터(liter) =	1.000×10^{-3}	1000	1	3.531×10^{-2}	61.02
1 세제곱푸트(cubic foot) =	2.832×10^{-2}	2.832×10^{4}	28.32	1	1728
1 세제곱인치(cubic inch) =	1.639×10^{-5}	16.39	1.639×10^{-2}	5.787×10^{-4}	1

참고: 1 미국 갤런(U.S. fluid gallon) = 4 미국 쿼트(U.S. fluid quarts) = 8 파인트(U.S. pints) = 12.8 온스(U.S. fluid ounces) = 231 in³; 1 영국 갤런(British imperial gallon) = 277.4 in³ = 1.202 미국 갤런

질량

색칠한 곳에 있는 양들은 질량 단위가 아니지만 흔히 그렇게 쓴다. 예를 들어, 1kg "=" 2.205 lb(파운드)라고 쓰면, 이것은 중력가속도 g가 표준값인 9.80665 m/s^2인 곳에서는 질량 1kg의 무게가 2.205파운드라는 뜻이다.

g	KILOGRAM	slug	u	oz	lb	ton
1 그램(gram) = 1	0.001	6.852×10^{-5}	6.022×10^{23}	3.527×10^{-2}	2.205×10^{-3}	1.102×10^{-6}
1 킬로그램(KILOGRAM) = 1000	1	6.852×10^{-2}	6.022×10^{26}	35.27	2.205	1.102×10^{-3}
1 슬럭(slug) = 1.459×10^{4}	14.59	1	8.786×10^{27}	514.8	32.17	1.609×10^{-2}
1 원자질량단위(atomic mass unit) = 1.661×10^{-24}	1.661×10^{-27}	1.138×10^{-28}	1	5.857×10^{-27}	3.662×10^{-26}	1.830×10^{-30}
1 온스(ounce) = 28.35	2.835×10^{-2}	1.943×10^{-3}	1.718×10^{25}	1	6.250×10^{-2}	3.125×10^{-5}
1 파운드(pound) = 453.6	0.4536	3.108×10^{-2}	2.732×10^{26}	16	1	0.0005
1 톤(ton) = 9.072×10^{5}	907.2	62.16	5.463×10^{29}	3.2×10^{4}	2000	1

1 미터톤(metric ton) = 1000 kg

시간

y	d	h	min	SECOND
1 해,년(year) = 1	365.25	8.766×10^{3}	5.259×10^{5}	3.156×10^{7}
1 하루,일(day) = 2.738×10^{-3}	1	24	1440	8.640×10^{4}
1 시간(hour) = 1.141×10^{-4}	4.167×10^{-2}	1	60	3600
1 분(minute) = 1.901×10^{-6}	6.944×10^{-4}	1.667×10^{-2}	1	60
1 초(SECOND) = 3.169×10^{-8}	1.157×10^{-5}	2.778×10^{-4}	1.667×10^{-2}	1

속력

ft/s	km/h	METER/SECOND	mi/h	cm/s
1 초당 푸트(foot per second) = 1	1.097	0.3048	0.6818	30.48
1 시간당 킬로미터(kilometer per hour) = 0.9113	1	0.2778	0.6214	27.78
1 초당 미터(METER per SECOND) = 3.281	3.6	1	2.237	100
1 시간당 마일(mile per hour) = 1.467	1.609	0.4470	1	44.70
1 초당 센티미터(centimeter per second) = 3.281×10^{-2}	3.6×10^{-2}	0.01	2.237×10^{-2}	1

1knot = 1 nautical mi/h = 1.688 ft/s　　1 mi/min = 88.00 ft/s = 60.00 mi/h

힘

dyne	NEWTON	lb	pdl
1 다인(dyne) = 1	10^{-5}	2.248×10^{-6}	7.233×10^{-5}
1 뉴턴(NEWTON) = 10^{5}	1	0.2248	7.233
1 파운드(pound) = 4.448×10^{5}	4.448	1	32.17
1 파운달(poundal) = 1.383×10^{4}	0.1383	3.108×10^{-2}	1

1 톤(ton) = 2000 lb

압력

atm	dyne/cm²	inch of water	cm Hg	PASCAL	ln /in.²	lb/ft²
1 기압(atmosphere) = 1	1.013×10^{6}	406.8	76	1.013×10^{5}	14.70	2116
1 제곱센티미터당 다인(dyne per centimeter²) = 9.869×10^{-7}	1	4.015×10^{-4}	7.501×10^{-5}	0.1	1.405×10^{-5}	2.089×10^{-3}
1 인치 4°C 물기둥 압력(inch of water at 4°C)[a] = 2.458×10^{-3}	2491	1	0.1868	249.1	3.613×10^{-2}	5.202
1 센티미터 0°C 수은기둥 압력(centimeter of mercury at 0°C)[a] = 1.316×10^{-2}	1.333×10^{4}	5.353	1	1333	0.1934	27.85
1 파스칼(PASCAL) = 9.869×10^{-6}	10	4.015×10^{-3}	7.501×10^{-4}	1	1.450×10^{-4}	2.089×10^{-2}
1 제곱인치당 파운드(pound per inch) = 6.805×10^{-2}	6.895×10^{4}	27.68	5.171	6.895×10^{3}	1	144
1 제곱풋당 파운드(pound per foot) = 4.725×10^{-4}	478.8	0.1922	3.591×10^{-2}	47.88	6.944×10^{-3}	1

[a] 중력가속도가 표준값인 9.80665 m/s²인 곳

1 바(bar) = 10^{6} dyne/cm² = 0.1 MPa   1 밀리바(millibar) = 10^{3} dyne/cm² = 10^{2} Pa   1 토르(torr) = 1 mmHg

에너지, 일, 열(Energy, Work, Heat)

Btu	erg	ft · lb	hp · h	JOULE	cal	kW · h	eV	MeV
1 영국 열단위(British thermal unit) = 1	1.055×10^{10}	777.9	3.929×10^{-4}	1055	252.0	2.930×10^{-4}	6.585×10^{21}	6.585×10^{15}
1 에르그(erg) = 9.481×10^{-11}	1	7.376×10^{-8}	3.725×10^{-14}	10^{-7}	2.389×10^{-8}	2.778×10^{-14}	6.242×10^{11}	6.242×10^{5}
1 푸트-파운드(foot-pound) = 1.285×10^{-3}	1.356×10^{7}	1	5.051×10^{-7}	1.356	0.3238	3.766×10^{-7}	8.464×10^{18}	8.464×10^{12}
1 마력시(horsepower-hour) = 2545	2.685×10^{13}	1.980×10^{6}	1	2.685×10^{6}	6.413×10^{5}	0.7457	1.676×10^{25}	1.676×10^{19}
1 줄(JOULE) = 9.481×10^{-4}	10^{7}	0.7376	3.725×10^{-7}	1	0.2389	2.778×10^{-7}	6.242×10^{18}	6.242×10^{12}
1 칼로리(calorie) = 3.969×10^{-3}	4.186×10^{7}	3.088	1.560×10^{-6}	4.186	1	1.163×10^{-6}	2.613×10^{19}	2.613×10^{13}
1 킬로와트시(kilowatt-hour) = 3413	3.600×10^{13}	2.655×10^{6}	1.341	3.600×10^{6}	8.600×10^{5}	1	2.247×10^{25}	2.247×10^{19}
1 전자-볼트(electron-volt) = 1.519×10^{-22}	1.602×10^{-12}	1.182×10^{-19}	5.967×10^{-26}	1.602×10^{-19}	3.827×10^{-20}	4.450×10^{-26}	1	10^{-6}
1 백만전자-볼트(million electron-volt) = 1.519×10^{-16}	1.602×10^{-6}	1.182×10^{-13}	5.967×10^{-20}	1.602×10^{-13}	3.827×10^{-14}	4.450×10^{-20}	10^{-6}	1

일률(Power)

Btu/h	ft · lb/s	hp	cal/s	kW	WATT
1 시간당 영국 열단위(British thermal unit per hour) = 1	0.2161	3.929×10^{-4}	6.998×10^{-2}	2.930×10^{-4}	0.2930
1 초당 푸트-파운드(foot-pound per second) = 4.628	1	1.818×10^{-3}	0.3239	1.356×10^{-3}	1.356
1 마력(horsepower) = 2545	550	1	178.1	0.7457	745.7
1 초당 칼로리(calorie per second) = 14.29	3.088	5.615×10^{-3}	1	4.186×10^{-3}	4.186
1 킬로와트(kilowatt) = 3413	737.6	1.341	238.9	1	1000
1 와트(WATT) = 3.413	0.7376	1.341×10^{-3}	0.2389	0.001	1

자기장(Magnetic Field)

gauss	TESLA	milligauss
1 가우스(gauss) = 1	10^{-4}	1000
1 테슬라(TESLA) = 10^{4}	1	10^{7}
1 밀리가우스(milligauss) = 0.001	10^{-7}	1

1 tesla = 1 weber/meter²

자기선속(Magnetic Flux)

maxwell	WEBER
1 막스웰(maxwell) = 1	10^{-8}
1 웨버(WEBER) = 10^{8}	1

부록 E 수학 공식

기하학

반지름 r인 원: 원둘레 $= 2\pi r$; 넓이 $= \pi r^2$

반지름 r인 공: 넓이 $= 4\pi r^2$; 부피 $= \frac{4}{3}\pi r^3$

반지름 r, 높이 h인 직각 원통: 넓이 $= 2\pi r^2 + 2\pi rh$;

부피 $= \pi r^2 h$

밑변 a, 높이 h인 삼각형: 넓이 $= \frac{1}{2}ah$

2차 방정식 근의 공식

$ax^2 + bx + c = 0$이면 $x = \dfrac{-b \pm \sqrt{b^2 - 4ac}}{2a}$

각도 θ의 삼각함수

$\sin\theta = \frac{y}{r}$

$\cos\theta = \frac{x}{r}$

$\tan\theta = \frac{y}{x}$

$\cot\theta = \frac{x}{y}$

$\sec\theta = \frac{r}{x}$

$\csc\theta = \frac{r}{y}$

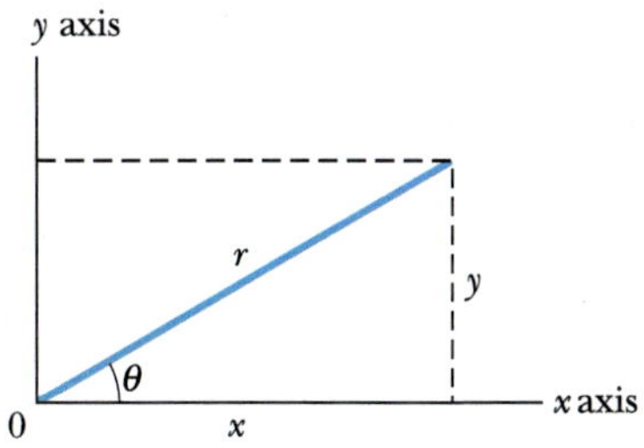

피타고라스 정리

오른쪽 직각삼각형에서

$a^2 + b^2 = c^2$

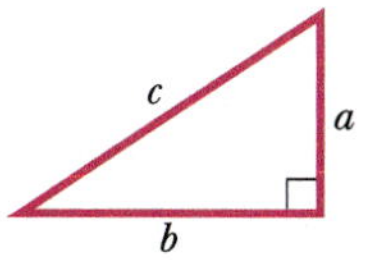

삼각형

꼭지각 A, B, C

변의 길이 a, b, c

세 꼭지각의 합 $A + B + C = 180°$

$\dfrac{\sin A}{a} = \dfrac{\sin B}{b} = \dfrac{\sin C}{c}$

$c^2 = a^2 + b^2 - 2ab\cos C$

외각 $D = A + C$

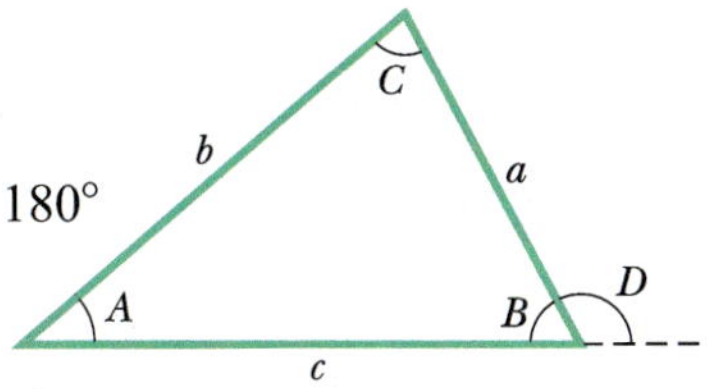

수학 부호와 기호

$=$	등호
$\approx$	대략 같음
$\sim$	크기가 대략 같음
$\neq$	같지 않음
$\equiv$	똑같음, 정의
$>$	크다($\gg$ 훨씬 크다)
$<$	작다($\ll$ 훨씬 작다)
$\geq$	크거나 같다(작지는 않다)
$\leq$	작거나 같다(크지는 않다)
$\pm$	양 또는 음
$\propto$	비례한다
Σ	합
$\langle x \rangle$	x의 평균값

삼각함수 공식

$\sin(90° - \theta) = \cos\theta$

$\cos(90° - \theta) = \sin\theta$

$\sin\theta / \cos\theta = \tan\theta$

$\sin^2\theta + \cos^2\theta = 1$

$\sec^2\theta - \tan^2\theta = 1$

$\csc^2\theta - \cot^2\theta = 1$

$\sin 2\theta = 2\sin\theta\cos\theta$

$\cos 2\theta = \cos^2\theta - \sin^2\theta = 2\cos^2\theta - 1 = 1 - 2\sin^2\theta$

$\sin(\alpha \pm \beta) = \sin\alpha\cos\beta \pm \cos\alpha\sin\beta$

$\cos(\alpha \pm \beta) = \cos\alpha\cos\beta \mp \sin\alpha\sin\beta$

$\tan(\alpha \pm \beta) = \dfrac{\tan\alpha \pm \tan\beta}{1 \mp \tan\alpha\tan\beta}$

$\sin\alpha \pm \sin\beta = 2\sin\frac{1}{2}(\alpha \pm \beta)\cos\frac{1}{2}(\alpha \mp \beta)$

$\cos\alpha + \cos\beta = 2\cos\frac{1}{2}(\alpha + \beta)\cos\frac{1}{2}(\alpha - \beta)$

$\cos\alpha - \cos\beta = -2\sin\frac{1}{2}(\alpha + \beta)\sin\frac{1}{2}(\alpha - \beta)$

이항정리

$$(1 + x)^n = 1 + \frac{nx}{1!} + \frac{n(n-1)x^2}{2!} + \cdots \quad (x^2 < 1)$$

지수함수의 급수 전개식

$$e^x = 1 + x + \frac{x^2}{2!} + \frac{x^3}{3!} + \cdots$$

로그함수의 급수 전개식

$$\ln(1+x) = x - \tfrac{1}{2}x^2 + \tfrac{1}{3}x^3 - \cdots \qquad (|x| < 1)$$

삼각함수의 급수 전개식

$$\sin\theta = \theta - \frac{\theta^3}{3!} + \frac{\theta^5}{5!} - \cdots$$

$$\cos\theta = 1 - \frac{\theta^2}{2!} + \frac{\theta^4}{4!} - \cdots$$

$$\tan\theta = \theta + \frac{\theta^3}{3} + \frac{2\theta^5}{15} + \cdots$$

크래머 규칙(Cramer's Rule)

미지수 x와 y에 대한 두 연립방정식

$$a_1x + b_1y = c_1 \text{과 } a_2x + b_2y = c_2$$

의 해는 다음과 같다.

$$x = \frac{\begin{vmatrix} c_1 & b_1 \\ c_2 & b_2 \end{vmatrix}}{\begin{vmatrix} a_1 & b_1 \\ a_2 & b_2 \end{vmatrix}} = \frac{c_1b_2 - c_2b_1}{a_1b_2 - a_2b_1}$$

그리고

$$y = \frac{\begin{vmatrix} a_1 & c_1 \\ a_2 & c_2 \end{vmatrix}}{\begin{vmatrix} a_1 & b_1 \\ a_2 & b_2 \end{vmatrix}} = \frac{a_1c_2 - a_2c_1}{a_1b_2 - a_2b_1}$$

벡터 곱셈

x, y, z쪽의 단위벡터를 $\hat{\mathrm{i}}, \hat{\mathrm{j}}, \hat{\mathrm{k}}$라 하면,

$$\hat{\mathrm{i}}\cdot\hat{\mathrm{i}} = \hat{\mathrm{j}}\cdot\hat{\mathrm{j}} = \hat{\mathrm{k}}\cdot\hat{\mathrm{k}} = 1,\ \hat{\mathrm{i}}\cdot\hat{\mathrm{j}} = \hat{\mathrm{j}}\cdot\hat{\mathrm{k}} = \hat{\mathrm{k}}\cdot\hat{\mathrm{i}} = 0,$$

$$\hat{\mathrm{i}}\times\hat{\mathrm{i}} = \hat{\mathrm{j}}\times\hat{\mathrm{j}} = \hat{\mathrm{k}}\times\hat{\mathrm{k}} = 0,$$

$$\hat{\mathrm{i}}\times\hat{\mathrm{j}} = \hat{\mathrm{k}},\ \hat{\mathrm{j}}\times\hat{\mathrm{k}} = \hat{\mathrm{i}},\ \hat{\mathrm{k}}\times\hat{\mathrm{i}} = \hat{\mathrm{j}}.$$

벡터 $\vec{a}$의 x, y, z성분이 a_x, a_y, a_z이면 다음과 같이 쓸 수 있다.

$$\vec{a} = a_x\hat{\mathrm{i}} + a_y\hat{\mathrm{j}} + a_z\hat{\mathrm{k}}$$

$\vec{a}, \vec{b}, \vec{c}$가 크기가 a, b, c인 벡터라면, 다음 관계가 성립한다.

$$\vec{a}\times(\vec{b}+\vec{c}) = (\vec{a}\times\vec{b}) + (\vec{a}\times\vec{c})$$

$$(s\vec{a})\times\vec{b} = a\times(s\vec{b}) = s(\vec{a}\times\vec{b}) \quad (s = \text{스칼라})$$

$\vec{a}$와 $\vec{b}$ 사이의 작은 각이 θ라면 다음 관계가 성립한다.

$$\vec{a}\cdot\vec{b} = \vec{b}\cdot\vec{a} = a_xb_x + a_yb_y + a_zb_z = ab\cos\theta$$

$$\vec{a}\times\vec{b} = -\vec{b}\times\vec{a} = \begin{vmatrix} \hat{\mathrm{i}} & \hat{\mathrm{j}} & \hat{\mathrm{k}} \\ a_x & a_y & a_z \\ b_x & b_y & b_z \end{vmatrix}$$

$$= \hat{\mathrm{i}}\begin{vmatrix} a_y & a_z \\ b_y & b_z \end{vmatrix} - \hat{\mathrm{j}}\begin{vmatrix} a_x & a_z \\ b_x & b_z \end{vmatrix} + \hat{\mathrm{k}}\begin{vmatrix} a_x & a_y \\ b_x & b_y \end{vmatrix}$$

$$= (a_yb_z - b_ya_z)\hat{\mathrm{i}} + (a_zb_x - b_za_x)\hat{\mathrm{j}} + (a_xb_y - b_xa_y)\hat{\mathrm{k}}$$

$$|\vec{a}\times\vec{b}| = ab\sin\theta$$

$$\vec{a}\cdot(\vec{b}\times\vec{c}) = \vec{b}\cdot(\vec{c}\times\vec{a}) = \vec{c}\cdot(\vec{a}\times\vec{b})$$

$$\vec{a}\times(\vec{b}\times\vec{c}) = (\vec{a}\cdot\vec{c})\vec{b} - (\vec{a}\cdot\vec{b})\vec{c}$$

도함수와 적분

아래의 공식에서 u와 v는 x의 함수를 나타내고, a와 m은 상수이다. 부정적분에는 적분 상수가 붙는다. 다음 책에 더 많은 공식이 실려 있다: *Handbook of Chemistry and Physics*(*CRC Press Inc.*).

도함수

1. $\dfrac{dx}{dx} = 1$
2. $\dfrac{d}{dx}(au) = a\dfrac{du}{dx}$
3. $\dfrac{d}{dx}(u+v) = \dfrac{du}{dx} + \dfrac{dv}{dx}$
4. $\dfrac{d}{dx}x^m = mx^{m-1}$
5. $\dfrac{d}{dx}\ln x = \dfrac{1}{x}$
6. $\dfrac{d}{dx}(uv) = u\dfrac{dv}{dx} + v\dfrac{du}{dx}$
7. $\dfrac{d}{dx}e^x = e^x$
8. $\dfrac{d}{dx}\sin x = \cos x$
9. $\dfrac{d}{dx}\cos x = -\sin x$

10. $\frac{d}{dx}\tan x = \sec^2 x$

11. $\frac{d}{dx}\cot x = -\csc^2 x$

12. $\frac{d}{dx}\sec x = \tan x \sec x$

13. $\frac{d}{dx}\csc x = -\cot x \csc x$

14. $\frac{d}{dx}e^u = e^u \frac{du}{dx}$

15. $\frac{d}{dx}\sin u = \cos u \frac{du}{dx}$

16. $\frac{d}{dx}\cos u = -\sin u \frac{du}{dx}$

적분

1. $\int dx = x$

2. $\int au\,dx = a\int u\,dx$

3. $\int (u+v)\,dx = \int u\,dx + \int v\,dx$

4. $\int x^m\,dx = \frac{x^{m+1}}{m+1} \quad (m \neq -1)$

5. $\int \frac{dx}{x} = \ln|x|$

6. $\int u\frac{dv}{dx}\,dx = uv - \int v\frac{du}{dx}\,dx$

7. $\int e^x\,dx = e^x$

8. $\int \sin x\,dx = -\cos x$

9. $\int \cos x\,dx = \sin x$

10. $\int \tan x\,dx = \ln|\sec x|$

11. $\int \sin^2 x\,dx = \frac{1}{2}x - \frac{1}{4}\sin 2x$

12. $\int e^{-ax}\,dx = -\frac{1}{a}e^{-ax}$

13. $\int xe^{-ax}\,dx = -\frac{1}{a^2}(ax+1)e^{-ax}$

14. $\int x^2 e^{-ax}\,dx = -\frac{1}{a^3}(a^2x^2 + 2ax + 2)e^{-ax}$

15. $\int_0^\infty x^n e^{-ax}\,dx = \frac{n!}{a^{n+1}}$

16. $\int_0^\infty x^{2n} e^{-ax^2}\,dx = \frac{1\cdot 3\cdot 5\cdots(2n-1)}{2^{n+1}a^n}\sqrt{\frac{\pi}{a}}$

17. $\int \frac{dx}{\sqrt{x^2+a^2}} = \ln(x + \sqrt{x^2+a^2})$

18. $\int \frac{x\,dx}{(x^2+a^2)^{3/2}} = -\frac{1}{(x^2+a^2)^{1/2}}$

19. $\int \frac{dx}{(x^2+a^2)^{3/2}} = \frac{x}{a^2(x^2+a^2)^{1/2}}$

20. $\int_0^\infty x^{2n+1} e^{-ax^2}\,dx = \frac{n!}{2a^{n+1}} \quad (a > 0)$

21. $\int \frac{x\,dx}{x+d} = x - d\ln(x+d)$

부록 F

흔한 원소의 성질

모든 물리적 성질은 따로 명시하지 않으면 1기압에서의 값이다.

원소	기호	원자번호 Z	몰질량 g/mol	밀도 g/cm³, 20℃	녹는점(용융점) ℃	끓는점(비등점) ℃	비열 J/(g.℃), 25℃
Aluminum	Al	13	26.9815	2.699	660	2450	0.900
Antimony	Sb	51	121.75	6.691	630.5	1380	0.205
Argon	Ar	18	39.948	1.6626×10^{-3}	−189.4	−18.58	0.523
Arsenic	As	33	74.9216	5.78	817(28 atm)	613	0.331
Barium	Ba	56	137.34	3.594	729	1640	0.205
Beryllium	Be	4	9.0122	1.848	1287	2770	1.83
Bismuth	Bi	83	208.980	9.747	271.37	1560	0.122
Boron	B	5	10.811	2.34	2030	—	1.11
Bromine	Br	35	79.909	3.12(liquid)	−7.2	58	0.293
Cadmium	Cd	48	112.40	8.65	321.03	765	0.226
Calcium	Ca	20	40.08	1.55	838	1440	0.624
Carbon	C	6	12.01115	2.26	3727	4830	0.691
Cesium	Cs	55	132.905	1.873	28.40	690	0.243
Chlorine	Cl	17	35.453	3.214×10^{-3}(0℃)	−101	−34.7	0.486
Chromium	Cr	24	51.996	7.19	1857	2665	0.448
Cobalt	Co	27	58.9332	8.85	1495	2900	0.423
Copper	Cu	29	63.54	8.96	1083.40	2595	0.385
Fluorine	F	9	18.9984	1.696×10^{-3}(0℃)	−219.6	−188.2	0.753
Gadolinium	Gd	64	157.25	7.90	1312	2730	0.234
Gallium	Ga	31	69.72	5.907	29.75	2237	0.377
Germanium	Ge	32	72.59	5.323	937.25	2830	0.322
Gold	Au	79	196.967	19.32	1064.43	2970	0.131
Hafnium	Hf	72	178.49	13.31	2227	5400	0.144
Helium	He	2	4.0026	0.1664×10^{-3}	−269.7	−268.9	5.23
Hydrogen	H	1	1.00797	0.08375×10^{-3}	−259.19	−252.7	14.4
Indium	In	49	114.82	7.31	156.634	2000	0.233
Iodine	I	53	126.9044	4.93	113.7	183	0.218
Iridium	Ir	77	192.2	22.5	2447	(5300)	0.130
Iron	Fe	26	55.847	7.874	1536.5	3000	0.447
Krypton	Kr	36	83.80	3.488×10^{-3}	−157.37	−52	0.247
Lanthanum	La	57	138.91	6.189	920	3470	0.195
Lead	Pb	82	207.19	11.35	327.45	1725	0.129
Lithium	Li	3	6.939	0.534	180.55	1300	3.58
Magnesium	Mg	12	24.312	1.738	650	1107	1.03
Manganese	Mn	25	54.9380	7.44	1244	2150	0.481
Mercury	Hg	80	200.59	13.55	−38.87	357	0.138
Molybdenum	Mo	42	95.94	10.22	2617	5560	0.251
Neodymium	Nd	60	144.24	7.007	1016	3180	0.188

원소	기호	원자번호 Z	몰질량 g/mol	밀도 g/cm^3, 20℃	녹는점(용융점) ℃	끓는점(비등점) ℃	비열 J/(g.℃), 25℃
Neon	Ne	10	20.183	0.8387×10^{-3}	-248.597	−246.0	1.03
Nickel	Ni	28	58.71	8.902	1453	2730	0.444
Niobium	Nb	41	92.906	8.57	2468	4927	0.264
Nitrogen	N	7	14.0067	1.1649×10^{-3}	-210	−195.8	1.03
Osmium	Os	76	190.2	22.59	3027	5500	0.130
Oxygen	O	8	15.9994	1.3318×10^{-3}	-218.80	−183.0	0.913
Palladium	Pd	46	106.4	12.02	1552	3980	0.243
Phosphorus	P	15	30.9738	1.83	44.25	280	0.741
Platinum	Pt	78	195.09	21.45	1769	4530	0.134
Plutonium	Pu	94	(244)	19.8	640	3235	0.130
Polonium	Po	84	(210)	9.32	254	—	—
Potassium	K	19	39.102	0.862	63.20	760	0.758
Radium	Ra	88	(226)	5.0	700	—	—
Radon	Rn	86	(222)	9.96×10^{-3}(0℃)	(-71)	−61.8	0.092
Rhenium	Re	75	186.2	21.02	3180	5900	0.134
Rubidium	Rb	37	85.47	1.532	39.49	688	0.364
Scandium	Sc	21	44.956	2.99	1539	2730	0.569
Selenium	Se	34	78.96	4.79	221	685	0.318
Silicon	Si	14	28.086	2.33	1412	2680	0.712
Silver	Ag	47	107.870	10.49	960.8	2210	0.234
Sodium	Na	11	22.9898	0.9712	97.85	892	1.23
Strontium	Sr	38	87.62	2.54	768	1380	0.737
Sulfur	S	16	32.064	2.07	119.0	444.6	0.707
Tantalum	Ta	73	180.948	16.6	3014	5425	0.138
Tellurium	Te	52	127.60	6.24	449.5	990	0.201
Thallium	Tl	81	204.37	11.85	304	1457	0.130
Thorium	Th	90	(232)	11.72	1755	(3850)	0.117
Tin	Sn	50	118.69	7.2984	231.868	2270	0.226
Titanium	Ti	22	47.90	4.54	1670	3260	0.523
Tungsten	W	74	183.85	19.3	3380	5930	0.134
Uranium	U	92	(238)	18.95	1132	3818	0.117
Vanadium	V	23	50.942	6.11	1902	3400	0.490
Xenon	Xe	54	131.30	5.495×10^{-3}	−111.79	-108	0.159
Ytterbium	Yb	70	173.04	6.965	824	1530	0.155
Yttrium	Y	39	88.905	4.469	1526	3030	0.297
Zinc	Zn	30	65.37	7.133	419.58	906	0.389
Zirconium	Zr	40	91.22	6.506	1852	3580	0.276

몰질량을 보여주는 줄에서 묶음표 속의 값은 방사성 동위원소 가운데 수명이 가장 긴 것의 질량수이다. 묶음표 속의 녹는점과 끓는점은 확실하지 않다. 기체에 대한 값은 H_2, He, O_2, Ne 등과 같은 보통의 분자상태에 있을 때만 맞다. 기체의 비열은 압력이 일정할 때의 값이다. 자료의 원천: 엠슬리(J. Emsley), The Elements, 3판, 1998년, Clarendon Press, Oxford (www.webelements.com). 최신의 원소의 자료는 현재값이다.

부록 G 원소 주기율표

금속 / 반금속 / 비금속

알칼리 금속 · 전이금속 · 불활성 기체

수평주기	IA	IIA	IIIB	IVB	VB	VIB	VIIB	VIIIB	VIIIB	VIIIB	IB	IIB	IIIA	IVA	VA	VIA	VIIA	0
1	1 H																	2 He
2	3 Li	4 Be											5 B	6 C	7 N	8 O	9 F	10 Ne
3	11 Na	12 Mg											13 Al	14 Si	15 P	16 S	17 Cl	18 Ar
4	19 K	20 Ca	21 Sc	22 Ti	23 V	24 Cr	25 Mn	26 Fe	27 Co	28 Ni	29 Cu	30 Zn	31 Ga	32 Ge	33 As	34 Se	35 Br	36 Kr
5	37 Rb	38 Sr	39 Y	40 Zr	41 Nb	42 Mo	43 Tc	44 Ru	45 Rh	46 Pd	47 Ag	48 Cd	49 In	50 Sn	51 Sb	52 Te	53 I	54 Xe
6	55 Cs	56 Ba	57-71 *	72 Hf	73 Ta	74 W	75 Re	76 Os	77 Ir	78 Pt	79 Au	80 Hg	81 Tl	82 Pb	83 Bi	84 Po	85 At	86 Rn
7	87 Fr	88 Ra	89-103 †	104 Rf	105 Db	106 Sg	107 Bh	108 Hs	109 Mt	110 Ds	111 Uua	112 Uub	113	114 Uuq	115	116	117	118

내부 전이금속

란탄계 *	57 La	58 Ce	59 Pr	60 Nd	61 Pm	62 Sm	63 Eu	64 Gd	65 Tb	66 Dy	67 Ho	68 Er	69 Tm	70 Yb	71 Lu
악틴계 †	89 Ac	90 Th	91 Pa	92 U	93 Np	94 Pu	95 Am	96 Cm	97 Bk	98 Cf	99 Es	100 Fm	101 Md	102 No	103 Lr

원자번호 104에서 109까지의 원소 이름 (차례로 러더포듐[Rutherfordium], 두브늄[Dubnium], 시보르기움[Seaborgium], 보어륨[Bohrium], 하슘[Hassium], 마이트너륨[Meitnerium])은 순수 및 응용 화학 국제 연맹(International Union of Pure and Applied Chemistry, IUPAC)에서 1997년 인정했다. 2004년 초 현재, 원자번호 110에서 115까지의 원소가 학술지에 보고되었다. 최근의 정보와 새 원소에 관해서는 www.webelements.com을 보라.

생각해보기 및 홀수번호 문제 답

(증명, 그림표 및 긴 해법이 들어 있는 답을 포함하지 않았다.)

제 22 장

생각해보기 22-1 전등, 컴퓨터, 전자레인지, 전기 화덕, 자동차의 시동모터, (전기)칫솔, 테입녹음기, CD 플레이어, FM 라디오, 증폭기(앰프) 등.

생각해보기 22-2 (a) 두 테입의 경력이 꼭 같으니, 전하의 부호도 같아서 서로 반발할 것이다. (b) 실험해 관찰하면 이런 예측과 맞게 두 테입이 반발한다.

생각해보기 22-3 (a) "나무전하"가 새로운 전하라면, 아마포로 문질러 전하를 띤 두 나무막대는 서로 반발할 것이다. 이런 막대는 전하를 띤 호박(또는 플라스틱) 및 유리 막대 모두를 끌어당겨야 한다. (b) 책 본문에서 이러한 관찰에 대해 말한 바가 없다. (나무전하 같은) 의심스런 새로운 전하는 늘 전하를 띤 호박 또는 유리 막대를 밀어내고 다른(즉, 유리 또는 호박) 막대를 끌어당기는 것으로 되어있다. 그래서 의심스럽던 전하가 이미 있는 것의 하나와 같은 종류인 것으로 된다.

생각해보기 22-4 아주 간단한 설명으로, 고체에서 모든 부분이 딱딱하다는 것이다. 하지만 얼음을 녹여 물을 만들 수 있으며 물을 끓여서 기체(수증기)를 만들 수 있으므로 원자로 이루어진 것으로 설명하는 것이 그럴싸하다.

생각해보기 22-5 공 하나에 손을 대어 그것을 방전시킨 다음, 방전시키지 않은 공과 접촉시킨다. 두 공이 전하 q를 똑같이 나누므로 각각 전하 $q/2$ 씩을 갖게 된다. 이 과정을 되풀이하여 각각의 전하가 $(q/2)/2 = q/4$ 되게 할 수 있다.

생각해보기 22-6 (a) 전하를 띠지 않은 종이쪽들은 서로 끌거나 밀지 않는다. (b) "유도"는 중성인 물체를 늘 전하를 띤 물체 쪽으로 (띤 전하의 부호와 무관하게) 끌어당긴다. 그래서 이 방법으로는 전하의 부호를 정할 수 없다.

생각해보기 22-7 (1) A, B 끌어당김 (전하의 부호가 다름), (2) A, A 밀어냄 (부호 같음), (3) B, B 밀어냄 (부호 같음), (4) B, C 끌어당김 (유도), (5) C, C 힘없음 (둘 다 중성), (6) C, A 끌어당김 (유도).

생각해보기 22-8 (a) 스카치(Scotch[상표명]) 테입은 끝에 손을 대도 전하가 새어나가지 않으므로 절연체로 볼 수 있다. (b) 풍선에 전하를 띠게 하면 그것이 유도에 의하여 벽에 붙으며 접촉한 뒤에 떨어져 나가지는 않으므로, 풍선은 절연체처럼 행동한다.

생각해보기 22-9 (a) 아니다. 왜냐하면 거기 있는 전하가 움직이지 않기 때문이다. (b) 그림 22-10에서 아래 판으로서 양전하를 띤 유리로 시작해 똑같은 과정을 거치면, 알미늄 파이(굽기) 접시는 음전하를 띠게 될 것이다.

생각해보기 22-10 이들 주장 모두가 책 안의 실험결과와 일치(조화)되지 않는다.

생각해보기 22-11 (a) 가운데 양성자는 전자 쪽으로 끌리므로 이 힘은 왼쪽이다. (b) 그것이 다른 양성자한테서 밀리므로 이 힘도 왼쪽이다. (c) 이래서 가운데 양성자가 받는 알짜 힘은 왼쪽이다. (d) 세 전하를 잇는 선 위에는 가운데 양성자가 받는 알짜 힘이 0으로 되는 곳이 없다. 양성자와 전자의 전하 크기가 같으므로, 다른 양성자가 받는 힘이 0이 될 수 있는 곳은 단하나, 처음 둘의 중간이다. 하지만 거기서 두 힘이 지워지지 않는 것을 알고 있다.

문제

1. -1.32×10^{13} C **3.** 6.3×10^{11} **5.** 122 mA **7.** (a) 양전자; (b) 전자 **9.** 1.38 m **11.** (a) 4.9×10^{-7} kg; (b) 7.1×10^{-11} C **13.** (a) 0.17 N; (b) −0.046 N **15.** −1.00 μC 및 +3.00 μC이거나 +1.00 μC 및 −3.00 μC **17.** (a) $-(4/9)q$ 전하가 양전하 둘을 잇는 선 위에서 $+q$로부터 $L/3$ 거리에 있어야한다. **19.** $q = Q/2$ **21.** (a) 3.2×10^{-19} C; (b) 둘 **23.** (a) 0; (b) 1.9×10^{-9} N **25.** (a) 6.05 cm; (b) 가운데 구슬로부터 6.05 cm **27.** $+13e$ **29.** (a) 양; (b) +9 **31.** 9.0 kN **33.** $1.72a$, 똑바로 오른쪽으로 **35.** −11.1 μC **37.** $q = 0.71Q$ **39.** (b) $1e$, 0.654 rad; $2e$, 0.889 rad; $3e$, 0.988 rad; $4e$, 1.047 rad; $5e$, 1.088 rad **41.** (a) $J = qQ/4\pi\varepsilon_0 d^2$이라 하자. 그러면 $\alpha < 0$일 때는 $F = -J[\alpha^{-2} + (1+|\alpha|)^{-2}]$; $0 < \alpha < 1$이

면 $F = J[\alpha^{-2} - (1-\alpha)^{-2}]$; $1 < \alpha$이 면 $F = J[\alpha^{-2} + (\alpha - 1)^{-2}]$ **43.** (a) 5.7×10^{13} C, 아니다; (b) 6.0×10^5 kg **45.** (b) $\pm 2.4 \times 10^{-8}$ C **47.** (a) $\frac{L}{2}\left(1 + \frac{1}{4\pi\varepsilon_0}\frac{qQ}{Wh^2}\right)$; (b) $\sqrt{3qQ/4\pi\varepsilon_0 W}$

제 23 장

생각해보기 23-1 $F^{전기} \propto 1/r^2$. 따라서 4 cm인 곳에서 $F^{전기}$의 값은 2 cm인 곳의 값의 $(1/2)^2 = 1/4$, 즉 [∴ 벡터크기는 $36 \times 1/4$] 9 mm. 또 6 cm에서 $F^{전기}$의 크기는 2 cm 것의 $(1/3)^2 = 1/9$, 즉 4 mm [∵ $36 \times 1/9 = 4$].

생각해보기 23-2 공간의 각 점마다 장의 값이 다르다면 시험(측정) 장치의 각 부분마다 받는 힘이 다서 측정결과는 공간적인 평균값이 된다. 따라서 어느 곳의 "국소"(local) 값을 재려면 시험(측정) 장치의 공간적 부피가 작아야 한다.

생각해보기 23-3 시험전하의 종류를 바꾸어도 달라질 것은 없다! (−)의 시험전하를 써도 전기장 벡터는 식 23-9를 써서 정한다. 하지만, 새 힘은 $(\vec{F}^{전기})' = -\vec{F}^{전기}$이고 새(음) 전하는 $q'_{시험} = -q_{시험}$이므로 $\vec{E}'_{원천} = \vec{E}_{원천}$이다.

생각해보기 23-4 (a) 오른쪽으로, (b) 왼쪽으로, (c) 왼쪽으로, (d) 오른쪽으로 (p와 e의 전하 크기는 같지만 p가 더 멀리 있다).

생각해보기 23-5 (a) 왼쪽으로, (b) 왼쪽으로 가속되며 경로는 포물선, (c) 그 속력이 처음에는 느려지다가 나중에 빨라진다. 직선으로 움직일 것이고 처음에는 오른쪽으로 나중에 왼쪽으로.

생각해보기 23-6 넷이 받는 회전력의 크기가 똑같다.

생각해보기 23-7 양전하 가까이에서는 $\vec{E}$가 늘 전하에서 멀어지는 쪽으로 향하며; 음전하 가까이에서는 $\vec{E}$가 늘 전하 쪽을 향한다.

생각해보기 23-8 그림 23-10에서 등거리의 두 점전하처럼, $\vec{E}$를 셈하는 점에서 등거리에 있는 판 전하의 꼭 같은 두 조각 모두를 서로 "짝지어서" $\vec{E}$에 기여하는 판에 나란한 성분을 지울 수 있다.

문제

1. 56 pC **3.** 3.07×10^{21} N/C, 바깥쪽 반 지름 방향 **5.** q_A에서 50 cm 그리고 q_B에서 100 cm **7.** 0 **9.** 1.02×10^5 N/C, 위쪽으로 **11.** (a) 47 N/C; (b) 27 N/C **13.** $4kQ/3d^2$ 또는 $Q/3\pi\varepsilon_0 d^2$ **15.** 1.38×10^{-10} N/C, $+x$에서 180° **17.** 6.88×10^{-28} C · m **23.** $q/\pi^2\varepsilon_0 r^2$, 수직으로 아래쪽 **25.** (a) $-q/L$; (b) $q/4\pi\varepsilon_0 a(L+a)$ **29.** (a) -7.2×10^{-15} C/m; (b) -3.82×10^{-14} C/m²; (c) -9.56×10^{-15} C/m²; (d) -1.43×10^{-12} C/m³ **31.** $E = 2k|Q|(\sin\theta/2)/\theta R^2$ **33.** 217° **35.** 3.51×10^{-16} N **37.** 6.6×10^{-15} N **39.** (a) 1.5×10^3 N/C; (b) 2.4×10^{-16} N, 위로; (c) 1.6×10^{-26} N; (d) 1.5×10^{10} **41.** (a) 1.92×10^{12} m/s²; (b) 1.96×10^5 m/s **43.** (a) 2.7×10^6 m/s; (b) 1000 N/C **45.** 27 μm **47.** (a) 예; (b) 위 평판, 2.73 cm **49.** (a) 27 km/s; (b) 50 μm **51.** 5.2 cm **53.** (a) 0; (b) 8.5×10^{-22} N · m; (c) 0 **55.** $(1/2\pi)\sqrt{pE/I}$ **57.** 1.92×10^{-21} J **59.** (a) 6.4×10^{-18} N; (b) 20 N/C **63.** (a) 그림에서 오른쪽으로; (b) $(2kqQ\cos 60°)/a^2$

제 24 장

생각해보기 24-1 (a) $\phi = \vec{v} \cdot \Delta\vec{A} = (3\text{ m/s})(2 \times 10^{-4}\text{ m}^2)\cos 60° = (3 \times 10^{-4}\text{ m}^3/\text{s})$. 이 속도 벡터장으로 나타낸 유체가 무엇이든 면넓이 dA를 통하여 흐른다. (b) $\phi = \vec{E} \cdot \Delta\vec{A} = (3\text{ N/C})(2 \times 10^{-4}\text{ m}^2)\cos 60° = 3 \times 10^{-4}\text{ N} \cdot \text{m}^2/\text{C}$. 아무것도 작은 넓이를 지나 흐르지 않는다. 대신에, 전기 선속은 전기장 $\vec{E}$의 수직성분과 넓이의 곱을 나타낸다.

생각해보기 24-2 답을 얻으려면 여섯 (표)면의 선속을 모두 더하면 된다. 얻는 것은 $\phi^{알짜}_{6면체1} = 0\text{ N} \cdot \text{m}^2/\text{C}$, $\phi^{알짜}_{6면체2} = 5\text{ N} \cdot \text{m}^2/\text{C}$, $\phi^{알짜}_{6면체3} = -3\text{ N} \cdot \text{m}^2/\text{C}$이다. (a) 정6면체 2, (b) 정6면체 3, (c) 정6면체 1.

생각해보기 24-3 중심 전하가 주는 힘은 늘 중앙선을 따라서 작용한다. 중심에서 벗어난 전하 각각(예를 들어 왼쪽 전하)에는 그 점에서 같은 거리에 짝을 이루는 다른 전하(즉 오른쪽 전하)가 있다. 이 두 전하가 중앙선의 한 점에 만드는 두 전기장 벡터를 더하면, 평면에 수직인 성분은 같은 쪽이어서 더하면 두 배가 되지만 나란한 성분은 반대쪽이므로 더하면 지워져 0이 된다.

생각해보기 24-4 같은 전하가 새 가우스 면으로 에워싸여 있기만 하면 $\phi^{알짜} = q^{안}/\varepsilon_0$이라고 가우스 법칙이 말하며, $\phi^{알짜}$는 변하지 않는다.

생각해보기 24-5 구멍 안쪽 면에 (−) 전하가 유도되므로 $q^{안} = q^{유도} + q^{중심} = 0$. 그러므로 구멍의 가우스 면에서 알짜 흐름률[선속]이 0으로 될 것이다.

문제

1. (a) 0; (b) $-3.92\text{ N} \cdot \text{m}^2/\text{C}$; (c) 0; (d) 장 각각에 대해 0 **3.** $2.0 \times 10^5\text{ N} \cdot \text{m}^2/\text{C}$ **5.** (a) $8.23\text{ N} \cdot \text{m}^2/\text{C}$; (b) $8.23\text{ N} \cdot \text{m}^2/\text{C}$; (c) 각각의 경우 72.8 pC **7.** 3.54 μC **9.** q에서 만나는 세 면 각각을 통해 0, 다른 면들 각각을 통해 $q/24\varepsilon_0$ **11.** −7.5 nC **15.** −1.04 nC **19.** (a) $E = (q/4\pi\varepsilon_0 a^3)r$; (b) $E = q/4\pi\varepsilon_0 r^2$; (c) 0; (d) 0; (e) 안면에 $-q$; 바깥 면에 0 **21.** $q/2\pi a^2$ **23.** $6K\varepsilon_0 r^3$ **25.** 5.0 μC/m **27.** (a) $E = q/2\pi\varepsilon_0 LR$, radially inward; (b) $-q$ on both inner and outer surfaces; (c) $E = q/2\mu\varepsilon_0 Lr$, 반지름 바깥쪽 **29.** (a) 2.3×10^6 N/C,

반지름 바깥쪽; (b) 4.5×10^5 N/C, 반지름 안쪽 **31.** (b) $\rho R^2/2\varepsilon_0 r$ **33.** (a) 5.3×10^7 N/C; (b) 60 N/C **35.** 5.0 nC/m^2 **37.** 0.44 mm **39.** 2.0 μC/m^2 **41.** (a) 37 μC; (b) 4.1×10^6 N·m^2/C

제 25 장

생각해보기 25-1 (첫째 물음의 답): 한없이 멀리 있는 전하는 주고받는 힘이 0이다. (둘째 물음의 답): 입자가 서로 떨어져 있지 않으면 (즉 거리 0) 인력 또는 척력이 한없이 커진다.

생각해보기 25-2 (a) 전하(양성자)의 재배치(이동)으로 전기장 $\vec{E}$가 변 하지 않는다면 양전하가 $\vec{E}$와 반 대쪽으로 움직이므로 $\vec{E}$는 음(−)의 일을 한다. (b) 전하를 $\vec{E}$에 거슬러 움직이려면 밖에서 일을 해줘야 하므로 전기적 위치 에너지 U가 증 가해야(즉 $\Delta U>0$) 한다. (c) 두 점 1, 2 사이의 전위의 변화에만 관심 있기 때문.

생각해보기 25-3 (a) 바깥의 힘이 양(+)의 일을 한다. (b) 양성자는 전위가 더 높은 쪽으로 움직인다: $V_2>V_1$.

생각해보기 25-4 (a) 전기장 E의 방향은 오른쪽이다. (b) 경로 1, 2, 3, 5에서 전자에 해준 일이 양(+)이다. 경로 4에서는 해준 일이 음(−)이다. (c) $\Delta V_3>\Delta V_1=\Delta V_2=\Delta V_5>\Delta V_4$.

생각해보기 25-5 전하분포를 알면, 어느 점 P의 전위는 식 25-25를 써서 낱낱의 전하에 의한 전위를 셈하여 더하면 된다. 전기장 $\vec{E}(\vec{r})$를 알면 식 25-17을 써서 $V(\vec{r})$를 셈한다.

생각해보기 25-6 P에서의 V는 이들 세 (전하)배열에서 같다. P에서 각 양성자에 의한 전위는 양성자까지의 거리의 함수이고 방향과는 무관하다.

생각해보기 25-7 식 25-29를 쓰면, (a)에서 $\theta=0$이므로 $\cos\theta=\pm1$, (b)에서 $\theta=180°$ 및 $\cos\theta=-1$(c)에서 $\theta=90°$이므로 $\cos\theta=0$. 모든 다른 항은 일정하므로, 전위가 큰 것부터 늘어놓으면 $V_a>V_c>V_b$이다.

생각해보기 25-8 (a) $E_2>E_1=E_3$, (b) 셋째 쌍, (c) 왼쪽으로 가속함.

생각해보기 25-9 위치에너지는 스칼라양이므로 그 알짜 위치에너지를 셈할 때 스칼라 덧셈을 하지만, 전기장은 벡터량이므로 알짜 전기장을 셈할 때는 벡터의 덧셈을 해야한다.

생각해보기 25-10 (a) A가 −에서 나와 +에서 끝나므로 틀렸음. B도 틀 렸는데 판 가까이서 판에 수직이 아니므로. C는 꺾였으므로 틀렸음. D도 틀렸음 (A와 같은 이유). E가 틀린 것은 시작과 끝이 +전하 이기때문. F는 맞음. (b) 올바른 그림은 A, D, F와 같아야 하고 화살표가 음전하를 띤 공을 향해야 한다.

생각해보기 25-11 그녀의 피부가 도체여서 등전위면이기 때문이다. 전하가 재배치되어 더 둥근 머리 꼭대기 부근이 머리의 옆보다 전하밀도가 더 크다. 전하가 더 많이 모인 곳에서는 전기장이 더 세므로 등전위면은 더 가까워진다.

문제

1. (a) 3.0×10^5 C; (b) 3.6×10^6 J **3.** (a) 3.0×10^{10} J; (b) 7.7 km/s; (c) 9.0×10^4 kg **5.** 8.8 mm **7.** (a) 136 MV/m; (b) 8.82 kV/m **9.** (b) $V=0$인 점을 달리 잡았으므로; (c) $q/(8\pi\varepsilon_0 R)$; (d) 전위차는 $V=0$인 점을 어디로 잡건 같다. **11.** (a) $Q/4\pi\varepsilon_0 r$; (b) $\dfrac{\rho}{3\varepsilon_0}\left(\dfrac{3}{2}r_2^2-\dfrac{1}{2}r^2-\dfrac{r_1^3}{r}\right)$, $\rho=\dfrac{Q}{\frac{4\pi}{3}(r_2^3-r_1^3)}$; (c) 앞 ρ값을 가지고 $\dfrac{\rho}{2\varepsilon_0}(r_2^2-r_1^2)$; (d) 예 **13.** (a) −4.5 kV; (b) −4.5 kV **15.** $x=d/4$ 및 $x=-d/2$ **17.** (a) 0.54 mm; (b) 790 V **19.** 6.4×10^8 V **21.** $2.5q/4\pi\varepsilon_0 d$ **23.** $-0.21q^2/\varepsilon_0 a$ **25.** (a) $+6.0\times10^4$ V; (b) -7.8×10^5 V; (c) 2.5 J; (d) 증가; (e) 같음; (f) 같음 **27.** $W=\dfrac{qQ}{8\pi\varepsilon_0}\left(\dfrac{1}{r_1}-\dfrac{1}{r_2}\right)$ **29.** 2.5 km/s **31.** (a) 0.225 J; (b) A, 45.0 m/s^2; B, 22.5 m/s^2; (c) A, 7.75 m/s, B, 3.87 m/s **33.** 0.32 km/s **35.** 1.6×10^{-9} m **39.** $(c/4\pi\varepsilon_0)[L-d\ln(1+L/d)]$ **41.** 17 V/m, $+x$에서 반시 계방향으로 135° **45.** (a) $\dfrac{Q}{4\pi\varepsilon_0 d(d+L)}$, 왼쪽으로; (b) 0 **47.** 2.5×10^{-8} C **49.** (a) −180 V; (b) 2700 V, −8900 V **51.** (a) −0.12 V; (b) 1.8×10^{-8} N/C, 반지름 안쪽

제 26 장

생각해보기 26-1 볼타는 아마도 따끔따끔하게 느끼거나, 충격이나 급격히 뒤틀리는 충격 때문에 전극에서 황급하게 손 떼었을 것이다.

생각해보기 26-2 "회로"는 어떤 통로를 통해 완전한 한 바퀴 여행을 뜻한다. 이것이 꼭 전하가 하는 짓이다.

생각해보기 26-3 (a) 스위치 닫기 전 회로 전체의 $q^{알짜}=0$이었다면, 회로는 닫힌계이고 전하가 생성 또는 소멸되지 않으므로, 닫은 뒤에도 전하의 전체중립이 유지되면서 회로를 따라 흐른다. (b) 회로의 각 도선은 (작은) 음양의 알짜 전하를 가질 수 있지만 이것이 회로의 다른 부분에서 온 것이다.

생각해보기 26-4 전류는 정해진 때에 회로의 정해진 점을 지나가는 전하의 알짜 수송이다. 같은 양의 양전하가 (이를 테면) 오른쪽으로 움직이고 음전하가 왼쪽으로 같은 점을 지난다면, 그 점을 지나는 전하의 알짜 수송이 없고, 따라서 $i=0$ A.

생각해보기 26-5 모르는 (양의) 전류 i가 오른쪽에서 왼쪽로 흐른다고 가정하자. 그러면 중앙 매듭으로 들어가거나 (+) 거기서 흘러나오는 (−) 알짜 전류는 $(+2+3+4-1+2-2+i)$ A 이다. 그러

나 이점에서 모두를 합해 0이 되어야 한다. 이래서 $i=-8$ A, 즉 우리 가정이 틀린 것을 뜻하며 $i=8$ A가 왼 쪽에서 오른쪽으로 흐르고 있다.

생각해보기 26-6 전압계는 회로 끝 사이의 전압차를 재도록 설계돼 있으므로 회로요소를 가로질러 연결된다. 전류계는 회로의 부분을 통한 전류를 재도록 설계돼 있으므로 회로의 그 갈래에 끼어 넣는다. 전류가 흐를 갈래나 우회경로가 없는 직렬회로에서, 전류계를 직렬로 연결된 회로요소의 앞이나 뒤에 두는 것에 무관하다.

생각해보기 26-7 장치 1이 옴(ohmic) 소자인데 왜냐하면 $\Delta V=0$ V인 때 $(\Delta V/i)=2.25\,\Omega=$ 일정 및 $i=0$ A이기 때문이다. 장치 2는 아닌데(non-ohmic) 왜냐하면 $(\Delta V/i)\neq 0$일정. 장치 3도 그렇다(non-ohmic). ΔV 대 i의 그림표가 직선이지만, $\Delta V=0$에서 $i\neq 0$이므로 i가 ΔV에 비례하지 않다.

생각해보기 26-8 니크롬(상표명: Nichrome) 도선의 단면적이 1/2로 줄면 저항이 2배로 되어 i 대 ΔV 그림표의 기울기(즉 $1/R$)가 1/2로 줄어들 것이다.

생각해보기 26-9 (a) 대부분의 도선에서 $R\propto 1/r^2$인데, 이것은 수식 26-8이 표시하는 것처럼 전류가 도선의 표면만이 아니고 단면적 전체를 통해서 흐르는 것을 암시한다. (b) 만일 전류가 표면 가까운 얇은 층으로만 흐른다면, $R\propto 1/r$가 예상되는데 왜냐하면 원꼴 단면을 가진 도선의 둘레가 $2\pi r$이기 때문이다.

생각해보기 26-10 $R=\rho L/A$이므로 (a) = (c) > (b).

생각해보기 26-11 (a) = (b) > (d) > (c).

생각해보기 26-12 전류밀도를 비교하는데 단면적 A만이 관련되므로, (a) = (d) > (b) = (c).

생각해보기 26-13 전류밀도는 $(I/A)=(\Delta V/(RA))$이고 $RA=pL$이므로, 여기서 전류밀도가 각 도선의 길이에 반비례하는 것을 알 수 있다. 그래서 (b) = (d) > (a) = (c).

문제

1. (a) 1200 C; (b) 7.5×10^{21} **3.** 5.6 ms **5.** 100 V **7.** $2.0\times10^{-8}\,\Omega\cdot$m **9.** 2.4 Ω **11.** 54 Ω **13.** 3.0 **15.** (a) 0.43%, 0.0017%, 0.0034% **17.** 560 W **19.** (a) 1.0 kW; (b) 25¢ **21.** 0.135 W **23.** (a) 10.9 A; (b) 10.6 Ω; (c) 4.5 MJ **25.** 660 W **27.** (a) 3.1×10^{11}; (b) 25 μA; (c) 1300 W, 25 MW **29.** (a) 17 mV/m; (b) 243 J **31.** (a) 6.4 A/m², 북; (b) 아니다. 단면적 **33.** 0.38 mm **35.** (a) 2×10^{12}; (b) 5000; (c) 10 MV **37.** 13 min **39.** $8.2\times10^{-4}\,\Omega\cdot$m **41.** (a) 0.67 A; (b) 음극 쪽으로 **43.** (a) 1.73 cm/s; (b) 3.24 pA/m²

제 27 장

생각해보기 27-1 $R=\rho L/A$; $A=\pi r^2=\frac{1}{4}\pi d^2$; $\rho_{Cu}=1.7\times10^{-8}\,\Omega\cdot$m; $d=2.4\times10^{-4}$ m; $L=0.30$ m $\therefore R=(1.7\times10^{-8}\,\Omega\cdot\text{m})(0.30\,\text{m})/\left[\frac{1}{4}\pi(2.4\times10^{-4}\,\text{m})^2\right]=0.113\,\Omega$.

생각해보기 27-2 (a) 첫 전구에서 전류 모두를 "써버렸으면" 둘째와 셋째는 깜깜할 것이다. (b) 첫째가 대부분을 "써버렸으면" 둘째는 첫째보다 침침할 것이고 셋째는 둘째보다 침침할 것이다. (c) 첫째가 조금만 "써버렸으면" 셋째가 둘째보다 어둡고 둘째는 첫째보다 어두울 것이다.

생각해보기 27-3 $i_a=i_b=i_c$ 및 $V_b>V_c>V_a$.

생각해보기 27-4 (a) $i_1=i_2=i_3$; (b) $\Delta V_1>\Delta V_2>\Delta V_3$.

생각해보기 27-5 전류계가 저항들과 직렬로 연결되어, 그 저항이 그들의 것에 합해진다. (a) 전류계 없으면, 전류가 가장 크다. (b) $R_A\ll R_1+R_2$이면 전류가 조금만 감소. (c) $R_A=R_1+R_2$이면 전류가 반으로 된다. 이래서 좋은 전류계는 가능한한 되도록 작은 저항을 가져야한다.

생각해보기 27-6 (a) $R_1=R_2$ 직렬이면 $i_1=i_2$ & $\Delta V_1=\Delta V_2=\frac{1}{2}\Delta V_B$, $\therefore i=i_1=i_2=\Delta V_B/(R_1+R_2)$. (b) $R_1=R_2$ 병렬이면 $i_1=i_2$ & $\Delta V_1=\Delta V_2=\Delta V_B$, $\therefore i=i_1+i_2=2\Delta V_B/R_1=2\Delta V_B/R_2$.

생각해보기 27-7 R_V와 R_1가 병렬인 것을 본다. 그래서 $R_V\ll R_1$이면, 그림 27-12에서 d와 e 사이의 유효 저항이 R_1에서 극적으로 감소하여 R_V보다 작아진다. 이것이 ΔV_{de}를 " 끌어내려" 전압계를 넣기 이전의 값보다 작은 값으로 만든다. 하지만, $R_V\gg R_1$이면, d와 e 사이의 유효 저항이 R_1 정도로 머물고 ΔV_{de} 값은 전압계 달기 이전 정도이다. 그래서 $R_V\gg R$가 보다 정확한 전위차 측정을 줄 것이다.

생각해보기 27-8 전구가 똑같고 병렬 연결이므로, $i_1=i_2=i_3$. 전구 하나만 연결하면 그 밝기가 전과 같을 것인데, 그것에 걸리는 전위차가 그대로 ΔV_B이기 때문이다.

문제

1. (a) 30 Ω; (b) 시계방향; (c) A **3.** (a) 45 Ω; (b) 각각 0.33 A; (c) 0.33 A **5.** $V_1=3.5$ V; $V_2=4.3$ V; $V_3=7.2$ V **7.** 8.0 Ω **9.** (a) 0; (b) 1.25 A, 아래로 **11.** (a) 120 Ω; (b) $i_1=51$ mA, $i_2=i_3=19$ mA, $i_4=13$ mA **13.** 20 Ω **15.** (a) 전구 2; (b) 전구 1 **17.** 0.45 A **19.** $i_1=50$ mA, $i_2=60$ mA, $V_{ab}=9.0$ V **21.** (a) Cu: 1.11 A, Al: 0.893 A; (b) 126 m **23.** 5.56 A **25.** $3d$ **29.** 아홉 **31.** 에너지 줌, 360 W **33.** (a) 3.0 A, 아래로; (b) 1.6 A, 아래로; (c) 6.4 W, 공급; (d) 55.2 W, 공급 **35.** (a) 12 eV (1.9×10^{-18} J); (b) 6.5 W **39.** (a) 7.50 A, 왼쪽으로; (b)

10.0 A, 왼쪽으로; (c) 87.5 W, 공급 **41.** (a) 0.33 A, 오른쪽으로; (b) 720 J **43.** (a) $\$320$; (b) 4.8¢ **45.** 14시간 24분 **47.** (a) 0.50 A; (b) $P_1 = 1.0\ \mathrm{W}$, $P_2 = 2.0\ \mathrm{W}$; (c) $P_1 = 6.0\ \mathrm{W}$ 공급, $P_2 = 3.0\ \mathrm{W}$ 흡수 **49.** (a) $V_T = -ir + \mathscr{E}$; (b) 13.6 V; (c) 0.060 Ω **51.** (a) 14 V; (b) 100 W; (c) 600 W; (d) 10 V, 100 W **53.** (a) 50 V; (b) 48 V; (c) B가 음극에 연결됨 **55.** (a) $r_1 - r_2$; (b) r_1 가진 전지 **59.** (a) $R = r/2$; (b) $P^{최대} = \varepsilon^2/2r$ **61.** (a) 0.346 W; (b) 0.050 W; (c) 0.709 W; (d) 1.26 W; (e) −0.158 W **63.** (a) 전지 1, 0.67 A 아래; 전지 2, 0.33 A 위; 전지 3, 0.33 A 위; (b) 3.3 V

제 28 장

생각해보기 28-1 축전기에서 판의 초과 전하량이나 판 사이 전위차가 얼마이던 전기용량은 변함이 없다. $|q|$가 2배로 되면 ΔV_c도 그렇게 되며, ΔV_c를 3배로 늘리면 $|q|$도 그렇게 된다.

생각해보기 28-2 세 형태의 축전기 모두가 전지에서 떼어내면 전기적으로 고립되므로 "두 판" 각각의 초과전하가 변하지 않는다.

생각해보기 28-3 이들 모두에서 ΔV가 일정하므로, C 따라서 $|q|$가 판 사이 거리에 따라서 변하므로, $|q|$는 (a) 감소, (b) 증가, (c) 감소한다.

생각해보기 28-4 처음에 축전기 각각이 같은 $|q|$와 $|\Delta V|$를 가졌다. (a) 양 판끼리 그리고 음끼리 잇는 병렬은 각각의 $|q|$와 $|\Delta V|$를 변화시키지 않는다. 양을 음에 잇는 병렬이 $|\Delta V| = 0$으로 만들게 되므로 각각의 $|q| = 0$. (b) 직렬로 연결하면, 이 양들이 변하지 않는다.

생각해보기 28-5 (a) $i_0 = |\Delta V_\mathrm{B}|/R$이므로, $(i_0)_1 > (i_0)_2 > (i_0)_4 > (i_0)_3$. (b) $t_{(1/2)}$이 $\tau = RC$에 비례하므로, $(t_{(1/2)})_4 > (t_{(1/2)})_1 = (t_{(1/2)})_2 > (t_{(1/2)})_3$.

문제

1. 7.5pC **3.** 3.0mC **5.** (a) 140pF; (b) 17nC **7.** $5.04\pi\varepsilon_0 R$ **11.** 9090 **13.** 3.16μF **17.** 43pF **19.** (a) 50V; (b) 5.0×10^{-5}C; (c) 1.5×10^{-4}C **21.** $q_1 = \dfrac{C_1C_2 + C_1C_3}{C_1C_2 + C_1C_3 + C_2C_3} C_1 \Delta V_0$, $q_2 = q_3 = \dfrac{C_2C_3}{C_1C_2 + C_1C_3 + C_2C_3} C_1 \Delta V_0$ **23.** 72F **25.** 0.27J **27.** (a) 2.0J **29.** (a) $2\Delta V$; (b) $U_i = \varepsilon_0 A \Delta V^2/2d$, $U_f = 2U_1$; (c) $\varepsilon_0 A \Delta V^2/2d$ **35.** 파이렉스(Pyrex[상표명]유리) **37.** 81pF/m **39.** 0.63m^2 **43.** (a) 10kV/m; (b) 5.0nC; (c) 4.1nC **45.** (a) $C = 4\pi\varepsilon_0 \kappa \left(\dfrac{ab}{b-a}\right)$; (b) $q = 4\pi\varepsilon_0 \kappa \Delta V \left(\dfrac{ab}{b-a}\right)$; (c) $q' = q(1 - 1/\kappa)$ **47.** 4.6 **49.** (a) 2.41μs; (b) 161pF **51.** (a) 2.17s; (b) 39.6mV **53.** (a) 1.0×10^{-3}C; (b) 1.0×10^{-3}A; (c) $\Delta V_\mathrm{C} = 1.0 \times 10^3 \mathrm{e}^{-t}$ V, $\Delta V_\mathrm{R} = 1.0 \times 10^3 \mathrm{e}^{-t}$ V; (d) $\mathrm{P} = \mathrm{e}^{-2t}$ W

제 29 장

생각해보기 29-1 (a) z축; (b) $-x$축; (c) $\vec{F} = 0$ N이므로 방향이 없다.

생각해보기 29-2 (a) 전자인데, 왜냐하면 질량이 보다 작아서 수직인 힘에 경로가 더 잘 "휘어"진다; (b) 전자는 시계방향으로 움직인다.

생각해보기 29-3 $\vec{F}^{알짜} = \vec{F}^{전기} + \vec{F}^{자기}$. 전기장 $\vec{E}$가 전하에 미치는 힘은 네 경우 모두에서 꼭 같고 쪽에서 수직으로 나오는 방향이다. 1과 3의 경우, $\vec{B}$와 $\vec{v}$가 평행이므로 전하에 작용하는 자기력이 없다. 2/4의 경우는, $\vec{B}$와 $\vec{v}$가 (쪽에 수직으로) 나오는/들어가는 자기력에 수직이다. (a) 힘 크기는 $|\vec{F}_2^{알짜}| > |\vec{F}_1^{알짜}| = |\vec{F}_3^{알짜}|$. $|\vec{F}_4^{알짜}|$는 0과 보다 큰 $|\vec{F}_4^{알짜}|$ 사이의 값을 가질 수 있어 차례를 매길 수 없다. (b) 0인 알짜 힘은 4의 경우에만 가능하다.

생각해보기 29-4 주어진 $|\vec{B}|$에 대해서, $\vec{B}$가 $\vec{F}^{자기}$와 $\vec{L}$ 모두에 수직일 때 $|\vec{F}^{자기}| = |i\vec{L} \times \vec{B}|$ 값이 극대이다. $\vec{B} = \pm|\vec{B}|\hat{\mathrm{j}}$이면 그렇다. 각 방향을 해보면, 오른손규칙이 $-y$축 방향의 $\vec{B}$를 준다.

생각해보기 29-5 (a) $\tau = |\vec{\mu}||\vec{B}|\sin\phi$, 여기서 $\phi = \theta$ (경우 2와 3) 및 $\phi = \pi - \theta$ (경우 1과 4). 하지만 $\sin\theta = \sin(\pi - \theta)$이므로 τ는 네 경우 모두에서 같다. (b) $U(\phi) = -\vec{\mu} \cdot \vec{B} = -|\vec{\mu}||\vec{B}|\cos\phi$. 이제 경우 2와 3에서 $\phi = \theta < \pi/2 \therefore \cos\theta > 0$, 경우 1과 4에서 $\phi = \pi - \theta > \pi/2 \therefore \cos\phi < 0$, 따라서 $U_1 = U_4 > U_3 = U_2$.

문제

1. (a) 6.2×10^{-18} N; (b) 9.5×10^8 m/s^2; (c) 550m/s에 머무름 **3.** (a) 400km/s; (b) 835eV **5.** (a) 동쪽; (b) 6.28×10^{14} m/s^2; (c) 2.98mm **7.** 21μT **9.** (a) 2.05×10^7 m/s; (b) 467μT; (c) 13.1MHz; (d) 76.3ns **11.** (a) 0.978MHz; (b) 96.4cm **15.** (a) 1.0MeV; (b) 0.5MeV **17.** (a) 495mT; (b) 22.7mA; (c) 8.17MJ **19.** (a) 0.36ns; (b) 0.17nm; (c) 1.5mm **21.** (a) 3.4×10^{-4} T, 수평이며 $\vec{v}_1$을 따라 볼 때 왼쪽으로; (b) 그 속도가 전자의 속도와 같다면, 그렇다 **23.** 0.27mT **25.** 680kV/m **27.** (b) 2.84×10^{-3} **29.** 38.2cm/s **31.** 28.2N, 수평으로 서쪽 **33.** 467mA, 왼쪽에서 오른쪽으로 **35.** 0.10T, 수직(연직)에서 31° **37.** 4.3×10^{-3} N · m, $-y$방향 **41.** $2\pi aiB\sin\theta$, 고리의 평면에 수직(즉 위로) **43.** 2.45A **45.** (a) 12.7A; (b) 0.0805 N · m **47.** 0.30J/T; (b) 0.024 N · m **49.** (a) 2.86 A · m^2; (b) 1.10 A · m^2 **51.** (a) $(8.0 \times 10^{-4}\ \mathrm{N \cdot m})(-1.2\hat{\mathrm{i}} - 0.90\hat{\mathrm{j}} + 1.0\hat{\mathrm{k}})$; (b) -6.0×10^{-4} J

제 30 장

생각해보기 30-1 (a) 점 1에서 $\vec{B}$는 왼쪽으로, (b) 점 2에서 $\vec{B}$는 위로, (c) 점 1에서 $\vec{B}$는 오른쪽으로, (d) 점 2에서 $\vec{B}$는 아래로.

생각해보기 30-2 (a) 점 1에서 $\vec{B}^{알짜}=0$이라면 도선의 전류는 쪽에서 나온다. (b) $\vec{B}^{알짜}=\vec{B}^{바깥}+\vec{B}^{도선}$이며 점 2에서 $\vec{B}^{도선}$이 똑바로 아래로 향하며 $\vec{B}^{바깥}$와 같은 크기를 가지므로, 점 2에서 $\vec{B}^{알짜}$는 아래에서 오른쪽으로 45° 방향이며 크기는 $\sqrt{2}\,B^{바깥}$.

생각해보기 30-3 $F_b > F_c > F_a$.

생각해보기 30-4 $\oint \vec{B}\cdot d\vec{s} = \mu_0 i^{에워}$, 여기서 $i^{에워}$ 은 에워싼 고리를 통해서 흐르는 알짜 전류이다. 그러므로 네 경우의 값은 $\left|\frac{1}{\mu_0}\oint \vec{B}\cdot d\vec{s}\right|$ = (a) i, (b) 0, (c) i, (d) $2i$. (d) > (a) = (c) > (b)

생각해보기 30-5 $z \gg R$이면 , 한 고리가 주는 $|\vec{B}|$는 $|\vec{\mu}| = iA$에 비례한다. 모든 i가 같으니, 각각의 고리에서 $|\vec{B}| \propto A$. 전류들의 방향을 생각하고 또 작은 고리 하나가 주는 자기장 크기가 B_1이라면, 큰 고리 하나의 자기장 크기는 $B_2 = 4B_1$가 되므로, $B_a = 2B_1$; $B_b = 0$; $B_c = 0$; $B_d = 2B_1 + B_2 = 2B_1 + 4B_1$ ∴ $|\vec{B}_d| > |\vec{B}_a| > |\vec{B}_b| = |\vec{B}_c| = 0$.

문제

1. (a) 3.3 μT; (b) 그렇다 **3.** (a) 16 A; (b) 서에서 동으로 **5.** $\mu_0 qvi/2\pi d$, i에 반평행; (b) 같은 크기, i에 평행 **7.** 2 rad **9.** $\frac{\mu_0 i\theta}{4\pi}\left(\frac{1}{b}-\frac{1}{a}\right)$, 면에서 나옴 **19.** $(\mu_0 i/2\pi w)\ln(1 + w/d)$, 위로 **21.** 256 nT **23.** (a) 그들 중간에서 $B = 0$ 이외의 값을 갖는 것이 불가능하다; (b) 30 A **25.** 4.3 A, 면에서 나옴 **27.** 80 μT, 쪽에서 위로 **29.** $0.791\mu_0 i^2/\pi a$, 수평에서 반시계방향으로 162° **31.** 3.2 mN, 도선 쪽으로 **33.** (a) $(-2.0\text{ A})\mu_0$; (b) 0 **37.** $\mu_0 J_0 r^2/3a$ **43.** 0.30 mT **45.** (a) 533 μT; (b) 400 μT **49.** (a) 4.77 cm; (b) 35.5 μT **51.** 0.47 A · m^2 **53.** (a) 2.4 A · m^2; (b) 46 cm **59.** (a) 79 μT; (b) 1.1×10^{-6} N · m

제 31 장

생각해보기 31-1 그들이 유도현상을 변화하는 (자기)장이 아니고 장의 존재와 관련시키려 했었다.

생각해보기 31-2 자기장이 균일해서 그림에서 보는 것처럼 왼쪽 및 오른쪽 부분이 대칭으로 극성을 갖는다. 전류가 흐를 유리한 방향이 있는 것이 아니다.

생각해보기 31-3 이 경우는 그림 31-7의 것과 비슷하다. 하지만 여기서 코일 오른쪽의 극성이 왼쪽보다 항상 강해서, 전류가 계속 반시계방향으로 흐를 것이다.

생각해보기 31-4 그렇다, 왜냐하면 관측은 자기력법칙($\vec{F} = q\vec{v}\times\vec{B}$) 안의 속도 $\vec{v}$가 B 장을 만드는 물체와 전하 사이의 상대속도인 것을 나타내기 때문이다.

생각해보기 31-5 자석이 가속도 $\vec{a} = (-9.8\text{ m/s}^2)\hat{j}$를 가지고 아래로 떨어진다. (이 가속도 때문에) 그 뒤 끝이 고리가 에워싼 넓이를 지날 때의 속도는 앞선 극이 지나간 때보다 빠르다. 그러므로 B 장의 변화율은 $t = 0.20$ s인 때가 $t = 0.10$ s 때보다 크고 유도전류도 그렇다.

생각해보기 31-6 (a) $b > d = e > a = c$ (b) $|dB/dt|$ 크기로 결정되므로, 유도기전력은 기울기가 가장 큰 때에 가장 크다.

생각해보기 31-7 (a) 감소하는 장에 보태려면 (즉 변화에 반대하려면) 면으로 들어가는 방향, (b) 증가하는 장에서 빼내려면 (즉 변화 반대) 면에서 나오는 방향.

생각해보기 31-8 (a) 각각의 반원 넓이에서 $|d\Phi^{자기}/dt|$가 같다. 반원 각각이 주는 유도기전력이 (향하는) "쪽" 만이 문제이다. 렌츠(Lenz) 법칙을 쓰면, 고리(a)는 0아닌 시계방향(CW=clockwise) 유도전류를 갖는다. 고리(b)는 위와 아래 반(원) 모두에서 반시계방향(CCW=counter clockwise) 전류를 가지므로 $|i_a| = |i_b|$. 고리 (c)에서 위와 아래 반의 유도기전력이 상쇄하여 $|i_c| = 0$이 되며, 따라서 $|i_a| = |i_b| > |i_c|$.

생각해보기 31-9 고리가 $B \neq 0$인 곳에 들어가거나 나올 때, 고리의 높이 h와 속력 v를 가지고 $|\mathscr{E}| = |d\Phi^{자기}/dt| \propto hv$. 각각에서 v = 일정이므로, $|\mathscr{E}_c| = |\mathscr{E}_d| = 2|\mathscr{E}_a| = 2|\mathscr{E}_b|$.

생각해보기 31-10 (a) (위로) 나옴 [주어졌음], (b) 나옴, 경로 3의 $|\mathscr{E}| = 3$ "mag", (c) 나옴, 경로 3의 $|\mathscr{E}| = 3$ "mag", (e) 들어감, ∵ 경로 4의 $|\mathscr{E}| = 0$, (d) 들어감, 경로 2의 $|\mathscr{E}| = 2$ "mag".

생각해보기 31-11 오른손 엄지를 전류 쪽으로 향하게 하면 (다른) 손가락들은 도선을 자기장 방향으로 둘러싸게 된다. 이것은 그림 31-43이 보여주는 자기장 방향과 일치한다.

생각해보기 31-12 $i^{변위} = \varepsilon_0(d\Phi^{전기}/dt)$로 정의된 양은 전류의 단위를 갖는다. $\vec{B}$ 방향을 아는데 오른손 규칙을 쓸 수 있고 그것을 써서 축전기로 유도되는 $\vec{B}$의 크기를 알아낼 수 있다.

생각해보기 31-13 (a) $|\Phi_d| > |\Phi_b| > |\Phi_c| > |\Phi_a|$. $\oint \vec{B}\cdot d\vec{A} = 0$ (식31-49), $\Phi^{알짜} = \oint_{끝/평면} \vec{B}\cdot d\vec{A} + \oint_{옆/곡면} \vec{B}\cdot d\vec{A}$, ∴ $\Phi^{옆/곡면} = \oint_{끝/평면} \vec{B}\cdot d\vec{A}$.

생각해보기 31-14 둘 모두가 가우스 폐곡면에 걸쳐 장 벡터를 적분한다. 각 적분은 면에 싸인 알짜 전하 또는 '자하' (magnetic charge)에 비례한 알짜 흐름률/선속(flux)을 준다. 둘(전기와 자기) 사이의 중요한 차이는 에워싼 알짜전하가 항상 0(즉, N 및 S 극이 항상 같이 나타남)이지만 에워싼 알짜전하는 양, 음, 0일 수 있다는 것이다.

생각해보기 31-15 패러데이 법칙은 변화하는 자기장이 전기장을 만든다고 말한다. 앙페르-맥스웰 법칙은 변화하는 전기장은 자기장을 만든다고 말한다. 그래서 이들 두 장 사이에 수학적인 대칭이 있다.

문제

1. 1.5 mV **3.** (a) 31 mV; (b) 오른쪽에서 왼쪽으로 **5.** (a) $1.1\times10^{-3}\,\Omega$; (b) 1.4 T/s **7.** 30 mA **9.** 2.9 mV **11.** (a) $\mu_0 ir^2\pi R^2/2x^3$; (b) $3\mu_0 i\pi R^2 r^2 v/2x^4$; (c) 큰 고리의 전류와 같은 방향 **13.** (b) 아니다 **15.** 29.5 mC **17.** (a) 21.7 V; (b) 반시계방향 **19.** (b) $Nab=(5/2\pi)\,\mathrm{m}^2$ 되도록 설계한다 **21.** 5.50 kV **23.** 80 μV, 시계방향 **25.** (a) 13 μWb/m; (b) 17%; (c) 0 **27.** 3.66 μW **29.** (a) 48.1 mV; (b) 2.67 mA, (c) 0.128 mW **31.** (a) 600 mV, 쪽 위로; (b) 1.5 A, 시계방향; (c) 0.90 W; (d) 0.18 N; (e) (c)와 같음 **33.** (a) 240 μV; (b) 0.600 mA; (c) 0.144 μW, (d) 2.88×10^{-8} N; (e) (c)와 같음 **35.** (a) 71.5 μV/m; (b) 143 μV/m **39.** 2.4×10^{13} V/m · s **41.** (a) 1.18×10^{-19} T; (b) 1.06×10^{-19} T **43.** (a) 5.01×10^{-22} T; (b) 4.51×10^{-22} T **45.** 52 nT · m **51.** (a) 0.63 μT; (b) 2.3×10^{12} V/m · s **53.** (a) 710 mA; (b) 0; (c) 1.1 A **55.** (A) 2.0 A; (b) 2.3×10^{11} V/m · s; (c) 0.50 A; (d) 0.63 μT · m **57.** (a) 75.4 nT; (b) 67.9 nT **59.** (a) 27.9 nT; (b) 15.1 nT **61.** (b) 부호는 −; (c) 아니다. 자석 쪽 열린 끝을 통해 보상하는 양의 선속이 있다 **63.** 47.4 μWb, 안쪽으로

제 32 장

생각해보기 32-1 수식 32-1과 32-2를 결합해서 얻는 것은 $L=\mu_0 An^2 l$. (a) $n\to 2n$으로 되면, $L\to 4L$; (b) $A\to 2A$이면, $L\to 2L$.

생각해보기 32-2 (d) (감소하며 오른쪽으로) 또는 (e) (증가하며 왼쪽으로)

생각해보기 32-3 (a) $R_{평형}=(N_{1차}/N_{2차})^2 R$인데, 발전기가 보는 $R_{평형}$이 작은 것을 원한다. 그래서 $N_{2차}$가 $N_{1차}$보다 커야 된다. (b) 이것은 승압 변압기이다.

생각해보기 32-4 냉장고 자석은 강자성체; 표준 종이클립도 강자성 재료인 강철로 만들었으므로 강자성체; 은 도선은 반자성체이다(책이 그렇게 말함).

생각해보기 32-5 (a) 스핀은 아래 방향, 즉 (2). (b) 양성자 전하의 부호가 반대여서 스핀은 위로, 즉 (1).

생각해보기 32-6 강자성 재료는 (자기)구역들이 50% 훨씬 넘게 서로 정렬해야만 강한 자석으로 행동한다. 지배적인 구역정렬이 하나도 없다면, 영구자석이 아니다.

생각해보기 32-7 이력(현상)이란 자기화 곡선을 따라가는 과정이 비가역적인 것을 뜻한다. (자기)구역들의 재 정렬이 완전이 가역적은 아니기 때문에 생긴다.

생각해보기 32-8 (a) $\vec{F}^{자기}$는 자석 쪽방향이다. (b) (자기)쌍극자 모멘트들도 그 쪽방향이다. (c) 공 1에 작용하는 힘이 작다.

생각해보기 32-9 (a) $\vec{F}^{자기}$는 자석에서 멀어지는 쪽방향이다. (b) 쌍극자 모멘트도 그렇다. (c) 공 1의 힘이 작다.

생각해보기 32-10 지구의 B장이 어느 때든 다른 위치에서는 다른 편각(남북에서 벗어난)과 복각(수평에서 벗어난)을 갖는다. 하지만, 그들이 시간이 흐르면 변한다. 현재 지리학적 극들이 매일 움직인다. 그들이 1000년 정도의 시간주기로는 뒤집힐(남북이 바뀔) 수 있다.

문제

1. 0.10 μWb **5.** 전류가 5.0 A/s인 율로 변하도록 한다 **7.** (b) 한 인덕터에서 변화하는 자기장이 다른 것에 전류를 유도하지 않게 하기 위해서; (c) $L_{평형}=\sum_{j=1}^{N}L_j$ **9.** 12 A/S **11.** (a) 0.60 mH; (b) 120 **13.** (a) 1.67 mH; (b) 6.00 mWb **15.** (b) 두 솔레노이드를 반대 방향으로 감기도록 함 **17.** 자기장이 솔레노이드 1의 단면적 안에만 있다. **19.** (a) $\dfrac{\mu_0 Nl}{2\pi}\ln\left(1+\dfrac{b}{a}\right)$; (b) 13 μH **21.** $6.91\tau_L$ **23.** 46 Ω **25.** (a) 8.45 ns; (b) 7.37 mA **27.** 12.0 A/s **29.** (a) $i_1=i_2=3.33$ A; (b) $i_1=4.55$ A, $i_2=2.73$ A; (c) $i_1=0$, $i_2=1.82$ A (반대쪽/뒤집힌); (d) $i_1=i_2=0$ **31.** (a) 3.28 ms; (b) 6.45 ms; (c) 무한한 시간; (d) $R=6.0\,\Omega$이면, 평형전류는 $\mathscr{E}/R=(12\text{ V})/(6.0\,\Omega)=2.00$ A로 되는데; 그에 이르는데 무한한 시간이 걸림. $R=5.00\,\Omega$이면, 전류 2.00 A는 평형 값보다 작고 그에 이르는데 유한한 시간이 걸림; (e) 0; (f) 3 ms **33.** 81.1 μs **35.** (a) 2.4 V; (b) 3.2 mA, 0.16 A **37.** 10 **39.** (a) -9.3×10^{-24} J/T; (b) 1.9×10^{-23} J/T **41.** (a) 0; (b) 0; (c) $\pm3.2\times10^{-25}$ J; (d) 2.8×10^{-23} J/T, $+9.7\times10^{-25}$ J/T, $\pm3.2\times10^{-25}$ J **43.** (a) 아홉; (b) $4\mu_B=3.71\times10^{-23}$ J/T; (c) $+9.27\times10^{-24}$ J; (d) -9.27×10^{-24} J **45.** 5.15×10^{-24} A · m² **47.** (a) 180 km; (b) 2.3×10^{-5} J **49.** $\Delta\mu=e^2r^2B/4m$ **51.** 20.8 mJ/T **53.** 예 **55.** (b) K_i/B, 장에 반대로; (c) 310 A/m **57.** 55 μT **59.** (a) 31.0 μT, 0°; (b) 55.9 μT, 73.9°; (c) 6.20 μT, 90°

제 33 장

생각해보기 33-1 수식 33-6을 쓰면, $a=b>c$. (여기서 코일 넓이에 무관한 것을 눈여겨보라.)

생각해보기 33-2 시각 $t=0$ s에, $U^{전기}=$ 최대 및 $U^{자기}=0$. $T=$ 주기 $=1/f$ (a) $|q(t)|$는 $t=T/2$때 다시 최대이다. (b) Δv_c가 바로 다음의 같은(즉 최대) 값은 $t=T$인 때. (c) $U^{전기}$가 바로 다음 최대는 $t=t/2$인 때. (d) i는 $t=T/4$때 다음의 최대.

생각해보기 33-3 ω의 단위는 [rad/s]. $L=\mathscr{E}_L/(di/dt)$이므로,

[H] = [V/(A/s)]를 얻는다. $C = q/\Delta V$ 이므로 [F] = [Q/V] 를 얻는다. $\omega = 1/\sqrt{LC}$ 이고 $1/\sqrt{LC}$ 의 단위가 $[1/(\text{V}\cdot\text{s/A})(Q/\text{V})]^{1/2}$ 인데 [A] = [Q/s]여서 $[1/\text{s}^2]^{1/2}$ 즉 [1/s]을 얻는다. 이것이 ω의 단위 [rad/s]와 맞는다.

생각해보기 33-4 (a) (회로)고리 규칙에 따르면 $\Delta v_C + \Delta v_L = 0$. $\mathscr{E}_L = \Delta v_L$ 이므로, $\mathscr{E}_L = 5\,\text{V}$ (b) $U^{자기} = U - U^{전기} = 160\,\mu\text{J} - 10\mu\text{J} = 150\,\mu\text{J}$.

생각해보기 33-5 (a) C > B > A. (b) 1 & A, 2 & B, 3 & S, 4 & C. (c) A.

생각해보기 33-6 (a) (1)에서 뒤지고, (2)에서 앞서며, (3)에서 같은 위상. (b) (3) ($X_L = X_C$ 때 $\omega^{구동} = \omega$).

생각해보기 33-7 (a) 회로가 주로 용량성(capacitive)이므로 증가; 최대 $\langle P \rangle$의 공명에 접근하려면 X_c를 감소하기 위해 C를 증가. (b) 가까워짐.

문제

1. 25.6 ms **3.** (a) 97.9 H; (b) 0.196 mJ **7.** (a) 34.2 J/m^3; (b) 49.4 mJ **9.** 1.5×10^8 V/m **11.** (a) 1.0 J/m^3; (b) 4.8×10^{-15} J/m^3 **13.** 9.14 nF **15.** (a) 1.17 μJ; (b) 5.58 mA **17.** 양의 정수 n으로: (a) $t = n(5.00\,\mu\text{s})$; (b) $t = (2n-1)(2.50\,\mu\text{s})$; (c) $t = (2n-1)(1.25\,\mu\text{s})$ **19.** (a) 1.25 kg; (b) 372 N/m; (c) 1.75×10^{-4} m; (d) 3.02 mm/s **21.** 7.0×10^{-4} s **23.** (a) 3.0 nC; (b) 1.7 mA; (c) 4.5 nJ **25.** (a) 275 Hz; (b) 364 mA **27.** (a) 6.0:1; (b) 36 pF, 0.22 mH **29.** (a) 1.98 μJ; (b) 5.56 μC; (c) 12.6 mA, (d) $-46.9°$; (e) $+46.9°$ **31.** (a) 0.180 mC; (b) $T/8$; (c) 66.7 W **33.** (a) 356 μs; (b) 2.50 mH, (c) 3.20 mJ **35.** T_2(= 0.596 s)는 인덕터에 900 μF축전기를 더한 것의 주기라 하고 T_1(= 0.199 s)는 인덕터에 100 μF축전기를 더한 것의 주기라고 하자. 스위치 S_2를 닫고, $T_2/4$를 기다린다; S_1을 빠르게 닫고서 S_2를 연다; $T_1/4$ 기다렸다가 S_1을 연다. **37.** 8.66 mΩ **39.** $(L/R)\ln 2$ **43.** (a) 0.0955 A, (b) 0.0119 A **45.** (a) 0.65 kHz; (b) 24 Ω **47.** (a) 6.73 ms; (b) 11.2 ms; (c) 인덕터; (d) 138 mH **49.** (a) $X_C = 0$, $X_L = 86.7\,\Omega$, $Z = 218\,\Omega$, $I = 165$ mA, $\phi = 23.4°$ **51.** (a) $X_C = 37.9\,\Omega$, $X_L = 86.7\,\Omega$, $Z = 206\,\Omega$, $I = 175$ mA, $\phi = 13.7°$ **53.** 1000 V **55.** 89 Ω **57.** (a) 224 rad/s; (b) 6.00 A; (c) 228 rad/s, 219 rad/s; (d) 0.040 **61.** 1.84 A **63.** 141 V **65.** 0, 9.00 W, 2.73 W, 1.82 W **67.** (a) 12.1 Ω; (b) 1.19 kW **69.** (a) 0.743; (b) 앞선다; (c) 용량성; (d) 아니다; (e) 그렇다, 아니다, 그렇다; (f) 33.4 W **71.** (a) 117 μF; (b) 0; (c) 90.0 W, 0; (d) 0°, 90°; (e) 1, 0 **73.** (a) 2.59 A; (b) 38.8 V, 159 V, 224 V, 64.2 V, 75.0 V; (c) R에서 100 W, L과 C에서 0.

제 34 장

생각해보기 34-1 (a) 점선(직사각형) 고리의 유도기전력은 $\vec{B}$의 증가를 반대하는 방향이라야 하므로, 직사각형 오른쪽의 $\vec{E}$는 $-y$ 방향인 아래로 향해야 한다. 왼쪽의 $\vec{E}+d\vec{E}$는 더 큰 값을 가지며 같은 방향으로 향한다. (b) $\vec{E}\times\vec{B}$가 $+x$ 방향이라야 하므로, 오른쪽의 $\vec{B}$는 종이면으로 들어가는 $-z$ 방향이라야 한다. 왼쪽의 $\vec{B}+d\vec{B}$는 $\vec{B}$와 같 은 방향이지만 크기는 더 크다.

생각해보기 34-2 $+x$ 방향.

생각해보기 34-3 완전 흡수이면 (방사압력) $P_{방사} = I/c$가 넓이에 무관하지만, (힘은) $F_{방사} = P_{방사}A$이므로 넓이가 감소함에 따라 감소한다.

문제

1. 5.0×10^{-21} H **3.** SI 단위로 $B_x = 0$, $B_y = -6.7\times10^{-9}\cos[\pi\times10^{15}(t - x/c)]$, $B_z = 0$ **7.** 8.88×10^4 m^2 **9.** (a) 16.7 nT; (b) 33.1 mW/m^2 **11.** (a) 6.7 nT; (b) 5.3 mW/m^2; (c) 6.7 W **13.** (a) 87 mV/m; (b) 0.30 nT; (c) 13 kW **15.** 3.44×10^6 T/s **17.** (a) z축; (b) 7.5×10^{14} Hz; (c) 1.9 kW/m^2 **19.** 89 cm **21.** (a) 3.5 μW/m^2; (b) 0.078 μW; (c) 1.5×10^{-17} W/m^2; (d) 110 nV/m; (e) 0.25 fT **23.** 1.0×10^7 Pa **25.** 5.9×10^{-8} Pa **27.** (a) 100 MHz; (b) z축을 따라 1.0 μT; (c) 2.1 m^{-1}, 6.3×10^8 rad/s; (d) 120 W/m^2; (e) 8.0×10^{-7} N, 4.0×10^{-7} Pa **31.** 1.9 mm/s **33.** (b) 580 nm **35.** (a) 4.68×10^{11} W; (b) 우연한 어떤 요란도 공이 광원의 곧바로 위에서 벗어나게 할 수 있으며, 그러면 두 힘 벡터가 같은 축/직선 위에 있지 않게 될 것임 **37.** (a) 1.9 V/m; (b) 1.7×10^{-11} Pa **39.** 3.1% **41.** 4.4 W/m^2 **43.** 2/3 **45.** (a) 두 장; (b) 다섯 장 **47.** 0.21 **49.** 35° **51.** 0.031 **53.** 19.6°나 70.4° (= 90° − 19.6°) **55.** (a) 0.50 ms; (b) 8.4 min; (c) 2.4 h; (d) 5500 B.C. **57.** (a) 515 nm, 610 nm; (b) 555 nm, 5.41×10^{14} Hz, 1.85×10^{-15} s **59.** 계속 증가할 것임; (b) 겉보기 월식 시간과 그것을 x에서 관측한 것 차이들의 합; 지구궤도반지름.

제 35 장

생각해보기 35-1 a.

생각해보기 35-2 $0.2d$, $1.8d$, $2.2d$.

생각해보기 35-3 우리가 평거울을 들여다볼 때, 보는 것은 우리 얼굴에서 산란된 뒤 거울에서 반사되어 우리 눈에 들어온 빛을 보는 것이다. 하지만 눈에 들어오는 빛이 똑바로 왔다고 생각하므로 얼굴의 상을 거울 뒤에 있는 것으로 생각한다. 우리 얼굴의 상은 위아래는 제대로 되어있다. 머리카락에서 나온 빛은 눈보다 조금 위쪽의 거울에서 반사되어 눈에 들어오므로 머리카락은 위에 있는 것으로 보인다. 좌우는 이와 다르다. 우리가 다른 사람과 마주보고 서있고 오른쪽 귀가 동쪽을 향한다면, 다른 사람의 왼쪽 귀가 동쪽으로 향할 것이다. 대신에 평거울을 마주보고 있다면, 오른쪽 귀에서 오는 빛이 거울에서 반사되어 동쪽에서 눈에 들어올 것이다. 당신의 동쪽 귀가 상의 동쪽 귀이지만, 당신의 오른쪽 귀가 상의 왼쪽 귀로 되어 버렸다.

생각해보기 35-4 빛살 1: 중심축에 나란히 시작한 빛살이 반사한 뒤 마치 거울 뒤 초점에서 나온 것처럼 보이는 쪽으로 나간다. 빛살 2: 물체에서 나와 거울 뒤 초점을 향하는 빛살이 중심축과 나란히 나온다. 빛살 3: 물체에서 나와 거울 뒤에 있는 곡률중심 C로 향하는 빛살은 그 길을 따라서 되돌아온다. 빛살 4: 물체에서 나와 c(중심축이 거울과 만나는 점)로 향하는 빛살은 중심축에 대칭으로 반사된다.

생각해보기 35-5 (a) 실상; (b) 뒤집힌 상; (c) 같은 쪽.

생각해보기 35-6 (a) e; (b) 허상, 같은 쪽.

문제

1. 1.48 **3.** 1.26 **5.** 1.07 m **11.** 1.22 **13.** (a) 49°; (b) 29° **15.** (a) 각 면의 중심을 반지름 4.5 mm의 불투명 원판으로 덮음; (b) 약 0.63 **17.** (a) $\sqrt{1+\sin^2\theta}$; (b) $\sqrt{2}$; (c) 오른쪽으로 빛이 나옴; (d) 오른쪽으로 빛이 나오지 않음 **19.** 49.0° **21.** 40 cm **23.** (a) 3 **27.** 새 조명이 먼저 것의 10/9 배 **29.** 10.5 cm **33.** (a) 2.00; (b) 어떤 값도 점을 못 만듬 **37.** $i=-12$ cm **39.** 45 mm, 90 mm **43.** 22 cm **47.** 같은 방향, 허상, 둘째 렌즈의 왼쪽 30 cm, $m=1$ **53.** (a) 13.0 cm; (b) 5.23 cm; (c) −3.25; (d) 3.13; (e) −10.2 **55.** (a) 2.35 cm; (b) 감소 **57.** (a) 5.3 cm; (b) 3.0 mm

제 36 장

생각해보기 36-1 b (가장 작은 n), c, a

생각해보기 36-2 (a) 3λ, 3; (b) 2.5λ, 2.5

문제

1. (a) 5.09×10^{14} Hz; (b) 388 nm; (c) 1.97×10^{8} m/s **3.** 1.56 **5.** 22°, 굴절은 θ 줄임 **7.** (a) 3.60 μm; (b) 중간, 완전 보강간섭에 더 가깝게 **9.** (a) 0.833; (b) 중간, 완전 보강간섭에 더 가깝게 **11.** (a) 0.216 rad; (b) 12.4° **13.** 2.25 mm **15.** 648 nm **17.** 16 **19.** 0.072 mm **21.** 6.64 μm **23.** 2.65 **25.** $y=27\sin(\omega t+8.5°)$ **27.** (a) 1.17 m, 3.00 m, 7.50 m; (b) 아니다 **29.** $I=\frac{1}{9}I_m[1+8\cos^2(\pi d\sin\theta/\lambda)]$, I_m= 가운데 봉우리 밝기 **31.** 완전보강간섭 **33.** 0.117 μm, 0.352 μm **35.** 70.0 nm **37.** 120 nm **39.** (a) 552 nm; (b) 442 nm **43.** 140 **45.** 1.89 μm **47.** 2.4 μm **49.** $\sqrt{(m+1/2)\lambda R}$, $m=0, 1, 2, \cdots$ **51.** 1.00 m **53.** $x=(D/2a)(m+1/2)\lambda$, $m=0, 1, 2, \cdots$ **55.** 588 nm **57.** 1.000 30

제 37 장

생각해보기 37-1 (a) 팽창함, (b) 팽창함

생각해보기 37-2 (a) 둘째 옆(즉 중앙이 아닌) 극대, (b) 2.5

생각해보기 37-3 (a) 빨강, (b) 보라

생각해보기 37-4 줄어듦

생각해보기 37-5 (a) 왼쪽, (b) (보다) 작음

문제

1. 60.4 μm **3.** (a) $\lambda_a=2\lambda_b$; (b) $m_b=2m_a$인 때에 일치함 **5.** (a) 70 cm; (b) 1.0 mm **7.** 1.77 mm **11.** (d) 53°, 10°, 5.1° **13.** (b) 0 rad, 4.493 rad, 등등; (c) −0.50, 0.93, 등등 **15.** (a) 1.3×10^{-4} rad; (b) 10 km **17.** 50 m **19.** (a) 1.1×10^{4} km; (b) 11 km **21.** 27 cm **23.** (a) 0.347°; (b) 0.97° **25.** (a) 8.7×10^{-7} rad; (b) 8.4×10^{7} km; (c) 0.025 mm **27.** 다섯 **29.** (a) 4; (b) 4번째 마다 밝은 무늬가 사라짐 **31.** (a) 아홉; (b) 0.255 **33.** (a) 3.33 μm; (b) 0.0°, ±10.2°, ±20.7°, ±32.0°, ±45.0°, ±62.2° **35.** 셋 **37.** (a) 6.0 μm; (b) 1.5 μm; (c) m = 0, 1, 2, 3, 5, 6, 7, 9, **39.** 1100 **47.** 3650 **53.** 0.26 nm **55.** 39.8 pm **59.** (a) $a_0/\sqrt{2}$, $a_0/\sqrt{5}$, $a_0/\sqrt{10}$, $a_0/\sqrt{13}$, $a_0/\sqrt{17}$ **61.** 30.6°, 15.3° (시계방향); 3.08°, 37.8° (반시계방향)

제 38 장

생각해보기 38-1 우리가 탄 기차에 대해 다른 기차가 움직이는 것을 관찰한다. 우리가 느끼는 "가벼운 진동"은 우리가 탄 기차가 선로를 따라서 움직인다는 증거이지만, 이것이 그 속력이나 운동 방향을 말해주지는 않는다. 이러한 정보가 없으면, 우리는 다른 기차가 선로에 서 있는지 움직이는지 결정할 수 없다.

생각해보기 38-2 (a) 우리가 잰 빛의 속력이 차에 탄 사람이 잰 값과 같다. (b) 우리 틀에서 (보면), 빛이 화차 한 끝에서 다른 끝으로 가는데 시간이 걸린다. 그 동안에 화차는 빛의 반대쪽으로 움직인다. 그 결과, 우리가 재는 빛의 방출과 흡수 사이의 거리는 화차의 길이 보다 작다. (c) 위의 (b)가 보이는 것은 방출과 흡수 사이의 거리가 차에 탄 사람(화자)의 틀에서 보다 우리 틀에서 짧다는 것이다. 두 사람이 잰 빛의 속력은 같다. 그러므로 방출과 검출 사이의 시간은 화차의 틀에서 잰 것 보다 우리 틀에서 잰 것이 짧다.

(38-12절 로렌츠수축을 읽은 다음 위의 분석을 다시 살펴 보아야 한다. 그러면 결론이 같을까 아니면 달라질까?)

생각해보기 38-3 이것은 개인적 인상을 묻는 것이므로 객관적인 답이 없다. 나(저자)의 것을 준다면 아래와 같다. 연주가 반쯤 지났을 때 나는 일련의 사건들을 경험하게 되겠지: 어려운 부분, 쉬운 부분, 그리고 잘못! 음악회 프로그램 짠/인쇄한 사람은 '분 왈츠'를 아마도 한 사건으로 다루겠지. 10년 뒤에 돌아본다면, 아마도 (꼭 그럴지 모르지만) 한 사건으로 기억할 것이다.

생각해보기 38-4 (a) 일반적으로 거리 = (속력×시간) 인 것을 생각해 내자. 돌아오는 빛 맥동(pulse)의 속력(c)과 거리(30 m)를 안다. 돌아오는데 걸린 시간은 $(30\,\text{m})/(3\times10^8\,\text{m/s}) = 10^{-7}\,\text{s} = 0.1\,\mu\text{s}$. 따라서 맥동이 우리(검출기 A)를 지난 $(0.225 - 0.1) = 0.125\,\mu\text{s}$ 뒤에 검출기 B에 도착한다. (b) 양성자 맥동은 $t = 0$에 A를 떠나, 위의 (a)에 따르면, $t = 0.125\,\mu\text{s}$에 B에 도착했다. 그러므로 A에서 B까지 그 속력이 $(30\,\text{m})/(0.125\times10^{-6}\,\text{s}) = 2.4\times10^8\,\text{m/s}$, 즉 광속의 (2.4/3 =) 0.8배, 이었다.

생각해보기 38-5 파이온들의 붕괴는 그들이 이동(특정 속력으로)한 거리 25 m 마다 남은 수가 반으로 줄어든다. 그래서 표적(target)에서 50 m 이동하면 1/4, 그리고 75 m에서 1/8.

생각해보기 38-6 모든 시계가 서로 같은 율로 시간을 잴 것이다. 만일에 그렇지 않다면, 시계들의 율 차이를 써서 당신이 어떤 관성기준틀에 속해 있는지 알아낼 수 있을 것이며 이것은 상대성 원리에 어긋난다.

생각해보기 38-7 수식 38-3을 바꾸어 써서 $\Delta\tau/\Delta t = \sqrt{1 - v^2/c^2}$. 양변을 제곱하고, 그것을 v^2/c^2로 풀고, 연습에 준 값들을 대입하면 $v^2/c^2 = 1 - \Delta\tau/\Delta t = 1 - 1/1.01 = 0.0099$. 양변 제곱근의 근사값은 $v/c = 0.1$. 이 것이 꽤 정확한 실험들에서 상대론적 효과가 중요해지는 속력을 정하는 임시변통의 기준이다.

생각해보기 38-8 광 맥동이 지구표면에서 달 표면까지 가는데 $(3.76\times10^8\,\text{m})/(3.00\times10^8\,\text{m/s}) = 1.25\,\text{s}$의 시간이 걸린다. 각 표면에 하나 씩 두 폭죽이 지구 + 달 (기준)틀에서 1 초의 간격으로 터졌다. 1 초에는 (빛을 포함해서) 아무 것도 두 폭발 사이를 갈 수 없다. 한 폭발이 다른 것을 일으키지는 않았다.

생각해보기 38-9 음악이 한 테입 플레이어로부터 방출되었다. 대기 속에 진동들이 있다. 이것은 두 기준틀 모두에서 사실(진실)이다. (다르게, 폭죽을 터뜨려 모두가 듣도록 할 수도 있었다.) 공기의 흐름과 거리가 허락하면 지면의 쌤(Sam)은 언젠가 음악을 들을 수 (소리 일그러짐에 무관심) 있을 것이다. 쌤과 수잔(Susan)이 커피마시며 만났을 때 두 사람 다 테입 일부가 감긴 것을 확인할 수 있다.

생각해보기 38-10 수식 38-17을 $E/mc^2 = (1 - v^2/c^2)^{-1/2}$로 바꾸어 쓰자. 양변의 역을 취한 뒤 제곱하고, 연습에서 준 (에너지)/(정지에너지)의 비율을 대입한다. 결과는 $(mc^2/E)^2 = 1/4 = 1 - v^2/c^2$. 바꾸어 쓰고 제곱근을 구하여 그 결과로 $v = \sqrt{3/4}\,c = 0.866c$ 얻는다.

생각해보기 38-11 여기의 해에 대한 대수 방정식은 앞 생각해보기 38-10의 것과 본질적으로 꼭 같다. 수식 38-28을 고쳐 쓰면 $\Delta x'/\Delta x = (1 - v^2/c^2)^{1/2}$. 양변의 역을 취한 뒤 제곱하고, 연습에서 준 측정 길이의 비율을 대입한다. 결과는 $(\Delta x'/\Delta x)^2 = 1/4 = 1 - v^2/c^2$이다. 바꾸어 쓰고 제곱근을 택해 $v = \sqrt{3/4}\,c = 0.866c$ 얻게 된다.

생각해보기 38-12 빛 번쩍임은 우리 (기준)틀에서 속력 c로 움직일 것이다; 이것은 특수상대성이론의 기본 가정이다(38-3절). 이 결과를 입증하려면 $u' = c$ 및 $v^{상대} = 0.9c$를 수식 38-31에 대입한다. 예언한 대로 $u = \dfrac{c + v^{상대}}{1 + cv^{상대}/c^2} = \dfrac{c + 0.9c}{1 + 0.9c^2/c^2} = \dfrac{1.9c}{1.9} = c$를 얻는다.

생각해보기 38-13 수식 38-33의 양변을 제곱하고 결과의 분모로 곱하면: $(f/f_0)^2(1 + v^{상대}/c) = (1 - v^{상대}/c)$. 이것을 $v^{상대}$로 풀어서 얻는 것은 $v^{상대} = \dfrac{1 - (f/f_0)^2}{1 + (f/f_0)^2}c = \dfrac{1 - 0.81}{1 + 0.81}c = 0.1c$이다.

문제

1. (a) $v/c = 3.16\times10^{-18}$; (b) $v/c = 9.26\times10^{-8}$; (c) $v/c = 2.87\times10^{-6}$; (d) $v/c = 10^{-4}$ **3.** 꼭 같은 실험들 각각은 균일하게 움직이는 기차 속과 닫힌 화물 콘테이너 속에서 같은 결과를 줘야한다. **5.** $v/c = 0.990$, 즉 $v = 2.97\times10^8\,\text{m/s}$ **7.** 시계를 시간 $2\times10^{-4}\,\text{s}$에 맞춘다. **9.** $\Delta\tau = 4.7\times10^{-8}\,\text{s}$ 및 $\Delta t = 17\times10^{-8}\,\text{s}$. $\Delta t/\Delta\tau = 3.6$ **11.** (a) 26.3 y; (b) 52.3 y; (c) 3.71 y **13.** (a) $v/c = 0.995$; (b) $4.8\times10^3\,\text{m}$; (c) 480 m; (d) 48 km; (e) 9.8×10^4 입자가 살아남을 것이다. **15.** (a) $v/c = 0.999\,999\,5$; (b) 1년; (c) 가속도가 작기만 하면 그것이 별로 중요하지 않다. **17.** (1,2) '시간적' (timelike), 예; (1, 3) '공간적' (spacelike), 아니다; (2,3) '광선적' (lightlike), 그렇다. **21.** $3.51\times10^{-8}\,\text{kg/y}$ 또는 약 $35\,\mu\text{g/y}$ **23.** $1.4467\times10^{-29}\,\text{kg}$, 또는 8.127 MeV **25.** (a) $1.04\times10^{10}\,\text{J}$; (b) 0.116 mg **27.** (a) $v/c = [N(N+2)]^{1/2}/(N+1)$; (b) $p = [N(N+2)]^{1/2}mc$ **29.** (a) $m[p^2/(2K)] - [K/(2c^2)]$, 입자속력이 느리면 이것이 첫 항만으로 줄어들어 m이 되는 데 예상했던 것이다; (b) $m/m_{전자} = 206$ **31.** (a) 충돌 후 최저 총에너지(= 충돌 전 총에너지)는 생긴 입자들이 정지한 상태인 때이다. (b) 각 입사 양성자의 운동에너지는 양성자 정지에너지(즉 질량)와 같다. (c) 이 입사 운동에너지는 1 GeV인데 합리적이다. 왜냐하면 총운동량이 0인 틀에

서 생성물이 모두 정지해 있다면 입사한 운동에너지 전체가 질량 생성에 쓰이기 때문이다. **33.** $v_x = v^{상대}$ 및 $v_y = v'_y[1-(v^{상대})^2/c^2]^{1/2}$ **35.** (a) $\cos\phi = [\cos\phi' + v^{상대}/c]/[1+(v^{상대}/c)\cos\phi']$; (b) $\cos\phi_0 = v^{상대}/c$; (c) $\phi_0 = 8.1°$ **37.** (a) $v = 2.6 \times 10^8$ m/s; (b) $L = 50$ m **39.** (a) 그렇다(가능하다), '시간성'(timelike) 사건 둘 사이의 '고유시간'(proper time)을 적절한 속력에서 원하는 만큼 작게 만들 수 있기 때문이다. (b) $v = 0.999\ 999\ 15c$ **41.** 로켓에 대한 속도 $= -0.82c$ **43.** 최소 및 최대의 값들은 생긴 입자들이 상대운동의 방향을 따라서 움직일 때이다. $u_+ = 0.990c$ 및 $u_- = 0.282c$ **47.** $v^{상대} = 0.96c$ **49.** (a) 그녀는 전혀 늙지 않는다; (b) 지구와 지르콘 둘이 100년 더 나이 먹는다; (c) 350년; (d) 지구에서 1200년 **51.** 31.6 s **55.** (a) 0.511 MeV; (b) $M_{계} = m + 2m_{전자}$; (c) 충돌 전과 후 모두 계의 질량은 $2m_{전자}$. **57.** $E_M = (M^2 + m^2)c^2/(2m)$ **61.** 부분적인 답: T가 태양폭발을 본 순간부터 금성 색깔변화를 본 순간까지 흘러간 시간이라 하자. 그러면 금성 색깔변화를 본 뒤 지구탈출에 $T/3$의 시간 밖에 없다. 이는 외계인 우주선이 태양이 방사하는 맥동(펄스)보다 빠르게 움직이는 것을 가정한다.

찾아보기

물리적 성질

공기(마른상태, 20℃, 1기압)	
밀도	1.21 kg/m^3
비열(일정 압력)	1010 J/kg · K
비열의 비	1.40
소리의 속력	343 m/s
절연 파괴 강도	3×10^6 V/m
유효 몰 질량	0.0289 kg/mol
물	
밀도	1000 kg/m^3
음속	1460 m/s
비열(일정 압력)	4190 J/kg · K
융해열(0℃)	333 kJ/kg
기화열(100℃)	2260 kJ/kg
굴절률(λ = 589 mn)	1.33
몰 질량	0.0180 kg/mol
지구	
질량	5.98×10^{24} kg
평균반지름	3.37×10^6 m
지면에서의 자유낙하 가속도	9.8 m/s^2
표준 대기압	1.01×10^5 Pa
고도 100 km인 위성의 주기	86.3 min
지구정지궤도의 반지름	42.200 km
탈출속력	11.2 km/s
자기 쌍극자 모멘트	8.0×10^{22} A · m^2
지면의 평균 전기장	150 V/m, down
지구로부터의 거리	
달	3.82×10^8 m
해	1.50×10^{11} m
가장 가까운 별	4.04×10^{16} m
은하의 중심	2.2×10^{20} m
안드로메다 은하	2.1×10^{22} m
볼 수 있는 우주의 끝	$\sim 10^{26}$ m

국제단위계의 접두사

인자	접두사	기호	인자	접두사	기호
10^{24}	요타(yotta)	Y	10^{-24}	욕토(yocto)	y
10^{21}	제타(zetta)	Z	10^{-21}	젭토(zepto)	z
10^{18}	엑사(exa)	E	10^{-18}	아토(atto)	a
10^{15}	페타(peta)	P	10^{-15}	펨토(femto)	f
10^{12}	테라(tera)	T	10^{-12}	피코(pico)	p
10^{9}	기가(giga)	G	10^{-9}	나노(nano)	n
10^{6}	메가(mega)	M	10^{-6}	마이크로(micro)	μ
10^{3}	킬로(kilo)	k	10^{-3}	밀리(milli)	m
10^{2}	헥토(hecto)	h	10^{-2}	센티(centi)	c
10^{1}	데카(deka)	da	10^{-1}	데시(deci)	d

* 언제나 첫음절에 센 소리를 낸다: 나노미터(ná-no-mé-ter)

수학 공식

2차 방정식의 근의 공식

$ax^2 + bx + c = 0$이면 $x = \dfrac{-b \pm \sqrt{b^2 - 4ac}}{2a}$

이항정리

$$(1+x)^n = 1 + \frac{nx}{1!} + \frac{n(n-1)x^2}{2!} + \cdots \qquad (x^2 < 1)$$

벡터 곱셈

$\vec{a}$와 $\vec{b}$의 사이각 가운데 작은 값이 θ이면 다음과 같다.

$$\vec{a} \cdot \vec{b} = \vec{b} \cdot \vec{a} = a_x b_x + a_y b_y + a_z b_z = |\vec{a}||\vec{b}| \cos\theta$$

$$\vec{a} \times \vec{b} = -\vec{b} \times \vec{a} = \begin{vmatrix} \hat{\mathrm{i}} & \hat{\mathrm{j}} & \hat{\mathrm{k}} \\ a_x & a_y & a_z \\ b_x & b_y & b_z \end{vmatrix}$$

$$= \hat{\mathrm{i}} \begin{vmatrix} a_y & a_z \\ b_y & b_z \end{vmatrix} - \hat{\mathrm{j}} \begin{vmatrix} a_x & a_z \\ b_x & b_z \end{vmatrix} + \hat{\mathrm{k}} \begin{vmatrix} a_x & a_y \\ b_x & b_y \end{vmatrix}$$

$$= (a_y b_z - b_y a_z)\hat{\mathrm{i}} + (a_z b_x - b_z a_x)\hat{\mathrm{j}} + (a_x b_y - b_x a_y)\hat{\mathrm{k}}$$

$$|\vec{a} \times \vec{b}| = |\vec{a}||\vec{b}| \sin\theta$$

삼각함수 항등식

$$\sin\alpha \pm \sin\beta = 2\sin\tfrac{1}{2}(\alpha \pm \beta)\cos\tfrac{1}{2}(\alpha \mp \beta)$$

$$\cos\alpha + \cos\beta = 2\cos\tfrac{1}{2}(\alpha + \beta)\cos\tfrac{1}{2}(\alpha - \beta)$$

도함수와 적분

$$\frac{d}{dx}\sin x = \cos x \qquad \int \sin x\, dx = -\cos x$$

$$\frac{d}{dx}\cos x = -\sin x \qquad \int \cos x\, dx = \sin x$$

$$\frac{d}{dx}e^x = e^x \qquad \int e^x\, dx = e^x$$

$$\int \frac{dx}{\sqrt{x^2 + a^2}} = \ln(x + \sqrt{x^2 + a^2})$$

$$\int \frac{x\, dx}{(x^2 + a^2)^{3/2}} = -\frac{1}{(x^2 + a^2)^{1/2}}$$

$$\int \frac{dx}{(x^2 + a^2)^{3/2}} = \frac{x}{a^2(x^2 + a^2)^{1/2}}$$

크래머 규칙

미지수가 x와 y인 두 1차 연립방정식

$$a_1 x + b_1 y = c_1 \text{과 } a_2 x + b_2 y = c_2$$

의 해는 다음과 같다.

$$x = \frac{\begin{vmatrix} c_1 & b_1 \\ c_2 & b_2 \end{vmatrix}}{\begin{vmatrix} a_1 & b_1 \\ a_2 & b_2 \end{vmatrix}} = \frac{c_1 b_2 - c_2 b_1}{a_1 b_2 - a_2 b_1}$$

$$y = \frac{\begin{vmatrix} a_1 & c_1 \\ a_2 & c_2 \end{vmatrix}}{\begin{vmatrix} a_1 & b_1 \\ a_2 & b_2 \end{vmatrix}} = \frac{a_1 c_2 - a_2 c_1}{a_1 b_2 - a_2 b_1}$$

* 더 완전한 목록은 부록 A를 보라.

그리스 글자

알파(Alpha)	Α	α	이오타(Iota)	Ι	ι	로(Rho)	Ρ	ρ
베타(Beta)	Β	β	카파(Kappa)	Κ	κ	시그마(Sigma)	Σ	σ
감마(Gamma)	Γ	γ	람다(Lambda)	Λ	λ	타우(Tau)	Τ	τ
델타(Delta)	Δ	δ	뮤(Mu)	Μ	μ	업실론(Upsilon)	Υ	υ
엡실론(Epsilon)	Ε	ϵ	뉴(Nu)	Ν	ν	퐈이*(Phi)	Φ	ϕ, φ
제타(Zeta)	Ζ	ζ	크사이(Xi)	Ξ	ξ	카이(Chi)	Χ	χ
이타(Eta)	Η	η	오미크론(Omicron)	Ο	ο	사이(Psi)	Ψ	ψ
세타(Theta)	Θ	θ	파이(Pi)	Π	π	오메가(Omega)	Ω	ω

* 파이(Phi)의 ㅍ 소리는 옛날에 쓰던 ㆄ(영어의 F)에 해당한다 (옮긴이).

물리적 성질*

빛의 속력	c	3.00×10^{8} m/s
중력상수	G	6.67×10^{-11} N · m^2/kg^2
아보가드로 상수	N_A	6.02×10^{23} mol^{-1}
보편 기체 상수	R	8.31 J/mol · K
질량-에너지 관계식	c^2	8.99×10^{16} J/kg
		931.5 MeV/u
전기 상수(유전율)	ϵ_0	8.85×10^{-12} C^2/N · m^2
쿨롱 상수	$k = 1/4\pi\epsilon_0$	8.99×10^{9} N · m^2/c^2
자기 상수(투자율)	μ_0	1.26×10^{-6} N/A^2
플랑크 상수	h	6.63×10^{-34} J · s
		4.14×10^{-15} eV · s
스테판-볼츠만 상수	σ	5.67×10^{-8} W/m^2 · k^4
볼츠만 상수	k_B	1.38×10^{-23} J/K
		8.62×10^{-5} eV/K
기본 전하량	e	1.60×10^{-19} C
전자 질량	m_e	9.11×10^{-31} kg
양성자 질량	m_p	1.67×10^{-27} kg
중성자 질량	m_n	1.68×10^{-27} kg
중양자 질량	m_d	3.34×10^{-27} kg
보어 반지름	r_B	5.29×10^{-11} m
보어 마그네톤	μ_B	9.27×10^{-24} J/T
		5.79×10^{-5} eV/T
리드버그 상수	R	0.01097 nm^{-1}

* 가장 정확한 실험값을 실은 더 완전한 목록은 부록 B를 보라.

바꿈인수*

질량과 밀도

1 kg = 1000 g = 6.02×10^{26} u
1 slug = 14.6 kg
1 u = 1.66×10^{-27} kg
1 kg/m^3 = 10^{-3} g/cm^3

길이와 부피

1 m = 100 cm = 39.4 in. = 3.28 ft
1 mi = 1.61 km = 5280 ft
1 in. = 2.54 cm
1 nm = 10^{-9} m = 10Å
1 pm = 10^{-12} m = 1000 fm
1 light - year = 9.46×10^{15} m
1 m^3 = 1000 L = 35.3 ft^2 = 264 gal

시간

1 d = 86, 400 s
1 y = $365\frac{1}{4}$ d = 3.16×10^{7} s

각도

1 rad = 57.3° = 0.159 rev
π rad = 180° = $\frac{1}{2}$ rev

속력

1 m/s = 3.28 ft/s = 2.24 mi/h
1 km/h = 0.621 mi/h = 0.278 m/s

힘과 압력

1 N = 10^{6} dyne = 0.225 lb
1 lb = 4.45 N
1 ton = 2000 lb
1 Pa = 1 N/m^2 = 10 dyne/cm^2
= 1.45×10^{-4} lb/in.^{2}
1 atm = 1.01×10^{5} Pa = 14.7 lb/in.^{2}
= 76 cm - Hg

에너지와 일률

1 J = 10^{7} erg = 0.239 cal = 0.738 ft · lb
1 kW · h = 3.6×10^{6} J
1 cal = 4.19 J
1 eV = 1.60×10^{-19} J
1 horsepower = 746 W = 550 ft · lb/s

자기

1 T = 1 Wb/m^2 = 10^{4} gauss

* 더 완전한 목록은 부록 D를 보라.

정가 29,000원

이해하는 물리학 · II

2010년 8월 23일 초판 인쇄
2010년 9월 1일 초판 발행
지은이 : Karen Cummings · Priscilla Laws · Edward Redish · Patrick Cooney
옮긴이 : 김중복 · 김진승 · 남기봉 · 박병윤 · 이금휘 · 이형종
발행자 : 우명찬 · 송 준
발행처 : 홍릉과학출판사
주 소 : 서울시 강북구 인수동 455-60
142-885
등 록 : 1976년 10월 21일 제5-66호
전 화 : (02) 999-2274~5, 996-8341, 903-7037
팩 스 : (02) 905-6729

역자와의 협의하에 인지생략

ISBN 978-89-7283-859-3

e-mail: hongpub@hongpub.co.kr
http://www.hongpub.co.kr